"十一五"国家重点图书　　俄罗斯数学教材选译

数学分析

（第二卷）

— 第 7 版 —

□ B. A. 卓里奇　著

□ 李植　译

中国教育出版传媒集团

高等教育出版社·北京

内容简介

本书是作者在莫斯科大学力学数学系多遍讲授数学分析课程的基础上写成的，自 1981 年第 1 版出版以来，到 2015 年已经修订、增补至第 7 版。作者加强了分析学、代数学和几何学等现代数学课程之间的联系，重点关注一般数学中最有本质意义的概念和方法，采用适当接近现代数学文献的语言进行叙述，在保持数学一般理论叙述严谨性的同时，也尽量体现数学在自然科学中的各种应用。

全书共两卷，第二卷内容包括：连续映射的一般理论、赋范空间中的微分学、重积分、$\mathbb{R}^n$ 中的曲面和微分形式、曲线积分与曲面积分、向量分析与场论、微分形式在流形上的积分、级数和含参变量的函数族的一致收敛性和基本运算、含参变量的积分、傅里叶级数与傅里叶变换、渐近展开式。

与常见的数学分析教材相比，本卷内容相当新颖，系统地引进了现代数学（包括泛函分析、拓扑学和现代微分几何等）的基本概念、思想和方法，用微分形式语言对基本积分公式的叙述特别具有参考价值，有关应用的内容也更加贴近现代自然科学。

本书观点较高，内容丰富新颖，所选习题极具特色，是教材理论部分的有益补充。本书可作为综合大学和师范大学数学、物理、力学及相关专业的教师和学生的教材或主要参考书，也可供工科大学应用数学专业的教师和学生参考使用。

出版者的话

自 2006 年至今,《俄罗斯数学教材选译》系列图书已出版了 50 余种,涵盖了代数、几何、分析、方程、拓扑、概率、动力系统等主要数学分支,包括了 А. Н. 柯尔莫戈洛夫、Л. С. 庞特里亚金、В. И. 阿诺尔德、Г. М. 菲赫金哥尔茨、В. А. 卓里奇、Б. П. 吉米多维奇等数学大家和教学名师的经典著作,深受理工科专业师生和广大数学爱好者喜爱.

为了方便学生学习和教师教学参考,本系列一直采用平装的形式出版,此举虽然为读者提供了一定便利,但对于喜爱收藏大师名著精品的读者来说不能不说是一种遗憾.

为了弥补这一缺憾,我们将精心遴选系列中具有代表性、经久不衰的教材佳作,陆续出版它们的精装典藏版,以飨读者. 在这一版中,我们将根据近些年来多方收集到的读者意见,对部分图书中的错误和不妥之处进行修改;在装帧设计和印刷方面,除了重新设计典雅大气的封面并采用精装形式之外,我们还精心选择正文用纸,力求最大限度地使其更加完美.

我们希望精装典藏版能成为既适合阅读又适合收藏的数学精品文献,也真诚期待各界读者继续提出宝贵的意见和建议.

高等教育出版社
2025 年 1 月

目　录

《俄罗斯数学教材选译》序 i

中文版序言 iii

再版序言 iv

第 1 版序言 vi

*第九章　连续映射 (一般理论) 1
　§1. 度量空间 1
　　　1. 定义和实例 (1)　2. 度量空间的开子集和闭子集 (4)　3. 度量空间的子空间 (6)
　　　4. 度量空间的直积 (7)　习题 (7)
　§2. 拓扑空间 8
　　　1. 基本定义 (8)　2. 拓扑空间的子空间 (11)　3. 拓扑空间的直积 (11)　习题 (12)
　§3. 紧集 13
　　　1. 紧集的定义和一般性质 (13)　2. 度量紧集 (14)　习题 (16)
　§4. 连通的拓扑空间 16
　　　习题 (17)
　§5. 完备度量空间 18
　　　1. 基本定义和实例 (18)　2. 度量空间的完备化 (21)　习题 (24)
　§6. 拓扑空间的连续映射 24
　　　1. 映射的极限 (24)　2. 连续映射 (26)　习题 (29)

§7. 压缩映射原理 29
习题 (34)

*第十章 更一般观点下的微分学 (一般理论) 35

§1. 线性赋范空间 35
1. 数学分析中线性空间的实例 (35) 2. 线性空间中的范数 (36) 3. 向量空间中的标量积 (38) 习题 (41)

§2. 线性算子和多重线性算子 42
1. 定义和实例 (42) 2. 算子的范数 (45) 3. 连续算子空间 (48) 习题 (52)

§3. 映射的微分 53
1. 在一点处可微的映射 (53) 2. 一般的微分法则 (54) 3. 某些实例 (55) 4. 映射的偏导数 (60) 习题 (61)

§4. 有限增量定理及其应用实例 63
1. 有限增量定理 (63) 2. 有限增量定理的应用实例 (65) 习题 (68)

§5. 高阶导映射 68
1. n 阶微分的定义 (68) 2. 沿向量的导数和 n 阶微分的计算 (69) 3. 高阶微分的对称性 (71) 4. 附注 (72) 习题 (73)

§6. 泰勒公式和极值研究 74
1. 映射的泰勒公式 (74) 2. 内部极值研究 (74) 3. 实例 (76) 习题 (80)

§7. 一般的隐函数定理 82
习题 (89)

第十一章 重积分 91

§1. n 维区间上的黎曼积分 91
1. 积分的定义 (91) 2. 黎曼可积函数的勒贝格准则 (93) 3. 达布准则 (96) 习题 (98)

§2. 集合上的积分 99
1. 容许集 (99) 2. 集合上的积分 (100) 3. 容许集的测度 (体积) (101) 习题 (102)

§3. 积分的一般性质 103
1. 积分是线性泛函 (103) 2. 积分的可加性 (103) 3. 积分的估计 (104) 习题 (106)

§4. 重积分化为累次积分 107
1. 富比尼定理 (107) 2. 一些推论 (109) 习题 (112)

§5. 重积分中的变量代换 113
1. 问题的提出和变量代换公式的启发式推导 (113) 2. 可测集和光滑映射 (115) 3. 一维情况 (116) 4. $\mathbb{R}^n$ 中最简微分同胚的情况 (118) 5. 映射的复合与变量代

换公式 (119) 6. 积分的可加性和积分中变量代换公式的最终证明 (120) 7. 重积分中变量代换公式的一些推论和推广 (121) 习题 (124)

§6. 反常重积分 126

1. 基本定义 (126) 2. 反常积分收敛性的比较检验法 (128) 3. 反常积分中的变量代换 (131) 习题 (133)

第十二章 $\mathbb{R}^n$ 中的曲面和微分形式 136

§1. $\mathbb{R}^n$ 中的曲面 136

习题 (143)

§2. 曲面的定向 144

习题 (148)

§3. 曲面的边界及边界的定向 149

1. 带边曲面 (149) 2. 曲面定向与边界定向的相容性 (151) 习题 (154)

§4. 欧氏空间中曲面的面积 154

习题 (159)

§5. 微分形式的初步知识 162

1. 微分形式的定义和实例 (162) 2. 微分形式的坐标记法 (165) 3. 外微分形式 (167) 4. 向量和微分形式在映射下的转移 (170) 5. 曲面上的微分形式 (173) 习题 (173)

第十三章 曲线积分与曲面积分 176

§1. 微分形式的积分 176

1. 原始问题、启发性思考和实例 (176) 2. 微分形式在定向曲面上的积分的定义 (181) 习题 (184)

§2. 体形式, 第一类积分与第二类积分 188

1. 物质面的质量 (188) 2. 曲面面积是微分形式的积分 (188) 3. 体形式 (189) 4. 体形式在笛卡儿坐标下的表达式 (191) 5. 第一类积分与第二类积分 (192) 习题 (194)

§3. 数学分析的基本积分公式 196

1. 格林公式 (196) 2. 高斯–奥斯特洛格拉德斯基公式 (200) 3. $\mathbb{R}^3$ 中的斯托克斯公式 (203) 4. 一般的斯托克斯公式 (204) 习题 (207)

第十四章 向量分析与场论初步 211

§1. 向量分析的微分运算 211

1. 标量场与向量场 (211) 2. $\mathbb{R}^3$ 中的向量场与各种形式 (211) 3. 微分算子 grad, rot, div 和 ∇ (213) 4. 向量分析的一些微分公式 (217) *5. 曲线坐标下的向量运算 (218) 习题 (226)

§2. 场论的积分公式 227

    1. 用向量表示的经典积分公式 (227) 2. div, rot, grad 的物理解释 (230) 3. 后续的某些积分公式 (233) 习题 (235)

§3. 势场 237

    1. 向量场的势 (237) 2. 势场的必要条件 (238) 3. 向量场是势场的准则 (239) 4. 区域的拓扑结构与势 (241) 5. 向量势, 恰当微分形式与闭微分形式 (243) 习题 (246)

§4. 应用实例 249

    1. 热传导方程 (249) 2. 连续性方程 (251) 3. 连续介质动力学基本方程 (252) 4. 波动方程 (253) 习题 (255)

*第十五章 微分形式在流形上的积分 257

§1. 线性代数回顾 257

    1. 形式代数 (257) 2. 斜对称形式代数 (258) 3. 线性空间的线性映射和对偶空间的对偶映射 (261) 习题 (262)

§2. 流形 263

    1. 流形的定义 (263) 2. 光滑流形与光滑映射 (267) 3. 流形及其边界的定向 (269) 4. 单位分解和流形在 $\mathbb{R}^n$ 中的曲面形式 (272) 习题 (275)

§3. 微分形式及其在流形上的积分 277

    1. 流形在一个点的切空间 (277) 2. 流形上的微分形式 (280) 3. 外微分 (282) 4. 微分形式在流形上的积分 (282) 5. 斯托克斯公式 (284) 习题 (286)

§4. 流形上的闭微分形式和恰当微分形式 290

    1. 庞加莱定理 (290) 2. 同调与上同调 (293) 习题 (297)

第十六章 一致收敛性、函数项级数与函数族的基本运算 299

§1. 逐点收敛性与一致收敛性 299

    1. 逐点收敛性 (299) 2. 基本问题的提法 (300) 3. 依赖于参数的函数族的收敛性和一致收敛性 (302) 4. 一致收敛性的柯西准则 (304) 习题 (305)

§2. 函数项级数的一致收敛性 306

    1. 级数一致收敛性的基本定义和判别准则 (306) 2. 级数一致收敛性的魏尔斯特拉斯检验法 (308) 3. 阿贝尔-狄利克雷检验法 (309) 习题 (313)

§3. 极限函数的函数性质 313

    1. 问题的具体提法 (313) 2. 两个极限运算可交换的条件 (314) 3. 连续性与极限运算 (315) 4. 积分运算与极限运算 (318) 5. 微分运算与极限运算 (320) 习题 (324)

*§4. 连续函数空间的紧子集和稠密子集 327

    1. 阿尔泽拉-阿斯柯利定理 (327) 2. 度量空间 $C(K,Y)$ (329) 3. 斯通定理

(330) 习题 (332)

第十七章　含参变量的积分 335

§1. 含参变量的常义积分 335

1. 含参变量的积分的概念 (335)　2. 含参变量的积分的连续性 (336)　3. 含参变量的积分的微分运算 (337)　4. 含参变量的积分的积分运算 (340)　习题 (340)

§2. 含参变量的反常积分 341

1. 反常积分对参变量的一致收敛性 (341)　2. 反常积分中的极限运算与含参变量的反常积分的连续性 (347)　3. 含参变量的反常积分的微分运算 (350)　4. 含参变量的反常积分的积分运算 (352)　习题 (356)

§3. 欧拉积分 358

1. β 函数 (358)　2. Γ 函数 (359)　3. β 函数与 Γ 函数之间的联系 (362)　4. 实例 (362)　习题 (364)

§4. 函数的卷积和广义函数的初步知识 367

1. 物理问题中的卷积 (启发式讨论) (367)　2. 卷积的一些一般性质 (369)　3. δ 型函数族与魏尔斯特拉斯逼近定理 (371)　*4. 分布的初步概念 (376)　习题 (385)

§5. 含参变量的重积分 390

1. 含参变量的常义重积分 (390)　2. 含参变量的反常重积分 (390)　3. 具有变奇异性的反常积分 (391)　*4. 高维情形下的卷积、广义函数和基本解 (395)　习题 (404)

第十八章　傅里叶级数与傅里叶变换 409

§1. 与傅里叶级数有关的一些主要的一般概念 409

1. 正交函数系 (409)　2. 傅里叶系数和傅里叶级数 (415)　*3. 数学分析中的正交函数系的一个重要来源 (423)　习题 (427)

§2. 傅里叶三角级数 432

1. 经典傅里叶级数收敛性的基本形式 (432)　2. 傅里叶三角级数逐点收敛性的研究 (435)　3. 函数的光滑性和傅里叶系数的下降速度 (443)　4. 三角函数系的完备性 (447)　习题 (453)

§3. 傅里叶变换 459

1. 函数的傅里叶积分表达式 (459)　2. 函数的微分性质和渐近性质与它的傅里叶变换之间的相互关系 (469)　3. 傅里叶变换的最重要的运算性质 (472)　4. 应用实例 (476)　习题 (480)

第十九章　渐近展开式 487

§1. 渐近公式和渐近级数 489

1. 基本定义 (489)　2. 渐近级数的一般知识 (493)　3. 渐近幂级数 (497)　习题 (499)

§2. 积分的渐近法 (拉普拉斯方法) 502
　　1. 拉普拉斯方法的思路 (502)　2. 拉普拉斯积分的局部化原理 (505)　3. 一些典型积分和它们的渐近式 (506)　4. 拉普拉斯积分的渐近式主项 (509)　*5. 拉普拉斯积分的渐近展开式 (511)　习题 (521)

单元测试题 527

考试大纲 530

期末考试试题 533

期中测试题 534

附录一　初论级数工具 535

附录二　多重积分中的变量代换 (公式推导和初步讨论) 541

附录三　高维几何学与自变量极多的函数 (测度聚集与大数定律) ... 547

附录四　多元函数与微分形式及其热力学解释 554

附录五　曲线坐标系中的场论算子 563

附录六　现代牛顿–莱布尼茨公式与数学的统一 (总结) 573

参考文献 581

基本符号 588

名词索引 592

人名索引 611

译后记 614

《俄罗斯数学教材选译》序

从 20 世纪 50 年代初起,在当时全面学习苏联的大背景下,国内的高等学校大量采用了翻译过来的苏联数学教材.这些教材体系严密,论证严谨,有效地帮助了青年学子打好扎实的数学基础,培养了一大批优秀的数学人才.到了 60 年代,国内开始编纂出版的大学数学教材逐步代替了原先采用的苏联教材,但还在很大程度上保留着苏联教材的影响,同时,一些苏联教材仍被广大教师和学生作为主要参考书或课外读物继续发挥着作用.客观地说,从新中国成立初期一直到"文化大革命"前夕,苏联数学教材在培养我国高级专门人才中发挥了重要的作用,产生了不可忽略的影响,是功不可没的.

改革开放以来,通过接触并引进在体系及风格上各有特色的欧美数学教材,大家眼界为之一新,并得到了很大的启发和教益.但在很长一段时间中,尽管苏联的数学教学也在进行积极的探索与改革,引进却基本中断,更没有及时地进行跟踪,能看懂俄文数学教材原著的人也越来越少,事实上已造成了很大的隔膜,不能不说是一个很大的缺憾.

事情终于出现了一个转折的契机.今年初,在由中国数学会、中国工业与应用数学学会及国家自然科学基金委员会数学天元基金联合组织的迎春茶话会上,有数学家提出,莫斯科大学为庆祝成立 250 周年计划推出一批优秀教材,建议将其中的一些数学教材组织翻译出版.这一建议在会上得到广泛支持,并得到高等教育出版社的高度重视.会后高等教育出版社和数学天元基金一起邀请熟悉俄罗斯数学教材情况的专家座谈讨论,大家一致认为:在当前着力引进俄罗斯的数学教材,有助于扩大视野,开拓思路,对提高数学教学质量、促进数学教材改革均十分必要.《俄罗斯数学教材选译》系列正是在这样的情况下,经数学天元基金资助,由高等教育出版社组织出版的.

经过认真遴选并精心翻译校订, 本系列中所列入的教材, 以莫斯科大学的教材为主, 也包括俄罗斯其他一些著名大学的教材; 有大学基础课程的教材, 也有适合大学高年级学生及研究生使用的教学用书. 有些教材虽曾翻译出版, 但经多次修订重版, 内容已有较大变化, 至今仍广泛采用、深受欢迎, 反映出俄罗斯在出版经典教材方面所作的不懈努力, 对我们也是一个有益的借鉴. 这一教材系列的出版, 将中俄数学教学之间中断多年的链条重新连接起来, 对推动我国数学课程设置和教学内容的改革, 对提高数学素养、培养更多优秀的数学人才, 可望发挥积极的作用, 并产生深远的影响, 这无疑值得庆贺, 特为之序.

李大潜

2005 年 10 月

中文版序言

我很高兴这本数学分析教材有了新的中文版. 我希望读者至少浏览一下本书的第 1 版序言摘录和后续各版序言, 以便了解本书的结构和特点, 以及我针对其使用方法向学生和教师提出的一些建议. 呈献给广大读者的这个中文版是全新的, 不仅文字经过重新翻译, 版面也经过重新设计.

本书内容有显著增加——为了不影响正文, 在每一卷最后补充了一系列附录. 在第一卷中补充了六个附录 (面向一年级学生的数学分析引言, 初论方程的数值解法, 初论勒让德变换, 初论黎曼-斯蒂尔切斯积分、δ 函数和广义函数, 欧拉-麦克劳林公式, 再论隐函数定理), 在第二卷中也补充了六个附录 (初论级数工具, 多重积分中的变量代换, 高维几何学与自变量极多的函数, 多元函数与微分形式及其热力学解释, 曲线坐标系中的场论算子, 现代牛顿-莱布尼茨公式与数学的统一).

这些附录对 (数学专业和物理学专业的) 学生和教师各有帮助. 最后一个附录可以视为全书的总结, 其中包括整个教材在观念上最重要的成就——建立了数学分析与数学其他分支之间的联系.

B.A. 卓里奇

莫斯科, 2016 年

再版序言

我刚刚为这本教材最新的英文版写了序言,其中同样适用于俄文第 7 版的内容,我认为可以在这里重复一下.

本教材此前各版出版后,科学并没有停滞不前. 例如, 费马大定理和庞加莱猜想得到了证明, 找到了希格斯玻色子, 等等. 诸多成就, 不胜枚举. 这些发展虽然可能与经典数学分析教材没有直接关系, 但是其间接表现是, 本教材的作者在这段时间里也学习、思考、理解了一些东西, 扩展了自己的知识储备, 而这些扩展的知识甚至在讨论似乎完全无关的其他事物时也是有用的[1].

除了俄文原版, 本教材还有英文版、德文版和中文版. 细心的各国读者在书中找到了很多错误. 幸好, 这都是一些局部的错误, 主要是印刷错误. 当然, 这些错误在新版中已经得到修正.

俄文第 7 版与第 6 版的主要区别是在正文之后补充了新的附录. 在第一卷中补充了一个附录 (欧拉–麦克劳林公式), 在第二卷中补充了三个附录 (多元函数与微分形式及其热力学解释, 曲线坐标系中的场论算子, 现代牛顿–莱布尼茨公式与数学的统一). 这些附录对 (数学专业和物理学专业的) 学生和教师各有帮助. 最后一个附录可以视为总结, 其中包括整个教程在观念上最重要的成就——建立了数学分析与数学其他分支之间的联系.

让我感到欣慰的是, 本书在某种程度上不仅可供数学和物理学专业师生参考, 而且对高等工科院校工科专业师生深入学习数学也有帮助. 这激励我写出与热力学有关的一个附录, 让数学与内容基础但内涵相当丰富的热力学密切联系起来.

---

[1] 与阿达马一样, 爱尔迪希也是一位长寿的数学家, 下面的趣闻正是关于他的. 某一位记者在采访年事已高的爱尔迪希时, 最后问他有多少岁. 爱尔迪希稍微思考后回答: "我记得, 当我很年轻时, 科学证实地球存在了 20 亿年. 而现在, 科学表明地球已经存在 45 亿年. 因此, 我大概有 25 亿岁."

再版序言

我高兴地看到, 新一代已经站在老一代的肩膀上成长起来, 他们的思考更广泛, 理解更深刻, 本领也更高强.

B. A. 卓里奇
莫斯科, 2015 年

居住在不同国家的很多人利用各种机会向出版社或者我本人提供了在本书的俄、英、德或中文版中发现的各种错误 (印刷错误、谬误、遗漏), 我以自己和未来读者的名义向他们全体表示感谢. 在本书的俄文第 6 版中, 我考虑了这些意见并进行了相应修订.

现在已经清楚, 本书也适用于物理专业师生, 我对此非常欣慰. 无论如何, 我确实尽量把常规理论与它在数学内外的丰富应用实例结合起来.

第 6 版包括一系列附录, 它们可能对学生和教师有所帮助. 这首先是某些实际课堂材料 (例如第一和第三学期作为引言的头一次课的笔记), 其次是一些数学知识 (有些是当前正在研究的问题, 例如高维几何学与概率论的联系), 它们是本书基本内容的延伸.

B. A. 卓里奇
莫斯科, 2011 年

本书第 2 版与第 1 版的区别, 除订正了在第 1 版中发现的印刷错误外, 主要是: 重新撰写了 (希望是改进了) 个别专题的某些章节 (例如与傅里叶级数和傅里叶变换有关的章节); 给出了个别重要定理 (例如一般的有限增量定理) 的更清晰的证明; 补充了与相应章节的理论相衔接的一些新的应用实例和内容丰富的习题, 它们有时显著推广了理论; 列出了考试大纲和单元测试题; 增加了补充文献.

在后附第 1 版序言中进一步介绍了本书第二卷的内容和某些特点.

B. A. 卓里奇
莫斯科, 1998 年

第 1 版序言

我在本书第一卷的序言中已经足够详细地介绍了全书的特点, 所以在这里只给出关于第二卷内容的一些说明.

构成这一卷基本内容的材料, 一方面是重积分、曲线积分和曲面积分, 乃至一般的斯托克斯公式及其应用实例, 另一方面是级数和含参变量的积分, 包括傅里叶级数、傅里叶变换, 以及渐近展开式的概念.

因此, 第二卷基本对应着大学数学系二年级的教学大纲.

为了不使上述两大专题的先后顺序按照学期完全固定下来, 我实际上独立地叙述了各自的内容.

第九章和第十章, 即本卷的前两章, 在本质上用紧凑的一般形式重新叙述了第一卷中关于连续函数和可微函数的几乎全部最重要的内容. 虽然用星号标记的这两章是为补充第一卷而写的, 但其中许多概念现在已经成为写给数学系学生的任何数学分析教材的固定内容. 它们使第二卷在形式上几乎独立于第一卷, 但前提是读者已经受到充分训练, 即使没有大量的例题、启发和铺垫也能够顺利阅读这两章, 而在提出这里的体系之前, 这些材料都包含在第一卷中.

本卷关于多元函数积分学的新内容主要始自第十一章. 其实, 在本教程第一卷之后可以从这一章开始阅读第二卷, 而不会影响理解的连贯性.

在介绍曲线积分和曲面积分理论时阐述并使用了微分形式的语言. 首先基于初等材料引入全部基本的几何概念和解析结构, 然后由它们构成一系列抽象定义, 从而得到一般的斯托克斯公式.

第十五章也这样总结了流形上的微分形式积分理论. 我认为, 这是对必学的第十一章至第十四章中的理论叙述和实际应用的非常恰当的系统性补充.

关于级数和含参变量的积分的章节既包含传统材料, 也包含关于积分的渐近级数和渐近式的初步知识 (第十九章), 因为这无疑是大有用处的高效的分析工具.

为了便于查阅, 用星号标记出了补充材料, 即在初次阅读时可以略过的章节.

本卷各章和插图的序号延续了已经出版的第一卷中的相应序号.

这里只给出了在第一卷中没有提及的学者的生平简介.

为了阅读方便和行文简洁, 与第一卷一样, 分别用符号 ◀ 和 ▶ 表示证明的开始和结束, 而在合适的时候用专门的记号 := 或 =: (按照定义相等) 引入定义, 其中冒号与被定义的对象位于同一边.

本卷保持了第一卷的风格, 既关注数学结构本身的简洁性和逻辑性, 也关注理论在自然科学中的丰富应用的展示.

B.A.卓里奇

莫斯科, 1982 年

*第九章 连续映射 (一般理论)

我们在前面研究了连续的数值函数和形如 $f:\mathbb{R}^m\to\mathbb{R}^n$ 的映射的性质, 在这一章中将以统一的观点推广并叙述这些性质, 同时引入一系列虽然简单但非常重要的、在数学中广泛使用的概念.

§1. 度量空间

1. 定义和实例

定义 1. 我们说, 集合 X 具有度量或度量空间的结构, 即 X 是度量空间, 如果指定的函数
$$d:X\times X\to\mathbb{R} \tag{1}$$
满足条件:
  a) $d(x_1,x_2)=0 \Leftrightarrow x_1=x_2$,
  b) $d(x_1,x_2)=d(x_2,x_1)$ (对称性),
  c) $d(x_1,x_3)\leqslant d(x_1,x_2)+d(x_2,x_3)$ (三角形不等式),
其中 x_1, x_2, x_3 是 X 的任意元素. 这时, 函数 (1) 称为 X 中的度量或距离.

因此, 度量空间是由集合 X 和在该集合上给定的度量组成的对象 (X,d). 按照几何术语, 集合 X 的元素经常称为点.

我们指出, 如果在三角形不等式 c) 中取 $x_3=x_1$, 则利用度量的公理 a) 和 b) 得到
$$0\leqslant d(x_1,x_2),$$
即满足公理 a), b), c) 的距离是非负的.

考虑一些实例.

例 1. 对于实数 x_1, x_2, 我们在前面总是取 $d(x_1, x_2) = |x_1 - x_2|$, 实数集 $\mathbb{R}$ 于是成为度量空间.

例 2. 在 $\mathbb{R}$ 上还可以引入许多其他的度量. 例如, 如果规定任何两个不同的点之间的距离都等于 1, 我们就得到一个平凡的离散度量.

$\mathbb{R}$ 上的以下度量的内涵则要丰富得多. 设 $x \mapsto f(x)$ 是定义于 $x \geqslant 0$ 的非负函数, 并且仅当 $x = 0$ 时等于 0. 如果这个函数严格上凸, 则对于 $x_1, x_2 \in \mathbb{R}$, 只要取

$$d(x_1, x_2) = f(|x_1 - x_2|), \tag{2}$$

就得到 $\mathbb{R}$ 上的度量.

公理 a), b) 这时显然成立, 并且容易验证, f 严格单调, 而当 $0 < a < b$ 时满足不等式

$$f(a+b) - f(b) < f(a) - f(0) = f(a),$$

由此可以得到三角形不等式.

特别地, 可以取 $d(x_1, x_2) = \sqrt{|x_1 - x_2|}$ 或 $d(x_1, x_2) = \dfrac{|x_1 - x_2|}{1 + |x_1 - x_2|}$. 对于后者, 数轴上任何两个点之间的距离都小于 1.

例 3. 在 $\mathbb{R}^n$ 中, 除了点 $x_1 = (x_1^1, x_1^2, \cdots, x_1^n)$, $x_2 = (x_2^1, x_2^2, \cdots, x_2^n)$ 之间的通常的距离

$$d(x_1, x_2) = \sqrt{\sum_{i=1}^{n} |x_1^i - x_2^i|^2}, \tag{3}$$

还可以引入距离

$$d_p(x_1, x_2) = \left(\sum_{i=1}^{n} |x_1^i - x_2^i|^p \right)^{1/p}, \tag{4}$$

其中 $p \geqslant 1$. 从闵可夫斯基不等式 (见第五章 §4 第 2 小节) 可知, 三角形不等式对于函数 (4) 成立.

例 4. 如果在印刷的文件中遇到带有变形字母的单词, 则只要难以分辨的字母不太多, 我们就能轻而易举地修改错误并恢复词意. 但是, 修改错误并恢复词意并不总是唯一确定的操作, 所以在其他条件相同的情况下, 应当优先采用修改量较小的解读. 因此, 在编码理论中, 在由 0 和 1 组成的长度为 n 的所有序列的集合上, 采用 $p = 1$ 时的度量 (4).

这些序列的集合在几何上可以解释为由 $\mathbb{R}^n$ 中的单位立方体

$$I = \{x \in \mathbb{R}^n \mid 0 \leqslant x^i \leqslant 1, \ i = 1, 2, \cdots, n\}$$

的顶点组成的集合. 两个顶点之间的距离是为了从一个顶点的坐标得到另一个顶点的坐标所必需的 0, 1 的转换数, 而每一次这样的转换是沿立方体的一条棱进行的. 因此, 上述距离是立方体顶点之间沿立方体的棱的最短道路长度.

例 5. 当 $p = 2$ 时的度量 (4) 是在比较 n 次同类测量的两组结果时最常用的度量. 这时, 两点之间的距离通常称为它们的均方差.

例 6. 如果在 (4) 中取 $p \to +\infty$ 时的极限, 则容易看出, 可以得到 $\mathbb{R}^n$ 中的以下度量:
$$d(x_1, x_2) = \max_{1 \leqslant i \leqslant n} |x_1^i - x_2^i|. \tag{5}$$

例 7. 对于闭区间上的连续函数集合 $C[a,b]$ 中的函数 f, g, 如果取
$$d(f, g) = \max_{a \leqslant x \leqslant b} |f(x) - g(x)|, \tag{6}$$
该集合就成为度量空间.

度量的公理 a), b) 显然成立, 而三角形不等式得自
$$|f(x) - h(x)| \leqslant |f(x) - g(x)| + |g(x) - h(x)| \leqslant d(f,g) + d(g,h),$$
即
$$d(f, h) = \max_{a \leqslant x \leqslant b} |f(x) - h(x)| \leqslant d(f,g) + d(g,h).$$

度量 (6) 称为 $C[a,b]$ 中的一致度量或一致收敛性度量, 也称为切比雪夫度量. 当我们希望用一个函数代替另一个函数, 例如用多项式代替给定函数, 以便通过前者以所需精度计算后者在任何点 $x \in [a,b]$ 的值时, 就会用到度量 (6), 因为量 $d(f, g)$ 恰好刻画了该近似计算的精度.

$C[a, b]$ 中的度量 (6) 很像 $\mathbb{R}^n$ 中的度量 (5).

例 8. 类似于度量 (4), 当 $p \geqslant 1$ 时可以在 $C[a,b]$ 中引入度量
$$d_p(f, g) = \left(\int_a^b |f - g|^p(x) \, dx \right)^{1/p}. \tag{7}$$

这在 $p \geqslant 1$ 时确实是度量, 因为我们有闵可夫斯基积分不等式, 而该不等式之所以成立, 是因为可以对相应积分和写出闵可夫斯基不等式并取极限.

度量 (7) 的重要特例是: $p = 1$, 积分度量; $p = 2$, 均方差度量; $p = +\infty$, 一致度量.

经常用符号 $C_p[a,b]$ 表示具有度量 (7) 的空间 $C[a,b]$. 可以验证, $C_\infty[a,b]$ 是具有度量 (6) 的空间 $C[a,b]$.

例 9. 度量 (7) 似乎也可以用于区间 $[a,b]$ 上的黎曼可积函数集 $\mathcal{R}[a,b]$. 不过, 即使两个函数不恒等, 它们之差的模的积分也可以等于零, 所以公理 a) 这时不成立. 然而我们知道, 非负函数 $\varphi \in \mathcal{R}[a,b]$ 的积分等于零的充要条件是 $\varphi(x) = 0$ 在闭区间 $[a,b]$ 上几乎处处成立.

因此, 如果把 $\mathcal{R}[a,b]$ 划分为等价函数类, 并且认为, 只要 $\mathcal{R}[a,b]$ 中的两个函数至多在一个零测度集上不相等, 这两个函数就是等价的, 则在由这样的等价函数类组成的集合 $\tilde{\mathcal{R}}[a,b]$ 上, 关系式 (7) 确实给出了度量. 具有该度量的集合 $\tilde{\mathcal{R}}[a,b]$ 记为 $\tilde{\mathcal{R}}_p[a,b]$, 有时也简写为 $\mathcal{R}_p[a,b]$.

例 10. 在定义于 $[a,b]$ 并且在该区间上有前 k 阶连续导数的函数集 $C^{(k)}[a,b]$ 中可以定义以下度量:
$$d(f,g) = \max\{M_0, \cdots, M_k\}, \tag{8}$$
其中
$$M_i = \max_{a \leqslant x \leqslant b} |f^{(i)}(x) - g^{(i)}(x)|, \quad i = 0, 1, \cdots, k.$$
因为 (6) 是度量, 所以容易验证, (8) 也是度量.

例如, 假设 f 是一个运动的点的坐标, 它是时间的函数. 如果限定该点在时间间隔 $[a,b]$ 内所能到达的区域和最大速度, 此外还希望达到一定的舒适性, 即加速度不应超过一个确定的级别, 则对于函数 $f \in C^{(2)}[a,b]$ 自然考虑一组特征
$$\{\max_{a \leqslant x \leqslant b} |f(x)|, \max_{a \leqslant x \leqslant b} |f'(x)|, \max_{a \leqslant x \leqslant b} |f''(x)|\},$$
并且当量 (8) 很小时, 认为运动 f, g 就这些特征而言是相近的.

上述实例表明, 在同一个集合上可以用不同方法引入度量. 具体引入何种度量, 通常取决于问题的提法本身. 现在, 我们关注一切度量空间所共同具有的最一般的一些性质.

2. 度量空间的开子集和闭子集. 设 (X, d) 是度量空间. 类似于第七章 §1 中 $X = \mathbb{R}^n$ 的情形, 在一般情形下也可以引入以给定点为中心的球、开集、闭集、点的邻域、集合的极限点等概念.

我们来回忆这些概念, 它们是今后讨论的基础.

定义 2. 当 $\delta > 0$, $a \in X$ 时, 集合 $B(a, \delta) = \{x \in X \mid d(a, x) < \delta\}$ 称为以 $a \in X$ 为中心、以 δ 为半径的球, 或点 a 的 δ 邻域.

在一般度量空间的情形下, 引入这样的术语是方便的, 但不应把它等同于我们在 $\mathbb{R}^3$ 中已经习惯的传统几何对象.

例 11. 在 $C[a,b]$ 中, 以在 $[a,b]$ 上恒等于零的函数为中心的单位球, 由在 $[a,b]$ 上连续并且模小于 1 的函数组成.

例 12. 设 X 是 $\mathbb{R}^2$ 中的单位正方形, 而该正方形中两点之间的距离由这两点在 $\mathbb{R}^2$ 中的距离来定义. 于是, X 是度量空间, 并且可以认为具有这种度量的正方形 X 本身是以其中心为中心、以任何 $\rho \geqslant \sqrt{2}/2$ 为半径的球.

显然, 这样可以构造出奇形怪状的球, 所以不应完全从字面上理解术语 "球".

定义 3. 集合 $G \subset X$ 称为度量空间 (X,d) 中的开集, 如果对于任何点 $x \in G$, 满足 $B(x,\delta) \subset G$ 的球 $B(x,\delta)$ 存在.

从这个定义显然可知, X 本身是 (X,d) 中的开集, 空集 $\varnothing$ 也是开集. 通过与 $\mathbb{R}^n$ 情况相同的讨论可以证明, 球 $B(a,r)$ 及其外部 $\{x \in X \mid d(a,x) > r\}$ 都是开集. (见第七章 §1 例 3, 4.)

定义 4. 集合 $\mathcal{F} \subset X$ 称为 (X,d) 中的闭集, 如果它的补集 $X \setminus \mathcal{F}$ 是 (X,d) 中的开集.

特别地, 由此可知, 闭球 $\tilde{B}(a,r) := \{x \in X \mid d(a,x) \leqslant r\}$ 是度量空间 (X,d) 中的闭集.

对于度量空间 (X,d) 中的开集和闭集, 以下命题成立.

命题 1. a) 由 X 中的开集 G_α 组成的任何开集族 $\{G_\alpha, \alpha \in A\}$ 的集合的并集 $\bigcup_{\alpha \in A} G_\alpha$ 是 X 中的开集.

b) X 中有限个开集的交集 $\bigcap_{i=1}^{n} G_i$ 是 X 中的开集.

a$'$) 由 X 中的闭集 $\mathcal{F}_\alpha$ 组成的任何闭集族 $\{\mathcal{F}_\alpha, \alpha \in A\}$ 的集合的交集 $\bigcap_{\alpha \in A} \mathcal{F}_\alpha$ 是 X 中的闭集.

b$'$) X 中有限个闭集的并集 $\bigcup_{i=1}^{n} \mathcal{F}_i$ 是 X 中的闭集.

命题 1 的证明完全重复关于 $\mathbb{R}^n$ 中的开集和闭集的相应命题的证明 (见第七章 §1 命题 1), 这里不再讨论.

定义 5. X 中包含点 $x \in X$ 的开集称为这个点在 X 中的邻域.

定义 6. 点 $x \in X$ 称为集合 $E \subset X$ 的

内点, 如果这个点与它的某个邻域都包含在 E 中;

外点, 如果这个点是 E 在 X 中的补集的内点;

边界点, 如果这个点既不是 E 的内点, 也不是 E 的外点 (即在这个点的任何邻域中既有属于 E 的点, 也有不属于 E 的点).

例 13. 球 $B(a,r)$ 的所有的点都是它的内点, 而集合 $C_X \tilde{B}(a,r) = X \setminus \tilde{B}(a,r)$ 由球 $B(a,r)$ 的外点组成.

在具有标准度量 d 的空间 $\mathbb{R}^n$ 中, 球面 $S(a, r) = \{x \in \mathbb{R}^n \mid d(a, x) = r > 0\}$ 是球 $B(a, r)$ 的边界点的集合①.

定义 7. 点 $a \in X$ 称为集合 $E \subset X$ 的极限点, 如果对于这个点的任何邻域 $O(a)$, 集合 $E \cap O(a)$ 是无限集.

定义 8. 集合 E 与它在 X 中所有极限点的集合的并集称为集合 E 在 X 中的闭包.

沿用以前的记号, 用 $\bar{E}$ 表示集合 $E \subset X$ 的闭包.

命题 2. 集合 $\mathcal{F} \subset X$ 是 X 中的闭集的充要条件是它包含自己的所有极限点.

于是,
$$(\mathcal{F} \text{ 是 } X \text{ 中的闭集}) \Leftrightarrow (\text{在 } X \text{ 中 } \mathcal{F} = \bar{\mathcal{F}}).$$

我们省略证明, 因为它重复第七章 §1 中 $X = \mathbb{R}^n$ 时的类似命题的证明.

3. 度量空间的子空间. 如果 (X, d) 是度量空间, E 是 X 的子集, 并且规定 E 中任何两点 x_1, x_2 之间的距离等于 $d(x_1, x_2)$, 即这两点在 X 中的距离, 我们就得到度量空间 (E, d), 该空间称为原度量空间 (X, d) 的子空间.

于是, 我们采用以下定义.

定义 9. 度量空间 (X_1, d_1) 称为度量空间 (X, d) 的子空间, 如果 $X_1 \subset X$, 并且对于集合 X_1 的任何两点 a, b, 等式 $d_1(a, b) = d(a, b)$ 成立.

因为度量空间 (X, d) 的子空间 (X_1, d_1) 中的球
$$B_1(a, r) = \{x \in X_1 \mid d_1(a, x) < r\}$$
显然是集合 $X_1 \subset X$ 与 X 中的球 $B(a, r)$ 的交集, 即
$$B_1(a, r) = X_1 \cap B(a, r),$$
所以 X_1 中的任何开集具有以下形式:
$$G_1 = X_1 \cap G,$$
其中 G 是 X 中的开集, 而 X_1 中的任何闭集 $\mathcal{F}_1$ 具有以下形式:
$$\mathcal{F}_1 = X_1 \cap \mathcal{F},$$
其中 $\mathcal{F}$ 是 X 中的闭集.

由此可见, 度量空间中的集合是开集或闭集的性质是相对的, 与集合所在空间有关.

---

① 关于例 13, 还可以参考本节习题 2.

例 14. 如果在平面 $\mathbb{R}^2$ 的横坐标轴上的区间 $|x| < 1, y = 0$ 中引入 $\mathbb{R}^2$ 中的标准度量, 就得到度量空间 (X_1, d_1). 与任何度量空间一样, 所得空间本身是闭空间, 因为它包含它在 X_1 中的所有极限点. 与此同时, 显然, X_1 不是 $\mathbb{R}^2 = X$ 中的闭集.

例 15. 具有度量 (7) 的区间 $[a, b]$ 上的连续函数集 $C[a, b]$ 是度量空间 $\mathcal{R}_p[a, b]$ 的子空间. 但是, 如果在 $C[a, b]$ 上考虑度量 (6), 而不是 (7), 则这个结论不再成立.

这个例子表明, 子空间的概念也是相对的.

4. 度量空间的直积. 如果 (X_1, d_1) 和 (X_2, d_2) 是两个度量空间, 就可以在直积 $X_1 \times X_2$ 中引入度量 d, 最常用的方法如下.

设 $(x_1, x_2) \in X_1 \times X_2, (x_1', x_2') \in X_1 \times X_2$, 则可以取

$$d((x_1, x_2), (x_1', x_2')) = \sqrt{d_1^2(x_1, x_1') + d_2^2(x_2, x_2')},$$

或

$$d((x_1, x_2), (x_1', x_2')) = d_1(x_1, x_1') + d_2(x_2, x_2'),$$

或

$$d((x_1, x_2), (x_1', x_2')) = \max\{d_1(x_1, x_1'), d_2(x_2, x_2')\}.$$

容易看出, 我们在上述每一种情形下都得到 $X_1 \times X_2$ 上的度量.

定义 10. 如果 $(X_1, d_1), (X_2, d_2)$ 是两个度量空间, 而 d 是在 $X_1 \times X_2$ 中按照上述任何一种方式引入的度量, 则空间 $(X_1 \times X_2, d)$ 称为原度量空间的直积.

例 16. 可以认为空间 $\mathbb{R}^2$ 是具有标准度量的两个度量空间 $\mathbb{R}$ 的直积, 而度量空间 $\mathbb{R}^3$ 是度量空间 $\mathbb{R}^2$ 与 $\mathbb{R}^1 = \mathbb{R}$ 的直积.

习 题

1. a) 请推广例 2 并证明: 如果 $f : \mathbb{R}_+ \to \mathbb{R}_+$ 是严格上凸连续函数, 且 $f(0) = 0$, 而 (X, d) 是度量空间, 则在 X 上可以用关系式 $d_f(x_1, x_2) = f(d(x_1, x_2))$ 定义新度量 d_f.

b) 请证明: 在任何度量空间 (X, d) 上都可以引入度量 $d'(x_1, x_2) = \dfrac{d(x_1, x_2)}{1 + d(x_1, x_2)}$, 使两点之间的距离不超过 1.

2. 设 (X, d) 是具有如例 2 开始所述的平凡度量 (离散度量) 的度量空间, 而 $a \in X$, 则集合 $B(a, 1/2), B(a, 1), \bar{B}(a, 1), \tilde{B}(a, 1), B(a, 3/2), \{x \in X \mid d(a, x) = 1/2\}, \{x \in X \mid d(a, x) = 1\}, \bar{B}(a, 1) \setminus B(a, 1), \tilde{B}(a, 1) \setminus B(a, 1)$ 是怎样的集合?

3. a) 任何一族闭集的并集是闭集, 这是否成立?

b) 一个集合的任何边界点是否都是它的极限点?

c) 在一个集合的一个边界点的任何邻域中既有该集合的内点, 又有该集合的外点, 这是否成立?

d) 请证明: 任何一个集合的边界点集合是闭集.

4. a) 请证明: 如果 (Y, d_Y) 是度量空间 (X, d_X) 的子空间, 则对于 Y 中的任何开 (闭) 集 G_Y ($\mathcal{F}_Y$), 可以在 X 中找到开 (闭) 集 G_X ($\mathcal{F}_X$), 使得 $G_Y = Y \cap G_X$ ($\mathcal{F}_Y = Y \cap \mathcal{F}_X$).

b) 请验证: 如果 Y 中的开集 G'_Y, G''_Y 互不相交, 则可以在 X 中选取相应的集合 G'_X, G''_X, 使它们也没有公共点.

5. 当集合 X 具有度量 d 时, 可以尝试利用 $\tilde{d}(A, B) = \inf\limits_{a \in A, b \in B} d(a, b)$ 来定义集合 $A \subset X$ 与 $B \subset X$ 之间的距离.

a) 请给出一个度量空间及它的两个互不相交闭子集 A, B 的实例, 使 $\tilde{d}(A, B) = 0$.

b) 请证明 (最初由豪斯多夫提出): 在度量空间 (X, d) 的有界闭子集集合上可以引入豪斯多夫度量 D, 即对于 $A \subset X$, $B \subset X$, 可以取

$$D(A, B) := \max\left\{\sup_{a \in A} \tilde{d}(a, B), \sup_{b \in B} \tilde{d}(A, b)\right\}.$$

§2. 拓扑空间

对于与函数极限或映射极限的概念有关的问题, 在许多情况下, 重要的并不是某一种度量在一个空间中存在, 而是我们能够定义一个点的邻域. 为了让大家相信这一点, 只需要回忆极限或连续性的定义, 因为这些定义本身都可以用邻域的术语表述出来. 在拓扑空间这个数学对象中, 可以用最一般的形式研究映射的极限运算和连续性.

1. 基本定义

定义 1. 我们说, 集合 X 具有拓扑空间结构或拓扑, 或者说, X 是拓扑空间, 如果指定了 X 的一个子集族 τ (其中的集合称为 X 中的开集), 它具有以下性质:

a) $\varnothing \in \tau$, $X \in \tau$;

b) $(\forall \alpha \in A\ (\tau_\alpha \in \tau)) \Rightarrow \bigcup\limits_{\alpha \in A} \tau_\alpha \in \tau$;

c) $(\tau_i \in \tau, i = 1, \cdots, n) \Rightarrow \bigcap\limits_{i=1}^{n} \tau_i \in \tau$.

因此, 拓扑空间是由集合 X 和它的上述子集族 τ 组成的序偶 (X, τ). 子集族 τ 包含空集和整个集合 X, 并且 τ 中的任何数目的集合的并集和有限数目的集合的交集也都是 τ 中的集合.

可以看出, 拓扑空间的公理 a), b), c) 就是我们在度量空间情形下已经证明的开集的性质. 因此, 定义了上述开集概念的任何度量空间都是拓扑空间.

于是, 在 X 中给出拓扑意味着指出 X 的一个满足拓扑空间公理 a), b), c) 的子集族 τ.

§2. 拓扑空间

如上所见, 在 X 中只要给出一种度量, 自然也就给出由它导出的拓扑. 不过, 应当指出, X 中的不同度量能够在这个集合中导出同一种拓扑.

例 1. 设 $X=\mathbb{R}^n\,(n>1)$. 在 $\mathbb{R}^n$ 中考虑由 §1 的关系式 (5) 给出的度量 $d_1(x_1,x_2)$ 和由 §1 的公式 (3) 定义的度量 $d_2(x_1,x_2)$.

从不等式
$$d_1(x_1,x_2) \leqslant d_2(x_1,x_2) \leqslant \sqrt{n}\, d_1(x_1,x_2)$$
显然可知, 在上述两个度量中的一个度量下, 以任意点 $a\in X$ 为中心的每一个球 $B(a,r)$ 都包含另一个度量下以同一个点为中心的某一个球. 所以, 根据度量空间开子集的定义, 这两个度量在 X 中导出同一个拓扑.

我们在本书范围内始终采用的几乎全部拓扑空间都是度量空间, 但是不应认为任何拓扑空间都是度量空间, 即不应认为任何拓扑空间都具有度量, 使该度量下的开集与给出 X 中的拓扑的开集族 τ 中的开集相同. 可以这样做的条件就是通常所说的度量化定理的内容.

定义 2. 如果 (X,τ) 是拓扑空间, 则子集族 τ 中的集合称为拓扑空间 (X,τ) 的开集, 而它在 X 中的补集称为拓扑空间 (X,τ) 的闭集.

为了给出集合 X 中的拓扑 τ, 很少采用列举子集族 τ 中的所有集合的方法, 经常只需要指出 X 的某一类子集, 只要由这些子集的并集和交集可以得到子集族 τ 中的任何集合即可. 所以, 以下定义非常重要.

定义 3. X 的开子集族 $\mathfrak{B}$ 称为拓扑空间 (X,τ) 的基 (开基或拓扑基), 如果每一个开集 $G\in\tau$ 都是开子集族 $\mathfrak{B}$ 中的某些元素的并集.

例 2. 如果 (X,d) 是度量空间, 而 (X,τ) 是相应的拓扑空间, 则所有的球的集合 $\mathfrak{B}=\{B(a,r)\mid a\in X,\,r>0\}$ 显然是 τ 的拓扑基. 此外, 如果取以正有理数 r 为半径的所有的球的集合作为 $\mathfrak{B}$, 则它也是 τ 的拓扑基.

于是, 只要描述拓扑 τ 的基, 就可以给出拓扑 τ. 由例 2 可见, 一个拓扑空间可以有许多不同的拓扑基.

定义 4. 一个拓扑空间的基的最小势称为该拓扑空间的权.

我们通常考虑具有可数拓扑基的拓扑空间 (但是, 也请考虑习题 4 和 6).

例 3. 如果在 $\mathbb{R}^k$ 中取以所有可能的有理点 $\left(\dfrac{m_1}{n_1},\cdots,\dfrac{m_k}{n_k}\right)\in\mathbb{R}^k$ 为中心、以所有可能的有理数 $r=\dfrac{m}{n}>0$ 为半径的所有的球的集合作为 $\mathfrak{B}$, 则显然得到空间 $\mathbb{R}^k$ 的标准拓扑的可数基. 不难验证, 有限的开集族不可能给出 $\mathbb{R}^k$ 中的标准拓扑. 因此, 标准拓扑空间 $\mathbb{R}^k$ 具有可数的权.

定义 5. 拓扑空间 (X, τ) 中包含点 $x \in X$ 的开集称为该点的邻域.

显然, 如果在 X 上给出了拓扑 τ, 就确定了每个点的邻域系.

显然还可以看出, 拓扑空间各个点的所有邻域系是这个空间的拓扑基. 因此, 只要描述集合 X 的点的邻域, 就可以在 X 中引入拓扑, 而这正是最初定义拓扑的方式①. 请注意, 例如, 在度量空间中, 我们其实只要指出点的 δ 邻域, 即可引入拓扑. 我们再举一个例子.

例 4. 考虑定义在整条数轴上的实值连续函数集 $C(\mathbb{R}, \mathbb{R})$, 并在此基础上构造一个新的集合——连续函数芽的集合. 对于函数 $f, g \in C(\mathbb{R}, \mathbb{R})$ 和点 $a \in \mathbb{R}$, 如果可以找到这个点的邻域 $U(a)$, 使 $\forall x \in U(a)\ (f(x) = g(x))$, 我们就认为函数 f, g 在点 a 是等价的. 这个关系确实是等价关系 (它具有自反性、对称性和传递性). 在点 $a \in \mathbb{R}$ 彼此等价的连续函数类称为在这个点的连续函数芽. 如果 f 是在点 a 生成连续函数芽的函数之一, 我们就用记号 f_a 表示连续函数芽本身. 现在定义连续函数芽的邻域. 设 $U(a)$ 是 $\mathbb{R}$ 中的点 a 的邻域, f 是定义在 $U(a)$ 上的连续函数, 并且在点 a 生成连续函数芽 f_a. 这个函数在任何点 $x \in U(a)$ 生成自己的连续函数芽 f_x. 所有的点 $x \in U(a)$ 所对应的连续函数芽的集合 $\{f_x\}$ 称为连续函数芽 f_a 的邻域. 取所有连续函数芽的这样的邻域的集合作为拓扑基, 我们就把连续函数芽的集合转变为拓扑空间. 值得指出, 在这个拓扑空间中, 两个不同的点 (连续函数芽) f_a, g_a 可以没有不相交的邻域 (图 66).

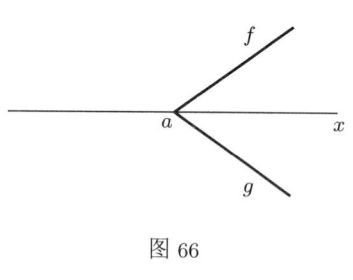

图 66

定义 6. 如果豪斯多夫公理在一个拓扑空间中成立, 即如果该空间的任何两个不同的点具有不相交的邻域, 则该拓扑空间称为豪斯多夫空间.

例 5. 任何度量空间 (X, d) 显然都是豪斯多夫空间, 因为对于满足 $d(a, b) > 0$ 的任何两个点 $a, b \in X$, 其球邻域 $B(a, d(a, b)/2), B(b, d(a, b)/2)$ 没有公共点.

与此同时, 如例 4 所示, 非豪斯多夫拓扑空间也很常见. 具有最简单的拓扑 $\tau = \{\varnothing, X\}$ 的拓扑空间 (X, τ) 大概是这种空间的最简单的例子. 如果 X 至少包含两个点, 则 (X, τ) 显然不是豪斯多夫空间. 此外, 在这个空间中, 一个点的补集 $X \setminus x$ 不是开集.

我们将只考虑豪斯多夫拓扑空间.

---

① 度量空间和拓扑空间的明确概念是在 20 世纪初提出的. 法国数学家弗雷歇 (M. R. Fréchet, 1878—1973) 在 1906 年引入了度量空间的概念, 德国数学家豪斯多夫 (F. Hausdorff, 1868—1942) 在 1914 年定义了拓扑空间.

定义 7. 集合 $E \subset X$ 称为拓扑空间 (X, τ) 中的处处稠密集, 如果对于任何点 $x \in X$ 和它的任何邻域 $U(x)$, 交集 $E \cap U(x)$ 都不是空集.

例 6. 如果在 $\mathbb{R}$ 中考虑标准拓扑, 则有理数集 $\mathbb{Q}$ 是 $\mathbb{R}$ 中的处处稠密集. 类似地, $\mathbb{R}^n$ 中的有理点集是 $\mathbb{R}^n$ 中的处处稠密集.

可以证明, 每一个拓扑空间都具有势不大于这个拓扑空间的权的处处稠密集.

定义 8. 具有可数的处处稠密集的度量空间称为可分空间.

例 7. 度量空间 $(\mathbb{R}^n, d)$ 在任何标准度量下都是可分空间, 因为集合 $\mathbb{Q}^n$ 是其中的处处稠密集.

例 8. 具有由 §1 关系式 (6) 定义的度量的度量空间 $(C([0, 1], \mathbb{R}), d)$ 也是可分空间, 因为从函数 $f \in C([0, 1], \mathbb{R})$ 的一致连续性可知, 可以用顶点具有有理坐标的有限段折线以任意精度逼近任何这样的函数的图像. 这样的折线的集合是可数集.

我们将主要考虑可分空间.

我们现在指出, 因为拓扑空间中的点的邻域的定义与度量空间中的点的邻域的定义在文字表述上是完全相同的, 而我们在 §1 中研究集合的内点、外点、边界点、极限点以及集合的闭包等概念时, 在表述中只用到了邻域的概念, 所以这些概念自然也适用于任意拓扑空间的情况.

此外 (从第七章 §1 命题 2 的证明中可以看出), 以下命题同样成立: 豪斯多夫拓扑空间中的集合是闭集的充分必要条件是它包含它所有的极限点.

2. 拓扑空间的子空间. 设 (X, τ_X) 是拓扑空间, 而 Y 是 X 的子集. 利用拓扑 τ_X 可以定义 Y 中的以下拓扑 τ_Y, 我们称之为 $Y \subset X$ 中的诱导拓扑或相对拓扑. 设 G_X 是 X 中的开集, 则形如 $G_Y = Y \cap G_X$ 的任何集合 G_Y 称为 Y 中的开集.

不难验证, 由此产生的 Y 的子集族 τ_Y 满足拓扑空间的开集公理.

可以看出, Y 中的开集 G_Y 的定义与我们在前一节第 3 小节中得到的结果一致, 那里的 Y 是度量空间 X 的子空间.

定义 9. 设拓扑空间 (X, τ) 的子集 $Y \subset X$ 具有诱导拓扑 τ_Y, 则该子集称为拓扑空间 (X, τ) 的子空间.

显然, (Y, τ_Y) 中的开集不一定是 (X, τ_X) 中的开集.

3. 拓扑空间的直积. 如果 (X_1, τ_1) 和 (X_2, τ_2) 是分别具有开集族 $\tau_1 = \{G_1\}$, $\tau_2 = \{G_2\}$ 的两个拓扑空间, 则在 $X_1 \times X_2$ 中可以引入一个拓扑, 而形如 $G_1 \times G_2$ 的所有可能的集合是它的基.

定义 10. 拓扑空间 $(X_1 \times X_2, \tau_1 \times \tau_2)$ 称为拓扑空间 $(X_1, \tau_1), (X_2, \tau_2)$ 的直积, 如果它的拓扑基由形如 $G_1 \times G_2$ 的集合组成, 其中 G_i 是拓扑空间 (X_i, τ_i) $(i = 1, 2)$ 中的开集.

例 9. 如果考虑具有标准拓扑的 $\mathbb{R} = \mathbb{R}^1$ 和 $\mathbb{R}^2$, 则可以看出, $\mathbb{R}^2$ 是直积 $\mathbb{R}^1 \times \mathbb{R}^1$, 因为 $\mathbb{R}^2$ 中的任何开集都可以表示为它的所有的点的 "正方形" 邻域的并集, 而正方形 (其边平行于坐标轴) 是 $\mathbb{R}$ 中的开区间的直积.

应当注意, 形如 $G_1 \times G_2$ 的集合 $(G_1 \in \tau_1, G_2 \in \tau_2)$ 只组成拓扑基, 但不是拓扑空间直积的所有开集.

习 题

1. 请验证: 如果 (X, d) 是度量空间, 则 $(X, d/(1+d))$ 也是度量空间, 并且度量 d 和 $d/(1+d)$ 在 X 上给出同样的拓扑 (还请参考前一节习题 1).

2. a) 在自然数集 $\mathbb{N}$ 中, 取等差数列作为 $n \in \mathbb{N}$ 的邻域, 其公差 d 与 n 互素, 则由此生成的拓扑空间是否是豪斯多夫空间?

b) 当 $\mathbb{N}$ 作为具有标准拓扑的实数集 $\mathbb{R}$ 的子空间时, $\mathbb{N}$ 具有怎样的拓扑?

c) 请描述 $\mathbb{R}$ 的所有开子集.

3. 如果在同一个集合上给出两个拓扑 τ_1 和 τ_2, 并且 $\tau_1 \subset \tau_2$, 即 τ_2 不仅包含组成 τ_1 的开集, 还包含某些不在 τ_1 中的集合, 我们就说拓扑 τ_2 比拓扑 τ_1 强.

a) 能否比较习题 2 中的 $\mathbb{N}$ 上的两个拓扑?

b) 在定义在区间 $[0, 1]$ 上的连续实函数集 $C[0, 1]$ 中, 如果先用 §1 的关系式 (6) 引入度量, 再用同一节的关系式 (7) 引入度量, 则在 $C[a, b]$ 中一般将产生两个拓扑. 能否比较这两个拓扑?

4. a) 请详细证明: 例 4 中的连续函数芽空间不是豪斯多夫空间.

b) 请解释不能在这个拓扑空间中引入度量的原因.

c) 这个空间具有怎样的权?

5. a) 请用闭集的语言表述拓扑空间各公理.

b) 请证明: 一个集合的闭包的闭包等于该集合的闭包.

c) 请证明: 任何集合的边界是闭集.

d) 请证明: 如果 $\mathcal{F}$ 是 (X, τ) 中的闭集, G 是 (X, τ) 中的开集, 则集合 $G \setminus \mathcal{F}$ 是 (X, τ) 中的开集.

e) 如果 (Y, τ_Y) 是拓扑空间 (X, τ_X) 的子空间, 集合 E 满足条件 $E \subset Y \subset X$ 和 $E \in \tau_X$, 则 $E \in \tau_Y$.

6. 如果拓扑空间 (X, τ) 中的任何点都是闭集, 则该拓扑空间称为强拓扑空间或 τ_1 空间. 请验证:

a) 任何豪斯多夫空间都是 τ_1 空间 (这是豪斯多夫空间也称为 τ_2 空间的部分原因);

b) τ_1 空间不一定是 τ_2 空间 (见例 4);

c) 具有开集族 $\tau = \{\varnothing, X\}$ 的双点集 $X = \{a, b\}$ 不是 τ_1 空间;

d) 在 τ_1 空间中, 集合 $\mathcal{F}$ 是闭集的充分必要条件是 $\mathcal{F}$ 包含自己的一切极限点.

7. a) 请证明: 任何拓扑空间都具有势不超过该空间的权的处处稠密集.

b) 请验证: 度量空间 $C[a, b]$, $C^{(k)}[a, b]$, $\mathcal{R}_1[a, b]$, $\mathcal{R}_p[a, b]$ 是可分空间 (相应度量公式见 §1).

c) 请验证: 在定义在区间 $[a, b]$ 上的有界实函数集中, 如果用 §1 的关系式 (6) 引入度量, 就得到不可分度量空间.

§3. 紧集

1. 紧集的定义和一般性质

定义 1. 拓扑空间 (X, τ) 中的集合 K 称为紧集, 如果从 X 中任何覆盖 K 的开集族中可以选出 K 的有限覆盖.

例 1. 在标准拓扑下, 实数集 $\mathbb{R}$ 中的闭区间 $[a, b]$ 是紧集, 这直接得自在第二章 §3 第 2 小节中已经证明的关于从闭区间的任何开覆盖中可以选出有限覆盖的引理.

一般地, $\mathbb{R}^m$ 中的 m 维区间

$$I^m = \{x \in \mathbb{R}^m \mid a^i \leqslant x^i \leqslant b^i, \ i = 1, 2, \cdots, m\}$$

是紧集, 这在第七章 §1 第 3 小节中已经证明.

在第七章 §1 第 3 小节中还证明了, $\mathbb{R}^m$ 的子集是紧集的充分必要条件是它是有界闭集.

在拓扑空间中, 一个集合是开集或闭集的性质是相对的, 但一个集合是紧集的性质与包含该集合的空间无关, 所以一个集合是紧集的性质在这个意义上是绝对的. 更确切地, 以下命题成立.

命题 1. 拓扑空间 (X, τ) 的子集 K 是 X 中的紧集的充分必要条件是, K 是其本身作为 (X, τ) 的子空间中的紧集.

◀ 上述命题得自紧集的定义和以下结论: K 中的每一个开集 G_K 都是 X 中的某个开集 G_X 与 K 的交集. ▶

于是, 如果 (X, τ_X) 和 (Y, τ_Y) 是在集合 $K \subset (X \cap Y)$ 上具有同样拓扑的两个拓扑空间, 则 K 在 X 和 Y 中同时是紧集或者同时不是紧集.

例 2. 设 d 是 $\mathbb{R}$ 上的标准度量, 而 $I = \{x \in \mathbb{R} \mid 0 < x < 1\}$ 是 $\mathbb{R}$ 中的单位开区间. 度量空间 (I, d) 是 (该空间本身中的) 有界闭集, 但不是紧集, 因为, 例如, 它不是 $\mathbb{R}$ 中的紧集.

现在证明紧集的一些重要性质.

引理 1 (紧集的封闭性引理). 如果 K 是豪斯多夫空间 (X, τ) 中的紧集, 则 K 是 X 的闭子集.

◂ 根据闭集的判别准则, 只要验证 K 的任何极限点 $x_0 \in X$ 都属于 K 即可.

设 $x_0 \notin K$. 对于每一个点 $x \in K$, 构造它的开邻域 $G(x)$, 使 $G(x)$ 与 x_0 的某邻域不相交. 所有这样的邻域 $G(x)$, $x \in K$ 组成 K 的一个开覆盖, 从这个开覆盖中可以选出有限覆盖 $G(x_1), \cdots, G(x_n)$. 现在, 如果点 x_0 的邻域 $O_i(x_0)$ 满足条件 $G(x_i) \cap O_i(x_0) = \varnothing$, 则集合 $O(x_0) = \bigcap_{i=1}^{n} O_i(x_0)$ 也是点 x_0 的邻域, 并且对于任何 $i = 1, \cdots, n$ 都有 $G(x_i) \cap O(x_0) = \varnothing$, 而这表示 $K \cap O(x_0) = \varnothing$. 因此, 点 x_0 不可能是 K 的极限点. ▸

引理 2 (紧集套引理). 如果 $K_1 \supset K_2 \supset \cdots \supset K_n \supset \cdots$ 是豪斯多夫空间中的非空紧集套, 则交集 $\bigcap_{i=1}^{\infty} K_i$ 不是空集.

◂ 根据引理 1, 集合 $G_i = K_1 \setminus K_i$ ($i = 1, 2, \cdots, n, \cdots$) 是 K_1 中的开集. 如果交集 $\bigcap_{i=1}^{\infty} K_i$ 是空集, 则序列 $G_1 \subset G_2 \subset \cdots \subset G_n \subset \cdots$ 全体组成 K_1 的覆盖. 由此选出有限覆盖, 我们就得到, 序列中的某个元素 G_m 已经覆盖了 K_1. 但是, 根据条件, $K_m = K_1 \setminus G_m \neq \varnothing$. 所得矛盾证明了引理 2. ▸

引理 3 (紧集的闭子集引理). 紧集 K 的闭子集 $\mathcal{F}$ 本身也是紧集.

◂ 设 $\{G_\alpha, \alpha \in A\}$ 是 $\mathcal{F}$ 的开覆盖. 如果再补充一个开集 $G = K \setminus \mathcal{F}$, 就得到整个紧集 K 的开覆盖. 从这个覆盖中可以选出 K 的有限覆盖. 因为 $G \cap \mathcal{F} = \varnothing$, 所以从集合族 $\{G_\alpha, \alpha \in A\}$ 中可以选出集合 $\mathcal{F}$ 的有限覆盖. ▸

2. 度量紧集. 我们在下面证明度量紧集的某些性质, 这些性质与度量所导出的拓扑有关. 度量紧集是作为紧集的度量空间.

定义 2. 我们说, 集合 $E \subset X$ 是度量空间 (X, d) 中的 ε 网, 如果对于任何点 $x \in X$, 都可以找到点 $e \in E$, 使得 $d(e, x) < \varepsilon$.

引理 4 (有限 ε 网引理). 如果度量空间 (K, d) 是紧的, 则对于任何 $\varepsilon > 0$, 这个空间都具有有限 ε 网.

◀ 对于每个点 $x \in K$, 取开球 $B(x, \varepsilon)$. 这些球组成 K 的开覆盖, 由此选出有限覆盖 $B(x_1, \varepsilon), \cdots, B(x_n, \varepsilon)$. 点 $x_1, x_2, \cdots, x_n$ 显然组成所需要的 ε 网. ▶

上面讨论了有限覆盖的选取. 除此之外, 在数学分析中还经常讨论从任意序列中选取收敛子列的问题. 结果表明, 以下命题成立.

命题 2 (度量紧集准则). 度量空间 (K, d) 是紧集的充分必要条件是从它的任何一个点列中都可以选取收敛到 K 中某个点的子列.

如前所述, 点列 $\{x_n\}$ 收敛到某个点 $a \in K$, 其含义是, 对于点 $a \in K$ 的任何邻域 $U(a)$, 可以找到序号 $N \in \mathbb{N}$, 使得当 $n > N$ 时, 我们有 $x_n \in U(a)$.

我们将在以后的 §6 中更详细地讨论极限.

在证明命题 2 之前, 我们给出两个引理.

引理 5. 如果从度量空间 (K, d) 的任何一个点列中都可以选出在 K 中收敛的子列, 则对于任何 $\varepsilon > 0$, 有限 ε 网都存在.

◀ 假如对于某个 $\varepsilon_0 > 0$, 在 K 中没有有限 ε_0 网, 则在 K 中可以构造点列 $\{x_n\}$, 使得对于任何 $n \in \mathbb{N}$ 和任何 $i \in \{1, \cdots, n-1\}$ 均有 $d(x_n, x_i) > \varepsilon_0$. 从这个点列中显然无法选出收敛子列. ▶

引理 6. 如果从度量空间 (K, d) 的任何一个点列中可以选出在 K 中收敛的子列, 则这个空间的任何一个非空闭子集套都有非空的交集.

◀ 如果 $\mathcal{F}_1 \supset \cdots \supset \mathcal{F}_n \supset \cdots$ 是 K 中的上述闭集列, 则从其中的每一个闭集中取一个点, 就得到点列 $x_1, \cdots, x_n, \cdots$, 我们由此选出收敛子列 $\{x_{n_i}\}$. 根据该子列的构造方法, 它的极限 $a \in K$ 必定属于闭集列 $\mathcal{F}_i$ ($i \in \mathbb{N}$) 中的每一个. ▶

现在证明命题 2.

◀ 首先验证, 如果 (K, d) 是紧的, $\{x_n\}$ 是它的一个点列, 则由此可以选出收敛到 K 的某个点的子列. 如果点列 $\{x_n\}$ 只有有限个不同的点, 则结论显然成立, 所以可以认为, 点列 $\{x_n\}$ 有无穷个不同的点. 对于 $\varepsilon_1 = 1/1$, 构造一个有限 1 网, 并取包含点列中无穷个点的闭球 $\tilde{B}(a_1, 1)$. 根据引理 3, $\tilde{B}(a_1, 1)$ 本身是紧集, 它具有有限 $\varepsilon_2 = 1/2$ 网和包含点列中无穷个点的闭球 $\tilde{B}(a_2, 1/2)$. 由此得到一个紧集套

$$\tilde{B}(a_1, 1) \supset \tilde{B}(a_2, 1/2) \supset \cdots \supset \tilde{B}(a_n, 1/n) \supset \cdots.$$

根据引理 2, 这些紧集有公共点 $a \in K$. 在闭球 $\tilde{B}(a_1, 1)$ 中取点列 $\{x_n\}$ 中的点 x_{n_1}, 在闭球 $\tilde{B}(a_2, 1/2)$ 中取点列中序号 $n_2 > n_1$ 的点 x_{n_2}, 这样不断重复, 就得到子列 $\{x_{n_i}\}$. 根据该子列的构造方法, 它收敛到 a.

现在证明逆命题, 即验证, 如果从度量空间 (K, d) 的任何一个点列 $\{x_n\}$ 中可以选出在 K 中收敛的子列, 则 (K, d) 是紧的.

其实, 如果从空间 (K, d) 的某个开覆盖 $\{G_\alpha, \alpha \in A\}$ 中无法选出有限覆盖, 则根据引理 5, 只要在 K 中构造有限 1 网, 就得到闭球 $\tilde{B}(a_1, 1)$, 它也不能被开覆盖 $\{G_\alpha, \alpha \in A\}$ 中的有限个集合覆盖.

现在可以认为这个闭球 $\tilde{B}(a_1, 1)$ 是最初的集合. 于是, 在这个闭球中构造有限 1/2 网, 就可以得到闭球 $\tilde{B}(a_2, 1/2)$, 它不能被开覆盖 $\{G_\alpha, \alpha \in A\}$ 中的有限个集合覆盖.

我们用这种方法得到了闭集套 $\tilde{B}(a_1, 1) \supset \tilde{B}(a_2, 1/2) \supset \cdots \supset \tilde{B}(a_n, 1/n) \supset \cdots$. 根据引理 6 和该闭集套的构造方法可以看出, 它只有一个公共点 $a \in K$. 这个点被开覆盖 $\{G_\alpha, \alpha \in A\}$ 中的某个集合 G_{α_0} 覆盖. 因为 G_{α_0} 是开集, 所以当 n 足够大时, 所有集合 $\tilde{B}(a_n, 1/n)$ 应当都包含于 G_{α_0}. 所得矛盾证明了命题 2. ▶

习 题

1. 度量空间的子集称为完全有界集, 如果对于任何 $\varepsilon > 0$, 它都具有有限 ε 网.

a) 请验证: 集合的完全有界性与 ε 网是由该集合本身的点组成还是由它所在空间的点组成无关.

b) 请证明: 完备度量空间的子集是紧集的充分必要条件是它既是完全有界集也是闭集 (关于完备度量空间的定义, 参看本章 §5).

c) 请举例说明: 度量空间的闭有界集不一定是完全有界集, 因而也不一定是紧集.

2. 拓扑空间的子集称为相对紧的, 如果它的闭包是紧集. 请举出 $\mathbb{R}^n$ 的相对紧子集的例子.

3. 拓扑空间称为局部紧的, 如果这个空间的每个点都具有相对紧邻域. 请举出局部紧但不是紧集的拓扑空间的例子.

4. 请证明: 对于任何局部紧但不是紧集的拓扑空间 (X, τ_X), 存在紧拓扑空间 (Y, τ_Y), 使得 $X \subset Y$, 而 $Y \setminus X$ 由一个点组成, 并且空间 (X, τ_X) 是拓扑空间 (Y, τ_Y) 的子空间.

§4. 连通的拓扑空间

定义 1. 拓扑空间 (X, τ) 称为连通的, 如果除了 X 本身和空集, 这个空间没有其他开闭子集[①].

如果把这个定义写为以下形式, 它在直观上就变得更清楚了.

拓扑空间是连通集的充分必要条件是它无法表示为它的两个没有公共点的非空闭 (开) 子集的并集.

定义 2. 拓扑空间 (X, τ) 中的集合 E 称为连通集, 如果它作为 (X, τ) 的拓扑子空间 (具有诱导拓扑) 是连通的.

[①] 即同时是开子集和闭子集.

从这个定义和定义 1 可知, 集合 E 的连通性与它所在的空间无关. 更准确地说, 如果 (X, τ_X) 和 (Y, τ_Y) 是包含 E 并且在 E 上导出同一个拓扑的拓扑空间, 则 E 在 X 和 Y 中同时连通, 或者同时不连通.

例 1. 设 $E = \{x \in \mathbb{R} \mid x \neq 0\}$. 如果认为 E 是具有 $\mathbb{R}$ 上的标准拓扑的拓扑空间, 则集合 $E_- = \{x \in E \mid x < 0\}$ 不是空集, 它与 E 不重合, 同时还是 E 中的开闭集 ($E_+ = \{x \in E \mid x > 0\}$ 同样如此). 因此, E 不是连通的, 这与我们的直觉一致.

命题 (关于 $\mathbb{R}$ 的连通子集). 非空集合 $E \subset \mathbb{R}$ 是连通集的充分必要条件是: 对于任何属于 E 的 x, z, 从 $x < y < z$ 可以推出 $y \in E$.

于是, 在直线上只有区间 (有限区间或无穷区间) 是连通集, 它们是开区间、半开区间、闭区间.

◂ **必要性**. 设 E 是 $\mathbb{R}$ 的连通子集, 三个点 a, b, c 满足 $a \in E, b \in E$, 但 $c \notin E$, 并且 $a < c < b$. 取 $A = \{x \in E \mid x < c\}, B = \{x \in E \mid x > c\}$, 则 $a \in A, b \in B$, 即 $A \neq \varnothing, B \neq \varnothing$, 而 $A \cap B = \varnothing$. 此外, $E = A \cup B$, 并且两个集合 A, B 都是 E 中的开集. 这与 E 的连通性矛盾.

充分性. 设 E 是 $\mathbb{R}$ 的子空间, 并且具有以下性质: 如果 a 和 b ($a < b$) 是属于 E 的任何两个点, 则闭区间 $[a, b]$ 上所有的点都属于 E. 我们来证明 E 是连通集.

假设 A 是 E 的开闭子集, 并且 $A \neq \varnothing, B = E \setminus A \neq \varnothing$. 设 $a \in A, b \in B$. 为明确起见, 认为 $a < b$ (因为 $A \cap B = \varnothing$, 所以 $a \neq b$). 考虑点 $c_1 = \sup\{A \cap [a, b]\}$. 因为 $A \ni a \leqslant c_1 \leqslant b \in B$, 所以 $c_1 \in E$. 而 A 是 E 中的闭集, 由此得到 $c_1 \in A$.

现在考虑点 $c_2 = \inf\{B \cap [c_1, b]\}$. 类似地, 因为 B 是闭集, 所以 $c_2 \in B$. 于是, 因为 $c_1 \in A, c_2 \in B, A \cap B = \varnothing$, 所以 $a \leqslant c_1 < c_2 \leqslant b$. 但是, 现在从 c_1 和 c_2 的定义以及 $E = A \cup B$ 可知, 开区间 $]c_1, c_2[$ 的任何点都不可能属于 E. 这与 E 的已知性质矛盾. 因此, 集合 E 不可能具有满足上述性质的子集 A, 这就证明了 E 是连通集. ▸

习 题

1. a) 请验证: 如果 A 是 (X, τ) 的开闭子集, 则 $B = X \setminus A$ 也是这样的开闭子集.

b) 请证明: 集合的连通性可以通过所在空间的术语表示为以下形式: 拓扑空间 (X, τ) 的子集 E 是连通集的充分必要条件是: 在 X 中无法给出两个不相交的开集 (闭集) G'_X, G''_X, 使得 $E \cap G'_X \neq \varnothing, E \cap G''_X \neq \varnothing$, 并且 $E \subset G'_X \cup G''_X$.

2. 请证明:

a) 具有公共点的连通子空间的并集是连通的;

b) 连通子空间的交集不一定是连通的;

c) 连通空间的闭包是连通的.

3. 非退化 n 阶实元素矩阵群 $GL(n)$ 可以视为拓扑空间之积 $\mathbb{R}^{n^2}$ 的开子集, 如果矩阵的每个元素分别属于实数集 $\mathbb{R}$ 的各自集合. 空间 $GL(n)$ 是否是连通的?

4. 拓扑空间称为局部连通的, 如果它的每个点具有连通的邻域.

a) 请证明: 从拓扑空间的局部连通性还不能推出其连通性.

b) $\mathbb{R}^2$ 中的集合 E 是函数 $x \mapsto \sin\frac{1}{x}$ ($x \neq 0$) 的图像加上纵坐标轴上的闭区间

$$\{(x, y) \in \mathbb{R}^2 \mid x = 0 \wedge |y| \leqslant 1\}.$$

在 E 上考虑由 $\mathbb{R}^2$ 给出的拓扑. 请证明: 由此得到的拓扑空间是连通的, 但不是局部连通的.

5. 在第七章 §2 第 2 小节中, 我们把 $\mathbb{R}^n$ 中的连通子集定义为集合 $E \subset \mathbb{R}^n$, 它的任何两个点都可以用在 E 中具有承载子的道路连接起来. 为了与在本节中引入的拓扑连通性有所区别, 在第七章中讨论的概念通常称为道路连通性. 请验证:

a) $\mathbb{R}^n$ 的任何道路连通子集都是连通的;

b) 当 $n > 1$ 时, $\mathbb{R}^n$ 的连通子集不一定是道路连通的 (见习题 4);

c) $\mathbb{R}^n$ 的任何连通开子集都是道路连通的.

§5. 完备度量空间

本节只讨论度量空间, 更准确地说, 只讨论在分析的各个领域中起重要作用的一类度量空间.

1. 基本定义和实例. 类似于已经研究过的空间 $\mathbb{R}^n$ 的情况, 我们在任意度量空间中引入基本序列和收敛序列的概念.

定义 1. 度量空间 (X, d) 的点列 $\{x_n; n \in \mathbb{N}\}$ 称为**基本序列**或**柯西序列**, 如果对于任何 $\varepsilon > 0$, 都可以找到序号 $N \in \mathbb{N}$, 使得对于任何大于 N 的序号 $m, n \in \mathbb{N}$, 关系式 $d(x_m, x_n) < \varepsilon$ 都成立.

定义 2. 我们说, 度量空间 (X, d) 的点列 $\{x_n; n \in \mathbb{N}\}$ 收敛到点 $a \in X$, 而 a 是这个点列的极限, 如果 $\lim\limits_{n \to \infty} d(a, x_n) = 0$.

具有极限的序列仍像以前一样称为*收敛序列*.

现在给出一个基本的定义.

定义 3. 度量空间 (X, d) 称为**完备的**, 如果由它的点组成的每个基本序列是收敛序列.

例 1. 具有标准度量的实数集 $\mathbb{R}$ 是完备度量空间, 这得自数列的柯西收敛准则.

我们指出, 因为度量空间的任何收敛点列显然是基本序列, 所以在完备度量空间的定义中, 本质上只是假设序列的柯西收敛准则在该空间中成立.

例 2. 如果在集合 $\mathbb{R}$ 中删除一个数, 例如删除 0, 则在标准度量下, 集合 $\mathbb{R} \setminus 0$ 已经不是完备空间. 其实, 它的点列 $x_n = 1/n, n \in \mathbb{N}$ 是基本序列, 但该点列在 $\mathbb{R} \setminus 0$ 中没有极限.

例 3. 如第七章 §2 第 1 小节所述, 具有任何一种标准度量的空间 $\mathbb{R}^n$ 都是完备的.

例 4. 考虑闭区间 $[a, b] \subset \mathbb{R}$ 上具有度量

$$d(f, g) = \max_{a \leqslant x \leqslant b} |f(x) - g(x)| \tag{1}$$

的实值连续函数集 $C[a, b]$ (见 §1 例 7). 我们来证明: 度量空间 $(C[a, b], d)$ 是完备的.

◂ 设函数列 $\{f_n(x); n \in \mathbb{N}\}$ 是 $C[a, b]$ 中的基本序列, 即

$$\forall \varepsilon > 0 \ \exists N \in \mathbb{N} \ \forall m \in \mathbb{N} \ \forall n \in \mathbb{N} \ ((m > N \wedge n > N) \Rightarrow \forall x \in [a, b] \ (|f_m(x) - f_n(x)| < \varepsilon)). \tag{2}$$

从 (2) 可以看出, 对于每个固定值 $x \in [a, b]$, 数列 $\{f_n(x); n \in \mathbb{N}\}$ 是基本的, 所以根据柯西准则, 它有确定的极限 $f(x)$.

于是,

$$f(x) := \lim_{n \to \infty} f_n(x), \quad x \in [a, b]. \tag{3}$$

我们来验证, 函数 $f(x)$ 在 $[a, b]$ 上连续, 即 $f \in C[a, b]$.

从 (2) 和 (3) 推出, 当 $n > N$ 时, 以下不等式成立:

$$|f(x) - f_n(x)| \leqslant \varepsilon, \quad \forall x \in [a, b]. \tag{4}$$

对于固定点 $x \in [a, b]$, 我们来验证函数 f 在这个点的连续性. 设位移 h 满足 $x + h \in [a, b]$. 从恒等式

$$f(x + h) - f(x) = f(x + h) - f_n(x + h) + f_n(x + h) - f_n(x) + f_n(x) - f(x),$$

得到不等式

$$|f(x+h) - f(x)| \leqslant |f(x+h) - f_n(x+h)| + |f_n(x+h) - f_n(x)| + |f_n(x) - f(x)|. \tag{5}$$

根据 (4), 以上不等式右边第一项和第三项在 $n > N$ 时都不大于 ε. 取固定的 $n > N$, 得到函数 $f_n \in C[a, b]$, 再取 $\delta = \delta(\varepsilon)$, 使得当 $|h| < \delta$ 时 $|f_n(x+h) - f_n(x)| < \varepsilon$, 我们就得到, 只要 $|h| < \delta$, 就有 $|f(x+h) - f(x)| < 3\varepsilon$. 而这表明, 函数 f 在点 x 连续. 因为点 x 是闭区间 $[a, b]$ 上任意的点, 所以我们证明了 $f \in C[a, b]$. ▸

因此, 具有度量 (1) 的空间 $C[a, b]$ 是完备度量空间. 这是一个非常重要的结果, 在分析中有广泛应用.

例 5. 如果在同一个集合 $C[a,b]$ 上用积分度量

$$d(f,g) = \int_a^b |f-g|(x)dx \qquad (6)$$

代替度量 (1), 则由此给出的度量空间已经不是完备空间.

◀ 为简洁起见, 取 $[a,b]=[-1,1]$, 并以如下定义的函数列 $\{f_n \in C[-1,1]; n \in \mathbb{N}\}$ 为例进行分析 (图 67):

$$f_n(x) = \begin{cases} -1, & -1 \leqslant x \leqslant -1/n, \\ nx, & -1/n < x < 1/n, \\ 1, & 1/n \leqslant x \leqslant 1. \end{cases}$$

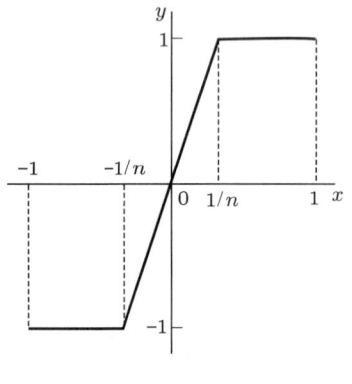

图 67

从积分的性质可以直接推出, 这个序列在度量 (6) 下是空间 $C[-1,1]$ 中的基本序列. 与此同时, 它在 $C[-1,1]$ 中没有极限, 因为假如连续函数 $f \in C[-1,1]$ 是该序列在度量 (6) 下的极限, 则函数 f 在区间 $-1 \leqslant x < 0$ 上应当是常数 -1, 而在区间 $0 < x \leqslant 1$ 上应当是常数 1, 这与 f 在点 $x=0$ 连续矛盾. ▶

例 6. 定义在闭区间 $[a,b]$ 上的实值黎曼可积函数集 $\mathcal{R}[a,b]$ 在度量 (6)[①] 下也不是完备的, 但其证明要更困难一些. 我们根据黎曼可积函数的勒贝格准则来证明这个结果.

◀ 取闭区间 $[0,1]$ 作为 $[a,b]$, 并在 $[0,1]$ 上构造一个不是零测度集的康托尔集. 设 $\Delta \in\,]0, 1/3[$. 去掉闭区间 $[0,1]$ 的长度为 Δ 的中间部分, 更准确地说, 去掉闭区间 $[0,1]$ 的中点的 $\Delta/2$ 邻域. 对于剩下的两个闭区间, 去掉每一个区间的长度为 $\Delta \cdot 1/3$ 的中间部分. 对于剩下的四个闭区间, 去掉每一个区间的长度为 $\Delta \cdot 1/3^2$ 的中间部分, 并不断重复. 在这个过程中所有被去掉的区间的长度等于

$$\Delta + \Delta \cdot \frac{2}{3} + \Delta \cdot \frac{4}{3^2} + \cdots + \Delta \cdot \left(\frac{2}{3}\right)^n + \cdots = 3\Delta.$$

因为 $0 < \Delta < 1/3$, 所以 $1-3\Delta > 0$. 于是, 可以验证, 闭区间 $[0,1]$ 上剩下的集合 K (康托尔集) 的勒贝格测度不是零.

现在考虑序列 $\{f_n \in \mathcal{R}[0,1]; n \in \mathbb{N}\}$. 设 f_n 是在前 n 步被去掉的区间上等于零、而在 $[0,1]$ 其余各点等于 1 的函数. 容易验证, 这个序列在度量 (6) 下是基本序列. 假如某个函数 $f \in \mathcal{R}[0,1]$ 是这个序列的极限, 则 f 在 $[0,1]$ 上应当几乎处处等于集合 K 的特征函数. 于是, f 在集合 K 的每个点都是间断的. 但是, 因为 K 不是零测度集, 从勒贝格准则可以得到 $f \notin \mathcal{R}[0,1]$. 这表明, 具有度量 (6) 的 $\mathcal{R}[a,b]$

[①] 关于 $\mathcal{R}[a,b]$ 上的度量 (6) 本身, 参看 §1 例 9 中的说明.

不是完备度量空间. ▶

2. 度量空间的完备化

例 7. 重新回到实数轴上, 考虑有理数集 $\mathbb{Q}$, 其度量由 $\mathbb{R}$ 上的标准度量给出.

显然, 在 $\mathbb{R}$ 中收敛到 $\sqrt{2}$ 的有理数列是基本数列, 但它在 $\mathbb{Q}$ 中没有极限, 即具有上述度量的 $\mathbb{Q}$ 不是完备空间. 与此同时, $\mathbb{Q}$ 是完备度量空间 $\mathbb{R}$ 的子空间, 因此自然认为 $\mathbb{R}$ 是 $\mathbb{Q}$ 的完备化空间. 我们指出, 也可以认为集合 $\mathbb{Q} \subset \mathbb{R}$ 是完备度量空间 $\mathbb{R}^2$ 的子集, 但是把 $\mathbb{R}^2$ 称为 $\mathbb{Q}$ 的完备化空间却不够合理.

定义 4. 包含给定度量空间 (X, d) 的最小的完备度量空间称为空间 (X, d) 的完备化空间.

这个在直观上可以接受的定义需要至少两方面解释: "最小" 指什么? 它是否存在?

我们很快就能回答这两个问题, 现在暂时采用更为常规的以下定义.

定义 5. 如果度量空间 (X, d) 是完备度量空间 (Y, d) 的子空间, 而集合 $X \subset Y$ 在 Y 中处处稠密, 则空间 (Y, d) 称为度量空间 (X, d) 的完备化空间.

定义 6. 度量空间 (X_1, d_1) 与度量空间 (X_2, d_2) 称为等距的, 如果存在双射 $f: X_1 \to X_2$, 使得对于 X_1 中的任何点 a, b, 等式 $d_2(f(a), f(b)) = d_1(a, b)$ 成立 (这时, 映射 $f: X_1 \to X_2$ 称为等距映射).

显然, 上述关系是自反的、对称的和传递的, 即它是度量空间之间的等价关系. 在研究度量空间的性质时, 我们并非研究个别空间, 而是研究与一个度量空间等距的所有空间的性质. 因此, 可以不再区分等距的度量空间.

例 8. 平面上的两个全等图形作为度量空间是等距的, 所以在研究图形的度量性质时, 我们认为彼此全等的图形是毫无差别的, 完全不再关心诸如图形在平面上所处位置之类的问题.

约定各等距空间完全相同之后就可以证明: 如果一个度量空间有完备化空间, 则该完备化空间是唯一的.

我们先来验证一个引理.

引理. 对于度量空间 (X, d) 的任何四个点 a, b, u, v, 以下不等式成立:

$$|d(a, b) - d(u, v)| \leqslant d(a, u) + d(b, v). \tag{7}$$

◀ 根据三角形不等式,

$$d(a, b) \leqslant d(a, u) + d(u, v) + d(b, v).$$

因为 a, b 这两个点与 u, v 这两个点具有相同的地位, 由此即可得到 (7). ▶

现在证明以下命题.

命题 1. 如果度量空间 $(Y_1, d_1), (Y_2, d_2)$ 是同一个度量空间 (X, d) 的完备化空间, 则它们是等距的.

◀ 我们用以下方法构造等距映射 $f: Y_1 \to Y_2$. 对于 $x \in X$, 取 $f(x) = x$, 则当 $x_1, x_2 \in X$ 时, $d_2(f(x_1), f(x_2)) = d(f(x_1), f(x_2)) = d(x_1, x_2) = d_1(x_1, x_2)$. 如果 $y_1 \in Y_1 \setminus X$, 则 y_1 是 X 的极限点, 因为 X 在 Y_1 中处处稠密. 设 $\{x_n; n \in \mathbb{N}\}$ 是 X 中的点列, 它在度量 d_1 的意义下收敛到 y_1. 这个点列在度量 d_1 的意义下是基本序列. 但是因为 X 中的度量 d_1 和 d_2 均与 d 相同, 所以这个点列也是 (Y_2, d_2) 中的基本序列. 空间 (Y_2, d_2) 是完备的, 所以这个点列在该空间中有极限 $y_2 \in Y_2$. 可以用常规方法验证, 这样的极限是唯一的. 现在取 $f(y_1) = y_2$. 就像任何点 $y_1 \in Y_1 \setminus X$ 的情况一样, 任何点 $y_2 \in Y_2 \setminus X$ 也是 X 中某个基本点列的极限. 因此, 我们构造出来的映射 $f: Y_1 \to Y_2$ 是满射.

现在验证, 以下等式对于 Y_1 中的任何两个点 y_1', y_1'' 均成立:

$$d_2(f(y_1'), f(y_1'')) = d_1(y_1', y_1''). \tag{8}$$

如果 y_1', y_1'' 属于 X, 则该式显然成立. 在一般情况下, 在 X 中取分别收敛于 y_1' 和 y_1'' 的两个点列 $\{x_n'; n \in \mathbb{N}\}, \{x_n''; n \in \mathbb{N}\}$. 从不等式 (7) 推出

$$d_1(y_1', y_1'') = \lim_{n \to \infty} d_1(x_n', x_n''),$$

即

$$d_1(y_1', y_1'') = \lim_{n \to \infty} d(x_n', x_n''). \tag{9}$$

根据构造方法, 这两个点列在 (Y_2, d_2) 中分别收敛到 $y_2' = f(y_1')$ 和 $y_2'' = f(y_1'')$, 所以

$$d_2(y_2', y_2'') = \lim_{n \to \infty} d(x_n', x_n''). \tag{10}$$

对比关系式 (9) 和 (10), 就得到等式 (8), 从而同时证明了, 上述映射 $f: Y_1 \to Y_2$ 是单射. 于是, 我们证明了 f 是等距映射. ▶

在定义 5 中, 我们要求度量空间 (X, d) 是其完备化空间 (Y, d) 的子空间, 并且在 (Y, d) 中处处稠密. 从等距空间彼此相同的观点看, 现在可以推广完备化空间的概念并采用以下定义.

定义 5′. 完备度量空间 (Y, d_Y) 称为度量空间 (X, d_X) 的完备化空间, 如果在 (Y, d_Y) 中存在与 (X, d_X) 等距的处处稠密子空间.

现在证明以下命题.

命题 2. 每一个度量空间都具有完备化空间.

◀ 如果原来的空间本身是完备的, 则它本身就是自己的完备化空间.

在证明命题 1 时, 我们其实已经展示了不完备度量空间 (X, d_X) 的完备化空间的构造思想.

考虑空间 (X, d_X) 中的基本序列的集合. 如果两个这样的序列 $\{x'_n; n \in \mathbb{N}\}$, $\{x''_n; n \in \mathbb{N}\}$ 满足在 $n \to \infty$ 时 $d_X(x'_n, x''_n) \to 0$ 的条件, 则它们称为等价序列或共尾序列. 容易看出, 共尾关系确实是等价关系. 用 S 表示等价基本序列类的集合, 并按照以下规则在 S 中引入度量. 如果 s' 和 s'' 是 S 的元素, 而 $\{x'_n; n \in \mathbb{N}\}$ 和 $\{x''_n; n \in \mathbb{N}\}$ 分别是类 s' 和 s'' 中的基本序列, 则取

$$d(s', s'') = \lim_{n \to \infty} d_X(x'_n, x''_n). \tag{11}$$

从不等式 (7) 可知, 这个定义是合理的: 右边的极限存在 (根据数列的柯西准则), 并且与 s', s'' 中的序列 $\{x'_n; n \in \mathbb{N}\}$, $\{x''_n; n \in \mathbb{N}\}$ 的选取无关.

函数 $d(s', s'')$ 满足度量的全部公理. 所得度量空间 (S, d) 就是空间 (X, d_X) 的所求完备化空间. 其实, 设空间 (S, d) 的子空间 (S_X, d) 由等价基本序列类组成, 并且在每一个基本序列类中都有常序列 $\{x_n = x \in X; n \in \mathbb{N}\}$, 则 (X, d_X) 与这样的子空间 (S_X, d) 等距. 这样的类 $s \in S$ 自然等价于点 $x \in X$. 由此得到的映射 $f : (X, d_X) \to (S_X, d)$ 显然是等距的.

还需要验证, (S_X, d) 在 (S, d) 中处处稠密, 以及 (S, d) 是完备度量空间.

首先验证 (S_X, d) 在 (S, d) 中处处稠密. 设 s 是 S 的任何一个元素, $\{x_n; n \in \mathbb{N}\}$ 是 (X, d_X) 中的基本序列, 并且属于类 $s \in S$. 取 $\xi_n = f(x_n), n \in \mathbb{N}$, 我们得到空间 (S_X, d) 的点列 $\{\xi_n; n \in \mathbb{N}\}$. 从 (11) 可见, 它的极限正好是 $s \in S$.

现在证明空间 (S, d) 完备. 设 $\{s_n; n \in \mathbb{N}\}$ 是空间 (S, d) 的任意基本序列. 对于每个 $n \in \mathbb{N}$, 选择 (S_X, d) 中满足 $d(s_n, \xi_n) < 1/n$ 的元素 ξ_n, 则序列 $\{\xi_n; n \in \mathbb{N}\}$ 与序列 $\{s_n; n \in \mathbb{N}\}$ 一样, 也是基本序列. 但在这种情况下, 序列 $\{x_n = f^{-1}(\xi_n); n \in \mathbb{N}\}$ 也是 (X, d_X) 中的基本序列. 序列 $\{x_n; n \in \mathbb{N}\}$ 定义了某一个元素 $s \in S$, 而根据 (11), 该序列 $\{s_n; n \in \mathbb{N}\}$ 收敛到这个元素. ▶

附注 1. 在证明了命题 1 和命题 2 以后就能够理解, 由定义 5′ 给出的完备化空间确实是包含给定度量空间的最小完备空间 (精确到等距空间). 我们据此明确解释并证实了最初的定义 4.

附注 2. 上面给出了在一般形式下构造度量空间的完备化空间的方法. 可以完全按照这种方法从有理数集 $\mathbb{Q}$ 出发构造实数集 $\mathbb{R}$, 这也正是康托尔实现从 $\mathbb{Q}$ 过渡到 $\mathbb{R}$ 的方法.

附注 3. 我们在例 6 中证明了, 黎曼可积函数空间 $\mathcal{R}[a, b]$ 在自然的积分度量

下不是完备的. 重要的勒贝格可积函数空间 $\mathcal{L}[a,b]$ 是它的完备化空间.

习 题

1. a) 请证明如下所述的闭球套引理. 设 (X,d) 是度量空间, $\tilde{B}(x_1,r_1) \supset \tilde{B}(x_2,r_2) \supset \cdots \supset \tilde{B}(x_n,r_n) \supset \cdots$ 是 X 中的半径趋于零的闭球套. 空间 (X,d) 完备的充分必要条件是, 任何这样的闭球套都具有唯一的公共点.

b) 请证明: 如果在上述引理的条件中去掉当 $n \to \infty$ 时 $r_n \to 0$ 的要求, 则甚至在完备空间的情况下, 闭球套的交集也可能是空集.

2. a) 度量空间 (X,d) 中的集合 $E \subset X$ 称为处处不稠密集, 如果它在任何球内都不是稠密的, 即对于任何一个球 $B(x,r)$, 都可以找到不包含集合 E 的点的另一个球 $B(x_1,r_1) \subset B(x,r)$.

集合 E 称为 X 中的第一纲集, 如果它可以表示为数目可数的处处不稠密集的并集.

X 中不是第一纲集的集合称为第二纲集.

请证明: 完备度量空间是 (自身中的) 第二纲集.

b) 请证明: 如果函数 $f \in C^{\infty}[a,b]$, 并且 $\forall x \in [a,b]\ \exists n \in \mathbb{N}\ \forall m > n\ (f^{(m)}(x) = 0)$, 则函数 f 是多项式.

§6. 拓扑空间的连续映射

本节和下一节包含本章中对分析最重要的结果.

这里所叙述的基本概念和命题都是很自然的, 有时就是把众所周知的概念和命题逐字逐句地改写到任意拓扑空间或度量空间中的映射的情形. 这时, 许多结果的表述和证明与已经研究过的情况基本一致, 所以自然不必重复这些内容, 仅仅直接引用在前文中详细叙述过的相应命题.

1. 映射的极限

a. 基本定义及其特例

定义 1. 设 $f: X \to Y$ 是具有确定的基 $\mathcal{B} = \{B\}$ 的集合 X 到拓扑空间 Y 的映射. 我们说, 点 $A \in Y$ 是映射 $f: X \to Y$ 在基 $\mathcal{B}$ 上的极限, 记作 $\lim_{\mathcal{B}} f(x) = A$, 如果对于点 A 在 Y 中的任何邻域 $V(A)$, 在基 $\mathcal{B}$ 中存在元素 $B \in \mathcal{B}$, 使得它在映射 f 下的像包含于 $V(A)$.

用逻辑符号写出定义 1, 其形式为:

$$\lim_{\mathcal{B}} f(x) = A := \forall V(A) \subset Y\ \exists B \in \mathcal{B}\ (f(B) \subset V(A)).$$

我们最经常遇到的情况是 X 和 Y 一样, 也是拓扑空间, 而 $\mathcal{B}$ 是某个点 $a \in X$ 的邻域基或去心邻域基. 对于点 a 的去心邻域基 $\{\mathring{U}(a)\}$, 沿用以前的记号 $x \to a$,

则定义 1 的具体形式为:
$$\lim_{x \to a} f(x) = A := \forall V(A) \subset Y \ \exists \overset{\circ}{U}(a) \subset X \ (f(\overset{\circ}{U}(a)) \subset V(A)).$$

如果 (X, d_X) 和 (Y, d_Y) 是两个度量空间, 就可以用 ε-δ 语言改写最后一个定义:
$$\lim_{x \to a} f(x) = A := \forall \varepsilon > 0 \ \exists \delta > 0 \ \forall x \in X \ (0 < d_X(a, x) < \delta \Rightarrow d_Y(A, f(x)) < \varepsilon).$$
换言之,
$$\lim_{x \to a} f(x) = A \Leftrightarrow \lim_{x \to a} d_Y(A, f(x)) = 0.$$

因此, 我们看到, 只要有邻域的概念, 就可以在拓扑空间或度量空间 Y 中定义映射 $f : X \to Y$ 的极限的概念, 这与 $Y = \mathbb{R}$ 或更一般的 $Y = \mathbb{R}^n$ 的情况一样.

b. 映射极限的性质. 我们给出关于映射极限的一般性质的一些说明.

首先指出, 当 Y 不是豪斯多夫空间时, 以前得到的极限的唯一性已经不再成立. 而如果 Y 是豪斯多夫空间, 则极限的唯一性成立, 并且它的证明与 $Y = \mathbb{R}$ 或 $Y = \mathbb{R}^n$ 的特殊情况没有任何区别.

其次, 如果 $f : X \to Y$ 是到度量空间的映射, 就可以讨论有界映射 (指集合 $f(X)$ 在 Y 中是有界的) 和 X 中的基 $\mathcal{B}$ 上的最终有界映射 (指基 $\mathcal{B}$ 具有元素 B, 使 f 在 B 上是有界的).

从映射极限的定义本身可以推出, 如果集合 X 具有基 $\mathcal{B}$, 并且集合 X 到度量空间 Y 的映射 $f : X \to Y$ 具有基 $\mathcal{B}$ 上的极限, 则它是这个基上的最终有界映射.

c. 映射极限的存在问题

命题 1 (关于复合映射的极限). 设 Y 是具有基 $\mathcal{B}_Y$ 的集合, $g : Y \to Z$ 是 Y 到拓扑空间 Z 的映射, 并且该映射具有基 $\mathcal{B}_Y$ 上的极限.

设 X 是具有基 $\mathcal{B}_X$ 的集合, $f : X \to Y$ 是 X 到 Y 的映射, 并且对于基 $\mathcal{B}_Y$ 的任何一个元素 $B_Y \in \mathcal{B}_Y$, 在基 $\mathcal{B}_X$ 中存在元素 $B_X \in \mathcal{B}_X$, 使它的像包含于 B_Y, 即 $f(B_X) \subset B_Y$.

在这些条件下可以定义映射 f 和 g 的复合映射 $g \circ f : X \to Z$, 该复合映射具有基 $\mathcal{B}_X$ 上的极限, 并且
$$\lim_{\mathcal{B}_X} g \circ f(x) = \lim_{\mathcal{B}_Y} g(y).$$

证明见第三章 §2 定理 5.

现在讨论关于极限存在的另一个重要命题——柯西准则, 这时考虑到度量空间甚至完备度量空间的映射 $f : X \to Y$.

对于集合 X 到度量空间 (Y, d) 的映射 $f : X \to Y$, 自然采用以下定义.

定义 2. 量
$$\omega(f, E) = \sup_{x_1, x_2 \in E} d(f(x_1), f(x_2))$$

称为映射 $f: X \to Y$ 在集合 $E \subset X$ 上的振幅.

以下命题成立.

命题 2 (映射极限存在的柯西准则). 设 X 是具有基 $\mathcal{B}$ 的集合, $f: X \to Y$ 是 X 到完备度量空间 (Y, d) 的映射. 映射 f 在基 $\mathcal{B}$ 上有极限的充分必要条件是, 对于任意的 $\varepsilon > 0$, 可以找到基 $\mathcal{B}$ 的元素 B, 使映射在 B 上的振幅小于 ε.

简言之,
$$\exists \lim_{\mathcal{B}} f(x) \Leftrightarrow \forall \varepsilon > 0 \; \exists B \in \mathcal{B} \; (\omega(f, B) < \varepsilon).$$

证明见第三章 §2 定理 4.

值得指出的是, 只有在从最后一个关系式的右边推导左边时才需要空间 Y 的完备性. 另外, 如果 Y 不是完备空间, 则一般而言不可能完成这样的推导.

2. 连续映射

a. 基本定义

定义 3. 拓扑空间 (X, τ_X) 到拓扑空间 (Y, τ_Y) 的映射 $f: X \to Y$ 称为在点 $a \in X$ 的连续映射, 如果对于点 $f(a) \in Y$ 的任何一个邻域 $V(f(a)) \subset Y$, 都可以找到点 $a \in X$ 的邻域 $U(a) \subset X$, 使它的像 $f(U(a))$ 包含于 $V(f(a))$.

于是,
$$f: X \to Y \text{ 在点 } a \in X \text{ 连续} := \forall V(f(a)) \; \exists U(a) \; (f(U(a)) \subset V(f(a))).$$

当 X 和 Y 是度量空间 $(X, d_X), (Y, d_Y)$ 时, 自然可以用 ε-δ 语言表述定义 3:

$f: X \to Y$ 在点 $a \in X$ 连续
$$:= \forall \varepsilon > 0 \; \exists \delta > 0 \; \forall x \in X \; (d_X(a, x) < \delta \Rightarrow d_Y(f(a), f(x)) < \varepsilon).$$

定义 4. 映射 $f: X \to Y$ 称为连续映射, 如果它在每个点 $x \in X$ 连续.

X 到 Y 的连续映射的集合记为 $C(X, Y)$.

定理 1 (连续映射准则). 设 $(X, \tau_X), (Y, \tau_Y)$ 均为拓扑空间, 则映射 $f: X \to Y$ 连续的充分必要条件是 Y 的任何开 (闭) 子集的原像是 X 中的开 (闭) 集.

◀ 因为补集的原像是原像的补集, 所以只需要对开集证明定理.

首先证明, 如果 $f \in C(X, Y)$, 而 $G_Y \in \tau_Y$, 则 $G_X = f^{-1}(G_Y) \in \tau_X$. 如果 $G_X = \varnothing$, 则原像显然是开集. 如果 $G_X \neq \varnothing$ 且 $a \in G_X$, 则根据映射 f 在点 a 连续的定义, 对于点 $f(a)$ 的邻域 G_Y, 可以找到点 a 在 X 中的邻域 $U_X(a)$, 使 $f(U_X(a)) \subset G_Y$. 于是, $U_X(a) \subset G_X = f^{-1}(G_Y)$. 因为 $G_X = \bigcup_{a \in G_X} U_X(a)$, 所以 G_X 是开集, 即 $G_X \in \tau_X$.

现在证明, 如果 Y 中任何开集的原像是 X 中的开集, 则 $f \in C(X, Y)$. 但是, 如果取任何一个点 $a \in X$ 和它的像在 Y 中的任意邻域 $V_Y(f(a))$, 我们就发现, 集合 $U_X(a) = f^{-1}(V_Y(f(a)))$ 是点 a 在 X 中的邻域, 它是开集, 并且它的像包含于 $V_Y(f(a))$. 于是, 我们验证了映射 $f : X \to Y$ 在任意的点 $a \in X$ 连续. ▶

定义 5. 拓扑空间 (X, τ_X) 到另一个拓扑空间 (Y, τ_Y) 上的双射 $f : X \to Y$ 称为同胚映射或同胚, 如果它本身和它的逆映射 $f^{-1} : Y \to X$ 都是连续的.

定义 6. 两个拓扑空间称为同胚空间, 如果其中一个空间到另一个空间上的同胚映射存在.

定理 1 表明, 对于拓扑空间 (X, τ_X) 到拓扑空间 (Y, τ_Y) 上的同胚映射 $f : X \to Y$, 开集族 τ_X, τ_Y 满足 $G_X \in \tau_X \Leftrightarrow f(G_X) = G_Y \in \tau_Y$, 即它们在这个意义下彼此对应.

因此, 从拓扑性质的观点来看, 同胚空间是完全相同的. 于是, 就像等距映射是度量空间集合中的等价关系一样, 同胚映射是拓扑空间集合中的等价关系.

b. 连续映射的局部性质. 我们来指出连续映射的局部性质, 它们直接得自极限的相应性质.

命题 3 (连续复合映射的连续性). 设 $(X, \tau_X), (Y, \tau_Y), (Z, \tau_Z)$ 是拓扑空间. 如果映射 $g : Y \to Z$ 在点 $b \in Y$ 连续, 映射 $f : X \to Y$ 在点 $a \in X$ 连续, 并且 $f(a) = b$, 则这两个映射的复合 $g \circ f : X \to Z$ 在点 $a \in X$ 连续.

这得自连续映射的定义和命题 1.

命题 4 (映射在连续点的邻域内的有界性). 如果拓扑空间 (X, τ) 到度量空间 (Y, d) 的映射 $f : X \to Y$ 在某个点 $a \in X$ 连续, 则它在这个点的某个邻域内有界.

这得自具有极限的映射 (在基上) 的最终有界性.

在给出关于连续映射性质的下述命题之前, 我们先回忆一个量. 我们还记得, 对于 $\mathbb{R}$ 或 $\mathbb{R}^n$ 中的映射, 量

$$\omega(f, a) := \lim_{r \to 0} \omega(f, B(a, r))$$

称为映射 f 在点 a 的振幅. 因为映射在集合上的振幅的概念和球 $B(a, r)$ 的概念在任何度量空间中仍然有效, 所以映射 f 在点 a 的振幅 $\omega(f, a)$ 的定义对于度量空间 (X, d_X) 到度量空间 (Y, d_Y) 的映射 $f : X \to Y$ 也同样有效.

命题 5. 度量空间 (X, d_X) 到度量空间 (Y, d_Y) 的映射 $f : X \to Y$ 在点 $a \in X$ 连续的充分必要条件是 $\omega(f, a) = 0$.

这直接得自映射在一个点连续的定义.

c. 连续映射的整体性质. 现在研究连续映射的最重要的一些整体性质.

定理 2. 在连续映射下, 紧集的像是紧集.

◀ 设 $f: K \to Y$ 是紧集 (K, τ_K) 到拓扑空间 (Y, τ_Y) 的连续映射, $\{G_Y^\alpha, \alpha \in A\}$ 是 Y 中覆盖 $f(K)$ 的开集族. 根据定理 1, 集合 $\{G_X^\alpha = f^{-1}(G_Y^\alpha), \alpha \in A\}$ 组成 K 的开覆盖. 由此选出有限覆盖 $G_X^{\alpha_1}, \cdots, G_X^{\alpha_n}$, 即得到集合 $f(K) \subset Y$ 的有限覆盖 $G_Y^{\alpha_1}, \cdots, G_Y^{\alpha_n}$. 因此, $f(K)$ 是 Y 中的紧集. ▶

推论. 紧集上的连续实函数 $f: K \to \mathbb{R}$ 在该紧集的某个点取最大 (最小) 值.

◀ 其实, $f(K)$ 是 $\mathbb{R}$ 中的紧集, 即有界闭集. 这表明
$$\inf f(K) \in f(K), \quad \sup f(K) \in f(K). \quad ▶$$

特别地, 如果 K 是区间 $[a, b] \subset \mathbb{R}$, 我们就重新得到经典的魏尔斯特拉斯定理. 关于一致连续性的康托尔定理可以逐字改写到在紧集上定义的连续映射的情况. 在表述这个定理之前, 我们引入一个需要的定义.

定义 7. 度量空间 (X, d_X) 到度量空间 (Y, d_Y) 的映射 $f: X \to Y$ 称为一致连续映射, 如果对于任何 $\varepsilon > 0$, 可以求出 $\delta > 0$, 使得映射 f 在任何直径小于 δ 的集合 $E \subset X$ 上的振幅 $\omega(f, E)$ 小于 ε.

定理 3 (一致连续映射定理). 度量紧集 K 到度量空间 (Y, d_Y) 的连续映射 $f: K \to Y$ 是一致连续映射.

特别地, 如果 K 是 $\mathbb{R}$ 上的闭区间, 而 $Y = \mathbb{R}$, 我们就重新回到经典的康托尔定理, 其证明可以基本不变地用于上述一般情形, 见第四章 §2 第 2 小节.

现在研究连通空间的连续映射.

定理 4. 在连续映射下, 连通拓扑空间的像是连通的.

◀ 设 $f: X \to Y$ 是连通拓扑空间 (X, τ_X) 到拓扑空间 (Y, τ_Y) 上的连续映射. 设 E_Y 是 Y 的开闭子集. 根据定理 1, 集合 E_Y 的原像 $E_X = f^{-1}(E_Y)$ 是 X 中的开闭集. 因为 X 是连通空间, 所以我们或者有 $E_X = \varnothing$, 或者有 $E_X = X$, 而这意味着, 或者 $E_Y = \varnothing$, 或者 $E_Y = Y = f(X)$. ▶

推论. 如果连通拓扑空间 (X, τ) 中的连续函数 $f: X \to \mathbb{R}$ 取值 $f(a) = A \in \mathbb{R}$ 和 $f(b) = B \in \mathbb{R}$, 则对于介于 A 和 B 之间的任何一个数 C, 满足 $f(c) = C$ 的点 $c \in X$ 必然存在.

◀ 其实, 根据定理 4, $f(X)$ 是 $\mathbb{R}$ 中的连通集. 然而, 只有区间才是 $\mathbb{R}$ 中的连通集 (见 §4 中的命题). 因此, 点 C 与点 A 和 B 一起都属于 $f(X)$. ▶

特别地, 如果 X 是区间, 我们就回到经典的连续实函数中值定理.

习 题

1. a) 如果映射 $f: X \to Y$ 连续, 则 X 中的开 (闭) 集的像是否是 Y 中的开 (闭) 集?

b) 如果在映射 $f: X \to Y$ 下, 开集的原像和像都是开集, 则 f 是否一定是同胚映射?

c) 如果映射 $f: X \to Y$ 连续, 并且是满射, 则它是否总是同胚映射?

d) 同时满足条件 b) 和 c) 的映射是否是同胚映射?

2. 请证明:

a) 紧集到豪斯多夫空间的任何连续双射都是同胚映射;

b) 如果不要求值域空间是豪斯多夫空间, 则以上命题一般而言不再成立.

3. 请说明 $\mathbb{R}^n$ 的以下子集作为拓扑空间是否是同胚空间: 直线, 直线上的开区间, 直线上的闭区间, 球面, 环面.

4. 拓扑空间 (X, τ) 称为道路连通的, 如果它的任何两个点都可以用位于 X 中的道路连接起来. 更确切地说, 这意味着, 对于 X 中的任何两个点 A 和 B, 闭区间 $[a, b] \subset \mathbb{R}$ 到 X 的连续映射 $f: I = [a, b] \to X$ 存在, 使得 $f(a) = A$, $f(b) = B$.

a) 请证明: 任何道路连通空间都是连通空间.

b) 请证明: $\mathbb{R}^n$ 中的任何凸集都是道路连通的.

c) 请验证: $\mathbb{R}^n$ 中的任何连通开子集都是道路连通的.

d) 请证明: 在 $\mathbb{R}^n$ $(n > 1)$ 中, 球面 $S(a, r)$ 是道路连通的, 但在其他度量空间中, 球面作为具有完全不同拓扑的集合, 可能根本不是连通的.

e) 请验证: 在拓扑空间中不可能用一条道路连接一个集合的内点和外点而不穿过该集合的边界.

§7. 压缩映射原理

这里建立一个原理, 它本身虽然简单, 却是证明许多存在性定理的有效工具.

定义 1. 点 $a \in X$ 称为映射 $f: X \to X$ 的不动点, 如果 $f(a) = a$.

定义 2. 度量空间 (X, d) 到自身的映射 $f: X \to X$ 称为压缩映射, 如果数 q 存在, $0 < q < 1$, 使得不等式

$$d(f(x_1), f(x_2)) \leqslant q d(x_1, x_2) \tag{1}$$

对于 X 中的任何两个点 x_1, x_2 都成立.

定理 (皮卡[①]-巴拿赫[②]不动点原理). 完备度量空间 (X, d) 到自身的压缩映射 $f: X \to X$ 具有唯一的不动点 a.

[①] 皮卡 (C. E. Picard, 1856–1941) 是法国数学家, 他得到了微分方程理论和解析函数理论中的一系列重要结果.

[②] 巴拿赫 (S. Banach, 1892–1945) 是波兰数学家, 泛函分析的创立者之一.

此外, 对于任何点 $x_0 \in X$, 迭代序列 $x_0, x_1 = f(x_0), \cdots, x_{n+1} = f(x_n), \cdots$ 收敛到 a. 收敛速度由以下估计给出:

$$d(a, x_n) \leqslant \frac{q^n}{1-q} d(x_1, x_0). \tag{2}$$

◀ 取任意点 $x_0 \in X$, 我们来证明序列 $x_0, x_1 = f(x_0), \cdots, x_{n+1} = f(x_n), \cdots$ 是基本序列. 因为映射 f 是压缩映射, 所以根据 (1),

$$d(x_{n+1}, x_n) \leqslant q d(x_n, x_{n-1}) \leqslant \cdots \leqslant q^n d(x_1, x_0),$$

从而

$$d(x_{n+k}, x_n) \leqslant d(x_n, x_{n+1}) + \cdots + d(x_{n+k-1}, x_{n+k})$$
$$\leqslant (q^n + q^{n+1} + \cdots + q^{n+k-1}) d(x_1, x_0) \leqslant \frac{q^n}{1-q} d(x_1, x_0).$$

由此可见, 序列 $x_0, x_1, \cdots, x_n, \cdots$ 确实是基本序列.

空间 (X, d) 是完备的, 所以上述序列有极限 $\lim\limits_{n \to \infty} x_n = a \in X$.

从压缩映射的定义可以看出, 压缩映射总是连续的, 所以

$$a = \lim_{n \to \infty} x_{n+1} = \lim_{n \to \infty} f(x_n) = f\left(\lim_{n \to \infty} x_n\right) = f(a).$$

因此, a 是映射 f 的不动点.

映射 f 不可能有其他的不动点, 因为从 $a_i = f(a_i), i = 1, 2$, 以及 (1) 推出

$$0 \leqslant d(a_1, a_2) = d(f(a_1), f(a_2)) \leqslant q d(a_1, a_2),$$

而这仅当 $d(a_1, a_2) = 0$, 即 $a_1 = a_2$ 时才可能成立.

然后, 在 $k \to \infty$ 时取极限, 从关系式

$$d(x_{n+k}, x_n) \leqslant \frac{q^n}{1-q} d(x_1, x_0)$$

得到

$$d(a, x_n) \leqslant \frac{q^n}{1-q} d(x_1, x_0). \ \blacktriangleright$$

作为这个定理的补充, 我们来证明以下命题.

命题 (关于不动点的稳定性). 设 (X, d) 是完备度量空间, (Ω, τ) 是拓扑空间, 它在下面起参变量空间的作用.

设参变量 $t \in \Omega$ 的每个值对应空间 X 到自身的压缩映射 $f_t : X \to X$, 并且以下条件成立:

a) 映射族 $\{f_t, t \in \Omega\}$ 是一致压缩的, 即存在一个数 q, $0 < q < 1$, 使每个映射 f_t 是压缩映射并且满足不等式 (1);

b) 对于每个 $x \in X$, 映射 $f_t(x): \Omega \to X$ 作为 t 的函数在某个点 $t_0 \in \Omega$ 连续, 即 $\lim\limits_{t \to t_0} f_t(x) = f_{t_0}(x)$.

这时, 方程 $x = f_t(x)$ 的解 $a(t) \in X$ 在点 t_0 连续地依赖于 t, 即 $\lim\limits_{t \to t_0} a(t) = a(t_0)$.

◂ 我们在证明定理时已经指出, 可以把方程 $x = f_t(x)$ 的解 $a(t)$ 看作从任何一个点 $x_0 \in X$ 开始的序列 $\{x_{n+1} = f_t(x_n),\ n = 0,\ 1,\ \cdots\}$ 的极限并由此得到这个解. 设 $x_0 = a(t_0) = f_{t_0}(a(t_0))$.

利用估计 (2) 和条件 a), 我们得到

$$d(a(t), a(t_0)) = d(a(t), x_0) \leqslant \frac{1}{1-q} d(x_1, x_0) = \frac{1}{1-q} d(f_t(a(t_0)), f_{t_0}(a(t_0))).$$

根据条件 b), 这个关系式中的最后一项当 $t \to t_0$ 时趋于零, 从而证明了

$$\lim_{t \to t_0} d(a(t), a(t_0)) = 0, \quad \text{即} \quad \lim_{t \to t_0} a(t) = a(t_0). \ ▶$$

例 1. 作为压缩映射原理的一个重要应用实例, 我们遵循皮卡的方法, 证明微分方程 $y'(x) = f(x, y(x))$ 的满足初始条件 $y(x_0) = y_0$ 的解的存在性定理:

如果函数 $f \in C(\mathbb{R}^2, \mathbb{R})$ 满足

$$|f(u, v_1) - f(u, v_2)| \leqslant M|v_1 - v_2|,$$

其中 M 是某个常数, 则对于任何初始条件

$$y(x_0) = y_0, \tag{3}$$

必然存在点 $x_0 \in \mathbb{R}$ 的邻域 $U(x_0)$ 和定义在该邻域中的唯一的函数 $y = y(x)$, 使方程

$$y' = f(x, y) \tag{4}$$

和初始条件 (3) 成立.

◂ 可以把方程 (4) 和条件 (3) 写为一个关系式

$$y(x) = y_0 + \int_{x_0}^{x} f(t, y(t)) dt. \tag{5}$$

用 $A(y)$ 表示这个等式的右边, 我们得到映射 $A: C(V(x_0), \mathbb{R}) \to C(V(x_0), \mathbb{R})$, 即定义在点 x_0 的邻域 $V(x_0)$ 上的连续函数集到自身的映射. 把 $C(V(x_0), \mathbb{R})$ 看作具有一致度量 (见 §1 公式 (6)) 的度量空间, 我们得到

$$d(Ay_1, Ay_2) = \max_{x \in \overline{V}(x_0)} \left| \int_{x_0}^{x} f(t, y_1(t)) dt - \int_{x_0}^{x} f(t, y_2(t)) dt \right|$$

$$\leqslant \max_{x \in \overline{V}(x_0)} \left| \int_{x_0}^{x} M|y_1(t) - y_2(t)| dt \right| \leqslant M|x - x_0| d(y_1, y_2).$$

如果认为 $|x-x_0| \leqslant 1/(2M)$, 则在相应区间 I 上成立不等式
$$d(Ay_1, Ay_2) \leqslant \frac{1}{2}d(y_1, y_2),$$
其中 $d(y_1, y_2) = \max\limits_{x \in I} |y_1(x) - y_2(x)|$. 于是, 我们得到完备 (见 §5 例 4) 度量空间 $(C(I, \mathbb{R}), d)$ 到自身的压缩映射
$$A: C(I, \mathbb{R}) \to C(I, \mathbb{R}).$$
根据压缩映射原理, 它应该有唯一的不动点 $y = Ay$. 而这意味着, $C(I, \mathbb{R})$ 中的上述函数就是所求的定义在 $I \ni x_0$ 中并且满足方程 (5) 的唯一的函数. ▶

例 2. 作为上述方法的示例, 我们利用压缩映射原理求我们熟知的方程
$$y = y'$$
在初始条件 (3) 下的解.

这时,
$$Ay = y_0 + \int_{x_0}^{x} y(t)dt,$$
至少在 $|x-x_0| \leqslant q < 1$ 时可以使用这个原理.

从初始近似 $y(x) \equiv 0$ 出发构造逼近序列 $y_1 = A(0), \cdots, y_{n+1}(t) = A(y_n(t)), \cdots$:

$y_1(x) \equiv y_0,$

$y_2(x) = y_0[1 + (x - x_0)],$

$y_3(x) = y_0 \left[1 + (x - x_0) + \frac{1}{2}(x - x_0)^2\right],$

$\vdots$

$y_{n+1}(x) = y_0 \left[1 + (x - x_0) + \frac{1}{2!}(x - x_0)^2 + \cdots + \frac{1}{n!}(x - x_0)^n\right],$

$\vdots$

由此已经可以看出
$$y(x) = y_0 e^{x - x_0}.$$

在上述定理中表述出来的不动点原理也称为压缩映射原理, 它是例 1 中由皮卡证明的微分方程 (4) 的解的存在性定理的推广. 完全一般形式的压缩映射原理是由巴拿赫给出的.

例 3. 求方程 $f(x) = 0$ 的根的牛顿法. 设在闭区间 $[\alpha, \beta]$ 上具有正导数的凸实函数 $f(x)$ 在区间端点上取不同符号的值, 则它在这个区间上具有满足 $f(a) = 0$ 的唯一的点 a. 为了求出点 a, 除了区间半分法这种最简单的一般方法, 还有各种更精细也更快捷的方法, 这些方法需要利用函数 f 的特性. 例如, 这里可以利用由

牛顿提出的一种方法, 称为牛顿法或切线法. 取任意点 $x_0 \in [\alpha, \beta]$, 并写出上述函数的图像在点 $(x_0, f(x_0))$ 的切线方程 $y = f(x_0) + f'(x_0)(x - x_0)$, 进而求出切线与横坐标轴的交点 $x_1 = x_0 - [f'(x_0)]^{-1} \cdot f(x_0)$ (图 68). 取 x_1 作为根 a 的第一个近似值, 然后用 x_1 代替 x_0 并不断重复以上过程, 就得到点列

$$x_{n+1} = x_n - [f'(x_n)]^{-1} \cdot f(x_n). \tag{6}$$

可以验证, 该点列在我们的情况下单调地趋于 a.

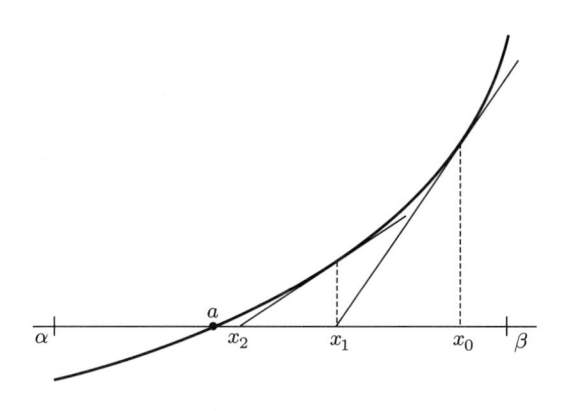

图 68

特别地, 如果 $f(x) = x^k - a$, 即如果求 $\sqrt[k]{a}$, 其中 $a > 0$, 则递推关系式 (6) 具有形式

$$x_{n+1} = x_n - \frac{x_n^k - a}{kx_n^{k-1}}.$$

当 $k = 2$ 时, 它化为熟知的公式

$$x_{n+1} = \frac{1}{2}\left(x_n + \frac{a}{x_n}\right).$$

构造序列 $\{x_n\}$ 的方法 (6) 称为牛顿法.

如果用递推关系式

$$x_{n+1} = x_n - [f'(x_0)]^{-1} \cdot f(x_n) \tag{7}$$

代替 (6), 则所得方法称为修正牛顿法①. 修正之处在于, 这时只需要一劳永逸地在 x_0 这一个点计算导数.

考虑映射

$$x \mapsto A(x) = x - [f'(x_0)]^{-1} f(x). \tag{8}$$

---

① 它在泛函分析中有大量应用, 称为牛顿–坎托罗维奇法. 坎托罗维奇 (Л. В. Канторович, 1912—1986) 是杰出的苏联数学家, 他因经济数学研究而荣获诺贝尔奖.

根据拉格朗日定理,

$$|A(x_2) - A(x_1)| = \left|1 - [f'(x_0)]^{-1} \cdot f'(\xi)\right| \cdot |x_2 - x_1|,$$

其中 ξ 是介于 x_1 和 x_2 之间的某个点.

因此, 如果条件

$$A(I) \subset I \tag{9}$$

和

$$|1 - [f'(x_0)]^{-1} \cdot f'(x)| \leqslant q < 1 \tag{10}$$

在某个闭区间 $I \subset \mathbb{R}$ 上成立, 则由关系式 (8) 给出的映射 $A: I \to I$ 是该区间上的压缩映射. 于是, 根据一般原理, 它在闭区间上有唯一的不动点 a. 而从 (8) 可见, 条件 $A(a) = a$ 等价于关系式 $f(a) = 0$.

这意味着, 根据压缩映射原理, 当条件 (9) 和 (10) 成立时, 对于任何函数 f, 修正牛顿法给出方程 $f(x) = 0$ 的解 a.

习 题

1. 请证明: 在压缩映射原理中, 条件 (1) 不能改为更弱的条件

$$d(f(x_1), f(x_2)) < d(x_1, x_2).$$

2. a) 请证明: 如果完备度量空间 (X, d) 到自身的映射 $f: X \to X$ 的某次迭代 $f^n: X \to X$ 是压缩映射, 则 f 有唯一的不动点.

b) 请验证: 对于任何闭区间 $I \subset \mathbb{R}$, 例 2 中的映射 $A: C(I, \mathbb{R}) \to C(I, \mathbb{R})$ 的某次迭代 A^n 是压缩映射.

c) 请从 b) 推出: 在例 2 中求出的局部解 $y = y_0 e^{x-x_0}$ 其实是原方程在整条数轴上的解.

3. a) 请证明: 对于在区间 $[\alpha, \beta]$ 上具有正导数并且在区间端点取不同符号的值的凸函数, 牛顿法 (6) 确实给出收敛到满足 $f(a) = 0$ 的点 $a \in [\alpha, \beta]$ 的序列 $\{x_n\}$.

b) 请估计序列 (6) 收敛到点 a 的收敛速度.

*第十章　更一般观点下的微分学 (一般理论)

§1. 线性赋范空间

微分运算是求函数局部最优线性近似的运算, 所以任何一种微分学理论, 只要它多多少少具有某种一般性, 其基础就应当是与线性函数有关的一些初等概念. 诸位读者从代数教程中已经熟知线性空间的概念, 以及线性相关向量组、线性无关向量组、线性空间和线性子空间的基向量和维数等概念. 在这一节中, 我们给出带有范数的线性空间的概念, 即通常所说的线性赋范空间. 这类空间在数学分析中具有广泛应用. 我们仍然从线性空间的一些实例开始讨论.

1. 数学分析中线性空间的实例

例 1. n 维实算术空间 $\mathbb{R}^n$ 和复算术空间 $\mathbb{C}^n$ 分别是实数域和复数域上的线性空间的经典实例.

例 2. 在数学分析中, 除了例 1 中的空间 $\mathbb{R}^n$ 和 $\mathbb{C}^n$, 还会遇到与它们最像的由实数列或复数列 $x = (x^1, \cdots, x^n, \cdots)$ 组成的空间 l. 在空间 l 中可以通过坐标实现线性运算, 这与 $\mathbb{R}^n$ 和 $\mathbb{C}^n$ 中的情况一样. 与 $\mathbb{R}^n$ 或 $\mathbb{C}^n$ 不同的是, 可数向量组 $\{x_i = (0, \cdots, 0, x^i = 1, 0, \cdots), i \in \mathbb{N}\}$ 的任何有限子集都是线性无关的, 即 l 是无穷维 (这里是可数维) 线性空间.

全体有限序列 (某一项之后的各项均为零的序列) 的集合 l_0 是空间 l 的线性子空间, 而且也是无穷维的.

例 3. 设 $F[a,b]$ 是定义在闭区间 $[a,b]$ 上的数值 (实数值或复数值) 函数集. 这个集合是 (在相应数域上) 相对于函数的加法运算和函数与数的乘法运算的线性空间.

全体形如
$$e_\tau(x) = \begin{cases} 0, & x \in [a,b] \text{ 且 } x \neq \tau, \\ 1, & x \in [a,b] \text{ 且 } x = \tau \end{cases}$$

的函数是 $F[a,b]$ 中的线性无关向量组, 它具有连续统的势.

连续函数集 $C[a,b]$ 显然是上述空间 $F[a,b]$ 的子空间.

例 4. 如果 X_1 和 X_2 是同一个数域上的两个线性空间, 并且在其直积 $X_1 \times X_2$ 中对元素 $x = (x_1, x_2) \in X_1 \times X_2$ 的线性运算是按分量进行的, 则在该直积中自然引入了一种线性空间结构.

可以在任何有限个线性空间的直积 $X_1 \times \cdots \times X_n$ 中类似地引入线性空间的结构. 这完全类似于空间 $\mathbb{R}^n$ 和 $\mathbb{C}^n$.

2. 线性空间中的范数. 现在给出一个基本的定义.

定义 1. 设 X 是实数域或复数域上的线性空间. 让每一个向量 $x \in X$ 对应一个实数 $\|x\|$ 的函数 $\|\ \|: X \to \mathbb{R}$ 称为线性空间 X 中的范数, 如果它满足以下三个条件:

a) $\|x\| = 0 \Leftrightarrow x = 0$ (非退化性);
b) $\|\lambda x\| = |\lambda|\|x\|$ (齐次性);
c) $\|x_1 + x_2\| \leqslant \|x_1\| + \|x_2\|$ (三角形不等式).

定义 2. 具有范数的线性空间称为线性赋范空间.

定义 3. 范数在一个向量上的值称为这个向量的范数.

向量的范数总是非负的. 从 a) 可以看出, 只有零向量的范数才等于零.

◀ 其实, 对于任何 $x \in X$, 根据 c) 和 a), b), 我们得到

$$0 = \|0\| = \|x + (-x)\| \leqslant \|x\| + \|-x\| = \|x\| + |-1|\|x\| = 2\|x\|. \blacktriangleright$$

利用 c) 和归纳法可以推出一个一般的不等式

$$\|x_1 + \cdots + x_n\| \leqslant \|x_1\| + \cdots + \|x_n\|, \tag{1}$$

而利用 b) 和 c) 也容易推出一个有用的不等式

$$\big|\|x_1\| - \|x_2\|\big| \leqslant \|x_1 - x_2\|. \tag{2}$$

任意线性赋范空间都具有一个自然的度量

$$d(x_1, x_2) = \|x_1 - x_2\|. \tag{3}$$

从范数的性质可以直接推出,这样定义的函数 $d(x_1, x_2)$ 满足度量的三个公理. 因为在 X 中存在线性结构,所以 X 中的度量 d 还另外具有两个特殊性质:

$$d(x_1 + x, x_2 + x) = \|(x_1 + x) - (x_2 + x)\| = \|x_1 - x_2\| = d(x_1, x_2),$$

即度量具有平移不变性,以及

$$d(\lambda x_1, \lambda x_2) = \|\lambda x_1 - \lambda x_2\| = \|\lambda(x_1 - x_2)\| = |\lambda| \|x_1 - x_2\| = |\lambda| d(x_1, x_2),$$

即它是齐次的.

定义 4. 如果线性赋范空间作为具有自然度量 (3) 的度量空间是完备的, 则它称为完备赋范空间或巴拿赫空间.

例 5. 如果对于向量 $x = (x^1, \cdots, x^n) \in \mathbb{R}^n$ 和 $p \geqslant 1$ 取

$$\|x\|_p := \left(\sum_{i=1}^{n} |x^i|^p\right)^{1/p}, \tag{4}$$

则从闵可夫斯基不等式可知, 我们得到 $\mathbb{R}^n$ 中的范数. 我们用记号 $\mathbb{R}^n_p$ 表示具有该范数的空间 $\mathbb{R}^n$.

可以验证,

$$\|x\|_{p_2} \leqslant \|x\|_{p_1}, \quad \text{当 } 1 \leqslant p_1 \leqslant p_2 \text{ 时}, \tag{5}$$

并且当 $p \to +\infty$ 时,

$$\|x\|_p \to \max\{|x^1|, \cdots, |x^n|\}. \tag{6}$$

因此, 自然取

$$\|x\|_\infty := \max\{|x^1|, \cdots, |x^n|\}. \tag{7}$$

于是, 从 (4) 和 (5) 推出

$$\|x\|_\infty \leqslant \|x\|_p \leqslant \|x\|_1 \leqslant n \|x\|_\infty, \quad \text{当 } p \geqslant 1 \text{ 时}. \tag{8}$$

从这个不等式可以看出 (其实从 $\|x\|_p$ 的定义 (4) 也可以看出), $\mathbb{R}^n_p$ 是完备的赋范空间.

例 6. 值得按照以下方式推广上面的例子. 如果 $X = X_1 \times \cdots \times X_n$ 是赋范空间的直积, 则只要取

$$\|x\|_p := \left(\sum_{i=1}^{n} \|x_i\|^p\right)^{1/p}, \quad p \geqslant 1, \tag{9}$$

其中 $\|x_i\|$ 是向量 $x_i \in X_i$ 在空间 X_i 中的范数, 就可以引入向量 $x = (x_1, \cdots, x_n)$ 在 X 中的范数.

自然, 不等式 (8) 这时仍然成立.

以后, 在研究赋范空间的直积时, 只要没有特别说明, 就总是假设在相应空间中按照公式 (9) 定义范数 (包括 $p = +\infty$ 的情况).

例 7. 设 $p \geqslant 1$. 用 l_p 表示让级数 $\sum_{n=1}^{\infty} |x^n|^p$ 收敛的实数列或复数列 $x = (x^1, \cdots, x^n, \cdots)$ 的集合. 对于 $x \in l_p$, 取

$$\|x\|_p := \left(\sum_{n=1}^{\infty} |x^n|^p\right)^{1/p}. \tag{10}$$

利用闵可夫斯基不等式容易看出, l_p 是相对于标准线性运算和范数 (10) 的线性赋范空间. 这是一个无穷维空间, $\mathbb{R}_p^n$ 是它的有限维线性子空间.

对于范数 (10), 不等式 (8) 中的最后一个不等式不成立, 但其余不等式都成立. 不难验证, l_p 是巴拿赫空间.

例 8. 在闭区间 $[a, b]$ 上的连续数值函数的线性空间 $C[a, b]$ 中, 经常考虑以下范数:

$$\|f\| := \max_{x \in [a, b]} |f(x)|. \tag{11}$$

请读者验证范数公理. 我们指出, 这个范数给出我们已经知道的 $C[a, b]$ 上的度量 (见第九章 §5), 我们还知道, 这时产生的度量空间是完备的. 因此, 具有范数 (11) 的线性空间 $C[a, b]$ 是巴拿赫空间.

例 9. 在 $C[a, b]$ 中也可以引入另一个范数

$$\|f\|_p := \left(\int_a^b |f|^p(x)\, dx\right)^{1/p}, \quad p \geqslant 1, \tag{12}$$

它在 $p \to +\infty$ 时化为 (11).

容易看出 (例如, 参看第九章 §5), 当 $1 \leqslant p < +\infty$ 时, 具有范数 (12) 的空间 $C[a, b]$ 不是完备的.

3. 向量空间中的标量积. 具有标量积的空间是一类重要的赋范空间, 它们是欧几里得空间的直接推广.

回忆一个定义.

定义 5. 我们说, 在 (复数域上的) 线性空间 X 中给出了一个埃尔米特形式, 如果给出了具有以下性质的映射 $\langle , \rangle : X \times X \to \mathbb{C}$:

a) $\langle x_1, x_2 \rangle = \overline{\langle x_2, x_1 \rangle}$,

b) $\langle \lambda x_1, x_2 \rangle = \lambda \langle x_1, x_2 \rangle$,

c) $\langle x_1 + x_2, x_3 \rangle = \langle x_1, x_3 \rangle + \langle x_2, x_3 \rangle$,

其中 x_1, x_2, x_3 是 X 中的向量, 而 $\lambda \in \mathbb{C}$.

从 a), b), c) 推出, 例如,

$$\langle x_1, \lambda x_2 \rangle = \overline{\langle \lambda x_2, x_1 \rangle} = \overline{\lambda \langle x_2, x_1 \rangle} = \overline{\lambda}\, \overline{\langle x_2, x_1 \rangle} = \overline{\lambda} \langle x_1, x_2 \rangle;$$

$$\langle x_1, x_2 + x_3 \rangle = \overline{\langle x_2 + x_3, x_1 \rangle} = \overline{\langle x_2, x_1 \rangle} + \overline{\langle x_3, x_1 \rangle} = \langle x_1, x_2 \rangle + \langle x_1, x_3 \rangle;$$

$$\langle x, x \rangle = \overline{\langle x, x \rangle},\ \text{即}\ \langle x, x \rangle\ \text{是实数}.$$

如果

d) $\langle x, x \rangle \geqslant 0$,

则称之为**正埃尔米特形式**, 而如果

e) $\langle x, x \rangle = 0 \Leftrightarrow x = 0$,

则称之为**非退化埃尔米特形式**.

如果 X 是实数域上的线性空间, 则自然应当考虑实值埃尔米特形式 $\langle x_1, x_2 \rangle$, 这时可以把 a) 写为 $\langle x_1, x_2 \rangle = \langle x_2, x_1 \rangle$, 这表示它关于向量自变量 x_1, x_2 对称.

在解析几何中众所周知的三维欧几里得空间中的向量的标量积是这种实值埃尔米特形式的例子. 因此, 我们采用以下定义.

定义 6. 线性空间中的非退化正埃尔米特形式称为这个空间中的**标量积**.

例 10. 在 $\mathbb{R}^n$ 中, 可以用

$$\langle x, y \rangle := \sum_{i=1}^{n} x^i y^i \tag{13}$$

定义向量 $x = (x^1, \cdots, x^n), y = (y^1, \cdots, y^n)$ 的标量积, 而在 $\mathbb{C}^n$ 中, 其定义为

$$\langle x, y \rangle := \sum_{i=1}^{n} x^i \overline{y^i}. \tag{14}$$

例 11. 在 l_2 中, 可以用

$$\langle x, y \rangle := \sum_{i=1}^{\infty} x^i \overline{y^i}$$

定义向量 x, y 的标量积. 这里写出的级数绝对收敛, 因为

$$2 \sum_{i=1}^{\infty} |x^i \overline{y^i}| \leqslant \sum_{i=1}^{\infty} |x^i|^2 + \sum_{i=1}^{\infty} |y^i|^2.$$

例 12. 在 $C[a, b]$ 中, 可以用公式

$$\langle f, g \rangle := \int_a^b (f \cdot \overline{g})(x)\, dx \tag{15}$$

定义标量积. 从积分的性质容易推出, 对标量积的全部要求这时都是满足的.

对于标量积, 重要的柯西–布尼雅可夫斯基不等式成立:

$$|\langle x, y \rangle|^2 \leqslant \langle x, x \rangle \cdot \langle y, y \rangle, \tag{16}$$

其中的等式成立的充分必要条件是 x 与 y 共线.

◀ 其实, 设 $a = \langle x, x \rangle, b = \langle x, y \rangle, c = \langle y, y \rangle$. 根据条件, $a \geqslant 0, c \geqslant 0$. 如果 $c > 0$, 则当 $\lambda = -b/c$ 时, 我们从

$$0 \leqslant \langle x + \lambda y, x + \lambda y \rangle = a + \overline{b}\lambda + b\overline{\lambda} + c\lambda\overline{\lambda} \tag{17}$$

得到

$$0 \leqslant a - \frac{\overline{b}b}{c} - \frac{b\overline{b}}{c} + \frac{b\overline{b}}{c},$$

即

$$0 \leqslant ac - b\overline{b} = ac - |b|^2,$$

而这就是 (16).

可以类似地考虑 $a > 0$ 的情况.

如果 $a = c = 0$, 则把 $\lambda = -b$ 代入 (17), 我们得到 $0 \leqslant -\overline{b}b - b\overline{b} = -2|b|^2$, 即 $b = 0$, 所以不等式 (16) 仍然成立.

如果 x 与 y 不共线, 则 $0 < \langle x + \lambda y, x + \lambda y \rangle$. 因此, 不等式 (16) 这时是严格不等式. 而如果 x 与 y 共线, 则容易验证, 不等式 (16) 这时化为等式. ▶

具有标量积的线性空间具有自然的范数

$$\|x\| := \sqrt{\langle x, x \rangle} \tag{18}$$

和度量

$$d(x, y) := \|x - y\|.$$

我们利用柯西–布尼雅可夫斯基不等式来验证: 如果 $\langle x, y \rangle$ 是非退化正埃尔米特形式, 则公式 (18) 确实定义一个范数.

◀ 其实,

$$\|x\| = \sqrt{\langle x, x \rangle} = 0 \Leftrightarrow x = 0,$$

因为埃尔米特形式 $\langle x, y \rangle$ 是非退化的.

此外,
$$\|\lambda x\| = \sqrt{\langle \lambda x, \lambda x \rangle} = \sqrt{\lambda \bar{\lambda} \langle x, x \rangle} = |\lambda| \sqrt{\langle x, x \rangle} = |\lambda| \|x\|.$$

最后, 我们来验证三角形不等式
$$\|x+y\| \leqslant \|x\| + \|y\|.$$

为此, 我们应当证明
$$\sqrt{\langle x+y, x+y \rangle} \leqslant \sqrt{\langle x, x \rangle} + \sqrt{\langle y, y \rangle},$$

即证明它在取平方并化简后的形式
$$\langle x, y \rangle + \langle y, x \rangle \leqslant 2 \sqrt{\langle x, x \rangle \cdot \langle y, y \rangle}.$$

但是,
$$\langle x, y \rangle + \langle y, x \rangle = \langle x, y \rangle + \overline{\langle x, y \rangle} = 2\operatorname{Re}\langle x, y \rangle \leqslant 2|\langle x, y \rangle|,$$

现在从柯西–布尼雅可夫斯基不等式 (16) 可以直接推出所要证明的不等式. ▶

我们最后指出, 具有标量积的有限维线性赋范空间在数域是 $\mathbb{R}$ 或 $\mathbb{C}$ 时通常分别称为欧几里得空间 (欧氏空间) 和埃尔米特空间. 至于具有标量积的无穷维线性赋范空间, 如果它相对于由其自然范数导出的度量是完备的, 则称为希尔伯特空间, 而如果它相对于该度量不是完备的, 则称为准希尔伯特空间①.

习 题

1. a) 请证明: 如果在线性空间 X 中给出具有平移不变性和齐次性的度量 $d(x_1, x_2)$, 则可以取 $\|x\| = d(0, x)$ 作为 X 中的范数.

b) 请验证: 线性空间 X 中的范数是相对于由自然度量 (3) 给出的拓扑的连续函数.

c) 请证明: 如果 X 是有限维线性空间, 而 $\|x\|$ 和 $\|x\|'$ 是 X 上的两个范数, 则总可以找到正数 M, N, 使得
$$M\|x\| \leqslant \|x\|' \leqslant N\|x\| \tag{19}$$
对于任何向量 $x \in X$ 都成立.

d) 请以空间 l 中的范数 $\|x\|_1$ 和 $\|x\|_\infty$ 为例证明: 上述不等式在无穷维空间中一般不成立.

2. a) 请证明不等式 (5).

b) 请验证关系式 (6).

c) 请证明: 当 $p \to +\infty$ 时, 由公式 (12) 定义的量 $\|f\|_p$ 趋于由公式 (11) 给出的量 $\|f\|$.

3. a) 请验证: 例 7 中的赋范空间 l_p 是完备的.

b) 请证明: 空间 l_p 的由有限序列 (后面的元素全部为零的序列) 组成的子空间不是巴拿赫空间.

---

① 此外, 具有标量积的线性赋范空间称为内积空间. ——译者

4. a) 请验证: 关系式 (11), (12) 都给出空间 $C[a, b]$ 中的范数, 并证明: 这时在一种情况下得到完备赋范空间, 而在另一种情况下得到不完备赋范空间.

b) 公式 (12) 是否给出由黎曼可积函数组成的线性空间 $\mathcal{R}[a, b]$ 中的范数?

c) 为了使由公式 (12) 给出的量成为所得线性空间中的范数, 在 $\mathcal{R}[a, b]$ 中应当引入怎样的等价关系?

5. a) 请验证: 公式 (13), (14), (15) 确实给出相应线性空间中的标量积.

b) 由公式 (15) 给出的埃尔米特形式是否是黎曼可积函数空间 $\mathcal{R}[a, b]$ 中的标量积?

c) 为了让问题 b) 在等价类的商空间中具有肯定的回答, 在 $\mathcal{R}[a, b]$ 中应当认为哪些函数是等价的?

6. 设 X 是在闭区间 $[a, b]$ 上不等于零的连续实函数的集合, 请利用柯西–布尼雅可夫斯基不等式求乘积

$$\left(\int_a^b f(x)\, dx\right)\left(\int_a^b \left(\frac{1}{f}\right)(x)\, dx\right)$$

的值在集合 X 上的下确界.

§2. 线性算子和多重线性算子

1. 定义和实例. 首先回忆以下定义.

定义 1. 设 X 和 Y 是同一个数域 (这里是 $\mathbb{R}$ 或 $\mathbb{C}$) 上的线性空间. 如果对于空间 X 中的任何向量 x, x_1, x_2 和系数域中的任何数 λ, 映射 $A: X \to Y$ 满足等式

$$A(x_1 + x_2) = A(x_1) + A(x_2),$$
$$A(\lambda x) = \lambda A(x),$$

则该映射称为**线性映射**.

定义 2. 线性空间 $X_1, \cdots, X_n$ 的直积到线性空间 Y 的映射

$$A: X_1 \times \cdots \times X_n \to Y$$

称为**多重线性映射** (n 重线性映射), 如果该映射 $y = A(x_1, \cdots, x_n)$ 相对于每一个变量在其余变量取固定值时是线性的.

n 重线性映射 $A: X_1 \times \cdots \times X_n \to Y$ 的集合记为 $\mathcal{L}(X_1, \cdots, X_n; Y)$.

特别地, 当 $n = 1$ 时, 我们得到 $X_1 = X$ 到 Y 的线性映射集 $\mathcal{L}(X; Y)$.

当 $n = 2$ 时, 相应多重线性映射称为**双线性映射**.

不要混淆 n 重线性映射 $A \in \mathcal{L}(X_1, \cdots, X_n; Y)$ 和线性空间 $X = X_1 \times \cdots \times X_n$ 的线性映射 $A \in \mathcal{L}(X; Y)$ (见与此相关的例 9, 10, 11).

如果 $Y = \mathbb{R}$ 或 $Y = \mathbb{C}$, 则线性映射和多重线性映射更经常分别称为线性函数和多重线性函数 (或者线性泛函和多重线性泛函, 如果考虑函数空间的映射). 当 Y 是任意的线性空间时, 线性映射 $A: X \to Y$ 更经常称为从空间 X 到空间 Y 的线性算子.

对于线性算子 $A: X \to Y$, 经常把 $A(x)$ 写为 Ax.

考虑线性映射的一些实例.

例 1. 设 l_0 是有限数列的线性空间. 用以下方式定义算子 $A: l_0 \to l_0$:
$$A((x_1, x_2, \cdots, x_n, 0, \cdots)) := (1x_1, 2x_2, \cdots, nx_n, 0, \cdots).$$

例 2. 用关系式
$$A(f) := f(x_0)$$
定义泛函 $A: C([a,b], \mathbb{R}) \to \mathbb{R}$, 其中 $f \in C([a,b], \mathbb{R})$, 而 x_0 是闭区间 $[a,b]$ 的一个固定点.

例 3. 用关系式
$$A(f) := \int_a^b f(x)\, dx$$
定义泛函 $A: C([a,b], \mathbb{R}) \to \mathbb{R}$.

例 4. 用公式
$$A(f) := \int_a^x f(t)\, dt$$
定义变换 $A: C([a,b], \mathbb{R}) \to C([a,b], \mathbb{R})$, 其中的点 x 取闭区间 $[a,b]$ 上的全部值.

这些映射显然都是线性映射.

考虑多重线性映射的某些已知实例.

例 5. n 个实数的普通乘积 $(x_1, \cdots, x_n) \mapsto x_1 \cdots x_n$ 是 n 重线性函数
$$A \in \mathcal{L}(\underbrace{\mathbb{R}, \cdots, \mathbb{R}}_{n}; \mathbb{R})$$
的典型实例.

例 6. 在实数域 $\mathbb{R}$ 上的欧几里得向量空间中, 标量积 $(x_1, x_2) \stackrel{A}{\longmapsto} \langle x_1, x_2 \rangle$ 是双线性函数.

例 7. 在三维欧几里得空间 E^3 中, 向量的向量积 $(x_1, x_2) \stackrel{A}{\longmapsto} [x_1, x_2]$ 是双线性算子, 即 $A \in \mathcal{L}(E^3, E^3; E^3)$.

例 8. 如果 X 是实数域 $\mathbb{R}$ 上的有限维向量空间,$\{e_1, \cdots, e_n\}$ 是 X 中的基,$x = x^i e_i$ 是向量 $x \in X$ 的分量形式,则只要取

$$A(x_1, \cdots, x_n) = \det \begin{pmatrix} x_1^1 & \cdots & x_1^n \\ \vdots & & \vdots \\ x_n^1 & \cdots & x_n^n \end{pmatrix},$$

就得到 n 重线性函数 $A : X^n \to \mathbb{R}$.

作为上述实例的有益补充,我们再来分析线性空间的直积之间的线性映射的结构.

例 9. 设 $X = X_1 \times \cdots \times X_m$ 是线性空间 $X_1, \cdots, X_m$ 的直积,它也是线性空间,而 $A : X \to Y$ 是 X 到线性空间 Y 的线性映射. 把每个向量 $x = (x_1, \cdots, x_m) \in X$ 表示为

$$x = (x_1, \cdots, x_m) = (x_1, 0, \cdots, 0) + (0, x_2, 0, \cdots, 0) + \cdots + (0, \cdots, 0, x_m) \quad (1)$$

的形式. 对于 $x_i \in X_i$, $i \in \{1, \cdots, m\}$,取

$$A_i(x_i) := A((0, \cdots, 0, x_i, 0, \cdots, 0)). \quad (2)$$

我们看到,$A_i : X_i \to Y$ 是线性映射,并且

$$A(x) = A_1(x_1) + \cdots + A_m(x_m). \quad (3)$$

对于任何线性映射 $A_i : X_i \to Y$,由公式 (3) 定义的映射

$$A : X = X_1 \times \cdots \times X_m \to Y$$

显然是线性的. 因此, 我们证明了, 公式 (3) 给出任何线性映射

$$A \in \mathcal{L}(X = X_1 \times \cdots \times X_m; Y)$$

的一般形式.

例 10. 从线性空间 $Y_1, \cdots, Y_n$ 的直积 $Y = Y_1 \times \cdots \times Y_n$ 的定义和线性映射 $A : X \to Y$ 的定义容易看出,任何线性映射 $A : X \to Y = Y_1 \times \cdots \times Y_n$ 都具有

$$x \mapsto Ax = (A_1 x, \cdots, A_n x) = (y_1, \cdots, y_n) = y \in Y$$

的形式, 其中 $A_i : X \to Y_i$ 是线性映射.

例 11. 综合例 9 和例 10,我们看出,线性空间的直积 $X = X_1 \times \cdots \times X_m$ 到另一组线性空间的直积 $Y = Y_1 \times \cdots \times Y_n$ 的任何线性映射

$$A : X_1 \times \cdots \times X_m = X \to Y = Y_1 \times \cdots \times Y_n$$

都具有以下形式:

$$y = \begin{pmatrix} y_1 \\ \vdots \\ y_n \end{pmatrix} = \begin{pmatrix} A_{11} & \cdots & A_{1m} \\ \vdots & & \vdots \\ A_{n1} & \cdots & A_{nm} \end{pmatrix} \begin{pmatrix} x_1 \\ \vdots \\ x_m \end{pmatrix} = Ax, \tag{4}$$

其中 $A_{ij} : X_j \to Y_i$ 是线性映射.

特别地, 如果 $X_1 = X_2 = \cdots = X_m = \mathbb{R}$, $Y_1 = Y_2 = \cdots = Y_n = \mathbb{R}$, 则 $A_{ij} : X_j \to Y_i$ 是线性映射 $\mathbb{R} \ni x \mapsto a_{ij}x \in \mathbb{R}$, 其中每一个映射由一个数 a_{ij} 给出. 于是, 关系式 (4) 在这种情况下化为线性映射的我们所熟知的写法 $A : \mathbb{R}^m \to \mathbb{R}^n$.

2. 算子的范数

定义 3. 设 $A : X_1 \times \cdots \times X_n \to Y$ 是从赋范空间 $X_1, \cdots, X_n$ 的直积到赋范空间 Y 的多重线性算子. 量

$$\|A\| := \sup_{\substack{x_1, \cdots, x_n \\ x_i \neq 0}} \frac{|A(x_1, \cdots, x_n)|_Y}{|x_1|_{X_1} \cdots |x_n|_{X_n}} \tag{5}$$

称为多重线性算子 A 的范数, 式中的上确界取自空间 $X_1, \cdots, X_n$ 中的所有可能的非零向量组 $x_1, \cdots, x_n$.

在公式 (5) 的右边, 本来表示向量范数的记号 $\|\cdot\|$ 被改为 $|\cdot|$, 其下标表示向量所在的赋范空间. 我们在下文中将沿用向量范数的这个记号, 并且只要不出现歧义, 就省略表示空间的下标, 认为总是在向量所在空间中计算它的范数 (模). 我们希望暂时用这种形式来区分向量范数的记号和作用于赋范向量空间的线性算子或多重线性算子的范数的记号.

利用向量范数的性质和多重线性算子的性质可以把公式 (5) 改写为以下形式:

$$\|A\| = \sup_{\substack{x_1, \cdots, x_n \\ x_i \neq 0}} \left| A\left(\frac{x_1}{|x_1|}, \cdots, \frac{x_n}{|x_n|}\right) \right| = \sup_{e_1, \cdots, e_n} |A(e_1, \cdots, e_n)|, \tag{6}$$

式中的最后一个上确界取自所有可能的由分别属于空间 $X_1, \cdots, X_n$ 的单位向量 $e_1, \cdots, e_n$ 组成的向量组.

特别地, 对于线性算子 $A : X \to Y$, 从 (5) 和 (6) 得到

$$\|A\| = \sup_{x \neq 0} \frac{|Ax|}{|x|} = \sup_{|e|=1} |Ae|. \tag{7}$$

从多重线性算子 A 的范数的定义 3 推出, 如果 $\|A\| < \infty$, 则对于任何向量 $x_i \in X_i$, $i = 1, \cdots, n$, 以下不等式成立:

$$|A(x_1, \cdots, x_n)| \leqslant \|A\| \, |x_1| \cdots |x_n|. \tag{8}$$

特别地, 对于线性算子, 我们得到
$$|Ax| \leqslant \|A\| \, |x|. \tag{9}$$

此外, 从定义 3 可知, 如果多重线性算子的范数有限, 则它是使不等式
$$|A(x_1, \cdots, x_n)| \leqslant M|x_1| \cdots |x_n| \tag{10}$$
对于任何 $x_i \in X_i$ ($i = 1, \cdots, n$) 都成立的数 M 的下确界.

定义 4. 多重线性算子 $A : X_1 \times \cdots \times X_n \to Y$ 称为有界多重线性算子, 如果数 $M \in \mathbb{R}$ 存在, 使得对于相应空间 $X_1, \cdots, X_n$ 的任何向量 $x_1, \cdots, x_n$, 不等式 (10) 成立.

因此, 算子有界的充分必要条件是算子具有有限的范数.

根据关系式 (7), 容易理解线性算子的范数在我们所熟知的 $A : \mathbb{R}^m \to \mathbb{R}^n$ 的情况下的几何意义. 这时, 空间 $\mathbb{R}^m$ 中的单位球面在变换 A 的作用下变为某个椭球面, 其中心位于 $\mathbb{R}^n$ 中的零点. 这意味着, A 的范数这时就是这个椭球的最大半轴.

另一方面, 从 (7) 中的第一个等式可以看出, 线性算子的范数也可以解释为向量在给定映射下的伸长系数的上确界.

不难证明, 对于有限维空间的映射, 多重线性算子的范数总是有限的, 特别地, 线性算子的范数也总是有限的. 从下面第一个例子可以看出, 这在无穷维空间的情况下一般不成立.

我们来计算例 1-8 中的算子的范数.

例 1'. 如果认为 l_0 是赋范空间 l_p 的子空间, 则因为向量 $e_n = (\underbrace{0, \cdots, 0}_{n-1}, 1, 0, \cdots)$ 的范数为 1, 并且 $Ae_n = ne_n$, 所以显然 $\|A\| = \infty$.

例 2'. 如果 $|f| = \max\limits_{a \leqslant x \leqslant b} |f(x)| \leqslant 1$, 则 $|Af| = |f(x_0)| \leqslant 1$, 而且当 $f(x_0) = 1$ 时 $|Af| = 1$, 所以 $\|A\| = 1$.

我们指出, 例如, 如果在同一个线性空间 $C([a, b], \mathbb{R})$ 中引入积分范数
$$|f| = \int_a^b |f|(x) \, dx,$$
则 $\|A\|$ 的计算结果可能大为不同. 其实, 设 $[a, b] = [0, 1]$, $x_0 = 1$. 函数 $f_n = x^n$ 在闭区间 $[0, 1]$ 上的积分范数显然等于 $1/(n+1)$, 但与此同时, $Af_n = Ax^n = x^n|_{x=1} = 1$. 由此可知, 这时 $\|A\| = \infty$.

以后, 如果不另外说明, 我们总是认为空间 $C([a, b], \mathbb{R})$ 中的范数由函数在闭

区间 $[a, b]$ 上最大的模所定义.

例 3′. 如果 $|f| = \max\limits_{a \leqslant x \leqslant b} |f(x)| \leqslant 1$, 则

$$|Af| = \left| \int_a^b f(x)\, dx \right| \leqslant \int_a^b |f|(x)\, dx \leqslant \int_a^b 1\, dx = b - a.$$

而当 $f(x) \equiv 1$ 时, 我们得到 $|A1| = b - a$, 所以 $\|A\| = b - a$.

例 4′. 如果 $|f| = \max\limits_{a \leqslant x \leqslant b} |f(x)| \leqslant 1$, 则

$$\max_{a \leqslant x \leqslant b} \left| \int_a^x f(t) dt \right| \leqslant \max_{a \leqslant x \leqslant b} \int_a^x |f|(t) dt \leqslant \max_{a \leqslant x \leqslant b} (x - a) = b - a.$$

而当 $f(t) \equiv 1$ 时, 我们得到 $\max\limits_{a \leqslant x \leqslant b} \int_a^x 1\, dt = b - a$, 所以在本例中也有 $\|A\| = b - a$.

例 5′. 在所给情况下, 从定义 3 直接得到 $\|A\| = 1$.

例 6′. 根据柯西–布尼雅可夫斯基不等式,

$$|\langle x_1, x_2 \rangle| \leqslant |x_1| \cdot |x_2|,$$

并且如果 $x_1 = x_2$, 则该不等式变为等式, 所以 $\|A\| = 1$.

例 7′. 我们知道,

$$|[x_1, x_2]| = |x_1| \cdot |x_2| \sin \varphi,$$

其中 φ 是向量 x_1, x_2 之间的夹角, 所以 $\|A\| \leqslant 1$. 同时, 如果向量 x_1, x_2 正交, 则 $\sin \varphi = 1$. 因此, $\|A\| = 1$.

例 8′. 如果认为向量取自 n 维欧几里得空间, 就可以发现,

$$A(x_1, \cdots, x_n) = \det(x_1, \cdots, x_n)$$

是以向量 $x_1, \cdots, x_n$ 为边的平行多面体的体积, 并且当这些向量彼此垂直而其长度保持不变时, 该体积最大.

因此,

$$|\det(x_1, \cdots, x_n)| \leqslant |x_1| \cdots |x_n|,$$

并且等式对于正交向量成立. 于是, 在这个问题中 $\|A\| = 1$.

现在估计例 9–11 中的算子的范数. 我们将认为, 在赋范空间 $X_1, \cdots, X_m$ 的直积 $X = X_1 \times \cdots \times X_m$ 中, 按照 §1 (例 6) 中的约定引入了向量 $x = (x_1, \cdots, x_m)$ 的范数.

例 9′. 如前所述, 给出线性算子

$$A: X_1 \times \cdots \times X_m = X \to Y,$$

等价于给出由关系式 $A_i x_i = A((0, \cdots, 0, x_i, 0, \cdots, 0))$ $(i = 1, \cdots, m)$ 确定的 m 个线性算子 $A_i : X_i \to Y$. 这时, 公式 (3) 成立, 所以

$$|Ax|_Y \leqslant \sum_{i=1}^m |A_i x_i|_Y \leqslant \sum_{i=1}^m \|A_i\| |x_i|_{X_i} \leqslant \left(\sum_{i=1}^m \|A_i\|\right) |x|_X,$$

从而证明了

$$\|A\| \leqslant \sum_{i=1}^m \|A_i\|.$$

另一方面, 因为

$$|A_i x_i| = |A((0, \cdots, 0, x_i, 0, \cdots, 0))| \leqslant \|A\| |(0, \cdots, 0, x_i, 0, \cdots, 0)|_X = \|A\| |x_i|_{X_i},$$

所以可以得到, 对于任何 $i = 1, \cdots, m$, 以下估计成立:

$$\|A_i\| \leqslant \|A\|.$$

例 10′. 利用在 $Y = Y_1 \times \cdots \times Y_n$ 中引入的范数, 这时立刻得到两侧的估计:

$$\|A_i\| \leqslant \|A\| \leqslant \sum_{i=1}^n \|A_i\|.$$

例 11′. 利用例 9 和例 10 的结果可以得到

$$\|A_{ij}\| \leqslant \|A\| \leqslant \sum_{i=1}^n \sum_{j=1}^m \|A_{ij}\|.$$

3. 连续算子空间. 今后我们所感兴趣的不是所有的线性算子或多重线性算子, 而只是连续的相应算子. 因此, 值得考虑以下命题.

命题 1. 对于从赋范空间 $X_1, \cdots, X_n$ 的直积到赋范空间 Y 的多重线性算子 $A: X_1 \times \cdots \times X_n \to Y$, 以下条件是等价的:

a) A 具有有限的范数,
b) A 是有界算子,
c) A 是连续算子,
d) A 是在点 $(0, \cdots, 0) \in X_1 \times \cdots \times X_n$ 连续的算子.

◂ 我们来证明封闭的一串蕴涵关系 a) $\Rightarrow$ b) $\Rightarrow$ c) $\Rightarrow$ d) $\Rightarrow$ a).

根据 (8), a) $\Rightarrow$ b) 显然成立.

我们来验证 b) ⇒ c), 即从 (10) 推出算子 A 连续. 其实, 因为 A 是多重线性算子, 所以可以写出

$$A(x_1 + h_1, x_2 + h_2, \cdots, x_n + h_n) - A(x_1, x_2, \cdots, x_n)$$
$$= A(h_1, x_2, \cdots, x_n) + \cdots + A(x_1, x_2, \cdots, x_{n-1}, h_n) + A(h_1, h_2, x_3, \cdots, x_n) + \cdots$$
$$+ A(x_1, \cdots, x_{n-2}, h_{n-1}, h_n) + \cdots + A(h_1, \cdots, h_n).$$

根据 (10), 我们得到估计

$$|A(x_1 + h_1, x_2 + h_2, \cdots, x_n + h_n) - A(x_1, x_2, \cdots, x_n)|$$
$$\leqslant M(|h_1| \cdot |x_2| \cdots |x_n| + \cdots + |x_1| \cdot |x_2| \cdots |x_{n-1}| \cdot |h_n|$$
$$+ |h_1| \cdot |h_2| \cdot |x_3| \cdots |x_n| + \cdots + |x_1| \cdot |x_2| \cdots |h_{n-1}| \cdot |h_n| + \cdots + |h_1| \cdots |h_n|).$$

由此可知, A 在任何点 $(x_1, \cdots, x_n) \in X_1 \times \cdots \times X_n$ 都是连续的.

特别地, 如果 $(x_1, \cdots, x_n) = (0, \cdots, 0)$, 则从 c) 得到 d).

还需要证明 d) ⇒ a).

对于 $\varepsilon > 0$, 可以求出 $\delta = \delta(\varepsilon) > 0$, 使得当 $\max\{|x_1|, \cdots, |x_n|\} \leqslant \delta$ 时,

$$|A(x_1, \cdots, x_n)| < \varepsilon.$$

于是, 对于任何一组单位向量 $e_1, \cdots, e_n$, 我们得到

$$|A(e_1, \cdots, e_n)| = \frac{1}{\delta^n} |A(\delta e_1, \cdots, \delta e_n)| < \frac{\varepsilon}{\delta^n},$$

即 $\|A\| < \varepsilon/\delta^n < \infty$. ▶

我们在前面 (例 1) 已经看到, 并非所有的线性算子都具有有限的范数, 即线性算子并非总是连续的. 我们还指出过, 只有定义于无穷维空间的线性算子才可能是不连续的.

从这里开始, 用记号 $\mathcal{L}(X_1, \cdots, X_n; Y)$ 表示从线性赋范空间 $X_1, \cdots, X_n$ 的直积到线性赋范空间 Y 的连续多重线性算子的集合.

特别地, $\mathcal{L}(X; Y)$ 是从 X 到 Y 的所有连续线性算子的集合.

在集合 $\mathcal{L}(X_1, \cdots, X_n; Y)$ 中可以引入自然的线性空间结构:

$$(A + B)(x_1, \cdots, x_n) := A(x_1, \cdots, x_n) + B(x_1, \cdots, x_n),$$
$$(\lambda A)(x_1, \cdots, x_n) := \lambda A(x_1, \cdots, x_n).$$

显然, 如果 $A, B \in \mathcal{L}(X_1, \cdots, X_n; Y)$, 则

$$(A + B) \in \mathcal{L}(X_1, \cdots, X_n; Y), \quad (\lambda A) \in \mathcal{L}(X_1, \cdots, X_n; Y).$$

因此, $\mathcal{L}(X_1, \cdots, X_n; Y)$ 可以视为线性空间.

命题 2. 多重线性算子的范数是连续多重线性算子的线性空间 $\mathcal{L}(X_1, \cdots, X_n; Y)$ 中的范数.

◀ 我们首先指出, 根据命题 1, 对于任何算子 $A \in \mathcal{L}(X_1, \cdots, X_n; Y)$ 都可以确定一个非负数 $\|A\| < \infty$.

不等式 (8) 表明,
$$\|A\| = 0 \Leftrightarrow A = 0.$$

此外, 根据多重线性算子的范数的定义,
$$\|\lambda A\| = \sup_{\substack{x_1, \cdots, x_n \\ x_i \neq 0}} \frac{|(\lambda A)(x_1, \cdots, x_n)|}{|x_1| \cdots |x_n|} = \sup_{\substack{x_1, \cdots, x_n \\ x_i \neq 0}} \frac{|\lambda| \cdot |A(x_1, \cdots, x_n)|}{|x_1| \cdots |x_n|} = |\lambda| \, \|A\|.$$

最后, 如果 A 和 B 是空间 $\mathcal{L}(X_1, \cdots, X_n; Y)$ 的元素, 则
$$\|A + B\| = \sup_{\substack{x_1, \cdots, x_n \\ x_i \neq 0}} \frac{|(A+B)(x_1, \cdots, x_n)|}{|x_1| \cdots |x_n|}$$
$$= \sup_{\substack{x_1, \cdots, x_n \\ x_i \neq 0}} \frac{|A(x_1, \cdots, x_n) + B(x_1, \cdots, x_n)|}{|x_1| \cdots |x_n|}$$
$$\leqslant \sup_{\substack{x_1, \cdots, x_n \\ x_i \neq 0}} \frac{|A(x_1, \cdots, x_n)|}{|x_1| \cdots |x_n|} + \sup_{\substack{x_1, \cdots, x_n \\ x_i \neq 0}} \frac{|B(x_1, \cdots, x_n)|}{|x_1| \cdots |x_n|} = \|A\| + \|B\|. \ ▶$$

现在, 我们用记号 $\mathcal{L}(X_1, \cdots, X_n; Y)$ 表示具有上述算子范数的连续 n 重线性算子空间. 特别地, $\mathcal{L}(X; Y)$ 是从 X 到 Y 的连续线性算子空间.

我们给出命题 2 的一个有益的补充.

补充命题. 如果 X, Y, Z 是赋范空间, 并且 $A \in \mathcal{L}(X; Y), B \in \mathcal{L}(Y; Z)$, 则
$$\|B \circ A\| \leqslant \|B\| \cdot \|A\|.$$

◀ 其实,
$$\|B \circ A\| = \sup_{x \neq 0} \frac{|(B \circ A)x|}{|x|} \leqslant \sup_{x \neq 0} \frac{\|B\| \, |Ax|}{|x|} = \|B\| \sup_{x \neq 0} \frac{|Ax|}{|x|} = \|B\| \cdot \|A\|. \ ▶$$

命题 3. 如果 Y 是完备的赋范空间, 则 $\mathcal{L}(X_1, \cdots, X_n; Y)$ 也是完备的赋范空间.

◀ 我们将对连续线性算子空间 $\mathcal{L}(X; Y)$ 完成证明. 从下面的讨论可以看出, 这与一般情况的区别只是后者的写法更烦琐而已.

设 $A_1, A_2, \cdots, A_n, \cdots$ 是 $\mathcal{L}(X; Y)$ 中的基本序列. 因为对于任何 $x \in X$ 都有
$$|A_m x - A_n x| = |(A_m - A_n)x| \leqslant \|A_m - A_n\| \, |x|,$$

所以对于任何 $x \in X$, 序列 $A_1x, A_2x, \cdots, A_nx, \cdots$ 显然是 Y 中的基本序列. 又因为 Y 是完备的, 所以这个序列在 Y 中有极限, 我们用 Ax 表示这个极限.

于是,
$$Ax := \lim_{n \to \infty} A_n x.$$

我们来证明, $A : X \to Y$ 是连续线性算子.

因为
$$\lim_{n \to \infty} A_n(\lambda_1 x_1 + \lambda_2 x_2) = \lim_{n \to \infty}(\lambda_1 A_n x_1 + \lambda_2 A_n x_2) = \lambda_1 \lim_{n \to \infty} A_n x_1 + \lambda_2 \lim_{n \to \infty} A_n x_2,$$
所以 A 是线性算子.

其次, 对于任何固定的 $\varepsilon > 0$ 和足够大的 $m, n \in \mathbb{N}$, $\|A_m - A_n\| < \varepsilon$ 成立, 所以对于任何向量 $x \in X$,
$$|A_m x - A_n x| \leqslant \varepsilon |x|.$$

在这个不等式中让 m 趋于无穷大, 并利用向量范数的连续性, 我们得到
$$|Ax - A_n x| \leqslant \varepsilon |x|.$$

于是, $\|A - A_n\| \leqslant \varepsilon$, 又因为 $A = A_n + (A - A_n)$, 所以
$$\|A\| \leqslant \|A_n\| + \varepsilon.$$

因此, 我们证明了 $A \in \mathcal{L}(X; Y)$, 并且当 $n \to \infty$ 时 $\|A - A_n\| \to 0$, 即在空间 $\mathcal{L}(X; Y)$ 的范数的意义下 $A = \lim_{n \to \infty} A_n$. ▶

最后, 我们再给出关于多重线性算子空间的一个专门的说明, 在研究高阶微分时需要用到这个结果.

命题 4. 对于任何 $m \in \{1, \cdots, n\}$, 在空间 $\mathcal{L}(X_1, \cdots, X_m; \mathcal{L}(X_{m+1}, \cdots, X_n; Y))$ 与 $\mathcal{L}(X_1, \cdots, X_n; Y)$ 之间存在保持线性结构和范数的双射.

◀ 我们给出这个同构. 设
$$\mathcal{B} \in \mathcal{L}(X_1, \cdots, X_m; \mathcal{L}(X_{m+1}, \cdots, X_n; Y)),$$
即
$$\mathcal{B}(x_1, \cdots, x_m) \in \mathcal{L}(X_{m+1}, \cdots, X_n; Y).$$
取
$$A(x_1, \cdots, x_n) := \mathcal{B}(x_1, \cdots, x_m)(x_{m+1}, \cdots, x_n), \tag{11}$$

则
$$\|\mathcal{B}\| = \sup_{\substack{x_1,\cdots,x_m \\ x_i \neq 0}} \frac{\|\mathcal{B}(x_1,\cdots,x_m)\|}{|x_1|\cdots|x_m|}$$

$$= \sup_{\substack{x_1,\cdots,x_m \\ x_i \neq 0}} \frac{\sup\limits_{\substack{x_{m+1},\cdots,x_n \\ x_j \neq 0}} \frac{|\mathcal{B}(x_1,\cdots,x_m)(x_{m+1},\cdots,x_n)|}{|x_{m+1}|\cdots|x_n|}}{|x_1|\cdots|x_m|}$$

$$= \sup_{\substack{x_1,\cdots,x_n \\ x_k \neq 0}} \frac{|A(x_1,\cdots,x_n)|}{|x_1|\cdots|x_n|} = \|A\|.$$

我们留给读者去验证, 关系式 (11) 给出所研究的线性空间之间的同构关系. ▶

n 次利用命题 4, 我们得到, 例如, 空间 $\mathcal{L}(X_1; \mathcal{L}(X_2; \cdots; \mathcal{L}(X_n; Y)\cdots))$ 与 n 重线性算子空间 $\mathcal{L}(X_1,\cdots,X_n; Y)$ 同构.

习 题

1. a) 请证明: 如果 $A: X \to Y$ 是从赋范空间 X 到赋范空间 Y 的线性算子, 并且空间 X 是有限维的, 则 A 是连续算子.

b) 对于多重线性算子, 请证明与 a) 类似的结论.

2. 两个线性赋范空间称为同构的, 如果在 (作为线性向量空间的) 这两个空间之间存在同构关系, 使得它与它的逆都是连续线性算子.

a) 请证明: 维数相同的有限维线性赋范空间是同构的.

b) 请证明: 对于无穷维的情况, a) 中的结论一般而言不再成立.

c) 请在空间 $C([a,b], \mathbb{R})$ 中引入两个范数, 使得 $C([a,b], \mathbb{R})$ 到自身上的恒等映射不是所得赋范空间之间的连续映射.

3. 请证明: 如果一个多重线性算子在某个点连续, 则它处处连续.

4. 设 $A: E^n \to E^n$ 是 n 维欧几里得空间的线性变换, $A^*: E^n \to E^n$ 是其对偶变换. 请证明:

a) 算子 $A \cdot A^*: E^n \to E^n$ 的所有本征值都是非负的;

b) 如果 $\lambda_1 \leqslant \cdots \leqslant \lambda_n$ 是算子 $A \cdot A^*$ 的本征值, 则 $\|A\| = \sqrt{\lambda_n}$;

c) 如果算子 A 具有逆算子 $A^{-1}: E^n \to E^n$, 则 $\|A^{-1}\| = 1/\sqrt{\lambda_1}$;

d) 如果 (a_j^i) 是变换 $A: E^n \to E^n$ 在某个基上的矩阵, 则以下估计成立:
$$\max_{1 \leqslant i \leqslant n} \sqrt{\sum_{j=1}^n (a_j^i)^2} \leqslant \|A\| \leqslant \sqrt{\sum_{i,j=1}^n (a_j^i)^2} \leqslant \sqrt{n}\,\|A\|.$$

5. 设 $\mathbb{P}[x]$ 是变量 x 的实系数多项式的线性空间. 向量 $P \in \mathbb{P}[x]$ 的范数由以下公式定义:
$$\|P\| = \sqrt{\int_0^1 P^2(x)\,dx}.$$

a) 在上述空间中, 由微分运算 $D(P(x)) := P'(x)$ 定义的微分算子 $D : \mathbb{P}[x] \to \mathbb{P}[x]$ 是否有界?

b) 设 $F : \mathbb{P}[x] \to \mathbb{P}[x]$ 是由运算法则 $F(P(x)) := x \cdot P(x)$ 定义的乘以 x 的乘法算子, 请求出它的范数.

6. 请以 $\mathbb{R}^2$ 中的投影算子为例证明: 不等式 $\|B \cdot A\| \leqslant \|B\| \cdot \|A\|$ 可以是严格不等式.

§3. 映射的微分

1. 在一点处可微的映射

定义 1. 设 X, Y 是赋范空间. 集合 $E \subset X$ 到 Y 的映射 $f : E \to Y$ 称为在 E 的内点 $x \in E$ 可微的映射, 如果存在线性连续映射 $L(x) : X \to Y$, 使得

$$f(x+h) - f(x) = L(x)h + \alpha(x; h), \tag{1}$$

其中当 $h \to 0$, $x + h \in E$ 时 $\alpha(x; h) = o(h)$[①].

定义 2. 如果关于 h 的线性函数 $L(x) \in \mathcal{L}(X; Y)$ 满足关系式 (1), 则该函数称为映射 $f : E \to Y$ 在点 x 的微分、切映射或导数.

我们仍然像以前一样用记号 $df(x), Df(x), f'(x)$ 之一表示 $L(x)$.

于是, 我们看到, 映射在一点处可微的上述一般定义几乎逐字重复我们在第八章 §2 中已经知道的 $X = \mathbb{R}^m, Y = \mathbb{R}^n$ 情况下的定义. 所以, 今后我们将不加说明地沿用那里引入的诸如函数的增量、自变量的增量、在一个点的切空间等概念, 并保留相应的记号.

不过, 我们还是在一般情况下验证以下命题.

命题 1. 如果映射 $f : E \to Y$ 在集合 $E \subset X$ 的内点 x 可微, 则它在这个点的微分 $L(x)$ 是唯一的.

◂ 我们来验证微分的唯一性.

设 $L_1(x)$ 和 $L_2(x)$ 都是满足关系式 (1) 的线性映射, 即

$$\begin{aligned} f(x+h) - f(x) - L_1(x)h &= \alpha_1(x; h), \\ f(x+h) - f(x) - L_2(x)h &= \alpha_2(x; h), \end{aligned} \tag{2}$$

其中当 $h \to 0$, $x + h \in E$ 时, $\alpha_i(x; h) = o(h)$, $i = 1, 2$.

这时, 取 $L(x) = L_1(x) - L_2(x)$ 和 $\alpha(x; h) = \alpha_2(x; h) - \alpha_1(x; h)$, 让 (2) 中的两个等式相减, 就得到

$$L(x)h = \alpha(x; h),$$

[①] 写法 "当 $h \to 0$, $x+h \in E$ 时 $\alpha(x; h) = o(h)$" 自然表示 $\lim\limits_{h \to 0,\ x+h \in E} |\alpha(x; h)|_Y \cdot |h|_X^{-1} = 0$.

其中 $L(x)$ 是关于 h 的线性映射, 而当 $h \to 0$, $x+h \in E$ 时 $\alpha(x;h) = o(h)$. 取辅助数值参数 λ, 现在可以写出

$$|L(x)h| = \frac{|L(x)(\lambda h)|}{|\lambda|} = \frac{|\alpha(x;\lambda h)|}{|\lambda h|}|h| \to 0, \ \text{当} \ \lambda \to 0 \ \text{时}.$$

因此, 对于任何 $h \neq 0$ (注意 x 是 E 的内点), $L(x)h = 0$. 又因为 $L(x)0 = 0$, 所以我们证明了, 等式 $L_1(x)h = L_2(x)h$ 对于 h 的任何值都成立. ▶

如果 E 是 X 的开子集, 而 $f: E \to Y$ 是在每个点 $x \in E$ 都可微的映射, 即 f 在集合 E 上可微, 则根据已经证明的映射在一点处微分的唯一性, 在集合 E 上产生了一个函数 $E \ni x \mapsto f'(x) \in \mathcal{L}(X;Y)$, 记作 $f': E \to \mathcal{L}(X;Y)$, 我们称之为 f 的导数或原映射 $f: E \to Y$ 的导映射. 这个函数在单独的点 $x \in E$ 的值 $f'(x)$ 是一个连续线性映射 $f'(x) \in \mathcal{L}(X;Y)$, 它是函数 f 在具体给定的点 $x \in E$ 的微分或导数.

我们指出, 因为在定义 1 中要求线性映射 $L(x)$ 是连续的, 所以从等式 (1) 推出, 在一点处可微的映射必定在这个点连续.

逆命题当然不成立, 我们已经见过数值函数的相关例子.

我们再给出下面的重要附注.

附注. 如果把映射在某个点 a 可微的条件写为以下形式:

$$f(x) - f(a) = L(a)(x-a) + \alpha(a;x),$$

其中当 $x \to a$ 时 $\alpha(a;x) = o(x-a)$, 则显然, 定义 1 其实涉及任何仿射空间 (A, X), (B, Y) 之间的映射 $f: A \to B$, 这里的 X 和 Y 是线性赋范空间. 这样的仿射空间很常见, 称为仿射赋范空间. 因此, 在运用微分学时, 值得注意这个附注.

如果没有特别说明, 则下面的所有结论同样适用于线性赋范空间和仿射赋范空间, 只是为了书写简洁, 我们使用向量空间的记号.

2. 一般的微分法则. 从定义 1 得出微分运算的以下一般性质. 在下面的表述中, X, Y, Z 是赋范空间, 而 U 和 V 分别是 X 和 Y 中的开集.

a. 微分运算的线性性质. 如果映射 $f_i: U \to Y$ $(i = 1, 2)$ 在点 $x \in U$ 可微, 则它们的线性组合 $(\lambda_1 f_1 + \lambda_2 f_2): U \to Y$ 也在点 x 可微, 并且

$$(\lambda_1 f_1 + \lambda_2 f_2)'(x) = \lambda_1 f_1'(x) + \lambda_2 f_2'(x).$$

因此, 映射的线性组合的微分是这些映射的微分的相应线性组合.

b. 复合映射的微分运算. 如果映射 $f: U \to V$ 在点 $x \in U \subset X$ 可微, 而映射 $g: V \to Z$ 在点 $f(x) = y \in V \subset Y$ 可微, 则这两个映射的复合 $g \circ f$ 在点 x 可微, 并且

$$(g \circ f)'(x) = g'(f(x)) \circ f'(x).$$

因此, 复合的微分等于微分的复合.

c. 逆映射的微分运算. 设 $f:U\to Y$ 是在点 $x\in U\subset X$ 连续的映射, 它在点 $y=f(x)$ 的邻域中有逆映射 $f^{-1}:V\to X$, 并且逆映射在这个点连续.

如果映射 f 在点 x 可微, 它在这个点的切映射 $f'(x)\in\mathcal{L}(X;Y)$ 有连续的逆映射 $[f'(x)]^{-1}\in\mathcal{L}(Y;X)$, 则映射 f^{-1} 在点 $y=f(x)$ 可微, 并且

$$[f^{-1}]'(f(x))=[f'(x)]^{-1}.$$

因此, 逆映射的微分是一个线性映射, 它是原映射在相应点的微分的逆映射.

我们省略命题 a, b, c 的证明, 因为它们类似于第八章 §3 中 $X=\mathbb{R}^m, Y=\mathbb{R}^n$ 的情况下的证明.

3. 某些实例

例 1. 如果 $f:U\to Y$ 是点 x 的邻域 $U=U(x)\subset X$ 上的常映射, 即 $f(U)=\{y_0\}\subset Y$, 则 $f'(x)=0\in\mathcal{L}(X;Y)$.

◀ 其实, 这时显然 $f(x+h)-f(x)-0h=y_0-y_0-0=0=o(h)$. ▶

例 2. 如果映射 $f:X\to Y$ 是线性赋范空间 X 到线性赋范空间 Y 的连续线性映射, 则在任何点 $x\in X$ 都有 $f'(x)=f\in\mathcal{L}(X;Y)$.

◀ 其实, $f(x+h)-f(x)-fh=fx+fh-fx-fh=0$. ▶

我们指出, 其实这里 $f'(x)\in\mathcal{L}(TX_x;TY_{f(x)})$, 而 h 是切空间 TX_x 的向量. 但是, 在线性空间中, 可以把一个向量移动到任何点 $x\in X$, 这使我们可以认为切空间 TX_x 等价于线性空间 X 本身 (类似地, 在仿射空间 (A,X) 的情况下, 可以认为从点 $a\in A$ 出发的向量的空间 TA_a 等价于该仿射空间的向量空间 X). 因此, 在 X 中选取的基向量可以用于所有的切空间 TX_x. 这意味着, 例如, 如果 $X=\mathbb{R}^m$, $Y=\mathbb{R}^n$, 并且映射 $f\in\mathcal{L}(\mathbb{R}^m;\mathbb{R}^n)$ 由矩阵 (a_i^j) 给出, 则在任何点 $x\in\mathbb{R}^m$, 它的切映射 $f'(x):T\mathbb{R}_x^m\to T\mathbb{R}_{f(x)}^n$ 也由这个矩阵给出.

特别地, 对于 $\mathbb{R}$ 到 $\mathbb{R}$ 的线性映射 $x\stackrel{f}{\longmapsto}ax=y$, 当 $x\in\mathbb{R}$ 并且 $h\in T\mathbb{R}_x\sim\mathbb{R}$ 时, 我们得到相应的映射 $T\mathbb{R}_x\ni h\stackrel{f'}{\longmapsto}ah\in T\mathbb{R}_{f(x)}$.

根据上述说明, 可以把例 2 的结果表述为: 线性赋范空间的线性映射 $f:X\to Y$ 的导映射 $f':X\to\mathcal{L}(X;Y)$ 是常映射, 而且在任何点 $x\in X$ 都有 $f'(x)=f$.

例 3. 从复合映射的微分运算法则和例 2 的结果可以推出, 如果 $f:U\to Y$ 是点 $x\in X$ 的邻域 $U=U(x)\subset X$ 上的映射, 并且在点 x 可微, 而 $A\in\mathcal{L}(Y;Z)$, 则

$$(A\circ f)'(x)=A\circ f'(x).$$

对于数值函数, 当 $Y = Z = \mathbb{R}$ 时, 这正好表示众所周知的运算法则——可以从微分符号内提取出常因子.

例 4. 仍然设 $U = U(x)$ 是赋范空间 X 的点 x 的邻域, 另设

$$f : U \to Y = Y_1 \times \cdots \times Y_n$$

是 U 到赋范空间 $Y_1, \cdots, Y_n$ 的直积的映射. 给出这样的一个映射等价于给出 n 个映射 $f_i : U \to Y_i, i = 1, \cdots, n$, 它们与 f 之间的关系为

$$x \mapsto f(x) = y = (y_1, \cdots, y_n) = (f_1(x), \cdots, f_n(x)),$$

这个关系式在 U 的任何点都成立.

现在, 如果在公式 (1) 中考虑到

$$f(x+h) - f(x) = (f_1(x+h) - f_1(x), \cdots, f_n(x+h) - f_n(x)),$$
$$L(x)h = (L_1(x)h, \cdots, L_n(x)h),$$
$$\alpha(x; h) = (\alpha_1(x; h), \cdots, \alpha_n(x; h)),$$

则利用 §1 例 6 和 §2 例 10 的结果可以推出, 上述映射 f 在点 x 可微的充分必要条件是它的所有分量 $f_i : U \to Y_i$ $(i = 1, \cdots, n)$ 可微, 并且在映射 f 可微的情况下, 以下等式成立:

$$f'(x) = (f_1'(x), \cdots, f_n'(x)).$$

例 5. 现在设 $A \in \mathcal{L}(X_1, \cdots, X_n; Y)$, 即 A 是从线性赋范空间 $X_1, \cdots, X_n$ 的直积 $X_1 \times \cdots \times X_n$ 到线性赋范空间 Y 的连续 n 重线性算子. 我们来证明映射 $A : X_1 \times \cdots \times X_n = X \to Y$ 可微, 并求它的微分.

◀ 利用 A 的多重线性性质, 我们得到

$$A(x+h) - A(x) = A(x_1 + h_1, \cdots, x_n + h_n) - A(x_1, \cdots, x_n)$$
$$= A(x_1, \cdots, x_n) + A(h_1, x_2, \cdots, x_n) + \cdots + A(x_1, \cdots, x_{n-1}, h_n)$$
$$+ A(h_1, h_2, x_3, \cdots, x_n) + \cdots + A(x_1, \cdots, x_{n-2}, h_{n-1}, h_n) + \cdots$$
$$+ A(h_1, \cdots, h_n) - A(x_1, \cdots, x_n).$$

因为 $X = X_1 \times \cdots \times X_n$ 中的范数满足不等式

$$|x_i|_{X_i} \leqslant |x|_X \leqslant \sum_{i=1}^{n} |x_i|_{X_i},$$

而算子 A 的范数 $\|A\|$ 有限, 并且

$$|A(\xi_1, \cdots, \xi_n)| \leqslant \|A\| \, |\xi_1| \cdots |\xi_n|,$$

所以可以得到

$$A(x+h) - A(x) = A(x_1+h_1, \cdots, x_n+h_n) - A(x_1, \cdots, x_n)$$
$$= A(h_1, x_2, \cdots, x_n) + \cdots + A(x_1, \cdots, x_{n-1}, h_n) + \alpha(x; h),$$

其中当 $h \to 0$ 时 $\alpha(x; h) = o(h)$.

但是, 算子

$$L(x)h = A(h_1, x_2, \cdots, x_n) + \cdots + A(x_1, \cdots, x_{n-1}, h_n)$$

是关于 $h = (h_1, \cdots, h_n)$ 的连续线性算子 (因为 A 连续).

因此, 我们证明了

$$A'(x)h = A'(x_1, \cdots, x_n)(h_1, \cdots, h_n) = A(h_1, x_2, \cdots, x_n) + \cdots + A(x_1, \cdots, x_{n-1}, h_n),$$

即

$$dA(x_1, \cdots, x_n) = A(dx_1, x_2, \cdots, x_n) + \cdots + A(x_1, \cdots, x_{n-1}, dx_n). \blacktriangleright$$

特别地, 如果:

a) $x_1 \cdots x_n$ 是 n 个数值变量之积, 则

$$d(x_1 \cdots x_n) = dx_1 \cdot x_2 \cdots x_n + \cdots + x_1 \cdots x_{n-1} \cdot dx_n;$$

b) $\langle x_1, x_2 \rangle$ 是 E^3 中的标量积, 则

$$d\langle x_1, x_2 \rangle = \langle dx_1, x_2 \rangle + \langle x_1, dx_2 \rangle;$$

c) $[x_1, x_2]$ 是 E^3 中的向量积, 则

$$d[x_1, x_2] = [dx_1, x_2] + [x_1, dx_2];$$

d) (x_1, x_2, x_3) 是 E^3 中的混合积, 则

$$d(x_1, x_2, x_3) = (dx_1, x_2, x_3) + (x_1, dx_2, x_3) + (x_1, x_2, dx_3);$$

e) n 维线性空间 X 具有确定的基向量, $\det(x_1, \cdots, x_n)$ 是由该空间中的 n 个向量 $x_1, \cdots, x_n$ 的分量组成的矩阵的行列式, 则

$$d(\det(x_1, \cdots, x_n)) = \det(dx_1, x_2, \cdots, x_n) + \cdots + \det(x_1, \cdots, x_{n-1}, dx_n).$$

例 6. 设 U 是 $\mathcal{L}(X; Y)$ 的子集, 它由具有连续逆算子 $A^{-1}: Y \to X$ 的连续线性算子 $A: X \to Y$ 组成 (逆算子属于 $\mathcal{L}(Y; X)$). 考虑映射

$$U \ni A \mapsto A^{-1} \in \mathcal{L}(Y; X),$$

它使每个算子 $A \in U$ 都与它的逆算子 $A^{-1} \in \mathcal{L}(Y; X)$ 相对应.

下面证明的命题 2 使我们能够回答关于这个映射的可微性的问题.

命题 2. 如果 X 是完备空间, $A \in U$, 则对于满足条件 $\|h\| < \|A^{-1}\|^{-1}$ 的任何 $h \in \mathcal{L}(X;Y)$, 算子 $A+h$ 也属于 U, 并且以下关系式成立:

$$(A+h)^{-1} = A^{-1} - A^{-1}hA^{-1} + o(h), \quad h \to 0. \tag{3}$$

◀ 因为

$$(A+h)^{-1} = (A(E+A^{-1}h))^{-1} = (E+A^{-1}h)^{-1}A^{-1}, \tag{4}$$

所以只要求出算子 $(E+A^{-1}h) \in \mathcal{L}(X;X)$ 的逆算子 $(E+A^{-1}h)^{-1}$ 即可, 这里 E 是从空间 X 到自身的恒等 (单位) 映射.

设 $\Delta := -A^{-1}h$. 根据 §2 命题 2 的补充命题可以看出, $\|\Delta\| \leqslant \|A^{-1}\| \cdot \|h\|$, 所以利用关于算子 h 的假设, 可以认为 $\|\Delta\| \leqslant q < 1$.

现在验证

$$(E-\Delta)^{-1} = E + \Delta + \Delta^2 + \cdots + \Delta^n + \cdots, \tag{5}$$

其中右边的级数由线性算子 $\Delta^n = (\Delta \circ \cdots \circ \Delta) \in \mathcal{L}(X;X)$ 组成.

因为 X 是完备的, 所以线性赋范空间 $\mathcal{L}(X;X)$ 是完备的 (根据 §2 命题 3). 于是, 从 $\|\Delta^n\| \leqslant \|\Delta\|^n \leqslant q^n$ 和关于级数 $\sum_{n=0}^{\infty} q^n$ 在 $|q|<1$ 时收敛的结论即可直接得到, 由上述空间中的向量组成的级数收敛.

可以直接验证:

$$(E + \Delta + \Delta^2 + \cdots)(E-\Delta) = (E + \Delta + \Delta^2 + \cdots) - (\Delta + \Delta^2 + \Delta^3 + \cdots) = E,$$
$$(E-\Delta)(E + \Delta + \Delta^2 + \cdots) = (E + \Delta + \Delta^2 + \cdots) - (\Delta + \Delta^2 + \Delta^3 + \cdots) = E.$$

这表明, 我们确实求出了 $(E-\Delta)^{-1}$.

值得指出, 在所给情况下, 所研究级数的绝对收敛性 (按照范数的收敛性) 保证了可以对级数自由地进行算术运算 (交换级数的项!).

比较关系式 (4) 和 (5), 我们得到, 当 $\|h\| < \|A^{-1}\|^{-1}$ 时,

$$(A+h)^{-1} = A^{-1} - A^{-1}hA^{-1} + (A^{-1}h)^2 A^{-1} - \cdots + (-1)^n (A^{-1}h)^n A^{-1} + \cdots. \tag{6}$$

因为

$$\left\| \sum_{n=2}^{\infty} (-A^{-1}h)^n A^{-1} \right\| \leqslant \sum_{n=2}^{\infty} \|A^{-1}h\|^n \|A^{-1}\| \leqslant \|A^{-1}\|^3 \|h\|^2 \sum_{m=0}^{\infty} q^m = \frac{\|A^{-1}\|^3}{1-q} \|h\|^2,$$

所以从 (6) 得到等式 (3). ▶

现在回到例 6, 可以说, 在空间 X 完备的情形下, 所研究的映射 $A \stackrel{f}{\longmapsto} A^{-1}$ 显然可微, 并且

$$df(A)h = d(A^{-1})h = -A^{-1}hA^{-1}.$$

特别地，这意味着，如果 A 是非退化矩阵，A^{-1} 是它的逆矩阵，则当矩阵 A 发生微小扰动后，可以按照以下公式求出扰动后的矩阵 $A+h$ 的逆矩阵 $(A+h)^{-1}$ 的一阶近似：
$$(A+h)^{-1} \approx A^{-1} - A^{-1}hA^{-1}.$$

显然，可以从等式 (6) 得到更精确的公式.

例 7. 设 X 是完备的线性赋范空间. 当 $A \in \mathcal{L}(X;X)$ 时，一个重要的映射
$$\exp: \mathcal{L}(X;X) \to \mathcal{L}(X;X)$$
可由以下方式定义：
$$\exp A := E + \frac{1}{1!}A + \frac{1}{2!}A^2 + \cdots + \frac{1}{n!}A^n + \cdots. \tag{7}$$

因为 $\mathcal{L}(X;X)$ 是完备空间，并且 $\left\|\dfrac{A^n}{n!}\right\| \leqslant \dfrac{\|A\|^n}{n!}$，而数项级数 $\sum\limits_{n=0}^{\infty} \dfrac{\|A\|^n}{n!}$ 收敛，所以 (7) 中的级数收敛.

不难验证
$$\exp(A+h) = \exp A + L(A)h + o(h), \quad h \to 0, \tag{8}$$
其中
$$L(A)h = h + \frac{1}{2!}(Ah+hA) + \frac{1}{3!}(A^2h+AhA+hA^2) + \cdots$$
$$+ \frac{1}{n!}(A^{n-1}h + A^{n-2}hA + \cdots + AhA^{n-2} + hA^{n-1}) + \cdots,$$
从而 $\|L(A)\| \leqslant \exp\|A\| = e^{\|A\|}$. 于是，$L(A) \in \mathcal{L}(\mathcal{L}(X;X); \mathcal{L}(X;X))$.

因此，对于任何值 A，映射 $\mathcal{L}(X;X) \ni A \mapsto \exp A \in \mathcal{L}(X;X)$ 可微.

我们指出，如果算子 A 和 h 可交换，即 $Ah = hA$，则从 $L(A)h$ 的表达式可以看出，这时 $L(A)h = (\exp A)h$. 特别地，对于 $X = \mathbb{R}$ 或 $X = \mathbb{C}$，我们又得到与 (8) 相当的结果：
$$\exp(A+h) = \exp A + (\exp A)h + o(h), \quad h \to 0. \tag{9}$$

例 8. 我们来尝试给出具有一个不动点 o 的刚体 (陀螺) 的瞬时转动速度的数学描述. 在点 o 处考虑与刚体固连在一起的正交单位向量组 $\{e_1, e_2, e_3\}$. 显然，这样的向量组可以完全描述刚体的位置，而这三个向量运动的瞬时速度 $\{\dot{e}_1, \dot{e}_2, \dot{e}_3\}$ 也可以完全描述刚体的瞬时转动速度. 向量组 $\{e_1, e_2, e_3\}$ 本身在时刻 t 的位置可以用正交矩阵 (α_i^j) $(i,j=1,2,3)$ 给出，该矩阵由向量 e_1, e_2, e_3 在空间中的某个静止直角坐标系下的分量组成. 因此，与陀螺运动相对应的是 (时间轴) $\mathbb{R}$ 到特殊的三阶正交矩阵群 $SO(3)$ 的映射 $t \to O(t)$，并且如前所述，可以用三个向量 $\{\dot{e}_1, \dot{e}_2, \dot{e}_3\}$ 描述刚体的转动速度，它由矩阵 $\dot{O}(t) =: (\omega_i^j)(t) = (\dot{\alpha}_i^j)(t)$ 给出，该矩阵是矩阵 $O(t) = (\alpha_i^j)(t)$ 对时间的导数.

因为 $O(t)$ 是正交矩阵, 所以关系式
$$O(t)O^*(t) = E \tag{10}$$
在任何时刻 t 都成立, 式中 $O^*(t)$ 是 $O(t)$ 的转置矩阵, 而 E 是单位矩阵.

我们指出, 矩阵之积 $A \cdot B$ 是 A 和 B 的双线性函数, 而转置矩阵的导数显然等于原矩阵导数的转置矩阵. 据此, 求等式 (10) 的导数, 我们得到
$$\dot{O}(t)O^*(t) + O(t)\dot{O}^*(t) = 0,$$
即
$$\dot{O}(t) = -O(t)\dot{O}^*(t)O(t), \tag{11}$$
因为 $O^*(t)O(t) = E$.

特别地, 如果认为向量组 $\{e_1, e_2, e_3\}$ 在时刻 t 与空间中的静止直角坐标系重合, 则 $O(t) = E$, 所以从 (11) 得到
$$\dot{O}(t) = -\dot{O}^*(t), \tag{12}$$
即向量 $\{\dot{e}_1, \dot{e}_2, \dot{e}_3\}$ 在基向量 $\{e_1, e_2, e_3\}$ 下的分量矩阵 $\dot{O}(t) =: \Omega(t) = (\omega_i^j)$ 是反对称的:
$$\Omega(t) = \begin{pmatrix} \omega_1^1 & \omega_1^2 & \omega_1^3 \\ \omega_2^1 & \omega_2^2 & \omega_2^3 \\ \omega_3^1 & \omega_3^2 & \omega_3^3 \end{pmatrix} = \begin{pmatrix} 0 & -\omega^3 & \omega^2 \\ \omega^3 & 0 & -\omega^1 \\ -\omega^2 & \omega^1 & 0 \end{pmatrix}.$$

因此, 陀螺的瞬时转动速度其实由三个独立参量描述, 这在我们的讨论中得自关系式 (10). 这从物理观点看也是自然的, 因为固连向量组 $\{e_1, e_2, e_3\}$ 的位置可由三个独立参量描述, 从而刚体本身的位置也可由三个独立参量描述 (例如力学中的三个欧拉角).

如果让空间中从点 o 出发的每一个向量 $\boldsymbol{\omega} = \omega^1 e_1 + \omega^2 e_2 + \omega^3 e_3$ 都与空间相对于该向量所确定的轴的右旋联系起来, 并且角速度为 $|\boldsymbol{\omega}|$, 则从上述结果不难断定, 刚体在每个时刻 t 都有自己的瞬时转动轴, 并且刚体在该时刻的速度可以用同样的瞬时角速度向量 $\boldsymbol{\omega}(t)$ 描述 (见习题 5).

4. 映射的偏导数. 设 $U = U(a)$ 是赋范空间 $X_1, \cdots, X_m$ 的直积 X 中的点 $a \in X$ 的邻域, $f: U \to Y$ 是 U 到赋范空间 Y 的映射. 这时
$$y = f(x) = f(x_1, \cdots, x_m), \tag{13}$$
这意味着, 如果在 (13) 中只让一个变量 x_i 发生变化, 而让其余所有变量保持不变, 即取 $x_k = a_k, k \in \{1, \cdots, m\} \setminus \{i\}$, 我们就得到定义在空间 X_i 的点 a_i 的某个邻域 U_i 中的函数
$$f(a_1, \cdots, a_{i-1}, x_i, a_{i+1}, \cdots, a_m) =: \varphi_i(x_i). \tag{14}$$

定义 3. 映射 $\varphi_i : U_i \to Y$ 称为原映射 (13) 在点 $a \in X$ 对变量 x_i 的局部映射.

定义 4. 如果映射 (14) 在点 $x_i = a_i$ 可微, 则它在这个点的导数称为映射 f 在点 a 对变量 x_i 的偏导数或偏微分.

通常用下面的符号之一来表示上述偏导数:
$$\partial_i f(a), \quad D_i f(a), \quad \frac{\partial f}{\partial x_i}(a), \quad f'_{x_i}(a).$$

根据这些定义, $D_i f(a) \in \mathcal{L}(X_i; Y)$, 更确切地, $D_i f(a) \in \mathcal{L}(TX_i(a_i); TY(f(a)))$.

在上述情况下, 映射 (13) 在点 a 的微分 $df(a)$ (如果 f 在点 a 可微) 通常称为全微分, 以便区别于对个别变量的偏微分.

以前在研究 m 个实变量的实函数时, 我们已经遇到所有这些概念, 所以在这里不再详细讨论. 我们仅仅指出, 如果重复以前的讨论并利用 §2 例 9, 就容易证明在一般情况下成立的以下命题.

命题 3. 如果映射 (13) 在点 $a = (a_1, \cdots, a_m) \in X_1 \times \cdots \times X_m = X$ 可微, 则它在这个点有对每一个变量的偏微分, 并且全微分与偏微分之间的关系为

$$df(a)h = \partial_1 f(a)h_1 + \cdots + \partial_m f(a)h_m, \tag{15}$$

其中 $h = (h_1, \cdots, h_m) \in TX_1(a_1) \times \cdots \times TX_m(a_m) = TX(a)$.

我们以数值函数为例已经解释了, 函数 (13) 的偏微分存在一般而言并不保证该函数是可微的.

习 题

1. a) 设 $A \in \mathcal{L}(X; X)$ 是幂零算子, 即满足 $A^k = 0$ 的 $k \in \mathbb{N}$ 存在. 请证明: 在这种情况下, 算子 $E - A$ 有逆算子, 并且 $(E - A)^{-1} = E + A + \cdots + A^{k-1}$.

b) 设 $D : \mathbb{P}[x] \to \mathbb{P}[x]$ 是多项式线性空间 $\mathbb{P}[x]$ 上的微分算子. 请说明 D 是幂零算子, 从而写出算子 $\exp(aD)$, 其中 $a \in \mathbb{R}$, 并证明 $\exp(aD)(P(x)) = P(x + a) =: T_a(P(x))$.

c) 设 $\mathbb{P}_n[x]$ 是单变量 n 阶实多项式空间, $e_i = x^{n-i}/(n-i)!$ $(1 \leqslant i \leqslant n)$ 是基向量, 请写出 (习题 b) 中的) 算子 $D : \mathbb{P}_n[x] \to \mathbb{P}_n[x]$ 和 $T_a : \mathbb{P}_n[x] \to \mathbb{P}_n[x]$ 的相应矩阵.

2. a) 请证明: 如果 $A, B \in \mathcal{L}(X; X), \exists B^{-1} \in \mathcal{L}(X; X)$, 则 $\exp(B^{-1}AB) = B^{-1}(\exp A)B$.

b) 请证明: 如果 $AB = BA$, 则 $\exp(A + B) = \exp A \cdot \exp B$.

c) 请验证: $\exp 0 = E$; $\exp A$ 总有逆算子, 并且 $(\exp A)^{-1} = \exp(-A)$.

3. 设 $A \in \mathcal{L}(X; X)$. 考虑由对应关系 $\mathbb{R} \ni t \mapsto \exp(tA) \in \mathcal{L}(X; X)$ 定义的映射 $\varphi_A : \mathbb{R} \to \mathcal{L}(X; X)$. 请证明:

a) 映射 φ_A 连续;

b) φ_A 是作为加法群的 $\mathbb{R}$ 到由 $\mathcal{L}(X; X)$ 中的可逆算子构成的乘法群的同态.

4. 请验证:

a) 如果 $\lambda_1, \cdots, \lambda_n$ 是算子 $A \in \mathcal{L}(\mathbb{C}^n; \mathbb{C}^n)$ 的本征值, 则 $\exp\lambda_1, \cdots, \exp\lambda_n$ 是算子 $\exp A$ 的本征值;

b) $\det(\exp A) = \exp(\operatorname{tr} A)$, 其中 $\operatorname{tr} A$ 是算子 $A \in \mathcal{L}(\mathbb{C}^n; \mathbb{C}^n)$ 的迹;

c) 如果 $A \in \mathcal{L}(\mathbb{R}^n; \mathbb{R}^n)$, 则 $\det(\exp A) > 0$;

d) 如果 A^* 是矩阵 $A \in \mathcal{L}(\mathbb{C}^n; \mathbb{C}^n)$ 的转置矩阵, 而 $\overline{A}$ 是由 A 的元素的复共轭构成的矩阵, 则 $(\exp A)^* = \exp A^*$, $\overline{\exp A} = \exp \overline{A}$;

e) 无论 A 是怎样的二阶矩阵, 矩阵 $\begin{pmatrix} -1 & 0 \\ 1 & -1 \end{pmatrix}$ 都不是形如 $\exp A$ 的矩阵.

5. 我们知道, 如果一个集合同时具有群的结构和拓扑空间的结构, 并且群的运算在所给的拓扑下是连续的, 则该集合称为**拓扑群**或**连续群**; 如果群的运算在某种意义下还是解析的, 则这样的拓扑群称为**李群**①.

李代数是具有反交换双线性运算 $[,] : X \times X \to X$ 的线性空间 X, 该运算满足雅可比恒等式: 对于任何向量 $a, b, c \in X$, $[[a, b], c] + [[b, c], a] + [[c, a], b] = 0$. 李群和李代数有紧密的联系, 而为了实现这样的联系, 映射 $\exp$ (见习题 1) 起重要作用.

具有向量积运算的有向欧几里得空间 E^3 可以作为李代数的例子. 我们暂时用 LA_1 表示这个李代数.

a) 请证明: 如果用关系式 $[A, B] = AB - BA$ 定义矩阵 A 与 B 之积, 则三阶反对称实矩阵组成李代数 (用 LA_2 表示).

b) 请证明: 对应关系
$$\Omega = \begin{pmatrix} 0 & -\omega^3 & \omega^2 \\ \omega^3 & 0 & -\omega^1 \\ -\omega^2 & \omega^1 & 0 \end{pmatrix} \leftrightarrow (\omega_1, \omega_2, \omega_3) = \boldsymbol{\omega}$$
是代数 LA_2 和 LA_1 的同构.

c) 请验证: 如果反对称矩阵 Ω 和向量 $\boldsymbol{\omega}$ 满足 b) 中的对应关系, 则对于任何向量 $\boldsymbol{r} \in E^3$, 等式 $\Omega \boldsymbol{r} = [\boldsymbol{\omega}, \boldsymbol{r}]$ 成立, 而对于任何矩阵 $P \in SO(3)$, 对应关系 $P\Omega P^{-1} \leftrightarrow P\boldsymbol{\omega}$ 成立.

d) 请验证: 如果 $\mathbb{R} \ni t \mapsto O(t) \in SO(3)$ 是光滑映射, 则 $\Omega(t) = O^{-1}(t)\dot{O}(t)$ 是反对称矩阵.

e) 请证明: 如果 $\boldsymbol{r}(t)$ 是旋转陀螺的某个点的径向量, $\Omega(t)$ 是在 d) 中求出的矩阵 $(O^{-1}\dot{O})(t)$, 则 $\dot{\boldsymbol{r}}(t) = (\Omega \boldsymbol{r})(t)$.

f) 设 $\boldsymbol{r}$ 和 $\boldsymbol{\omega}$ 是空间 E^3 中从坐标原点出发的两个向量. 请证明: 如果在 E^3 中选定了右手坐标系, 并且空间以角速度 $|\boldsymbol{\omega}|$ 绕向量 $\boldsymbol{\omega}$ 所确定的轴向右旋转, 则 $\dot{\boldsymbol{r}}(t) = [\boldsymbol{\omega}, \boldsymbol{r}(t)]$.

g) 请比较习题 d), e), f) 的结果并给出例 8 中的旋转陀螺的瞬时速度向量.

h) 请利用习题 c) 的结果验证: 角速度向量 $\boldsymbol{\omega}$ 与 E^3 中的静止正交坐标系的选择无关, 即与坐标系无关.

6. 设 $\boldsymbol{r} = \boldsymbol{r}(s) = (x^1(s), x^2(s), x^3(s))$ 是 E^3 中光滑曲线的参数方程, 并且取沿曲线的弧长为参数 (曲线的自然参数).

---

① 李群的准确定义和相关脚注见第十五章 §2 习题 8.

a) 请证明: 在这种情况下, 曲线的切向量 $e_1(s) = \dfrac{dr}{ds}(s)$ 具有单位长度.

b) 请证明: 向量 $\dfrac{de_1}{ds}(s) = \dfrac{d^2 r}{ds^2}(s)$ 垂直于向量 e_1. 设 $e_2(s)$ 是 $\dfrac{de_1}{ds}(s)$ 方向上的单位向量. 等式 $\dfrac{de_1}{ds}(s) = k(s)e_2(s)$ 中的系数 $k(s)$ 称为曲线在相应点的曲率.

c) 取向量 $e_3(s) = [e_1(s), e_2(s)]$, 我们在上述曲线的每一个点得到一组向量 $\{e_1, e_2, e_3\}(s)$, 由它们表示的几何对象称为曲线的弗莱纳[①]标架或伴随三面形. 请验证下面的弗莱纳公式:

$$\dfrac{de_1}{ds}(s) = \qquad\qquad k(s)e_2(s),$$
$$\dfrac{de_2}{ds}(s) = -k(s)e_1(s) \qquad\qquad + \varkappa(s)e_3(s),$$
$$\dfrac{de_3}{ds}(s) = \qquad\qquad -\varkappa(s)e_2(s).$$

请解释系数 $\varkappa(s)$ 的几何意义. 它称为曲线在相应点的挠率.

§4. 有限增量定理及其应用实例

1. 有限增量定理. 在研究一元数值函数时, 我们在第五章 §3 第 2 小节里证明了有限增量定理, 并且详细讨论了这个重要的数学分析定理的方方面面. 这里将在一般形式下证明有限增量定理. 为了让读者清晰理解它的结论, 我们建议复习一下上述章节中的讨论, 并注意线性算子范数的几何意义 (见 §2 第 2 小节).

定理 1 (有限增量定理). 设 $f: U \to Y$ 是赋范空间 X 的开集 U 到赋范空间 Y 的连续映射. 如果闭区间 $[x, x+h] = \{\xi \in X \mid \xi = x + \theta h, 0 \leqslant \theta \leqslant 1\}$ 完全位于 U 中, 并且映射 f 在开区间 $]x, x+h[= \{\xi \in X \mid \xi = x + \theta h, 0 < \theta < 1\}$ 中的所有点可微, 则以下估计成立:

$$|f(x+h) - f(x)|_Y \leqslant \sup_{\xi \in]x, x+h[} \|f'(\xi)\|_{\mathcal{L}(X;Y)} |h|_X. \tag{1}$$

◀ 我们首先指出, 如果对于任何闭区间 $[x', x''] \subset]x, x+h[$ 都能验证不等式

$$|f(x'') - f(x')| \leqslant \sup_{\xi \in [x', x'']} \|f'(\xi)\| \, |x'' - x'|, \tag{2}$$

其中上确界取自整个闭区间 $[x', x'']$, 则利用 f 的连续性和范数的连续性, 以及

$$\sup_{\xi \in [x', x'']} \|f'(\xi)\| \leqslant \sup_{\xi \in]x, x+h[} \|f'(\xi)\|,$$

在 $x' \to x$ 和 $x'' \to x+h$ 时取极限, 就得到不等式 (1).

于是, 我们只需要证明

$$|f(x+h) - f(x)| \leqslant M|h|, \tag{3}$$

[①] 弗莱纳 (J. F. Frenet, 1816–1900) 是法国数学家.

其中 $M = \sup\limits_{0 \leqslant \theta \leqslant 1} \|f'(x+\theta h)\|$, 并且认为函数 f 在整个闭区间 $[x, x+h]$ 上可微.

仅仅利用三角形不等式和闭区间的性质即可完成简单的计算:

$$|f(x_3) - f(x_1)| \leqslant |f(x_3) - f(x_2)| + |f(x_2) - f(x_1)|$$
$$\leqslant M|x_3 - x_2| + M|x_2 - x_1| = M(|x_3 - x_2| + |x_2 - x_1|) = M|x_3 - x_1|.$$

这表明, 如果形如 (3) 的不等式在闭区间 $[x_1, x_3]$ 的部分区间 $[x_1, x_2]$ 和 $[x_2, x_3]$ 上都成立, 则它在闭区间 $[x_1, x_3]$ 上也成立.

这意味着, 如果估计 (3) 对闭区间 $[x, x+h]$ 不成立, 则用区间半分法可以得到收缩到某个点 $x_0 \in [x, x+h]$ 的闭区间序列 $[a_k, b_k] \subset [x, x+h]$, 使得 (3) 在每一个闭区间 $[a_k, b_k]$ 上都不成立. 因为 $x_0 \in [a_k, b_k]$, 所以如果考虑闭区间 $[a_k, x_0]$, $[x_0, b_k]$, 则同样可以认为, 可以求出形如 $[x_0, x_0 + h_k] \subset [x, x+h]$ 的闭区间序列, 使得当 $k \to \infty$ 时 $h_k \to 0$, 并且

$$|f(x_0 + h_k) - f(x_0)| > M|h_k|. \tag{4}$$

如果把 (3) 中的 M 改为 $M + \varepsilon$, 其中 ε 是任意正数, 然后再证明 (3), 则当 $\varepsilon \to 0$ 时仍然得到 (3), 所以也可以把 (4) 改为

$$|f(x_0 + h_k) - f(x_0)| > (M + \varepsilon)|h_k|. \tag{4'}$$

现在证明, 这与 f 在点 x_0 可微是矛盾的.

其实, 根据上述可微性, 当 $h_k \to 0$ 时,

$$|f(x_0 + h_k) - f(x_0)| = |f'(x_0)h_k + o(h_k)| \leqslant \|f'(x_0)\| |h_k| + o(|h_k|) \leqslant (M + \varepsilon)|h_k|. \blacktriangleright$$

有限增量定理有以下推论, 该推论在技术上经常很有价值.

推论. 如果 $A \in \mathcal{L}(X; Y)$, 即 A 是赋范空间 X 到赋范空间 Y 的线性连续映射, 而 $f : U \to Y$ 是满足有限增量定理条件的映射, 则

$$|f(x+h) - f(x) - Ah| \leqslant \sup_{\xi \in \,]x,\, x+h[} \|f'(\xi) - A\| |h|.$$

◀ 只要对单位区间 $[0, 1] \subset \mathbb{R}$ 到 Y 的映射 $t \mapsto F(t) = f(x + th) - Ath$ 应用有限增量定理即可完成证明, 因为

$$F(1) - F(0) = f(x+h) - f(x) - Ah,$$
$$F'(\theta) = f'(x+\theta h)h - Ah, \quad 0 < \theta < 1,$$
$$\|F'(\theta)\| \leqslant \|f'(x+\theta h) - A\| |h|,$$
$$\sup_{0 < \theta < 1} \|F'(\theta)\| \leqslant \sup_{\xi \in \,]x,\, x+h[} \|f'(\xi) - A\| |h|. \blacktriangleright$$

附注. 从定理 1 的证明可以看出, 在定理的条件中不必要求映射 $f : U \to Y$ 可微, 只要要求 f 在闭区间 $[x, x+h]$ 上的限制是该区间上的连续映射, 并且在区间 $]x, x+h[$ 的每个点可微即可.

这个附注同样适用于刚刚证明的有限增量定理的推论.

2. 有限增量定理的应用实例

a. 连续可微映射. 设

$$f : U \to Y \tag{5}$$

是赋范空间 X 的开子集 U 到赋范空间 Y 的映射. 如果 f 在每个点 $x \in U$ 可微, 则让点 x 与 f 在这个点的切映射 $f'(x) \in \mathcal{L}(X;Y)$ 相对应, 我们得到导映射

$$f' : U \to \mathcal{L}(X;Y). \tag{6}$$

我们知道, 从 X 到 Y 的连续线性算子空间 $\mathcal{L}(X;Y)$ 是赋范空间 (具有算子范数), 因此可以讨论映射 (6) 的连续性问题.

定义. 完全沿用以前的术语, 当导映射 (6) 在 U 中连续时, 映射 (5) 称为连续可微映射.

我们仍像以前一样用记号 $C^{(1)}(U;Y)$ 表示形如 (5) 的连续可微映射的集合, 而当映射的到达集在上下文中显而易见时, 也采用简洁记号 $C^{(1)}(U)$.

于是, 按照定义,

$$f \in C^{(1)}(U;Y) \Leftrightarrow f' \in C(U; \mathcal{L}(X;Y)).$$

我们来看看连续可微映射在各种具体情况下的含义.

例 1. 考虑 $X = Y = \mathbb{R}$ 的已知情况, 这时 $f : U \to \mathbb{R}$ 是实变量的实函数. 因为任何线性映射 $A \in \mathcal{L}(\mathbb{R};\mathbb{R})$ 都归结为乘以某个数 $a \in \mathbb{R}$, 即归结为 $Ah = ah$, 并且显然 $\|A\| = |a|$, 所以在任何点 $x \in U$, 对于任何向量 $h \in T\mathbb{R}_x \sim \mathbb{R}$, 我们得到 $f'(x)h = a(x)h$, 其中 $a(x)$ 是函数 f 在点 x 的导数值.

此外, 因为

$$(f'(x+\delta) - f'(x))h = f'(x+\delta)h - f'(x)h = a(x+\delta)h - a(x)h = (a(x+\delta) - a(x))h, \tag{7}$$

所以

$$\|f'(x+\delta) - f'(x)\| = |a(x+\delta) - a(x)|.$$

这意味着, 连续可微映射 f 这时等价于以前研究过的连续可微数值函数 (函数类 $C^{(1)}(U;\mathbb{R})$ 中的函数) 的概念.

例 2. 现在设 X 是赋范空间的直积 $X_1 \times \cdots \times X_m$, 这时映射 (5) 是 m 个变量 $x_i \in X_i$ $(i = 1, \cdots, m)$ 的函数 $f(x) = f(x_1, \cdots, x_m)$, 其函数值属于空间 Y. 如果映

射 f 在点 $x \in U$ 可微,则它在这个点的微分 $df(x)$ 是空间 $\mathcal{L}(X_1 \times \cdots \times X_m = X; Y)$ 的元素.

按照 §3 公式 (15), 当 $df(x)$ 作用在向量 $h = (h_1, \cdots, h_m)$ 上时, 相应表达式为
$$df(x)h = \partial_1 f(x) h_1 + \cdots + \partial_m f(x) h_m,$$
其中 $\partial_i f(x) : X_i \to Y$ $(i = 1, \cdots, m)$ 是映射 f 在所考虑的点 x 的偏导数.

此外,
$$(df(x+\delta) - df(x))h = \sum_{i=1}^{m} (\partial_i f(x+\delta) - \partial_i f(x)) h_i. \tag{8}$$

但是, 根据赋范空间直积中的标准范数的性质 (见 §1 第 2 小节例 6) 和算子范数的定义, 我们得到
$$\|\partial_i f(x+\delta) - \partial_i f(x)\|_{\mathcal{L}(X_i; Y)} \leqslant \|df(x+\delta) - df(x)\|_{\mathcal{L}(X; Y)}$$
$$\leqslant \sum_{i=1}^{m} \|\partial_i f(x+\delta) - \partial_i f(x)\|_{\mathcal{L}(X_i; Y)}. \tag{9}$$

因此, 在所给情况下, 可微映射 (5) 在 U 中连续可微的充分必要条件是它的所有偏导数在 U 中连续.

特别地, 如果 $X = \mathbb{R}^m$, $Y = \mathbb{R}$, 我们重新得到 m 个实变量的连续可微数值函数 (函数类 $C^{(1)}(U, \mathbb{R})$ 中的函数, 这里 $U \subset \mathbb{R}^m$) 的概念.

附注. 值得指出, 在等式 (7) 和 (8) 的写法中, 我们实质上用到了等价关系 $TX_x \sim X$[①], 它使我们能够比较不同切空间中的向量.

现在证明一个关于连续可微映射的命题.

命题 1. 如果 K 是赋范空间 X 中的凸紧集, 并且 $f \in C^{(1)}(K, Y)$, 其中 Y 也是赋范空间, 则映射 $f: K \to Y$ 在 K 上满足利普希茨条件, 即常数 $M > 0$ 存在, 使得对于任何点 $x_1, x_2 \in K$, 以下不等式成立:
$$|f(x_2) - f(x_1)| \leqslant M|x_2 - x_1|. \tag{10}$$

◀ 根据条件, $f': K \to \mathcal{L}(X; Y)$ 是紧集 K 到度量空间 $\mathcal{L}(X; Y)$ 的连续映射. 因为范数是具有自然度量的赋范空间上的连续函数, 而映射 $x \mapsto \|f'(x)\|$ 是连续映射的复合, 所以该复合映射本身是紧集 K 到 $\mathbb{R}$ 的连续映射. 这样的映射一定是有界的. 设 M 是一个常数, 使得不等式 $\|f'(x)\| \leqslant M$ 对于任何点 $x \in K$ 都成立. 因为 K 是凸集, 所以对于任何两个点 $x_1 \in K$, $x_2 \in K$, 紧集 K 也包含整个闭区间 $[x_1, x_2]$. 对这个闭区间应用有限增量定理, 立即得到关系式 (10). ▶

[①] 见第 55 页. ——译者

§4. 有限增量定理及其应用实例

命题 2. 在命题 1 的条件下, 非负函数 $\omega(\delta)$ 存在, 使得它在 $\delta \to +0$ 时趋于零, 并且对于任何满足条件 $|h| < \delta$, $x + h \in K$ 的点 $x \in K$, 以下关系式成立:

$$|f(x+h) - f(x) - f'(x)h| \leqslant \omega(\delta)|h|. \tag{11}$$

◀ 根据有限增量定理的推论可以写出

$$|f(x+h) - f(x) - f'(x)h| \leqslant \sup_{0 < \theta < 1} \|f'(x+\theta h) - f'(x)\| \, |h|.$$

再取

$$\omega(\delta) = \sup_{\substack{x_1, x_2 \in K \\ |x_1 - x_2| < \delta}} \|f'(x_2) - f'(x_1)\|,$$

就得到 (11), 因为紧集 K 上的连续函数 $x \mapsto f'(x)$ 一致连续. ▶

b. 可微性的充分条件. 有了一般的有限增量定理, 就可以在一般形式下得到用偏导数表述的可微映射的充分条件. 我们现在给出相关结果.

定理 2. 设 U 是赋范空间 $X_1, \cdots, X_m$ 的直积 $X = X_1 \times \cdots \times X_m$ 中的点 x 的邻域, $f : U \to Y$ 是 U 到赋范空间 Y 的映射. 如果映射 f 在 U 中具有所有的偏导数, 则在这些偏导数在点 x 连续的条件下, 映射 f 在这个点可微.

◀ 为了书写简洁, 我们证明 $m = 2$ 的情况. 我们直接验证, 相对于 $h = (h_1, h_2)$ 的线性映射

$$Lh = \partial_1 f(x) h_1 + \partial_2 f(x) h_2$$

是 f 在点 x 的全微分.

完成初等变换

$$\begin{aligned}
f(x+h) - f(x) - Lh &= f(x_1+h_1, x_2+h_2) - f(x_1, x_2) - \partial_1 f(x) h_1 - \partial_2 f(x) h_2 \\
&= f(x_1+h_1, x_2+h_2) - f(x_1, x_2+h_2) - \partial_1 f(x_1, x_2) h_1 \\
&\quad + f(x_1, x_2+h_2) - f(x_1, x_2) - \partial_2 f(x_1, x_2) h_2,
\end{aligned}$$

则根据定理 1 的推论得到

$$\begin{aligned}
&|f(x_1+h_1, x_2+h_2) - f(x_1, x_2) - \partial_1 f(x_1, x_2) h_1 - \partial_2 f(x_1, x_2) h_2| \\
&\leqslant \sup_{0 < \theta_1 < 1} \|\partial_1 f(x_1 + \theta_1 h_1, x_2 + h_2) - \partial_1 f(x_1, x_2)\| \, |h_1| \\
&\quad + \sup_{0 < \theta_2 < 1} \|\partial_2 f(x_1, x_2 + \theta_2 h_2) - \partial_2 f(x_1, x_2)\| \, |h_2|. \tag{12}
\end{aligned}$$

因为 $\max\{|h_1|, |h_2|\} \leqslant |h|$, 而偏导数 $\partial_1 f, \partial_2 f$ 在点 $x = (x_1, x_2)$ 连续, 所以由此显然可以推出, 当 $h = (h_1, h_2) \to 0$ 时, 不等式 (12) 的右边是 $o(h)$. ▶

推论. 设 $f : U \to Y$ 是赋范空间 $X = X_1 \times \cdots \times X_m$ 中的开子集 U 到赋范空间 Y 的映射, 则映射 f 连续可微的充分必要条件是它的所有偏导数在 U 中连续.

◀ 我们在例 2 中证明了, 在映射 $f : U \to Y$ 可微的条件下, 它是连续可微映射等价于它的偏导数连续.

现在我们看到, 如果偏导数连续, 则映射 f 自然可微, 因而 (根据例 2) 是连续可微的. ▶

习 题

1. 设 $f : I \to Y$ 是闭区间 $I = [0, 1] \subset \mathbb{R}$ 到赋范空间 Y 的连续映射, 而 $g : I \to \mathbb{R}$ 是 I 上的连续实函数. 请证明: 如果 f 和 g 在区间 $]0, 1[$ 上可微, 并且关系式 $\|f'(x)\| \leqslant g'(x)$ 在这个区间的每个点都成立, 则不等式 $|f(1) - f(0)| \leqslant g(1) - g(0)$ 成立.

2. a) 设 $f : I \to Y$ 是闭区间 $I = [0, 1] \subset \mathbb{R}$ 到赋范空间 Y 的连续可微映射, 它给出 Y 中的光滑道路. 请确定这条道路的长度.

b) 请回忆切映射的范数的几何意义, 并从上方估计 a) 中的道路的长度.

c) 请给出有限增量定理的几何解释.

3. 设 $f : U \to Y$ 是赋范空间 X 的点 a 的邻域 U 到赋范空间 Y 的连续映射. 请证明: 如果 f 在 $U \backslash a$ 中可微, 并且当 $x \to a$ 时 $f'(x)$ 有极限 $L \in \mathcal{L}(X; Y)$, 则映射 f 在点 a 可微, 并且 $f'(a) = L$.

4. a) 设 U 是赋范空间 X 的开凸子集, 而 $f : U \to Y$ 是 U 到赋范空间 Y 的映射. 请证明: 如果在 U 上 $f'(x) \equiv 0$, 则映射 f 是常值的.

b) 请把命题 a) 推广到任意区域 U 的情况 (即 U 是 X 中的连通开子集的情况).

c) 设 $f : D \to \mathbb{R}$ 是 (x, y) 平面上的区域 $D \subset \mathbb{R}^2$ 中的光滑函数, 并且它的偏导数 $\partial f / \partial y$ 恒等于零. 在这个区域中, f 是否不依赖于 y? 在怎样的区域 D 中, f 不依赖于 y?

§5. 高阶导映射

1. n 阶微分的定义. 设 U 是赋范空间 X 中的开集, 而

$$f : U \to Y \tag{1}$$

是 U 到赋范空间 Y 的映射.

如果映射 (1) 在 U 中可微, 则在 U 中定义了 f 的导映射

$$f' : U \to \mathcal{L}(X; Y). \tag{2}$$

空间 $\mathcal{L}(X;Y) =: Y_1$ 是赋范空间, 所以映射 (2) 也具有 (1) 的形式, 即 $f': U \to Y_1$, 从而可以提出关于 f' 是否可微的问题.

如果映射 (2) 可微, 则它的导映射

$$(f')' : U \to \mathcal{L}(X; Y_1) = \mathcal{L}(X; \mathcal{L}(X; Y))$$

称为 f 的二阶导映射或二阶微分, 记为 f'' 或 $f^{(2)}$. 一般采用以下归纳定义.

定义 1. 映射 (1) 在点 $x \in U$ 的 $n-1$ 阶导映射在这个点的切映射称为原映射在这个点的 n 阶导映射或 n 阶微分 ($n \in \mathbb{N}$).

如果用符号 $f^{(k)}(x)$ 表示 f 在点 $x \in U$ 的 $k \in \mathbb{N}$ 阶导映射, 则定义 1 的含义是

$$f^{(n)}(x) := (f^{(n-1)})'(x). \tag{3}$$

于是, 如果 $f^{(n)}(x)$ 有定义, 则

$$f^{(n)}(x) \in \mathcal{L}(X; Y_n) = \mathcal{L}(X; \mathcal{L}(X; Y_{n-1})) = \cdots = \mathcal{L}(X; \mathcal{L}(X; \cdots ; \mathcal{L}(X; Y))\cdots).$$

因此, 根据 §2 命题 4, 可以把映射 (1) 在点 x 的 n 阶微分 $f^{(n)}(x)$ 解释为连续 n 重线性算子空间 $\mathcal{L}(\underbrace{X, \cdots, X}_{n}; Y)$ 的元素.

我们再次指出, 切映射 $f'(x): TX_x \to TY_{f(x)}$ 是切空间的映射, 并且因为被映射的空间具有仿射结构或线性结构, 所以我们认为这里的每一个切空间等价于相应的线性空间, 从而可以写出 $f'(x) \in \mathcal{L}(X; Y)$. 因此, 我们认为不同空间的元素 $f'(x_1) \in \mathcal{L}(TX_{x_1}; TY_{f(x_1)})$, $f'(x_2) \in \mathcal{L}(TX_{x_2}; TY_{f(x_2)})$ 是同一个空间 $\mathcal{L}(X; Y)$ 的向量, 而这恰恰是赋范空间映射的高阶微分的定义的基础. 在仿射空间或线性空间的情况下, 原空间不同点处的不同切空间的向量之间有自然的联系, 这种联系最终使我们能够在这种情况下讨论映射 (1) 的连续可微性和高阶微分.

2. 沿向量的导数和 n 阶微分的计算. 为了让抽象的定义 1 变得具体一些, 利用沿向量的导数的概念可能是有效的. 对于一般的映射 (1), 可以像以前 $X = \mathbb{R}^m$, $Y = \mathbb{R}$ 的情况一样引入这个概念.

定义 2. 如果 X 和 Y 是实数域 $\mathbb{R}$ 上的线性赋范空间, 并且极限

$$D_h f(x) := \lim_{\mathbb{R} \ni t \to 0} \frac{f(x + th) - f(x)}{t}$$

在 Y 中存在, 则该极限称为映射 (1) 在点 $x \in U$ 沿向量 $h \in TX_x \sim X$ 的导数.

可以直接验证,

$$D_{\lambda h} f(x) = \lambda D_h f(x), \tag{4}$$

而如果映射 f 在点 $x \in U$ 可微, 则它在这个点有沿任何向量的导数, 并且
$$D_h f(x) = f'(x) h. \tag{5}$$
此外, 根据切映射的线性性质,
$$D_{\lambda_1 h_1 + \lambda_2 h_2} f(x) = \lambda_1 D_{h_1} f(x) + \lambda_2 D_{h_2} f(x). \tag{6}$$

从定义 2 还可以看出, 映射 $f : U \to Y$ 沿向量的导数值 $D_h f(x)$ 是线性空间 $TY_{f(x)} \sim Y$ 的元素, 并且如果 L 是 Y 到某赋范空间 Z 的连续线性映射, 则
$$D_h(L \circ f)(x) = L \circ D_h f(x). \tag{7}$$

我们现在尝试解释映射 f 在点 x 的 n 阶微分在向量组 $(h_1, \cdots, h_n)$ 上的值 $f^{(n)}(x)(h_1, \cdots, h_n)$ 的意义, 其中 $h_i \in TX_x \sim X$, $i = 1, \cdots, n$.

我们从 $n = 1$ 开始. 这时, 按照公式 (5),
$$f'(x)(h) = f'(x) h = D_h f(x).$$

现在考虑 $n = 2$ 的情况. 因为 $f^{(2)}(x) \in \mathcal{L}(X; \mathcal{L}(X; Y))$, 所以只要固定向量 $h_1 \in X$, 并让它按照法则
$$h_1 \mapsto f^{(2)}(x) h_1$$
与线性算子 $(f^{(2)}(x) h_1) \in \mathcal{L}(X; Y)$ 相对应, 然后计算这个算子在向量 $h_2 \in X$ 上的值, 我们就得到空间 Y 的元素
$$f^{(2)}(x)(h_1, h_2) := (f^{(2)}(x) h_1) h_2 \in Y. \tag{8}$$

但是,
$$f^{(2)}(x) h = (f')'(x) h = D_h f'(x),$$
所以
$$f^{(2)}(x)(h_1, h_2) = (D_{h_1} f'(x)) h_2. \tag{9}$$

如果 $A \in \mathcal{L}(X; Y)$, 而 $h \in X$, 则表达式 Ah 不仅可以视为 X 到 Y 的映射 $h \mapsto Ah$, 而且可以视为 $\mathcal{L}(X; Y)$ 到 Y 的映射 $A \mapsto Ah$, 并且后者与前者一样, 也是线性的.

现在对比关系式 (5), (7) 和 (9), 可以写出
$$(D_{h_1} f'(x)) h_2 = D_{h_1}(f'(x) h_2) = D_{h_1} D_{h_2} f(x).$$

于是, 最终得到
$$f^{(2)}(x)(h_1, h_2) = D_{h_1} D_{h_2} f(x).$$

可以类似地证明, 对于任何 $n \in \mathbb{N}$, 关系式
$$f^{(n)}(x)(h_1, \cdots, h_n) := (\cdots (f^{(n)}(x) h_1) \cdots h_n) = D_{h_1} D_{h_2} \cdots D_{h_n} f(x) \tag{10}$$

成立, 而且对各向量的微分运算是依次完成的, 从对 h_n 的微分运算开始, 到对 h_1 的微分运算结束.

3. 高阶微分的对称性. 公式 (10) 已经完全适用于计算. 关于这个公式自然产生一个问题: 计算结果对微分运算的顺序的依赖程度如何?

命题. 如果映射 (1) 的高阶微分 $f^{(n)}(x)$ 在点 x 有定义, 则它关于任何一对自变量对称.

◀ 验证这个命题在 $n = 2$ 时成立是证明的主要部分.

设 h_1, h_2 是空间 $TX_x \sim X$ 的两个任意的固定向量. 因为 U 是 X 中的开集, 所以对于所有充分接近零的值 $t \in \mathbb{R}$, 可以定义以下关于 t 的辅助函数:

$$F_t(h_1, h_2) = f(x + t(h_1 + h_2)) - f(x + th_1) - f(x + th_2) + f(x).$$

再考虑一个关于向量 v 的辅助函数

$$g(v) = f(x + t(h_1 + v)) - f(x + tv).$$

对于与向量 h_2 共线并且满足 $|v| \leqslant |h_2|$ 的向量 v, 该辅助函数显然有定义.

我们指出,

$$F_t(h_1, h_2) = g(h_2) - g(0).$$

我们还指出, 如果函数 $f : U \to Y$ 在点 $x \in U$ 有二阶微分 $f''(x)$, 则该函数一定至少在点 x 的某邻域内可微. 我们将认为参数 t 足够小, 使得在定义函数 $F_t(h_1, h_2)$ 的等式中, 右边的自变量属于点 x 的上述邻域.

在以下推导中应用这些结果和有限增量定理的推论:

$$|F_t(h_1, h_2) - t^2 f''(x)(h_1, h_2)|$$
$$= |g(h_2) - g(0) - t^2 f''(x)(h_1, h_2)| \leqslant \sup_{0 < \theta_2 < 1} \|g'(\theta_2 h_2) - t^2 f''(x)h_1\| |h_2|$$
$$= \sup_{0 < \theta_2 < 1} \|(f'(x + t(h_1 + \theta_2 h_2)) - f'(x + t\theta_2 h_2))t - t^2 f''(x)h_1\| |h_2|.$$

按照导映射的定义, 当 $t \to 0$ 时可以写出

$$f'(x + t(h_1 + \theta_2 h_2)) = f'(x) + f''(x)(t(h_1 + \theta_2 h_2)) + o(t),$$
$$f'(x + t\theta_2 h_2) = f'(x) + f''(x)(t\theta_2 h_2) + o(t).$$

据此可以继续上述推导, 经过算术上的化简后得到, 当 $t \to 0$ 时,

$$|F_t(h_1, h_2) - t^2 f''(x)(h_1, h_2)| = o(t^2),$$

而这个等式表明

$$f''(x)(h_1, h_2) = \lim_{t \to 0} \frac{F_t(h_1, h_2)}{t^2}.$$

因为显然 $F_t(h_1, h_2) = F_t(h_2, h_1)$, 所以由此可知 $f''(x)(h_1, h_2) = f''(x)(h_2, h_1)$.

现在可以用归纳法完成命题的证明, 这与混合偏导数的值不依赖于求导顺序的证明过程完全一致. ▶

于是, 我们证明了, 映射 (1) 在点 $x \in U$ 的 n 阶微分是对称的 n 重线性算子
$$f^{(n)}(x) \in \mathcal{L}(TX_x, \cdots, TX_x; TY_{f(x)}) \sim \mathcal{L}(X, \cdots, X; Y),$$
并且可以按照公式 (10) 计算它在由 $h_i \in TX_x \sim X$ 构成的一组向量 $(h_1, \cdots, h_n)$ 上的值.

如果 X 是有限维空间, $\{e_1, \cdots, e_k\}$ 是 X 中的一组基向量, $h_j = h_j^i e_i$ 是向量 h_j $(j = 1, \cdots, n)$ 按这些基向量的展开式, 则根据 $f^{(n)}(x)$ 的多重线性性质可以写出
$$f^{(n)}(x)(h_1, \cdots, h_n) = f^{(n)}(x)(h_1^{i_1} e_{i_1}, \cdots, h_n^{i_n} e_{i_n}) = f^{(n)}(x)(e_{i_1}, \cdots, e_{i_n}) h_1^{i_1} \cdots h_n^{i_n},$$
或者利用前面的记号 $\partial_{i_1 \cdots i_n} f(x)$ 表示 $D_{e_1} \cdots D_{e_n} f(x)$, 最后可以得到
$$f^{(n)}(x)(h_1, \cdots, h_n) = \partial_{i_1 \cdots i_n} f(x) h_1^{i_1} \cdots h_n^{i_n},$$
等式右边对重复的指标在其变化范围内求和, 即从 1 到 k 求和.

我们约定引入以下简化记号:
$$f^{(n)}(x)(h, \cdots, h) =: f^{(n)}(x) h^n. \tag{11}$$

特别地, 如果讨论有限维空间 X, 并且 $h = h^i e_i$, 则
$$f^{(n)}(x) h^n = \partial_{i_1 \cdots i_n} f(x) h^{i_1} \cdots h^{i_n},$$
这是我们在数值多元函数理论中已经知道的结果.

4. 附注. 考虑一个有用的例子, 它与记号 (11) 有关. 我们在下一节中将用到这个例子.

例. 设 $A \in \mathcal{L}(X_1, \cdots, X_n; Y)$, 即 $y = A(x_1, \cdots, x_n)$ 是从线性赋范空间 $X_1, \cdots, X_n$ 的直积到线性赋范空间 Y 的 n 重线性连续算子. 在 §3 例 5 中证明了, A 是可微映射 $A: X_1 \times \cdots \times X_n \to Y$, 并且
$$A'(x_1, \cdots, x_n)(h_1, \cdots, h_n) = A(h_1, x_2, \cdots, x_n) + \cdots + A(x_1, \cdots, x_{n-1}, h_n).$$
因此, 如果 $X_1 = \cdots = X_n = X$, 并且 A 是对称算子, 则
$$A'(x, \cdots, x)(h, \cdots, h) = nA(\underbrace{x, \cdots, x}_{n-1}, h) =: (nAx^{n-1})h.$$

这意味着, 如果考虑由条件
$$X \ni x \mapsto F(x) = A(x, \cdots, x) =: Ax^n$$

确定的函数 $F: X \to Y$, 则它是可微的, 并且

$$F'(x)h = (nAx^{n-1})h,$$

即

$$F'(x) = nAx^{n-1},$$

其中 $Ax^{n-1} := A(\underbrace{x, \cdots, x}_{n-1}, \cdot)$.

特别地, 如果映射 (1) 在某点 $x \in U$ 有微分 $f^{(n)}(x)$, 则函数 $F(h) = f^{(n)}(x)h^n$ 可微, 并且

$$F'(h) = nf^{(n)}(x)h^{n-1}. \tag{12}$$

在结束关于 n 阶导映射概念的讨论时, 值得再指出, 如果原来的函数 (1) 定义于赋范空间 $X_1, \cdots, X_m$ 的直积 X 的集合 U, 就可以讨论函数 f 对变量 $x_i \in X_i$ ($i = 1, \cdots, m$) 的一阶偏导映射 $\partial_1 f(x), \cdots, \partial_m f(x)$ 和更高阶偏导映射 $\partial_{i_1 \cdots i_n} f(x)$.

根据 §4 定理 2, 在这种情况下, 我们用归纳法得到, 如果映射 $f: U \to Y$ 在某个点 $x \in U \subset X = X_1 \times \cdots \times X_m$ 的所有偏导映射 $\partial_{i_1 \cdots i_n} f(x)$ 连续, 则映射 f 在这个点有 n 阶微分 $f^{(n)}(x)$.

如果再考虑到 §4 例 2 的结果, 就可以推出, 映射

$$U \ni x \mapsto f^{(n)}(x) \in \mathcal{L}(\underbrace{X, \cdots, X}_{n}; Y)$$

连续的充分必要条件是原始映射 $f: U \to Y$ 的所有 n 阶 (或等价地, 前 n 阶) 偏导映射 $U \ni x \mapsto \partial_{i_1 \cdots i_n} f(x) \in \mathcal{L}(X_{i_1}, \cdots, X_{i_n}; Y)$ 连续.

我们用记号 $C^{(n)}(U; Y)$ 表示由在 U 中有前 n 阶连续导映射的映射 (1) 组成的映射类, 而在不出现歧义时, 也使用更简洁的记号 $C^{(n)}(U)$ 甚至 $C^{(n)}$.

特别地, 如果 $X = X_1 \times \cdots \times X_m$, 则上述结论可以简写为

$$(f \in C^{(n)}) \Leftrightarrow (\partial_{i_1 \cdots i_n} f \in C, \ i_1, \cdots, i_n = 1, \cdots, m),$$

其中 C 仍像以前一样是相应连续函数集的记号.

习 题

1. 请给出等式 (7) 的完整证明.

2. 请详细给出关于 $f^{(n)}(x)$ 的对称性的命题的证明的最后部分.

3. a) 请证明: 如果对于两个向量 h_1, h_2 和区域 U 中的映射 (1), 函数 $D_{h_1} D_{h_2} f, D_{h_2} D_{h_1} f$ 有定义并且在某个点 $x \in U$ 连续, 则等式 $D_{h_1} D_{h_2} f(x) = D_{h_2} D_{h_1} f(x)$ 在这个点成立.

b) 请以数值函数 $f(x, y)$ 为例证明: 如果混合导数 $\dfrac{\partial^2 f}{\partial x \partial y}, \dfrac{\partial^2 f}{\partial y \partial x}$ 在某个点连续, 则一般而

言, 由此不能推出函数在这个点有二阶微分, 尽管根据 a), 由此能够推出这两个混合导数在这个点相等.

c) 请证明: 如果 $f^{(2)}(x, y)$ 存在, 则一般而言, 由此不能推出混合导数 $\dfrac{\partial^2 f}{\partial x\, \partial y}$, $\dfrac{\partial^2 f}{\partial y\, \partial x}$ 在某个点连续, 尽管该条件保证了混合导数在相应的点存在并且相等.

4. 设 $A \in \mathcal{L}(X, \cdots, X; Y)$, 并且 A 是对称 n 重线性算子. 请逐阶求出函数 $x \mapsto Ax^n := A(x, \cdots, x)$ 的前 $n+1$ 阶导数.

§6. 泰勒公式和极值研究

1. 映射的泰勒公式

定理 1. 设 $f: U \to Y$ 是赋范空间 X 的点 x 的邻域 $U = U(x)$ 到赋范空间 Y 的映射. 如果 f 在 U 中有前 $n-1$ 阶导数, 而在点 x 有 n 阶导数 $f^{(n)}(x)$, 则

$$f(x+h) = f(x) + f'(x)h + \cdots + \frac{1}{n!}f^{(n)}(x)h^n + o(|h|^n), \quad h \to 0. \tag{1}$$

泰勒公式的形式繁多, 等式 (1) 只是一种形式, 但它已经是对非常一般的映射类写出的公式.

◂ 我们用归纳法证明泰勒公式 (1).

当 $n = 1$ 时, 根据 $f'(x)$ 的定义, 公式成立.

设公式 (1) 对某个数 $n - 1 \in \mathbb{N}$ 成立, 则根据有限增量定理、§5 公式 (12) 和上述归纳假设, 我们得到, 当 $h \to 0$ 时,

$$\left| f(x+h) - \left(f(x) + f'(x)h + \cdots + \frac{1}{n!}f^{(n)}(x)h^n \right) \right|$$
$$\leqslant \sup_{0 < \theta < 1} \left\| f'(x + \theta h) - \left(f'(x) + f''(x)(\theta h) + \cdots + \frac{1}{(n-1)!}f^{(n)}(x)(\theta h)^{n-1} \right) \right\| |h|$$
$$= o(|\theta h|^{n-1})|h| = o(|h|^n). \ ▸$$

这里不再讨论泰勒公式的其他一些有时非常有用的形式, 我们在研究数值函数时曾经详细讨论过这些形式. 现在, 我们把相关推导留给读者 (例如, 参看习题 1).

2. 内部极值研究. 对于定义在赋范空间某个开集上的实函数的局部极值问题, 我们将利用泰勒公式指出它的必要微分条件和充分微分条件. 我们将看到, 这些条件类似于我们已经知道的实变量实函数极值的微分条件.

定理 2. 设 $f: U \to \mathbb{R}$ 是定义在赋范空间 X 的开集 U 上的实函数, 并且在某个点 $x \in U$ 的邻域中有前 $k - 1 \geqslant 1$ 阶导映射, 而在点 x 本身有 k 阶导映射 $f^{(k)}(x)$. 如果 $f'(x) = 0, \cdots, f^{(k-1)}(x) = 0, f^{(k)}(x) \neq 0$, 则 x 是函数 f 的极值点的

必要条件是: k 是偶数, 表达式 $f^{(k)}(x)h^k$ 是半定的[①];

充分条件是: 表达式 $f^{(k)}(x)h^k$ 在单位球面 $|h|=1$ 上的值不为零; 这时, 如果在这个球面上

$$f^{(k)}(x)h^k \geqslant \delta > 0,$$

则 x 是严格局部极小值点, 而如果

$$f^{(k)}(x)h^k \leqslant \delta < 0,$$

则 x 是严格局部极大值点.

◀ 为了证明定理, 考虑函数 f 在点 x 邻域内的泰勒展开式 (1). 上述假设使我们能够写出

$$f(x+h) - f(x) = \frac{1}{k!}f^{(k)}(x)h^k + \alpha(h)|h|^k,$$

其中 $\alpha(h)$ 是实函数, 并且当 $h \to 0$ 时 $\alpha(h) \to 0$.

首先证明必要条件.

因为 $f^{(k)}(x) \neq 0$, 所以向量 $h_0 \neq 0$ 存在, 使 $f^{(k)}(x)h_0^k \neq 0$. 于是, 对于充分接近零的实参数 t,

$$f(x+th_0) - f(x) = \frac{1}{k!}f^{(k)}(x)(th_0)^k + \alpha(th_0)|th_0|^k$$
$$= \left(\frac{1}{k!}f^{(k)}(x)h_0^k + \alpha(th_0)|h_0|^k\right)t^k,$$

并且大括号内的表达式与 $f^{(k)}(x)h_0^k$ 具有相同的符号.

点 x 是极值点的必要条件是, 当 t 的符号变化时, 最后一个等式的左边的符号不变 (从而右边的符号也不变), 而这仅当 k 为偶数时才是可能的.

上述讨论表明, 如果 x 是极值点, 则对于充分小的 t, 差 $f(x+th_0) - f(x)$ 的符号与 $f^{(k)}(x)h_0^k$ 的符号相同. 因此, 在这种情况下不可能有两个向量 h_0, h_1, 使表达式 $f^{(k)}(x)$ 在这两个向量上的值具有不同的符号.

考虑极值充分条件的证明. 为了明确起见, 考虑当 $|h|=1$ 时 $f^{(k)}(x)h^k \geqslant \delta > 0$ 的情况. 这时,

$$f(x+h) - f(x) = \frac{1}{k!}f^{(k)}(x)h^k + \alpha(h)|h|^k$$
$$= \left(\frac{1}{k!}f^{(k)}(x)\left(\frac{h}{|h|}\right)^k + \alpha(h)\right)|h|^k \geqslant \left(\frac{1}{k!}\delta + \alpha(h)\right)|h|^k,$$

---

① 这意味着, 表达式 $f^{(k)}(x)h^k$ 不能取不同符号的值, 虽然它可以在某些值 $h \neq 0$ 下等于零. 通常把等式 $f^{(i)}(x) = 0$ 理解为, $f^{(i)}(x)h = 0$ 对于任何向量 h 都成立.

又因为当 $h \to 0$ 时 $\alpha(h) \to 0$, 所以不等式的右边对于所有充分接近零的向量 $h \neq 0$ 都是正的. 因此, 对所有这样的向量 h,
$$f(x+h) - f(x) > 0,$$
即 x 是严格局部极小值点.

类似地可以验证严格局部极大值点的充分条件. ▶

附注 1. 如果空间 X 是有限维的, 则以点 $x \in X$ 为中心的单位球面 $S(x,1)$ 是 X 中的有界闭集, 因而是紧集. 这时, 连续函数 $f^{(k)}(x)h^k = \partial_{i_1\cdots i_k}f(x)h^{i_1}\cdots h^{i_k}$ 在 $S(x,1)$ 上既有最大值, 也有最小值. 如果最大值和最小值具有不同的符号, 则函数 f 在点 x 没有极值. 如果它们具有相同的符号, 则定理 2 指出, f 在点 x 有极值. 在后一种情况下, 极值的充分条件显然可以表述为以下等价形式: 表达式 $f^{(k)}(x)h^k$ 具有确定的符号 (正定的或负定的).

我们在研究 $\mathbb{R}^n$ 中的实函数时所遇到的正是这种形式的极值条件.

附注 2. 我们以函数 $f: \mathbb{R}^n \to \mathbb{R}$ 为例已经看到, 关于表达式 $f^{(k)}(x)h^k$ 半定的要求是极值的必要条件, 但还不是其充分条件.

附注 3. 在实际研究可微函数的极值时, 通常只利用一阶微分或一阶和二阶微分. 如果极值点的唯一性和特性根据所研究问题的意义是显而易见的, 则在求极值点时可以只利用一阶微分, 即只要求出满足 $f'(x) = 0$ 的点 x 即可.

3. 实例

例 1. 设 $L \in C^{(1)}(\mathbb{R}^3, \mathbb{R})$, $f \in C^{(1)}([a,b], \mathbb{R})$, 换言之, $(u^1, u^2, u^3) \mapsto L(u^1, u^2, u^3)$ 是定义在 $\mathbb{R}^3$ 中的连续可微实函数, 而 $x \mapsto f(x)$ 是定义在闭区间 $[a,b] \subset \mathbb{R}$ 上的光滑实函数. 考虑函数
$$F: C^{(1)}([a,b], \mathbb{R}) \to \mathbb{R}, \tag{2}$$
它由关系式
$$C^{(1)}([a,b], \mathbb{R}) \ni f \mapsto F(f) = \int_a^b L(x, f(x), f'(x))\, dx \in \mathbb{R} \tag{3}$$
给出. 于是, (2) 是定义在函数集 $C^{(1)}([a,b], \mathbb{R})$ 上的实泛函.

在物理学和力学中, 与运动有关的基本变分原理是众所周知的. 根据这些原理可以把实际运动从所有可能的运动中挑选出来, 因为某些泛函在实际运动轨迹上有极值. 与泛函极值有关的问题是最优控制理论中的核心问题. 因此, 寻求并研究泛函的极值是重要的独立问题, 相关理论组成分析的一个庞大分支——变分学. 为了让读者自然地接受从分析数值函数的极值到寻求并研究泛函的极值的转变, 我们已经做了一些铺垫. 但是, 我们不打算深入研究变分学的专门问题, 仅以泛函 (3)

为例说明微分运算和局部极值研究的上述一般思路.

我们来证明泛函 (3) 是可微映射并求出它的微分.

我们指出, 函数 (3) 可以视为由公式

$$F_1(f)(x) = L(x, f(x), f'(x)) \tag{4}$$

给出的映射

$$F_1 : C^{(1)}([a, b], \mathbb{R}) \to C([a, b], \mathbb{R}) \tag{5}$$

与映射

$$C([a, b], \mathbb{R}) \ni g \mapsto F_2(g) = \int_a^b g(x)\, dx \in \mathbb{R} \tag{6}$$

的复合.

根据积分的性质, 映射 F_2 显然是线性的和连续的, 因而显然是可微的.

我们来证明, F_1 也是可微的, 并且当 $h \in C^{(1)}([a, b], \mathbb{R})$ 时,

$$F_1'(f)h(x) = \partial_2 L(x, f(x), f'(x))h(x) + \partial_3 L(x, f(x), f'(x))h'(x). \tag{7}$$

其实, 根据有限增量定理的推论, 在上述情况下可以写出

$$\left| L(u^1 + \Delta^1, u^2 + \Delta^2, u^3 + \Delta^3) - L(u^1, u^2, u^3) - \sum_{i=1}^{3} \partial_i L(u^1, u^2, u^3)\Delta^i \right|$$

$$\leqslant \sup_{0 < \theta < 1} \|(\partial_1 L(u + \theta\Delta) - \partial_1 L(u), \partial_2 L(u + \theta\Delta) - \partial_2 L(u), \partial_3 L(u + \theta\Delta) - \partial_3 L(u))\| \cdot |\Delta|$$

$$\leqslant 3 \max_{\substack{0 \leqslant \theta \leqslant 1 \\ i=1,2,3}} |\partial_i L(u + \theta\Delta) - \partial_i L(u)| \cdot \max_{i=1,2,3} |\Delta^i|, \tag{8}$$

其中 $u = (u^1, u^2, u^3)$, $\Delta = (\Delta^1, \Delta^2, \Delta^3)$.

我们还记得, 函数 f 在 $C^{(1)}([a, b], \mathbb{R})$ 中的范数 $|f|_{C^{(1)}}$ 是 $\max\{|f|_C, |f'|_C\}$ (其中 $|f|_C$ 是函数在区间 $[a, b]$ 上的最大模). 设 $u^1 = x$, $u^2 = f(x)$, $u^3 = f'(x)$, $\Delta^1 = 0$, $\Delta^2 = h(x)$, $\Delta^3 = h'(x)$. 考虑到函数 $\partial_i L(u^1, u^2, u^3)$ ($i = 1, 2, 3$) 在 $\mathbb{R}^3$ 的有界闭子集上是一致连续的, 从不等式 (8) 得到

$$\max_{a \leqslant x \leqslant b} |L(x, f(x) + h(x), f'(x) + h'(x))$$
$$\quad - L(x, f(x), f'(x)) - \partial_2 L(x, f(x), f'(x))h(x) - \partial_3 L(x, f(x), f'(x))h'(x)|$$
$$= o(|h|_{C^{(1)}}), \quad |h|_{C^{(1)}} \to 0,$$

而这意味着, 等式 (7) 成立.

根据复合映射微分定理, 现在我们断定, 泛函 (3) 确实可微, 并且

$$F'(f)h = \int_a^b (\partial_2 L(x, f(x), f'(x))h(x) + \partial_3 L(x, f(x), f'(x))h'(x))\, dx. \tag{9}$$

经常在满足以下条件的函数 $f \in C^{(1)}([a,b], \mathbb{R})$ 的仿射空间上考虑泛函 (3), 这些函数在闭区间 $[a,b]$ 的端点取固定值 $f(a) = A, f(b) = B$. 在这种情况下, 切空间 $TC_f^{(1)}$ 中的函数 h 在闭区间 $[a,b]$ 的两个端点的值应该等于零. 于是, 利用分部积分, 这时显然可以把等式 (9) 化为以下形式:

$$F'(f)h = \int_a^b \left(\partial_2 L(x, f(x), f'(x)) - \frac{d}{dx} \partial_3 L(x, f(x), f'(x)) \right) h(x) \, dx. \tag{10}$$

当然, 这里已经假设 L 和 f 属于相应的函数类 $C^{(2)}$.

特别地, 如果 f 是这个泛函的极值点 (极值曲线), 则根据定理 2, $F'(f)h = 0$ 对于满足 $h(a) = h(b) = 0$ 的任何函数 $h \in C^{(1)}([a,b], \mathbb{R})$ 都成立. 从这个结果和 (10) 不难得到 (见习题 3), 函数 f 应该满足方程

$$\partial_2 L(x, f(x), f'(x)) - \frac{d}{dx} \partial_3 L(x, f(x), f'(x)) = 0. \tag{11}$$

这是变分学中的欧拉–拉格朗日方程的特殊形式.

现在考虑具体的例子.

例 2. *最短曲线问题.*

在平面内连接两个固定点的曲线中, 求长度最小的曲线.

在这种情况下, 答案是显然的, 它的更大作用是检验下面的常规运算.

我们认为, 在平面上给出了固定的笛卡儿坐标系, 并且, 例如, 点 $(0,0)$ 和 $(1,0)$ 是上述固定点. 我们只考虑在闭区间 $[0,1]$ 的两个端点为零的函数 $f \in C^{(1)}([0,1], \mathbb{R})$ 所描述的曲线, 其长度

$$F(f) = \int_0^1 \sqrt{1 + (f')^2(x)} \, dx \tag{12}$$

依赖于函数 f, 是在例 1 中所研究的泛函类型. 在所给情况下, 函数 L 的形式为

$$L(u^1, u^2, u^3) = \sqrt{1 + (u^3)^2},$$

所以极值的必要条件 (11) 归结为方程

$$\frac{d}{dx} \left(\frac{f'(x)}{\sqrt{1 + (f')^2(x)}} \right) = 0.$$

由此可知, 在闭区间 $[0,1]$ 上

$$\frac{f'(x)}{\sqrt{1 + (f')^2(x)}} \equiv \text{const} \,. \tag{13}$$

因为函数 $u/\sqrt{1+u^2}$ 不是常函数, 所以只有当 $f'(x) \equiv \text{const}$ 在 $[a,b]$ 上成立时, (13) 才可能成立. 因此, 本题中的光滑极值函数应该是线性函数, 其图像通过点 $(0,0), (1,0)$. 由此推出 $f(x) \equiv 0$, 从而得到连接两个给定点的直线段.

例 3. 最速降线问题.

这个经典问题由约翰(第一)·伯努利于 1696 年提出，其提法是：一个质点在重力作用下沿一个槽道在最短时间内从给定点 P_0 滑落到位于更低位置的另一个固定点 P_1，求槽道的形状.

我们自然忽略摩擦力，并且还认为，在下面的研究中不考虑两个点位于同一条竖直线上的平凡情况.

在通过点 P_0, P_1 的竖直平面内引入直角坐标系，使点 P_0 是它的原点，横轴竖直向下，而点 P_1 具有正的坐标 (x_1, y_1). 我们只在定义在区间 $[0, x_1]$ 上并且满足条件 $f(0) = 0, f(x_1) = y_1$ 的光滑函数的图像的范围内寻求槽道的形状. 这个假设绝非毫无争议，但我们暂时不去深究 (见习题 5).

如果质点从点 P_0 以零速度开始运动，则它的速度值在所选坐标系中的变化规律可以写为以下形式：

$$v = \sqrt{2gx}. \tag{14}$$

我们还记得，可以按照公式

$$ds = \sqrt{(dx)^2 + (dy)^2} = \sqrt{1 + (f')^2(x)}\, dx \tag{15}$$

计算弧长的微分，从而求出沿区间 $[0, x_1]$ 上的函数 $y = f(x)$ 的图像所确定的槽道运动的时间

$$F(f) = \frac{1}{\sqrt{2g}} \int_0^{x_1} \sqrt{\frac{1 + (f')^2(x)}{x}}\, dx. \tag{16}$$

对于泛函 (16),

$$L(u^1, u^2, u^3) = \sqrt{\frac{1 + (u^3)^2}{u^1}},$$

所以极值的必要条件 (11) 在所给情况下归结为方程

$$\frac{d}{dx}\left(\frac{f'(x)}{\sqrt{x(1 + (f')^2(x))}}\right) = 0,$$

由此推出

$$\frac{f'(x)}{\sqrt{1 + (f')^2(x)}} = c\sqrt{x}, \tag{17}$$

其中 c 是非零常数 (两个给定点不在同一条竖直线上!).

利用 (15), 方程 (17) 可以改写为

$$\frac{dy}{ds} = c\sqrt{x}. \tag{18}$$

但从几何观点看,

$$\frac{dx}{ds} = \cos\varphi, \quad \frac{dy}{ds} = \sin\varphi, \tag{19}$$

其中 φ 是槽道的切线与横轴正方向之间的夹角.

比较方程 (18) 和 (19) 的第二个方程, 我们求出
$$x = \frac{1}{c^2}\sin^2\varphi. \tag{20}$$

但从 (19) 和 (20) 可知,
$$\frac{dy}{d\varphi} = \frac{dy}{dx} \cdot \frac{dx}{d\varphi} = \tan\varphi \frac{dx}{d\varphi} = \tan\varphi \frac{d}{d\varphi}\left(\frac{\sin^2\varphi}{c^2}\right) = 2\frac{\sin^2\varphi}{c^2},$$

由此求出
$$y = \frac{1}{2c^2}(2\varphi - \sin 2\varphi) + b. \tag{21}$$

取 $1/2c^2 =: a$ 和 $2\varphi =: t$, 把关系式 (20) 和 (21) 写为
$$\begin{aligned} x &= a(1 - \cos t), \\ y &= a(t - \sin t) + b. \end{aligned} \tag{22}$$

因为 $a \neq 0$, 所以仅当 $t = 2k\pi$, $k \in \mathbb{Z}$ 时 $x = 0$. 从函数 (22) 的形式可知, 可以不失一般性地认为, 参数 t 的值 $t = 0$ 对应点 $P_0 = (0, 0)$. 这时 $b = 0$, 于是我们得到所求曲线的更简单的参数形式
$$\begin{aligned} x &= a(1 - \cos t), \\ y &= a(t - \sin t). \end{aligned} \tag{23}$$

因此, 最速降线是摆线, 它在初始点 P_0 具有尖点, 并且这里的切线是竖直的. 常数 a 是位似系数, 其选择应当使曲线 (23) 也通过点 P_1. 画出曲线 (23) 后可以发现, 这样的选择不总是唯一的, 这也证明了极值的必要条件 (11) 一般而言不是充分的. 但是, 根据物理意义显然可知, 应该在参数 a 的可能的值中重点考虑哪一个 (其实也可以通过直接计算来证实).

习 题

1. 设 $f: U \to Y$ 是赋范空间 X 的开子集 U 到赋范空间 Y 的 $C^{(n)}(U;Y)$ 类映射, 闭区间 $[x, x+h]$ 完全位于 U 中, 函数 f 在开区间 $]x, x+h[$ 的点有 $n+1$ 阶微分, 并且对于任何点 $\xi \in]x, x+h[$, $\|f^{(n+1)}(\xi)\| \leqslant M$.

a) 请证明: 函数
$$g(t) = f(x + th) - \left(f(x) + f'(x)(th) + \cdots + \frac{1}{n!}f^{(n)}(x)(th)^n\right)$$

在闭区间 $[0, 1] \subset \mathbb{R}$ 上有定义, 在开区间 $]0, 1[$ 上可微, 并且以下估计对于任何 $t \in]0, 1[$ 都成立:
$$\|g'(t)\| \leqslant \frac{1}{n!}M|th|^n|h|.$$

b) 请证明：$|g(1) - g(0)| \leqslant \dfrac{1}{(n+1)!} M|h|^{n+1}$.

c) 请证明以下泰勒公式：
$$\left| f(x+h) - \left(f(x) + f'(x)h + \cdots + \frac{1}{n!} f^{(n)}(x)h^n \right) \right| \leqslant \frac{M}{(n+1)!} |h|^{n+1}.$$

d) 如果已知在 U 内 $f^{(n+1)}(x) \equiv 0$，则关于映射 $f : U \to Y$ 可以得到什么结论？

2. 请证明：

a) 如果 n 重线性对称算子 A 对于任何向量 $x \in X$ 都满足 $Ax^n = 0$，则 $A(x_1, \cdots, x_n) \equiv 0$，即对于 X 的任何一组向量 $x_1, \cdots, x_n$，算子 A 都等于零；

b) 如果映射 $f : U \to Y$ 在点 $x \in U$ 有 n 阶微分 $f^{(n)}(x)$ 并且满足条件
$$f(x+h) = L_0 + L_1 h + \cdots + \frac{1}{n!} L_n h^n + \alpha(h)|h|^n,$$
其中 $L_i\,(i = 0, 1, \cdots, n)$ 是 i 重线性算子，当 $h \to 0$ 时 $\alpha(h) \to 0$，则 $L_i = f^{(i)}(x), i = 0, 1, \cdots, n$；

c) 即使在上一题中给出的函数 f 的展开式存在，一般而言也不能由此推出，该函数在点 x 有 n 阶微分 $f^{(n)}(x)\,(n > 1)$；

d) 映射 $\mathcal{L}(X; Y) \ni A \mapsto A^{-1} \in \mathcal{L}(Y; X)$ 在自己的定义域中是无穷次可微的，并且
$$(A^{-1})^{(n)}(A)(h_1, \cdots, h_n) = (-1)^n A^{-1} h_1 A^{-1} h_2 \cdots A^{-1} h_n A^{-1}.$$

3. a) 设 $\varphi \in C([a, b], \mathbb{R})$. 请证明：如果条件
$$\int_a^b \varphi(x) h(x)\,dx = 0$$
对于满足 $h(a) = h(b) = 0$ 的任何函数 $h \in C^{(2)}([a, b], \mathbb{R})$ 都成立，则在 $[a, b]$ 上 $\varphi(x) \equiv 0$.

b) 设泛函 (3) 中的函数 f 在闭区间 $[a, b]$ 的端点取给定值，并且 $f \in C^{(2)}([a, b], \mathbb{R})$，请推导该泛函的极值的必要条件，即欧拉-拉格朗日方程 (11).

4. 设绕 x 轴的旋转曲面与平面 $x = a, x = b$ 的交线分别是具有给定半径 r_a, r_b 的圆周，请在满足这个条件的所有旋转曲面中，求面积最小者的经线的形状 $y = f(x), a \leqslant x \leqslant b$.

5. a) 在最速降线问题中，函数 L 不满足例 1 的条件，所以这时不能直接利用例 1 的结果. 请证明：可以适当修改公式 (10) 的推导过程，使这个公式和方程 (11) 在这种情况下仍然有效.

b) 如果质点以不为零的初始速度从点 P_0 出发 (质点在封闭管道中无摩擦地运动)，则最速降线方程是否有变化？

c) 请证明：如果 P 是连接两个点 P_0 和 P_1 的最速降线上的任意一个点，则这条最速降线上从 P_0 到 P 的弧是连接两个点 P_0, P 的最速降线.

d) 最后的公式 (23) 表明，关于连接两个点 P_0, P_1 的最速降线能够写为 $y = f(x)$ 的形式的假设并非永远成立. 请利用习题 c) 的结果证明：即使不对最速降线的整体结构提出类似的假设，也可以推导出公式 (23).

e) 请给出点 P_1 的位置，使连接两个点 P_0, P_1 的最速降线在例 3 所引入的坐标系中不能写为 $y = f(x)$ 的形式.

f) 请给出点 P_1 的位置,使连接两个点 P_0, P_1 的最速降线在例 3 所引入的坐标系中具有 $y = f(x)$ 的形式,并且 $f \notin C^{(1)}([a, b], \mathbb{R})$. 由此可以得到,这时我们感兴趣的泛函 (16) 在集合 $C^{(1)}([a, b], \mathbb{R})$ 上有下界,但没有最小值.

g) 请证明: 连接空间中的两个点 P_0, P_1 的最速降线是平面曲线.

6. 在均匀重力场中,我们用质点沿连接两个点 P_0, P_1 的最速降线运动的时间来度量从空间的点 P_0 到点 P_1 的距离 $d(P_0, P_1)$.

a) 请在这个意义下求出从点 P_0 到固定竖直线的距离.

b) 当点 P_1 沿竖直方向接近点 P_0 所在的水平面时,请求出函数 $d(P_0, P_1)$ 的渐近值.

c) 请说明: 函数 $d(P_0, P_1)$ 是不是度量?

§7. 一般的隐函数定理

在本章最后的这一节中,我们将以隐函数研究为例展示在本章中发展起来的几乎全部工具. 读者已经从第八章中知道了隐函数定理的内容和它在分析中的地位以及它的应用,所以我们不打算在这里提前系统地解释问题的本质. 我们仅仅指出,这一次将用完全不同的方法构造隐函数,其基础是压缩映像原理. 这个方法在分析中很常用,并且因为其计算效率高而相当有价值.

定理. 设 X, Y, Z 是赋范空间 (例如 $\mathbb{R}^m$, $\mathbb{R}^n$, $\mathbb{R}^k$),并且 Y 是完备空间;

$$W = \{(x, y) \in X \times Y \mid |x - x_0| < \alpha \wedge |y - y_0| < \beta\}$$

是空间 X, Y 的直积 $X \times Y$ 中的点 (x_0, y_0) 的邻域. 如果映射 $F: W \to Z$ 满足以下条件:

1. $F(x_0, y_0) = 0$,
2. $F(x, y)$ 在点 (x_0, y_0) 连续,
3. $F'_y(x, y)$ 在 W 有定义并且在点 (x_0, y_0) 连续,
4. $F'_y(x_0, y_0)$ 是可逆①映射,

则在 X 中可以找到点 x_0 的邻域 $U = U(x_0)$,在 Y 中可以找到点 y_0 的邻域 $V = V(y_0)$,还可以求出映射 $f: U \to V$,使得:

1′. $U \times V \subset W$,
2′. (在 $U \times V$ 中 $F(x, y) = 0$) $\Leftrightarrow$ ($y = f(x)$, 其中 $x \in U$, $f(x) \in V$),
3′. $y_0 = f(x_0)$,
4′. f 在点 x_0 连续.

---

① 即 $\exists [F'_y(x_0, y_0)]^{-1} \in \mathcal{L}(Z; Y)$.

§7. 一般的隐函数定理

从本质上讲,定理表明,如果线性映射 F'_y 在一个点可逆 (条件 4),则在这个点的邻域中,关系式 $F(x,y)=0$ 等价于函数关系 $y=f(x)$ (结论 2′).

◀ 1° 为了书写简洁,并且不失一般性,显然可以认为 $x_0=0, y_0=0$,从而

$$W = \{(x,y) \in X \times Y \mid |x| < \alpha \wedge |y| < \beta\}.$$

2° 辅助映射族

$$g_x(y) := y - (F'_y(0,0))^{-1} \circ F(x,y) \tag{1}$$

在定理的证明中起重要作用. 这些辅助映射依赖于参数 $x \in X, |x| < \alpha$,并且定义在集合 $\{y \in Y \mid |y| < \beta\}$ 上.

我们来讨论公式 (1). 首先解释: 映射 g_x 的定义是否合理? 这些映射的值域是什么?

映射 F 在 $(x,y) \in W$ 时有定义, 它在点 (x,y) 的值 $F(x,y)$ 属于空间 Z. 我们知道,在任何点 $(x,y) \in W$ 的偏导映射 $F'_y(x,y)$ 是空间 Y 到空间 Z 的连续线性映射.

根据条件 4,映射 $F'_y(0,0) : Y \to Z$ 有连续的逆映射 $(F'_y(0,0))^{-1} : Z \to Y$. 这意味着,复合映射 $(F'_y(0,0))^{-1} \circ F(x,y)$ 确实有定义,它的值属于空间 Y.

于是,对于点 $0 \in X$ 的 α 邻域 $B_X(0,\alpha) := \{x \in X \mid |x| < \alpha\}$ 中的任何点 x, $g_x : B_Y(0,\beta) \to Y$ 是点 $0 \in Y$ 的 β 邻域 $B_Y(0,\beta) := \{y \in Y \mid |y| < \beta\}$ 到空间 Y 的映射.

映射 (1) 与关于方程 $F(x,y)=0$ 对变量 y 是否可解的问题之间的联系显然在于,点 y_x 是映射 g_x 的不动点的充分必要条件是 $F(x,y_x)=0$.

我们写出这个重要结果:

$$g_x(y_x) = y_x \Leftrightarrow F(x,y_x) = 0. \tag{2}$$

因此, 寻求和研究隐函数 $y = y_x = f(x)$ 归结为寻求映射 (1) 的不动点并研究它对变量 x 的依赖关系.

3° 我们来证明, 正数 $\gamma < \min\{\alpha, \beta\}$ 存在, 使得对于任何满足条件 $|x| < \gamma < \alpha$ 的点 $x \in X$, 球 $B_Y(0,\gamma) := \{y \in Y \mid |y| < \gamma < \beta\}$ 到 Y 的映射 $g_x : B_Y(0,\gamma) \to Y$ 是压缩映射, 并且, 例如, 压缩系数不超过 $1/2$. 其实, 从条件 3 和复合映射微分定理推出, 对任何固定的 $x \in B_X(0,\alpha)$, 映射 $g_x : B_Y(0,\beta) \to Y$ 是可微的, 并且

$$g'_x(y) = e_Y - (F'_y(0,0))^{-1} \circ (F'_y(x,y)) = (F'_y(0,0))^{-1} \circ (F'_y(0,0) - F'_y(x,y)). \tag{3}$$

根据 $F'_y(x,y)$ 在点 $(0,0)$ 的连续性 (条件 3),可以找到点 $(0,0) \in X \times Y$ 的邻域 $\{(x,y) \in X \times Y \mid |x| < \gamma < \alpha \wedge |y| < \gamma < \beta\}$,使得在这个邻域中

$$\|g'_x(y)\| \leqslant \|(F'_y(0,0))^{-1}\| \cdot \|F'_y(0,0) - F'_y(x,y)\| < \frac{1}{2}. \tag{4}$$

我们在这里利用了 $(F'_y(0,0))^{-1} \in \mathcal{L}(Z;Y)$, 即 $\|(F'_y(0,0))^{-1}\| < \infty$.

我们在下面将认为 $|x| < \gamma$ 和 $|y| < \gamma$, 所以估计 (4) 成立.

于是, 根据有限增量定理, 对于任何 $x \in B_X(0,\gamma)$ 和任何 $y_1, y_2 \in B_Y(0,\gamma)$, 我们现在确实得到

$$|g_x(y_1) - g_x(y_2)| \leqslant \sup_{\xi \in]y_1, y_2[} \|g'_x(\xi)\| \, |y_1 - y_2| < \frac{1}{2}|y_1 - y_2|. \tag{5}$$

4° 为了断定映射 g_x 有不动点 y_x, 我们需要有一个完备度量空间, 使映射 g_x 把它变换到自身 (可能不是到上映射).

我们来验证: 对于任何满足条件 $0 < \varepsilon < \gamma$ 的数 ε, 可以在开区间 $]0, \gamma[$ 上找到数 $\delta = \delta(\varepsilon)$, 使得对于任何 $x \in B_X(0, \delta)$, 映射 g_x 把闭球 $\overline{B}_Y(0, \varepsilon)$ 变换到自身, 即 $g_x(\overline{B}_Y(0, \varepsilon)) \subset \overline{B}_Y(0, \varepsilon)$.

其实, 首先根据 ε 选取数 $\delta \in]0, \gamma[$, 使得当 $|x| < \delta$ 时

$$|g_x(0)| = |(F'_y(0,0))^{-1} \circ F(x, 0)| \leqslant \|(F'_y(0,0))^{-1}\| \, |F(x, 0)| < \frac{1}{2}\varepsilon. \tag{6}$$

按照条件 1 和 2, 这是可行的, 因为从这两个条件可知 $F(0,0) = 0$, 并且 $F(x, y)$ 在点 $(0, 0)$ 连续.

现在, 如果 $|x| < \delta(\varepsilon) < \gamma$ 且 $|y| \leqslant \varepsilon < \gamma$, 则从 (5) 和 (6) 得到

$$|g_x(y)| \leqslant |g_x(y) - g_x(0)| + |g_x(0)| < \frac{1}{2}|y| + \frac{1}{2}\varepsilon \leqslant \varepsilon,$$

而这意味着, 当 $|x| < \delta(\varepsilon)$ 时,

$$g_x(\overline{B}_Y(0, \varepsilon)) \subset B_Y(0, \varepsilon). \tag{7}$$

闭球 $\overline{B}_Y(0, \varepsilon)$ 是完备度量空间 Y 的闭子集, 它本身也是完备度量空间.

5° 比较关系式 (5) 和 (7), 现在根据不动点原理 (见第九章 §7) 可以推出, 对于每个点 $x \in B_X(0, \delta(\varepsilon)) =: U$, 存在唯一的点 $y = y_x =: f(x) \in B_Y(0, \varepsilon) =: V$, 它是映射 $g_x : \overline{B}_Y(0, \varepsilon) \to \overline{B}_Y(0, \varepsilon)$ 的不动点.

根据基本关系式 (2), 由此可知, 这样构造的函数 $f : U \to V$ 已经具有性质 $2'$, 从而也具有性质 $3'$, 因为根据条件 1, $F(0, 0) = 0$.

根据相应的结构, $U \times V \subset B_X(0, \alpha) \times B_Y(0, \beta) = W$, 由此得到邻域 U 和 V 的性质 $1'$.

最后, 如 4° 所示, 对于任何数 $\varepsilon > 0$ ($\varepsilon < \gamma$), 可以求出数 $\delta(\varepsilon) > 0$ ($\delta(\varepsilon) < \gamma$), 使 $g_x(\overline{B}_Y(0, \varepsilon)) \subset B_Y(0, \varepsilon)$ 对于任何 $x \in B_X(0, \delta(\varepsilon))$ 都成立, 即当 $|x| < \delta(\varepsilon)$ 时, 映射 $g_x : \overline{B}_Y(0, \varepsilon) \to \overline{B}_Y(0, \varepsilon)$ 的唯一不动点 $y_x = f(x)$ 满足条件 $|f(x)| < \varepsilon$. 从这个

结果和性质 2′ 可以推出, 函数 $y = f(x)$ 在点 $x = 0$ 连续, 即性质 4′ 成立. ▶

我们证明了隐函数存在定理. 现在, 我们来补充关于隐函数性质的一系列结果, 这些性质是由原始函数 F 的性质产生的.

补充定理 1 (隐函数连续性定理). 如果除了定理的上述条件, 我们还知道, 映射 $F : W \to Z$ 和 F'_y 不仅在点 (x_0, y_0) 连续, 而且在它的某个邻域中连续, 则所得函数 $f : U \to V$ 不仅在点 $x_0 \in U$ 连续, 而且在它的某个邻域中连续.

◀ 从定理的条件 3 和 4 以及映射 $\mathcal{L}(Y; Z) \ni A \mapsto A^{-1} \in \mathcal{L}(Z; Y)$ 的性质 (见 §3 例 6) 可知, 算子 $F'_y(x, y) \in \mathcal{L}(Y; Z)$ 在点 (x_0, y_0) 的某个邻域中的每一个点 (x, y) 都是可逆的. 因此, 如果关于 F 连续的补充假设成立, 则在点 (x_0, y_0) 的某个邻域中, 形如 $(x, f(x))$ 的所有的点 $(\tilde{x}, \tilde{y})$ 都满足条件 1—4, 而以前只有点 (x_0, y_0) 才满足这些条件.

在任何一个这样的点 $(\tilde{x}, \tilde{y})$ 的邻域中重复隐函数的构造过程, 我们就能得到在点 $\tilde{x}$ 连续的函数 $y = \tilde{f}(x)$, 而根据 2′, 它与函数 $y = f(x)$ 在点 x 的某个邻域中完全一样. 而这恰恰说明, 函数 f 在 $\tilde{x}$ 连续. ▶

补充定理 2 (隐函数可微性定理). 如果除了定理的上述条件, 我们还知道, 偏导数 $F'_x(x, y)$ 在点 (x_0, y_0) 的邻域 W 中也存在, 并且它在点 (x_0, y_0) 连续, 则函数 $y = f(x)$ 在点 x_0 可微, 并且

$$f'(x_0) = -(F'_y(x_0, y_0))^{-1} \circ (F'_x(x_0, y_0)). \tag{8}$$

◀ 我们直接验证, 公式 (8) 右边的线性算子 $L \in \mathcal{L}(X; Y)$ 确实是函数 $y = f(x)$ 在点 x_0 的微分.

为了书写简洁, 仍然认为 $x_0 = 0, y_0 = 0$, 所以 $f(0) = 0$.

首先进行初步运算

$$|f(x) - f(0) - Lx| = |f(x) - Lx|$$
$$= |f(x) + (F'_y(0, 0))^{-1} \circ (F'_x(0, 0))x|$$
$$= |(F'_y(0, 0))^{-1}(F'_x(0, 0)x + F'_y(0, 0)f(x))|$$
$$= |(F'_y(0, 0))^{-1}(F(x, f(x)) - F(0, 0) - F'_x(0, 0)x - F'_y(0, 0)f(x))|$$
$$\leqslant \|(F'_y(0, 0))^{-1}\| |F(x, f(x)) - F(0, 0) - F'_x(0, 0)x - F'_y(0, 0)f(x)|$$
$$\leqslant \|(F'_y(0, 0))^{-1}\| \alpha(x, f(x))(|x| + |f(x)|),$$

其中当 $(x, y) \to (0, 0)$ 时 $\alpha(x, y) \to 0$.

在写出这些关系式时利用了 $F(x, f(x)) \equiv 0$ 和偏导映射 F'_x, F'_y 在点 $(0, 0)$ 的连续性, 从后者推出函数 $F(x, y)$ 在这个点的可微性.

为了方便, 我们采用记号 $a := \|L\|$ 和 $b := \|(F'_y(0, 0))^{-1}\|$.

考虑到
$$|f(x)| = |f(x) - Lx + Lx| \leqslant |f(x) - Lx| + |Lx| \leqslant |f(x) - Lx| + a|x|,$$
可以继续进行上面的运算, 从而得到
$$|f(x) - Lx| \leqslant b\alpha(x, f(x))((a+1)|x| + |f(x) - Lx|),$$
即
$$|f(x) - Lx| \leqslant \frac{(a+1)b}{1 - b\alpha(x, f(x))} \alpha(x, f(x))|x|.$$

因为 f 在点 $x = 0$ 连续, 而 $f(0) = 0$, 所以当 $x \to 0$ 时 $f(x) \to 0$, 于是当 $x \to 0$ 时 $\alpha(x, f(x)) \to 0$.

这意味着, 从最后的不等式可知,
$$|f(x) - f(0) - Lx| = |f(x) - Lx| = o(|x|), \quad x \to 0. \blacktriangleright$$

补充定理 3 (**隐函数连续可微性定理**). 如果除了定理的上述条件, 我们还知道, 偏导映射 F'_x, F'_y 在点 (x_0, y_0) 的邻域 W 中存在并且连续, 则函数 $y = f(x)$ 在点 x_0 的某个邻域内连续可微, 并且可以按照以下公式计算它的导映射:
$$f'(x) = -(F'_y(x, f(x)))^{-1} \circ (F'_x(x, f(x))). \tag{9}$$

◀ 我们从公式 (8) 已经知道, 只要算子 $F'_y(x, f(x))$ 在点 x 可逆, 则导映射 $f'(x)$ 存在, 并且可以表示为 (9) 的形式.

还需要验证的是, 在上述假设下, 函数 $f'(x)$ 在点 $x = x_0$ 的某个邻域内连续.

双线性函数 $(A, B) \mapsto A \cdot B$, 即线性算子 A, B 之积, 是连续函数.

算子 $B = -F'_x(x, f(x))$ 是连续函数的复合 $x \mapsto (x, f(x)) \mapsto -F'_x(x, f(x))$, 从而连续地依赖于 x.

关于线性算子 $A^{-1} = F'_y(x, f(x))$, 可以给出同样的结论.

还要注意 (见 §3 例 6), 映射 $A^{-1} \mapsto A$ 在它的定义域中也是连续的.

因此, 由公式 (9) 给出的函数 $f'(x)$ 是连续函数的复合, 所以在点 $x = x_0$ 的某个邻域内连续. ▶

现在可以进行总结, 并把结果表述为下面的一般命题.

命题. 如果除了隐函数定理的上述条件, 我们还知道函数 F 属于 $C^{(k)}(W, Z)$, 则由方程 $F(x, y) = 0$ 确定的隐函数 $y = f(x)$ 在点 x_0 的某个邻域 U 内属于函数类 $C^{(k)}(U, Y)$.

◀ 当 $k = 0$ 和 $k = 1$ 时, 我们已经证明了命题. 我们注意到, 映射 $\mathcal{L}(Y; Z) \ni A \mapsto A^{-1} \in \mathcal{L}(Z; Y)$ (无穷次) 可微, 并且在求等式 (9) 的微分时, 右边总含有 f 的比左

§7. 一般的隐函数定理

边低一阶的导数, 所以现在可以用归纳法从公式 (9) 得到一般情况. 因此, 函数 F 有多少阶光滑性, 就可以先后多少次取等式 (9) 的微分. ▶

特别地, 既然
$$f'(x)h_1 = -(F_y'(x, f(x)))^{-1} \circ (F_x'(x, f(x)))h_1,$$
则
$$\begin{aligned}
f''(x)(h_1, h_2) &= -d(F_y'(x, f(x)))^{-1}h_2 F_x'(x, f(x))h_1 \\
&\quad - (F_y'(x, f(x)))^{-1} d(F_x'(x, f(x))h_1)h_2 \\
&= (F_y'(x, f(x)))^{-1} dF_y'(x, f(x))h_2 (F_y'(x, f(x)))^{-1} F_x'(x, f(x))h_1 \\
&\quad - (F_y'(x, f(x)))^{-1}((F_{xx}''(x, f(x)) + F_{xy}''(x, f(x))f'(x))h_1)h_2 \\
&= (F_y'(x, f(x)))^{-1}((F_{yx}''(x, f(x)) + F_{yy}''(x, f(x))f'(x))h_2) \\
&\quad \times (F_y'(x, f(x)))^{-1} F_x'(x, f(x))h_1 - (F_y'(x, f(x)))^{-1} \\
&\quad \times ((F_{xx}''(x, f(x)) + F_{xy}''(x, f(x))f'(x))h_1)h_2.
\end{aligned}$$

在更简洁从而更容易观察的写法下, 这意味着
$$f''(x)(h_1, h_2) = (F_y')^{-1}[((F_{yx}'' + F_{yy}''f')h_2)(F_y')^{-1}F_x'h_1 - ((F_{xx}'' + F_{xy}''f')h_1)h_2]. \tag{10}$$

原则上可以这样得到隐函数任意阶导数的表达式. 但是, 从公式 (10) 已经可以看出, 它们在一般情况下过于繁琐, 不便于应用. 现在, 我们来看一看, 怎样在 $X = \mathbb{R}^m, Y = \mathbb{R}^n, Z = \mathbb{R}^n$ 这种最重要的特殊情况下得到上述结果的具体表达式.

在这种情况下, 映射 $z = F(x, y)$ 具有坐标形式
$$\begin{aligned}
z^1 &= F^1(x^1, \cdots, x^m, y^1, \cdots, y^n), \\
&\vdots \\
z^n &= F^n(x^1, \cdots, x^m, y^1, \cdots, y^n).
\end{aligned} \tag{11}$$

偏导映射 $F_x' \in \mathcal{L}(\mathbb{R}^m; \mathbb{R}^n), F_y' \in \mathcal{L}(\mathbb{R}^n; \mathbb{R}^n)$ 由在相应点 (x, y) 计算的矩阵给出:
$$F_x' = \begin{pmatrix} \dfrac{\partial F^1}{\partial x^1} & \cdots & \dfrac{\partial F^1}{\partial x^m} \\ \vdots & & \vdots \\ \dfrac{\partial F^n}{\partial x^1} & \cdots & \dfrac{\partial F^n}{\partial x^m} \end{pmatrix}, \quad F_y' = \begin{pmatrix} \dfrac{\partial F^1}{\partial y^1} & \cdots & \dfrac{\partial F^1}{\partial y^n} \\ \vdots & & \vdots \\ \dfrac{\partial F^n}{\partial y^1} & \cdots & \dfrac{\partial F^n}{\partial y^n} \end{pmatrix}.$$

我们知道, F_x' 和 F_y' 连续等价于上述矩阵的所有元素连续.

线性变换 $F_y'(x_0, y_0) \in \mathcal{L}(\mathbb{R}^n; \mathbb{R}^n)$ 可逆等价于该变换由非退化矩阵给出.

因此, 隐函数定理在所研究的情况下表明, 如果

1) $F^1(x_0^1, \cdots, x_0^m, y_0^1, \cdots, y_0^n) = 0, \cdots, F^n(x_0^1, \cdots, x_0^m, y_0^1, \cdots, y_0^n) = 0$;

2) $F^i(x^1, \cdots, x^m, y^1, \cdots, y^n)$ $(i = 1, \cdots, n)$ 是在点 $(x_0^1, \cdots, x_0^m, y_0^1, \cdots, y_0^n) \in \mathbb{R}^m \times \mathbb{R}^n$ 连续的函数;

3) 所有偏导数 $\dfrac{\partial F^i}{\partial y^j}(x^1, \cdots, x^m, y^1, \cdots, y^n)$ $(i = 1, \cdots, n,\ j = 1, \cdots, n)$ 在点 $(x_0^1, \cdots, x_0^m, y_0^1, \cdots, y_0^n)$ 的邻域中有定义, 并且在这个点连续;

4) 矩阵 F_y' 在点 $(x_0^1, \cdots, x_0^m, y_0^1, \cdots, y_0^n)$ 的行列式 $\begin{vmatrix} \dfrac{\partial F^1}{\partial y^1} & \cdots & \dfrac{\partial F^1}{\partial y^n} \\ \vdots & & \vdots \\ \dfrac{\partial F^n}{\partial y^1} & \cdots & \dfrac{\partial F^n}{\partial y^n} \end{vmatrix}$ 不为零,

则可以求出 $\mathbb{R}^m$ 中的点 $x_0 = (x_0^1, \cdots, x_0^m)$ 的邻域 U, $\mathbb{R}^n$ 中的点 $y_0 = (y_0^1, \cdots, y_0^n)$ 的邻域 V 和具有坐标形式

$$y^1 = f^1(x^1, \cdots, x^m),$$
$$\vdots \qquad\qquad\qquad\qquad (12)$$
$$y^n = f^n(x^1, \cdots, x^m)$$

的映射 $f : U \to V$, 它们满足以下条件:

1') 在点 $(x_0^1, \cdots, x_0^m, y_0^1, \cdots, y_0^n) \in \mathbb{R}^m \times \mathbb{R}^n$ 的邻域 $U \times V$ 内, 方程组

$$F^1(x^1, \cdots, x^m, y^1, \cdots, y^n) = 0,$$
$$\vdots$$
$$F^n(x^1, \cdots, x^m, y^1, \cdots, y^n) = 0$$

等价于用等式 (12) 表示的函数关系 $f : U \to V$;

2') $y_0^1 = f^1(x_0^1, \cdots, x_0^m), \cdots, y_0^n = f^n(x_0^1, \cdots, x_0^m)$;

3') 映射 (12) 在点 $(x_0^1, \cdots, x_0^m)$ 连续.

此外, 如果还知道映射 (11) 属于光滑函数类 $C^{(k)}$, 则从上述命题可知, 映射 (12) 也属于光滑函数类 $C^{(k)}$, 当然是在它的相应定义域内.

在所研究的情况下, 公式 (9) 的具体形式化为矩阵等式

$$\begin{pmatrix} \dfrac{\partial f^1}{\partial x^1} & \cdots & \dfrac{\partial f^1}{\partial x^m} \\ \vdots & & \vdots \\ \dfrac{\partial f^n}{\partial x^1} & \cdots & \dfrac{\partial f^n}{\partial x^m} \end{pmatrix} = -\begin{pmatrix} \dfrac{\partial F^1}{\partial y^1} & \cdots & \dfrac{\partial F^1}{\partial y^n} \\ \vdots & & \vdots \\ \dfrac{\partial F^n}{\partial y^1} & \cdots & \dfrac{\partial F^n}{\partial y^n} \end{pmatrix}^{-1} \begin{pmatrix} \dfrac{\partial F^1}{\partial x^1} & \cdots & \dfrac{\partial F^1}{\partial x^m} \\ \vdots & & \vdots \\ \dfrac{\partial F^n}{\partial x^1} & \cdots & \dfrac{\partial F^n}{\partial x^m} \end{pmatrix},$$

其左边在点 $(x^1, \cdots, x^m)$ 计算, 而右边在相应的点 $(x^1, \cdots, x^m, y^1, \cdots, y^n)$ 计算, 这里 $y^i = f^i(x^1, \cdots, x^m),\ i = 1, \cdots, n$.

如果 $n=1$, 即如果从方程 $F(x^1, \cdots, x^m, y) = 0$ 求解 y, 则矩阵 F'_y 由一个元素组成, 这个元素是数 $\frac{\partial F}{\partial y}(x^1, \cdots, x^m, y)$. 在这种情况下, $y = f(x^1, \cdots, x^m)$, 并且

$$\left(\frac{\partial f}{\partial x^1}, \cdots, \frac{\partial f}{\partial x^m}\right) = -\left(\frac{\partial F}{\partial y}\right)^{-1}\left(\frac{\partial F}{\partial x^1}, \cdots, \frac{\partial F}{\partial x^m}\right). \tag{13}$$

这时, 公式 (10) 也略有简化, 更准确地说, 可以改写为更对称的以下形式:

$$f''(x)(h_1, h_2) = -\frac{(F''_{xx} + F''_{xy}f')h_1 F'_y h_2 - (F''_{yx} + F''_{yy}f')h_2 F'_x h_1}{(F'_y)^2}. \tag{14}$$

如果 $n=1$ 且 $m=1$, 则 $y = f(x)$ 是一元实函数, 公式 (13), (14) 极大简化, 变成了众所周知的数值等式

$$f'(x) = -\frac{F'_x}{F'_y}(x, y),$$

$$f''(x) = -\frac{(F''_{xx} + F''_{xy}f')F'_y - (F''_{yx} + F''_{yy}f')F'_x}{(F'_y)^2}(x, y),$$

它们给出由方程 $F(x, y) = 0$ 确定的隐函数的前两阶导数.

习 题

1. a) 假设与定理中的函数 $f: U \to Y$ 一起另有函数 $\tilde{f}: \tilde{U} \to Y$, 后者在点 x_0 的某个邻域 $\tilde{U}$ 中有定义, 并且在 $\tilde{U}$ 中满足条件 $y_0 = \tilde{f}(x_0)$ 和 $F(x, \tilde{f}(x)) \equiv 0$. 请证明: 如果 $\tilde{f}$ 在点 x_0 连续, 则 f 和 $\tilde{f}$ 在点 x_0 的某个邻域中相同.

b) 请证明: 如果没有关于 $\tilde{f}$ 在 x_0 连续的假设, 则命题 a) 一般不成立.

2. 请再次分析隐函数定理和各补充定理的证明, 然后证明:

a) 如果 $z = F(x, y)$ 是复变量 x, y 的连续可微复函数, 则由方程 $F(x, y) = 0$ 确定的隐函数 $y = f(x)$ 对复变量 x 是可微的;

b) 在定理的条件中, 空间 X 不一定是赋范空间, 也可以是任意的拓扑空间.

3. a) 请说明: 由关系式 (10) 给出的 $f''(x)(h_1, h_2)$ 的表达式是否对称?

b) 对于数值函数 $F(x^1, x^2, y)$ 和 $F(x, y^1, y^2)$, 请写出公式 (9) 和 (10) 的矩阵形式.

c) 请证明: 如果 $\mathbb{R} \ni t \mapsto A(t) \in \mathcal{L}(\mathbb{R}^n; \mathbb{R}^n)$ 是无穷光滑地依赖于参数 t 的一族非退化矩阵 $A(t)$, 则

$$\frac{d^2 A^{-1}}{dt^2} = 2A^{-1}\left(\frac{dA}{dt}A^{-1}\right)^2 - A^{-1}\frac{d^2 A}{dt^2}A^{-1},$$

其中 $A^{-1} = A^{-1}(t)$ 是矩阵 $A = A(t)$ 的逆矩阵的记号.

4. a) 请证明: 补充定理 1 是第九章 §7 中的压缩映射族不动点稳定性条件的直接推论.

b) 设 $\{A_t : X \to X\}$ 是完备赋范空间 X 到自身的依赖于参数 t 的压缩映射族, 参数 t 在赋范空间 T 的区域 Ω 内变化. 请证明: 如果 $A_t(x) = \varphi(t, x)$ 是 $C^{(n)}(\Omega \times X, X)$ 类函数, 则映射 A_t 的不动点 $x(t)$ 作为 t 的函数属于函数类 $C^{(n)}(\Omega, X)$.

5. a) 请利用隐函数定理证明下面的逆映射定理.

设 $g: G \to X$ 是完备赋范空间 Y 的点 y_0 的邻域 G 到赋范空间 X 的映射. 如果映射 $x = g(y)$ 满足以下条件:

1° $g(y)$ 在 G 中可微,

2° $g'(y)$ 在点 y_0 连续,

3° $g'(y_0)$ 是可逆算子,

则可以求出 Y 中的点 y_0 的邻域 $V \subset Y$ 和 X 中的点 x_0 的邻域 $U \subset X$, 使 $g: V \to U$ 是双射, 而它的逆映射 $f: U \to V$ 在 U 中连续, 在点 x_0 可微, 并且 $f'(x_0) = (g'(y_0))^{-1}$.

b) 请证明: 如果除了在 a) 中列出的条件, 我们还知道, 映射 g 属于类 $C^{(n)}(V, U)$, 则逆映射 f 属于类 $C^{(n)}(U, V)$.

c) 设 $f: \mathbb{R}^n \to \mathbb{R}^n$ 是光滑映射, 并且在任何一个点 $x \in \mathbb{R}^n$, $f'(x)$ 的矩阵是非退化的, 该矩阵还满足不等式 $\|(f')^{-1}(x)\| < C$, 其中 C 是不依赖于 x 的常数. 请证明: f 是双射.

d) 设反函数定理中的映射 $f: U \to V$ 在点 x_0 的球形邻域 $U = B(x_0, r)$ 中明显有定义. 请利用求解习题 c) 的经验, 尝试估计该球形邻域的半径 r.

6. a) 请证明: 如果线性映射 $A \in \mathcal{L}(X; Y)$ 和 $B \in \mathcal{L}(X; \mathbb{R})$ 满足条件 $\ker A \subset \ker B$ (记号 ker 通常表示算子的核), 则可以求出线性映射 $\lambda \in \mathcal{L}(Y; \mathbb{R})$, 使 $B = \lambda \circ A$.

b) 设 X 和 Y 是赋范空间, $f: X \to \mathbb{R}$ 和 $g: X \to Y$ 是定义在 X 上并且分别在 $\mathbb{R}$ 和 Y 上取值的光滑函数, 而 S 是由 X 中的方程 $g(x) = y_0$ 给出的光滑曲面. 请证明: 如果 $x_0 \in S$ 是函数 $f|_S$ 的极值点, 则任何在点 x_0 与 S 相切的向量 h 同时满足两个条件: $f'(x_0)h = 0$ 和 $g'(x_0)h = 0$.

c) 请证明: 如果 $x_0 \in S$ 是函数 $f|_S$ 的极值点, 则 $f'(x_0) = \lambda \circ g'(x_0)$, 其中 $\lambda \in \mathcal{L}(Y; \mathbb{R})$.

d) 请指出: 如何从上述结果得到 $\mathbb{R}^n$ 中光滑曲面上的函数的条件极值的经典的拉格朗日检验法 (拉格朗日必要条件, 拉格朗日乘数法)?

7. a) 请证明 (最初由阿达马完成): 局部可逆的连续映射 $f: \mathbb{R}^n \to \mathbb{R}^n$ 整体可逆 (即该映射是双射) 的充分必要条件是当 $x \to \infty$ 时 $f(x) \to \infty$. 请确认: 这里的 $\mathbb{R}^n$ 可以改为任何赋范空间. 如果把 $\mathbb{R}^n$ 或赋范空间改为它们的任何同胚像, 则应当如何理解 (或重新表述) 阿达马条件?

b) 设 $F: X \times Y \to Z$ 是定义在赋范空间 X 与 Y 的直积上的连续映射. 请证明: 在下述两个条件下可以在全局相对于 y 求解方程 $F(x, y) = 0$ (可以在全局求解的含义是, 局部的连续解 $y = f(x)$ 可以在同样的形式下延拓到整个空间 X): 方程在满足条件 $F(x_0, y_0) = 0$ 的任何一个点 (x_0, y_0) 的邻域中有连续的局部解, 并且对于满足条件 $F(x, y) = 0$ 的两个坐标, 第二个坐标在连续变化的情况下只有在第一个坐标在自己的空间内趋于无穷时才能够趋于无穷.

c) 请证明 (最初由约翰[①]完成): 设赋范空间 H 的单位球 B 的局部可逆连续映射 $f: B \to H$ (在球中的每一个点) 使一小段长度变化为原来的 k 倍 (拉伸) 或 $1/k$ (压缩) $(k \geqslant 1)$, 则该映射在半径为 $1/k^2$ 的球中显然是单射. (注意: 利用坐标平移可以把无穷维赋范空间映射到自身, 而后者是具有同样度量的特殊子空间, 但是这个映射不是可逆的或局部可逆的. 它仅仅作为到自己的像上的映射是可逆的.)

[①] 约翰 (F. John, 1910—1994) 是著名的德裔美国数学家, 柯朗 (R. Courant) 的学生.

第十一章 重积分

§1. n 维区间上的黎曼积分

1. 积分的定义

a. $\mathbb{R}^n$ 中的区间和它的测度

定义 1. 集合 $I = \{x \in \mathbb{R}^n \mid a^i \leqslant x^i \leqslant b^i,\ i=1,\cdots,n\}$ 称为 $\mathbb{R}^n$ 中的区间或坐标平行多面体.

如果希望指出区间是由点 $a = (a^1, \cdots, a^n)$ 和 $b = (b^1, \cdots, b^n)$ 确定的, 则经常用记号 $I_{a,b}$ 表示它, 或者类似于一维情况, 把它记为 $a \leqslant x \leqslant b$ 的形式.

定义 2. 与区间 $I = \{x \in \mathbb{R}^n \mid a^i \leqslant x^i \leqslant b^i,\ i=1,\cdots,n\}$ 相对应的数
$$|I| := \prod_{i=1}^{n}(b^i - a^i)$$
称为该区间的体积或测度.

区间 I 的体积 (测度) 也记为 $\nu(I)$ 或 $\mu(I)$.

引理 1. $\mathbb{R}^n$ 中的区间的测度

a) 是齐次的, 即如果 $\lambda I_{a,b} := I_{\lambda a, \lambda b}$, 其中 $\lambda \geqslant 0$, 则 $|\lambda I_{a,b}| = \lambda^n |I_{a,b}|$;

b) 是可加的, 即如果区间 $I, I_1, \cdots, I_k$ 满足 $I = \bigcup_{i=1}^{k} I_i$, 并且区间 $I_1, \cdots, I_k$ 中的每两个都没有公共内点, 则 $|I| = \sum_{i=1}^{k} |I_i|$;

c) 如果区间 I 被有限的一组区间 $I_1, \cdots, I_k$ 覆盖, 即 $I \subset \bigcup_{i=1}^{k} I_i$, 则 $|I| \leqslant \sum_{i=1}^{k} |I_i|$.

从定义 1 和 2 容易推出所有这些结论.

b. 区间的分割和分割集的基. 设区间 $I = \{x \in \mathbb{R}^n \mid a^i \leqslant x^i \leqslant b^i,\ i = 1, \cdots, n\}$ 是给定的. 坐标区间 $[a^i, b^i]$ $(i = 1, \cdots, n)$ 的分割给出了区间 I 的由更小区间组成的形式, 这些更小的区间是上述坐标区间的分割区间的直积.

定义 3. 区间 I 的上述形式 (更小区间 I_j 的并集 $I = \bigcup_{j=1}^{k} I_j$) 称为区间 I 的分割, 记为 P.

定义 4. 量 $\lambda(P) := \max\limits_{1 \leqslant j \leqslant k} d(I_j)$ (分割 P 的区间的最大直径) 称为分割 P 的参数.

定义 5. 如果在分割 P 的每个区间 I_j 中都选定某一个标记点 $\xi_j \in I_j$, 就说有一个标记分割.

仍像以前一样, 我们用一个符号 ξ 表示一组点 $\{\xi_1, \cdots, \xi_k\}$, 并用记号 (P, ξ) 表示标记分割.

在区间 I 的标记分割集 $\mathcal{P} = \{(P, \xi)\}$ 中可以引入基 $\lambda(P) \to 0$, 它的元素 B_d $(d > 0)$ 也与一维情况一样由关系式 $B_d := \{(P, \xi) \in \mathcal{P} \mid \lambda(P) < d\}$ 确定.

具有任意接近于零的参数 $\lambda(P)$ 的分割存在, 由此可知, $\mathcal{B} = \{B_d\}$ 确实是基.

c. 积分和与积分. 设 $f : I \to \mathbb{R}$ 是区间 I 上的实值[①]函数, 而 $P = \{I_1, \cdots, I_k\}$ 是该区间的标记分割, 标记点为 $\xi = \{\xi_1, \cdots, \xi_k\}$.

定义 6. 和

$$\sigma(f, P, \xi) := \sum_{i=1}^{k} f(\xi_i)|I_i|$$

称为函数 f 在区间 I 上与标记分割 (P, ξ) 相应的 (黎曼) 积分和.

定义 7. 量

$$\int_I f(x)\,dx := \lim_{\lambda(P) \to 0} \sigma(f, P, \xi)$$

在相应极限存在的情况下称为函数 f 在区间 I 上的 (黎曼) 积分.

我们看到, 这个定义, 乃至区间 $I \subset \mathbb{R}^n$ 上的积分的整个构造过程, 都逐字逐句地重复我们已经熟知的在闭区间上定义黎曼积分的过程. 为了更加相似, 我们甚至保留了被积表达式的以前的形式 $f(x)\,dx$. 与它等价的完全展开的积分符号是

$$\int_I f(x^1, \cdots, x^n)\,dx^1 \cdots dx^n \quad \text{或} \quad \underbrace{\int \cdots \int}_{n} f(x^1, \cdots, x^n)\,dx^1 \cdots dx^n.$$

[①] 请注意, 在以后的定义中可以认为 f 的值属于任何线性赋范空间, 例如复数空间 $\mathbb{C}$, 空间 $\mathbb{R}^n$, $\mathbb{C}^n$.

为了强调这里所说的是多维区域 I 上的积分, 称之为重积分 (二重积分, 三重积分等, 与 I 的维数相应).

d. 可积性的必要条件

定义 8. 对于函数 $f:I \to \mathbb{R}$, 如果定义 7 中的有限极限存在, 则 f 称为区间 I 上的 (黎曼) 可积函数.

我们用记号 $\mathcal{R}(I)$ 表示所有这样的函数的集合.

我们来验证可积性的一个最简单的必要条件.

命题 1. $f \in \mathcal{R}(I) \Rightarrow f$ 在 I 上有界.

◀ 设 P 是区间 I 的任意分割. 如果函数 f 在 I 上无界, 则它在分割 P 的某个区间 I_{i_0} 上无界. 如果 $(P,\xi'), (P,\xi'')$ 是带有标记点 ξ' 和 ξ'' 的分割, 其中 ξ' 和 ξ'' 只在区间 I_{i_0} 上取不同的点 ξ'_{i_0}, ξ''_{i_0}, 则

$$|\sigma(f,P,\xi') - \sigma(f,P,\xi'')| = |f(\xi'_{i_0}) - f(\xi''_{i_0})| \, |I_{i_0}|.$$

因为 f 在 I_{i_0} 上无界, 所以只要改变 ξ'_{i_0}, ξ''_{i_0} 中的一个点, 就能够让以上等式的右边任意大. 根据柯西准则, 由此可知, 当 $\lambda(P) \to 0$ 时, 函数 f 的积分和没有极限. ▶

2. 黎曼可积函数的勒贝格准则. 在研究一维情况下的黎曼积分时, 我们已经 (不加证明地) 向读者介绍了积分存在的勒贝格准则. 这里回顾某些概念并证明这个准则.

a. $\mathbb{R}^n$ 中的零测度集

定义 9. 我们说, 集合 $E \subset \mathbb{R}^n$ 有 (n 维勒贝格) 零测度, 或称之为 (勒贝格) 零测度集, 如果对于任何 $\varepsilon > 0$, 集合 E 的由至多可数个 n 维区间组成的覆盖 $\{I_i\}$ 存在, 并且这些区间的体积之和 $\sum_i |I_i|$ 不超过 ε.

引理 2. a) 单点集和有限个点的集合都是零测度集.
b) 有限个或可数个零测度集的并集是零测度集.
c) 零测度集的子集本身也是零测度集.
d) 非退化区间[①] $I_{a,b} \subset \mathbb{R}^n$ 不是零测度集.

引理 2 的证明与第六章 §1 第 3d 小节中对其一维情况的证明毫无区别, 所以我们不再重复.

例 1. $\mathbb{R}^n$ 中的有理点集 (所有坐标均为有理数的点的集合) 是可数集, 因而是零测度集.

---

① 即区间 $I_{a,b} = \{x \in \mathbb{R}^n \mid a^i \leqslant x^i \leqslant b^i, i = 1, \cdots, n\}$, 并且对于任何值 $i \in \{1, \cdots, n\}$, 严格不等式 $a^i < b^i$ 都成立.

例 2. 设 $f: I \to \mathbb{R}$ 是定义在 $n-1$ 维闭区间 $I \subset \mathbb{R}^{n-1}$ 上的连续实函数. 我们来证明它在 $\mathbb{R}^n$ 中的图像是 n 维零测度集.

◀ 因为 f 在 I 上一致连续, 所以对于 $\varepsilon > 0$, 我们求出 $\delta > 0$, 使得对于满足条件 $|x_1 - x_2| < \delta$ 的任何点 $x_1, x_2 \in I$, 总有 $|f(x_1) - f(x_2)| < \varepsilon$. 如果现在取区间 I 的分割 P, 其参数 $\lambda(P) < \delta$, 则函数 f 在每个分割区间 I_i 上的振幅小于 ε. 所以, 如果 x_i 是区间 I_i 的任意一个固定点, 则 n 维区间 $\tilde{I}_i = I_i \times [f(x_i) - \varepsilon, f(x_i) + \varepsilon]$ 显然包含函数 f 在区间 I_i 上的图像, 而区间 $\tilde{I}_i$ 的并集 $\bigcup_i \tilde{I}_i$ 覆盖函数 f 在 I 上的整个图像. 但是, $\sum_i |\tilde{I}_i| = \sum_i |I_i| \cdot 2\varepsilon = 2\varepsilon |I|$ (这里 $|I_i|$ 是 $\mathbb{R}^{n-1}$ 中 I_i 的体积, $|\tilde{I}_i|$ 是 $\mathbb{R}^n$ 中 $\tilde{I}_i$ 的体积). 因此, 只要减小 ε, 确实可以让覆盖的总体积任意接近于零. ▶

附注 1. 通过对比引理 2 的命题 b) 和例 2 可以推出, 在一般情况下, 连续函数 $f: \mathbb{R}^{n-1} \to \mathbb{R}$ 或 $f: M \to \mathbb{R}$ (其中 $M \subset \mathbb{R}^{n-1}$) 的图像是 $\mathbb{R}^n$ 中的 n 维零测度集.

引理 3. a) 零测度集类不会因为对定义 9 中集合 E 的覆盖的下述两种理解而有所改变. 第一种是通常意义下的覆盖, 认为集合 E 被一组区间 $\{I_i\}$ 覆盖, 即 $E \subset \bigcup_i I_i$. 第二种是更严格意义下的覆盖, 要求集合 E 的每个点至少是覆盖中的一个区间的内点[①].

b) $\mathbb{R}^n$ 中的紧集 K 是零测度集的充分必要条件是: 对于任何 $\varepsilon > 0$, K 能被有限个区间覆盖, 并且这些区间的体积之和小于 ε.

◀ a) 如果 $\{I_i\}$ 是集合 E 的覆盖, 即 $E \subset \bigcup_i I_i$, 并且 $\sum_i |I_i| < \varepsilon$, 则只要把每一个区间 I_i 替换为相对于其中心的位似区间 $\tilde{I}_i$, 就得到满足条件 $\sum_i |\tilde{I}_i| < \lambda^n \varepsilon$ 的一组区间 $\{\tilde{I}_i\}$, 其中 λ 是所有区间共同的位似系数. 如果 $\lambda > 1$, 则显然 $\{\tilde{I}_i\}$ 也覆盖集合 E, 并且 E 的任何一个点至少是该覆盖中的一个区间的内点.

b) 得自 a) 和关于紧集 K 的任何一个开覆盖都包含其有限覆盖的结论 (可以取一组开区间 $\{\tilde{I}_i \setminus \partial \tilde{I}_i\}$ 作为这样的开覆盖, 其中 $\{\tilde{I}_i\}$ 是在 a) 中考虑过的那一组区间). ▶

b. 康托尔定理的一个推广. 我们记得, 量 $\omega(f; E) := \sup\limits_{x_1, x_2 \in E} |f(x_1) - f(x_2)|$ 称为函数 $f: E \to \mathbb{R}$ 在集合 E 上的振幅, 而量 $\omega(f; x) := \lim\limits_{\delta \to 0} \omega(f; U_E^\delta(x))$ 称为函数 f 在点 $x \in E$ 的振幅, 其中 $U_E^\delta(x)$ 是点 x 在集合 E 中的 δ 邻域.

引理 4. 如果在紧集 K 的每个点, 函数 $f: K \to \mathbb{R}$ 都满足关系式 $\omega(f; x) \leqslant \omega_0$, 则对于任何 $\varepsilon > 0$, 可以找到 $\delta > 0$, 使不等式 $\omega(f; U_K^\delta(x)) < \omega_0 + \varepsilon$ 对于任何点 $x \in K$ 都成立.

[①] 换言之, 定义 9 中的区间是闭区间还是开区间无关紧要.

当 $\omega_0 = 0$ 时, 这个引理化为关于紧集上的连续函数一致连续的康托尔定理. 引理 4 的证明完全重复康托尔定理 (第四章 §2 第 2 小节) 的证明过程, 所以我们不再赘述.

c. 勒贝格准则. 像以前一样, 我们说某个性质几乎在集合 M 的所有点成立, 或者说在 M 上几乎处处成立, 如果使这个性质不成立的 M 的子集有零测度.

定理 1 (勒贝格准则). $f \in \mathcal{R}(I) \Leftrightarrow (f 在 I 上有界) \wedge (f 在 I 上几乎处处连续)$.

◀ **必要性**. 如果 $f \in \mathcal{R}(I)$, 则根据命题 1, 函数 f 在 I 上有界.

我们来验证, f 几乎在 I 的所有点连续. 为此, 我们来证明, 如果函数间断点的集合 E 不是零测度集, 则 $f \notin \mathcal{R}(I)$.

其实, 把 E 表示为 $E = \bigcup_{n=1}^{\infty} E_n$ 的形式, 其中 $E_n = \{x \in I \mid \omega(f; x) \geqslant 1/n\}$, 则根据引理 2 推出, 如果 E 不是零测度集, 就可以找到序号 n_0, 使集合 E_{n_0} 也不是零测度集. 设 P 是把区间 I 分为一组区间 $\{I_i\}$ 的任意分割. 把 P 的分割区间分为 A 和 B 两类, 其中 $A = \{I_i \in P \mid I_i \cap E_{n_0} \neq \varnothing \wedge \omega(f; I_i) \geqslant 1/(2n_0)\}$, $B = P \setminus A$.

区间组 A 构成集合 E_{n_0} 的一个覆盖. 其实, E_{n_0} 的每个点或者位于某个区间 $I_i \in P$ 的内部, 这时显然 $I_i \in A$, 或者位于分割 P 的某些区间的边界上. 在后一种情况下, 函数至少在一个这样的区间上的振幅应当 (根据三角形不等式) 不小于 $1/(2n_0)$, 所以该区间属于 A.

现在证明, 只要在分割 P 的区间中用不同方式选择各标记点 ξ, 我们就可以显著改变积分和的值.

具体而言, 我们选择两组标记点 ξ', ξ'', 使属于 B 的区间上的相应标记点相同, 而属于 A 的区间 I_i 的相应标记点 ξ_i', ξ_i'' 满足
$$f(\xi_i') - f(\xi_i'') > \frac{1}{3n_0}.$$
于是,
$$|\sigma(f, P, \xi') - \sigma(f, P, \xi'')| = \left| \sum_{I_i \in A} (f(\xi_i') - f(\xi_i'')) |I_i| \right| > \frac{1}{3n_0} \sum_{I_i \in A} |I_i| > c > 0.$$
因为区间组 A 覆盖集合 E_{n_0}, 我们又假设 E_{n_0} 不是零测度集, 所以常数 c 存在.

因为 P 是区间 I 的任意一个分割, 所以从柯西基本准则推出, 当 $\lambda(P) \to 0$ 时, 积分和 $\sigma(f, P, \xi)$ 不可能有极限, 即 $f \notin \mathcal{R}(I)$.

充分性. 设 ε 是任意正数, $E_\varepsilon = \{x \in I \mid \omega(f; x) \geqslant \varepsilon\}$. 根据条件, E_ε 是零测度集. 此外, E_ε 显然是 I 中的闭集, 所以 E_ε 是紧集. 根据引理 3, 在 $\mathbb{R}^n$ 中存在有限个区间 $I_1, \cdots, I_k$, 使 $E_\varepsilon \subset \bigcup_{i=1}^{k} I_i$, 并且 $\sum_{i=1}^{k} |I_i| < \varepsilon$. 取 $C_1 = \bigcup_{i=1}^{k} I_i$, 用 C_2 和 C_3 分别表示以 I_i 的中心为中心、位似系数为 2 和 3 的情况下区间 I_i 的位似区间的并集. 显然, E_ε 严格位于集合 C_2 的内部, C_2 的边界与 C_3 的边界之间的距离 d 是正的.

我们指出, C_3 中两两没有公共内点的任何有限个区间的体积之和不大于 $3^n\varepsilon$, 其中 n 是空间 $\mathbb{R}^n$ 的维数. 这得自集合 C_3 的定义和区间测度的性质 (引理 1).

我们再指出, 区间 I 的任何直径小于 d 的子集或者包含于集合 C_3, 或者包含于紧集 $K = I\setminus(C_2\setminus\partial C_2)$, 其中 ∂C_2 是 C_2 的边界 (因而 $C_2\setminus\partial C_2$ 是集合 C_2 的内点的集合).

根据构造, $E_\varepsilon \subset I\setminus K$, 所以 $\omega(f;x) < \varepsilon$ 在任何点 $x \in K$ 都应当成立. 根据引理 4, 可以找到数 $\delta > 0$, 使不等式 $|f(x_1) - f(x_2)| < 2\varepsilon$ 对于任何相距不超过 δ 的两个点 $x_1, x_2 \in K$ 都成立.

上述构造现在可以让我们用以下方法证明可积条件的充分性. 取区间 I 的任意两个分割 P', P'', 并且分割参数 $\lambda(P')$, $\lambda(P'')$ 都小于 $\lambda = \min\{d, \delta\}$. 设 P 是由分割 P', P'' 的区间的交集构成的分割. 在自然的记号下, $P = \{I_{ij} = I'_i \cap I''_j\}$. 我们来比较积分和 $\sigma(f, P, \xi)$ 与 $\sigma(f, P', \xi')$. 利用 $|I'_i| = \sum_j |I_{ij}|$, 可以写出

$$|\sigma(f, P', \xi') - \sigma(f, P, \xi)| = \left|\sum_{ij}(f(\xi'_i) - f(\xi_{ij}))|I_{ij}|\right|$$

$$\leqslant \sum_1 |f(\xi'_i) - f(\xi_{ij})||I_{ij}| + \sum_2 |f(\xi'_i) - f(\xi_{ij})||I_{ij}|,$$

其中第一个求和式 $\sum_1$ 包括对分割 P 的一部分区间 I_{ij} 求和, 这些区间位于既属于分割 P' 又包含于集合 C_3 的区间 I'_i 中, 而第二个求和式 $\sum_2$ 包括对分割 P 的其余区间求和, 这些区间必然全部包含在 K 中 (因为 $\lambda(P) < d$).

因为 f 在 I 上有界, 所以可设在 I 上 $|f| \leqslant M$. 于是, 只要在第一个求和式中把 $|f(\xi'_i) - f(\xi_{ij})|$ 替换为量 $2M$, 即可得到, 第一个求和式不超过 $2M \cdot 3^n\varepsilon$.

因为在第二个求和式中 $\xi'_i, \xi_{ij} \in I'_i \subset K$, 而 $\lambda(P') < \delta$, 所以 $|f(\xi'_i) - f(\xi_{ij})| < 2\varepsilon$. 因此, 第二个求和式不超过 $2\varepsilon|I|$.

于是, $|\sigma(f, P', \xi') - \sigma(f, P, \xi)| < (2M \cdot 3^n + 2|I|)\varepsilon$. 根据这个结果 (它对 P' 和 P'' 均成立), 再利用三角形不等式, 就得到

$$|\sigma(f, P', \xi') - \sigma(f, P'', \xi'')| < 4(3^n M + |I|)\varepsilon,$$

它对任何具有充分小参数的分割 P', P'' 都成立. 从柯西准则现在推出 $f \in \mathcal{R}(I)$. ▶

附注 2. 因为函数极限存在的柯西准则在任何完备的度量空间中都成立, 所以从证明中可以看出, 对于在任何完备的线性赋范空间中取值的函数, 勒贝格准则的充分性部分 (但不包括必要性部分) 也成立.

3. 达布准则. 再研究一个有用的黎曼可积函数准则, 它只适用于实函数.

a. 下积分和与上积分和. 设 f 是区间 I 上的实函数, 而 $P = \{I_i\}$ 是区间 I 的分割. 取

$$m_i = \inf_{x \in I_i} f(x), \quad M_i = \sup_{x \in I_i} f(x).$$

定义 10. 量
$$s(f, P) = \sum_i m_i |I_i|, \quad S(f, P) = \sum_i M_i |I_i|$$
分别称为函数 f 在区间 I 上由该区间的分割 P 给出的下积分和 (下达布和) 与上积分和 (上达布和).

引理 5. 函数 $f: I \to \mathbb{R}$ 的上积分和与下积分和满足以下关系式:

a) $s(f, P) = \inf_\xi \sigma(f, P, \xi) \leqslant \sigma(f, P, \xi) \leqslant \sup_\xi \sigma(f, P, \xi) = S(f, P)$;

b) $s(f, P) \leqslant s(f, P') \leqslant S(f, P') \leqslant S(f, P)$, 其中区间 I 的分割 P' 得自分割 P 的区间被进一步分割为更小的区间;

c) $s(f, P_1) \leqslant S(f, P_2)$, 其中 P_1, P_2 是区间 I 的任意两个分割.

◀ 关系式 a) 和 b) 直接得自定义 6 和 10, 当然还要用到数集的上确界和下确界的定义.

为了证明关系式 c), 只要考虑由分割 P_1 和 P_2 的区间彼此分割而成的辅助分割 P 即可. 分割 P 可以视为分割 P_1, P_2 中每一个分割的加细分割, 所以从关系式 b) 推出 $s(f, P_1) \leqslant s(f, P) \leqslant S(f, P) \leqslant S(f, P_2)$. ▶

b. 下积分与上积分

定义 11. 量
$$\underline{\mathcal{J}} = \sup_P s(f, P), \quad \overline{\mathcal{J}} = \inf_P S(f, P)$$
分别称为函数 $f: I \to \mathbb{R}$ 在区间 I 上的 (达布) 下积分与 (达布) 上积分, 其中上确界和下确界取自区间 I 的所有分割 P.

从这个定义和在引理 5 中指出的下达布和与上达布和的性质可以推出, 对于区间的任何分割 P, 以下不等式成立:
$$s(f, P) \leqslant \underline{\mathcal{J}} \leqslant \overline{\mathcal{J}} \leqslant S(f, P).$$

定理 2 (达布定理). 对于任何有界函数 $f: I \to \mathbb{R}$, 以下命题成立:
$$(\exists \lim_{\lambda(P) \to 0} s(f, P)) \wedge (\lim_{\lambda(P) \to 0} s(f, P) = \underline{\mathcal{J}});$$
$$(\exists \lim_{\lambda(P) \to 0} S(f, P)) \wedge (\lim_{\lambda(P) \to 0} S(f, P) = \overline{\mathcal{J}}).$$

◀ 如果对比这两个命题和定义 11, 则显而易见, 在本质上只需要证明上述极限存在. 我们来验证下积分和的情况.

取固定的 $\varepsilon > 0$, 再取区间 I 的分割 P_ε, 使它满足条件 $s(f, P_\varepsilon) > \underline{\mathcal{J}} - \varepsilon$. 设 Γ_ε 是区间 I 的位于分割 P_ε 的区间的边界上的点的集合. 从例 2 可知, Γ_ε 是零测度

集. 从集合 Γ_ε 的简单结构还显然可知, 可以求出数 λ_ε, 使得对于任何一个满足条件 $\lambda(P)<\lambda_\varepsilon$ 的分割 P, 它与 Γ_ε 有公共点的区间的体积之和小于 ε.

现在取任何一个具有参数 $\lambda(P)<\lambda_\varepsilon$ 的分割 P, 再让分割 P 和 P_ε 的区间彼此分割为更细的区间, 从而得到辅助分割 P'. 根据分割 P_ε 的选择和达布和的性质 (引理 5), 我们得到

$$\underline{\mathcal{J}}-\varepsilon<s(f,P_\varepsilon)<s(f,P')\leqslant\underline{\mathcal{J}}.$$

现在指出, 在下积分和 $s(f,P')$ 与 $s(f,P)$ 中, 与分割 P 中不包含 Γ_ε 的点的那些区间相对应的所有的项是共同的. 所以, 如果在 I 上 $|f(x)|\leqslant M$, 则

$$|s(f,P')-s(f,P)|<2M\varepsilon.$$

再利用上述不等式就得到, 当 $\lambda(P)<\lambda_\varepsilon$ 时, 以下关系式成立:

$$\underline{\mathcal{J}}-s(f,P)<(2M+1)\varepsilon.$$

对比这个关系式与定义 11, 我们得到, 极限 $\lim\limits_{\lambda(P)\to0}s(f,P)$ 确实存在并且等于 $\underline{\mathcal{J}}$.

对于上积分和也可以进行类似的讨论. ▶

c. 实值可积函数的达布准则

定理 3 (达布准则). 定义在区间 $I\subset\mathbb{R}^n$ 上的实函数 $f:I\to\mathbb{R}$ 在 I 上可积的充分必要条件是它在 I 上有界并且它的达布下积分等于达布上积分, 即

$$f\in\mathcal{R}(I)\Leftrightarrow(f\text{ 在 }I\text{ 上有界})\wedge(\underline{\mathcal{J}}=\overline{\mathcal{J}}).$$

◀ 必要性. 如果 $f\in\mathcal{R}(I)$, 则根据命题 1, 函数 f 在 I 上有界. 从积分的定义 7、量 $\underline{\mathcal{J}}$ 和 $\overline{\mathcal{J}}$ 的定义 11 和引理 5 的关系式 a) 推出, 在这种情况下 $\underline{\mathcal{J}}=\overline{\mathcal{J}}$ 也成立.

充分性. 因为 $s(f,P)\leqslant\sigma(f,P,\xi)\leqslant S(f,P)$, 所以当 $\underline{\mathcal{J}}=\overline{\mathcal{J}}$ 时, 根据定理 2, 这些不等式两边的项在 $\lambda(P)\to0$ 时趋于同一个极限. 因此, 当 $\lambda(P)\to0$ 时, $\sigma(f,P,\xi)$ 有极限, 并且该极限与上述极限相同. ▶

附注 3. 从达布准则的证明可见, 如果函数可积, 则其达布下积分等于达布上积分, 并且都等于这个函数的积分值.

习 题

1. a) 请证明: 零测度集没有内点.

b) 请证明: 如果一个集合没有内点, 则这绝非意味着该集合是零测度集.

c) 请构造一个零测度集, 使它的闭包等于整个空间 $\mathbb{R}^n$.

d) 我们说集合 $E\subset I$ 具有零体积, 如果对于任何 $\varepsilon>0$, 可以用满足 $\sum\limits_{i=1}^{k}|I_i|<\varepsilon$ 的有限个区间 $I_1,\cdots,I_k$ 覆盖它. 任何有界的零测度集是否都具有零体积?

e) 请证明: 如果集合 $E\subset\mathbb{R}^n$ 是直线 $\mathbb{R}$ 与 $n-1$ 维零测度集 $e\subset\mathbb{R}^{n-1}$ 的直积 $\mathbb{R}\times e$, 则 E 是 n 维零测度集.

2. a) 请在 $\mathbb{R}^n$ 中构造与狄利克雷函数类似的函数并证明: 如果有界函数 $f : I \to \mathbb{R}$ 几乎在区间 I 的所有点等于零, 则这并不意味着 $f \in \mathcal{R}(I)$.

b) 请证明: 如果 $f \in \mathcal{R}(I)$, 并且几乎在区间 I 的所有点 $f(x) = 0$, 则 $\int_I f(x)\,dx = 0$.

3. 以前给出的区间 $I \subset \mathbb{R}$ 上的黎曼积分的定义与任意维区间上的积分的定义 7 有细微差别, 这与分割以及分割区间的测度的定义有关. 请自行体会并解释这种差别, 再验证

$$\int_a^b f(x)\,dx = \begin{cases} \int_I f(x)\,dx, & a < b, \\ -\int_I f(x)\,dx, & a > b, \end{cases}$$

其中 I 是直线 $\mathbb{R}$ 上以 a, b 为端点的区间.

4. a) 请证明: 定义在区间 $I \subset \mathbb{R}^n$ 上的实函数 $f : I \to \mathbb{R}$ 在 I 上可积的充分必要条件是, 对于任何 $\varepsilon > 0$, 区间 I 的满足条件 $S(f, P) - s(f, P) < \varepsilon$ 的分割 P 存在.

b) 利用 a) 的结果, 并认为所研究的是实函数 $f : I \to \mathbb{R}$, 可以稍微简化勒贝格准则的充分性部分的证明. 请独立完成这些简化.

§2. 集合上的积分

1. 容许集. 我们在以后不仅会遇到函数在区间上的积分, 而且会遇到函数在 $\mathbb{R}^n$ 中另外一些不太复杂的集合上的积分.

定义 1. 集合 $E \subset \mathbb{R}^n$ 称为容许集, 如果它在 $\mathbb{R}^n$ 中有界, 并且它的边界 ∂E 是 (勒贝格) 零测度集.

例 1. $\mathbb{R}^3$ ($\mathbb{R}^n$) 中的立方体、四面体和球是容许集.

例 2. 设定义在 $n-1$ 维区间 $I \subset \mathbb{R}^{n-1}$ 上的函数 $\varphi_i : I \to \mathbb{R}$ $(i = 1, 2)$ 在任何点 $x \in I$ 满足 $\varphi_1(x) < \varphi_2(x)$. 如果这些函数连续, 则从 §1 例 2 可知, $\mathbb{R}^n$ 中由这些函数的图像和位于区间 I 的边界 ∂I 上的柱体侧面所围的区域是 $\mathbb{R}^n$ 中的容许集.

我们记得, 组成集合 $E \subset \mathbb{R}^n$ 的边界 ∂E 的点具有以下性质: 在这些点的任何邻域中既有集合 E 的点, 又有 E 在 $\mathbb{R}^n$ 中的补集的点. 因此, 下面的引理成立.

引理 1. 对于任何集合 $E, E_1, E_2 \subset \mathbb{R}^n$,

a) ∂E 是 $\mathbb{R}^n$ 中的闭集;

b) $\partial(E_1 \cup E_2) \subset \partial E_1 \cup \partial E_2$;

c) $\partial(E_1 \cap E_2) \subset \partial E_1 \cup \partial E_2$;

d) $\partial(E_1 \backslash E_2) \subset \partial E_1 \cup \partial E_2$.

从这个引理和定义 1 推出以下引理.

引理 2. 有限个容许集的并集或交集是容许集, 容许集的差也是容许集.

附注 1. 对于无穷个容许集, 一般而言, 引理 2 不成立; 此外, 引理 1 中的命题 b) 和 c) 也不成立.

附注 2. 容许集的边界不仅是 $\mathbb{R}^n$ 中的闭集, 而且是 $\mathbb{R}^n$ 中的有界集, 即容许集的边界是 $\mathbb{R}^n$ 中的紧集. 因此, 根据 §1 引理 3, 可以用体积之和任意接近于零的有限个区间来覆盖容许集的边界.

现在考虑容许集 E 的特征函数

$$\chi_E(x) = \begin{cases} 1, & x \in E, \\ 0, & x \notin E. \end{cases}$$

对于任何集合 E, 函数 $\chi_E(x)$ 在集合 E 的边界上有间断, 并且只在 E 的边界上有间断. 因此, 如果 E 是容许集, 则函数 $\chi_E(x)$ 几乎在空间 $\mathbb{R}^n$ 的所有点连续.

2. 集合上的积分. 设 f 是定义在集合 E 上的函数. 仍像前面那样约定用记号 $f_{\chi_E}(x)$ 表示在 $x \in E$ 时等于 $f(x)$, 而在 E 以外等于零的函数 (虽然 f 在 E 以外没有定义).

定义 2. 函数 f 在集合 E 上的积分由关系式

$$\int_E f(x)\,dx := \int_{I \supset E} f_{\chi_E}(x)\,dx$$

定义, 其中 I 是包含集合 E 的任意区间.

如果等式右边的积分不存在, 则说 f 在集合 E 上不 (黎曼) 可积, 否则说 f 在集合 E 上 (黎曼) 可积.

我们用记号 $\mathcal{R}(E)$ 表示在集合 E 上黎曼可积的一切函数的集合.

定义 2 自然需要一些说明, 由此引出以下引理.

引理 3. 如果 I_1 和 I_2 是分别包含集合 E 的两个区间, 则积分

$$\int_{I_1} f_{\chi_E}(x)\,dx, \quad \int_{I_2} f_{\chi_E}(x)\,dx$$

同时存在或同时不存在, 并且在同时存在的情况下, 它们的值相等.

◀ 考虑区间 $I = I_1 \cap I_2$. 根据条件, $I \supset E$. 函数 f_{χ_E} 的间断点或者与 f 在 E 上的间断点相同, 或者是函数 χ_E 的间断点, 从而属于 ∂E. 在任何情况下, 所有间断点均属于 $I = I_1 \cap I_2$. 因此, 根据勒贝格准则 (§1 定理 1), f_{χ_E} 在区间 I, I_1, I_2 上的积分同时存在或同时不存在. 如果它们存在, 我们就可以根据自己的需要来选择 I, I_1, I_2 的分割. 因此, 我们只在区间 $I = I_1 \cap I_2$ 的分割的基础上进一步选取区间 I_1, I_2 的分割. 因为所研究的函数在 I 以外等于零, 所以由 I_1 和 I_2 的上述分割给出的积分和等于由区间 I 的相应分割给出的积分和. 由此取极限后就得到, 所研

究的函数在 I_1 和 I_2 上的积分都等于它在区间 I 上的积分. ▶

从区间上的积分存在的勒贝格准则 (§1 定理 1) 和定义 2 推出以下定理.

定理 1. 函数 $f: E \to \mathbb{R}$ 在容许集上可积的充分必要条件是它有界并且几乎在集合 E 的所有点连续.

◀ 与函数 f 相比, 函数 $f\chi_E$ 只可能在集合 E 的边界 ∂E 上另有间断点, 而根据条件, 边界 ∂E 是零测度集. ▶

3. 容许集的测度 (体积)

定义 3. 量
$$\mu(E) := \int_E 1 \cdot dx$$
称为有界集 $E \subset \mathbb{R}^n$ 的 (若尔当) 测度或体积, 如果上述 (黎曼) 积分存在.

因为
$$\int_E 1 \cdot dx = \int_{I \supset E} \chi_E(x) \, dx,$$
而函数 χ_E 的间断点集与 ∂E 相同, 所以根据勒贝格准则得到, 这样引入的测度只对容许集有定义.

因此, 容许集并且只有容许集才是定义 3 意义下的可测集.

现在解释量 $\mu(E)$ 的几何意义. 如果 E 是容许集, 则
$$\mu(E) = \int_{I \supset E} \chi_E(x) \, dx = \underline{\int}_{I \supset E} \chi_E(x) \, dx = \overline{\int}_{I \supset E} \chi_E(x) \, dx,$$
其中后两个积分分别是达布下积分与达布上积分. 根据积分存在的达布准则 (§1 定理 3), 集合的测度 $\mu(E)$ 有定义的充分必要条件是这里的达布下积分等于达布上积分. 按照达布定理 (§1 定理 2), 它们是函数 χ_E 的由区间 I 的分割 P 给出的下积分和与上积分和的极限. 但是, 根据函数 χ_E 的定义, 下积分和等于分割 P 在 E 内的区间的体积 (这是 E 的内接多面体的体积) 之和, 而上积分和等于分割 P 与集合 E 有公共点的区间的体积 (外切多面体的体积) 之和. 因此, $\mu(E)$ 是当 $\lambda(P) \to 0$ 时 E 的内接多面体体积和外切多面体体积的共同极限, 这与简单区域 $E \subset \mathbb{R}^n$ 的体积通常采用的概念一致.

体积在 $n = 1$ 时通常称为长度, 而在 $n = 2$ 时通常称为面积.

附注 3. 我们现在解释, 由定义 3 引入的集合测度 $\mu(E)$ 为什么有时称为若尔当测度.

定义 4. 集合 $E \subset \mathbb{R}^n$ 称为若尔当零测度集或零体积集, 如果对于任何 $\varepsilon > 0$, 可以用满足 $\sum_{i=1}^{k} |I_i| < \varepsilon$ 的有限个区间 $I_1, \cdots, I_k$ 覆盖这个集合.

与勒贝格零测度集相比,这里出现了有限覆盖的要求,所以若尔当零测度集类小于勒贝格零测度集类. 例如, 有理点集是勒贝格零测度集, 但不是若尔当零测度集.

有界集 E 的内接多面体体积的上确界等于其外切多面体体积的下确界 (从而是 E 的测度 $\mu(E)$ 或体积) 的充分必要条件显然是, 集合 E 的边界 ∂E 有若尔当零测度. 正是由于这个原因, 我们采用以下定义.

定义 5. 集合 E 称为若尔当可测集, 如果它有界, 并且它的边界是若尔当零测度集.

从附注 2 可以看出, 若尔当可测集类就是由定义 1 引入的容许集类. 这是上面定义的测度 $\mu(E)$ 可以称为 (若尔当可测) 集合 E 的若尔当测度的原因.

习 题

1. a) 请证明: 如果集合 $E \subset \mathbb{R}^n$ 满足 $\mu(E) = 0$, 则对于这个集合的闭包 $\overline{E}$, 等式 $\mu(\overline{E}) = 0$ 成立.

b) 请给出有界勒贝格零测度集 E 的闭包 $\overline{E}$ 不是勒贝格零测度集的一个例子.

c) 请说明: 是否应当把 §1 引理 3 的命题 b) 理解为, 若尔当零测度集和勒贝格零测度集的概念对于紧集是一致的?

d) 请证明: 如果有界集 $E \subset \mathbb{R}^n$ 在超平面 $\mathbb{R}^{n-1}$ 上的投影有 $n-1$ 维零体积, 则集合 E 本身有 n 维零体积.

e) 请证明: 没有内点的若尔当可测集有零体积.

2. a) 如果有界集 E 不是 (若尔当可测的) 容许集, 则由定义 2 引入的某个函数 f 在集合 E 上的积分是否存在?

b) 常函数 $f: E \to \mathbb{R}$ 在有界但不若尔当可测的集合 E 上是否可积?

c) 如果某个函数 f 在集合 E 上可积, 则这个函数在集合 E 的任何子集 $A \subset E$ 上的限制 $f|_A$ 是 A 上的可积函数. 这个命题是否成立?

d) 对于定义在有界 (但不一定若尔当可测) 的集合 E 上的函数 $f: E \to \mathbb{R}$, 请指出它在集合 E 上的黎曼积分存在的必要条件和充分条件.

3. a) 设 E 是勒贝格零测度集, 而 $f: E \to \mathbb{R}$ 是 E 上的连续有界函数, 则 f 是否总在 E 上可积?

b) 认为 E 是若尔当零测度集, 请回答问题 a).

c) 如果 a) 中的函数 f 的积分存在, 则积分值等于多少?

4. 布鲁恩–闵可夫斯基不等式.

对于非空集合 $A, B \subset \mathbb{R}^n$, 引入它们的和 $A + B := \{a + b \mid a \in A, b \in B\}$ (闵可夫斯基向量和). 设 $V(E)$ 表示集合 $E \subset \mathbb{R}^n$ 的体积.

a) 请验证: 如果 A 和 B 是标准的 n 维区间 (平行多面体), 则

$$V^{1/n}(A + B) \geqslant V^{1/n}(A) + V^{1/n}(B).$$

b) 现在请证明: 任意可测紧集 A 和 B 满足上述不等式 (称为布鲁恩–闵可夫斯基不等式).

c) 请证明: 布鲁恩–闵可夫斯基不等式仅在以下三种情况下才化为等式: $V(A+B) = 0$; A 和 B 都是单点集; A 和 B 是位似凸体.

§3. 积分的一般性质

1. 积分是线性泛函

命题 1. a) 有界集 $E \subset \mathbb{R}^n$ 上的黎曼可积函数集 $\mathcal{R}(E)$ 相对于标准的函数加法运算和函数与数的乘法运算是线性空间.

b) 积分是空间 $\mathcal{R}(E)$ 上的线性泛函 $\int_E : \mathcal{R}(E) \to \mathbb{R}$.

◂ 考虑到有限个零测度集的并集也是零测度集, 命题 a) 直接得自函数积分的定义和函数在区间上的积分存在的勒贝格准则.

考虑到积分和的线性性质, 通过极限过程得到积分的线性性质. ▸

附注 1. 我们记得, 积分和在 $\lambda(P) \to 0$ 时的极限与标记点 ξ 的选择无关. 由此可以得到以下结论:

$$(f \in \mathcal{R}(E)) \wedge (\text{在 } E \text{ 上几乎处处 } f(x) = 0) \Rightarrow \left(\int_E f(x)\,dx = 0\right).$$

因此, 如果两个可积函数在集合 E 上几乎处处相等, 则它们在 E 上的积分也相等. 因此, 如果推广线性空间 $\mathcal{R}(E)$, 认为在集合 E 上几乎处处相等的函数组成一个等价函数类, 就得到线性空间 $\widetilde{\mathcal{R}}(E)$, 积分在这个空间中也是线性泛函.

2. 积分的可加性. 虽然我们遇到的总是容许集 $E \subset \mathbb{R}^n$, 但在第 1 小节中也可以不这样假设 (我们就是这样做的). 从现在起将只考虑容许集.

命题 2. 设 E_1, E_2 是 $\mathbb{R}^n$ 中的容许集, 而 f 是定义在 $E_1 \cup E_2$ 上的函数.

a) 以下关系式成立:

$$\left(\exists \int_{E_1 \cup E_2} f(x)\,dx\right) \Leftrightarrow \left(\exists \int_{E_1} f(x)\,dx\right) \wedge \left(\exists \int_{E_2} f(x)\,dx\right) \Rightarrow \exists \int_{E_1 \cap E_2} f(x)\,dx.$$

b) 如果还知道 $\mu(E_1 \cap E_2) = 0$, 则以下等式在积分存在的条件下成立:

$$\int_{E_1 \cup E_2} f(x)\,dx = \int_{E_1} f(x)\,dx + \int_{E_2} f(x)\,dx.$$

◂ 命题 a) 得自容许集上黎曼积分存在的勒贝格准则 (§2 定理 1), 这时只需要回忆, 容许集的并集和交集也是容许集 (§2 引理 2).

为了证明命题 b), 我们首先指出

$$\chi_{E_1 \cup E_2}(x) = \chi_{E_1}(x) + \chi_{E_2}(x) - \chi_{E_1 \cap E_2}(x).$$

因此, 取 $I \supset E_1 \cup E_2$, 则
$$\int_{E_1 \cup E_2} f(x)\,dx = \int_I f\chi_{E_1 \cup E_2}(x)\,dx$$
$$= \int_I f\chi_{E_1}(x)\,dx + \int_I f\chi_{E_2}(x)\,dx - \int_I f\chi_{E_1 \cap E_2}(x)\,dx$$
$$= \int_{E_1} f(x)\,dx + \int_{E_2} f(x)\,dx.$$

其实, 我们从 a) 知道, 积分
$$\int_I f\chi_{E_1 \cap E_2}(x)\,dx = \int_{E_1 \cap E_2} f(x)\,dx$$

存在, 又因为 $\mu(E_1 \cap E_2) = 0$, 所以这个积分等于零 (见附注 1). ▶

3. 积分的估计

a. 一般估计. 我们从积分的一个一般估计开始, 它对于在完备线性赋范空间中取值的函数的积分也成立.

命题 3. 如果 $f \in \mathcal{R}(E)$, 则 $|f| \in \mathcal{R}(E)$, 并且以下不等式成立:
$$\left| \int_E f(x)\,dx \right| \leqslant \int_E |f|(x)\,dx.$$

◀ $|f| \in \mathcal{R}(E)$ 得自集合上的积分的定义和函数在区间上可积的勒贝格准则. 现在, 对相应积分和的不等式取极限, 就得到上述不等式. ▶

b. 非负函数的积分. 下面的命题只与实函数有关.

命题 4. 对于函数 $f: E \to \mathbb{R}$, 以下命题成立:
$$(f \in \mathcal{R}(E)) \wedge (\forall x \in E\ (f(x) \geqslant 0)) \Rightarrow \int_E f(x)\,dx \geqslant 0.$$

◀ 其实, 如果在 E 上 $f(x) \geqslant 0$, 则在 $\mathbb{R}^n$ 中 $f\chi_E(x) \geqslant 0$. 此外, 按照定义,
$$\int_E f(x)\,dx = \int_{I \supset E} f\chi_E(x)\,dx.$$

根据条件, 后一个积分存在, 而它是非负积分和的极限, 所以它是非负的. ▶

从已经证明的命题 4 依次得到以下推论.

推论 1. $(f, g \in \mathcal{R}(E)) \wedge (在 E 上 f \leqslant g) \Rightarrow \left(\int_E f(x)\,dx \leqslant \int_E g(x)\,dx \right)$.

推论 2. 如果 $f \in \mathcal{R}(E)$, 并且不等式 $m \leqslant f(x) \leqslant M$ 在容许集 E 的任何点都成立, 则
$$m\mu(E) \leqslant \int_E f(x)\,dx \leqslant M\mu(E).$$

推论 3. 如果 $f \in \mathcal{R}(E)$, $m = \inf\limits_{x \in E} f(x)$, $M = \sup\limits_{x \in E} f(x)$, 则数 $\theta \in [m, M]$ 存在, 使得
$$\int_E f(x)\,dx = \theta\mu(E).$$

推论 4. 如果 E 是连通的容许集, 函数 $f \in \mathcal{R}(E)$ 连续, 则点 $\xi \in E$ 存在, 使得
$$\int_E f(x)\,dx = f(\xi)\mu(E).$$

推论 5. 如果推论 2 的条件成立, 并且函数 $g \in \mathcal{R}(E)$ 在 E 上是非负的, 则
$$m\int_E g(x)\,dx \leqslant \int_E fg(x)\,dx \leqslant M\int_E g(x)\,dx.$$

最后一个命题是一维积分情况下的积分中值定理的推广, 通常也称为积分中值定理.

◂它得自不等式 $mg(x) \leqslant f(x)g(x) \leqslant Mg(x)$ 和积分的线性性质以及推论 1. 也可以直接证明这个推论, 为此需要把集合 E 上的积分化为相应区间上的积分, 验证积分和不等式, 然后取极限. 因为我们在一维情况下已经详细讨论过所有这些细节, 所以不再赘述. 我们仅仅指出, 从勒贝格准则显然可以推出函数 f 与 g 之积 fg 的可积性. ▸

现在利用上述关系式验证一个有用的引理, 以展示这些关系式的作用.

引理. a) 如果非负函数 $f: I \to \mathbb{R}$ 在区间 I 上的积分等于零, 则在区间 I 上几乎处处 $f(x) = 0$.

b) 如果用任何容许集 (即若尔当可测集) E 代替区间 I, 则命题 a) 仍然成立.

◂根据勒贝格准则, 函数 $f \in \mathcal{R}(I)$ 在区间 I 上几乎处处连续, 所以只要证明在函数 f 的任何连续点 $a \in I$ 有 $f(a) = 0$, 就证明了命题 a).

假设 $f(a) > 0$, 则在点 a 的某个邻域 $U_I(a)$ 中 (可以认为邻域 $U_I(a)$ 是区间) $f(x) \geqslant c > 0$. 因此, 根据已经证明的积分性质,
$$\int_I f(x)\,dx = \int_{U_I(a)} f(x)\,dx + \int_{I \setminus U_I(a)} f(x)\,dx \geqslant \int_{U_I(a)} f(x)\,dx \geqslant c\mu(U_I(a)) > 0.$$

所得矛盾说明命题 a) 成立. 如果对函数 $f\chi_E$ 应用这个结论并考虑到 $\mu(\partial E) = 0$, 就得到命题 b). ▸

附注 2. 从上述引理推出, 如果 E 是 $\mathbb{R}^n$ 中的若尔当可测集, 而 $\widetilde{\mathcal{R}}(E)$ 是附注 1 中的在集合 E 上可积的等价函数类的线性空间 (每个等价函数类中的函数只在勒贝格零测度集上有所不同), 则量 $\|f\| = \int_E |f|(x)\,dx$ 是 $\widetilde{\mathcal{R}}(E)$ 上的范数.

◀ 其实, 现在从等式 $\int_E |f|(x)\,dx = 0$ 可以推出, f 与恒等于零的函数属于同一个等价函数类. ▶

习 题

1. 设 E 是具有非零测度的若尔当可测集, 而 $f: E \to \mathbb{R}$ 是 E 上的连续非负可积函数, 并且 $M = \sup\limits_{x \in E \setminus \partial E} f(x)$. 请证明:

$$\lim_{n \to \infty} \left(\int_E f^n(x)\,dx \right)^{1/n} = M.$$

2. 请证明: 如果 $f, g \in \mathcal{R}(E)$, 则以下不等式成立:

a) 赫尔德不等式

$$\left| \int_E (f \cdot g)(x)\,dx \right| \leqslant \left(\int_E |f|^p(x)\,dx \right)^{1/p} \left(\int_E |g|^q(x)\,dx \right)^{1/q},$$

其中 $p \geqslant 1$, $q \geqslant 1$, 并且 $\dfrac{1}{p} + \dfrac{1}{q} = 1$;

b) 闵可夫斯基不等式

$$\left(\int_E |f + g|^p(x)\,dx \right)^{1/p} \leqslant \left(\int_E |f|^p(x)\,dx \right)^{1/p} + \left(\int_E |g|^p(x)\,dx \right)^{1/p},$$

其中 $p \geqslant 1$.

请证明:

c) 如果 $0 < p < 1$, 则上面的不等式变为反向不等式;

d) 在闵可夫斯基不等式中, 等式成立的充分必要条件是: 数 $\lambda \geqslant 0$ 存在, 使关系式 $f = \lambda g$ 或 $g = \lambda f$ 在 E 上几乎处处成立;

e) 设 $\mu(E) > 0$, 则量 $\|f\|_p = \left(\dfrac{1}{\mu(E)} \int_E |f|^p(x)\,dx \right)^{1/p}$ 关于 $p \in \mathbb{R}$ 是单调的, 并且当 $p \geqslant 1$ 时是空间 $\widetilde{\mathcal{R}}(E)$ 中的范数.

请说明: 赫尔德不等式中的等式在哪些条件下成立?

3. 设 E 是 $\mathbb{R}^n$ 中的若尔当可测集, 并且 $\mu(E) > 0$. 请验证: 如果 $\varphi \in C(E, \mathbb{R})$, 而 $f: \mathbb{R} \to \mathbb{R}$ 是凸函数, 则

$$f\left(\frac{1}{\mu(E)} \int_E \varphi(x)\,dx \right) \leqslant \frac{1}{\mu(E)} \int_E (f \circ \varphi)(x)\,dx.$$

4. a) 请证明: 如果 E 是 $\mathbb{R}^n$ 中的若尔当可测集, 而该集合上的可积函数 $f: E \to \mathbb{R}$ 在它的内点 $a \in E$ 连续, 则

$$\lim_{\delta \to +0} \frac{1}{\mu(U_E^\delta(a))} \int_{U_E^\delta(a)} f(x)\,dx = f(a),$$

其中 $U_E^\delta(a)$ 仍然像通常那样表示点 a 在集合 E 中的 δ 邻域.

b) 请验证: 如果把条件 "a 是 E 的内点" 改为 "$\mu(U_E^\delta(a)) > 0$ 对于任何 $\delta > 0$ 都成立", 则上面的关系式仍然成立.

§4. 重积分化为累次积分

1. 富比尼[①]定理. 到目前为止, 我们讨论了积分的定义、存在条件和一般性质. 这里将证明一个定理, 它与变量代换定理一起是计算重积分的工具.

定理[②]. 设 $X \times Y$ 是 $\mathbb{R}^{m+n}$ 中的区间, 它是区间 $X \subset \mathbb{R}^m$ 与 $Y \subset \mathbb{R}^n$ 的直积. 如果函数 $f: X \times Y \to \mathbb{R}$ 在 $X \times Y$ 上可积, 则以下积分同时存在并且彼此相等:

$$\int_{X \times Y} f(x,y)\,dx\,dy, \quad \int_X dx \int_Y f(x,y)\,dy, \quad \int_Y dy \int_X f(x,y)\,dx.$$

在证明定理以前, 我们先来解释定理表述中的记号的含义.

通过变量 $x \in X, y \in Y$ 写出的积分 $\int_{X \times Y} f(x,y)\,dx\,dy$ 表示函数 f 在区间 $X \times Y$ 上的积分, 这是我们所熟知的.

对于记号 $\int_X dx \int_Y f(x,y)\,dy$, 应当按照以下方式理解: 首先在 $x \in X$ 取固定值时计算区间 Y 上的积分 $F(x) = \int_Y f(x,y)\,dy$, 然后计算所得函数 $F: X \to \mathbb{R}$ 在区间 X 上的积分. 这时, 如果积分 $\int_Y f(x,y)\,dy$ 对于某个值 $x \in X$ 不存在, 就可以让 $F(x)$ 等于介于下积分 $\underline{\mathcal{J}}(x) = \underline{\int_Y} f(x,y)\,dy$ 与上积分 $\overline{\mathcal{J}}(x) = \overline{\int_Y} f(x,y)\,dy$ 之间的任何一个数, 包括下积分与上积分本身在内. 我们将证明 $F \in \mathcal{R}(X)$.

记号 $\int_Y dy \int_X f(x,y)\,dx$ 有类似的含义.

从证明定理的过程中可以看出, 满足 $\underline{\mathcal{J}}(x) \neq \overline{\mathcal{J}}(x)$ 的点 $x \in X$ 的集合是 X 中的 m 维零测度集.

类似地, 使积分 $\int_X f(x,y)\,dx$ 不存在的点 $y \in Y$ 的集合是 Y 中的 n 维零测度集.

我们最后指出, 与当时约定称为重积分的 $m+n$ 维区间 $X \times Y$ 上的积分不同, 这里需要先计算函数 $f(x,y)$ 在 Y 上的积分, 后计算在 X 上的积分, 或者先计算在 X 上的积分, 后计算在 Y 上的积分. 这样的积分通常称为这个函数的累次积分.

如果 X 和 Y 是直线上的区间, 则上述定理在原则上把计算区间 $X \times Y$ 上的二重积分化为先后计算两个一维积分. 显然, 只要多次应用这个定理, 就可以把计算 k 维区间上的积分化为先后计算 k 个一维积分.

[①] 富比尼 (G. Fubini, 1879—1943) 是意大利数学家. 他的主要著作涉及函数论和几何.

[②] 这个定理早在函数论中著名的富比尼定理出现以前就已经得到证明, 它是富比尼定理的特殊情况. 但是, 能够让我们把重积分的计算化为更低维累次积分的定理通常称为富比尼定理型定理, 或者简称为富比尼定理.

如下所述,上述定理的实质非常简单. 考虑把区间 $X \times Y$ 分为区间 $X_i \times Y_j$ 的分割和相应的积分和 $\sum_{i,j} f(x_i, y_j)|X_i| \cdot |Y_j|$. 因为 f 在区间 $X \times Y$ 上的积分存在, 所以可以随意选择标记点 $\xi_{ij} \in X_i \times Y_j$, 于是我们选择 $x_i \in X_i \subset X$ 和 $y_j \in Y_j \subset Y$ 并把它们的"直积"当做标记点, 从而可以写出

$$\sum_{i,j} f(x_i, y_j)|X_i| \cdot |Y_j| = \sum_i |X_i| \sum_j f(x_i, y_j)|Y_j| = \sum_j |Y_j| \sum_i f(x_i, y_j)|X_i|.$$

这正是我们的定理在取极限以前的形式.

现在给出它的正式证明.

◀ 区间 $X \times Y$ 的任何一个分割 P 由区间 X 和 Y 的相应分割 P_X, P_Y 生成. 这时, 分割 P 的每个区间是分割 P_X, P_Y 的相应区间 X_i, Y_j 的直积 $X_i \times Y_j$. 根据区间体积的性质, $|X_i \times Y_j| = |X_i| \cdot |Y_j|$, 其中每个体积是在相应区间所属空间 $\mathbb{R}^{m+n}$, $\mathbb{R}^m, \mathbb{R}^n$ 中计算的.

利用下确界和上确界的性质、下积分和与上积分和的定义以及下积分与上积分的定义, 现在给出以下估计:

$$\begin{aligned}
s(f, P) &= \sum_{i,j} \inf_{\substack{x \in X_i \\ y \in Y_j}} f(x, y)|X_i \times Y_j| \leqslant \sum_i \inf_{x \in X_i} \left(\sum_j \inf_{y \in Y_j} f(x, y)|Y_j| \right) |X_i| \\
&\leqslant \sum_i \inf_{x \in X_i} \left(\underline{\int}_Y f(x, y)\, dy \right) |X_i| \leqslant \sum_i \inf_{x \in X_i} F(x)|X_i| \\
&\leqslant \sum_i \sup_{x \in X_i} F(x)|X_i| \leqslant \sum_i \sup_{x \in X_i} \left(\overline{\int}_Y f(x, y)\, dy \right) |X_i| \\
&\leqslant \sum_i \sup_{x \in X_i} \left(\sum_j \sup_{y \in Y_j} f(x, y)|Y_j| \right) |X_i| \\
&\leqslant \sum_{i,j} \sup_{\substack{x \in X_i \\ y \in Y_j}} f(x, y)|X_i \times Y_j| = S(f, P).
\end{aligned}$$

因为 $f \in \mathcal{R}(X \times Y)$, 所以当 $\lambda(P) \to 0$ 时, 这些不等式两端的项趋于函数 f 在区间 $X \times Y$ 上的积分值. 这个结果使我们能够从上述估计中得到 $F \in \mathcal{R}(X)$, 并且以下等式成立:

$$\int_{X \times Y} f(x, y)\, dx\, dy = \int_X F(x)\, dx.$$

我们证明了累次积分中先在 Y 上积分后在 X 上积分的情况. 显然, 可以类似地讨论先在 X 上积分后在 Y 上积分的情况. ▶

2. 一些推论

推论 1. 如果 $f \in \mathcal{R}(X \times Y)$, 则 (在勒贝格意义下) 对于几乎所有的值 $x \in X$, 积分 $\int_Y f(x,y)\,dy$ 存在; 对于几乎所有的值 $y \in Y$, 积分 $\int_X f(x,y)\,dx$ 存在.

◀ 根据上述定理,
$$\int_X \left(\overline{\int}_Y f(x,y)\,dy - \underline{\int}_Y f(x,y)\,dy \right) dx = 0.$$

但是, 括号中的上积分与下积分之差是非负的. 根据 §3 中的引理可以推出, 这个差在几乎所有的点 $x \in X$ 等于零.

于是, 根据达布准则 (§1 定理 3), 对于几乎所有的值 $x \in X$, 积分 $\int_Y f(x,y)\,dy$ 存在.

可以类似地证明上述推论的第二部分. ▶

推论 2. 如果区间 $I \subset \mathbb{R}^n$ 是闭区间 $I_i = [a^i, b^i]$ $(i = 1, \cdots, n)$ 的直积, 则
$$\int_I f(x)\,dx = \int_{a^n}^{b^n} dx^n \int_{a^{n-1}}^{b^{n-1}} dx^{n-1} \cdots \int_{a^1}^{b^1} f(x^1, x^2, \cdots, x^n)\,dx^1.$$

◀ 重复利用上述定理, 显然可以得到这个公式. 对右边所有内部积分的理解都与定理中的情况一样. 例如, 处处都可以加入上积分号或下积分号. ▶

例 1. 设 $f(x,y,z) = z\sin(x+y)$, 求这个函数在区间 $I \subset \mathbb{R}^3$ 上的限制的积分, 其中 I 由关系式 $0 \leqslant x \leqslant \pi$, $|y| \leqslant \pi/2$, $0 \leqslant z \leqslant 1$ 确定.

根据推论 2,
$$\iiint_I f(x,y,z)\,dx\,dy\,dz = \int_0^1 dz \int_{-\pi/2}^{\pi/2} dy \int_0^\pi z\sin(x+y)\,dx$$
$$= \int_0^1 dz \int_{-\pi/2}^{\pi/2} \left(-z\cos(x+y)\big|_{x=0}^\pi \right) dy$$
$$= \int_0^1 dz \int_{-\pi/2}^{\pi/2} 2z\cos y\,dy$$
$$= \int_0^1 \left(2z\sin y\big|_{y=-\pi/2}^{\pi/2} \right) dz = \int_0^1 4z\,dz = 2.$$

可以用上述定理计算相当一般的集合上的积分.

推论 3. 设 D 是 $\mathbb{R}^{n-1}$ 中的有界集, 而
$$E = \{(x,y) \in \mathbb{R}^n \mid (x \in D) \wedge (\varphi_1(x) \leqslant y \leqslant \varphi_2(x))\}.$$

如果 $f \in \mathcal{R}(E)$, 则
$$\int_E f(x,y)\,dx\,dy = \int_D dx \int_{\varphi_1(x)}^{\varphi_2(x)} f(x,y)\,dy. \tag{1}$$

◀ 当 $x \in D$ 时, 设 $E_x = \{(x,y) \in \mathbb{R}^n \mid \varphi_1(x) \leqslant y \leqslant \varphi_2(x)\}$, 而当 $x \notin D$ 时, 设 $E_x = \varnothing$. 我们指出, $\chi_E(x,y) = \chi_D(x) \cdot \chi_{E_x}(y)$. 回忆集合上的积分的定义并利用富比尼定理, 我们得到

$$\int_E f(x,y)\,dx\,dy = \int_{I \supset E} f\chi_E(x,y)\,dx\,dy = \int_{I_x \supset D} dx \int_{I_y \supset E_x} f\chi_E(x,y)\,dy$$
$$= \int_{I_x} \left(\int_{I_y} f(x,y) \chi_{E_x}(y)\,dy \right) \chi_D(x)\,dx$$
$$= \int_{I_x} \left(\int_{\varphi_1(x)}^{\varphi_2(x)} f(x,y)\,dy \right) \chi_D(x)\,dx = \int_D \left(\int_{\varphi_1(x)}^{\varphi_2(x)} f(x,y)\,dy \right) dx.$$

这里内部的积分也可能在由点 $x \in D$ 组成的某个勒贝格零测度集上不存在, 这时它的含义与上述富比尼定理中的情况一样. ▶

附注. 在推论 3 的条件下, 如果集合 D 是若尔当可测集, 而函数 $\varphi_i : D \to \mathbb{R}$ ($i = 1, 2$) 连续、有界, 则集合 $E \subset \mathbb{R}^n$ 是若尔当可测集.

◀ 集合 E 的边界 ∂E 由两个连续函数 $\varphi_i : D \to \mathbb{R}$ ($i = 1, 2$) 的图像 (根据 §1 例 2, 它们是零测度集[①]) 以及集合 $D \subset \mathbb{R}^{n-1}$ 的边界 ∂D 与长度为 l 的充分长一维闭区间的直积的一部分 Z 组成. 按照条件, 可以用一组 $n-1$ 维区间覆盖 ∂D, 并且这些区间的 $n-1$ 维体积之和小于 ε/l. 这些区间与 (长度为 l 的) 所选闭区间的直积给出了集合 Z 的覆盖, 并且组成该覆盖的区间的体积之和小于 ε. ▶

根据这个附注可以说, 函数 $f : E \to 1 \in \mathbb{R}$ 在这种结构的可测集上 (与在任何可测集 E 上一样) 是可积的. 根据推论 3 和可测集的测度的定义, 现在可以得到以下推论.

推论 4. 在推论 3 的条件下, 如果集合 D 是若尔当可测集, 而函数 $\varphi_i : D \to \mathbb{R}$ ($i = 1, 2$) 连续且有界, 则集合 E 是可测集, 它的体积可以用以下公式计算:

$$\mu(E) = \int_D (\varphi_2(x) - \varphi_1(x))\,dx. \tag{2}$$

例 2. 对于圆 $E = \{(x,y) \in \mathbb{R}^2 \mid x^2 + y^2 \leqslant r^2\}$, 我们用这个公式得到
$$\mu(E) = \int_{-r}^{r} \left(\sqrt{r^2 - y^2} - \left(-\sqrt{r^2 - y^2} \right) \right) dy = 2\int_{-r}^{r} \sqrt{r^2 - y^2}\,dy$$
$$= 4\int_0^r \sqrt{r^2 - y^2}\,dy = 4\int_0^{\pi/2} r\cos\varphi\,d(r\sin\varphi) = 4r^2 \int_0^{\pi/2} \cos^2\varphi\,d\varphi = \pi r^2.$$

[①] 该结论成立, 但不能直接利用例 2, 因为这里的 D 是若尔当可测集而不是闭区间. ——译者

推论 5. 设 E 是区间 $I \subset \mathbb{R}^n$ 中的可测集. 如果把 I 表示为 $n-1$ 维区间 I_x 与闭区间 I_y 的直积 $I = I_x \times I_y$ 的形式, 则对于几乎所有的值 $y_0 \in I_y$, 集合 E 被 $n-1$ 维超平面 $y = y_0$ 截出的截面 $E_{y_0} = \{(x,y) \in E \mid y = y_0\}$ 是这个超平面的可测子集, 并且

$$\mu(E) = \int_{I_y} \mu(E_y)\, dy, \tag{3}$$

其中 $\mu(E_y)$ 在 E_y 是可测集时是集合 E_y 的 $n-1$ 维测度, 而在 E_y 是不可测集时是介于数 $\underline{\int}_{E_y} 1 \cdot dx$ 与 $\overline{\int}_{E_y} 1 \cdot dx$ 之间的任何一个数.

◀ 只要在上述定理和推论 1 中取 $f = \chi_E$ 并利用 $\chi_E(x,y) = \chi_{E_y}(x)$, 直接就得到推论 5. ▶

特别地, 由此得到以下推论.

推论 6 (卡瓦列里[①]原理[②]). 设 A 和 B 是空间 $\mathbb{R}^3$ 中的两个有体积 (即若尔当可测) 的物体. 设 $A_c = \{(x,y,z) \in A \mid z = c\}$ 和 $B_c = \{(x,y,z) \in B \mid z = c\}$ 是物体 A 和 B 分别被平面 $z = c$ 截出的截面. 如果对于每个 $c \in \mathbb{R}$, 集合 A_c, B_c 都可测集并且有相同的面积, 则物体 A 和 B 有相同的体积.

显然, 可以在任何维空间 $\mathbb{R}^n$ 中表述卡瓦列里原理.

例 3. 利用公式 (3) 计算欧氏空间 $\mathbb{R}^n$ 中半径为 r 的球 $B = \{x \in \mathbb{R}^n \mid |x| \leqslant r\}$ 的体积 V_n.

显然, $V_1 = 2r$. 在例 2 中, 我们求出 $V_2 = \pi r^2$. 我们来证明 $V_n = c_n r^n$, 其中 c_n 是常数 (我们将在下面计算). 取球的直径 $[-r, r]$. 对于每个点 $x \in [-r, r]$, 考虑球 B 被垂直于所取直径的超平面截出的截面 B_x. 因为 B_x 是 $n-1$ 维球, 其半径根据毕达哥拉斯定理等于 $\sqrt{r^2 - x^2}$, 所以利用归纳法和公式 (3) 可以写出

$$V_n = \int_{-r}^{r} c_{n-1}(r^2 - x^2)^{(n-1)/2} dx = \left(c_{n-1} \int_{-\pi/2}^{\pi/2} \cos^n \varphi\, d\varphi \right) r^n$$

(可以看出, 在导出后一个等式时完成了代换 $x = r \sin\varphi$).

于是, 我们证明了 $V_n = c_n r^n$, 并且

$$c_n = c_{n-1} \int_{-\pi/2}^{\pi/2} \cos^n \varphi\, d\varphi. \tag{4}$$

[①] 卡瓦列里 (B. Cavalieri, 1598–1647) 是意大利数学家, 是确定面积和体积的被称为不可分量方法的作者.

[②] 即祖暅原理. ——译者

现在求常数 c_n 的显式表达式. 我们指出, 当 $m \geqslant 2$ 时,

$$I_m = \int_{-\pi/2}^{\pi/2} \cos^m \varphi \, d\varphi = \int_{-\pi/2}^{\pi/2} \cos^{m-2} \varphi (1 - \sin^2 \varphi) \, d\varphi$$
$$= I_{m-2} + \frac{1}{m-1} \int_{-\pi/2}^{\pi/2} \sin \varphi \, d\cos^{m-1} \varphi = I_{m-2} - \frac{1}{m-1} I_m,$$

即以下递推关系式成立:

$$I_m = \frac{m-1}{m} I_{m-2}. \tag{5}$$

特别地, $I_2 = \pi/2$. 从量 I_m 的定义直接看出 $I_1 = 2$. 考虑到 I_1 和 I_2 的这些值, 从递推公式 (5) 求出

$$I_{2k+1} = \frac{2(2k)!!}{(2k+1)!!}, \quad I_{2k} = \frac{(2k-1)!!}{(2k)!!} \pi. \tag{6}$$

回到公式 (4), 现在得到

$$c_{2k+1} = c_{2k} \frac{2(2k)!!}{(2k+1)!!} = c_{2k-1} \frac{2(2k)!!}{(2k+1)!!} \cdot \frac{(2k-1)!!}{(2k)!!} \pi = \cdots = c_1 \frac{(2\pi)^k}{(2k+1)!!},$$
$$c_{2k} = c_{2k-1} \frac{(2k-1)!!}{(2k)!!} \pi = c_{2k-2} \frac{(2k-1)!!}{(2k)!!} \pi \cdot \frac{2(2k-2)!!}{(2k-1)!!} = \cdots = c_2 \frac{2(2\pi)^{k-1}}{(2k)!!}.$$

但是, 如上所见, $c_1 = 2$, $c_2 = \pi$, 所以最终得到所求体积 V_n 的公式

$$V_{2k+1} = \frac{2(2\pi)^k}{(2k+1)!!} r^{2k+1}, \quad V_{2k} = \frac{(2\pi)^k}{(2k)!!} r^{2k}, \tag{7}$$

其中 $k \in \mathbb{N}$, 并且这里的第一个公式在 $k = 0$ 时也成立.

习 题

1. a) 请构造正方形 $I \subset \mathbb{R}^2$ 的一个子集, 使它与任何竖直线和任何水平线的交点不超过一个, 并且它的闭包与 I 相同.

b) 请构造函数 $f : I \to \mathbb{R}$, 使富比尼定理中的两个累次积分存在并且相等, 但 $f \notin \mathcal{R}(I)$.

c) 在富比尼定理中, 函数 $F(x)$ 的值满足条件 $\underline{\mathcal{J}}(x) \leqslant F(x) \leqslant \overline{\mathcal{J}}(x)$. 请举例说明, 如果在满足 $\underline{\mathcal{J}}(x) < \overline{\mathcal{J}}(x)$ 的点简单地让函数 $F(x)$ 等于 0, 则 $F(x)$ 可能成为不可积的. (例如, 考虑 $\mathbb{R}^2$ 中的函数 $f(x, y)$, 它在非有理点 $(x, y) \in \mathbb{R}^2$ 等于 1, 在有理点 $(p/q, m/n)$ 等于 $1 - 1/q$, 这里的两个分数 p/q, m/n 是不可约的.)

2. a) 请考虑公式 (3) 并证明: 即使有界集 E 被一族平行的超平面截出的截面都是可测的, 这也不表示 E 是可测的.

b) 假设除了 a) 的条件, 还知道公式 (3) 中的函数 $\mu(E_y)$ 在闭区间 I_y 上可积, 则由此是否可以推出 E 是可测集?

3. 请利用富比尼定理和正函数的积分恒为正的性质, 在混合偏导数 $\dfrac{\partial^2 f}{\partial x \, \partial y}$, $\dfrac{\partial^2 f}{\partial y \, \partial x}$ 是连续函数的假设下给出混合偏导数相等的简单证明.

4. 设 $f: I_{a,b} \to \mathbb{R}$ 是定义在区间 $I_{a,b} = \{x \in \mathbb{R}^n \mid a^i \leqslant x^i \leqslant b^i, \ i = 1, \cdots, n\}$ 上的连续函数, 而函数 $F: I_{a,b} \to \mathbb{R}$ 由等式 $F(x) = \displaystyle\int_{I_{a,x}} f(t)\,dt$ 定义, 其中 $I_{a,x} \subset I_{a,b}$. 请求出这个函数对变量 $x^1, \cdots, x^n$ 的偏导数.

5. 假设定义在矩形 $I = [a,b] \times [c,d] \subset \mathbb{R}^2$ 上的连续函数 $f(x,y)$ 在 I 中有连续偏导数 $\dfrac{\partial f}{\partial y}$.

a) 设 $F(y) = \displaystyle\int_a^b f(x,y)\,dx$. 请利用等式 $F(y) = \displaystyle\int_a^b \left(\int_c^y \dfrac{\partial f}{\partial t}(x,t)\,dt + f(x,c) \right) dx$ 验证莱布尼茨法则 $F'(y) = \displaystyle\int_a^b \dfrac{\partial f}{\partial y}(x,y)\,dx$.

b) 设 $G(x,y) = \displaystyle\int_a^x f(t,y)\,dt$, 请求出 $\dfrac{\partial G}{\partial x}$ 和 $\dfrac{\partial G}{\partial y}$.

c) 设 $H(y) = \displaystyle\int_a^{h(y)} f(x,y)\,dx$, 其中 $h \in C^{(1)}[a,b]$, 请求出 $H'(y)$.

6. 考虑积分序列
$$F_0(x) = \int_0^x f(y)\,dy, \quad F_n(x) = \int_0^x \frac{(x-y)^n}{n!} f(y)\,dy, \quad n \in \mathbb{N},$$
其中 $f \in C(\mathbb{R}, \mathbb{R})$.

a) 请验证: $F_n'(x) = F_{n-1}(x)$; 当 $k \leqslant n$ 时 $F_n^{(k)}(0) = 0$; $F_n^{(n+1)}(x) = f(x)$.

b) 请证明: $\displaystyle\int_0^x dx_0 \int_0^{x_0} dx_1 \cdots \int_0^{x_{n-1}} f(x_n)\,dx_n = \frac{1}{n!} \int_0^x (x-y)^n f(y)\,dy$.

7. a) 设 $f: E \to \mathbb{R}$ 是定义在集合 $E = \{(x,y) \in \mathbb{R}^2 \mid 0 \leqslant x \leqslant 1 \wedge 0 \leqslant y \leqslant x\}$ 上的连续函数. 请证明: $\displaystyle\int_0^1 dx \int_0^x f(x,y)\,dy = \int_0^1 dy \int_y^1 f(x,y)\,dx$.

b) 请以累次积分 $\displaystyle\int_0^{2\pi} dx \int_0^{\sin x} 1 \cdot dy$ 为例说明, 为什么并非每一个累次积分都能根据富比尼定理化为二重积分?

§5. 重积分中的变量代换

1. 问题的提出和变量代换公式的启发式推导. 在研究一维情况的积分时, 我们曾经得到一个重要的积分变量代换公式. 现在, 我们的任务是找出一般情况下的变量代换公式. 我们先准确地提出问题.

设 D_x 是 $\mathbb{R}^n$ 中的集合, f 是 D_x 上的可积函数, $\varphi: D_t \to D_x$ 是集合 $D_t \subset \mathbb{R}^n$ 到 D_x 上的映射 $t \mapsto \varphi(t)$. 我们提出以下问题: 如果已知 f 和 φ, 则为了把 D_x 上的积分化为 D_t 上的积分, 即为了使等式
$$\int_{D_x} f(x)\,dx = \int_{D_t} \psi(t)\,dt$$
成立, 应当按照怎样的法则求 D_t 中的函数 ψ?

首先假设 D_t 是区间 $I \subset \mathbb{R}^n$, 而 $\varphi: I \to D_x$ 是这个区间到 D_x 上的微分同胚映射. 对于把区间 I 分为区间 $I_1, I_2, \cdots, I_k$ 的任何分割 P, 与之相应的是 D_x 被分解

为集合 $\varphi(I_i)$, $i = 1, \cdots, k$. 如果所有这些集合都是可测的, 并且任何两个集合的交集只是零测度集, 则根据积分的可加性,

$$\int_{D_x} f(x)\,dx = \sum_{i=1}^{k} \int_{\varphi(I_i)} f(x)\,dx. \tag{1}$$

如果 f 在 D_x 上连续, 则根据中值定理,

$$\int_{\varphi(I_i)} f(x)\,dx = f(\xi_i)\mu(\varphi(I_i)),$$

其中 $\xi_i \in \varphi(I_i)$. 因为 $f(\xi_i) = f(\varphi(\tau_i))$, 其中 $\tau_i = \varphi^{-1}(\xi_i)$, 所以我们剩下的任务是把 $\mu(\varphi(I_i))$ 与 $\mu(I_i)$ 联系起来.

假如 φ 是线性变换, 则 $\varphi(I_i)$ 是平行多面体. 从解析几何与代数可知, 它的体积等于 $|\det \varphi'| \mu(I_i)$. 而微分同胚在局部几乎是线性映射, 所以如果区间 I_i 充分小, 就可以认为 $\mu(\varphi(I_i)) \approx |\det\varphi'(\tau_i)|\,|I_i|$, 并且相对误差很小 (可以证明, 只要适当选取点 $\tau_i \in I_i$, 等式甚至也能精确地成立). 因此,

$$\sum_{i=1}^{k} \int_{\varphi(I_i)} f(x)\,dx \approx \sum_{i=1}^{k} f(\varphi(\tau_i))|\det \varphi'(\tau_i)|\,|I_i|. \tag{2}$$

但是, 这个近似等式的右边是函数 $f(\varphi(t))|\det \varphi'(t)|$ 在区间 I 上由标记分割 P 给出的积分和, 标记点为 τ. 当 $\lambda(P) \to 0$ 时取极限, 从 (1) 和 (2) 得到

$$\int_{D_x} f(x)\,dx = \int_{D_t} f(\varphi(t))|\det \varphi'(t)|\,dt.$$

这就是所求的公式和相应的解释, 并且可以按照上述途径严格地证明这个公式 (值得一试). 但是, 为了接触到一些全新的有用的一般数学方法和结果, 同时回避一些纯技术性的工作, 我们在下面的证明中将适当偏离上述途径.

转而讨论精确的表述. 我们回忆一个定义.

定义 1. 设在区域 $D \subset \mathbb{R}^n$ 中给定函数 $f: D \to \mathbb{R}$, 则区域 D 中满足 $f(x) \neq 0$ 的点的集合在 D 中的闭包称为函数 f 的**支撑集**.

我们在这一节中考虑可积函数 $f: D_x \to \mathbb{R}$ 在区域 D_x 的边界附近等于零的情况, 更准确地说, 考虑函数 f 的支撑集 (用 $\mathrm{supp}\,f$ 表示) 是 D_x 中的紧集[①] K 的情况. 如果 f 在 D_x 上的积分和它在 K 上的积分都存在, 则它们显然相等, 因为函数在 K 以外 D_x 以内等于零. 从映射的观点来看, 条件 $\mathrm{supp}\,f = K \subset D_x$ 等价于代换 $x = \varphi(t)$ 不仅在集合 K 中有效 (其实正是应当考虑这个集合上的积分), 而且在这个集合的某个邻域 D_x 中有效.

现在表述我们打算证明的定理.

[①] 这样的函数通常称为上述区域中的有限函数.

定理 1. 如果 $\varphi : D_t \to D_x$ 是有界开集 $D_t \subset \mathbb{R}^n$ 到有界开集 $D_x = \varphi(D_t) \subset \mathbb{R}^n$ 的微分同胚, $f \in \mathcal{R}(D_x)$, 并且 $\operatorname{supp} f$ 是 D_x 中的紧集, 则 $f \circ \varphi |\det \varphi'| \in \mathcal{R}(D_t)$, 并且以下公式成立:

$$\boxed{\int_{D_x = \varphi(D_t)} f(x)\, dx = \int_{D_t} f \circ \varphi(t) |\det \varphi'(t)|\, dt.} \tag{3}$$

2. 可测集和光滑映射

引理 1. 设 $\varphi : D_t \to D_x$ 是开集 $D_t \subset \mathbb{R}^n$ 到开集 $D_x \subset \mathbb{R}^n$ 的微分同胚, 则以下命题成立:

a) 如果 $E_t \subset D_t$ 是 (勒贝格) 零测度集, 则它的像 $\varphi(E_t) \subset D_x$ 也是零测度集.

b) 如果集合 E_t 和它的闭包 $\overline{E}_t$ 都包含在 D_t 中, 并且 E_t (在若尔当测度的意义下) 具有零体积, 则它的像 $\varphi(E_t) = E_x$ 及其闭包 $\overline{E}_x$ 都包含在 D_x 中, 并且 E_x 也具有零体积.

c) 如果 (若尔当) 可测集 E_t 和它的闭包 $\overline{E}_t$ 都包含在区域 D_t 中, 则它的像 $E_x = \varphi(E_t)$ 是可测集, 并且 $\overline{E}_x \subset D_x$.

◀ 我们首先指出, 空间 $\mathbb{R}^n$ 的任何开子集 D 都可以表示为可数个闭区间的并集 (这些闭区间两两没有公共内点). 为此, 例如, 可以把坐标轴分为长度为 Δ 的区间, 并考虑空间 $\mathbb{R}^n$ 的由棱长为 Δ 的小立方体组成的相应分割. 固定 $\Delta = 1$, 取这个分割中包含于 D 的全部小立方体, 并用 F_1 表示它们的并集. 然后取 $\Delta = 1/2$, 在 F_1 中补充新的分割中包含于 $D \setminus F_1$ 的全部小立方体, 从而得到集合 F_2, 等等. 继续这样的过程, 我们将得到集合序列 $F_1 \subset F_2 \subset \cdots \subset F_n \subset \cdots$, 其中每个集合均由有限个或可数个没有公共内点的区间组成. 从构造过程可见, $\bigcup F_n = D$.

因为至多可数个零测度集的并集是零测度集, 所以只需要对闭区间 $I \subset D_t$ 中的集合 E_t 验证命题 a).

因为 $\varphi \in C^{(1)}(I)$ (即 $\varphi' \in C(I)$), 所以常数 M 存在, 使得在 I 上 $\|\varphi'(t)\| \leqslant M$. 根据有限增量定理, 对于任何两个点 $t_1, t_2 \in I$ 和它们的像 $x_1 = \varphi(t_1)$, $x_2 = \varphi(t_2)$, 以下关系式成立:
$$|x_2 - x_1| \leqslant M |t_2 - t_1|.$$

现在设 $\{I_i\}$ 是覆盖集合 E_t 的一组区间, 并且 $\sum_i |I_i| < \varepsilon$. 不失一般性, 可以认为 $I_i = I_i \cap I \subset I$.

由集合 $\varphi(I_i)$ 构成的一组集合 $\{\varphi(I_i)\}$ 显然覆盖集合 $E_x = \varphi(E_t)$. 如果 t_i 是区间 I_i 的中心, 则根据距离在映射 φ 下的可能变化的上述估计, 可以用以 $x_i = \varphi(t_i)$ 为中心的区间 $\widetilde{I}_i$ 覆盖整个集合 $\varphi(I_i)$, 该区间的线元长度是区间 I_i 的相应线元长度的 M 倍. 因为 $|\widetilde{I}_i| = M^n |I_i|$, 而 $\varphi(E_t) \subset \bigcup_i \widetilde{I}_i$, 所以我们得到, 用体积之和小于 $M^n \varepsilon$ 的一组区间可以覆盖集合 $\varphi(E_t) = E_x$. 这就证明了引理的主要命题 a).

从命题 a) 可以推出 b). 如果考虑到 $\overline{E}_t$ 是勒贝格零测度集, 则根据上面已经证明的结果, $\overline{E}_x = \varphi(\overline{E}_t)$ 也是勒贝格零测度集, 又因为 $\overline{E}_t$ 是紧集, 所以 $\overline{E}_x$ 也是紧集. 根据 §1 引理 3, 任何具有勒贝格零测度的紧集都具有零体积.

最后, 从命题 b) 直接可以得到 c), 为此需要回忆可测集的定义, 并注意到微分同胚把集合 E_t 的内点变为它的像 $E_x = \varphi(E_t)$ 的内点, 从而 $\partial E_x = \varphi(\partial E_t)$. ▶

推论. 在定理的条件下, 公式 (3) 右边的积分存在.

◀ 因为在 D_t 中 $|\det \varphi'(t)| \neq 0$, 所以

$$\operatorname{supp} f \circ \varphi \cdot |\det \varphi'| = \operatorname{supp} f \circ \varphi = \varphi^{-1}(\operatorname{supp} f)$$

是 D_t 中的紧集. 因此, 函数 $f \circ \varphi \cdot |\det \varphi'|\chi_{D_t}$ 在 $\mathbb{R}^n$ 中的间断点是函数 f 在 D_x 中的间断点的原像, 而与函数 χ_{D_t} 毫无关系. 但是, $f \in \mathcal{R}(D_x)$, 所以函数 f 在 D_x 中的间断点集 E_x 是勒贝格零测度集. 于是, 根据上述引理的命题 a), 集合 $E_t = \varphi^{-1}(E_x)$ 具有零测度. 从勒贝格准则现在可以推出, 函数 $f \circ \varphi |\det \varphi'|\chi_{D_t}$ 在任何区间 $I_t \supset D_t$ 上可积. ▶

3. 一维情况

引理 2. a) 如果 $\varphi : I_t \to I_x$ 是从区间 $I_t \subset \mathbb{R}^1$ 到区间 $I_x \subset \mathbb{R}^1$ 上的微分同胚, 而 $f \in \mathcal{R}(I_x)$, 则 $f \circ \varphi \cdot |\varphi'| \in \mathcal{R}(I_t)$, 并且

$$\int_{I_x} f(x)\,dx = \int_{I_t} (f \circ \varphi \cdot |\varphi'|)(t)\,dt. \tag{4}$$

b) 公式 (3) 在 $\mathbb{R}^1$ 中成立.

◀ 虽然我们在本质上已经知道引理 2 的命题 a), 这里仍然给出一个简短的独立于第一卷论述的证明. 新的证明将利用现在已经被我们掌握的关于积分存在性的勒贝格准则.

因为 $f \in \mathcal{R}(I_x)$, 而 $\varphi : I_t \to I_x$ 是微分同胚, 所以函数 $f \circ \varphi |\varphi'|$ 在 I_t 上有界. 只有函数 f 在 I_x 上的间断点的原像才可能是这个函数的间断点. 按照勒贝格准则, 前者构成零测度集. 我们在证明引理 1 时看到, 这个集合在微分同胚 $\varphi^{-1} : I_x \to I_t$ 下的像具有零测度, 所以 $f \circ \varphi \cdot |\varphi'| \in \mathcal{R}(I_t)$.

设 P_x 是区间 I_x 的分割, 它在映射 φ^{-1} 下给出区间 I_t 的分割 P_t, 并且从映射 φ 和 φ^{-1} 的一致连续性可知 $\lambda(P_x) \to 0 \Leftrightarrow \lambda(P_t) \to 0$. 对于带有标记点 $\xi_i = \varphi(\tau_i)$ 的分割 P_x, P_t, 写出积分和:

$$\sum_i f(\xi_i)|x_i - x_{i-1}| = \sum_i f \circ \varphi(\tau_i)|\varphi(t_i) - \varphi(t_{i-1})| = \sum_i f \circ \varphi(\tau_i)|\varphi'(\tau_i)||t_i - t_{i-1}|,$$

并且可以认为, 恰好选择点 $\xi_i = \varphi(\tau_i)$, 其中 τ_i 是对差 $\varphi(t_i) - \varphi(t_{i-1})$ 应用拉格朗日定理所得到的点.

§5. 重积分中的变量代换

因为关系式 (4) 中的两个积分存在, 所以可以任意选择积分和中的标记点而不影响极限值. 因此, 在 $\lambda(P_x) \to 0$ ($\lambda(P_t) \to 0$) 时对上面写出的积分和等式取极限, 就得到积分等式 (4).

引理 2 的命题 b) 得自已经被证明的等式 (4). 我们首先指出, 在一维情况下 $|\det \varphi'| = |\varphi'|$. 其次, 容易用 D_x 中的一组两两没有公共内点的有限个区间覆盖紧集 $\operatorname{supp} f$. 于是, f 在集合 D_x 上的积分等于 f 在这些区间上的积分之和, 而 $f \circ \varphi |\varphi'|$ 在 D_t 上的积分等于这些区间的原像 (也是区间) 上的积分之和. 对映射 φ 下的每一对互相对应的区间应用等式 (4) 并相加, 就得到公式 (3). ▶

附注 1. 我们以前证明的一元积分中的变量代换公式具有以下形式:
$$\int_{\varphi(\alpha)}^{\varphi(\beta)} f(x)\, dx = \int_{\alpha}^{\beta} (f \circ \varphi \cdot \varphi')(t)\, dt, \tag{5}$$

其中 φ 是区间 $[\alpha, \beta]$ 到以 $\varphi(\alpha)$ 和 $\varphi(\beta)$ 为端点的区间上的任何光滑映射. 在公式 (5) 中出现导数本身, 而不是导数的模 $|\varphi'|$, 这与在公式 (5) 的左边可能出现 $\varphi(\beta) < \varphi(\alpha)$ 的情况有关.

但是, 如果注意到关系式
$$\int_I f(x)\, dx = \begin{cases} \int_a^b f(x)\, dx, & a \leqslant b, \\ -\int_a^b f(x)\, dx, & a > b, \end{cases}$$

其中 I 是以 a 和 b 为端点的区间, 则当 φ 是微分同胚时, 公式 (4) 和 (5) 显然只在表面上不同而在实质上相同.

附注 2. 饶有趣味指出的是 (我们一定会用到这个结果), 如果 $\varphi : I_t \to I_x$ 是区间上的微分同胚, 则对于实函数的上积分与下积分, 以下公式总是成立:
$$\overline{\int}_{I_x} f(x)\, dx = \overline{\int}_{I_t} (f \circ \varphi \cdot |\varphi'|)(t)\, dt,$$
$$\underline{\int}_{I_x} f(x)\, dx = \underline{\int}_{I_t} (f \circ \varphi \cdot |\varphi'|)(t)\, dt.$$

因此, 在一维情况下可以认为, 我们已经证明了以下结果: 如果把公式 (3) 中的积分理解为达布上积分或达布下积分, 则这个公式对于任何有界函数 f 仍然成立.

◀ 我们设[1]常数 M 为 $|f|$ 的一个上界.

---

[1] 在以下证明中对不等式的推导做了一个很自然的改进, 以便修正原证明中的一处错误. ——译者

仍然像证明引理 2 的命题 a) 那样分别取区间 I_x 和 I_t 的分割 P_x 和 P_t, 它们在映射 φ 下彼此对应, 再写出以下估计:

$$\begin{aligned}\sum_i \sup_{x\in\Delta x_i} f(x)|x_i-x_{i-1}| &= \sum_i \sup_{t\in\Delta t_i} f(\varphi(t))|\varphi'(\xi_i)||t_i-t_{i-1}|\\ &= \sum_i \sup_{t\in\Delta t_i}\bigl(f(\varphi(t))|\varphi'(t)|+f(\varphi(t))(|\varphi'(\xi_i)|-|\varphi'(t)|)\bigr)|\Delta t_i|\\ &\leqslant \sum_i \sup_{t\in\Delta t_i}\bigl(f(\varphi(t))|\varphi'(t)|\bigr)|\Delta t_i|+\sum_i M\varepsilon|\Delta t_i|\\ &= \sum_i \sup_{t\in\Delta t_i}\bigl(f(\varphi(t))|\varphi'(t)|\bigr)|\Delta t_i|+M|I_t|\varepsilon,\end{aligned}$$

其中 $\xi_i\in\Delta t_i$ 是对差 $\varphi(t_i)-\varphi(t_{i-1})$ 应用拉格朗日定理所得到的点, ε 是导数 φ' 在分割 P_t 的各个区间上的最大振幅. 考虑到导数 φ' 的一致连续性, 当 $\lambda(P_t)\to 0$ 时, 由此得到

$$\overline{\int}_{I_x} f(x)\,dx \leqslant \overline{\int}_{I_t}(f\circ\varphi|\varphi'|)(t)\,dt.$$

把以上不等式用于映射 φ^{-1} 和函数 $f\circ\varphi|\varphi'|$, 就得到相反的不等式, 从而证明了附注 2 中的第一个等式. 可以类似地验证第二个等式. ▶

在实函数 f 的情况下, 从已经被证明的这些等式当然可以重新得到引理 2 的命题 a).

4. $\mathbb{R}^n$ 中最简微分同胚的情况. 设 $\varphi:D_t\to D_x$ 是区域 $D_t\subset\mathbb{R}^n_t$ 到区域 $D_x\subset\mathbb{R}^n_x$ 上的微分同胚, $(t^1,\cdots,t^n)$, $(x^1,\cdots,x^n)$ 分别是点 $t\in\mathbb{R}^n_t$ 和 $x\in\mathbb{R}^n_x$ 的坐标. 我们回忆一个定义.

定义 2. 微分同胚 $\varphi:D_t\to D_x$ 称为最简微分同胚, 如果它的坐标形式为

$$\begin{aligned}x^1 &= \varphi^1(t^1,\cdots,t^n)=t^1,\\ &\;\;\vdots\\ x^{k-1} &= \varphi^{k-1}(t^1,\cdots,t^n)=t^{k-1},\\ x^k &= \varphi^k(t^1,\cdots,t^n)=\varphi^k(t^1,\cdots,t^k,\cdots,t^n),\\ x^{k+1} &= \varphi^{k+1}(t^1,\cdots,t^n)=t^{k+1},\\ &\;\;\vdots\\ x^n &= \varphi^n(t^1,\cdots,t^n)=t^n.\end{aligned}$$

因此, 最简微分同胚只改变一个坐标 (这里只改变指标为 k 的坐标).

引理 3. 对于最简微分同胚 $\varphi: D_t \to D_x$, 公式 (3) 成立.

◀ 通过为坐标重新编号, 可以认为这里的微分同胚 φ 只改变第 n 个坐标. 为了便于书写, 引入以下记号:

$$(x^1, \cdots, x^{n-1}, x^n) =: (\tilde{x}, x^n), \quad (t^1, \cdots, t^{n-1}, t^n) =: (\tilde{t}, t^n);$$

$$D_{x^n}(\tilde{x}_0) := \{(\tilde{x}, x^n) \in D_x \mid \tilde{x} = \tilde{x}_0\}, \quad D_{t^n}(\tilde{t}_0) := \{(\tilde{t}, t^n) \in D_t \mid \tilde{t} = \tilde{t}_0\}.$$

于是, $D_{x^n}(\tilde{x})$, $D_{t^n}(\tilde{t})$ 仅仅是集合 D_x 和 D_t 分别被平行于第 n 条坐标轴的直线截出的一维截线. 设 I_x 是 $\mathbb{R}^n_x$ 中包含 D_x 的区间. 把 I_x 表示为 $n-1$ 维区间 $I_{\tilde{x}}$ 与第 n 条坐标轴上的区间 I_{x^n} 的直积 $I_x = I_{\tilde{x}} \times I_{x^n}$. 对于 $\mathbb{R}^n_t$ 中包含 D_t 的固定区间 I_t, 我们写出类似的分解式 $I_t = I_{\tilde{t}} \times I_{t^n}$.

利用集合上的积分的定义、富比尼定理和引理 2, 可以写出

$$\begin{aligned}
\int_{D_x} f(x)\, dx &= \int_{I_x} f \cdot \chi_{D_x}(x)\, dx \\
&= \int_{I_{\tilde{x}}} d\tilde{x} \int_{I_{x^n}} f \cdot \chi_{D_x}(\tilde{x}, x^n)\, dx^n \\
&= \int_{I_{\tilde{x}}} d\tilde{x} \int_{D_{x^n}(\tilde{x})} f(\tilde{x}, x^n)\, dx^n \\
&= \int_{I_{\tilde{t}}} d\tilde{t} \int_{D_{t^n}(\tilde{t})} f(\tilde{t}, \varphi^n(\tilde{t}, t^n)) \left|\frac{\partial \varphi^n}{\partial t^n}\right|(\tilde{t}, t^n)\, dt^n \\
&= \int_{I_{\tilde{t}}} d\tilde{t} \int_{I_{t^n}} (f \circ \varphi |\det \varphi'| \chi_{D_t})(\tilde{t}, t^n)\, dt^n \\
&= \int_{I_t} (f \circ \varphi |\det \varphi'| \chi_{D_t})(t)\, dt = \int_{D_t} (f \circ \varphi |\det \varphi'|)(t)\, dt.
\end{aligned}$$

在这里的推导过程中, 对于所考虑的微分同胚, 我们还使用了 $\det \varphi' = \dfrac{\partial \varphi^n}{\partial t^n}$. ▶

5. 映射的复合与变量代换公式

引理 4. 如果 $D_\tau \xrightarrow{\psi} D_t \xrightarrow{\varphi} D_x$ 是两个微分同胚, 并且积分的变量代换公式 (3) 对它们都成立, 则该公式对它们的复合 $\varphi \circ \psi: D_\tau \to D_x$ 也成立.

◀ 为了证明这个引理, 只需要回忆

$$(\varphi \circ \psi)' = \varphi' \circ \psi',$$

$$\det(\varphi \circ \psi)'(\tau) = \det \varphi'(t) \det \psi'(\tau),$$

其中 $t = \psi(\tau)$. 其实, 这时我们得到

$$\int_{D_x} f(x)\, dx = \int_{D_t} (f \circ \varphi |\det \varphi'|)(t)\, dt$$
$$= \int_{D_\tau} ((f \circ \varphi \circ \psi)|\det \varphi' \circ \psi|\,|\det \psi'|)(\tau)\, d\tau$$
$$= \int_{D_\tau} ((f \circ (\varphi \circ \psi))|\det(\varphi \circ \psi)'|)(\tau)\, d\tau. \blacktriangleright$$

6. 积分的可加性和积分中变量代换公式的最终证明. 引理 3 和 4 使我们想到, 既然任何微分同胚都能够在局部被分解为最简微分同胚的复合 (见第一卷第八章 §6 第 4 小节命题 2), 我们就可以利用这种方法在一般情况下得到公式 (3).

可以用不同方法把集合上的积分化为集合的各个点的小邻域上的积分. 例如, 可以利用积分的可加性, 我们也是这样处理的. 根据引理 1, 3, 4, 我们现在证明关于重积分中的变量代换的定理 1.

◀ 在紧集 $K_t = \mathrm{supp}((f \circ \varphi)|\det \varphi'|) \subset D_t$ 的每一个点 t 构造其 $\delta(t)$ 邻域 $U(t)$, 使微分同胚 φ 在该邻域中被分解为最简微分同胚的复合. 从各个点 $t \in K_t$ 的 $\delta(t)/2$ 邻域 $\widetilde{U}(t) \subset U(t)$ 中选出紧集 K_t 的有限覆盖 $\widetilde{U}(t_1), \cdots, \widetilde{U}(t_k)$. 设

$$\delta = \frac{1}{2}\min\{\delta(t_1), \cdots, \delta(t_k)\}.$$

于是, 任何直径小于 δ 并且与 K_t 相交的集合显然连同自己的闭包一起至少包含于 $U(t_1), \cdots, U(t_k)$ 中的一个邻域.

现在设 I 是包含集合 D_t 的区间, 而 P 是区间 I 的满足 $\lambda(P) < \min\{\delta, d\}$ 的分割, 其中 δ 是前面求出的数, 而 d 是从 K_t 到集合 D_t 边界的距离. 设 $\mathcal{J} := \{I_i\}$ 是分割 P 的与 K_t 有非空交集的那些区间. 显然, 如果 $I_i \in \mathcal{J}$, 则 $I_i \subset D_t$, 并且

$$\int_{D_t}(f \circ \varphi|\det \varphi'|)(t)\, dt = \int_I ((f \circ \varphi|\det \varphi'|)\chi_{D_t})(t)\, dt = \sum_i \int_{I_i}(f \circ \varphi|\det \varphi'|)(t)\, dt. \quad (6)$$

根据引理 1, 区间 I_i 的像 $E_i = \varphi(I_i)$ 是可测集, 所以集合 $E = \bigcup_i E_i$ 也是可测集, 并且 $\mathrm{supp}\, f \subset E = \overline{E} \subset D_x$. 利用积分的可加性, 由此推出

$$\int_{D_x} f(x)\, dx = \int_{I_x \supset D_x} f\chi_{D_x}(x)\, dx = \int_{I_x \setminus E} f\chi_{D_x}(x)\, dx + \int_E f\chi_{D_x}(x)\, dx$$
$$= \int_E f\chi_{D_x}(x)\, dx = \int_E f(x)\, dx = \sum_i \int_{E_i} f(x)\, dx. \quad (7)$$

根据构造方法, 任何区间 $I_i \in \mathcal{J}$ 都包含于某个邻域 $U(t_j)$, 微分同胚 φ 在这个邻域内可以被分解为最简微分同胚的复合. 所以, 根据引理 3 和 4 可以写出

$$\int_{E_i} f(x)\, dx = \int_{I_i}(f \circ \varphi|\det \varphi'|)(t)\, dt. \quad (8)$$

比较关系式 (6), (7), (8), 就得到公式 (3). ▶

7. 重积分中变量代换公式的一些推论和推广

a. 可测集映射下的变量代换

命题 1. 设 $\varphi: D_t \to D_x$ 是有界开集 $D_t \subset \mathbb{R}^n$ 到有界开集 $D_x \subset \mathbb{R}^n$ 上的微分同胚, E_t 和 E_x 分别是 D_t 和 D_x 的子集, 并且 $\overline{E}_t \subset D_t$, $\overline{E}_x \subset D_x$, $E_x = \varphi(E_t)$. 如果 $f \in \mathcal{R}(E_x)$, 则 $f \circ \varphi |\det \varphi'| \in \mathcal{R}(E_t)$, 并且以下等式成立:

$$\int_{E_x} f(x)\, dx = \int_{E_t} (f \circ \varphi |\det \varphi'|)(t)\, dt. \tag{9}$$

◀ 其实,
$$\int_{E_x} f(x)\, dx = \int_{D_x} (f\chi_{E_x})(x)\, dx = \int_{D_t} (((f\chi_{E_x}) \circ \varphi)|\det \varphi'|)(t)\, dt$$
$$= \int_{D_t} ((f \circ \varphi)|\det \varphi'|\chi_{E_t})(t)\, dt = \int_{E_t} ((f \circ \varphi)|\det \varphi'|)(t)\, dt.$$

我们在推导过程中利用了集合上的积分的定义、公式 (3) 和 $\chi_{E_t} = \chi_{E_x} \circ \varphi$. ▶

b. 积分的不变性. 我们知道, 函数 $f: E \to \mathbb{R}$ 在集合 E 上的积分归结为计算函数 $f\chi_E$ 在区间 $I \supset E$ 上的积分. 而按照定义, 区间本身与 $\mathbb{R}^n$ 中的笛卡儿坐标系有关. 现在我们能够证明以下命题.

命题 2. 函数 f 在集合 $E \subset \mathbb{R}^n$ 上的积分值与 $\mathbb{R}^n$ 中笛卡儿坐标的选择无关.

◀ 其实, 从 $\mathbb{R}^n$ 中的一个笛卡儿坐标系到另一个笛卡儿坐标系的变换具有模为 1 的雅可比行列式. 根据命题 1, 由此推出等式

$$\int_{E_x} f(x)\, dx = \int_{E_t} (f \circ \varphi)(t)\, dt.$$

而这恰恰意味着积分的不变性: 如果 p 是集合 E 的点, $x = (x^1, \cdots, x^n)$ 是它在第一个坐标系下的坐标, $t = (t^1, \cdots, t^n)$ 是它在第二个坐标系下的坐标, $x = \varphi(t)$ 是从一组坐标到另一组坐标的变换函数, 则

$$f(p) = f_x(x^1, \cdots, x^n) = f_t(t^1, \cdots, t^n),$$

其中 $f_t = f_x \circ \varphi$. 因此, 我们证明了

$$\int_{E_x} f_x(x)\, dx = \int_{E_t} f_t(t)\, dt,$$

其中 E_x 和 E_t 分别是集合 E 在坐标系 x 和 t 中的记号. ▶

从命题 2 和 §2 中的集合 $E \subset \mathbb{R}^n$ 的 (若尔当) 测度的定义 3 可以得到, 该测度与 $\mathbb{R}^n$ 中的笛卡儿坐标系的选择无关, 或者, 同样地, 若尔当测度关于欧氏空间的运动群是不变的.

c. 可忽略集. 实际应用的变量代换或坐标变换公式有时具有某些奇异性 (例如, 在某处可能出现相互的单值性被破坏、雅可比行列式等于零或者没有可微性的情况). 这些奇异性通常出现在零测度集上, 所以下面的定理对实际需要极为有用.

定理 2. 设 $\varphi: D_t \to D_x$ 是 (若尔当) 可测集 $D_t \subset \mathbb{R}_t^n$ 到 (若尔当) 可测集 $D_x \subset \mathbb{R}_x^n$ 上的映射. 假设在 D_t 和 D_x 中可以指定 (勒贝格) 零测度集 S_t, S_x, 使 $D_t \backslash S_t$ 和 $D_x \backslash S_x$ 是开集, 而 φ 是从第一个开集到第二个开集的微分同胚, 相应雅可比行列式有界, 则对于任何函数 $f \in \mathcal{R}(D_x)$, $(f \circ \varphi)|\det \varphi'| \in \mathcal{R}(D_t \backslash S_t)$ 也成立, 并且

$$\int_{D_x} f(x)\, dx = \int_{D_t \backslash S_t} ((f \circ \varphi)|\det \varphi'|)(t)\, dt. \tag{10}$$

此外, 如果 $|\det \varphi'|$ 的值在 D_t 中有定义并且有界, 则

$$\int_{D_x} f(x)\, dx = \int_{D_t} ((f \circ \varphi)|\det \varphi'|)(t)\, dt. \tag{11}$$

◀ 根据勒贝格准则, 函数 f 只能在 D_x 中的零测度集上有间断, 从而也只能在 $D_x \backslash S_x$ 中的零测度集上有间断. 根据引理 1, 这个间断点集在映射 $\varphi^{-1}: D_x \backslash S_x \to D_t \backslash S_t$ 下的像是 $D_t \backslash S_t$ 中的零测度集. 因此, 如果我们能证明集合 $D_t \backslash S_t$ 可测, 则从函数可积的勒贝格准则立即得到 $(f \circ \varphi)|\det \varphi'| \in \mathcal{R}(D_t \backslash S_t)$. 以下讨论的一个附带结果是, 上述集合确实是若尔当可测集.

按照条件, $D_x \backslash S_x$ 是开集, 所以 $(D_x \backslash S_x) \cap \partial S_x = \varnothing$, 从而 $\partial S_x \subset \partial D_x \cup S_x$. 因此, $\partial D_x \cup S_x = \partial D_x \cup \bar{S}_x$, 其中 $\bar{S}_x = S_x \cup \partial S_x$ 是集合 S_x 在 $\mathbb{R}_x^n$ 中的闭包. 我们得到, $\partial D_x \cup S_x$ 是有界闭集, 即 $\mathbb{R}^n$ 中的紧集. 它是两个勒贝格零测度集的并集, 本身也是勒贝格零测度集. 从 §1 引理 3 可知, 这时集合 $\partial D_x \cup S_x$ 有零体积 (从而 S_x 也有零体积), 即对于任何 $\varepsilon > 0$, 都可以找到覆盖这个集合的有限区间 $I_1, \cdots, I_k$, 它们满足 $\sum_{i=1}^{k} |I_i| < \varepsilon$. 特别地, 由此推出, 集合 $D_x \backslash S_x$ 是若尔当可测集 (类似地, 集合 $D_t \backslash S_t$ 是若尔当可测集), 因为 $\partial(D_x \backslash S_x) \subset \partial D_x \cup \partial S_x \subset \partial D_x \cup S_x$.

在选择覆盖 $I_1, \cdots, I_k$ 时, 显然还可以让任何点 $x \in \partial D_x \backslash S_x$ 是组成覆盖的区间中的至少一个区间的内点. 设 $U_x = \bigcup_{i=1}^{k} I_i$. 集合 U_x 和集合 $V_x = D_x \backslash U_x$ 都是可测集. 根据 V_x 的构造, $\overline{V}_x \subset D_x \backslash S_x$, 并且对于任何包含紧集 $\overline{V}_x$ 的可测集 $E_x \subset D_x$, 以下估计成立:

$$\left| \int_{D_x} f(x)\, dx - \int_{E_x} f(x)\, dx \right| = \left| \int_{D_x \backslash E_x} f(x)\, dx \right| \leqslant M\mu(D_x \backslash E_x) < M\varepsilon, \tag{12}$$

其中 $M = \sup_{x \in D_x} f(x)$.

紧集 $\overline{V}_x$ 的原像 $\overline{V}_t = \varphi^{-1}(\overline{V}_x)$ 是 $D_t \backslash S_t$ 中的紧集. 仿照上面的讨论, 可以构造满足条件 $\overline{V}_t \subset W_t \subset D_t \backslash S_t$ 的可测紧集 W_t, 使得对于任何满足 $W_t \subset E_t \subset D_t \backslash S_t$

的可测集 E_t, 以下估计成立:

$$\left| \int_{D_t \setminus S_t} ((f \circ \varphi)|\det \varphi'|)(t)\, dt - \int_{E_t} ((f \circ \varphi)|\det \varphi'|)(t)\, dt \right| < \varepsilon. \tag{13}$$

现在设 $E_x = \varphi(E_t)$. 对于集合 $E_x \subset D_x \setminus S_x$ 和 $E_t \subset D_t \setminus S_t$, 根据命题 1, 公式 (9) 成立. 对比关系式 (9), (12), (13), 并考虑到 $\varepsilon > 0$ 的任意性, 就得到等式 (10).

现在证明定理 2 的最后一个命题. 如果函数 $(f \circ \varphi)|\det \varphi'|$ 定义在整个集合 D_t 上, 则因为 $D_t \setminus S_t$ 是 $\mathbb{R}_t^n$ 中的开集, 所以该函数在 D_t 上的整个间断点集除了包含函数 $(f \circ \varphi)|\det \varphi'||_{D_t \setminus S_t}$ (原来的函数在集合 $D_t \setminus S_t$ 上的限制) 的间断点集 A, 也可能还包含集合 $S_t \cup \partial D_t$ 的某个子集 B.

我们看到, 集合 A 是勒贝格零测度集 (因为等式 (10) 右边的积分存在), 而因为 $S_t \cup \partial D_t$ 有零体积, 所以集合 B 也有零体积. 于是, 只要知道函数 $(f \circ \varphi)|\det \varphi'|$ 在 D_t 上有界, 根据勒贝格准则即可得到, 它在 D_t 上可积. 但是, 在 D_t 上 $|f \circ \varphi|(t) \leqslant M$, 而且按照条件, 函数 $|\det \varphi'|$ 在 S_t 上有界, 所以函数 $(f \circ \varphi)|\det \varphi'|$ 在 S_t 上有界. 函数 $(f \circ \varphi)|\det \varphi'|$ 在集合 $D_t \setminus S_t$ 上可积, 因而有界. 于是, 函数 $(f \circ \varphi)|\det \varphi'|$ 在 D_t 上可积. 但是, 集合 D_t 与 $D_t \setminus S_t$ 只相差一个可测集 S_t, 并且如前所述, 该可测集的体积为零. 于是, 因为积分具有可加性, 并且 S_t 上的积分为零, 所以等式 (10) 和 (11) 的右边在所研究的情况下确实相等. ▶

例. 公式

$$x = r \cos \varphi, \quad y = r \sin \varphi \tag{14}$$

给出矩形 $I = \{(r, \varphi) \in \mathbb{R}^2 \mid 0 \leqslant r \leqslant R \wedge 0 \leqslant \varphi \leqslant 2\pi\}$ 到圆 $K = \{(x, y) \in \mathbb{R}^2 \mid x^2 + y^2 \leqslant R^2\}$ 上的映射. 它不是微分同胚, 因为在这个映射下, 矩形 I 的满足 $r = 0$ 的一整条边变为一个点 $(0, 0)$, 而点 $(r, 0)$ 的像与点 $(r, 2\pi)$ 的像相同. 但是, 例如, 如果考虑集合 $I \setminus \partial I$ 和 $K \setminus E$, 其中 E 是圆 K 的边界 ∂K 与通过点 $(R, 0)$ 的半径的并集, 则映射 (14) 在区域 $I \setminus \partial I$ 上的限制是该区域到区域 $K \setminus E$ 上的微分同胚. 所以, 根据定理 2, 对于任何函数 $f \in \mathcal{R}(K)$, 可以写出

$$\iint_K f(x, y)\, dx\, dy = \iint_I f(r \cos \varphi, r \sin \varphi) r\, dr\, d\varphi,$$

或者, 利用富比尼定理,

$$\iint_K f(x, y)\, dx\, dy = \int_0^{2\pi} d\varphi \int_0^R f(r \cos \varphi, r \sin \varphi) r\, dr.$$

关系式 (14) 是我们熟知的在平面上从极坐标到笛卡儿坐标的变换公式.

上述结果自然可以推广到适用于 $\mathbb{R}^n$ 中的极坐标系 (球面坐标系) 的一般情况, 我们在第一卷中已经研究过这种坐标系. 那里还指出了在任何维空间 $\mathbb{R}^n$ 中从极坐标到笛卡儿坐标的变换的雅可比行列式.

习 题

1. 请证明:

a) 引理 1 对任何光滑映射 $\varphi: D_t \to D_x$ 成立 (也可参看与此相关的习题 8);

b) 如果 D 是 $\mathbb{R}^m$ 中的开集, 而 $\varphi \in C^{(1)}(D, \mathbb{R}^n)$, 则当 $m < n$ 时, $\varphi(D)$ 是 $\mathbb{R}^n$ 中的零测度集.

2. 请验证:

a) 可测集 E 的测度与它在微分同胚 φ 下的像 $\varphi(E)$ 的测度满足关系式 $\mu(\varphi(E)) = \theta\mu(E)$, 其中 $\theta \in \left[\inf\limits_{t \in E} |\det \varphi'(t)|, \sup\limits_{t \in E} |\det \varphi'(t)|\right]$;

b) 特别地, 如果 E 是连通集, 则可以找到点 $\tau \in E$, 使 $\mu(\varphi(E)) = |\det \varphi'(\tau)| \mu(E)$.

3. a) 请证明: 如果公式 (3) 对函数 $f \equiv 1$ 成立, 则它在一般情况下也成立.

b) 请在 $f \equiv 1$ 的特殊情况下用更简洁的形式重新证明定理 1.

4. 请在以下条件下证明引理 3: 不利用附注 2, 但认为引理 2 已知, 并且只在零测度集上不同的两个可积函数的积分相等.

5. 在把公式 (3) 化为局部形式时 (即在验证公式在被映射区域的点的小邻域中成立时), 可以不利用积分的可加性和随之出现的集合可测性分析, 而是利用另外一种基于积分线性性质的局部化方法. 请证明:

a) 如果光滑函数 $e_1, \cdots, e_k$ 在 D_x 上满足条件: $0 \leqslant e_i \leqslant 1, i = 1, \cdots, k$, 并且 $\sum\limits_{i=1}^{k} e_i(x) \equiv 1$, 则对于任何函数 $f \in \mathcal{R}(D_x)$,

$$\int_{D_x} \left(\sum_{i=1}^{k} e_i f\right)(x)\, dx = \int_{D_x} f(x)\, dx;$$

b) 如果 $\operatorname{supp} e_i$ 包含于集合 $U \subset D_x$, 则

$$\int_{D_x} (e_i f)(x)\, dx = \int_{U} (e_i f)(x)\, dx;$$

c) 如果对于紧集 $K = \operatorname{supp} f \subset D_x$ 的任何开覆盖 $\{U_\alpha\}$, 可以在 D_x 中构造一组光滑函数 $e_1, \cdots, e_k$, 使得在 K 中 $0 \leqslant e_i \leqslant 1$ $(i = 1, \cdots, k)$, $\sum\limits_{i=1}^{k} e_i \equiv 1$, 并且对于任何函数 $e_i \in \{e_i\}$, 可以找到满足 $\operatorname{supp} e_i \subset U_{\alpha_i}$ 的集合 $U_{\alpha_i} \in \{U_\alpha\}$, 则利用引理 3, 4 和 a), b) 中的积分线性性质可以推出公式 (3).

在这种情况下, 函数组 $\{e_i\}$ 称为紧集 K 上从属于覆盖 $\{U_\alpha\}$ 的单位分解.

6. 本题包含在习题 5 中引入的单位分解的构造方案.

a) 请构造函数 $f \in C^{(\infty)}(\mathbb{R}, \mathbb{R})$, 使 $f|_{[-1,1]} \equiv 1$, $\operatorname{supp} f \subset [-1-\delta, 1+\delta]$, 其中 $\delta > 0$.

b) 请构造函数 $f \in C^{(\infty)}(\mathbb{R}^n, \mathbb{R})$, 使它对于 $\mathbb{R}^n$ 中的单位立方体和它的 δ 扩张具有在 a) 中列出的性质.

c) 请证明: 对于紧集 $K \subset \mathbb{R}^n$ 的任何开覆盖, K 上从属于该覆盖的光滑的单位分解存在.

d) 请推广 c), 构造 $\mathbb{R}^n$ 中的从属于全空间局部有限开覆盖的 $C^{(\infty)}$ 单位分解. (覆盖的局部有限性的含义是, 被覆盖的集合 (这里是 $\mathbb{R}^n$) 的任何一个点都有只与覆盖的有限个元素相交的邻域. 当单位分解 $\{e_i\}$ 包含无穷个函数时, 还要求具有这样的单位分解的集合的任何一个点

至多属于 $\{e_i\}$ 中的函数的有限个支撑集，因为在这个条件下，不会产生怎样理解等式 $\sum_i e_i \equiv 1$ 的含义的问题，更确切地说，不会产生怎样理解等式左边求和的含义的问题.)

7. 只要依次证明以下命题，就可以得到定理 1 的另一种证明. 这种证明与前面的证明有所不同，它只利用线性映射能够被分解为最简线性映射的复合的性质，也更接近于第 1 小节所说的启发式推导.

a) 请验证：对于形如 $(x^1, \cdots, x^k, \cdots, x^n) \mapsto (x^1, \cdots, x^{k-1}, \lambda x^k, x^{k+1}, \cdots, x^n)$，$\lambda \neq 0$ 和 $(x^1, \cdots, x^k, \cdots, x^n) \mapsto (x^1, \cdots, x^{k-1}, x^k + x^j, x^{k+1}, \cdots, x^n)$ 的最简线性映射 $L: \mathbb{R}^n \to \mathbb{R}^n$ 和任何可测集 $E \subset \mathbb{R}^n$，关系式 $\mu(L(E)) = |\det L'| \mu(E)$ 成立，并证明：这个关系式对于任何线性映射 $L: \mathbb{R}^n \to \mathbb{R}^n$ 都成立. (请利用富比尼定理以及线性映射能够被分解为上述最简线性映射的复合的性质.)

b) 请证明：如果 $\varphi: D_t \to D_x$ 是微分同胚，则对于任何可测紧集 $K \subset D_t$ 和它的像 $\varphi(K)$，关系式
$$\mu(\varphi(K)) \leqslant \int_K |\det \varphi'(t)|\, dt$$
成立. (如果 $a \in D_t$，则 $\exists (\varphi'(a))^{-1}$，并且在表达式 $\varphi(t) = (\varphi'(a) \circ (\varphi'(a))^{-1} \circ \varphi)(t)$ 中，映射 $\varphi'(a)$ 是线性的，而映射 $(\varphi'(a))^{-1} \circ \varphi$ 在点 a 的邻域内近似于等距映射.)

c) 请证明：如果定理 1 中的函数 f 是非负的，则
$$\int_{D_x} f(x)\, dx \leqslant \int_{D_t} ((f \circ \varphi)|\det \varphi'|)(t)\, dt.$$

d) 请对函数 $(f \circ \varphi)|\det \varphi'|$ 和映射 $\varphi^{-1}: D_x \to D_t$ 应用上面的不等式，从而证明公式 (3) 对非负函数 f 成立.

e) 请把定理 1 中的函数 f 表示为可积非负函数之差的形式，从而证明公式 (3).

8. 萨德引理. 设 D 是 $\mathbb{R}^n$ 中的开集，$\varphi \in C^{(1)}(D, \mathbb{R}^n)$，而 S 是映射 φ 的临界点集，则 $\varphi(S)$ 是 (勒贝格) 零测度集.

我们记得，对于区域 $D \subset \mathbb{R}^m$ 到空间 $\mathbb{R}^n$ 的光滑映射 φ，满足条件 $\operatorname{rank}\varphi'(x) < \min\{m, n\}$ 的点 $x \in D$ 称为该光滑映射的临界点. 当 $m = n$ 时，这个条件等价于 $\det \varphi'(x) = 0$.

a) 请对线性映射验证萨德引理.

b) 设 I 是区域 D 中的区间，而 $\varphi \in C^{(1)}(D, \mathbb{R}^n)$. 请证明：函数 $\alpha: \mathbb{R}^n \to \mathbb{R}$ 存在，使得当 $h \to 0$ 时，$\alpha(h) \to 0$，并且对于任何 $x, x + h \in I$，我们有 $|\varphi(x+h) - \varphi(x) - \varphi'(x)h| \leqslant \alpha(h)|h|$.

c) 请利用 b) 估计区间 I 在映射 φ 下的像 $\varphi(I)$ 与它在线性映射 $L(x) = \varphi(a) + \varphi'(a)(x - a)$ (其中 $a \in I$) 下的像之间的偏差.

d) 请利用 a), b), c) 证明：如果 S 是映射 φ 在区间 I 中的临界点集，则 $\varphi(S)$ 是零测度集.

e) 现在，请完成对萨德引理的证明.

f) 请利用萨德引理证明：在定理 1 中只要求映射 φ 是 $C^{(1)}(D_t, D_x)$ 类的一一映射即可.

我们指出，上述萨德引理是萨德–莫尔斯定理的简单特例，而根据该定理，引理的结论甚至当 $D \subset \mathbb{R}^m$，$\varphi \in C^{(k)}(D, \mathbb{R}^n)$ 时也成立，其中 $k = \max\{m - n + 1, 1\}$. 惠特尼举例说明了，无论数 m 和 n 怎样搭配，这里的 k 值都不可能更小.

在几何中，萨德引理以下述命题的形式为人所知：如果 $\varphi: D \to \mathbb{R}^n$ 是开集 $D \subset \mathbb{R}^m$ 到 $\mathbb{R}^n$ 的光滑映射，则对于几乎所有的点 $x \in \varphi(D)$，它在 D 中的原像 $\varphi^{-1}(x) = M_x$ 是 $\mathbb{R}^m$ 中的

9. 设在定理 1 中不是考虑微分同胚 φ, 而是考虑任意映射 $\varphi \in C^{(1)}(D_t, D_x)$, 并且在 D_t 中 $\det \varphi'(t) \neq 0$. 设 $n(x) = \text{card}\{t \in \text{supp}(f \circ \varphi) \mid \varphi(t) = x\}$, 即 $n(x)$ 是函数 $f \circ \varphi$ 的支撑集中在映射 $\varphi : D_t \to D_x$ 下变为点 $x \in D_x$ 的点的数目, 则以下公式成立:

$$\int_{D_x} (f \cdot n)(x)\, dx = \int_{D_t} ((f \circ \varphi)|\det \varphi'|)(t)\, dt.$$

a) 当 $f \equiv 1$ 时, 这个公式的几何意义是什么?

b) 设在平面 $\mathbb{R}_x^2$ 和 $\mathbb{R}_t^2$ 上的相应极坐标 (r, φ) 和 (ρ, θ) 下, 环 $D_t = \{t \in \mathbb{R}_t^2 \mid 1 < |t| < 2\}$ 到环 $D_x = \{x \in \mathbb{R}_x^2 \mid 1 < |x| < 2\}$ 上的映射由公式 $r = \rho$, $\varphi = 2\theta$ 给出. 请对这个特殊的映射证明上述公式.

c) 现在, 请尝试在一般形式下证明这个公式.

§6. 反常重积分

1. 基本定义

定义 1. 可测集序列 $\{E_n\}$ 称为集合 $E \subset \mathbb{R}^m$ 的穷举递增序列, 如果对于任何 $n \in \mathbb{N}$ 有 $E_n \subset E_{n+1} \subset E$, 并且 $\bigcup_{n=1}^{\infty} E_n = E$.

引理. 如果 $\{E_n\}$ 是可测集 E 的穷举递增序列, 则

a) $\lim\limits_{n \to \infty} \mu(E_n) = \mu(E)$;

b) 对于任何函数 $f \in \mathcal{R}(E)$, 必有 $f|_{E_n} \in \mathcal{R}(E_n)$, 并且

$$\lim_{n \to \infty} \int_{E_n} f(x)\, dx = \int_E f(x)\, dx.$$

◀ a) 因为 $E_n \subset E_{n+1} \subset E$, 所以 $\mu(E_n) \leqslant \mu(E_{n+1}) \leqslant \mu(E)$, 从而 $\lim\limits_{n \to \infty} \mu(E_n) \leqslant \mu(E)$. 为了证明等式 a), 我们来证明不等式 $\lim\limits_{n \to \infty} \mu(E_n) \geqslant \mu(E)$ 也成立.

集合 E 的边界 ∂E 有零体积, 所以可以被有限个开区间覆盖, 并且这些开区间的体积之和不超过预先给定的值 $\varepsilon > 0$. 设 Δ 是所有这些开区间的并集, 则集合 $E \cup \Delta =: \widetilde{E}$ 是 $\mathbb{R}^n$ 中的开集, 而根据它的构造, $\widetilde{E}$ 包含集合 E 的闭包 $\overline{E}$, 并且 $\mu(\widetilde{E}) \leqslant \mu(E) + \mu(\Delta) < \mu(E) + \varepsilon$.

对于穷举递增序列 $\{E_n\}$ 的每个集合 E_n 和 $\varepsilon_n = \varepsilon/2^n$, 可以重复上述做法, 从而得到开集序列 $\widetilde{E}_n = E_n \cup \Delta_n$, 使 $E_n \subset \widetilde{E}_n$, $\mu(\widetilde{E}_n) \leqslant \mu(E_n) + \mu(\Delta_n) < \mu(E_n) + \varepsilon_n$, 并且 $\bigcup_{n=1}^{\infty} \widetilde{E}_n \supset \bigcup_{n=1}^{\infty} E_n \supset E$.

开集族 $\Delta, \widetilde{E}_1, \widetilde{E}_2, \cdots$ 组成紧集 $\overline{E}$ 的开覆盖.

设 $\Delta, \widetilde{E}_1, \widetilde{E}_2, \cdots, \widetilde{E}_k$ 是从上述开覆盖中选出的紧集 $\overline{E}$ 的有限覆盖. 因为 $E_1 \subset E_2 \subset \cdots \subset E_k$, 所以集合 $\Delta, \Delta_1, \cdots, \Delta_k, E_k$ 也组成 $\overline{E}$ 的覆盖, 从而

$$\mu(E) \leqslant \mu(\overline{E}) \leqslant \mu(E_k) + \mu(\Delta) + \mu(\Delta_1) + \cdots + \mu(\Delta_k) < \mu(E_k) + 2\varepsilon.$$

由此推出 $\mu(E) \leqslant \lim\limits_{n \to \infty} \mu(E_n)$.

b) 我们知道 $f|_{E_n} \in \mathcal{R}(E_n)$, 它得自可测集上的积分存在的勒贝格准则. 按照条件, $f \in \mathcal{R}(E)$, 所以常数 M 存在, 使得在 E 上 $|f(x)| \leqslant M$. 从积分的可加性和积分的一般估计得到

$$\left| \int_E f(x) \, dx - \int_{E_n} f(x) \, dx \right| = \left| \int_{E \setminus E_n} f(x) \, dx \right| \leqslant M \mu(E \setminus E_n).$$

利用在 a) 中已经被证明的结果, 由此可知, 命题 b) 确实成立. ▶

定义 2. 设 $\{E_n\}$ 是集合 E 的穷举递增序列, 函数 $f: E \to \mathbb{R}$ 在集合 $E_n \in \{E_n\}$ 上可积, 则量

$$\int_E f(x) \, dx := \lim_{n \to \infty} \int_{E_n} f(x) \, dx$$

称为函数 f 在集合 E 上的反常积分, 只要上述极限存在, 并且它的值与集合 E 的穷举递增序列的选择无关.

最后一个等式左边的积分记号通常用于 E 上的任何给定函数, 但是, 如果定义 2 中的极限存在, 就说这个积分存在或收敛, 而如果 E 的所有穷举递增序列的上述共同极限不存在, 就说函数 f 在集合 E 上的积分不存在或积分发散.

定义 2 的目的是把积分的概念推广到被积函数无界或积分区域无界的情况.

反常积分的上述记号与通常的常义积分的记号相同, 所以必须补充以下附注.

附注 1. 如果 E 是可测集, $f \in \mathcal{R}(E)$, 则在定义 2 的意义下, f 在 E 上的积分存在, 并且与函数 f 在集合 E 上的常义积分相等.

◀ 这正是上述引理的命题 b). ▶

任何一个稍微复杂一些的集合, 其全部穷举递增序列的集合实际上是无法穷举的, 更何况也不用一一列举这样的序列. 以下命题常常有助于检验反常积分的收敛性.

命题 1. 如果函数 $f: E \to \mathbb{R}$ 是非负的, 并且定义 2 中的极限对于集合 E 的某一个穷举递增序列 $\{E_n\}$ 存在, 则函数 f 在集合 E 上的反常积分收敛.

◀ 设 $\{E'_k\}$ 是集合 E 的另一个穷举递增序列, 函数 f 在该序列中的各集合上可积. 集合 $E^k_n := E'_k \cap E_n$ $(n = 1, 2, \cdots)$ 组成可测集 E'_k 的穷举递增序列, 所以从

引理的命题 b) 推出

$$\int_{E'_k} f(x)\,dx = \lim_{n\to\infty} \int_{E^k_n} f(x)\,dx \leqslant \lim_{n\to\infty} \int_{E_n} f(x)\,dx = A.$$

因为 $f \geqslant 0$, 而 $E'_k \subset E'_{k+1} \subset E$, 所以

$$\exists \lim_{k\to\infty} \int_{E'_k} f(x)\,dx = B \leqslant A.$$

但穷举递增序列 $\{E_n\}$ 和 $\{E'_k\}$ 的地位是平等的, 所以 $A \leqslant B$, 从而 $A = B$. ▶

例 1. 求反常积分 $\iint\limits_{\mathbb{R}^2} e^{-(x^2+y^2)}\,dx\,dy$.

取圆 $E_n = \{(x,y) \in \mathbb{R}^2 \mid x^2 + y^2 < n^2\}$ 的序列作为平面 $\mathbb{R}^2$ 的穷举递增序列. 变换到极坐标后, 容易得到

$$\iint\limits_{E_n} e^{-(x^2+y^2)}\,dx\,dy = \int_0^{2\pi} d\varphi \int_0^n e^{-r^2} r\,dr = \pi(1 - e^{-n^2}) \to \pi, \quad n \to \infty.$$

根据命题 1 已经可以推出, 所研究的积分收敛, 并且等于 π.

如果现在取正方形 $E'_n = \{(x,y) \in \mathbb{R}^2 \mid |x| < n \wedge |y| < n\}$ 作为平面的穷举递增序列, 则从上述结果可以引出一个有用的推论. 按照富比尼定理,

$$\iint\limits_{E'_n} e^{-(x^2+y^2)}\,dx\,dy = \int_{-n}^{n} dy \int_{-n}^{n} e^{-(x^2+y^2)}\,dx = \left(\int_{-n}^{n} e^{-t^2}\,dt\right)^2.$$

根据命题 1, 最后一个量当 $n \to \infty$ 时应当趋于 π. 于是, 我们按照欧拉和泊松的方法得到了

$$\int_{-\infty}^{+\infty} e^{-x^2}\,dx = \sqrt{\pi}.$$

反常重积分的定义 2 具有一些初步看来并不明显的附加特性, 见下文中的附注 2.

2. 反常积分收敛性的比较检验法

命题 2. 设 f 和 g 是定义在集合 E 上的函数, 它们在该集合的同样一些可测子集上可积, 并且在 E 上 $|f(x)| \leqslant g(x)$, 则从反常积分 $\int_E g(x)\,dx$ 收敛能够推出积分 $\int_E |f|(x)\,dx$ 和 $\int_E f(x)\,dx$ 收敛.

◀ 设 $\{E_n\}$ 是集合 E 的穷举递增序列，并且函数 f 和 g 在该序列中的集合上可积. 从勒贝格准则可知，函数 $|f|$ 在集合 E_n $(n \in \mathbb{N})$ 上可积，所以可以写出

$$\int_{E_{n+k}} |f|(x)\,dx - \int_{E_n} |f|(x)\,dx = \int_{E_{n+k} \setminus E_n} |f|(x)\,dx$$
$$\leqslant \int_{E_{n+k} \setminus E_n} g(x)\,dx = \int_{E_{n+k}} g(x)\,dx - \int_{E_n} g(x)\,dx,$$

其中 k 和 n 是任何自然数. 利用命题 1 和序列极限存在的柯西准则，从这些不等式可以得到，积分 $\int_E |f|(x)\,dx$ 收敛.

现在考虑函数

$$f_+ := \frac{1}{2}(|f| + f), \quad f_- := \frac{1}{2}(|f| - f).$$

显然，$0 \leqslant f_+ \leqslant |f|$，$0 \leqslant f_- \leqslant |f|$. 根据上述结果，函数 f_+ 和 f_- 在集合 E 上的反常积分收敛. 但是 $f = f_+ - f_-$，所以函数 f 在 E 上的反常积分也收敛 (并等于函数 f_+ 和 f_- 的积分之差). ▶

在研究反常积分的收敛性时，为了有效利用命题 2，建立一组用于比较的标准函数大有益处. 因此，考虑以下例题.

例 2. 在去掉中心 0 的 n 维单位球 $B \subset \mathbb{R}^n$ 中考虑函数 $\dfrac{1}{r^\alpha}$，其中 $r = d(0, x)$ 是从点 $x \in B \setminus 0$ 到点 0 的距离. 我们来阐明，这个函数在区域 $B \setminus 0$ 上的积分对怎样的值 $\alpha > 0$ 收敛？为此，我们用环形区域 $B(\varepsilon) = \{x \in B \mid \varepsilon < d(0, x) < 1\}$ 构造上述区域的穷举递增序列.

变换到以 0 为中心的极坐标，按照富比尼定理得到

$$\int_{B(\varepsilon)} \frac{dx}{r^\alpha(x)} = \int_S f(\varphi)\,d\varphi \int_\varepsilon^1 \frac{r^{n-1}dr}{r^\alpha} = c \int_\varepsilon^1 \frac{dr}{r^{\alpha-n+1}},$$

其中 $d\varphi = d\varphi_1 \cdots d\varphi_{n-1}$，$f(\varphi)$ 是在 $\mathbb{R}^n$ 中的极坐标变换的雅可比行列式中出现的角 $\varphi_1, \cdots, \varphi_{n-2}$ 的正弦的某种乘积，而 c 是 S 上的积分值，它只依赖于 n，而与 r 和 ε 无关.

如果 $\alpha < n$，则当 $\varepsilon \to +0$ 时，$B(\varepsilon)$ 上的所得积分值具有有限的极限. 在其余情况下，当 $\varepsilon \to +0$ 时，最后的积分趋于无穷大.

于是，我们证明了，如果 d 是到点 0 的距离，n 是空间的维数，则函数 $\dfrac{1}{d^\alpha(0, x)}$ ($\alpha > 0$) 仅在 $\alpha < n$ 时才在这个点的去心邻域上可积.

类似地可以证明，在反常积分的意义下，这个函数仅在 $\alpha > n$ 时才在球 B 的外部可积，即在无穷远点的邻域上可积.

例 3. 设 $I = \{x \in \mathbb{R}^n \mid 0 \leqslant x^i \leqslant 1, \ i = 1, \cdots, n\}$ 是 n 维立方体, 而 I_k 是它的 k 维边界, 由条件 $x^{k+1} = \cdots = x^n = 0$ 给出. 在集合 $I \setminus I_k$ 上考虑函数 $\dfrac{1}{d^\alpha(x)}$, 其中 $d(x)$ 是从点 $x \in I \setminus I_k$ 到边界 I_k 的距离. 我们来阐明, 这个函数在集合 $I \setminus I_k$ 上的积分对怎样的值 $\alpha > 0$ 收敛?

我们指出, 如果 $x = (x^1, \cdots, x^k, x^{k+1}, \cdots, x^n)$, 则
$$d(x) = \sqrt{(x^{k+1})^2 + \cdots + (x^n)^2}.$$

设 $I(\varepsilon)$ 是去掉边界 I_k 的 ε 邻域之后的立方体 I. 根据富比尼定理,
$$\int_{I(\varepsilon)} \frac{dx}{d^\alpha(x)} = \int_{I_k} dx^1 \cdots dx^k \int_{I_{n-k}(\varepsilon)} \frac{dx^{k+1} \cdots dx^n}{((x^{k+1})^2 + \cdots + (x^n)^2)^{\alpha/2}} = \int_{I_{n-k}(\varepsilon)} \frac{du}{|u|^\alpha},$$
其中 $u = (x^{k+1}, \cdots, x^n)$, $I_{n-k}(\varepsilon)$ 是去掉点 $u = 0$ 的 ε 邻域之后的边界 $I_{n-k} \subset \mathbb{R}^{n-k}$.

根据例 2 中的经验, 显然, 最后的积分仅在 $\alpha < n - k$ 时才收敛. 因此, 由于被积函数在边界附近可以无限增加, 我们所考虑的反常积分仅在 $\alpha < n - k$ 时才收敛, 其中 k 是边界的维数.

附注 2. 我们在证明命题 2 时验证了, 函数 $|f|$ 的积分收敛蕴含函数 f 的积分收敛. 结果表明, 逆命题对于定义 2 意义下的反常积分也成立, 而这对于我们以前研究过的直线上的反常积分不成立, 后者有绝对收敛和非绝对收敛 (条件收敛) 之分. 为了立刻理解与定义 2 有关的这种新现象的本质, 考虑以下例题.

例 4. 设定义在非负数集 $\mathbb{R}_+$ 上的函数 $f : \mathbb{R}_+ \to \mathbb{R}$ 由以下条件给出:
$$f(x) = \frac{(-1)^{n-1}}{n}, \quad n - 1 \leqslant x < n, \quad n \in \mathbb{N}.$$

因为级数 $\sum_{n=1}^{\infty} \dfrac{(-1)^{n-1}}{n}$ 收敛, 所以容易看出, 当 $A \to +\infty$ 时, 积分 $\int_0^A f(x)\, dx$ 的极限存在并等于这个级数的和. 但是, 这个级数不绝对收敛. 例如, 重新排列它的项, 可以得到发散到 $+\infty$ 的级数. 新级数的部分和可以理解为函数 f 在级数各项所对应的实数轴区间 E_n 的并集上的积分. 集合 E_n 的全体显然组成函数 f 的定义域 $\mathbb{R}_+$ 的穷举递增序列.

因此, 上述函数 $f : \mathbb{R}_+ \to \mathbb{R}$ 的反常积分 $\int_0^\infty f(x)\, dx$ 在以前的理解下存在, 而在定义 2 的意义下不存在.

我们看到, 在定义 2 中提出的极限与穷举递增序列的选择无关的要求等价于级数的和与它的项的求和顺序无关. 如我们所知, 后者完全等价于级数绝对收敛.

其实, 在实际应用中总是不得不局限于以下形式的特殊穷举递增序列. 设在区域 D 上定义的函数 $f : D \to \mathbb{R}$ 在某个集合 $E \subset \partial D$ 的邻域中无界. 这时, 如果从 D 中去掉属于集合 E 的 ε 邻域的点, 就得到区域 $D(\varepsilon) \subset D$. 当 $\varepsilon \to 0$ 时, 这些区域生成 D 的穷举递增序列. 如果区域 D 无界, 则在 D 中取无穷远点的邻域的补集, 就

可以得到它的穷举递增序列. 我们当时在一维情况下研究的正是这些特殊的穷举递增序列, 也正是这些特殊的穷举递增序列让我们把直线上的反常积分的 (柯西) 主值的概念直接推广到任意维空间的情形.

3. 反常积分中的变量代换. 最后, 我们将得到反常积分中的变量代换公式, 从而给出 §5 定理 1 和 2 的虽然非常简单但极有价值的补充.

定理 1. 设 $\varphi: D_t \to D_x$ 是开集 $D_t \subset \mathbb{R}^n_t$ 到开集 $D_x \subset \mathbb{R}^n_x$ 上的微分同胚, 而函数 $f: D_x \to \mathbb{R}$ 在集合 D_x 的任何可测紧子集上可积. 如果反常积分 $\int_{D_x} f(x)\, dx$ 收敛, 则积分 $\int_{D_t} ((f \circ \varphi)|\det \varphi'|)(t)\, dt$ 也收敛, 并且它们的值相等.

◀ 作为开集 $D_t \subset \mathbb{R}^n_t$ 的穷举递增序列, 可以取包含于 D_t 的紧集序列 $E^k_t, k \in \mathbb{N}$, 其中每一个紧集都是空间 $\mathbb{R}^n_t$ 的有限个区间的并集 (见 §5 引理 1 的证明的开头). 因为 $\varphi: D_t \to D_x$ 是微分同胚, 所以与集合 D_t 的穷举递增序列 $\{E^k_t\}$ 相对应的是集合 D_x 的穷举递增序列 $\{E^k_x\}$, 其中 $E^k_x = \varphi(E^k_t)$ 是 D_x 中的可测紧集 (集合 E^k_x 的可测性得自 §5 引理 1). 根据 §5 命题 1 可以写出

$$\int_{E^k_x} f(x)\, dx = \int_{E^k_t} ((f \circ \varphi)|\det \varphi'|)(t)\, dt.$$

按照条件, 这个等式的左边当 $k \to \infty$ 时有极限, 所以右边当 $k \to \infty$ 时也有极限, 并且极限相等. ▶

附注 3. 我们通过以上讨论验证了, 最后一个等式右边的积分对于 D_t 的任何具有上述特殊形式的穷举递增序列都有相同的极限. 我们将在下文中利用的正是定理的这一部分结论. 但是, 为了完成上述命题的证明, 在形式上必须按照定义 2 验证该极限对于区域 D_t 的任何穷举递增序列都存在. 我们把这项 (并不太简单的) 验证工作作为很好的练习留给读者. 我们仅仅指出, 从上述结果已经可以推出, 函数 $|f \circ \varphi||\det \varphi'|$ 在集合 D_t 上的反常积分收敛 (见习题 7).

定理 2. 设 $\varphi: D_t \to D_x$ 是开集 D_t 到开集 D_x 的映射. 假设在 D_t 和 D_x 中可以指出零测度集 S_t, S_x, 使 $D_t \setminus S_t, D_x \setminus S_x$ 是开集, 而 φ 是前者到后者上的微分同胚. 在这些条件下, 如果反常积分 $\int_{D_x} f(x)\, dx$ 收敛, 则积分 $\int_{D_t \setminus S_t} ((f \circ \varphi)|\det \varphi'|)(t)\, dt$ 也收敛, 并且它们的值相等. 此外, 如果量 $|\det \varphi'|$ 在集合 D_t 的任何紧子集上都有定义并且有界, 则函数 $(f \circ \varphi)|\det \varphi'|$ 在 D_t 上的反常积分收敛, 并且以下等式成立:

$$\int_{D_x} f(x)\, dx = \int_{D_t} ((f \circ \varphi)|\det \varphi'|)(t)\, dt.$$

◀ 如果注意到, 在求开集上的反常积分时可以只考虑由可测紧集组成的穷举递增序列 (见附注 3), 则上述命题是本节定理 1 和 §5 定理 2 的直接推论. ▶

例 5. 计算积分 $\iint\limits_{x^2+y^2<1} \dfrac{dx\,dy}{(1-x^2-y^2)^\alpha}$, 它在 $\alpha > 0$ 时是反常积分, 因为这时被积函数在圆周 $x^2 + y^2 = 1$ 的邻域中无界.

化为极坐标, 按照定理 2 得到

$$\iint\limits_{x^2+y^2<1} \frac{dx\,dy}{(1-x^2-y^2)^\alpha} = \iint\limits_{\substack{0<\varphi<2\pi \\ 0<r<1}} \frac{r\,dr\,d\varphi}{(1-r^2)^\alpha}.$$

当 $\alpha > 0$ 时, 最后一个积分也是反常积分, 但因为被积函数是非负的, 所以可以把这个积分看作矩形 $I = \{(r, \varphi) \in \mathbb{R}^2 \mid 0 < \varphi < 2\pi \land 0 < r < 1\}$ 的一种特殊的由矩形 $I_n = \{(r, \varphi) \in \mathbb{R}^2 \mid 0 < \varphi < 2\pi \land 0 < r < 1 - 1/n\}$ $(n \in \mathbb{N})$ 构成的穷举递增序列上的极限. 利用富比尼定理求出, 当 $\alpha < 1$ 时,

$$\iint\limits_{\substack{0<\varphi<2\pi \\ 0<r<1}} \frac{r\,dr\,d\varphi}{(1-r^2)^\alpha} = \lim_{n\to\infty} \int_0^{2\pi} d\varphi \int_0^{1-1/n} \frac{r\,dr}{(1-r^2)^\alpha} = \frac{\pi}{1-\alpha}.$$

用同样的方法可以得到所求积分当 $\alpha \geqslant 1$ 时发散的结论.

例 6. 我们来证明, 积分 $\iint\limits_{|x|+|y|>1} \dfrac{dx\,dy}{|x|^p + |y|^q}$ 仅仅在 $p > 0, q > 0$ 和 $\dfrac{1}{p} + \dfrac{1}{q} < 1$ 的条件下才收敛.

◂ 根据明显的对称性, 只要考虑满足 $x \geqslant 0, y \geqslant 0$ 且 $x + y \geqslant 1$ 的区域 D 上的积分即可.

显然, 为使积分收敛, 条件 $p > 0$ 和 $q > 0$ 必须同时成立. 其实, 例如, 假如 $p \leqslant 0$, 则对于 D 中的矩形 $I_A = \{(x, y) \in \mathbb{R}^2 \mid 1 \leqslant x \leqslant A \land 0 \leqslant y \leqslant 1\}$ 上的积分, 我们得到估计

$$\iint\limits_{I_A} \frac{dx\,dy}{|x|^p + |y|^q} = \int_1^A dx \int_0^1 \frac{dy}{|x|^p + |y|^q} \geqslant \int_1^A dx \int_0^1 \frac{dy}{1 + |y|^q} = (A-1) \int_0^1 \frac{dy}{1 + |y|^q}.$$

它表明, 当 $A \to +\infty$ 时, 这个积分无限增加. 因此, 在以后的研究中可以认为 $p > 0$ 和 $q > 0$.

被积函数在区域 D 的有界部分中没有奇点, 所以研究上述积分的收敛性等价于, 例如, 研究同一个函数在区域 D 的满足 $x^p + y^q \geqslant a > 0$ 的部分 G 上的积分的收敛性. 假设数 a 充分大, 使曲线 $x^p + y^q = a$ 在 $x \geqslant 0, y \geqslant 0$ 时位于 D 中.

按照公式

$$x = (r\cos^2\varphi)^{1/p}, \quad y = (r\sin^2\varphi)^{1/q}$$

变换到广义极坐标 (r, φ), 根据定理 2 得到

$$\iint\limits_{G} \frac{dx\,dy}{|x|^p + |y|^q} = \frac{2}{pq} \iint\limits_{\substack{0 < \varphi < \pi/2 \\ a \leqslant r < \infty}} (r^{1/p+1/q-2} \cos^{2/p-1} \varphi \sin^{2/q-1} \varphi)\,dr\,d\varphi.$$

利用区域 $\{(r, \varphi) \in \mathbb{R}^2 \mid 0 < \varphi < \pi/2 \wedge a \leqslant r < \infty\}$ 的由区间 $I_{\varepsilon A} = \{(r, \varphi) \in \mathbb{R}^2 \mid 0 < \varepsilon \leqslant \varphi \leqslant \pi/2 - \varepsilon \wedge a \leqslant r \leqslant A\}$ 构成的穷举递增序列和富比尼定理, 得到

$$\iint\limits_{\substack{0 < \varphi < \pi/2 \\ a \leqslant r < \infty}} (r^{1/p+1/q-2} \cos^{2/p-1} \varphi \sin^{2/q-1} \varphi)\,dr\,d\varphi$$
$$= \lim_{\varepsilon \to 0} \int_{\varepsilon}^{\pi/2-\varepsilon} \cos^{2/p-1} \varphi \sin^{2/q-1} \varphi\,d\varphi \lim_{A \to \infty} \int_{a}^{A} r^{1/p+1/q-2}dr.$$

因为 $p > 0$ 和 $q > 0$, 所以这里的第一个极限显然是有限的, 而第二个极限仅当 $\frac{1}{p} + \frac{1}{q} < 1$ 时才是有限的. ▶

习 题

1. 为使积分 $\displaystyle\iint\limits_{0<|x|+|y|\leqslant 1} \frac{dx\,dy}{|x|^p + |y|^q}$ 收敛, 请指出 p 和 q 应满足的条件.

2. a) $\displaystyle\lim_{A\to\infty} \int_0^A \cos x^2\,dx$ 是否存在?

b) 积分 $\displaystyle\int_{\mathbb{R}^1} \cos x^2\,dx$ 在定义 2 的意义下是否收敛?

c) 请验证:
$$\lim_{n\to\infty} \iint\limits_{|x|\leqslant n, |y|\leqslant n} \sin(x^2+y^2)\,dx\,dy = \pi, \quad \lim_{n\to\infty} \iint\limits_{x^2+y^2\leqslant 2n\pi} \sin(x^2+y^2)\,dx\,dy = 0,$$

从而证明 $\sin(x^2+y^2)$ 在平面 $\mathbb{R}^2$ 上的积分发散.

3. a) 请计算积分 $\displaystyle\int_0^1 \int_0^1 \int_0^1 \frac{dx\,dy\,dz}{x^p y^q z^r}$.

b) 对反常积分应用富比尼定理时应谨慎 (对常义积分也一样). 请证明: 积分

$$\iint\limits_{x\geqslant 1, y\geqslant 1} \frac{x^2-y^2}{(x^2+y^2)^2}\,dx\,dy$$

发散, 但是以下两个累次积分都收敛:

$$\int_1^{+\infty} dx \int_1^{+\infty} \frac{x^2-y^2}{(x^2+y^2)^2}\,dy, \quad \int_1^{+\infty} dy \int_1^{+\infty} \frac{x^2-y^2}{(x^2+y^2)^2}\,dx.$$

c) 请证明: 如果 $f \in C(\mathbb{R}^2, \mathbb{R})$, 并且在 $\mathbb{R}^2$ 中 $f \geqslant 0$, 则从两个累次积分

$$\int_{-\infty}^{+\infty} dx \int_{-\infty}^{+\infty} f(x,y)\,dy, \quad \int_{-\infty}^{+\infty} dy \int_{-\infty}^{+\infty} f(x,y)\,dx$$

中的任何一个存在可以推出, 积分 $\iint_{\mathbb{R}^2} f(x,y)\,dx\,dy$ 收敛并且等于这个累次积分的值.

4. 请证明: 如果 $f \in C(\mathbb{R}, \mathbb{R})$, 则

$$\lim_{h \to 0} \frac{1}{\pi} \int_{-1}^{1} \frac{h}{h^2 + x^2} f(x)\,dx = f(0).$$

5. 设 D 是 $\mathbb{R}^n$ 中具有光滑边界的有界区域, 而 S 是位于 D 的边界中的 k 维光滑曲面. 请证明: 如果函数 $f \in C(D, \mathbb{R})$ 具有估计 $|f| < 1/d^{n-k-\varepsilon}$, 其中 $d = d(S, x)$ 是从点 $x \in D$ 到 S 的距离, 而 $\varepsilon > 0$, 则函数 f 在 D 上的积分收敛.

6. 作为对附注 1 的补充, 请证明: 即使不假设集合 E 是可测集, 附注 1 也成立.

7. 设 D 是 $\mathbb{R}^n$ 中的开集, 而函数 $f: D \to \mathbb{R}$ 在包含于 D 的任何可测紧集上可积.

a) 请证明: 如果函数 $|f|$ 在 D 上的反常积分发散, 则可以找到集合 D 的穷举递增序列 $\{E_n\}$, 使每一个集合 E_n 都是 D 中的由有限个 n 维区间组成的初等紧集, 并且当 $n \to \infty$ 时,

$$\int_{E_n} |f|(x)\,dx \to +\infty.$$

b) 请验证: 如果函数 f 在某个集合上的积分收敛, 而 $|f|$ 的积分发散, 则以下函数的积分也应当发散:

$$f_+ = \frac{1}{2}(|f| + f), \quad f_- = \frac{1}{2}(|f| - f).$$

c) 请证明: 可以让在 a) 中得到的穷举递增序列 $\{E_n\}$ 的各项之间的距离变大, 使得对于任何 $n \in \mathbb{N}$, 以下关系式成立:

$$\int_{E_{n+1} \setminus E_n} f_+(x)\,dx > \int_{E_n} |f|(x)\,dx + n.$$

d) 请利用下积分和证明: 如果 $\int_E f_+(x)\,dx > A$, 则由有限个区间组成的初等紧集 $F \subset E$ 存在, 使 $\int_F f(x)\,dx > A$.

e) 请从 c) 和 d) 推出, 初等紧集 $F_n \subset E_{n+1} \setminus E_n$ 存在, 使

$$\int_{F_n} f(x)\,dx > \int_{E_n} |f|(x)\,dx + n.$$

f) 请利用 e) 证明: 集合 $G_n = F_n \cup E_n$ 是集合 D 中的初等紧集 (即由有限个区间组成), 它们一起组成 D 的穷举递增序列, 并且当 $n \to \infty$ 时, 以下关系式成立:

$$\int_{G_n} f(x)\,dx \to +\infty.$$

因此, 如果 $|f|$ 的积分发散, 则函数 f 的积分也发散 (在定义 2 的意义下).

8. 请详细证明定理 2.

9. 我们记得, 如果 $x = (x^1, \cdots, x^n)$, 而 $\xi = (\xi^1, \cdots, \xi^n)$, 则 $\langle x, \xi \rangle = x^1\xi^1 + \cdots + x^n\xi^n$ 是 $\mathbb{R}^n$ 中的标准的标量积. 设 $A = (a_{ij})$ 是 $n \times n$ 对称复矩阵. 用 $\operatorname{Re} A$ 表示具有元素 $\operatorname{Re} a_{ij}$ 的

矩阵. 记号 $\operatorname{Re} A \geqslant 0$ ($\operatorname{Re} A > 0$) 表示, 对于任何 $x \in \mathbb{R}^n$, 只要 $x \neq 0$, 就有 $\langle (\operatorname{Re} A)x, x \rangle \geqslant 0$ ($\langle (\operatorname{Re} A)x, x \rangle > 0$).

a) 请证明: 如果 $\operatorname{Re} A \geqslant 0$, 则当 $\lambda > 0, \xi \in \mathbb{R}^n$ 时,

$$\int_{\mathbb{R}^n} \exp\left(-\frac{\lambda}{2}\langle Ax, x \rangle - i\langle x, \xi \rangle\right) dx = \left(\frac{2\pi}{\lambda}\right)^{n/2} (\det A)^{-1/2} \exp\left(-\frac{1}{2\lambda}\langle A^{-1}\xi, \xi \rangle\right),$$

并且 $(\det A)^{-1/2}$ 的分支是按照以下方式选取的:

$$(\det A)^{-1/2} = |\det A|^{-1/2} \exp(-i \operatorname{Ind} A), \quad \operatorname{Ind} A = \frac{1}{2}\sum_{j=1}^n \arg \mu_j(A), \quad |\arg \mu_j(A)| \leqslant \frac{\pi}{2},$$

其中 $\mu_j(A)$ 是矩阵 A 的本征值.

b) 设 A 是 $n \times n$ 非退化对称实矩阵, 则当 $\xi \in \mathbb{R}^n$ 并且 $\lambda > 0$ 时,

$$\int_{\mathbb{R}^n} \exp\left(i\frac{\lambda}{2}\langle Ax, x \rangle - i\langle x, \xi \rangle\right) dx = \left(\frac{2\pi}{\lambda}\right)^{n/2} |\det A|^{-1/2} \exp\left(-\frac{i}{2\lambda}\langle A^{-1}\xi, \xi \rangle\right) \exp\left(\frac{i\pi}{4}\operatorname{sgn} A\right).$$

这里 $\operatorname{sgn} A$ 是矩阵 A 的符号差, 即

$$\operatorname{sgn} A = \nu_+(A) - \nu_-(A),$$

其中 $\nu_+(A)$ 是矩阵 A 的正本征值的个数, 而 $\nu_-(A)$ 是其负本征值的个数.

第十二章 $\mathbb{R}^n$ 中的曲面和微分形式

本章分析曲面、曲面的边界、曲面及其边界的相容定向等概念，推导 $\mathbb{R}^n$ 中曲面面积的计算公式，还给出微分形式的初步知识. 掌握上述概念对于在下一章中学习曲线积分和曲面积分非常重要.

§1. $\mathbb{R}^n$ 中的曲面

$\mathbb{R}^k$ 是 k 维曲面的标准样本.

定义 1. 如果集合 $S \subset \mathbb{R}^n$ 的每个点在 S 中都有与 $\mathbb{R}^k$ 同胚[①]的邻域[②]，则集合 S 称为 $\mathbb{R}^n$ 中的维数为 k 的曲面 (k 维曲面或 k 维流形).

定义 2. 如果曲面定义中的同胚由映射 $\varphi: \mathbb{R}^k \to U \subset S$ 实现，则该映射称为曲面 S 的图或局部图，$\mathbb{R}^k$ 称为参数域，而 U 称为图在曲面 S 上的作用域.

局部图在 U 中引入了曲线坐标，即点 $x = \varphi(t) \in U$ 所对应的一组数

$$t = (t^1, \cdots, t^k) \in \mathbb{R}^k.$$

从曲面的定义可见，如果把定义中的 $\mathbb{R}^k$ 改为与 $\mathbb{R}^k$ 同胚的任何拓扑空间，则由修改后的定义描述的对象的集合 S 是不变的. 我们经常用 $\mathbb{R}^k$ 中的开立方体 I^k 或开球

[①] 在 $S \subset \mathbb{R}^n$ 上有来自 $\mathbb{R}^n$ 的自然度量，而这意味着，在 $U \subset S$ 上也有这样的度量，所以可以讨论 U 到 $\mathbb{R}^k$ 的拓扑映射.

[②] 如前所述，点 $x \in S \subset \mathbb{R}^n$ 在集合 S 中的邻域指集合 $U_S(x) = S \cap U(x)$，其中 $U(x)$ 是 x 在 $\mathbb{R}^n$ 中的邻域. 因为在以后的讨论中只涉及点在曲面上的邻域，所以为了简化记号，只要不出现歧义，我们就把 $U_S(x)$ 写为 U 或 $U(x)$.

B^k 代替 $\mathbb{R}^k$ 作为局部图的标准参数域. 不过, 这纯粹是一种约定.

为了进行某些类比, 也为了让一系列后续结构更加直观, 我们通常取立方体 I^k 作为曲面局部图的标准参数域. 于是, 图

$$\varphi : I^k \to U \subset S \tag{1}$$

在局部给出曲面 $S \subset \mathbb{R}^n$ 的参数方程 $x = \varphi(t)$, 而 k 维曲面本身的局部结构是变形的标准 k 维区间 $I^k \subset \mathbb{R}^k$.

以后将会看到, 用参数方程给出曲面对于计算特别重要. 有时只用一张图就能给出整个曲面, 这样的曲面通常称为**初等曲面**. 例如, 连续函数 $f : I^k \to \mathbb{R}$ 在 $\mathbb{R}^{k+1}$ 中的图像是初等曲面. 然而, 初等曲面更多是例外, 而不是常规. 例如, 对我们而言稀松平常的二维地球表面就不能只用一张图给出, 在地图册中至少应当有两张图 (见本节习题 3).

按照上述类比, 我们采用以下定义.

定义 3. 如果曲面 S 的一组局部图 $A(S) := \{\varphi_i : I_i^k \to U_i, i \in \mathbb{N}\}$ 的全体作用域能覆盖整个曲面 S (即 $S = \bigcup_i U_i$), 则这一组局部图称为**曲面 S 的图册**.

同一个曲面的两个图册的并集显然也是该曲面的图册.

对于映射 (1), 即对于曲面的局部参数方程, 如果只要求它是同胚而没有其他限制, 则 $\mathbb{R}^n$ 中的曲面可能具有相当怪异的形状. 例如, 可能出现的一种情况是, 与二维球面同胚的曲面, 即拓扑意义下的球面, 位于 $\mathbb{R}^3$ 中, 但这个曲面所包围的区域却不与球体同胚 (称之为角形球面[①]).

为了避开这种与数学分析中所讨论的问题没有实质联系的困难, 我们在第八章 §7 中把 $\mathbb{R}^n$ 中的 k 维光滑曲面定义为满足以下条件的集合 $S \subset \mathbb{R}^n$: 对于每个点 $x_0 \in S$, 可以找到它在 $\mathbb{R}^n$ 中的邻域 $U(x_0)$ 和微分同胚 $\psi : U(x_0) \to I^n = \{t \in \mathbb{R}^n \mid |t^i| < 1, i = 1, \cdots, n\}$, 使集合 $U_S(x_0) := S \cap U(x_0)$ 变为立方体 $I^k = I^n \cap \{t \in \mathbb{R}^n \mid t^{k+1} = \cdots = t^n = 0\}$.

显然, 这种意义下的光滑曲面也是满足定义 1 的曲面, 因为映射

$$x = \psi^{-1}(t^1, \cdots, t^k, 0, \cdots, 0) = \varphi(t^1, \cdots, t^k)$$

显然给出曲面的局部参数方程. 从上述角形球面的例子可知, 如果 ψ 仅仅是同胚, 则逆命题一般而言不成立. 但是, 如果映射 (1) 足够正则, 则曲面的概念在以前的定义中和新的定义中其实是相同的.

从本质上讲, 在第八章 §7 例 8 中已经指出了这一点. 但是, 考虑到这个问题的重要性, 我们准确地表述这个命题, 并回忆怎样得到结果.

[①] 亚历山大构造了这里讨论的曲面的一个实例. 亚历山大 (J. W. Alexander, 1888–1971) 是美国拓扑学家.

命题 1. 如果映射 (1) 属于映射类 $C^{(1)}(I^k, \mathbb{R}^n)$, 并且在立方体 I^k 的每个点都具有可能的最大秩 k, 则可以找到数 $\varepsilon > 0$ 以及 n 维立方体 $I_\varepsilon^n := \{t \in \mathbb{R}^n \mid |t^i| \leqslant \varepsilon,\ i = 1, \cdots, n\}$ 到空间 $\mathbb{R}^n$ 的微分同胚 $\varphi_\varepsilon : I_\varepsilon^n \to \mathbb{R}^n$, 使 $\varphi|_{I^k \cap I_\varepsilon^n} = \varphi_\varepsilon|_{I^k \cap I_\varepsilon^n}$.

换言之, 在所给条件下, 映射 (1) 在局部是 n 维立方体 I_ε^n 的微分同胚在 k 维立方体 $I_\varepsilon^k = I^k \cap I_\varepsilon^n$ 上的限制.

◀ 设映射 $x = \varphi(t)$ 的 n 个坐标函数为 $x^i = \varphi^i(t^1, \cdots, t^k)$, $i = 1, \cdots, n$. 为明确起见, 认为前 k 个坐标函数满足条件 $\det\left(\dfrac{\partial \varphi^i}{\partial t^j}\right)(0) \neq 0$, $i, j = 1, \cdots, k$. 根据隐函数定理, 在点 $(t_0, x_0) = (0, \varphi(0))$ 附近, 关系式

$$\begin{cases} x^1 = \varphi^1(t^1, \cdots, t^k), \\ \quad \vdots \\ x^k = \varphi^k(t^1, \cdots, t^k), \\ x^{k+1} = \varphi^{k+1}(t^1, \cdots, t^k), \\ \quad \vdots \\ x^n = \varphi^n(t^1, \cdots, t^k) \end{cases}$$

等价于关系式

$$\begin{cases} t^1 = f^1(x^1, \cdots, x^k), \\ \quad \vdots \\ t^k = f^k(x^1, \cdots, x^k), \\ x^{k+1} = f^{k+1}(x^1, \cdots, x^k), \\ \quad \vdots \\ x^n = f^n(x^1, \cdots, x^k). \end{cases}$$

在这种情况下, 映射

$$\begin{cases} t^1 = f^1(x^1, \cdots, x^k), \\ \quad \vdots \\ t^k = f^k(x^1, \cdots, x^k), \\ t^{k+1} = x^{k+1} - f^{k+1}(x^1, \cdots, x^k), \\ \quad \vdots \\ t^n = x^n - f^n(x^1, \cdots, x^k) \end{cases}$$

是点 $x_0 \in \mathbb{R}^n$ 的 n 维邻域的微分同胚. 现在可以取它的逆微分同胚在某个立方体 I_ε^n 上的限制作为 φ_ε. ▶

当然，只要改变尺度，就可以在上面的微分同胚中让 $\varepsilon = 1$，而立方体 I_ε^n 是单位立方体.

于是，我们证明了，对于 $\mathbb{R}^n$ 中的光滑曲面，可以采用与前面的定义等价的以下定义.

定义 4. $\mathbb{R}^n$ 中的 k 维曲面 (在定义 1 中引入的曲面) 称为 $(C^{(m)}$ 类$)$ 光滑曲面 $(m \geqslant 1)$，如果它具有这样的图册，其局部图是 $(C^{(m)}$ 类$)$ 光滑映射 $(m \geqslant 1)$，并且图册在其定义域的每个点的秩为 k.

我们指出，映射 (1) 的秩的条件很重要. 例如，由公式 $x^1 = t^2$, $x^2 = t^3$ 给出的解析映射 $\mathbb{R} \ni t \mapsto (x^1, x^2) \in \mathbb{R}^2$ 在平面 $\mathbb{R}^2$ 中确定一条曲线，它在点 $(0,0)$ 有尖点. 显然，这条曲线不是 $\mathbb{R}^2$ 中的一维光滑曲面，因为后者应当在它的任何点有切线 (一维切平面)[①].

因此，特别地，不应当混淆 $C^{(m)}$ 类光滑道路与 $C^{(m)}$ 类光滑曲线这两个概念.

在数学分析中通常考虑足够光滑的秩为 k 的参数方程 (1). 我们已经证实，在这种情况下，这里采用的光滑曲面的定义 4 与第八章 §7 中的定义一致. 然而，如果说前面的直观定义能够立刻避开某些不必要的麻烦的话，与曲面的定义 1 一致的定义 4 也具有已知的优点，因为很容易由此提炼出抽象流形的定义，更何况流形不一定局限在 $\mathbb{R}^n$ 中. 我们在这里暂时只关心 $\mathbb{R}^n$ 中的曲面.

现在考虑这样的曲面的一些例子.

例 1. 我们记得，如果 $F^i \in C^{(m)}(\mathbb{R}^n, \mathbb{R})$ $(i = 1, \cdots, n-k)$ 是一组光滑函数，并且方程组

$$\begin{cases} F^1(x^1, \cdots, x^k, x^{k+1}, \cdots, x^n) = 0, \\ \quad \vdots \\ F^{n-k}(x^1, \cdots, x^k, x^{k+1}, \cdots, x^n) = 0 \end{cases} \quad (2)$$

在其解集 S 的任何点的秩为 $n-k$，则或者该方程组根本没有解，或者其解集 S 在 $\mathbb{R}^n$ 中构成 $C^{(m)}$ 类 k 维光滑曲面 S.

◂ 我们来验证，如果 $S \neq \varnothing$，则 S 确实满足定义 4. 这得自隐函数定理. 根据该定理，在任何点 $x_0 \in S$ 的某个邻域内，方程组 (2) 在不考虑变量记号变化的情况下等价于方程组

$$\begin{cases} x^{k+1} = f^{k+1}(x^1, \cdots, x^k), \\ \quad \vdots \\ x^n = f^n(x^1, \cdots, x^k), \end{cases}$$

[①] 关于切平面，见第八章 §7.

其中 $f^{k+1}, \cdots, f^n \in C^{(m)}$. 把这个方程组写为

$$\begin{cases} x^1 = t^1, \\ \quad \vdots \\ x^k = t^k, \\ x^{k+1} = f^{k+1}(t^1, \cdots, t^k), \\ \quad \vdots \\ x^n = f^n(t^1, \cdots, t^k) \end{cases}$$

的形式, 就得到点 $x_0 \in S$ 在 S 上的邻域的参数方程. 参数域显然可以进一步变换为标准形式, 例如变换为 I^k, 从而得到标准的局部图 (1). ▶

例 2. 特别地, 在 $\mathbb{R}^n$ 中用方程

$$(x^1)^2 + \cdots + (x^n)^2 = r^2 \quad (r > 0) \tag{3}$$

给出的球面是 $\mathbb{R}^n$ 中的 $n-1$ 维光滑曲面, 因为方程 (3) 的解集 S 显然不是空集, 并且方程 (3) 左边的梯度在 S 的任何点都不等于零.

当 $n = 2$ 时, 我们得到 $\mathbb{R}^2$ 中的圆周

$$(x^1)^2 + (x^2)^2 = r^2.$$

利用极坐标

$$\begin{cases} x^1 = r\cos\theta, \\ x^2 = r\sin\theta, \end{cases}$$

容易通过极角 θ 给出它的局部参数方程.

对于固定值 $r > 0$, 映射 $\theta \mapsto (x^1, x^2)(\theta)$ 在任何形如 $\theta_0 < \theta < \theta_0 + 2\pi$ 的区间上都是微分同胚, 并且只需要两张图 (例如极角值 $\theta_0 = 0$ 和 $\theta_0 = -\pi$ 所对应的两张图) 就能构成圆周的图册. 这里只用一张标准图 (1) 是不够的, 因为圆周是紧集, 这与 $\mathbb{R}^1$ 或 $I^1 = B^1$ 的情况不同, 而拓扑空间的紧性在拓扑变换下保持不变.

利用极坐标 (球面坐标) 也能给出 $\mathbb{R}^3$ 中的二维球面

$$(x^1)^2 + (x^2)^2 + (x^3)^2 = r^2$$

的参数方程. 用 ψ 表示径向量 (x^1, x^2, x^3) 的方向与坐标轴 Ox^3 的方向之间的夹角 $(0 \leqslant \psi \leqslant \pi)$, 用 φ 表示径向量 (x^1, x^2, x^3) 在平面 (x^1, x^2) 上的投影的极角, 我们得到

$$x^3 = r\cos\psi,$$
$$x^2 = r\sin\psi\sin\varphi,$$
$$x^1 = r\sin\psi\cos\varphi.$$

在一般情况下, 用以下关系式引入 $\mathbb{R}^n$ 中的极坐标 $(r, \theta_1, \cdots, \theta_{n-1})$:

$$\begin{aligned}
x^1 &= r \cos \theta_1, \\
x^2 &= r \sin \theta_1 \cos \theta_2, \\
&\vdots \\
x^{n-1} &= r \sin \theta_1 \sin \theta_2 \cdots \sin \theta_{n-2} \cos \theta_{n-1}, \\
x^n &= r \sin \theta_1 \sin \theta_2 \cdots \sin \theta_{n-2} \sin \theta_{n-1}.
\end{aligned} \tag{4}$$

我们记得 $\mathbb{R}^n$ 中从一般的极坐标 $(r, \theta_1, \cdots, \theta_{n-1})$ 到笛卡儿坐标 $(x^1, \cdots, x^n)$ 的变换 (4) 的雅可比行列式

$$J = r^{n-1} \sin^{n-2} \theta_1 \sin^{n-3} \theta_2 \cdots \sin \theta_{n-2}. \tag{5}$$

由此可见, 例如, 它在 $0 < \theta_i < \pi, i = 1, \cdots, n-2$, 并且 $r > 0$ 时不等于零. 因此, 即使不利用参数 $\theta_1, \cdots, \theta_{n-1}$ 的简单的几何意义也可以保证, 对于固定的 $r > 0$, 映射 $(\theta_1, \cdots, \theta_{n-1}) \mapsto (x^1, \cdots, x^n)$ 作为局部微分同胚 $(r, \theta_1, \cdots, \theta_{n-1}) \mapsto (x^1, \cdots, x^n)$ 的限制, 本身也是局部微分同胚. 但是, 球面关于 $\mathbb{R}^n$ 的正交变换群是齐性的, 所以由此已经可以推出, 对于球面上任何点的邻域, 建立局部图是可能的.

例 3. 柱面

$$(x^1)^2 + \cdots + (x^k)^2 = r^2 \quad (r > 0)$$

在 $k < n$ 时是 $\mathbb{R}^n$ 中的 $n-1$ 维曲面, 是变量 $(x^1, \cdots, x^k)$ 的平面内的 $k-1$ 维球面与变量 $(x^{k+1}, \cdots, x^n)$ 的 $n-k$ 维平面的直积.

如果取 $\mathbb{R}^k$ 中的 $k-1$ 维球面上的点的极坐标 $\theta_1, \cdots, \theta_{k-1}$ 作为 $n-1$ 个参数 $(t^1, \cdots, t^{n-1})$ 中的前 $k-1$ 个, 再让 $t^k, \cdots, t^{n-1}$ 分别等于 $x^{k+1}, \cdots, x^n$, 显然就能得到这个曲面的局部参数方程.

例 4. 设空间 $\mathbb{R}^3$ 的笛卡儿坐标为 (x, y, z). 在平面 $x = 0$ 上取一条不与 Oz 轴相交的曲线 (一维曲面), 并让它绕 Oz 轴旋转, 就得到一个二维曲面. 可以认为这条曲线 (经线) 的局部坐标和另一个量, 例如旋转角 (纬线上的局部坐标), 是所得二维曲面的局部坐标.

特别地, 取中心位于点 $(b, 0, 0)$ 而半径为 a 的圆周作为原始曲线, 则当 $a < b$ 时得到二维环面 (图 69), 其参数方程可以表示为

$$\begin{cases} x = (b + a\cos\psi)\cos\varphi, \\ y = (b + a\cos\psi)\sin\varphi, \\ z = a\sin\psi \end{cases}$$

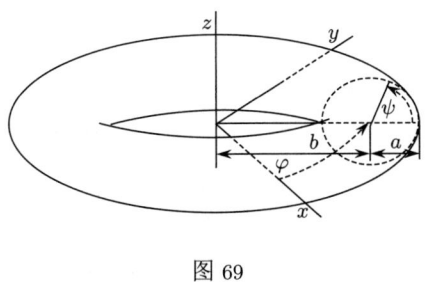

图 69

的形式, 其中 ψ 是原始的圆周 (经线) 上的角参数, 而 φ 是纬线上的角参数.

在拓扑学中, 与上述旋转环面同胚的任何曲面通常都称为**环面** (更确切地说, 为二维环面). 我们看到, 二维环面是两个圆周的直积. 因为只要把一条线段的两个端点粘在一起 (认为线段的两个端点是同一个点), 就从线段得到圆周, 所以从两条线段的直积可以得到环面, 即把矩形的两组对边分别按照相应点粘在一起, 就得到环面 (图 70).

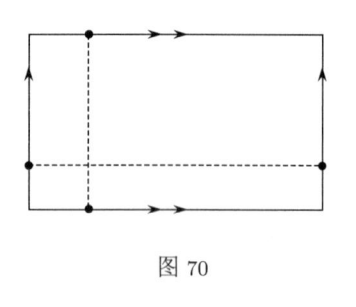

其实, 我们将在研究双摆的构形空间时使用这个结论 (见第十五章 §2 例 4). 结果表明, 双摆的构形空间是二维环面, 而环面上的道路对应着双摆的运动.

图 70

例 5. 如果把一根柔软的带子 (矩形) 按照图 71 a 中的箭头粘在一起, 就可以得到一个环 (图 71 c) 或一个柱面 (图 71 b), 它们在拓扑学观点下是一样的 (这些曲面彼此同胚). 而如果把带子按照图 72 a 中的箭头粘在一起, 就得到 $\mathbb{R}^3$ 中的一个曲面 (图 72 b), 它在数学中称为默比乌斯①带.

自然利用原始矩形所在平面上的坐标引入这样的曲面上的局部坐标.

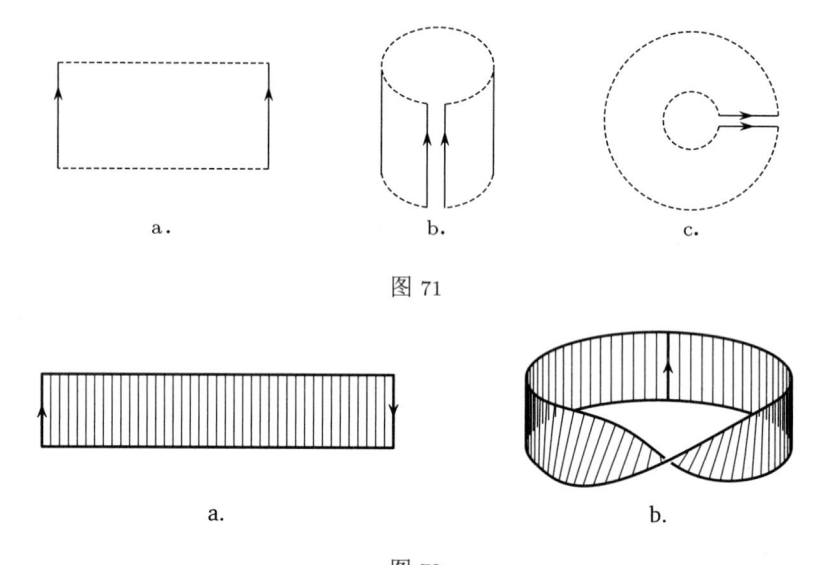

图 71

图 72

例 6. 综合考虑例 4 和例 5 并进行自然的类比, 现在可以指出矩形的一种新的粘接方法 (图 73 a), 其中既体现了环面的因素, 也体现了默比乌斯带的因素. 我们知道, 在不超出平面 $\mathbb{R}^2$ 的情况下, 不可能在不撕破矩形或者不让矩形自交的条件下粘成默比乌斯带. 与此类似, 在 $\mathbb{R}^3$ 中实现上述新粘接方法也是不可能的. 但是, 在 $\mathbb{R}^4$ 中已经能够实现这种新方法, 结果得到 $\mathbb{R}^4$ 中的一个曲面, 我们通常称之为

---

① 默比乌斯 (A. F. Möbius, 1790–1868) 是德国数学家和天文学家.

克莱因[1]瓶. 图 73 b 给出了画出这种曲面的一种尝试.

这个例子让我们认识到, 有时描述曲面本身比在确定的空间 $\mathbb{R}^n$ 中描述这个曲面更容易一些. 此外, 许多重要的 (各种维数的) 曲面最初并不是作为 $\mathbb{R}^n$ 的子集出现的, 而是, 例如, 作为力学系统的相空间、连续变换群的几何像、关于初始空间自同构群的商空间等出现的. 我们暂时只给出这些初步说明, 而更严谨的后续讨论将留给第十五章, 那里将给出曲面的一般定义, 而一般的曲面不一定位于 $\mathbb{R}^n$ 中. 不过, 这里虽然没有给出一般定义, 我们还是告诉大家, 根据著名的惠特尼[2]定理, 任何 k 维曲面都可以被同胚地映射到空间 $\mathbb{R}^{2k+1}$ 中的某个曲面上. 因此, 从拓扑多样性和拓扑分类的观点看, 在 $\mathbb{R}^n$ 中研究曲面其实并没有任何遗漏. 但是, 这些问题已经超出了我们对几何学的少量要求.

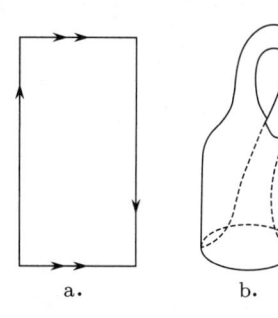

图 73

习 题

1. 请根据由条件
$$E_\alpha = \{(x,y) \in \mathbb{R}^2 \mid x^2 - y^2 = \alpha\},$$
$$E_\alpha = \{(x,y,z) \in \mathbb{R}^3 \mid x^2 - y^2 = \alpha\},$$
$$E_\alpha = \{(x,y,z) \in \mathbb{R}^3 \mid x^2 + y^2 - z^2 = \alpha\},$$
$$E_\alpha = \{z \in \mathbb{C} \mid |z^2 - 1| = \alpha\}$$

给出的每一个集合 E_α 对参数 $\alpha \in \mathbb{R}$ 的依赖关系说明:

a) E_α 是不是曲面?

b) 如果是, 则 E_α 的维数是多少?

c) E_α 是不是连通集?

2. 设 $f : \mathbb{R}^n \to \mathbb{R}^n$ 是满足条件 $f \circ f = f$ 的光滑映射.

a) 请证明: 集合 $f(\mathbb{R}^n)$ 是 $\mathbb{R}_n$ 中的光滑曲面.

b) 这个曲面的维数取决于映射 f 的什么特性?

3. 设 $e_0, e_1, \cdots, e_n$ 是欧氏空间 $\mathbb{R}^{n+1}$ 中的一组单位正交基向量, $x = x^0 e_0 + x^1 e_1 + \cdots + x^n e_n$, $\{x\}$ 是点 $(x^0, x^1, \cdots, x^n)$, $e_1, \cdots, e_n$ 是 $\mathbb{R}^n \subset \mathbb{R}^{n+1}$ 中的一组基向量.

公式
$$\psi_1 = \frac{x - x^0 e_0}{1 - x^0}, \quad x \neq e_0,$$
$$\psi_2 = \frac{x - x^0 e_0}{1 + x^0}, \quad x \neq -e_0$$

---

[1] 克莱因 (C. F. Klein, 1849–1925) 是德国的大数学家, 最早严格地确立了非欧氏几何的无矛盾性. 他精通数学史, 是《数学百科全书》的出版组织者之一.

[2] 惠特尼 (H. Whitney, 1907–1989) 是美国拓扑学家, 纤维空间理论的创建者之一.

分别给出从点 $\{e_0\}$ 和 $\{-e_0\}$ 的球极平面投影

$$\psi_1 : S^n \setminus \{e_0\} \to \mathrm{R}^n, \quad \psi_2 : S^n \setminus \{-e_0\} \to \mathrm{R}^n.$$

a) 请说明这些映射的几何意义.

b) 请验证: 如果 $t \in \mathbb{R}^n$ 并且 $t \neq 0$, 则 $(\psi_2 \circ \psi_1^{-1})(t) = t/|t|^2$, 其中 $\psi_1^{-1} = (\psi_1|_{S_n \setminus \{e_0\}})^{-1}$.

c) 请证明: $\psi_1^{-1} = \varphi_1 : \mathbb{R}^n \to S^n \setminus \{e_0\}$, $\psi_2^{-1} = \varphi_2 : \mathbb{R}^n \to S^n \setminus \{-e_0\}$ 这两个图构成球面 $S^n \subset \mathbb{R}^{n+1}$ 的图册.

d) 请证明: 球面的任何图册必定具有至少两张图.

§2. 曲面的定向

首先, 我们知道, 从空间 $\mathbb{R}^n$ 的一组标架① $e_1, \cdots, e_n$ 到另一组标架 $\tilde{e}_1, \cdots, \tilde{e}_n$ 的变换是利用来自分解式 $\tilde{e}_j = a_j^i e_i$ 的矩阵 (a_j^i) 实现的. 这个矩阵的行列式永远不等于零, 并且空间的所有标架可以分为两个等价类, 同一类标架之间的相互变换矩阵的行列式是正的. 这样的等价类称为空间 $\mathbb{R}^n$ 的定向标架类.

按照定义, 给出 $\mathbb{R}^n$ 的定向表示从 $\mathbb{R}^n$ 的两个定向标架类中指定一个. 因此, 定向空间 $\mathbb{R}^n$ 是空间 $\mathbb{R}^n$ 本身加上它的一个确定的定向标架类. 为了指出定向标架类, 只要指出它的任何一个标架即可, 所以可以说, 定向空间 $\mathbb{R}^n$ 是具有确定标架的 $\mathbb{R}^n$.

$\mathbb{R}^n$ 中的标架在 $\mathbb{R}^n$ 中产生坐标系, 并且从一个坐标系向另一个坐标系的变换是由标架变换矩阵 (a_j^i) 的转置矩阵 (a_i^j) 实现的. 因为这些矩阵的行列式相等, 所以只要对坐标系重复关于定向标架的全部上述讨论, 就可以得到 $\mathbb{R}^n$ 中的定向坐标系类, 同一类坐标系之间的相互变换是由具有正的雅可比行列式的矩阵实现的.

描述空间 $\mathbb{R}^n$ 的定向概念的这两种方法在本质上是一致的, 它们各有用途. 但是, 我们再回顾一下曲线坐标系情况下的坐标与标架之间的联系, 以便将来应用.

设 G 和 D 是分别位于两个空间 $\mathbb{R}^n$ 中的微分同胚区域, 这两个空间分别具有笛卡儿坐标 $(x^1, \cdots, x^n)$ 和 $(t^1, \cdots, t^n)$. 微分同胚 $\varphi : D \to G$ 可以视为在区域 G 中引入曲线坐标 $(t^1, \cdots, t^n)$ 的规则 $x = \varphi(t)$, 即用点 $t = \varphi^{-1}(x) \in D$ 的笛卡儿坐标 $(t^1, \cdots, t^n)$ 表示点 $x \in G$. 如果在每个点 $t \in D$ 考虑切空间 $T\mathbb{R}_t^n$ 的标架 $e_1, \cdots, e_n$, 它由坐标轴方向的单位向量组成, 则在 D 内出现一个标架场, 它可以视为区域 D 所在的原始空间 $\mathbb{R}^n$ 的单位正交标架平移至 D 的每个点的结果. 因为 $\varphi : D \to G$ 是微分同胚, 所以按照规则 $TD_t \ni e \mapsto \varphi'(t)e = \boldsymbol{\xi} \in TG_x$ 实现的切空间之间的映射 $\varphi'(t) : TD_t \to TG_{x=\varphi(t)}$ 在每个点 t 是切空间之间的同构. 所以, 这时从 TD_t 中的标架 $e_1, \cdots, e_n$ 可以得到 TG_x 中的标架 $\boldsymbol{\xi}_1 = \varphi'(t)e_1, \cdots, \boldsymbol{\xi}_n = \varphi'(t)e_n$, 而 D 上的标架场变换为 G 上的标架场 (图 74). 因为 $\varphi \in C^{(1)}(D, G)$, 所以如果向量场 $e(t)$ 在 D 中连续, 则向量场 $\boldsymbol{\xi}(x) = \boldsymbol{\xi}(\varphi(t)) = \varphi'(t)e(t)$ 在 G 中也连续. 因此, 任何 (由 n 个连续向量场组成的) 连续标架场在微分同胚下变换为连续标架场.

---

① 微分几何中的术语 "标架" 指向量空间中的一组基向量. ——译者

§2. 曲面的定向

现在考虑两个微分同胚 $\varphi_i : D_i \to G$, $i = 1, 2$, 它们按照规则 $x = \varphi_i(t_i)$ 在同一个区域 G 中引入两个曲线坐标系 $(t_1^1, \cdots, t_1^n)$ 和 $(t_2^1, \cdots, t_2^n)$. 互逆的微分同胚 $\varphi_2^{-1} \circ \varphi_1 : D_1 \to D_2$, $\varphi_1^{-1} \circ \varphi_2 : D_2 \to D_1$ 实现这两个曲线坐标系之间的相互变换. 这些映射的雅可比行列式在区域 D_1, D_2 的彼此对应的各点上是互逆的, 因此具有相同的符号. 如果区域 G 是连通的 (D_1 和 D_2 同时也是连通的), 则因为上述雅可比行列式连续并且不等于零, 所以它们在 D_1 和 D_2 的所有点具有相同的符号.

因此, 在连通区域 G 中用上述方法引入的所有曲线坐标系恰

图 74

好分为两个等价类, 同一类曲线坐标系之间的变换具有正的雅可比行列式. 这样的等价类称为区域 G 中的定向曲线坐标系类.

在区域 G 中给出定向, 按照定义就是在 G 中指定它的一个定向曲线坐标系类.

不难验证, 区域 G 中的同一类定向曲线坐标系 (如上所述) 在 G 中产生连续标架场, 它们在每个点 $x \in G$ 都位于切空间 TG_x 的同一个定向标架类中. 可以证明, 区域 G 的连续标架场在区域连通的情况下恰好分为两个等价类, 同一类标架在每个点 $x \in G$ 都属于切空间 TG_x 的同一个定向标架类 (见本节的相关习题 3, 4).

于是, 可以用两种完全等价的方法给出区域 G 的同一种定向: 或者指出 G 中的某一个曲线坐标系, 或者给出 G 中的与该坐标系相应的同一个定向类中的任何一个连续标架场.

现在已经清楚, 只要在连通区域 G 中的一个点 x 指出切空间 TG_x 的定向标架, 该区域的定向就完全确定下来. 这在实践中有广泛应用. 如果在某点 $x_0 \in G$ 给出了这样的定向标架, 并在区域 G 中选取了某个曲线坐标系 $\varphi : D \to G$, 我们就可以在 TG_{x_0} 中建立与这个坐标系相应的标架, 并与 TG_{x_0} 中原来给出的定向标架进行对比. 当两个标架都属于 TG_{x_0} 的同一个定向类时, 就认为曲线坐标在 G 中给出了与原来的定向标架一致的定向. 反之, 就认为给出了相反的定向.

如果 G 是开集, 但不一定是连通集, 则因为所有上述讨论适用于集合 G 的任何连通子集, 所以为了给出 G 的定向, 应当在 G 的每个连通子集中给出各自的定向标架. 这意味着, 如果有 m 个这样的子集, 则集合 G 有 2^m 种不同的定向.

如果把区域 G 改为 $\mathbb{R}^n$ 中由一张图给出的光滑 k 维曲面 S (图 75), 就可以逐字逐句重复关于区域

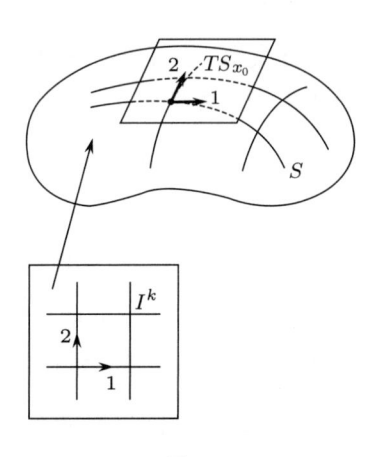

图 75

$G \subset \mathbb{R}^n$ 的定向的上述讨论. 这时, S 的所有曲线坐标系, 按照它们相互变换的雅可比行列式的符号, 自然也分为两个定向类. 此外, 同样会产生 S 上的两类标架场, 也同样能用位于 S 的某个切平面 TS_{x_0} 上的定向标架给出定向.

这里出现的唯一需要验证的新结论是以下并非显而易见的命题.

命题 1. 从光滑曲面 $S \subset \mathbb{R}^n$ 上的一个曲线坐标系到另一个曲线坐标系的相互变换是微分同胚, 其光滑程度与曲面的图的光滑程度相同.

◀ 其实, 根据 §1 的命题, 任何一张图 $\varphi: I^k \to U \subset S$ 在局部都可以视为点 $t \in I^k \subset \mathbb{R}^n$ 的某个 n 维邻域 $O(t)$ 到点 $x \in S \subset \mathbb{R}^n$ 的 n 维邻域 $O(x)$ 上的微分同胚 $\mathcal{F}: O(t) \to O(x)$ 在 $I^k \cap O(t)$ 上的限制, 并且 $\mathcal{F}$ 与 φ 属于同样的光滑映射类. 现在, 设 $\varphi_1: I_1^k \to U_1$ 和 $\varphi_2: I_2^k \to U_2$ 是两张这样的图, 则它们的公共作用域中的映射 $\varphi_2^{-1} \circ \varphi_1$ (从第一个坐标系到第二个坐标系的变换) 在局部可以表示为 $\varphi_2^{-1} \circ \varphi_1(t^1, \cdots, t^k) = \mathcal{F}_2^{-1} \circ \mathcal{F}_1(t^1, \cdots, t^k, 0, \cdots, 0)$ 的形式, 其中 $\mathcal{F}_1$ 和 $\mathcal{F}_2$ 是 n 维邻域上的相应微分同胚. ▶

利用由一张图给出的初等曲面的例子, 我们分析清楚了曲面定向概念的全部本质内容. 现在, 我们对 $\mathbb{R}^n$ 中任意的光滑曲面给出最终的定义, 从而结束相关讨论.

设 S 是 $\mathbb{R}^n$ 中的 k 维光滑曲面, $\varphi_i: I_i^k \to U_i$, $\varphi_j: I_j^k \to U_j$ 是曲面 S 的两张局部图, 它们的作用域相交, 即 $U_i \cap U_j \neq \varnothing$. 如刚才所证, 在集合 $I_{ij}^k = \varphi_i^{-1}(U_j)$ 与 $I_{ji}^k = \varphi_j^{-1}(U_i)$ 之间可以自然地建立起互逆的微分同胚 $\varphi_{ij}: I_{ij}^k \to I_{ji}^k$, $\varphi_{ji}: I_{ji}^k \to I_{ij}^k$, 它们实现了在曲面 S 上从一个局部曲线坐标系向另一个局部曲线坐标系的变换.

定义 1. 如果曲面的两张局部图的作用域不相交, 或者二者相交, 并且这两张图在其公共作用域上的相互转换可以通过雅可比行列式为正的微分同胚实现, 就说这两张图是相容的.

定义 2. 由两两相容的图组成的图册称为曲面的定向图册.

定义 3. 具有定向图册的曲面称为可定向曲面, 不能引入定向图册的曲面称为不可定向曲面.

与空间 $\mathbb{R}^n$ 的区域或由一张图给出的初等曲面不同, 任意的曲面可能是不可定向的.

例 1. 可以验证, 默比乌斯带是不可定向曲面 (见本节习题 2, 3).

例 2. 克莱因瓶也是不可定向曲面, 因为从表现克莱因瓶结构的图 73 能直接看出, 它包含默比乌斯带作为自己的一部分.

例 3. 圆周和一般的 k 维球面是可定向曲面. 可以用球面的由相容图构成的图册的直接表达式 (见 §1 例 2) 来证明这个结果.

§2. 曲面的定向

例 4. 在 §1 例 4 中讨论的二维环面也是可定向曲面. 其实, 利用 §1 例 4 中的环面参数方程容易指出它的定向图册.

我们不再关注这些细节, 因为下面将对一些足够简单的曲面给出另外一种更直观的判断定向的方法, 用这种方法能够轻松验证例 1–4 中的结果.

如果在定义 1–3 的基础上再补充下面的定义 4 和 5, 对曲面定向概念的常规描述就完成了.

如果一个曲面的两个定向图册的并集仍然是这个曲面的定向图册, 就认为这两个定向图册是等价的.

上述关系确实是定向曲面的定向图册之间的等价关系.

定义 4. 按照上述等价关系建立起来的曲面的定向图册等价类称为**曲面的定向图册类**, 简称为**曲面的定向**.

定义 5. 具有固定的定向图册类 (即具有固定的定向) 的曲面称为**定向曲面**.

因此, 给出曲面的定向, 就是用某种方法指出这个曲面的一个固定的定向图册类.

以下命题成立. 我们已经知道它的特例.

命题 2. 可定向连通曲面恰好具有两个定向.

通常说这两个定向互为相反的定向.

命题 2 的证明见第十五章 §2 第 3 小节.

如果可定向曲面是连通的, 则为了给出它的定向, 只要指出该曲面的一个局部图或它的某一个切平面中的一个定向标架即可. 这在实践中有广泛应用.

当曲面有若干连通分支时, 自然要在每一个分支上都这样指出局部图或标架.

在实践中还广泛使用下述方法给出已定向空间中的曲面的定向. 设欧氏空间 $\mathbb{R}^n$ 具有固定的定向标架 $e_1, \cdots, e_n$, 而 S 是该空间中的可定向 $n-1$ 维曲面. 设 TS_x 是曲面 S 在点 $x \in S$ 的 $n-1$ 维切平面, 而 $\boldsymbol{n}$ 是与 TS_x 正交的向量, 即曲面 S 在点 x 的法向量. 当向量 $\boldsymbol{n}$ 给定时, 如果在 TS_x 中选取标架 $\boldsymbol{\xi}_1, \cdots, \boldsymbol{\xi}_{n-1}$, 使标架 $(e_1, \cdots, e_n)$ 和 $(\boldsymbol{n}, \boldsymbol{\xi}_1, \cdots, \boldsymbol{\xi}_{n-1}) = (\tilde{e}_1, \tilde{e}_2, \cdots, \tilde{e}_n)$ 属于空间 $\mathbb{R}^n$ 的同一个定向类, 则容易看出, 切平面 TS_x 中这样的标架 $(\boldsymbol{\xi}_1, \cdots, \boldsymbol{\xi}_{n-1})$ 本身属于该平面的同一个定向类. 因此, 在这种情况下, 只要给定法向量 $\boldsymbol{n}$, 就能给出切平面 TS_x 的定向类, 从而给出连通可定向曲面的定向 (图 76).

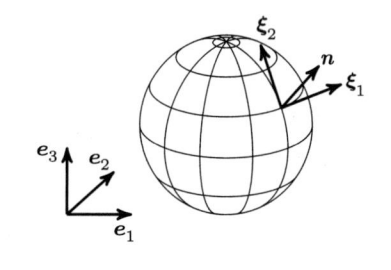

图 76

不难验证 (见习题 4), 欧氏空间 $\mathbb{R}^n$ 中的 $n-1$ 维曲面是可定向曲面等价于该曲面上的非零连续法向量场存在.

特别地，由此显然可知，在例 1–4 中讨论过的球面和环面是可定向曲面，而默比乌斯带是不可定向曲面.

在欧氏空间 $\mathbb{R}^n$ 中，如果在 $n-1$ 维连通曲面上存在 (单值的) 连续单位法向量场，则该曲面在几何学中称为双侧曲面.

因此，例如，$\mathbb{R}^3$ 中的球面、环面、平面都是双侧曲面，而默比乌斯带则不同，它在这个意义下是单侧曲面.

在结束关于曲面定向概念的讨论时，我们对它在分析中的应用做几点说明.

在与 $\mathbb{R}^n$ 中的定向曲面有关的数学分析计算中，通常首先求出曲面 S 的某一组局部参数方程，而不关心定向问题. 然后在曲面的某个切平面 TS_x 内构造由 (速度) 向量构成的标架 $\xi_1, \cdots, \xi_{n-1}$，这些向量与选定的曲线坐标线相切，即建立由这个坐标系给出的定向标架.

如果空间 $\mathbb{R}^n$ 已经有定向，而 S 的定向由法向量场给出，则取这个场在点 x 的向量 $\boldsymbol{n}$，并对比标架 $\boldsymbol{n}, \xi_1, \cdots, \xi_{n-1}$ 和给出空间定向的标架 $e_1, \cdots, e_n$. 如果这两个标架属于同一个定向类，则按照上面的约定，局部图就给出了所需要的曲面定向；而当这两个标架不属于同一个定向类时，所选局部图给出了与上述法向量 $\boldsymbol{n}$ 相反的曲面定向.

显然，当 $n-1$ 维曲面的某个局部图存在时，只要简单地改变坐标的顺序，就能得到具有所需定向的局部图 (定向由定向空间 $\mathbb{R}^n$ 中的双侧超曲面的上述确定的法向量 $\boldsymbol{n}$ 给出).

在一维情形下，曲面化为曲线，我们更常用曲线在某个点的切向量给出曲线的定向，这时我们经常不说 "曲线的定向"，而说 "沿曲线运动的方向".

如果在平面 $\mathbb{R}^2$ 上选取 $\mathbb{R}^2$ 的一个定向标架并给出一条闭曲线，设该曲线所围区域为 D，$\boldsymbol{n}$ 是曲线相对于 D 的外法向量，而 $\boldsymbol{v}$ 是沿曲线的环绕速度向量，则通常认为，当标架 $\boldsymbol{n}, \boldsymbol{v}$ 与 $\mathbb{R}^2$ 的定向标架属于同一个定向类时，沿曲线运动的方向是区域 D 的环绕正方向.

这意味着，例如，对于在平面上惯用的 (右手) 标架，"逆时针" 方向是环绕正方向，所以当沿一条曲线环绕该曲线所围区域运动时，这个区域总是位于 "左侧".

因此，为了给出平面或平面区域的定向，经常不是指出 $\mathbb{R}^2$ 中的标架，而是指出沿某条封闭曲线运动的正方向，通常利用圆周作为这样的封闭曲线.

给出这样的方向其实就是指出从标架的第一个向量以最小角度旋转到第二个向量时的旋转方向，这等价于给出平面上的定向标架类.

习 题

1. 在 §1 习题 3 c) 中指出的球面的图册是不是该球面的定向图册？

2. a) 请利用 §1 例 4 给出二维环面的定向图册.
   b) 请证明：默比乌斯带没有定向图册.

c) 请证明: 在微分同胚 $f: D \to \widetilde{D}$ 下, 有向曲面 $S \subset D$ 变为有向曲面 $\widetilde{S} \subset \widetilde{D}$.

3. a) 请验证: 在区域 $G \subset \mathbb{R}^n$ 中属于同一个定向类的曲线坐标系在 G 中给出连续标架场, 并且在每个点 $x \in G$ 给出空间 TG_x 的同一个定向类中的标架.

b) 请证明: 在连通区域 $G \subset \mathbb{R}^n$ 中, 连续标架场恰好分为两个定向类.

c) 请以球面为例证明: 即使在光滑曲面 $S \subset \mathbb{R}^n$ 上不存在 S 的切空间的连续标架场, 光滑曲面 S 也可能是可定向的.

d) 请证明: 在可定向连通曲面上恰好可以给出两种不同的定向.

4. a) 取空间 $\mathbb{R}^n$ 的一个固定子空间 $\mathbb{R}^{n-1}$, 以及向量 $\boldsymbol{v} \in \mathbb{R}^n \setminus \mathbb{R}^{n-1}$ 和子空间 $\mathbb{R}^{n-1}$ 的两个标架 $(\boldsymbol{\xi}_1, \cdots, \boldsymbol{\xi}_{n-1})$, $(\tilde{\boldsymbol{\xi}}_1, \cdots, \tilde{\boldsymbol{\xi}}_{n-1})$. 请验证: 这两个标架属于空间 $\mathbb{R}^{n-1}$ 的同一个定向标架类的充分必要条件是, 标架 $(\boldsymbol{v}, \boldsymbol{\xi}_1, \cdots, \boldsymbol{\xi}_{n-1})$, $(\boldsymbol{v}, \tilde{\boldsymbol{\xi}}_1, \cdots, \tilde{\boldsymbol{\xi}}_{n-1})$ 给出空间 $\mathbb{R}^n$ 的同一种定向.

b) 请证明: 光滑超曲面 $S \subset \mathbb{R}^n$ 可定向的充分必要条件是在 S 上存在 S 的连续单位法向量场. 特别地, 由此可知, 双侧曲面是可定向曲面.

c) 请证明: 如果 $\operatorname{grad} F \neq 0$, 则由方程 $F(x^1, \cdots, x^n) = 0$ 给出的曲面是可定向曲面 (假设方程有解).

d) 请把上一题的结果推广到由方程组给出的曲面的情形.

e) 在 $\mathbb{R}^3$ 中, 并非每一个二维光滑曲面都能用方程 $F(x, y, z) = 0$ 给出, 其中 F 是没有临界点 (即满足 $\operatorname{grad} F \neq 0$) 的光滑函数. 请解释: 这个结论为什么成立?

§3. 曲面的边界及边界的定向

1. 带边曲面. 设 $\mathbb{R}^k$ 是具有笛卡儿坐标 $t^1, \cdots, t^k$ 的 k 维欧氏空间. 考虑空间 $\mathbb{R}^k$ 的半空间 $H^k := \{t \in \mathbb{R}^k \mid t^1 \leqslant 0\}$. 超平面 $\partial H^k := \{t \in \mathbb{R}^k \mid t^1 = 0\}$ 称为半空间 H^k 的边界.

我们指出, 集合 $\mathring{H}^k := H^k \setminus \partial H^k$, 即 H^k 的作为开集的部分, 是最简单的 k 维曲面. 半空间 H^k 本身在形式上不符合曲面的定义, 因为 H^k 含有边界 ∂H^k 的点. 集合 H^k 是带边曲面的样本. 我们现在描述带边曲面.

定义 1. 如果集合 $S \subset \mathbb{R}^n$ 的任何点 $x \in S$ 具有在 S 中的邻域 U, 并且这个邻域或者与 $\mathbb{R}^k$ 同胚, 或者与 H^k 同胚, 则集合 S 称为 (k 维) **带边曲面**.

定义 2. 如果 $\varphi: U \to H^k$ 是定义 1 中的 U 到 H^k 上的同胚, 并且在这个同胚下, 与点 $x \in U$ 相对应的是边界 ∂H^k 的点, 则 x 称为 (带边) 曲面 S 及其邻域 U 的**边界点**. 所有边界点的集合称为**曲面 S 的边界**.

通常用 ∂S 表示曲面 S 的边界. 我们指出, ∂H^k 在 $k = 1$ 时仅由一个点组成. 为了保留关系式 $\partial H^k = \mathbb{R}^{k-1}$, 以后将把 $\mathbb{R}^0$ 理解为一个点, 并认为 $\partial \mathbb{R}^0$ 是空集.

我们还记得, 在区域 $G_i \subset \mathbb{R}^k$ 到区域 $G_j \subset \mathbb{R}^k$ 上的同胚映射 $\varphi_{ij}: G_i \to G_j$ 下, 区域 G_i 的内点变为像 $\varphi_{ij}(G_i)$ 的内点 (这是布劳威尔定理). 因此, 曲面边界点的概念与局部图的选择无关, 即定义是合理的.

定义 1 在形式上也包含 §1 定义 1 所描述的情况. 通过对比这些定义可知, 如果在 S 上没有边界点, 我们就回到了曲面的前一个定义, 现在可以认为它是无边曲面的定义. 我们因此指出, 术语 "带边曲面" 通常用于边界点集不是空集的情况.

与无边曲面的概念一样, $(C^{(m)}$ 类) 光滑带边曲面 S 的概念也要求 S 具有同样光滑的图册. 这时我们认为, 对于形如 $\varphi: H^k \to U$ 的图, 只在映射 φ 的定义域 H^k 上计算 φ 在边界 ∂H^k 上的点的偏导数, 即有时这是单侧导数, 而映射 φ 的雅可比行列式在 H^k 上处处不为零.

可以用 $C^{(\infty)}$ 类微分同胚把 $\mathbb{R}^k$ 变换为立方体 $I^k = \{t \in \mathbb{R}^k \mid |t^i| < 1,\ i = 1, \cdots, k\}$, 这时 H^k 变换为立方体 I^k 的一部分 I_H, 它由补充条件 $t^1 \leqslant 0$ 确定. 因此显然可知, 在带边曲面 (甚至光滑带边曲面) 的定义中, 可以把 $\mathbb{R}^k$ 改为 I^k, 把 H^k 改为 I_H^k 或带有一个附加界面 $I^{k-1} := \{t \in \mathbb{R}^k \mid t^1 = 1,\ |t^i| < 1,\ i = 2, \cdots, k\}$ 的立方体 $\tilde{I}^k$, 这个附加界面显然是一个维数降低了 1 的立方体.

由于在选取曲面的标准局部图时总是存在这种随意性, 我们在对比定义 1, 2 与 §1 中的定义 1 后看到, 以下命题成立.

命题 1. $C^{(m)}$ 类 k 维光滑曲面的边界本身是同样光滑的无边曲面, 其维数比原带边曲面的维数小 1.

◀ 其实, 如果 $A(S) = \{(H^k, \varphi_i, U_i)\} \cup \{(\mathbb{R}^k, \varphi_j, U_j)\}$ 是带边曲面 S 的图册, 则 $A(\partial S) = \{(\mathbb{R}^{k-1}, \varphi_i|_{\partial H^k = \mathbb{R}^{k-1}}, \partial U_i)\}$ 显然是边界 ∂S 的同样光滑的图册. ▶

列举几个简单的带边曲面.

例 1. $\mathbb{R}^n$ 中的 n 维闭球 $\overline{B}^n$ 是 n 维带边曲面, 其边界 $\partial \overline{B}^n$ 是 $n-1$ 维球面 (见图 76 和图 77 a).

仿照二维情况, 经常把闭球 $\overline{B}^n$ 称为 n 维盘. 它可以同胚地变为半个 n 维球面, 其边界是 $n-1$ 维赤道球面 (图 77 b).

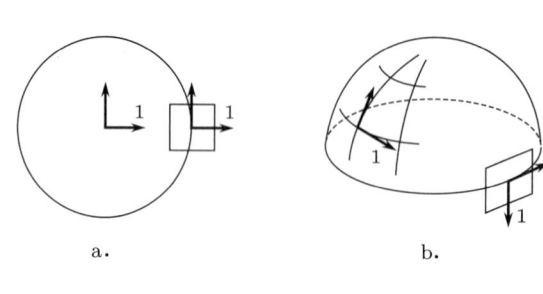

图 77

例 2. 可以把 $\mathbb{R}^n$ 中的闭立方体 $\tilde{I}^n$ 沿来自其中心的射线同胚地变换为闭球 $\overline{B}^n$. 因此, $\tilde{I}^n$ 与 $\overline{B}^n$ 一样, 也是 n 维带边曲面, 其边界这时由立方体各面组成 (图 78). 我们指出, 这些面的交集是立方体的棱, 所以立方体到球上的任何映射显然不可能是正则的 (即不可能是 k 阶光滑的).

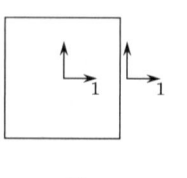

图 78

例 3. 现在取一个闭矩形并按照 §1 例 5 所述方法粘接它的一组对边, 所得默比乌斯带显然是 $\mathbb{R}^3$ 中的带边曲面, 其边界与圆周同胚. 按照另一种方法粘接对边, 就得到柱面, 其边界由两个圆周组成. 这个曲面与普通的平面环同胚 (见 §1 例 5 的图 71). 在

§3. 曲面的边界及边界的定向 · 151 ·

图 79, 80, 81 中画出了 $\mathbb{R}^2$ 或 $\mathbb{R}^3$ 中的一些带边曲面, 每一对曲面彼此同胚. 我们以后会用到这些曲面. 可以看出, 即使曲面本身是连通的, 其边界也可能不是连通的.

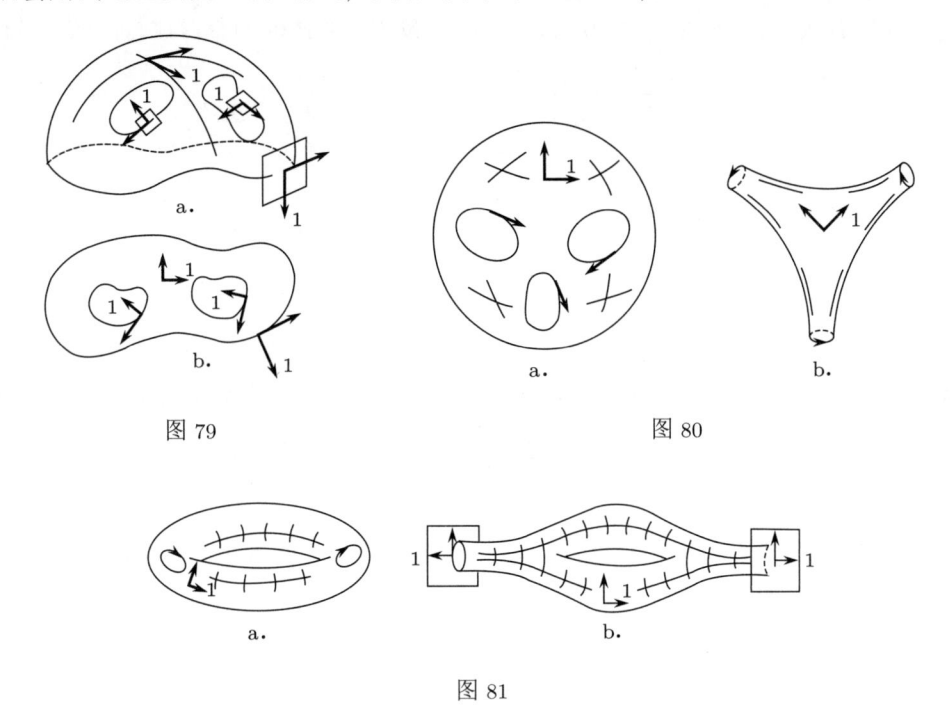

图 79

图 80

图 81

2. 曲面定向与边界定向的相容性. 如果在欧氏空间 $\mathbb{R}^k$ 中固定一个正交的定向标架 $e_1, \cdots, e_k$, 它给出 $\mathbb{R}^k$ 中的笛卡儿坐标 $x^1, \cdots, x^k$, 则半空间 $H^k = \{x \in \mathbb{R}^k \mid x^1 \leqslant 0\}$ 的边界 $\partial H^k = \mathbb{R}^{k-1}$ 上的向量 $e_2, \cdots, e_k$ 给出一种定向, 我们认为这种定向与半空间 H^k 的由标架 $e_1, \cdots, e_k$ 给出的定向是相容的.

在 $k = 1$ 时, $\partial H^k = \mathbb{R}^{k-1} = \mathbb{R}^0$ 是一个点, 应当特别约定如何给出一个点的定向. 我们约定, 采用添加正号 "+" 或负号 "−" 的方法给出一个点的定向. 于是, 在 $\partial H^1 = \mathbb{R}^0$ 时取 $(\mathbb{R}^0, +)$, 简写为 $+\mathbb{R}^0$.

现在, 我们希望在一般情况下确定曲面定向与其边界定向相容的含义. 这对于以后讨论的关于曲面积分的实际计算极为重要.

首先证明下面的一般命题.

命题 2. 光滑可定向曲面 S 的边界 ∂S 本身是光滑可定向曲面 (可能不连通).

◂ 利用命题 1, 我们只需要验证 ∂S 是可定向曲面. 我们来证明, 如果 $A(S) = \{(H^k, \varphi_i, U_i)\} \cup \{(\mathbb{R}^k, \varphi_j, U_j)\}$ 是带边曲面 S 的定向图册, 则边界的图册 $A(\partial S) = \{(\mathbb{R}^{k-1}, \varphi_i|_{\partial H^k = \mathbb{R}^{k-1}}, \partial U_i)\}$ 也是由两两相容的图组成的. 为此, 显然只需要验证, 如果 $\tilde{t} = \psi(t)$ 是点 $t_0 \in \partial H^k$ 在 H^k 中的邻域 $U_{H^k}(t_0)$ 到点 $\tilde{t}_0 \in \partial H^k$ 在 H^k 中的邻域 $\tilde{U}_{H^k}(\tilde{t}_0)$ 上的微分同胚, 并且其雅可比行列式是正的, 则点 t_0 在 ∂H^k 中的邻域

$U_{\partial H^k}(t_0) = \partial U_{H^k}(t_0)$ 到点 $\tilde{t}_0 = \psi(t_0)$ 在 ∂H^k 中的邻域 $\tilde{U}_{\partial H^k}(\tilde{t}_0) = \partial \tilde{U}_{H^k}(\tilde{t}_0)$ 上的映射 $\psi|_{\partial U_{H^k}(t_0)}$ 也具有正的雅可比行列式.

我们看到, 在任何点 $t_0 = (0, t_0^2, \cdots, t_0^k) \in \partial H^k$, 映射 ψ 的雅可比行列式 J 为

$$J(t_0) = \begin{vmatrix} \dfrac{\partial \psi^1}{\partial t^1} & 0 & \cdots & 0 \\ \dfrac{\partial \psi^2}{\partial t^1} & \dfrac{\partial \psi^2}{\partial t^2} & \cdots & \dfrac{\partial \psi^2}{\partial t^k} \\ \vdots & \vdots & & \vdots \\ \dfrac{\partial \psi^k}{\partial t^1} & \dfrac{\partial \psi^k}{\partial t^2} & \cdots & \dfrac{\partial \psi^k}{\partial t^k} \end{vmatrix} = \dfrac{\partial \psi^1}{\partial t^1} \begin{vmatrix} \dfrac{\partial \psi^2}{\partial t^2} & \cdots & \dfrac{\partial \psi^2}{\partial t^k} \\ \vdots & & \vdots \\ \dfrac{\partial \psi^k}{\partial t^2} & \cdots & \dfrac{\partial \psi^k}{\partial t^k} \end{vmatrix},$$

因为当 $t^1 = 0$ 时应有 $\tilde{t}^1 = \psi^1(0, t^2, \cdots, t^k) \equiv 0$ (边界点在微分同胚下变为边界点). 我们还看到, 当 $t^1 < 0$ 时应有 $\tilde{t}^1 = \psi^1(t^1, t^2, \cdots, t^k) < 0$ (因为 $\tilde{t} = \psi(t) \in H^k$), 所以 $\dfrac{\partial \psi^1}{\partial t^1}(0, t^2, \cdots, t^k)$ 的值不能是负的. 根据条件, $J(t_0) > 0$, 而 $\dfrac{\partial \psi^1}{\partial t^1}(0, t^2, \cdots, t^k) > 0$, 所以从行列式等式可知, 映射 $\psi|_{\partial U_{H^k}(t_0)} = \psi(0, t^2, \cdots, t^k)$ 的雅可比行列式为正. ▶

我们指出, 在命题 2 和下面的定义 3 中, 显然应当按照本小节最前面对一维曲面 ($k=1$) 情况的约定专门给出预先说明.

定义 3. 如果 $A(S) = \{(H^k, \varphi_i, U_i)\} \cup \{(\mathbb{R}^k, \varphi_j, U_j)\}$ 是边界为 ∂S 的带边曲面 S 的标准局部图的定向图册, 则 $A(\partial S) = \{(\mathbb{R}^{k-1}, \varphi_i|_{\partial H^k = \mathbb{R}^{k-1}}, \partial U_i)\}$ 是边界的定向图册. 由它给出的边界 ∂S 的定向称为与曲面定向相容的边界定向.

在结束关于可定向曲面的边界的定向的讨论时, 我们给出两个有用的附注.

附注 1. 如前所述, 在实际应用中常常用切向量标架给出 $\mathbb{R}^n$ 中曲面的定向, 所以在这种情况下我们用以下方式验证曲面定向与其边界定向的相容性. 取光滑曲面 S 在边界 ∂S 上的点 x_0 的 k 维切平面 TS_{x_0}. 因为曲面 S 在点 x_0 附近的局部结构与半空间 H^k 在点 $0 \in \partial H^k$ 附近的局部结构相同, 所以, 让 S 的正交定向标架 $\boldsymbol{\xi}_1, \boldsymbol{\xi}_2, \cdots, \boldsymbol{\xi}_k$ 的第一个向量指向 ∂S 的法线方向, 并且要求这个方向指向 S 在 TS_{x_0} 上的局部投影的外侧, 在 ∂S 的 $k-1$ 维切平面 $T\partial S_{x_0}$ (在点 x_0 相切) 上就得到标架 $\boldsymbol{\xi}_2, \cdots, \boldsymbol{\xi}_k$, 它给出 $T\partial S_{x_0}$ 的定向, 从而给出 ∂S 的定向, 这个定向与曲面 S 的上述定向标架 $\boldsymbol{\xi}_1, \boldsymbol{\xi}_2, \cdots, \boldsymbol{\xi}_k$ 是相容的.

在图 77—80 中, 我们用一些简单实例展示了让曲面的定向与其边界的定向相容的过程与结果.

我们指出, 在上述做法中, 我们假设能把 S 的定向标架移动到曲面及其边界的不同点, 并且从这些实例可见, 边界可能是不连通的.

附注 2. 在定向空间 $\mathbb{R}^k$ 中考虑半空间 $H_-^k = H^k = \{x \in \mathbb{R}^k \mid x^1 \leqslant 0\}$ 和 $H_+^k = \{x \in \mathbb{R}^k \mid x^1 \geqslant 0\}$, 其定向均由 $\mathbb{R}^k$ 的定向给出. 超平面 $\Gamma = \{x \in \mathbb{R}^k \mid x^1 = 0\}$ 是 H_-^k

§3. 曲面的边界及边界的定向

和 H_+^k 的公共边界. 容易看出, 超平面 Γ 的分别与 H_+^k 和 H_-^k 的定向相容的两个定向是相反的. 我们假设这在 $k=1$ 时也成立.

类似地, 如果 k 维定向曲面被某个 $k-1$ 维曲面分开 (例如球面被赤道分开), 在这个 $k-1$ 维界面上就产生了两个相反的定向, 它们是由原曲面在分界面两侧的不同部分的定向分别给出的.

这些观察结果在曲面积分理论中很常用.

此外, 还可以利用这些结果按照以下方式确定分片光滑曲面的定向.

首先给出这样的曲面的定义.

定义 4 (分片光滑曲面的归纳定义). 我们约定, 一个点是具有任意光滑性的零维曲面.

如果 $\mathbb{R}^n$ 中的一个一维曲面 (曲线) 在去掉该曲面上的有限个或可数个零维曲面 (点) 后成为若干个一维光滑曲面 (曲线), 则原来的曲面称为一维分片光滑曲面 (分段光滑曲线).

如果 k 维曲面 $S \subset \mathbb{R}^n$ 在去掉该曲面上的有限个或可数个维数不超过 $k-1$ 的分片光滑曲面后成为若干个 k 维光滑曲面 S_i (带边界或不带边界), 则原来的曲面称为 k 维分片光滑曲面.

例 4. 平面角的边界和正方形的边界都是分段光滑曲线.

在 $\mathbb{R}^3$ 中, 立方体的边界和直圆锥的边界都是二维分片光滑曲面.

现在回到分片光滑曲面的定向问题.

如前所述, 我们用添加加号 "+" 或减号 "−" 的方法给出一个点 (零维曲面) 的定向. 特别地, 线段 $[a,b] \subset \mathbb{R}$ 的边界由两个点 a, b 组成. 如果用从 a 到 b 的方向给出该线段的定向, 则线段端点的与此相容的定向是 $(a,-)$, $(b,+)$, 另记为 $-a, +b$.

现在考虑 k 维 $(k>0)$ 分片光滑曲面 $S \subset \mathbb{R}^n$.

假设 S 是 k 维分片光滑曲面, 而定义 4 中的 S_{i_1}, S_{i_2} 是组成它的已经具有定向的两个光滑曲面, 并且它们沿一个 $k-1$ 维光滑曲面 (一条棱) Γ 彼此相连. 这时, 就像线段端点的情况那样, 在 Γ 上会出现分别与 S_{i_1} 和 S_{i_2} 的定向相容的两个定向. 如果这两个定向在任何一条这样的棱 $\Gamma \subset \bar{S}_{i_1} \cap \bar{S}_{i_2}$ 上都是相反的, 就认为 S_{i_1} 和 S_{i_2} 的原始定向是相容的. 如果 $\bar{S}_{i_1} \cap \bar{S}_{i_2}$ 是空集, 或者其维数小于 $k-1$, 就认为 S_{i_1}, S_{i_2} 的任何定向都是相容的.

定义 5. 我们认为 k 维 $(k>0)$ 分片光滑曲面是**可定向分片光滑曲面**, 如果它是彼此相容的光滑可定向曲面 S_i 的并集, 其中不考虑有限个或可数个维数不超过 $k-1$ 的分片光滑曲面.

例 5. 容易验证, 三维立方体表面是可定向分片光滑曲面. 一般而言, 在例 4 中给出的所有分片光滑曲面都是可定向的.

例 6. 容易把默比乌斯带表示为沿部分边界相连的两个可定向光滑曲面的并集的形式，但是无法给出这些曲面的相容定向. 可以验证，默比乌斯带即使在定义 5 的观点下也不是可定向曲面.

习　题

1. a) 曲面 $S \subset \mathbb{R}^n$ 的边界是集合 $\bar{S} \setminus S$，其中 $\bar{S}$ 是 S 在 $\mathbb{R}^n$ 中的闭包. 这是否成立?
b) 曲面 $S_1 = \{(x,y) \in \mathbb{R}^2 \mid 1 < x^2 + y^2 < 2\}$，$S_2 = \{(x,y) \in \mathbb{R}^2 \mid 0 < x^2 + y^2\}$ 是否有边界?
c) 请指出曲面 $S_1 = \{(x,y) \in \mathbb{R}^2 \mid 1 \leqslant x^2 + y^2 < 2\}$，$S_2 = \{(x,y) \in \mathbb{R}^2 \mid 1 \leqslant x^2 + y^2\}$ 的边界.

2. 请举出带有可定向边界的不可定向曲面的例子.

3. a) 立方体 $I^k = \{x \in \mathbb{R}^k \mid |x^i| < 1,\ i = 1, \cdots, k\}$ 的每个面平行于空间 $\mathbb{R}^k$ 的相应 $k-1$ 维坐标超平面，所以在立方体的每一个面上可以考虑相应超平面上的标架和坐标系. 请指出，在立方体的哪些面上，这样得到的定向与用 $\mathbb{R}^k$ 的定向给出的立方体 I^k 的定向相容? 在哪些面上不相容? 请先后研究 $k = 2$，$k = 3$ 和 $k = n$ 的情形.
b) 在半球面 $S = \{(x, y, z) \in \mathbb{R}^3 \mid x^2 + y^2 + z^2 = 1 \wedge z \geqslant 0\}$ 的某个区域内使用局部图 $(t^1, t^2) \mapsto (\sin t^1 \cos t^2, \sin t^1 \sin t^2, \cos t^1)$，而在此半球面边界 ∂S 的某个区域内使用局部图 $t \mapsto (\cos t, \sin t, 0)$. 请说明：这些图是否给出曲面 S 及其边界 ∂S 的相容定向?
c) 请在半球面 S 及其边界 ∂S 上建立由 b) 中的局部图给出的标架场.
d) 请在半球面 S 的边界 ∂S 上给出一个标架，使由它给出的边界定向与在 c) 中得到的半球面定向相容.
e) 请利用 $S \subset \mathbb{R}^3$ 的法向量给出在 c) 中得到的半球面定向.

4. a) 请验证：默比乌斯带即使在定义 5 的观点下也不是可定向曲面.
b) 请证明：如果 S 是 $\mathbb{R}^n$ 中的光滑曲面，则按照光滑曲面给出其定向的定义等价于按照分片光滑曲面给出其定向的定义.

5. a) 如果对于集合 $S \subset \mathbb{R}^n$ 的每一个点 $x \in S$，可以找到它在 $\mathbb{R}^n$ 中的邻域 $U(x)$ 以及这个邻域到标准立方体 $I^n \subset \mathbb{R}^n$ 上的微分同胚 $\psi : U(x) \to I^n$，使 $\psi(S \cap U(x))$ 或者与立方体 $I^k = \{t \in I^n \mid t^{k+1} = \cdots = t^n = 0\}$ 重合，或者与它的一部分 $I^k \cap \{t \in \mathbb{R}^n \mid t^k \leqslant 0\}$（即一个 k 维区间与立方体一个面的并集）重合，我们就说集合 S 是 k 维带边曲面.

请从 §1 中关于曲面概念的内容出发，证明带边曲面的这个定义不等价于定义 1.
b) 如果 $f \in C^{(l)}(H^k, \mathbb{R})$，其中 $H^k = \{x \in \mathbb{R}^k \mid x^1 \leqslant 0\}$，则对于任何点 $x \in \partial H^k$，可以求出它在 $\mathbb{R}^k$ 中的邻域 $U(x)$ 以及函数 $\mathcal{F} \in C^{(l)}(U(x), \mathbb{R})$，使 $\mathcal{F}|_{H^k \cap U(x)} = f|_{H^k \cap U(x)}$. 这是否成立?
c) 如果用 a) 中的定义描述带边光滑曲面，即认为 ψ 是具有最大秩的光滑映射，则带边光滑曲面的这个定义是否与 §3 中的定义一致?

§4. 欧氏空间中曲面的面积

现在讨论欧氏空间 $\mathbb{R}^n$ 中的 k 维分片光滑曲面的面积的定义 $(n \geqslant k)$.

我们首先回顾，如果 $\boldsymbol{\xi}_1, \cdots, \boldsymbol{\xi}_k$ 是欧氏空间 $\mathbb{R}^k$ 中的 k 个向量，则可以用矩阵

$J = (\xi_i^j)$ 的行列式来计算以这些向量为棱的平行多面体的体积 $V(\boldsymbol{\xi}_1, \cdots, \boldsymbol{\xi}_k)$,

$$V(\boldsymbol{\xi}_1, \cdots, \boldsymbol{\xi}_k) = \det(\xi_i^j), \tag{1}$$

并且矩阵的行由这些向量在空间 $\mathbb{R}^k$ 的某个单位正交基 $e_1, \cdots, e_k$ 下的分量组成. 不过, 我们指出, 公式 (1) 其实不是简单地给出平行多面体的体积, 而是给出通常所说的平行多面体的有向体积. 如果 $V \neq 0$, 则用公式 (1) 确定的 V 取正值或负值分别对应于标架 $e_1, \cdots, e_k$ 和 $\boldsymbol{\xi}_1, \cdots, \boldsymbol{\xi}_k$ 是否属于空间 $\mathbb{R}^k$ 的同一个定向类.

我们现在指出, 矩阵 J 与其转置矩阵 J^* 之积 JJ^* 恰好是所给向量的两两标量积 $g_{ij} = \langle \boldsymbol{\xi}_i, \boldsymbol{\xi}_j \rangle$ 的矩阵 $G = (g_{ij})$, 即向量组 $\boldsymbol{\xi}_1, \cdots, \boldsymbol{\xi}_k$ 的格拉姆矩阵[①]. 因此,

$$\det G = \det(JJ^*) = \det J \det J^* = (\det J)^2, \tag{2}$$

而这意味着, 可以得到以下形式的非负体积值 $V(\boldsymbol{\xi}_1, \cdots, \boldsymbol{\xi}_k)$:

$$V(\boldsymbol{\xi}_1, \cdots, \boldsymbol{\xi}_k) = \sqrt{\det(\langle \boldsymbol{\xi}_i, \boldsymbol{\xi}_j \rangle)}. \tag{3}$$

这个公式很方便, 因为它在本质上已经不包含坐标, 只包含上述平行多面体的一组几何特征量. 特别地, 如果认为这些向量 $\boldsymbol{\xi}_1, \cdots, \boldsymbol{\xi}_k$ 位于 n 维 $(n \geqslant k)$ 欧氏空间 $\mathbb{R}^n$ 中, 则以它们为棱的平行多面体的 k 维体积 (或面积) 公式 (3) 保持不变.

现在设 $\boldsymbol{r} : D \to S \subset \mathbb{R}^n$ 是欧氏空间 $\mathbb{R}^n$ 中的 k 维光滑曲面 S, 其参数形式为 $\boldsymbol{r} = \boldsymbol{r}(t^1, \cdots, t^k)$, 即由定义在区域 $D \subset \mathbb{R}^k$ 中的光滑向量函数 $\boldsymbol{r}(t) = (x^1, \cdots, x^n)(t)$ 给出. 设 $e_1, \cdots, e_k$ 是 $\mathbb{R}^k$ 中的单位正交基向量, 它们给出坐标系 $(t^1, \cdots, t^k)$. 固定一个点 $t_0 = (t_0^1, \cdots, t_0^k) \in D$, 取一组充分小的正数 $h^1, \cdots, h^k$, 从点 t_0 引向量 $h^i e_i \in TD_{t_0}, i = 1, \cdots, k$, 使以它们为棱的平行多面体 I 位于区域 D 中.

在映射 $D \to S$ 下, 平行多面体 I 变为曲面 S 上的图形 I_S, 我们可以称之为曲边平行多面体 (见图 82, 与 $k = 2, n = 3$ 的情况相对应). 因为

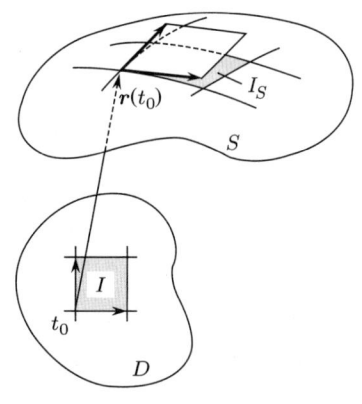

图 82

$$\boldsymbol{r}(t_0^1, \cdots, t_0^{i-1}, t_0^i + h^i, t_0^{i+1}, \cdots, t_0^k) - \boldsymbol{r}(t_0^1, \cdots, t_0^{i-1}, t_0^i, t_0^{i+1}, \cdots, t_0^k) = \frac{\partial \boldsymbol{r}}{\partial t^i}(t_0) h^i + o(h^i),$$

所以如果从点 t_0 开始的位移向量是 $h^i e_i$, 则在 $\mathbb{R}^n$ 中与它相应的从点 $\boldsymbol{r}(t_0)$ 开始的位移向量在 $h^i \to 0$ 时可以用偏微分 $\dfrac{\partial \boldsymbol{r}}{\partial t^i}(t_0) h^i =: \dot{\boldsymbol{r}}_i h^i$ 代替, 精确到 $o(h^i)$. 向量 $\dot{\boldsymbol{r}}_i h^i$ 在点 $\boldsymbol{r}(t_0)$ 与曲面 S 相切. 因此, 当 h^i $(i = 1, \cdots, k)$ 很小时, 曲边平行多面体 I_S 与

[①] 见第 413 页的脚注.

以向量 $h^1\dot{\boldsymbol{r}}_1, \cdots, h^k\dot{\boldsymbol{r}}_k$ 为棱的平行多面体相差很小. 我们据此认为, 曲边平行多面体 I_S 的体积 ΔV 应该接近上述标准平行多面体的体积, 从而得到近似公式

$$\Delta V \approx \sqrt{\det(g_{ij})(t_0)}\, \Delta t^1 \cdots \Delta t^k, \tag{4}$$

其中取 $g_{ij}(t_0) = \langle \dot{\boldsymbol{r}}_i, \dot{\boldsymbol{r}}_j \rangle(t_0)$, $\Delta t^i = h^i$, $i, j = 1, \cdots, k$.

如果现在用标准做法把参数域 D 所在的整个空间 $\mathbb{R}^k$ 分割为诸多直径为 d 的 k 维小平行多面体, 并把包含在 D 中的小平行多面体挑选出来, 按照公式 (4) 计算它们的像的 k 维体积的近似值并相加, 就得到

$$\sum_\alpha \sqrt{\det g_{ij}(t_\alpha)}\, \Delta t^1 \cdots \Delta t^k.$$

可以认为这个量是上述曲面 S 的 k 维体积或面积的近似值, 它在 $d \to 0$ 时应当越来越精确. 于是, 我们采用以下定义.

定义 1. 在欧氏空间 $\mathbb{R}^n$ 中, 量

$$V_k(S) := \int_D \sqrt{\det(\langle \dot{\boldsymbol{r}}_i, \dot{\boldsymbol{r}}_j \rangle)(t)}\, dt^1 \cdots dt^k \tag{5}$$

称为用参数形式 $D \ni t \mapsto \boldsymbol{r}(t) \in S$ 给出的 k 维光滑曲面 S 的面积 (或 k 维体积).

我们来看公式 (5) 在我们熟知的一些特殊情况下的形式.

当 $k = 1$ 时, 区域 $D \subset \mathbb{R}^1$ 是直线 $\mathbb{R}^1$ 上以 a, b $(a < b)$ 为端点的区间, S 在这种情况下是 $\mathbb{R}^n$ 中的曲线. 因此, 公式 (5) 在 $k = 1$ 时化为计算光滑曲线长度的公式

$$V_1(S) = \int_a^b |\dot{\boldsymbol{r}}(t)|\, dt = \int_a^b \sqrt{(\dot{x}^1)^2 + \cdots + (\dot{x}^n)^2}(t)\, dt.$$

如果 $k = n$, 则 S 是 $\mathbb{R}^n$ 中的与区域 D 微分同胚的 n 维区域. 在这种情况下, 映射 $D \ni (t^1, \cdots, t^n) = t \mapsto \boldsymbol{r}(t) = (x^1, \cdots, x^n)(t) \in S$ 的雅可比矩阵 $J = x'(t)$ 是方阵. 现在, 利用关系式 (2) 和重积分中的变量代换公式, 可以写出

$$V_n(S) = \int_D \sqrt{\det G(t)}\, dt = \int_D |\det x'(t)|\, dt = \int_S dx = V(S),$$

即又得到了 $\mathbb{R}^n$ 中的区域 S 的体积, 而这正是我们所期待的.

我们指出, 当 $k = 2$ 且 $n = 3$ 时, 即当 S 是 $\mathbb{R}^3$ 中的二维曲面时, 经常使用记号 $\sigma := V_2(S)$, 并把标准记号 $g_{ij} = \langle \dot{\boldsymbol{r}}_i, \dot{\boldsymbol{r}}_j \rangle$ 分别改为 $E := g_{11} = \langle \dot{\boldsymbol{r}}_1, \dot{\boldsymbol{r}}_1 \rangle$, $F := g_{12} = g_{21} = \langle \dot{\boldsymbol{r}}_1, \dot{\boldsymbol{r}}_2 \rangle$, $G := g_{22} = \langle \dot{\boldsymbol{r}}_2, \dot{\boldsymbol{r}}_2 \rangle$, 而把 t^1, t^2 分别改为 u, v. 公式 (5) 在这些记号下的形式为

$$\sigma = \iint_D \sqrt{EG - F^2}\, du\, dv.$$

特别地, 如果 $u = x$, $v = y$, 而曲面 S 是定义在区域 $D \subset \mathbb{R}^2$ 上的光滑实函数

$z = f(x, y)$ 的图像, 则容易计算

$$\sigma = \iint\limits_{D} \sqrt{1 + (f'_x)^2 + (f'_y)^2}\, dx\, dy.$$

现在重新回到定义 1, 并给出几个对后续讨论有用的附注.

附注 1. 定义 1 仅在公式 (5) 中的积分存在时才是合理的. 例如, 如果 D 是若尔当可测区域, 而 $\boldsymbol{r} \in C^{(1)}(\overline{D}, \mathbb{R}^n)$, 则该积分显然存在.

附注 2. 如果把定义 1 中的曲面 S 分割为有限个曲面 $S_1, \cdots, S_m$, 并且它们具有分片光滑边界, 则也可以把区域 D 按照与此相应的方式分割为区域 $D_1, \cdots, D_m$. 如果曲面 S 具有面积 (5), 则对于每一个值 $\alpha = 1, \cdots, m$, 都可以确定量

$$V_k(S_\alpha) = \int_{D_\alpha} \sqrt{\det \langle \dot{\boldsymbol{r}}_i, \dot{\boldsymbol{r}}_j \rangle(t)}\, dt.$$

根据积分的可加性, 由此得到

$$V_k(S) = \sum_\alpha V_k(S_\alpha).$$

于是, 我们证明了, k 维曲面的面积也是可加的, 这与普通的重积分一样.

附注 3. 如果需要, 上一个附注使我们能够考虑区域 D 的穷举递增序列的情况, 即可以推广公式 (5), 把其中的积分理解为反常积分.

附注 4. 更重要的是, 也可以利用面积的可加性来确定任意的 (不限于只用一张图给出的) 光滑曲面甚至分片光滑曲面的面积.

定义 2. 设 S 是 $\mathbb{R}^n$ 中任意的 k 维分片光滑曲面. 如果在去掉有限个或可数个 $k-1$ 维或更低维分片光滑曲面后, S 被分为有限个或可数个具有参数形式的光滑曲面 $S_1, \cdots, S_m, \cdots$, 则取

$$V_k(S) := \sum_\alpha V_k(S_\alpha).$$

因为重积分具有可加性, 所以我们能够验证, 这样定义的量 $V_k(S)$ 与把曲面 S 分割为诸多光滑曲面 $S_1, \cdots, S_m, \cdots$ 的上述方法无关. 这里的每一个曲面 S_m 都应当包含在曲面 S 的某个局部图的作用域中.

我们还指出, 从光滑曲面和分片光滑曲面的定义容易推出, 在定义 2 中把 S 分割为诸多具有参数形式的光滑曲面 $S_1, \cdots, S_m, \cdots$ 的做法总是能够实现的, 甚至还可以进一步提出一个自然的要求——只考虑局部有限分割. 这意味着, 任何紧集 $K \subset S$ 只能与 $S_1, \cdots, S_m, \cdots$ 中的有限个曲面有公共点. 更直观地说, 曲面 S 上的任何点应当有只与 $S_1, \cdots, S_m, \cdots$ 中的有限个曲面相交的邻域.

附注 5. 既然在基本公式 (5) 中出现了曲线坐标系 $t^1, \cdots, t^k$, 所以自然需要验证, 在利用微分同胚 $\widetilde{D} \ni (\tilde{t}^1, \cdots, \tilde{t}^k) = \tilde{t} \mapsto t = (t^1, \cdots, t^k) \in D$ 变换到在相应区域 $\widetilde{D} \subset \mathbb{R}^k$ 内变化的新曲线坐标 $(\tilde{t}_1, \cdots, \tilde{t}_k)$ 时, 由公式 (5) 定义的量 $V_k(S)$ (以及定

义 2 中的量 $V_k(S)$) 是不变的.

◀ 为了验证上述不变性, 只需要指出, 在区域 D 和 $\widetilde{D}$ 的彼此对应的点, 矩阵
$$G = (g_{ij}) = \left(\left\langle \frac{\partial \boldsymbol{r}}{\partial t^i}, \frac{\partial \boldsymbol{r}}{\partial t^j} \right\rangle\right), \quad \widetilde{G} = (\tilde{g}_{ij}) = \left(\left\langle \frac{\partial \boldsymbol{r}}{\partial \tilde{t}^i}, \frac{\partial \boldsymbol{r}}{\partial \tilde{t}^j} \right\rangle\right)$$
满足关系式 $\widetilde{G} = J^* G J$, 其中 $J = \left(\frac{\partial t^j}{\partial \tilde{t}^i}\right)$ 是映射 $\widetilde{D} \ni \tilde{t} \mapsto t \in D$ 的雅可比矩阵, 而 J^* 是 J 的转置矩阵. 因此, $\det \widetilde{G}(\tilde{t}) = \det G(t)(\det J)^2(t)$, 由此推出
$$\int_D \sqrt{\det G(t)} \, dt = \int_{\widetilde{D}} \sqrt{\det G(t(\tilde{t}))} |J(\tilde{t})| \, d\tilde{t} = \int_{\widetilde{D}} \sqrt{\det \widetilde{G}(\tilde{t})} \, d\tilde{t}. \ ▶$$

于是, 我们给出了 k 维分片光滑曲面的 k 维体积或面积的与坐标系选择无关的定义.

在给出附注 6 之前, 先给出以下定义.

定义 3. k 维分片光滑曲面 S 上的集合 E 称为 k 维勒贝格零测度集或勒贝格零面积集, 如果对于任何 $\varepsilon > 0$, 可以用有限个或可数个 (可能彼此相交的) 曲面 $S_1, \cdots, S_m, \cdots$ $(S_\alpha \subset S)$ 覆盖 E, 使 $\sum_\alpha V_k(S_\alpha) < \varepsilon$.

可以看出, 这逐字重复了 $\mathbb{R}^k$ 中的勒贝格零测度集的定义.

容易看出, 在分片光滑曲面 S 的任何局部图 $\varphi : D \to S$ 的参数域 D 中, 与这样的集合 E 对应的是 k 维零测度集 $\varphi^{-1}(E) \subset D \subset \mathbb{R}^k$. 甚至还可以验证, 这个性质是零面积集的特征.

附注 6. 如果从分片光滑曲面 S 去掉零面积集 E, 从而得到分片光滑曲面 $\widetilde{S}$, 则曲面 $\widetilde{S}$ 与 S 具有相同的面积. 在实际计算面积以及下面引入的曲面积分时, 注意这个结果大有裨益.

这个附注的价值在于, 经常容易从分片光滑曲面中去掉一个零面积集, 使所得分片光滑曲面 $\widetilde{S}$ 仅由一张图就能给出, 而这时就可以直接用公式 (5) 计算 $\widetilde{S}$ 的面积, 从而得到 S 的面积.

考虑下面的例题.

例 1. 从圆周 S $(x^2 + y^2 = R^2)$ 去掉一个点 $E = (R, 0)$, 就得到圆弧 $\widetilde{S}$, 而映射 $]0, 2\pi[\ni t \mapsto (R\cos t, R\sin t) \in \mathbb{R}^2$ 是圆弧 $\widetilde{S}$ 的图. 因为 E 是 S 上的零长度集, 所以可以写出
$$V_1(S) = V_1(\widetilde{S}) = \int_0^{2\pi} \sqrt{R^2 \sin^2 t + R^2 \cos^2 t} \, dt = 2\pi R.$$

例 2. 在 §1 例 4 中给出了 $\mathbb{R}^3$ 中的二维环面的参数表达式
$$\boldsymbol{r}(\varphi, \psi) = ((b + a\cos\psi)\cos\varphi, (b + a\cos\psi)\sin\varphi, a\sin\psi).$$

§4. 欧氏空间中曲面的面积

在区域 $D = \{(\varphi, \psi) \mid 0 < \varphi < 2\pi, 0 < \psi < 2\pi\}$ 中, 映射 $(\varphi, \psi) \mapsto \boldsymbol{r}(\varphi, \psi)$ 是微分同胚. 区域 D 在这个微分同胚下的像 $\widetilde{S}$ 与环面 S 相差由坐标线 $\varphi = 2\pi$ 和 $\psi = 2\pi$ 组成的集合 E. 集合 E 由环面的一条经线和一条纬线组成, 由此容易看出, 其面积为零. 因此, 可以在区域 D 的范围内用上述参数表达式和公式 (5) 求环面的面积.

完成一些必要的计算:

$$\dot{\boldsymbol{r}}_\varphi = (-(b + a\cos\psi)\sin\varphi, (b + a\cos\psi)\cos\varphi, 0),$$
$$\dot{\boldsymbol{r}}_\psi = (-a\sin\psi\cos\varphi, -a\sin\psi\sin\varphi, a\cos\psi),$$
$$g_{11} = \langle \dot{\boldsymbol{r}}_\varphi, \dot{\boldsymbol{r}}_\varphi \rangle = (b + a\cos\psi)^2,$$
$$g_{12} = g_{21} = \langle \dot{\boldsymbol{r}}_\varphi, \dot{\boldsymbol{r}}_\psi \rangle = 0,$$
$$g_{22} = \langle \dot{\boldsymbol{r}}_\psi, \dot{\boldsymbol{r}}_\psi \rangle = a^2,$$
$$\det G = \begin{vmatrix} g_{11} & g_{12} \\ g_{21} & g_{22} \end{vmatrix} = a^2(b + a\cos\psi)^2.$$

因此,

$$V_2(S) = V_2(\widetilde{S}) = \int_0^{2\pi} d\varphi \int_0^{2\pi} a(b + a\cos\psi) \, d\psi = 4\pi^2 ab.$$

最后指出, 现在还可以用定义 2 中的方法计算分段光滑曲线的长度和分片光滑曲面的面积.

习 题

1. a) 设 P 与 $\widetilde{P}$ 是欧氏空间 $\mathbb{R}^n$ 中的两个超平面, D 是 P 的子域, 而 $\widetilde{D}$ 是 D 在超平面 $\widetilde{P}$ 上的正交投影. 请证明: D 和 $\widetilde{D}$ 的 $n-1$ 维面积满足关系式 $\sigma(\widetilde{D}) = \sigma(D)\cos\alpha$, 其中 α 是超平面 P 与 $\widetilde{P}$ 之间的夹角.

b) 请利用 a) 的结果指出三维欧氏空间中的光滑函数 $z = f(x, y)$ 的图像的面积元公式

$$d\sigma = \sqrt{1 + (f'_x)^2 + (f'_y)^2} \, dx \, dy$$

的几何意义.

c) 请证明: 如果欧氏空间 $\mathbb{R}^3$ 中的曲面 S 由光滑向量函数 $\boldsymbol{r} = \boldsymbol{r}(u, v)$ 给出, 其定义域为 $D \subset \mathbb{R}^2$, 则可以用以下公式求曲面 S 的面积:

$$\sigma(S) = \iint\limits_D |[\boldsymbol{r}'_u, \boldsymbol{r}'_v]| \, du \, dv,$$

其中 $[\boldsymbol{r}'_u, \boldsymbol{r}'_v]$ 是向量 $\dfrac{\partial \boldsymbol{r}}{\partial u}$, $\dfrac{\partial \boldsymbol{r}}{\partial v}$ 的向量积.

d) 请验证: 如果曲面 $S \subset \mathbb{R}^3$ 由方程 $F(x, y, z) = 0$ 给出, 而曲面 S 的区域 U 彼此单值地正交投影在平面 (x, y) 的区域 D 上, 则以下公式成立:

$$\sigma(U) = \iint\limits_D \frac{|\operatorname{grad} F|}{|F'_z|} \, dx \, dy.$$

2. 请求出球面 $S \subset \mathbb{R}^3$ 上由两条经线和两条纬线构成的曲边矩形的面积.

3. a) 设 (r, φ, h) 是 $\mathbb{R}^3$ 中的柱面坐标, 平面 $\varphi = \varphi_0$ 上的一条光滑曲线由方程 $r = r(s)$ 给出, 其中 s 是自然参数. 请证明: 可以用以下公式求参数 s 的变化区间 $[s_1, s_2]$ 所对应的曲线段绕 h 轴旋转而成的曲面的面积:

$$\sigma = 2\pi \int_{s_1}^{s_2} r(s)\,ds.$$

b) 定义在线段 $[a, b] \subset \mathbb{R}_+$ 上的非负光滑函数 $y = f(x)$ 的图像分别绕 x 轴和 y 轴旋转, 从而得到两个旋转曲面. 请用区间 $[a, b]$ 上的积分的形式写出它们的面积公式.

4. a) 半径为 1 的球的球心沿一条长为 L 的平面光滑闭曲线滑动, 从而得到一个条状体. 请证明: 该条状体侧面的面积为 $2\pi \cdot 1 \cdot L$.

b) 半径为 a 的圆周绕圆周所在平面上到圆心距离为 $b > a$ 的轴旋转, 从而得到一个二维环面. 请根据 a) 的结果求该环面的面积.

5. 请画出空间 $\mathbb{R}^3$ 中用笛卡儿坐标给出的螺旋面:

$$y - x\tan\frac{z}{h} = 0, \quad |z| \leqslant \frac{\pi}{2}h,$$

并求出它的满足 $r^2 \leqslant x^2 + y^2 \leqslant R^2$ 的部分的面积.

6. a) 请证明: $\mathbb{R}^n$ 中的单位球面的面积 Ω_{n-1} 为 $\dfrac{2(\sqrt{\pi})^n}{\Gamma(n/2)}$, 其中 $\Gamma(\alpha) = \displaystyle\int_0^{+\infty} e^{-x} x^{\alpha-1} dx$ (特别地, 如果 n 为偶数, 则 $\Gamma\left(\dfrac{n}{2}\right) = \left(\dfrac{n-2}{2}\right)!$, 而如果 n 为奇数, 则 $\Gamma\left(\dfrac{n}{2}\right) = \dfrac{(n-2)!!}{2^{(n-1)/2}}\sqrt{\pi}$).

b) 请验证: $\mathbb{R}^n$ 中半径为 r 的球的体积 $V_n(r)$ 为 $\dfrac{(\sqrt{\pi})^n}{\Gamma((n+2)/2)} r^n$, 从而证明 $\left.\dfrac{dV_n}{dr}\right|_{r=1} = \Omega_{n-1}$.

c) 请求出半球面 $\{x \in \mathbb{R}^n \mid |x| = 1 \wedge x^n > 0\}$ 的面积与它在平面 $x^n = 0$ 上的正交投影面积之比在 $n \to +\infty$ 时的极限.

d) 请证明: 当 $n \to \infty$ 时, n 维球的大部分体积集中在球面的任意小邻域中, 而球面的大部分面积集中在赤道的任意小邻域中.

e) 在 d) 中得到的结论通常称为聚集现象. 请证明: 从 d) 的结论可以得到以下优美推论: 高维球面上的连续正则函数在该球面上几乎是常函数.

更具体地, 例如, 考虑满足带有固定常数的利普希茨条件的函数. 对于任何 $a > 0$ 和 $\delta > 0$, 可以找到 N, 使得当 $n > N$ 时, 任何这样的函数 $f : S^n \to \mathbb{R}$ 都具有满足以下性质的函数值 c: 使 f 的值与 c 之差大于 ε 的点的集合的面积与整个球面面积之比不大于 δ.

7. a) 设 $x_1, \cdots, x_k$ 是欧氏空间 $\mathbb{R}^n$ 中的一组向量, $n \geqslant k$. 请证明: 这组向量的格拉姆行列式可以表示为以下形式:

$$\det(\langle x_i, x_j \rangle) = \sum_{1 \leqslant i_1 < \cdots < i_k \leqslant n} P_{i_1 \cdots i_k}^2,$$

其中

$$P_{i_1 \cdots i_k} = \det\begin{pmatrix} x_1^{i_1} & \cdots & x_1^{i_k} \\ \vdots & & \vdots \\ x_k^{i_1} & \cdots & x_k^{i_k} \end{pmatrix}.$$

b) 请解释 a) 中的量 $P_{i_1\cdots i_k}$ 的几何意义, 并把 a) 的结果表述为 k 维测度的毕达哥拉斯定理, 其中 $1 \leqslant k \leqslant n$.

c) 现在, 请解释用参数形式 $x = x(t^1, \cdots, t^k)$ $(t \in D \subset \mathbb{R}^k)$ 给出的 k 维光滑曲面的面积公式

$$\sigma = \int_D \sqrt{\sum_{1 \leqslant i_1 < \cdots < i_k \leqslant n} \det{}^2 \begin{pmatrix} \frac{\partial x^{i_1}}{\partial t^1} & \cdots & \frac{\partial x^{i_1}}{\partial t^k} \\ \vdots & & \vdots \\ \frac{\partial x^{i_k}}{\partial t^1} & \cdots & \frac{\partial x^{i_k}}{\partial t^k} \end{pmatrix}} \, dt^1 \cdots dt^k.$$

8. a) 请验证: 定义 2 中的量 $V_k(S)$ 确实与 S 被分为光滑曲面 $S_1, \cdots, S_m, \cdots$ 的方法无关.

b) 请证明: 分片光滑曲面 S 能够分为由定义 2 描述的局部有限光滑曲面 $S_1, \cdots, S_m, \cdots$.

c) 请证明: 总是可以从光滑曲面 S 中去掉零面积集 E, 使一张标准局部图已经足以描述所得光滑曲面 $\widetilde{S} = S \backslash E$.

9. 类似于中学里对圆周长的定义, 我们经常把曲线的长度定义为曲线内接折线的长度在折线各线段长度趋于零时的极限. 由施瓦茨 (Schwarz H.) 提出的下述简单例子表明, 即使曲面非常光滑, 尝试用 "内接" 多面形面积来定义曲面面积的类似做法也可能导致谬误.

用以下方法作出半径为 R 高为 H 的圆柱体的内接多面形. 用水平平面把圆柱体分为 m 个高为 H/m 的相同的圆柱体, 然后把 $m+1$ 个相应的圆形截面 (包括原始圆柱体的上底和下底) 的圆周各等分为 n 段圆弧, 使每个等分点位于上面相邻圆周上的一段圆弧中点的正下方. 现在取任何一个圆周上的两个相邻等分点, 再在相邻圆周上取位于以这两个等分点为端点的圆弧的中点的正上方或正下方的等分点.

这三个等分点生成一个三角形, 而所有这样的三角形构成原始圆柱面 (直圆柱体侧面) 的一个内接多面形, 其形状像充满褶皱的被挤成手风琴状的皮靴筒, 所以经常称之为施瓦茨靴筒.

a) 请证明: 如果 m, n 趋于无穷大, 但比值 n^2/m 趋于零, 则上述多面形的面积将无限增大, 虽然它的每一个面 (三角形) 的面积这时趋于零.

b) 如果 m, n 趋于无穷大, 但比值 m/n^2 趋于某个有限的极限 p, 则上述多面形的面积趋于有限的极限, 并且与 p 的值有关, 既可以大于, 也可以小于或 (当 $p = 0$ 时) 等于原始圆柱面的面积.

c) 请比较这里描述的引入光滑曲面面积的方法与 §4 中的方法并说明, 为什么结果在一维情况下相同, 而在二维情况下一般不同? 为了保证结果相同, 内接多面形序列所应满足的条件是什么?

10. 等周不等式.

设 $V(E)$ 表示集合 $E \subset \mathbb{R}^n$ 的体积, 而 $A + B$ 是集合 $A, B \subset \mathbb{R}^n$ 的和 (闵可夫斯基向量和, 见第十一章 §2 习题 4).

设 B 是半径为 h 的球, 则 $A + B =: A_h$ 是集合 A 的 h 邻域.

量

$$\lim_{h \to 0} \frac{V(A_h) - V(A)}{h} =: \mu_+(\partial A)$$

称为集合 A 的边界 ∂A 的闵可夫斯基外面积.

a) 请证明: 如果 ∂A 是光滑或充分正则的曲面, 则 $\mu_+(\partial A)$ 等于 ∂A 的通常的面积.

b) 现在, 请利用布鲁恩-闵可夫斯基不等式 (见第十一章 §2 习题 4) 得到 $\mathbb{R}^n$ 中经典的等周不等式

$$\mu_+(\partial A) \geqslant nv^{1/n}V^{(n-1)/n}(A) =: \mu(S_A),$$

其中 v 是 $\mathbb{R}^n$ 中单位球的体积, $\mu(S_A)$ 是与集合 A 具有相同体积的球的表面的 $(n-1$ 维$)$ 面积.

等周不等式的含义是: 区域 $A \subset \mathbb{R}^n$ 的边界的面积 $\mu_+(\partial A)$ 不小于同样体积的球的边界的面积.

§5. 微分形式的初步知识

现在初步介绍微分形式这种方便的数学工具. 这里主要关注它在计算中的用途, 而不是理论结构, 后者将在第十五章中加以论述.

1. 微分形式的定义和实例. 读者从代数课程中已经熟知了线性形式的概念, 我们在建立微分学时也已经广泛应用这个概念, 但那里遇到的主要是对称形式, 而这里将讨论斜对称 (反对称) 形式.

我们记得, 定义在线性空间 X 的有序向量组 $\boldsymbol{\xi}_1, \cdots, \boldsymbol{\xi}_k$ 上并在线性空间 Y 中取值的 k 次形式 (或 k 阶形式, 简称 k 形式) $L: X^k \to Y$ 称为斜对称 (反对称) 形式, 如果它的值在交换任何两个自变量时改变符号, 即

$$L(\boldsymbol{\xi}_1, \cdots, \boldsymbol{\xi}_i, \cdots, \boldsymbol{\xi}_j, \cdots, \boldsymbol{\xi}_k) = -L(\boldsymbol{\xi}_1, \cdots, \boldsymbol{\xi}_j, \cdots, \boldsymbol{\xi}_i, \cdots, \boldsymbol{\xi}_k).$$

特别地, 如果 $\boldsymbol{\xi}_i = \boldsymbol{\xi}_j$, 则斜对称形式的值为零, 而与其余向量无关.

例 1. 空间 $\mathbb{R}^3$ 中的向量的向量积 $[\boldsymbol{\xi}_1, \boldsymbol{\xi}_2]$ 是在线性空间 $\mathbb{R}^3$ 中取值的双线性斜对称形式.

例 2. 由 §4 公式 (1) 确定的以空间 $\mathbb{R}^k$ 中的向量 $\boldsymbol{\xi}_1, \cdots, \boldsymbol{\xi}_k$ 为棱的平行多面体的有向体积 $V(\boldsymbol{\xi}_1, \cdots, \boldsymbol{\xi}_k)$ 是 $\mathbb{R}^k$ 中的实值斜对称 k 形式.

我们暂时只关心实值斜对称形式 ($Y = \mathbb{R}$ 的情形), 虽然下面的全部叙述也适用于更一般的情形, 例如 Y 是复数域 $\mathbb{C}$ 的情形.

同次斜对称形式的线性组合仍是斜对称的, 即同次斜对称形式构成线性空间.

此外, 在代数中引入了斜对称形式的外乘运算 $\wedge$ (其结果称为外积), 它让 (p 次与 q 次) 斜对称形式序偶 A^p, B^q 对应 $p+q$ 次斜对称形式 $A^p \wedge B^q$. 这个运算具有以下性质:

结合性: $(A^p \wedge B^q) \wedge C^r = A^p \wedge (B^q \wedge C^r),$

分配性: $(A^p + B^p) \wedge C^q = A^p \wedge C^q + B^p \wedge C^q,$

反交换性: $A^p \wedge B^q = (-1)^{pq} B^q \wedge A^p.$

§5. 微分形式的初步知识

特别地, 如果讨论 1 形式 A, B, 则该运算具有反对称性 $A \wedge B = -B \wedge A$, 这类似于例 1 中的向量积的反对称性. 斜对称形式的外积是向量积的推广.

我们先不详细讨论外积的一般定义, 暂时只关注这种运算的上述性质. 我们指出, 1 形式 $L_1, \cdots, L_k \in \mathcal{L}(\mathbb{R}^n, \mathbb{R})$ 的外积 $L_1 \wedge \cdots \wedge L_k$ 是一个 k 形式, 它在向量组 $\boldsymbol{\xi}_1, \cdots, \boldsymbol{\xi}_k \in \mathbb{R}^n$ 上的值为

$$L_1 \wedge \cdots \wedge L_k(\boldsymbol{\xi}_1, \cdots, \boldsymbol{\xi}_k) = \begin{vmatrix} L_1(\boldsymbol{\xi}_1) & \cdots & L_k(\boldsymbol{\xi}_1) \\ \vdots & & \vdots \\ L_1(\boldsymbol{\xi}_k) & \cdots & L_k(\boldsymbol{\xi}_k) \end{vmatrix} = \det(L_j(\boldsymbol{\xi}_i)). \tag{1}$$

如果认为关系式 (1) 是其左边表达式的定义, 则从行列式的性质容易推出, 当 A, B, C 是 1 形式时, $A \wedge B = -B \wedge A$ 和 $(A + B) \wedge C = A \wedge C + B \wedge C$ 确实成立.

考虑几个以后有用的例子.

例 3. 设 $\pi^i \in \mathcal{L}(\mathbb{R}^n, \mathbb{R})$ $(i = 1, \cdots, n)$ 是投影算子. 更详细地说, 线性函数 $\pi^i : \mathbb{R}^n \to \mathbb{R}$ 在任何向量 $\boldsymbol{\xi} = (\xi^1, \cdots, \xi^n) \in \mathbb{R}^n$ 上的值 $\pi^i(\boldsymbol{\xi}) = \xi^i$ 是这个向量在相应坐标轴上的投影. 按照公式 (1), 我们得到

$$\pi^{i_1} \wedge \cdots \wedge \pi^{i_k}(\boldsymbol{\xi}_1, \cdots, \boldsymbol{\xi}_k) = \begin{vmatrix} \xi_1^{i_1} & \cdots & \xi_1^{i_k} \\ \vdots & & \vdots \\ \xi_k^{i_1} & \cdots & \xi_k^{i_k} \end{vmatrix}. \tag{2}$$

例 4. 众所周知, 欧氏空间 $\mathbb{R}^3$ 中的向量 $\boldsymbol{\xi}_1 = (\xi_1^1, \xi_1^2, \xi_1^3)$, $\boldsymbol{\xi}_2 = (\xi_2^1, \xi_2^2, \xi_2^3)$ 的向量积的笛卡儿分量由以下等式确定:

$$[\boldsymbol{\xi}_1, \boldsymbol{\xi}_2] = \left(\begin{vmatrix} \xi_1^2 & \xi_1^3 \\ \xi_2^2 & \xi_2^3 \end{vmatrix}, \begin{vmatrix} \xi_1^3 & \xi_1^1 \\ \xi_2^3 & \xi_2^1 \end{vmatrix}, \begin{vmatrix} \xi_1^1 & \xi_1^2 \\ \xi_2^1 & \xi_2^2 \end{vmatrix} \right).$$

因此, 按照例 3 的结果可以写出

$$\pi^1([\boldsymbol{\xi}_1, \boldsymbol{\xi}_2]) = \pi^2 \wedge \pi^3(\boldsymbol{\xi}_1, \boldsymbol{\xi}_2),$$
$$\pi^2([\boldsymbol{\xi}_1, \boldsymbol{\xi}_2]) = \pi^3 \wedge \pi^1(\boldsymbol{\xi}_1, \boldsymbol{\xi}_2),$$
$$\pi^3([\boldsymbol{\xi}_1, \boldsymbol{\xi}_2]) = \pi^1 \wedge \pi^2(\boldsymbol{\xi}_1, \boldsymbol{\xi}_2).$$

例 5. 设 $f : D \to \mathbb{R}$ 是定义在某区域 $D \subset \mathbb{R}^n$ 上并且在点 $x_0 \in D$ 可微的函数. 众所周知, 函数在一个点的微分 $df(x_0)$ 是线性函数, 它定义在以这个点为起点的位移向量 $\boldsymbol{\xi}$ 上, 更准确地说, 它是定义在 D 在这个点的切空间 TD_{x_0} 中的线性函数. 我们记得, 如果 $x^1, \cdots, x^n$ 是 $\mathbb{R}^n$ 中的坐标, 而 $\boldsymbol{\xi} = (\xi^1, \cdots, \xi^n) \in TD_{x_0}$, 则

$$df(x_0)(\boldsymbol{\xi}) = \frac{\partial f}{\partial x^1}(x_0)\xi^1 + \cdots + \frac{\partial f}{\partial x^n}(x_0)\xi^n = D_{\boldsymbol{\xi}}f(x_0).$$

特别地，$dx^i(\boldsymbol{\xi}) = \xi^i$，或者，在更常规的写法下，$dx^i(x_0)(\boldsymbol{\xi}) = \xi^i$. 如果 $f_1, \cdots, f_k$ 是定义在 D 中并且在点 $x_0 \in D$ 可微的实函数，则根据公式 (1)，在点 x_0 对于空间 TD_{x_0} 的向量组 $\boldsymbol{\xi}_1, \cdots, \boldsymbol{\xi}_k$ 得到

$$df_1 \wedge \cdots \wedge df_k(\boldsymbol{\xi}_1, \cdots, \boldsymbol{\xi}_k) = \begin{vmatrix} df_1(\boldsymbol{\xi}_1) & \cdots & df_k(\boldsymbol{\xi}_1) \\ \vdots & & \vdots \\ df_1(\boldsymbol{\xi}_k) & \cdots & df_k(\boldsymbol{\xi}_k) \end{vmatrix}, \tag{3}$$

特别地，

$$dx^{i_1} \wedge \cdots \wedge dx^{i_k}(\boldsymbol{\xi}_1, \cdots, \boldsymbol{\xi}_k) = \begin{vmatrix} \xi_1^{i_1} & \cdots & \xi_1^{i_k} \\ \vdots & & \vdots \\ \xi_k^{i_1} & \cdots & \xi_k^{i_k} \end{vmatrix}. \tag{4}$$

于是，我们从定义在线性空间 $TD_{x_0} \approx T\mathbb{R}^n_{x_0} \approx \mathbb{R}^n$ 中的线性形式 $df_1, \cdots, df_k$ 得到了定义在这个空间中的 k 次斜对称形式.

例 6. 如果 $f \in C^{(1)}(D, \mathbb{R})$，其中 D 是 $\mathbb{R}^n$ 中的区域，则函数 f 在每个点 $x \in D$ 的微分 $df(x)$ 有定义，并且如上所述，它是 D 在点 x 的切空间 TD_x 中的线性函数 $df(x): TD_x \to T\mathbb{R}_{f(x)} \approx \mathbb{R}$. 在区域 D 中，当 x 从一个点变为另一个点时，一般而言，线性形式 $df(x) = f'(x)dx$ 会变化. 于是，光滑数值函数 $f: D \to \mathbb{R}$ 在区域 D 的每个点产生一个线性形式，或者说，在区域 D 中产生一个线性形式场，它定义在相应的切空间 TD_x 中.

定义 1. 如果斜对称形式 $\omega(x): (TD_x)^p \to \mathbb{R}$ 在区域 $D \subset \mathbb{R}^n$ 中的每个点 $x \in D$ 都是确定的，我们就说，在区域 $D \subset \mathbb{R}^n$ 中给出了实值的微分 p 形式或 p 次微分形式 ω (简称为 p 形式).

数 p 通常称为微分 p 形式 ω 的次数或阶数. 因此，经常用 ω^p 表示微分 p 形式.

于是，例 6 中的光滑函数 $f: D \to \mathbb{R}$ 的微分场 df 是区域 D 中的微分 1 形式，而 $\omega = dx^{i_1} \wedge \cdots \wedge dx^{i_p}$ 是 p 次微分形式的最简单的例子.

例 7. 设在区域 $D \subset \mathbb{R}^n$ 中给定了一个向量场，即每一个点 $x \in D$ 都联系着一个向量 $\boldsymbol{F}(x)$. 当 $\mathbb{R}^n$ 具有欧氏结构时，这个向量场就在 D 中产生了下面的微分 1 形式 ω_F^1.

如果 $\boldsymbol{\xi}$ 是以点 $x \in D$ 为起点的向量，即 $\boldsymbol{\xi} \in TD_x$，则取

$$\omega_F^1(x)(\boldsymbol{\xi}) = \langle \boldsymbol{F}(x), \boldsymbol{\xi} \rangle.$$

从内积的性质可知，$\omega_F^1(x) = \langle \boldsymbol{F}(x), \cdot \rangle$ 在每一个点 x 确实是线性形式.

这样的微分形式很常见. 例如，如果 $\boldsymbol{F}$ 是区域 D 中的连续力场，而 $\boldsymbol{\xi}$ 是从点 $x \in D$ 出发的小位移向量，则从物理学可知，与这样的位移相对应的场的元功正是

由量 $\langle \boldsymbol{F}(x), \boldsymbol{\xi} \rangle$ 确定的.

于是, 欧氏空间 $\mathbb{R}^n$ 的区域 D 中的力场 $\boldsymbol{F}$ 自然在 D 中产生微分 1 形式 ω_F^1, 这时自然称之为场 $\boldsymbol{F}$ 的功形式.

我们指出, 在欧氏空间中也可以认为, 区域 $D \subset \mathbb{R}^n$ 中的光滑函数 $f : D \to \mathbb{R}$ 的微分 df 这时是由向量场 $\boldsymbol{F} = \operatorname{grad} f$ 产生的 1 形式. 其实, 根据 $\operatorname{grad} f(x)$ 的定义, 对于任何向量 $\boldsymbol{\xi} \in TD_x$, 等式 $df(x)(\boldsymbol{\xi}) = \langle \operatorname{grad} f(x), \boldsymbol{\xi} \rangle$ 成立.

例 8. 在欧氏空间 $\mathbb{R}^n$ 的区域 D 中给出的向量场 $\boldsymbol{V}$ 也可以按照以下方式产生 $n-1$ 次微分形式 ω_V^{n-1}. 如果在点 $x \in D$ 取相应向量 $\boldsymbol{V}(x)$, 再取 $n-1$ 个从点 x 出发的向量 $\boldsymbol{\xi}_1, \cdots, \boldsymbol{\xi}_{n-1} \in TD_x$, 则以 $\boldsymbol{V}(x), \boldsymbol{\xi}_1, \cdots, \boldsymbol{\xi}_{n-1}$ 为棱的平行多面体的有向体积等于以这些向量的分量为行的矩阵的行列式, 它显然是变量 $\boldsymbol{\xi}_1, \cdots, \boldsymbol{\xi}_{n-1}$ 的斜对称 $n-1$ 形式.

当 $n = 3$ 时, 微分形式 ω_V^2 是通常的向量混合积 $(\boldsymbol{V}(x), \boldsymbol{\xi}_1, \boldsymbol{\xi}_2)$. 如果给定了其中的一个向量 $\boldsymbol{V}(x)$, 就得到关于其余两个向量的斜对称 2 形式 $\omega_V^2 = (\boldsymbol{V}, \cdot, \cdot)$.

例如, 如果流体在区域 D 中的运动是定常的①, 而 $\boldsymbol{V}(x)$ 是流体在点 $x \in D$ 的速度向量, 则量 $(\boldsymbol{V}(x), \boldsymbol{\xi}_1, \boldsymbol{\xi}_2)$ 是在单位时间内流过以微小向量 $\boldsymbol{\xi}_1, \boldsymbol{\xi}_2 \in TD_x$ 为边的平行四边形的流体的体积. 选取不同的向量 $\boldsymbol{\xi}_1, \boldsymbol{\xi}_2$, 我们得到形状和空间位置各不相同的微小平行四边形, 而点 x 是它们的一个顶点. 对于每一个这样的平行四边形, 一般而言, 微分形式 $\omega_V^2(x)$ 有自己的值 $(\boldsymbol{V}(x), \boldsymbol{\xi}_1, \boldsymbol{\xi}_2)$. 如上所述, 这给出了在单位时间内有多少流体流过该平行四边形, 即描述了通过它的流量. 因此, 微分形式 ω_V^2 及其高维情况 ω_V^{n-1} 经常称为区域 D 中的向量场 $\boldsymbol{V}$ 的流形式.

2. 微分形式的坐标记法. 现在考虑斜对称代数形式和微分形式的坐标记法. 特别地, 我们来证明, 任何微分 k 形式在某种意义下是形如 (4) 的标准微分形式的线性组合.

为了书写简洁, 我们约定重复的上标和下标表示在它们的取值范围内求和 (以前也曾经在类似情况下这样约定).

设 L 是 $\mathbb{R}^n$ 中的 k 重线性形式. 如果在 $\mathbb{R}^n$ 中固定一组基向量 $e_1, \cdots, e_n$, 则每一个向量 $\boldsymbol{\xi} \in \mathbb{R}^n$ 在这一组基向量下都有分量表达式 $\boldsymbol{\xi} = \xi^i e_i$, 而 k 重线性形式 L 的坐标记法为

$$L(\boldsymbol{\xi}_1, \cdots, \boldsymbol{\xi}_k) = L(\xi_1^{i_1} e_{i_1}, \cdots, \xi_k^{i_k} e_{i_k}) = L(e_{i_1}, \cdots, e_{i_k}) \xi_1^{i_1} \cdots \xi_k^{i_k}. \tag{5}$$

对于已知的基向量, 数 $a_{i_1 \cdots i_k} = L(e_{i_1}, \cdots, e_{i_k})$ 完全描述了 k 重线性形式 L. 这些数关于它们的角标对称或斜对称的充分必要条件显然是 k 重线性形式 L 具有相应的对称性.

当 L 是斜对称形式时, 可以适当变换坐标表达式 (5). 为了让这种变换的意图

---

① 定常运动的含义是速度场不随时间变化. ——译者

既明显又自然, 考虑关系式 (5) 的一种特殊情况, 这时 L 是 $\mathbb{R}^3$ 中的斜对称 2 形式. 对于向量 $\boldsymbol{\xi}_1 = \xi_1^{i_1} \boldsymbol{e}_{i_1}$, $\boldsymbol{\xi}_2 = \xi_2^{i_2} \boldsymbol{e}_{i_2}$, 其中 $i_1, i_2 = 1, 2, 3$, 我们得到

$$\begin{aligned}
L(\boldsymbol{\xi}_1, \boldsymbol{\xi}_2) &= L(\xi_1^{i_1} \boldsymbol{e}_{i_1}, \xi_2^{i_2} \boldsymbol{e}_{i_2}) = L(\boldsymbol{e}_{i_1}, \boldsymbol{e}_{i_2})\xi_1^{i_1}\xi_2^{i_2} \\
&= L(\boldsymbol{e}_1, \boldsymbol{e}_1)\xi_1^1\xi_2^1 + L(\boldsymbol{e}_1, \boldsymbol{e}_2)\xi_1^1\xi_2^2 + L(\boldsymbol{e}_1, \boldsymbol{e}_3)\xi_1^1\xi_2^3 \\
&\quad + L(\boldsymbol{e}_2, \boldsymbol{e}_1)\xi_1^2\xi_2^1 + L(\boldsymbol{e}_2, \boldsymbol{e}_2)\xi_1^2\xi_2^2 + L(\boldsymbol{e}_2, \boldsymbol{e}_3)\xi_1^2\xi_2^3 \\
&\quad + L(\boldsymbol{e}_3, \boldsymbol{e}_1)\xi_1^3\xi_2^1 + L(\boldsymbol{e}_3, \boldsymbol{e}_2)\xi_1^3\xi_2^2 + L(\boldsymbol{e}_3, \boldsymbol{e}_3)\xi_1^3\xi_2^3 \\
&= L(\boldsymbol{e}_1, \boldsymbol{e}_2)(\xi_1^1\xi_2^2 - \xi_1^2\xi_2^1) + L(\boldsymbol{e}_1, \boldsymbol{e}_3)(\xi_1^1\xi_2^3 - \xi_1^3\xi_2^1) + L(\boldsymbol{e}_2, \boldsymbol{e}_3)(\xi_1^2\xi_2^3 - \xi_1^3\xi_2^2) \\
&= \sum_{1 \leqslant i_1 < i_2 \leqslant 3} L(\boldsymbol{e}_{i_1}, \boldsymbol{e}_{i_2}) \begin{vmatrix} \xi_1^{i_1} & \xi_1^{i_2} \\ \xi_2^{i_1} & \xi_2^{i_2} \end{vmatrix},
\end{aligned}$$

其中求和运算按照角标 i_1, i_2 的满足求和符号下的不等式的所有可能的组合进行.

类似地, 在斜对称形式 L 的一般情况下可以得到以下表达式:

$$L(\boldsymbol{\xi}_1, \cdots, \boldsymbol{\xi}_k) = \sum_{1 \leqslant i_1 < \cdots < i_k \leqslant n} L(\boldsymbol{e}_{i_1}, \cdots, \boldsymbol{e}_{i_k}) \begin{vmatrix} \xi_1^{i_1} & \cdots & \xi_1^{i_k} \\ \vdots & & \vdots \\ \xi_k^{i_1} & \cdots & \xi_k^{i_k} \end{vmatrix}. \tag{6}$$

根据公式 (2), 可以把这个等式改写为以下形式:

$$L(\boldsymbol{\xi}_1, \cdots, \boldsymbol{\xi}_k) = \sum_{1 \leqslant i_1 < \cdots < i_k \leqslant n} L(\boldsymbol{e}_{i_1}, \cdots, \boldsymbol{e}_{i_k}) \pi^{i_1} \wedge \cdots \wedge \pi^{i_k}(\boldsymbol{\xi}_1, \cdots, \boldsymbol{\xi}_k).$$

因此, 任何斜对称形式 L 都能表示为 k 形式 $\pi^{i_1} \wedge \cdots \wedge \pi^{i_k}$ 的线性组合:

$$L = \sum_{1 \leqslant i_1 < \cdots < i_k \leqslant n} a_{i_1 \cdots i_k} \pi^{i_1} \wedge \cdots \wedge \pi^{i_k}, \tag{7}$$

这些 k 形式是由 $\mathbb{R}^n$ 中的最简 1 形式 $\pi^1, \cdots, \pi^n$ 构成的外积.

现在设在某区域 $D \subset \mathbb{R}^n$ 中给出了微分 k 形式 ω 和某曲线坐标系 $x^1, \cdots, x^n$. 在每一个点 $x \in D$ 固定空间 TD_x 中的一组基向量 $\boldsymbol{e}_1(x), \cdots, \boldsymbol{e}_n(x)$, 它们由坐标线方向上的单位向量组成 (例如, 如果 $x^1, \cdots, x^n$ 是 $\mathbb{R}^n$ 中的笛卡儿坐标, 则把空间 $\mathbb{R}^n$ 的标架从坐标原点平移到点 x, 就得到 $\boldsymbol{e}_1(x), \cdots, \boldsymbol{e}_n(x)$). 于是, 根据公式 (4) 和 (6), 在每一个点 $x \in D$ 得到

$$\omega(x)(\boldsymbol{\xi}_1, \cdots, \boldsymbol{\xi}_k) = \sum_{1 \leqslant i_1 < \cdots < i_k \leqslant n} \omega(\boldsymbol{e}_{i_1}(x), \cdots, \boldsymbol{e}_{i_k}(x)) \, dx^{i_1} \wedge \cdots \wedge dx^{i_k}(\boldsymbol{\xi}_1, \cdots, \boldsymbol{\xi}_k),$$

即

$$\omega(x) = \sum_{1 \leqslant i_1 < \cdots < i_k \leqslant n} a_{i_1 \cdots i_k}(x) \, dx^{i_1} \wedge \cdots \wedge dx^{i_k}. \tag{8}$$

因此, 任何微分 k 形式都是由坐标的微分构成的最简 k 形式 $dx^{i_1} \wedge \cdots \wedge dx^{i_k}$ 的线性组合, 而这其实就是术语 "微分形式" 的来源.

一般而言, 线性组合 (8) 中的系数 $a_{i_1\cdots i_k}(x)$ 与点 x 有关, 即它们是一些函数, 其定义域是给出微分形式 ω 的区域.

特别地, 我们早就知道微分分解式

$$df(x) = \frac{\partial f}{\partial x^1}(x)\,dx^1 + \cdots + \frac{\partial f}{\partial x^n}(x)\,dx^n, \tag{9}$$

并且从等式

$$\langle \boldsymbol{F}(x), \boldsymbol{\xi}\rangle = \langle F^{i_1}(x)\boldsymbol{e}_{i_1}(x), \xi^{i_2}\boldsymbol{e}_{i_2}(x)\rangle = \langle \boldsymbol{e}_{i_1}(x), \boldsymbol{e}_{i_2}(x)\rangle F^{i_1}(x)\xi^{i_2}$$
$$= g_{i_1 i_2}(x)F^{i_1}(x)\xi^{i_2} = g_{i_1 i_2}(x)F^{i_1}(x)\,dx^{i_2}(\boldsymbol{\xi})$$

看到, 分解式

$$\omega_F^1(x) = \langle \boldsymbol{F}(x), \cdot\rangle = (g_{i_1 i}(x)F^{i_1}(x))\,dx^i = a_i(x)\,dx^i \tag{10}$$

也成立, 它在笛卡儿坐标系中的形式特别简单:

$$\omega_F^1(x) = \langle \boldsymbol{F}(x), \cdot\rangle = \sum_{i=1}^n F^i(x)\,dx^i. \tag{11}$$

此外, 在 $\mathbb{R}^3$ 中成立等式

$$\omega_V^2(x)(\boldsymbol{\xi}_1, \boldsymbol{\xi}_2) = \begin{vmatrix} V^1(x) & V^2(x) & V^3(x) \\ \xi_1^1 & \xi_1^2 & \xi_1^3 \\ \xi_2^1 & \xi_2^2 & \xi_2^3 \end{vmatrix} = V^1(x)\begin{vmatrix} \xi_1^2 & \xi_1^3 \\ \xi_2^2 & \xi_2^3 \end{vmatrix} + V^2(x)\begin{vmatrix} \xi_1^3 & \xi_1^1 \\ \xi_2^3 & \xi_2^1 \end{vmatrix} + V^3(x)\begin{vmatrix} \xi_1^1 & \xi_1^2 \\ \xi_2^1 & \xi_2^2 \end{vmatrix},$$

由此可知,

$$\omega_V^2(x) = V^1(x)\,dx^2 \wedge dx^3 + V^2(x)\,dx^3 \wedge dx^1 + V^3(x)\,dx^1 \wedge dx^2. \tag{12}$$

类似地, 按行展开 n 阶行列式, 我们得到微分形式 ω_V^{n-1} 的以下展开式:

$$\omega_V^{n-1}(x) = \sum_{i=1}^n (-1)^{i+1} V^i(x)\,dx^1 \wedge \cdots \wedge \widehat{dx^i} \wedge \cdots \wedge dx^n, \tag{13}$$

其中微分上的记号 $\frown$ 表示在这一项中应当去掉这个微分.

3. 外微分形式. 到现在为止, 关于微分形式的全部讨论在本质上暂时仅仅涉及其定义域中单独的每一个点 x, 从而具有纯代数的特点. 微分形式的 (外) 微分运算是它们在数学分析中特有的运算.

我们约定, 以后认为在区域 $D \subset \mathbb{R}^n$ 中定义的函数 $f: D \to \mathbb{R}$ 是该区域中的零阶微分形式.

定义 2. 当 f 是可微函数时, 其普通微分 df 称为 0 形式 f 的 (外) 微分.

如果在区域 $D \subset \mathbb{R}^n$ 中给出的微分 p 形式 $(p \geqslant 1)$

$$\omega(x) = a_{i_1 \cdots i_p}(x)\, dx^{i_1} \wedge \cdots \wedge dx^{i_p}$$

具有可微的系数 $a_{i_1 \cdots i_p}(x)$, 则它的 (外) 微分是

$$d\omega(x) := da_{i_1 \cdots i_p}(x) \wedge dx^{i_1} \wedge \cdots \wedge dx^{i_p}.$$

利用函数微分的分解式 (9) 和从关系式 (1) 得到的 1 形式外积的分配性, 我们得到

$$d\omega(x) = \frac{\partial a_{i_1 \cdots i_p}}{\partial x^i}(x)\, dx^i \wedge dx^{i_1} \wedge \cdots \wedge dx^{i_p} = \alpha_{i\, i_1 \cdots i_p}(x)\, dx^i \wedge dx^{i_1} \wedge \cdots \wedge dx^{i_p},$$

即 p 形式 $(p \geqslant 0)$ 的外微分总是 $p+1$ 次形式.

我们指出, 现在也能理解区域 $D \subset \mathbb{R}^n$ 中的微分 p 形式的上述定义 1 过分一般化了, 因为区域 D 各点所对应的微分形式 $\omega(x)$ 彼此毫无关系. 在分析中实际用到的微分形式, 其坐标表达式中的系数 $a_{i_1 \cdots i_p}(x)$ 是在区域 D 中充分正则 (常常无穷次可微) 的函数. 通常用区域 $D \subset \mathbb{R}^n$ 中的微分形式 ω 的各系数的最低光滑次数表示微分形式 ω 的光滑次数. 经常用记号 $\Omega^p(D, \mathbb{R})$ 或 Ω^p 表示具有 $C^\infty(D, \mathbb{R})$ 类系数的全体 $p \geqslant 0$ 次微分形式.

因此, 微分形式的上述微分运算实现了映射 $d: \Omega^p \to \Omega^{p+1}$.

考虑几个有用的具体实例.

例 9. 设 0 形式 $\omega = f(x, y, z)$ 是定义在区域 $D \subset \mathbb{R}^3$ 中的可微函数, 则

$$d\omega = \frac{\partial f}{\partial x} dx + \frac{\partial f}{\partial y} dy + \frac{\partial f}{\partial z} dz.$$

例 10. 在具有坐标 (x, y) 的空间 $\mathbb{R}^2$ 中, 设

$$\omega(x, y) = P(x, y)\, dx + Q(x, y)\, dy$$

是区域 D 中的微分 1 形式, P, Q 是 D 中的可微函数. 按照定义 2, 我们得到

$$\begin{aligned}
d\omega(x, y) &= dP \wedge dx + dQ \wedge dy \\
&= \left(\frac{\partial P}{\partial x} dx + \frac{\partial P}{\partial y} dy\right) \wedge dx + \left(\frac{\partial Q}{\partial x} dx + \frac{\partial Q}{\partial y} dy\right) \wedge dy \\
&= \frac{\partial P}{\partial y} dy \wedge dx + \frac{\partial Q}{\partial x} dx \wedge dy = \left(\frac{\partial Q}{\partial x} - \frac{\partial P}{\partial y}\right)(x, y)\, dx \wedge dy.
\end{aligned}$$

例 11. 对于在空间 $\mathbb{R}^3$ 的区域 D 中给出的 1 形式

$$\omega = P\, dx + Q\, dy + R\, dz,$$

我们得到

$$d\omega = \left(\frac{\partial R}{\partial y} - \frac{\partial Q}{\partial z}\right) dy \wedge dz + \left(\frac{\partial P}{\partial z} - \frac{\partial R}{\partial x}\right) dz \wedge dx + \left(\frac{\partial Q}{\partial x} - \frac{\partial P}{\partial y}\right) dx \wedge dy.$$

例 12. 设 2 形式

$$\omega = P\,dy \wedge dz + Q\,dz \wedge dx + R\,dx \wedge dy$$

中的 P, Q, R 是区域 $D \subset \mathbb{R}^3$ 中的可微函数, 则计算其微分, 得到关系式

$$d\omega = \left(\frac{\partial P}{\partial x} + \frac{\partial Q}{\partial y} + \frac{\partial R}{\partial z}\right) dx \wedge dy \wedge dz.$$

如果 (x^1, x^2, x^3) 是欧氏空间 $\mathbb{R}^3$ 中的笛卡儿坐标, 而 $x \mapsto f(x)$, $x \mapsto \boldsymbol{F}(x) = (F^1, F^2, F^3)(x)$, $x \mapsto \boldsymbol{V}(x) = (V^1, V^2, V^3)(x)$ 是区域 $D \subset \mathbb{R}^3$ 中的光滑标量场与光滑向量场, 则在考虑它们的时候 (特别是在物理问题中), 经常相应地考虑向量场

$$\text{标量场 } f \text{ 的梯度:} \quad \operatorname{grad} f = \left(\frac{\partial f}{\partial x^1}, \frac{\partial f}{\partial x^2}, \frac{\partial f}{\partial x^3}\right), \tag{14}$$

$$\text{向量场 } \boldsymbol{F} \text{ 的旋度:} \quad \operatorname{rot} \boldsymbol{F} = \left(\frac{\partial F^3}{\partial x^2} - \frac{\partial F^2}{\partial x^3}, \frac{\partial F^1}{\partial x^3} - \frac{\partial F^3}{\partial x^1}, \frac{\partial F^2}{\partial x^1} - \frac{\partial F^1}{\partial x^2}\right), \tag{15}$$

以及标量场

$$\text{向量场 } \boldsymbol{V} \text{ 的散度:} \quad \operatorname{div} \boldsymbol{V} = \frac{\partial V^1}{\partial x^1} + \frac{\partial V^2}{\partial x^2} + \frac{\partial V^3}{\partial x^3}. \tag{16}$$

我们以前讨论过标量场的梯度. 这里暂时不考虑向量场的旋度和散度的物理含义, 而只关注这些经典场论算子与微分形式的运算之间的关系.

在定向欧氏空间 $\mathbb{R}^3$ 中, 在向量场与 1 形式和 2 形式之间存在一一对应

$$\boldsymbol{F} \leftrightarrow \omega_F^1 = \langle \boldsymbol{F}, \cdot \rangle, \quad \boldsymbol{V} \leftrightarrow \omega_V^2(\boldsymbol{V}, \cdot, \cdot).$$

我们还指出, 区域 $D \subset \mathbb{R}^3$ 中的任何 3 形式都具有 $\rho(x^1, x^2, x^3)\,dx^1 \wedge dx^2 \wedge dx^3$ 的形式, 从而可以引入 $\operatorname{grad} f$, $\operatorname{rot} \boldsymbol{F}$, $\operatorname{div} \boldsymbol{V}$ 的以下定义:

$$f \mapsto \omega^0(=f) \mapsto d\omega^0(=df) = \omega_g^1 \mapsto \boldsymbol{g} =: \operatorname{grad} f, \tag{14$'$}$$

$$\boldsymbol{F} \mapsto \omega_F^1 \mapsto d\omega_F^1 \quad\quad\quad = \omega_r^2 \mapsto \boldsymbol{r} =: \operatorname{rot} \boldsymbol{F}, \tag{15$'$}$$

$$\boldsymbol{V} \mapsto \omega_V^2 \mapsto d\omega_V^2 \quad\quad\quad = \omega_\rho^3 \mapsto \rho =: \operatorname{div} \boldsymbol{V}. \tag{16$'$}$$

例 9, 11, 12 表明, 在笛卡儿坐标下, 我们由此得到 $\operatorname{grad} f$, $\operatorname{rot} \boldsymbol{F}$, $\operatorname{div} \boldsymbol{V}$ 的表达式 (14), (15), (16). 因此, 可以把上述场论算子看作外微分形式微分运算的具体表现, 这种运算对于任何次的外微分形式都是同样进行的. 在第十四章中将更加详

细地讨论梯度、旋度和散度.

4. 向量和微分形式在映射下的转移. 我们来更细致地考虑函数 (零形式) 在区域映射下的变化.

设 $\varphi: U \to V$ 是区域 $U \subset \mathbb{R}^m$ 到区域 $V \subset \mathbb{R}^n$ 的映射. 在映射 φ 的作用下, 每个点 $t \in U$ 变换到区域 V 的确定的点 $x = \varphi(t)$.

如果在 V 上定义了函数 f, 则由于映射 $\varphi: U \to V$ 的作用, 在区域 U 上自然出现一个得自 f 的函数 $\varphi^* f$, 它由等式

$$(\varphi^* f)(t) := f(\varphi(t))$$

确定, 即为了求出 $\varphi^* f$ 在点 $t \in U$ 的值, 应当把 t 变换为点 $x = \varphi(t) \in V$ 并计算函数 f 在那里的值.

因此, 如果映射 $\varphi: U \to V$ 把区域 U 的点变换为区域 V 的点, 则在 V 上定义的函数的集合在上述对应关系 $f \mapsto \varphi^* f$ 的作用下变换为在 U 上定义的函数的集合 (这与 φ 的映射方向相反).

换言之, 我们证明了, 在映射 $\varphi: U \to V$ 下, 映射 $\varphi^*: \Omega^0(V) \to \Omega^0(U)$ 也自然而然地出现, 它把 V 上的零形式变换为 U 上的零形式.

现在讨论一般情形下的任意次微分形式的转移.

设 $\varphi: U \to V$ 是区域 $U \subset \mathbb{R}_t^m$ 到区域 $V \subset \mathbb{R}_x^n$ 的光滑映射, $\varphi'(t): TU_t \to TV_{x=\varphi(t)}$ 是 φ 的相应切空间映射, 而 ω 是区域 V 中的某个 p 形式. 这时, 可以在区域 U 中取 p 形式 $\varphi^* \omega$ 与 p 形式 ω 相对应, 它在点 $t \in U$ 在一组向量 $\boldsymbol{\tau}_1, \cdots, \boldsymbol{\tau}_p \in TU_t$ 上的值由以下等式确定:

$$\varphi^* \omega(t)(\boldsymbol{\tau}_1, \cdots, \boldsymbol{\tau}_p) := \omega(\varphi(t))(\varphi'(t)\boldsymbol{\tau}_1, \cdots, \varphi'(t)\boldsymbol{\tau}_p). \tag{17}$$

因此, 每一个光滑映射 $\varphi: U \to V$ 都对应着映射 $\varphi^*: \Omega^p(V) \to \Omega^p(U)$, 后者把 V 上的微分形式转移到区域 U 中. 从关系式 (17) 显然推出

$$\varphi^*(\omega' + \omega'') = \varphi^*(\omega') + \varphi^*(\omega''), \tag{18}$$

$$\varphi^*(\lambda \omega) = \lambda \varphi^* \omega, \quad \lambda \in \mathbb{R}. \tag{19}$$

利用映射 $\varphi: U \to V$ 与 $\psi: V \to W$ 的复合映射的微分法则 $(\psi \circ \varphi)' = \psi' \circ \varphi'$, 从 (17) 式又能推出

$$(\psi \circ \varphi)^* = \varphi^* \circ \psi^* \tag{20}$$

(自然的相反映射是 $\psi^*: \Omega^p(W) \to \Omega^p(V)$ 与 $\varphi^*: \Omega^p(V) \to \Omega^p(U)$ 的复合).

现在考虑怎样具体实现微分形式的转移.

例 13. 在区域 $V \subset \mathbb{R}_x^n$ 中取 2 形式 $\omega = dx^{i_1} \wedge dx^{i_2}$. 设区域 $U \subset \mathbb{R}_t^m$ 到 $V \subset \mathbb{R}_x^n$ 的映射 $\varphi: U \to V$ 的坐标记法是 $x^i = x^i(t^1, \cdots, t^m), i = 1, \cdots, n$. 我们希望求出 U 中的微分形式 $\varphi^* \omega$ 的坐标记法.

§5. 微分形式的初步知识

取点 $t \in U$ 和向量 $\boldsymbol{\tau}_1, \boldsymbol{\tau}_2 \in TU_t$, 它们在空间 $TV_{x=\varphi(t)}$ 中与向量 $\boldsymbol{\xi}_1 = \varphi'(t)\boldsymbol{\tau}_1$, $\boldsymbol{\xi}_2 = \varphi'(t)\boldsymbol{\tau}_2$ 相对应, 后者的分量 $(\xi_1^1, \cdots, \xi_1^n), (\xi_2^1, \cdots, \xi_2^n)$ 可以借助于雅可比矩阵按照以下公式通过向量 $\boldsymbol{\tau}_1, \boldsymbol{\tau}_2$ 的分量 $(\tau_1^1, \cdots, \tau_1^m), (\tau_2^1, \cdots, \tau_2^m)$ 表示出来:

$$\xi_1^i = \frac{\partial x^i}{\partial t^j}(t)\tau_1^j, \quad \xi_2^i = \frac{\partial x^i}{\partial t^j}(t)\tau_2^j, \quad i = 1, \cdots, n$$

(对 j 从 1 到 m 求和).

于是,

$$\varphi^*\omega(t)(\boldsymbol{\tau}_1, \boldsymbol{\tau}_2) := \omega(\varphi(t))(\boldsymbol{\xi}_1, \boldsymbol{\xi}_2) = dx^{i_1} \wedge dx^{i_2}(\boldsymbol{\xi}_1, \boldsymbol{\xi}_2) = \begin{vmatrix} \xi_1^{i_1} & \xi_1^{i_2} \\ \xi_2^{i_1} & \xi_2^{i_2} \end{vmatrix}$$

$$= \begin{vmatrix} \frac{\partial x^{i_1}}{\partial t^{j_1}}\tau_1^{j_1} & \frac{\partial x^{i_2}}{\partial t^{j_2}}\tau_1^{j_2} \\ \frac{\partial x^{i_1}}{\partial t^{j_1}}\tau_2^{j_1} & \frac{\partial x^{i_2}}{\partial t^{j_2}}\tau_2^{j_2} \end{vmatrix} = \sum_{j_1, j_2 = 1}^{m} \frac{\partial x^{i_1}}{\partial t^{j_1}} \frac{\partial x^{i_2}}{\partial t^{j_2}} \begin{vmatrix} \tau_1^{j_1} & \tau_1^{j_2} \\ \tau_2^{j_1} & \tau_2^{j_2} \end{vmatrix}$$

$$= \sum_{j_1, j_2 = 1}^{m} \frac{\partial x^{i_1}}{\partial t^{j_1}} \frac{\partial x^{i_2}}{\partial t^{j_2}} dt^{j_1} \wedge dt^{j_2}(\boldsymbol{\tau}_1, \boldsymbol{\tau}_2)$$

$$= \sum_{1 \leqslant j_1 < j_2 \leqslant m} \left(\frac{\partial x^{i_1}}{\partial t^{j_1}} \frac{\partial x^{i_2}}{\partial t^{j_2}} - \frac{\partial x^{i_1}}{\partial t^{j_2}} \frac{\partial x^{i_2}}{\partial t^{j_1}} \right) dt^{j_1} \wedge dt^{j_2}(\boldsymbol{\tau}_1, \boldsymbol{\tau}_2)$$

$$= \sum_{1 \leqslant j_1 < j_2 \leqslant m} \begin{vmatrix} \frac{\partial x^{i_1}}{\partial t^{j_1}} & \frac{\partial x^{i_2}}{\partial t^{j_1}} \\ \frac{\partial x^{i_1}}{\partial t^{j_2}} & \frac{\partial x^{i_2}}{\partial t^{j_2}} \end{vmatrix}(t) \, dt^{j_1} \wedge dt^{j_2}(\boldsymbol{\tau}_1, \boldsymbol{\tau}_2),$$

从而证明了

$$\varphi^*(dx^{i_1} \wedge dx^{i_2}) = \sum_{1 \leqslant j_1 < j_2 \leqslant m} \frac{\partial(x^{i_1}, x^{i_2})}{\partial(t^{j_1}, t^{j_2})}(t) \, dt^{j_1} \wedge dt^{j_2}.$$

利用微分形式转移运算的性质 (18), (19)[①]并在一般情况下重复上面最后一个例子中的推导过程, 得到等式

$$\varphi^*\left(\sum_{1 \leqslant i_1 < \cdots < i_p \leqslant n} a_{i_1 \cdots i_p}(x) \, dx^{i_1} \wedge \cdots \wedge dx^{i_p} \right)$$

$$= \sum_{\substack{1 \leqslant i_1 < \cdots < i_p \leqslant n \\ 1 \leqslant j_1 < \cdots < j_p \leqslant m}} a_{i_1 \cdots i_p}(x(t)) \frac{\partial(x^{i_1}, \cdots, x^{i_p})}{\partial(t^{j_1}, \cdots, t^{j_p})} dt^{j_1} \wedge \cdots \wedge dt^{j_p}. \tag{21}$$

我们指出, 如果在记号 φ^* 之后括号内的微分形式中完成常规代换 $x = x(t)$, 从而用微分 $dt^1, \cdots, dt^m$ 表示微分 $dx^1, \cdots, dx^n$, 再利用外积的性质化简所得表达式, 则正好得到等式 (21) 的右边.

[①] 如果对每个点应用 (19), 就可以看出 $\varphi^*(a(x)\omega) = a(\varphi(t))\varphi^*\omega$.

其实, 对于每一组固定指标 $i_1, \cdots, i_p$,

$$a_{i_1\cdots i_p}(x)\,dx^{i_1}\wedge\cdots\wedge dx^{i_p} = a_{i_1\cdots i_p}(x(t))\left(\frac{\partial x^{i_1}}{\partial t^{j_1}}dt^{j_1}\right)\wedge\cdots\wedge\left(\frac{\partial x^{i_p}}{\partial t^{j_p}}dt^{j_p}\right)$$

$$= a_{i_1\cdots i_p}(x(t))\frac{\partial x^{i_1}}{\partial t^{j_1}}\cdots\frac{\partial x^{i_p}}{\partial t^{j_p}}dt^{j_1}\wedge\cdots\wedge dt^{j_p}$$

$$= \sum_{1\leqslant j_1<\cdots<j_p\leqslant m} a_{i_1\cdots i_p}(x(t))\frac{\partial(x^{i_1},\cdots,x^{i_p})}{\partial(t^{j_1},\cdots,t^{j_p})}dt^{j_1}\wedge\cdots\wedge dt^{j_p}.$$

对于全部有序指标组 $1\leqslant i_1<\cdots<i_p\leqslant n$ 求这些等式的和, 就得到关系式 (21) 的右边.

于是, 我们证明了在计算技巧上很重要的以下命题.

命题. 如果在区域 $V\subset\mathbb{R}^n$ 中给定了微分形式 ω, 而 $\varphi:U\to V$ 是区域 $U\subset\mathbb{R}^m$ 到 V 的光滑映射, 则利用变量代换 $x=\varphi(t)$ (再利用外积的性质进行变换) 可以从微分形式 ω 的坐标记法

$$\sum_{1\leqslant i_1<\cdots<i_p\leqslant n} a_{i_1\cdots i_p}(x)\,dx^{i_1}\wedge\cdots\wedge dx^{i_p}$$

直接得到微分形式 $\varphi^*\omega$ 的坐标记法.

例 14. 特别地, 如果 $m=n=p$, 则关系式 (21) 化为等式

$$\varphi^*(dx^1\wedge\cdots\wedge dx^n) = \det\varphi'(t)\,dt^1\wedge\cdots\wedge dt^n. \tag{22}$$

因此, 如果把重积分号下的 $f(x)\,dx^1\cdots dx^n$ 改写为 $f(x)\,dx^1\wedge\cdots\wedge dx^n$, 则在保持微分同胚的定向的条件下 (即在 $\det\varphi'(t)>0$ 时), 重积分的变量代换公式

$$\int_{V=\varphi(U)} f(x)\,dx = \int_U f(\varphi(t))\det\varphi'(t)\,dt$$

可以直接得自常规代换 $x=\varphi(t)$, 这类似于一维情况. 这个公式可以写为以下形式:

$$\int_{\varphi(U)}\omega = \int_U \varphi^*\omega. \tag{23}$$

我们最后指出, 如果 $\varphi:U\to V$ 是区域 $U\subset\mathbb{R}^m$ 到区域 $V\subset\mathbb{R}^n$ 的映射, 在区域 V 中取 p 次微分形式 ω, 并且 p 大于区域 U 的维数 m, 则与 ω 对应的 U 中的微分形式 $\varphi^*\omega$ 显然为零. 因此, 一般而言, 映射 $\varphi^*:\Omega^p(V)\to\Omega^p(U)$ 不一定是单射.

另一方面, 如果 $\varphi:U\to V$ 有光滑逆映射 $\varphi^{-1}:V\to U$, 则从关系式 (20) 和等式 $\varphi^{-1}\circ\varphi=e_U$, $\varphi\circ\varphi^{-1}=e_V$ 得到 $\varphi^*\circ(\varphi^{-1})^*=e_U^*$, $(\varphi^{-1})^*\circ\varphi^*=e_V^*$. 又因为 e_U^* 和 e_V^* 分别是 $\Omega^p(U)$ 和 $\Omega^p(V)$ 的恒等映射, 所以, 如我们所期待, 映射 $\varphi^*:\Omega^p(V)\to\Omega^p(U)$, $(\varphi^{-1})^*:\Omega^p(U)\to\Omega^p(V)$ 是互逆映射, 即映射 $\varphi^*:\Omega^p(V)\to\Omega^p(U)$ 是双射.

我们再指出, 还可以验证, 除了上述性质 (18)—(20), 微分形式的转移映射 φ^* 还

满足关系式
$$\varphi^*(d\omega) = d(\varphi^*\omega). \tag{24}$$

特别地,这个具有根本意义的重要等式表明,我们用坐标记法定义的微分形式的微分运算,其实与我们在写出微分形式 ω 时所选取的坐标系无关. 我们在第十五章中将更详细地讨论这个问题.

5. 曲面上的微分形式

定义 3. 如果在光滑曲面 $S \subset \mathbb{R}^n$ 上每个点 $x \in S$ 的切平面 TS_x 上都定义了微分 p 形式 $\omega(x)$,我们就说,我们给出了光滑曲面 S 上的微分 p 形式 ω.

例 15. 如果光滑曲面 S 位于区域 $D \subset \mathbb{R}^n$ 中,并且在区域 D 中定义了微分形式 ω, 则 $TS_x \subset TD_x$ 在每个点 $x \in S$ 都成立,从而可以讨论 ω 在 TS_x 上的限制. 在 S 上这样产生的微分形式 $\omega|_S$ 自然称为微分形式 ω 在曲面 S 上的限制.

我们知道,一个曲面可以在局部或全局由参数方程给出. 设区域 D 中的一个光滑曲面由参数方程 $\varphi: U \to S = \varphi(U) \subset D$ 给出,而 ω 是 D 中的微分形式. 这时,可以把微分形式 ω 转移到参数域 U 中,并按照上述算法给出 $\varphi^*\omega$ 的坐标记法. 显然,这时得到的 U 中的微分形式 $\varphi^*\omega$ 与微分形式 $\varphi^*(\omega|_S)$ 一致.

我们指出,如果 $\varphi'(t): TU_t \to TS_x$ 在任何点 $t \in U$ 是 TU_t 与 TS_x 之间的同构,则微分形式既可以从 S 转移到 U 上,也可以从 U 转移到 S 上. 所以,既然光滑曲面本身通常可以在局部或全局由参数方程给出,光滑曲面上的微分形式通常也可以在局部图的参数变化域上给出.

例 16. 设 ω_V^2 是例 8 中的流形式,它是由定向欧氏空间 $\mathbb{R}^3$ 的区域 D 中的流动速度向量场 $\boldsymbol{V}$ 产生的. 如果 S 是 D 中的定向光滑曲面,就可以考虑流形式 ω_V^2 在 S 上的限制,所得结果 $\omega_V^2|_S$ 描述通过曲面 S 的每个面元的流量.

如果 $\varphi: I \to S$ 是曲面 S 的局部图,则在流形式 ω_V^2 的坐标表达式 (12) 中完成变量代换 $x = \varphi(t)$,就得到定义在正方形 I 上的流形式 $\varphi^*\omega_V^2 = \varphi^*(\omega_V^2|_S)$ 在曲面的该局部坐标下的坐标表达式.

例 17. 设 ω_F^1 是例 7 中的功形式,它是由欧氏空间的区域 D 中的力场 $\boldsymbol{F}$ 产生的. 设 $\varphi: I \to \varphi(I) \subset D$ 是光滑道路 (φ 不一定是同胚). 这时,根据微分形式的限制与转移的一般法则,在区间 I 上产生了微分形式 $\varphi^*\omega_F^1$, 其坐标表达式 $a(t)\,dt$ 得自功形式 ω_F^1 的坐标表达式 (11) 和变量代换 $x = \varphi(t)$.

习 题

1. 请计算 $\mathbb{R}^n$ 中的下列微分形式 ω 在一组给定向量上的值:
a) $\omega = x^2 dx^1$, 向量 $\boldsymbol{\xi} = (1, 2, 3) \in T\mathbb{R}^3_{(3,2,1)}$;

b) $\omega = dx^1 \wedge dx^3 + x^1 dx^2 \wedge dx^4$, 向量序偶 $\boldsymbol{\xi}_1, \boldsymbol{\xi}_2 \in T\mathbb{R}^4_{(1,0,0,0)}$;

c) $\omega = df$, 其中 $f = x^1 + 2x^2 + \cdots + nx^n$, 向量 $\boldsymbol{\xi} = (1, -1, \cdots, (-1)^{n-1}) \in T\mathbb{R}^n_{(1,1,\cdots,1)}$.

2. a) 请验证: 如果指标 $i_1, \cdots, i_k$ 不是各不相同, 则微分形式 $dx^{i_1} \wedge \cdots \wedge dx^{i_k}$ 恒等于零.

b) 请解释: 为什么在 n 维向量空间中没有非零的 $p > n$ 次斜对称形式?

c) 请化简形如 $2dx^1 \wedge dx^3 \wedge dx^2 + 3dx^2 \wedge dx^1 \wedge dx^2 - dx^2 \wedge dx^3 \wedge dx^1$ 的微分形式.

d) 请打开括号并合并同类项: $(x^1 dx^2 + x^2 dx^1) \wedge (x^3 dx^1 \wedge dx^2 + x^2 dx^1 \wedge dx^3 + x^1 dx^2 \wedge dx^3)$.

e) 设 $f = \ln(1+|x|^2)$, $g = \sin|x|$, $x = (x^1, x^2, x^3)$. 请把微分形式 $df \wedge dg$ 写为微分形式 $dx^{i_1} \wedge dx^{i_2}$ $(1 \leqslant i_1 < i_2 \leqslant 3)$ 的组合.

f) 请验证: 在 $\mathbb{R}^n$ 中 $df^1 \wedge \cdots \wedge df^n(x) = \det\left(\dfrac{\partial f^i}{\partial x^j}\right)(x) dx^1 \wedge \cdots \wedge dx^n$.

g) 请完成全部计算, 从而证明: 当 $1 \leqslant k \leqslant n$ 时

$$df^1 \wedge \cdots \wedge df^k = \sum_{1 \leqslant i_1 < i_2 < \cdots < i_k \leqslant n} \begin{vmatrix} \dfrac{\partial f^1}{\partial x^{i_1}} & \cdots & \dfrac{\partial f^1}{\partial x^{i_k}} \\ \vdots & & \vdots \\ \dfrac{\partial f^k}{\partial x^{i_1}} & \cdots & \dfrac{\partial f^k}{\partial \lambda^{i_k}} \end{vmatrix} dx^{i_1} \wedge \cdots \wedge dx^{i_k}.$$

3. a) 请证明: 偶数次微分形式 α 与任何次微分形式都是可交换的, 即 $\alpha \wedge \beta = \beta \wedge \alpha$.

b) 设 $\omega = \sum_{i=1}^n dp_i \wedge dq^i$, 并且 $\omega^n = \omega \wedge \cdots \wedge \omega$ (n 个 ω). 请验证:

$$\omega^n = n!\, dp_1 \wedge dq^1 \wedge \cdots \wedge dp_n \wedge dq^n = n!\,(-1)^{n(n-1)/2} dp_1 \wedge \cdots \wedge dp_n \wedge dq^1 \wedge \cdots \wedge dq^n.$$

4. a) 设 $f(x) = (x^1) + (x^2)^2 + \cdots + (x^n)^n$. 请把微分形式 $\omega = df$ 写为微分形式 $dx^1, \cdots, dx^n$ 的组合, 并求出微分形式 ω 的微分 $d\omega$.

b) 设 $d^2 = d \circ d$, 而 d 为外微分算子. 请验证: 对于任何函数 $f \in C^2(D, \mathbb{R})$, $d^2 f \equiv 0$.

c) 请证明: 如果微分形式 $\omega = a_{i_1 \cdots i_k}(x)\, dx^{i_1} \wedge \cdots \wedge dx^{i_k}$ 的系数 $a_{i_1 \cdots i_k}$ 属于 $C^2(D, \mathbb{R})$ 类, 则在区域 D 中 $d^2\omega \equiv 0$.

d) 请在微分形式 $\dfrac{y\,dx - x\,dy}{x^2 + y^2}$ 的定义域中求出它的外微分.

5. 如果把重积分 $\displaystyle\int_D f(x)\,dx^1 \cdots dx^n$ 中的乘积 $dx^1 \cdots dx^n$ 理解为微分形式 $dx^1 \wedge \cdots \wedge dx^n$, 则根据例 14 的结果, 我们能够用常规方法得到重积分变量代换公式的被积表达式. 请按照这个建议完成从笛卡儿坐标到下列坐标的变换:

a) $\mathbb{R}^2$ 中的极坐标;   b) $\mathbb{R}^3$ 中的柱面坐标;   c) $\mathbb{R}^3$ 中的球面坐标.

6. 请求出下列微分形式的限制:

a) dx^i 在超平面 $x^i = 1$ 上的限制;

b) $dx \wedge dy$ 在曲线 $x = x(t)$, $y = y(t)$, $a < t < b$ 上的限制;

c) $dx \wedge dy$ 在由方程 $x = c$ 给出的 $\mathbb{R}^3$ 中的平面上的限制;

d) $dy \wedge dz + dz \wedge dx + dx \wedge dy$ 在 $\mathbb{R}^3$ 中标准单位立方体边界上的限制;

e) $\omega_i = dx^1 \wedge \cdots \wedge dx^{i-1} \wedge \widehat{dx^i} \wedge dx^{i+1} \wedge \cdots \wedge dx^n$ 在 $\mathbb{R}^n$ 中的标准单位立方体的边界上的限制, 其中微分上的记号 $\frown$ 表示在所写出的乘积中应当去掉这个微分.

7. 请用 $\mathbb{R}^3$ 中的球面坐标表示下列微分形式在以原点为中心、以 R 为半径的球面上的限制:

a) dx;   b) dy;   c) $dy \wedge dz$.

8. 设映射 $\varphi : \mathbb{R}^2 \to \mathbb{R}^2$ 由 $(u, v) \mapsto (u \cdot v, 1) = (x, y)$ 给出. 请求出:

a) $\varphi^*(dx)$;   b) $\varphi^*(dy)$;   c) $\varphi^*(y\,dx)$.

9. 请验证: 外微分 $d : \Omega^p(D) \to \Omega^{p+1}(D)$ 具有以下性质:

a) $d(\omega_1 + \omega_2) = d\omega_1 + d\omega_2$;

b) $d(\omega_1 \wedge \omega_2) = d\omega_1 \wedge \omega_2 + (-1)^{\deg \omega_1} \omega_1 \wedge d\omega_2$, 其中 $\deg \omega_1$ 是微分形式 ω_1 的次数;

c) $\forall \omega \in \Omega^p \ d(d\omega) = 0$;

d) $\forall f \in \Omega^0 \ df = \sum\limits_{i=1}^{n} \dfrac{\partial f}{\partial x^i} dx^i$.

请证明: 具有性质 a)—d) 的映射 $d : \Omega^p(D) \to \Omega^{p+1}(D)$ 是唯一的.

10. 请验证: 与映射 $\varphi : U \to V$ 对应的映射 $\varphi^* : \Omega^p(V) \to \Omega^p(U)$ 具有以下性质:

a) $\varphi^*(\omega_1 + \omega_2) = \varphi^*\omega_1 + \varphi^*\omega_2$;

b) $\varphi^*(\omega_1 \wedge \omega_2) = \varphi^*\omega_1 \wedge \varphi^*\omega_2$;

c) $d\varphi^*\omega = \varphi^* d\omega$;

d) 如果另有映射 $\psi : V \to W$, 则 $(\psi \circ \varphi)^* = \varphi^* \circ \psi^*$.

11. 请证明: 光滑 k 维曲面是可定向曲面的充分必要条件是在该曲面上存在处处不退化的 k 形式.

第十三章 曲线积分与曲面积分

§1. 微分形式的积分

1. 原始问题、启发性思考和实例

a. 场的功. 设 $F(x)$ 是作用在欧氏空间 $\mathbb{R}^n$ 的区域 G 上的力的连续向量场. 检验质点在场中的运动与做功有关. 当单位质量的检验质点沿给定轨迹运动时, 更准确地说, 当它沿光滑道路 $\gamma: I \to \gamma(I) \subset G$ 运动时, 需要计算场所做的功.

我们在讨论定积分的应用时已经遇到过这个问题, 所以在这里可以仅仅回忆问题的解, 指出对后续讨论有用的某些典型的基本结构.

我们知道, 在均匀场 F 中, 当位移向量等于 ξ 时, 场所做的功为 $\langle F, \xi \rangle$.

设 $t \mapsto x(t)$ 是定义在闭区间 $I = \{t \in \mathbb{R} \mid a \leqslant t \leqslant b\}$ 上的光滑映射 $\gamma: I \to G$.

取闭区间 $[a, b]$ 的足够细的分割, 则在每个分割区间 $I_i = \{t \in I \mid t_{i-1} \leqslant t \leqslant t_i\}$ 上, 精确到相差更高阶的无穷小量, 等式 $x(t) - x(t_i) \approx \dot{x}(t_i)(t - t_i)$ 成立. 从 t_i 到 t_{i+1} 的向量 τ_i (图 83) 对应着空间 $\mathbb{R}^n$ 中以点 $x(t_i)$ 为起点的位移向量 $\Delta x_i = x_{i+1} - x_i$, 并且在上述精度下可以认为, 该位移向量等于轨迹在点 $x(t_i)$ 的切向量 $\xi_i = \dot{x}(t_i)\Delta t_i$, 其中 $\Delta t_i = t_{i+1} - t_i$. 根据场 $F(x)$ 的连续性, 可以认为它是局部常向量场, 从而可以在很小的相对误差下按照以下方式计算分割区间 (时间间隔) I_i 所对应的功 ΔA_i:

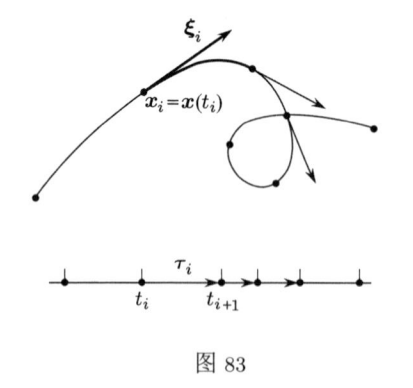

$$\Delta A_i \approx \langle F(x_i), \xi_i \rangle,$$

图 83

即
$$\Delta A_i \approx \langle \boldsymbol{F}(\boldsymbol{x}(t_i)), \dot{\boldsymbol{x}}(t_i)\Delta t_i\rangle.$$

于是,
$$A = \sum_i \Delta A_i \approx \sum_i \langle \boldsymbol{F}(\boldsymbol{x}(t_i)), \dot{\boldsymbol{x}}(t_i)\rangle \Delta t_i.$$

让线段 I 的分割越来越细并取极限, 由此得到
$$A = \int_a^b \langle \boldsymbol{F}(\boldsymbol{x}(t)), \dot{\boldsymbol{x}}(t)\rangle \, dt. \tag{1}$$

如果把表达式 $\langle \boldsymbol{F}(\boldsymbol{x}(t)), \dot{\boldsymbol{x}}(t)\rangle dt$ 改写为 $\langle \boldsymbol{F}(\boldsymbol{x}), d\boldsymbol{x}\rangle$ 的形式, 并认为 $\mathbb{R}^n$ 中的坐标是笛卡儿坐标, 则该表达式的形式变为 $F^1 dx^1 + \cdots + F^n dx^n$, 从而可以把公式 (1) 写为
$$A = \int_\gamma F^1 dx^1 + \cdots + F^n dx^n, \tag{2}$$

即
$$A = \int_\gamma \omega_{\boldsymbol{F}}^1. \tag{2'}$$

公式 (1) 给出了 (2) 和 (2′) 中的功的 1 形式沿道路 γ 的积分的确切含义.

例 1. 考虑力场 $\boldsymbol{F} = \left(-\dfrac{y}{x^2+y^2}, \dfrac{x}{x^2+y^2}\right)$, 其定义域是不包括坐标原点的整个平面 $\mathbb{R}^2$. 设曲线 γ_1 由 $x = \cos t, y = \sin t, 0 \leqslant t \leqslant 2\pi$ 给出, 曲线 γ_2 由 $x = 2 + \cos t$, $y = \sin t, 0 \leqslant t \leqslant 2\pi$ 给出. 我们来计算该力场沿曲线 γ_1 和 γ_2 的功. 按照公式 (1), (2), (2′) 求出

$$\int_{\gamma_1} \omega_{\boldsymbol{F}}^1 = \int_{\gamma_1} -\frac{y\,dx}{x^2+y^2} + \frac{x\,dy}{x^2+y^2} = \int_0^{2\pi}\left(-\frac{\sin t \cdot (-\sin t)}{\cos^2 t + \sin^2 t} + \frac{\cos t \cdot \cos t}{\cos^2 t + \sin^2 t}\right)dt = 2\pi,$$

$$\int_{\gamma_2} \omega_{\boldsymbol{F}}^1 = \int_{\gamma_2} \frac{-y\,dx + x\,dy}{x^2+y^2} = \int_0^{2\pi} \frac{-\sin t(-\sin t) + (2+\cos t)\cos t}{(2+\cos t)^2 + \sin^2 t} dt$$
$$= \int_0^{2\pi} \frac{1 + 2\cos t}{5 + 4\cos t} dt = \arctan\left(\frac{\sin t}{2 + \cos t}\right)\Big|_0^{2\pi} = 0.$$

例 2. 设 r 是点 $(x, y, z) \in \mathbb{R}^3$ 的径向量, $r = |\boldsymbol{r}|$, 并且除了坐标原点, 在 $\mathbb{R}^3$ 中处处给出了形如 $\boldsymbol{F} = f(r)\boldsymbol{r}$ 的力场. 这样的场称为中心场. 我们来求场 $\boldsymbol{F}$ 沿道路 $\gamma : [0, 1] \to \mathbb{R}^3 \backslash 0$ 的功. 利用 (2) 求出

$$\int_\gamma f(r)(x\,dx + y\,dy + z\,dz) = \frac{1}{2}\int_\gamma f(r)\,d(x^2+y^2+z^2) = \frac{1}{2}\int_0^1 f(r(t))\,dr^2(t)$$
$$= \frac{1}{2}\int_0^1 f(\sqrt{u(t)})\,du(t) = \frac{1}{2}\int_{r_0^2}^{r_1^2} f(\sqrt{u})\,du = \Phi(r_0, r_1).$$

可以看出，我们在这里取 $x^2(t)+y^2(t)+z^2(t)=r^2(t)$, $r^2(t)=u(t)$, $r_0=r(0)$, $r_1=r(1)$.

于是，在任何中心场中，沿道路 γ 的功只与从道路的起点和终点到场的中心 O 的距离 r_0, r_1 有关.

特别地，对于位于坐标原点的单位质量质点的引力场 $-\boldsymbol{r}/r^3$, 我们得到

$$\Phi(r_0, r_1) = -\frac{1}{2}\int_{r_0^2}^{r_1^2} \frac{1}{u^{3/2}}du = \frac{1}{r_1} - \frac{1}{r_0}.$$

b. 通过曲面的流量. 设流体（液体或气体）在定向欧氏空间 $\mathbb{R}^3$ 的区域 G 中定常流动，$x \mapsto \boldsymbol{V}(x)$ 是区域 G 中的相应速度场. 此外，在 G 中取光滑定向曲面 S. 为明确起见，我们认为 S 的定向由法向量场给出. 需要确定流体通过曲面 S 的（体积）流量，更准确地说，需要求出在单位时间内向上述法向量场所指方向流过曲面 S 的流体的体积.

为了解决这个问题，我们指出，如果流动速度场是等于 $\boldsymbol{V}$ 的均匀场，则通过由一对向量 $\boldsymbol{\xi}_1, \boldsymbol{\xi}_2$ 构成的平行四边形 Π 的流量等于由向量 $\boldsymbol{V}, \boldsymbol{\xi}_1, \boldsymbol{\xi}_2$ 构成的平行六面体的体积. 设 $\boldsymbol{\eta}$ 是 Π 的法向量，需要求出通过 Π 向法向量 $\boldsymbol{\eta}$ 所指方向流动的流量. 当 $\boldsymbol{\eta}$ 和标架 $\boldsymbol{\xi}_1, \boldsymbol{\xi}_2$ 给出与 Π 相同的定向时（即当 $\boldsymbol{\eta}, \boldsymbol{\xi}_1, \boldsymbol{\xi}_2$ 是 $\mathbb{R}^3$ 中的给定定向标架时），该流量等于混合积 $(\boldsymbol{V}, \boldsymbol{\xi}_1, \boldsymbol{\xi}_2)$. 而如果标架 $\boldsymbol{\xi}_1, \boldsymbol{\xi}_2$ 在 Π 上所给的定向与法向量 $\boldsymbol{\eta}$ 所给的定向相反，则法向量 $\boldsymbol{\eta}$ 所指方向上的流量等于 $-(\boldsymbol{V}, \boldsymbol{\xi}_1, \boldsymbol{\xi}_2)$.

现在回到最初提出的问题. 为简单起见，假设整个曲面 S 具有光滑的参数形式 $\varphi: I \to S \subset G$, 其中 I 是平面 $\mathbb{R}^2$ 的二维区间. 把 I 分为许多微小区间 I_i (图 84), 它们由沿坐标轴方向的向量 $\boldsymbol{\tau}_1, \boldsymbol{\tau}_2$ 构成. 由这些向量的像 $\boldsymbol{\xi}_1 = \varphi'(t_i)\boldsymbol{\tau}_1$, $\boldsymbol{\xi}_2 = \varphi'(t_i)\boldsymbol{\tau}_2$ 构成的平行四边形是每一个微小区间的像 $\varphi(I_i)$ 的近似. 只要认为 $\boldsymbol{V}(x)$ 在一小块曲面 $\varphi(I_i)$ 的范围内变化很小，从而可以用上述平行四边形代替 $\varphi(I_i)$, 就可以进一步认为，通过一小块曲面 $\varphi(I_i)$ 的流量 $\Delta\mathcal{F}_i$ 在很小的相对误差下等于以常速度 $\boldsymbol{V}(x_i) = \boldsymbol{V}(\varphi(t_i))$ 通过由向量 $\boldsymbol{\xi}_1, \boldsymbol{\xi}_2$ 构成的平行四边形的流量.

认为标架 $\boldsymbol{\xi}_1, \boldsymbol{\xi}_2$ 在 S 上给出与 $\boldsymbol{\eta}$ 一致的定向，我们得到

$$\Delta\mathcal{F}_i \approx (\boldsymbol{V}(x_i), \boldsymbol{\xi}_1, \boldsymbol{\xi}_2).$$

求这些微小流量之和，得到

$$\mathcal{F} = \sum_i \Delta\mathcal{F}_i \approx \sum_i \omega_V^2(x_i)(\boldsymbol{\xi}_1, \boldsymbol{\xi}_2),$$

其中 $\omega_V^2(x) = (\boldsymbol{V}(x), \cdot, \cdot)$ (见第十二

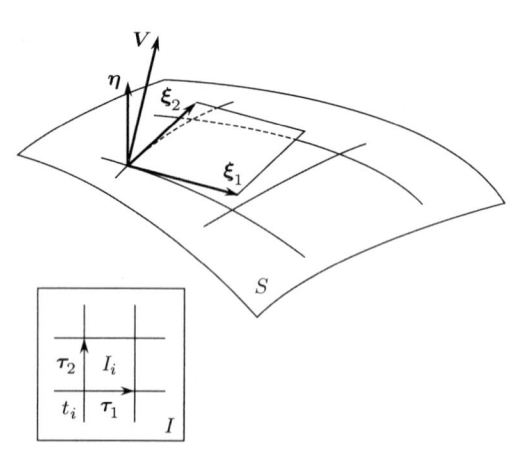

图 84

章 §5 例 8) 是流量的 2 形式. 如果取极限 (取区间 I 的越来越细的分割 P), 则自然认为

$$\mathcal{F} := \lim_{\lambda(P)\to 0} \sum_i \omega_V^2(x_i)(\boldsymbol{\xi}_1, \boldsymbol{\xi}_2) =: \int_S \omega_V^2. \tag{3}$$

最后的记号表示 2 形式 ω_V^2 在定向曲面 S 上的积分.

利用流量形式 ω_V^2 在笛卡儿坐标下的表达式 (见第十二章 §5 公式 (12)), 我们也能写出

$$\mathcal{F} = \int_S V^1 dx^2 \wedge dx^3 + V^2 dx^3 \wedge dx^1 + V^3 dx^1 \wedge dx^2. \tag{4}$$

我们只讨论了用来解决所提问题的一般原理. 其实, 我们只给出了流量 $\mathcal{F}$ 的准确定义 (3) 并引入了一些记号 (3), (4), 但暂时还没有得到类似于功的公式 (1) 的有效计算公式.

我们指出, 公式 (1) 得自表达式 (2), 只要把其中的 $x^1, \cdots, x^n$ 代换为给出道路 γ 的函数 $(x^1, \cdots, x^n)(t) = \boldsymbol{x}(t)$ 即可. 我们记得 (见第十二章 §5), 这样的代换可以解释为 G 中的给定微分形式 ω 向闭区间 $I = [a, b]$ 的转移.

直接把曲面的参数方程代入 (4), 也可以完全类似地得到流量的计算公式.

其实,

$$\omega_V^2(x_i)(\boldsymbol{\xi}_1, \boldsymbol{\xi}_2) = \omega_V^2(\varphi(t_i))(\varphi'(t_i)\boldsymbol{\tau}_1, \varphi'(t_i)\boldsymbol{\tau}_2) = (\varphi^*\omega_V^2)(t_i)(\boldsymbol{\tau}_1, \boldsymbol{\tau}_2),$$

从而

$$\sum_i \omega_V^2(x_i)(\boldsymbol{\xi}_1, \boldsymbol{\xi}_2) = \sum_i (\varphi^*\omega_V^2)(t_i)(\boldsymbol{\tau}_1, \boldsymbol{\tau}_2).$$

微分形式 $\varphi^*\omega_V^2$ 定义在二维区间 $I \subset \mathbb{R}^2$ 上. 在区间 I 中, 任何 2 形式都具有 $f(t)\,dt^1 \wedge dt^2$ 的形式, 其中 f 是 I 上依赖于微分形式的函数, 所以

$$\varphi^*\omega_V^2(t_i)(\boldsymbol{\tau}_1, \boldsymbol{\tau}_2) = f(t_i)\,dt^1 \wedge dt^2(\boldsymbol{\tau}_1, \boldsymbol{\tau}_2).$$

但是, $dt^1 \wedge dt^2(\boldsymbol{\tau}_1, \boldsymbol{\tau}_2) = \tau_1^1 \cdot \tau_2^2$ 是由正交向量 $\boldsymbol{\tau}_1, \boldsymbol{\tau}_2$ 构成的矩形 I_i 的面积.
因此,

$$\sum_i f(t_i)\,dt^1 \wedge dt^2(\boldsymbol{\tau}_1, \boldsymbol{\tau}_2) = \sum_i f(t_i)|I_i|.$$

当分割越来越细时取极限, 得到

$$\int_I f(t)\,dt^1 \wedge dt^2 = \int_I f(t)\,dt^1 dt^2. \tag{5}$$

根据 (3), 这里的左边是 2 形式 $\omega^2 = f(t)\,dt^1 \wedge dt^2$ 在最简定向曲面 I 上的积分, 而右边是函数 f 在矩形 I 上的积分.

还要注意, 直接利用变量代换 $x = \varphi(t)$, 其中 $\varphi : I \to G$ 是曲面 S 的图, 就可以从微分形式 ω_V^2 的坐标表达式得到微分形式 $\varphi^*\omega_V^2$ 的坐标表达式 $f(t)\,dt^1 \wedge dt^2$.

完成这个变换, 从 (4) 得到

$$\mathcal{F} = \int_{S=\varphi(I)} \omega_V^2 = \int_I \varphi^* \omega_V^2$$

$$= \int_I \left(V^1(\varphi(t)) \begin{vmatrix} \frac{\partial x^2}{\partial t^1} & \frac{\partial x^3}{\partial t^1} \\ \frac{\partial x^2}{\partial t^2} & \frac{\partial x^3}{\partial t^2} \end{vmatrix} + V^2(\varphi(t)) \begin{vmatrix} \frac{\partial x^3}{\partial t^1} & \frac{\partial x^1}{\partial t^1} \\ \frac{\partial x^3}{\partial t^2} & \frac{\partial x^1}{\partial t^2} \end{vmatrix} + V^3(\varphi(t)) \begin{vmatrix} \frac{\partial x^1}{\partial t^1} & \frac{\partial x^2}{\partial t^1} \\ \frac{\partial x^1}{\partial t^2} & \frac{\partial x^2}{\partial t^2} \end{vmatrix} \right) dt^1 \wedge dt^2.$$

公式 (5) 表明, 最后的积分是矩形 I 上的通常的黎曼积分.

于是, 我们求出

$$\mathcal{F} = \int_I \begin{vmatrix} V^1(\varphi(t)) & V^2(\varphi(t)) & V^3(\varphi(t)) \\ \frac{\partial \varphi^1}{\partial t^1}(t) & \frac{\partial \varphi^2}{\partial t^1}(t) & \frac{\partial \varphi^3}{\partial t^1}(t) \\ \frac{\partial \varphi^1}{\partial t^2}(t) & \frac{\partial \varphi^2}{\partial t^2}(t) & \frac{\partial \varphi^3}{\partial t^2}(t) \end{vmatrix} dt^1 dt^2, \tag{6}$$

其中 $x = \varphi(t) = (\varphi^1, \varphi^2, \varphi^3)(t^1, t^2)$ 是曲面 S 的图, 由它给出的定向与由 S 的法向量场给出的定向一致. 如果图 $\varphi : I \to S$ 在 S 上给出相反的定向, 则等式 (6) 一般而言不再成立, 但从本小节开头的讨论可知, 它的左边与右边只相差一个符号.

最终的公式 (6) 显然是用坐标 t^1, t^2 表示的前述微小流量 $\Delta \mathcal{F}_i \approx (\boldsymbol{V}(x_i), \boldsymbol{\xi}_1, \boldsymbol{\xi}_2)$ 之和的极限, 这样的表达式只不过具有更整齐的形式而已.

我们讨论了由一张图给出的曲面的情况. 在一般情况下, 可以把光滑曲面 S 分为许多块实质上不相交的光滑曲面 S_i, 并认为通过 S_i 的流量之和是通过 S 的流量.

例 3. 设常密度介质以常速度 $\boldsymbol{V} = (1, 0, 0)$ 平动. 如果在流动区域中取任何一个封闭曲面, 则因为介质密度不变, 所以该封闭曲面所包围的体积内的物质总量应当保持不变, 即通过该曲面的介质总流量应当等于零.

我们取球面 $x^2 + y^2 + z^2 = R^2$ 作为 S 来检验公式 (6).

精确到相差零面积集 (从而可以在这个问题中忽略不计), 可以用以下参数方程给出球面 S:

$$x = R \cos \psi \cos \varphi,$$
$$y = R \cos \psi \sin \varphi,$$
$$z = R \sin \psi,$$

其中 $0 < \varphi < 2\pi$, $-\pi/2 < \psi < \pi/2$.

把这些关系式和 $\boldsymbol{V} = (1, 0, 0)$ 代入 (6), 得到

$$\mathcal{F} = \int_I \begin{vmatrix} \dfrac{\partial y}{\partial \varphi} & \dfrac{\partial z}{\partial \varphi} \\ \dfrac{\partial y}{\partial \psi} & \dfrac{\partial z}{\partial \psi} \end{vmatrix} d\varphi\, d\psi = R^2 \int_{-\pi/2}^{\pi/2} \cos^2 \psi\, d\psi \int_0^{2\pi} \cos \varphi\, d\varphi = 0.$$

鉴于积分等于零, 我们甚至不必关心流量计算中的方向问题 (流入或流出).

例 4. 设介质在空间 $\mathbb{R}^3$ 中运动, 其速度场在笛卡儿坐标下由等式 $\boldsymbol{V}(x, y, z) = (V^1, V^2, V^3)(x, y, z) = (x, y, z)$ 给出, 求通过球面 $x^2 + y^2 + z^2 = R^2$ 进入球内 (即向内法线方向) 的流量.

取上例中的球面参数方程, 并在公式 (6) 的右边完成变量代换, 我们求出

$$\int_0^{2\pi} d\varphi \int_{-\pi/2}^{\pi/2} \begin{vmatrix} R\cos\psi\cos\varphi & R\cos\psi\sin\varphi & R\sin\psi \\ -R\cos\psi\sin\varphi & R\cos\psi\cos\varphi & 0 \\ -R\sin\psi\cos\varphi & -R\sin\psi\sin\varphi & R\cos\psi \end{vmatrix} d\psi$$

$$= \int_0^{2\pi} d\varphi \int_{-\pi/2}^{\pi/2} R^3 \cos\psi\, d\psi = 4\pi R^3.$$

现在, 我们来检查, 由曲线坐标 (φ, ψ) 给出的球面定向是否与由内法线给出的定向一致? 容易判断, 二者不一致. 所以, 所求的流量 $\mathcal{F} = -4\pi R^3$.

容易验证所得结果. 在球面的每一个点, 流动速度向量 $\boldsymbol{V}$ 的大小是 R, 其方向垂直于球面并指向外部, 所以从内向外的流量等于球面面积 $4\pi R^2$ 乘以 R, 而相反方向上的流量等于 $-4\pi R^3$.

2. 微分形式在定向曲面上的积分的定义. 解决了第 1 小节中的问题, 就可以给出 k 形式在 k 维定向曲面上的积分的定义.

首先设 S 是 $\mathbb{R}^n$ 中由一张标准图 $\varphi : I \to S$ 给出的 k 维光滑曲面, 再设在 S 上给出了 k 形式 ω. 我们按照以下方式构造微分形式 ω 在曲面 $\varphi : I \to S$ 上的积分.

取 k 维标准区间 $I \subset \mathbb{R}^k$ 在各坐标轴上的投影 (线段) 的分割, 从而得到标准区间 I 的分割 P. 在分割 P 的每个区间 I_i 中取具有最小坐标值的顶点 t_i 和由此出发的 k 个向量 $\boldsymbol{\tau}_1, \cdots, \boldsymbol{\tau}_k$, 它们沿坐标轴方向指向 k 个与 I_i 的顶点 t_i 相邻的顶点 (见图 84). 我们求出切空间 $TS_{x_i = \varphi(t_i)}$ 的向量 $\boldsymbol{\xi}_1 = \varphi'(t_i)\boldsymbol{\tau}_1, \cdots, \boldsymbol{\xi}_k = \varphi'(t_i)\boldsymbol{\tau}_k$, 计算 $\omega(x_i)(\boldsymbol{\xi}_1, \cdots, \boldsymbol{\xi}_k) =: (\varphi^*\omega)(t_i)(\boldsymbol{\tau}_1, \cdots, \boldsymbol{\tau}_k)$, 构成积分和 $\sum_i \omega(x_i)(\boldsymbol{\xi}_1, \cdots, \boldsymbol{\xi}_k)$, 并在分割参数 $\lambda(P)$ 趋于零时取极限.

因此, 我们采用以下定义.

定义 1. k 形式 ω 在由图 $\varphi : I \to S$ 给出的 k 维光滑曲面上的积分的定义为

$$\int_S \omega := \lim_{\lambda(P) \to 0} \sum_i \omega(x_i)(\boldsymbol{\xi}_1, \cdots, \boldsymbol{\xi}_k) = \lim_{\lambda(P) \to 0} \sum_i (\varphi^*\omega)(t_i)(\boldsymbol{\tau}_1, \cdots, \boldsymbol{\tau}_k). \quad (7)$$

如果对 I 上的 k 形式 $f(t)\,dt^1\wedge\cdots\wedge dt^k$ 应用这个定义 (当 φ 是恒等映射时), 则显然得到

$$\int_I f(t)\,dt^1\wedge\cdots\wedge dt^k = \int_I f(t)\,dt^1\cdots dt^k. \tag{8}$$

因此, 由 (7) 可知

$$\int_{S=\varphi(I)}\omega = \int_I \varphi^*\omega, \tag{9}$$

而从等式 (8) 可见, 最后的积分化为微分形式 $\varphi^*\omega$ 所对应的函数 f 在区间 I 上的通常的重积分.

我们从定义 1 推导出了重要关系式 (8) 和 (9), 但也可以取它们本身作为原始定义. 特别地, 如果 D 是 $\mathbb{R}^k$ 中的任意区域 (不一定是区间), 则为了不再重复求和过程, 取

$$\int_D f(t)\,dt^1\wedge\cdots\wedge dt^k := \int_D f(t)\,dt^1\cdots dt^k, \tag{8'}$$

而对于用 $\varphi:D\to S$ 的形式给出的光滑曲面和曲面上的 k 形式 ω, 取

$$\int_{S=\varphi(D)}\omega := \int_D \varphi^*\omega. \tag{9'}$$

如果 S 是任意的 k 维分片光滑曲面, ω 是定义在 S 的各部分光滑曲面上的 k 形式, 则只要把 S 表示为具有参数方程的各部分光滑曲面的并集 $\bigcup_i S_i$, 并且各部分曲面 S_i 只可能有更低维的交集, 就可以取

$$\int_S \omega := \sum_i \int_{S_i} \omega. \tag{10}$$

如果没有能够用关系式 (10) 解决的物理问题或其他问题, 则这样的定义会引出关于所得积分值是否与分割 $\bigcup_i S_i$ 以及各部分光滑曲面的参数方程的选择无关的问题.

我们来验证上述定义的合理性.

◀ 首先考虑最简单的一种情况, 这时 S 是 $\mathbb{R}^k$ 中的区域 D_x, 而 $\varphi:D_t\to D_x$ 是区域 $D_t\subset \mathbb{R}^k$ 到区域 D_x 上的微分同胚. 在 $D_x=S$ 中, k 形式 ω 具有 $f(x)\,dx^1\wedge\cdots\wedge dx^k$ 的形式. 于是, 一方面, 根据 (8),

$$\int_{D_x} f(x)\,dx^1\wedge\cdots\wedge dx^k = \int_{D_x} f(x)\,dx^1\cdots dx^k,$$

另一方面, 根据 (9') 和 (8'),

$$\int_{D_x} \omega := \int_{D_t} \varphi^*\omega = \int_{D_t} f(\varphi(t))\det\varphi'(t)\,dt^1\cdots dt^k.$$

但是, 如果在 D_t 中 $\det\varphi'(t)>0$, 则根据重积分变量代换定理, 以下等式成立:

$$\int_{D_x=\varphi(D_t)} f(x)\,dx^1\cdots dx^k = \int_{D_t} f(\varphi(t))\det\varphi'(t)\,dt^1\cdots dt^k.$$

因此，我们已经证明了，如果在 $S = D_x$ 上有同类定向的坐标 $x^1, \cdots, x^k$ 和曲线坐标 $t^1, \cdots, t^k$，则积分 $\int_S \omega$ 的值与在这两组坐标中的哪一组坐标下完成计算是无关的.

我们指出，如果曲线坐标 $t^1, \cdots, t^k$ 在 S 上给出另一类定向，这时 $\det \varphi'(t) < 0$，则最后一个等式的左右两边显然具有不同的符号. 因此，只有在积分曲面是定向曲面时，才能讨论积分定义的合理性.

现在设 $\varphi_x : D_x \to S$ 和 $\varphi_t : D_t \to S$ 是同一个 k 维光滑曲面 S 的两种参数形式，而 ω 是 S 上的 k 形式. 我们来比较积分

$$\int_{D_x} \varphi_x^* \omega, \quad \int_{D_t} \varphi_t^* \omega. \tag{11}$$

因为 $\varphi_t = \varphi_x \circ (\varphi_x^{-1} \circ \varphi_t) = \varphi_x \circ \varphi$，其中 $\varphi = \varphi_x^{-1} \circ \varphi_t : D_t \to D_x$ 是 D_t 到 D_x 上的微分同胚，所以 $\varphi_t^* \omega = \varphi^*(\varphi_x^* \omega)$ (见第十二章 §5 等式 (20))，即只要在微分形式 $\varphi_x^* \omega$ 中完成变量代换 $x = \varphi(t)$，就可以得到 D_t 中的微分形式 $\varphi_t^* \omega$. 但是，我们刚刚验证了，在这种情况下，如果 $\det \varphi'(t) > 0$，则 (11) 中的两个积分相等，而如果 $\det \varphi'(t) < 0$，则二者具有不同的符号.

于是，我们证明了，如果 $\varphi_t : D_t \to S$, $\varphi_x : D_x \to S$ 是曲面 S 的具有同样定向类的参数形式，则 (11) 中的两个积分相等. 这也验证了，上述积分与曲面 S 上的属于同一个定向类的曲线坐标系的选取无关.

定向分片光滑曲面 S 上的积分 (10) 与 S 的分割 $\bigcup_i S_i$ (其中 S_i 是光滑曲面) 的选取无关，这得自通常的重积分的可加性 (只要考虑两种分割合并后形成的更细的分割，并验证相应积分值等于原来每一种分割所对应的积分值即可). ▶

根据上述讨论，现在有理由采用下面的一系列常规定义，它们对应着在定义 1 中提出的微分形式的积分的结构.

定义 1′ (微分形式在定向曲面 $S \subset \mathbb{R}^n$ 上的积分).
a) 如果在区域 $D \subset \mathbb{R}^k$ 中给出了微分形式 $f(x) \, dx^1 \wedge \cdots \wedge dx^k$，则

$$\int_D f(x) \, dx^1 \wedge \cdots \wedge dx^k := \int_D f(x) \, dx^1 \cdots dx^k.$$

b) 如果 $S \subset \mathbb{R}^n$ 是 k 维光滑定向曲面，$\varphi : D \to S$ 是它的参数形式，而 ω 是 S 上的 k 形式，则

$$\int_S \omega := \pm \int_D \varphi^* \omega,$$

并且当 φ 的参数形式与 S 的定向相容时取正号，否则取负号.

c) 如果 S 是 $\mathbb{R}^n$ 中的 k 维分片光滑定向曲面，ω 是 S 上的 k 形式 (定义于 S 上有切平面的点)，则

$$\int_S \omega := \sum_i \int_{S_i} \omega,$$

其中 S 被分解为许多块微小的具有参数形式的 k 维光滑曲面 $S_1, \cdots, S_m, \cdots$,并且它们的交集至多是更低维分片光滑曲面.

特别地,我们看到,曲面定向的变化导致积分符号的变化.

习 题

1. a) 设 x, y 是平面 $\mathbb{R}^2$ 上的笛卡儿坐标. 请说明: 微分形式 $\omega = -\dfrac{y}{x^2+y^2}dx + \dfrac{x}{x^2+y^2}dy$ 是怎样的向量场的功形式?

b) 请求出 a) 中的微分形式 ω 沿下列道路 γ_i 的积分:

$[0, \pi] \ni t \xmapsto{\gamma_1} (\cos t, \sin t) \in \mathbb{R}^2$; $[0, \pi] \ni t \xmapsto{\gamma_2} (\cos t, -\sin t) \in \mathbb{R}^2$;

道路 γ_3 是依次连接点 $(1, 0), (1, 1), (-1, 1), (-1, 0)$ 的线段;

道路 γ_4 是依次连接点 $(1, 0), (1, -1), (-1, -1), (-1, 0)$ 的线段.

2. 设 f 是区域 $D \subset \mathbb{R}^n$ 中的光滑函数, 而 γ 是 D 中的光滑道路, 其起点为 $p_0 \in D$, 终点为 $p_1 \in D$. 请求出微分形式 $\omega = df$ 沿道路 γ 的积分.

3. a) 请求出微分形式 $\omega = dy \wedge dz + dz \wedge dx$ 在 $\mathbb{R}^3$ 中标准单位立方体边界上的积分, 边界的定向由外法线给出.

b) 请指出一个速度场, 使 a) 中的微分形式 ω 是它的流量形式.

4. a) 设 x, y, z 是 $\mathbb{R}^3$ 中的笛卡儿坐标. 请指出一个速度场, 使以下微分形式是它的流量形式:
$$\omega = \frac{x\,dy \wedge dz + y\,dz \wedge dx + z\,dx \wedge dy}{(x^2+y^2+z^2)^{3/2}}.$$

b) 请求出 a) 中的微分形式 ω 在球面 $x^2 + y^2 + z^2 = R^2$ 上的积分, 球面的定向由外法线给出.

c) 请证明: 场 $\dfrac{(x, y, z)}{(x^2+y^2+z^2)^{3/2}}$ 通过球面 $(x-2)^2 + y^2 + z^2 = 1$ 的流量等于零.

d) 请验证: c) 中的场通过环面的流量也等于零. 在第十二章 §1 例 4 中给出了环面的参数方程.

5. 众所周知, 一定量物质的压强 P、体积 V 和温度 T 之间的关系 $f(P, V, T) = 0$ 在热力学中称为状态方程. 例如, 对于 1 mol 完全气体, 状态方程由克拉珀龙公式 $\dfrac{PV}{T} - R = 0$ 给出, 其中 R 是普适气体常量.

因为量 P, V, T 满足状态方程, 所以只要知道其中任何两个量, 原则上就能确定剩下的一个量. 这意味着, 例如, 用坐标为 V, P 的平面 $\mathbb{R}^2$ 上的点 (V, P) 可以描述任何系统的状态. 这时, 系统状态的演化通过时间 t 的函数表现出来, 而与此相应的是该平面上的某条道路 γ.

设活塞能够在充满气体的气缸中无摩擦地移动. 我们可以通过做机械功来改变活塞的位置, 从而改变活塞与气缸壁之间的气体的状态. 反之, 改变气体的状态 (例如加热气体), 就能让气体做机械功 (例如让气体膨胀, 从而举起重物). 在本题以及下面的习题 6, 7, 8 中, 我们认为所有过程都极为缓慢地进行, 以至于在每个具体时刻, 压强和温度在全部物质中都来得及变为均匀分布的, 系统因而在每个时刻都满足状态方程. 这样的过程称为准静态过程.

§1. 微分形式的积分

a) 设 V, P 平面上的道路 γ 表示气缸壁与活塞之间的气体从状态 V_0, P_0 到状态 V_1, P_1 的准静态过程. 请证明: 气体沿这条道路所做的机械功 A 由以下曲线积分确定: $A = \int_\gamma P \, dV$.

b) 请求出 1 mol 完全气体沿下列每一段道路 (图 85) 从状态 V_0, P_0 到状态 V_1, P_1 时所做的机械功: γ_{OLI} 先后是等压线 OL ($P = P_0$) 和等容线 LI ($V = V_1$); γ_{OKI} 先后是等容线 OK ($V = V_0$) 和等压线 KI ($P = P_1$); γ_{OI} 是等温线 $T = \text{const}$ (假设 $P_0 V_0 = P_1 V_1$).

c) 请证明: 在 a) 中得到的活塞与气缸壁之间气体所做机械功的公式其实是一个普遍公式, 即它对于任何可变形气囊中的气体所做的机械功都成立.

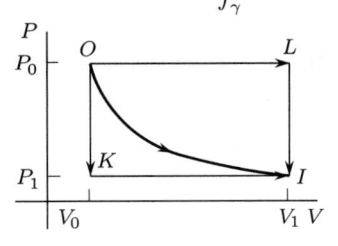

图 85

6. 与系统所做的机械功类似 (见习题 5), 一个系统在其状态发生变化的某一个过程中所获得的热量同样不仅与系统的初始状态和最终状态有关, 而且与状态变化的道路有关. 热容是物质所获得的热量与其温度变化之比, 是物质和由它完成的 (或对它完成的) 热力学过程的一个重要特征. 可以用以下方式给出热容的准确定义.

设 x 是状态平面 F 上的点 (坐标为 V, P, 或 V, T, 或 P, T), 而向量 $e \in TF_x$ 指示从 x 出发的移动方向. 设 t 是小参数. 在平面 F 上考虑从状态 x 沿一条线段到状态 $x + te$ 的过程. 设 $\Delta Q(x, te)$ 是物质在这个过程中所获得的热量, $\Delta T(x, te)$ 是物质温度的变化. 量

$$C(x, \boldsymbol{e}) = \lim_{t \to 0} \frac{\Delta Q(x, t\boldsymbol{e})}{\Delta T(x, t\boldsymbol{e})}$$

称为物质 (或系统) 在状态 x 向方向 $\boldsymbol{e}$ 移动时的热容.

特别地, 如果系统是绝热的, 则它在不与外部介质进行热交换的情况下发生变化. 这就是通常所说的绝热过程, 它在状态平面 F 上所对应的曲线称为绝热线. 于是, 当一个系统从给定状态 x 沿绝热线变化时, 其热容为零.

当一个系统沿等温线 ($T = \text{const}$) 变化时, 其热容为无穷大.

分别沿等容线 ($V = \text{const}$) 和沿等压线 ($P = \text{const}$) 的热容 $C_V = C(x, \boldsymbol{e}_V)$, $C_P = C(x, \boldsymbol{e}_P)$ 特别常用. 实验表明, 对于给定质量的一种物质, 在相当大的状态变化范围内可以认为 C_V 和 C_P 基本保持不变. 1 mol 给定物质的热容称为摩尔热容, 并用大写字母表示 (不用小写字母, 以区别于其他热容). 我们将认为, 下面的讨论都是对 1 mol 物质进行的.

根据能量守恒定律, 在一个给定过程中, 物质所获得的热量 ΔQ、其内能的变化 ΔU 和它所做的机械功 ΔA 满足关系式 $\Delta Q = \Delta U + \Delta A$. 因此, 当状态 $x \in F$ 发生微小变化 te 时, 物质所获得的热量应该是微分形式 $\delta Q = dU + P \, dV$ 在点 x 在向量 $te \in TF_x$ 上的值 (关于功 $P \, dV$ 的公式, 见习题 5 c)). 这意味着, 如果认为 T 和 V 是状态坐标, 而 T 是过程的变化参量 (非等温过程), 就可以写出

$$C = \lim_{t \to 0} \frac{\Delta Q}{\Delta T} = \frac{\partial U}{\partial T} + \frac{\partial U}{\partial V} \cdot \frac{dV}{dT} + P \frac{dV}{dT}.$$

导数 $\dfrac{dV}{dT}$ 决定以 T, V 为坐标的状态平面上的点 $x \in F$ 的移动方向. 特别地, 如果 $\dfrac{dV}{dT} = 0$, 则过程沿等容线 $V = \text{const}$ 进行, 从而得到 $C_V = \dfrac{\partial U}{\partial T}$. 如果 $P = \text{const}$, 则 $\dfrac{dV}{dT} = \left(\dfrac{\partial V}{\partial T}\right)_{P = \text{const}}$

(在一般情况下, $V = V(P, T)$ 是状态方程 $f(P, V, T) = 0$ 关于 V 解出的形式). 因此,
$$C_P = \left(\frac{\partial U}{\partial T}\right)_V + \left(\left(\frac{\partial U}{\partial V}\right)_T + P\right)\left(\frac{\partial V}{\partial T}\right)_P,$$
其中右边的下标 P, V, T 指出在计算相应偏导数时所必须固定的状态参量. 对比 C_V 和 C_P 的所得表达式, 我们看到
$$C_P - C_V = \left(\left(\frac{\partial U}{\partial V}\right)_T + P\right)\left(\frac{\partial V}{\partial T}\right)_P.$$

对气体进行的实验 (焦耳[①]–汤姆孙实验) 表明, 其内能只与温度 T 有关, 即 $\left(\frac{\partial U}{\partial V}\right)_T = 0$. 这在后来成为完全气体模型的基本假设. 于是, 对于完全气体, $C_P - C_V = P\left(\frac{\partial V}{\partial T}\right)_P$. 对于 1 mol 完全气体, $PV = RT$, 所以由此得到关系式 $C_P - C_V = R$, 它在热力学中称为迈耶[②]公式.

因为 1 mol 气体的内能只与温度有关, 所以可以把微分形式 δQ 写为
$$\delta Q = \frac{\partial U}{\partial T}dT + P\,dV = C_V dT + P\,dV.$$
因此, 为了计算 1 mol 气体在状态沿道路 γ 变化时所获得的热量, 应当求微分形式 $C_V dT + P\,dV$ 沿 γ 的积分. 有时用变量 V, P 表示这个微分形式更方便. 利用状态方程 $PV = RT$ 和关系式 $C_P - C_V = R$, 得到
$$\delta Q = C_P \frac{P}{R}dV + C_V \frac{V}{R}dP.$$

a) 请写出 1 mol 气体在状态沿状态平面 F 上的道路 γ 变化时所获得的热量的公式.

b) 认为 C_P, C_V 是常量, 请求出与习题 5b) 中每一条道路 $\gamma_{OLI}, \gamma_{OKI}, \gamma_{OI}$ 相对应的 Q 的值.

c) 在坐标为 V, P 的状态平面 F 上, 请 (按照泊松的思路) 求出通过点 (P_0, V_0) 的绝热线方程 (泊松得到了, 在绝热线上 $PV^{C_P/C_V} = \text{const}$; 量 C_P/C_V 称为给定气体的绝热常数; 对于空气, $C_P/C_V \approx 1.4$). 然后, 设 1 mol 气体与外部介质绝热并且处于状态 (V_0, P_0), 请计算使这些气体的体积变为 $V_1 = V_0/2$ 时所必须做的功.

7. 我们知道, 热机工质 (例如气缸中受活塞作用的气体) 状态变化的卡诺[③]循环是如下所述的过程 (图 86). 设两个能量容量很大的物体 (热库) 分别具有不变的温度 T_1 和 T_2 ($T_1 > T_2$), 高温热库起加热的作用, 低温热库起冷却的作用 (例如蒸汽罐和大气). 所考虑的热机工质 (气体) 在状态 1 具有温度 T_1, 并且在与高温热库保持接触的情况下, 由于外部压强降低而沿等温线准静态膨胀到状态 2. 在这一段过程中, 热机从高温热库吸收了热量 Q_1, 并为对抗外部压强而做了机械功 A_{12}. 在状态 2 下, 让气体绝热并准静态膨胀, 直到其温度达到低温热库温度 T_2, 这时气体达到状态 3. 在这一段过程中, 热机也对抗外部压强并做了功 A_{23}. 在状态 3 下, 让气体接触低温热库, 并用增加压强的方法等温压缩气体到状态 4. 在这一段过程中对气体做了功 (气体本身做了负的功 A_{34}), 而气体向低温热库释放了热量 Q_2. 在选取状态 4 时,

---

[①] 焦耳 (J. P. Joule, 1818–1889) 是英国物理学家. 他发现了电流的热效应定律, 并与迈耶各自独立地确定了热功当量.

[②] 迈耶 (J. R. Mayer, 1814–1878) 是德国学者, 按照教育背景是医生. 他提出了能量守恒和转化定律, 确定了热功当量.

[③] 卡诺 (S. Carnot, 1796–1832) 是法国工程师, 热力学奠基人之一.

应当使气体能够从这个状态沿绝热线被准静态压缩到初始状态. 于是, 气体从状态 4 回到了状态 1, 并且在这一段过程中对气体做了功 (而气体本身做了负的功 A_{41}). 经过这样的循环 (卡诺循环), 气体 (热机工质) 的内能显然不变 (因为我们已经回到初始状态), 所以热机所做的功为
$$A = A_{12} + A_{23} + A_{34} + A_{41} = Q_1 - Q_2.$$

在得自高温热库的热量 Q_1 中, 只有一部分用于做功 A. 量
$$\eta = \frac{A}{Q_1} = \frac{Q_1 - Q_2}{Q_1}$$
自然称为热机效率.

a) 请利用习题 6 a) 和 c) 的结果证明: 对于卡诺循环, 以下等式成立:
$$\frac{Q_1}{T_1} = \frac{Q_2}{T_2}.$$

b) 请证明卡诺第一定理 (两个著名的卡诺定理之一): 按照卡诺循环工作的热机的效率只与高温热库温度 T_1 和低温热库温度 T_2 有关 (而与热机的构造和工质的形式无关).

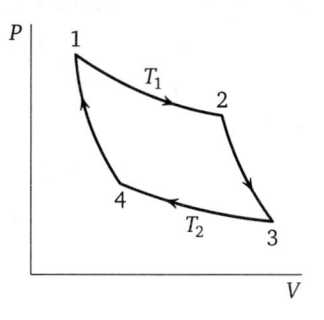

图 86

8. 设 γ 是任意热机 (见习题 7) 的工质的状态平面 F 上与该热机工作循环相对应的封闭道路. 工质 (例如气体) 与外部介质所交换的热量与热量交换时的温度满足基本的克劳修斯[①]不等式 $\int_\gamma \frac{\delta Q}{T} \leqslant 0$, 其中 δQ 是在习题 6 中讨论过的热交换形式.

a) 请证明: 克劳修斯不等式对于卡诺循环 (见习题 7) 变为等式.

b) 请证明: 如果热机也可以按照循环 γ 反向运转, 则克劳修斯不等式变为等式.

c) 设循环 γ 分为 γ_1 和 γ_2 两段, 并且热机工质在 γ_1 上从外部吸收热量, 在 γ_2 上向周围介质释放热量. 设 T_1 是热机工质在循环 γ 的 γ_1 段上的最高温度, T_2 是它在 γ_2 上的最低温度. 最后, 设 Q_1 是热机工质在 γ_1 上所获得的热量, Q_2 是在 γ_2 上所释放的热量. 请根据克劳修斯不等式证明 $\frac{Q_2}{Q_1} \leqslant \frac{T_2}{T_1}$.

d) 对于任何热机, 请得到热机效率 (见习题 7) 的估计 $\eta \leqslant \frac{T_1 - T_2}{T_1}$. 这是卡诺第二定理 (请顺便估计蒸汽机的效率, 已知其中蒸汽的最高温度不超过 150 ℃, 即 $T_1 = 423\,\mathrm{K}$, 而低温热库的温度, 即环境介质的温度, 大约是 20 ℃, 即 $T_2 = 293\,\mathrm{K}$).

e) 请对比习题 7 b) 与 8 d) 的结果并验证: (在具有给定值 T_1, T_2 的热机的范围内) 按卡诺循环工作的热机具有最大的效率.

9. 微分方程 $\dfrac{dy}{dx} = \dfrac{f(x)}{g(y)}$ 称为可分离变量的方程, 其形式通常写为 $g(y)\,dy = f(x)\,dx$, 其中的变量 "已经被分离开", 从而只要让它们的原函数相等, 就可以得到方程的解:
$$\int g(y)\,dy = \int f(x)\,dx.$$

现在, 请用微分形式的语言给出这个解法的更深刻的数学论证.

[①] 克劳修斯 (R. J. E. Clausius, 1822—1888) 是德国物理学家, 热力学理论的奠基人. 他提出了热力学中的内能和熵的概念, 以及气体动理学中的分子自由程的基本概念.

§2. 体形式, 第一类积分与第二类积分

1. 物质面的质量. 设 S 是欧氏空间 $\mathbb{R}^3$ 中的物质面 (由物质组成的曲面). 假设已知曲面 S 上的质量分布 (面) 密度 $\rho(x)$, 需要确定整个曲面 S 的质量.

为了解决这个问题, 首先应当注意, 在点 $x \in S$ 的面密度 $\rho(x)$ 是物质面在点 x 的邻域中的部分的质量 Δm 与这部分物质面的面积 $\Delta \sigma$ 之比在该邻域收缩到点 x 时的极限.

把曲面分为许多块微小曲面 S_i, 并认为 ρ 是 S 上的连续函数, 从而可以忽略 ρ 在每一块微小曲面上的变化, 并从关系式

$$\Delta m_i \approx \rho(x_i) \Delta \sigma_i$$

求出 S_i 的质量, 其中 $\Delta \sigma_i$ 是曲面 S_i 的面积, 而 $x_i \in S_i$.

取这些近似等式之和在上述分割无限细化时的极限, 得到

$$m = \int_S \rho \, d\sigma. \tag{1}$$

显然需要解释这里写出的曲面上的积分记号, 以便给出计算公式.

我们指出, 根据问题的提法本身, 等式 (1) 的左边与曲面 S 的定向毫无关系, 所以等式右边的积分也应当具有这样的性质. 一眼就能看出, 这与我们在 §1 中详细讨论过的曲面积分的概念完全不同. 这个问题的答案在于面积元 $d\sigma$ 的定义, 下面就分析这个定义.

2. 曲面面积是微分形式的积分. 对比 §1 中微分形式的积分的定义 1 与引导我们给出曲面面积定义的讨论 (第十二章 §4), 我们看到, 在欧氏空间 $\mathbb{R}^n$ 中用参数形式 $\varphi : D \to S$ 给出的 k 维曲面 S 的面积是某个微分形式 Ω 的积分. 我们暂时约定, 把该微分形式称为曲面 S 上的体形式或体元. 从第十二章 §4 关系式 (5) 可知, 在曲线坐标 $\varphi : D \to S$ 下 (即在变换到参数域 D 后), 微分形式 Ω (更准确地, $\varphi^* \Omega$) 具有以下表达式:

$$\omega = \sqrt{\det(g_{ij})}(t) \, dt^1 \wedge \cdots \wedge dt^k, \tag{2}$$

其中 $g_{ij}(t) = \left\langle \dfrac{\partial \varphi}{\partial t^i}, \dfrac{\partial \varphi}{\partial t^j} \right\rangle$, $i, j = 1, \cdots, k$.

在这个曲面的另一种参数形式 $\widetilde{\varphi} : \widetilde{D} \to S$ 下, 为了在区域 $\widetilde{D}$ 上计算 S 的面积, 应当相应地求以下微分形式的积分:

$$\widetilde{\omega} = \sqrt{\det(\widetilde{g}_{ij})}(\tilde{t}) \, d\tilde{t}^1 \wedge \cdots \wedge d\tilde{t}^k, \tag{3}$$

其中 $\widetilde{g}_{ij}(\tilde{t}) = \left\langle \dfrac{\partial \widetilde{\varphi}}{\partial \tilde{t}^i}, \dfrac{\partial \widetilde{\varphi}}{\partial \tilde{t}^j} \right\rangle$, $i, j = 1, \cdots, k$.

用 ψ 表示微分同胚 $\varphi^{-1} \circ \tilde{\varphi} : \tilde{D} \to D$, 这是从曲面 S 的坐标 $\tilde{t}$ 到坐标 t 的变换. 我们以前已经算出 (见第十二章 §4 附注 5)

$$\sqrt{\det(\tilde{g}_{ij})}(\tilde{t}) = \sqrt{\det(g_{ij})}(\psi(\tilde{t})) \cdot |\det \psi'(\tilde{t})|. \tag{4}$$

与此同时, 显然

$$\psi^* \omega = \sqrt{\det(g_{ij})}(\psi(\tilde{t})) \det \psi'(\tilde{t}) \, d\tilde{t}^1 \wedge \cdots \wedge d\tilde{t}^k. \tag{5}$$

对比等式 (2)—(5), 我们看到, 当 $\det \psi'(\tilde{t}) > 0$ 时 $\psi^* \omega = \tilde{\omega}$, 当 $\det \psi'(\tilde{t}) < 0$ 时 $\psi^* \omega = -\tilde{\omega}$. 如果 ω 和 $\tilde{\omega}$ 分别通过转移 φ^* 和 $\tilde{\varphi}^*$ 得自 S 上的同一个微分形式 Ω, 则等式 $\psi^*(\varphi^* \Omega) = \tilde{\varphi}^* \Omega$, 即 $\psi^* \omega = \tilde{\omega}$, 应当成立.

因此, 我们得到以下结论: 具有参数形式的曲面 S 的面积等于相应微分形式在该曲面上的积分, 并且这些微分形式可能彼此相差一个符号, 这与曲面的不同参数形式所给出的不同定向有关. 对于属于曲面 S 的同一个定向类的参数形式, 这些微分形式是相同的.

于是, S 上的体形式 Ω 应当不仅取决于欧氏空间 $\mathbb{R}^n$ 中的曲面 S 本身, 还取决于 S 的定向.

这可能显得不合常理: 按照我们的观念, 曲面面积不应当与曲面的定向有关!

但是, 要知道, 我们用某一个微分形式的积分定义了具有参数形式的曲面的面积. 因此, 如果计算结果不应当与曲面的定向有关, 则从积分的性质可知, 对于不同定向的曲面, 我们应当求不同微分形式的积分.

我们从上述讨论引出准确的定义.

3. 体形式

定义 1. 如果 $\mathbb{R}^k$ 是具有内积 $\langle , \rangle$ 的定向欧氏空间, 斜对称 k 形式 Ω 在 $\mathbb{R}^k$ 的给定定向类的单位正交标架上的值为 1, 则该 k 形式称为 $\mathbb{R}^k$ 上的与给定定向和内积 $\langle , \rangle$ 相应的体形式.

k 形式在标架 $e_1, \cdots, e_k$ 上的值显然完全确定了该 k 形式.

我们还指出, k 形式 Ω 不是由个别的一个单位正交标架确定的, 而是由它们的定向类确定.

◂ 其实, 如果 $e_1, \cdots, e_k$ 和 $\tilde{e}_1, \cdots, \tilde{e}_k$ 是同一个定向类中的两个这样的标架, 则从第二组基向量到第一组基向量的变换矩阵 O 是正交的, 并且 $\det O = 1$. 因此,

$$\Omega(e_1, \cdots, e_k) = \det O \cdot \Omega(\tilde{e}_1, \cdots \tilde{e}_k) = \Omega(\tilde{e}_1, \cdots, \tilde{e}_k) = 1. \ ▸$$

如果在 $\mathbb{R}^k$ 中固定一组单位正交基向量 $e_1, \cdots, e_k$, 而 $\pi^1, \cdots, \pi^k$ 是 $\mathbb{R}^k$ 在相应坐标轴上的投影, 则显然 $\pi^1 \wedge \cdots \wedge \pi^k(e_1, \cdots, e_k) = 1$, 并且

$$\Omega = \pi^1 \wedge \cdots \wedge \pi^k.$$

因此,
$$\Omega(\boldsymbol{\xi}_1, \cdots, \boldsymbol{\xi}_k) = \begin{vmatrix} \xi_1^1 & \cdots & \xi_1^k \\ \vdots & & \vdots \\ \xi_k^1 & \cdots & \xi_k^k \end{vmatrix}.$$

这是由有序向量 $\boldsymbol{\xi}_1, \cdots, \boldsymbol{\xi}_k$ 构成的平行多面体的有向体积.

定义 2. 如果光滑 k 维定向曲面 S 位于欧氏空间 $\mathbb{R}^n$ 中, 则在 S 的每一个切平面 TS_x 上可以引入与 S 的定向相容的定向, 以及由 $\mathbb{R}^n$ 中的标量积给出的标量积, 而这意味着, 也可以引入体形式 $\Omega(x)$. 这时在 S 上产生的微分 k 形式 Ω 称为曲面 S 上的体形式 (或体元), 它是伴随着 S 到 $\mathbb{R}^n$ 的嵌入出现的.

定义 3. 可定向光滑曲面的面积是与曲面上所选定向相应的体形式在该曲面上的积分.

面积的这个定义是用微分形式的语言表述的, 它在细节上更加准确. 我们在考虑用参数形式给出的 k 维光滑曲面 $S \subset \mathbb{R}^n$ 时也提出了面积的定义, 见第十二章§4 定义 1. 这两个定义当然是一致的.

◀ 其实, 曲面的参数形式给出了曲面的定向和曲面的所有切平面 TS_x 的定向. 如果 $\boldsymbol{\xi}_1, \cdots, \boldsymbol{\xi}_k$ 是属于 TS_x 上固定的定向类的标架, 则从体形式 Ω 的定义 2 和定义 3 可知 $\Omega(x)(\boldsymbol{\xi}_1, \cdots, \boldsymbol{\xi}_k) > 0$. 但这时 (见第十二章 §4 等式 (3))

$$\Omega(x)(\boldsymbol{\xi}_1, \cdots, \boldsymbol{\xi}_k) = \sqrt{\det(\langle \boldsymbol{\xi}_i, \boldsymbol{\xi}_j \rangle)}. \blacktriangleright \tag{6}$$

我们指出, 微分形式 $\Omega(x)$ 本身在 TS_x 的任何一组向量 $\boldsymbol{\xi}_1, \cdots, \boldsymbol{\xi}_k$ 上都有定义, 但等式 (6) 只在 TS_x 的给定定向类的标架上才成立.

我们还指出, 体形式只在定向曲面上才有定义, 所以, 例如, 讨论 $\mathbb{R}^3$ 中默比乌斯带上的体形式是没有意义的, 尽管可以在它的每一小部分有向曲面上讨论体形式.

定义 4. 设 S 是 $\mathbb{R}^n$ 中的 k 维分片光滑 (可定向或不可定向) 曲面, 而 $S_1, \cdots, S_m, \cdots$ 是组成 S 的有限个或可数个具有参数形式的光滑曲面, 它们如果相交, 则其交集是不高于 $k-1$ 维的曲面, 并且 $S = \bigcup_i S_i$. 所有曲面 S_i 的面积之和称为曲面 S 的面积 (或 k 维体积).

在这个意义下就可以讨论 $\mathbb{R}^3$ 中默比乌斯带的面积, 而与此相当的是求它的质量, 只要认为它是具有单位面密度的物质面即可.

用传统方法可以验证定义 4 的合理性 (所得到的面积值与曲面 S 分为 $S_1, \cdots, S_m, \cdots$ 的方式无关).

4. 体形式在笛卡儿坐标下的表达式. 设 S 是定向欧氏空间 $\mathbb{R}^n$ 中的 $(n-1$ 维$)$ 光滑超曲面, 其定向由它的连续单位法向量场 $\boldsymbol{\eta}(x)$ $(x \in S)$ 给出. 设 V 是 $\mathbb{R}^n$ 中的 $(n$ 维$)$ 体形式, Ω 是 S 上的 $(n-1$ 维$)$ 体形式.

如果在切空间 TS_x 中取标架 $\boldsymbol{\xi}_1, \cdots, \boldsymbol{\xi}_{n-1}$, 使它属于由 TS_x 的单位法向量 $\boldsymbol{\eta}(x)$ 给出的定向类, 则显然可以写出以下等式:

$$V(x)(\boldsymbol{\eta}, \boldsymbol{\xi}_1, \cdots, \boldsymbol{\xi}_{n-1}) = \Omega(x)(\boldsymbol{\xi}_1, \cdots, \boldsymbol{\xi}_{n-1}). \tag{7}$$

◀ 在上述条件下, 等式的两边都是非负的, 而它们的大小相等的原因在于, 由向量 $\boldsymbol{\eta}, \boldsymbol{\xi}_1, \cdots, \boldsymbol{\xi}_{n-1}$ 构成的平行多面体的体积等于底面积 $\Omega(x)(\boldsymbol{\xi}_1, \cdots, \boldsymbol{\xi}_{n-1})$ 乘以高 $|\boldsymbol{\eta}| = 1$. ▶

但是,

$$V(x)(\boldsymbol{\eta}, \boldsymbol{\xi}_1, \cdots, \boldsymbol{\xi}_{n-1}) = \begin{vmatrix} \eta^1 & \cdots & \eta^n \\ \xi_1^1 & \cdots & \xi_1^n \\ \vdots & & \vdots \\ \xi_{n-1}^1 & \cdots & \xi_{n-1}^n \end{vmatrix}$$

$$= \sum_{i=1}^n (-1)^{i-1} \eta^i(x) \, dx^1 \wedge \cdots \wedge \widehat{dx^i} \wedge \cdots \wedge dx^n (\boldsymbol{\xi}_1, \cdots, \boldsymbol{\xi}_{n-1}),$$

其中 $x^1, \cdots, x^n$ 是笛卡儿坐标, 相应的一组单位正交基向量 $\boldsymbol{e}_1, \cdots, \boldsymbol{e}_n$ 给出了定向, 而微分 dx^i 上方的弧表示该微分在这一项中不出现.

因此, 对于定向超曲面 $S \subset \mathbb{R}^n$ 上的体形式, 可以得到以下坐标表达式:

$$\Omega = \sum_{i=1}^n (-1)^{i-1} \eta^i(x) \, dx^1 \wedge \cdots \wedge \widehat{dx^i} \wedge \cdots \wedge dx^n. \tag{8}$$

用同样的几何方法可以得到, 对于固定的值 $i \in \{1, \cdots, n\}$,

$$\langle \boldsymbol{\eta}(x), \boldsymbol{e}_i \rangle \Omega(\boldsymbol{\xi}_1, \cdots, \boldsymbol{\xi}_{n-1}) = V(x)(\boldsymbol{e}_i, \boldsymbol{\xi}_1, \cdots, \boldsymbol{\xi}_{n-1}). \tag{9}$$

这个等式说明

$$\eta^i(x) \Omega(x) = (-1)^{i-1} dx^1 \wedge \cdots \wedge \widehat{dx^i} \wedge \cdots \wedge dx^n. \tag{10}$$

对于 $\mathbb{R}^3$ 中的二维曲面 S, 常用记号 $d\sigma$ 或 dS 表示它的体元. 不应当认为它们是某微分形式 σ 或 S 的微分, 因为这是整体记号. 如果 x, y, z 是 $\mathbb{R}^3$ 中的笛卡儿坐

标, 则关系式 (8), (10) 在这些记号下写为

$$d\sigma = \cos\alpha_1\, dy \wedge dz + \cos\alpha_2\, dz \wedge dx + \cos\alpha_3\, dx \wedge dy,$$

$$\cos\alpha_1\, d\sigma = dy \wedge dz,$$

$$\cos\alpha_2\, d\sigma = dz \wedge dx \quad \text{(在坐标面上的投影的有向面积)},$$

$$\cos\alpha_3\, d\sigma = dx \wedge dy,$$

这里的 $(\cos\alpha_1, \cos\alpha_2, \cos\alpha_3)(x)$ 是 S 在点 $x \in S$ 的单位法向量 $\boldsymbol{\eta}(x)$ 的方向余弦 (坐标). 为了避免歧义, 在这些等式以及等式 (8), (10) 中当然最好在右边补充记号 $|_S$, 以便表示相应微分形式在曲面 S 上的限制, 但是为了不让公式过于繁琐, 我们还是省略了这些记号.

5. 第一类积分与第二类积分. 在许多问题中会出现类型 (1) 的积分, 上面讨论的根据已知的面密度求曲面质量的问题是典型的这种问题. 这样的积分经常称为函数在曲面上的积分或第一类积分.

定义 5. 微分形式 $\rho\Omega$ 的积分

$$\int_S \rho\Omega, \tag{11}$$

其中 Ω 是可定向曲面 S 上的体形式 (与计算积分时所选的 S 的定向相应), 称为函数 ρ 在可定向曲面 S 上的积分.

显然, 这样定义的积分 (11) 与 S 的定向无关, 因为在改变定向时, 在体形式中也进行相应的代换.

我们强调, 这里在本质上不是讨论函数的积分, 而是讨论一种特殊类型的微分形式 $\rho\Omega$ 在定义了体形式的曲面 S 上的积分.

定义 6. 设 S 是分片光滑的 (可定向或不可定向) 曲面, ρ 是 S 上的函数. 如果按照定义 4 所描述的方法把曲面 S 分为具有参数形式的曲面 $S_1, \cdots, S_m, \cdots$, 则函数 ρ 在这些曲面上的积分之和 $\sum_i \int_{S_i} \rho\Omega$ 称为函数 ρ 在曲面 S 上的积分 (11).

积分 (11) 通常称为第一类曲面积分.

例如, 用质量在曲面上的分布密度 ρ 表示曲面质量的积分 (1) 是这样的积分.

既然第一类曲面积分与曲面定向无关, 则为了显示这一类积分与其余曲面积分的区别, 微分形式在定向曲面上的积分通常称为第二类曲面积分.

我们指出, 因为在线性空间中, 次数等于空间维数的所有斜对称形式都成比例, 所以 k 维可定向曲面 S 上的任何 k 形式 ω 与 S 上的体形式 Ω 都满足关系式 $\omega = \rho\Omega$, 其中 ρ 是 S 上与 ω 有关的某个函数. 因此,

$$\int_S \omega = \int_S \rho\Omega,$$

即任何第二类曲面积分都能写为相应的第一类曲面积分的形式.

例 1. §1 中的积分 (2′) 表示道路 $\gamma : [a, b] \to \mathbb{R}^n$ 上的功, 可以把它写为第一类积分的形式:
$$\int_\gamma \langle \boldsymbol{F}, \boldsymbol{e} \rangle \, ds, \tag{12}$$

其中 s 是 γ 上的自然参数, ds 是长度元 (1 形式), 而 $\boldsymbol{e}(x)$ 是单位速度向量, 这个向量包含了关于 γ 的定向的全部信息. 从积分 (12) 在具体应用中的物理意义来看, 它与 §1 中的积分 (1) 都大有用处.

例 2. §1 中的速度场 $\boldsymbol{V}$ 通过定向曲面 $S \subset \mathbb{R}^3$ 的流量 (3) 可以写为第一类曲面积分的形式:
$$\int_S \langle \boldsymbol{V}, \boldsymbol{n} \rangle \, d\sigma, \tag{13}$$

其中 $\boldsymbol{n}(x)$ 是给出曲面定向的单位法向量. 这里关于 S 的定向的信息包含在法向量场 $\boldsymbol{n}$ 的方向中.

在 (13) 和 §1 最后的计算公式 (6) 中, 被积表达式的几何与物理意义都是显而易见的.

我们提醒读者注意, 记号 $d\boldsymbol{s} := \boldsymbol{e} \, ds$, $d\boldsymbol{\sigma} := \boldsymbol{n} \, d\sigma$ 相当常见, 它们分别表示长度元向量和面积元向量. 在这些记号下, 积分 (12), (13) 具有以下形式:
$$\int_\gamma \langle \boldsymbol{F}, d\boldsymbol{s} \rangle, \quad \int_S \langle \boldsymbol{V}, d\boldsymbol{\sigma} \rangle,$$

这种形式最便于给出物理解释. 向量 $\boldsymbol{A}, \boldsymbol{B}$ 的标量积 $\langle \boldsymbol{A}, \boldsymbol{B} \rangle$ 经常简写为 $\boldsymbol{A} \cdot \boldsymbol{B}$.

例 3. 法拉第[①]定律表明, 变化磁场 $\boldsymbol{B}$ 中的闭合导线 (闭路) Γ 内的感应电动势, 与通过闭路 Γ 所围曲面 S 的磁通量的变化率成正比. 设 $\boldsymbol{E}$ 是电场强度向量. 考虑到定向和上述记号, 法拉第定律的准确表述是等式
$$\oint_\Gamma \boldsymbol{E} \cdot d\boldsymbol{s} = -\frac{\partial}{\partial t} \int_S \boldsymbol{B} \cdot d\boldsymbol{\sigma}.$$

对于 Γ 上的积分, 积分号之所以带有一个圆圈, 是为了强调积分取自闭路. 场沿闭路的功经常称为场沿闭路的环量. 因此, 按照法拉第定律, 变化磁场所产生的电场强度的环量, 等于通过闭路 Γ 所围曲面 S 的磁通量的变化率的相反数.

例 4. 安培[②]定律
$$\oint_\Gamma \boldsymbol{B} \cdot d\boldsymbol{s} = \frac{1}{\varepsilon_0 c^2} \int_S \boldsymbol{j} \cdot d\boldsymbol{\sigma}$$

[①] 法拉第 (M. Faraday, 1791–1867) 是杰出的英国物理学家, 电磁场理论的创始人.
[②] 安培 (A.-M. Ampère, 1775–1836) 是法国物理学家和数学家, 现代电动力学的奠基人之一.

(其中 $\boldsymbol{B}$ 是磁感应强度向量, $\boldsymbol{j}$ 是电流密度向量, ε_0, c 是有量纲的常量) 表明, 由电流产生的磁场的磁感应强度沿闭路 Γ 的环量, 与通过闭路 Γ 所围曲面 S 的电流强度成正比.

我们讨论了第一类曲面积分与第二类曲面积分. 读者可能会注意到, 这两个术语的差别非常有限. 其实, 我们会计算并且只计算微分形式的积分, 而不考虑任何其他对象的积分 (如果认为积分与用来完成计算的坐标系的选择无关).

习 题

1. 请给出等式 (7) 和 (9) 的常规证明.

2. 设 γ 是光滑曲线, ds 是 γ 上的长度元.
a) 请证明 $\left|\int_\gamma f(s)\, ds\right| \leqslant \int_\gamma |f(s)|\, ds$, 其中 f 是 γ 上使这两个积分都有意义的任何函数.
b) 请验证: 如果在 γ 上 $|f(s)| \leqslant M$, 而 l 是曲线 γ 的长度, 则 $\left|\int_\gamma f(s)\, ds\right| \leqslant Ml$.
c) 请在一般情况下对 k 维光滑曲面上的第一类曲面积分表述并证明类似于 a), b) 的命题.

3. a) 请证明: 按照线密度 $\rho(x)$ 分布在曲线 γ 上的质量的质心坐标 (x_0^1, x_0^2, x_0^3) 由以下关系式确定:
$$x_0^i \int_\gamma \rho(x)\, ds = \int_\gamma x^i \rho(x)\, ds, \quad i = 1, 2, 3.$$
b) 请写出 $\mathbb{R}^3$ 中的螺线方程, 并求出按照单位线密度均匀分布在一段螺线上的质量的质心坐标.
c) 请给出按照面密度 ρ 分布在曲面 S 上的质量的质心公式, 并求出沿半球面均匀分布的质量的质心.
d) 请给出按照面密度 ρ 分布在曲面 S 上的质量的转动惯量公式.
e) 车轮外胎的质量为 $30\,\text{kg}$, 其形状是环面, 外径为 $1\,\text{m}$, 内径为 $0.5\,\text{m}$. 在检测车轮平衡时, 把车轮安装在平衡机上并让其转速达到相当于 $100\,\text{km/h}$ 的车速, 然后通过刹车片与刹车盘之间的摩擦制动. 刹车盘是一块钢盘, 直径为 $40\,\text{cm}$, 宽为 $2\,\text{cm}$. 假设旋转轮胎的全部动能在车轮制动时都用于加热刹车盘, 请估计其温度的增加. 认为钢的质量热容为 $c = 420\,\text{J}/(\text{kg}\cdot\text{K})$.

4. a) 请证明: 应当按照以下公式求线密度为 ρ 的物质线 γ 对位于点 (x_0, y_0, z_0) 的质量为 m_0 的质点的力:
$$\boldsymbol{F} = Gm_0 \int_\gamma \frac{\rho}{|\boldsymbol{r}|^3} \boldsymbol{r}\, ds,$$
其中 G 是万有引力常量, $\boldsymbol{r}$ 是以 $(x - x_0, y - y_0, z - z_0)$ 为分量的向量.
b) 对于分布在曲面 S 上的质量, 请写出相应的公式.
c) 请求出均匀物质直线的引力场.
d) 请求出均匀物质球面的引力场 (包括球面以外的引力场和球面以内的引力场).
e) 请求出均匀物质球体在空间中 (包括球体以外和球体内部) 所产生的引力场.
f) 如果认为地球是液体球, 请求出其中的压强, 把它表示为到球心的距离的函数 (地球的半径为 $6400\,\text{km}$, 平均密度为 $6\,\text{g}/\text{cm}^3$).

5. 设 γ_1 和 γ_2 是两条闭合导线, 其中分别有电流 J_1 和 J_2. 设 ds_1 和 ds_2 是这些导线的长度元向量, 其方向与导线中的电流方向一致, 向量 $\boldsymbol{R}_{12}$ 从 ds_1 指向 ds_2, 而 $\boldsymbol{R}_{21} = -\boldsymbol{R}_{12}$.

根据毕奥-萨伐尔[①]定律, 第一个长度元向量对第二个长度元向量的感应力等于

$$d\boldsymbol{F}_{12} = \frac{J_1 J_2}{c_0^2 |\boldsymbol{R}_{12}|^3}[d\boldsymbol{s}_2, [d\boldsymbol{s}_1, \boldsymbol{R}_{12}]],$$

其中方括号表示向量的向量积, 而 c_0 是有量纲的常量.

a) 请证明: 在人为构造的毕奥-萨伐尔微分公式的范围内可能出现 $d\boldsymbol{F}_{12} \neq -d\boldsymbol{F}_{21}$ 的情形, 即 "作用不等于反作用".

b) 请写出导线 γ_1 与 γ_2 之间相互作用的合力 $\boldsymbol{F}_{12}$ 和 $\boldsymbol{F}_{21}$ 的 (积分) 公式, 并确认 $\boldsymbol{F}_{12} = -\boldsymbol{F}_{21}$.

6. 余面积公式 (克龙罗德-费德雷尔公式).

设 M^m 和 N^n 分别是高维欧氏空间中的 m 和 n 维光滑曲面 (也可以是抽象黎曼流形, 但现在这无关紧要). 假设 $m \geqslant n$.

设 $f : M^m \to N^n$ 是光滑映射. 当 $m > n$ 时, 映射 $df(x) : T_x M^m \to T_{f(x)} N^n$ 具有非空核 $\ker df(x)$. 用 $T_x^\perp M^m$ 表示 $\ker df(x)$ 的正交补集, 用 $J(f,x)$ 表示映射 $df(x)|_{T_x^\perp M^m} : T_x^\perp M^m \to T_{f(x)} N^n$ 的雅可比行列式. 如果 $m = n$, 则 $J(f,x)$ 就是通常的雅可比行列式.

设 $dv_k(p)$ 表示 k 维曲面在点 p 的体形式. 我们将认为 $v_0(E) = \operatorname{card} E$, 而 $v_k(E)$ 是集合 E 的 k 体积.

a) 请利用 (如果需要) 富比尼定理和 (关于光滑映射的局部正则形式的) 秩定理证明以下克龙罗德-费德雷尔公式:

$$\int_{M^m} J(f,x)\, dv_m(x) = \int_{N^n} v_{m-n}(f^{-1}(y))\, dv_n(y).$$

b) 请证明: 如果 A 是 M^m 的可测子集, 则

$$\int_A J(f,x)\, dv_m(x) = \int_{N^n} v_{m-n}(A \cap f^{-1}(y))\, dv_n(y).$$

这是一般的克龙罗德-费德雷尔公式.

c) 请证明下面的加强的萨德定理 (萨德定理的最简单表述是: 光滑映射的临界点集的像具有零测度. 见第十一章 §5 习题 8).

如前所述, 仍然设 $f: M^m \to N^n$ 是光滑映射, 而 K 是 M^m 中的紧集, 并且对于所有的 $x \in K$ 有 $\operatorname{rank} df(x) < n$, 则

$$\int_{N^n} v_{m-n}(K \cap f^{-1}(y))\, dv_n(y) = 0.$$

请从这个结果出发再一次得到萨德定理的上述最简单表述.

d) 请验证: 如果 $f: D \to \mathbb{R}$ 和 $u: D \to \mathbb{R}$ 是定义在正则区域 $D \subset \mathbb{R}^n$ 中的两个光滑函数, 并且 u 在 D 中没有临界点, 则

$$\int_D f\, dv = \int_{\mathbb{R}} dt \int_{u^{-1}(t)} f \frac{d\sigma}{|\nabla u|}.$$

[①] 毕奥 (J.-B. Biot, 1774—1862), 萨伐尔 (F. Savart, 1791—1841) 都是法国物理学家.

e) 设 $V_f(t)$ 是集合 $\{x \in D \mid f(x) > t\}$ 的测度 (体积), f 是区域 D 中的非负有界函数. 请证明:
$$\int_D f\, dv = -\int_{\mathbb{R}} t\, dV_f(t) = \int_0^\infty V_f(t)\, dt.$$

f) 设 $\varphi \in C^{(1)}(\mathbb{R}, \mathbb{R}_+)$, $\varphi(0) = 0$, $f \in C^{(1)}(D, \mathbb{R})$, 而 $V_{|f|}(t)$ 是集合 $\{x \in D \mid |f(x)| > t\}$ 的测度. 请验证:
$$\int_D \varphi \circ f\, dv = \int_0^\infty \varphi'(t) V_{|f|}(t)\, dt.$$

§3. 数学分析的基本积分公式

我们已经熟知的牛顿-莱布尼茨公式是最重要的数学分析公式. 在本节中将得到格林公式、高斯-奥斯特洛格拉德斯基公式和斯托克斯公式, 它们一方面是牛顿-莱布尼茨公式的推广, 另一方面是积分学中最有用的一组工具.

在本节前三小节中, 我们用一些直观材料得到数学分析中的三个经典积分公式, 但不追求表述的普遍性. 这些公式在第四小节中化为一个普遍的斯托克斯公式, 并且可以认为这一小节在形式上独立于前三小节.

1. 格林公式. 格林[①]公式是以下命题.

命题 1. 设 $\mathbb{R}^2$ 是具有坐标系 x, y 的平面, $\overline{D}$ 是该平面内以分段光滑曲线为边界的紧区域, P, Q 是闭区域 $\overline{D}$ 中的光滑函数, 则以下关系式成立:
$$\iint_{\overline{D}} \left(\frac{\partial Q}{\partial x} - \frac{\partial P}{\partial y} \right) dx\, dy = \int_{\partial \overline{D}} P\, dx + Q\, dy, \tag{1}$$

其中右边是区域 $\overline{D}$ 的边界 $\partial \overline{D}$ 上的积分, 并且边界 $\partial \overline{D}$ 的方向与区域 $\overline{D}$ 本身的方向相容.

首先考虑公式 (1) 的一种最简单的情况, 这时 $\overline{D}$ 是正方形 $I = \{(x, y) \in \mathbb{R}^2 \mid 0 \leqslant x \leqslant 1, 0 \leqslant y \leqslant 1\}$, 并且在 I 内 $Q \equiv 0$. 在这种情况下, 格林公式化为等式
$$\iint_I \frac{\partial P}{\partial y} dx\, dy = -\int_{\partial I} P\, dx. \tag{2}$$

我们来证明这个等式.

[①] 格林 (G. Green, 1793–1841) 是英国数学家和数学物理学家. 在位于威斯敏斯特教堂的牛顿墓周围有五块小的方形纪念牌, 上面刻着五个光辉的名字: 法拉第、汤姆孙 (开尔文勋爵)、格林、麦克斯韦、狄拉克.

◀ 把重积分化为累次积分并应用牛顿-莱布尼茨公式, 得到

$$\iint_I \frac{\partial P}{\partial y} dx\, dy = \int_0^1 dx \int_0^1 \frac{\partial P}{\partial y} dy = \int_0^1 (P(x,1) - P(x,0))\, dx$$

$$= -\int_0^1 P(x,0)\, dx + \int_0^1 P(x,1)\, dx.$$

这已经证明了所需结论, 只剩下用定义来解释所得到的关系式. 结果在于, 最后两个积分之差恰好就是等式 (2) 的右边.

其实, 分段光滑曲线 ∂I 分为四段 (图 87), 其参数形式为

$$\gamma_1 : [0,1] \to \mathbb{R}^2, \text{ 其中 } x \xmapsto{\gamma_1} (x,0),$$

$$\gamma_2 : [0,1] \to \mathbb{R}^2, \text{ 其中 } y \xmapsto{\gamma_2} (1,y),$$

$$\gamma_3 : [0,1] \to \mathbb{R}^2, \text{ 其中 } x \xmapsto{\gamma_3} (x,1),$$

$$\gamma_4 : [0,1] \to \mathbb{R}^2, \text{ 其中 } y \xmapsto{\gamma_4} (0,y).$$

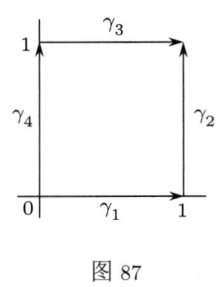

图 87

根据 1 形式 $\omega = P\, dx$ 沿曲线的积分的定义,

$$\int_{\gamma_1} P(x,y)\, dx := \int_{[0,1]} \gamma_1^*(P(x,y)\, dx) := \int_0^1 P(x,0)\, dx,$$

$$\int_{\gamma_2} P(x,y)\, dx := \int_{[0,1]} \gamma_2^*(P(x,y)\, dx) := \int_0^1 0\, dy = 0,$$

$$\int_{\gamma_3} P(x,y)\, dx := \int_{[0,1]} \gamma_3^*(P(x,y)\, dx) := \int_0^1 P(x,1)\, dx,$$

$$\int_{\gamma_4} P(x,y)\, dx := \int_{[0,1]} \gamma_4^*(P(x,y)\, dx) := \int_0^1 0\, dy = 0.$$

此外, 根据命题 1 中的区域边界定向的取法以及曲线 $\gamma_1, \gamma_2, \gamma_3, \gamma_4$ 的定向, 显然

$$\int_{\partial I} \omega = \int_{\gamma_1} \omega + \int_{\gamma_2} \omega + \int_{-\gamma_3} \omega + \int_{-\gamma_4} \omega = \int_{\gamma_1} \omega + \int_{\gamma_2} \omega - \int_{\gamma_3} \omega - \int_{\gamma_4} \omega,$$

其中 $-\gamma_i$ 是具有相反定向的曲线 γ_i, 即其定向与映射 γ_i 所给出的定向相反.

于是, 我们验证了等式 (2). ▶

类似地可以验证

$$\iint_I \frac{\partial Q}{\partial x} dx\, dy = \int_{\partial I} Q\, dy. \tag{3}$$

让等式 (2), (3) 相减, 就得到对正方形 I 写出的格林公式

$$\iint_I \left(\frac{\partial Q}{\partial x} - \frac{\partial P}{\partial y} \right) dx\, dy = \int_{\partial I} P\, dx + Q\, dy. \tag{1'}$$

我们指出, P, Q 在格林公式 (1) 和等式 (2), (3) 中都不是对称的, 这与 x, y 的非对称性有关, 因为 x, y 的顺序给出了 $\mathbb{R}^2$ 和 I 中的定向.

用微分形式语言可以把已经被证明的关系式 (1′) 改写为以下形式:

$$\int_I d\omega = \int_{\partial I} \omega, \tag{1″}$$

其中 ω 是正方形 I 上任意的光滑 1 形式, 而右边是它在 I 的边界 ∂I 上的限制的积分.

显然可以推广关系式 (2) 的上述证明: 如果 D_y 不是正方形, 而是 "曲边四边形", 并且其侧边是两条竖直线段 (甚至可能退化为点), 其余两边是 x 轴上的线段 $[a,b]$ 上的两个分段光滑函数 $\varphi_1(x) \leqslant \varphi_2(x)$ 的图像, 则

$$\iint_{D_y} \frac{\partial P}{\partial y} dx\, dy = -\int_{\partial D_y} P\, dx. \tag{2′}$$

类似地, 如果考虑关于 y 轴的具有两条水平边的这样的 "曲边四边形" D_x, 则以下等式成立:

$$\iint_{D_x} \frac{\partial Q}{\partial x} dx\, dy = \int_{\partial D_x} Q\, dy. \tag{3′}$$

现在假设可以把区域 $\overline{D}$ 分解为有限个 D_y 型微小区域 (图 88), 则公式 (2′) 对于该区域 $\overline{D}$ 也成立.

◀ 其实, 根据二重积分的可加性, 区域 $\overline{D}$ 上的二重积分等于分解该区域所得的上述 D_y 型微小区域上的积分之和. 公式 (2′) 对于每个这样的微小区域都成立, 即相应区域上的二重积分等于微分形式 $P\, dx$ 沿它的定向边界的积分.

但是, 相邻微小区域在其公共边界上给出相反的定向, 所以在计算沿所有区域边界的积分之和时, 沿公共边界的积分彼此抵消, 显然只剩下沿区域 $\overline{D}$ 本身的边界 $\partial \overline{D}$ 的积分. ▶

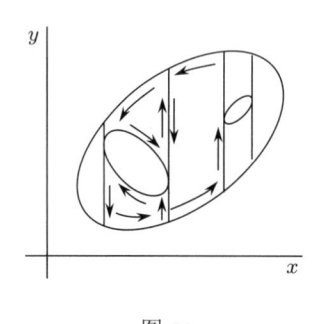

图 88

类似地, 如果可以把区域 $\overline{D}$ 分解为 D_x 型微小区域, 则 (3′) 型等式对 $\overline{D}$ 成立.

我们约定, 既能分解为 D_x 型微小区域, 又能分解为 D_y 型微小区域的区域, 暂时称为简单区域. 其实, 这对于一切实际应用已经是足够丰富的一类区域了.

对于简单区域, 写出 (2′), (3′) 这两个关系式, 相减之后就得到公式 (1).

于是, 对于简单区域, 我们证明了格林公式.

我们不打算在这里进一步考虑更复杂的情况 (见习题 2), 因为更好的做法是展示富有成效的另一种讨论方法, 而为此需要证明等式 (1′), (1″).

§3. 数学分析的基本积分公式

设区域 C 得自正方形 I 的光滑映射 $\varphi: I \to C$. 如果 ω 是 C 上的光滑 1 形式,则
$$\int_C d\omega := \int_I \varphi^* d\omega = \int_I d\varphi^* \omega \overset{!}{=} \int_{\partial I} \varphi^* \omega =: \int_{\partial C} \omega. \tag{4}$$

这里用惊叹号表示已经被我们证明的等式 (见 $(1'')$),两端的等式是定义或定义的直接推论,而剩下的左边第二个等式关系到外微分与坐标系的无关性.

这意味着,格林公式对区域 C 也成立.

最后,如果某定向区域 $\bar{D}$ 能够被分解为有限个 C 型的区域,则从上面关于区域 C_i 的位于 $\bar{D}$ 内部的边界上的积分互相抵消的讨论可知,
$$\int_{\bar{D}} d\omega = \sum_i \int_{C_i} d\omega = \sum_i \int_{\partial C_i} \omega = \int_{\partial \bar{D}} \omega. \tag{5}$$

即格林公式对于区域 $\bar{D}$ 也成立.

可以证明,任何具有分段光滑边界的区域都属于上述这一类区域,但我们不打算给出证明,因为以后 (第十五章) 将叙述一种有用的技术手段,使我们能够用解法相对简单的解析问题取代类似的几何问题,从而避免几何上的困难.

考虑格林公式的一些应用实例.

例 1. 在 (1) 中取 $P = -y$, $Q = x$, 得到
$$\int_{\partial D} -y\, dx + x\, dy = \int_D 2\, dx\, dy = 2\sigma(D),$$

其中 $\sigma(D)$ 是区域 D 的面积. 于是,利用格林公式可以得到以下表达式:
$$\sigma(D) = \frac{1}{2} \int_{\partial D} -y\, dx + x\, dy = -\int_{\partial D} y\, dx = \int_{\partial D} x\, dy,$$

它用相应有向边界上的曲线积分表示平面区域的面积. 我们以前也遇到过这样的表达式.

特别地,由此可知,热机在工质状态沿循环 γ 变化时所做的功 $A = \int_\gamma P\, dV$ 等于 P, V 状态平面上的曲线 γ 所包围的区域的面积 (见 §1 习题 5).

例 2. 设 $\bar{B} = \{(x, y) \in \mathbb{R}^2 \mid x^2 + y^2 \leqslant 1\}$ 是平面上的闭圆. 我们来证明,闭圆到自身的任何光滑映射 $f: \bar{B} \to \bar{B}$ 至少有一个不动点 (即满足 $f(p) = p$ 的点 $p \in \bar{B}$).

◀ 假设映射 f 没有不动点. 对于任何点 $p \in \bar{B}$, 可以唯一地确定以 $f(p)$ 为顶点并且通过点 p 的射线和它与圆 $\bar{B}$ 的边界的交点 $\varphi(p) \in \partial \bar{B}$. 容易看出,由此得到的映射 $\varphi: \bar{B} \to \partial \bar{B}$ 在圆周 $\partial \bar{B}$ 上是恒等映射,并且在整个闭圆上具有与初始映射 f 相同的光滑性. 我们来证明,这样的映射 φ 不存在.

在区域 $\mathbb{R}^2 \setminus 0$ (去掉坐标原点的平面) 中考虑在 §1 中出现过的微分形式
$$\omega = \frac{-y\, dx + x\, dy}{x^2 + y^2}.$$

可以直接验证 $d\omega = 0$. 因为 $\partial\overline{B} \subset \mathbb{R}^2\setminus 0$, 所以当映射 $\varphi : \overline{B} \to \partial\overline{B}$ 存在时, 可以得到 $\overline{B}$ 上的微分形式 $\varphi^*\omega$, 并且 $d\varphi^*\omega = \varphi^*d\omega = \varphi^*0 = 0$. 因此, 根据格林公式,

$$\int_{\partial\overline{B}} \varphi^*\omega = \int_{\overline{B}} d\varphi^*\omega = 0.$$

但是, φ 在 $\partial\overline{B}$ 上的限制是恒等映射, 所以

$$\int_{\partial\overline{B}} \varphi^*\omega = \int_{\partial\overline{B}} \omega.$$

在 §1 例 1 中已经验证, 最后的积分不等于零. 所得矛盾证明, 上述命题成立. ▶

当然, 这个命题对于任何维球体 $\overline{B}$ 都成立 (见例 5). 此外, 它不仅对于光滑映射成立, 对于任何连续映射 $f : \overline{B} \to \overline{B}$ 也成立. 它在这种一般情况下称为布劳威尔[①]不动点定理.

2. 高斯–奥斯特洛格拉德斯基公式. 格林公式把平面区域边界上的积分与该区域上的积分联系起来. 与此类似, 下面的高斯–奥斯特洛格拉德斯基公式把空间区域边界上的积分与该区域上的积分联系起来.

命题 2. 设 $\mathbb{R}^3$ 是具有固定坐标系 x, y, z 的空间, $\overline{D}$ 是 $\mathbb{R}^3$ 中以分片光滑曲面为边界的紧区域, P, Q, R 是闭区域 $\overline{D}$ 上的光滑函数, 则以下关系式成立:

$$\boxed{\iiint_{\overline{D}} \left(\frac{\partial P}{\partial x} + \frac{\partial Q}{\partial y} + \frac{\partial R}{\partial z} \right) dx\,dy\,dz = \iint_{\partial\overline{D}} P\,dy \wedge dz + Q\,dz \wedge dx + R\,dx \wedge dy.} \quad (6)$$

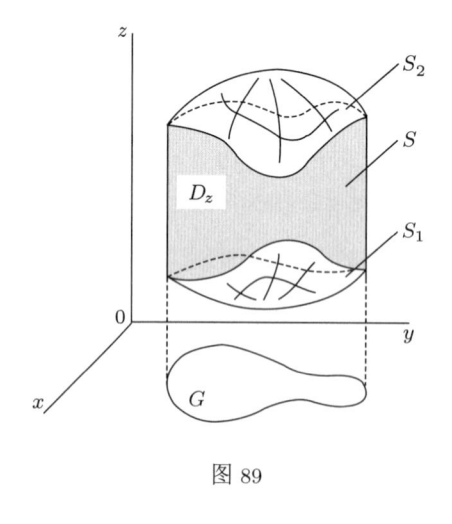

一步一步地重复并适当改变格林公式的推导过程, 就可以完成高斯–奥斯特洛格拉德斯基公式 (6) 的推导. 为了不完全重复这个过程, 现在不考虑 $\mathbb{R}^3$ 中的微小立方体, 而考虑图 89 中的区域 D_z, 其侧面是母线平行于 z 轴的柱面, 而上下两个边界面是定义在同一个区域 $G \subset \mathbb{R}^2_{xOy}$ 上的分片光滑函数 φ_1, φ_2 的图像. 我们来验证, 以下关系式对区域 D_z 成立:

$$\iiint_{D_z} \frac{\partial R}{\partial z} dx\,dy\,dz = \iint_{\partial D_z} R\,dx \wedge dy. \quad (7)$$

图 89

[①] 布劳威尔 (L. E. J. Brouwer, 1881–1966) 是著名的荷兰数学家. 他的名字与一系列拓扑学基本定理和关于数学基础的分析联系在一起, 后者引出了被称为直觉主义的诸多数学哲学概念.

◀ $$\iiint_{D_z} \frac{\partial R}{\partial z} dx\, dy\, dz = \iint_G dx\, dy \int_{\varphi_1(x,y)}^{\varphi_2(x,y)} \frac{\partial R}{\partial z} dz$$
$$= \iint_G (R(x, y, \varphi_2(x, y)) - R(x, y, \varphi_1(x, y)))\, dx\, dy$$
$$= -\iint_G R(x, y, \varphi_1(x, y))\, dx\, dy + \iint_G R(x, y, \varphi_2(x, y))\, dx\, dy.$$

曲面 S_1, S_2 分别具有以下参数表达式:

$$S_1 : (x, y) \mapsto (x, y, \varphi_1(x, y)),$$
$$S_2 : (x, y) \mapsto (x, y, \varphi_2(x, y)).$$

S_1 上的曲线坐标 (x, y) 所给出的定向与区域 $\bar{D}_z$ 所给出的定向相反, 而 S_2 上的曲线坐标 (x, y) 所给出的定向与 $\bar{D}_z$ 所给出的定向相同. 因此, 如果认为 S_1 和 S_2 是区域 $\bar{D}_z$ 的边界的组成部分, 并且该边界的定向是用命题 2 中的方式给出的, 则可以把最后两个积分 (带有相应符号) 分别解释为微分形式 $R\, dx \wedge dy$ 在 S_1 和 S_2 上的积分.

柱面 S 具有参数表达式 $(t, z) \mapsto (x(t), y(t), z)$, 所以微分形式 $R\, dx \wedge dy$ 在 S 上的限制是零, 该微分形式在 S 上的积分因而也是零.

因此, 关系式 (7) 对区域 D_z 确实成立. ▶

如果定向区域 $\bar{D}$ 能分解为有限个 D_z 型区域, 则因为彼此相邻的两个这样的区域在其公共边界上给出相反的定向, 所以相应边界上的积分在相加时也彼此抵消, 从而只剩下原始区域 $\bar{D}$ 的定向边界 $\partial\bar{D}$ 上的积分.

因此, 公式 (7) 对于能分解为 D_z 型区域的区域也成立.

类似地可以引入区域 D_y 和 D_x, 其侧面分别是母线平行于 y 轴和 x 轴的柱面, 并且可以证明: 如果区域 $\bar{D}$ 能分解为 D_y 型或 D_x 型区域, 则以下关系式分别成立:

$$\iiint_{\bar{D}} \frac{\partial Q}{\partial y} dx\, dy\, dz = \iint_{\partial\bar{D}} Q\, dz \wedge dx, \tag{8}$$

$$\iiint_{\bar{D}} \frac{\partial P}{\partial x} dx\, dy\, dz = \iint_{\partial\bar{D}} P\, dy \wedge dz. \tag{9}$$

于是, 如果 $\bar{D}$ 是简单区域, 即它能分解为上述 D_x, D_y, D_z 型区域中的每一种区域, 则取等式 (7), (8), (9) 之和, 对于 $\bar{D}$ 就得到等式 (6).

鉴于在推导格林公式时已经指出的原因, 我们现在不考虑如何描述简单区域的条件, 也不再进一步研究上述结果的更精确表述 (关于后者, 参看习题 8 或第十

七章 §5 例 12).

但是, 我们指出, 用微分形式语言可以把高斯-奥斯特洛格拉德斯基公式写为不用坐标表示的以下形式:
$$\int_{\bar{D}} d\omega = \int_{\partial \bar{D}} \omega, \tag{6'}$$

其中 ω 是区域 $\bar{D}$ 中的光滑 2 形式.

对于立方体 $I = I^3 = \{(x, y, z) \in \mathbb{R}^3 \mid 0 \leqslant x \leqslant 1,\ 0 \leqslant y \leqslant 1,\ 0 \leqslant z \leqslant 1\}$, 我们已经证明了公式 (6'), 所以自然可以利用标准推导过程 (4) 和 (5) 把这个公式推广到更一般的区域类.

例 3. 阿基米德定律. 我们来计算均质液体对浸入其中的物体 D 的压力的合力. 在 $\mathbb{R}^3$ 中选取笛卡儿坐标 x, y, z, 使 x, y 平面与液体表面重合, 而 z 轴指向液体外部. 设物体 D 的表面 S 的面元 $d\sigma$ 位于深度 z, 则作用于 $d\sigma$ 的压力为 $\rho g z \boldsymbol{n}\, d\sigma$, 其中 ρ 是液体密度, g 是重力加速度, $\boldsymbol{n}$ 是表面 S 在与面元 $d\sigma$ 相对应的点的单位外法向量. 于是, 可以用以下积分表示所求合力:
$$\boldsymbol{F} = \iint_S \rho g z \boldsymbol{n}\, d\sigma.$$

既然 $\boldsymbol{n} = \boldsymbol{e}_x \cos \alpha_x + \boldsymbol{e}_y \cos \alpha_y + \boldsymbol{e}_z \cos \alpha_z$, 所以
$$\boldsymbol{n}\, d\sigma = \boldsymbol{e}_x\, dy \wedge dz + \boldsymbol{e}_y\, dz \wedge dx + \boldsymbol{e}_z\, dx \wedge dy$$

(见 §2 第 4 小节), 再利用高斯-奥斯特洛格拉德斯基公式 (6), 得到
$$\begin{aligned}
\boldsymbol{F} &= \boldsymbol{e}_x \rho g \iint_S z\, dy \wedge dz + \boldsymbol{e}_y \rho g \iint_S z\, dz \wedge dx + \boldsymbol{e}_z \rho g \iint_S z\, dx \wedge dy \\
&= \boldsymbol{e}_x \rho g \iiint_{\bar{D}} 0\, dx\, dy\, dz + \boldsymbol{e}_y \rho g \iiint_{\bar{D}} 0\, dx\, dy\, dz + \boldsymbol{e}_z \rho g \iiint_{\bar{D}} dx\, dy\, dz = \rho g V \boldsymbol{e}_z,
\end{aligned}$$

其中 V 是物体 D 的体积. 因为 $P = \rho g V$ 是物体所排开的液体的重量, 所以我们得到了阿基米德定律: $\boldsymbol{F} = P\boldsymbol{e}_z$.

例 4. 利用高斯-奥斯特洛格拉德斯基公式 (6) 可以给出以曲面 ∂D 为边界的物体 D 的体积 $V(D)$ 的以下公式:
$$\begin{aligned}
V(D) &= \frac{1}{3} \iint_{\partial D} x\, dy \wedge dz + y\, dz \wedge dx + z\, dx \wedge dy \\
&= \iint_{\partial D} x\, dy \wedge dz = \iint_{\partial D} y\, dz \wedge dx = \iint_{\partial D} z\, dx \wedge dy.
\end{aligned}$$

3. $\mathbb{R}^3$ 中的斯托克斯公式

命题 3. 设 S 是区域 $G \subset \mathbb{R}^3$ 中的以 ∂S 为边界的定向分片光滑紧二维曲面, 在该曲面上给定了光滑 1 形式 $\omega = P\,dx + Q\,dy + R\,dz$, 则以下关系式成立:

$$\boxed{\begin{aligned}\int_{\partial S} P\,dx + Q\,dy + R\,dz = \iint_S &\left(\frac{\partial R}{\partial y} - \frac{\partial Q}{\partial z}\right) dy \wedge dz \\ &+ \left(\frac{\partial P}{\partial z} - \frac{\partial R}{\partial x}\right) dz \wedge dx + \left(\frac{\partial Q}{\partial x} - \frac{\partial P}{\partial y}\right) dx \wedge dy,\end{aligned}} \tag{10}$$

其中边界 ∂S 的定向与曲面 S 的定向相容.

在另一种写法下, 这意味着

$$\int_S d\omega = \int_{\partial S} \omega. \tag{10'}$$

◀ 如果 C 是 $\mathbb{R}^3$ 中具有标准参数形式的曲面 $\varphi: I \to C$, 其中 I 是 $\mathbb{R}^2$ 中的正方形, 则利用等式 (4) 和在正方形的情况下已经被证明的格林公式 (在这些等式中也利用了格林公式) 可以得到, 关系式 (10) 对于曲面 C 成立.

如果可定向曲面 S 能分解为上述形式的简单曲面, 则关系式 (10) 对于这样的曲面也成立, 因为只要在等式 (5) 中用 S 代替 $\bar{D}$ 即可得到这个结论. ▶

像前面一样, 我们在这里也不再证明, 例如, 可以这样分解分片光滑曲面.

我们来看在坐标形式下如何证明公式 (10). 为了回避已经相当繁琐的表达式, 我们只写出全部表达式的三分之一, 即最基本的第一部分表达式, 并且适当简化. 具体而言, 我们用 x^1, x^2, x^3 表示点 $x \in \mathbb{R}^3$ 的坐标, 只验证

$$\int_{\partial S} P(x)\,dx^1 = \iint_S \frac{\partial P}{\partial x^2} dx^2 \wedge dx^1 + \frac{\partial P}{\partial x^3} dx^3 \wedge dx^1,$$

因为可以类似地研究公式 (10) 左边的其余两项. 为了简单, 我们认为 S 得自区域 D 的光滑映射 $x = x(t)$, 其中 D 是变量 t^1, t^2 的平面 $\mathbb{R}^2$ 上的区域, 其边界 $\gamma = \partial D$ 由线段 $\alpha \leqslant \tau \leqslant \beta$ 的点的映射 $t = t(\tau)$ 以参数形式给出 (图 90). 这时, 曲面 S 的边界 $\Gamma = \partial S$ 可以写为 $x = x(t(\tau))$ 的形式, 其中 τ 在整条线段 $[\alpha, \beta]$ 上变化. 利用曲线积分的定义、平面区域 D 的格林公式和具有参数形式的曲面上的积分的定义, 我们依次得到

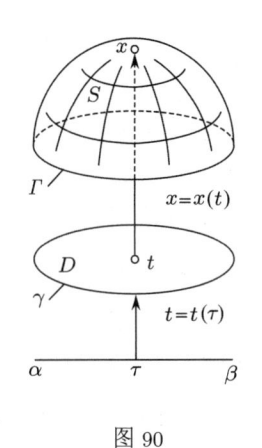

图 90

$$\int_\Gamma P(x)\,dx^1 := \int_\alpha^\beta P(x(t(\tau)))\left(\frac{\partial x^1}{\partial t^1}\frac{dt^1}{d\tau} + \frac{\partial x^1}{\partial t^2}\frac{dt^2}{d\tau}\right)d\tau$$

$$= \int_\gamma \left(P(x(t))\frac{\partial x^1}{\partial t^1}\right)dt^1 + \left(P(x(t))\frac{\partial x^1}{\partial t^2}\right)dt^2$$

$$\overset{!}{=} \iint_D \left[\frac{\partial}{\partial t^1}\left(P\frac{\partial x^1}{\partial t^2}\right) - \frac{\partial}{\partial t^2}\left(P\frac{\partial x^1}{\partial t^1}\right)\right]dt^1\wedge dt^2$$

$$= \iint_D \left(\frac{\partial P}{\partial t^1}\frac{\partial x^1}{\partial t^2} - \frac{\partial P}{\partial t^2}\frac{\partial x^1}{\partial t^1}\right)dt^1\wedge dt^2$$

$$= \iint_D \sum_{i=1}^3 \left(\frac{\partial P}{\partial x^i}\frac{\partial x^i}{\partial t^1}\frac{\partial x^1}{\partial t^2} - \frac{\partial P}{\partial x^i}\frac{\partial x^i}{\partial t^2}\frac{\partial x^1}{\partial t^1}\right)dt^1\wedge dt^2$$

$$= \iint_D \left[\left(\frac{\partial P}{\partial x^2}\frac{\partial x^2}{\partial t^1} + \frac{\partial P}{\partial x^3}\frac{\partial x^3}{\partial t^1}\right)\frac{\partial x^1}{\partial t^2}\right.$$

$$\left. - \left(\frac{\partial P}{\partial x^2}\frac{\partial x^2}{\partial t^2} + \frac{\partial P}{\partial x^3}\frac{\partial x^3}{\partial t^2}\right)\frac{\partial x^1}{\partial t^1}\right]dt^1\wedge dt^2$$

$$= \iint_D \left(\frac{\partial P}{\partial x^2}\begin{vmatrix}\frac{\partial x^2}{\partial t^1} & \frac{\partial x^2}{\partial t^2}\\ \frac{\partial x^1}{\partial t^1} & \frac{\partial x^1}{\partial t^2}\end{vmatrix} + \frac{\partial P}{\partial x^3}\begin{vmatrix}\frac{\partial x^3}{\partial t^1} & \frac{\partial x^3}{\partial t^2}\\ \frac{\partial x^1}{\partial t^1} & \frac{\partial x^1}{\partial t^2}\end{vmatrix}\right)dt^1\wedge dt^2$$

$$=: \iint_S \left(\frac{\partial P}{\partial x^2}dx^2\wedge dx^1 + \frac{\partial P}{\partial x^3}dx^3\wedge dx^1\right).$$

这里带有冒号的等号表示根据定义相等, 而带有叹号的等号表示这里利用了已经被证明的格林公式, 其余等号表示恒等变换.

于是, 我们利用公式 (10′) 的基本证明思想直接验证了 (不是援引 $\varphi^*d = d\varphi^*$, 而是在所考虑的情况下实际证明了这个结果), 公式 (10) 对于具有参数形式的简单曲面确实成立. 我们只正式验证了 $P\,dx$ 这一项, 但是, 对于公式 (10) 左边积分号下 1 形式的其余两项, 显然也可以这样验证.

4. 一般的斯托克斯公式. 尽管公式 (1), (6), (10) 的外在形式不同, 其非坐标写法 (1″), (5), (6′), (10′) 却完全一样. 这使我们有理由认为它们是某个一般规律的特例. 现在已经容易猜出这个一般规律.

命题 4. 设 S 是区域 $G \subset \mathbb{R}^n$ 中的定向分片光滑 k 维紧曲面, 其边界为 ∂S, 并且在区域 G 中给定了光滑 $k-1$ 形式 ω, 则以下关系式成立:

$$\boxed{\int_S d\omega = \int_{\partial S}\omega,} \tag{11}$$

其中边界 ∂S 的定向与曲面 S 的定向相容.

◀ 显然, 只要公式 (11) 对标准 k 维区间 $I^k = \{x = (x^1, \cdots, x^k) \in \mathbb{R}^k \mid 0 \leqslant x^i \leqslant 1,\ i = 1, \cdots, k\}$ 成立, 就可以像证明斯托克斯公式 (10′) 那样, 利用与 (4), (5) 相同的一般推导过程来证明公式 (11). 我们来验证, 公式 (11) 对 I^k 确实成立.

因为在 I^k 上 $k-1$ 形式具有 $\omega = \sum_i a_i(x)\,dx^1 \wedge \cdots \wedge \widehat{dx^i} \wedge \cdots \wedge dx^k$ 的形式 (对 $i = 1, \cdots, k$ 求和, 在第 i 项中没有微分 dx^i), 所以只要对每一项单独完成证明即可. 设 $\omega = a(x)\,dx^1 \wedge \cdots \wedge \widehat{dx^i} \wedge \cdots \wedge dx^k$, 则 $d\omega = (-1)^{i-1}\dfrac{\partial a}{\partial x^i}(x)\,dx^1 \wedge \cdots \wedge dx^i \wedge \cdots \wedge dx^k$. 现在进行计算:

$$\begin{aligned}
\int_{I^k} d\omega &= \int_{I^k} (-1)^{i-1}\frac{\partial a}{\partial x^i}(x)\,dx^1 \wedge \cdots \wedge dx^k \\
&= (-1)^{i-1}\int_{I^{k-1}} dx^1 \cdots \widehat{dx^i} \cdots dx^k \int_0^1 \frac{\partial a}{\partial x^i}(x)\,dx^i \\
&= (-1)^{i-1}\int_{I^{k-1}} (a(x^1, \cdots, x^{i-1}, 1, x^{i+1}, \cdots, x^k) \\
&\quad - a(x^1, \cdots, x^{i-1}, 0, x^{i+1}, \cdots, x^k))\,dx^1 \cdots \widehat{dx^i} \cdots dx^k \\
&= (-1)^{i-1}\int_{I^{k-1}} a(t^1, \cdots, t^{i-1}, 1, t^i, \cdots, t^{k-1})\,dt^1 \cdots dt^{k-1} \\
&\quad + (-1)^i \int_{I^{k-1}} a(t^1, \cdots, t^{i-1}, 0, t^i, \cdots, t^{k-1})\,dt^1 \cdots dt^{k-1}.
\end{aligned}$$

I^k 是 $\mathbb{R}^k$ 中的 k 维区间, 而这里的 I^{k-1} 是 $\mathbb{R}^{k-1}$ 中的 $k-1$ 维区间. 此外, 我们在这里引入了新变量: $x^1 = t^1, \cdots, x^{i-1} = t^{i-1}, x^{i+1} = t^i, \cdots, x^k = t^{k-1}$.

映射

$$I^{k-1} \ni t = (t^1, \cdots, t^{k-1}) \mapsto (x^1, \cdots, x^{i-1}, 1, x^{i+1}, \cdots, x^k) \in I^k,$$
$$I^{k-1} \ni t = (t^1, \cdots, t^{k-1}) \mapsto (x^1, \cdots, x^{i-1}, 0, x^{i+1}, \cdots, x^k) \in I^k$$

分别是区间 I^k 的上界面 Γ_{i1} 和下界面 Γ_{i0} 的参数形式, 它们都垂直于 x^i 轴. 这两个界面上的这些坐标给出同样的定向标架 $e_1, \cdots, e_{i-1}, e_{i+1}, \cdots, e_k$, 它比 $\mathbb{R}^k$ 的标架 $e_1, \cdots, e_k$ 少一个向量 e_i. 界面 Γ_{i1} 上的向量 e_i 是 I^k 的外法向量, Γ_{i0} 上的向量 $-e_i$ 也是 I^k 的外法向量. 在标架 $e_i, e_1, \cdots, e_{i-1}, e_{i+1}, \cdots, e_k$ 中 $i-1$ 次改变相邻向量的顺序, 就得到 $\mathbb{R}^k$ 的标架 $e_1, \cdots, e_k$, 即这些标架的定向是否相同取决于数 $(-1)^{i-1}$ 的符号. 因此, 上述参数形式在补充一个因子 $(-1)^{i-1}$ 之后就给出 Γ_{i1} 的与 I^k 的定向相容的定向 (当 i 为奇数时, 定向不变; 当 i 为偶数时, 定向改变).

类似的讨论表明, 对于界面 Γ_{i0}, 应当在给出其定向的相应参数形式中补充因子 $(-1)^i$.

因此, 最后两个积分 (连同前面的因子) 可以分别解释为微分形式 ω 在区间 I^k 的界面 Γ_{i1} 和 Γ_{i0} 上的积分, 并且这两个界面上的定向由区间 I^k 的定向给出.

我们现在指出, 在区间 I^k 的其余每一个界面上, 坐标 $x^1, \cdots, x^{i-1}, x^{i+1}, \cdots, x^k$

之一保持不变, 即相应微分恒等于零. 因此, 微分形式 ω 在 Γ_{i0} 和 Γ_{i1} 以外的所有界面上恒等于零, 它在这些界面上的积分也等于零.

这意味着, 这两个界面上的上述积分之和可以解释为微分形式 ω 在区间 I^k 的全部边界 ∂I^k 上的积分, 并且边界的定向与区间 I^k 本身的定向相容.

于是, 我们证明了公式
$$\int_{I^k} d\omega = \int_{\partial I^k} \omega,$$
同时也证明了公式 (11). ▶

可以看出, 公式 (11) 得自牛顿–莱布尼茨公式、关于重积分化为累次积分的定理以及曲面、曲面的边界、定向、微分形式、微分形式的微分和转移等一系列定义.

格林公式 (1)、高斯–奥斯特洛格拉德斯基公式 (6) 和斯托克斯公式 (10) 是一般公式 (11) 的特例. 此外, 如果把线段 $[a, b] \subset \mathbb{R}$ 上的给定函数 f 解释为 0 形式 ω, 并认为函数在一个定向点的值是 0 形式在这个点的积分, 则牛顿–莱布尼茨公式本身也可以视为公式 (11) 的最简单情况 (但它是独立的). 因此, 基本关系式 (11) 对一切维数 $k \geqslant 1$ 都成立.

公式 (11) 通常称为一般的斯托克斯公式. 作为历史资料, 我们在这里摘录斯皮瓦克为他的书 (见参考文献) 所写的序言里的一段话.

"这个定理[1]的表述最先出现在威廉·汤姆孙爵士 (开尔文勋爵) 于 1850 年 7 月 2 日给斯托克斯的信的附言中, 然后作为 1854 年史密斯奖竞赛第八题被公布出来. 剑桥大学数学系最好的学生每年都参加的这项竞赛, 从 1849 年到 1882 年由斯托克斯教授主持. 到他去世的时候, 这个结果以斯托克斯定理为名广为人知. 斯托克斯的同时代人至少给出了三种证明: 汤姆孙发表了一种证明, 汤姆孙和泰特在《自然哲学论文集》中叙述了另一种证明, 麦克斯韦在《论电和磁》中提出了第三种证明. 此后, 以斯托克斯为名的多个结果具有远远更加普遍的意义, 显著促进了一些数学分支的发展. 以斯托克斯定理为例, 完全可以深入思考推广的重要性."

我们指出, 微分形式的现代语言起源于埃利·嘉当[2], 而庞加莱看来最先对 $\mathbb{R}^n$ 中的曲面提出了形如 (11) 的一般的斯托克斯公式. 对于 n 维空间 $\mathbb{R}^n$ 中的区域, 奥斯特洛格拉德斯基已经知道这个公式, 而莱布尼茨最先写出了微分形式.

因此, 一般的斯托克斯公式 (11) 有时称为牛顿–莱布尼茨–格林–高斯–奥斯特洛格拉德斯基–斯托克斯–庞加莱公式并不是偶然的. 从上面的讨论可知, 这还远远不是它的完整名称.

关于一般的斯托克斯公式的历史的附注. 我们认为, 希望系统阐述现代的牛顿–莱布尼茨公式的科学史的专家, 应当追寻大师们的足迹, 从早期的牛顿、莱布尼茨、格林、高斯、奥斯特洛格拉德斯基、麦克斯韦、斯托克斯, 到后来的普法夫、

---

[1] 指经典的斯托克斯公式 (10).
[2] 埃利·嘉当 (Elie J. Cartan, 1869–1951) 是杰出的法国几何学家.

纳塔尼、克莱布施、李、弗罗贝尼乌斯、格拉斯曼、达布、沃尔泰拉、埃利·嘉当、庞加莱、古尔萨、克勒、德拉姆.

我们利用这个公式推广例 2 中的结果.

例 5. 我们来证明,闭球 $\overline{B} \subset \mathbb{R}^m$ 到自身的任何光滑映射 $f: \overline{B} \to \overline{B}$ 至少有一个不动点.

◂ 假如映射 f 没有不动点,则如例 2 所示,可以构造光滑映射 $\varphi: \overline{B} \to \partial\overline{B}$, 使它在球面 $\partial\overline{B}$ 上是恒等映射. 在区域 $\mathbb{R}^m \setminus 0$ 中考虑向量场 $\boldsymbol{r}/|\boldsymbol{r}|^m$, 其中 $\boldsymbol{r}$ 是点 $\boldsymbol{x} = (x^1, \cdots, x^m) \in \mathbb{R}^m \setminus 0$ 的径向量, 同时考虑相应的流形式 (见 §2 公式 (8))

$$\omega = \left\langle \frac{\boldsymbol{r}}{|\boldsymbol{r}|^m}, \boldsymbol{n} \right\rangle \Omega = \sum_{i=1}^{m} \frac{(-1)^{i-1} x^i \, dx^1 \wedge \cdots \wedge \widehat{dx^i} \wedge \cdots \wedge dx^m}{((x^1)^2 + \cdots + (x^m)^2)^{m/2}}.$$

该向量场通过球 $\overline{B} = \{x \in \mathbb{R}^m \mid |x| \leqslant 1\}$ 的边界 $\partial\overline{B}$ 沿外法线方向的流量显然等于球面 $\partial\overline{B}$ 的面积, 即 $\int_{\partial\overline{B}} \omega \neq 0$. 但是, 通过直接计算容易验证, 在 $\mathbb{R}^m \setminus 0$ 内 $d\omega = 0$. 所以, 如例 2 所示, 利用一般的斯托克斯公式可知,

$$\int_{\partial\overline{B}} \omega = \int_{\partial\overline{B}} \varphi^*\omega = \int_{\overline{B}} d\varphi^*\omega = \int_{\overline{B}} \varphi^* d\omega = \int_{\overline{B}} \varphi^* 0 = 0.$$

这个矛盾完成了证明. ▸

习 题

1. a) 如果把坐标系 x, y 改为坐标系 y, x, 则格林公式 (1) 是否有变化?

b) 公式 $(1'')$ 这时是否有变化?

2. a) 请证明: 如果函数 P, Q 在闭正方形 I 上连续, 其偏导数 $\dfrac{\partial P}{\partial y}, \dfrac{\partial Q}{\partial x}$ 在正方形的内点连续, 并且公式 $(1')$ 中的二重积分至少作为反常积分存在, 则公式 (1) 仍然成立.

b) 请验证: 如果紧区域 D 的边界由分段光滑曲线组成, 则公式 (1) 在与 a) 类似的假设下仍然成立.

3. a) 请详细证明公式 $(2')$.

b) 请证明: 如果紧区域 $D \subset \mathbb{R}^2$ 的边界由有限条只有有限个拐点的光滑曲线组成, 则对于任何两条坐标轴, D 都是简单区域.

c) 如果一个平面区域的边界由光滑曲线组成, 则在 $\mathbb{R}^2$ 中可以选取两条坐标轴, 使这个区域对于这两条坐标轴是简单区域. 这是否成立?

4. a) 请证明: 如果格林公式中的函数 P, Q 满足 $\dfrac{\partial Q}{\partial x} - \dfrac{\partial P}{\partial y} = 1$, 则在计算区域 D 的面积 $\sigma(D)$ 时可以用公式 $\sigma(D) = \displaystyle\int_{\partial D} P\, dx + Q\, dy$.

b) 设 γ 是带有笛卡儿坐标 x, y 的平面上的某条曲线 (可能不是闭曲线). 请解释积分 $\displaystyle\int_{\gamma} y\, dx$

的几何意义，从而重新解释公式 $\sigma(D) = -\int_{\partial D} y\, dx$.

c) 为了验证以上公式，请利用它求区域 $D = \left\{(x, y) \in \mathbb{R}^2 \,\middle|\, \dfrac{x^2}{a^2} + \dfrac{y^2}{b^2} \leqslant 1\right\}$ 的面积.

5. a) 设 $x = x(t)$ 是区域 $D_t \subset \mathbb{R}_t^2$ 到区域 $D_x \subset \mathbb{R}_x^2$ 上的微分同胚. 请利用习题 4 的结果以及曲线积分不依赖于积分路径参数形式的性质证明

$$\int_{D_x} dx = \int_{D_t} |x'(t)|\, dt,$$

其中 $dx = dx^1\, dx^2$，$dt = dt^1\, dt^2$，$|x'(t)| = \det x'(t)$.

b) 请从 a) 推导二重积分中的变量代换公式

$$\int_{D_x} f(x)\, dx = \int_{D_t} f(x(t))|\det x'(t)|\, dt.$$

6. 设 $f(x, y, t)$ 是在定义域内满足条件 $\left(\dfrac{\partial f}{\partial x}\right)^2 + \left(\dfrac{\partial f}{\partial y}\right)^2 \neq 0$ 的光滑函数. 对于参数 t 的每个固定值，方程 $f(x, y, t) = 0$ 给出平面 $\mathbb{R}^2$ 上的曲线 γ_t. 于是，在平面上出现了依赖于参数 t 的曲线族 $\{\gamma_t\}$. 由参数方程 $x = x(t), y = y(t)$ 给出的光滑曲线 $\Gamma \subset \mathbb{R}^2$ 称为曲线族 $\{\gamma_t\}$ 的包络线，如果对于 $\{\gamma_t\}$ 和函数 $x(t), y(t)$ 的公共定义域中的任何值 t_0，点 $x(t_0), y(t_0)$ 位于相应曲线 γ_{t_0} 上，并且曲线 Γ 与 γ_{t_0} 在这个点相切.

a) 认为 x, y 是平面上的笛卡儿坐标，请证明：给出包络线的函数 $x(t), y(t)$ 应当满足方程组

$$\begin{cases} f(x, y, t) = 0, \\ \dfrac{\partial f}{\partial t}(x, y, t) = 0, \end{cases}$$

并且从几何观点看，包络线本身是空间 $\mathbb{R}^3_{(x, y, t)}$ 中的曲面 $f(x, y, t) = 0$ 在平面 $\mathbb{R}^2_{(x, y)}$ 上的投影 (影子) 的边界.

b) 在带有笛卡儿坐标 x, y 的平面上给出直线族 $x\cos\alpha + y\sin\alpha - p(\alpha) = 0$，其中极角 α 起参数的作用. 请指出量 $p(\alpha)$ 的几何意义，并在 $p(\alpha) = c + a\cos\alpha + b\sin\alpha$ 时求出该曲线族的包络线，这里 a, b, c 是常数.

c) 设高射炮与水平面之间的夹角可以取任意值 $\varphi \in [0, \pi/2]$，请描述炮弹所能达到的范围.

d) 请证明：如果 b) 中的函数 $p(\alpha)$ 是以 2π 为周期的函数，则相应包络线 Γ 是闭曲线.

e) 请利用习题 4 证明：可以用以下公式求在 d) 中得到的闭曲线 Γ 的长度 L:

$$L = \int_0^{2\pi} p(\alpha)\, d\alpha$$

(请认为 $p(\alpha) \in C^{(2)}$).

f) 请再证明：可以用以下公式计算在 d) 中得到的闭曲线 Γ 所围区域的面积 σ:

$$\sigma = \frac{1}{2}\int_0^{2\pi} (p^2 - \dot{p}^2)(\alpha)\, d\alpha, \quad \dot{p}(\alpha) = \frac{dp}{d\alpha}(\alpha).$$

7. 考虑积分 $\int_\gamma \dfrac{\cos(\boldsymbol{r}, \boldsymbol{n})}{r}\, ds$, 其中 γ 是 $\mathbb{R}^2$ 中的光滑曲线, $\boldsymbol{r}$ 是点 $(x, y) \in \gamma$ 的径向量, $r = |\boldsymbol{r}| = \sqrt{x^2 + y^2}$, $\boldsymbol{n}$ 是 γ 在点 (x, y) 的单位法向量, 并且沿 γ 连续变化, 而 ds 是曲线长度微元. 这个积分称为高斯积分.

a) 请把高斯积分写为平面向量场 $\boldsymbol{V}$ 通过曲线 γ 的流量 $\int_\gamma \langle \boldsymbol{V}, \boldsymbol{n} \rangle\, ds$.

b) 请证明: 高斯积分在笛卡儿坐标 x, y 下具有 §1 例 1 中的已知形式 $\pm \int_\gamma \dfrac{-y\, dx + x\, dy}{x^2 + y^2}$, 其中的符号取决于法向量场 $\boldsymbol{n}$ 的选取.

c) 对于绕坐标原点一周的闭曲线 γ 和所围区域不包含坐标原点的闭曲线 γ, 请分别计算高斯积分.

d) 请证明 $\dfrac{\cos(\boldsymbol{r}, \boldsymbol{n})}{r}\, ds = d\varphi$, 其中 φ 是径向量 $\boldsymbol{r}$ 的极角. 当 $\gamma \in \mathbb{R}^2$ 是闭曲线和任意曲线时, 请分别指出高斯积分值的几何意义.

8. 在推导高斯–奥斯特洛格拉德斯基公式时, 我们曾经认为 $\bar{D}$ 是简单区域, 并且函数 P, Q, R 属于 $C^{(1)}(\bar{D}, \mathbb{R})$ 类. 请改进相应讨论, 从而证明: 如果 $\bar{D}$ 是具有分片光滑边界的紧区域, 并且 $P, Q, R \in C(\bar{D}, \mathbb{R})$, $\dfrac{\partial P}{\partial x}, \dfrac{\partial Q}{\partial y}, \dfrac{\partial R}{\partial z} \in C(D, \mathbb{R})$, 而三重积分至少作为反常积分存在, 则公式 (6) 成立.

9. a) 请证明: 如果公式 (6) 中的函数 P, Q, R 满足 $\dfrac{\partial P}{\partial x} + \dfrac{\partial Q}{\partial y} + \dfrac{\partial R}{\partial z} = 1$, 则可以用以下公式求区域 D 的体积 $V(D)$:
$$V(D) = \iint\limits_{\partial D} P\, dy \wedge dz + Q\, dz \wedge dx + R\, dx \wedge dy.$$

b) 设 $f(x, t)$ 是变量 $x \in D_x \subset \mathbb{R}^n_x$, $t \in D_t \subset \mathbb{R}^n_t$ 的光滑函数, 并且 $\dfrac{\partial f}{\partial x} = \left(\dfrac{\partial f}{\partial x^1}, \cdots, \dfrac{\partial f}{\partial x^n} \right) \neq 0$. 用条件 $f(x, t) = 0$, $t \in D_t$ 给出曲面族 $\{S_t\}$, 其包络面是 $\mathbb{R}^n_x$ 中的 $n - 1$ 维曲面 (见习题 6). 请写出该包络面所应当满足的方程组.

c) 请在 $\mathbb{R}^3$ 中给出以单位球面上的点为参数 t 并且以椭球面 $\dfrac{x^2}{a^2} + \dfrac{y^2}{b^2} + \dfrac{z^2}{c^2} = 1$ 为包络面的平面族.

d) 请证明: 如果闭曲面 S 是平面族 $\cos \alpha_1(t) x + \cos \alpha_2(t) y + \cos \alpha_3(t) z - p(t) = 0$ 的包络面, 其中 $\alpha_1, \alpha_2, \alpha_3$ 是平面的法线与坐标轴之间的夹角, 参数 t 是单位球面 $S^2 \subset \mathbb{R}^3$ 上的变点, 则可以用公式 $\sigma = \int_{S^2} p(t)\, d\sigma$ 求曲面 S 的面积 σ.

e) 请证明: 可以用公式 $V = \dfrac{1}{3} \int_S p(t)\, d\sigma$ 求 d) 中的曲面 S 所包围的区域的体积.

f) 请用 e) 中的公式求椭球 $\dfrac{x^2}{a^2} + \dfrac{y^2}{b^2} + \dfrac{z^2}{c^2} \leqslant 1$ 的体积, 从而验证这个公式.

g) 如果推广 d) 和 e) 中的公式到 n 维空间的情况, 则类似的公式具有何种形式?

10. a) 设 S 是与球面同胚并且包含坐标原点的光滑曲面. 请利用高斯–奥斯特洛格拉德斯基公式验证: 场 $\dfrac{\boldsymbol{r}}{r^3}$ ($\boldsymbol{r}$ 是点 $x \in \mathbb{R}^3$ 的径向量, $r = |\boldsymbol{r}|$) 通过曲面 S 的流量等于它通过任意小的球面 $|x| = \varepsilon$ 的流量.

b) 请证明: 在 a) 中提到的流量等于 4π.

c) 请解释: $\mathbb{R}^3$ 中的高斯积分 $\int_S \dfrac{\cos(\boldsymbol{r}, \boldsymbol{n})}{r^2}\, ds$ 是场 $\dfrac{\boldsymbol{r}}{r^3}$ 通过曲面 S 的流量.

d) 请计算紧区域 $D \subset \mathbb{R}^3$ 的边界上的高斯积分,分别考虑坐标原点位于 D 的内部和外部的情况.

e) 请比较习题 7 和 10 a)—d),从而指出 n 维高斯积分和相应向量场. 请给出并验证习题 a)—d) 的 n 维表述.

11. a) 请证明: 刚性闭曲面 $S \subset \mathbb{R}^3$ 在均匀分布压强的作用下仍然保持平衡 (根据静力学原理,问题归结为验证等式

$$\iint_S \boldsymbol{n}\, d\sigma = 0, \quad \iint_S [\boldsymbol{r}, \boldsymbol{n}]\, d\sigma = 0,$$

其中 $\boldsymbol{n}$ 是单位法向量,$\boldsymbol{r}$ 是径向量,$[\boldsymbol{r}, \boldsymbol{n}]$ 是 $\boldsymbol{r}$ 与 $\boldsymbol{n}$ 的向量积).

b) 体积为 V 的物体完全浸在单位比重的流体中. 请证明: 流体对物体的压力的全部静力学效应归结为一个大小等于 V 的竖直向上的力 $\boldsymbol{F}$,其作用点是物体所占区域的质心.

12. 设 $\varGamma: I^k \to D \subset \mathbb{R}^n$ 是区间 $I^k \subset \mathbb{R}^k$ 到空间 $\mathbb{R}^n$ 的区域 D 的光滑映射 (不一定是同胚), k 形式 ω 在 D 中有定义. 与一维情形类似,映射 $\varGamma$ 称为 k 道路. 按照定义,取 $\int_\varGamma \omega = \int_{I^k} \varGamma^* \omega$. 请研究一般的斯托克斯公式的证明,并确认它不仅适用于 k 维曲面,也适用于 k 道路.

13. 请利用一般的斯托克斯公式,用归纳法证明重积分中的变量代换公式 (在习题 5 a) 中指出了证明的原理).

14. 重积分的分部积分法.

设 D 是 $\mathbb{R}^m$ 中的具有正则 (光滑或分片光滑) 定向边界 ∂D 的有界区域,边界的定向由单位外法向量 $\boldsymbol{n} = (n^1, \cdots, n^m)$ 给出. 设 f, g 是 $\overline{D}$ 中的光滑函数.

a) 请证明:
$$\int_D \partial_i f\, dv = \int_{\partial D} f n^i\, d\sigma.$$

b) 请证明以下分部积分公式:
$$\int_D (\partial_i f) g\, dv = \int_{\partial D} f g n^i\, d\sigma - \int_D f(\partial_i g)\, dv.$$

第十四章 向量分析与场论初步

§1. 向量分析的微分运算

1. 标量场与向量场. 在场论中研究函数 $x \mapsto T(x)$, 它们使固定区域 D 中的每一个点 x 都对应着某个特殊的被称为张量的对象 $T(x)$. 如果在区域 D 中给出了一个这样的函数, 我们就说, 在 D 中给出了一个张量场. 我们在这里不打算给出张量的定义, 因为在代数和微分几何中会专门研究张量[①]. 我们仅仅指出, 数值函数 $D \ni x \mapsto f(x) \in \mathbb{R}$ 以及向量函数 $\mathbb{R}^n \supset D \ni x \mapsto V(x) \in T\mathbb{R}^n_x \approx \mathbb{R}^n$ 都是张量场的特例, 分别称为区域 D 中的标量场和向量场 (我们早就使用过这些术语).

D 中的微分 p 形式 ω 是函数 $\mathbb{R}^n \supset D \ni x \mapsto \omega(x) \in \mathcal{L}((\mathbb{R}^n)^p, \mathbb{R})$, 可以称之为区域 D 中的 p 次形式场. 这也是张量场的特例.

我们在这里最关心定向欧氏空间 $\mathbb{R}^n$ 中的标量场和向量场, 它们对于数学分析在自然科学中的大量应用至关重要.

2. $\mathbb{R}^3$ 中的向量场与各种形式. 我们知道, 在具有标量积 $\langle , \rangle$ 的欧氏向量空间 $\mathbb{R}^3$ 中, 在线性函数 $A: \mathbb{R}^3 \to \mathbb{R}$ 与向量 $\boldsymbol{A} \in \mathbb{R}^3$ 之间有一个对应关系, 它使每个这样的函数具有 $A(\boldsymbol{\xi}) = \langle \boldsymbol{A}, \boldsymbol{\xi} \rangle$ 的形式, 其中 $\boldsymbol{A}$ 是 $\mathbb{R}^3$ 中完全确定的向量.

如果空间还是定向的, 则每个双线性函数 $B: \mathbb{R}^3 \times \mathbb{R}^3 \to \mathbb{R}$ 都可以唯一地写为 $B(\boldsymbol{\xi}_1, \boldsymbol{\xi}_2) = (\boldsymbol{B}, \boldsymbol{\xi}_1, \boldsymbol{\xi}_2)$ 的形式, 其中 $\boldsymbol{B}$ 是 $\mathbb{R}^3$ 中某个完全确定的向量, 而 $(\boldsymbol{B}, \boldsymbol{\xi}_1, \boldsymbol{\xi}_2)$ 照常是向量 $\boldsymbol{B}, \boldsymbol{\xi}_1, \boldsymbol{\xi}_2$ 的混合积, 即这些向量的体形式的值.

因此, 用上述方法可以让定向欧氏空间 $\mathbb{R}^3$ 中的每一个向量与一个线性或双线性形式相关联, 而给出线性或双线性形式等价于在 $\mathbb{R}^3$ 中给出相应的向量.

[①] 阅读连续介质力学方面的书有助于更直观地理解张量的定义. ——译者

如果在 $\mathbb{R}^3$ 中有标量积, 则在任何切空间 $T\mathbb{R}^3_x$ 中自然也有标量积. 切空间 $T\mathbb{R}^3_x$ 由从点 $x \in \mathbb{R}^3$ 出发的向量组成, 而 $\mathbb{R}^3$ 的定向给出了每个切空间 $T\mathbb{R}^3_x$ 的定向.

这意味着, 在 $T\mathbb{R}^3_x$ 中给出 1 形式 $\omega^1(x)$ 或 2 形式 $\omega^2(x)$, 在上述条件下等价于在 $T\mathbb{R}^3_x$ 中给出与 1 形式 $\omega^1(x)$ 相对应的向量 $\boldsymbol{A}(x) \in T\mathbb{R}^3_x$, 或给出与 2 形式 $\omega^2(x)$ 相对应的向量 $\boldsymbol{B}(x) \in T\mathbb{R}^3_x$.

于是, 在定向欧氏空间 $\mathbb{R}^3$ 的区域 D 中给出 1 形式 ω^1 或 2 形式 ω^2, 等价于在 D 中给出相应的向量场 $\boldsymbol{A}$ 或 $\boldsymbol{B}$.

这个对应关系的明确表达式是

$$\omega^1_{\boldsymbol{A}}(x)(\boldsymbol{\xi}) = \langle \boldsymbol{A}(x), \boldsymbol{\xi} \rangle, \tag{1}$$

$$\omega^2_{\boldsymbol{B}}(x)(\boldsymbol{\xi}_1, \boldsymbol{\xi}_2) = (\boldsymbol{B}(x), \boldsymbol{\xi}_1, \boldsymbol{\xi}_2), \tag{2}$$

其中 $\boldsymbol{A}(x)$, $\boldsymbol{B}(x)$, $\boldsymbol{\xi}$, $\boldsymbol{\xi}_1$, $\boldsymbol{\xi}_2 \in TD_x$.

我们得到了我们已经知道的向量场 $\boldsymbol{A}$ 的功形式 $\omega^1 = \omega^1_{\boldsymbol{A}}$ 和向量场 $\boldsymbol{B}$ 的流形式 $\omega^2 = \omega^2_{\boldsymbol{B}}$.

可以用以下方式让 D 中的 0 形式和 3 形式与标量场 $f: D \to \mathbb{R}$ 相对应:

$$\omega^0_f = f, \tag{3}$$

$$\omega^3_f = f\, dV, \tag{4}$$

其中 dV 是定向欧氏空间 $\mathbb{R}^3$ 中的体元 (体形式).

根据对应关系 (1)—(4), 向量场和标量场的确定运算对应着相应形式的运算. 我们很快就会确信, 这在技术上大有裨益.

命题 1. 同次形式的线性组合, 与相应向量或标量场的线性组合相对应.

◀ 命题 1 当然明显成立, 但是我们仍然以 1 形式为例完整地写出证明:

$$\alpha_1 \omega^1_{\boldsymbol{A}_1} + \alpha_2 \omega^1_{\boldsymbol{A}_2} = \alpha_1 \langle \boldsymbol{A}_1, \cdot \rangle + \alpha_2 \langle \boldsymbol{A}_2, \cdot \rangle = \langle \alpha_1 \boldsymbol{A}_1 + \alpha_2 \boldsymbol{A}_2, \cdot \rangle = \omega^1_{\alpha_1 \boldsymbol{A}_1 + \alpha_2 \boldsymbol{A}_2}. \ ▶$$

从证明可见, 可以认为 α_1 和 α_2 是相应形式或场的定义域 D 中的函数 (不一定是常数).

为了书写简洁, 我们约定在方便时分别用 $\boldsymbol{A} \cdot \boldsymbol{B}$ 和 $\boldsymbol{A} \times \boldsymbol{B}$ 表示 $\mathbb{R}^3$ 中的向量 $\boldsymbol{A}$ 与 $\boldsymbol{B}$ 的标量积和向量积, 以前使用的记号分别是 $\langle , \rangle$ 和 $[,]$.

命题 2. 如果 $\boldsymbol{A}$, $\boldsymbol{B}$, $\boldsymbol{A}_1$, $\boldsymbol{A}_2$ 是欧氏定向空间 $\mathbb{R}^3$ 中的向量场, 则

$$\omega^1_{\boldsymbol{A}_1} \wedge \omega^1_{\boldsymbol{A}_2} = \omega^2_{\boldsymbol{A}_1 \times \boldsymbol{A}_2}, \tag{5}$$

$$\omega^1_{\boldsymbol{A}} \wedge \omega^2_{\boldsymbol{B}} = \omega^3_{\boldsymbol{A} \cdot \boldsymbol{B}}. \tag{6}$$

换言之, 由场 $\boldsymbol{A}_1$, $\boldsymbol{A}_2$ 产生的 1 形式的外积与这些场的向量积 $\boldsymbol{A}_1 \times \boldsymbol{A}_2$ 相对应, 因为正是该向量积的结果产生了 2 形式.

在同样的意义下, 分别由向量场 $\boldsymbol{A}$ 和 $\boldsymbol{B}$ 产生的 1 形式 $\omega_{\boldsymbol{A}}^1$ 和 2 形式 $\omega_{\boldsymbol{B}}^2$ 的外积与这些场的标量积 $\boldsymbol{A} \cdot \boldsymbol{B}$ 相对应.

◀ 为了完成证明, 我们在 $\mathbb{R}^3$ 中固定一个标准正交基和相应的笛卡儿坐标系 x^1, x^2, x^3.

在笛卡儿坐标下,
$$\omega_{\boldsymbol{A}}^1(x)(\boldsymbol{\xi}) = \boldsymbol{A}(x) \cdot \boldsymbol{\xi} = \sum_{i=1}^3 A^i(x)\xi^i = \sum_{i=1}^3 A^i(x)\, dx^i(\boldsymbol{\xi}),$$

即
$$\omega_{\boldsymbol{A}}^1 = A^1 dx^1 + A^2 dx^2 + A^3 dx^3, \tag{7}$$

而
$$\omega_{\boldsymbol{B}}^2(x)(\boldsymbol{\xi}_1, \boldsymbol{\xi}_2) = \begin{vmatrix} B^1(x) & B^2(x) & B^3(x) \\ \xi_1^1 & \xi_1^2 & \xi_1^3 \\ \xi_2^1 & \xi_2^2 & \xi_2^3 \end{vmatrix}$$
$$= (B^1(x)\, dx^2 \wedge dx^3 + B^2(x)\, dx^3 \wedge dx^1 + B^3(x)\, dx^1 \wedge dx^2)(\boldsymbol{\xi}_1, \boldsymbol{\xi}_2),$$

即
$$\omega_{\boldsymbol{B}}^2 = B^1 dx^2 \wedge dx^3 + B^2 dx^3 \wedge dx^1 + B^3 dx^1 \wedge dx^2. \tag{8}$$

所以, 在笛卡儿坐标下, 利用表达式 (7) 和 (8) 得到
$$\omega_{\boldsymbol{A}_1}^1 \wedge \omega_{\boldsymbol{A}_2}^1 = (A_1^1 dx^1 + A_1^2 dx^2 + A_1^3 dx^3) \wedge (A_2^1 dx^1 + A_2^2 dx^2 + A_2^3 dx^3)$$
$$= (A_1^2 A_2^3 - A_1^3 A_2^2)\, dx^2 \wedge dx^3 + (A_1^3 A_2^1 - A_1^1 A_2^3)\, dx^3 \wedge dx^1$$
$$+ (A_1^1 A_2^2 - A_1^2 A_2^1)\, dx^1 \wedge dx^2 = \omega_{\boldsymbol{B}}^2,$$

其中 $\boldsymbol{B} = \boldsymbol{A}_1 \times \boldsymbol{A}_2$.

在证明中使用了坐标, 这只是为了更简单地求出相应 2 形式所对应的向量 $\boldsymbol{B}$. 等式 (5) 本身当然不依赖于坐标.

类似地, 让等式 (7) 与 (8) 相乘, 得到
$$\omega_{\boldsymbol{A}}^1 \wedge \omega_{\boldsymbol{B}}^2 = (A^1 B^1 + A^2 B^2 + A^3 B^3)\, dx^1 \wedge dx^2 \wedge dx^3 = \omega_\rho^3.$$

在笛卡儿坐标下, $dx^1 \wedge dx^2 \wedge dx^3$ 是 $\mathbb{R}^3$ 中的体形式, 而在体形式前面的括号里, 向量 $\boldsymbol{A}$ 和 $\boldsymbol{B}$ 的分量的两两乘积之和是这两个向量在区域中的相应点的标量积, 所以 $\rho(x) = \boldsymbol{A}(x) \cdot \boldsymbol{B}(x)$. ▶

3. 微分算子 grad, rot, div 和 ∇

定义 1. 在定向欧氏空间 $\mathbb{R}^3$ 中, 0 形式 (函数)、1 形式和 2 形式的外微分运算分别与求标量场的梯度 (grad)、向量场的旋度 (rot) 和散度 (div) 的运算相对应, 它

们分别由以下关系式定义：

$$d\omega_f^0 =: \omega_{\mathrm{grad}f}^1, \tag{9}$$

$$d\omega_{\boldsymbol{A}}^1 =: \omega_{\mathrm{rot}\boldsymbol{A}}^2, \tag{10}$$

$$d\omega_{\boldsymbol{B}}^2 =: \omega_{\mathrm{div}\boldsymbol{B}}^3. \tag{11}$$

根据由等式 (1)—(4) 建立的 $\mathbb{R}^3$ 中的形式、标量场和向量场之间的对应关系，关系式 (9)—(11) 是分别作用于标量场和向量场的运算 grad, rot 和 div 的合适的定义. 这些运算，即通常所说的场论算子，都与微分形式的一种外微分运算相对应，只不过作用于不同次的微分形式而已.

我们立刻给出这些算子在空间 $\mathbb{R}^3$ 的笛卡儿坐标 x^1, x^2, x^3 下的表达式.

我们已经知道，这时

$$\omega_f^0 = f, \tag{3'}$$

$$\omega_{\boldsymbol{A}}^1 = A^1 dx^1 + A^2 dx^2 + A^3 dx^3, \tag{7'}$$

$$\omega_{\boldsymbol{B}}^2 = B^1 dx^2 \wedge dx^3 + B^2 dx^3 \wedge dx^1 + B^3 dx^1 \wedge dx^2, \tag{8'}$$

$$\omega_\rho^3 = \rho\, dx^1 \wedge dx^2 \wedge dx^3. \tag{4'}$$

因为

$$\omega_{\mathrm{grad}f}^1 := d\omega_f^0 = df = \frac{\partial f}{\partial x^1} dx^1 + \frac{\partial f}{\partial x^2} dx^2 + \frac{\partial f}{\partial x^3} dx^3,$$

所以从 (7') 可知，在这些坐标下

$$\mathrm{grad}\, f = \boldsymbol{e}_1 \frac{\partial f}{\partial x^1} + \boldsymbol{e}_2 \frac{\partial f}{\partial x^2} + \boldsymbol{e}_3 \frac{\partial f}{\partial x^3}, \tag{9'}$$

其中 $\boldsymbol{e}_1, \boldsymbol{e}_2, \boldsymbol{e}_3$ 是 $\mathbb{R}^3$ 中的固定标准正交基.

因为

$$\omega_{\mathrm{rot}\boldsymbol{A}}^2 := d\omega_{\boldsymbol{A}}^1 = d(A^1 dx^1 + A^2 dx^2 + A^3 dx^3)$$
$$= \left(\frac{\partial A^3}{\partial x^2} - \frac{\partial A^2}{\partial x^3}\right) dx^2 \wedge dx^3 + \left(\frac{\partial A^1}{\partial x^3} - \frac{\partial A^3}{\partial x^1}\right) dx^3 \wedge dx^1$$
$$+ \left(\frac{\partial A^2}{\partial x^1} - \frac{\partial A^1}{\partial x^2}\right) dx^1 \wedge dx^2,$$

所以从 (8') 可知，在笛卡儿坐标下

$$\mathrm{rot}\, \boldsymbol{A} = \boldsymbol{e}_1 \left(\frac{\partial A^3}{\partial x^2} - \frac{\partial A^2}{\partial x^3}\right) + \boldsymbol{e}_2 \left(\frac{\partial A^1}{\partial x^3} - \frac{\partial A^3}{\partial x^1}\right) + \boldsymbol{e}_3 \left(\frac{\partial A^2}{\partial x^1} - \frac{\partial A^1}{\partial x^2}\right). \tag{10'}$$

§1. 向量分析的微分运算

为了便于记忆, 经常用以下符号形式写出这个关系式:

$$\operatorname{rot} \boldsymbol{A} = \begin{vmatrix} \boldsymbol{e}_1 & \boldsymbol{e}_2 & \boldsymbol{e}_3 \\ \dfrac{\partial}{\partial x^1} & \dfrac{\partial}{\partial x^2} & \dfrac{\partial}{\partial x^3} \\ A^1 & A^2 & A^3 \end{vmatrix}. \tag{10''}$$

另外, 因为

$$\omega_{\operatorname{div}\boldsymbol{B}}^3 := d\omega_{\boldsymbol{B}}^2 = d(B^1 dx^2 \wedge dx^3 + B^2 dx^3 \wedge dx^1 + B^3 dx^1 \wedge dx^2)$$
$$= \left(\frac{\partial B^1}{\partial x^1} + \frac{\partial B^2}{\partial x^2} + \frac{\partial B^3}{\partial x^3} \right) dx^1 \wedge dx^2 \wedge dx^3,$$

所以从 (4′) 可知, 在笛卡儿坐标下

$$\operatorname{div}\boldsymbol{B} = \frac{\partial B^1}{\partial x^1} + \frac{\partial B^2}{\partial x^2} + \frac{\partial B^3}{\partial x^3}. \tag{11′}$$

从上述公式 (9′), (10′), (11′) 可见, grad, rot 和 div 是线性微分运算 (算子). 算子 grad 定义于可微标量场, 所得结果是向量场. 算子 rot 的结果也是向量, 但它定义在可微向量场上. 算子 div 定义于可微向量场, 其结果是标量场.

我们指出, 这些算子在其他坐标下的表达式一般而言与笛卡儿坐标下的上述表达式不同. 我们在本节第 5 小节还将讨论这个问题.

我们还指出, 向量场 rot $\boldsymbol{A}$ 通常称为向量场 $\boldsymbol{A}$ 的旋度或涡量[1]. 有时也用记号 curl $\boldsymbol{A}$ 代替记号 rot $\boldsymbol{A}$.

作为上述算子的应用实例, 我们用它们写出著名的[2]麦克斯韦[3]方程组. 这些方程描述电磁场各分量的状态, 它们是空间点 $x = (x^1, x^2, x^3)$ 和时间 t 的函数.

例 1. 真空中电磁场的麦克斯韦方程组:

$$\begin{array}{ll} 1.\ \operatorname{div}\boldsymbol{E} = \dfrac{\rho}{\varepsilon_0}, & 2.\ \operatorname{div}\boldsymbol{B} = 0, \\ 3.\ \operatorname{rot}\boldsymbol{E} = -\dfrac{\partial \boldsymbol{B}}{\partial t}, & 4.\ \operatorname{rot}\boldsymbol{B} = \dfrac{\boldsymbol{j}}{\varepsilon_0 c^2} + \dfrac{1}{c^2}\dfrac{\partial \boldsymbol{E}}{\partial t}, \end{array} \tag{12}$$

---

[1] 旋度为零的向量场称为无旋场, 旋度不为零的向量场称为有旋场. 在力学中, 涡量一般特指速度向量场的旋度. ——译者

[2] 关于其重要性, 著名的美国物理学家和数学家费恩曼 (R. P. Feynman, 1918–1988) 在其物理学讲义 (Feynman R. P., Leighton R. B., Sands M. The Feynman Lectures on Physics. V. II. Reading, Mass.: Addison-Wesley, 1964. 第 1 章最后) 中以他特有的气质写道: "在遥远的将来看人类历史, 比如说, 再过一万年之后回顾历史, 麦克斯韦发现电动力学定律无疑将被评为 19 世纪的最重大事件, 而同时代的美国内战与这个科学壮举相比将黯然失色, 那只不过是无关紧要的区域争端而已."

[3] 麦克斯韦 (J. C. Maxwell, 1831–1879) 是著名的苏格兰物理学家. 他创立了电磁场的数学理论, 还以气体动理论、光学和力学方面的研究闻名于世.

其中 $\rho(x, t)$ 是电荷密度 (单位体积中的电量), $\boldsymbol{j}(x, t)$ 是电流密度向量 (单位时间内通过单位面积的电量), $\boldsymbol{E}(x, t)$ 和 $\boldsymbol{B}(x, t)$ 分别是电场强度向量和磁感应强度向量, ε_0 和 c 是有量纲的常量 (并且 c 是真空中的光速).

在数学文献中, 尤其是在物理学文献中, 除了上述算子 grad, rot, div, 由哈密顿引入的向量微分算子——纳布拉算子[①] (哈密顿算子)

$$\nabla = \boldsymbol{e}_1 \frac{\partial}{\partial x^1} + \boldsymbol{e}_2 \frac{\partial}{\partial x^2} + \boldsymbol{e}_3 \frac{\partial}{\partial x^3} \tag{13}$$

也有广泛应用, 其中 $\{\boldsymbol{e}_1, \boldsymbol{e}_2, \boldsymbol{e}_3\}$ 是 $\mathbb{R}^3$ 中的标准正交基, 而 x^1, x^2, x^3 是 $\mathbb{R}^3$ 中的相应笛卡儿坐标.

按照定义, 算子 ∇ 作用于标量场 f (即作用于函数), 其结果是向量场

$$\nabla f = \boldsymbol{e}_1 \frac{\partial f}{\partial x^1} + \boldsymbol{e}_2 \frac{\partial f}{\partial x^2} + \boldsymbol{e}_3 \frac{\partial f}{\partial x^3}.$$

这与场 (9′) 一致, 即纳布拉算子是算子 grad 的另外一种更简洁的记号.

然而, 哈密顿利用算子 ∇ 的向量结构提出了它的一系列运算, 这些运算在形式上与向量的相应代数运算一致.

在展示这些运算之前, 我们指出, 在运用算子 ∇ 时应当遵循与普通微分算子 $D = \dfrac{d}{dx}$ 的情况相同的原理和法则. 例如, φDf 等于 $\varphi \dfrac{df}{dx}$, 而不等于 $\dfrac{d}{dx}(\varphi f)$, 也不等于 $f \dfrac{\partial \varphi}{\partial x}$. 这意味着, 算子作用于其右边的量, 而左边的因子这时起系数的作用, 即 φD 是新的微分算子 $\varphi \dfrac{d}{dx}$, 而不是函数 $\dfrac{d\varphi}{dx}$. 此外, $D^2 = D \cdot D$, 即 $D^2 f = D(Df) = \dfrac{d}{dx}\left(\dfrac{d}{dx}f\right) = \dfrac{d^2}{dx^2}f$.

现在, 如果按照哈密顿的建议认为 ∇ 是笛卡儿坐标下的给定向量场, 则在比较关系式 (13), (9′), (10″) 和 (11′) 后得到

$$\operatorname{grad} f = \nabla f, \tag{14}$$

$$\operatorname{rot} \boldsymbol{A} = \nabla \times \boldsymbol{A}, \tag{15}$$

$$\operatorname{div} \boldsymbol{B} = \nabla \cdot \boldsymbol{B}. \tag{16}$$

于是, 我们用哈密顿算子和 $\mathbb{R}^3$ 中的向量运算写出了算子 grad, rot, div.

例 2. 麦克斯韦方程组的写法 (12) 只涉及算子 rot 和 div. 利用算子 $\nabla = \operatorname{grad}$

[①] 该名称源自纳布拉琴 (nabla), 这在希腊语、希伯来语等语言中指一种倒三角形状的竖琴. 纳布拉算子在中文中也称为倒三角算子、劈形算子. ——译者

的上述用法,我们把麦克斯韦方程组改写为以下形式:

$$1.\ \nabla \cdot \boldsymbol{E} = \frac{\rho}{\varepsilon_0}, \qquad 2.\ \nabla \cdot \boldsymbol{B} = 0,$$
$$3.\ \nabla \times \boldsymbol{E} = -\frac{\partial \boldsymbol{B}}{\partial t}, \qquad 4.\ \nabla \times \boldsymbol{B} = \frac{\boldsymbol{j}}{\varepsilon_0 c^2} + \frac{1}{c^2}\frac{\partial \boldsymbol{E}}{\partial t}. \tag{12'}$$

4. 向量分析的一些微分公式. 我们在欧氏定向空间 $\mathbb{R}^3$ 中建立了形式与标量场和向量场之间的联系 (1)–(4), 从而使微分形式的外积和微分能够与场的相应运算对应起来 (见公式 (5), (6) 和 (9)–(11)).

利用这些对应关系可以得到向量分析的一系列基本微分公式.

例如, 以下关系式成立:

$$\operatorname{rot}(f\boldsymbol{A}) = f\operatorname{rot}\boldsymbol{A} - \boldsymbol{A} \times \operatorname{grad} f, \tag{17}$$
$$\operatorname{div}(f\boldsymbol{A}) = \boldsymbol{A} \cdot \operatorname{grad} f + f\operatorname{div}\boldsymbol{A}, \tag{18}$$
$$\operatorname{div}(\boldsymbol{A} \times \boldsymbol{B}) = \boldsymbol{B} \cdot \operatorname{rot}\boldsymbol{A} - \boldsymbol{A} \cdot \operatorname{rot}\boldsymbol{B}. \tag{19}$$

◀ 我们来验证最后一个等式:

$$\omega^3_{\operatorname{div}\boldsymbol{A} \times \boldsymbol{B}} = d\omega^2_{\boldsymbol{A} \times \boldsymbol{B}} = d\left(\omega^1_{\boldsymbol{A}} \wedge \omega^1_{\boldsymbol{B}}\right) = d\omega^1_{\boldsymbol{A}} \wedge \omega^1_{\boldsymbol{B}} - \omega^1_{\boldsymbol{A}} \wedge d\omega^1_{\boldsymbol{B}}$$
$$= \omega^2_{\operatorname{rot}\boldsymbol{A}} \wedge \omega^1_{\boldsymbol{B}} - \omega^1_{\boldsymbol{A}} \wedge \omega^2_{\operatorname{rot}\boldsymbol{B}} = \omega^3_{\boldsymbol{B} \cdot \operatorname{rot}\boldsymbol{A}} - \omega^3_{\boldsymbol{A} \cdot \operatorname{rot}\boldsymbol{B}} = \omega^3_{\boldsymbol{B} \cdot \operatorname{rot}\boldsymbol{A} - \boldsymbol{A} \cdot \operatorname{rot}\boldsymbol{B}}.$$

可以类似地验证前两个等式. 当然, 也可以用直接对坐标求微分的方法验证所有这些等式. ▶

如果注意到 $d^2\omega = 0$ 对于任何形式 ω 都成立, 则还能断定, 以下等式成立:

$$\operatorname{rot}\operatorname{grad} f = 0, \tag{20}$$
$$\operatorname{div}\operatorname{rot}\boldsymbol{A} = 0. \tag{21}$$

◀ 其实,

$$\omega^2_{\operatorname{rot}\operatorname{grad} f} = d\omega^1_{\operatorname{grad} f} = d(d\omega^0_f) = d^2\omega^0_f = 0,$$
$$\omega^3_{\operatorname{div}\operatorname{rot}\boldsymbol{A}} = d\omega^2_{\operatorname{rot}\boldsymbol{A}} = d(d\omega^1_{\boldsymbol{A}}) = d^2\omega^1_{\boldsymbol{A}} = 0. \ ▶$$

在公式 (17)–(19) 中, 算子 grad, rot, div 被应用了一次, 而 (20) 和 (21) 中的运算是二阶的, 它们是依次完成三个原始运算中的某两个运算的结果. 除了 (20) 和 (21) 中的运算, 还可以考虑这些运算的以下二阶组合:

$$\operatorname{grad}\operatorname{div}\boldsymbol{A}, \quad \operatorname{rot}\operatorname{rot}\boldsymbol{A}, \quad \operatorname{div}\operatorname{grad} f. \tag{22}$$

可以看到, 算子 div grad 作用于标量场. 我们用字母 Δ (读作 "delta") 表示这个算子并称之为拉普拉斯[①]算子.

从公式 (9′), (11′) 可知, 在笛卡儿坐标下,
$$\Delta f = \frac{\partial^2 f}{\partial (x^1)^2} + \frac{\partial^2 f}{\partial (x^2)^2} + \frac{\partial^2 f}{\partial (x^3)^2}. \tag{23}$$

因为算子 Δ 作用于数值函数, 所以可以对向量场 $\boldsymbol{A} = \boldsymbol{e}_1 A^1 + \boldsymbol{e}_2 A^2 + \boldsymbol{e}_3 A^3$ 的各分量使用这个算子, 其中 $\boldsymbol{e}_1, \boldsymbol{e}_2, \boldsymbol{e}_3$ 是 $\mathbb{R}^3$ 中的标准正交基. 在这种情况下,
$$\Delta \boldsymbol{A} = \boldsymbol{e}_1 \Delta A^1 + \boldsymbol{e}_2 \Delta A^2 + \boldsymbol{e}_3 \Delta A^3.$$

利用这个等式, 对于 (22) 中的三个二阶算子, 可以写出以下关系式:
$$\operatorname{rot} \operatorname{rot} \boldsymbol{A} = \operatorname{grad} \operatorname{div} \boldsymbol{A} - \Delta \boldsymbol{A}, \tag{24}$$
但不给出其证明 (见习题 2). 可以认为等式 (24) 是 $\Delta \boldsymbol{A}$ 在任意坐标系中的定义, 而不一定局限于正交坐标系.

利用向量代数语言和公式 (14)–(16), 所有二阶算子 (20)–(22) 都能通过哈密顿算子 ∇ 写出来:
$$\operatorname{rot} \operatorname{grad} f = \nabla \times \nabla f = 0,$$
$$\operatorname{div} \operatorname{rot} \boldsymbol{A} = \nabla \cdot (\nabla \times \boldsymbol{A}) = 0,$$
$$\operatorname{grad} \operatorname{div} \boldsymbol{A} = \nabla(\nabla \cdot \boldsymbol{A}),$$
$$\operatorname{rot} \operatorname{rot} \boldsymbol{A} = \nabla \times (\nabla \times \boldsymbol{A}),$$
$$\operatorname{div} \operatorname{grad} f = \nabla \cdot \nabla f.$$

从向量代数的观点看, 这些算子中的前两个等于零是完全自然的.

最后一个等式说明, 在哈密顿算子 ∇ 与拉普拉斯算子 Δ 之间有简单的联系:
$$\Delta = \nabla^2.$$

*5. 曲线坐标下的向量运算

a. $\mathbb{R}^3$ (或 $\mathbb{R}^n$) 中的向量场 $x \mapsto \boldsymbol{A}(x)$ 常常在不同于笛卡儿坐标系的坐标系中具有最简单的表达形式, 例如, 球面 $x^2 + y^2 + z^2 = a^2$ 在球面坐标下具有特别简单的方程 $R = a$. 所以, 我们现在希望找到明确的公式, 以便在足够广泛的一类曲线坐标下求出 grad, rot 和 div.

但是, 首先应当清楚地知道场 $\boldsymbol{A}$ 在某个曲线坐标系下的坐标形式的含义.

我们从两个具有启发性的例子入手, 它们能够帮助我们描述问题.

例 3. 设在欧氏平面 $\mathbb{R}^2$ 上取笛卡儿坐标 x^1, x^2. 当我们说在 $\mathbb{R}^2$ 上给出向量场 $(A^1, A^2)(x)$ 时, 其含义是在每个点 $x = (x^1, x^2) \in \mathbb{R}^2$ 都给出了某个向量 $\boldsymbol{A}(x) \in T\mathbb{R}^2_x$,

---

[①] 拉普拉斯 (P. S. Laplace, 1749–1827) 是著名的法国天文学家、数学家和物理学家, 对天体力学、概率的数学理论、实验物理和数学物理的发展做出了重大贡献.

它在空间 $T\mathbb{R}_x^2$ 的由坐标线方向上的单位向量 $e_1(x), e_2(x)$ 组成的一组基向量下具有分解式 $\boldsymbol{A}(x) = A^1(x)e_1(x) + A^2(x)e_2(x)$ (图 91). 在这种情况下, 空间 $T\mathbb{R}_x^2$ 的这一组基向量 $\{e_1(x), e_2(x)\}$ 其实与点 x 无关.

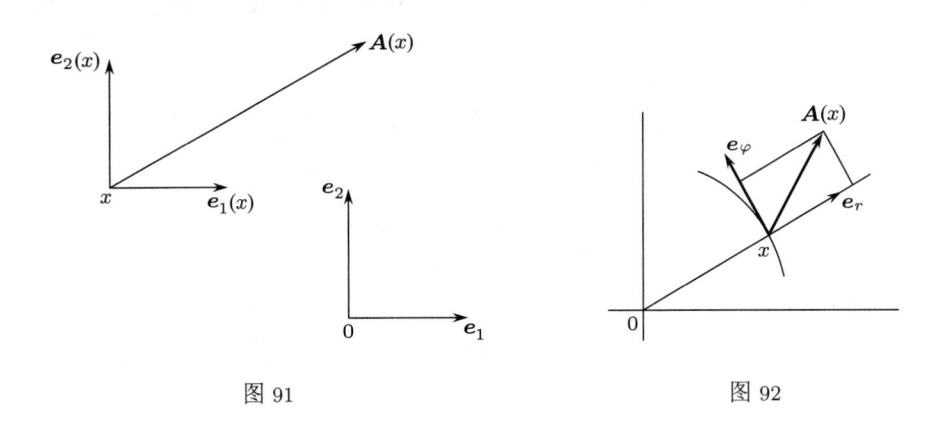

图 91

图 92

例 4. 如果在上述平面 $\mathbb{R}^2$ 上给出极坐标系 (r, φ), 则在每个点 $x \in \mathbb{R}^2\backslash 0$ 也可以取坐标线方向上的单位向量 $e_1(x) = e_r(x), e_2(x) = e_\varphi(x)$ (图 92), 它们也组成 $T\mathbb{R}_x^2$ 中的一组基向量, 从而也可以按照它们分解场 $\boldsymbol{A}$ 的从点 x 出发的向量 $\boldsymbol{A}(x)$: $\boldsymbol{A}(x) = A^1(x)e_1(x) + A^2(x)e_2(x)$. 于是, 自然认为函数序偶 $(A^1, A^2)(x)$ 是场 $\boldsymbol{A}$ 在极坐标下的记号.

因此, 如果 $(A^1, A^2)(x) \equiv (1, 0)$, 这就是 $\mathbb{R}^2$ 中从原点 0 出发的指向径向的单位向量场.

把这个场中的每个向量沿逆时针方向旋转 $\pi/2$, 就得到场 $(A^1, A^2)(x) \equiv (0, 1)$.

这不是 $\mathbb{R}^2$ 中的常向量场, 虽然其分量是常数. 问题全部在于, 在从一个点移动到另一个点时, 分解所用的基向量与场中的向量同时变化.

显然, 这些场在笛卡儿坐标下的分量根本不是常数. 另一方面, 真正的常向量场 (一个向量平移至平面上的每个点, 就构成这样的场) 在笛卡儿坐标下的分量是常数, 但在极坐标下的分量是变量.

b. 经过这些铺垫, 我们来正式考虑在曲线坐标系下给出向量场的问题.

首先注意, 区域 $D \subset \mathbb{R}^3$ 中的曲线坐标系 t^1, t^2, t^3 是欧氏参数空间 $\mathbb{R}_t^3$ 的区域 D_t 到区域 D 上的微分同胚 $\varphi : D_t \to D$, 它使每个点 $x = \varphi(t) \in D$ 都具有对应点 $t \in D_t$ 的笛卡儿坐标 t^1, t^2, t^3.

因为 φ 是微分同胚, 所以切映射 $\varphi'(t) : T\mathbb{R}_t^3 \to T\mathbb{R}_{x=\varphi(t)}^3$ 是向量空间之间的同构. 空间 $T\mathbb{R}_t^3$ 的标准正交基 $\boldsymbol{\xi}_1(t) = (1, 0, 0), \boldsymbol{\xi}_2(t) = (0, 1, 0), \boldsymbol{\xi}_3(t) = (0, 0, 1)$ 对应着空间 $T\mathbb{R}_{x=\varphi(t)}^3$ 的由坐标线方向上的向量 $\boldsymbol{\xi}_i(x) = \varphi'(t)\boldsymbol{\xi}_i(t) = \dfrac{\partial \varphi(t)}{\partial t^i}$ $(i = 1, 2, 3)$

构成的基. 任何向量 $\boldsymbol{A}(x) \in T\mathbb{R}^3_x$ 按照这个基的分解式

$$\boldsymbol{A}(x) = \alpha_1\boldsymbol{\xi}_1(x) + \alpha_2\boldsymbol{\xi}_2(x) + \alpha_3\boldsymbol{\xi}_3(x)$$

对应着向量 $\boldsymbol{A}(t) \in (\varphi')^{-1}\boldsymbol{A}(x)$ 按照 $T\mathbb{R}^3_t$ 中的标准基 $\boldsymbol{\xi}_1(t), \boldsymbol{\xi}_2(t), \boldsymbol{\xi}_3(t)$ 的分解式

$$\boldsymbol{A}(t) = \alpha_1\boldsymbol{\xi}_1(t) + \alpha_2\boldsymbol{\xi}_2(t) + \alpha_3\boldsymbol{\xi}_3(t)$$

(其中的分量 $\alpha_1, \alpha_2, \alpha_3$ 是一样的!). 如果在 $\mathbb{R}^3$ 中没有欧氏结构, 数 $\alpha_1, \alpha_2, \alpha_3$ 就组成向量 $\boldsymbol{A}(x)$ 在上述曲线坐标系中的最自然的分量形式.

c. 然而, 这样的分量形式并不完全符合我们在例 4 中的约定. 其实, 空间 $T\mathbb{R}^3_x$ 中的基 $\boldsymbol{\xi}_1(x), \boldsymbol{\xi}_2(x), \boldsymbol{\xi}_3(x)$ 对应着 $T\mathbb{R}^3_t$ 中的标准基 $\boldsymbol{\xi}_1(t), \boldsymbol{\xi}_2(t), \boldsymbol{\xi}_3(t)$, 前者虽然由坐标线方向上的向量组成, 它们却未必是单位向量, 即一般而言 $\langle\boldsymbol{\xi}_i, \boldsymbol{\xi}_i\rangle(x) \neq 1$.

现在我们来考虑这个情况, 它与在 $\mathbb{R}^3$ 中存在欧氏空间结构有关, 从而也与在每个向量空间 $T\mathbb{R}^3_x$ 中存在欧氏空间结构有关.

因为 $\varphi'(t): T\mathbb{R}^3_t \to T\mathbb{R}^3_{x=\varphi(t)}$ 是同构映射, 所以对于任何一对向量 $\boldsymbol{\tau}_1, \boldsymbol{\tau}_2 \in T\mathbb{R}^3_t$, 只要取 $\langle\boldsymbol{\tau}_1, \boldsymbol{\tau}_2\rangle := \langle\varphi'\boldsymbol{\tau}_1, \varphi'\boldsymbol{\tau}_2\rangle$, 就可以把空间 $T\mathbb{R}^3_x$ 的欧氏结构转移到 $T\mathbb{R}^3_t$ 中. 特别地, 由此得到向量长度的平方的以下表达式:

$$\begin{aligned}\langle\boldsymbol{\tau}, \boldsymbol{\tau}\rangle &:= \langle\varphi'(t)\boldsymbol{\tau}, \varphi'(t)\boldsymbol{\tau}\rangle = \left\langle\frac{\partial\varphi(t)}{\partial t^i}\tau^i, \frac{\partial\varphi(t)}{\partial t^j}\tau^j\right\rangle\\ &= \left\langle\frac{\partial\varphi}{\partial t^i}, \frac{\partial\varphi}{\partial t^j}\right\rangle(t)\,\tau^i\tau^j = \langle\boldsymbol{\xi}_i, \boldsymbol{\xi}_j\rangle(t)\,\tau^i\tau^j = g_{ij}(t)\,dt^i(\boldsymbol{\tau})\,dt^j(\boldsymbol{\tau}).\end{aligned}$$

以标准基向量的两两标量积为系数的二次型

$$ds^2 = g_{ij}(t)\,dt^i dt^j \tag{25}$$

完全确定了 $T\mathbb{R}^3_t$ 中的标量积. 从几何可知, 如果在某区域 $D_t \subset \mathbb{R}^3_t$ 中的每个点都给出了这样的二次型, 就说在这区域中给出了黎曼度量. 有了黎曼度量, 就能够在每个切空间 $T\mathbb{R}^3_t$ ($t \in D_t$) 中引入自己的欧氏结构, 同时保留空间 $\mathbb{R}^3_t$ 中的直线坐标 t^1, t^2, t^3, 这相当于从区域 D_t 到欧氏空间 $\mathbb{R}^3$ 的 "弯曲" 嵌入 $\varphi: D_t \to D$.

如果向量 $\boldsymbol{\xi}_i(x) = \varphi'(t)\boldsymbol{\xi}_i(t) = \frac{\partial\varphi}{\partial t^i}(t)$ ($i = 1, 2, 3$) 在 $T\mathbb{R}^3_x$ 中是正交的, 则当 $i \neq j$ 时, $g_{ij}(t) = 0$. 这意味着, 相应坐标线组成三维正交坐标网, 而在空间 $T\mathbb{R}^3_t$ 的术语下, 标准基向量 $\boldsymbol{\xi}_i(t)$ ($i = 1, 2, 3$) 在 $T\mathbb{R}^3_t$ 中由二次型 (25) 定义的标量积的意义下彼此正交. 为了简单, 我们以后只考虑三维正交曲线坐标系. 如前所见, 二次型 (25) 对于这样的坐标系具有以下特殊形式:

$$ds^2 = E_1(t)(dt^1)^2 + E_2(t)(dt^2)^2 + E_3(t)(dt^3)^2, \tag{26}$$

其中 $E_i(t) = g_{ii}(t)$, $i = 1, 2, 3$.

例 5. 二次型 (25) 在欧氏空间 $\mathbb{R}^3$ 中的笛卡儿坐标 (x, y, z)、柱面坐标 (r, φ, z) 和球面坐标 (R, φ, θ) 下分别具有以下形式:

$$ds^2 = dx^2 + dy^2 + dz^2 \tag{26'}$$
$$= dr^2 + r^2 d\varphi^2 + dz^2 \tag{26''}$$
$$= dR^2 + R^2 \cos^2\theta \, d\varphi^2 + R^2 d\theta^2. \tag{26'''}$$

因此, 这三种坐标系在各自的定义域内都是三维正交坐标系.

$T\mathbb{R}_t^3$ 中的标准基 $(1,0,0), (0,1,0), (0,0,1)$ 的向量 $\boldsymbol{\xi}_1(t), \boldsymbol{\xi}_2(t), \boldsymbol{\xi}_3(t)$ 以及相应的向量 $\boldsymbol{\xi}_i(x) \in T\mathbb{R}_x^3$ 具有模[①] $|\boldsymbol{\xi}_i| = \sqrt{g_{ii}}$. 因此, 对于三维正交坐标系 (26), 坐标线方向上的单位向量 (标量积意义下的单位向量) 在 $T\mathbb{R}_t^3$ 中具有以下分量形式:

$$\boldsymbol{e}_1(t) = \left(\frac{1}{\sqrt{E_1}}, 0, 0\right), \quad \boldsymbol{e}_2(t) = \left(0, \frac{1}{\sqrt{E_2}}, 0\right), \quad \boldsymbol{e}_3(t) = \left(0, 0, \frac{1}{\sqrt{E_3}}\right). \tag{27}$$

例 6. 从公式 (27) 和例 5 的结果可知, 对于笛卡儿坐标、柱面坐标和球面坐标, 三个坐标线方向上的单位向量分别具有以下形式:

$$\boldsymbol{e}_x = (1, 0, 0), \quad \boldsymbol{e}_y = (0, 1, 0), \quad \boldsymbol{e}_z = (0, 0, 1), \tag{27'}$$

$$\boldsymbol{e}_r = (1, 0, 0), \quad \boldsymbol{e}_\varphi = \left(0, \frac{1}{r}, 0\right), \quad \boldsymbol{e}_z = (0, 0, 1), \tag{27''}$$

$$\boldsymbol{e}_R = (1, 0, 0), \quad \boldsymbol{e}_\varphi = \left(0, \frac{1}{R\cos\theta}, 0\right), \quad \boldsymbol{e}_\theta = \left(0, 0, \frac{1}{R}\right). \tag{27'''}$$

上面的例 3 和例 4 说明, 可以按照由坐标线方向上的单位向量组成的基分解向量场. 这意味着, 与向量 $\boldsymbol{A}(x) \in T\mathbb{R}_x^3$ 对应的向量场 $\boldsymbol{A}(t) \in T\mathbb{R}_t^3$, 不应当按照标准基 $\boldsymbol{\xi}_1(t), \boldsymbol{\xi}_2(t), \boldsymbol{\xi}_3(t)$ 分解, 而应当按照由坐标线方向上的单位向量组成的基 $\boldsymbol{e}_1(t), \boldsymbol{e}_2(t), \boldsymbol{e}_3(t)$ 分解.

因此, 在脱离原来的空间 $\mathbb{R}^3$ 后可以认为, 在区域 $D_t \subset \mathbb{R}_t^3$ 中给出了黎曼度量 (25) 或 (26) 以及向量场 $t \mapsto \boldsymbol{A}(t)$, 并且为了得到它在每个点 $t \in D_t$ 的分量形式 $(A^1, A^2, A^3)(t)$, 可以在该点按照坐标线方向上的单位向量分解相应的向量场 $\boldsymbol{A}(t)$, 即 $\boldsymbol{A}(t) = A^i(t)\boldsymbol{e}_i(t)$.

d. 现在考虑微分形式. 在微分同胚 $\varphi: D_t \to D$ 下, D 中的任何形式自动转移到区域 D_t 中. 我们知道, 在每个点 $x \in D$ 都会发生从空间 $T\mathbb{R}_x^3$ 到相应空间 $T\mathbb{R}_t^3$ 的这样的转移. 因为我们已把欧氏结构从 $T\mathbb{R}_x^3$ 转移到 $T\mathbb{R}_t^3$, 所以从向量转移和形式转移的定义可知, 例如, 在 $T\mathbb{R}_x^3$ 中定义的形式 $\omega_{\boldsymbol{A}}^1(x) = \langle \boldsymbol{A}(x), \cdot \rangle$ 恰好与 $T\mathbb{R}_t^3$ 中的同样形式 $\omega_{\boldsymbol{A}}^1(t) = \langle \boldsymbol{A}(t), \cdot \rangle$ 相对应, 其中 $\boldsymbol{A}(x) = \varphi'(t)\boldsymbol{A}(t)$. 这个结论对于形式 $\omega_{\boldsymbol{B}}^2, \omega_\rho^3$ 也成立. 至于形式 ω_f^0 ——函数, 更加不言而喻.

[①] 在三维正交坐标系 (26) 中, $|\boldsymbol{\xi}_i| = \sqrt{E_i} = H_i, i = 1, 2, 3$. 量 H_1, H_2, H_3 通常称为拉梅系数或拉梅参数. 拉梅 (G. Lamé, 1795—1870) 是法国工程师、数学家和物理学家.

有了上述解释, 就可以脱离原来的空间 $\mathbb{R}^3$, 只在区域 $D_t \subset \mathbb{R}^3_t$ 中继续进行所有的后续讨论, 并且认为在 D_t 中给出了黎曼度量 (25), 给出了标量场 f, ρ 和向量场 $\boldsymbol{A}$, $\boldsymbol{B}$, 以及形式 ω_f^0, $\omega_{\boldsymbol{A}}^1$, $\omega_{\boldsymbol{B}}^2$, ω_ρ^3, 它们在每个点 $t \in D_t$ 由 $T\mathbb{R}^3_t$ 中的相应欧氏结构定义, 而欧氏结构是由黎曼度量给出的.

例 7. 我们知道, 曲线坐标 t_1, t_2, t_3 下的体形式 dV 是
$$dV = \sqrt{\det g_{ij}(t)}\, dt^1 \wedge dt^2 \wedge dt^3.$$
对于三维正交坐标系,
$$dV = \sqrt{E_1 E_2 E_3}(t)\, dt^1 \wedge dt^2 \wedge dt^3. \tag{28}$$
特别地, 在笛卡儿坐标、柱面坐标和球面坐标下分别得到
$$dV = dx \wedge dy \wedge dz \tag{28'}$$
$$= r\, dr \wedge d\varphi \wedge dz \tag{28''}$$
$$= R^2 \cos\theta\, dR \wedge d\varphi \wedge d\theta. \tag{28'''}$$
上述讨论使我们能够在各种曲线坐标系下写出微分形式 $\omega_\rho^3 = \rho\, dV$.

e. 我们的主要问题是 (现在已经容易解决这个问题): 已知向量 $\boldsymbol{A}(t) \in T\mathbb{R}^3_t$ 按照 $\boldsymbol{e}_i(t) \in T\mathbb{R}^3_t$ $(i = 1, 2, 3)$ 的分解式 $\boldsymbol{A}(t) = A^i(t)\boldsymbol{e}_i(t)$, 其中 $\boldsymbol{e}_i(t)$ 是由黎曼度量 (26) 确定的三维正交坐标系的单位向量, 分别求微分形式 $\omega_{\boldsymbol{A}}^1(t)$ 和 $\omega_{\boldsymbol{A}}^2(t)$ 按照标准 1 形式 dt^i 和标准 2 形式 $dt^i \wedge dt^j$ 的分解式.

因为全部讨论都是对任意但固定的点 t 进行的, 所以为了书写简洁, 可以省略记号 t, 其作用只是指示所研究的向量和微分形式属于点 t 处的切空间而已.

于是, $\boldsymbol{e}_1$, $\boldsymbol{e}_2$, $\boldsymbol{e}_3$ 是 $T\mathbb{R}^3_t$ 中由坐标线方向上的单位向量 (27) 组成的基, $\boldsymbol{A} = A^1\boldsymbol{e}_1 + A^2\boldsymbol{e}_2 + A^3\boldsymbol{e}_3$ 是向量 $\boldsymbol{A} \in T\mathbb{R}^3_t$ 按照这个基的分解式.

我们首先指出, 由公式 (27) 可知,
$$dt^j(\boldsymbol{e}_i) = \frac{1}{\sqrt{E_i}}\delta_j^i, \quad \delta_j^i = \begin{cases} 0, & i \neq j, \\ 1, & i = j, \end{cases} \tag{29}$$
$$dt^i \wedge dt^j(\boldsymbol{e}_k, \boldsymbol{e}_l) = \frac{1}{\sqrt{E_i E_j}}\delta_{kl}^{ij}, \quad \delta_{kl}^{ij} = \begin{cases} 0, & (i, j) \neq (k, l), \\ 1, & (i, j) = (k, l). \end{cases} \tag{30}$$

f. 因此, 如果 $\omega_{\boldsymbol{A}}^1 := \langle \boldsymbol{A}, \cdot \rangle = a_1 dt^1 + a_2 dt^2 + a_3 dt^3$, 则一方面,
$$\omega_{\boldsymbol{A}}^1(\boldsymbol{e}_i) = \langle \boldsymbol{A}, \boldsymbol{e}_i \rangle = A^i,$$
另一方面, 从 (29) 可见,
$$\omega_{\boldsymbol{A}}^1(\boldsymbol{e}_i) = (a_1 dt^1 + a_2 dt^2 + a_3 dt^3)(\boldsymbol{e}_i) = a_i \cdot \frac{1}{\sqrt{E_i}}.$$

所以 $a_i = A^i \sqrt{E_i}$，从而得到与向量 $\boldsymbol{A}$ 的分解式 $\boldsymbol{A} = A^1\boldsymbol{e}_1 + A^2\boldsymbol{e}_2 + A^3\boldsymbol{e}_3$ 相对应的微分形式 $\omega_{\boldsymbol{A}}^1$ 的分解式

$$\omega_{\boldsymbol{A}}^1 = A^1\sqrt{E_1}\,dt^1 + A^2\sqrt{E_2}\,dt^2 + A^3\sqrt{E_3}\,dt^3. \tag{31}$$

例 8. 因为在笛卡儿坐标、柱面坐标和球面坐标下分别有

$$\begin{aligned}\boldsymbol{A} &= A_x\boldsymbol{e}_x + A_y\boldsymbol{e}_y + A_z\boldsymbol{e}_z \\ &= A_r\boldsymbol{e}_r + A_\varphi\boldsymbol{e}_\varphi + A_z\boldsymbol{e}_z \\ &= A_R\boldsymbol{e}_R + A_\varphi\boldsymbol{e}_\varphi + A_\theta\boldsymbol{e}_\theta,\end{aligned}$$

所以从例 6 的结果可知

$$\omega_{\boldsymbol{A}}^1 = A_x\,dx + A_y\,dy + A_z\,dz \tag{31'}$$
$$= A_r\,dr + A_\varphi r\,d\varphi + A_z\,dz \tag{31''}$$
$$= A_R\,dR + A_\varphi R\cos\theta\,d\varphi + A_\theta R\,d\theta. \tag{31'''}$$

g. 现在设 $\boldsymbol{B} = B^1\boldsymbol{e}_1 + B^2\boldsymbol{e}_2 + B^3\boldsymbol{e}_3$，$\omega_{\boldsymbol{B}}^2 = b_1\,dt^2\wedge dt^3 + b_2\,dt^3\wedge dt^1 + b_3\,dt^1\wedge dt^2$. 这时，一方面，

$$\omega_{\boldsymbol{B}}^2(\boldsymbol{e}_2,\boldsymbol{e}_3) := dV(\boldsymbol{B},\boldsymbol{e}_2,\boldsymbol{e}_3) = \sum_{i=1}^3 B^i dV(\boldsymbol{e}_i,\boldsymbol{e}_2,\boldsymbol{e}_3) = B^1(\boldsymbol{e}_1,\boldsymbol{e}_2,\boldsymbol{e}_3) = B^1,$$

其中 dV 是 $T\mathbb{R}_t^3$ 中的体形式 (见 (28) 和 (27)). 另一方面，从 (30) 得到

$$\begin{aligned}\omega_{\boldsymbol{B}}^2(\boldsymbol{e}_2,\boldsymbol{e}_3) &= (b_1\,dt^2\wedge dt^3 + b_2\,dt^3\wedge dt^1 + b_3\,dt^1\wedge dt^2)(\boldsymbol{e}_2,\boldsymbol{e}_3) \\ &= b_1\,dt^2\wedge dt^3(\boldsymbol{e}_2,\boldsymbol{e}_3) = \frac{b_1}{\sqrt{E_2 E_3}}.\end{aligned}$$

比较这些结果，得到 $b_1 = B^1\sqrt{E_2 E_3}$. 类似地，$b_2 = B^2\sqrt{E_1 E_3}$，$b_3 = B^3\sqrt{E_1 E_2}$.

于是，我们求出与向量 $\boldsymbol{B} = B^1\boldsymbol{e}_1 + B^2\boldsymbol{e}_2 + B^3\boldsymbol{e}_3$ 相对应的微分形式 $\omega_{\boldsymbol{B}}^2$ 的坐标表达式

$$\begin{aligned}\omega_{\boldsymbol{B}}^2 &= B^1\sqrt{E_2 E_3}\,dt^2\wedge dt^3 + B^2\sqrt{E_3 E_1}\,dt^3\wedge dt^1 + B^3\sqrt{E_1 E_2}\,dt^1\wedge dt^2 \\ &= \sqrt{E_1 E_2 E_3}\left(\frac{B^1}{\sqrt{E_1}}\,dt^2\wedge dt^3 + \frac{B^2}{\sqrt{E_2}}\,dt^3\wedge dt^1 + \frac{B^3}{\sqrt{E_3}}\,dt^1\wedge dt^2\right).\end{aligned} \tag{32}$$

例 9. 利用在例 8 中引入的记号和公式 (26′), (26″), (26‴)，在笛卡儿坐标、柱面坐标和球面坐标下分别得到

$$\omega_{\boldsymbol{B}}^2 = B_x\,dy\wedge dz + B_y\,dz\wedge dx + B_z\,dx\wedge dy \tag{32'}$$
$$= B_r r\,d\varphi\wedge dz + B_\varphi\,dz\wedge dr + B_z r\,dr\wedge d\varphi \tag{32''}$$
$$= B_R R^2\cos\theta\,d\varphi\wedge d\theta + B_\varphi R\,d\theta\wedge dR + B_\theta R\cos\theta\,dR\wedge d\varphi. \tag{32'''}$$

h. 再补充一个公式: 根据公式 (28) 可以写出

$$\omega_\rho^3 = \rho\sqrt{E_1 E_2 E_3}\, dt^1 \wedge dt^2 \wedge dt^3. \tag{33}$$

例 10. 特别地, 在笛卡儿坐标、柱面坐标和球面坐标下, 公式 (33) 分别具有以下形式:

$$\omega_\rho^3 = \rho\, dx \wedge dy \wedge dz \tag{33'}$$
$$= \rho r\, dr \wedge d\varphi \wedge dz \tag{33''}$$
$$= \rho R^2 \cos\theta\, dR \wedge d\varphi \wedge d\theta. \tag{33'''}$$

现在, 既然得到了公式 (31)–(33), 从算子 grad, rot 和 div 的定义 (9)–(11) 就容易得到它们在三维正交曲线坐标系下的坐标形式.

设 $\mathrm{grad} f = A^1 \boldsymbol{e}_1 + A^2 \boldsymbol{e}_2 + A^3 \boldsymbol{e}_3$. 根据定义写出

$$\omega^1_{\mathrm{grad}\, f} := d\omega^0_f := df := \frac{\partial f}{\partial t^1}dt^1 + \frac{\partial f}{\partial t^2}dt^2 + \frac{\partial f}{\partial t^3}dt^3.$$

据公式 (31), 由此得到

$$\mathrm{grad}\, f = \frac{1}{\sqrt{E_1}}\frac{\partial f}{\partial t^1}\boldsymbol{e}_1 + \frac{1}{\sqrt{E_2}}\frac{\partial f}{\partial t^2}\boldsymbol{e}_2 + \frac{1}{\sqrt{E_3}}\frac{\partial f}{\partial t^3}\boldsymbol{e}_3. \tag{34}$$

例 11. 在笛卡儿坐标、柱面坐标和球面坐标下分别有

$$\mathrm{grad}\, f = \frac{\partial f}{\partial x}\boldsymbol{e}_x + \frac{\partial f}{\partial y}\boldsymbol{e}_y + \frac{\partial f}{\partial z}\boldsymbol{e}_z \tag{34'}$$
$$= \frac{\partial f}{\partial r}\boldsymbol{e}_r + \frac{1}{r}\frac{\partial f}{\partial \varphi}\boldsymbol{e}_\varphi + \frac{\partial f}{\partial z}\boldsymbol{e}_z \tag{34''}$$
$$= \frac{\partial f}{\partial R}\boldsymbol{e}_R + \frac{1}{R\cos\theta}\frac{\partial f}{\partial \varphi}\boldsymbol{e}_\varphi + \frac{1}{R}\frac{\partial f}{\partial \theta}\boldsymbol{e}_\theta. \tag{34'''}$$

设给出了场 $\boldsymbol{A}(t) = (A^1 \boldsymbol{e}_1 + A^2 \boldsymbol{e}_2 + A^3 \boldsymbol{e}_3)(t)$, 我们来求场 $\mathrm{rot}\, \boldsymbol{A}(t) = \boldsymbol{B}(t) = (B^1 \boldsymbol{e}_1 + B^2 \boldsymbol{e}_2 + B^3 \boldsymbol{e}_3)(t)$ 的分量 B^1, B^2, B^3.

从定义 (10) 和公式 (31) 得到

$$\omega^2_{\mathrm{rot}\, \boldsymbol{A}} := d\omega^1_{\boldsymbol{A}} = d(A^1 \sqrt{E_1}\, dt^1 + A^2 \sqrt{E_2}\, dt^2 + A^3 \sqrt{E_3}\, dt^3)$$
$$= \left(\frac{\partial A^3 \sqrt{E_3}}{\partial t^2} - \frac{\partial A^2 \sqrt{E_2}}{\partial t^3}\right)dt^2 \wedge dt^3 + \left(\frac{\partial A^1 \sqrt{E_1}}{\partial t^3} - \frac{\partial A^3 \sqrt{E_3}}{\partial t^1}\right)dt^3 \wedge dt^1$$
$$+ \left(\frac{\partial A^2 \sqrt{E_2}}{\partial t^1} - \frac{\partial A^1 \sqrt{E_1}}{\partial t^2}\right)dt^1 \wedge dt^2.$$

根据关系式 (32), 现在得到

$$B^1 = \frac{1}{\sqrt{E_2 E_3}}\left(\frac{\partial A^3 \sqrt{E_3}}{\partial t^2} - \frac{\partial A^2 \sqrt{E_2}}{\partial t^3}\right),$$

$$B^2 = \frac{1}{\sqrt{E_3 E_1}}\left(\frac{\partial A^1 \sqrt{E_1}}{\partial t^3} - \frac{\partial A^3 \sqrt{E_3}}{\partial t^1}\right),$$

$$B^3 = \frac{1}{\sqrt{E_1 E_2}}\left(\frac{\partial A^2 \sqrt{E_2}}{\partial t^1} - \frac{\partial A^1 \sqrt{E_1}}{\partial t^2}\right),$$

即

$$\operatorname{rot} \boldsymbol{A} = \frac{1}{\sqrt{E_1 E_2 E_3}} \begin{vmatrix} \sqrt{E_1}\boldsymbol{e}_1 & \sqrt{E_2}\boldsymbol{e}_2 & \sqrt{E_3}\boldsymbol{e}_3 \\ \frac{\partial}{\partial t^1} & \frac{\partial}{\partial t^2} & \frac{\partial}{\partial t^3} \\ \sqrt{E_1}A^1 & \sqrt{E_2}A^2 & \sqrt{E_3}A^3 \end{vmatrix}. \tag{35}$$

例 12. 在笛卡儿坐标、柱面坐标和球面坐标下分别有

$$\operatorname{rot} \boldsymbol{A} = \left(\frac{\partial A_z}{\partial y} - \frac{\partial A_y}{\partial z}\right)\boldsymbol{e}_x + \left(\frac{\partial A_x}{\partial z} - \frac{\partial A_z}{\partial x}\right)\boldsymbol{e}_y + \left(\frac{\partial A_y}{\partial x} - \frac{\partial A_x}{\partial y}\right)\boldsymbol{e}_z \tag{35'}$$

$$= \frac{1}{r}\left(\frac{\partial A_z}{\partial \varphi} - \frac{\partial r A_\varphi}{\partial z}\right)\boldsymbol{e}_r + \left(\frac{\partial A_r}{\partial z} - \frac{\partial A_z}{\partial r}\right)\boldsymbol{e}_\varphi + \frac{1}{r}\left(\frac{\partial r A_\varphi}{\partial r} - \frac{\partial A_r}{\partial \varphi}\right)\boldsymbol{e}_z \tag{35''}$$

$$= \frac{1}{R\cos\theta}\left(\frac{\partial A_\theta}{\partial \varphi} - \frac{\partial A_\varphi \cos\theta}{\partial \theta}\right)\boldsymbol{e}_R + \frac{1}{R}\left(\frac{\partial A_R}{\partial \theta} - \frac{\partial R A_\theta}{\partial R}\right)\boldsymbol{e}_\varphi$$

$$+ \frac{1}{R}\left(\frac{\partial R A_\varphi}{\partial R} - \frac{1}{\cos\theta}\frac{\partial A_R}{\partial \varphi}\right)\boldsymbol{e}_\theta. \tag{35'''}$$

i. 设给定了场 $\boldsymbol{B}(t) = (B^1 \boldsymbol{e}_1 + B^2 \boldsymbol{e}_2 + B^3 \boldsymbol{e}_3)(t)$, 我们来求 $\operatorname{div}\boldsymbol{B}$ 的表达式. 从定义 (11) 和公式 (32) 得到

$$\omega^3_{\operatorname{div}\boldsymbol{B}} := d\omega^2_{\boldsymbol{B}} = d(B^1 \sqrt{E_2 E_3}\, dt^2 \wedge dt^3 + B^2 \sqrt{E_3 E_1}\, dt^3 \wedge dt^1 + B^3 \sqrt{E_1 E_2}\, dt^1 \wedge dt^2)$$

$$= \left(\frac{\partial \sqrt{E_2 E_3} B^1}{\partial t^1} + \frac{\partial \sqrt{E_3 E_1} B^2}{\partial t^2} + \frac{\partial \sqrt{E_1 E_2} B^3}{\partial t^3}\right) dt^1 \wedge dt^2 \wedge dt^3.$$

根据公式 (33), 现在得到

$$\operatorname{div}\boldsymbol{B} = \frac{1}{\sqrt{E_1 E_2 E_3}}\left(\frac{\partial \sqrt{E_2 E_3} B^1}{\partial t^1} + \frac{\partial \sqrt{E_3 E_1} B^2}{\partial t^2} + \frac{\partial \sqrt{E_1 E_2} B^3}{\partial t^3}\right). \tag{36}$$

在笛卡儿坐标、柱面坐标和球面坐标下, 由此分别得到

$$\operatorname{div}\boldsymbol{B} = \frac{\partial B_x}{\partial x} + \frac{\partial B_y}{\partial y} + \frac{\partial B_z}{\partial z} \tag{36'}$$

$$= \frac{1}{r}\left(\frac{\partial r B_r}{\partial r} + \frac{\partial B_\varphi}{\partial \varphi}\right) + \frac{\partial B_z}{\partial z} \tag{36''}$$

$$= \frac{1}{R^2 \cos\theta}\left(\frac{\partial R^2 \cos\theta B_R}{\partial R} + \frac{\partial R B_\varphi}{\partial \varphi} + \frac{\partial R \cos\theta B_\theta}{\partial \theta}\right). \tag{36'''}$$

j. 可以利用关系式 (34), (36) 得到拉普拉斯算子 $\Delta = \operatorname{div}\operatorname{grad}$ 在任意三维正交坐标系下的写法:

$$\Delta f = \operatorname{div}\operatorname{grad} f = \operatorname{div}\left(\frac{1}{\sqrt{E_1}}\frac{\partial f}{\partial t^1}e_1 + \frac{1}{\sqrt{E_2}}\frac{\partial f}{\partial t^2}e_2 + \frac{1}{\sqrt{E_3}}\frac{\partial f}{\partial t^3}e_3\right)$$

$$= \frac{1}{\sqrt{E_1 E_2 E_3}}\left(\frac{\partial}{\partial t^1}\left(\sqrt{\frac{E_2 E_3}{E_1}}\frac{\partial f}{\partial t^1}\right) + \frac{\partial}{\partial t^2}\left(\sqrt{\frac{E_3 E_1}{E_2}}\frac{\partial f}{\partial t^2}\right)\right.$$

$$\left. + \frac{\partial}{\partial t^3}\left(\sqrt{\frac{E_1 E_2}{E_3}}\frac{\partial f}{\partial t^3}\right)\right). \tag{37}$$

例 13. 特别地, 在笛卡儿坐标、柱面坐标和球面坐标下, 从 (37) 分别得到

$$\Delta f = \frac{\partial^2 f}{\partial x^2} + \frac{\partial^2 f}{\partial y^2} + \frac{\partial^2 f}{\partial z^2} \tag{37'}$$

$$= \frac{1}{r}\frac{\partial}{\partial r}\left(r\frac{\partial f}{\partial r}\right) + \frac{1}{r^2}\frac{\partial^2 f}{\partial \varphi^2} + \frac{\partial^2 f}{\partial z^2} \tag{37''}$$

$$= \frac{1}{R^2}\frac{\partial}{\partial R}\left(R^2\frac{\partial f}{\partial R}\right) + \frac{1}{R^2\cos^2\theta}\frac{\partial^2 f}{\partial \varphi^2} + \frac{1}{R^2\cos\theta}\frac{\partial}{\partial \theta}\left(\cos\theta\frac{\partial f}{\partial \theta}\right). \tag{37'''}$$

习 题

1. 算子 grad, rot, div 和代数运算.

请验证以下关系式并把它们用符号 grad, rot, div 表示出来:

grad:

    a) $\nabla(f + g) = \nabla f + \nabla g$,

    b) $\nabla(fg) = f\nabla g + g\nabla f$,

    c) $\nabla(\boldsymbol{A}\cdot\boldsymbol{B}) = (\boldsymbol{B}\cdot\nabla)\boldsymbol{A} + (\boldsymbol{A}\cdot\nabla)\boldsymbol{B} + \boldsymbol{B}\times(\nabla\times\boldsymbol{A}) + \boldsymbol{A}\times(\nabla\times\boldsymbol{B})$,

    d) $\nabla\left(\frac{1}{2}\boldsymbol{A}^2\right) = (\boldsymbol{A}\cdot\nabla)\boldsymbol{A} + \boldsymbol{A}\times(\nabla\times\boldsymbol{A})$;

rot:

    e) $\nabla\times(f\boldsymbol{A}) = f\nabla\times\boldsymbol{A} + \nabla f\times\boldsymbol{A}$,

    f) $\nabla\times(\boldsymbol{A}\times\boldsymbol{B}) = (\boldsymbol{B}\cdot\nabla)\boldsymbol{A} - (\boldsymbol{A}\cdot\nabla)\boldsymbol{B} + (\nabla\cdot\boldsymbol{B})\boldsymbol{A} - (\nabla\cdot\boldsymbol{A})\boldsymbol{B}$;

div:

    g) $\nabla\cdot(f\boldsymbol{A}) = \nabla f\cdot\boldsymbol{A} + f\nabla\cdot\boldsymbol{A}$,

    h) $\nabla\cdot(\boldsymbol{A}\times\boldsymbol{B}) = \boldsymbol{B}\cdot(\nabla\times\boldsymbol{A}) - \boldsymbol{A}\cdot(\nabla\times\boldsymbol{B})$.

提示: $\boldsymbol{A} \cdot \nabla = A^1 \dfrac{\partial}{\partial x^1} + A^2 \dfrac{\partial}{\partial x^2} + A^3 \dfrac{\partial}{\partial x^3};$ $\quad \boldsymbol{A} \times (\boldsymbol{B} \times \boldsymbol{C}) = \boldsymbol{B}(\boldsymbol{A} \cdot \boldsymbol{C}) - \boldsymbol{C}(\boldsymbol{A} \cdot \boldsymbol{B});$
$\boldsymbol{B} \cdot \nabla \neq \nabla \cdot \boldsymbol{B}.$

2. a) 请在笛卡儿坐标下写出算子 (20)—(22).

b) 请通过直接计算验证关系式 (20), (21).

c) 请在笛卡儿坐标下验证公式 (24).

d) 请用算子 ∇ 写出公式 (24) 并利用向量代数公式证明它.

3. 请从例 2 中的麦克斯韦方程组推出 $\nabla \cdot \boldsymbol{j} = -\dfrac{\partial \rho}{\partial t}$.

4. a) 请给出 $\mathbb{R}^3$ 中的笛卡儿坐标、柱面坐标和球面坐标的拉梅参数 H_1, H_2, H_3.

b) 请利用拉梅参数重新写出公式 (28), (34)—(37).

5. 请在以下坐标下写出场 $\boldsymbol{A} = \operatorname{grad} \dfrac{1}{r}$, 其中 $r = \sqrt{x^2 + y^2 + z^2}$:

a) 笛卡儿坐标,   b) 柱面坐标,   c) 球面坐标.

d) 请求出 $\operatorname{rot} \boldsymbol{A}$ 和 $\operatorname{div} \boldsymbol{A}$.

6. 函数 f 在柱面坐标 (r, φ, z) 下的形式为 $\ln \dfrac{1}{r}$. 请以下坐标下写出场 $\boldsymbol{A} = \operatorname{grad} f$:

a) 笛卡儿坐标,   b) 柱面坐标,   c) 球面坐标.

d) 请求出 $\operatorname{rot} \boldsymbol{A}$ 和 $\operatorname{div} \boldsymbol{A}$.

7. 请在固定的切空间 $T\mathbb{R}_p^3$ ($p \in \mathbb{R}^3$) 中写出从 $\mathbb{R}^3$ 中的笛卡儿坐标系到以下坐标系的变换公式:

a) 柱面坐标系,   b) 球面坐标系,   c) 任意三维正交曲线坐标系.

d) 请利用在 c) 中得到的公式和公式 (34)—(37) 直接验证: 向量场 $\operatorname{grad} \boldsymbol{A}, \operatorname{rot} \boldsymbol{A}$ 和量 $\operatorname{div} \boldsymbol{A}$, Δf 相对于为计算它们而选取的坐标系是不变的.

8. 设空间 $\mathbb{R}^3$ 像刚体一样绕某个轴以常角速度 ω 旋转. 设 $\boldsymbol{v}$ 是各点在一个固定时刻的速度场.

a) 请在柱面坐标下写出场 $\boldsymbol{v}$.

b) 请求出 $\operatorname{rot} \boldsymbol{v}$.

c) 请指出场 $\operatorname{rot} \boldsymbol{v}$ 相对于旋转轴的方向.

d) 请验证: 在空间的任何点都有 $|\operatorname{rot} \boldsymbol{v}| = 2\omega$.

e) 请说明向量 $\operatorname{rot} \boldsymbol{v}$ 的几何意义. 在 d) 揭示出, 这个向量在空间的所有点都是相同的. 请说明这个性质的几何意义.

§2. 场论的积分公式

1. 用向量表示的经典积分公式

a. 微分形式 ω_A^1, ω_B^2 的向量写法. 我们在上一章中已经指出 (见 §2 公式 (12), (13)), 场 $\boldsymbol{F}$ 的功形式 $\omega_{\boldsymbol{F}}^1$ 在有向光滑曲线 (道路) γ 上的限制, 以及场 $\boldsymbol{V}$ 的流形式 $\omega_{\boldsymbol{V}}^2$ 在定向曲面 S 上的限制, 可以分别写为以下形式:

$$\omega_{\boldsymbol{F}}^1 \big|_\gamma = \langle \boldsymbol{F}, \boldsymbol{e} \rangle \, ds, \quad \omega_{\boldsymbol{V}}^2 \big|_S = \langle \boldsymbol{V}, \boldsymbol{n} \rangle \, d\sigma,$$

其中 e 是表示 γ 的方向的单位向量, 它与沿 γ 的运动的速度向量共向, ds 是 γ 的长度元 (长度形式), n 是曲面 S 的单位法向量, 它给出该曲面的定向, 而 $d\sigma$ 是曲面 S 的面积元 (面积形式).

在向量分析中, 经常使用曲线的长度元向量 $d\boldsymbol{s} := \boldsymbol{e}\, ds$ 和曲面的面积元向量 $d\boldsymbol{\sigma} := \boldsymbol{n}\, d\sigma$. 使用这些记号, 现在可以写出:

$$\omega_{\boldsymbol{A}}^1\big|_\gamma = \langle \boldsymbol{A}, \boldsymbol{e}\rangle\, ds = \langle \boldsymbol{A}, d\boldsymbol{s}\rangle = \boldsymbol{A}\cdot d\boldsymbol{s}, \tag{1}$$

$$\omega_{\boldsymbol{B}}^2\big|_S = \langle \boldsymbol{B}, \boldsymbol{n}\rangle\, d\sigma = \langle \boldsymbol{B}, d\boldsymbol{\sigma}\rangle = \boldsymbol{B}\cdot d\boldsymbol{\sigma}. \tag{2}$$

b. 牛顿–莱布尼茨公式. 设 $f \in C^{(1)}(D, \mathbb{R})$, 而 $\gamma : [a, b] \to D$ 是区域 D 中的道路. 应用于 0 形式 ω_f^0 的斯托克斯公式

$$\int_{\partial\gamma} \omega_f^0 = \int_\gamma d\omega_f^0$$

一方面表示等式

$$\int_{\partial\gamma} f = \int_\gamma df,$$

这与经典的牛顿–莱布尼茨公式

$$f(\gamma(b)) - f(\gamma(a)) = \int_a^b df(\gamma(t))$$

一致; 另一方面, 根据梯度的定义, 上述斯托克斯公式意味着

$$\int_{\partial\gamma} \omega_f^0 = \int_\gamma \omega_{\operatorname{grad} f}^1. \tag{3}$$

因此, 利用关系式 (1) 可以把牛顿–莱布尼茨公式改写为以下形式:

$$\boxed{f(\gamma(b)) - f(\gamma(a)) = \int_\gamma (\operatorname{grad} f)\cdot d\boldsymbol{s}.} \tag{3$'$}$$

在这样的写法下, 它表示:

一个函数在一条道路上的增量等于该函数的梯度场沿该道路的功.

这是一种相当方便并且具有深刻含义的写法. 由此显然可知, 场 $\operatorname{grad} f$ 沿道路 γ 的功只与道路的起点和终点有关. 此外, 这个公式让我们还能够得到更加微妙的结果. 具体而言, 对于沿函数 f 的等值面 $f = c$ 的运动, 场 $\operatorname{grad} f$ 不做功, 因为这时 $\operatorname{grad} f \cdot d\boldsymbol{s} = 0$. 此外, 公式的左边表明, 场 $\operatorname{grad} f$ 的功, 与其说与道路的起点和终点有关, 不如说与这些点所在的函数 f 的等值面有关.

c. 斯托克斯公式. 我们记得, 场沿闭路的功称为场沿闭路的环量. 为了强调积分是沿闭路计算的, 常常用 $\oint_\gamma \boldsymbol{F}\cdot d\boldsymbol{s}$ 代替传统记号 $\int_\gamma \boldsymbol{F}\cdot d\boldsymbol{s}$. 如果 γ 是平面曲线,

有时还使用记号 $\oint_\gamma$ 和 $\oint_\gamma$, 以便指出沿曲线 γ 运动的方向.

环量这个术语有时也用于沿有限条闭路的积分, 例如沿某个带边紧曲面的边界的积分.

设 $\boldsymbol{A}$ 是定向欧氏空间 $\mathbb{R}^3$ 的区域 D 中的光滑向量场, 而 S 是区域 D 中的带边 (分片) 光滑定向紧曲面. 对 1 形式 $\omega_{\boldsymbol{A}}^1$ 应用斯托克斯公式并利用向量场旋度的定义, 得到等式

$$\int_{\partial S} \omega_{\boldsymbol{A}}^1 = \int_S \omega_{\operatorname{rot}\boldsymbol{A}}^2. \tag{4}$$

利用关系式 (2) 可以把公式 (4) 改写为经典的斯托克斯公式

$$\boxed{\oint_{\partial S} \boldsymbol{A} \cdot d\boldsymbol{s} = \iint_S (\operatorname{rot}\boldsymbol{A}) \cdot d\boldsymbol{\sigma}.} \tag{4'}$$

在这样的写法下, 它表示:

向量场沿曲面边界的环量等于该场的旋度通过该曲面的流量.

这时, 在 ∂S 上总是选取与 S 的定向相容的定向.

d. 高斯–奥斯特洛格拉德斯基公式. 设 V 是定向欧氏空间 $\mathbb{R}^3$ 的紧区域, 其边界是有界 (分片) 光滑曲面 ∂V. 如果 $\boldsymbol{B}$ 是 V 中的光滑场, 则根据场的散度的定义, 斯托克斯公式给出等式

$$\int_{\partial V} \omega_{\boldsymbol{B}}^2 = \int_V \omega_{\operatorname{div}\boldsymbol{B}}^3. \tag{5}$$

利用关系式 (2) 和微分形式 ω_ρ^3 通过 $\mathbb{R}^3$ 中的体形式 dV 的写法 $\rho\, dV$, 可以把等式 (5) 改写为经典的高斯–奥斯特洛格拉德斯基公式

$$\boxed{\iint_{\partial V} \boldsymbol{B} \cdot d\boldsymbol{\sigma} = \iiint_V \operatorname{div}\boldsymbol{B}\, dV.} \tag{5'}$$

在这样的写法下, 它表示:

向量场通过区域边界的流量等于该场的散度在该区域上的积分.

e. 经典积分公式汇总. 我们最终得到了数学分析的三个经典积分公式的以下向量写法:

$$\int_{\partial \gamma} f = \int_\gamma (\nabla f) \cdot d\boldsymbol{s} \quad (\text{牛顿–莱布尼茨公式}), \tag{3''}$$

$$\int_{\partial S} \boldsymbol{A} \cdot d\boldsymbol{s} = \int_S (\nabla \times \boldsymbol{A}) \cdot d\boldsymbol{\sigma} \quad (\text{斯托克斯公式}), \tag{4''}$$

$$\int_{\partial V} \boldsymbol{B} \cdot d\boldsymbol{\sigma} = \int_V (\nabla \cdot \boldsymbol{B})\, dV \quad (\text{高斯–奥斯特洛格拉德斯基公式}). \tag{5''}$$

2. div, rot, grad 的物理解释

a. 散度. 对于向量场 $\boldsymbol{B}$ 在其定义域 V 中的某点 x 的散度 $\mathrm{div}\boldsymbol{B}(x)$, 可以利用公式 (5′) 说明这个量的物理意义. 设 $V(x)$ 是点 x 在 V 中的邻域 (例如球形邻域). 我们仍然用同样的记号 $V(x)$ 表示这个邻域的体积, 用字母 d 表示它的直径.

根据三重积分的中值定理, 从公式 (5′) 得到

$$\iint\limits_{\partial V(x)} \boldsymbol{B} \cdot d\boldsymbol{\sigma} = \mathrm{div}\boldsymbol{B}(x')V(x),$$

其中 x' 是邻域 $V(x)$ 的某个点. 如果 $d \to 0$, 则 $x' \to x$, 而因为 $\boldsymbol{B}$ 是光滑场, 所以还有 $\mathrm{div}\boldsymbol{B}(x') \to \mathrm{div}\boldsymbol{B}(x)$, 即

$$\mathrm{div}\boldsymbol{B}(x) = \lim_{d \to 0} \frac{\iint\limits_{\partial V(x)} \boldsymbol{B} \cdot d\boldsymbol{\sigma}}{V(x)}. \tag{6}$$

我们将认为 $\boldsymbol{B}$ 是 (液体或气体的) 流动速度场. 根据质量守恒定律, 场通过区域 $V(x)$ 的边界的流量, 即介质通过该区域边界的体积流量, 只与区域内的汇或源 (其中包括因为介质密度变化而产生的汇或源) 有关, 并且等于所有这些因素的强度之和. 我们用区域 $V(x)$ 内的 "源" 这一个词来表示汇和源. 于是, 关系式 (6) 右边的分式是区域 $V(x)$ 中的源的平均 (体积) 强度, 而这个量的极限, 即 $\mathrm{div}\boldsymbol{B}(x)$, 是源在点 x 的 (体积) 强度. 但是, 区域 $V(x)$ 中的某个量与该区域体积之比在 $d \to 0$ 时的极限通常称为这个量在点 x 的密度, 而当密度是点的函数时, 通常称之为这个量在空间给定部分的分布密度.

因此, 可以把向量场 $\boldsymbol{B}$ 的散度 $\mathrm{div}\boldsymbol{B}$ 解释为源在流动区域中的分布密度, 即源在场 $\boldsymbol{B}$ 的定义域中的分布密度.

例 1. 特别地, 如果 $\mathrm{div}\boldsymbol{B} \equiv 0$, 即任何源都不存在, 则通过任何区域边界的流量都应当为零: 有多少流入区域, 就有多少流出区域. 公式 (5′) 表明, 确实如此.

例 2. 电量为 q 的点电荷在空间产生电场. 设该电荷位于坐标原点. 根据库仑[①]定律, 点 $x \in \mathbb{R}^3$ 处的电场强度 $\boldsymbol{E} = \boldsymbol{E}(x)$ (即作用于点 x 处的单位检验电荷上的力) 可以表示为以下形式:

$$\boldsymbol{E} = \frac{q}{4\pi\varepsilon_0} \frac{\boldsymbol{r}}{|\boldsymbol{r}|^3},$$

其中 ε_0 是有量纲常量, 而 $\boldsymbol{r}$ 是点 x 的径向量.

场 $\boldsymbol{E}$ 在坐标原点之外处处都有定义. 在球面坐标下, $\boldsymbol{E} = \dfrac{q}{4\pi\varepsilon_0} \dfrac{1}{R^2} \boldsymbol{e}_R$, 所以从上一节公式 (36‴) 立即可以看出, 在场 $\boldsymbol{E}$ 的定义域中处处都有 $\mathrm{div}\boldsymbol{E} = 0$.

[①] 库仑 (C. A. de Coulomb, 1736−1806) 是法国物理学家. 他利用他发明的扭秤通过实验方法发现了静止电荷之间与磁极之间的相互作用定律 (库仑定律).

于是, 如果取不包含坐标原点的任何区域 V, 则根据公式 (5′), 场 $\boldsymbol{E}$ 通过区域 V 的边界 ∂V 的流量为零.

现在取以坐标原点为中心、以 R 为半径的球面 $S_R = \{x \in \mathbb{R}^3 \mid |x| = R\}$, 求场 $\boldsymbol{E}$ 通过该曲面向外法线方向的流量 (外法线指向球的外部). 因为向量 $\boldsymbol{e}_R$ 恰好是球面的单位外法向量, 所以

$$\int_{S_R} \boldsymbol{E} \cdot d\boldsymbol{\sigma} = \int_{S_R} \frac{q}{4\pi\varepsilon_0} \frac{1}{R^2} d\sigma = \frac{q}{4\pi\varepsilon_0 R^2} \cdot 4\pi R^2 = \frac{q}{\varepsilon_0}.$$

因此 (相差一个有量纲常量因子 $1/\varepsilon_0$, 它与物理单位制的选择有关), 我们得到了球面所包围区域内的电荷量.

我们指出, 在例 2 的条件下, 公式 (5′) 的左边在球面 $\partial V = S_R$ 上的定义是合理的, 而右边的被积函数在去掉坐标原点这一个点的球 V 中处处都有定义并且等于零. 尽管如此, 上述计算表明, 不能把公式 (5′) 右边的积分解释为恒等于零的函数的积分.

在常规观点中可以回避这种情况, 只要认为场 $\boldsymbol{E}$ 在点 $0 \in V$ 没有定义即可, 这时无法讨论等式 (5′), 因为它是对于在整个积分区域中都有定义的光滑场才证明的. 但是, 等式 (5′) 的物理解释是质量守恒定律, 这暗示我们, 该等式在正确的解释下应当永远成立.

我们来更仔细地考虑例 2 中的量 div$\boldsymbol{E}$ 在坐标原点没有定义的含义. 在形式上, 原始的场 $\boldsymbol{E}$ 在坐标原点也没有定义, 但是如果用公式 (6) 求 div$\boldsymbol{E}$, 则如例 2 所示, 应该认为 div$\boldsymbol{E}(0) = +\infty$, 即等式 (5′) 右边积分号下的 "函数" 在一个点之外处处为零, 而在这个点等于无穷大. 与此相应的是, 在坐标原点之外根本没有电荷, 而全部电荷 q 位于体积为零的一个点 0, 这里的电荷密度自然成为无穷大. 我们在这里遇到了通常所说的狄拉克[①]广义函数 (δ 函数).

我们之所以需要物理量的密度, 归根到底是为了计算其积分, 从而求出物理量本身的值. 因此, 没有必要像点的函数一样单独确定 δ 函数, 更重要的是确定它的积分. 如果认为 "函数" $\delta_{x_0}(x) = \delta(x_0; x)$ 在物理上应该对应一种特殊的分布密度, 例如单位质量集中于空间中的一个点 x_0 的情况, 则自然取

$$\int_V \delta(x_0; x)\, dV = \begin{cases} 1, & x_0 \in V, \\ 0, & x_0 \notin V. \end{cases}$$

因此, 为了提出 (质量、电荷等) 物理量在空间中的可能分布的理想化数学概念, 应该认为, 相应的分布密度是通常的有限函数与某一组 (δ 函数类型的) 奇异 "函数" 之和, 前者对应物理量在空间中的连续分布, 后者对应物理量集中于空间中个别点的情况.

[①] 狄拉克 (P. A. M. Dirac, 1902—1984) 是英国理论物理学家, 量子力学的创始人之一. 在第 17 章 §4 第 4 小节和 §5 第 4 小节中将详细讨论 δ 函数.

于是，据此可以用一个等式 $\mathrm{div}\boldsymbol{E}(x) = \frac{q}{\varepsilon_0}\delta(0; x)$ 的形式表示例 2 中的计算结果. 这时, 对于场 $\boldsymbol{E}$, 关系式 (5′) 右边的积分确实或者等于 $\frac{q}{\varepsilon_0}$, 或者等于 0, 这取决于区域 V 是否包含坐标原点 (电荷集中在这里).

在这种意义下可以断定 (如高斯所言), 电场强度通过物体表面的通量 (电通量) 等于物体所包含的电荷之和 (精确到相差一个与单位制有关的系数). 应当在同样的意义下解释 §1 中的麦克斯韦方程组 (公式 (12)) 中的电荷分布密度 ρ.

b. 旋度. 我们从下面的例子开始考虑向量场旋度的物理意义.

例 3. 设整个空间像刚体一样以常角速度 ω 绕固定轴 (设这是 Oz 轴) 旋转. 求空间点的线速度场 $\boldsymbol{v}$ 的旋度 (考虑任何一个固定时刻的场).

在柱面坐标 (r, φ, z) 下, 场 $\boldsymbol{v}(r, \varphi, z)$ 具有简单的写法: $\boldsymbol{v}(r, \varphi, z) = \omega r \boldsymbol{e}_\varphi$. 所以, 按照 §1 公式 (35″) 立刻求出 $\mathrm{rot}\,\boldsymbol{v} = 2\omega \boldsymbol{e}_z$, 即 $\mathrm{rot}\,\boldsymbol{v}$ 在这种情况下是沿旋转轴方向的向量. 它的大小 2ω 在不考虑系数的情况下与旋转角速度相同, 而利用整个空间 $\mathbb{R}^3$ 的定向, 该向量的方向也完全确定了旋转方向.

例 3 中的场有点像液体在漏斗中向下流动时或者空气在龙卷风中向上流动时的涡旋状运动的速度场. 因此, 向量场在一个点的旋度描述该向量场在这个点附近的旋转程度.

我们指出, 向量场沿闭路的环量的变化与向量大小的变化成正比, 并且同样由例 3 可知, 利用环量也可以描述向量场的旋转特征. 不过, 为了完全描述向量场在一个点邻域中的旋转性质, 现在必须计算三个不同平面上的沿闭路的环量. 我们来完成计算.

在垂直于第 i ($i = 1, 2, 3$) 个坐标轴的平面上取以点 x 为中心的圆 $S_i(x)$, 再取相应坐标轴上的单位向量作为 $S_i(x)$ 的法向量, 以便给出 $S_i(x)$ 的定向. 设 d 是 $S_i(x)$ 的直径. 根据公式 (4′), 对于光滑场 $\boldsymbol{A}$ 立刻得到

$$(\mathrm{rot}\,\boldsymbol{A}) \cdot \boldsymbol{e}_i = \lim_{d \to 0} \frac{\oint_{\partial S_i(x)} \boldsymbol{A} \cdot d\boldsymbol{s}}{S_i(x)}, \tag{7}$$

这里用 $S_i(x)$ 表示所考虑的圆的面积. 因此, 场 $\boldsymbol{A}$ 沿垂直于第 i 个坐标轴的平面上具有单位面积的圆的圆周 ∂S_i 的环量, 是向量 $\mathrm{rot}\,\boldsymbol{A}$ 的第 i 个分量.

为了更完整地说明向量场旋度的意义, 我们来回忆, 空间的任何线性变换都是以下三种变换的复合: 三个彼此垂直方向上的伸缩, 以及空间像刚体一样平移和旋转, 并且任何旋转都是绕某个轴的旋转. 介质的任何光滑变形 (液体或气体流动、泥土塌陷、钢筋弯曲) 都是局部线性的. 根据这些结果和例 3 可知, 描述介质运动的向量场 (介质的点的速度场) 在每个点的旋度给出这个点的邻域的瞬时旋转轴、绕瞬时旋转轴的瞬时角速度大小和旋转方向, 即旋度完全描述了介质运动的

旋转部分. 在下文中将更准确地说明, 应当把旋度看作介质局部旋转的某一种分布密度.

c. 梯度. 我们以前已经相当详细地讨论过标量场的梯度, 简而言之就是函数的梯度, 所以这里只回忆要点.

因为
$$\omega^1_{\operatorname{grad} f}(\boldsymbol{\xi}) = \langle \operatorname{grad} f, \boldsymbol{\xi} \rangle = df(\boldsymbol{\xi}) = D_{\boldsymbol{\xi}}(f),$$

其中 $D_{\boldsymbol{\xi}}(f)$ 是函数 f 沿向量 $\boldsymbol{\xi}$ 的导数, 所以向量 $\operatorname{grad} f$ 垂直于函数 f 的等值面并且给出函数值在每个点增加最快的方向, 而它的大小 $|\operatorname{grad} f|$ 给出函数值的最快增加速度 (当自变量在空间中变化单位长度时的函数增加值).

下面将讨论梯度起密度作用的情况.

3. 后续的某些积分公式

a. 向量形式的高斯-奥斯特洛格拉德斯基公式. 从下面的与高斯-奥斯特洛格拉德斯基公式有关的经典向量分析公式可知, 也可以把旋度和梯度解释为某种密度:

$$\int_V \nabla \cdot \boldsymbol{B} \, dV = \int_{\partial V} d\boldsymbol{\sigma} \cdot \boldsymbol{B} \quad \text{(散度定理)}, \tag{8}$$

$$\int_V \nabla \times \boldsymbol{A} \, dV = \int_{\partial V} d\boldsymbol{\sigma} \times \boldsymbol{A} \quad \text{(旋度定理)}, \tag{9}$$

$$\int_V \nabla f \, dV = \int_{\partial V} d\boldsymbol{\sigma} \, f \quad \text{(梯度定理)}. \tag{10}$$

这类似于把散度解释为密度, 见 (6).

在这三个关系式中, 第一个关系式与等式 (5′) 相同 (只是记号不同), 从而就是高斯-奥斯特洛格拉德斯基公式. 向量等式 (9), (10) 得自公式 (8), 只要对相应向量场的每个分量应用这个公式即可.

沿用等式 (6) 中的记号 $V(x)$, d, 从公式 (8)—(10) 同样得到

$$\nabla \cdot \boldsymbol{B}(x) = \lim_{d \to 0} \frac{\int_{\partial V(x)} d\boldsymbol{\sigma} \cdot \boldsymbol{B}}{V(x)}, \tag{6′}$$

$$\nabla \times \boldsymbol{A}(x) = \lim_{d \to 0} \frac{\int_{\partial V(x)} d\boldsymbol{\sigma} \times \boldsymbol{A}}{V(x)}, \tag{11}$$

$$\nabla f(x) = \lim_{d \to 0} \frac{\int_{\partial V(x)} d\boldsymbol{\sigma} \, f}{V(x)}. \tag{12}$$

可以把等式 (8)–(10) 的右边分别解释为向量场 $\boldsymbol{B}$ 通过区域 V 的边界面 ∂V 的标量流, 向量场 $\boldsymbol{A}$ 通过 ∂V 的向量流和标量场 f 通过 ∂V 的向量流, 同时把等式 (6′), (11), (12) 左边的量 $\mathrm{div}\boldsymbol{B}$, $\mathrm{rot}\,\boldsymbol{A}$, $\mathrm{grad}\,f$ 分别解释为这些场源的相应分布密度.

我们指出, 关系式 (6′), (11), (12) 的右边与坐标系无关. 由此又可以得到关于梯度、旋度和散度的不变性的结论.

b. 斯托克斯公式的向量形式. 公式 (8)–(10) 是高斯–奥斯特洛格拉德斯基公式与向量场和标量场上的一些代数运算相结合的结果. 与此类似, 下面的三个公式也是经典的斯托克斯公式 (这三个公式中的第一个) 与这些代数运算相结合的结果.

设 S 是一个 (分片) 光滑紧定向曲面, ∂S 是它的相容定向边界, $d\boldsymbol{\sigma}$ 是曲面 S 的面元向量, 而 $d\boldsymbol{s}$ 是边界 ∂S 的长度元向量, 则以下关系式对于光滑场 $\boldsymbol{A}$, $\boldsymbol{B}$, f 成立:

$$\int_S d\boldsymbol{\sigma} \cdot (\nabla \times \boldsymbol{A}) = \int_{\partial S} d\boldsymbol{s} \cdot \boldsymbol{A}, \tag{13}$$

$$\int_S (d\boldsymbol{\sigma} \times \nabla) \times \boldsymbol{B} = \int_{\partial S} d\boldsymbol{s} \times \boldsymbol{B}, \tag{14}$$

$$\int_S d\boldsymbol{\sigma} \times \nabla f = \int_{\partial S} d\boldsymbol{s}\, f. \tag{15}$$

公式 (14), (15) 得自斯托克斯公式 (13). 我们在这里省略它们的证明.

c. 格林公式. 如果 S 是某个曲面, $\boldsymbol{n}$ 是 S 的单位法向量, 则函数 f 沿向量 $\boldsymbol{n}$ 的导数 $D_{\boldsymbol{n}} f$ 在场论中最常见的记号是 $\dfrac{\partial f}{\partial n}$. 例如,

$$\langle \nabla f, d\boldsymbol{\sigma}\rangle = \langle \nabla f, \boldsymbol{n}\rangle\, d\sigma = \langle \mathrm{grad}\,f, \boldsymbol{n}\rangle\, d\sigma = D_{\boldsymbol{n}} f\, d\sigma = \frac{\partial f}{\partial n} d\sigma.$$

因此, $\dfrac{\partial f}{\partial n} d\sigma$ 是场 $\mathrm{grad}\,f$ 通过面元 $d\boldsymbol{\sigma}$ 的流量.

利用这些记号可以写出在向量分析和场论中有相当广泛应用的格林公式:

$$\int_V \nabla f \cdot \nabla g\, dV + \int_V g\nabla^2 f\, dV = \int_{\partial V} (g\nabla f) \cdot d\boldsymbol{\sigma}\ \left(= \int_{\partial V} g\frac{\partial f}{\partial n} d\sigma\right), \tag{16}$$

$$\int_V (g\nabla^2 f - f\nabla^2 g)\, dV = \int_{\partial V} (g\nabla f - f\nabla g) \cdot d\boldsymbol{\sigma}\ \left(= \int_{\partial V} \left(g\frac{\partial f}{\partial n} - f\frac{\partial g}{\partial n}\right) d\sigma\right). \tag{17}$$

特别地, 如果在 (16) 中取 $f = g$, 在 (17) 中取 $g \equiv 1$, 则分别得到

$$\int_V |\nabla f|^2 dV + \int_V f\Delta f \, dV = \int_{\partial V} f\nabla f \cdot d\boldsymbol{\sigma} \left(= \int_{\partial V} f\frac{\partial f}{\partial n} d\sigma\right), \tag{16'}$$

$$\int_V \Delta f \, dV = \int_{\partial V} \nabla f \cdot d\boldsymbol{\sigma} \left(= \int_{\partial V} \frac{\partial f}{\partial n} d\sigma\right). \tag{17'}$$

最后一个等式经常称为高斯定理. 作为例子, 我们来证明等式 (16), (17) 中的第二个.

◂ $\int_{\partial V} (g\nabla f - f\nabla g) \cdot d\boldsymbol{\sigma} = \int_V \nabla \cdot (g\nabla f - f\nabla g) \, dV$

$= \int_V (\nabla g \cdot \nabla f + g\nabla^2 f - \nabla f \cdot \nabla g - f\nabla^2 g) \, dV$

$= \int_V (g\nabla^2 f - f\nabla^2 g) \, dV = \int_V (g\Delta f - f\Delta g) \, dV.$

我们利用了高斯–奥斯特洛格拉德斯基公式, 以及

$$\nabla \cdot (\varphi \boldsymbol{A}) = \nabla\varphi \cdot \boldsymbol{A} + \varphi \nabla \cdot \boldsymbol{A}. \blacktriangleright$$

习 题

1. 请利用高斯–奥斯特洛格拉德斯基公式 (8) 证明关系式 (9), (10).

2. 请利用斯托克斯公式 (13) 证明关系式 (14), (15).

3. a) 请验证: 如果公式 (8), (9), (10) 中的曲面积分的被积函数当 $r \to \infty$ 时是 $O(1/r^3)$ 阶函数, 则这些公式对于无界区域 V 仍然成立 (这里 $r = |\boldsymbol{r}|$, $\boldsymbol{r}$ 是空间 $\mathbb{R}^3$ 的点的径向量).

b) 请检验: 如果公式 (13), (14), (15) 中的曲线积分的被积函数当 $r \to \infty$ 时是 $O(1/r^2)$ 阶函数, 则这些公式对于非紧曲面 $S \subset \mathbb{R}^3$ 是否仍然成立?

c) 请举例证明: 斯托克斯公式 (4') 和高斯–奥斯特洛格拉德斯基公式 (5') 对于无界的曲面和区域一般不成立.

4. a) 请利用关于散度是源密度的解释, 说明 §1 的麦克斯韦方程组 (12) 中的方程 2 要求磁场中没有点源 (即磁荷不存在).

b) 请利用高斯–奥斯特洛格拉德斯基公式和 §1 的麦克斯韦方程组 (12) 证明: 检验电荷的任何刚性构形 (例如一个电荷) 都不能在静电场中受产生该电场的 (其他) 电荷影响的区域内处于稳定平衡状态 (假设这时只有由这个场产生的力, 而没有任何其他的力作用在这个系统上). 这个事实称为恩绍定理.

5. 如果电磁场是定常的, 即不依赖于时间, 则 §1 麦克斯韦方程组 (12) 化为两个独立的部分——静电学方程组 $\nabla \cdot \boldsymbol{E} = \rho/\varepsilon_0$, $\nabla \times \boldsymbol{E} = 0$ 和静磁学方程组 $\nabla \times \boldsymbol{B} = \boldsymbol{j}/\varepsilon_0 c^2$, $\nabla \cdot \boldsymbol{B} = 0$.

根据高斯–奥斯特洛格拉德斯基公式, 方程 $\nabla \cdot \boldsymbol{E} = \rho/\varepsilon_0$ (ρ 是电荷分布密度) 可以化为关

系式
$$\int_S \boldsymbol{E} \cdot d\boldsymbol{\sigma} = \frac{Q}{\varepsilon_0},$$
其中左边是通过封闭曲面 S 的电通量, 右边是曲面 S 所包围区域内的总电荷 Q 除以有量纲的常量 ε_0. 这个关系式在静电学中通常称为高斯定律. 请利用高斯定律求出下列电场 $\boldsymbol{E}$:

a) 均匀带电球面所产生的电场, 并证明: 它在球外与位于球心的等量点电荷所产生的电场相同;

b) 均匀带电直线所产生的电场;

c) 均匀带电平面所产生的电场;

d) 两个均匀带电平行平面所产生的电场, 并且所带电量相等, 而电荷符号相反;

e) 均匀带电球体所产生的电场.

6. a) 请证明格林公式 (16).

b) 设 f 是有界域 V 中的调和函数 (即 f 在 V 中满足拉普拉斯方程 $\Delta f = 0$). 请利用等式 (17′) 证明: 此函数的梯度通过 V 的边界的流量等于零.

c) 请验证: 有界连通区域中的调和函数在可以相差可加常值的情况下取决于它在该区域边界上的法向导数值.

d) 请利用等式 (16′) 证明: 如果有界区域中的调和函数在该区域边界上处处为零, 则它在整个区域中恒为零.

e) 请证明: 如果有界区域中的两个调和函数在该区域边界上的值相等, 则这两个函数在整个区域中都相等.

f) 请利用等式 (16) 验证下面的**狄利克雷原理**: 在所有在一个区域边界上取给定值的连续可微函数中, 该区域中的调和函数使狄利克雷积分 (即函数梯度的模的平方在区域上的积分) 取最小值, 并且只有这个函数才满足这个要求.

7. a) 设 $r(p, q) = |p - q|$ 是欧氏空间 $\mathbb{R}^3$ 中的点 p, q 之间的距离. 让点 p 固定, 就得到点 $q \in \mathbb{R}^3$ 的函数 $r_p(q) = r(p, q)$. 请证明:
$$\Delta \frac{1}{r_p(q)} = -4\pi \delta(p; q),$$
其中 δ 是 δ 函数.

b) 设 g 是区域 V 中的调和函数. 在公式 (17) 中取 $f = 1/r_p$, 利用以上结果得到
$$4\pi g(p) = \int_S -\left(g \nabla \frac{1}{r_p} - \frac{1}{r_p} \nabla g\right) \cdot d\boldsymbol{\sigma}.$$
请仔细证明这个等式.

c) 请利用以上等式证明: 如果 S 是以点 p 为中心以 R 为半径的球面, 则
$$g(p) = \frac{1}{4\pi R^2} \int_S g \, d\sigma.$$
这称为调和函数平均值定理.

d) 请利用以上结果证明: 如果 B 是以上述球面 S 为边界的球, 而 $V(B)$ 是它的体积, 则以下等式也成立:
$$g(p) = \frac{1}{V(B)} \int_B g \, dV.$$

e) 如果 p, q 是欧氏平面 $\mathbb{R}^2$ 上的点, 则现在把 a) 中的函数 $1/r_p$ (对应着位于点 p 的点电荷的势) 改为函数 $\ln(1/r_p)$ (对应着空间中均匀带电直线的势). 请证明:

$$\Delta \ln \frac{1}{r_p} = -2\pi \delta(p; q),$$

其中 $\delta(p; q)$ 是 $\mathbb{R}^2$ 中的 δ 函数.

f) 请重复 a), b), c), d) 中的讨论, 从而得到平面区域调和函数平均值定理.

8. 多维柯西中值定理.

经典的积分中值定理 ("拉格朗日定理") 表明, 如果函数 $f: D \to \mathbb{R}$ 在可测连通紧集 $D \subset \mathbb{R}^n$ 上 (例如在一个区域上) 连续, 则点 $\xi \in D$ 存在, 使

$$\int_D f(x)\,dx = f(\xi) \cdot |D|,$$

其中 $|D|$ 是 D 的测度 (体积).

a) 现在设 $f, g \in C(D, \mathbb{R})$, 即 f, g 是 D 中的连续实函数. 请证明: 以下 "柯西定理" 成立: 点 $\xi \in D$ 存在, 使

$$g(\xi)\int_D f(x)\,dx = f(\xi)\int_D g(x)\,dx.$$

b) 设 D 是具有光滑边界 ∂D 的紧区域, 而 $\boldsymbol{f}, \boldsymbol{g}$ 是 D 中的两个光滑向量场. 请证明: 点 $\xi \in D$ 存在, 使

$$\operatorname{div} \boldsymbol{g}(\xi) \cdot \underset{\partial D}{\operatorname{Flux}} \boldsymbol{f} = \operatorname{div} \boldsymbol{f}(\xi) \cdot \underset{\partial D}{\operatorname{Flux}} \boldsymbol{g},$$

其中 $\underset{\partial D}{\operatorname{Flux}}$ 是向量场通过曲面 ∂D 的流量.

§3. 势场

1. 向量场的势

定义 1. 设 $\boldsymbol{A}$ 是区域 $D \subset \mathbb{R}^n$ 中的向量场. 如果函数 $U: D \to \mathbb{R}$ 在这个区域中满足 $\boldsymbol{A} = \operatorname{grad} U$, 则该函数称为场 $\boldsymbol{A}$ 在区域 D 中的势[①].

定义 2. 具有势的场称为**势场**.

因为偏导数在相差一个常数的情况下确定了连通区域中的相应函数, 所以一个向量场在连通区域中的势只能确定到相差一个可加的常数.

我们在本教程第 1 卷中也顺便提到了势, 这里略微详细地讨论这个重要概念. 关于上述定义, 我们指出, 在物理学中研究各种力场时, 通常说满足 $\boldsymbol{F} = -\operatorname{grad} U$ 的函数 U 是场 $\boldsymbol{F}$ 的势. 这样的势与用定义 1 引入的势只相差一个符号.

[①] 也称为标量势, 以区别于向量势的概念 (见定义 6). ——译者

例 1. 位于坐标原点的质点 M 所产生的引力场在径向量为 r 的空间点的强度 $\boldsymbol{F}$, 可以按照以下形式的牛顿定律计算:
$$\boldsymbol{F} = -GM\frac{\boldsymbol{r}}{r^3}, \tag{1}$$
其中 $r = |\boldsymbol{r}|$.

这是引力场作用在位于空间相应点的单位质量上的力. 引力场 (1) 是势场. 在定义 1 的意义下, 函数
$$U = GM\frac{1}{r} \tag{2}$$
是它的势.

例 2. 位于坐标原点的点电荷 q 的电场在径向量为 r 的点的强度 $\boldsymbol{E}$, 可以按照库仑定律计算:
$$\boldsymbol{E} = \frac{q}{4\pi\varepsilon_0}\frac{\boldsymbol{r}}{r^3}.$$

因此, 这样的静电场像引力场一样也是势场. 在物理术语的意义下, 它的势 φ 由以下关系式确定:
$$\varphi = \frac{q}{4\pi\varepsilon_0}\frac{1}{r}.$$

2. 势场的必要条件. 等式 $\boldsymbol{A} = \operatorname{grad} U$ 在微分形式的语言下表示 $\omega_{\boldsymbol{A}}^1 = d\omega_U^0 = dU$, 从而
$$d\omega_{\boldsymbol{A}}^1 = 0, \tag{3}$$
因为 $d^2\omega_U^0 = 0$. 这是场 $\boldsymbol{A}$ 是势场的必要条件.

它在笛卡儿坐标下的表达式非常简单. 如果 $\boldsymbol{A} = (A^1, \cdots, A^n)$ 并且 $\boldsymbol{A} = \operatorname{grad} U$, 则在笛卡儿坐标下
$$A^i = \frac{\partial U}{\partial x^i}, \quad i = 1, \cdots, n,$$
并且当势 U 足够光滑 (例如二阶偏导数连续) 时, 必有
$$\frac{\partial A^i}{\partial x^j} = \frac{\partial A^j}{\partial x^i}, \quad i, j = 1, \cdots, n, \tag{3'}$$
而这正好表示混合偏导数相等:
$$\frac{\partial^2 U}{\partial x^i\,\partial x^j} = \frac{\partial^2 U}{\partial x^j\,\partial x^i}.$$

在笛卡儿坐标下, $\omega_{\boldsymbol{A}}^1 = \sum_{i=1}^n A^i dx^i$, 所以等式 (3) 与关系式 (3′) 这时确实等价.

在 $\mathbb{R}^3$ 的情况下, 按照旋度的定义, $d\omega_{\boldsymbol{A}}^1 = \omega_{\operatorname{rot}\boldsymbol{A}}^2$, 所以对于 $\mathbb{R}^3$, 场 $\boldsymbol{A}$ 是势场的必要条件 (3) 可以改写为
$$\operatorname{rot}\boldsymbol{A} = 0$$
的形式, 这对应着我们已经知道的关系式 $\operatorname{rot}\operatorname{grad} U = 0$.

例 3. 在空间 $\mathbb{R}^3$ 的笛卡儿坐标下给出的场 $\boldsymbol{A} = (x, xy, xyz)$ 不可能有势, 因为, 例如, $\dfrac{\partial(xy)}{\partial x} \neq \dfrac{\partial x}{\partial y}$.

例 4. 考虑用笛卡儿坐标给出的形如

$$\boldsymbol{A} = \left(-\frac{y}{x^2+y^2}, \frac{x}{x^2+y^2}\right) \tag{4}$$

的场 $\boldsymbol{A} = (A_x, A_y)$, 它在平面上除原点之外的所有点都有定义. 这时, 势场的必要条件 $\dfrac{\partial A_x}{\partial y} = \dfrac{\partial A_y}{\partial x}$ 成立. 但是, 我们很快将证明, 这个场在其定义域中并非势场.

因此, 必要条件 (3), 或者笛卡儿坐标下的条件 (3′), 一般而言不是势场的充分条件.

3. 向量场是势场的准则

命题 1. 区域 $D \subset \mathbb{R}^n$ 中的连续向量场 $\boldsymbol{A}$ 是 D 中的势场的充分必要条件是它在 D 中的任何闭路 γ 上的环量 (功) 等于零:

$$\oint_\gamma \boldsymbol{A} \cdot d\boldsymbol{s} = 0. \tag{5}$$

◀ 必要性. 设 $\boldsymbol{A} = \operatorname{grad} U$, 则根据牛顿–莱布尼茨公式 (§2 公式 (3′)),

$$\oint_\gamma \boldsymbol{A} \cdot d\boldsymbol{s} = U(\gamma(b)) - U(\gamma(a)),$$

其中 $\gamma: [a, b] \to D$. 如果 $\gamma(a) = \gamma(b)$, 即当 γ 是闭路时, 则显然以上等式的右边为零, 因而其左边也为零.

充分性. 设条件 (5) 成立, 则沿区域 D 中任何道路 (未必是闭路) 的积分只与它的起点和终点有关, 而与道路的其他性质无关. 其实, 如果 γ_1 和 γ_2 是具有共同起点和终点的两条道路, 则先取沿道路 γ_1 的积分, 再取沿 $-\gamma_2$ 的积分 (即沿 γ_2 的反向道路的积分), 我们得到沿闭路 γ 的积分. 一方面, 根据 (5), 所得积分等于零; 另一方面, 它是沿 γ_1 的积分与沿 γ_2 的积分之差. 因此, 这两个积分确实相等.

在 D 中固定某个点 x_0, 然后取

$$U(x) = \int_{x_0}^{x} \boldsymbol{A} \cdot d\boldsymbol{s}, \tag{6}$$

其中右边是沿任何一条从点 x_0 到点 $x \in D$ 并且位于 D 中的道路的积分. 我们来验证, 这样定义的函数 U 是场 $\boldsymbol{A}$ 的势. 为了方便, 我们在 $\mathbb{R}^n$ 中取笛卡儿坐标系 $(x^1, \cdots, x^n)$, 这时 $\boldsymbol{A} \cdot d\boldsymbol{s} = A^1 dx^1 + \cdots + A^n dx^n$. 如果从点 x 沿直线移动, 使位移为向量 $h\boldsymbol{e}_i$, 其中 $\boldsymbol{e}_i$ 是相应坐标轴上的单位向量, 则函数 U 的增量为

$$U(x + h\boldsymbol{e}_i) - U(x) = \int_{x^i}^{x^i + h} A^i(x^1, \cdots, x^{i-1}, t, x^{i+1}, \cdots, x^n)\, dt,$$

它等于微分形式 $\boldsymbol{A}\cdot d\boldsymbol{s}$ 沿从 x 到 $x+h\boldsymbol{e}_i$ 的上述道路的积分. 因为场 $\boldsymbol{A}$ 连续, 所以根据中值定理可以把这个等式写为以下形式:

$$U(x+h\boldsymbol{e}_i) - U(x) = A^i(x^1, \cdots, x^{i-1}, x^i + \theta h, x^{i+1}, \cdots, x^n)h,$$

其中 $0 \leqslant \theta \leqslant 1$. 该等式除以 h, 在 h 趋于零时得到

$$\frac{\partial U}{\partial x^i}(x) = A^i(x),$$

即 $\boldsymbol{A} = \operatorname{grad} U$ 确实成立. ▶

附注 1. 从证明可见, 场 $\boldsymbol{A}$ 是势场的充分条件是条件 (5) 对光滑道路或某些折线成立, 例如由分别平行于各坐标轴的线段组成的折线.

现在重新考虑例 4. 我们以前计算过 (见第十三章 §1 例 1), 场 (4) 按逆时针方向沿圆周 $x^2 + y^2 = 1$ 一周的环量等于 2π ($\neq 0$). 因此, 根据命题 1 可知, 场 (4) 在上述区域 $\mathbb{R}^2\backslash 0$ 内不是势场.

然而, 应当知道, 例如,

$$\operatorname{grad} \arctan \frac{y}{x} = \left(-\frac{y}{x^2+y^2}, \frac{x}{x^2+y^2}\right),$$

所以函数 $\arctan \dfrac{y}{x}$ 看来是场 (4) 的势. 出现矛盾了吗?! 暂时还没有, 因为这时应当得到的唯一正确的结论是, 函数 $\arctan \dfrac{y}{x}$ 并非在整个区域 $\mathbb{R}^2\backslash 0$ 内都有定义. 事实也确实如此, 例如, 请考虑 Oy 轴上的点. 但这样一来, 你们会说, 可以考虑函数 $\varphi(x,y)$ ——点 (x,y) 的极角. 其实, 这就是函数 $\arctan \dfrac{y}{x}$, 只不过 $\varphi(x,y)$ 在 $x=0$ 时也有定义, 只要点 (x,y) 不是坐标原点即可. 在区域 $\mathbb{R}^2\backslash 0$ 中处处都有

$$d\varphi = -\frac{y}{x^2+y^2}dx + \frac{x}{x^2+y^2}dy.$$

不过, 现在仍然没有任何矛盾, 尽管情况更加微妙. 请注意, 在上述区域 $\mathbb{R}^2\backslash 0$ 中, φ 其实不是点的连续单值函数. 当一个点绕坐标原点逆时针运动时, 其极角连续变化, 并且当该点回到初始位置时, 其极角增加 2π, 即该点虽然回到原来的位置, 但相应函数却取新的值. 因此, 必须或者放弃 φ 在区域 $\mathbb{R}^2\backslash 0$ 中的连续性, 或者放弃 φ 的单值性.

在区域 $\mathbb{R}^2\backslash 0$ 的每个点的一个 (不包含坐标原点的) 小邻域中可以选取函数 φ 的连续单值分支, 所有这样的分支只相差一个等于 2π 的整数倍的常数. 正是由于这个原因, 它们都具有相同的微分, 由此即可得到场 (4) 的局部势. 尽管如此, 场 (4) 在整个区域 $\mathbb{R}^2\backslash 0$ 中没有势.

场 A 是势场的必要条件 (3) 或 (3′) 在局部也是充分条件. 通过例 4 展现的上述情况在这个意义下是典型的. 以下命题成立.

命题 2. 如果一个场是势场的必要条件在某个球内成立,则这个场在这个球内是势场.

◀ 为了直观,首先在二维情况下完成证明. 考虑平面上的圆 $D = \{(x, y) \in \mathbb{R}^2 \mid x^2 + y^2 < r^2\}$. 从坐标原点到圆上的点 (x, y) 可以引两条不同的折线,每一条折线都由分别平行于各坐标轴的两条线段组成 (图 93). 因为 D 是凸区域,所以以这两条折线为边的矩形 I 完全包含在 D 内.

利用斯托克斯公式和条件 (3) 得到

$$\int_{\partial I} \omega_A^1 = \int_I d\omega_A^1 = 0.$$

根据命题 1 的附注,由此已经可以得到场 A 在 D 中是势场的结论. 此外,根据命题 1 充分性的证明,仍然可以取函数 (6) 为势,这时认为积分是从圆心沿一条折线到所讨论的点的曲线积分,并且该折线由分别平行于各坐标轴的线段组成. 从应用于矩形的斯托克斯公式直接得到,在所考虑的情况下,这样的积分与道路 γ_1, γ_2 的选择无关.

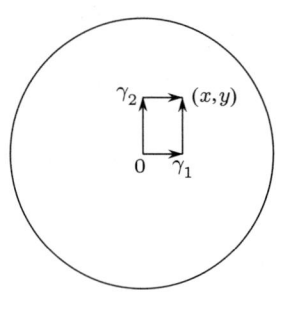

图 93

在高维情况下,从应用于二维矩形的斯托克斯公式可知,如果把折线中的两条相邻线段替换为另外两条线段,并且这四条线段组成矩形,则沿该折线的积分不变. 因为用这种方法可以逐步把一条折线变为到达同一个点的任何另外一条折线,所以在一般情况下可以合理地定义势. ▶

4. 区域的拓扑结构与势. 通过对比例 4 与命题 2 可知,当势场的必要条件 (3) 成立时,一个场是否一定是势场的问题与这个场的定义域的 (拓扑) 结构有关. 在下面的讨论 (本小节和第 5 小节) 中将初步阐述与此相应的区域特征.

其实,如果区域 D 中的任何闭路都能在该区域的范围内收缩到该区域中的某个点,则势场的必要条件 (3) 对于区域 D 也是充分条件. 以后,我们把这样的区域称为单连通的. 球是单连通区域 (所以命题 2 成立),而有洞的平面 $\mathbb{R}^2 \setminus 0$ 不是单连通的,因为环绕坐标原点的道路不能在不超出该区域的情况下收缩到该区域中的一个点. 正是由于这个原因,如例 4 所示,并非任何在 $\mathbb{R}^2 \setminus 0$ 中满足条件 (3′) 的场都是区域 $\mathbb{R}^2 \setminus 0$ 中的势场.

现在从直观描述转入精确表述. 首先解释这里所说的道路变形或道路收缩的含义.

定义 3. 对于区域 D 中的闭路 $\gamma_0:[0,1]\to D$ 和 $\gamma_1:[0,1]\to D$, 如果可以指出正方形 $I^2=\{(t^1,t^2)\in\mathbb{R}^2\mid 0\leqslant t^i\leqslant 1,\ i=1,2\}$ 到区域 D 的连续映射 $\Gamma:I^2\to D$, 使 $\Gamma(t^1,0)=\gamma_0(t^1)$, $\Gamma(t^1,1)=\gamma_1(t^1)$ 和 $\Gamma(0,t^2)=\Gamma(1,t^2)$ 对于任何 $t^1,t^2\in[0,1]$ 都成立, 就说在区域 D 中有闭路 γ_0 到闭路 γ_1 的同伦 (或变形).

因此, 同伦就是映射 $\Gamma:I^2\to D$ (见图 94). 如果认为变量 t^2 是时间 t, 则按照定义 3, 我们在每个时刻 $t=t^2$ 都有闭路 $\Gamma(t^1,t)=\gamma_t$ (图 94)①. 该道路随时间变化, 在初始时刻 $t=t^2=0$ 与道路 γ_0 重合, 而在时刻 $t=t^2=1$ 变为道路 γ_1.

条件 $\gamma_t(0)=\Gamma(0,t)=\Gamma(1,t)=\gamma_t(1)$ 在任何时刻 $t\in[0,1]$ 都成立, 这说明 γ_t 是闭路. 因此, 映射 $\Gamma:I^2\to D$ 在正方形 I^2 的两条对边上产生了相同的映射 $\beta_0(t^2):=\Gamma(0,t^2)=\Gamma(1,t^2)=:\beta_1(t^2)$.

映射 Γ 是关于道路 γ_0 逐渐变形为道路 γ_1 的一种系统化的表述. 这条道路随时间变化, 从初始时刻 $t^2=0$ 的道路 γ_0 变为时刻 $t^2=1$ 的道路 γ_1.

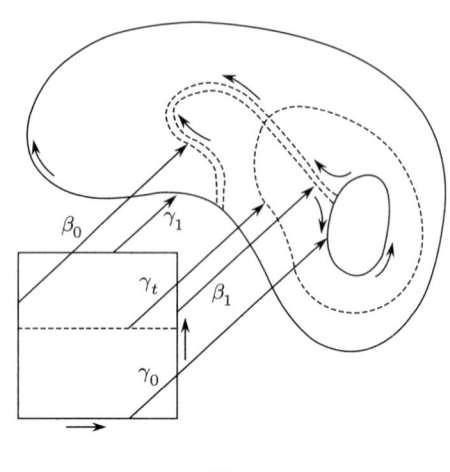

图 94

显然, 也可以让时间反转, 在这种情况下, 我们从道路 γ_1 回到道路 γ_0.

定义 4. 如果在一个区域中可以建立一条闭路到另一条闭路的同伦, 则这两条闭路称为该区域中的同伦道路.

附注 2. 因为需要在数学分析中处理的道路通常是积分路径, 所以在没有附加说明的情况下, 我们只考虑光滑或分段光滑道路以及它们的光滑或分段光滑同伦.

对于 $\mathbb{R}^n$ 中的区域, 可以验证: 在这样的区域中, 如果 (分段) 光滑道路的连续同伦存在, 则这些道路的 (分段) 光滑同伦存在.

命题 3. 如果区域 D 中的 1 形式 ω_A^1 满足 $d\omega_A^1=0$, 而闭路 γ_0 与 γ_1 在 D 中同伦, 则

$$\int_{\gamma_0}\omega_A^1=\int_{\gamma_1}\omega_A^1.$$

◀ 设 $\Gamma:I^2\to D$ 是 γ_0 到 γ_1 的同伦 (见图 94). 如果 I_0,I_1 是正方形 I^2 的底边, 而 J_0,J_1 是它的侧边, 则根据闭路同伦的定义, Γ 在 I_0 和 I_1 上的限制分别与 γ_0 和 γ_1 重合, 而 Γ 在 J_0 和 J_1 上的限制给出 D 中的某两条道路 β_0 和 β_1, 又因为 $\Gamma(0,t^2)=\Gamma(1,t^2)$, 所以道路 β_0 与 β_1 重合. 经过变量代换 $x=\Gamma(t)$, 微分形式

---

① 在图 94 中, 某些曲线具有用来定向的箭头, 但这些箭头稍后才有用, 读者暂时不必理会.

§ 3. 势场 · 243 ·

ω_A^1 变为正方形 I^2 中的某个 1 形式 $\omega = \Gamma^* \omega_A^1$. 这时 $d\omega = d\Gamma^* \omega_A^1 = \Gamma^* d\omega_A^1 = 0$, 因为 $d\omega_A^1 = 0$. 于是, 根据斯托克斯公式,

$$\int_{\partial I^2} \omega = \int_{I^2} d\omega = 0.$$

但是,

$$\int_{\partial I^2} \omega = \int_{I_0} \omega + \int_{J_1} \omega - \int_{I_1} \omega - \int_{J_0} \omega$$
$$= \int_{\gamma_0} \omega_A^1 + \int_{\beta_1} \omega_A^1 - \int_{\gamma_1} \omega_A^1 - \int_{\beta_0} \omega_A^1 = \int_{\gamma_0} \omega_A^1 - \int_{\gamma_1} \omega_A^1. \blacktriangleright$$

定义 5. 如果一个区域中的任何闭路都与一个点同伦 (即与不变道路同伦), 则该区域称为单连通区域.

于是, 正是在单连通区域中, 任何闭路都能收缩到一个点.

命题 4. 如果在单连通区域 D 中给出的场 A 满足势场的必要条件 (3) 或 (3′), 则它是 D 中的势场.

◀ 根据命题 1 和它的附注 1, 只要验证等式 (5) 对于区域 D 中的任何光滑道路 γ 都成立即可. 根据条件, 道路 γ 与一条不变道路同伦, 后者由一个点构成. 沿这样的单点道路的积分显然为零. 但根据命题 3, 积分在同伦下不变, 所以等式 (5) 对于道路 γ 应当成立. ▶

附注 3. 命题 4 包含命题 2. 但是, 出于某些应用上的考虑, 我们认为在结构上独立地证明命题 2 是有价值的.

附注 4. 命题 2 的证明没有用到光滑道路能够彼此光滑同伦的性质.

5. 向量势, 恰当微分形式与闭微分形式

定义 6. 如果向量场 A 和 B 在区域 $D \subset \mathbb{R}^3$ 中满足关系式 $B = \operatorname{rot} A$, 则场 A 称为场 B 在区域 D 中的向量势.

如果回忆向量场与定向欧氏空间 $\mathbb{R}^3$ 中的微分形式之间的联系, 再回忆向量场的旋度的定义, 就可以把关系式 $B = \operatorname{rot} A$ 改写为 $\omega_B^2 = d\omega_A^1$ 的形式. 由此可知, $\omega_{\operatorname{div} B}^3 = d\omega_B^2 = d^2 \omega_A^1 = 0$, 从而得到场 B 在区域 D 中具有向量势的必要条件

$$\operatorname{div} B = 0, \qquad (7)$$

即场 B 在区域 D 中是某向量场 A 的旋度的必要条件.

满足条件 (7) 的场经常称为无源场, 在物理学中尤其如此.

例 5. 我们在 §1 中写出了麦克斯韦方程组, 其中第二个方程恰好与等式 (7) 相同. 因此, 自然希望认为磁场 B 是某向量场 A 的旋度, 即 A 是场 B 的向量势.

在求解麦克斯韦方程组时, 恰恰需要求出这样的向量势.

从定义 1 和定义 6 可见, 关于向量场的标量势和向量势的问题 (我们只在 $\mathbb{R}^3$ 中才提出关于向量势的问题) 是以下一般问题的特例: 微分 p 形式 ω^p 在什么情况下是某微分形式 ω^{p-1} 的微分 $d\omega^{p-1}$?

定义 7. 如果微分形式 ω^{p-1} 在区域 D 中存在, 使该区域中的微分形式 ω^p 满足 $\omega^p = d\omega^{p-1}$, 则 ω^p 称为区域 D 中的恰当微分形式.

如果 ω^p 是 D 中的恰当微分形式, 则 $d\omega^p = d^2\omega^{p-1} = 0$. 因此, 条件

$$d\omega = 0 \tag{8}$$

是 ω 是恰当微分形式的必要条件.

我们已经看到 (例 4), 满足这个条件的微分形式未必都是恰当微分形式. 所以, 我们再引入一个定义.

定义 8. 在区域 D 中满足条件 (8) 的微分形式 ω 称为该区域中的闭微分形式.

以下定理成立.

定理 (庞加莱引理). 球内的闭微分形式是恰当微分形式.

这里讨论 $\mathbb{R}^n$ 中的球和任何阶微分形式, 所以命题 2 是该定理最简单的特例.

也可以这样解释庞加莱引理: 恰当微分形式的必要条件 (8) 在局部也是充分条件, 即对于区域中的任何点, 只要条件 (8) 成立, 就可以找到该点的一个邻域, 使 ω 是这个邻域中的恰当微分形式.

特别地, 如果向量场 $\boldsymbol{B}$ 满足条件 (7), 则从庞加莱引理可知, 它至少在局部是某向量场的旋度.

我们不打算在这里证明这个重要定理 (愿意阅读证明的读者可以翻阅第十五章), 而更希望在本节最后 (基于 1 形式的知识) 大致解释一下关于闭微分形式是否是恰当微分形式的问题与相应定义域的拓扑之间的联系.

例 6. 考虑去掉两个点 (带有两个小洞) p_1, p_2 的平面 $\mathbb{R}^2$ (图 95) 和在图上画出的道路 γ_0, γ_1 和 γ_2. 设道路 γ_2 可以在上述区域 D 的范围内收缩成一个点, 所以如果在 D 内给出闭微分形式 ω, 则它沿 γ_2 的积分等于零. 设 γ_0 不能收缩成一个点, 但是这条道路可以在微分形式 ω 的相应积分值不变的情况下与道路 γ_1 同伦. 沿 γ_1 的积分显然可以化为沿按照顺时针方向绕点 p_1 一周的闭路的积分以及沿按照逆时针方向绕点 p_2 两周的闭路的积分. 如果用 T_1, T_2 分别表示微分形式 ω 沿按照逆时针方向绕点 p_1 和 p_2 的微小圆周的积分, 就可以理解, 微分形式 ω 沿区域 D 中任何闭路的积分等于 $n_1 T_1 + n_2 T_2$, 其中 n_1, n_2 是某些整数, 它们指示绕平

§3. 势场

面 $\mathbb{R}^2$ 上的小洞 p_1, p_2 的方向和相应周数.

绕 p_1, p_2 的圆周 c_1, c_2 相当于闭路 $\gamma \subset D$ 的基. 因为沿彼此同伦的道路的积分相等, 所以在不考虑各同伦道路之间的差别时, 任何闭路 $\gamma \subset D$ 都具有 $\gamma = n_1 c_1 + n_2 c_2$ 的形式. 量

$$\int_{c_i} \omega = T_i$$

称为环绕常数或积分周期. 对于更复杂的区域, 当其中有 k 个独立的简单闭路时, 根据分解式

$$\gamma = n_1 c_1 + \cdots + n_k c_k$$

得到

$$\int_\gamma \omega = n_1 T_1 + \cdots + n_k T_k.$$

其实, 对于任何一组数 $T_1, \cdots, T_k$, 在这样的区域中都可以构造恰好以这组数为积分周期的闭 1 形式 (这是德拉姆定理的特例, 见第十五章 §4).

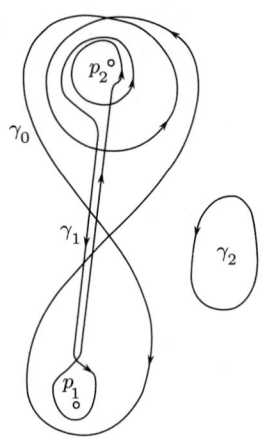

图 95

为了直观, 我们讨论了平面区域, 但是对于任何区域 $D \subset \mathbb{R}^n$ 都可以重复上述全部讨论.

例 7. 在镯形区域 ($\mathbb{R}^3$ 中以环面为边界的区域) 中, 所有闭路显然都与绕小洞若干周的圆周同伦[1], 而这个圆周构成了这里唯一的作为基的闭路 c (不能收缩到一个点).

此外, 对于高维道路也可以重复上述全部讨论. 一维闭路是圆周的映射, 即一维球面的映射. 如果用 k 维球面的映射取代一维球面的映射并引入同伦的概念, 然后考虑 k 维球面到给定区域 $D \subset \mathbb{R}^n$ 的互不同伦的映射的数目, 就可以得到区域 D 的某种特征, 它在拓扑学中被表述为人们所说的区域 D 的第 k 个同伦群, 记为 $\pi_k(D)$. 如果 k 维球面到 D 的所有映射都与常映射同伦, 就认为 $\pi_k(D)$ 是平凡的 (只包含一个元素). 有可能 $\pi_1(D)$ 是平凡的, 但 $\pi_2(D)$ 是不平凡的.

例 8. 如果取去掉点 0 的空间 $\mathbb{R}^3$ 作为 D, 则显然, 任何闭路在该区域中都能缩成一个点, 而包含被去掉的点 0 的球面在该区域的范围内不能缩成一个点.

原来, 同伦群 $\pi_k(D)$ 并不完全与闭 k 形式的周期相应, 与之相应的是人们所说的同调群 $H_k(D)$ (见第十五章).

例 9. 从上述讨论可以下结论说, 例如, 在区域 $D = \mathbb{R}^3 \setminus 0$ 中, 任何闭 1 形式都是恰当的 ($\mathbb{R}^3 \setminus 0$ 是单连通区域), 但闭 2 形式不一定是恰当的. 用向量场语言来表

---

[1] 这里的闭路指在上述区域中不能收缩到一个点的闭路. ——译者

述，这意味着 $\mathbb{R}^3 \backslash 0$ 中的任何无旋场 $\boldsymbol{A}$ 是某个函数的梯度，但无源场 $\boldsymbol{B}$ ($\operatorname{div} \boldsymbol{B} = 0$) 在这个区域中不一定是某个场的旋度.

例 10. 与例 9 相反，取镯形区域作为 D，这时群 $\pi_1(D)$ 不是平凡的 (见例 7)，而 $\pi_2(D)$ 是平凡的，因为二维球面到 D 的任何映射 $f: S^2 \to D$ 在 D 的范围内可以化为常映射 (球面的像收缩成一个点). 在这个区域中，无旋场不一定是势场，但任何无源场一定是某个场的旋度.

习 题

1. 请证明：任何中心场 $\boldsymbol{A} = f(r)\boldsymbol{r}$ 都是势场.

2. 设力场 $\boldsymbol{F} = -\operatorname{grad} U$ 是势场. 请证明：质点在该场中的稳定平衡位置位于该场的势 U 的极小点.

3. 我们已经指出，对于静电场 $\boldsymbol{E}$，麦克斯韦方程组 (§1, (12)) 归结为两个方程：$\nabla \cdot \boldsymbol{E} = \dfrac{\rho}{\varepsilon_0}$，$\nabla \times \boldsymbol{E} = 0$. 条件 $\nabla \times \boldsymbol{E} = 0$ 至少在局部表明 $\boldsymbol{E} = -\operatorname{grad} \varphi$. 点电荷的场是势场，又因任何静电场是这样的场的和 (或积分)，所以它也总是势场. 把 $\boldsymbol{E} = -\nabla \varphi$ 代入第一个静电场方程，我们得到，它的势 φ 满足泊松[①]方程 $\Delta \varphi = \dfrac{\rho}{\varepsilon_0}$. 势 φ 完全确定了场 $\boldsymbol{E}$，所以描述场 $\boldsymbol{E}$ 归结为寻求函数 φ，即泊松方程的解.

已知点电荷的势 (例 2)，请求解以下习题.

a) 两个点电荷 $-q, +q$ 分别位于空间 $\mathbb{R}^3$ 中笛卡儿坐标 (x, y, z) 为 $(0, 0, -d/2), (0, 0, d/2)$ 的点. 请证明：由这两个点电荷产生的静电场的势在到这些电荷的距离远大于 d 的位置具有以下形式：
$$\varphi = \frac{1}{4\pi\varepsilon_0} \frac{z}{r^3} qd + o\left(\frac{1}{r^3}\right),$$
其中 r 是点 (x, y, z) 的径向量 $\boldsymbol{r}$ 的长度.

b) 远离上述两个电荷等价于让它们彼此接近，即让量 d 变小. 现在，如果在量 $qd =: p$ 保持不变的情况下让 d 变小，则取极限后，在区域 $\mathbb{R}^3 \backslash 0$ 中得到函数
$$\varphi = \frac{1}{4\pi\varepsilon_0} \frac{z}{r^3} p.$$
为了方便，引入大小为 p 的向量 $\boldsymbol{p}$，其方向是从 $-q$ 到 q. 由两个电荷 $-q, +q$ 经过上述极限过程后给出的结构称为偶极子，向量 $\boldsymbol{p}$ 称为偶极矩，而取极限后的相应函数 φ 称为偶极子势. 当沿着与偶极矩方向之间夹角为 θ 的射线远离偶极子时，请求出偶极子势的渐近表达式.

c) 设 φ_0 是单位点电荷的势，φ_1 是偶极矩为 $\boldsymbol{p}_1$ 的偶极子势. 请证明 $\varphi_1 = -(\boldsymbol{p}_1 \cdot \nabla)\varphi_0$.

d) 可以对四个点电荷 (更准确地说，对偶极矩为 $\boldsymbol{p}_1, \boldsymbol{p}_2$ 的两个偶极子) 重复从两个点电荷通过极限过程构造偶极子的方法，从而得到四极子和相应的势. 在一般情况下可以得到 j 阶多

[①] 泊松 (S. D. Poisson, 1781–1840) 是法国力学家、数学家和物理学家，主要研究理论力学、天体力学、数学物理和概率论. 泊松方程出现于他关于重力势和球体引力的研究中.

极子, 它的势为

$$\varphi_j = (-1)^j (\boldsymbol{p}_j \cdot \nabla)(\boldsymbol{p}_{j-1} \cdot \nabla) \cdots (\boldsymbol{p}_1 \cdot \nabla)\varphi_0 = \sum_{i+k+l=j} Q^j_{ikl} \frac{\partial^j \varphi_0}{\partial x^i\, \partial y^k\, \partial z^l},$$

其中 Q^j_{ikl} 称为多极矩的分量. 请在四极子的情况下完成多极子的上述推导过程并验证多极子势的公式.

e) 请证明: 当远离聚集电荷时, 势的渐近主项等于 $\frac{1}{4\pi\varepsilon_0} \frac{Q}{r}$, 其中 Q 是聚集电荷的总电量.

f) 考虑由异性电荷组成的中性物体 (例如分子). 请证明: 在远大于物体尺寸的距离上, 势的渐近主项等于 $\frac{1}{4\pi\varepsilon_0} \frac{\boldsymbol{p} \cdot \boldsymbol{e}_r}{r^2}$, 其中 $\boldsymbol{e}_r$ 是从物体指向观察点的单位向量, $\boldsymbol{p} = \sum q_i \boldsymbol{d}_i$, q_i 是第 i 个电荷的电量, $\boldsymbol{d}_i$ 是它的径向量, 坐标原点被选在物体的某个点处.

g) 任何聚集电荷的势在远离电荷处可以按照多极子势型的函数分解 (在渐近意义下). 请以多极子势的前两项为例 (见 d), e) 和 f)) 证明这个结论.

4. 请检验下列区域是不是单连通的:

a) 圆 $\{(x, y) \in \mathbb{R}^2 \mid x^2 + y^2 < 1\}$;

b) 空心圆 $\{(x, y) \in \mathbb{R}^2 \mid 0 < x^2 + y^2 < 1\}$;

c) 空心球 $\{(x, y, z) \in \mathbb{R}^3 \mid 0 < x^2 + y^2 + z^2 < 1\}$;

d) 圆环 $\{(x, y) \in \mathbb{R}^2 \mid 1/2 < x^2 + y^2 < 1\}$;

e) 同心球面之间的区域 $\{(x, y, z) \in \mathbb{R}^3 \mid 1/2 < x^2 + y^2 + z^2 < 1\}$;

f) $\mathbb{R}^3$ 中的镯形区域.

5. a) 请给出具固定端点的道路同伦的定义;

b) 请证明: 单连通区域的充要条件是具有共同起点和共同终点的任何两条道路在定义 a) 的意义下同伦.

6. 请证明:

a) 圆周 S^1 (一维球面) 到二维球面 S^2 的任何连续映射 $f: S^1 \to S^2$ 沿 S^2 缩成一个点 (缩成常映射);

b) 任何连续映射 $S^2 \to S^1$ 也与到一个点的映射同伦;

c) 任何映射 $f: S^1 \to S^1$ 与某映射 $\varphi \mapsto n\varphi$ 同伦, 其中 $n \in \mathbb{Z}$, φ 是圆周上的点的极角;

d) 球面 S^2 到镯形区域的任何映射与到一个点的映射同伦;

e) 圆周 S^1 到镯形区域的任何映射与某条绕镯形区域的洞 n 周的闭路同伦, 其中 $n \in \mathbb{Z}$.

7. 请在区域 $\mathbb{R}^3 \setminus 0$ (去掉点 0 的空间 $\mathbb{R}^3$) 中构造:

a) 一个不是恰当微分形式的闭 2 形式;

b) 一个无源向量场, 但它在该区域中不是任何向量场的旋度.

8. a) 在区域 $D = \mathbb{R}^n \setminus 0$ (去掉点 0 的空间 $\mathbb{R}^n$) 中能否存在不是恰当微分形式的闭 p 形式 $(p < n-1)$?

b) 请在区域 $D = \mathbb{R}^n \setminus 0$ 中构造一个不是恰当微分形式的闭 $n-1$ 形式.

9. 如果 ω 是区域 $D \subset \mathbb{R}^n$ 中的闭 1 形式, 则根据命题 2, 任何点 $x \in D$ 都具有邻域 $U(x)$, 使 ω 在该邻域内是恰当微分形式. 下面设 ω 是闭形式.

a) 请证明: 如果具有共同的起点和终点的两条道路 $\gamma_i : [0,1] \to D$ $(i=1,2)$ 只在闭区间 $[\alpha, \beta] \subset [0,1]$ 上有差别, 并且该区间在每一个映射 γ_i 下的像都位于同一个邻域 $U(x)$ 以内, 则
$$\int_{\gamma_1} \omega = \int_{\gamma_2} \omega.$$

b) 请证明: 对于任何道路 $[0,1] \ni t \mapsto \gamma(t) \in D$, 都可以指定一个数 $\delta > 0$, 使得如果道路 $\tilde{\gamma}$ 和 γ 具有共同的起点和终点, 并且 $\tilde{\gamma}$ 偏离 γ 不超过 δ, 即 $\max\limits_{0 \leqslant t \leqslant 1} |\tilde{\gamma}(t) - \gamma(t)| \leqslant \delta$, 则
$$\int_{\tilde{\gamma}} \omega = \int_{\gamma} \omega.$$

c) 请证明: 如果具有共同的起点和终点的两条道路 γ_1, γ_2 作为具有固定端点的道路在区域 D 内同伦, 则以下等式对于 D 中的闭形式 ω 成立:
$$\int_{\gamma_1} \omega = \int_{\gamma_2} \omega.$$

10. a) 以后将证明: 可以用光滑映射 (甚至用多项式) 在任意精度下一致逼近正方形 I^2 的任何连续映射 $\Gamma : I^2 \to D$. 请由此推出: 如果区域 D 中的道路 γ_1, γ_2 同伦, 则对于任何 $\varepsilon > 0$, 可以找到光滑同伦的道路 $\tilde{\gamma}_1, \tilde{\gamma}_2$, 使 $\max\limits_{0 \leqslant t \leqslant 1} |\tilde{\gamma}_i(t) - \gamma_i(t)| \leqslant \varepsilon$, $i = 1, 2$.

b) 现在请利用习题 9 的结果证明: 如果区域 D 中的闭形式沿光滑同伦的道路的积分彼此相等, 则它们对于此区域中的任何同伦道路也相等 (不需要光滑同伦假设). 当然, 需要假设道路本身具有某种正则性, 以便能够沿此道路进行积分.

11. a) 请证明: 如果微分形式 $\omega^p, \omega^{p-1}, \tilde{\omega}^{p-1}$ 满足 $\omega^p = d\omega^{p-1} = d\tilde{\omega}^{p-1}$, 则 (至少在局部) 可以给出微分形式 ω^{p-2}, 使 $\tilde{\omega}^{p-1} = \omega^{p-1} + d\omega^{p-2}$ (从等式 $d^2\omega = 0$ 显然可知, 任何两个相差某微分形式的微分的微分形式, 具有相同的微分).

b) 请证明: 静电场的势 φ (练习 3) 可以相差一个可加常数, 而如果要求势在无穷远处趋于零, 就可以确定这个可加常数.

12. 从麦克斯韦方程组 (§1, (12)) 可以得到两个静磁学方程: $\nabla \cdot \boldsymbol{B} = 0$, $\nabla \times \boldsymbol{B} = -\dfrac{\boldsymbol{j}}{\varepsilon_0 c^2}$. 第一个方程表明, 场 $\boldsymbol{B}$ 至少在局部有向量势 $\boldsymbol{A}$, 即 $\boldsymbol{B} = \nabla \times \boldsymbol{A}$.

a) 请描述在选取磁场 $\boldsymbol{B}$ 的向量势 $\boldsymbol{A}$ 时的任意性 (见习题 11 a)).

b) 设 x, y, z 是 $\mathbb{R}^3$ 中的笛卡儿坐标. 请求出沿 $0z$ 轴方向的均匀磁场 $\boldsymbol{B}$ 的 (分别单独) 满足以下附加条件的向量势 $\boldsymbol{A}$: 场 $\boldsymbol{A}$ 具有 $(0, A_y, 0)$ 的形式, 场 $\boldsymbol{A}$ 具有 $(A_x, 0, 0)$ 的形式, 场 $\boldsymbol{A}$ 具有 $(A_x, A_y, 0)$ 的形式, 场 $\boldsymbol{A}$ 关于绕 $0z$ 轴的旋转不变.

c) 请证明: 选取满足附加要求 $\nabla \cdot \boldsymbol{A} = 0$ 的向量势 $\boldsymbol{A}$ 的问题归结为求解泊松方程, 更确切地说, 归结为求标量函数 ψ, 使它满足方程 $\Delta \psi = f$, 其中 f 是给定的标量函数.

d) 请证明: 如果选取静磁场 $\boldsymbol{B}$ 的向量势 $\boldsymbol{A}$, 使 $\nabla \cdot \boldsymbol{A} = 0$, 则 $\boldsymbol{A}$ 满足向量形式的泊松方程 $\Delta \boldsymbol{A} = -\dfrac{\boldsymbol{j}}{\varepsilon_0 c^2}$. 因此, 只要引入向量势, 就能把求静电场 (习题 3) 和静磁场的问题归结为求解泊松方程.

13. 下面是著名的**亥姆霍兹**[①]**定理**: 欧氏定向空间 $\mathbb{R}^3$ 的区域 D 中的任何光滑场 $\boldsymbol{F}$ 都可以分解为无旋场 $\boldsymbol{F}_1$ 与无源场 $\boldsymbol{F}_2$ 之和, $\boldsymbol{F} = \boldsymbol{F}_1 + \boldsymbol{F}_2$. 请证明: 构造这样的分解式归结为求解

[①] 亥姆霍兹 (H. L. F. von Helmholtz, 1821–1894) 是德国物理学家和数学家, 一般的能量守恒定律的发现者之一. 顺便指出, 正是他最先明确地区分了力与能量的概念.

某个泊松方程.

14. 考虑具有给定质量的某种物质, 设描述其状态的热力学参量 (体积、压强、温度) 从 V_0, P_0, T_0 变化为 V, P, T. 假设变化过程很慢 (准静态过程), 在 (以 V, P 为坐标的) 状态平面上沿道路 γ 进行. 在热力学中证明了, 量 $S = \int_\gamma \frac{\delta Q}{T}$ 只与道路的起点 (V_0, P_0) 和终点 (V, P) 有关[①], 其中 δQ 是热交换形式. 换言之, 当一个端点固定后, 例如当 (V_0, P_0) 固定后, S 成为所考虑的系统的状态 (V, P) 的函数. 这个函数称为系统的熵.

a) 请由此推出: $\omega = \frac{\delta Q}{T}$ 是恰当微分形式, 并且 $\omega = dS$.

b) 请利用在第十三章 §1 习题 6 中指出的完全气体的热交换形式 δQ 求完全气体的熵.

§4. 应用实例

为了展示上面引入的概念的作用并阐明高斯-奥斯特洛格拉德斯基-斯托克斯公式作为守恒律的物理意义, 作为实例, 我们在这里考虑某些重要的数学物理方程的推导.

1. 热传导方程. 考虑一个静止物体, 其温度 $T = T(x, y, z, t)$ 作为物体的点 (x, y, z) 和时间 t 的函数, 是一个标量场. 我们来研究这样的标量场. 物体各部分之间的热交换导致场 T 可能发生变化, 但是这种变化不是任意的, 它满足一定的规律. 我们希望明确地写出这种规律.

设 D 是所考虑物体的一部分在空间中所占的区域, 其边界为曲面 S. 如果在 D 中没有热源, 则只有热交换才能导致 D 中所含物质的内能发生变化, 即只有能量通过区域 D 的边界 S 发生转移才能导致这样的变化.

我们分别计算体积 D 中的内能变化和通过曲面 S 的能流, 而根据能量守恒定律, 只要让这些量相等, 就得到需要的关系式.

众所周知, 质量为 m 的均质物体的温度升高 ΔT 所需要的热量为 $cm\Delta T$, 其中 c 是所考虑物体的质量热容. 因此, 如果我们的场 T 在 Δt 时间内的变化量为 $\Delta T = T(x, y, z, t + \Delta t) - T(x, y, z, t)$, 则区域 D 中的内能的变化量为

$$\iiint_D c\rho \Delta T \, dV, \tag{1}$$

其中 $\rho = \rho(x, y, z)$ 是物质密度.

从实验可知, 在相当大的温度变化范围内, 因为热交换而在单位时间内通过物体中选定面元 $d\boldsymbol{\sigma} = \boldsymbol{n}\, d\sigma$ 的热量, 与场 $-\operatorname{grad} T$ 通过该面元的流量 $-\operatorname{grad} T \cdot d\boldsymbol{\sigma}$ 成正比 (关于空间变量 x, y, z 取 grad). 比例系数 k 与物质有关, 称为它的热导率.

[①] 这个结论有一系列重要的前提条件, 其中最关键的假设是该过程应当是可逆过程. 这里的准静态过程起可逆过程的作用, 但两者其实有差别. 建议感兴趣的读者阅读关于热力学第二定律的文献. ——译者

$\operatorname{grad} T$ 前面的负号表示能量从物体的温度较高处向温度较低处转移. 因此, 在 Δt 时间内通过区域 D 的边界 S 向外法线方向转移的能量 (精确到 $o(\Delta t)$) 是

$$\Delta t \iint\limits_{S} -k \operatorname{grad} T \cdot d\boldsymbol{\sigma}. \tag{2}$$

让量 (1) 等于量 (2) 的相反数, 所得等式除以 Δt 并在 $\Delta t \to 0$ 时取极限, 得到

$$\iiint\limits_{D} c\rho \frac{\partial T}{\partial t} dV = \iint\limits_{S} k \operatorname{grad} T \cdot d\boldsymbol{\sigma}. \tag{3}$$

这个等式就是函数 T 的方程. 认为 T 足够光滑, 利用高斯-奥斯特洛格拉德斯基公式变换等式 (3):

$$\iiint\limits_{D} c\rho \frac{\partial T}{\partial t} dV = \iiint\limits_{D} \operatorname{div}(k \operatorname{grad} T) dV.$$

根据区域 D 的任意性, 由此显然可得

$$c\rho \frac{\partial T}{\partial t} = \operatorname{div}(k \operatorname{grad} T). \tag{4}$$

我们得到了积分等式 (3) 的微分写法.

假如在区域 D 中有密度为 $F(x, y, z, t)$ 的热源 (或热汇), 则等式 (3) 应当改为

$$\iiint\limits_{D} c\rho \frac{\partial T}{\partial t} dV = \iint\limits_{S} k \operatorname{grad} T \cdot d\boldsymbol{\sigma} + \iiint\limits_{D} F \, dV, \tag{3'}$$

由此得到取代方程 (4) 的以下方程:

$$c\rho \frac{\partial T}{\partial t} = \operatorname{div}(k \operatorname{grad} T) + F. \tag{4'}$$

如果认为物体的热传导性质是各向同性的和均匀的, 并进一步认为系数 k 是常量, 则方程 (4') 化为以下标准形式:

$$\frac{\partial T}{\partial t} = a^2 \Delta T + f, \tag{5}$$

其中 $f = F/c\rho$, $a^2 = k/c\rho$ 是温导率[①]. 方程 (5) 通常称为热传导方程.

在定常热交换的情况下, 即当场 T 与时间无关时, 这个方程化为泊松方程

$$\Delta T = \varphi, \tag{6}$$

其中 $\varphi = -f/a^2$. 此外, 如果在物体内部还没有热源, 就得到拉普拉斯方程

$$\Delta T = 0. \tag{7}$$

如前所述, 拉普拉斯方程的解称为调和函数. 调和函数的热物理解释是: 它对应于静止物体内部的定常温度场, 并且在物体中没有热源和热汇, 即热源位于物体

[①] 也称为热扩散率. ——译者

以外. 例如, 如果在物体 V 的表面 ∂V 上保持给定的热状态 $T|_{\partial V} = \tau$, 则物体 V 内的温度场经过一段时间后会以某个调和函数 T 的形式稳定下来. 拉普拉斯方程 (7) 的解的这种解释使我们能够预见调和函数的一系列性质. 例如, 区域 V 中的调和函数在这个区域内部不可能有局部极大值, 否则热量只能从这些较热的部分传出, 从而使之变冷, 而这与定常场假设矛盾.

2. 连续性方程. 设 $\rho = \rho(x, y, z, t)$ 是充满所考虑空间的某种物质介质的密度, $\boldsymbol{v} = \boldsymbol{v}(x, y, z, t)$ 是介质运动的速度场, 它们是空间点 (x, y, z) 和时间 t 的函数.

我们从质量守恒定律出发, 利用高斯–奥斯特洛格拉德斯基公式给出这些量之间的相互关系.

设 D 是所考虑的空间中的一个区域, 其边界为 S. 在很小的一段时间 Δt 内, 区域 D 中的质量变化值为

$$\iiint\limits_{D} (\rho(x, y, z, t + \Delta t) - \rho(x, y, z, t))\, dV.$$

在这段时间内, 通过曲面 S 向其外法线方向流出的质量等于 (精确到 $o(\Delta t)$)

$$\Delta t \iint\limits_{S} \rho \boldsymbol{v} \cdot d\boldsymbol{\sigma}.$$

如果在区域 D 中没有质量源和质量汇, 则根据质量守恒定律,

$$\iiint\limits_{D} \Delta \rho\, dV = -\Delta t \iint\limits_{S} \rho \boldsymbol{v} \cdot d\boldsymbol{\sigma},$$

而在 $\Delta t \to 0$ 时取极限,

$$\iiint\limits_{D} \frac{\partial \rho}{\partial t}\, dV = -\iint\limits_{S} \rho \boldsymbol{v} \cdot d\boldsymbol{\sigma}.$$

对这个等式的右边应用高斯–奥斯特洛格拉德斯基公式, 并注意到 D 是任意区域, 我们得到, 对于足够光滑的函数 $\rho, \boldsymbol{v}$, 关系式

$$\frac{\partial \rho}{\partial t} = -\operatorname{div}(\rho \boldsymbol{v}) \tag{8}$$

应当成立. 它称为连续介质的连续性方程.

在向量记号下, 连续性方程还可以写为以下形式:

$$\frac{\partial \rho}{\partial t} + \nabla \cdot (\rho \boldsymbol{v}) = 0, \tag{8'}$$

或写为展开的形式:

$$\frac{\partial \rho}{\partial t} + \boldsymbol{v} \cdot \nabla \rho + \rho \nabla \cdot \boldsymbol{v} = 0. \tag{8''}$$

如果介质是不可压缩的 (液体①), 则介质通过闭曲面 S 的体积流量应为零:
$$\iint\limits_S \boldsymbol{v} \cdot d\boldsymbol{\sigma} = 0,$$
由此可知 (仍然根据高斯–奥斯特洛格拉德斯基公式), 对于不可压缩介质,
$$\operatorname{div} \boldsymbol{v} = 0. \tag{9}$$

因此, 对于变密度不可压缩介质 (水和油②), 方程 (8″) 化为以下形式:
$$\frac{\partial \rho}{\partial t} + \boldsymbol{v} \cdot \nabla \rho = 0. \tag{10}$$

如果介质又是均质的, 则 $\nabla \rho = 0$, 所以 $\dfrac{\partial \rho}{\partial t} = 0$.

3. 连续介质动力学基本方程. 现在, 我们来推导连续介质在空间中运动的动力学方程. 这里仍然用函数 $\rho, \boldsymbol{v}$ 表示介质在时刻 t 和空间中给定点 (x, y, z) 的密度和速度, 此外还考虑压强 $p = p(x, y, z, t)$, 它也是空间点和时间的函数.

在介质所占空间中取区域 D, 其边界为曲面 S. 在一个固定时刻考虑作用于所取区域中的介质的力.

某些力场 (例如重力场) 能作用于介质的每一个质量微元 $\rho \, dV$, 由这些力场产生的力称为**质量力**. 设 $\boldsymbol{F} = \boldsymbol{F}(x, y, z, t)$ 是由一些外力场产生的质量力密度, 则这些外力场作用于质量微元 $\rho \, dV$ 的力为 $\boldsymbol{F} \rho \, dV$. 如果这个质量微元在所考虑的时刻具有加速度 $\boldsymbol{a}$, 则根据牛顿定律, 这等价于还存在同样是质量力的惯性力 $-\boldsymbol{a}\rho \, dV$.

最后, 由压强引起的面力 $-p \, d\boldsymbol{\sigma}$ 作用于曲面 S 的每一个面元 $d\boldsymbol{\sigma} = \boldsymbol{n} \, d\sigma$ (这里 $\boldsymbol{n}$ 是 S 的外法向量), 这样的力来自 D 的边界外侧的介质粒子.

根据达朗贝尔原理, 在任何物质系统运动的每一个时刻, 包括惯性力在内的全部作用于系统的力互相平衡, 即它们的合力应当等于零. 这在上述情况下表示
$$\iiint\limits_D (\boldsymbol{F} - \boldsymbol{a}) \rho \, dV - \iint\limits_S p \, d\boldsymbol{\sigma} = 0. \tag{11}$$

在相加的两项中, 第一项是质量力与惯性力的合力, 第二项是作用于所考虑区域边界面 S 上的压强的合力. 为了简单起见, 我们只考虑理想 (无黏性) 液体或气体, 这时只有形如 $-p \, d\boldsymbol{\sigma}$ 的压力作用于面元 $d\boldsymbol{\sigma}$, 并且数值 p 与面元在空间中的方向无关.

应用 §2 公式 (10), 根据等式 (11) 得到
$$\iiint\limits_D (\boldsymbol{F} - \boldsymbol{a}) \rho \, dV - \iiint\limits_D \operatorname{grad} p \, dV = 0.$$

---

① 液体其实也是可压缩的, 只是可压缩性很弱. 关于不可压缩介质以及下面讨论的理想流体的定义, 可以参考第一卷第 372 页上的脚注. ——译者

② 例如在重力作用下, 海水和储油罐中的燃油的密度随深度增加而略有增加. ——译者

利用区域 D 的任意性, 由此显然可知

$$\rho \boldsymbol{a} = \rho \boldsymbol{F} - \operatorname{grad} p. \tag{12}$$

这种局部形式下的连续介质运动方程完全相当于质点运动的牛顿方程.

一个介质微元的加速度 $\boldsymbol{a}$ 是该微元速度 $\boldsymbol{v}$ 的导数 $d\boldsymbol{v}/dt$ [①]. 如果 $x = x(t)$, $y = y(t), z = z(t)$ 是一个介质微元在空间中的运动规律, 而 $\boldsymbol{v} = \boldsymbol{v}(x, y, z, t)$ 是介质的速度场, 则对于任何一个单独的介质微元, 我们得到

$$\boldsymbol{a} = \frac{d\boldsymbol{v}}{dt} = \frac{\partial \boldsymbol{v}}{\partial t} + \frac{\partial \boldsymbol{v}}{\partial x}\frac{dx}{dt} + \frac{\partial \boldsymbol{v}}{\partial y}\frac{dy}{dt} + \frac{\partial \boldsymbol{v}}{\partial z}\frac{dz}{dt},$$

即

$$\boldsymbol{a} = \frac{\partial \boldsymbol{v}}{\partial t} + (\boldsymbol{v} \cdot \nabla)\boldsymbol{v}.$$

因此, 运动方程 (12) 化为以下形式:

$$\frac{d\boldsymbol{v}}{dt} = \boldsymbol{F} - \frac{1}{\rho}\operatorname{grad} p \tag{13}$$

或

$$\frac{\partial \boldsymbol{v}}{\partial t} + (\boldsymbol{v} \cdot \nabla)\boldsymbol{v} = \boldsymbol{F} - \frac{1}{\rho}\nabla p. \tag{14}$$

方程 (14) 在流体动力学中通常称为欧拉方程.

向量方程 (14) 等价于由三个标量方程组成的方程组, 其中包含向量 $\boldsymbol{v}$ 的三个分量以及两个函数 ρ, p.

因此, 欧拉方程还不能完全确定理想连续介质的运动, 自然还要补充连续性方程 (8). 但是, 即便如此, 方程组仍然是不定的.

为了确定介质的运动, 还必须为方程 (8) 和 (14) 补充关于介质热力学状态的信息 (例如状态方程 $f(p, \rho, T) = 0$ 和热交换方程). 读者将从本节最后一小节中获得这些关系式所能给出的结果.

4. 波动方程. 现在考虑声波在介质中传播所对应的介质运动. 显然, 这样的运动也满足方程 (14), 但是, 利用该现象的特点, 在这种情况下可以化简这个方程.

声音是介质疏密状态的交替, 并且压强在声波中偏离其平均值的量非常小, 约占 1% 的量级. 所以, 声波运动是介质微元以很小的速度稍微偏离其平衡位置的运动. 然而, 这种微小扰动 (波) 在介质中的传播速度与介质分子的平均运动速度是可比的, 通常远大于所考虑介质各微元之间的热交换速度. 因此, 可以认为气体中的声波运动是平衡位置附近的没有热交换的微小振动 (绝热过程).

[①] 对于速度场 $\boldsymbol{v} = \boldsymbol{v}(x, y, z, t)$, 记号 $d\boldsymbol{v}/dt$ 表示在时刻 t 经过坐标为 x, y, z 的空间点的介质微元的速度对时间的变化率. 这样的导数在连续介质力学中称为物质导数. 据此容易理解用复合函数求导法则推导加速度公式的过程. 请读者用密度的物质导数 $d\rho/dt$ 改写连续性方程 (8″) 的形式, 从而给出速度散度的物理意义. ——译者

因为宏观速度 $\boldsymbol{v}$ 本身很小①, 所以在运动方程 (14) 中忽略 $(\boldsymbol{v}\cdot\nabla)\boldsymbol{v}$ 这一项, 得到等式
$$\rho\frac{\partial \boldsymbol{v}}{\partial t} = \rho\boldsymbol{F} - \nabla p.$$

同理, 如果忽略形如 $\dfrac{\partial \rho}{\partial t}\boldsymbol{v}$ 的项, 则上面的等式化为方程
$$\frac{\partial}{\partial t}(\rho\boldsymbol{v}) = \rho\boldsymbol{F} - \nabla p.$$

对它应用 (关于坐标 x, y, z 的) 算子 ∇, 得到
$$\frac{\partial}{\partial t}(\nabla\cdot\rho\boldsymbol{v}) = \nabla\cdot\rho\boldsymbol{F} - \Delta p.$$

利用连续性方程 (8′) 并引入记号 $\nabla\cdot\rho\boldsymbol{F} = -\Phi$, 得到方程
$$\frac{\partial^2 \rho}{\partial t^2} = \Phi + \Delta p. \tag{15}$$

如果可以忽略外场的影响, 则方程 (15) 化为
$$\frac{\partial^2 \rho}{\partial t^2} = \Delta p, \tag{16}$$

即声音在介质内传播时密度与压强之间的关系式. 因为过程是绝热的, 所以状态方程 $f(p, \rho, T) = 0$ 归结为某个关系式 $\rho = \psi(p)$, 由此推出
$$\frac{\partial^2 \rho}{\partial t^2} = \psi'(p)\frac{\partial^2 p}{\partial t^2} + \psi''(p)\left(\frac{\partial p}{\partial t}\right)^2.$$

因为声波中的压强振幅很小, 所以可以认为 $\psi'(p) \equiv \psi'(p_0)$, 其中 p_0 是平衡压强. 于是, $\psi'' = 0$, $\dfrac{\partial^2 \rho}{\partial t^2} \approx \psi'(p)\dfrac{\partial^2 p}{\partial t^2}$. 据此, 从 (16) 最终得到
$$\frac{\partial^2 p}{\partial t^2} = a^2\Delta p, \tag{17}$$

其中 $a = (\psi'(p_0))^{-1/2}$. 这个方程描述介质中有声波时压强的变化. 方程 (17) 称为**齐次波动方程**, 描述连续介质中最简单的波动过程. 量 a 具有简单的物理意义: 它是声音扰动在上述介质中的传播速度, 即其中的声速 (见习题 4).

在受迫振动的情形下, 每一个介质微元都受到某些力的作用, 其体密度分布是给定的. 这时, 可以把方程 (17) 改为与方程 (15) 相对应的关系式
$$\frac{\partial^2 p}{\partial t^2} = a^2\Delta p + f. \tag{18}$$

它在 $f \not\equiv 0$ 时称为**非齐次波动方程**.

---

① 这对应于介质本来静止或低速运动的情况. 请读者考虑在一般情况下如何处理. ——译者

习 题

1. 设运动连续介质的速度场 $\boldsymbol{v}$ 是势场. 请证明: 如果介质是不可压缩的, 则场 $\boldsymbol{v}$ 的势 φ 是调和函数, 即 $\Delta\varphi = 0$ (见 (9)).

2. a) 请证明: 欧拉方程 (14) 可以改写为以下形式 (参看 §1 习题 1):

$$\frac{\partial \boldsymbol{v}}{\partial t} + \mathrm{grad}\,\frac{\boldsymbol{v}^2}{2} - \boldsymbol{v} \times \mathrm{rot}\,\boldsymbol{v} = \boldsymbol{F} - \frac{1}{\rho}\mathrm{grad}\,p.$$

b) 请利用在 a) 中得到的方程验证: 均质不可压缩流体的无旋流 ($\mathrm{rot}\,\boldsymbol{v} = 0$) 只可能出现在势场 $\boldsymbol{F}$ 中.

c) 以下命题成立 (拉格朗日定理): 如果势场 $\boldsymbol{F} = \mathrm{grad}\,U$ 中的流动在某一个时刻是无旋的, 则它在此前和此后都是无旋的. 因此, 这样的流动至少在局部是势流, 即 $\boldsymbol{v} = \mathrm{grad}\,\varphi$. 请验证: 对于均质不可压缩流体在势场 $\boldsymbol{F}$ 中的势流, 以下关系式在每一个时刻都成立:

$$\mathrm{grad}\left(\frac{\partial \varphi}{\partial t} + \frac{\boldsymbol{v}^2}{2} + \frac{p}{\rho} - U\right) = 0.$$

d) 请从以上等式推导被称为柯西积分的关系式

$$\frac{\partial \varphi}{\partial t} + \frac{\boldsymbol{v}^2}{2} + \frac{p}{\rho} - U = \varphi(t).$$

这个关系式表明, 其左边与空间坐标无关.

e) 请证明: 如果上述流动还是定常的, 即场 $\boldsymbol{v}$ 与时间无关, 则以下关系式成立:

$$\frac{\boldsymbol{v}^2}{2} + \frac{p}{\rho} - U = \mathrm{const}.$$

它称为伯努利积分[①].

3. 速度场的形式为 $\boldsymbol{v} = (v_x, v_y, 0)$ 的流动自然称为平面流.

a) 请证明: 对于平面流, 不可压缩条件 $\mathrm{div}\,\boldsymbol{v} = 0$ 和势流条件 $\mathrm{rot}\,\boldsymbol{v} = 0$ 分别具有以下形式:

$$\frac{\partial v_x}{\partial x} + \frac{\partial v_y}{\partial y} = 0, \quad \frac{\partial v_x}{\partial y} - \frac{\partial v_y}{\partial x} = 0.$$

b) 请证明: 这些等式至少在局部能保证满足 $(-v_y, v_x) = \mathrm{grad}\,\psi$ 和 $(v_x, v_y) = \mathrm{grad}\,\varphi$ 的函数 $\psi(x, y)$, $\varphi(x, y)$ 存在.

c) 请验证: 这些函数的等值线 $\varphi = c_1$, $\psi = c_2$ 正交. 请证明: 在定常流中, 曲线 $\psi = c$ 与介质微元的运动轨迹重合. 正是由于这个原因, 函数 ψ 称为流函数, 以区别于被称为速度势的函数 φ.

d) 请在函数 φ, ψ 足够光滑的假设下证明: 它们都是调和函数, 并且满足柯西-黎曼方程组:

$$\frac{\partial \varphi}{\partial x} = \frac{\partial \psi}{\partial y}, \quad \frac{\partial \varphi}{\partial y} = -\frac{\partial \psi}{\partial x}.$$

满足柯西-黎曼方程组的两个调和函数称为共轭调和函数.

[①] 请对比第一卷第 373 页习题 4 c) 和 d) 中关于伯努利定律的讨论. ——译者

e) 请验证: 函数 $f(z) = (\varphi + i\psi)(x, y)$ 是复变量 $z = x + iy$ 的可微函数. 这就确定了流体力学平面问题与复变函数论之间的联系.

4. 考虑波动方程 (17) 的最简单情形
$$\frac{\partial^2 p}{\partial t^2} = a^2 \frac{\partial^2 p}{\partial x^2},$$
即压强只与空间点 (x, y, z) 的坐标 x 有关的平面波情形.

a) 请完成变量代换 $u = x - at$, $v = x + at$, 从而把这个方程化为以下形式:
$$\frac{\partial^2 p}{\partial u \, \partial v} = 0,$$
并证明: 原方程的解的一般形式为 $p = f(x + at) + g(x - at)$, 其中 f, g 是任意的 $C^{(2)}$ 类函数.

b) 请按照以下方式解释所得到的解: 它表示以速度 a 沿 Ox 轴分别向左和向右传播的两个波 $f(x), g(x)$.

c) 对于一般情况 (17), 仍然认为 a 是扰动的传播速度. 请利用关系式 $a = (\psi'(p_0))^{-1/2}$, 并按照牛顿的做法, 假设温度在声波中保持不变, 即假设声音振动是等温过程, 求空气中的声速 c_N. (状态方程是 $\rho = \mu p / RT$, 其中 $R = 8.31 \text{ J} \cdot \text{mol}^{-1} \cdot \text{K}^{-1}$ 是普适气体常量, $\mu = 28.8 \text{ g} \cdot \text{mol}^{-1}$ 是空气的摩尔质量. 请对温度为 $0°\text{C}$ 即 $T = 273 \text{ K}$ 的空气进行计算. 牛顿求出了 $c_N = 280 \text{ m/s}$.)

d) 请按照拉普拉斯的做法, 认为声音振动是绝热过程, 求空气中的声速 c_L, 从而修正牛顿的结果 c_N. (在绝热过程中, $p = c\rho^\gamma$. 这是第十三章 §1 习题 6 中的泊松公式. 请证明: 如果 $c_N = \sqrt{p/\rho}$, 则 $c_L = \sqrt{\gamma p/\rho}$. 对于空气, $\gamma = 1.4$. 拉普拉斯求出了完美符合实验的结果 $c_L = 330 \text{ m/s}$.)

5. 利用标量势和向量势可以把麦克斯韦方程组 (§1 (12)) 化为波动方程 (更确切地说, 化为几个同类的波动方程). 读者可以通过求解本题来确认这个结论.

a) 请从方程 $\nabla \cdot \boldsymbol{B} = 0$ 推出, 至少在局部有 $\boldsymbol{B} = \nabla \times \boldsymbol{A}$, 其中 $\boldsymbol{A}$ 是场 $\boldsymbol{B}$ 的向量势.

b) 已知 $\boldsymbol{B} = \nabla \times \boldsymbol{A}$, 请证明: 从方程 $\nabla \times \boldsymbol{E} = -\dfrac{\partial \boldsymbol{B}}{\partial t}$ 推出, 至少在局部可以求出标量函数 φ, 使 $\boldsymbol{E} = -\nabla \varphi - \dfrac{\partial \boldsymbol{A}}{\partial t}$.

c) 请验证: 对于场 $\boldsymbol{E} = -\nabla\varphi - \dfrac{\partial \boldsymbol{A}}{\partial t}$ 和 $\boldsymbol{B} = \nabla \times \boldsymbol{A}$, 如果把其中的势 $\varphi, \boldsymbol{A}$ 改为另外两个势 $\widetilde{\varphi} = \varphi - \dfrac{\partial \psi}{\partial t}$, $\widetilde{\boldsymbol{A}} = \boldsymbol{A} + \nabla\psi$, 其中 ψ 是任意的 $C^{(2)}$ 类函数, 则场 $\boldsymbol{E}$ 和 $\boldsymbol{B}$ 保持不变.

d) 请从方程 $\nabla \cdot \boldsymbol{E} = \dfrac{\rho}{\varepsilon_0}$ 推出势 φ 与 $\boldsymbol{A}$ 之间的第一个关系式 $-\nabla^2 \varphi - \dfrac{\partial}{\partial t} \nabla \cdot \boldsymbol{A} = \dfrac{\rho}{\varepsilon_0}$.

e) 请从方程 $c^2 \nabla \times \boldsymbol{B} - \dfrac{\partial \boldsymbol{E}}{\partial t} = \dfrac{\boldsymbol{j}}{\varepsilon_0}$ 推出势 φ 与 $\boldsymbol{A}$ 之间的第二个关系式
$$-c^2 \nabla^2 \boldsymbol{A} + c^2 \nabla(\nabla \cdot \boldsymbol{A}) + \frac{\partial}{\partial t} \nabla\varphi + \frac{\partial^2 \boldsymbol{A}}{\partial t^2} = \frac{\boldsymbol{j}}{\varepsilon_0}.$$

f) 请利用 c) 证明: 在求解辅助波动方程 $\Delta\psi + f = \dfrac{1}{c^2} \dfrac{\partial^2 \psi}{\partial t^2}$ 之后, 可以在不改变场 $\boldsymbol{E}$ 和 $\boldsymbol{B}$ 的条件下选出势 φ 和 $\boldsymbol{A}$, 使它们满足补充条件 (称为规范条件) $\nabla \cdot \boldsymbol{A} = -\dfrac{1}{c^2} \dfrac{\partial \varphi}{\partial t}$.

g) 请证明: 如果按 f) 选出势 φ 和 $\boldsymbol{A}$, 则从 d) 和 e) 可以得到势 φ 和 $\boldsymbol{A}$ 的非齐次波动方程
$$\frac{\partial^2 \varphi}{\partial t^2} = c^2 \Delta\varphi + \frac{\rho c^2}{\varepsilon_0}, \quad \frac{\partial^2 \boldsymbol{A}}{\partial t^2} = c^2 \Delta \boldsymbol{A} + \frac{\boldsymbol{j}}{\varepsilon_0}.$$

在求出 φ 和 $\boldsymbol{A}$ 之后, 就可以求出场 $\boldsymbol{E} = \nabla\varphi$, $\boldsymbol{B} = \nabla \times \boldsymbol{A}$.

*第十五章 微分形式在流形上的积分

§1. 线性代数回顾

1. 形式代数. 设 X 是线性空间, $F^k : X^k \to \mathbb{R}$ 是 X 上的实值 k 形式. 如果 $e_1, \cdots, e_n$ 是 X 中的一组基向量, $x_1 = x^{i_1} e_{i_1}, \cdots, x_k = x^{i_k} e_{i_k}$ 是向量 $x_1, \cdots, x_k \in X$ 按照这些基向量的分解式, 则根据 F^k 对每个自变量的线性性质,

$$F^k(x_1, \cdots, x_k) = F^k(x^{i_1} e_{i_1}, \cdots, x^{i_k} e_{i_k})$$
$$= F^k(e_{i_1}, \cdots, e_{i_k}) x^{i_1} \cdots x^{i_k} = a_{i_1 \cdots i_k} x^{i_1} \cdots x^{i_k}. \tag{1}$$

因此, 在给出 X 中的一组基向量后, 可以认为 k 形式 $F^k : X^k \to \mathbb{R}$ 等同于一组数 $a_{i_1 \cdots i_k} = F^k(e_{i_1}, \cdots, e_{i_k})$.

如果 $\tilde{e}_1, \cdots, \tilde{e}_n$ 是 X 中的另一组基向量, 并且 $\tilde{a}_{j_1 \cdots j_k} = F^k(\tilde{e}_{j_1}, \cdots, \tilde{e}_{j_k})$, 则设 $\tilde{e}_j = c_j^i e_i, j = 1, \cdots, n$, 我们得到与同一个形式 F^k 相对应的两组数 $a_{i_1 \cdots i_k}, \tilde{a}_{j_1 \cdots j_k}$ 之间的 (张量) 变换法则

$$\tilde{a}_{j_1 \cdots j_k} = F^k(c_{j_1}^{i_1} e_{i_1}, \cdots, c_{j_k}^{i_k} e_{i_k}) = a_{i_1 \cdots i_k} c_{j_1}^{i_1} \cdots c_{j_k}^{i_k}. \tag{2}$$

线性空间 X 上的 k 形式的集合 $\mathcal{F}^k := \{F^k : X^k \to \mathbb{R}\}$ 本身是关于 k 形式的标准加法运算和 k 形式与数的标准乘法运算

$$(F_1^k + F_2^k)(x) := F_1^k(x) + F_2^k(x), \tag{3}$$

$$(\lambda F^k)(x) := \lambda F^k(x) \tag{4}$$

的线性空间.

对于任意的 k 形式和 l 形式 F^k, F^l, 定义其张量积运算 $\otimes$ 如下:

$$(F^k \otimes F^l)(x_1, \cdots, x_k, x_{k+1}, \cdots, x_{k+l}) := F^k(x_1, \cdots, x_k) F^l(x_{k+1}, \cdots, x_{k+l}). \tag{5}$$

因此, $F^k \otimes F^l$ 是 $k+l$ 次形式 F^{k+l}. 以下关系式显然成立:

$$(\lambda F^k) \otimes F^l = \lambda(F^k \otimes F^l), \tag{6}$$

$$(F_1^k + F_2^k) \otimes F^l = F_1^k \otimes F^l + F_2^k \otimes F^l, \tag{7}$$

$$F^k \otimes (F_1^l + F_2^l) = F^k \otimes F_1^l + F^k \otimes F_2^l, \tag{8}$$

$$(F^k \otimes F^l) \otimes F^m = F^k \otimes (F^l \otimes F^m). \tag{9}$$

于是, 线性空间 X 上的形式的集合 $\mathcal{F} = \{\mathcal{F}^k\}$ 是关于上述运算的分次代数 $\mathcal{F} = \bigoplus_k \mathcal{F}^k$, 其中线性运算在进入直和的每个空间 $\mathcal{F}^k$ 内完成, 并且如果 $F^k \in \mathcal{F}^k$, $F^l \in \mathcal{F}^l$, 则 $F^k \otimes F^l \in \mathcal{F}^{k+l}$.

例 1. 设 X^* 是 X 的对偶空间 (由 X 上的线性函数组成), $e^1, \cdots, e^n$ 是 X^* 中的一组基向量, 它们是 X 中的基向量 $e_1, \cdots, e_n$ 的对偶向量, 即 $e^i(e_j) = \delta_j^i$.

因为 $e^i(x) = e^i(x^j e_j) = x^j e^i(e_j) = x^j \delta_j^i = x^i$, 所以利用 (1) 和 (9) 可以把任何 k 形式 $F^k : X^k \to \mathbb{R}$ 写为以下形式:

$$F^k = a_{i_1 \cdots i_k} e^{i_1} \otimes \cdots \otimes e^{i_k}. \tag{10}$$

2. 斜对称形式代数. 现在考虑 $\mathcal{F}^k$ 中的斜对称 k 形式子空间 Ω^k. 这时, 如果等式

$$\omega(x_1, \cdots, x_i, \cdots, x_j, \cdots, x_k) = -\omega(x_1, \cdots, x_j, \cdots, x_i, \cdots, x_k)$$

对于任何不同的角标 $i, j \in \{1, \cdots, k\}$ 都成立, 则 $\omega \in \Omega^k$.

利用斜对称化运算 $A : \mathcal{F}^k \to \Omega^k$ 可以从任何形式 $F^k \in \mathcal{F}^k$ 得到斜对称形式, 该运算由以下关系式定义:

$$AF^k(x_1, \cdots, x_k) := \frac{1}{k!} F^k(x_{i_1}, \cdots, x_{i_k}) \delta_{1 \cdots k}^{i_1 \cdots i_k}, \tag{11}$$

其中

$$\delta_{1 \cdots k}^{i_1 \cdots i_k} = \begin{cases} 1, & \begin{pmatrix} i_1 \cdots i_k \\ 1 \cdots k \end{pmatrix} \text{是偶排列}, \\ -1, & \begin{pmatrix} i_1 \cdots i_k \\ 1 \cdots k \end{pmatrix} \text{是奇排列}, \\ 0, & \begin{pmatrix} i_1 \cdots i_k \\ 1 \cdots k \end{pmatrix} \text{不是排列}. \end{cases}$$

如果 F^k 是斜对称形式, 则从 (11) 可见, $AF^k = F^k$. 因此, $A(AF^k) = AF^k$, 并且当 $\omega \in \Omega^k$ 时 $A\omega = \omega$. 于是, $A : \mathcal{F}^k \to \Omega^k$ 是 $\mathcal{F}^k$ 到 Ω^k 上的映射.

比较定义 (3), (4), (11), 我们得到

$$A(F_1^k + F_2^k) = AF_1^k + AF_2^k, \tag{12}$$

$$A(\lambda F^k) = \lambda AF^k. \tag{13}$$

例 2. 利用关系式 (12), (13), 从分解式 (10) 得到

$$AF^k = a_{i_1 \cdots i_k} A(e^{i_1} \otimes \cdots \otimes e^{i_k}),$$

所以需要求出 $A(e^{i_1} \otimes \cdots \otimes e^{i_k})$.

利用 $e^i(x) = x^i$, 从定义 (11) 求出

$$A(e^{j_1} \otimes \cdots \otimes e^{j_k})(x_1, \cdots, x_k) = \frac{1}{k!} e^{j_1}(x_{i_1}) \cdots e^{j_k}(x_{i_k}) \delta_{1 \cdots k}^{i_1 \cdots i_k}$$

$$= \frac{1}{k!} x_{i_1}^{j_1} \cdots x_{i_k}^{j_k} \delta_{1 \cdots k}^{i_1 \cdots i_k} = \frac{1}{k!} \begin{vmatrix} x_1^{j_1} & \cdots & x_1^{j_k} \\ \vdots & & \vdots \\ x_k^{j_1} & \cdots & x_k^{j_k} \end{vmatrix}. \tag{14}$$

一般而言, 斜对称形式的张量积已经不是斜对称形式, 所以在斜对称形式类中还引入它们的外积运算 $\wedge$:

$$\omega^k \wedge \omega^l := \frac{(k+l)!}{k!\, l!} A(\omega^k \otimes \omega^l). \tag{15}$$

因此, $\omega^k \wedge \omega^l$ 是 $k+l$ 次斜对称形式 ω^{k+l}.

例 3. 根据例 2 的结果 (14), 从定义 (15) 求出

$$e^{i_1} \wedge e^{i_2}(x_1, x_2) = \frac{2!}{1!\, 1!} A(e^{i_1} \otimes e^{i_2})(x_1, x_2) = \begin{vmatrix} e^{i_1}(x_1) & e^{i_2}(x_1) \\ e^{i_1}(x_2) & e^{i_2}(x_2) \end{vmatrix} = \begin{vmatrix} x_1^{i_1} & x_1^{i_2} \\ x_2^{i_1} & x_2^{i_2} \end{vmatrix}. \tag{16}$$

例 4. 利用在例 3 中得到的等式、关系式 (14) 和定义 (11), (15), 可以写出

$$e^{i_1} \wedge (e^{i_2} \wedge e^{i_3})(x_1, x_2, x_3) = \frac{(1+2)!}{1!\, 2!} A(e^{i_1} \otimes (e^{i_2} \wedge e^{i_3}))(x_1, x_2, x_3)$$

$$= \frac{3!}{2!\, 3!} e^{i_1}(x_{j_1})(e^{i_2} \wedge e^{i_3})(x_{j_2}, x_{j_3}) \delta_{1\, 2\, 3}^{j_1 j_2 j_3}$$

$$= \frac{1}{2!} x_{j_1}^{i_1} \begin{vmatrix} x_{j_2}^{i_2} & x_{j_2}^{i_3} \\ x_{j_3}^{i_2} & x_{j_3}^{i_3} \end{vmatrix} \delta_{1\, 2\, 3}^{j_1 j_2 j_3}$$

$$= x_1^{i_1} \begin{vmatrix} x_2^{i_2} & x_2^{i_3} \\ x_3^{i_2} & x_3^{i_3} \end{vmatrix} - x_2^{i_1} \begin{vmatrix} x_1^{i_2} & x_1^{i_3} \\ x_3^{i_2} & x_3^{i_3} \end{vmatrix} + x_3^{i_1} \begin{vmatrix} x_1^{i_2} & x_1^{i_3} \\ x_2^{i_2} & x_2^{i_3} \end{vmatrix}$$

$$= \begin{vmatrix} x_1^{i_1} & x_1^{i_2} & x_1^{i_3} \\ x_2^{i_1} & x_2^{i_2} & x_2^{i_3} \\ x_3^{i_1} & x_3^{i_2} & x_3^{i_3} \end{vmatrix}.$$

类似的推导表明,
$$e^{i_1} \wedge (e^{i_2} \wedge e^{i_3}) = (e^{i_1} \wedge e^{i_2}) \wedge e^{i_3}. \tag{17}$$

按照行展开行列式, 根据归纳原理得到
$$e^{i_1} \wedge \cdots \wedge e^{i_k}(x_1, \cdots, x_k) = \begin{vmatrix} e^{i_1}(x_1) & \cdots & e^{i_k}(x_1) \\ \vdots & & \vdots \\ e^{i_1}(x_k) & \cdots & e^{i_k}(x_k) \end{vmatrix}, \tag{18}$$

并且从上述推导过程可见, 公式 (18) 对于任何 1 形式 $e^{i_1}, \cdots, e^{i_k}$ (不一定是空间 X^* 的基形式) 也成立.

利用形式的张量积和斜对称化运算的上述性质, 我们得到斜对称形式的外积的以下性质:
$$(\omega_1^k + \omega_2^k) \wedge \omega^l = \omega_1^k \wedge \omega^l + \omega_2^k \wedge \omega^l, \tag{19}$$
$$(\lambda \omega^k) \wedge \omega^l = \lambda(\omega^k \wedge \omega^l), \tag{20}$$
$$\omega^k \wedge \omega^l = (-1)^{kl} \omega^l \wedge \omega^k, \tag{21}$$
$$(\omega^k \wedge \omega^l) \wedge \omega^m = \omega^k \wedge (\omega^l \wedge \omega^m). \tag{22}$$

◀ 等式 (19), (20) 显然得自关系式 (6)—(8) 和 (12), (13).

对于任何斜对称形式 $\omega = a_{i_1 \cdots i_k} e^{i_1} \otimes \cdots \otimes e^{i_k}$, 从关系式 (10)—(14) 和 (17) 得到
$$\omega = A\omega = a_{i_1 \cdots i_k} A(e^{i_1} \otimes \cdots \otimes e^{i_k}) = \frac{1}{k!} a_{i_1 \cdots i_k} e^{i_1} \wedge \cdots \wedge e^{i_k}.$$

利用已经证明的等式 (19), (20), 现在只要对形如 $e^{i_1} \wedge \cdots \wedge e^{i_k}$ 的形式验证等式 (21), (22), 即可证明这些等式.

等式 (17) 已经证明了这种形式的结合律 (22).

从等式 (18) 和上述特殊形式的行列式的性质立刻得到关系式 (21). ▶

我们同时证明了, 任何形式 $\omega \in \Omega^k$ 都可以表示为
$$\omega = \sum_{1 \leqslant i_1 < \cdots < i_k \leqslant n} a_{i_1 \cdots i_k} e^{i_1} \wedge \cdots \wedge e^{i_k}. \tag{23}$$

于是, 向量空间 X 上的斜对称形式的集合 $\Omega = \{\Omega^k\}$ 关于线性运算 (3), (4) 和外积 (15) 是分次代数 $\Omega = \bigoplus_{k=0}^{\dim X} \Omega^k$. 在每一个线性空间 Ω^k 内可以进行线性运算, 并且如果 $\omega^k \in \Omega^k$, $\omega^l \in \Omega^l$, 则 $\omega^k \wedge \omega^l \in \Omega^{k+l}$.

在直和 $\bigoplus \Omega^k$ 中之所以对 k 从零到空间 X 的维数求和, 是因为斜对称形式 $\omega^k: X^k \to \mathbb{R}$ 在其次数高于线性空间 X 的维数时必然恒等于零, 这得自关系式 (21) (或 (23) 和 (18)).

3. 线性空间的线性映射和对偶空间的对偶映射. 设 X, Y 为实数域 (或任何其他数域, 只要对于 X, Y 是同样的数域即可) 上的线性空间, 并且 $l: X \to Y$ 是 X 到 Y 的线性映射, 即对于任何 $x, x_1, x_2 \in X$ 和任何数 $\lambda \in \mathbb{R}$, 以下关系式成立:

$$l(x_1 + x_2) = l(x_1) + l(x_2), \quad l(\lambda x) = \lambda l(x). \tag{24}$$

从线性映射 $l: X \to Y$ 可以自然地生成它的对偶映射 $l^*: \mathcal{F}_Y \to \mathcal{F}_X$, 即在 Y 上给出的多重线性形式的集合 $\mathcal{F}_Y$ 到类似集合 $\mathcal{F}_X$ 的映射. 如果 F_Y^k 是 Y 上的 k 形式, 则按照定义,

$$(l^* F_Y^k)(x_1, \cdots, x_k) := F_Y^k(lx_1, \cdots, lx_k). \tag{25}$$

从 (24) 和 (25) 可以看出, $l^* F_Y^k$ 是空间 X 上的 k 形式 F_X^k, 即 $l^*(\mathcal{F}_Y^k) \subset \mathcal{F}_X^k$. 此外, 如果形式 F_Y^k 是斜对称的, 则形式 $(l^* F_Y^k) = F_X^k$ 也是斜对称的, 即 $l^*(\Omega_Y^k) \subset \Omega_X^k$. 映射 l^* 在每一个线性空间 $\mathcal{F}_Y^k$ 或 Ω_Y^k 中显然是线性的, 即

$$l^*(F_1^k + F_2^k) = l^* F_1^k + l^* F_2^k, \quad l^*(\lambda F^k) = \lambda l^* F^k. \tag{26}$$

现在比较定义 (25) 以及形式的张量积的定义 (5)、斜对称化运算的定义 (11)、外积的定义 (15), 我们得到

$$l^*(F^p \otimes F^q) = (l^* F^p) \otimes (l^* F^q), \tag{27}$$

$$l^*(AF^p) = A(l^* F^p), \tag{28}$$

$$l^*(\omega^p \wedge \omega^q) = (l^* \omega^p) \wedge (l^* \omega^q). \tag{29}$$

例 5. 设 $e_1, \cdots, e_m$ 是 X 中的一组基向量, $\tilde{e}_1, \cdots, \tilde{e}_n$ 是 Y 中的一组基向量, 而 $l(e_i) = c_i^j \tilde{e}_j, i \in \{1, \cdots, m\}, j \in \{1, \cdots, n\}$. 如果 k 形式 F_Y^k 在基向量 $\tilde{e}_1, \cdots, \tilde{e}_n$ 下的坐标形式为

$$F_Y^k(y_1, \cdots, y_k) = b_{j_1 \cdots j_k} y_1^{j_1} \cdots y_k^{j_k},$$

其中 $b_{j_1 \cdots j_k} = F_Y^k(\tilde{e}_{j_1}, \cdots, \tilde{e}_{j_k})$, 则

$$(l^* F_Y^k)(x_1, \cdots, x_k) = a_{i_1 \cdots i_k} x_1^{i_1} \cdots x_k^{i_k},$$

其中 $a_{i_1 \cdots i_k} = b_{j_1 \cdots j_k} c_{i_1}^{j_1} \cdots c_{i_k}^{j_k}$, 因为

$$a_{i_1 \cdots i_k} =: (l^* F_Y^k)(e_{i_1}, \cdots, e_{i_k}) := F_Y^k(l e_{i_1}, \cdots, l e_{i_k})$$
$$= F_Y^k(c_{i_1}^{j_1} \tilde{e}_{j_1}, \cdots, c_{i_k}^{j_k} \tilde{e}_{j_k}) = F_Y^k(\tilde{e}_{j_1}, \cdots, \tilde{e}_{j_k}) c_{i_1}^{j_1} \cdots c_{i_k}^{j_k}.$$

例 6. 设 X^* 和 Y^* 分别是例 5 中的空间 X 和 Y 的对偶空间, $e^1, \cdots, e^m$ 和 $\tilde{e}^1, \cdots, \tilde{e}^n$ 分别是 X^* 和 Y^* 中的一组基向量, 它们分别是例 5 中的基向量的对偶基向量. 在例 5 的条件下得到

$$(l^* \tilde{e}^j)(x) = (l^* \tilde{e}^j)(x^i e_i) = \tilde{e}^j(x^i l e_i) = x^i \tilde{e}^j(c_i^k \tilde{e}_k)$$
$$= x^i c_i^k \tilde{e}^j(\tilde{e}_k) = x^i c_i^k \delta_k^j = c_i^j x^i = c_i^j e^i(x).$$

例 7. 沿用例 6 的记号并利用关系式 (22), (29), 现在得到

$$l^*(\tilde{e}^{j_1} \wedge \cdots \wedge \tilde{e}^{j_k}) = l^*\tilde{e}^{j_1} \wedge \cdots \wedge l^*\tilde{e}^{j_k} = (c_{i_1}^{j_1} e^{i_1}) \wedge \cdots \wedge (c_{i_k}^{j_k} e^{i_k})$$

$$= c_{i_1}^{j_1} \cdots c_{i_k}^{j_k} e^{i_1} \wedge \cdots \wedge e^{i_k} = \sum_{1 \leqslant i_1 < \cdots < i_k \leqslant m} \begin{vmatrix} c_{i_1}^{j_1} & \cdots & c_{i_1}^{j_k} \\ \vdots & & \vdots \\ c_{i_k}^{j_1} & \cdots & c_{i_k}^{j_k} \end{vmatrix} e^{i_1} \wedge \cdots \wedge e^{i_k}.$$

利用等式 (26), 由此可以得到一般结论:

$$l^*\left(\sum_{1 \leqslant j_1 < \cdots < j_k \leqslant n} b_{j_1 \cdots j_k} \tilde{e}^{j_1} \wedge \cdots \wedge \tilde{e}^{j_k}\right) = \sum_{\substack{1 \leqslant i_1 < \cdots < i_k \leqslant m \\ 1 \leqslant j_1 < \cdots < j_k \leqslant n}} b_{j_1 \cdots j_k} \begin{vmatrix} c_{i_1}^{j_1} & \cdots & c_{i_1}^{j_k} \\ \vdots & & \vdots \\ c_{i_k}^{j_1} & \cdots & c_{i_k}^{j_k} \end{vmatrix} e^{i_1} \wedge \cdots \wedge e^{i_k}$$

$$= \sum_{1 \leqslant i_1 < \cdots < i_k \leqslant m} a_{i_1 \cdots i_k} e^{i_1} \wedge \cdots \wedge e^{i_k}. \tag{30}$$

习 题

1. 请举例说明: 一般而言,

a) $F^k \otimes F^l \neq F^l \otimes F^k$;

b) $A(F^k \otimes F^l) \neq AF^k \otimes AF^l$;

c) 如果 $F^k, F^l \in \Omega$, 则不一定 $F^k \otimes F^l \in \Omega$.

2. a) 请证明: 如果 $e_1, \cdots, e_n$ 是线性空间 X 中的一组基向量, 而 X 上的线性函数 (即 X 的对偶空间 X^* 的元素) $e^1, \cdots, e^n$ 满足 $e^j(e_i) = \delta_i^j$, 则 $e^1, \cdots, e^n$ 是 X^* 中的一组基向量.

b) 请验证: 由形如 $e^{i_1} \otimes \cdots \otimes e^{i_k}$ 的 k 形式可以构成空间 $\mathcal{F}^k = \mathcal{F}^k(X)$ 中的一组基形式. 设已知 $\dim X = n$, 请求出此空间的维数 $(\dim \mathcal{F}^k)$.

c) 请验证: 由形如 $e^{i_1} \wedge \cdots \wedge e^{i_k}$ 的形式可以构成空间 $\Omega^k = \Omega^k(X)$ 中的一组基形式. 设已知 $\dim X = n$, 请求出 $\dim \Omega^k$.

d) 请证明: 如果 $\Omega = \bigoplus_{k=0}^{n} \Omega^k$, 则 $\dim \Omega = 2^n$.

3. 按照定义, 线性空间 X 和域 P 上的外代数 (格拉斯曼[①]代数) G (通常记为 $\bigwedge(X)$, 以便与 G 中的乘法运算符号 $\wedge$ 相对应) 是具有单位元 1 和以下性质的结合代数:

$1°$ G 可由单位元 1 和 X 生成, 即 G 的含有 1 和 X 的任何子代数都与 G 相同;

$2°$ $x \wedge x = 0$ 对于任何向量 $x \in X$ 都成立;

$3°$ $\dim G = 2^{\dim X}$.

a) 请证明: 如果 $e_1, \cdots, e_n$ 是 X 中的一组基向量, 则 G 的形如 $e_{i_1} \wedge \cdots \wedge e_{i_k} =: e_I$ 的元素 $1, e_1, \cdots, e_n, e_1 \wedge e_2, \cdots, e_{n-1} \wedge e_n, \cdots, e_1 \wedge \cdots \wedge e_n$, 其中 $I = \{i_1 < \cdots < i_k\} \subset \{1, 2, \cdots, n\}$, 构成 G 中的一组基元素.

[①] 格拉斯曼 (H. G. Grassmann, 1809—1877) 是德国数学家、物理学家和语言学家, 最先系统地构造了高维欧几里得线性向量空间理论. 向量的标量积定义本身也是由他提出的.

b) 根据在 a) 中得到的结论, 可以提出代数 $G = \bigwedge(X)$ 的以下常规结构.

利用在 a) 列出中的集合 $\{1, 2, \cdots, n\}$ 的子集 $I = \{i_1, \cdots, i_k\}$ 构成元素 e_I ($e_{\{i\}}$ 等同于 e_i, 而 e_ϕ 等同于 1), 并认为它们是域 P 上的线性空间 G 中的一组基元素. G 中的乘法由以下公式定义:
$$\left(\sum_I a_I e_I\right)\left(\sum_J b_J e_J\right) = \sum_{I,J} a_I b_J \varepsilon(I, J) e_{I \cup J},$$
其中 $\varepsilon(I, J) = \operatorname{sgn} \prod_{i \in I, j \in J}(j - i)$. 请验证: 这时得到格拉斯曼代数 $\bigwedge(X)$.

c) 请证明代数 $\bigwedge(X)$ 的唯一性 (在同构意义下).

d) 请证明: $\bigwedge(X)$ 是分次代数, 即 $\bigwedge(X) = \bigoplus_{k=0}^{k=n} \bigwedge^k(X)$, 其中 $\bigwedge^k(X)$ 是形如 $e_{i_1} \wedge \cdots \wedge e_{i_k}$ 的元素的线性包; 如果 $a \in \bigwedge^p(X), b \in \bigwedge^q(X)$, 则 $a \wedge b \in \bigwedge^{p+q}(X)$. 请验证: $a \wedge b = (-1)^{pq} b \wedge a$.

4. 设 $A: X \to Y$ 是线性空间 X 到线性空间 Y 的线性映射.

a) 请证明: 从 $\bigwedge(X)$ 到 $\bigwedge(Y)$ 的唯一的同态 $\bigwedge(A): \bigwedge(X) \to \bigwedge(Y)$ 存在, 并且在等同于 X 的子空间 $\bigwedge'(X) \subset \bigwedge(X)$ 上与 A 相同.

b) 请证明: 同态 $\bigwedge(A)$ 把 $\bigwedge^k(X)$ 变为 $\bigwedge^k(Y)$. 我们用 $\bigwedge^k(A)$ 表示 $\bigwedge(A)$ 在 $\bigwedge^k(X)$ 上的限制.

c) 设 $\{e_i; i = 1, \cdots, m\}$ 是 X 中的一组基向量, $\{\tilde{e}_j; j = 1, \cdots, n\}$ 是 Y 中的一组基向量, 并且矩阵 (a_j^i) 对应这两组基向量下的算子 A. 请证明: 如果 $\{e_I; I \subset \{1, \cdots, m\}\}$, $\{\tilde{e}_J; J \subset \{1, \cdots, n\}\}$ 分别是空间 $\bigwedge(X)$ 和 $\bigwedge(Y)$ 中的一组基向量, 则算子 $\bigwedge^k(A)$ 的矩阵具有 $a_J^I = \det(a_j^i)$ 的形式, 其中 $i \in I, j \in J$, 并且 $\operatorname{card} I = \operatorname{card} J = k$.

d) 请验证: 如果 $A: X \to Y, B: Y \to Z$ 是线性算子, 则等式 $\bigwedge(B \circ A) = \bigwedge(B) \circ \bigwedge(A)$ 成立.

§2. 流形

1. 流形的定义

定义 1. 具有可数拓扑基的豪斯多夫拓扑空间[①]称为 n 维流形, 如果它的任何一个点都具有与整个空间 $\mathbb{R}^n$ 或半空间 $H^n = \{x \in \mathbb{R}^n \mid x^1 \leqslant 0\}$ 同胚的邻域 U.

定义 2. 实现定义 1 中的同胚的映射 $\varphi: \mathbb{R}^n \to U \subset M$ (或 $\varphi: H^n \to U \subset M$) 称为流形 M 的局部图 (简称流形 M 的图), $\mathbb{R}^n$ (或 H^n) 称为其参数域, 而 U 称为局部图在流形 M 上的作用域.

局部图使每一个点 $x \in U$ 与相应点 $t \in \varphi^{-1}(x) \in \mathbb{R}^n$ 的坐标联系起来, 从而在局部图的作用域 U 中引入了局部坐标系. 因此, 映射 φ, 即在更完整写法下的序偶 (U, φ), 在最通用的意义下是作用域 U 的图.

[①] 见第九章 §2 以及本节附注 2, 3.

定义 3. 如果一组局部图的全体作用域能覆盖整个流形,则这一组局部图称为该流形的图册.

例 1. 球面 $S^2 = \{x \in \mathbb{R}^3 \mid |x| = 1\}$ 是二维流形. 如果把 S^2 解释为地球表面, 地图集就是流形 S^2 的图册.

一维球面 $S^1 = \{x \in \mathbb{R}^2 \mid |x| = 1\}$, 即 $\mathbb{R}^2$ 中的圆周, 显然是一维流形. 一般而言, 球面 $S^n = \{x \in \mathbb{R}^{n+1} \mid |x| = 1\}$ 是 n 维流形 (见第十二章 §1).

附注 1. 由定义 1 引入的对象 (流形 M) 显然不会因为 $\mathbb{R}^n$ 和 H^n 被改为 $\mathbb{R}^n$ 中与 $\mathbb{R}^n$ 和 H^n 同胚的参数域而变化. 例如, 可以取开立方体 $I^n = \{x \in \mathbb{R}^n \mid 0 < x^i < 1, i = 1, \cdots, n\}$, 也可以取带有边界面的立方体 $\tilde{I}^n = \{x \in \mathbb{R}^n \mid 0 < x^1 \leqslant 1, 0 < x^i < 1, i = 2, \cdots, n\}$. 这样的标准参数域相当常用.

还不难验证, 如果只要求每一个点 $x \in M$ 在 M 中具有与半空间 H^n 的某个开子集同胚的邻域 U, 则由定义 1 引入的对象也不发生变化.

例 2. 如果 X 是具有图册 $\{(U_\alpha, \varphi_\alpha)\}$ 的 m 维流形, Y 是具有图册 $\{(V_\beta, \psi_\beta)\}$ 的 n 维流形, 则可以认为 $X \times Y$ 是具有图册 $\{(W_{\alpha\beta}, \chi_{\alpha\beta})\}$ 的 $m+n$ 维流形, 其中 $W_{\alpha\beta} = U_\alpha \times V_\beta$, 而映射 $\chi_{\alpha\beta} = (\varphi_\alpha, \psi_\beta)$ 把 φ_α 和 ψ_β 的定义域的直积变为 $W_{\alpha\beta}$.

特别地, 二维环面 $T^2 = S^1 \times S^1$ (图 69) 或 n 维环面 $T^n = \underbrace{S^1 \times \cdots \times S^1}_{n \text{ 个}}$ 是相应维流形.

如果流形 M 的两张图 $(U_i, \varphi_i), (U_j, \varphi_j)$ 的作用域 U_i, U_j 相交, 即 $U_i \cap U_j \neq \varnothing$, 则在集合 $I_{ij} = \varphi_i^{-1}(U_j)$, $I_{ji} = \varphi_j^{-1}(U_i)$ 之间可以自然地建立互逆同胚 $\varphi_{ij}: I_{ij} \to I_{ji}$, $\varphi_{ji}: I_{ji} \to I_{ij}$, 其中 $\varphi_{ij} = \varphi_j^{-1} \circ \varphi_i|_{I_{ij}}$, $\varphi_{ji} = \varphi_i^{-1} \circ \varphi_j|_{I_{ji}}$. 这些同胚经常称为坐标代换函数, 因为它们能在公共作用域 $U_i \cap U_j$ 中实现从一个局部坐标系到另一个局部坐标系的转换 (图 96).

定义 4. 定义 1 中的数 n 称为流形 M 的维数, 通常记为 $\dim M$.

定义 5. 对于定义 1 中的同胚 $\varphi: H^n \to U$, 如果半空间 H^n 的边界 ∂H^n 上的点 $\varphi^{-1}(x)$ 对应着点 $x \in U$, 则 x 称为流形 M 的边界点 (也是区域 U 的边界点). 流形 M 的所有边界点的集合称为该流形的边界, 通常记为 ∂M.

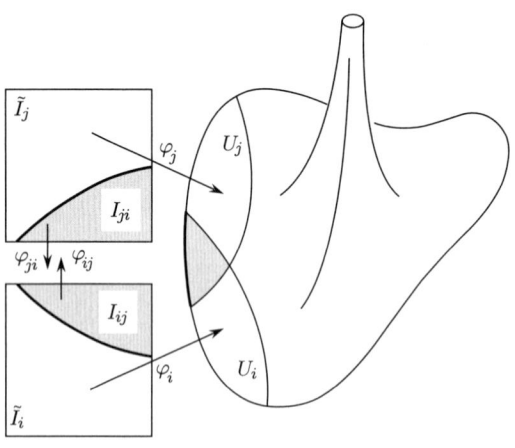

图 96

§2. 流形

根据内点的拓扑不变性 (布劳威尔定理①), 流形的维数和边界点的概念在定义上是合理的, 即它们与在定义 4 和 5 中使用的具体的局部图无关. 我们没有证明过布劳威尔定理, 但是我们清楚地知道内点关于微分同胚的不变性 (这是反函数定理的推论). 因为我们在后面恰好只需要处理微分同胚, 所以这里不再考虑布劳威尔定理.

例 3. 闭球 $\overline{B}^n = \{x \in \mathbb{R}^n \mid |x| \leqslant 1\}$, 也常称为闭 n 维圆盘, 是 n 维流形, 其边界是 $n-1$ 维球面 $S^{n-1} = \{x \in \mathbb{R}^n \mid |x| = 1\}$.

附注 2. 具有非空边界点集的流形 M 通常称为带边流形, 而术语 "流形" (在这个词的本来含义下) 特指无边流形. 在定义 1 中没有区分这两种情况.

命题 1. n 维带边流形 M 的边界 ∂M 是 $n-1$ 维无边流形.

◀ 其实, $\partial H^n = \mathbb{R}^{n-1}$, 而流形 M 的图册中形如 $\varphi_i : H^n \to U_i$ 的图在 ∂H^n 上的限制, 即给出 ∂M 的图册. ▶

例 4. 考虑一个平面双摆 (图 97), 它的杆 a 远短于杆 b 并且能自由摆动, 而杆 b 的摆动范围受到挡板的限制. 该系统在任何具体时刻的状态由两个角 α, β 描述. 假如没有上述限制, 则双摆的构形空间显然等价于二维环面 $T^2 = S^1_\alpha \times S^1_\beta$.

当上述限制存在时, 可以取柱面 $S^1_\alpha \times I^1_\beta$ 上的点作为参数来描述双摆的构形空间, 这里 S^1_α 是杆 a 的可能位置所对应的圆周, 而 $I^1_\beta = \{\beta \in \mathbb{R} \mid |\beta| \leqslant \Delta\}$ 是描述杆 b 位置的角 β 的变化区间.

这时, 我们得到带边流形, 其边界由两个圆周 $S^1_\alpha \times \{-\Delta\}$, $S^1_\alpha \times \{\Delta\}$ 组成, 它们分别是 S^1_α 与线段 I^1_β 的端点 $\{-\Delta\}$, $\{\Delta\}$ 的积.

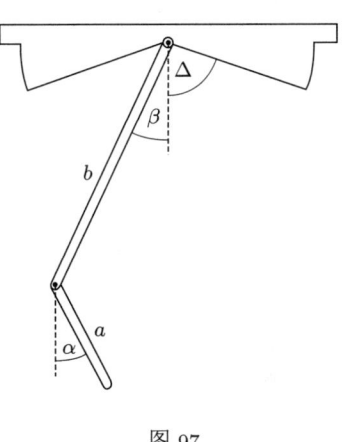

图 97

附注 3. 由例 4 可见, 集合 M 上的坐标 (在例 4 中是 α, β) 有时能够自然地出现, 并且它们本身就能在 M 上引入拓扑. 因此, 在流形的定义 1 中没有必要总是事先要求在 M 上已有拓扑. 流形概念的本质在于, 可以取空间 $\mathbb{R}^n$ 的某一组子区域的点作为某个集合 M 的点的参数. 与此同时, 在 M 的局部出现的坐标系之间有自然的联系, 它表现为空间 $\mathbb{R}^n$ 的相应区域的映射. 因此, 只要指出空间 $\mathbb{R}^n$ 的一组区域的点的对等关系, 或者, 更形象地说, 只要指出让这一组区域互相粘合在一起的方法, 就可以认为得到了 M. 于是, 给出一个流形在本质上意味着给出 $\mathbb{R}^n$ 的

---
① 定理表明, 在集合 $E \subset \mathbb{R}^n$ 到集合 $\varphi(E) \subset \mathbb{R}^n$ 上的同胚映射 $\varphi : E \to \varphi(E)$ 下, 集合 E 的内点变为集合 $\varphi(E)$ 的内点.

一组子区域并给出这些子区域的点之间的对应关系. 不过, 我们不再赘述上述概念的更准确含义 (系统地提出点的粘合或对等概念, 在 M 上引入拓扑等).

定义 6. 如果一个流形作为拓扑空间是紧的 (连通的), 则该流形称为紧流形 (连通流形).

例 1—4 中的流形是连通紧流形. 例 4 中的柱面 $S_\alpha^1 \times I_\beta^1$ 的边界由两个独立的圆周组成, 是一维非连通的紧流形. 例 3 中的 n 维圆盘的边界 $S^{n-1} = \partial \bar{B}^n$ 是紧流形, 它在 $n > 1$ 时是连通流形, 在 $n = 1$ 时是非连通流形 (由两个点组成).

例 5. 空间 $\mathbb{R}^n$ 本身显然是连通非紧无边流形, 而半空间 H^n 是连通非紧带边流形的最简单的例子 (对于这两者, 可以取仅由一张图组成的图册, 并且这张图对应着恒等映射).

命题 2. 如果 M 是连通流形, 则它是线连通流形.

◂ 取固定点 $x_0 \in M$ 并考虑流形 M 的满足以下条件的点的集合 E_{x_0}, 这些点在 M 的范围内能够通过某条道路与点 x_0 连接起来. 从流形的定义可见, 集合 E_{x_0} 不是空集, 并且在 M 中既是开集又是闭集, 因而 $E_{x_0} = M$. ▸

例 6. 如果让每一个 n 阶实矩阵都与空间 $\mathbb{R}^{n^2}$ 的点相对应, 并且点的坐标是按照一定顺序写出的矩阵的所有元素, 则所有非退化 n 阶矩阵群 $GL(n, \mathbb{R})$ 变为 n^2 维流形. 该流形是非紧 (矩阵元素无界) 非连通流形. 该流形之所以是非连通流形, 是因为 $GL(n, \mathbb{R})$ 既包含具有正行列式的矩阵, 又包含具有负行列式的矩阵, 而 $GL(n, \mathbb{R})$ 中与这样的两个矩阵相对应的点不能用一条道路相连 (否则在这样的道路上会出现一个点, 使相应矩阵的行列式为零).

例 7. 平面 $\mathbb{R}^2$ 的正交变换群 $SO(2, \mathbb{R})$ 在其行列式为 1 时由形如

$$\begin{pmatrix} \cos\alpha & \sin\alpha \\ -\sin\alpha & \cos\alpha \end{pmatrix}$$

的矩阵组成, 因而可以认为它是等同于圆周 (即角参数 α 的变化域) 的流形. 因此, $SO(2, \mathbb{R})$ 是一维紧连通流形. 如果在平面 $\mathbb{R}^2$ 上还允许关于直线的反射, 我们就得到所有二阶正交实矩阵群 $O(2, \mathbb{R})$. 它自然等同于两个不同的圆周, 它们分别对应行列式为 1 和 -1 的矩阵. 因此, $O(2, \mathbb{R})$ 是一维紧非连通流形.

例 8. 设 $\boldsymbol{a}$ 是平面 $\mathbb{R}^2$ 上的向量, $T_{\boldsymbol{a}}$ 是由向量 $\boldsymbol{a}$ 产生的一个平面运动群, 其元素是移动形如 $n\boldsymbol{a}$ 的向量, 其中 $n \in \mathbb{Z}$. 在群 $T_{\boldsymbol{a}}$ 的元素 g 的作用下, 平面的每个点 x 移动到形如 $x + n\boldsymbol{a}$ 的点 $g(x)$. 给定点 $x \in \mathbb{R}^2$ 在该变换群各元素作用下所变换到的点的集合称为这个点的轨道. $\mathbb{R}^2$ 的点属于同一条轨道的性质显然是 $\mathbb{R}^2$ 上的等价关系, 而轨道是这个意义下的等价点类. $\mathbb{R}^2$ 上恰好包含每条轨道的一个点的

区域称为给定的自同构群的基本域 (在习题 5 d) 中有更确切的讨论).

在我们的情况下, 可以取宽为 $|a|$ 的带状区域作为基本域, 其边界是垂直于向量 a 的两条平行直线. 只是应当注意, 可以通过平移 a 或 $-a$ 从这两条直线中的一条得到另一条. 在垂直于 a 但宽小于 $|a|$ 的带状区域内没有彼此等价的点, 所以在这样的带状区域内有代表点的全部轨道可以由其代表点的坐标唯一确定. 于是, 上述群 T_a 的轨道的商集 $\mathbb{R}^2/T_a$ 变为流形. 从关于基本域的以上讨论容易理解, 这个流形与一个柱面同胚, 该柱面是把宽为 $|a|$ 的带状区域的两条边界直线上的等价点粘在一起而得到的.

例 9. 现在设 a 和 b 是平面 $\mathbb{R}^2$ 上彼此垂直的两个向量, $T_{a,b}$ 是由它们产生的运动群. 在这种情况下, 基本域是以 a, b 为边的矩形. 在这个矩形的范围内, 只有矩形对边上的点才是等价的. 把矩形基本域的边对分别粘在一起, 我们断定, 所产生的流形 $\mathbb{R}^2/T_{a,b}$ 与二维环面同胚.

例 10. 再考虑平面 $\mathbb{R}^2$ 的由变换 $a(x, y) = (x+1, 1-y)$, $b(x, y) = (x, y+1)$ 产生的运动群 $G_{a,b}$.

群 $G_{a,b}$ 的基本域是单位正方形, 其两条水平边上的点等同于一条竖直线上的点, 而两条侧边上的点等同于关于其中心对称的点. 因此, 所产生的流形 $\mathbb{R}^2/G_{a,b}$ 与克莱因瓶同胚 (见第十二章 §1).

我们在第十二章 §1 中详细分析过一些有用并且重要的实例, 这里不再继续讨论它们.

2. 光滑流形与光滑映射

定义 7. 一个流形的图册称为 ($C^{(k)}$ 类) 光滑图册 (或解析图册), 如果该图册中各图的所有坐标变换函数都是相应光滑类的光滑映射 (微分同胚).

如果具有 (相同) 给定光滑性的两个图册的并集是具有同样光滑性的图册, 就认为它们是等价图册.

例 11. 可以认为只由一张图组成的图册是无限光滑的. 为此, 在 $\mathbb{R}^1$ 上考虑由恒等映射 $\mathbb{R}^1 \ni x \mapsto \varphi(x) = x \in \mathbb{R}^1$ 产生的一个图册和由任何一个严格单调函数 $\mathbb{R}^1 \ni x \mapsto \widetilde{\varphi}(x) \in \mathbb{R}^1$ 产生的另一个图册, 该函数是 $\mathbb{R}^1$ 到 $\mathbb{R}^1$ 上的映射. 这两个图册的并集也是图册, 其光滑性显然与函数 $\widetilde{\varphi}$ 和 $\widetilde{\varphi}^{-1}$ 的光滑性中较低者一致.

特别地, 如果 $\widetilde{\varphi}(x) = x^3$, 则图册 $\{x, x^3\}$ 不是光滑的, 因为 $\widetilde{\varphi}^{-1}(x) = x^{1/3}$. 利用上述结果可以在 $\mathbb{R}^1$ 上构造诸多无限光滑图册, 使其并集是属于事先给定的 $C^{(k)}$ 光滑类的图册.

定义 8. 如果流形 M 具有给定的图册等价类, 并且相应图册具有已知的光滑性, 则该流形称为 ($C^{(k)}$ 类) 光滑流形 (或解析流形).

引入这个定义后, 就可以理解下列术语: ($C^{(0)}$ 类) 拓扑流形, $C^{(k)}$ 类流形, 解析流形.

为了在流形 M 上给出具有给定光滑性的整个图册等价类, 只要给出这个等价类中的任何一个图册即可. 因此可以认为, 光滑流形可以记为 (M, A), 其中 M 是流形, 而 A 是 M 上具有相应光滑性的图册.

一个流形上具有给定光滑性的等价图册的集合经常称为该流形上具有给定光滑性的光滑结构. 在同一个拓扑流形上能够存在不同的光滑结构, 甚至具有同样光滑性的不同的光滑结构 (见例 11 和习题 3).

再考虑几个例子, 我们特别注意其中的坐标变换函数的光滑性.

例 12. 被称为实射影直线的一维流形 $\mathbb{RP}^1$ 是 $\mathbb{R}^2$ 中通过坐标原点并且具有自然的直线邻近关系的直线束 (例如, 用两条直线之间的较小夹角来度量它们是否邻近). 直线束的每一条直线由非零的方向向量 (x^1, x^2) 唯一地确定, 并且两个方向向量仅在它们共线时才给出同一条直线. 因此, $\mathbb{RP}^1$ 可以视为实数序偶 (x^1, x^2) 的等价类的集合. 这时, 在序偶中至少有一个数不为零, 并且如果两个序偶成比例, 就认为它们是等价的. 序偶 (x^1, x^2) 通常称为 $\mathbb{RP}^1$ 上的齐次坐标. 利用 $\mathbb{RP}^1$ 在齐次坐标下的解释, 容易在 $\mathbb{RP}^1$ 上构造由两张图组成的图册. 设 U_i ($i = 1, 2$) 是 $\mathbb{RP}^1$ 中满足 $x^i \neq 0$ 的直线 (序偶 (x^1, x^2) 的类). (直线的) 每一个点 $p \in U_1$ 与序偶 $(1, x^2/x^1)$ 一一对应, 该序偶由一个数 $t_1^2 = x^2/x^1$ 确定. 类似地, 区域 U_2 的点与形如 $(x^1/x^2, 1)$ 的序偶一一对应, 该序偶由一个数 $t_2^1 = x^1/x^2$ 确定. 因此, 在 U_1 和 U_2 内产生了局部坐标, 它们显然与 $\mathbb{RP}^1$ 中的上述拓扑相对应. 在这样构造的局部图的公共作用域 $U_1 \cap U_2$ 中, 由它们引入的局部坐标满足关系式 $t_2^1 = (t_1^2)^{-1}$, $t_1^2 = (t_2^1)^{-1}$. 这些关系式证明, 上述图册不仅属于 $C^{(\infty)}$ 类, 甚至还是解析的.

注意流形 $\mathbb{RP}^1$ 的以下解释也大有裨益. 原始直线束的每一条直线由它与单位圆周的交点完全确定. 但是, 恰好有两个这样的交点, 它们是圆周直径的两个端点. 两条直线邻近等价于圆周上的相应端点邻近. 因此, 可以把 $\mathbb{RP}^1$ 解释为圆周, 并且其直径的两个端点是等价的 (可以粘合在一起). 如果只取半圆周, 则它只有两个等价的点——半圆周的两个端点. 把这两个点粘合起来, 我们又得到拓扑意义上的圆周. 因此, $\mathbb{RP}^1$ 作为拓扑空间与圆周同胚.

例 13. 如果现在考虑 $\mathbb{R}^3$ 中通过坐标原点的直线束, 即不同时为零的成比例的三个有序实数类的集合, 我们就得到实射影平面 $\mathbb{RP}^2$. 在分别满足 $x^1 \neq 0$, $x^2 \neq 0$, $x^3 \neq 0$ 的区域 U_1, U_2, U_3 中引入局部坐标系

$$\left(1, \frac{x^2}{x^1}, \frac{x^3}{x^1}\right) = (1, t_1^2, t_1^3) \sim (t_1^2, t_1^3), \quad \left(\frac{x^1}{x^2}, 1, \frac{x^3}{x^2}\right) = (t_2^1, 1, t_2^3) \sim (t_2^1, t_2^3),$$

$$\left(\frac{x^1}{x^3}, \frac{x^2}{x^3}, 1\right) = (t_3^1, t_3^2, 1) \sim (t_3^1, t_3^2),$$

这些坐标在局部图作用域的公共部分中显然满足关系式 $t_i^j = (t_j^i)^{-1}$, $t_i^j = t_k^j(t_i^k)^{-1}$.

例如, 在区域 $U_1 \cap U_2$ 中, 从坐标 (t_1^2, t_1^3) 到坐标 (t_2^1, t_2^3) 的变换由以下公式给出:
$$t_2^1 = (t_1^2)^{-1}, \quad t_2^3 = t_1^3 \cdot (t_1^2)^{-1}.$$

该变换的雅可比行列式等于 $-(t_1^2)^{-3}$, 而因为 $t_1^2 = x^2/x^1$, 所以它在与所讨论的集合 $U_1 \cap U_2$ 的点相对应的点有定义并且不为零.

于是, $\mathbb{RP}^2$ 是二维流形, 它具有由三张图组成的解析图册.

沿用例 12 中关于射影直线 $\mathbb{RP}^1$ 的讨论思路, 可把射影平面 $\mathbb{RP}^2$ 解释为二维球面 $S^2 \subset \mathbb{R}^3$, 并且其直径的两个端点是等价的; 或者解释为半球面, 并且其边界圆周的直径的两个端点是等价的. 把半球投影到平面上, 我们就能够把 $\mathbb{RP}^2$ 解释为圆 (二维圆盘), 并且其边界圆周的直径的两个端点是等价的.

例 14. 平面 $\mathbb{R}^2$ 上的所有直线可以分为两个集合: 非竖直直线集 U 与非水平直线集 V. U 中的每条直线具有形如 $y = u_1 x + u_2$ 的方程, 从而可以用坐标 (u_1, u_2) 描述. 与此同时, V 中的任何直线具有方程 $x = v_1 y + v_2$, 从而可以用坐标 (v_1, v_2) 给出. 对于交集 $U \cap V$ 中的直线, 相应的坐标变换函数为 $v_1 = u_1^{-1}$, $v_2 = -u_2 u_1^{-1}$ 和 $u_1 = v_1^{-1}$, $u_2 = -v_2 v_1^{-1}$. 因此, 所考虑的集合具有由两张图组成的解析图册.

平面上的任何直线都具有方程 $ax + by + c = 0$, 从而可以用有序的三个数 (a, b, c) 描述, 并且成比例的两组数给出同一条直线. 因此可以证明, 我们在这里又遇到在例 13 中讨论过的射影平面 $\mathbb{RP}^2$. 然而, 如果在 $\mathbb{RP}^2$ 中允许不同时为零的任何三个数, 则现在不允许形如 $(0, 0, c)$ 的三个数, 其中 $c \neq 0$. 在 $\mathbb{RP}^2$ 中, 所有这样的三个数对应着同一个点. 因此, 在本例中得到的流形与从 $\mathbb{RP}^2$ 去掉一个点所得到的流形同胚. 如果把 $\mathbb{RP}^2$ 解释为圆, 并且其边界圆周的直径的两个端点是等价的, 则只要去掉圆的中心, 我们就在同胚的意义下得到一个环, 其外圆周按照直径的两个端点粘合在一起. 通过直接剪开容易证明, 这时得到众所周知的默比乌斯带.

定义 9. 设 M 和 N 是 $C^{(k)}$ 类光滑流形. 映射 $f: M \to N$ 称为 l 光滑映射 ($C^{(l)}$ 类光滑映射), 如果点 $f(x) \in N$ 的局部坐标是点 $x \in M$ 的局部坐标的 $C^{(l)}$ 类函数.

如果 $l \leqslant k$, 则上述定义有意义, 并且是合理的 (与局部图的选择无关).

特别地, M 到 $\mathbb{R}^1$ 的光滑映射是 M 上的光滑函数, 而 $\mathbb{R}^1$ (或 $\mathbb{R}^1$ 中的区间) 到 M 的光滑映射是 M 上的光滑道路.

于是, 函数 $f: M \to N$ 在流形 M 上的光滑程度不能超过流形本身的光滑程度.

3. 流形及其边界的定向

定义 10. 一个光滑流形的两个图称为相容的, 如果在它们的公共作用域中, 从一个图的局部坐标到另一个图的局部坐标的变换可以通过处处具有正雅可比行列式的微分同胚实现.

特别地, 如果两个局部图的作用域的交集是空集, 则认为这样的图是相容的.

定义 11. 光滑流形 (M, A) 的图册 A 称为流形 M 的定向图册, 如果它由两两相容的图组成.

定义 12. 具有定向图册的流形称为*可定向流形*. 没有定向图册的流形称为*不可定向流形*.

如果一个流形的两个定向图册的并集仍是该流形的定向图册, 就认为这两个定向图册是等价定向图册. 容易看出, 上述关系的确是等价关系.

定义 13. 按照上述等价关系得到的一个流形的定向图册等价类称为该流形的*定向图册类*或*定向*.

定义 14. 具有指定的定向图册类 (即具有固定的定向) 的流形称为*定向流形*.

因此, 给出一个流形的定向, 就是 (用某一种方法) 指出它的一个确定的定向图册类. 为此, 例如, 只要指出该定向图册类中的任何一个具体的定向图册即可.

在第十二章 §2, §3 中描述了给出 $\mathbb{R}^n$ 中的流形的定向的各种实用方法.

命题 3. 连通流形或者不可定向, 或者有两种定向.

◀ 设 A 和 $\tilde{A}$ 是给定流形 M 的两个定向图册, 并且利用微分同胚可以从一个图册的图的局部坐标变换到另一个图册的图的局部坐标. 假设我们找到了点 $p_0 \in M$ 和上述图册的两张图, 使它们的作用域 $U_{i_0}, \tilde{U}_{j_0}$ 都包含点 p_0, 并且这两张图的坐标变换的雅可比行列式在参数域中与点 p_0 相对应的点是正的. 我们来证明, 这时对于任何点 $p \in M$ 和图册 $A, \tilde{A}$ 的任何图, 只要其作用域包含点 p, 则坐标变换的雅可比行列式在相应的坐标点也是正的.

首先, 我们显然看到, 如果对于图册 $A, \tilde{A}$ 的某两个包含 p 的图, 变换的雅可比行列式在点 $p \in M$ 是正 (负) 的, 则它对于任何这样的两个图在点 p 也是正 (负) 的, 因为坐标变换在一个图册的范围内具有正的雅可比行列式, 而复合映射的雅可比行列式等于各映射的雅可比行列式之积.

现在设 E 是 M 的子集, 并且组成该子集的点 $p \in M$ 满足以下条件: 从一个图册的一个图到另一个图册的各个图的坐标变换在点 p 具有正的雅可比行列式.

集合 E 不是空集, 因为 $p_0 \in E$. 集合 E 是 M 中的开集. 其实, 对于任何一个点 $p \in E$, 在 A 和 $\tilde{A}$ 的图册中都可以找到某些图, 其作用域 $U_i, \tilde{U}_j$ 包含点 p. 集合 $U_i, \tilde{U}_j$ 是 M 中的开集, 所以集合 $U_i \cap \tilde{U}_j$ 也是 M 中的开集. 集合 $U_i \cap \tilde{U}_j$ 的包含 p 的连通子集既是 $U_i \cap \tilde{U}_j$ 中的开集, 又是 M 中的开集. 在该连通子集中, 坐标变换的雅可比行列式不等于零, 其符号也不会变化. 因此, 雅可比行列式在点 p 的某个

§2. 流形

邻域内总是正的, 从而证明了集合 E 是开集. 但是, 集合 E 也是 M 中的闭集, 因为微分同胚的雅可比行列式连续并且不等于零.

于是, E 是连通集 M 的非空子集, 并且既是开集又是闭集. 因此, $E = M$, 并且图册 A, $\tilde{A}$ 在 M 上给出相同的定向.

在图册 A 的所有图中改变一个坐标的符号, 例如 t^1 改为 $-t^1$, 就得到属于另一个定向类的定向图册 $-A$. 因为分别属于图册 A 和 $-A$ 的任意的图之间的坐标变换的雅可比行列式具有相反的符号, 所以 M 上的任何定向图册或者等价于 A, 或者等价于 $-A$. ▶

定义 15. 在由给定图册的有限张图组成的序列中, 如果任何两个序号相邻的图的作用域都具有非空的交集 ($U_i \cap U_{i+1} \neq \varnothing$), 则该序列称为图链.

定义 16. 如果从一条图链的任何一张图到下一张图的坐标变换的雅可比行列式都是正的, 该图链的第一张图的作用域与最后一张图的作用域相交, 但是从最后一张图到第一张图的坐标变换具有负的雅可比行列式, 则该图链称为矛盾图链或无向图链.

命题 4. 可定向流形的充分必要条件是在该流形上不存在矛盾图链.

◀ 因为任何流形都能分解为一些连通分支, 并且可以独立地给出这些连通分支的定向, 所以只要对连通流形 M 证明命题 4 即可.

必要性. 设连通流形 M 是可定向的, A 是给出其定向的图册. 根据命题 3 中已经证明的结果, 流形 M 的任何与图册 A 的图有光滑坐标变换关系的局部图, 或者与图册 A 的所有的图相容, 或者与图册 $-A$ 的所有的图相容. 这容易得自命题 3 本身, 只要把图册 A 的图限制在所取的图的作用域上, 并且可以认为该作用域是连通流形, 其定向由一个图给出. 由此可知, 在流形 M 上不存在矛盾图链.

充分性. 由定义 1 可知, 在流形上存在由数目有限或可数的图组成的图册. 取这样的图册 A 并为它的图编号. 考虑图 (U_1, φ_1) 和任何一个满足 $U_1 \cap U_i \neq \varnothing$ 的图 (U_i, φ_i). 这时, 坐标变换 $\varphi_{1i}, \varphi_{i1}$ 的雅可比行列式在变换的定义域中或者处处为负, 或者处处为正. 它不可能取不同符号的值, 否则在集合 $U_1 \cap U_i$ 中可以指出雅可比行列式分别取负号和正号的连通子集 U_-, U_+, 使图链 $(U_1, \varphi_1), (U_+, \varphi_1), (U_i, \varphi_i)$, (U_-, φ_i) 是矛盾图链.

于是, 在需要时改变图 (U_i, φ_i) 中的一个坐标的符号, 就可以得到具有相同作用域 U_i 并且与图 (U_1, φ_1) 相容的图. 满足 $U_1 \cap U_i \neq \varnothing, U_1 \cap U_j \neq \varnothing, U_i \cap U_j \neq \varnothing$ 的两张图 $(U_i, \varphi_i), (U_j, \varphi_j)$ 本身经过上述处理后是相容的, 否则我们从这三张图能构造一条矛盾图链.

因此已经可以认为, 图册中作用域与 U_1 相交的所有的图彼此相容. 现在取这些图中的每一张图作为标准图, 使第一阶段中没有包括在图册中的新图与它相容.

这时不会出现矛盾, 因为根据条件, 在流形上不存在矛盾图链. 继续这个过程并注意流形的连通性, 我们在流形上构造出由两两相容的图组成的图册, 从而证明了所给流形是可定向流形. ▶

在研究具体流形时可以成功地应用可定向流形的上述判别准则以及其证明中的思路. 于是, 例 12 中的流形 $\mathbb{RP}^1$ 是可定向的, 从那里给出的图册容易得到 $\mathbb{RP}^1$ 的定向图册. 为此, 只要改变那里给出的两张图之一的局部坐标的符号即可. 不过, 射影直线 $\mathbb{RP}^1$ 的可定向性显然还得自流形 $\mathbb{RP}^1$ 同胚于圆周的事实.

射影平面 $\mathbb{RP}^2$ 是不可定向的. 在例 13 中, 对于 $\mathbb{RP}^2$ 的上述图册的任何两张图, 坐标变换在这两张图的范围内既有雅可比行列式为正的区域, 也有该行列式为负的区域. 由此可知, 如我们在命题 4 的证明中所见, 在 $\mathbb{RP}^2$ 上存在矛盾图链.

同理, 例 14 中的流形也是不可定向的. 顺便指出, 它与默比乌斯带同胚.

命题 5. 可定向光滑 n 维流形的边界是可定向 $n-1$ 维流形, 它与原流形具有同样的光滑性.

◀ 命题 5 的证明完全重复第十二章 §3 第 2 小节中关于 $\mathbb{R}^n$ 中曲面的类似的命题 2 的证明. ▶

定义 17. 如果 $A(M) = \{(H^n, \varphi_i, U_i)\} \cup \{(\mathbb{R}^n, \varphi_j, U_j)\}$ 是流形 M 的定向图册, 则图集 $A(\partial M) = \{(\mathbb{R}^{n-1}, \varphi_i|_{\partial H^n = \mathbb{R}^{n-1}}, \partial U_i)\}$ 是流形 M 的边界 ∂M 的定向图册. 由该图册给出的边界定向称为与流形定向相容的边界定向.

关于在实际应用中如何给出 $\mathbb{R}^n$ 中的曲面定向和相容边界定向的问题, 在第十二章 §2, §3 中已经详细描述了一些重要并且常用的方法.

4. 单位分解和流形在 $\mathbb{R}^n$ 中的曲面形式. 这里将阐述一种在数学中被称为单位分解的专门结构, 这种结构常常是把整体问题化为局部问题的基本工具. 我们将在推导流形上的斯托克斯公式时展示其用法, 而这里将利用单位分解来阐明, 任何流形都能够表示为维数 n 足够大的空间 $\mathbb{R}^n$ 中的某个曲面的形式.

引理. 在 $\mathbb{R}$ 上可以构造出满足以下条件的函数 $f \in C^{(\infty)}(\mathbb{R}, \mathbb{R})$: 当 $|x| \geqslant 3$ 时, $f(x) \equiv 0$; 当 $|x| \leqslant 1$ 时, $f(x) \equiv 1$; 当 $1 < |x| < 3$ 时, $0 < f(x) < 1$.

◀ 我们从熟知的函数

$$g(x) = \begin{cases} e^{-1/x^2}, & x \neq 0, \\ 0, & x = 0 \end{cases}$$

出发来构造一个这样的函数. 我们曾经验证了 (见第一卷第 188 页) $g \in C^\infty(\mathbb{R}, \mathbb{R})$, 因为 $g^{(n)}(0) = 0$ 对于任何值 $n \in \mathbb{N}$ 都成立.

这时, 非负函数
$$G(x) = \begin{cases} e^{-(x-1)^{-2}} \cdot e^{-(x+1)^{-2}}, & |x| < 1, \\ 0, & |x| \geqslant 1 \end{cases}$$

也属于 $C^\infty(\mathbb{R}, \mathbb{R})$ 函数类, 并且函数

$$F(x) = \frac{\int_{-\infty}^{x} G(t)\,dt}{\int_{-\infty}^{+\infty} G(t)\,dt}$$

也属于这个函数类, 因为

$$F'(x) = \frac{G(x)}{\int_{-\infty}^{+\infty} G(t)\,dt}.$$

函数 F 在区间 $[-1, 1]$ 上严格递增, 并且当 $x \leqslant -1$ 时, $F(x) \equiv 0$, 当 $x \geqslant 1$ 时, $F(x) \equiv 1$.

现在可以取以下函数作为需要的函数:

$$f(x) = F(x+2) + F(-x+2) - 1. \;\blacktriangleright$$

附注 4. 如果 $f : \mathbb{R} \to \mathbb{R}$ 是在证明引理时构造的函数, 则在 $\mathbb{R}^n$ 中定义的函数

$$\theta(x^1, \cdots, x^n) = f(x^1 - a^1) \cdots f(x^n - a^n)$$

具有以下性质: $\theta \in C^{(\infty)}(\mathbb{R}^n, \mathbb{R})$, $0 \leqslant \theta(x) \leqslant 1$ 在任何点 $x \in \mathbb{R}^n$ 都成立, $\theta(x) \equiv 1$ 在区间 $I(a) = \{x \in \mathbb{R}^n \mid |x^i - a^i| \leqslant 1,\ i = 1, \cdots, n\}$ 上成立, 并且函数 θ 的支撑集 $\operatorname{supp}\theta$ 位于区间 $\tilde{I}(a) = \{x \in \mathbb{R}^n \mid |x^i - a^i| \leqslant 3,\ i = 1, \cdots, n\}$ 上.

定义 18. 设 M 是 $C^{(k)}$ 光滑类的流形, X 是 M 的子集. 如果由 $e_\alpha \in C^{(k)}(M, \mathbb{R})$ 组成的函数组 $E = \{e_\alpha, \alpha \in A\}$ 满足以下条件:

1° 对于任何函数 $e_\alpha \in E$ 和任何 $x \in M$, $0 \leqslant e_\alpha(x) \leqslant 1$;

2° 每一个点 $x \in X$ 在 M 中都有邻域 $U(x)$, 使函数组 E 中只有有限个在 $U(x)$ 中不恒等于零的函数;

3° 在 X 上 $\sum_{e_\alpha \in E} e_\alpha(x) \equiv 1$,

我们就说, 该函数组是集合 X 上的 k 阶光滑单位分解.

我们发现, 根据条件 2°, 对于任何 $x \in X$, 在求和式中只有有限个项不为零.

定义 19. 设 $\mathcal{O} = \{o_\beta, \beta \in B\}$ 是集合 $X \subset M$ 的开覆盖. 如果 X 上的单位分解 $E = \{e_\alpha, \alpha \in A\}$ 的任何一个函数的支撑集都至少包含在开覆盖 $\mathcal{O}$ 中的一个集合内, 我们就说, X 上的单位分解 E 从属于覆盖 $\mathcal{O}$.

命题 6. 设 $\{(U_i, \varphi_i), i = 1, \cdots, m\}$ 是流形 M 的某个 k 阶光滑图册中由有限张图构成的一组图, 其作用域组成紧集 $K \subset M$ 的覆盖, 则在 K 上存在从属于覆盖 $\{U_i, i = 1, \cdots, m\}$ 的 $C^{(k)}$ 类单位分解.

◀ 对于任何一个点 $x_0 \in K$, 首先依次取包含 x_0 并且与图 $\varphi_i : \mathbb{R}^n(H^n) \to U_i$ 相对应的区域 U_i、点 $t_0 = \varphi_i^{-1}(x_0) \in \mathbb{R}^n(H^n)$、函数 $\theta(t - t_0)$ (其中 $\theta(t)$ 是引理附注中的函数) 和函数 $\theta(t - t_0)$ 在图 φ_i 的参数域上的限制 θ_{t_0}.

设 I_{t_0} 是以 $t_0 \in \mathbb{R}^n$ 为中心的单位立方体与图 φ_i 的参数域的交集. 其实, 只有在图 φ_i 的参数域是半空间 H^n 的情况下, θ_{t_0} 才可能不同于 $\theta(t - t_0)$, I_{t_0} 才可能不同于相应单位立方体. 对于所有的允许值 $i = 1, 2, \cdots, m$, 按照每一个点 $x \in K$ 和相应的点 $t = \varphi_i^{-1}(x)$ 构造 M 中的开集 $\varphi_i(I_t)$, 使它们组成紧集 K 的开覆盖. 设 $\{\varphi_{i_j}(I_{t_j}), j = 1, 2, \cdots, l\}$ 是由此选出的紧集 K 的有限覆盖. 显然, $\varphi_{i_j}(I_{t_j}) \subset U_{i_j}$. 在 U_{i_j} 上定义函数 $\tilde{\theta}_j(x) = \theta_{t_j} \circ \varphi_{i_j}^{-1}(x)$, 并认为它在 U_{i_j} 以外等于零, 从而把它延拓到整个流形 M 上. 对于延拓到 M 上的这个函数, 仍然沿用原来的记号 $\tilde{\theta}_j$. 根据上述构造方法, $\tilde{\theta}_j \in C^{(k)}(M, \mathbb{R})$, $\operatorname{supp} \tilde{\theta}_j \subset U_{i_j}$, 并且在 M 上 $0 \leqslant \tilde{\theta}_j(x) \leqslant 1$, 在 $\varphi_{i_j}(I_{t_j}) \subset U_{i_j}$ 上 $\tilde{\theta}_j(x) \equiv 1$. 于是, 函数 $e_1(x) = \tilde{\theta}_1(x)$, $e_2(x) = \tilde{\theta}_2(x)(1 - \tilde{\theta}_1(x))$, $\cdots$, $e_l(x) = \tilde{\theta}_l(x)(1 - \tilde{\theta}_{l-1}(x)) \cdots (1 - \tilde{\theta}_1(x))$ 组成所求的单位分解. 只需要验证, 在 K 上 $\sum_{j=1}^{l} e_j(x) \equiv 1$, 因为函数组 $\{e_1, \cdots, e_l\}$ 显然满足对 K 的从属于紧集 K 的覆盖 $\{U_{i_1}, \cdots, U_{i_l}\} \subset \{U_i, i = 1, \cdots, m\}$ 的单位分解的其他要求. 但是, 在 K 上

$$1 - \sum_{j=1}^{l} e_j(x) = (1 - \tilde{\theta}_1(x)) \cdots (1 - \tilde{\theta}_l(x)) \equiv 0,$$

因为每一个点 $x \in K$ 都被某一个集合 $\varphi_{i_j}(I_{t_j})$ 覆盖, 而相应的函数 $\tilde{\theta}_j$ 在这个集合上恒等于 1. ▶

推论 1. 如果 M 是紧流形, A 是 M 上的 $C^{(k)}$ 类图册, 则在 M 上存在从属于流形覆盖的有限单位分解 $\{e_1, \cdots, e_l\}$, 并且该覆盖由图册 A 的图的作用域组成.

◀ 因 M 是紧的, 所以可以认为图册 A 是有限的. 如果在命题 6 中取 $K = M$, 则该命题的条件全部成立. ▶

推论 2. 对于流形 M 中的任何紧集 K 和任何包含 K 的开集 $G \subset M$, 存在函数 $f : M \to \mathbb{R}$, 它与流形 M 同样光滑, 在 K 上 $f(x) \equiv 1$, 并且 $\operatorname{supp} f \subset G$.

◀ 对于每一个点 $x \in K$, 在 G 中取覆盖该点的邻域 $U(x)$, 使它位于流形 M 的某张图的作用域中. 从紧集 K 的开覆盖 $\{U(x), x \in K\}$ 中选取有限覆盖, 并在 K 上构造出从属于该有限覆盖的单位分解 $\{e_1, \cdots, e_l\}$. 函数 $f = \sum_{i=1}^{l} e_i$ 即为所求. ▶

推论 3. 每一个 (用抽象形式给出的) 紧光滑 n 维流形 M 微分同胚于维数 N 足够大的空间 $\mathbb{R}^N$ 中的某一个紧光滑曲面.

◀ 为了让基本证明思想不因为细枝末节而变得复杂, 我们只证明无边紧流形 M 的情况. 这时, 在 M 上存在有限的光滑图册 $A = \{\varphi_i : I \to U_i, i = 1, \cdots, m\}$, 其中 I 是 $\mathbb{R}^n$ 中的 n 维立方体. 选取一个稍小的立方体 I', 使 $I' \subset I$, 并且 $\{U_i' = \varphi_i(I'), i = 1, \cdots, m\}$ 仍然组成 M 的覆盖. 在推论 2 中取 $K = I'$, $G = I$, $M = \mathbb{R}^n$, 并构造一个函数 $f \in C^{(\infty)}(\mathbb{R}^n, \mathbb{R})$, 使 $f(t) \equiv 1$ 在 $t \in I'$ 时成立, 并且 $\operatorname{supp} f \subset I$.

现在考虑映射 $\varphi_i^{-1} : U_i \to I$ $(i = 1, \cdots, m)$ 的坐标函数 $t_i^1(x), \cdots, t_i^n(x)$, 并利用它们在 M 上引入以下函数:

$$y_i^k(x) = \begin{cases} (f \circ \varphi_i^{-1})(x) \cdot t_i^k(x), & x \in U_i, \\ 0, & x \notin U_i, \end{cases} \quad i = 1, \cdots, m, \quad k = 1, \cdots, n.$$

映射 $M \ni x \mapsto y(x) = (y_1^1, \cdots, y_1^n, \cdots, y_m^1, \cdots, y_m^n)(x) \in \mathbb{R}^{mn}$ 在任何一个点 $x \in M$ 具有最大的秩 n. 其实, 如果 $x \in U_i'$, 则 $\varphi_i^{-1}(x) = t \in I'$, $f \circ \varphi_i^{-1}(x) = 1$, 并且 $y_i^k(\varphi_i(t)) = t_i^k$, $k = 1, \cdots, n$.

最后, 在 U_i 之外取 $f \circ \varphi_i^{-1}(x) \equiv 0$, $i = 1, \cdots, m$, 并考虑映射 $M \ni x \mapsto Y(x) = (y(x), f \circ \varphi_1^{-1}(x), \cdots, f \circ \varphi_m^{-1}(x)) \in \mathbb{R}^{mn+m}$. 一方面, 该映射和映射 $x \mapsto y(x)$ 显然具有相同的秩 n. 另一方面, 它显然是 M 到 M 在 $\mathbb{R}^{mn+m}$ 中的像上的一一映射. 我们来验证后一个命题. 设 p, q 是 M 的不同点. 从 M 的一组覆盖 $\{U_i', i = 1, \cdots, m\}$ 中找出包含点 p 的区域 U_i'. 于是, $f \circ \varphi_i^{-1}(p) = 1$. 如果 $f \circ \varphi_i^{-1}(q) < 1$, 则 $Y(p) \neq Y(q)$ 已经成立. 而如果 $f \circ \varphi_i^{-1}(q) = 1$, 则 $p, q \in U_i$, $y_i^k(p) = t^k(p)$, $y_i^k(q) = t^k(q)$ 并且 $t_i^k(p) \neq t_i^k(q)$ 至少对于一个值 $k \in \{1, \cdots, n\}$ 成立, 即这时 $Y(p) \neq Y(q)$ 也成立. ▶

为了了解关于任意流形在 $\mathbb{R}^n$ 中的曲面形式的一般的惠特尼定理, 读者可以查阅专门的几何文献.

习 题

1. 请验证: 如果只要求每一个点 $x \in M$ 有同胚于半空间 H^n 的开子集的邻域 $U(x) \subset M$, 则由定义 1 引入的对象 (流形) 保持不变.

2. 请证明:

a) 例 6 中的流形 $GL(n, \mathbb{R})$ 不是紧的, 并且恰有两个连通分支;

b) 流形 $SO(n, \mathbb{R})$ (见例 7) 是连通的;

c) 流形 $O(n, \mathbb{R})$ 是紧的, 并且恰有两个连通分支.

3. 设 (M, A) 和 $(\tilde{M}, \tilde{A})$ 是具有相同的给定光滑结构的两个 $C^{(k)}$ 类流形. 对于光滑流形 (M, A) 和 $(\tilde{M}, \tilde{A})$, 如果 $C^{(k)}$ 类映射 $f : M \to \tilde{M}$ 存在并且在图册 $A, \tilde{A}$ 下具有同样光滑类的逆映射 $f^{-1} : \tilde{M} \to M$, 就认为上述两个光滑流形 (光滑结构) 是同构的.

a) 请证明: 在 $\mathbb{R}^1$ 上具有同样光滑性的所有结构彼此同构.

b) 请验证例 11 中的命题并说明它们与习题 a) 是否矛盾.

c) 请证明: 圆周 (一维球面) S^1 上的任何两个 $C^{(\infty)}$ 结构是同构的. 我们指出, 这个命题对于维数不超过 6 的球面仍然成立, 而在 S^7 上, 如米尔诺[①]所证明, 已经存在不同构的 $C^{(\infty)}$ 结构.

4. 设 S 是 n 维流形 M 的子集, 并且对于任何一个点 $x_0 \in S$, 可以找到 M 的图 $x = \varphi(t)$, 其作用域 U 包含 x_0, 而对于图 φ 的参数 $t = (t^1, \cdots, t^n)$ 的变化域中的集合 $S \cap U$, 由关系式 $t^{k+1} = 0, \cdots, t^n = 0$ 给出的 k 维曲面与之相对应. 在这样的情况下, S 称为流形 M 的 k 维子流形.

a) 请证明: 流形 M 的结构在 S 上自然地给出 k 维流形的结构, 它与流形 M 的结构具有同样的光滑性.

b) 请证明: $\mathbb{R}^n$ 中的 k 维曲面 S 恰好也是 $\mathbb{R}^n$ 的 k 维子流形.

c) 请证明: 在直线 $\mathbb{R}^1$ 到环面 T^2 的光滑同胚映射 $f: \mathbb{R}^1 \to T^2$ 下, 像 $f(\mathbb{R}^1)$ 可能是 T^2 的处处稠密的子集, 并且在这种情况下, 它不是环面的一维子流形, 尽管它还是抽象的一维子流形.

d) 如果对于 n 维流形 M 的子集 S 中的任何一个点 x_0, 都可以找到流形 M 的局部图, 其作用域 U 包含 x_0, 而集合 $S \cap M$ 在图的参数域中与空间 $\mathbb{R}^n$ 的某个 k 维曲面相对应, 就认为 $S \subset M$ 是 n 维流形 M 的 k 维子流形. 请验证: 这没有改变 "子流形" 的概念的原始含义.

5. 设 X 是豪斯多夫拓扑空间 (流形), 而 G 是空间 X 的同胚变换群. 如果对于任何两个点 $x_1, x_2 \in X$ (可能重合), 都可以找到它们各自的邻域 U_1, U_2, 使集合 $\{g \in G \mid g(U_1) \cap U_2 \neq \varnothing\}$ 是有限集, 则群 G 称为空间 X 的离散变换群.

a) 请由此推出: 任何一个点 $x \in X$ 的轨道 $\{g(x) \in X \mid g \in G\}$ 都是离散的, 而任何一个点 $x \in X$ 的稳定子 $G_x = \{g \in G \mid g(x) = x\}$ 都是有限的.

b) 请验证: 如果 G 是度量空间 X 的等距变换群, 并且具有在 a) 中列出的两个性质, 则 G 是 X 的离散变换群.

c) 请在离散群 G 的轨道集 X/G 上引入拓扑空间 (流形) 的自然结构.

d) 具有离散变换群 G 的拓扑空间 (流形) X 的闭子集 F 称为群 G 的基本域, 如果它是 X 的开子集的闭包, 而各集合 $g(F)$ (其中 $g \in G$) 两两没有公共内点并且构成空间 X 的局部有限覆盖. 请利用正文中的例 8—10 给出通过 '粘合' 某些边界点从 F 得到群 G 的 (轨道集) X/G 的商空间的方法.

6. a) 请利用例 12, 13 的结构构造 n 维实射影空间 $\mathbb{RP}^n$.

b) 请验证: 如果 n 是奇数, 则 $\mathbb{RP}^n$ 是可定向的; 如果 n 是偶数, 则 $\mathbb{RP}^n$ 是不可定向的.

c) 请验证: 流形 $SO(3, \mathbb{R})$ 与 $\mathbb{RP}^3$ 同胚.

7. 请验证: 在例 14 中构造的流形确实与默比乌斯带同胚.

8. a) 李群[②]是具有解析流形结构的群 G, 并且映射 $(g_1, g_2) \mapsto g_1 \cdot g_2$, $g \mapsto g^{-1}$ 分别是 $G \times G$ 到 G 和 G 到 G 的解析映射. 请证明: 例 6, 7 中的流形是李群.

[①] 米尔诺 (J. Milnor, 生于 1931 年) 是最卓越的美国现代数学家之一, 主要研究代数拓扑学和拓扑流形.
[②] 李 (M. S. Lie, 1842—1899) 是杰出的挪威数学家, 连续群 (李群) 理论的创始人, 该理论现在在几何学、拓扑学以及物理学的数学方法中有基本意义. 他是罗巴切夫斯基国际奖获奖者之一 (因为在几何论证中应用群论而在 1897 年获奖).

b) 拓扑群 (或连续群) 是具有拓扑空间结构的群 G, 并且群的乘法运算和求逆元素的运算在 G 的拓扑中是连续映射 $G \times G \to G$, $G \to G$. 请以有理数群 $\mathbb{Q}$ 为例证明: 并非任何拓扑群都是李群.

c) 请证明: 任何李群在 b) 中的定义下都是拓扑群.

d) 已经证明[①], 任何同时也是流形的拓扑群 G 必是李群 (即作为流形的 G 具有使一个群变成李群的解析结构). 请证明: 任何群流形 (即任何李群) 必是可定向的流形.

9. 如果一个拓扑空间的每一个点都有一个只与该空间的一组子集中的有限个集合相交的邻域, 则这一组子集称为局部有限子集组. 特别地, 可以讨论空间的局部有限覆盖.

如果一组集合中的任何一个集合至少包含于另一组集合中的一个集合, 我们就说, 第一组集合内接于第二组集合. 特别地, 可以讨论某个集合的一个覆盖内接于该集合的另一个覆盖.

a) 请证明: 对于 $\mathbb{R}^n$ 的任何一个开覆盖, 都可以让 $\mathbb{R}^n$ 的一个局部有限开覆盖内接于该开覆盖.

b) 把 a) 中的 $\mathbb{R}^n$ 改为一个任意的流形 M, 请求解所得的习题.

c) 请证明: 在 $\mathbb{R}^n$ 上存在从属于其任何给定开覆盖的单位分解.

d) 请验证: 命题 c) 对于任意流形仍然成立.

§3. 微分形式及其在流形上的积分

1. 流形在一个点的切空间. 我们记得, 对于在某个时刻 t_0 通过点 $x_0 = x(t_0) \in \mathbb{R}^n$ 的每一条光滑道路 $\mathbb{R} \ni t \xrightarrow{\gamma} x(t) \in \mathbb{R}^n$ ($\mathbb{R}^n$ 中的运动), 我们有与之相应的瞬时速度向量 $\xi = (\xi^1, \cdots, \xi^n)$, $\xi = \dot{x}(t_0) = (\dot{x}^1, \cdots, \dot{x}^n)(t_0)$. 这样的与点 $x_0 \in \mathbb{R}^n$ 有关的向量 ξ 的集合, 自然等价于算术空间 $\mathbb{R}^n$ 并记作 $T\mathbb{R}^n_{x_0}$ (或 $T_{x_0}(\mathbb{R}^n)$). 如同在线性空间 $\mathbb{R}^n$ 中引入相应元素的线性运算, 在 $T\mathbb{R}^n_{x_0}$ 中也可以引入元素 $\xi \in T\mathbb{R}^n_{x_0}$ 的同样一些线性运算. 由此产生的线性空间 $T\mathbb{R}^n_{x_0}$ 称为 $\mathbb{R}^n$ 在点 $x_0 \in \mathbb{R}^n$ 的切空间.

忽略上述铺垫, 现在可以说, $T\mathbb{R}^n_{x_0}$ 在形式上就是由点 $x_0 \in \mathbb{R}^n$ 和一个与之相关的线性空间 $\mathbb{R}^n$ 组成的序偶 $(x_0, \mathbb{R}^n)$.

现在设 M 是光滑的 n 维流形, 其图册 A 至少属于 $C^{(1)}$ 光滑类. 我们希望定义流形 M 在点 $p_0 \in M$ 的切向量 ξ 和切空间 TM_{p_0}.

为此, 我们利用切向量作为瞬时运动速度的上述解释. 在流形 M 上取一条光滑道路 $\mathbb{R} \ni t \xrightarrow{\gamma} p(t) \in M$, 使它在时刻 t_0 通过点 $p_0 = p(t_0) \in M$. 我们在这里用字母 x 表示流形 M 的图的参量 (即局部坐标), 并且用下标表示相应的图, 用上标表示坐标的序号. 于是, 对于作用域 U_i 包含点 p_0 的每一张图, 其参数域中的道路 $t \xrightarrow{\gamma_i} \varphi_i^{-1} \circ p(t) = x_i(t) \in \mathbb{R}^n(H^n)$ 与道路 γ 相对应, 而根据光滑映射 $\mathbb{R} \ni t \xrightarrow{\gamma} p(t) \in M$ 的定义, 参数域中的上述道路是光滑的.

因此, 设 φ_i 是映射 $p = \varphi_i(x_i)$, 则点 $x_i(t_0) = \varphi_i^{-1}(p_0)$ 和向量 $\xi_i = \dot{x}_i(t_0) \in T\mathbb{R}^n_{x_i(t_0)}$ 出现在图 (U_i, φ_i) 的参数域中. 而对于其他这样的图 (U_j, φ_j), 相应的点和向量分

---

① 这是通常所说的希尔伯特第五问题的答案.

别是 $x_j(t_0) = \varphi_j^{-1}(p_0)$ 和 $\xi_j = \dot{x}_j(t_0) \in T\mathbb{R}^n_{x_j(t_0)}$. 自然认为, 这就是我们希望称为流形 M 在点 $p_0 \in M$ 的切向量 ξ 的对象在不同的图中的坐标形式.

坐标 x_i, x_j 满足光滑互逆的变换函数

$$x_i = \varphi_{ji}(x_j), \quad x_j = \varphi_{ij}(x_i), \tag{1}$$

所以序偶 $(x_i(t_0), \xi_i), (x_j(t_0), \xi_j)$ 之间的关系是

$$x_i(t_0) = \varphi_{ji}(x_j(t_0)), \quad x_j(t_0) = \varphi_{ij}(x_i(t_0)), \tag{2}$$

$$\xi_i = \varphi'_{ji}(x_j(t_0))\xi_j, \quad \xi_j = \varphi'_{ij}(x_i(t_0))\xi_i. \tag{3}$$

等式 (3) 显然得自公式

$$\dot{x}_i(t) = \varphi'_{ji}(x_j(t))\dot{x}_j(t), \quad \dot{x}_j(t) = \varphi'_{ij}(x_i(t))\dot{x}_i(t),$$

而这些公式是对 (1) 进行微分运算的结果.

定义 1. 我们说, 我们给出了流形 M 在点 $p \in M$ 的切向量 ξ, 如果对于满足 $U_i \ni p$ 的每一张图 (U_i, φ_i) 和其参数域中的点 p 所对应的点 x_i, 都可以在 $\mathbb{R}^n$ 的点 x_i 的切空间 $T\mathbb{R}^n_{x_i}$ 中确定一个满足关系式 (3) 的向量 ξ_i.

因此, 如果明确地写出映射 φ_{ji} 的雅可比矩阵 φ'_{ji} 的元素 $\dfrac{\partial x_i^k}{\partial x_j^m}$, 我们就得到以下显式公式来表示同一个向量 ξ 的两种坐标形式之间的关系:

$$\xi_i^k = \sum_{m=1}^n \frac{\partial x_i^k}{\partial x_j^m} \xi_j^m, \quad k = 1, 2, \cdots, n, \tag{4}$$

这里取偏导数在 p 的对应点 $x_j = \varphi_j^{-1}(p)$ 的值.

我们用 TM_p 表示流形 M 在点 $p \in M$ 的全部切向量的集合.

定义 2. 如果认为集合 TM_p 相当于相应的空间 $T\mathbb{R}^n_{x_i}$ ($TH^n_{x_i}$), 从而在 TM_p 上引入线性结构, 即认为 TM_p 中的向量之和与相加的各向量在 $T\mathbb{R}^n_{x_i}$ ($TH^n_{x_i}$) 中的坐标形式之和相对应, 并类似地定义向量与数的乘法, 则通常用记号 TM_p 和 $T_p(M)$ 之一表示这时得到的线性空间, 并称之为流形 M 在点 $p \in M$ 的切空间.

从公式 (3), (4) 可见, 在 TM_p 中引入的线性结构与单独一张图的选择无关, 即定义 2 在这个意义下是合理的.

于是, 我们定义了流形的切空间. 对切向量和切空间的解释可能是各种各样的 (见习题 1). 例如, 认为切向量相当于线性泛函是其中的一种解释, 其出发点在于我们在 $\mathbb{R}^n$ 中观察到的以下结果.

每一个向量 $\xi \in T\mathbb{R}^n_{x_0}$ 都是与某一条光滑道路 $x = x(t)$ 相对应的速度向量, 即 $\xi = \dot{x}(t)|_{t=t_0}$, 并且 $x_0 = x(t_0)$. 这使我们能够定义在 $\mathbb{R}^n$ (或点 x_0 的邻域) 中给定的

§3. 微分形式及其在流形上的积分

光滑函数 f 在点 x_0 沿向量 $\xi \in T\mathbb{R}^n_{x_0}$ 的导数 $D_\xi f(x_0)$, 即

$$D_\xi f(x_0) := \frac{d}{dt}(f \circ x)(t)\bigg|_{t=t_0}, \tag{5}$$

亦即

$$D_\xi f(x_0) = f'(x_0)\xi, \tag{6}$$

其中 $f'(x_0)$ 是 f 在点 x_0 的切映射 (f 的微分).

按照公式 (5), (6) 由向量 $\xi \in T\mathbb{R}^n_{x_0}$ 确定的泛函 $D_\xi : C^{(1)}(\mathbb{R}^n, \mathbb{R}) \to \mathbb{R}$ 显然是关于 f 的线性泛函. 从公式 (6) 还可以看出, 对于固定的函数 f, 量 $D_\xi f(x_0)$ 线性地依赖于 ξ, 即向量之和与相应线性泛函之和相对应, 而向量 ξ 与数的乘法与泛函 D_ξ 与同一个数的乘法相对应. 因此, 在线性空间 $T\mathbb{R}^n_{x_0}$ 与相应线性泛函 D_ξ 的线性空间之间存在着同构. 最后, 为了确定线性泛函 D_ξ, 只需要给出它的一组特征性质, 从而得到切空间 $T\mathbb{R}^n_{x_0}$ 的一种新的解释, 它当然与以前的解释同构.

我们指出, 除了上述线性性质, 泛函 D_ξ 还具有以下性质:

$$D_\xi(f \cdot g)(x_0) = D_\xi f(x_0) \cdot g(x_0) + f(x_0) \cdot D_\xi g(x_0). \tag{7}$$

这是乘积的微分法则.

在微分代数中, 环 A 的满足关系式 $(a \cdot b)' = a' \cdot b + a \cdot b'$ 的可加映射 $a \mapsto a'$ 称为微分运算 (更准确地说, 称为环 A 的微分运算). 因此, 泛函 $D_\xi : C^{(1)}(\mathbb{R}^n, \mathbb{R}) \to \mathbb{R}$ 是环 $C^{(1)}(\mathbb{R}^n, \mathbb{R})$ 的微分运算. 但 D_ξ 关于空间 $C^{(1)}(\mathbb{R}^n, \mathbb{R})$ 的线性结构还是线性的.

可以验证, 具有性质

$$l(\alpha f + \beta g) = \alpha l(f) + \beta l(g), \quad \alpha, \beta \in \mathbb{R}, \tag{8}$$

$$l(f \cdot g) = l(f)g(x_0) + f(x_0)l(g) \tag{9}$$

的线性泛函 $l : C^{(\infty)}(\mathbb{R}^n, \mathbb{R}) \to \mathbb{R}$ 具有 D_ξ 的形式, 其中 $\xi \in T\mathbb{R}^n_{x_0}$. 因此, 可以把 $\mathbb{R}^n$ 在点 x_0 的切空间 $T\mathbb{R}^n_{x_0}$ 解释为 $C^{(\infty)}(\mathbb{R}^n, \mathbb{R})$ 上的满足条件 (8), (9) 的泛函 (微分运算) 的线性空间.

用来计算函数 f 在点 x_0 的各偏导数的泛函 $D_{e_k}f(x_0) = \frac{\partial}{\partial x^k}f(x)\bigg|_{x=x_0}$ 分别与空间 $T\mathbb{R}^n_{x_0}$ 的各基向量 $e_1, \cdots, e_n$ 相对应. 因此, 如果把空间 $T\mathbb{R}^n_{x_0}$ 解释为泛函的线性空间, 就可以说, 泛函 $\left\{\frac{\partial}{\partial x^1}, \cdots, \frac{\partial}{\partial x^n}\right\}\bigg|_{x=x_0}$ 组成 $T\mathbb{R}^n_{x_0}$ 的基.

如果 $\xi = (\xi^1, \cdots, \xi^n) \in T\mathbb{R}^n_{x_0}$, 则向量 ξ 所对应的算子 D_ξ 的形式为 $D_\xi = \xi^k \frac{\partial}{\partial x^k}$.

可以完全类似地把 $C^{(\infty)}$ 类 n 维流形 M 在点 $p_0 \in M$ 的切向量 ξ 解释 (或定义) 为在 $C^{(\infty)}(M, \mathbb{R})$ 上具有性质 (8), (9) 的微分运算 l 的空间的元素. 自然, 这时应当把关系式 (9) 中的 x_0 改为 p_0, 使泛函 l 恰好与点 $p_0 \in M$ 有关. 切向量 ξ 和切空间 TM_{p_0} 的这个定义在形式上不需要引入局部坐标, 它在这个意义下显然是不变的.

算子 l 在局部图 (U_i, φ_i) 的坐标 $(x_i^1, \cdots, x_i^n)$ 下具有 $\xi_i^1 \frac{\partial}{\partial x_i^1} + \cdots + \xi_i^n \frac{\partial}{\partial x_i^n} = D_{\xi_i}$ 的形式. 在图 (U_i, φ_i) 的坐标下, 数 $(\xi_i^1, \cdots, \xi_i^n)$ 自然称为切向量 $l \in TM_{p_0}$ 的坐标. 根据微分法则, 同一个泛函 $l \in TM_{p_0}$ 在图 $(U_i, \varphi_i), (U_j, \varphi_j)$ 中的坐标形式满足关系式

$$\sum_{k=1}^n \xi_i^k \frac{\partial}{\partial x_i^k} = \sum_{m=1}^n \xi_j^m \frac{\partial}{\partial x_j^m} = \sum_{k=1}^n \left(\sum_{m=1}^n \frac{\partial x_i^k}{\partial x_j^m} \xi_j^m \right) \frac{\partial}{\partial x_i^k}, \tag{4'}$$

它们自然重复了关系式 (4).

2. 流形上的微分形式. 现在考虑切空间 TM_p 的对偶空间 T^*M_p. 换言之, 空间 T^*M_p 是 TM_p 上的实值线性泛函空间.

定义 3. 流形 M 在点 $p \in M$ 的切空间 TM_p 的对偶空间 T^*M_p 称为流形 M 在点 p 的余切空间.

如果流形 M 是 $C^{(\infty)}$ 类流形, $f \in C^{(\infty)}(M, \mathbb{R})$, 而 l_ξ 是与向量 $\xi \in TM_p$ 相对应的微分运算, 则对于固定的函数 $f \in C^{(\infty)}(M, \mathbb{R})$, 映射 $\xi \mapsto l_\xi f$ 显然是空间 T^*M_p 的元素. 在 $M = \mathbb{R}^n$ 的情况下得到 $\xi \mapsto D_\xi f(p) = f'(p)\xi$, 所以上述映射 $\xi \mapsto l_\xi f$ 自然称为函数 f 在点 p 的微分, 通常记为 $df(p)$.

如果 $T\mathbb{R}^n_{\varphi_\alpha^{-1}(p)}$ (或当 $p \in \partial M$ 时的 $TH^n_{\varphi_\alpha^{-1}(p)}$) 是在流形 M 的图 $(U_\alpha, \varphi_\alpha)$ 中与切空间 TM_p 相对应的空间, 则自然认为 $T\mathbb{R}^n_{\varphi_\alpha^{-1}(p)}$ 的对偶空间 $T^*\mathbb{R}^n_{\varphi_\alpha^{-1}(p)}$ 是空间 T^*M_p 在这个局部图中的描述 (表示). 在局部图 $(U_\alpha, \varphi_\alpha)$ 的坐标 $(x_\alpha^1, \cdots, x_\alpha^n)$ 下, 与空间 $T\mathbb{R}^n_{\varphi_\alpha^{-1}(p)}$ (或当 $p \in \partial M$ 时的 $TH^n_{\varphi_\alpha^{-1}(p)}$) 的基 $\left\{ \frac{\partial}{\partial x_\alpha^1}, \cdots, \frac{\partial}{\partial x_\alpha^n} \right\}$ 相对应的是其对偶空间中的对偶基 $\{dx^1, \cdots, dx^n\}$. $\Big($我们知道 $dx^i(\xi) = \xi^i$, 所以 $dx^i\left(\frac{\partial}{\partial x^j}\right) = \delta_j^i$. 这些对偶基在另外一张图 (U_β, φ_β) 中的表达式可能不这样简单, 因为 $\frac{\partial}{\partial x_\beta^j} = \frac{\partial x_\alpha^i}{\partial x_\beta^j} \frac{\partial}{\partial x_\alpha^i}$, $dx_\alpha^i = \frac{\partial x_\alpha^i}{\partial x_\beta^j} dx_\beta^j.\Big)$

定义 4. 我们说, 在 n 维光滑流形 M 上给出了 m 次微分形式 ω^m, 如果在 M 的每一个切空间 TM_p $(p \in M)$ 中都定义了斜对称形式 $\omega^m(p) : (TM_p)^m \to \mathbb{R}$.

其实, 这仅仅表示, 对于在流形 M 的图 $(U_\alpha, \varphi_\alpha)$ 中与空间 TM_p 相对应的每一个空间 $T\mathbb{R}^n_{\varphi_\alpha^{-1}(p)}$ (或 $TH^n_{\varphi_\alpha^{-1}(p)}$), 在该空间中都给出了相应的 m 形式 $\omega_\alpha(x_\alpha)$, 其中 $x_\alpha = \varphi_\alpha^{-1}(p)$. 两个这样的 m 形式 $\omega_\alpha(x_\alpha), \omega_\beta(x_\beta)$ 是同一个微分形式 $\omega(p)$ 的表示, 这个结果可以由以下关系式给出:

$$\omega_\alpha(x_\alpha)((\xi_1)_\alpha, \cdots, (\xi_m)_\alpha) = \omega_\beta(x_\beta)((\xi_1)_\beta, \cdots, (\xi_m)_\beta), \tag{10}$$

其中 x_α, x_β 分别在图 $(U_\alpha, \varphi_\alpha)$ 和 (U_β, φ_β) 中表示点 $p \in M$, 而 $(\xi_1)_\alpha, \cdots, (\xi_m)_\alpha$ 和 $(\xi_1)_\beta, \cdots, (\xi_m)_\beta$ 分别在这两张图中表示向量 $\xi_1, \cdots, \xi_m \in TM_p$.

§3. 微分形式及其在流形上的积分

在更常规的写法下, 这表示

$$x_\alpha = \varphi_{\beta\alpha}(x_\beta), \quad x_\beta = \varphi_{\alpha\beta}(x_\alpha), \tag{2'}$$

$$\xi_\alpha = \varphi'_{\beta\alpha}(x_\beta)\xi_\beta, \quad \xi_\beta = \varphi'_{\alpha\beta}(x_\alpha)\xi_\alpha, \tag{3'}$$

其中, 如通常所用, $\varphi_{\beta\alpha}, \varphi_{\alpha\beta}$ 分别是坐标变换函数 $\varphi_\alpha^{-1} \circ \varphi_\beta, \varphi_\beta^{-1} \circ \varphi_\alpha$, 而它们的切映射 $\varphi'_{\beta\alpha} =: (\varphi_{\beta\alpha})_*, \varphi'_{\alpha\beta} =: (\varphi_{\alpha\beta})_*$ 分别给出 $\mathbb{R}^n (H^n)$ 在点 x_α, x_β 的切空间的同构. 如 §1 第 3 小节所述, 对偶映射 $(\varphi'_{\beta\alpha})^* =: \varphi^*_{\beta\alpha}, (\varphi'_{\alpha\beta})^* =: \varphi^*_{\alpha\beta}$ 这时实现微分形式的转移, 而关系式 (10) 确实表示

$$\omega_\alpha(x_\alpha) = \varphi^*_{\alpha\beta}(x_\alpha)\omega_\beta(x_\beta), \tag{10'}$$

其中 α, β 是具有相同作用的指标 (可以互换位置).

映射 $\varphi'_{\alpha\beta}(x_\alpha)$ 的矩阵 (c_i^j) 是已知的, $(c_i^j) = \left(\dfrac{\partial x_\beta^j}{\partial x_\alpha^i}\right)(x_\alpha)$. 因此, 如果

$$\omega_\alpha(x_\alpha) = \sum_{1 \leqslant i_1 < \cdots < i_m \leqslant n} a_{i_1 \cdots i_m} \, dx_\alpha^{i_1} \wedge \cdots \wedge dx_\alpha^{i_m}, \tag{11}$$

$$\omega_\beta(x_\beta) = \sum_{1 \leqslant j_1 < \cdots < j_m \leqslant n} b_{j_1 \cdots j_m} \, dx_\beta^{j_1} \wedge \cdots \wedge dx_\beta^{j_m}, \tag{12}$$

则根据 §1 公式 (30) 得到

$$\begin{aligned}
&\sum_{1 \leqslant i_1 < \cdots < i_m \leqslant n} a_{i_1 \cdots i_m} \, dx_\alpha^{i_1} \wedge \cdots \wedge dx_\alpha^{i_m} \\
&= \sum_{\substack{1 \leqslant i_1 < \cdots < i_m \leqslant n \\ 1 \leqslant j_1 < \cdots < j_m \leqslant n}} b_{j_1 \cdots j_m} \frac{\partial(x_\beta^{j_1}, \cdots, x_\beta^{j_m})}{\partial(x_\alpha^{i_1}, \cdots, x_\alpha^{i_m})}(x_\alpha) \, dx_\alpha^{i_1} \wedge \cdots \wedge dx_\alpha^{i_m},
\end{aligned} \tag{13}$$

其中 $\dfrac{\partial(\ )}{\partial(\ )}$ 照例表示由相应偏导数组成的矩阵的行列式.

于是, 同一个微分形式 ω 的各种坐标表达式彼此之间的变换得自直接的变量代换 (打开相应的坐标微分, 然后根据外乘法则进行代数变换).

如果认为微分形式 ω_α 是流形上的给定微分形式 ω 到图 $(U_\alpha, \varphi_\alpha)$ 的参数域的转移, 则自然写出 $\omega_\alpha = \varphi^*_\alpha \omega$, 并且认为 $\omega_\alpha = \varphi^*_\alpha \circ (\varphi_\beta^{-1})^* \omega_\beta = \varphi^*_{\alpha\beta}\omega_\beta$, 其中复合映射 $\varphi^*_\alpha \circ (\varphi_\beta^{-1})^*$ 在这种情况下的作用是具体给出映射 $\varphi^*_{\alpha\beta} = (\varphi_\beta^{-1} \circ \varphi_\alpha)^*$.

定义 5. n 维流形 M 上的 m 次微分形式 ω 属于 $C^{(k)}$ 光滑类 (称为 $C^{(k)}$ 光滑类微分形式), 如果在给出 M 上光滑结构的图册的任何一张图 $(U_\alpha, \varphi_\alpha)$ 中, 其坐标表达式

$$\omega_\alpha = \varphi^*_\alpha \omega = \sum_{1 \leqslant i_1 < \cdots < i_m \leqslant n} a_{i_1 \cdots i_m}(x_\alpha) \, dx_\alpha^{i_1} \wedge \cdots \wedge dx_\alpha^{i_m}$$

中的系数 $a_{i_1 \cdots i_m}(x_\alpha)$ 都是相应的 $C^{(k)}$ 光滑类函数.

由公式 (13) 可见, 如果流形 M 本身具有 $C^{(k+1)}$ 类的光滑性, 例如, 如果 M 是 $C^{(\infty)}$ 类流形, 则定义 5 是合理的.

对于在流形上给出的微分形式, 我们已经自然地 (逐点地) 定义了加法以及与数相乘和外乘的运算 (特别地, 与函数 $f: M \to \mathbb{R}$ 相乘的运算, 而按照定义, 函数是零次微分形式). 前两种运算使 M 上的 $C^{(k)}$ 类 m 形式的集合 Ω_k^m 成为线性空间, 它在 $k = \infty$ 时通常记为 Ω^m. 显然, 微分形式 $\omega^{m_1} \in \Omega_k^{m_1}$ 和 $\omega^{m_2} \in \Omega_k^{m_2}$ 的外积是微分形式 $\omega^{m_1+m_2} = \omega^{m_1} \wedge \omega^{m_2} \in \Omega_k^{m_1+m_2}$.

3. 外微分

定义 6. 具有以下性质的线性算子 $d: \Omega_k^m \to \Omega_{k-1}^{m+1}$ 称为外微分:

$1°$ $d: \Omega_k^0 \to \Omega_{k-1}^1$ 作用于任何一个函数 $f \in \Omega_k^0$ 即给出该函数的普通微分 df;

$2°$ $d(\omega^{m_1} \wedge \omega^{m_2}) = d\omega^{m_1} \wedge \omega^{m_2} + (-1)^{m_1} \omega^{m_1} \wedge d\omega^{m_2}$, 其中 $\omega^{m_1} \in \Omega_k^{m_1}$, $\omega^{m_2} \in \Omega_k^{m_2}$;

$3°$ $d^2 := d \circ d = 0$.

最后一个等式表示, 对于任何微分形式 ω, 微分形式 $d(d\omega)$ 都是零形式.

因此, 条件 $3°$ 表示, 考虑不低于 $C^{(2)}$ 光滑类的微分形式.

这其实表示, 考虑 $C^{(\infty)}$ 流形 M 和从 Ω^m 到 Ω^{m+1} 的算子 d.

在一张具体图的局部坐标下, 算子 d 的计算公式 (以及算子 d 的唯一性) 得自关系式

$$d\left(\sum_{1 \leqslant i_1 < \cdots < i_m \leqslant n} c_{i_1 \cdots i_m}(x) \, dx^{i_1} \wedge \cdots \wedge dx^{i_m}\right) = \sum_{1 \leqslant i_1 < \cdots < i_m \leqslant n} dc_{i_1 \cdots i_m}(x) \wedge dx^{i_1} \wedge \cdots \wedge dx^{i_m}$$

$$\left(\sum_{1 \leqslant i_1 < \cdots < i_m \leqslant n} c_{i_1 \cdots i_m}(x) d(dx^{i_1} \wedge \cdots \wedge dx^{i_m}) = 0\right). \tag{14}$$

于是, 在局部坐标系中由关系式 (14) 定义的算子满足定义 6 的条件 $1°, 2°, 3°$. 由此可知, 算子 d 存在.

特别地, 从上述讨论可知, 如果 $\omega_\alpha = \varphi_\alpha^* \omega$ 和 $\omega_\beta = \varphi_\beta^* \omega$ 是同一个微分形式 ω 的坐标表达式, 即 $\omega_\alpha = \varphi_{\alpha\beta}^* \omega_\beta$, 则 $d\omega_\alpha$ 和 $d\omega_\beta$ 也是同一个微分形式 $(d\omega)$ 的坐标表达式, 即 $d\omega_\alpha = \varphi_{\alpha\beta}^* d\omega_\beta$. 因此, 关系式 $d(\varphi_{\alpha\beta}^* \omega_\beta) = \varphi_{\alpha\beta}^*(d\omega_\beta)$ 成立, 其抽象写法表示算子 d 与微分形式的转移运算 φ^* 的交换性:

$$d\varphi^* = \varphi^* d. \tag{15}$$

4. 微分形式在流形上的积分

定义 7. 设 n 维光滑定向流形 M 上的坐标 $x^1, \cdots, x^n$ 和定向由一张图 $\varphi_x: D_x \to M$ 给出, 其参数域为 $D_x \subset \mathbb{R}^n$. 设 ω 是 M 上的 n 形式, $a(x) \, dx^1 \wedge \cdots \wedge dx^n$

§3. 微分形式及其在流形上的积分

是它在区域 D_x 中的坐标表达式, 则

$$\int_M \omega := \int_{D_x} a(x)\, dx^1 \wedge \cdots \wedge dx^n, \tag{16}$$

其中左边是被定义的微分形式 ω 在定向流形 M 上的积分, 右边是函数 $a(x)$ 在区域 D_x 上的积分.

如果 $\varphi_t : D_t \to M$ 是 M 的另一个由一张图组成的图册, 它和图册 $\varphi_x : D_x \to M$ 在 M 上给出相同的定向, 则坐标变换函数 $x = \varphi(t)$ 的雅可比行列式 $\det \varphi'(t)$ 在区域 D_t 中处处为正. 微分形式

$$\varphi^*(a(x)\, dx^1 \wedge \cdots \wedge dx^n) = a(x(t)) \det \varphi'(t)\, dt^1 \wedge \cdots \wedge dt^n$$

对应 D_t 中的微分形式 ω. 根据重积分的变量代换定理, 等式

$$\int_{D_x} a(x)\, dx^1 \cdots dx^n = \int_{D_t} a(x(t)) \det \varphi'(t)\, dt^1 \cdots dt^n$$

成立. 它表明, 关系式 (16) 的左边与在 M 上选取的坐标系无关.

因此, 定义 7 是合理的.

定义 8. 设 ω 是定义在流形 M 上的微分形式. 流形 M 上满足 $\omega(x) \neq 0$ 的点的集合的闭包称为微分形式 ω 的支撑集.

微分形式 ω 的支撑集记为 $\operatorname{supp}\omega$. 在 0 形式的情形下, 即当 ω 是函数时, 我们曾经遇到这个概念. 在微分形式的支撑集之外, 微分形式在任何局部坐标系下的坐标表达式都是具有给定次数的 0 形式.

定义 9. 在流形 M 上给出的微分形式 ω 称为有限微分形式, 如果 $\operatorname{supp}\omega$ 是 M 中的紧集.

定义 10. 设 ω 是 n 维光滑定向流形 M 上的 n 次有限微分形式, 相应定向由图册 A 给出. 设图册 A 的有限个图 $\varphi_i : D_i \to U_i$ 组成一组图 $\{(U_i, \varphi_i), i = 1, \cdots, m\}$, 其作用域 $U_1, \cdots, U_m$ 覆盖 $\operatorname{supp}\omega$, 而 $e_1, \cdots, e_k$ 是 $\operatorname{supp}\omega$ 上从属于该覆盖的单位分解. 只要若干次重复某些图, 就可以认为 $m = k$ 且 $\operatorname{supp} e_i \subset U_i, i = 1, \cdots, m$. 量

$$\int_M \omega := \sum_{i=1}^m \int_{D_i} \varphi_i^*(e_i \omega), \tag{17}$$

其中 $\varphi_i^*(e_i \omega)$ 是微分形式 $e_i \omega|_{U_i}$ 在相应局部图的坐标变化区域 D_i 中的坐标表达式, 称为有限微分形式 ω 在定向流形 M 上的积分.

我们来证明这定义的合理性.

◀ 设 $\tilde{A} = \{\tilde{\varphi}_j : \tilde{D}_j \to \tilde{U}_j\}$ 是另一个图册, 它也像图册 A 那样在 M 上给出相同的光滑结构和定向. 设 $\tilde{U}_1, \cdots, \tilde{U}_{\tilde{m}}, \tilde{e}_1, \cdots, \tilde{e}_{\tilde{m}}$ 分别是 $\operatorname{supp}\omega$ 的相应覆盖和 $\operatorname{supp}\omega$

上的从属于该覆盖的单位分解. 引入函数 $f_{ij} = e_i \tilde{e}_j$, $i = 1, \cdots, m$, $j = 1, \cdots, \tilde{m}$, 并取 $\omega_{ij} = f_{ij}\omega$.

我们注意到, $\operatorname{supp} \omega_{ij} \subset W_{ij} = U_i \cap \tilde{U}_j$. 此外, 由一张图给出的定向流形上的积分的定义 7 是合理的. 由此可知,

$$\int_{D_i} \varphi_i^*(\omega_{ij}) = \int_{\varphi_i^{-1}(W_{ij})} \varphi_i^*(\omega_{ij}) = \int_{\tilde{\varphi}_j^{-1}(W_{ij})} \tilde{\varphi}_j^*(\omega_{ij}) = \int_{\tilde{D}_j} \tilde{\varphi}_j^*(\omega_{ij}).$$

当 i 从 1 到 m, j 从 1 到 $\tilde{m}$ 时取这些等式之和, 利用 $\sum_{i=1}^m f_{ij} = \tilde{e}_j$, $\sum_{j=1}^{\tilde{m}} f_{ij} = e_i$, 就得到我们所需要的恒等式. ▶

5. 斯托克斯公式

定理. 设 M 是光滑的 n 维定向流形, ω 是该流形上的光滑的 $n-1$ 次有限微分形式, 则

$$\int_{\partial M} \omega = \int_M d\omega, \tag{18}$$

其中流形 M 的边界 ∂M 的定向与流形 M 的定向相容. 如果 $\partial M = \varnothing$, 则 $\int_M d\omega = 0$.

◀ 不失一般性, 可以认为流形 M 的所有局部图的坐标 (参数) 变化区域或者是开立方体 $I = \{x \in \mathbb{R}^n \mid 0 < x^i < 1, i = 1, \cdots, n\}$, 或者是这个开立方体与它的一个 (确定的!) 面的并集 $\tilde{I} = \{x \in \mathbb{R}^n \mid 0 < x^1 \leqslant 1 \wedge 0 < x^i < 1, i = 2, \cdots, n\}$.

利用单位分解, 可以只考虑 $\operatorname{supp} \omega$ 包含于一张形如 $\varphi : I \to U$ 或 $\varphi : \tilde{I} \to U$ 的图的作用域 U 的情况. 在这张图的坐标下, 微分形式 ω 具有以下形式:

$$\omega = \sum_{i=1}^n a_i(x) \, dx^1 \wedge \cdots \wedge \widehat{dx^i} \wedge \cdots \wedge dx^n,$$

这里的符号 ⌒ 照例表示没有相应因子.

因为积分是线性的, 所以只要对求和表达式中的一项

$$\omega_i = a_i(x) \, dx^1 \wedge \cdots \wedge \widehat{dx^i} \wedge \cdots \wedge dx^n \tag{19}$$

证明定理中的命题即可. 这个微分形式的微分是 n 形式

$$d\omega_i = (-1)^{i-1} \frac{\partial a_i}{\partial x^i}(x) \, dx^1 \wedge \cdots \wedge dx^n. \tag{20}$$

对于形如 $\varphi : I \to U$ 的图, (18) 中的两个积分对于微分形式 (19), (20) 都分别等于零. 第一个积分之所以等于零, 是因为 $\operatorname{supp} a_i \subset I$. 第二个积分等于零的原因与此相同, 只不过需要利用富比尼定理和关系式 $\int_0^1 \frac{\partial a_i}{\partial x^i} dx^i = a_i(1) - a_i(0) = 0$. 这同时解决了 $\partial M = \varnothing$ 的情况.

因此, 只需要对图 $\varphi : \tilde{I} \to U$ 验证等式 (18).

如果 $i > 1$, 则从上述讨论可知, 两个积分对于这样的图也等于零.

而如果 $i = 1$, 则
$$\int_M d\omega_1 = \int_U d\omega_1 = \int_{\tilde{I}} \frac{\partial a_1}{\partial x^1}(x)\, dx^1 \cdots dx^n$$
$$= \int_0^1 \cdots \int_0^1 \left(\int_0^1 \frac{\partial a_1}{\partial x^1}(x)\, dx^1 \right) dx^2 \cdots dx^n$$
$$= \int_0^1 \cdots \int_0^1 a_1(1, x^2, \cdots, x^n)\, dx^2 \cdots dx^n = \int_{\partial U} \omega_1 = \int_{\partial M} \omega_1.$$

于是, 我们在 $n > 1$ 时证明了公式 (18).

当 $n = 1$ 时, 相应情况与牛顿–莱布尼茨公式相同, 只要认为定向线段 $[\alpha, \beta]$ 的端点 α, β 现在分别记为 α_- 和 β_+, 而 0 形式 $g(x)$ 在这样的定向点上的积分分别等于 $-g(\alpha)$ 和 $+g(\beta)$. ▶

关于上述定理, 我们给出几个附注.

附注 1. 在定理的表述中没有提到流形 M 的光滑性和微分形式 ω 的光滑性. 在这些情况下, 通常认为这些对象属于 $C^{(\infty)}$ 光滑类. 但是, 由定理的证明可见, 当流形 M 和微分形式 ω 都属于 $C^{(2)}$ 光滑类时, 定理也成立.

附注 2. 从定理的证明可见 (其实从公式 (18) 本身也可以看出), 如果 $\mathrm{supp}\,\omega$ 是严格位于 M 内 (即 $\mathrm{supp}\,\omega \cap \partial M = \varnothing$) 的紧集, 则 $\int_M d\omega = 0$.

附注 3. 如果 M 是紧流形, 则对于 M 上的任何一个微分形式 ω, 其支撑集 $\mathrm{supp}\,\omega$ 作为紧集 M 的闭子集也是紧集. 因此, 这时 M 上的任何微分形式 ω 都是有限微分形式, 并且等式 (18) 成立. 特别地, 如果 M 是没有边界的紧流形, 则对于 M 上的任何一个光滑微分形式, 等式 $\int_M d\omega = 0$ 成立.

附注 4. 如果流形 M 本身不是紧流形, 则对于 M 上的 (不是有限微分形式的) 任意微分形式 ω, 公式 (18) 一般而言不再成立.

例如, 在标准笛卡儿坐标系下考虑圆环 $M = \{(x, y) \in \mathbb{R}^2 \mid 1 \leqslant x^2 + y^2 \leqslant 2\}$ 中的众所周知的微分形式 $\omega = \dfrac{x\, dy - y\, dx}{x^2 + y^2}$. 这时, M 是二维定向紧流形, 其边界 ∂M 由两个圆周 $C_i = \{(x, y) \in \mathbb{R}^2 \mid x^2 + y^2 = i\}$ ($i = 1, 2$) 组成. 因为 $d\omega = 0$, 所以利用公式 (18) 求出
$$0 = \int_M d\omega = \int_{C_2} \omega - \int_{C_1} \omega,$$
其中按照逆时针方向在圆周 C_1 与 C_2 上进行积分. 我们知道,
$$\int_{C_1} \omega = \int_{C_2} \omega = 2\pi \neq 0.$$

所以，如果把 M 改为 $\tilde{M} = M \setminus C_1$，则 $\partial \tilde{M} = C_2$，并且
$$\int_{\tilde{M}} d\omega = 0 \neq 2\pi = \int_{\partial \tilde{M}} \omega.$$

习 题

1. a) 我们说，光滑流形 M 上的两条光滑道路 $\gamma_i : \mathbb{R} \to M$ ($i = 1, 2$) 在点 $p \in M$ 相切，如果 $\gamma_1(0) = \gamma_2(0) = p$，并且在作用域 U 包含点 p 的每一个图 $\varphi : \mathbb{R}^n(H^n) \to U$ 的局部坐标系中，以下关系式成立：
$$|\varphi^{-1} \circ \gamma_1(t) - \varphi^{-1} \circ \gamma_2(t)| = o(t), \quad t \to 0. \tag{21}$$
请证明：如果等式 (21) 在上述坐标系中的一个坐标系中成立，则它在光滑流形 M 的其他这样的局部坐标系中也成立.

b) 道路在某个点 $p \in M$ 相切的性质是 M 上通过点 p 的光滑道路的集合上的等价关系. 基于这种等价关系的等价类称为在点 $p \in M$ 的相切道路束. 请建立在 §3 第 1 小节中提到的空间 TM_p 的向量与在点 $p \in M$ 的相切道路束之间的一一对应关系.

c) 请证明：如果道路 γ_1, γ_2 在点 $p \in M$ 相切，$f \in C^{(1)}(M, \mathbb{R})$，则 $\dfrac{df \circ \gamma_1}{dt}(0) = \dfrac{df \circ \gamma_2}{dt}(0)$.

d) 请指出使每一个向量 $\xi \in TM_p$ 都与具有性质 (8), (9) (其中 $x_0 = p$) 的泛函 $l = l_\xi (= D_\xi)$: $C^{(\infty)}(M, \mathbb{R}) \to \mathbb{R}$ 相对应的方法. 具有这些性质的泛函称为在点 $p \in M$ 的微分运算.

请验证：在点 p 的微分运算 l 是局部运算，即如果 $f_1, f_2 \in C^{(\infty)}(M, \mathbb{R})$，并且在点 p 的某个邻域内 $f_1(x) \equiv f_2(x)$，则 $lf_1 = lf_2$.

e) 请证明：如果 $x^1, \cdots, x^n$ 是点 p 的邻域中的局部坐标，则 $l = \sum_{i=1}^{n}(lx_i)\dfrac{\partial}{\partial x^i}$，其中 $\dfrac{\partial}{\partial x^i}$ 是在与点 p 相对应的点 x 计算对 x^i 的偏导数的运算. (提示：请在局部坐标下写出函数 $f|_{U(p)}$: $M \to \mathbb{R}$ 并回忆以下结果：对于函数 $f \in C^{(\infty)}(\mathbb{R}^n, \mathbb{R})$，分解式 $f(x) = f(0) + \sum_{i=1}^{n} x^i g_i(x)$ 成立，其中 $g_i \in C^{(\infty)}(\mathbb{R}^n, \mathbb{R})$, $g_i(0) = \dfrac{\partial f}{\partial x^i}(0)$, $i = 1, \cdots, n$).

f) 请验证：如果 M 是 $C^{(\infty)}$ 类流形，则在点 $p \in M$ 的微分运算的线性空间与在本节第 1 小节中构造的 M 在点 p 的切空间 TM_p 同构.

2. a) 如果在光滑流形 M 的每一个点 $p \in M$ 固定一个向量 $\xi(p) \in TM_p$，我们就说，给出了流形 M 上的向量场. 设 X 是流形 M 上的向量场. 根据上面的习题，任何向量 $X(p) = \xi \in TM_p$ 都可以解释为在相应点 p 的微分运算，所以用任何函数 $f \in C^{(\infty)}(M, \mathbb{R})$ 都可以构造出一个函数 $Xf(p)$，使它在任何一个点 p 的值等于 $X(p)$ 作用于 f 的值，即 f 沿场 X 的向量 $X(p)$ 的导数值. M 上的场 X 称为 ($C^{(\infty)}$ 类) 光滑的，如果对于任何一个函数 $f \in C^{(\infty)}(M, \mathbb{R})$，函数 Xf 也属于 $C^{(\infty)}(M, \mathbb{R})$ 类.

请给出光滑流形上的向量场的局部坐标表达式，并用坐标给出光滑流形上的 ($C^{(\infty)}$ 类) 光滑向量场的等价于所得结果的定义.

b) 设 X 和 Y 是流形 M 上的两个光滑向量场. 对于函数 $f \in C^{(\infty)}(M, \mathbb{R})$，构造一个泛函：$[X, Y]f := X(Yf) - Y(Xf)$. 请验证：$[X, Y]$ 也是 M 上的光滑向量场. 它称为向量场 X 与 Y 的泊松括号.

c) 请在流形上的光滑向量场中建立李代数结构.

3. a) 设 X 和 ω 分别是光滑流形 M 上的光滑向量场和光滑 1 形式. 设 ωX 表示 ω 作用于场 X 在流形 M 的相应点的向量. 请证明: ωX 是 M 上的光滑函数.

b) 请利用习题 2 证明关系式 $d\omega^1(X,Y) = X(\omega^1 Y) - Y(\omega^1 X) - \omega^1([X,Y])$, 其中 X,Y 是光滑向量场, $d\omega^1$ 是微分形式 ω^1 的微分, $d\omega^1(X,Y)$ 表示 $d\omega^1$ 作用于场 X,Y 在同一个点的两个向量.

c) 请验证: 对于一般情况下的 m 次微分形式 ω, 以下关系式成立:

$$d\omega(X_1, \cdots, X_{m+1}) = \sum_{i=1}^{m+1} (-1)^{i+1} X_i \omega(X_1, \cdots, \widehat{X_i}, \cdots, X_{m+1})$$
$$+ \sum_{1 \leqslant i < j \leqslant m+1} (-1)^{i+j} \omega([X_i, X_j], X_1, \cdots, \widehat{X_i}, \cdots, \widehat{X_j}, \cdots, X_{m+1}),$$

其中记号 $\frown$ 表示没有相应的项, $[X_i, X_j]$ 是场 X_i, X_j 的泊松括号, 而 $X_i\omega$ 是函数 $\omega(X_1, \cdots, \widehat{X_i}, \cdots, X_{m+1})$ 沿场 X_i 的向量的微分运算. 因为泊松括号的定义具有不变性, 所以可以认为所得关系式是外微分算子 $d: \Omega \to \Omega$ 的相当复杂的、但是具有不变性的定义.

d) 设 ω 是光滑 n 维流形 M 上的光滑 m 形式. 设 $(\xi_1, \cdots, \xi_{m+1})_i$ 是 $\mathbb{R}^n$ 中的一组向量, 它们在图 $\varphi_i: \mathbb{R}^n \to U \subset M$ 下与向量 $\xi_1, \cdots, \xi_{m+1} \in TM_p$ 相对应. 用 Π_i 表示由 $\mathbb{R}^n$ 中的向量 $(\xi_1, \cdots, \xi_{m+1})_i$ 构成的平行多面体, 设 $\lambda\Pi_i$ 是由向量 $(\lambda\xi_1, \cdots, \lambda\xi_{m+1})_i$ 构成的平行多面体. 分别用 $\Pi, \lambda\Pi$ 表示这些平行多面体在 M 中的像 $\varphi(\Pi_i), \varphi(\lambda\Pi_i)$. 请证明:

$$d\omega(p)(\xi_1, \cdots, \xi_{m+1}) = \lim_{\lambda \to 0} \frac{1}{\lambda^{m+1}} \int_{\partial(\lambda\Pi)} \omega.$$

4. a) 设 $f: M \to N$ 是 m 维光滑流形 M 到 n 维光滑流形 N 的光滑映射. 请利用流形切向量作为相切道路束的解释 (见习题 1) 建立由 f 产生的映射 $f_*(p): TM_p \to TN_{f(p)}$.

b) 请证明: 映射 f_* 是线性的. 请在流形 M 和 N 的相应局部坐标下写出映射 f_*. 请解释: $f_*(p)$ 为什么称为映射 f 在点 p 的微分或 f 在该点的切映射?

设 f 是微分同胚. 请验证 $f_*[X,Y] = [f_*X, f_*Y]$, 其中 X,Y 是 M 上的向量场, $[\cdot,\cdot]$ 是它们的泊松括号 (见习题 2).

c) 由 §1 可知, 切空间的切映射 $f_*(p): TM_p \to TN_{q=f(p)}$ 产生对偶空间的对偶映射 $f^*(p)$ 以及在一般情况下定义于 $TN_{f(p)}$ 和 TM_p 的 k 形式空间的对偶映射 $f^*(p)$.

设 ω 是 N 上的 k 形式, M 上的 k 形式 $f^*\omega$ 由以下关系式定义:

$$(f^*\omega)(p)(\xi_1, \cdots, \xi_k) := \omega(f(p))(f_*\xi_1, \cdots, f_*\xi_k),$$

其中 $\xi_1, \cdots, \xi_k \in TM_p$, 从而产生了映射 $f^*: \Omega^k(N) \to \Omega^k(M)$, 即 N 上的给定 k 形式空间 $\Omega^k(N)$ 到 M 上的 k 形式空间 $\Omega^k(M)$ 的映射.

认为 M, N 是 $C^{(\infty)}$ 类光滑流形, 请验证映射 f^* 的以下性质:

$1°$ f^* 是线性映射;
$2°$ $f^*(\omega_1 \wedge \omega_2) = f^*\omega_1 \wedge f^*\omega_2$;
$3°$ $d \circ f^* = f^* \circ d$, 即 $d(f^*\omega) = f^*(d\omega)$;
$4°$ $(f_2 \circ f_1)^* = f_1^* \circ f_2^*$.

d) 设 M, N 是 n 维光滑定向流形, $\varphi: M \to N$ 是 M 到 N 上的微分同胚. 请证明: 如果 ω 是 N 上的具有紧支撑集的 n 形式, 则

$$\int_{\varphi(M)} \omega = \varepsilon \int_M \varphi^*\omega, \quad \varepsilon = \begin{cases} 1, & \varphi \text{ 保持定向}, \\ -1, & \varphi \text{ 改变定向}. \end{cases}$$

e) 设 $A \supset B$. 如果映射 $i: B \to A$ 让每一个点 $x \in B$ 都与它作为集合 A 的点相对应, 则该映射称为 B 到 A 的正则嵌入.

如果 ω 是流形 M 上的微分形式, M' 是 M 的子流形, 则正则嵌入 $i: M' \to M$ 在 M' 上产生微分形式 $i^*\omega$, 它称为微分形式 ω 在 M' 上的收缩或限制. 请证明: 斯托克斯公式 (18) 的正确写法应当具有以下形式:

$$\int_M d\omega = \int_{\partial M} i^*\omega,$$

其中 $i: \partial M \to M$ 是 ∂M 到 M 的正则嵌入, 而 ∂M 上的定向与 M 的定向相容.

5. a) 设 M 是 ($C^{(\infty)}$ 类) 光滑可定向 n 维流形, $\Omega_c^n(M)$ 是在 M 上具有紧支撑集的 ($C^{(\infty)}$ 类) 光滑 n 形式的空间. 请证明: 具有以下性质的映射 $\int_M : \Omega_c^n(M) \to \mathbb{R}$ 存在并且是唯一的:

$1°$ 映射 $\int_M$ 是线性的;

$2°$ 如果 $\varphi: I^n(\tilde{I}^n) \to U \subset M$ 是 M 的定向图册中的一个图, $\operatorname{supp}\omega \subset U$, 并且在这个图的局部坐标 $x^1, \cdots, x^n$ 下 $\omega = a(x)\,dx^1 \wedge \cdots \wedge dx^n$, 则

$$\int_M \omega = \int_{I^n(\tilde{I}^n)} a(x)\,dx^1 \cdots dx^n,$$

其右边是函数 a 在相应立方体 $I^n(\tilde{I}^n)$ 上的黎曼积分.

b) 上述映射是否一定能被延拓到 M 上所有光滑 n 形式的空间 $\Omega^n(M)$ 的具有同样一些性质的映射 $\int_M : \Omega^n(M) \to \mathbb{R}$?

c) 在流形 M 的任何开覆盖中可以内接 M 的至多可数的局部有限覆盖, 而对于 M 的任何一个这样的覆盖, 存在从属于此覆盖的单位分解 (见 §2 习题 9). 请利用这两个结果定义 n 形式在定向光滑 n 维流形 (不一定是紧流形) 上的积分, 使它对于积分取有限值的 n 形式具有上述性质 $1°$, $2°$. 请证明: 公式 (18) 对于该积分一般不再成立. 请分别在 $M = \mathbb{R}^n$ 和 $M = H^n$ 的情况下给出 ω 所应满足的条件, 使公式 (18) 成立.

6. a) 请利用微分方程 $\dot{x} = v(x)$ 的解的存在性与唯一性定理以及解对初始条件的光滑依赖性证明: 可以认为 $\mathbb{R}^n$ 中的光滑有界向量场 $v(x)$ 是定常流的速度场. 更准确地, 请证明: 存在这样的光滑依赖于参数 (时间) t 的微分同胚族 $\varphi_t: \mathbb{R}^n \to \mathbb{R}^n$, 使 $\varphi_t(x)$ 对于固定值 $x \in \mathbb{R}^n$ 是上述方程的积分曲线, 即 $\dfrac{\partial \varphi_t(x)}{\partial t} = v(\varphi_t(x))$, 并且 $\varphi_0(x) = x$. 映射 $\varphi_t: \mathbb{R}^n \to \mathbb{R}^n$ 显然描述介质点在时间 t 内的位移. 请验证: 映射族 $\varphi_t: \mathbb{R}^n \to \mathbb{R}^n$ 是单参数同胚群, 即 $(\varphi_t)^{-1} = \varphi_{-t}$, $\varphi_{t_2} \circ \varphi_{t_1} = \varphi_{t_2+t_1}$.

b) 设 v 是 $\mathbb{R}^n$ 中的向量场, φ_t 是 $\mathbb{R}^n$ 中由场 v 产生的单参数同胚群. 请验证: 对于任何光滑函数 $f \in C^{(\infty)}(\mathbb{R}^n, \mathbb{R})$, 以下关系式成立:

$$\lim_{t \to 0} \frac{1}{t}(f(\varphi_t(x)) - f(x)) = D_{v(x)}f.$$

如果引入与习题 2 的用法一致的记号 $v(f) := D_v f$，并且回忆 $f \circ \varphi_t =: \varphi_t^* f$，就可以写出

$$\lim_{t \to 0} \frac{1}{t}(\varphi_t^* f - f)(x) = v(f)(x).$$

c) 现在还可以自然地定义在 $\mathbb{R}^n$ 中给出的任何次光滑微分形式 ω 沿场 v 的微分运算，即取

$$v(\omega)(x) := \lim_{t \to 0} \frac{1}{t}(\varphi_t^* \omega - \omega)(x).$$

微分形式 $v(\omega)$ 称为微分形式 ω 沿场 v 的李导数，通常用专门的记号 $L_v \omega$ 表示. 请定义微分形式 ω 沿任意光滑流形 X 上的场 X 的李导数 $L_X \omega$.

d) 请证明：$C^{(\infty)}$ 流形 M 上的李导数具有以下性质：

$1°$ L_X 是局部运算，即如果场 X_1, X_2 和微分形式 ω_1, ω_2 在所考虑的点 $x \in M$ 的邻域 $U \subset M$ 中分别相同，则 $(L_{X_1} \omega_1)(x) = (L_{X_2} \omega_2)(x)$;

$2°$ $L_X \Omega^k(M) \subset \Omega^k(M)$;

$3°$ $L_X : \Omega^k(M) \to \Omega^k(M)$ 是线性映射，$k = 0, 1, 2, \cdots$;

$4°$ $L_X(\omega_1 \wedge \omega_2) = (L_X \omega_1) \wedge \omega_2 + \omega_1 \wedge L_X \omega_2$;

$5°$ 如果 $f \in \Omega^0(M)$，则 $L_X f = df(X) =: Xf$;

$6°$ 如果 $f \in \Omega^0(M)$，则 $L_X df = d(Xf)$.

e) 请验证：上述性质 $1°$-$6°$ 唯一地确定算子 L_X.

7. 设 X 是光滑流形 M 上的向量场，ω 是 M 上的 k 次微分形式.

由关系式 $(i_X \omega)(X_1, \cdots, X_{k-1}) := \omega(X, X_1, \cdots, X_{k-1})$ (其中 $X_1, \cdots, X_{k-1}$ 是 M 上的向量场) 确定的 $k-1$ 形式 $i_X \omega$ 称为场 X 与微分形式 ω 的内积. 内积 $i_X \omega$ 也记为 $X \lrcorner \omega$. 对于 0 形式，即对于 M 上的函数，取 $X \lrcorner f = 0$.

a) 请证明：如果在图 $\varphi : \mathbb{R}^n \to U \subset M$ 的局部坐标 $x^1, \cdots, x^n$ 下，微分形式 ω (更准确的写法是 $\omega|_U$) 的表达式为

$$\sum_{1 \leqslant i_1 < \cdots < i_k \leqslant n} a_{i_1 \cdots i_k}(x) dx^{i_1} \wedge \cdots \wedge dx^{i_k} = \frac{1}{k!} a_{i_1 \cdots i_k} dx^{i_1} \wedge \cdots \wedge dx^{i_k},$$

而 $X = X^i \dfrac{\partial}{\partial x^i}$，则 $i_X \omega = \dfrac{1}{(k-1)!} X^i a_{i i_2 \cdots i_k} dx^{i_2} \wedge \cdots \wedge dx^{i_k}$.

b) 请再验证：如果 $df = \dfrac{\partial f}{\partial x^i} dx^i$，则 $i_X df = X^i \dfrac{\partial f}{\partial x^i} = X(f) \equiv D_X f$.

c) 设 $X(M)$ 是流形 M 上向量场空间，$\Omega(M)$ 是 M 上的斜对称形式环. 请证明：只存在唯一的具有下列性质的映射 $i : X(M) \times \Omega(M) \to \Omega(M)$:

$1°$ i 是局部运算，即如果场 X_1, X_2 和微分形式 ω_1, ω_2 分别在点 $x \in M$ 的邻域 U 中相等，则 $(i_{X_1} \omega_1)(x) = (i_{X_2} \omega_2)(x)$;

$2°$ $i_X(\Omega^k(M)) \subset \Omega^{k-1}(M)$;

$3°$ $i_X : \Omega^k(M) \to \Omega^{k-1}(M)$ 是线性映射;

$4°$ 如果 $\omega_1 \in \Omega^{k_1}(M)$, $\omega_2 \in \Omega^{k_2}(M)$，则 $i_X(\omega_1 \wedge \omega_2) = i_X \omega_1 \wedge \omega_2 + (-1)^{k_1} \omega_1 \wedge i_X \omega_2$;

$5°$ 如果 $\omega \in \Omega(M)$，则 $i_X \omega = \omega(X)$，而如果 $f \in \Omega^0(M)$，则 $i_X f = 0$.

8. 请证明下列命题：

a) 算子 d, i_X 和 L_X (见习题 6, 7) 满足通常所说的同伦恒等式

$$L_X = i_X d + d i_X, \tag{22}$$

其中 X 是流形上的任何光滑向量场;

b) 李导数与 d 及 i_X 可交换, 即 $L_X \circ d = d \circ L_X$, $L_X \circ i_X = i_X \circ L_X$.

c) $[L_X, i_Y] = i_{[X,Y]}$, $[L_X, L_Y] = L_{[X,Y]}$, 其中照例取 $[A, B] = A \circ B - B \circ A$, 并且表达式 $A \circ B - B \circ A$ 对于任何算子 A, B 都有定义. 在现在的情况下, 所有括号 $[\cdot, \cdot]$ 都有定义.

d) $L_X f \omega = f L_X \omega + df \wedge i_X \omega$, 其中 $f \in \Omega^0(M)$, 而 $\omega \in \Omega^k(M)$.

(提示. 为了验证本题中的基本命题 a), 例如, 可以对算子所作用的微分形式的次数应用归纳法.)

§4. 流形上的闭微分形式和恰当微分形式

1. 庞加莱定理. 本节将补充介绍关于闭微分形式和恰当微分形式的知识. 在第十四章 §3 中, 为了叙述空间 $\mathbb{R}^n$ 的区域中的向量场理论, 我们已经讨论过相关知识. 与前面一样, 记号 $\Omega^p(M)$ 表示光滑流形 M 上的所有光滑实值 p 次微分形式的空间, 而 $\Omega(M) = \bigcup_p \Omega^p(M)$.

定义 1. 微分形式 $\omega \in \Omega^p(M)$ 称为闭微分形式, 如果 $d\omega = 0$.

定义 2. 微分形式 $\omega \in \Omega^p(M)$ ($p > 0$) 称为恰当微分形式, 如果满足 $\omega = d\alpha$ 的微分形式 $\alpha \in \Omega^{p-1}(M)$ 存在.

流形 M 的所有闭 p 形式的集合记为 $Z^p(M)$, 而 M 上的所有恰当 p 形式的集合记为 $B^p(M)$.

对于任何微分形式 $\omega \in \Omega(M)$, 关系式[1] $d(d\omega) = 0$ 成立, 所以 $Z^p(M) \supset B^p(M)$. 我们从第十四章 §3 已经知道, 一般而言, 这个包含关系是严格的.

当微分形式 ω 满足必要条件 $d\omega = 0$ 时, 方程 $d\alpha = \omega$ (关于 α) 的可解性是一个重要问题, 它与流形 M 的拓扑结构有密切关系. 下面将更全面地解读以上论述.

定义 3. 流形 M 称为可收缩 (于点 $x_0 \in M$) 的或单点同伦的, 如果存在光滑映射 $h: M \times I \to M$, 其中 $I = \{t \in \mathbb{R} \mid 0 \leqslant t \leqslant 1\}$, 使 $h(x, 1) = x$, $h(x, 0) = x_0$.

例 1. 空间 $\mathbb{R}^n$ 在映射 $h(x, t) = tx$ 下收缩于点.

定理 1 (庞加莱定理). 可收缩于点的流形 M 上的任何闭 $p+1$ 形式 ($p \geqslant 0$) 都是恰当的.

---

[1] 这个性质或者需要证明 (这时常称之为庞加莱引理), 或者包含于算子 d 的定义. 这与算子 d 的引入方法有关.

◀ 证明的非平凡部分基于下面的 "柱状结构", 它适用于任何流形 M.

考虑 "柱体" $M \times I$, 即 M 与单位区间 I 的直积, 以及两个映射 $j_i : M \to M \times I$, $j_i(x) = (x, i)$, $i = 0, 1$, 它们使 M 分别等同于柱体 $M \times I$ 的两个底面. 于是, 自然产生相应的映射 $j_i^* : \Omega^p(M \times I) \to \Omega^p(M)$, 其结果是把 $\Omega^p(M \times I)$ 中的微分形式中的变量 t 改为 i 的值 $(= 0, 1)$, 这时 $di = 0$ 当然成立.

构造一个线性算子 $K : \Omega^{p+1}(M \times I) \to \Omega^p(M)$, 它在作用于单项式的时候由以下方式确定:

$$K(a(x, t)\, dx^{i_1} \wedge \cdots \wedge dx^{i_{p+1}}) := 0,$$
$$K(a(x, t)\, dt \wedge dx^{i_1} \wedge \cdots \wedge dx^{i_p}) := \left(\int_0^1 a(x, t)\, dt\right) dx^{i_1} \wedge \cdots \wedge dx^{i_p}.$$

算子 K 的我们所需要的基本性质, 对于任何一个微分形式 $\omega \in \Omega^{p+1}(M \times I)$, 以下关系式成立:

$$K(d\omega) + d(K\omega) = j_1^*\omega - j_0^*\omega. \tag{1}$$

只要对单项式验证这个关系式就足够了, 因为算子 K, d, j_1^*, j_0^* 都是线性的.

如果 $\omega = a(x, t)\, dx^{i_1} \wedge \cdots \wedge dx^{i_{p+1}}$, 则 $K\omega = 0$, $d(K\omega) = 0$,

$$d\omega = \frac{\partial a}{\partial t} dt \wedge dx^{i_1} \wedge \cdots \wedge dx^{i_{p+1}} + \text{不含 } dt \text{ 的项},$$
$$K(d\omega) = \left(\int_0^1 \frac{\partial a}{\partial t} dt\right) dx^{i_1} \wedge \cdots \wedge dx^{i_{p+1}}$$
$$= (a(x, 1) - a(x, 0))\, dx^{i_1} \wedge \cdots \wedge dx^{i_{p+1}} = j_1^*\omega - j_0^*\omega,$$

所以关系式 (1) 成立.

如果 $\omega = a(x, t)\, dt \wedge dx^{i_1} \wedge \cdots \wedge dx^{i_p}$, 则 $j_1^*\omega = j_0^*\omega = 0$. 于是,

$$K(d\omega) = K\left(-\sum_{i_0} \frac{\partial a}{\partial x^{i_0}} dt \wedge dx^{i_0} \wedge dx^{i_1} \wedge \cdots \wedge dx^{i_p}\right)$$
$$= -\sum_{i_0} \left(\int_0^1 \frac{\partial a}{\partial x^{i_0}} dt\right) dx^{i_0} \wedge dx^{i_1} \wedge \cdots \wedge dx^{i_p},$$
$$d(K\omega) = d\left(\left(\int_0^1 a(x, t)\, dt\right) dx^{i_1} \wedge \cdots \wedge dx^{i_p}\right)$$
$$= \sum_{i_0} \frac{\partial}{\partial x^{i_0}} \left(\int_0^1 a(x, t)\, dt\right) dx^{i_0} \wedge dx^{i_1} \wedge \cdots \wedge dx^{i_p}$$
$$= \sum_{i_0} \left(\int_0^1 \frac{\partial a}{\partial x^{i_0}} dt\right) dx^{i_0} \wedge dx^{i_1} \wedge \cdots \wedge dx^{i_p}.$$

因此, 在这种情况下, 关系式 (1) 也成立①.

现在, 设 M 是可收缩于点 $x_0 \in M$ 的流形, $h: M \times I \to M$ 是定义 3 中的映射, ω 是 M 上的 $p+1$ 形式. 显然, $h \circ j_1 : M \to M$ 是恒等映射, $h \circ j_0 : M \to x_0$ 是 M 到点 x_0 的映射, 所以 $(j_1^* \circ h^*)\omega = \omega$, $(j_0^* \circ h^*)\omega = 0$. 因此, 这时从 (1) 推出

$$K(d(h^*\omega)) + d(K(h^*\omega)) = \omega. \tag{2}$$

又因为 ω 是 M 上的闭微分形式, 而且 $d(h^*\omega) = h^*(d\omega) = 0$, 所以从 (2) 得到

$$d(K(h^*\omega)) = \omega.$$

因此, 闭微分形式 ω 是微分形式 $\alpha = K(h^*\omega) \in \Omega^p(M)$ 的外微分, 即 ω 是 M 上的恰当微分形式. ▶

例 2. 设 A, B, C 是 $\mathbb{R}^3$ 中变量 x, y, z 的光滑实函数. 需要求解关于函数 P, Q, R 的方程组

$$\begin{cases} \dfrac{\partial R}{\partial y} - \dfrac{\partial Q}{\partial z} = A, \\ \dfrac{\partial P}{\partial z} - \dfrac{\partial R}{\partial x} = B, \\ \dfrac{\partial Q}{\partial x} - \dfrac{\partial P}{\partial y} = C. \end{cases} \tag{3}$$

显然, 为了使方程组 (3) 相容, 函数 A, B, C 必须满足关系式

$$\frac{\partial A}{\partial x} + \frac{\partial B}{\partial y} + \frac{\partial C}{\partial z} = 0,$$

它等价于

$$\omega = A\, dy \wedge dz + B\, dz \wedge dx + C\, dx \wedge dy$$

是 $\mathbb{R}^3$ 中的闭微分形式.

如果求出满足 $d\alpha = \omega$ 的微分形式

$$\alpha = P\, dx + Q\, dy + R\, dz,$$

就得到方程组 (3) 的解.

按照在定理 1 的证明中叙述的方案, 利用在例 1 中构造的映射 h, 经过简单的计算后得到

$$\alpha = K(h^*\omega) = \left(\int_0^1 A(tx, ty, tz) t\, dt \right) (y\, dz - z\, dy)$$
$$+ \left(\int_0^1 B(tx, ty, tz) t\, dt \right) (z\, dx - x\, dz) + \left(\int_0^1 C(tx, ty, tz) t\, dt \right) (x\, dy - y\, dx).$$

---

① 在最后一个等式中完成了积分对变量 x^0 的微分运算. 关于这样计算的根据, 可以参考下文, 例如第十七章 §1.

可以直接验证, $d\alpha = \omega$.

附注. 在选取满足条件 $d\alpha = \omega$ 的微分形式 α 时, 我们通常有相当大的任意性. 除了微分形式 α, 任何形如 $\alpha + d\eta$ 的微分形式显然也满足这个方程.

根据定理 1, 在可收缩流形 M 上, 满足条件 $d\alpha = d\beta = \omega$ 的任何两个微分形式 α, β 之差是恰当微分形式. 其实, $d(\alpha - \beta) = 0$, 即 $\alpha - \beta$ 在 M 上是闭微分形式. 因此, 根据定理 1, 它是恰当的.

2. 同调与上同调. 根据庞加莱定理, 流形上的任何闭微分形式在局部都是恰当的. 但是, 并非总是能够把这些局部原像粘合为整个流形上的一个微分形式, 这与流形的拓扑结构有关. 例如, 在第十四章 §3 中考虑过微分形式 $\omega = \dfrac{-y\,dx + x\,dy}{x^2 + y^2}$, 它在去掉一个点的平面 $\mathbb{R}^2 \backslash 0$ 上是闭微分形式, 在局部是点 (x, y) 的极角 $\varphi = \varphi(x, y)$ 的微分. 然而, 如果在区域 $\mathbb{R}^2 \backslash 0$ 中延拓这个函数, 并使相应闭路包围点 0 (洞), 函数的多值性就会产生. 对于其他次数的微分形式, 情况也大致如此. 流形可能有各种各样的 "洞", 例如, 除了针孔状的洞, 还可能有像环面或 8 字形面包的洞. 高维流形的结构可能相当复杂. 流形作为拓扑空间具有相应的结构, 流形上的闭微分形式与恰当微分形式也彼此相关, 这两个问题之间的联系是由通常所说的流形的 (上) 同调群描述的.

流形 M 上的实值闭微分形式和实值恰当微分形式分别构成线性空间 $Z^p(M)$ 和 $B^p(M)$, 并且 $Z^p(M) \supset B^p(M)$.

定义 4. 商空间
$$H^p(M) := Z^p(M)/B^p(M) \tag{4}$$
称为流形 M 的 (实系数) p 维上同调群.

因此, 如果两个闭微分形式 $\omega_1, \omega_2 \in Z^p(M)$ 满足 $\omega_1 - \omega_2 \in B^p(M)$, 即如果它们的差是恰当微分形式, 则这两个闭微分形式属于同一个上同调类, 即它们是上同调的. 我们用记号 $[\omega]$ 表示微分形式 $\omega \in Z^p(M)$ 所属的上同调类.

因为 $Z^p(M)$ 是算子 $d^p : \Omega^p(M) \to \Omega^{p+1}(M)$ 的核, 而 $B^p(M)$ 是算子 $d^{p-1} : \Omega^{p-1}(M) \to \Omega^p(M)$ 的像, 所以经常把 (4) 改写为
$$H^p(M) = \operatorname{Ker} d^p / \operatorname{Im} d^{p-1}.$$

计算上同调通常很困难. 但是, 可以发现一些显而易见的一般结论.

由定义 4 可知, 如果 $p > \dim M$, 则 $H^p(M) = 0$.

由庞加莱定理可知, 如果 M 是可收缩的, 则当 $p > 0$ 时, $H^p(M) = 0$.

在任何一个连通流形 M 上, 群 $H^0(M)$ 与 $\mathbb{R}$ 同构, 因为 $H^0(M) = Z^0(M)$, 而如果连通流形 M 上的函数 $f : M \to \mathbb{R}$ 满足关系式 $df = 0$, 则 $f = \text{const}$.

因此, 例如, 对于空间 $\mathbb{R}^n$ 可以得到, 当 $p > 0$ 时, $H^p(\mathbb{R}^n) = 0$, 并且 $H^0(\mathbb{R}^n) \sim \mathbb{R}$.

这个命题 (精确到相差最后的平凡关系式) 等价于当 $M = \mathbb{R}^n$ 时的定理 1, 并且也称为庞加莱定理.

通常所说的同调群与流形 M 有更直观的几何联系.

定义 5. p 维立方体 $I^p \subset \mathbb{R}^p$ 到流形 M 的光滑映射 $c : I^p \to M$ 称为流形 M 上的奇异立方体.

这是光滑道路的概念向任意维数 p 的情况的直接推广. 特别地, 奇异立方体可能是从立方体 I^p 到一个点的变换.

定义 6. 流形 M 上的 p 维奇异立方体的任何一个有限的实系数常规线性组合 $\sum\limits_{k} \alpha_k c_k$ 称为流形 M 上的 p 维 (奇异立方体) 链.

像道路那样, 如果两个奇异立方体能够通过具有正雅可比行列式的参量微分同胚变换从一个得到另一个, 就认为它们是等价的, 从而是等同的. 如果这种参量变换具有负雅可比行列式, 就认为相应的 (定向相反的) 奇异立方体 c 和 c_- 是相反的, 并且取 $c_- = -c$.

流形 M 上的 p 维链关于标准的加法运算和与实数的乘法运算显然构成线性空间. 我们用 $C_p(M)$ 表示这个空间.

定义 7. $\mathbb{R}^p$ 中的 p 维立方体 I^p 的边界是指 $\mathbb{R}^p$ 中的 $p-1$ 维链

$$\partial I := \sum_{i=0}^{1} \sum_{j=1}^{p} (-1)^{i+j} c_{ij}, \tag{5}$$

其中 $c_{ij} : I^{p-1} \to \mathbb{R}^p$ 是 $p-1$ 维立方体到 $\mathbb{R}^p$ 的映射, 该映射是由立方体 I^p 的相应边界在 $\mathbb{R}^p$ 中的典型嵌入产生的. 更确切地, 如果 $I^{p-1} = \{\tilde{x} \in \mathbb{R}^{p-1} \mid 0 \leqslant \tilde{x}^m \leqslant 1, m = 1, \cdots, p-1\}$, 则 $c_{ij}(\tilde{x}) = (\tilde{x}^1, \cdots, \tilde{x}^{j-1}, i, \tilde{x}^j, \cdots, \tilde{x}^{p-1}) \in \mathbb{R}^p$.

容易验证, 用这个定义取立方体边界的运算与取标准定向立方体 I^p 的边界的运算完全一致 (见第十二章 §3).

定义 8. p 维奇异立方体的边界 ∂c 是 $p-1$ 维链

$$\partial c := \sum_{i=0}^{1} \sum_{j=1}^{p} (-1)^{i+j} c \circ c_{ij}.$$

定义 9. 流形 M 上的 p 维链 $\sum\limits_{k} \alpha_k c_k$ 的边界是 $p-1$ 维链

$$\partial \left(\sum_{k} \alpha_k c_k \right) := \sum_{k} \alpha_k \partial c_k.$$

因此, 在任何 p 维链空间 $C_p(M)$ 上都定义了线性算子

$$\partial = \partial_p : C_p(M) \to C_{p-1}(M).$$

利用关系式 (5) 可以验证, 对于立方体, 关系式 $\partial(\partial I) = 0$ 成立. 因此, $\partial \circ \partial = \partial^2 = 0$ 普遍成立.

定义 10. 流形上满足 $\partial z = 0$ 的 p 维链称为 p 维闭链或 p 闭链.

定义 11. 如果流形上的 p 维链 b 是某个 $p+1$ 维链的边界, 则 p 维链 b 称为 p 维边界闭链.

设 $Z_p(M)$ 与 $B_p(M)$ 分别是流形 M 上的 p 维闭链的集合与 p 维边界闭链的集合. 显然, $Z_p(M)$ 和 $B_p(M)$ 都是域 $\mathbb{R}$ 上的线性空间, 并且 $Z_p(M) \supset B_p(M)$.

定义 12. 商空间

$$H_p(M) := Z_p(M)/B_p(M) \tag{6}$$

称为流形 M 的 p 维 (实系数) 同调群.

因此, 如果两个闭链 $z_1, z_2 \in Z_p(M)$ 满足 $z_1 - z_2 \in B_p(M)$, 即如果它们只相差某个链的边界, 则这两个闭链属于同一个同调类, 即它们是同调的. 我们用记号 $[z]$ 表示闭链 $z \in Z_p(M)$ 所属的同调类.

如同上同调的情形, 关系式 (6) 可以改写为以下形式:

$$H_p(M) = \operatorname{Ker} \partial_p / \operatorname{Im} \partial_{p+1}.$$

定义 13. 如果 $c : I \to M$ 是 p 维奇异立方体, ω 是流形 M 上的 p 形式, 则量

$$\int_c \omega := \int_I c^* \omega \tag{7}$$

称为微分形式 ω 在奇异立方体 c 上的积分.

定义 14. 如果 $\sum_k \alpha_k c_k$ 是 p 维链, ω 是流形 M 上的 p 形式, 则微分形式 ω 在该 p 维链上的积分是指相应奇异立方体上的积分的线性组合 $\sum_k \alpha_k \int_{c_k} \omega$.

由定义 5—8 和 13, 14 可知, 对于奇异立方体上的积分, 斯托克斯公式

$$\int_c d\omega = \int_{\partial c} \omega \tag{8}$$

成立, 这里 c 和 ω 分别具有维数 p 和次数 $p-1$. 如果再利用定义 9, 就可以得到结论: 斯托克斯公式 (8) 对于 p 维链上的积分仍然成立.

定理 2. a) 恰当微分形式在闭链上的积分等于零.

b) 闭微分形式在链的边界上的积分等于零.

c) 闭微分形式在闭链上的积分只与闭链的同调类有关.

d) 闭微分形式在闭链上的积分只与微分形式的上同调类有关.

e) 如果 p 次闭微分形式 ω_1, ω_2 和 p 维闭链 z_1, z_2 满足 $[\omega_1] = [\omega_2]$, $[z_1] = [z_2]$, 则

$$\int_{z_1} \omega_1 = \int_{z_2} \omega_2.$$

◀ a) 根据斯托克斯公式, $\int_z d\omega = \int_{\partial z} \omega = 0$, 因为 $\partial z = 0$.

b) 根据斯托克斯公式, $\int_{\partial c} \omega = \int_c d\omega = 0$, 因为 $d\omega = 0$.

c) 得自 b).

d) 得自 a).

e) 得自 c) 和 d). ▶

推论. 由公式 $(\omega, c) \mapsto \int_c \omega$ 给出的双线性映射 $\Omega^p(M) \times C_p(M) \to \mathbb{R}$ 生成双线性映射 $Z^p(M) \times Z_p(M) \to \mathbb{R}$ 和 $H^p(M) \times H_p(M) \to \mathbb{R}$, 后者由以下公式给出:

$$([\omega], [z]) \mapsto \int_z \omega, \tag{9}$$

其中 $\omega \in Z^p(M)$, $z \in Z_p(M)$.

定理 3 (德拉姆[①]定理). 由公式 (9) 给出的双线性映射 $H^p(M) \times H_p(M) \to \mathbb{R}$ 是非退化的[②].

我们在这里不证明德拉姆定理, 只给出它的几个不同的表述, 从而得到能够直接在分析中应用的推论.

我们首先指出, 根据 (9), 每一个上同调类 $[\omega] \in H^p(M)$ 都可以解释为线性函数 $[\omega]([z]) = \int_z \omega$. 由此产生了一个自然的映射 $H^p(M) \to H_p^*(M)$, 其中 $H_p^*(M)$ 是 $H_p(M)$ 的对偶空间. 德拉姆定理表明, 这个映射是同构映射, 所以在这个意义下 $H^p(M) = H_p^*(M)$.

定义 15. 如果 ω 是流形 M 上的 p 次闭形式, z 是流形 M 上的 p 维闭链, 则量 $\mathrm{per}(z) := \int_z \omega$ 称为微分形式 ω 在闭链 z 上的周期 (也称为闭链常数).

[①] 德拉姆 (G. de Rham, 1903–1990) 是瑞士数学家, 主要从事代数拓扑学研究.

[②] 我们知道, 双线性形式 $L(x, y)$ 称为非退化的, 如果它在一个变量取任何固定非零值时给出关于另一个变量的不恒等于零的线性形式.

特别地，如果闭链 z 同调于零，则由定理 2 命题 b) 可知，$\mathrm{per}(z) = 0$. 因此，上述周期之间的关系为

$$\left[\sum_k \alpha_k z_k\right] = 0 \quad \Rightarrow \quad \sum_k \alpha_k \mathrm{per}(z_k) = 0, \tag{10}$$

即如果闭链的线性组合是边界闭链，换言之，如果该组合同调于零，则上述周期的相应线性组合等于零.

还有下面的两个德拉姆定理，两者合在一起等价于定理 3.

定理 4 (德拉姆第一定理). 闭微分形式是恰当微分形式的充要条件是它的所有周期都等于零.

定理 5 (德拉姆第二定理). 如果让流形 M 上的每一个 p 闭链 $z \in Z_p(M)$ 都与数 $\mathrm{per}(z)$ 相对应，并且条件 (10) 成立，则在 M 上存在 p 次闭微分形式 ω，使得对于任何一条闭链 $z \in Z_p(M)$，都有 $\int_z \omega = \mathrm{per}(z)$.

习 题

1. 请通过直接计算来验证：在例 2 中得到的微分形式 α 确实满足方程 $d\alpha = \omega$.

2. 请证明：

a) $\mathbb{R}^2$ 中的任何单连通域可收缩于一个点;

b) 在 $\mathbb{R}^3$ 中，上述命题一般不成立.

3. 请分析庞加莱定理的证明，然后证明：如果把光滑映射 $h: M \times I \to M$ 看作一族依赖于参数 $t \in I$ 的映射 $h_t: M \to M$，则对于 M 上的任何一个闭微分形式 ω，所有微分形式 $h_t^* \omega$ ($t \in I$) 都属于同一个上同调类.

4. a) 设 $t \mapsto h_t \in C^{(\infty)}(M, N)$ 是光滑地依赖于参数 $t \in I \subset \mathbb{R}$ 的一族从流形 M 到流形 N 的映射. 请验证：对于任何一个微分形式 $\omega \in \Omega(N)$，以下同伦公式成立：

$$\frac{\partial}{\partial t}(h_t^* \omega)(x) = d h_t^*(i_X \omega)(x) + h_t^*(i_X d\omega)(x), \tag{11}$$

其中 $x \in M$; X 是 N 上的向量场，并且 $X(x, t) \in TN_{h_t(x)}$，而对于道路 $t' \mapsto h_{t'}(x)$，$X(x, t)$ 是在 $t' = t$ 时的速度向量; 微分形式与向量场的内乘算子 i_X 定义于上一节习题 7.

b) 请从公式 (11) 得到习题 3 中的命题.

c) 请利用公式 (11) 重新证明庞加莱定理 (定理 1).

d) 请证明：如果 K 是可收缩于一个点的流形，则对于任何一个流形 M 和任何一个整数 p，等式 $H^p(K \times M) = H^p(M)$ 成立.

e) 请从公式 (11) 得到上一节的关系式 (22).

5. a) 请利用定理 4 直接证明：如果球面 S^2 上的闭 2 形式 ω 满足 $\int_{S^2} \omega = 0$，则 ω 是恰当的.

b) 请证明：群 $H^2(S^2)$ 同构于 $\mathbb{R}$.

c) 请证明：$H^1(S^2) = 0$.

6. a) 设映射 $\varphi: S^2 \to S^2$ 让每一个点 $x \in S^2$ 与通过该点的直径的另一个端点 $-x \in S^2$ (对径点, 或对映点) 相对应. 请证明: 射影平面 $\mathbb{RP}^2$ 上的微分形式与球面 S^2 上关于映射 φ 不变 (即满足 $\varphi^*\omega = \omega$) 的微分形式是一一对应的.

b) 把 $\mathbb{RP}^2$ 表示为商流形 S^2/Γ, 其中 Γ 是球面 S^2 的变换群, 它由恒等映射和对映映射 φ 组成. 设 $\pi: S^2 \to \mathbb{RP}^2 = S^2/\Gamma$ 是自然投影, 即 $\pi(x) = \{x, -x\}$. 请证明 $\pi \circ \varphi = \pi$, 并验证:

$$\forall \eta \in \Omega^p(S^2)\ (\varphi^*\eta = \eta) \Leftrightarrow \exists \omega \in \Omega^p(\mathbb{RP}^2)\ (\pi^*\omega = \eta).$$

c) 现在, 请利用习题 5 a) 证明 $H^2(\mathbb{R}^2\mathbb{P}) = 0$.

d) 请证明: 如果函数 $f \in C(S^2, \mathbb{R})$ 满足 $f(x) - f(-x) \equiv \text{const}$, 则 $f \equiv 0$. 请利用这个结果和习题 5 c) 推出 $H^1(\mathbb{RP}^2) = 0$.

7. a) 如图 98 所示, 把 $\mathbb{RP}^2$ 表示为标准矩形 Π 的形式, 并且认为其对边是等同的, 而各边的定向由箭头给出. 请证明: $\partial \Pi = 2c' - 2c$, $\partial c = P - Q$, $\partial c' = P - Q$.

b) 请从上题结果推出, 在 $\mathbb{RP}^2$ 上没有非平凡二维闭链. 请用德拉姆定理证明 $H^2(\mathbb{RP}^2) = 0$.

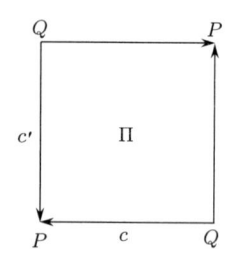

c) 请证明: $\mathbb{RP}^2$ 上的唯一 (不计因子) 非平凡一维闭链是闭链 $c' - c$. 请利用 $c' - c = \frac{1}{2}\partial \Pi$ 从德拉姆定理推出 $H^1(\mathbb{RP}^2) = 0$.

8. 请在下列情况下求群 $H^0(M), H^1(M), H^2(M)$:

a) $M = S^1$ 是圆周;

b) $M = T^2$ 是二维环面;

c) $M = K^2$ 是克莱因瓶.

图 98

9. a) 请证明: 微分同胚的流形具有相应维数的同构 (上) 同调群.

b) 请以 $\mathbb{R}^2$ 和 $\mathbb{RP}^2$ 为例证明: 逆命题一般不成立.

10. 设 X, Y 是域 $\mathbb{R}$ 上的线性空间, $L(x, y)$ 是非退化双线性形式 $L: X \times Y \to \mathbb{R}$. 考虑由对应关系 $X \ni x \mapsto L(x, \cdot) \in Y^*$ 给出的映射.

a) 请证明: 上述映射是内射.

b) 请证明: 对于空间 Y 中的任何一组线性无关的向量 $y_1, \cdots, y_k$, 在 X 中可以找到向量 $x^1, \cdots, x^k$, 使 $x^i(y_j) := L(x^i, y_j) = \delta^i_j$, 其中 $\delta^i_j = \begin{cases} 0, & i \neq j, \\ 1, & i = j. \end{cases}$

c) 请验证: 上述映射 $X \to Y^*$ 是线性空间 X 与 Y^* 间的同构映射.

d) 请证明: 德拉姆第一定理和第二定理合在一起表明, 在同构的意义下 $H^p(M) = H^*_p(M)$.

第十六章 一致收敛性、函数项级数与函数族的基本运算

§1. 逐点收敛性与一致收敛性

1. 逐点收敛性

定义 1. 如果函数 $f_n: X \to \mathbb{R}$ 在点 $x \in X$ 的值的序列 $\{f_n(x), n \in \mathbb{N}\}$ 收敛, 我们就说, 函数序列 $\{f_n(x), n \in \mathbb{N}\}$ 在点 x 收敛.

定义 2. 使函数 $f_n: X \to \mathbb{R}$ 的序列 $\{f_n, n \in \mathbb{N}\}$ 收敛的点的集合 $E \subset X$ 称为函数序列的收敛集.

定义 3. 在函数序列 $\{f_n, n \in \mathbb{N}\}$ 的收敛集上自然产生一个由关系式 $f(x) := \lim\limits_{n\to\infty} f_n(x)$ 给出的函数 $f: E \to \mathbb{R}$, 它称为函数序列 $\{f_n, n \in \mathbb{N}\}$ 的极限函数或极限.

定义 4. 如果 $f: E \to \mathbb{R}$ 是序列 $\{f_n, n \in \mathbb{N}\}$ 的极限函数, 我们就说, 该函数序列在集合 E 上收敛 (或逐点收敛) 到函数 f, 并且记之为: 在 E 上 $f(x) = \lim\limits_{n\to\infty} f_n(x)$, 或当 $n \to \infty$ 时在 E 上 $f_n \to f$.

例 1. 设 $X = \{x \in \mathbb{R} \mid x \geqslant 0\}$, 函数 $f_n: X \to \mathbb{R}$ 由关系式 $f_n(x) = x^n \ (n \in \mathbb{N})$ 给出. 该函数序列的收敛集显然是闭区间 $I = [0, 1]$, 而极限是由条件

$$f(x) = \begin{cases} 0, & 0 \leqslant x < 1, \\ 1, & x = 1 \end{cases}$$

给出的函数 $f: I \to \mathbb{R}$.

例 2. 在 $\mathbb{R}$ 上考虑函数序列 $f_n(x) = \dfrac{\sin n^2 x}{n}$. 它在 $\mathbb{R}$ 上收敛到恒等于零的函数 $f : \mathbb{R} \to 0$.

例 3. 序列 $f_n(x) = \dfrac{\sin nx}{n^2}$ 也有恒等于零的极限函数 $f : \mathbb{R} \to 0$.

例 4. 在闭区间 $I = [0, 1]$ 上考虑函数序列 $f_n(x) = 2(n+1)x(1-x^2)^n$. 因为当 $|q| < 1$ 时 $nq^n \to 0$, 所以该序列在整个区间 I 上趋于零.

例 5. 设 $m, n \in \mathbb{N}$, 再设 $f_m(x) := \lim\limits_{n \to \infty} (\cos m! \pi x)^{2n}$. 如果 $m! x$ 是整数, 则 $f_m(x) = 1$, 而如果 $m! x \notin \mathbb{Z}$, 则显然 $f_m(x) = 0$.

现在考虑序列 $\{f_m, m \in \mathbb{N}\}$ 并证明, 它在整条数轴上收敛到狄利克雷函数

$$\mathcal{D}(x) = \begin{cases} 0, & x \notin \mathbb{Q}, \\ 1, & x \in \mathbb{Q}. \end{cases}$$

其实, 如果 $x \notin \mathbb{Q}$, 则对于任何一个值 $m \in \mathbb{N}$, $m! x \notin \mathbb{Z}$, 所以 $f_m(x) = 0$, 从而 $f(x) = 0$. 而如果 $x = p/q \in \mathbb{Q}$, 其中 $p \in \mathbb{Z}$, $q \in \mathbb{N}$, 则当 $m \geqslant q$ 时已经有 $m! x \in \mathbb{Z}$, 所以 $f_m(x) = 1$, 从而 $f(x) = 1$.

因此, $\lim\limits_{m \to \infty} f_m(x) = \mathcal{D}(x)$.

2. 基本问题的提法. 极限运算在数学分析的每一步都会出现, 并且掌握极限函数所具有的函数性质往往非常重要. 在这些性质中, 数学分析所关注的基本性质是连续性、可微性、可积性. 因此, 如果趋于极限的函数是连续、可微或可积的, 则阐明极限函数是否也具有相应性质至关重要. 这时, 尤其重要的是找到对应用而言足够方便的一些条件, 当这些条件成立时, 我们从函数列收敛能够推出, 这些函数的导数或积分收敛到极限函数的导数或积分.

上述最简单的一些实例表明, 在没有任何附加条件时, 从关系式 "当 $n \to \infty$ 时在 $[a, b]$ 上 $f_n \to f$" 一般而言既不能推出极限函数连续 (即使函数 f_n 连续), 也不能推出关系式 $f_n' \to f'$ 或 $\int_a^b f_n(x)\,dx \to \int_a^b f(x)\,dx$ (即使上述导数和积分都有定义).

其实:

在例 1 中, 极限函数在闭区间 $[0, 1]$ 上是间断的, 虽然趋于极限的函数在该区间上是连续的;

在例 2 中, 趋于极限的函数的导数 $n \cos n^2 x$ 根本不收敛, 所以也不收敛到极限函数的导数, 极限函数这时恒等于零;

对于例 4, 对于任何一个值 $n \in \mathbb{N}$ 都有 $\int_0^1 f_n(x)\,dx = 1$, 同时 $\int_0^1 f(x)\,dx = 0$;

对于例 5, 在任何闭区间 $[a, b] \subset \mathbb{R}$ 上, 每一个函数 f_m 仅在有限个点不等于零, 所以 $\int_a^b f_m(x)\,dx = 0$. 与此同时, 极限函数 $\mathcal{D}$ 在数轴的任何一个区间上都根本不可积.

此外:

在例 2, 3, 4 中, 趋于极限的函数和极限函数都是连续的;

在例 3 中, 序列中的函数 $\dfrac{\sin nx}{n^2}$ 的导数 $\dfrac{\cos nx}{n}$ 的极限等于该序列的极限函数的导数;

对于例 1, 我们有, 当 $n \to \infty$ 时 $\int_0^1 f_n(x)\,dx \to \int_0^1 f(x)\,dx$.

我们的基本目标是阐明能够在积分或微分运算中取极限的条件.

再考虑一个相关实例.

例 6. 我们知道, 对于任何一个 $x \in \mathbb{R}$,

$$\sin x = x - \frac{1}{3!}x^3 + \frac{1}{5!}x^5 - \cdots + \frac{(-1)^m}{(2m+1)!}x^{2m+1} + \cdots. \tag{1}$$

但是, 我们在看到上述实例之后就能够理解, 一般而言, 需要验证以下关系式:

$$(\sin x)' = \sum_{m=0}^{\infty}\left(\frac{(-1)^m}{(2m+1)!}x^{2m+1}\right)', \tag{2}$$

$$\int_a^b \sin x\,dx = \sum_{m=0}^{\infty}\int_a^b \frac{(-1)^m}{(2m+1)!}x^{2m+1}dx. \tag{3}$$

其实, 如果把等式

$$s(x) = a_1(x) + a_2(x) + \cdots + a_m(x) + \cdots$$

理解为 $s(x) = \lim\limits_{n\to\infty} s_n(x)$, 其中 $s_n(x) = \sum\limits_{m=1}^{n} a_m(x)$, 则根据微分与积分运算的线性性质, 关系式

$$s'(x) = \sum_{m=1}^{\infty} a'_m(x), \quad \int_a^b s(x)\,dx = \sum_{m=1}^{\infty}\int_a^b a_m(x)\,dx$$

分别等价于等式

$$s'(x) = \lim_{n\to\infty} s'_n(x), \quad \int_a^b s(x)\,dx = \lim_{n\to\infty}\int_a^b s_n(x)\,dx.$$

现在, 我们应该谨慎对待这些等式.

在所给情况下容易验证关系式 (2), (3), 因为众所周知, 对于任何一个 $x \in \mathbb{R}$,

$$\cos x = 1 - \frac{1}{2!}x^2 + \cdots + \frac{(-1)^m}{(2m)!}x^{2m} + \cdots.$$

但是, 请诸位设想等式 (1) 是函数 $\sin x$ 的定义, 因为当自变量取复数值时, 函数 $\sin z, \cos z, e^z$ 的定义恰好是这样的. 这时, 这个函数是上述级数的部分和序列的极限, 我们需要直接从这个结果得到由此产生的新函数的性质 (它的连续性、可微性、可积性), 并证明等式 (2), (3) 成立.

在 §3 中将利用一致收敛性的基本概念得到上述极限运算合理的充分条件.

3. 依赖于参数的函数族的收敛性和一致收敛性. 在讨论问题的提法时, 我们在前面只考虑了函数序列的极限. 函数序列是依赖于参数 t 的函数族 $f_t(x)$ 的最重要的特例, 这时 $t \in \mathbb{N}$. 因此, 函数序列在这里所处的位置相当于序列极限理论在函数极限理论中所处的位置. 我们将在 §2 中详细讨论函数序列的极限以及与此相关的函数项级数的收敛理论, 而在这里讨论依赖于参数的函数族的收敛性和一致收敛性的概念, 这些概念是全部后续理论的基础.

定义 5. 如果两个变量 x, t 的函数 $(x, t) \mapsto F(x, t)$ 定义于集合 $X \times T$, 并且根据某种原因可以把变量 $t \in T$ 分离出来并称之为参数或参变量, 则上述函数称为依赖于参数 (参变量) t 的函数族. 这时, 集合 T 称为参数集 (参变量集) 或参数域 (参变量域), 而函数族本身常记为 $f_t(x)$ 或 $\{f_t, t \in T\}$ 的形式, 即直接标记出参数.

我们在本书中通常需要考虑的函数族的参数域 T 是自然数集 $\mathbb{N}$, 实数集 $\mathbb{R}$ 或复数集 $\mathbb{C}$, 或它们的子集, 尽管 T 一般而言可以是任何性质的集合. 于是, 在上面的例 1–5 中, $T = \mathbb{N}$, 并且在例 1–4 中可以在不改变其本质的情况下认为, 参数 n 是任意的正数, 而极限是基 $n \to \infty, n \in \mathbb{R}_+$ 上的极限.

定义 6. 设 $\{f_t : X \to \mathbb{R}, t \in T\}$ 是依赖于参数 t 的函数族, $\mathcal{B}$ 是参数集 T 中的基. 如果极限 $\lim\limits_{\mathcal{B}} f_t(x)$ 对于固定值 $x \in X$ 存在, 我们就说, 该函数族在点 x 收敛. 全部收敛点的集合称为该函数族在给定基 $\mathcal{B}$ 上的收敛集.

定义 7. 如果一个函数族在集合 $E \subset X$ 的每一个点 x 在基 $\mathcal{B}$ 上收敛, 我们就说, 该函数族在集合 E 和基 $\mathcal{B}$ 上收敛. 集合 E 上的函数 $f(x) := \lim\limits_{\mathcal{B}} f_t(x)$ 称为函数族 f_t 在集合 E 和基 $\mathcal{B}$ 上的极限函数或极限.

例 7. 设 $f_t(x) = e^{-(x/t)^2}$, $x \in X = \mathbb{R}$, $t \in T = \mathbb{R} \backslash 0$, $\mathcal{B}$ 是基 $t \to 0$. 该函数族在整个集合 $\mathbb{R}$ 上收敛, 并且
$$\lim_{t \to 0} f_t(x) = \begin{cases} 1, & x = 0, \\ 0, & x \neq 0. \end{cases}$$

现在给出两个基本定义.

定义 8. 设函数 $f_t : X \to \mathbb{R}$ 构成函数族 $\{f_t, t \in T\}$, $\mathcal{B}$ 是集合 T 中的基. 如果 $\lim\limits_{\mathcal{B}} f_t(x) = f(x)$ 在每一个点 $x \in E$ 成立, 我们就说, 该函数族在集合 E 和基 $\mathcal{B}$ 上逐点收敛 (简称为收敛) 到函数 $f : E \to \mathbb{R}$, 并且经常记之为: (在 E 上 $f_t \underset{\mathcal{B}}{\to} f$).

定义 9. 设函数 $f_t : X \to \mathbb{R}$ 构成函数族 $\{f_t, t \in T\}$, $\mathcal{B}$ 是集合 T 中的基. 如果对于任何 $\varepsilon > 0$, 可以找到基 $\mathcal{B}$ 的元素 B, 使关系式 $|f(x) - f_t(x)| < \varepsilon$ 对于任何值 $t \in B$ 和任何点 $x \in E$ 都成立, 我们就说, 该函数族在集合 E 和基 $\mathcal{B}$ 上一致收敛到函数 $f : E \to \mathbb{R}$, 并且经常记之为: (在 E 上 $f_t \underset{\mathcal{B}}{\rightrightarrows} f$).

再给出这些重要定义的常规写法:

$$(\text{在 } E \text{ 上 } f_t \underset{\mathcal{B}}{\to} f) := \forall \varepsilon > 0 \ \forall x \in E \ \exists B \in \mathcal{B} \ \forall t \in B \ (|f(x) - f_t(x)| < \varepsilon),$$

$$(\text{在 } E \text{ 上 } f_t \underset{\mathcal{B}}{\rightrightarrows} f) := \forall \varepsilon > 0 \ \exists B \in \mathcal{B} \ \forall x \in E \ \forall t \in B \ (|f(x) - f_t(x)| < \varepsilon).$$

收敛与一致收敛之间的关系使我们想起函数在集合上连续与一致连续之间的关系.

为了更好地阐明函数族收敛与一致收敛之间的相互关系, 引入一个量 $\Delta_t(x) = |f(x) - f_t(x)|$, 它度量 f_t 与 f 这两个函数在点 $x \in E$ 的值之间的偏差. 再考虑一个量 $\Delta_t = \sup\limits_{x \in E} \Delta_t(x)$. 粗略地说, 它表征在所有的点 $x \in E$ 的范围内函数 f_t 的值与函数 f 的相应值之间的最大偏差 (虽然它也可能不存在). 因此, 在任何一个点 $x \in E$ 有 $\Delta_t(x) \leqslant \Delta_t$.

在这些记号下, 显然可以把上述定义写为以下形式:

$$(\text{在 } E \text{ 上 } f_t \underset{\mathcal{B}}{\to} f) := \forall x \in E \ (\text{在 } \mathcal{B} \text{ 上 } \Delta_t(x) \to 0),$$

$$(\text{在 } E \text{ 上 } f_t \underset{\mathcal{B}}{\rightrightarrows} f) := (\text{在 } \mathcal{B} \text{ 上 } \Delta_t \to 0).$$

现在, 显然

$$(\text{在 } E \text{ 上 } f_t \underset{\mathcal{B}}{\rightrightarrows} f) \Rightarrow (\text{在 } E \text{ 上 } f_t \underset{\mathcal{B}}{\to} f),$$

即如果函数族 f_t 在集合 E 上一致收敛到函数 f, 则它在该集合上也逐点收敛到 f.

一般而言, 逆命题不成立.

例 8. 考虑定义在区间 $I = \{x \in \mathbb{R} \mid 0 \leqslant x \leqslant 1\}$ 上的依赖于参数 $t \in \,]0, 1]$ 的函数族 $f_t : I \to \mathbb{R}$. 图 99 给出函数 $y = f_t(x)$ 的图像. 显然, $\lim\limits_{t \to 0} f_t(x) = 0$ 在任何一个点 $x \in I$ 成立, 即当 $t \to 0$ 时 $f_t(x) \to f(x) = 0$. 与此同时,

$$\Delta_t = \sup_{x \in I} |f(x) - f_t(x)| = \sup_{x \in I} |f_t(x)| = 1.$$

即当 $t \to 0$ 时 $\Delta_t \not\to 0$. 因此, 该函数族收敛, 但并不一致收敛.

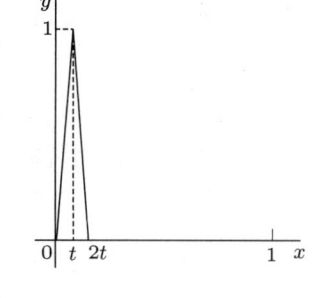

图 99

为了方便起见, 我们在这种情况下说, 函数族非一致收敛到极限函数.

如果把参数 t 解释为时间, 则函数族 f_t 在集合 E 上收敛到函数 f 的含义是, 对于任何给定的精度 $\varepsilon > 0$ 和任何一个点 $x \in E$, 可以指出一个时刻 t_ε, 从这个时刻起, 即当 $t > t_\varepsilon$ 时, 所有函数 f_t 在点 x 的值与 $f(x)$ 的值之差都小于 ε.

而一致收敛的含义是, 总有一个时刻 t_ε, 从这个时刻起, 即当 $t > t_\varepsilon$ 时, 关系式 $|f(x) - f_t(x)| < \varepsilon$ 立即在所有的点 $x \in E$ 都成立.

图 99 所描绘的大斜率移动波峰的图形是非一致收敛的典型情形.

例 9. 容易看出, 当 $n \to \infty$ 时, 闭区间 $0 \leqslant x \leqslant 1$ 上的给定函数序列 $f_n(x) = x^n - x^{2n}$ 在这个区间上的任何一个点 x 都趋于零. 为了说明它是否一致收敛, 先求出量 $\Delta_n = \max\limits_{0 \leqslant x \leqslant 1} |f_n(x)|$. 因为当 $x = 0$ 和 $x = 2^{-1/n}$ 时 $f_n'(x) = nx^{n-1}(1 - 2x^n) = 0$, 所以显然 $\Delta_n = f_n(2^{-1/n}) = 1/4$. 因此, 当 $n \to \infty$ 时 $\Delta_n \not\to 0$, 所以上述序列非一致收敛到极限函数 $f(x) \equiv 0$.

例 10. 例 1 中的函数序列 $f_n(x) = x^n$ 在闭区间 $0 \leqslant x \leqslant 1$ 上非一致收敛到函数
$$f(x) = \begin{cases} 0, & 0 \leqslant x < 1, \\ 1, & x = 1, \end{cases}$$
因为对于任何一个 $n \in \mathbb{N}$,
$$\Delta_n = \sup_{0 \leqslant x \leqslant 1} |f(x) - f_n(x)| = \sup_{0 \leqslant x < 1} |f(x) - f_n(x)| = \sup_{0 \leqslant x < 1} |f_n(x)| = \sup_{0 \leqslant x < 1} |x^n| = 1.$$

例 11. 当 $n \to \infty$ 时, 例 2 中的函数序列 $f_n(x) = \dfrac{\sin n^2 x}{n}$ 在整个集合 $\mathbb{R}$ 上一致收敛到零, 因为这时
$$|f(x) - f_n(x)| = |f_n(x)| = \left| \frac{\sin n^2 x}{n} \right| \leqslant \frac{1}{n},$$
即 $\Delta_n \leqslant 1/n$, 所以当 $n \to \infty$ 时 $\Delta_n \to 0$.

4. 一致收敛性的柯西准则. 在定义 9 中, 我们指出了函数族 f_t 在某集合上一致收敛到该集合上给定函数的含义. 通常, 当给出一个函数族时, 其极限函数还是未知的, 所以采用以下定义是合理的.

定义 10. 如果由函数 $f_t : X \to \mathbb{R}$ 构成的函数族 $\{f_t, t \in T\}$ 在集合 $E \subset X$ 和基 $\mathcal{B}$ 上收敛, 由此出现的极限函数是 $f : E \to \mathbb{R}$, 并且在定义 9 的意义下, 该函数族在集合 E 上一致收敛到函数 f, 我们就说, 该函数族在集合 E 和基 $\mathcal{B}$ 上一致收敛.

定理 (一致收敛性的柯西准则). 设 $\{f_t, t \in T\}$ 是由函数 $f_t : X \to \mathbb{R}$ 构成的依赖于参数 $t \in T$ 的函数族, $\mathcal{B}$ 是 T 中的基. 函数族 $\{f_t, t \in T\}$ 在集合 $E \subset X$ 和基 $\mathcal{B}$ 上一致收敛的充分必要条件是: 对于任何一个 $\varepsilon > 0$, 可以找到基 $\mathcal{B}$ 的元素 B, 使不等式 $|f_{t_1}(x) - f_{t_2}(x)| < \varepsilon$ 对于任何参数值 $t_1, t_2 \in B$ 和任何点 $x \in E$ 都成立.

在常规写法下, 这表示:

f_t 在 E 和基 $\mathcal{B}$ 上一致收敛 $\Leftrightarrow \forall \varepsilon > 0 \; \exists B \in \mathcal{B} \; \forall t_1, t_2 \in B \; \forall x \in E \; (|f_{t_1}(x) - f_{t_2}(x)| < \varepsilon)$.

◀ **必要性.** 上述条件的必要性是显然的, 因为如果 $f : E \to \mathbb{R}$ 是极限函数, 并且在 E 和基 $\mathcal{B}$ 上 $f_t \rightrightarrows f$, 则可以找到基的元素 B, 使 $|f(x) - f_t(x)| < \varepsilon/2$ 对于任

何 $t \in B$ 和任何 $x \in E$ 都成立. 这时, 对于任何 $t_1, t_2 \in B$ 和任何 $x \in E$, 有

$$|f_{t_1}(x) - f_{t_2}(x)| \leqslant |f(x) - f_{t_1}(x)| + |f(x) - f_{t_2}(x)| < \frac{\varepsilon}{2} + \frac{\varepsilon}{2} = \varepsilon.$$

充分性. 对于每一个固定值 $x \in E$, 可以认为量 $f_t(x)$ 是参变量 $t \in T$ 的函数. 如果定理的条件成立, 则这个函数在基 $\mathcal{B}$ 上的极限存在的柯西准则的条件成立. 因此, 函数族 $\{f_t, t \in T\}$ 在集合 E 和基 $\mathcal{B}$ 上至少逐点收敛到某个函数 $f : E \to \mathbb{R}$.

不等式 $|f_{t_1}(x) - f_{t_2}(x)| < \varepsilon$ 对于任何 $t_1, t_2 \in B$ 和任何 $x \in E$ 都成立. 现在, 如果在这个不等式中取极限, 就可以得到, $|f(x) - f_{t_2}(x)| \leqslant \varepsilon$ 对于任何 $t_2 \in B$ 和任何 $x \in E$ 都成立. 这恰好与函数族 $\{f_t, t \in T\}$ 在集合 E 和基 $\mathcal{B}$ 上一致收敛到函数 $f : E \to \mathbb{R}$ 的定义一致, 只是这里的记号有变化, 并且原来的严格不等式被改为非严格不等式, 但这些变化都无关紧要. ▶

附注 1. 我们对实函数族 $f_t : X \to \mathbb{R}$ 引入的收敛和一致收敛的定义, 当然也适用于在任何度量空间 Y 中取值的函数族 $f_t : X \to Y$. 这时, 在上述定义中自然应当把 $|f(x) - f_t(x)|$ 改为 $d_Y(f(x), f_t(x))$, 其中 d_Y 表示空间 Y 中的度量.

对于赋范向量空间 Y, 特别地, 对于 $Y = \mathbb{C}$, 或 $Y = \mathbb{R}^m$, 或 $Y = \mathbb{C}^m$, 甚至连这种形式上的改变也不需要.

附注 2. 柯西准则当然也适用于在度量空间 Y 中取值的函数族 $f_t : X \to Y$, 只要 Y 是完备度量空间. 从证明可见, 仅仅在准则的充分条件中才需要 Y 的完备性.

习 题

1. 请说明: 例 3–5 中的函数序列是否一致收敛?

2. 请证明等式 (2), (3).

3. a) 请证明: 例 1 中的函数序列在任何闭区间 $[0, 1-\delta] \subset [0, 1]$ 上一致收敛, 但在集合 $[0, 1]$ 上非一致收敛.

b) 请证明: 上述结论对于例 9 中的序列也成立.

c) 请证明: 例 8 中的函数族 f_t 当 $t \to 0$ 时在任何闭区间 $[\delta, 1] \subset [0, 1]$ 上一致收敛, 但在集合 $[0, 1]$ 上非一致收敛.

d) 请研究函数族 $f_t(x) = \sin tx$ 当 $t \to 0$ 时的收敛性和一致收敛性, 然后研究 $t \to \infty$ 的情况.

e) 请描述函数族 $f_t(x) = e^{-tx^2}$ 当 $t \to +\infty$ 时在任意固定集合 $E \subset \mathbb{R}$ 上的收敛性.

4. a) 请验证: 如果一个函数族在一个集合上收敛 (一致收敛), 则它在该集合的任何子集上也收敛 (一致收敛).

b) 请证明: 如果函数族 $f_t : X \to \mathbb{R}$ 在集合 E 和基 $\mathcal{B}$ 上收敛 (一致收敛), 而 $g : X \to \mathbb{R}$ 是有界函数, 则函数族 $g \cdot f_t : X \to \mathbb{R}$ 在集合 E 和基 $\mathcal{B}$ 上也收敛 (一致收敛).

c) 请证明: 如果函数族 $f_t : X \to \mathbb{R}, g_t : X \to \mathbb{R}$ 在集合 $E \subset X$ 和基 $\mathcal{B}$ 上一致收敛, 则函数族 $h_t = \alpha f_t + \beta g_t$, 其中 $\alpha, \beta \in \mathbb{R}$, 在集合 E 和基 $\mathcal{B}$ 上也一致收敛.

5. a) 在证明柯西准则的充分条件时, 我们在 T 中的基 $\mathcal{B}$ 上取极限 $\lim\limits_{\mathcal{B}} f_{t_1}(x) = f(x)$. 但是, $t_1 \in B$, 而 $\mathcal{B}$ 是 T 中的基, 却不是 B 中的基. 我们能在保持 t_1 属于 B 的同时完成这个极限运算吗?

b) 请说明: 在证明函数族 $f_t : X \to \mathbb{R}$ 一致收敛性的柯西准则时, 何处利用了 $\mathbb{R}$ 的完备性?

c) 请证明: 如果函数族 $\{f_t : X \to \mathbb{R},\ t \in T\}$ 中的所有函数都是常函数, 则上述定理恰好给出函数 $\varphi : T \to \mathbb{R}$ 在 T 中的基 $\mathcal{B}$ 上的极限存在的柯西准则.

6. 请证明: 如果闭区间 $I = \{x \in \mathbb{R} \mid a \leqslant x \leqslant b\}$ 上的连续函数族 $f_t \in C(I, \mathbb{R})$ 在开区间 $]a, b[$ 上一致收敛, 则它在整个闭区间 $[a, b]$ 上收敛, 并且一致收敛.

§2. 函数项级数的一致收敛性

1. 级数一致收敛性的基本定义和判别准则

定义 1. 设 $\{a_n : X \to \mathbb{C},\ n \in \mathbb{N}\}$ 是复函数序列 (也包括实函数序列). 如果序列 $\{s_m(x) = \sum\limits_{n=1}^{m} a_n(x),\ m \in \mathbb{N}\}$ 在集合 $E \subset X$ 上收敛或一致收敛, 我们就说, 级数 $\sum\limits_{n=1}^{\infty} a_n(x)$ 在集合 E 上收敛或一致收敛.

定义 2. 函数 $s_m(x) = \sum\limits_{n=1}^{m} a_n(x)$ 称为级数 $\sum\limits_{n=1}^{\infty} a_n(x)$ 的部分和, 更确切地, 称为该级数的前 m 项部分和. 这与数项级数的情况一致.

定义 3. 级数的部分和序列的极限称为级数的和.

于是, 记号
$$\text{在 } E \text{ 上 } s(x) = \sum_{n=1}^{\infty} a_n(x)$$
表示当 $m \to \infty$ 时在 E 上 $s_m(x) \to s(x)$, 记号
$$\text{级数 } \sum_{n=1}^{\infty} a_n(x) \text{ 在 } E \text{ 上一致收敛到 } s(x)$$
表示当 $m \to \infty$ 时在 E 上 $s_m(x) \rightrightarrows s(x)$.

我们知道, 研究函数项级数的逐点收敛性其实就是研究数项级数的收敛性.

例 1. 我们曾经用关系式
$$\exp z := \sum_{n=0}^{\infty} \frac{1}{n!} z^n, \tag{1}$$
定义了函数 $\exp : \mathbb{C} \to \mathbb{C}$, 并且预先证明了, 等式右边的级数对于每一个值 $z \in \mathbb{C}$ 都收敛.

现在可以用定义 1–3 的语言说, 函数 $a_n(z) = z^n/n!$ 的级数 (1) 在整个复平面上收敛, 而函数 $\exp z$ 是它的和.

§2. 函数项级数的一致收敛性

根据上述定义 1, 2, 在级数与它的部分和序列之间可以建立可逆关系: 知道级数各项, 就能得到部分和序列; 知道部分和序列, 也能恢复级数的全部项; 级数的收敛性等价于它的部分和序列的收敛性.

例 2. 我们在 §1 例 5 中构造了在 $\mathbb{R}$ 上收敛到狄利克雷函数 $\mathcal{D}(x)$ 的函数序列 $\{f_m, m \in \mathbb{N}\}$. 如果取 $a_1(x) = f_1(x)$, 当 $n > 1$ 时 $a_n(x) = f_n(x) - f_{n-1}(x)$, 就得到在整条数轴上收敛的级数 $\sum_{n=1}^{\infty} a_n(x)$, 并且 $\sum_{n=1}^{\infty} a_n(x) = \mathcal{D}(x)$.

例 3. 我们在 §1 例 9 中证明了, 函数序列 $f_n(x) = x^n - x^{2n}$ 在闭区间 $[0, 1]$ 上收敛到零, 但不一致收敛. 因此, 取 $a_1(x) = f_1(x)$, 当 $n > 1$ 时 $a_n(x) = f_n(x) - f_{n-1}(x)$, 得到级数 $\sum_{n=1}^{\infty} a_n(x)$, 它在闭区间 $[0, 1]$ 上收敛到零, 但不一致收敛.

函数项级数与函数序列的直接关系使每一个关于函数序列的命题都能改写为关于函数项级数的相应命题.

例如, 我们在 §1 中证明了关于函数序列在集合 $E \subset X$ 上的一致收敛性的柯西准则, 它用于函数序列 $\{s_n : X \to \mathbb{C}, n \in \mathbb{N}\}$ 时表示

$$\forall \varepsilon > 0 \; \exists N \in \mathbb{N} \; \forall n_1, n_2 > N \; \forall x \in E \; (|s_{n_1}(x) - s_{n_2}(x)| < \varepsilon). \tag{2}$$

利用定义 1, 由此得到以下定理.

定理 1 (级数一致收敛性的柯西准则). 级数 $\sum_{n=1}^{\infty} a_n(x)$ 在集合 E 上一致收敛的充分必要条件是: 对于任何一个 $\varepsilon > 0$, 可以找到一个数 $N \in \mathbb{N}$, 使不等式

$$|a_n(x) + \cdots + a_m(x)| < \varepsilon \tag{3}$$

对于任何满足 $m \geqslant n > N$ 的自然数 m, n 在任何点 $x \in E$ 都成立.

◀ 其实, 在 (2) 中取 $n_1 = m$, $n_2 = n - 1$, 并认为 $s_n(x)$ 是该级数的部分和, 就得到不等式 (3). 在定理的同样记号和条件下, 从不等式 (3) 得到关系式 (2). ▶

附注 1. 我们没有在定理 1 的表述中指明函数 $a_n(x)$ 的值域, 但认为它是 $\mathbb{R}$ 或 $\mathbb{C}$. 其实, 任何完备的赋范向量空间, 例如 $\mathbb{R}^n$ 或 $\mathbb{C}^n$, 显然都可以是该函数的值域.

附注 2. 在定理 1 的条件下, 如果所有函数 $a_n(x)$ 都是常函数, 我们就得到早已熟悉的数项级数 $\sum_{n=1}^{\infty} a_n$ 的柯西准则.

推论 1 (级数一致收敛的必要条件). 如果级数 $\sum_{n=1}^{\infty} a_n(x)$ 在某集合 E 上一致收敛, 则当 $n \to \infty$ 时, 在 E 上 $a_n(x) \rightrightarrows 0$.

◀ 这得自序列一致收敛到零的定义和不等式 (3), 只要在其中取 $n = m$. ▶

例 4. 级数 (1) 在复平面 $\mathbb{C}$ 上非一致收敛, 因为 $\sup\limits_{z\in\mathbb{C}}\left|\dfrac{1}{n!}z^n\right|=\infty$ 对于任何一个 $n\in\mathbb{N}$ 都成立, 而按照级数一致收敛的必要条件, 当 (1) 一致收敛时, 量 $\sup\limits_{z\in\mathbb{C}}\left|\dfrac{1}{n!}z^n\right|$ 应该趋于零.

例 5. 我们知道, 级数 $\sum\limits_{n=1}^{\infty}\dfrac{z^n}{n}$ 在单位圆 $K=\{z\in\mathbb{C}\mid |z|<1\}$ 内收敛. 因为当 $z\in K$ 时 $\left|\dfrac{z^n}{n}\right|<\dfrac{1}{n}$, 所以当 $n\to\infty$ 时在 K 上 $\dfrac{z^n}{n}\rightrightarrows 0$. 级数一致收敛的必要条件成立, 但是该级数在 K 上非一致收敛. 其实, 对于任何一个固定的 $n\in\mathbb{N}$, 认为 z 充分接近 1, 可以利用级数各项的连续性使不等式

$$\left|\dfrac{z^n}{n}+\cdots+\dfrac{z^{2n}}{2n}\right|>\dfrac{1}{2}\left|\dfrac{1}{n}+\cdots+\dfrac{1}{2n}\right|>\dfrac{1}{4}$$

成立. 根据柯西准则, 由此可知, 上述级数在集合 K 上非一致收敛.

2. 级数一致收敛性的魏尔斯特拉斯检验法

定义 4. 如果在集合 E 的任何一个点 x, 级数 $\sum\limits_{n=1}^{\infty}a_n(x)$ 的相应数项级数绝对收敛, 我们就说, 级数 $\sum\limits_{n=1}^{\infty}a_n(x)$ 在集合 E 上绝对收敛.

命题 1. 如果级数 $\sum\limits_{n=1}^{\infty}a_n(x)$ 和 $\sum\limits_{n=1}^{\infty}b_n(x)$ 的项对于任何 $x\in E$ 和所有足够大的序号 $n\in\mathbb{N}$ 满足 $|a_n(x)|\leqslant b_n(x)$, 则从级数 $\sum\limits_{n=1}^{\infty}b_n(x)$ 在 E 上一致收敛可以推出级数 $\sum\limits_{n=1}^{\infty}a_n(x)$ 在 E 上绝对收敛且一致收敛.

◀ 由条件, 对于所有足够大的序号 n 和 m (设 $n\leqslant m$) 和任何点 $x\in E$, 以下不等式成立:

$$|a_n(x)+\cdots+a_m(x)|\leqslant |a_n(x)|+\cdots+|a_m(x)|$$
$$\leqslant b_n(x)+\cdots+b_m(x)=|b_n(x)+\cdots+b_m(x)|.$$

根据柯西准则, 对于任何 $\varepsilon>0$, 可以利用级数 $\sum\limits_{n=1}^{\infty}b_n(x)$ 的一致收敛性指出序号 $N\in\mathbb{N}$, 使 $|b_n(x)+\cdots+b_m(x)|<\varepsilon$ 对于任何 $m\geqslant n>N$ 和任何 $x\in E$ 都成立. 这时, 从上述不等式可知, 级数 $\sum\limits_{n=1}^{\infty}a_n(x)$ 和 $\sum\limits_{n=1}^{\infty}|a_n(x)|$ 按照柯西准则都应当一致收敛. ▶

推论 2 (级数一致收敛性的魏尔斯特拉斯强函数检验法). 对于级数 $\sum\limits_{n=1}^{\infty}a_n(x)$, 如果可以找到一个收敛的数项级数 $\sum\limits_{n=1}^{\infty}M_n$, 使 $\sup\limits_{x\in E}|a_n(x)|\leqslant M_n$ 对于所有足够大的序号 $n\in\mathbb{N}$ 都成立, 则级数 $\sum\limits_{n=1}^{\infty}a_n(x)$ 在集合 E 上绝对收敛且一致收敛.

◀ 可以认为收敛的数项级数是由集合 E 上的常函数组成的级数. 根据柯西准则, 它在 E 上一致收敛. 因此, 如果在命题 1 中取 $b_n(x) = M_n$, 由此就得到魏尔斯特拉斯检验法. ▶

魏尔斯特拉斯检验法中的条件是级数一致收敛的最简单同时也最常用的充分条件.

作为它的一个应用实例, 我们证明一个有用的命题.

命题 2. 如果幂级数 $\sum_{n=0}^{\infty} c_n(z-z_0)^n$ 在点 $\zeta \neq z_0$ 收敛, 则它在任何一个圆 $K_q = \{z \in \mathbb{C} \mid |z-z_0| < q|\zeta-z_0|\}$ $(0 < q < 1)$ 内绝对收敛且一致收敛.

◀ 根据数项级数收敛的必要条件, 如果级数 $\sum_{n=0}^{\infty} c_n(\zeta-z_0)^n$ 收敛, 则当 $n \to \infty$ 时 $c_n(\zeta-z_0)^n \to 0$. 因此, 在上述圆 K_q 中, 对于所有充分大的值 $n \in \mathbb{N}$, 估计式

$$|c_n(z-z_0)^n| = |c_n(\zeta-z_0)^n|\left|\frac{z-z_0}{\zeta-z_0}\right|^n \leqslant |c_n(\zeta-z_0)^n| q^n < q^n$$

成立. 因为级数 $\sum_{n=1}^{\infty} q^n$ 当 $|q| < 1$ 时收敛, 所以根据一致收敛性的强函数检验法, 从估计式 $|c_n(z-z_0)^n| < q^n$ 得到上述命题 2. ▶

比较这个命题和关于幂级数收敛半径的柯西-阿达马公式 (见第五章 §5 (17)), 我们得到关于幂级数收敛特性的以下定理.

定理 2. 幂级数 $\sum_{n=0}^{\infty} c_n(z-z_0)^n$ 在圆 $K = \{z \in \mathbb{C} \mid |z-z_0| < R\}$ 以内收敛, 其半径由柯西-阿达马公式[①] $R = \left(\varlimsup_{n \to \infty} \sqrt[n]{|c_n|}\right)^{-1}$ 确定. 幂级数在这个圆以外发散. 在任何严格位于幂级数收敛圆 K 以内的闭圆上, 幂级数绝对收敛且一致收敛.

附注 3. 例 4 和例 5 表明, 幂级数在整个圆 K 上未必一致收敛. 与此同时, 幂级数甚至也可能在闭圆 $\overline{K}$ 上一致收敛.

例 6. 级数 $\sum_{n=1}^{\infty} \frac{z^n}{n^2}$ 的收敛半径等于 1. 但是, 如果 $|z| \leqslant 1$, 则 $\left|\frac{z^n}{n^2}\right| \leqslant \frac{1}{n^2}$. 根据魏尔斯特拉斯检验法, 该级数在闭圆 $\overline{K} = \{z \in \mathbb{C} \mid |z| \leqslant 1\}$ 上绝对收敛且一致收敛.

3. 阿贝尔-狄利克雷检验法. 级数一致收敛的下面两个充分条件是略显特殊的同一类条件, 它们在本质上与所考虑的级数的特定部分取实值有关. 但是, 这些条件比魏尔斯特拉斯检验法更为精细, 因为它们使我们能够研究收敛但非绝对收敛的一些级数.

定义 5. 我们说, 由函数 $f: X \to \mathbb{C}$ 构成的函数族 $\mathcal{F}$ 在某集合 $E \subset X$ 上一致有界, 如果存在数 $M \in \mathbb{R}$, 使关系式 $\sup_{x \in E}|f(x)| \leqslant M$ 对于任何函数 $f \in \mathcal{F}$ 都成立.

[①] 在 $\varlimsup_{n \to \infty} \sqrt[n]{|c_n|} = \infty$ 的特殊情况下可以认为 $R = 0$, 而圆 K 退化为一个点 z_0.

定义 6. 函数序列 $\{b_n : X \to \mathbb{R}, n \in \mathbb{N}\}$ 称为集合 $E \subset X$ 上的不减 (不增) 函数序列, 如果对于任何 $x \in E$, 数列 $\{b_n(x), n \in \mathbb{N}\}$ 是不减的 (不增的). 一个集合上的不减函数序列和不增函数序列统称为该集合上的单调函数序列.

我们回顾一个被称为阿贝尔变换的恒等式 (在必要时可以参看第六章 §2 第 3 小节):

$$\sum_{k=n}^{m} a_k b_k = A_m b_m - A_{n-1} b_n + \sum_{k=n}^{m-1} A_k(b_k - b_{k+1}), \tag{4}$$

其中 $a_k = A_k - A_{k-1}$, $k = n, \cdots, m$.

如果 $b_n, b_{n+1}, \cdots, b_m$ 是单调实数列, 则即使 $a_n, a_{n+1}, \cdots, a_m$ 是复数或某个赋范空间中的向量, 根据恒等式 (4) 也可以得到我们所需要的以下估计式:

$$\left| \sum_{k=n}^{m} a_k b_k \right| \leqslant 4 \max_{n-1 \leqslant k \leqslant m} |A_k| \cdot \max\{|b_n|, |b_m|\}. \tag{5}$$

◂ 其实,
$$|A_m b_m| + |A_{n-1} b_n| + \left| \sum_{k=n}^{m-1} A_k(b_k - b_{k+1}) \right|$$
$$\leqslant \max_{n-1 \leqslant k \leqslant m} |A_k| \cdot \left(|b_m| + |b_n| + \sum_{k=n}^{m-1} |b_k - b_{k+1}| \right)$$
$$= \max_{n-1 \leqslant k \leqslant m} |A_k| \cdot (|b_m| + |b_n| + |b_n - b_m|) \leqslant 4 \max_{n-1 \leqslant k \leqslant m} |A_k| \cdot \max\{|b_n|, |b_m|\}.$$

在这里的等式中恰好利用了数列 b_k 的单调性. ▸

命题 3 (级数一致收敛性的阿贝尔-狄利克雷检验法). 设级数 $\sum_{n=1}^{\infty} a_n(x) b_n(x)$ 的各项是复函数 $a_n : X \to \mathbb{C}$ 与实函数 $b_n : X \to \mathbb{R}$ 之积, 则该级数在集合 E 上一致收敛的充分条件是下列两组条件中的任何一组[①]:

第一组条件:

α_1) 级数 $\sum_{n=1}^{\infty} a_n(x)$ 的部分和 $s_k(x) = \sum_{n=1}^{k} a_n(x)$ 在 E 上一致有界;

β_1) 函数序列 $b_n(x)$ 在 E 上单调并且一致趋于零;

第二组条件:

α_2) 级数 $\sum_{n=1}^{\infty} a_n(x)$ 在 E 上一致收敛;

β_2) 函数序列 $b_n(x)$ 在 E 上单调并且一致有界.

◂ 序列 $b_n(x)$ 的单调性使我们能够对每一个 $x \in E$ 写出类似于 (5) 的估计式

$$\left| \sum_{k=n}^{m} a_k(x) b_k(x) \right| \leqslant 4 \max_{n-1 \leqslant k \leqslant m} |A_k(x)| \cdot \max\{|b_n(x)|, |b_m(x)|\}, \tag{5'}$$

[①] 该条件也是必要条件. ——译者

其中取 $s_k(x) - s_{n-1}(x)$ 作为 $A_k(x)$.

如果第一组条件 α_1), β_1) 成立, 则一方面存在常数 M, 使 $|A_k(x)| \leqslant M$ 对于任何 $k \in \mathbb{N}$ 和任何 $x \in E$ 都成立; 另一方面, 无论取怎样的数 $\varepsilon > 0$, 不等式

$$\max\{|b_n(x)|, |b_m(x)|\} < \frac{\varepsilon}{4M}$$

对于所有足够大的值 n, m 和任何 $x \in E$ 都成立. 因此, 从 (5′) 可知,

$$\left|\sum_{k=n}^{m} a_k(x) b_k(x)\right| < \varepsilon$$

对于所有足够大的值 n, m 和任何 $x \in E$ 都成立, 即一致收敛性的柯西准则对所考虑的级数成立.

在第二组条件 α_2), β_2) 下, 量 $\max\{|b_n(x)|, |b_m(x)|\}$ 是有界的. 这时, 因为级数 $\sum_{n=1}^{\infty} a_n(x)$ 一致收敛, 所以根据柯西准则, 对于任何 $\varepsilon > 0$ 以及任何足够大的值 n 和 $k > n$, 在任何点 $x \in E$ 都有 $|A_k(x)| = |s_k(x) - s_{n-1}(x)| < \varepsilon$. 据此, 从不等式 (5′) 再次得到, 一致收敛性的柯西准则对所考虑的级数成立. ▶

附注 4. 当函数 a_n 和 b_n 是常函数时, 命题 3 化为数项级数收敛性的阿贝尔-狄利克雷检验法.

例 7. 当 $x \in \mathbb{R}$ 时, 研究级数

$$\sum_{n=1}^{\infty} \frac{1}{n^\alpha} e^{inx} \tag{6}$$

的收敛性. 因为

$$\left|\frac{1}{n^\alpha} e^{inx}\right| = \frac{1}{n^\alpha}, \tag{7}$$

所以当 $\alpha \leqslant 0$ 时, 级数 (6) 收敛的必要条件不成立, 它对于任何值 $x \in \mathbb{R}$ 都发散. 因此, 以后可以认为 $\alpha > 0$.

如果 $\alpha > 1$, 则根据魏尔斯特拉斯检验法, 我们从 (7) 得到, 级数 (6) 在整条数轴 $\mathbb{R}$ 上绝对收敛且一致收敛.

为了研究 $0 < \alpha \leqslant 1$ 时的收敛性, 我们取 $a_n(x) = e^{inx}$, $b_n(x) = 1/n^\alpha$ 并利用阿贝尔-狄利克雷检验法. 因为当 $\alpha > 0$ 时, 常函数 $b_n(x)$ 单调, 并且显然在 $x \in \mathbb{R}$ 上一致收敛到零, 所以只需要再研究级数 $\sum_{n=1}^{\infty} e^{inx}$ 的部分和.

为了便于后续引用, 考虑求和表达式 $\sum_{k=0}^{n} e^{ikx}$, 它与上述级数的部分和的区别仅仅在于第一项 1.

利用几何级数公式和欧拉公式, 当 $x \neq 2\pi m$, $m \in \mathbb{Z}$ 时依次得到

$$\sum_{k=0}^{n} e^{ikx} = \frac{e^{i(n+1)x} - 1}{e^{ix} - 1} = \frac{\sin\dfrac{n+1}{2}x}{\sin\dfrac{x}{2}} \cdot \frac{e^{i(n+1)x/2}}{e^{ix/2}}$$

$$= \frac{\sin\dfrac{n+1}{2}x}{\sin\dfrac{x}{2}} e^{inx/2} = \frac{\sin\dfrac{n+1}{2}x}{\sin\dfrac{x}{2}} \left(\cos\dfrac{n}{2}x + i\sin\dfrac{n}{2}x\right). \tag{8}$$

因此, 对于任何 $n \in \mathbb{N}$,

$$\left|\sum_{k=0}^{n} e^{ikx}\right| \leqslant \frac{1}{\left|\sin\dfrac{x}{2}\right|}. \tag{9}$$

根据阿贝尔-狄利克雷检验法, 由此推出, 当 $0 < \alpha \leqslant 1$ 时, 级数 (6) 在任何一个满足 $\inf\limits_{x \in E}\left|\sin\dfrac{x}{2}\right| > 0$ 的集合 $E \subset \mathbb{R}$ 上一致收敛. 特别地, 对于任何 $x \neq 2\pi m$, $m \in \mathbb{Z}$, 级数 (6) 收敛. 而如果 $x = 2\pi m$, 则 $e^{in2\pi m} = 1$, 级数 (6) 化为数项级数 $\sum\limits_{n=1}^{\infty} \dfrac{1}{n^\alpha}$, 它在 $0 < \alpha \leqslant 1$ 时发散.

我们指出, 从上述讨论已经可以断定, 当 $0 < \alpha \leqslant 1$ 时, 只要集合 E 的闭包包含形如 $2\pi m$ $(m \in \mathbb{Z})$ 的点, 级数 (6) 在集合 E 上就不可能一致收敛. 为明确起见, 设 $0 \in \overline{E}$. 级数 $\sum\limits_{n=1}^{\infty} \dfrac{1}{n^\alpha}$ 当 $0 < \alpha \leqslant 1$ 时发散. 根据柯西准则, 可以找到数 $\varepsilon_0 > 0$, 这时无论取怎样的 $N \in \mathbb{N}$, 都能找到使 $\left|\dfrac{1}{n^\alpha} + \cdots + \dfrac{1}{m^\alpha}\right| > \varepsilon_0 > 0$ 成立的数 $m \geqslant n > N$. 根据函数 e^{ikx} 在 $\mathbb{R}$ 上的连续性, 由此推出, 在 E 中可以找到充分接近零的点 x, 使

$$\left|\frac{e^{inx}}{n^\alpha} + \cdots + \frac{e^{imx}}{m^\alpha}\right| > \varepsilon_0.$$

而根据级数一致收敛性的柯西准则, 这表示级数 (6) 在上述集合 E 上不可能一致收敛.

作为对上述讨论的补充可以指出, 从等式 (7) 看到, 级数 (6) 当 $0 < \alpha \leqslant 1$ 时非绝对收敛.

附注 5. 分离 (8) 中的实部与虚部, 我们得到以下关系式:

$$\sum_{k=0}^{n} \cos kx = \frac{\cos\dfrac{n}{2}x \cdot \sin\dfrac{n+1}{2}x}{\sin\dfrac{x}{2}}, \tag{10}$$

$$\sum_{k=0}^{n} \sin kx = \frac{\sin\dfrac{n}{2}x \cdot \sin\dfrac{n+1}{2}x}{\sin\dfrac{x}{2}}, \tag{11}$$

其中 $x \neq 2\pi m$, $m \in \mathbb{Z}$. 指出这个结果对后续讨论很有用.

作为阿贝尔-狄利克雷检验法的又一个应用实例,我们来证明以下命题.

命题 4 (幂级数的阿贝尔第二定理). 如果幂级数 $\sum_{n=0}^{\infty} c_n(z-z_0)^n$ 在某点 $\zeta \in \mathbb{C}$ 收敛, 则它在以 z_0, ζ 为端点的闭区间上一致收敛.

◀ 把上述闭区间上的点表示为 $z = z_0 + (\zeta - z_0)t$ 的形式, 其中 $0 \leqslant t \leqslant 1$. 把 z 的这个表达式代入所给幂级数, 得到级数 $\sum_{n=0}^{\infty} c_n(\zeta-z_0)^n t^n$. 根据条件, 数项级数 $\sum_{n=0}^{\infty} c_n(\zeta-z_0)^n$ 收敛, 而函数序列 t^n 在闭区间 $[0, 1]$ 上单调并且一致有界 (以 1 为界). 因此, 阿贝尔-狄利克雷检验法中的条件 $\alpha_2), \beta_2)$ 成立, 这就证明了命题 4. ▶

习 题

1. 请研究下列级数当实参数 α 取各种值时在集合 $E \subset \mathbb{R}$ 上的收敛性:

a) $\sum_{n=1}^{\infty} \dfrac{\cos nx}{n^{\alpha}}$;   b) $\sum_{n=1}^{\infty} \dfrac{\sin nx}{n^{\alpha}}$.

2. 请证明: 下列级数在指定集合上一致收敛:

a) $\sum_{n=1}^{\infty} \dfrac{(-1)^n}{n} x^n$, $0 \leqslant x \leqslant 1$;   b) $\sum_{n=1}^{\infty} \dfrac{(-1)^n}{n} e^{-nx}$, $0 \leqslant x < +\infty$;

c) $\sum_{n=1}^{\infty} \dfrac{(-1)^n}{n+x}$, $0 \leqslant x < +\infty$.

3. 请证明: 如果狄利克雷级数 $\sum_{n=1}^{\infty} \dfrac{c_n}{n^x}$ 在点 $x_0 \in \mathbb{R}$ 收敛, 则它在集合 $x \geqslant x_0$ 上一致收敛, 而如果 $x > x_0 + 1$, 则级数绝对收敛.

4. 请验证: 级数 $\sum_{n=1}^{\infty} \dfrac{(-1)^{n-1}x^2}{(1+x^2)^n}$ 在 $\mathbb{R}$ 上一致收敛, 而级数 $\sum_{n=1}^{\infty} \dfrac{x^2}{(1+x^2)^n}$ 虽然在 $\mathbb{R}$ 上收敛, 但并不一致收敛.

5. a) 请以习题 2 中的级数为例证明: 级数一致收敛性的魏尔斯特拉斯检验法中的条件是级数一致收敛的充分条件, 但不是必要条件.

b) 请构造在闭区间 $0 \leqslant x \leqslant 1$ 上一致收敛的非负项级数 $\sum_{n=1}^{\infty} a_n(x)$, 使各项在该区间上连续, 并且由 $M_n = \max\limits_{0 \leqslant x \leqslant 1} |a_n(x)|$ 组成的级数 $\sum_{n=1}^{\infty} M_n$ 发散.

6. a) 请叙述在附注 4 中提到的级数收敛性的阿贝尔-狄利克雷检验法.

b) 请证明: 在这个检验法中, 可以略微减弱序列 $\{b_n\}$ 的单调性条件, 只要认为 $\{b_n\}$ 经过适当修正后化为相应的单调序列即可, 而修正项序列 $\{\beta_n\}$ 构成绝对收敛级数.

7. 作为命题 4 的补充, 请证明 (由阿贝尔最先证明的结论): 如果一个幂级数在其收敛圆边界上的某个点收敛, 则它的和在这个圆内当沿任何不与圆周相切的方向趋于该点时都有极限.

§3. 极限函数的函数性质

1. 问题的具体提法. 在本节中将回答在 §1 中提出的问题: 连续、可微或可积函数族的极限在什么条件下是具有相同性质的函数? 一个函数族中的函数的导数或积分的极限在什么条件下等于同样属于该函数族的极限函数的导数或积分?

为了阐明所提问题的数学含义, 我们以连续性与极限运算之间的关系为例展开讨论.

设当 $n \to \infty$ 时在 $\mathbb{R}$ 上 $f_n(x) \to f(x)$, 函数序列 $\{f_n, n \in \mathbb{N}\}$ 中的所有函数在点 $x_0 \in \mathbb{R}$ 连续. 我们希望了解极限函数 f 在同一个点 x_0 的连续性. 为了回答这个问题, 我们需要验证等式 $\lim\limits_{x \to x_0} f(x) = f(x_0)$, 它在原序列的记号下可以改写为关系式

$$\lim_{x \to x_0}(\lim_{n \to \infty} f_n(x)) = \lim_{n \to \infty} f_n(x_0)$$

的形式, 或者借助于函数 f_n 在点 x_0 连续的已知性质改写为以下形式:

$$\lim_{x \to x_0}(\lim_{n \to \infty} f_n(x)) = \lim_{n \to \infty}(\lim_{x \to x_0} f_n(x)). \tag{1}$$

我们需要验证这个关系式.

在这个关系式的左边, 首先在基 $n \to \infty$ 上取极限, 然后在基 $x \to x_0$ 上取极限. 在这个关系式的右边, 按照不同顺序在同样的基上取极限.

我们在研究多元函数时曾经看到, 等式 (1) 并非永远成立. 我们在前面两节的一些例题中也看到, 连续函数序列的极限不一定是连续函数.

微分运算和积分运算是一些特殊的取极限的运算. 因此, 对函数族中的函数先进行微分 (积分) 运算, 然后关于函数族参变量取极限, 其结果是否与先求函数族的极限函数再对它进行微分 (积分) 运算的结果相同, 这个问题仍然归结为检验能否改变上述两个极限运算的顺序.

2. 两个极限运算可交换的条件. 我们来证明, 如果在依次完成的两个极限运算中至少有一个是一致的, 就可以交换这两个极限运算的顺序.

定理 1. 设 $\{F_t, t \in T\}$ 是由依赖于参数 t 的函数 $F_t : X \to \mathbb{C}$ 构成的函数族, $\mathcal{B}_X$ 是 X 中的基, $\mathcal{B}_T$ 是 T 中的基. 如果该函数族在 X 和基 $\mathcal{B}_T$ 上一致收敛到函数 $F : X \to \mathbb{C}$, 而极限 $\lim\limits_{\mathcal{B}_X} F_t(x) = A_t$ 对于每一个 $t \in T$ 都存在, 则 $\lim\limits_{\mathcal{B}_X}(\lim\limits_{\mathcal{B}_T} F_t(x))$, $\lim\limits_{\mathcal{B}_T}(\lim\limits_{\mathcal{B}_X} F_t(x))$ 这两个累次极限都存在, 并且以下等式成立:

$$\lim_{\mathcal{B}_X}(\lim_{\mathcal{B}_T} F_t(x)) = \lim_{\mathcal{B}_T}(\lim_{\mathcal{B}_X} F_t(x)). \tag{2}$$

用以下交换图的形式写出这个定理非常方便:

$$\begin{array}{ccc} F_t(x) & \underset{\mathcal{B}_T}{\Longrightarrow} & F(x) \\ {\scriptstyle \mathcal{B}_X}\downarrow & {\scriptstyle \exists}\diagdown & \downarrow{\scriptstyle \exists\,\mathcal{B}_X} \\ A_t & \underset{\mathcal{B}_T}{\xrightarrow{\exists}} & A \end{array} \tag{3}$$

图中在对角线上方指出了定理的条件, 在对角线下方指出了它的结论. 等式 (2) 表明, 这个图确实是可交换的, 即无论是按照图中先上后右的顺序完成运算, 还是按

照先左后下的顺序完成运算, 最终结果 A 都不受影响.

我们来证明上述定理.

◀ 因为在 X 和基 $\mathcal{B}_T$ 上 $F_t \rightrightarrows F$, 所以根据柯西准则, 对于任何 $\varepsilon > 0$, 可以找到基 $\mathcal{B}_T$ 的元素 B_T, 使以下不等式对于任何 $t_1, t_2 \in B_T$ 和任何 $x \in X$ 都成立:

$$|F_{t_1}(x) - F_{t_2}(x)| < \varepsilon. \tag{4}$$

在这个不等式中取基 $\mathcal{B}_X$ 上的极限, 得到对于任何 $t_1, t_2 \in B_T$ 都成立的关系式

$$|A_{t_1} - A_{t_2}| \leqslant \varepsilon. \tag{5}$$

根据函数极限存在的柯西准则, 由此可知, 函数 A_t 在基 $\mathcal{B}_T$ 上有某个极限 A. 现在验证 $A = \lim\limits_{\mathcal{B}_X} F(x)$.

固定 $t_2 \in B_T$, 可以找到基 $\mathcal{B}_X$ 的元素 B_X, 使以下不等式对于任何 $x \in B_X$ 都成立:

$$|F_{t_2}(x) - A_{t_2}| < \varepsilon. \tag{6}$$

让 t_2 保持不变并在 (4) 和 (5) 中关于参数 t_1 取基 $\mathcal{B}_T$ 上的极限, 就得到

$$|F(x) - F_{t_2}(x)| \leqslant \varepsilon, \tag{7}$$

$$|A - A_{t_2}| \leqslant \varepsilon, \tag{8}$$

并且不等式 (7) 对于任何 $x \in X$ 都成立.

比较关系式 (6)–(8) 并利用三角形不等式, 我们得到,

$$|F(x) - A| < 3\varepsilon$$

对于任何 $x \in B_X$ 都成立. 这就证明了 $A = \lim\limits_{\mathcal{B}_X} F(x)$. ▶

附注 1. 从上述证明可见, 定理 1 对于在任何完备度量空间 Y 中取值的函数 $F_t : X \to Y$ 仍然成立.

附注 2. 如果在定理 1 的条件中额外要求极限 $\lim\limits_{\mathcal{B}_T} A_t = A$ 存在, 则从证明可见, 即使不假设函数 $F_t : X \to Y$ 的值所在的空间 Y 是完备的, 也可以得到等式 $\lim\limits_{\mathcal{B}_X} F(x) = A$.

3. 连续性与极限运算. 我们来证明, 如果在一个集合的某一个点连续的一族函数在这个集合上一致收敛, 则极限函数也在这个点连续.

定理 2. 设 $\{f_t, t \in T\}$ 是由依赖于参数 t 的函数 $f_t : X \to \mathbb{C}$ 构成的函数族, 而 $\mathcal{B}$ 是 T 中的基. 如果在 X 和基 $\mathcal{B}$ 上 $f_t \rightrightarrows f$, 并且函数 f_t 在点 $x_0 \in X$ 连续, 则函数 $f : X \to \mathbb{C}$ 也在这个点连续.

◀ 在这个情况下, 交换图 (3) 具有以下具体形式:

$$\begin{array}{ccc} f_t(x) & \underset{\mathcal{B}}{\Longrightarrow} & f(x) \\ {\scriptstyle x\to x_0}\downarrow & & \downarrow{\scriptstyle x\to x_0} \\ f_t(x_0) & \underset{\mathcal{B}}{\Longrightarrow} & f(x_0) \end{array}$$

这里, 除了右边竖直线所表示的极限运算, 其他所有极限运算都由定理 2 的条件本身给出. 定理 1 的我们所需要的非平凡推论恰好是 $\lim_{x\to x_0} f(x) = f(x_0)$. ▶

附注 3. 我们没有给出集合 X 的具体性质. 其实, 这可以是任何一个拓扑空间, 只要在 X 中定义了基 $x \to x_0$ 即可. 函数 f_t 可以在任何一个度量空间中取值, 并且从附注 2 可知, 该空间甚至不一定是完备的.

推论 1. 如果一个集合上的连续函数序列在该集合上一致收敛, 则极限函数也在这个集合上连续.

推论 2. 如果由某一个集合上的连续函数组成的级数在该集合上一致收敛, 则级数的和也在这个集合上连续.

为了展示所得结果的可能应用, 考虑以下实例.

例 1. 级数的阿贝尔求和法.

对比推论 2 和阿贝尔第二定理 (§2 命题 4), 我们得到以下命题.

命题 1. 如果幂级数 $\sum_{n=0}^{\infty} c_n(z-z_0)^n$ 在某个点 ζ 收敛, 则它在从点 z_0 到点 ζ 的闭区间 $[z_0, \zeta]$ 上一致收敛, 而级数的和在该区间上连续.

特别地, 这意味着, 如果数项级数 $\sum_{n=0}^{\infty} c_n$ 收敛, 则幂级数 $\sum_{n=0}^{\infty} c_n x^n$ 在实轴上的闭区间 $0 \leqslant x \leqslant 1$ 上一致收敛, 而它的和 $s(x) = \sum_{n=0}^{\infty} c_n x^n$ 在该区间上连续. 因为 $s(1) = \sum_{n=0}^{\infty} c_n$, 所以可以说, 如果级数 $\sum_{n=0}^{\infty} c_n$ 收敛, 则以下等式成立:

$$\sum_{n=0}^{\infty} c_n = \lim_{x\to 1-0} \sum_{n=0}^{\infty} c_n x^n. \tag{9}$$

有趣的是, 在关系式 (9) 中, 有时左边的级数在传统理解下是发散的, 而右边却有意义. 例如, 与级数 $1 - 1 + 1 - \cdots$ 相对应的级数 $x - x^2 + x^3 - \cdots$ 在 $|x| < 1$ 时收敛到函数 $x/(1+x)$. 当 $x \to 1$ 时, 这个函数有极限 $1/2$.

通常所说的级数的阿贝尔求和法的含义是, 如果等式 (9) 的右边有确定的值, 就用这个值代替其左边的值. 我们已经看到, 如果级数 $\sum_{n=0}^{\infty} c_n$ 在传统意义下收敛, 则按照阿贝尔求和法可以得到它的常规的和. 与此同时, 例如, 对于传统意义下的

发散级数 $\sum_{n=0}^{\infty}(-1)^n$, 阿贝尔求和法给出一个自然的平均值 $1/2$.

在习题 5—8 中可以找到与例 1 相关的后续问题.

例 2. 我们在讨论泰勒公式时曾经证明了, 以下展开式在 $|x|<1$ 时成立:

$$(1+x)^{\alpha}=1+\frac{\alpha}{1!}x+\frac{\alpha(\alpha-1)}{2!}x^2+\cdots+\frac{\alpha(\alpha-1)\cdots(\alpha-n+1)}{n!}x^n+\cdots. \quad (10)$$

可以验证, 当 $\alpha>0$ 时, 数项级数

$$1-\frac{\alpha}{1!}+\frac{\alpha(\alpha-1)}{2!}+\cdots+(-1)^n\frac{\alpha(\alpha-1)\cdots(\alpha-n+1)}{n!}+\cdots$$

收敛. 因此, 根据阿贝尔定理, 如果 $\alpha>0$, 则级数 (10) 在闭区间 $-1\leqslant x\leqslant 0$ 上一致收敛. 函数 $(1+x)^{\alpha}$ 在点 $x=-1$ 右连续, 所以可以断定, 如果 $\alpha>0$, 则等式 (10) 在 $x=-1$ 时也成立.

特别地, 可以断定, 当 $\alpha>0$ 时,

$$(1-t^2)^{\alpha}=1-\frac{\alpha}{1!}t^2+\frac{\alpha(\alpha-1)}{2!}t^4-\cdots+(-1)^n\frac{\alpha(\alpha-1)\cdots(\alpha-n+1)}{n!}t^{2n}+\cdots, \quad (11)$$

并且这个级数在闭区间 $[-1,1]$ 上一致收敛到函数 $(1-t^2)^{\alpha}$.

在 (11) 中取 $\alpha=1/2$, 当 $|x|\leqslant 1$ 时取 $t^2=1-x^2$, 我们得到

$$|x|=1-\frac{\frac{1}{2}}{1!}(1-x^2)+\frac{\frac{1}{2}\left(\frac{1}{2}-1\right)}{2!}(1-x^2)^2-\cdots. \quad (12)$$

并且等式右边的多项式级数在闭区间 $[-1,1]$ 上一致收敛到函数 $|x|$. 取 $P_n(x):=s_n(x)-s_n(0)$, 其中 $s_n(x)$ 是该级数的前 n 项部分和, 我们得到, 无论给出怎样的精度 $\varepsilon>0$, 都可以找到多项式 $P(x)$, 使 $P(0)=0$, 并且

$$\max_{-1\leqslant x\leqslant 1}\big||x|-P(x)\big|<\varepsilon. \quad (13)$$

现在回到一般定理.

我们证明了, 函数的连续性在一致极限运算中保持不变. 但是, 一致极限运算的条件仅仅是连续函数序列的极限是连续函数的充分条件 (见 §1 例 8, 9). 与此同时, 在一些具体情形下, 如果连续函数序列收敛到连续函数, 则该序列一致收敛.

命题 2 (迪尼[①]定理). 如果一个紧集上的连续函数序列在该紧集上单调收敛到连续函数, 则该序列一致收敛.

◀ 为明确起见, 设 f_n 单调不减地收敛到 f. 任意取固定的 $\varepsilon>0$. 对于紧集 K 的任何一个点 x, 可以找到序号 n_x, 使 $0\leqslant f(x)-f_{n_x}(x)<\varepsilon$. 因为函数 f 和 f_{n_x} 在

[①] 迪尼 (B. Dini, 1845–1918) 是意大利数学家, 以函数论研究而著称.

K 上连续, 所以不等式 $0 \leqslant f(\xi) - f_{n_x}(\xi) < \varepsilon$ 在点 $x \in K$ 的某个邻域 $U(x)$ 内仍然成立. 用这样的邻域覆盖紧集 K, 由此可以选出有限覆盖 $U(x_1), \cdots, U(x_k)$, 然后取固定的序号 $n(\varepsilon) = \max\{n_{x_1}, \cdots, n_{x_k}\}$. 于是, 对于任何 $n > n(\varepsilon)$, 因为 $\{f_n, n \in \mathbb{N}\}$ 是不减序列, 所以在任何点 $\xi \in K$ 有 $0 \leqslant f(\xi) - f_n(\xi) < \varepsilon$. ▶

推论 3. 如果级数 $\sum\limits_{n=1}^{\infty} a_n(x)$ 的项是紧集 K 上的非负连续函数 $a_n : K \to \mathbb{R}$, 该级数在 K 上收敛到连续函数, 则它在 K 上一致收敛.

◀ 该级数的部分和 $s_n(x) = \sum\limits_{k=1}^{n} a_k(x)$ 满足迪尼定理的条件. ▶

例 3. 我们来证明, 当 $n \to \infty$ 时, 函数序列 $f_n(x) = n(1 - x^{1/n})$ 在区间 $0 < x < \infty$ 上的每一个闭区间 $[a, b]$ 上一致收敛到函数 $f(x) = \ln(1/x)$.

◀ 对于固定的 $x > 0$, 函数 $x^t = e^{t \ln x}$ 是关于 t 的凸函数, 所以比值 (弦的斜率) $(x^t - x^0)/(t - 0)$ 当 $t \to +0$ 时是不增函数并且趋于 $\ln x$.

因此, 对于 $x > 0$, 当 $n \to +\infty$ 时 $f_n(x) \nearrow \ln(1/x)$. 根据迪尼定理, 由此可知, $f_n(x)$ 在每一个闭区间 $[a, b] \subset]0, +\infty[$ 上一致收敛到 $\ln(1/x)$. ▶

我们指出, 例如, 上述序列这时在区间 $0 < x \leqslant 1$ 上显然不一致收敛, 因为函数 $\ln(1/x)$ 在该区间上无界, 但每个函数 $f_n(x)$ 在该区间上有界 (以依赖于 n 的常值为界).

4. 积分运算与极限运算. 我们来证明, 如果闭区间上的可积函数族在该区间上一致收敛, 则极限函数在该区间上也可积, 相应积分等于原始函数的积分的极限.

定理 3. 设 $\{f_t, t \in T\}$ 是由定义于闭区间 $a \leqslant x \leqslant b$ 且依赖于参数 $t \in T$ 的函数 $f_t : [a, b] \to \mathbb{C}$ 构成的函数族, $\mathcal{B}$ 是 T 中的基. 如果这些函数在 $[a, b]$ 上可积, 在 $[a, b]$ 和基 $\mathcal{B}$ 上 $f_t \rightrightarrows f$, 则极限函数 $f : [a, b] \to \mathbb{C}$ 在闭区间 $[a, b]$ 上也可积, 并且

$$\int_a^b f(x) \, dx = \lim_{\mathcal{B}} \int_a^b f_t(x) \, dx.$$

◀ 设 $p = (P, \xi)$ 是闭区间 $[a, b]$ 的标记分割, 标记点为 $\xi = \{\xi_1, \cdots, \xi_n\}$. 考虑积分和 $F_t(p) = \sum\limits_{i=1}^{n} f_t(\xi_i) \Delta x_i$, $t \in T$, 以及 $F(p) = \sum\limits_{i=1}^{n} f(\xi_i) \Delta x_i$. 我们来估计两者之差 $F(p) - F_t(p)$. 因为在 $[a, b]$ 和基 $\mathcal{B}$ 上 $f_t \rightrightarrows f$, 所以对于任何 $\varepsilon > 0$, 可以找到基 $\mathcal{B}$ 的元素 B, 使不等式 $|f(x) - f_t(x)| < \dfrac{\varepsilon}{b-a}$ 对于任何 $t \in B$ 和任何点 $x \in [a, b]$ 都成立. 因此, 当 $t \in B$ 时,

$$|F(p) - F_t(p)| = \left| \sum_{i=1}^{n} (f(\xi_i) - f_t(\xi_i)) \Delta x_i \right| \leqslant \sum_{i=1}^{n} |f(\xi_i) - f_t(\xi_i)| \Delta x_i < \varepsilon,$$

并且这个估计式不仅对于每一个值 $t \in B$ 成立, 而且对于闭区间 $[a, b]$ 的标记分割

集 $\mathcal{P} = \{(P, \xi)\}$ 中的任何分割 p 也成立. 因此, 在 $\mathcal{P}$ 和基 $\mathcal{B}$ 上 $F_t \rightrightarrows F$. 现在, 在 $\mathcal{P}$ 中取传统的基 $\lambda(P) \to 0$, 根据定理 1 得到, 下图是可交换的:

$$\begin{array}{ccc} \sum_{i=1}^n f_t(\xi_i)\Delta x_i =: F_t(p) & \xrightarrow{\mathcal{B}} & F(p) := \sum_{i=1}^n f(\xi_i)\Delta x_i \\ \lambda(P)\to 0 \downarrow & & \downarrow \lambda(P)\to 0 \\ \int_a^b f_t(x)dx =: A_t & \xrightarrow{\mathcal{B}} & A := \int_a^b f(x)dx \end{array}$$

这就证明了上述定理 3. ▶

推论 4. 如果由闭区间 $[a, b] \subset \mathbb{R}$ 上的可积函数组成的级数 $\sum_{n=1}^\infty f_n(x)$ 在这个区间上一致收敛, 则它的和在闭区间 $[a, b]$ 上也可积, 并且

$$\int_a^b \left(\sum_{n=1}^\infty f_n(x)\right)dx = \sum_{n=1}^\infty \int_a^b f_n(x)\,dx.$$

例 4. 我们认为在本例中写出的比值 $\frac{\sin x}{x}$ 在 $x = 0$ 时等于 1.

我们曾经指出, 函数

$$\mathrm{Si}(x) = \int_0^x \frac{\sin t}{t}dt$$

不是初等函数. 尽管如此, 利用上述定理可以得到用幂级数表示这个函数的一个相当简单的表达式.

为此, 我们指出

$$\frac{\sin t}{t} = \sum_{n=0}^\infty \frac{(-1)^n}{(2n+1)!}t^{2n}. \tag{14}$$

右边的级数在任何闭区间 $[-a, a] \subset \mathbb{R}$ 上一致收敛, 这得自级数一致收敛性的魏尔斯特拉斯强函数检验法, 因为当 $|t| \leqslant a$ 时 $\frac{|t|^{2n}}{(2n+1)!} \leqslant \frac{a^{2n}}{(2n+1)!}$, 而与此同时, 数项级数 $\sum_{n=0}^\infty \frac{a^{2n}}{(2n+1)!}$ 收敛.

根据推论 4, 现在可以写出

$$\mathrm{Si}(x) = \int_0^x \left(\sum_{n=0}^\infty \frac{(-1)^n}{(2n+1)!}t^{2n}\right)dt = \sum_{n=0}^\infty \left(\int_0^x \frac{(-1)^n}{(2n+1)!}t^{2n}dt\right) = \sum_{n=0}^\infty \frac{(-1)^n x^{2n+1}}{(2n+1)!(2n+1)}.$$

顺便指出, 所得级数在数轴的任何闭区间上也一致收敛. 因此, 无论指出自变量 x 的何种变化区间 $[a, b]$, 也无论给出何种容许绝对误差, 都可以挑选出一个多项式, 它是级数的部分和, 利用它就能够在闭区间 $[a, b]$ 的任何一个点计算 $\mathrm{Si}(x)$, 并且误差不超过给定误差.

5. 微分运算与极限运算

定理 4. 设 $\{f_t, t \in T\}$ 是由定义于有界凸集 X (它包含于 $\mathbb{R}, \mathbb{C}$ 或其他线性赋范空间) 并且依赖于参数 $t \in T$ 的函数 $f_t: X \to \mathbb{C}$ 构成的函数族, $\mathcal{B}$ 是 T 中的基. 如果这些函数在 X 上可微, 由导数构成的函数族 $\{f'_t, t \in T\}$ 在 X 上一致收敛到某函数 $\varphi: X \to \mathbb{C}$, 而原来的函数族 $\{f_t, t \in T\}$ 至少在一个点 $x_0 \in X$ 收敛, 则它在整个集合 X 上一致收敛到可微函数 $f: X \to \mathbb{C}$, 并且 $f' = \varphi$.

◀ 我们首先证明, 函数族 $\{f_t, t \in T\}$ 在集合 X 和基 $\mathcal{B}$ 上一致收敛. 在以下估计式中应用有限增量定理:

$$|f_{t_1}(x) - f_{t_2}(x)| \leqslant |(f_{t_1}(x) - f_{t_2}(x)) - (f_{t_1}(x_0) - f_{t_2}(x_0))| + |f_{t_1}(x_0) - f_{t_2}(x_0)|$$

$$\leqslant \sup_{\xi \in [x_0, x]} |f'_{t_1}(\xi) - f'_{t_2}(\xi)| |x - x_0| + |f_{t_1}(x_0) - f_{t_2}(x_0)| = \Delta(x, t_1, t_2).$$

根据条件, 函数族 $\{f'_t, t \in T\}$ 在 X 和基 $\mathcal{B}$ 上一致收敛, 量 $f_t(x_0)$ 作为 t 的函数在同一个基 $\mathcal{B}$ 上有极限, 而 $|x - x_0|$ 当 $x \in X$ 时是有界的量. 根据函数族 f'_t 一致收敛性的柯西准则的条件的必要性和函数 $f_t(x_0)$ 的极限的存在性, 对于任何 $\varepsilon > 0$, 可以找到基 $\mathcal{B}$ 的元素 B, 使 $\Delta(x, t_1, t_2) < \varepsilon$ 对于任何 $t_1, t_2 \in B$ 和任何 $x \in X$ 都成立. 而根据上述估计式, 这表明函数族 $\{f_t, t \in T\}$ 也满足柯西准则的条件, 因而在 X 和基 $\mathcal{B}$ 上一致收敛到某函数 $f: X \to \mathbb{C}$.

再次利用有限增量定理, 现在得到以下估计式:

$$|(f_{t_1}(x+h) - f_{t_1}(x) - f'_{t_1}(x)h) - (f_{t_2}(x+h) - f_{t_2}(x) - f'_{t_2}(x)h)|$$
$$= |(f_{t_1} - f_{t_2})(x+h) - (f_{t_1} - f_{t_2})(x) - (f_{t_1} - f_{t_2})'(x)h|$$
$$\leqslant \sup_{0 < \theta < 1} |(f_{t_1} - f_{t_2})'(x + \theta h)| |h| + |(f_{t_1} - f_{t_2})'(x)| |h|$$
$$= \left(\sup_{0 < \theta < 1} |f'_{t_1}(x + \theta h) - f'_{t_2}(x + \theta h)| + |f'_{t_1}(x) - f'_{t_2}(x)| \right) |h|.$$

这些估计式在 $x, x + h \in X$ 时成立. 根据函数族 $\{f'_t, t \in T\}$ 在 X 上的一致收敛性, 这些估计式表明, 如果取固定值 $x \in X$ 并考虑由函数

$$F_t(h) = \frac{f_t(x+h) - f_t(x) - f'_t(x)h}{|h|}$$

构成的函数族 $\{F_t, t \in T\}$, 则对于所有满足 $x + h \in X$ 的值 $h \neq 0$, 该函数族在基 $\mathcal{B}$ 上一致收敛.

我们发现, 因为函数 f_t 在点 $x \in X$ 可微, 所以当 $h \to 0$ 时 $F_t(h) \to 0$, 而因为在基 $\mathcal{B}$ 上 $f_t \rightrightarrows f$, $f'_t \rightrightarrows \varphi$, 所以在基 $\mathcal{B}$ 上

$$F_t(h) \rightrightarrows F(h) = \frac{f(x+h) - f(x) - \varphi(x)h}{|h|}.$$

§3. 极限函数的函数性质

利用定理 1, 现在可以写出交换图

$$\frac{f_t(x+h) - f_t(x) - f'_t(x)h}{|h|} =: F_t(h) \underset{\mathcal{B}}{\rightrightarrows} F(h) := \frac{f(x+h) - f(x) - \varphi(x)h}{|h|}$$

$$h \to 0 \downarrow \qquad \qquad \downarrow h \to 0$$

$$0 \underset{\mathcal{B}}{\longrightarrow} 0$$

当 $h \to 0$ 时, 右边的极限运算表明, 函数 f 在点 $x \in X$ 可微, 并且 $f'(x) = \varphi(x)$. ▶

推论 5. 设 $f_n : X \to \mathbb{C}$ 是有界凸集 X (它包含于 $\mathbb{R}$, $\mathbb{C}$ 或任何一个线性赋范空间) 上的可微函数, 由这些函数组成的级数 $\sum\limits_{n=1}^{\infty} f_n(x)$ 至少在一个点 $x_0 \in X$ 收敛, 级数 $\sum\limits_{n=1}^{\infty} f'_n(x)$ 在 X 上一致收敛, 则级数 $\sum\limits_{n=1}^{\infty} f_n(x)$ 也在 X 上一致收敛, 它的和在 X 上可微, 并且

$$\left(\sum_{n=1}^{\infty} f_n\right)'(x) = \sum_{n=1}^{\infty} f'_n(x).$$

这得自定理 4、级数的和与一致收敛性的定义以及微分运算的线性性质.

附注 4. 定理 3 和 4 的上述证明, 以及这些定理本身和它们的推论, 对于在任何一个完备线性赋范空间 Y 中取值的函数 $f_t : X \to Y$ 仍然成立. 例如, Y 可以是 $\mathbb{R}$, $\mathbb{C}$, $\mathbb{R}^n$, $\mathbb{C}^n$, $C[a,b]$, 等等. 定理 4 中的函数 f_t 的定义域 X 也可以是任何一个线性赋范空间的相应子集. 特别地, X 可以包含于 $\mathbb{R}$, $\mathbb{C}$, $\mathbb{R}^n$ 或 $\mathbb{C}^n$. 对于实变量的实函数 (在对收敛性的一些附加要求下), 还可以简化这些定理的证明 (见习题 11).

作为定理 2—4 的应用实例, 我们来证明在理论和具体计算中都有广泛应用的以下命题.

命题 3. 如果幂级数 $\sum\limits_{n=0}^{\infty} c_n(z-z_0)^n$ 的收敛圆 $K \subset \mathbb{C}$ 不退化为一个点 $z = z_0$, 则该级数的和 $f(z)$ 在圆 K 内可微, 并且

$$f'(z) = \sum_{n=1}^{\infty} n c_n (z-z_0)^{n-1}. \tag{15}$$

此外, 函数 $f : K \to \mathbb{C}$ 在任何一条光滑道路 $\gamma : [0,1] \to K$ 上可积, 而如果 $[0,1] \ni t \overset{\gamma}{\mapsto} z(t) \in K$, $z(0) = z_0$, $z(1) = z$, 则

$$\int_\gamma f(z)\,dz = \sum_{n=0}^{\infty} \frac{c_n}{n+1}(z-z_0)^{n+1}. \tag{16}$$

附注 5. 这里 $\int_\gamma f(z)\,dz := \int_0^1 f(z(t))z'(t)\,dt$. 特别地, 如果在实轴 $\mathbb{R}$ 的区间 $-R < x - x_0 < R$ 上有等式 $f(x) = \sum\limits_{n=0}^\infty a_n(x-x_0)^n$, 则

$$\int_{x_0}^x f(t)\,dt = \sum_{n=0}^\infty \frac{a_n}{n+1}(x-x_0)^{n+1}.$$

◀ 因为 $\varlimsup\limits_{n\to\infty} \sqrt[n-1]{n|c_n|} = \varlimsup\limits_{n\to\infty}\sqrt[n]{|c_n|}$, 所以从柯西-阿达马公式 (§2 中的定理) 可以推出, 通过逐项微分运算从幂级数 $\sum\limits_{n=0}^\infty c_n(z-z_0)^n$ 得到的幂级数 $\sum\limits_{n=1}^\infty nc_n(z-z_0)^{n-1}$, 其收敛圆与原幂级数的收敛圆 K 相同. 但是, 根据 §2 中的同一个定理, 幂级数 $\sum\limits_{n=1}^\infty nc_n(z-z_0)^{n-1}$ 在任何一个圆 $K_q \subset K$ 中一致收敛. 因为幂级数 $\sum\limits_{n=0}^\infty c_n(z-z_0)^n$ 显然在点 $z = z_0$ 收敛, 所以推论 5 现在也适用于这个级数, 由此即可证明等式 (15). 于是, 我们证明了, 对幂级数可以进行逐项微分运算.

我们现在验证, 对它也可以进行逐项积分运算.

如果 $\gamma: [0, 1] \to K$ 是 K 中的光滑道路, 则存在圆 K_q, 使 $\gamma \subset K_q$, $K_q \subset K$. 原始的幂级数在 K_q 上一致收敛, 所以在等式

$$f(z(t)) = \sum_{n=0}^\infty c_n(z(t)-z_0)^n$$

中, 右边的由闭区间 $0 \leqslant t \leqslant 1$ 上的连续函数组成的级数在该区间上一致收敛到连续函数 $f(z(t))$.

用闭区间 $[0, 1]$ 上的连续函数 $z'(t)$ 与这个等式相乘, 这既不破坏等式本身, 也不破坏级数的一致收敛性. 因此, 根据定理 3, 我们得到

$$\int_0^1 f(z(t))z'(t)\,dt = \sum_{n=0}^\infty \int_0^1 c_n(z(t)-z_0)^n z'(t)\,dt.$$

但是,

$$\int_0^1 (z(t)-z(0))^n z'(t)\,dt = \frac{1}{n+1}\int_0^1 d(z(t)-z(0))^{n+1}$$

$$= \frac{1}{n+1}(z(1)-z(0))^{n+1} = \frac{1}{n+1}(z-z_0)^{n+1},$$

我们由此得到等式 (16). ▶

因为在展开式 $f(z) = \sum\limits_{n=0}^\infty c_n(z-z_0)^n$ 中显然 $c_0 = f(z_0)$, 所以逐次应用等式 (15), 我们重新得到已知的关系式 $c_n = \dfrac{f^{(n)}(z_0)}{n!}$. 这些关系式表明, 幂级数由它本身的和唯一确定, 幂级数就是它的和的泰勒级数.

例 5. 贝塞尔[①]函数 $J_n(x)$ $(n \in \mathbb{N})$ 是贝塞尔方程

$$x^2 y'' + xy' + (x^2 - n^2)y = 0$$

的解. 我们来尝试用幂级数形式 $y = \sum_{k=0}^{\infty} c_k x^k$ 求解这个方程, 例如, 考虑 $n = 0$ 的情况. 依次利用公式 (15), 经过初等变换后得到关系式

$$c_1 + \sum_{k=2}^{\infty} (k^2 c_k + c_{k-2}) x^{k-1} = 0.$$

根据具有给定的和的幂级数的唯一性, 从这个关系式求出

$$c_1 = 0, \quad k^2 c_k + c_{k-2} = 0, \quad k = 2, 3, \cdots.$$

由此容易得到 $c_{2k-1} = 0$, $k \in \mathbb{N}$, 而 $c_{2k} = (-1)^k \dfrac{c_0}{(k!)^2 2^{2k}}$. 如果认为 $J_0(0) = 1$, 我们就得到关系式

$$J_0(x) = 1 + \sum_{k=1}^{\infty} (-1)^k \frac{x^{2k}}{(k!)^2 2^{2k}}.$$

这里写出的级数在整条数轴 $\mathbb{R}$ (或全部平面 $\mathbb{C}$) 上收敛, 所以在得到这个级数的具体形式之前对它完成的上述运算都是合理的.

例 6. 在例 5 中, 我们用幂级数形式求解方程. 如果幂级数是给定的, 就可以利用公式 (15) 直接检验级数的和是不是给定方程的解. 于是, 通过直接计算可以证明, 由高斯引入的函数

$$F(\alpha, \beta, \gamma, x) = 1 + \sum_{n=1}^{\infty} \frac{\alpha(\alpha+1)\cdots(\alpha+n-1)\beta(\beta+1)\cdots(\beta+n-1)}{n! \gamma(\gamma+1)\cdots(\gamma+n-1)} x^n$$

(超几何级数) 当 $|x| < 1$ 时是合理定义的, 并且满足超几何微分方程

$$x(x-1)y'' - [\gamma - (\alpha + \beta + 1)x]y' + \alpha\beta y = 0.$$

最后指出, 与定理 2, 3 不同的是, 在定理 4 中并不要求原始的函数族一致收敛, 而是要求导数族一致收敛. 我们已经看到 (见 §1 例 2), 函数序列 $f_n(x) = \dfrac{1}{n} \sin n^2 x$ 能够一致收敛到可微函数 $f(x) \equiv 0$, 但与此同时, 导数序列 $f_n'(x)$ 不收敛到 $f'(x)$. 问题在于, 导数刻画函数变化的速度, 而不刻画函数值的大小. 即使函数值变化量的绝对值很小, 导数也可能非常剧烈地变化, 我们在研究高频率小振幅振动时就出现过这样的情形. 这种情形恰好成为由魏尔斯特拉斯构造的处处不可微的连续函数的例子的基础, 他当时用级数 $f(x) = \sum_{n=0}^{\infty} a^n \cos(b^n \pi x)$ 的形式给出了这样的函数, 该函数在 $0 < a < 1$ 时显然在整条数轴 $\mathbb{R}$ 上一致收敛. 魏尔斯特拉斯证明了, 如果选取满足条件 $ab > 1 + 3\pi/2$ 的参数 b, 则一方面, 作为由连续函数组成的一致收敛

[①] 贝塞尔 (F. W. Bessel, 1784—1846) 是德国天文学家.

级数的和, f 是连续的; 另一方面, 它在任何点 $x \in \mathbb{R}$ 都没有导数. 因为最后这个结论的常规验证相当繁琐, 所以希望得到没有导数的连续函数的更简单实例的读者, 可以参看第五章 §1 习题 5.

习 题

1. 请利用幂级数求出方程 $y''(x) - y(x) = 0$ 的满足下列条件的解:

a) $y(0) = 0$, $y(1) = 1$;   b) $y(0) = 1$, $y(1) = 0$.

2. 请求出级数 $\sum\limits_{n=1}^{\infty} \dfrac{x^{n-1}}{n(n+1)}$ 的和.

3. 请验证:

a) 用级数形式给出的函数 $J_n(x) = \sum\limits_{k=0}^{\infty} \dfrac{(-1)^k}{k!(k+n)!} \left(\dfrac{x}{2}\right)^{2k+n}$ 是例 5 中带有指标 $n \geqslant 0$ 的贝塞尔方程的解;

b) 例 6 中的超几何级数给出超几何微分方程的解.

4. 请导出并证明第一类和第二类全椭圆积分的下列适用于计算的展开式 $(0 < k < 1)$:

$$K(k) = \int_0^{\pi/2} \dfrac{d\varphi}{\sqrt{1-k^2\sin^2\varphi}} = \dfrac{\pi}{2}\left(1 + \sum\limits_{n=1}^{\infty} \left(\dfrac{(2n-1)!!}{(2n)!!}\right)^2 k^{2n}\right);$$

$$E(k) = \int_0^{\pi/2} \sqrt{1-k^2\sin^2\varphi}\, d\varphi = \dfrac{\pi}{2}\left(1 - \sum\limits_{n=1}^{\infty} \left(\dfrac{(2n-1)!!}{(2n)!!}\right)^2 \dfrac{k^{2n}}{2n-1}\right).$$

5. 请求出下列级数的和:

a) $\sum\limits_{k=0}^{n} r^k e^{ik\varphi}$;   b) $\sum\limits_{k=0}^{n} r^k \cos k\varphi$;   c) $\sum\limits_{k=0}^{n} r^k \sin k\varphi$.

请在 $|r| < 1$ 时证明:

d) $\sum\limits_{k=0}^{\infty} r^k e^{ik\varphi} = \dfrac{1}{1 - r\cos\varphi - ir\sin\varphi}$;

e) $\dfrac{1}{2} + \sum\limits_{k=1}^{\infty} r^k \cos k\varphi = \dfrac{1}{2} \cdot \dfrac{1-r^2}{1-2r\cos\varphi+r^2}$;

f) $\sum\limits_{k=1}^{\infty} r^k \sin k\varphi = \dfrac{r\sin\varphi}{1-2r\cos\varphi+r^2}$.

请在级数的阿贝尔求和法的意义下验证:

g) $\dfrac{1}{2} + \sum\limits_{k=1}^{\infty} \cos k\varphi = 0$, $\varphi \neq 2\pi n$, $n \in \mathbb{Z}$;

h) $\sum\limits_{k=1}^{\infty} \sin k\varphi = \dfrac{1}{2}\cot\dfrac{1}{2}\varphi$, $\varphi \neq 2\pi n$, $n \in \mathbb{Z}$.

6. 考虑级数的积

$$(a_0 + a_1 + \cdots)(b_0 + b_1 + \cdots) = c_0 + c_1 + \cdots,$$

其中 $c_n = a_0 b_n + a_1 b_{n-1} + \cdots + a_{n-1} b_1 + a_n b_0$. 请利用命题 1 证明: 如果级数 $\sum\limits_{n=0}^{\infty} a_n$, $\sum\limits_{n=0}^{\infty} b_n$,

$\sum\limits_{n=0}^{\infty} c_n$ 分别收敛到 A, B, C, 则 $AB = C$.

7. 设 $s_n = \sum\limits_{k=1}^{n} a_k$, $\sigma_n = \dfrac{1}{n}\sum\limits_{k=1}^{n} s_k$. 如果 $\lim\limits_{n\to\infty}\sigma_n = A$, 则级数 $\sum\limits_{k=1}^{\infty} a_k$ 称为切萨罗[①]可和的或 $(c,1)$ 可和的, 更确切地说, 该级数的 $(c,1)$ 和等于 A. 这时, 我们写出 $\sum\limits_{k=1}^{\infty} a_k = A(c,1)$. 这样的求和法称为级数的切萨罗求和法.

a) 请验证: $1 - 1 + 1 - 1 + \cdots = \dfrac{1}{2}(c,1)$.

b) 请证明: $\sigma_n = \sum\limits_{k=1}^{n}\left(1 - \dfrac{k-1}{n}\right)a_k$.

c) 请验证: 如果在通常意义下 $\sum\limits_{k=1}^{\infty} a_k = A$, 则 $\sum\limits_{k=1}^{\infty} a_k = A(c,1)$.

d) 如果极限 $\lim\limits_{n\to\infty}\dfrac{1}{n}(\sigma_1 + \sigma_2 + \cdots + \sigma_n)$ 存在, 则该极限称为级数 $\sum\limits_{k=1}^{\infty} a_k$ 的 $(c,2)$ 和. 这样可以定义任何 r 阶的 (c,r) 和. 请证明: 如果 $\sum\limits_{k=1}^{\infty} a_k = A(c,r)$, 则 $\sum\limits_{k=1}^{\infty} a_k = A(c,r+1)$.

e) 请证明: 如果 $\sum\limits_{k=1}^{\infty} a_k = A(c,1)$, 则用阿贝尔求和法得到的该级数的和也等于 A.

8. a) "陶贝尔[②]型定理" 是一类定理的总称, 它们能在某些附加的正则性条件下, 根据所研究的量的某些平均值的性质给出这个量本身的性质. 以下命题是这样的定理的一个实例, 它与级数的切萨罗求和法有关:

如果 $\sum\limits_{n=1}^{\infty} a_n = A(c,1)$ 并且 $a_n = O\left(\dfrac{1}{n}\right)$, 则级数 $\sum\limits_{n=1}^{\infty} a_n$ 在通常意义下也收敛到同样的和. 诸位可以尝试证明这个命题, 它最初是由哈代[③]证明的.

b) 陶贝尔定理本身与级数的阿贝尔求和法有关, 其表述如下:

设级数 $\sum\limits_{n=1}^{\infty} a_n x^n$ 当 $0 < x < 1$ 时收敛, 并且 $\lim\limits_{x\to 1-0}\sum\limits_{n=1}^{\infty} a_n x^n = A$. 如果
$$\lim_{n\to\infty}\frac{a_1 + 2a_2 + \cdots + na_n}{n} = 0,$$
则级数 $\sum\limits_{n=1}^{\infty} a_n$ 在通常意义下也收敛到 A.

9. 值得注意的是, 还有一些定理涉及极限运算与积分运算的关系, 它们给出比定理 3 中的条件自由得多的充分条件来实现相关运算. 这些定理是通常所说的勒贝格积分理论的一部分主要成果. 当一个函数在区间 $[a,b]$ 上黎曼可积时, 即当 $f \in \mathcal{R}[a,b]$ 时, 这个函数也属于勒贝格可积函数空间 $\mathcal{L}[a,b]$, 并且 f 的黎曼积分值 $(R)\int_a^b f(x)\,dx$ 等于勒贝格积分值 $(L)\int_a^b f(x)\,dx$.

一般地, 空间 $\mathcal{L}[a,b]$ 是按照积分度量完备化的空间 $\mathcal{R}[a,b]$ (更准确地, $\widetilde{\mathcal{R}}[a,b]$), 而积分 $(L)\int_a^b$ 是线性函数 $(R)\int_a^b$ 从 $\mathcal{R}[a,b]$ 到 $\mathcal{L}[a,b]$ 的延拓.

[①] 切萨罗 (E. Cesàro, 1859—1906) 是意大利数学家, 研究数学分析与几何.

[②] 陶贝尔 (A. Tauber, 1866—1942) 是奥地利数学家, 主要研究数论和函数论.

[③] 哈代 (G. H. Hardy, 1877—1947) 是英国数学家, 其著作主要与数论和函数论有关.

具有总结性质的勒贝格有界收敛定理具有以下表述:

如果 $\{f_n,\ n\in\mathbb{N}\}$ 是由函数 $f_n\in\mathcal{L}[a,b]$ 构成的序列, 这些函数具有非负强函数 $F\in\mathcal{L}[a,b]$, 即 $|f_n(x)|\leqslant|F(x)|$ 在 $[a,b]$ 上几乎处处成立, 则从 $f_n\to f$ 在闭区间 $[a,b]$ 上几乎处处成立的条件可以得到 $f\in\mathcal{L}[a,b]$ 并且 $\lim\limits_{n\to\infty}(\mathrm{L})\int_a^b f_n(x)\,dx=(\mathrm{L})\int_a^b f(x)\,dx$.

a) 请举例说明: 即使序列 $\{f_n,\ n\in\mathbb{N}\}$ 的所有函数在闭区间 $[a,b]$ 上以同一个常数 M 为界, 从 $f_n\in\mathcal{R}[a,b]$ $(n\in\mathbb{N})$ 和在闭区间 $[a,b]$ 上处处 $f_n\to f$ 的条件也不能推出 $f\in\mathcal{R}[a,b]$ (见 §1 例 5).

b) 请根据关于积分 $(\mathrm{R})\int_a^b$ 与 $(\mathrm{L})\int_a^b$ 的相互关系的上述讨论和勒贝格定理证明: 如果在习题 a) 的条件下已知 $f\in\mathcal{R}[a,b]$, 则 $(\mathrm{R})\int_a^b f(x)\,dx=\lim\limits_{n\to\infty}(\mathrm{R})\int_a^b f_n(x)\,dx$. 这是对定理 3 的重要强化.

c) 把上述结果应用于黎曼积分, 可以得到用以下形式表述的勒贝格单调收敛定理.

如果由函数 $f_n\in\mathcal{R}[a,b]$ 构成的序列 $\{f_n,\ n\in\mathbb{N}\}$ 单调收敛到零, 即 $0\leqslant f_{n+1}\leqslant f_n$, 并且对于任何 $x\in[a,b]$, 当 $n\to\infty$ 时 $f_n(x)\to 0$, 则 $(\mathrm{R})\int_a^b f_n(x)\,dx\to 0$.

请证明这个命题, 在必要时可以利用以下结论.

d) 设 $f\in\mathcal{R}[0,1]$, $|f|\leqslant M$ 且 $\int_0^1 f(x)\,dx\geqslant\alpha>0$, 则集合 $E=\{x\in[0,1]\mid f(x)\geqslant\alpha/2\}$ 包含有限个总长度 l 不小于 $\alpha/(4M)$ 的区间.

请证明这个结论, 在证明中可以利用闭区间 $[0,1]$ 的适当分割 P 中的区间, 例如, 使相应的下达布和 $s(f,P)$ 满足关系式 $0\leqslant\int_0^1 f(x)\,dx-s(f,P)<\alpha/4$.

10. a) 请利用 §1 中的例题说明: 从一个闭区间上的收敛函数序列中未必可以选出在这个区间上一致收敛的子序列.

b) 困难得多的是直接验证: 从函数 $f_n(x)=\sin nx$ 所构成的序列 $\{f_n,\ n\in\mathbb{N}\}$ 中无法选出在闭区间 $[0,2\pi]$ 的任何一个点都收敛的子序列. 请证明: 事实却恰好如此 (请利用习题 9 b) 的结果, 以及当 $n_k<n_{k+1}$ 时 $\int_0^{2\pi}(\sin n_k x-\sin n_{k+1}x)^2\,dx=2\pi\neq 0$).

c) 设 $\{f_n,\ n\in\mathbb{N}\}$ 是由函数 $f_n\in\mathcal{R}[a,b]$ 构成的一致有界序列, 又设 $F_n(x)=\int_a^x f_n(t)\,dt$ $(a\leqslant x\leqslant b)$. 请证明: 从序列 $\{F_n,\ n\in\mathbb{N}\}$ 中可以选出在闭区间 $[a,b]$ 上一致收敛的子序列.

11. a) 请证明: 如果 $f,f_n\in\mathcal{R}([a,b],\mathbb{R})$, 并且当 $n\to\infty$ 时在 $[a,b]$ 上 $f_n\rightrightarrows f$, 则对于任何一个数 $\varepsilon>0$, 可以找到序号 $N\in\mathbb{N}$, 使以下关系式对于任何 $n>N$ 都成立:

$$\left|\int_a^b (f-f_n)(x)\,dx\right|<\varepsilon(b-a).$$

b) 设 $f_n\in C^{(1)}([a,b],\mathbb{R})$, $n\in\mathbb{N}$. 请利用公式 $f_n(x)=f_n(x_0)+\int_{x_0}^x f_n'(t)\,dt$. 请证明: 如果在闭区间 $[a,b]$ 上 $f_n'\rightrightarrows\varphi$, 并且使序列 $\{f_n(x_0),\ n\in\mathbb{N}\}$ 收敛的点 $x_0\in[a,b]$ 存在, 则函数序列 $\{f_n,\ n\in\mathbb{N}\}$ 在 $[a,b]$ 上一致收敛到某个函数 $f\in C^{(1)}([a,b],\mathbb{R})$, 并且 $f_n'\rightrightarrows f'=\varphi$.

*§4. 连续函数空间的紧子集和稠密子集

本节讨论一些更专门的问题, 但是它们都涉及在数学分析中无处不在的连续函数空间. 所有这些问题, 就像连续函数空间的度量本身那样[①], 与一致连续性的概念密切相关.

1. 阿尔泽拉-阿斯柯利定理

定义 1. 设 $\mathcal{F}$ 是由定义在集合 X 上并在度量空间 Y 中取值的函数 $f: X \to Y$ 构成的函数族. 如果函数值的集合 $V = \{y \in Y \mid \exists f \in \mathcal{F} \: \exists x \in X \: (y = f(x))\}$ 在 Y 中有界, 则 $\mathcal{F}$ 称为集合 X 上的一致有界函数族.

对于数值函数或函数 $f: X \to \mathbb{R}^n$, 这个定义只不过意味着, 存在常数 $M \in \mathbb{R}$, 使 $|f(x)| \leqslant M$ 对于任何 $x \in X$ 和任何函数 $f \in \mathcal{F}$ 都成立.

定义 1′. 如果函数族 $\mathcal{F}$ 的函数值的集合 $V \subset Y$ 完全有界 (即对于 Y 中的 V 和任何 $\varepsilon > 0$, 可以找到有限的 ε 网), 则 $\mathcal{F}$ 称为完全有界函数族.

如果有界集和完全有界集的概念在空间 Y 中相同 (例如 $\mathbb{R}, \mathbb{C}, \mathbb{R}^n, \mathbb{C}^m$ 以及一般的局部紧空间 Y 的情形), 则对于在 Y 中取值的函数族, 一致有界函数族和完全有界函数族的概念也是相同的.

定义 2. 设 X, Y 是度量空间, $\mathcal{F}$ 是由函数 $f: X \to Y$ 构成的函数族. 如果对于任何 $\varepsilon > 0$, 存在 $\delta > 0$, 使当 $x_1, x_2 \in X$ 时从关系式 $d_X(x_1, x_2) < \delta$ 可以推出, $d_Y(f(x_1), f(x_2)) < \varepsilon$ 对于函数族 $\mathcal{F}$ 中的任何函数 f 都成立, 则 $\mathcal{F}$ 称为集合 X 上的等度连续函数族, 或者说, 函数族 $\mathcal{F}$ 在集合 X 上是等度连续的.

例 1. 函数族 $\{x^n, n \in \mathbb{N}\}$ 在闭区间 $[0, 1]$ 上不是等度连续的, 但在任何形如 $[0, q]$ $(0 < q < 1)$ 的闭区间上是等度连续的.

例 2. 函数族 $\{\sin nx, n \in \mathbb{N}\}$ 在任何非退化闭区间 $[a, b] \subset \mathbb{R}$ 上都不是等度连续的.

例 3. 如果 $\{f_\alpha: [a, b] \to \mathbb{R}, \alpha \in A\}$ 是由可微函数 f_α 构成的函数族, 并且相应导数族 $\{f'_\alpha, \alpha \in A\}$ 一致地以常数为界, 则从有限增量公式得到 $|f_\alpha(x_2) - f_\alpha(x_1)| \leqslant M|x_2 - x_1|$, 这意味着, 原始的函数族在闭区间 $[a, b]$ 上是等度连续的.

从下面的引理已经可以看出上述概念与连续函数的一致收敛性之间的关系.

[①] 如果诸位还没有完全掌握第九章中的一般概念, 则在不降低后续内容丰富程度的情况下可以认为, 我们只讨论从 $\mathbb{R}$ 到 $\mathbb{R}$, 或从 $\mathbb{C}$ 到 $\mathbb{C}$, 或从 $\mathbb{R}^m$ 到 $\mathbb{R}^n$ 的函数.

引理 1. 设 K 和 Y 是度量空间, 并且 K 是紧的, 则由连续函数 $f_n : K \to Y$ 构成的序列 $\{f_n, n \in \mathbb{N}\}$ 在紧空间 K 中一致收敛的必要条件是, 函数族 $\{f_n, n \in \mathbb{N}\}$ 是完全有界和等度连续的.

◀ 设在 K 上 $f_n \rightrightarrows f$. 根据 §3 定理 2, $f \in C(K, Y)$. 从 f 在紧空间 K 中的一致连续性可知, 对于任何 $\varepsilon > 0$, 可以找到 $\delta > 0$, 使当 $x_1, x_2 \in K$ 时 $(d_K(x_1, x_2) < \delta \Rightarrow d_Y(f(x_1), f(x_2)) < \varepsilon)$. 按照这个 $\varepsilon > 0$ 找到序号 $N \in \mathbb{N}$, 使当 $n > N$ 时在任何一个点 $x \in K$ 都有 $d_Y(f(x), f_n(x)) < \varepsilon$. 利用这些不等式和三角形不等式, 我们得到, 对于任何 $n > N$ 和 $x_1, x_2 \in K$, 从 $d_K(x_1, x_2) < \delta$ 推出 $d_Y(f_n(x_1), f_n(x_2)) < 3\varepsilon$[1]. 根据函数 f_i ($i = 1, \cdots, N$) 在紧空间 K 中的一致连续性, 可以找到 $\delta_i > 0$, 使当 $d_K(x_1, x_2) < \delta_i$ 时 $d_Y(f_i(x_1), f_i(x_2)) < 3\varepsilon$. 取 $\delta_0 = \min\{\delta, \delta_1, \cdots, \delta_N\}$, 则对于任何 $n \in \mathbb{N}$, 从 $d_K(x_1, x_2) < \delta_0$ 推出 $d_Y(f_n(x_1), f_n(x_2)) < 3\varepsilon$. 因此, 函数族 $\{f_n, n \in \mathbb{N}\}$ 是等度连续的.

当 $x \in K$, $n > N$ 时, 不等式 $d_Y(f(x), f_n(x)) < \varepsilon$ 成立, 而集合 $f(K)$ 和 $\bigcup\limits_{n=1}^{N} f_n(K)$ 是 Y 中的紧集, 从而在 Y 中完全有界. 由此可知, 上面得到的函数族 $\{f_n, n \in \mathbb{N}\}$ 是完全有界的. ▶

其实, 下面的一般定理成立.

定理 1 (阿尔泽拉–阿斯柯利定理). 设 $f : K \to Y$ 是定义在度量紧空间 K 中并且在完备度量空间 Y 中取值的函数, $\mathcal{F}$ 是由这样的函数构成的函数族. 任何序列 $\{f_n \in \mathcal{F}, n \in \mathbb{N}\}$ 都包含一致收敛子序列的充分必要条件是函数族 $\mathcal{F}$ 完全有界且等度连续.

◀ 必要性. 假如 $\mathcal{F}$ 不是完全有界函数族, 则显然可以构造出由函数 $f_n \in \mathcal{F}$ 组成的非完全有界序列 $\{f_n, n \in \mathbb{N}\}$, 并且从该序列中无法选出一致收敛子序列 (见引理).

如果函数族 $\mathcal{F}$ 不是等度连续的, 就可以找到一个数 $\varepsilon_0 > 0$ 以及一个函数序列 $\{f_n \in \mathcal{F}, n \in \mathbb{N}\}$ 和一个由两个点 x'_n, x''_n 的序偶组成的序列 $\{(x'_n, x''_n), n \in \mathbb{N}\}$, 这些点当 $n \to \infty$ 时收敛到某个点 $x_0 \in K$, 并且 $d_Y(f_n(x'_n), f_n(x''_n)) \geqslant \varepsilon_0 > 0$. 从序列 $\{f_n, n \in \mathbb{N}\}$ 中已经无法选出一致收敛子序列, 因为根据引理 1, 这样的子序列中的函数应当组成等度连续函数族.

充分性. 我们认为紧空间 K 是无限集, 否则结论是平凡的. 在 K 中选取一个固定的处处稠密的可数子集 E, 即序列 $\{x_n \in K, n \in \mathbb{N}\}$. 容易得到这样的集合 E, 例如, 在 K 中取当 $\varepsilon = 1, 1/2, \cdots, 1/n, \cdots$ 时得到的有限 ε 网的点的并集.

设 $\{f_n, n \in \mathbb{N}\}$ 是函数族 $\mathcal{F}$ 的任意一个函数序列.

根据条件, 这些函数在点 x_1 的值的序列 $\{f_n(x_1), n \in \mathbb{N}\}$ 完全有界, 而因为 Y

---

[1] 本段中的以下部分有改动, 因为原文有误. ——译者

是完备空间, 所以从这个函数值序列中可以选出收敛子序列 $\{f_{n_k}(x_1), k\in\mathbb{N}\}$. 如下所见, 用 f_n^1 $(n\in\mathbb{N})$ 表示所得子序列中的函数将是方便的, 上标 1 表示该子序列是对点 x_1 建立的.

从所得子序列中再选出子序列 $\{f_{n_k}^1, k\in\mathbb{N}\}$, 使序列 $\{f_{n_k}^1(x_2), k\in\mathbb{N}\}$ 收敛. 我们用 $\{f_n^2, n\in\mathbb{N}\}$ 表示这个序列.

继续这个过程, 我们得到一系列函数序列 $\{f_n^k, n\in\mathbb{N}\}$, $k=1,2,\cdots$. 如果现在取 "对角线" 序列 $\{g_n=f_n^n, n\in\mathbb{N}\}$, 则容易看出, 它在处处稠密集合 $E\subset K$ 的任何一个点都收敛.

我们来证明, 序列 $\{g_n, n\in\mathbb{N}\}$ 在紧空间 K 中一致收敛. 为此, 取固定的 $\varepsilon>0$, 并根据等度连续函数族 $\mathcal{F}$ 的定义 2 选取 $\delta>0$. 设 $E_1=\{\xi_1,\cdots,\xi_k\}$ 是 E 的有限子集, 它构成 K 中的 δ 网. 因为序列 $\{g_n(\xi_i), n\in\mathbb{N}\}$ $(i=1,2,\cdots,k)$ 收敛, 所以可以找到序号 N, 使 $d_Y(g_m(\xi_i), g_n(\xi_i))<\varepsilon$ 对于 $m, n>N$ 和 $i=1,2,\cdots,k$ 成立.

对于每一个点 $x\in K$, 可以找到点 $\xi_j\in E_1$, 使 $d_K(x,\xi_j)<\delta$. 因为 $\mathcal{F}$ 是等度连续函数族, 所以由此可知, $d_Y(g_n(x), g_n(\xi_j))<\varepsilon$ 对于任何 $n\in\mathbb{N}$ 都成立. 利用这个不等式, 我们现在得到, 对于任何 $m, n>N$,

$$d_Y(g_m(x), g_n(x)) \leqslant d_Y(g_n(x), g_n(\xi_j)) + d_Y(g_m(\xi_j), g_n(\xi_j)) + d_Y(g_m(x), g_m(\xi_j))$$
$$< \varepsilon+\varepsilon+\varepsilon = 3\varepsilon.$$

但是, x 是紧空间 K 的任意一个点, 因此, 根据柯西准则, 序列 $\{g_n, n\in\mathbb{N}\}$ 确实在 K 中一致收敛. ▶

2. 度量空间 $C(K,Y)$. 对于在紧集 K 上连续并且在度量空间 Y 中取值的函数 $f:K\to Y$ 的集合 $C(K,Y)$, 下面的一致收敛性度量是最自然的度量之一:

$$d(f,g) = \max_{x\in K} d_Y(f(x), g(x)),$$

其中 $f, g\in C(K,Y)$. 因为 K 是紧集, 所以最大值存在. 显然, 在 K 上 $d(f_n, f)\to 0 \Leftrightarrow f_n \rightrightarrows f$. 该度量的名称的来源与此有关.

根据最后一个关系式以及 §3 定理 2 和一致收敛性的柯西准则可以得到, 如果度量空间 Y 是完备的, 则具有一致收敛性度量的度量空间 $C(K,Y)$ 是完备的.

我们知道, 如果从度量空间的一个子集的任何一个点列中都可以选出柯西点列 (即基本点列), 则该子集称为度量空间的紧子集. 如果初始的度量空间是完备的, 则这样选出的点列也是收敛的.

阿尔泽拉-阿斯柯利定理描述了度量空间 $C(K,Y)$ 的紧子集.

我们将在下面证明一个重要的定理, 以便描述空间 $C(K,Y)$ 的各种各样的处处稠密子集. 利用构成处处稠密子集的函数可以一致逼近 K 上的任何一个连续函数 $f:K\to Y$, 所以这些子集自然会引起我们的兴趣. 一致逼近的含义是在整个 K 上以任意小的绝对误差逼近.

例 4. 魏尔斯特拉斯的一个经典结果是以下定理. 我们将不止一次利用这个结果, 而在后文中给出的斯通定理是它的推广.

定理 2 (魏尔斯特拉斯定理). 如果 $f \in C([a,b], \mathbb{C})$, 则由多项式 $P_n : [a,b] \to \mathbb{C}$ 构成并且在 $[a,b]$ 上满足 $P_n \rightrightarrows f$ 的序列 $\{P_n, n \in \mathbb{N}\}$ 存在. 这时, 如果 $f \in C([a,b], \mathbb{R})$, 则从 $C([a,b], \mathbb{R})$ 中也可以选取多项式 P_n.

这在几何语言中表示, 例如, 实系数多项式构成空间 $C([a,b], \mathbb{R})$ 的处处稠密子集.

例 5. 如果定理 2 仍然需要非平凡的证明 (将在下面给出), 则根据任何一个函数 $f \in C([a,b], \mathbb{R})$ 的一致连续性容易断定, 区间 $[a,b]$ 上的分段线性连续实函数的集合是 $C([a,b], \mathbb{R})$ 中的处处稠密子集.

附注 1. 我们指出, 如果 E_1 在 E_2 中处处稠密, 而 E_2 在 E_3 中处处稠密, 则在同样的度量下, E_1 显然也在 E_3 中处处稠密.

这意味着, 例如, 为了证明定理 2, 只要证明在相应区间上可以用多项式任意逼近分段线性连续函数即可.

3. 斯通定理. 在过渡到一般的斯通定理之前, 我们给出实函数情形下定理 2 (魏尔斯特拉斯) 的以下证明, 它有助于理解后续内容.

◀ 我们首先指出, 如果 $f, g \in C([a,b], \mathbb{R})$, $\alpha \in \mathbb{R}$, 并且可以用多项式一致逼近 (以任意精度逼近) 函数 f, g, 则用多项式也可以一致逼近闭区间 $[a,b]$ 上的连续函数 $f + g$, $f \cdot g$, αf.

如 §3 例 2 所述, 在区间 $[-1, 1]$ 上可以用多项式 $P_n(x) = \sum_{k=0}^{n} a_k x^k$ 一致逼近函数 $|x|$. 因此, 相应的多项式序列 $M \cdot P_n(x/M)$ 在区间 $|x| \leqslant M$ 上一致逼近函数 $|x|$.

如果 $f \in C([a,b], \mathbb{R})$, $M = \max |f(x)|$, 则因为当 $|y| \leqslant M$ 时 $\left| |y| - \sum_{k=0}^{n} c_k y^k \right| < \varepsilon$, 所以当 $a \leqslant x \leqslant b$ 时 $\left| |f(x)| - \sum_{k=0}^{n} c_k f^k(x) \right| < \varepsilon$. 因此, 如果可以用多项式在闭区间 $[a,b]$ 上一致逼近 f, 则也可以这样逼近 $|f|$.

最后, 如果可以用多项式在闭区间 $[a,b]$ 上一致逼近 f 和 g, 则根据上述讨论, 也可以这样逼近函数 $\max\{f, g\} = ((f+g) + |f-g|)/2$ 和 $\min\{f, g\} = ((f+g) - |f-g|)/2$.

设 $a \leqslant \xi_1 < \xi_2 \leqslant b$, $f(x) \equiv 0$, $g_{\xi_1 \xi_2}(x) = \dfrac{x - \xi_1}{\xi_2 - \xi_1}$, $h(x) \equiv 1$, $\Phi_{\xi_1 \xi_2} = \max\{f, g_{\xi_1 \xi_2}\}$, $F_{\xi_1 \xi_2} = \min\{h, \Phi_{\xi_1 \xi_2}\}$. 形如 $F_{\xi_1 \xi_2}$ 的函数的线性组合显然能够产生闭区间 $[a,b]$ 上的全部分段线性连续函数的集合. 根据例 5, 由此推出魏尔斯特拉斯定理. ▶

在叙述斯通定理之前, 先定义几个新概念.

定义 3. 集合 X 上的实 (复) 函数族 A 称为 X 上的实 (复) 函数代数, 如果从 $f, g \in A$, $\alpha \in \mathbb{R}(\mathbb{C})$ 可以推出 $f+g \in A$, $f \cdot g \in A$, $\alpha f \in A$.

例 6. 设 $X \subset \mathbb{C}$. 多项式 $P(z) = c_0 + c_1 z + \cdots + c_n z^n$ $(n \in \mathbb{N})$ 显然构成 X 上的复函数代数.

如果取 $X = [a, b] \subset \mathbb{R}$ 和实系数多项式, 就得到闭区间 $[a, b]$ 上的实函数代数.

例 7. 函数 e^{nx} $(n = 0, 1, 2, \cdots)$ 的实系数 (或复系数) 线性组合显然构成任何一个闭区间 $[a, b] \subset \mathbb{R}$ 上的实 (或复) 函数代数.

对于函数 $\{e^{inx}, n \in \mathbb{Z}\}$ 的线性组合, 可以给出同样的结论.

定义 4. 我们说, 在集合 X 上定义的函数族 S 能分离集合 X 的点, 如果对于任何两个点 $x_1, x_2 \in X$, 可以找到函数 $f \in S$, 使 $f(x_1) \neq f(x_2)$.

例 8. 函数族 $\{e^{nx}, n \in \mathbb{N}\}$ 甚至其中每一个函数都能分离 $\mathbb{R}$ 的点.

与此同时, 以 2π 为周期的函数族 $\{e^{inx}, n \in \mathbb{N}\}$ 能分离长度小于 2π 的闭区间的点, 但显然不能分离长度大于或等于 2π 的闭区间的点.

例 9. 由所有实多项式组成的函数族能分离任何闭区间 $[a, b]$ 的点, 因为一个多项式 $P(x) = x$ 就已经具有这个性质. 这个结论对于集合 $X \subset \mathbb{C}$ 和 X 上的复多项式族也成立, 这时可以取 $P(z) = z$ 作为具有上述性质的一个函数.

定义 5. 我们说, 由函数 $f : X \to \mathbb{C}$ 构成的函数族 $\mathcal{F}$ 在集合 X 上不消失, 如果对于任何一个点 $x_0 \in X$, 可以找到函数 $f_0 \in \mathcal{F}$, 使 $f_0(x_0) \neq 0$.

例 10. 函数族 $\mathcal{F} = \{1, x, x^2, \cdots\}$ 在闭区间 $[0, 1]$ 上不消失, 而函数族 $\mathcal{F}_0 = \{x, x^2, \cdots\}$ 的所有函数在点 $x = 0$ 都等于零.

引理 2. 如果集合 X 上的实 (复) 函数代数 A 能分离 X 的点并且在 X 上不消失, 则对于任何两个不同的点 $x_1, x_2 \in X$ 和任何实 (复) 数 c_1, c_2, 在 A 中都可以找到函数 f, 使 $f(x_1) = c_1$, $f(x_2) = c_2$.

◀ 显然, 只要在 $c_1 = 0$, $c_2 = 1$ 时和 $c_1 = 1$, $c_2 = 0$ 时证明引理即可.

因为点 x_1, x_2 具有同样的地位, 所以我们只考虑 $c_1 = 1$, $c_2 = 0$ 的情形.

我们首先指出, 在 A 中存在一个专门的能分离点 x_1, x_2 的函数 s, 它不仅满足条件 $s(x_1) \neq s(x_2)$, 还满足要求 $s(x_1) \neq 0$.

设 $g, h \in A$, $g(x_1) \neq g(x_2)$, $g(x_1) = 0$, $h(x_1) \neq 0$. 显然, 可以找到数 $\lambda \in \mathbb{R}\backslash 0$, 使 $\lambda[h(x_1) - h(x_2)] \neq g(x_2)$. 于是, 函数 $s = g + \lambda h$ 就是需要的函数.

现在取 $f(x) = \dfrac{s^2(x) - s(x_2)s(x)}{s^2(x_1) - s(x_1)s(x_2)}$, 就得到上述代数 A 中的函数 f, 它满足上面提出的条件: $f(x_1) = 1$ 和 $f(x_2) = 0$. ▶

定理 3 (斯通[①]定理). 设 A 是由定义于紧集 K 的实值连续函数构成的代数. 如果 A 能分离紧集 K 的点并且在 K 上不消失, 则 A 是空间 $C(K,\mathbb{R})$ 的处处稠密子集.

◀ 设 $\overline{A}$ 是集合 $A \subset C(K,\mathbb{R})$ 在 $C(K,\mathbb{R})$ 中的闭包, 即 $\overline{A}$ 是能够用 A 中的函数以任意精度一致逼近的连续函数 $f \in C(K,\mathbb{R})$ 的集合. 定理表明 $\overline{A} = C(K,\mathbb{R})$.

重复魏尔斯特拉斯定理的证明中的讨论, 我们发现, 如果 $f, g \in \overline{A}$, $\alpha \in \mathbb{R}$, 则函数 $f+g$, $f \cdot g$, αf, $|f|$, $\max\{f, g\}$, $\min\{f, g\}$ 也属于 $\overline{A}$. 用归纳法可以验证, 一般地, 如果 $f_1, f_2, \cdots, f_n \in \overline{A}$, 则 $\max\{f_1, f_2, \cdots, f_n\}$ 和 $\min\{f_1, f_2, \cdots, f_n\}$ 也属于 $\overline{A}$.

我们现在证明, 对于任何函数 $f \in C(K,\mathbb{R})$, 任何点 $x \in K$ 和任何数 $\varepsilon > 0$, 可以找到函数 $g_x \in \overline{A}$, 使 $g_x(x) = f(x)$, 并且 $g_x(t) > f(t) - \varepsilon$ 对于任何 $t \in K$ 都成立.

为了证明这个结果, 对于每一个点 $y \in K$, 我们按照引理 2 取函数 $h_y \in A$, 使 $h_y(x) = f(x)$, $h_y(y) = f(y)$. 因为函数 f 和 h_y 在 K 上连续, 所以可以找到点 y 的邻域 U_y (它是开集), 使 $h_y(t) > f(t) - \varepsilon$ 对于任何 $t \in U_y$ 都成立. 紧集 K 可以被诸多这样的开集 U_y 覆盖, 由此选出有限覆盖 $\{U_{y_1}, U_{y_2}, \cdots, U_{y_n}\}$. 于是, 函数 $g_x = \max\{h_{y_1}, h_{y_2}, \cdots, h_{y_n}\} \in \overline{A}$ 就是需要的函数.

现在, 对于每一个点 $x \in K$ 都取这样的函数 g_x, 我们发现, 利用函数 g_x 和 f 的连续性可以找到点 $x \in K$ 的邻域 V_x, 使 $g_x(t) < f(t) + \varepsilon$ 对于任何 $t \in V_x$ 都成立. 因为 K 是紧集, 所以可以用这样的邻域组成它的有限覆盖 $\{V_{x_1}, V_{x_2}, \cdots, V_{x_m}\}$. 函数 $g = \min\{g_{x_1}, g_{x_2}, \cdots, g_{x_m}\}$ 属于代数 $\overline{A}$, 并且按照其构造, 该函数在任何一个点都满足不等式

$$f(t) - \varepsilon < g(t) < f(t) + \varepsilon.$$

但是, 数 $\varepsilon > 0$ 是任意选取的, 这就证明了, 用代数 A 中的函数可以在 K 上以任意精度一致逼近任何一个函数 $f \in C(K,\mathbb{R})$. ▶

习 题

1. 由定义在度量空间 X 上并在度量空间 Y 中取值的函数 $f: X \to Y$ 构成的函数族 $\mathcal{F}$ 称为在点 $x_0 \in X$ 的等度连续函数族, 如果对于任何 $\varepsilon > 0$, 可以找到 $\delta > 0$, 使得对于任何函数 $f \in \mathcal{F}$, 从关系式 $d_X(x_0, x) < \delta$ 可以推出 $d_Y(f(x_0), f(x)) < \varepsilon$.

a) 请证明: 如果由函数 $f: X \to Y$ 构成的函数族 $\mathcal{F}$ 在点 $x_0 \in X$ 是等度连续的, 则任何函数 $f \in \mathcal{F}$ 在点 x_0 都是连续的, 但逆命题不成立.

b) 请证明: 如果由函数 $f: K \to Y$ 构成的函数族 $\mathcal{F}$ 在紧集 K 的任何点都是等度连续的, 则在定义 2 的意义下, 它在 K 上也是等度连续的.

c) 请证明: 如果度量空间 X 不是紧的, 则即使由函数 $f: X \to Y$ 构成的函数族 $\mathcal{F}$ 在每一个点 $x_0 \in X$ 是等度连续的, 由此也不能推出 $\mathcal{F}$ 在 X 上是等度连续的.

[①] 斯通 (M. H. Stone, 1903—1989) 是美国数学家, 主要从事拓扑学和泛函分析的研究.

因此, 如果函数族 $\mathcal{F}$ 按照定义 2 在集合 X 上是等度连续的, 则经常称之为集合 X 上的一致等度连续函数族. 于是, 函数族在一个点的等度连续性与在集合 X 上的一致等度连续性之间的关系类似于单独一个函数 $f : X \to Y$ 在集合 X 上的连续性与一致连续性之间的关系.

d) 设 $\omega(f; E)$ 是函数 $f : X \to Y$ 在集合 $E \subset X$ 上的振幅, $B(x, \delta)$ 是以点 $x \in X$ 为中心、以 δ 为半径的球. 如果写出

$$\forall \varepsilon > 0\ \exists \delta > 0\ \forall f \in \mathcal{F}\ \omega(f; B(x, \delta)) < \varepsilon,$$
$$\forall \varepsilon > 0\ \exists \delta > 0\ \forall f \in \mathcal{F}\ \forall x \in X\ \omega(f; B(x, \delta)) < \varepsilon,$$

则它们是哪些概念的定义?

e) 请举例说明: 如果 K 不是紧的, 则一般而言, 阿尔泽拉–阿斯柯利定理不成立. 为此, 请在 $\mathbb{R}$ 上构造一致有界且等度连续函数序列 $\{f_n, n \in \mathbb{N}\}$, 其中 $f_n(x) = \varphi(x + n)$, 从这个序列中无法选出在 $\mathbb{R}$ 上一致收敛的子序列.

f) 请利用阿尔泽拉–阿斯柯利定理求解 §3 习题 10c).

2. a) 请详细说明: 为什么闭区间 $[a, b]$ 上的任何一个分段线性连续函数都可以表示为在魏尔斯特拉斯定理的证明中所指出的形如 $F_{\xi_1 \xi_2}$ 的函数的线性组合的形式?

b) 请对复值连续函数 $f : [a, b] \to \mathbb{C}$ 证明魏尔斯特拉斯定理.

c) 量 $M_n = \int_a^b f(x) x^n dx$ 常称为函数 $f : [a, b] \to \mathbb{C}$ 在闭区间 $[a, b]$ 上的 n 次矩或 n 阶矩. 请证明: 如果 $f \in C([a, b], \mathbb{C})$, 并且 $M_n = 0$ 对于任何 $n \in \mathbb{N}$ 都成立, 则在 $[a, b]$ 上 $f(x) \equiv 0$.

3. a) 请证明: 由两个函数 $\{1, x^2\}$ 产生的代数在闭区间 $[-1, 1]$ 上的全体连续偶函数的集合中是稠密的.

b) 对于由一个函数 $\{x\}$ 产生的代数以及区间 $[-1, 1]$ 上的全体连续奇函数的集合, 请解答上题.

c) 是否可以在任意精度下用由两个函数 $\{1, e^{ix}\}$ 产生的代数中的函数一致逼近任何一个函数 $f \in C([0, \pi], \mathbb{C})$?

d) 请在 $f \in C([-\pi, \pi], \mathbb{C})$ 的情况下解答上题.

e) 请证明: 上题仅在 $f(-\pi) = f(\pi)$ 时才有肯定的回答.

f) 如果 $[a, b] \subset]-\pi, \pi[$, 则是否可以用函数族 $\{1, \cos x, \sin x, \cdots, \cos nx, \sin nx, \cdots\}$ 中的函数的线性组合一致逼近任何一个函数 $f \in C([a, b], \mathbb{C})$?

g) 是否可以用函数族 $\{1, \cos x, \cdots, \cos nx, \cdots\}$ 中的函数一致逼近任何一个偶函数 $f \in C([-\pi, \pi], \mathbb{C})$?

h) 设 $[a, b]$ 是数轴 $\mathbb{R}$ 上的任意闭区间. 请证明: 由任何一个不为零的严格单调函数 $\varphi(x)$ (例如 e^x) 在闭区间 $[a, b]$ 上产生的代数在 $C([a, b], \mathbb{R})$ 中是稠密的.

i) 当闭区间 $[a, b] \subset \mathbb{R}$ 位于什么位置时, 由函数 $\varphi(x) = x$ 产生的代数在 $C([a, b], \mathbb{R})$ 中是稠密的?

4. a) 复函数代数 A 称为自共轭函数代数, 如果从 $f \in A$ 可以推出 $\bar{f} \in A$, 其中 $\bar{f}(x)$ 是 $f(x)$ 的共轭值. 请证明: 如果复函数代数 A 是 X 上的非退化代数并且能分离 X 的点, 则在 A 是自共轭函数代数的条件下可以断定, 由 A 的实函数构成的子代数 A_R 也是 X 上的非退化代数, 并且也能分离 X 的点.

b) 请证明下面的复形式的斯通定理:

如果由函数 $f: X \to \mathbb{C}$ 构成的复函数代数 A 是 X 上的非退化代数并且能分离 X 的点, 则在 A 是自共轭函数代数的条件下可以断定, 它在 $C(X, \mathbb{C})$ 中是稠密的.

c) 设 $X = \{z \in \mathbb{C} \mid |z| = 1\}$ 是单位圆, A 是 X 上由函数 $e^{i\varphi}$ 产生的函数代数, 其中 φ 是点 $z \in \mathbb{C}$ 的辐角. 这个代数是 X 上的非退化代数并且能分离 X 的点, 但不是自共轭的. 请证明: 等式 $\int_0^{2\pi} f(e^{i\varphi})e^{in\varphi}d\varphi = 0$ 对于可以用代数 A 中的元素一致逼近的任何函数 $f: X \to \mathbb{C}$ 和任何 $n \in \mathbb{N}$ 都应当成立. 请利用这个结果验证: 函数 $f(z) = \bar{z}$ 在圆 X 上的限制是 X 上的连续函数, 但不属于上述代数 A 的闭包.

第十七章　含参变量的积分

在这一章中将对含参变量的积分应用相关的一般定理,因为这样的积分是数学分析中最常见的依赖于参变量的函数族.

§1. 含参变量的常义积分

1. 含参变量的积分的概念. 含参变量的积分是形如

$$F(t) = \int_{E_t} f(x, t)\, dx \tag{1}$$

的积分,其中 t 是参变量,它的值遍历某个集合 T,每一个值 $t \in T$ 都与集合 E_t 相对应,并且函数 $\varphi_t(x) = f(x, t)$ 在该集合上是常义可积或反常可积的.

集合 T 可能具有多种多样的本质,最重要的情况当然是空间 $\mathbb{R}$, $\mathbb{C}$, $\mathbb{R}^n$ 或 $\mathbb{C}^n$ 的子集.

如果积分 (1) 对于参变量的每一个值 $t \in T$ 都是常义积分,通常就说, (1) 中的函数 F 是含参变量的常义积分.

如果 (1) 中的积分对于全体或某些值 $t \in T$ 只在反常积分的意义下存在,则函数 F 通常称为含参变量的反常积分.

这当然仅仅是术语上的一些约定.

当 $x \in \mathbb{R}^m$, $E_t \subset \mathbb{R}^m$, $m > 1$ 时,我们说, (1) 是含参变量的重积分 (含参变量的二重积分、三重积分,等等).

然而,我们的注意力主要集中于一维情况,它是任何一般情况的基础. 此外,为简单起见,我们先取数轴 $\mathbb{R}$ 上不依赖于参变量的区间作为 E_t,并且认为该区间上的积分 (1) 在常义积分的意义下存在.

2. 含参变量的积分的连续性

命题 1. 设 $P = \{(x, y) \in \mathbb{R}^2 \mid a \leqslant x \leqslant b \wedge c \leqslant y \leqslant d\}$ 是平面 $\mathbb{R}^2$ 上的矩形. 如果函数 $f: P \to \mathbb{R}$ 连续, 即 $f \in C(P, \mathbb{R})$, 则函数

$$F(y) = \int_a^b f(x, y)\, dx \tag{2}$$

在任何点 $y \in [c, d]$ 都连续.

◀ 从函数 f 在紧集 P 上的一致连续性推出, 当 $y \to y_0$ 且 $y, y_0 \in [c, d]$ 时, 在 $[a, b]$ 上 $\varphi_y(x) := f(x, y) \rightrightarrows f(x, y_0) =: \varphi_{y_0}(x)$. 对于每一个 $y \in [c, d]$, 函数 $\varphi_y(x) = f(x, y)$ 关于 x 在闭区间 $[a, b]$ 上连续, 从而也在该区间上可积. 根据关于积分运算与极限过程的定理, 现在可以断定

$$F(y_0) = \int_a^b f(x, y_0)\, dx = \lim_{y \to y_0} \int_a^b f(x, y)\, dx = \lim_{y \to y_0} F(y). \ \blacktriangleright$$

附注 1. 从上述证明可见, 如果取任何一个紧集 K 作为参变量 y 的值集, 当然在 $f \in C(I \times K, \mathbb{R})$ 的条件下, 其中 $I = \{x \in \mathbb{R} \mid a \leqslant x \leqslant b\}$, 则命题 1 仍然成立.

特别地, 由此可以得到结论: 如果 $f \in C(I \times D, \mathbb{R})$, 其中 D 是 $\mathbb{R}^n$ 中的开集, 则 $F \in C(D, \mathbb{R})$. 这是因为, 任何一个点 $y_0 \in D$ 都具有紧邻域 $K \subset D$, 而函数 f 在 $I \times K$ 上的限制是紧集 $I \times K$ 上的连续函数.

我们对实函数提出了命题 1, 但是它以及它的证明对于向量函数, 例如在 $\mathbb{C}$, $\mathbb{R}^m$ 或 $\mathbb{C}^m$ 中取值的函数, 当然也成立.

例 1. 在证明莫尔斯引理时 (见第一卷第八章 §6), 我们曾经提到被称为阿达马引理的以下命题.

阿达马引理. 如果函数 f 在点 x_0 的邻域 U 中属于函数类 $C^{(1)}(U, \mathbb{R})$, 则在点 x_0 的某个邻域中可以把它表示为以下形式:

$$f(x) = f(x_0) + \varphi(x)(x - x_0), \tag{3}$$

其中 φ 是连续函数, 并且 $\varphi(x_0) = f'(x_0)$.

从牛顿–莱布尼茨公式

$$f(x_0 + h) - f(x_0) = \int_0^1 f'(x_0 + th)\, dt \cdot h \tag{4}$$

和命题 1 容易得到等式 (3), 这时可以利用函数 $F(h) = \int_0^1 f'(x_0 + th)\, dt$ 和代换 $h = x - x_0$, 并取 $\varphi(x) = F(x - x_0)$.

值得指出的是, 对于 $x_0, h \in \mathbb{R}^n$, 其中 n 不一定只等于 1, 等式 (4) 也成立. 更

细致地展开 f', 并为简单起见取 $x_0 = 0$, 就可以把 (4) 改写为

$$f(x^1, \cdots, x^n) - f(0, \cdots, 0) = \sum_{i=1}^{n} \int_0^1 \frac{\partial f}{\partial x^i}(tx^1, \cdots, tx^n)\, dt \cdot x^i.$$

于是, 在等式 (3) 中应当取

$$\varphi(x)x = \sum_{i=1}^{n} \varphi_i(x) x^i,$$

其中 $\varphi_i(x) = \int_0^1 \frac{\partial f}{\partial x^i}(tx)\, dt$.

3. 含参变量的积分的微分运算

命题 2. 如果函数 $f : P \to \mathbb{R}$ 在矩形 $P = \{(x, y) \in \mathbb{R}^2 \mid a \leqslant x \leqslant b \wedge c \leqslant y \leqslant d\}$ 中连续并且具有对 y 的连续偏导数, 则积分 (2) 属于函数类 $C^{(1)}([c, d], \mathbb{R})$, 而且

$$F'(y) = \int_a^b \frac{\partial f}{\partial y}(x, y)\, dx. \tag{5}$$

常义积分 (2) 对参变量的导数公式 (5) 常称为莱布尼茨公式或莱布尼茨法则.

◀ 我们来直接验证, 如果 $y_0 \in [c, d]$, 就可以按照公式 (5) 计算 $F'(y_0)$:

$$\left| F(y_0 + h) - F(y_0) - \left(\int_a^b \frac{\partial f}{\partial y}(x, y_0)\, dx \right) h \right|$$

$$= \left| \int_a^b \left(f(x, y_0 + h) - f(x, y_0) - \frac{\partial f}{\partial y}(x, y_0) h \right) dx \right|$$

$$\leqslant \int_a^b \left| f(x, y_0 + h) - f(x, y_0) - \frac{\partial f}{\partial y}(x, y_0) h \right| dx$$

$$\leqslant \int_a^b \sup_{0 < \theta < 1} \left| \frac{\partial f}{\partial y}(x, y_0 + \theta h) - \frac{\partial f}{\partial y}(x, y_0) \right| dx \cdot |h| = \varphi(y_0, h)|h|.$$

根据条件, $\frac{\partial f}{\partial y} \in C(P, \mathbb{R})$, 所以当 $y \to y_0$ 时, 在区间 $a \leqslant x \leqslant b$ 上 $\frac{\partial f}{\partial y}(x, y) \rightrightarrows \frac{\partial f}{\partial y}(x, y_0)$. 由此可知, 当 $h \to 0$ 时 $\varphi(y_0, h) \to 0$. ▶

附注 2. 原始函数 f 的连续性在证明中的唯一作用表现在, 它是所有相关积分存在的充分条件.

附注 3. 上述证明和有限增量定理在证明中的应用形式表明, 如果把闭区间 $[c, d]$ 改为任何一个赋范向量空间中的凸紧集, 则命题 2 仍然成立. 这时显然还可以认为, f 在某个完备的赋范向量空间中取值.

特别地, 公式 (5) 既适用于复变量 $y \in \mathbb{C}$ 的复函数 F, 也适用于向量参变量 $y = (y^1, \cdots, y^n) \in \mathbb{C}^n$ 的函数 $F(y) = F(y^1, \cdots, y^n)$. 这有时大有用处.

对于后者, 当然可以把 $\dfrac{\partial f}{\partial y}$ 写为坐标形式 $\left(\dfrac{\partial f}{\partial y^1}, \cdots, \dfrac{\partial f}{\partial y^n}\right)$, 而从 (5) 可以得到函数 F 的相应偏导数 $\dfrac{\partial F}{\partial y^i}(y) = \displaystyle\int_a^b \dfrac{\partial f}{\partial y^i}(x, y^1, \cdots, y^n)\, dx.$

例 2. 我们来验证, 函数
$$u(x) = \int_0^\pi \cos(n\varphi - x\sin\varphi)\, d\varphi$$
满足贝塞尔方程 $x^2 u'' + x u' + (x^2 - n^2) u = 0.$

其实, 按照公式 (5) 完成微分运算, 再经过一些简单的变换, 得到
$$-x^2 \int_0^\pi \sin^2\varphi \cos(n\varphi - x\sin\varphi)\, d\varphi + x \int_0^\pi \sin\varphi \sin(n\varphi - x\sin\varphi)\, d\varphi$$
$$+ (x^2 - n^2) \int_0^\pi \cos(n\varphi - x\sin\varphi)\, d\varphi$$
$$= -\int_0^\pi \left((x^2 \sin^2\varphi + n^2 - x^2) \cos(n\varphi - x\sin\varphi) - x\sin\varphi \sin(n\varphi - x\sin\varphi)\right) d\varphi$$
$$= -(n + x\cos\varphi)\sin(n\varphi - x\sin\varphi)\Big|_0^\pi = 0.$$

例 3. 全椭圆积分
$$E(k) = \int_0^{\pi/2} \sqrt{1 - k^2 \sin^2\varphi}\, d\varphi, \quad K(k) = \int_0^{\pi/2} \dfrac{d\varphi}{\sqrt{1 - k^2 \sin^2\varphi}} \tag{6}$$
是参变量 k 的函数, $0 < k < 1$. 它们满足关系式
$$\dfrac{dE}{dk} = \dfrac{E - K}{k}, \quad \dfrac{dK}{dk} = \dfrac{E}{k(1 - k^2)} - \dfrac{K}{k}.$$
参变量 k 称为椭圆积分的模数.

例如, 我们来验证第一个关系式. 根据公式 (5),
$$\dfrac{dE}{dk} = -\int_0^{\pi/2} k\sin^2\varphi (1 - k^2 \sin^2\varphi)^{-1/2}\, d\varphi$$
$$= \dfrac{1}{k}\int_0^{\pi/2} (1 - k^2 \sin^2\varphi)^{1/2}\, d\varphi - \dfrac{1}{k}\int_0^{\pi/2} (1 - k^2 \sin^2\varphi)^{-1/2}\, d\varphi = \dfrac{E - K}{k}.$$

例 4. 有时, 甚至可以利用公式 (5) 来计算积分. 设
$$F(\alpha) = \int_0^{\pi/2} \ln(\alpha^2 - \sin^2\varphi)\, d\varphi \quad (\alpha > 1).$$
根据公式 (5),
$$F'(\alpha) = \int_0^{\pi/2} \dfrac{2\alpha\, d\varphi}{\alpha^2 - \sin^2\varphi} = \dfrac{\pi}{\sqrt{\alpha^2 - 1}},$$
所以 $F(\alpha) = \pi \ln(\alpha + \sqrt{\alpha^2 - 1}) + c.$

如果注意到当 $\alpha \to +\infty$ 时的以下条件, 则容易求出 c 的值. 这时, 一方面, $F(\alpha) = \pi \ln \alpha + \pi \ln 2 + c + o(1)$; 另一方面, 从 $F(\alpha)$ 的定义和等式 $\ln(\alpha^2 - \sin^2 \varphi) = 2\ln\alpha + o(1)$ 可以得到 $F(\alpha) = \pi \ln \alpha + o(1)$. 因此, $\pi \ln 2 + c = 0$, 从而

$$F(\alpha) = \pi \ln \frac{1}{2}(\alpha + \sqrt{\alpha^2 - 1}).$$

可以略微加强命题 2.

命题 2'. 设函数 $f : P \to \mathbb{R}$ 在矩形 $P = \{(x,y) \in \mathbb{R}^2 \mid a \leqslant x \leqslant b \wedge c \leqslant y \leqslant d\}$ 中连续并且具有连续的偏导数 $\partial f / \partial y$, 此外, $\alpha(y)$ 和 $\beta(y)$ 是闭区间 $[c,d]$ 上的连续可微函数, 而对于任何 $y \in [c,d]$, 它们的值属于闭区间 $[a,b]$, 则积分

$$F(y) = \int_{\alpha(y)}^{\beta(y)} f(x, y) \, dx \tag{7}$$

对于任何 $y \in [c,d]$ 有定义并且属于函数类 $C^{(1)}([c,d], \mathbb{R})$, 此外, 以下公式成立:

$$F'(y) = f(\beta(y), y) \cdot \beta'(y) - f(\alpha(y), y) \cdot \alpha'(y) + \int_{\alpha(y)}^{\beta(y)} \frac{\partial f}{\partial y}(x, y) \, dx. \tag{8}$$

◀ 按照积分对积分限的求导法则和公式 (5) 可以得到, 函数

$$\Phi(\alpha, \beta, y) = \int_{\alpha}^{\beta} f(x, y) \, dx$$

在 $\alpha, \beta \in [a,b]$ 和 $y \in [c,d]$ 的条件下具有以下偏导数:

$$\frac{\partial \Phi}{\partial \beta} = f(\beta, y), \quad \frac{\partial \Phi}{\partial \alpha} = -f(\alpha, y), \quad \frac{\partial \Phi}{\partial y} = \int_{\alpha}^{\beta} \frac{\partial f}{\partial y}(x, y) \, dx.$$

我们根据命题 1 断定, 函数 Φ 的所有偏导数在该函数的定义域中连续. 因此, Φ 是连续可微函数. 现在, 通过求复合函数 $F(y) = \Phi(\alpha(y), \beta(y), y)$ 的导数可以得到公式 (8). ▶

例 5. 设

$$F_n(x) = \frac{1}{(n-1)!} \int_0^x (x-t)^{n-1} f(t) \, dt,$$

其中 $n \in \mathbb{N}$, 而 f 是积分区间上的连续函数. 我们来验证 $F_n^{(n)}(x) = f(x)$.

当 $n = 1$ 时, $F_1(x) = \int_0^x f(t) \, dt$, 所以 $F_1'(x) = f(x)$.

当 $n > 1$ 时, 根据公式 (8) 求出

$$F_n'(x) = \frac{1}{(n-1)!}(x-x)^{n-1} f(x) + \frac{1}{(n-2)!} \int_0^x (x-t)^{n-2} f(t) \, dt = F_{n-1}(x).$$

用归纳法可以断定, $F_n^{(n)}(x) = f(x)$ 对于任何 $n \in \mathbb{N}$ 确实成立.

4. 含参变量的积分的积分运算

命题 3. 如果函数 $f: P \to \mathbb{R}$ 在矩形 $P = \{(x, y) \in \mathbb{R}^2 \mid a \leqslant x \leqslant b \land c \leqslant y \leqslant d\}$ 中连续，则积分 (2) 在闭区间 $[c, d]$ 上可积，并且以下等式成立：

$$\int_c^d \left(\int_a^b f(x, y) \, dx \right) dy = \int_a^b \left(\int_c^d f(x, y) \, dy \right) dx. \tag{9}$$

◂ 从重积分的观点看，等式 (9) 是富比尼定理的最简单形式. 但是，我们将独立于富比尼定理证明这个关系式.

考虑函数

$$\varphi(u) = \int_c^u \left(\int_a^b f(x, y) \, dx \right) dy, \quad \psi(u) = \int_a^b \left(\int_c^u f(x, y) \, dy \right) dx.$$

因为 $f \in C(P, \mathbb{R})$，所以根据命题 1 和积分对积分上限的连续性，我们断定 $\varphi, \psi \in C([c, d], \mathbb{R})$. 此外，根据函数 (2) 的连续性，我们求出 $\varphi'(u) = \int_a^b f(x, u) \, dx$，而按照公式 (5) 得到，当 $u \in [c, d]$ 时 $\psi'(u) = \int_a^b f(x, u) \, dx$. 因此，$\varphi'(u) = \psi'(u)$，即在闭区间 $[c, d]$ 上 $\varphi(u) = \psi(u) + \text{const}$. 但是，因为 $\varphi(c) = \psi(c) = 0$，所以等式 $\varphi(u) = \psi(u)$ 在闭区间 $[c, d]$ 上成立. 由此可知，当 $u = d$ 时可以得到关系式 (9). ▸

习 题

1. a) 设依赖于参变量 $y \in Y$ 的函数族 $\varphi_y(x) = f(x, y)$ 在闭区间 $a \leqslant x \leqslant b$ 上可积，并且在该区间和 Y 中的某个基 $\mathcal{B}$ (例如 $y \to y_0$) 上一致收敛到函数 $\varphi(x)$. 请解释：为什么关系式 (2) 中的函数 $F(y)$ 有极限 $\int_a^b \varphi(x) \, dx$?

b) 请证明：如果 E 是 $\mathbb{R}^m$ 中的可测集，而函数 $f: E \times I^n \to \mathbb{R}$ 在集合 E 和 n 维闭区间 I^n 的直积 $E \times I^n = \{(x, t) \in \mathbb{R}^{m+n} \mid x \in E \land t \in I^n\}$ 上有定义且连续，则当 $E_t = E$ 时由等式 (1) 定义的函数 F 在 I^n 上连续.

c) 设 $P = \{(x, y) \in \mathbb{R}^2 \mid a \leqslant x \leqslant b \land c \leqslant y \leqslant d\}$，$f \in C(P, \mathbb{R})$，$\alpha, \beta \in C([c, d], [a, b])$. 请证明：函数 (7) 在闭区间 $[c, d]$ 上连续.

2. a) 请证明：如果 $f \in C(\mathbb{R}, \mathbb{R})$，则函数 $F(x) = \dfrac{1}{2a} \int_{-a}^a f(x+t) \, dt$ 在 $\mathbb{R}$ 上连续且可微.

b) 请求出上述函数 $F(x)$ 的导数并证明 $F \in C^{(1)}(\mathbb{R}, \mathbb{R})$.

3. 请利用含参变量的积分的微分运算证明：当 $|r| < 1$ 时，

$$F(r) = \int_0^\pi \ln(1 - 2r \cos x + r^2) \, dx = 0.$$

4. 请验证下列函数满足例 2 中的贝塞尔方程：

a) $u = x^n \int_0^\pi \cos(x \cos \varphi) \sin^{2n} \varphi \, d\varphi$; b) $J_n(x) = \dfrac{x^n}{(2n-1)!! \, \pi} \int_{-1}^1 (1-t^2)^{n-1/2} \cos xt \, dt$.

c) 请证明：与不同的值 $n \in \mathbb{N}$ 相对应的函数 J_n 满足关系式 $J_{n+1} = J_{n-1} - 2J_n'$.

5. 请发展例 3 的思路，取 $\tilde{k} := \sqrt{1-k^2}$, $\tilde{E}(k) := E(\tilde{k})$, $\tilde{K}(k) := K(\tilde{k})$, 从而证明 (最早由勒让德给出):

a) $\dfrac{d}{dk}(E\tilde{K} + \tilde{E}K - K\tilde{K}) = 0$; b) $E\tilde{K} + \tilde{E}K - K\tilde{K} = \dfrac{\pi}{2}$.

6. 请把积分 (2) 改为积分

$$\mathcal{F}(y) = \int_a^b f(x,y)g(x)\,dx,$$

其中 g 是闭区间 $[a,b]$ 上的可积函数 ($g \in \mathcal{R}[a,b]$)，然后依次重复命题 1—3 的上述证明并验证：

a) 如果函数 f 满足命题 1 的条件，则函数 $\mathcal{F}$ 在闭区间 $[c,d]$ 上连续 ($\mathcal{F} \in C([c,d])$);

b) 如果函数 f 满足命题 2 的条件，则函数 $\mathcal{F}$ 在闭区间 $[c,d]$ 上连续可微 ($\mathcal{F} \in C^{(1)}[c,d]$)，并且

$$\mathcal{F}'(y) = \int_a^b \dfrac{\partial f}{\partial y}(x,y)g(x)\,dx;$$

c) 如果函数 f 满足命题 3 的条件，则函数 $\mathcal{F}$ 在闭区间 $[c,d]$ 上可积 ($\mathcal{F} \in \mathcal{R}[c,d]$)，并且

$$\int_c^d \mathcal{F}(y)\,dy = \int_a^b \left(\int_c^d f(x,y)g(x)\,dy \right) dx.$$

7. 泰勒公式和阿达马引理.

a) 请证明：如果 f 是光滑函数，并且 $f(0) = 0$，则 $f(x) = x\varphi(x)$，其中 φ 是连续函数，并且 $\varphi(0) = f'(0)$.

b) 请证明：如果 $f \in C^{(n)}$，并且 $f^{(k)} = 0$, $k = 0, 1, \cdots, n-1$，则 $f(x) = x^n \varphi(x)$，其中 φ 是连续函数，并且 $\varphi(0) = f^{(n)}(0)/n!$.

c) 设 f 是定义在零点的邻域中的 $C^{(n)}$ 类函数. 请验证以下具有阿达马余项的泰勒公式：

$$f(x) = f(0) + \dfrac{1}{1!}f'(0)x + \cdots + \dfrac{1}{(n-1)!}f^{(n-1)}(0)x^{n-1} + x^n \varphi(x),$$

其中 φ 是零点的邻域中的连续函数，并且 $\varphi(0) = f^{(n)}(0)/n!$.

d) 请把习题 a), b), c) 的结果推广到 f 是多元函数的情形. 请用多重指标记号写出基本的泰勒公式

$$f(x) = \sum_{|\alpha|=0}^{n-1} \dfrac{1}{\alpha!} D^\alpha f(0) x^\alpha + \sum_{|\alpha|=n} x^\alpha \varphi_\alpha(x).$$

作为习题 a), b), c) 的上述结果的补充，请证明：如果 $f \in C^{(n+p)}$，则 $\varphi_\alpha \in C^{(p)}$.

§2. 含参变量的反常积分

1. 反常积分对参变量的一致收敛性

a. 基本定义与实例. 设对于每一个值 $y \in Y$，反常积分

$$F(y) = \int_a^\omega f(x,y)\,dx \tag{1}$$

在区间 $[a, \omega[\subset \mathbb{R}$ 上收敛. 为明确起见，我们认为积分 (1) 具有与积分上限有关的唯一的奇点 (即或者 $\omega = +\infty$，或者 f 作为 x 的函数在点 ω 的邻域内无界).

定义. 对于含参变量 $y \in Y$ 的反常积分 (1) 和集合 $E \subset Y$, 如果对于任何一个数 $\varepsilon > 0$, 都可以找到点 ω 在集合 $[a, \omega[$ 中的邻域 $U_{[a, \omega[}(\omega)$, 使积分 (1) 的以下余项估计式对于任何 $b \in U_{[a, \omega[}(\omega)$ 和任何值 $y \in E$ 都成立:

$$\left| \int_b^\omega f(x, y) \, dx \right| < \varepsilon, \tag{2}$$

我们就说, 反常积分 (1) 在集合 $E \subset Y$ 上一致收敛.

如果引入记号

$$F_b(y) := \int_a^b f(x, y) \, dx \tag{3}$$

来表示反常积分 (1) 的常义积分近似, 则本节的上述基本定义也可以改写为等价的另一种形式 (以后将看到, 这大有用处):

按照定义, 积分 (1) 在集合 $E \subset Y$ 上一致收敛的含义是

$$\text{当 } b \in [a, \omega[, \ b \to \omega \text{ 时, 在 } E \text{ 上 } F_b(y) \rightrightarrows F(y). \tag{4}$$

其实, 因为

$$F(y) = \int_a^\omega f(x, y) \, dx := \lim_{\substack{b \to \omega \\ b \in [a, \omega[}} \int_a^b f(x, y) \, dx = \lim_{\substack{b \to \omega \\ b \in [a, \omega[}} F_b(y),$$

所以关系式 (2) 能改写为以下形式:

$$|F(y) - F_b(y)| < \varepsilon. \tag{5}$$

关系式 (4) 指出, 这个不等式对于任何 $b \in U_{[a, \omega[}(\omega)$ 和任何 $y \in E$ 都成立.

于是, 关系式 (2), (4), (5) 表明, 如果积分 (1) 在参变量值的某个集合 E 上一致收敛, 则对于预先给定的任何精度和所有的 $y \in E$, 可以用依赖于同一个参变量 y 的常义积分 (3) 代替反常积分 (1).

例 1. 积分

$$\int_1^{+\infty} \frac{dx}{x^2 + y^2}$$

在参变量 $y \in \mathbb{R}$ 的整个值集 $\mathbb{R}$ 上一致收敛, 因为对于任何 $y \in \mathbb{R}$, 只要 $b > 1/\varepsilon$, 则

$$\int_b^{+\infty} \frac{dx}{x^2 + y^2} \leqslant \int_b^{+\infty} \frac{dx}{x^2} = \frac{1}{b} < \varepsilon.$$

例 2. 积分

$$\int_0^{+\infty} e^{-xy} dx$$

显然仅当 $y > 0$ 时收敛. 同时, 它在任何集合 $\{y \in \mathbb{R} \mid y \geqslant y_0 > 0\}$ 上一致收敛.

其实, 如果 $y \geqslant y_0 > 0$, 则

$$0 \leqslant \int_b^{+\infty} e^{-xy}dx = \frac{1}{y}e^{-by} \leqslant \frac{1}{y_0}e^{-by_0} \to 0, \quad 当 b \to +\infty 时.$$

同时, 它在整个集合 $\mathbb{R}_+ = \{y \in \mathbb{R} | y > 0\}$ 上并不一致收敛. 其实, 积分 (1) 在集合 E 上一致收敛的逆命题是

$$\exists \varepsilon_0 > 0 \, \forall B \in [a, \omega[\, \exists b \in [B, \omega[\, \exists y \in E \left(\left| \int_b^\omega f(x, y) \, dx \right| > \varepsilon_0 \right).$$

这里可以取任何正实数作为 $\varepsilon_0 > 0$, 因为对于任何一个固定值 $b \in [0, +\infty[$,

$$\int_b^{+\infty} e^{-xy}dx = \frac{1}{y}e^{-by} \to +\infty, \quad 当 y \to +0 时.$$

再考虑一个不那么平凡的例子, 我们以后会用到其结果.

例 3. 我们来证明, 积分

$$\Phi(x) = \int_0^{+\infty} x^\alpha y^{\alpha+\beta+1} e^{-(1+x)y} dy, \quad F(y) = \int_0^{+\infty} x^\alpha y^{\alpha+\beta+1} e^{-(1+x)y} dx,$$

其中 α 和 β 是给定的正数, 在参变量的非负值集上一致收敛.

对于积分 $\Phi(x)$ 的余项, 我们立刻得到

$$0 \leqslant \int_b^{+\infty} x^\alpha y^{\alpha+\beta+1} e^{-(1+x)y} dy = \int_b^{+\infty} (xy)^\alpha e^{-xy} y^{\beta+1} e^{-y} dy < M_\alpha \int_b^{+\infty} y^{\beta+1} e^{-y} dy,$$

其中 $M_\alpha = \max_{0 \leqslant u < +\infty} u^\alpha e^{-u}$. 因为最后一个积分收敛, 所以对于足够大的值 $b \in \mathbb{R}$, 可以让它小于任何一个预先给定的数 $\varepsilon > 0$, 而这就表示积分 $\Phi(x)$ 一致收敛.

现在考虑第二个积分 $F(y)$ 的余项:

$$0 \leqslant \int_b^{+\infty} x^\alpha y^{\alpha+\beta+1} e^{-(1+x)y} dx = y^\beta e^{-y} \int_b^{+\infty} (xy)^\alpha e^{-xy} y \, dx = y^\beta e^{-y} \int_{by}^{+\infty} u^\alpha e^{-u} du.$$

因为当 $y \geqslant 0$ 时

$$\int_{by}^{+\infty} u^\alpha e^{-u} du \leqslant \int_0^{+\infty} u^\alpha e^{-u} du < +\infty,$$

而当 $y \to 0$ 时 $y^\beta e^{-y} \to 0$, 所以对于 $\varepsilon > 0$, 显然可以找到数 $y_0 > 0$, 使我们感兴趣的积分余项对于任何 $y \in [0, y_0]$ 都小于 ε, 并且与值 $b \in [0, +\infty[$ 无关.

如果 $y \geqslant y_0 > 0$, 则利用 $M_\beta = \max_{0 \leqslant y < +\infty} y^\beta e^{-y} < +\infty$, 并且当 $b \to +\infty$ 时 $0 \leqslant \int_{by}^{+\infty} u^\alpha e^{-u} du \leqslant \int_{by_0}^{+\infty} u^\alpha e^{-u} du \to 0$, 我们断定, 对于所有足够大的值 $b \in [0, +\infty[$ 和所有的值 $y \geqslant y_0 > 0$, 可以让积分 $F(y)$ 的余项小于 ε.

取区间 $[0, y_0]$ 与 $[y_0, +\infty[$ 的并集, 我们断定, 根据任何 $\varepsilon > 0$ 确实可以选取数 B, 使积分 $F(y)$ 的相应余项对于任何 $b > B$ 和任何 $y \geqslant 0$ 都小于 ε.

b. 积分一致收敛性的柯西准则

命题 1 (柯西准则). 含参变量 $y \in Y$ 的反常积分 (1) 在集合 $E \subset Y$ 上一致收敛的充分必要条件是, 对任何 $\varepsilon > 0$, 存在点 ω 的邻域 $U_{[a,\omega[}(\omega)$, 使以下不等式对于任何 $b_1, b_2 \in U_{[a,\omega[}(\omega)$ 和任何 $y \in E$ 都成立:

$$\left|\int_{b_1}^{b_2} f(x,y)\,dx\right| < \varepsilon. \tag{6}$$

◀ 不等式 (6) 等价于关系式 $|F_{b_1}(y) - F_{b_2}(y)| < \varepsilon$, 所以利用积分 (1) 一致收敛的定义的写法 (4), 以及依赖于参变量 $b \in [a,\omega[$ 的函数族 $F_b(y)$ 在 E 上的一致收敛性的柯西准则, 即可直接得到命题 1. ▶

为了展示柯西准则的应用, 考虑它的以下推论. 我们有时会用到这个推论.

推论 1. 如果积分 (1) 中的函数 f 在集合 $[a,\omega[\times [c,d]$ 上连续, 而积分 (1) 本身对于任何 $y \in]c,d[$ 收敛, 但对于 $y = c$ 或 $y = d$ 发散, 则它在区间 $]c,d[$ 以及闭包含有发散点的任何集合 $E \subset]c,d[$ 上非一致收敛.

◀ 如果当 $y = c$ 时积分 (1) 发散, 则根据反常积分收敛性的柯西准则, 存在数 $\varepsilon_0 > 0$, 使得在任何一个邻域 $U_{[a,\omega[}(\omega)$ 中都可以找到满足以下条件的数 b_1, b_2:

$$\left|\int_{b_1}^{b_2} f(x,c)\,dx\right| > \varepsilon_0. \tag{7}$$

在上述情况下, 常义积分

$$\int_{b_1}^{b_2} f(x,y)\,dx$$

在整个闭区间 $[c,d]$ 上是参变量 y 的连续函数 (见 §1 命题 1), 所以对于充分接近 c 的一切值 y, 以下不等式与不等式 (7) 同时成立:

$$\left|\int_{b_1}^{b_2} f(x,y)\,dx\right| > \varepsilon_0.$$

根据含参变量的反常积分的一致收敛性的柯西准则, 我们现在断定, 所考虑的积分不可能在闭包含有点 c 的任何一个子集 $E \subset]c,d[$ 上一致收敛.

可以类似地考虑积分在 $y = d$ 时发散的情形. ▶

例 4. 积分

$$\int_0^{+\infty} e^{-tx^2}\,dx$$

在 $t > 0$ 时收敛, 在 $t = 0$ 时发散, 所以它显然在任何一个以 0 为极限点的正数集上非一致收敛. 特别地, 它在全体正数集 $\{t \in \mathbb{R} \mid t > 0\}$ 上非一致收敛.

这时也容易直接验证上述结果:

$$\int_b^{+\infty} e^{-tx^2} dx = \frac{1}{\sqrt{t}} \int_{b\sqrt{t}}^{+\infty} e^{-u^2} du \to +\infty, \quad \text{当 } t \to +0 \text{ 时}.$$

我们强调, 尽管如此, 上述积分在任何一个与零分离的集合 $\{t \in \mathbb{R} \mid t \geqslant t_0 > 0\}$ 上一致收敛, 因为

$$0 < \frac{1}{\sqrt{t}} \int_{b\sqrt{t}}^{+\infty} e^{-u^2} du \leqslant \frac{1}{\sqrt{t_0}} \int_{b\sqrt{t_0}}^{+\infty} e^{-u^2} du \to 0, \quad \text{当 } b \to +\infty \text{ 时}.$$

c. 含参变量的反常积分一致收敛的充分条件

命题 2 (魏尔斯特拉斯检验法). 设函数 $f(x,y)$, $g(x,y)$ 对于每一个值 $y \in Y$ 在任何一个闭区间 $[a,b] \subset [a,\omega[$ 上对 x 可积. 如果对于每一个值 $y \in Y$ 和任何 $x \in [a,\omega[$, 不等式

$$|f(x,y)| \leqslant g(x,y)$$

成立, 而积分

$$\int_a^\omega g(x,y) dx$$

在 Y 上一致收敛, 则积分

$$\int_a^\omega f(x,y) dx$$

对于每一个 $y \in Y$ 都绝对收敛, 并且在 Y 上一致收敛.

◀ 这得自估计式

$$\left| \int_{b_1}^{b_2} f(x,y) dx \right| \leqslant \int_{b_1}^{b_2} |f(x,y)| dx \leqslant \int_{b_1}^{b_2} g(x,y) dx$$

和积分一致收敛性的柯西准则 (命题 1). ▶

在命题 2 的最常见的一种情况下, 函数 g 根本不依赖于参变量 y. 这种情况下的命题 2 通常称为积分一致收敛性的魏尔斯特拉斯强函数检验法.

例 5. 积分

$$\int_0^{+\infty} \frac{\cos \alpha x}{1+x^2} dx$$

在参变量 α 的整个值集 $\mathbb{R}$ 上一致收敛, 因为 $\left| \dfrac{\cos \alpha x}{1+x^2} \right| \leqslant \dfrac{1}{1+x^2}$, 而积分 $\int_0^{+\infty} \dfrac{dx}{1+x^2}$ 收敛.

例 6. 从不等式 $|\sin x \cdot e^{-tx^2}| \leqslant e^{-tx^2}$ 以及命题 2 和例 4 的结果可知, 积分

$$\int_0^{+\infty} \sin x \cdot e^{-tx^2} dx$$

在任何一个形如 $\{t \in \mathbb{R} \mid t \geq t_0 > 0\}$ 的集合上一致收敛. 因为当 $t = 0$ 时积分发散, 所以我们根据柯西准则的推论断定, 它在任何一个以 0 为极限点的集合上不可能一致收敛.

命题 3 (阿贝尔-狄利克雷检验法). 假设函数 $f(x,y)$, $g(x,y)$ 对于每一个值 $y \in Y$ 在任何闭区间 $[a,b] \subset [a,\omega[$ 上对 x 可积. 为使积分

$$\int_a^\omega (f \cdot g)(x,y) \, dx$$

在集合 Y 上一致收敛, 只要满足以下任何一组条件即可:

第一组条件:

α_1) 存在常数 $M \in \mathbb{R}$, 使以下不等式对于任何 $b \in [a, \omega[$ 和任何 $y \in Y$ 都成立:

$$\left| \int_a^b f(x,y) \, dx \right| < M;$$

β_1) 对于每一个 $y \in Y$, 函数 $g(x,y)$ 在区间 $[a, \omega[$ 上对 x 单调, 并且当 $x \to \omega$, $x \in [a, \omega[$ 时, 在 Y 上 $g(x,y) \rightrightarrows 0$;

第二组条件:

α_2) 积分

$$\int_a^\omega f(x,y) \, dx$$

在集合 Y 上一致收敛;

β_2) 对于每一个 $y \in Y$, 函数 $g(x,y)$ 在区间 $[a, \omega[$ 上对 x 单调, 并且存在常数 $M \in \mathbb{R}$, 使以下不等式对于任何 $x \in [a, \omega[$ 和任何 $y \in Y$ 都成立:

$$|g(x,y)| < M.$$

◀ 应用积分第二中值定理, 我们写出

$$\int_{b_1}^{b_2} (f \cdot g)(x,y) \, dx = g(b_1, y) \int_{b_1}^{\xi} f(x,y) \, dx + g(b_2, y) \int_{\xi}^{b_2} f(x,y) \, dx,$$

其中 $\xi \in [b_1, b_2]$. 如果在点 ω 的足够小的邻域 $U_{[a,\omega[}(\omega)$ 中取 b_1 和 b_2, 就可以让这个等式右边的绝对值小于任何一个预先给定的数 $\varepsilon > 0$, 并且可以对所有的值 $y \in Y$ 立刻实现这个做法. 这在第一组条件 α_1), β_1) 下是显然的. 在第二组条件 α_2), β_2) 下, 如果利用积分一致收敛性的柯西准则 (命题 1), 这也是显然的.

因此, 再次利用柯西准则, 我们断定, 积 $f \cdot g$ 在区间 $[a, \omega[$ 上的积分确实在参变量的值集 Y 上一致收敛. ▶

例 7. 从反常积分收敛性的柯西准则和阿贝尔-狄利克雷检验法可知, 积分

$$\int_1^{+\infty} \frac{\sin x}{x^\alpha} dx$$

仅当 $\alpha > 0$ 时收敛. 取 $f(x, \alpha) = \sin x$, $g(x, \alpha) = x^{-\alpha}$. 我们看到, 当 $\alpha \geqslant \alpha_0 > 0$ 时, 命题 3 的第一组条件 α_1), β_1) 对于上述积分成立. 因此, 该积分在任何一个形如 $\{\alpha \in \mathbb{R} \mid \alpha \geqslant \alpha_0 > 0\}$ 的集合上一致收敛. 该积分在所有正参变量值的集合 $\{\alpha \in \mathbb{R} \mid \alpha > 0\}$ 上非一致收敛, 因为它在 $\alpha = 0$ 时发散.

例 8. 积分

$$\int_0^{+\infty} \frac{\sin x}{x} e^{-xy} dx$$

在集合 $\{y \in \mathbb{R} \mid y \geqslant 0\}$ 上收敛, 并且一致收敛.

◂ 首先, 根据反常积分收敛性的柯西准则容易断定, 该积分在 $y < 0$ 时完全是发散的. 现在认为 $y \geqslant 0$ 并取 $f(x, y) = \dfrac{\sin x}{x}$, $g(x, y) = e^{-xy}$. 我们看到, 命题 3 的第二组条件 α_2), β_2) 成立. 由此推出, 该积分在集合 $\{y \in \mathbb{R} \mid y \geqslant 0\}$ 上一致收敛. ▸

如上所述, 我们引入了含参变量的反常积分的一致收敛性的概念, 并指出了这种收敛性的一些最重要的检验法, 它们完全类似于函数项级数一致收敛性的相应检验法. 在转入后续讨论之前, 我们给出两个附注.

附注 1. 为了不让读者的注意力远离这里引入的积分一致收敛性的基本概念, 我们在上面处处认为只讨论实函数的积分. 现在容易分析, 所得结果也能推广到包括复函数在内的向量函数的积分. 这里只需要指出, 在柯西准则中, 照例必须额外假设被积函数值的相应向量空间是完备的 ($\mathbb{R}, \mathbb{C}, \mathbb{R}^n, \mathbb{C}^n$ 满足这个假设), 而在阿贝尔–狄利克雷检验法中, 则应当像函数项级数一致收敛性检验法那样, 认为积 $f \cdot g$ 中被假设为单调函数的因子取实值.

这些讨论同样适用于本节以下段落中的基本结果.

附注 2. 在我们研究过的反常积分 (1) 中, 唯一的奇异性与积分上限 ω 有关. 可以类似地定义并研究奇异性仅与积分下限有关的积分的一致收敛性. 如果一个积分在积分区间的两个端点都有奇异性, 就把它表示为

$$\int_{\omega_1}^{\omega_2} f(x, y) \, dx = \int_{\omega_1}^{c} f(x, y) \, dx + \int_{c}^{\omega_2} f(x, y) \, dx$$

的形式, 其中 $c \in]\omega_1, \omega_2[$, 并且只要等式右边的两个积分在 $E \subset Y$ 上一致收敛, 就认为所考虑的积分在 E 上一致收敛. 容易验证, 这样的定义是合理的, 即它与点 $c \in]\omega_1, \omega_2[$ 的选择无关.

2. 反常积分中的极限运算与含参变量的反常积分的连续性

命题 4. 设 $f(x, y)$ 是由依赖于参变量 $y \in Y$ 并且至少在反常积分的意义下在区间 $a \leqslant x < \omega$ 上可积的函数构成的函数族, $\mathcal{B}_Y$ 是 Y 中的基. 如果

a) 对于任何 $b \in]a, \omega[$,

$$\text{在 } [a, b] \text{ 和基 } \mathcal{B}_Y \text{ 上 } f(x, y) \rightrightarrows \varphi(x),$$

b) 积分 $\int_a^\omega f(x, y)\,dx$ 在 Y 上一致收敛,

则极限函数 φ 在反常积分的意义下在 $[a, \omega[$ 上可积, 并且成立等式

$$\lim_{\mathcal{B}_Y} \int_a^\omega f(x, y)\,dx = \int_a^\omega \varphi(x)\,dx. \tag{8}$$

◀ 证明归结为验证以下交换图:

$$\begin{array}{ccc}
F_b(y) := \int_a^b f(x,y)dx & \underset{b \in [a,\omega[}{\xrightarrow{b \to \omega}} & \int_a^\omega f(x,y)dx =: F(y) \\
\mathcal{B}_Y \downarrow & & \downarrow \mathcal{B}_Y \\
\int_a^b \varphi(x)dx & \underset{b \in [a,\omega[}{\xrightarrow{b \to \omega}} & \int_a^\omega \varphi(x)dx
\end{array}$$

左边竖直线所表示的极限运算成立得自条件 a) 和常义积分中的极限运算的定理 (见第十六章 §3 定理 3).

上边水平线所表示的极限运算是条件 b) 的写法.

根据两个极限运算可交换的定理, 由此推出, 对角线以下的极限存在并相等.

右边竖直线所表示的极限是已经被证明的等式 (8) 的左边, 而下边水平线所表示的极限按照定义给出等式 (8) 右边的反常积分. ▶

下面的例子表明, 在所考虑的反常积分的情形下, 一个条件 a) 一般而言不足以保证等式 (8) 成立.

例 9. 设 $Y = \{y \in \mathbb{R} \mid y > 0\}$, 而

$$f(x, y) = \begin{cases} 1/y, & 0 \leqslant x \leqslant y, \\ 0, & y < x. \end{cases}$$

显然, 当 $y \to +\infty$ 时, 在区间 $0 \leqslant x < +\infty$ 上 $f(x, y) \rightrightarrows 0$. 同时, 对于任何 $y \in Y$,

$$\int_0^{+\infty} f(x, y)\,dx = \int_0^y f(x, y)\,dx = \int_0^y \frac{dx}{y} = 1,$$

所以等式 (8) 在这种情况下不成立.

利用迪尼定理 (第十六章 §3 命题 2), 从刚刚证明的命题 4 可以得到以下推论, 它有时非常有用.

推论 2. 设对于参变量的每一个实数值 $y \in Y \subset \mathbb{R}$, 实函数 $f(x, y)$ 在区间 $a \leqslant x < \omega$ 上取非负值并且连续. 如果

a) 函数 $f(x,y)$ 随 y 的增加而单调增加, 在 $[a,\omega[$ 上趋于函数 $\varphi(x)$,

b) $\varphi \in C([a,\omega[,\mathbb{R})$,

c) 积分 $\int_a^\omega \varphi(x)\,dx$ 收敛,

则等式 (8) 成立.

◂ 由迪尼定理可知, 在每一个区间 $[a,b] \subset [a,\omega[$ 上 $f(x,y) \rightrightarrows \varphi(x)$.

从不等式 $0 \leqslant f(x,y) \leqslant \varphi(x)$ 和一致收敛性的强函数检验法推出, $f(x,y)$ 在区间 $a \leqslant x < \omega$ 上的积分关于参变量 y 一致收敛.

因此, 命题 4 的两个条件都成立, 等式 (8) 因而也成立. ▸

例 10. 我们在第十六章 §3 例 3 中验证过, 函数序列 $f_n(x) = n(1-x^{1/n})$ 在区间 $0 < x \leqslant 1$ 上是单调递增序列, 并且当 $n \to +\infty$ 时 $f_n(x) \nearrow \ln(1/x)$. 因此, 根据推论 2,

$$\lim_{n\to\infty} \int_0^1 n(1-x^{1/n})\,dx = \int_0^1 \ln\frac{1}{x}\,dx.$$

命题 5. 如果

a) 函数 $f(x,y)$ 在集合 $\{(x,y) \in \mathbb{R}^2 \mid a \leqslant x < \omega \wedge c \leqslant y \leqslant d\}$ 上连续,

b) 积分 $F(y) = \int_a^\omega f(x,y)\,dx$ 在 $[c,d]$ 上一致收敛,

则函数 $F(y)$ 在 $[c,d]$ 上连续.

◂ 从条件 a) 可知, 对于任何 $b \in [a,\omega[$, 常义积分 $F_b(y) = \int_a^b f(x,y)\,dx$ 是 $[c,d]$ 上的连续函数 (见 §1 命题 1).

根据条件 b), 当 $b \to \omega$, $b \in [a,\omega[$ 时, 在 $[c,d]$ 上 $F_b(y) \rightrightarrows F(y)$. 现在由此可知, 函数 $F(y)$ 在 $[c,d]$ 上连续. ▸

例 11. 在例 8 中已经证明, 积分

$$F(y) = \int_0^{+\infty} \frac{\sin x}{x} e^{-xy}\,dx \tag{9}$$

在区间 $0 \leqslant y < +\infty$ 上一致收敛. 因此, 根据命题 5 可以断定, 函数 $F(y)$ 在每一个区间 $[0,d] \subset [0,+\infty[$ 上连续, 即在整个区间 $0 \leqslant y < +\infty$ 上连续. 特别地, 由此推出

$$\lim_{y\to+0} \int_0^{+\infty} \frac{\sin x}{x} e^{-xy}\,dx = \int_0^{+\infty} \frac{\sin x}{x}\,dx. \tag{10}$$

3. 含参变量的反常积分的微分运算

命题 6. 如果

a) 函数 $f(x, y), f'_y(x, y)$ 在集合 $\{(x, y) \in \mathbb{R}^2 \mid a \leqslant x < \omega \wedge c \leqslant y \leqslant d\}$ 上连续,

b) 积分 $\Phi(y) = \int_a^\omega f'_y(x, y)\, dx$ 在集合 $Y = [c, d]$ 上一致收敛,

c) 积分 $F(y) = \int_a^\omega f(x, y)\, dx$ 至少在一个点 $y_0 \in Y$ 收敛,

则积分 $F(y)$ 在整个集合 Y 上收敛并且一致收敛; 同时, $F(y)$ 可微, 并且以下等式成立:

$$F'(y) = \int_a^\omega f'_y(x, y)\, dx.$$

◀ 根据条件 a), 对于任何 $b \in [a, \omega[$, 函数

$$F_b(y) = \int_a^b f(x, y)\, dx$$

在区间 $c \leqslant y \leqslant d$ 上有定义并且可微. 按照莱布尼茨法则,

$$(F_b)'_y(y) = \int_a^b f'_y(x, y)\, dx.$$

根据条件 b), 由依赖于参变量 $b \in [a, \omega[$ 的函数 $(F_b)'_y(y)$ 构成的函数族当 $b \to \omega$, $b \in [a, \omega[$ 时在 $[c, d]$ 上一致收敛到函数 $\Phi(y)$.

根据条件 c), 当 $b \to \omega$, $b \in [a, \omega[$ 时, $F_b(y_0)$ 有极限.

由此可知 (见第十六章 §3 定理 4), 当 $b \to \omega$, $b \in [a, \omega[$ 时, 函数族 $F_b(y)$ 本身在 $[c, d]$ 上一致收敛到极限函数 $F(y)$. 同时, 函数 F 在区间 $c \leqslant y \leqslant d$ 上可微, 并且等式 $F'(y) = \Phi(y)$ 成立. 而这恰好是需要证明的结论. ▶

例 12. 对于固定值 $\alpha > 0$, 积分

$$\int_0^{+\infty} x^\alpha e^{-xy}\, dx$$

在任何形如 $\{y \in \mathbb{R} \mid y \geqslant y_0 > 0\}$ 的区间上关于参变量 y 一致收敛. 这得自估计式 $0 \leqslant x^\alpha e^{-xy} \leqslant x^\alpha e^{-xy_0} < e^{-xy_0/2}$, 它对于所有充分大的值 $x \in \mathbb{R}$ 成立.

因此, 根据命题 6, 函数

$$F(y) = \int_0^{+\infty} e^{-xy}\, dx$$

当 $y > 0$ 时是无限次可微的, 并且

$$F^{(n)}(y) = (-1)^n \int_0^{+\infty} x^n e^{-xy}\, dx.$$

但是, $F(y) = 1/y$, 所以 $F^{(n)}(y) = (-1)^n n!/y^{n+1}$, 从而可以断定

$$\int_0^{+\infty} x^n e^{-xy} dx = \frac{n!}{y^{n+1}}.$$

特别地, 当 $y = 1$ 时得到

$$\int_0^{+\infty} x^n e^{-x} dx = n!.$$

例 13. 我们来计算狄利克雷积分

$$\int_0^{+\infty} \frac{\sin x}{x} dx.$$

为此, 我们回顾积分 (9) 并指出, 当 $y > 0$ 时,

$$F'(y) = -\int_0^{+\infty} \sin x \cdot e^{-xy} dx, \tag{11}$$

因为积分 (11) 在任何一个形如 $\{y \in \mathbb{R} \mid y \geqslant y_0 > 0\}$ 的集合上一致收敛.

容易通过被积函数的原函数计算积分 (11), 结果是

$$F'(y) = -\frac{1}{1+y^2}, \quad \text{当 } y > 0 \text{ 时}.$$

由此推出

$$F(y) = -\arctan y + c, \quad \text{当 } y > 0 \text{ 时}. \tag{12}$$

从关系式 (9) 可以看出, 当 $y \to +\infty$ 时 $F(y) \to 0$, 所以从 (12) 推出 $c = \pi/2$. 现在从 (10) 和 (12) 可以得到 $F(0) = \pi/2$. 于是,

$$\int_0^{+\infty} \frac{\sin x}{x} dx = \frac{\pi}{2}. \tag{13}$$

我们指出, 在推导等式 (13) 时用到的关系式 "当 $y \to +\infty$ 时 $F(y) \to 0$" 不是命题 4 的直接推论, 因为当 $y \to +\infty$ 时, $\frac{\sin x}{x} e^{-xy} \rightrightarrows 0$ 仅在形如 $\{x \in \mathbb{R} \mid x \geqslant x_0 > 0\}$ 的区间上成立, 这种一致收敛性在形如 $0 < x < x_0$ 的区间上不成立, 毕竟当 $x \to 0$ 时 $\frac{\sin x}{x} e^{-xy} \to 1$. 但是, 当 $x_0 > 0$ 时,

$$\int_0^{+\infty} \frac{\sin x}{x} e^{-xy} dx = \int_0^{x_0} \frac{\sin x}{x} e^{-xy} dx + \int_{x_0}^{+\infty} \frac{\sin x}{x} e^{-xy} dx,$$

所以如果给定 $\varepsilon > 0$, 则首先选取充分接近零的 x_0, 使 $\sin x \geqslant 0$ 对于 $x \in [0, x_0]$ 都成立, 同时使

$$0 < \int_0^{x_0} \frac{\sin x}{x} e^{-xy} dx < \int_0^{x_0} \frac{\sin x}{x} dx < \frac{\varepsilon}{2}$$

对于任何 $y > 0$ 都成立; 然后固定 x_0, 根据命题 4, 只要让 y 趋于 $+\infty$, 就可以使区间 $[x_0, +\infty[$ 上的积分的绝对值也小于 $\varepsilon/2$.

4. 含参变量的反常积分的积分运算

命题 7. 如果

a) 函数 $f(x, y)$ 在集合 $\{(x, y) \in \mathbb{R}^2 \mid a \leqslant x < \omega \wedge c \leqslant y \leqslant d\}$ 上连续,

b) 积分 $F(y) = \int_a^\omega f(x, y)\, dx$ 在区间 $[c, d]$ 上一致收敛,

则函数 F 在 $[c, d]$ 上可积, 并且以下等式成立:

$$\int_c^d dy \int_a^\omega f(x, y)\, dx = \int_a^\omega dx \int_c^d f(x, y)\, dy. \tag{14}$$

◀ 对于 $b \in [a, \omega[$, 根据条件 a) 和 §1 中关于常义积分的命题 3 可以写出

$$\int_c^d dy \int_a^b f(x, y)\, dx = \int_a^b dx \int_c^d f(x, y)\, dy. \tag{15}$$

利用条件 b) 和第十六章 §3 中关于积分中的极限运算的定理 3, 当 $b \to \omega, b \in [a, \omega[$ 时在等式 (15) 的左边取极限, 就得到等式 (14) 的左边. 按照反常积分本身的定义, 等式 (14) 的右边是等式 (15) 的右边当 $b \to \omega, b \in [a, \omega[$ 时的极限. 于是, 利用条件 b), 当 $b \to \omega, b \in [a, \omega[$ 时, 从 (15) 得到等式 (14). ▶

下面的例子表明, 与两个常义积分交换运算顺序的情况不同, 仅仅一个条件 a) 一般而言不足以保证等式 (14) 成立.

例 14. 考虑集合 $\{(x, y) \in \mathbb{R}^2 \mid 0 \leqslant x < +\infty \wedge 0 \leqslant y \leqslant 1\}$ 上的函数 $f(x, y) = (2 - xy)xye^{-xy}$. 利用函数 $(2 - u)ue^{-u}$ 的原函数 $u^2 e^{-u}$ 容易直接算出

$$0 = \int_0^1 dy \int_0^{+\infty} (2 - xy)xye^{-xy} dx \neq \int_0^{+\infty} dx \int_0^1 (2 - xy)xye^{-xy} dy = 1.$$

推论 3. 如果

a) 函数 $f(x, y)$ 在集合 $P = \{(x, y) \in \mathbb{R}^2 \mid a \leqslant x < \omega \wedge c \leqslant y \leqslant d\}$ 上连续,

b) 函数 $f(x, y)$ 在 P 上是非负的,

c) 积分 $F(y) = \int_a^\omega f(x, y)\, dx$ 作为 y 的函数在区间 $[c, d]$ 上连续,

则等式 (14) 成立.

◀ 从条件 a) 推出, 对于任何 $b \in [a, \omega[$, 积分 $F_b(y) = \int_a^b f(x, y)\, dx$ 在区间 $[c, d]$ 上关于 y 是连续函数.

从条件 b) 推出, 当 $b_1 \leqslant b_2$ 时 $F_{b_1}(y) \leqslant F_{b_2}(y)$.

根据迪尼定理和条件 c), 我们现在断定, 当 $b \to \omega, b \in [a, \omega[$ 时, 在 $[c, d]$ 上 $F_b \rightrightarrows F$.

于是, 命题 7 的条件成立, 所以等式 (14) 在所考虑的情况下确实成立. ▶

§2. 含参变量的反常积分

推论 3 表明, 例 14 与其中的函数 $f(x,y)$ 不保号有关.

最后, 我们证明两个反常积分可交换运算顺序的一个充分条件.

命题 8. 如果

a) 函数 $f(x,y)$ 在集合 $\{(x,y) \in \mathbb{R}^2 \mid a \leqslant x < \omega \wedge c \leqslant y < \tilde{\omega}\}$ 上连续,

b) 积分

$$F(y) = \int_a^\omega f(x,y)\,dx$$

关于 y 在任何闭区间 $[c,d] \subset [c,\tilde{\omega}[$ 上一致收敛, 积分

$$\Phi(x) = \int_c^{\tilde{\omega}} f(x,y)\,dy$$

关于 x 在任何闭区间 $[a,b] \subset [a,\omega[$ 上一致收敛,

c) 至少存在以下两个累次积分之一:

$$\int_c^{\tilde{\omega}} dy \int_a^\omega |f|(x,y)\,dx, \quad \int_a^\omega dx \int_c^{\tilde{\omega}} |f|(x,y)\,dy,$$

则以下等式成立:

$$\int_c^{\tilde{\omega}} dy \int_a^\omega f(x,y)\,dx = \int_a^\omega dx \int_c^{\tilde{\omega}} f(x,y)\,dy. \tag{16}$$

◀ 为明确起见, 设 c) 中的第二个累次积分存在.

利用条件 a) 和条件 b) 中的第一个, 根据命题 7 可以断定, 对于任何 $d \in [c,\tilde{\omega}[$, 函数 f 满足等式 (14).

如果我们能够证明, 当 $d \to \tilde{\omega}$, $d \in [c,\tilde{\omega}[$ 时, 等式 (14) 的右边趋于关系式 (16) 的右边, 也就能够证明等式 (16), 因为按照反常积分的定义, 这时等式 (16) 的左边也存在并且是等式 (14) 左边的极限.

取

$$\Phi_d(x) := \int_c^d f(x,y)\,dy.$$

对于任何固定的 $d \in [c,\tilde{\omega}[$, 函数 Φ_d 在区间 $a \leqslant x < \omega$ 上有定义, 而根据 f 的连续性, 函数 Φ_d 在区间 $a \leqslant x < \omega$ 上连续.

根据 b) 中的第二个条件, 当 $d \to \tilde{\omega}$, $d \in [c,\tilde{\omega}[$ 时, 在任何区间 $[a,b] \subset [a,\omega[$ 上 $\Phi_d(x) \rightrightarrows \Phi(x)$.

因为 $|\Phi_d(x)| \leqslant \int_c^{\tilde{\omega}} |f|(x,y)\,dy =: G(x)$, 而积分 $\int_a^\omega G(x)\,dx$, 即条件 c) 中的第二个积分, 按照假设是收敛的, 所以我们根据一致收敛性的强函数检验法断定, 积分 $\int_a^\omega \Phi_d(x)\,dx$ 关于参变量 d 一致收敛.

于是，命题 4 的条件成立，从而可以断定
$$\lim_{\substack{d\to\tilde{\omega}\\d\in[c,\tilde{\omega}[}}\int_a^\omega \Phi_d(x)\,dx = \int_a^\omega \Phi(x)\,dx,$$
而这恰好是我们还需要验证的. ▶

下面的例子表明，与命题 7 相比，在命题 8 中出现附加条件 c) 不是偶然的.

例 15. 当 $A>0$ 时计算积分：
$$\int_A^{+\infty} \frac{x^2-y^2}{(x^2+y^2)^2}dx = -\frac{x}{x^2+y^2}\bigg|_A^{+\infty} = \frac{A}{A^2+y^2} < \frac{1}{A}.$$
计算同时也表明，对于任何固定的值 $A>0$，它关于参变量在整个实数集 $\mathbb{R}$ 上一致收敛. 如果把积分中的 dx 改为 dy，则可以给出同样的讨论，并且两个积分值只相差一个符号. 直接的计算表明，
$$-\frac{\pi}{4} = \int_A^{+\infty} dx \int_A^{+\infty} \frac{x^2-y^2}{(x^2+y^2)^2}dy \neq \int_A^{+\infty} dy \int_A^{+\infty} \frac{x^2-y^2}{(x^2+y^2)^2}dx = \frac{\pi}{4}.$$

例 16. 当 $\alpha>0$ 且 $\beta>0$ 时，非负连续函数的以下累次积分满足下面写出的恒等式：
$$\int_0^{+\infty} dy \int_0^{+\infty} x^\alpha y^{\alpha+\beta+1} e^{-(1+x)y} dx = \int_0^{+\infty} y^\beta e^{-y} dy \int_0^{+\infty} (xy)^\alpha e^{-xy} y\, dx.$$
该恒等式表明，这个积分存在，因为它等于①
$$\int_0^{+\infty} y^\beta e^{-y} dy \cdot \int_0^{+\infty} u^\alpha e^{-u} du.$$
因此, 命题 8 的条件 a) 和 c) 这时成立. 对于所考虑的积分, 在例 3 中已经验证了 b) 中的两个条件. 因此, 根据命题 8, 以下等式成立：
$$\int_0^{+\infty} dy \int_0^{+\infty} x^\alpha y^{\alpha+\beta+1} e^{-(1+x)y} dx = \int_0^{+\infty} dx \int_0^{+\infty} x^\alpha y^{\alpha+\beta+1} e^{-(1+x)y} dy.$$

类似于从命题 7 推出推论 3，从命题 8 可以推出以下推论.

推论 4. 如果
a) 函数 $f(x,y)$ 在集合 $P = \{(x,y)\in\mathbb{R}^2\mid a\leqslant x<\omega \wedge c\leqslant y<\tilde{\omega}\}$ 上连续，
b) 函数 $f(x,y)$ 在 P 上是非负的，
c) 两个积分
$$F(y) = \int_a^\omega f(x,y)\,dx, \quad \Phi(x) = \int_c^{\tilde{\omega}} f(x,y)\,dy$$
分别是区间 $[c,\tilde{\omega}[,\ [a,\omega[$ 上的连续函数，

---

① 这里应当像例 17 那样说明该积分在 $y>0$ 时的特点. ——译者

d) 至少存在以下两个累次积分之一:

$$\int_c^{\tilde{\omega}} dy \int_a^{\omega} f(x,y)\,dx, \quad \int_a^{\omega} dx \int_c^{\tilde{\omega}} f(x,y)\,dy,$$

则另一个累次积分也存在, 并且它们的值相等.

◀ 与推论 3 的证明一样, 我们从条件 a), b), c) 和迪尼定理断定, 命题 8 的条件 b) 这时成立. 因为 $f \geqslant 0$, 所以条件 d) 与命题 8 的条件 c) 相同. 于是, 命题 8 的全部条件都成立, 所以等式 (16) 成立. ▶

附注 3. 如附注 2 所述, 在积分区间的两个端点都有奇异性的积分归结为仅在一个端点有奇异性的两个积分之和. 这使我们能够对区间 $]\omega_1, \omega_2[\subset \mathbb{R}$ 上的积分应用这里证明的命题及其推论. 在这种情况下, 以前在闭区间 $[a, b] \subset [a, \omega[$ 上成立的那些条件, 现在自然应当在闭区间 $[a, b] \subset]\omega_1, \omega_2[$ 上成立.

例 17. 请通过交换两个反常积分的运算顺序证明:

$$\int_0^{+\infty} e^{-x^2} dx = \frac{1}{2}\sqrt{\pi}. \tag{17}$$

这是著名的欧拉–泊松积分.

◀ 我们首先指出, 当 $y > 0$ 时,

$$\mathcal{J} := \int_0^{+\infty} e^{-u^2} du = y \int_0^{+\infty} e^{-(xy)^2} dx,$$

并且无论把等式 (17) 中的积分理解为半开区间 $[0, +\infty[$ 上的积分, 还是理解为开区间 $]0, +\infty[$ 上的积分, 其积分值都不会改变.

因此,

$$\int_0^{+\infty} y e^{-y^2} dy \int_0^{+\infty} e^{-(xy)^2} dx = \int_0^{+\infty} e^{-y^2} dy \int_0^{+\infty} e^{-u^2} du = \mathcal{J}^2,$$

这时认为对 y 的积分取自开区间 $]0, +\infty[$.

我们将验证, 在这个累次积分中允许交换对变量 x 和 y 的积分顺序, 所以

$$\mathcal{J}^2 = \int_0^{+\infty} dx \int_0^{+\infty} y e^{-(1+x^2)y^2} dy = \frac{1}{2} \int_0^{+\infty} \frac{dx}{1+x^2} = \frac{\pi}{4},$$

由此得到等式 (17).

现在证明交换积分顺序的合理性.

函数

$$\int_0^{+\infty} y e^{-(1+x^2)y^2} dy = \frac{1}{2(1+x^2)}$$

当 $x \geqslant 0$ 时连续, 而函数
$$\int_0^{+\infty} ye^{-(1+x^2)y^2}dx = e^{-y^2} \cdot \mathcal{J}$$
当 $y > 0$ 时连续. 利用上述一般附注 3 和推论 4, 我们现在断定, 交换积分顺序确实是合理的. ▶

习 题

1. 设 $a = a_0 < a_1 < \cdots < a_n < \cdots < \omega$. 用级数的和 $\sum\limits_{n=1}^{\infty} \varphi_n(y)$ 的形式表示积分 (1), 其中 $\varphi_n(y) = \int_{a_{n-1}}^{a_n} f(x, y)\,dx$. 请证明: 积分 (1) 在集合 $E \subset Y$ 上一致收敛的充分必要条件是, 上述形式的任何序列 $\{a_n\}$ 所对应的级数 $\sum\limits_{n=1}^{\infty} \varphi_n(y)$ 在集合 E 上都一致收敛.

2. a) 请根据附注 1 的提示, 在被积函数 f 是复函数的情形下重构第 1 小节的全部内容.
b) 请验证附注 2 中的命题.

3. 请验证: 函数 $J_0(x) = \dfrac{1}{\pi} \int_0^1 \dfrac{\cos xt}{\sqrt{1-t^2}}\,dt$ 满足贝塞尔方程 $y'' + \dfrac{1}{x}y' + y = 0$.

4. a) 请利用等式 $\int_0^{+\infty} \dfrac{dy}{x^2+y^2} = \dfrac{\pi}{2} \cdot \dfrac{1}{x}$ 证明: $\int_0^{+\infty} \dfrac{dy}{(x^2+y^2)^n} = \dfrac{\pi}{2} \cdot \dfrac{(2n-3)!!}{(2n-2)!!} \cdot \dfrac{1}{x^{2n-1}}$.

b) 请验证: $\int_0^{+\infty} \dfrac{dy}{(1+y^2/n)^n} = \dfrac{\pi}{2} \cdot \dfrac{(2n-3)!!}{(2n-2)!!}\sqrt{n}$.

c) 请证明: 当 $n \to +\infty$ 时, 在 $\mathbb{R}$ 上 $(1+y^2/n)^{-n} \searrow e^{-y^2}$, 并且
$$\lim_{n \to +\infty} \int_0^{+\infty} \dfrac{dy}{(1+y^2/n)^n} = \int_0^{+\infty} e^{-y^2}\,dy.$$

d) 请推导沃利斯公式 $\lim\limits_{n \to \infty} \dfrac{(2n-3)!!}{(2n-2)!!}\sqrt{n} = \dfrac{1}{\sqrt{\pi}}$.

5. 请利用等式 (17) 证明:

a) $\int_0^{+\infty} e^{-x^2} \cos 2xy\,dx = \dfrac{1}{2}\sqrt{\pi}e^{-y^2}$; b) $\int_0^{+\infty} e^{-x^2} \sin 2xy\,dx = e^{-y^2} \int_0^y e^{t^2}\,dt$.

6. 请在 $t > 0$ 的条件下证明恒等式 $\int_0^{+\infty} \dfrac{e^{-tx}}{1+x^2}\,dx = \int_t^{+\infty} \dfrac{\sin(x-t)}{x}\,dx$. 在证明时可以利用以下结果: 作为参变量 t 的函数, 这两个积分满足方程 $\ddot{y} + y = 1/t$, 并且当 $t \to +\infty$ 时趋于零.

7. 请证明:
$$\int_0^1 K(k)\,dk = \int_0^{\pi/2} \dfrac{\varphi}{\sin\varphi}\,d\varphi \left(= 2\int_0^1 \dfrac{\arctan x}{x}\,dx\right),$$
其中 $K(k) = \int_0^{\pi/2} \dfrac{d\varphi}{\sqrt{1-k^2\sin^2\varphi}}$ 是第一类全椭圆积分.

8. a) 认为 $a > 0$, $b > 0$, 请利用等式 $\int_0^{+\infty} dx \int_a^b e^{-xy}\,dy = \int_0^{+\infty} \dfrac{e^{-ax} - e^{-bx}}{x}\,dx$ 计算其右边的积分.

b) 当 $a > 0$, $b > 0$ 时, 请计算积分 $\int_0^{+\infty} \dfrac{e^{-ax} - e^{-bx}}{x} \cos x \, dx$.

c) 请利用狄利克雷积分 (13) 和等式 $\int_0^{+\infty} \dfrac{dx}{x} \int_a^b \sin xy \, dy = \int_0^{+\infty} \dfrac{\cos ax - \cos bx}{x^2} dx$ 计算该等式右边的积分.

9. a) 请证明: 当 $k > 0$ 时 $\int_0^{+\infty} e^{-kt} \sin t \, dt \int_0^{+\infty} e^{-tu^2} du = \int_0^{+\infty} du \int_0^{+\infty} e^{-(k+u^2)t} \sin t \, dt$.

b) 请证明: 以上等式对于值 $k = 0$ 仍然成立.

c) 请利用欧拉-泊松积分 (17) 验证: $\dfrac{1}{\sqrt{t}} = \dfrac{2}{\sqrt{\pi}} \int_0^{+\infty} e^{-tu^2} du$.

d) 请利用最后一个等式和关系式

$$\int_0^{+\infty} \sin x^2 \, dx = \frac{1}{2} \int_0^{+\infty} \frac{\sin t}{\sqrt{t}} dt, \quad \int_0^{+\infty} \cos x^2 \, dx = \frac{1}{2} \int_0^{+\infty} \frac{\cos t}{\sqrt{t}} dt$$

得到菲涅耳积分 $\int_0^{+\infty} \sin x^2 dx, \int_0^{+\infty} \cos x^2 dx$ 的值 $\left(\dfrac{1}{2}\sqrt{\dfrac{\pi}{2}}\right)$.

10. a) 请利用等式 $\int_0^{+\infty} \dfrac{\sin x}{x} dx = \int_0^{+\infty} \sin x \, dx \int_0^{+\infty} e^{-xy} dy$ 并证明可以交换累次积分的计算顺序, 从而重新求出例 13 中已经得到的狄利克雷积分 (13) 的值.

b) 请证明: 当 $\alpha > 0$ 且 $\beta > 0$ 时,

$$\int_0^{+\infty} \frac{\sin \alpha x}{x} \cos \beta x \, dx = \begin{cases} \pi/2, & \beta < \alpha, \\ \pi/4, & \beta = \alpha, \\ 0, & \beta > \alpha. \end{cases}$$

这个积分通常称为狄利克雷间断因子.

c) 认为 $\alpha > 0, \beta > 0$, 请验证等式

$$\int_0^{+\infty} \frac{\sin \alpha x}{x} \frac{\sin \beta x}{x} dx = \begin{cases} \pi\beta/2, & \beta \leqslant \alpha, \\ \pi\alpha/2, & \beta \geqslant \alpha. \end{cases}$$

d) 请证明: 如果 $\alpha, \alpha_1, \cdots, \alpha_n$ 是正数, 并且 $\alpha > \sum_{i=1}^n \alpha_i$, 则

$$\int_0^{+\infty} \frac{\sin \alpha x}{x} \frac{\sin \alpha_1 x}{x} \cdots \frac{\sin \alpha_n x}{x} dx = \frac{\pi}{2} \alpha_1 \alpha_2 \cdots \alpha_n.$$

11. 考虑积分 $\mathcal{F}(y) = \int_a^\omega f(x, y) g(x) \, dx$, 其中 g 是区间 $[a, \omega[$ 上的局部可积函数 (即对于任何 $b \in [a, \omega[$ 都有 $g|_{[a,b]} \in R[a,b]$). 如果认为函数 f 分别满足命题 5–8 的条件 a), 而在这些命题的其余条件中把被积函数 $f(x, y)$ 改为 $f(x, y)g(x)$, 则在所得条件下, 可以利用 §1 习题 6 并完全重复命题 5–8 的证明, 从而分别得到以下结论:

a) $\mathcal{F} \in C[c, d]$;

b) $\mathcal{F} \in C^{(1)}[c, d]$, 并且 $\mathcal{F}'(y) = \int_a^\omega \dfrac{\partial f}{\partial y}(x, y) g(x) \, dx$;

c) $\mathcal{F} \in R[c, d]$, 并且 $\int_c^d \mathcal{F}(y) \, dy = \int_a^\omega \left(\int_c^d f(x, y) g(x) \, dy \right) dx$;

d) $\mathcal{F}$ 在反常积分的意义下在 $[c, \tilde{\omega}[$ 上可积, 并且 $\int_c^{\tilde\omega} \mathcal{F}(y) \, dy = \int_a^\omega \left(\int_c^{\tilde\omega} f(x, y) g(x) \, dy \right) dx$.

§3. 欧拉积分

在这一节和下一节中将展示上述理论在某些对数学分析很重要的具体的含参变量的积分中的应用.

沿用勒让德的提法, 我们把特殊函数

$$\mathrm{B}(\alpha, \beta) := \int_0^1 x^{\alpha-1}(1-x)^{\beta-1} dx, \tag{1}$$

$$\Gamma(\alpha) := \int_0^{+\infty} x^{\alpha-1} e^{-x} dx \tag{2}$$

分别称为第一类欧拉积分和第二类欧拉积分. 第一个积分也称为 β 函数 (贝塔函数), 而特别常用的第二个积分也称为 Γ 函数 (伽玛函数).

1. β 函数

a. 定义域. 积分 (1) 在积分下限 0 收敛的充分必要条件是 $\alpha > 0$. 类似地, 积分 (1) 在积分上限 1 收敛的充分必要条件是 $\beta > 0$.

因此, 函数 $\mathrm{B}(\alpha, \beta)$ 在以下两个条件同时成立时有定义:

$$\alpha > 0, \quad \beta > 0.$$

附注. 我们在这里认为 α, β 处处是实数. 但是应该注意, 函数 B 和 Γ 的性质的最全面描述和这些函数的最深刻应用都与参变量的值向复数域延拓有关.

b. 对称性. 我们来验证

$$\mathrm{B}(\alpha, \beta) = \mathrm{B}(\beta, \alpha). \tag{3}$$

◀ 只要在积分 (1) 中完成变量代换 $x = 1 - t$ 即可证明. ▶

c. 递推公式. 如果 $\alpha > 1$, 则以下等式成立:

$$\mathrm{B}(\alpha, \beta) = \frac{\alpha-1}{\alpha+\beta-1} \mathrm{B}(\alpha-1, \beta). \tag{4}$$

◀ 当 $\alpha > 1, \beta > 0$ 时, 完成分部积分和恒等变换, 得到

$$\mathrm{B}(\alpha, \beta) = -\frac{1}{\beta} x^{\alpha-1}(1-x)^{\beta} \Big|_0^1 + \frac{\alpha-1}{\beta} \int_0^1 x^{\alpha-2}(1-x)^{\beta} dx$$

$$= \frac{\alpha-1}{\beta} \int_0^1 x^{\alpha-2}((1-x)^{\beta-1} - (1-x)^{\beta-1} x) \, dx$$

$$= \frac{\alpha-1}{\beta} \mathrm{B}(\alpha-1, \beta) - \frac{\alpha-1}{\beta} \mathrm{B}(\alpha, \beta).$$

由此推出递推公式 (4). ▶

利用公式 (3), 现在可以对参变量 β 写出递推公式

$$\mathrm{B}(\alpha, \beta) = \frac{\beta - 1}{\alpha + \beta - 1} \mathrm{B}(\alpha, \beta - 1), \tag{4'}$$

这里当然假设 $\beta > 1$.

从函数 B 的定义直接看出 $\mathrm{B}(\alpha, 1) = 1/\alpha$, 所以当 $n \in \mathbb{N}$ 时得到

$$\begin{aligned}\mathrm{B}(\alpha, n) &= \frac{n-1}{\alpha+n-1} \cdot \frac{n-2}{\alpha+n-2} \cdots \frac{n-(n-1)}{\alpha+n-(n-1)} \mathrm{B}(\alpha, 1) \\ &= \frac{(n-1)!}{\alpha(\alpha+1)\cdots(\alpha+n-1)}.\end{aligned} \tag{5}$$

特别地, 当 $m, n \in \mathbb{N}$ 时,

$$\mathrm{B}(m, n) = \frac{(m-1)!(n-1)!}{(m+n-1)!}. \tag{6}$$

d. β 函数的另一种积分表达式. β 函数的以下表达式有时大有用处:

$$\mathrm{B}(\alpha, \beta) = \int_0^{+\infty} \frac{y^{\alpha-1}}{(1+y)^{\alpha+\beta}} dy. \tag{7}$$

◀ 它通过变量代换 $x = \dfrac{y}{1+y}$ 得自 (1). ▶

2. Γ 函数

a. 定义域. 从公式 (2) 可见, 给出函数 Γ 的积分仅当 $\alpha > 0$ 时在点 0 收敛, 而快速递减因子 e^{-x} 使它对于任何值 $\alpha \in \mathbb{R}$ 都在无穷远点收敛.

因此, 函数 Γ 当 $\alpha > 0$ 时有定义.

b. 光滑性和导数公式. 函数 Γ 是无限次可微的, 并且

$$\Gamma^{(n)}(\alpha) = \int_0^{+\infty} x^{\alpha-1} \ln^n x \cdot e^{-x} dx. \tag{8}$$

◀ 我们首先验证, 对于任何固定值 $n \in \mathbb{N}$, 积分 (8) 对于参变量 α 在每一个闭区间 $[a, b] \subset]0, +\infty[$ 上一致收敛.

如果 $0 < a \leqslant \alpha$, 则 (因为当 $x \to +0$ 时 $x^{a/2} \ln^n x \to 0$) 可以找到数 $c_n > 0$, 使

$$|x^{\alpha-1} \ln^n x \cdot e^{-x}| < x^{a/2-1}$$

在 $0 < x \leqslant c_n$ 成立. 因此, 根据一致收敛性的强函数检验法可以断定, 积分

$$\int_0^{c_n} x^{\alpha-1} \ln^n x \cdot e^{-x} dx$$

对于 α 在区间 $[a, +\infty[$ 上一致收敛.

如果 $a \leqslant b < +\infty$, 则当 $x \geqslant 1$ 时,
$$|x^{\alpha-1}\ln^n x \cdot e^{-x}| \leqslant x^{b-1}|\ln^n x|e^{-x},$$
所以我们类似地断定, 积分
$$\int_{c_n}^{+\infty} x^{\alpha-1}\ln^n x \cdot e^{-x}dx$$
对于 α 在区间 $]0, b]$ 上一致收敛.

综合这些结论, 我们得到, 积分 (8) 在任何闭区间 $[a, b] \subset]0, +\infty[$ 上一致收敛. 但在这些条件下, 对积分 (2) 的微分运算是合理的. 因此, 在任何一个这样的闭区间 $[a, b]$ 上, 因而在整个区间 $\alpha > 0$ 上, 函数 Γ 是无限次可微的, 并且公式 (8) 成立. ▶

c. 递推公式. 以下关系式称为 Γ 函数的递推公式:
$$\Gamma(\alpha+1) = \alpha\Gamma(\alpha). \tag{9}$$

◀ 利用分部积分法, 当 $\alpha > 0$ 时求出
$$\Gamma(\alpha+1) := \int_0^{+\infty} x^\alpha e^{-x}dx = -x^\alpha e^{-x}\Big|_0^{+\infty} + \alpha\int_0^{+\infty} x^{\alpha-1}e^{-x}dx$$
$$= \alpha\int_0^{+\infty} x^{\alpha-1}e^{-x}dx =: \alpha\Gamma(\alpha). ▶$$

因为 $\Gamma(1) = \int_0^{+\infty} e^{-x}dx = 1$, 所以当 $n \in \mathbb{N}$ 时,
$$\Gamma(n+1) = n!. \tag{10}$$

因此, 函数 Γ 原来与数论中的算术函数 $n!$ 有密切关系.

d. 欧拉–高斯公式. 这个公式通常指以下等式:
$$\Gamma(\alpha) = \lim_{n\to\infty} n^\alpha \cdot \frac{(n-1)!}{\alpha(\alpha+1)\cdots(\alpha+n-1)}. \tag{11}$$

◀ 为了证明它, 我们在积分 (2) 中完成变量代换 $x = \ln(1/u)$, 从而得到函数 Γ 的一个新的积分表达式:
$$\Gamma(\alpha) = \int_0^1 \ln^{\alpha-1}\left(\frac{1}{u}\right)du. \tag{12}$$

我们在第十六章 §3 例 3 中证明了, 当 $n \to \infty$ 时, 函数序列 $f_n(u) = n(1-u^{1/n})$ 在区间 $0 < u < 1$ 上单调递增并收敛到函数 $\ln(1/u)$. 利用 §2 推论 2 (还可以参考 §2 例 10) 得到, 当 $\alpha \geqslant 1$ 时,
$$\int_0^1 \ln^{\alpha-1}\left(\frac{1}{u}\right)du = \lim_{n\to\infty} n^{\alpha-1}\int_0^1 (1-u^{1/n})^{\alpha-1}du. \tag{13}$$

在最后的积分中完成变量代换 $u = v^n$, 从 (12), (13), (1), (3) 和 (5) 得到

$$\Gamma(\alpha) = \lim_{n\to\infty} n^\alpha \int_0^1 v^{n-1}(1-v)^{\alpha-1}dv = \lim_{n\to\infty} n^\alpha \mathrm{B}(n,\alpha) = \lim_{n\to\infty} n^\alpha \mathrm{B}(\alpha,n)$$

$$= \lim_{n\to\infty} n^\alpha \cdot \frac{(n-1)!}{\alpha(\alpha+1)\cdots(\alpha+n-1)}.$$

于是, 对于 $\alpha \geqslant 1$, 我们证明了关系式 $\Gamma(\alpha) = \lim_{n\to\infty} n^\alpha \mathrm{B}(\alpha, n)$. 再应用递推公式 (4) 和 (9), 就可以确认, 公式 (11) 对于所有的 $\alpha > 0$ 都成立. ▶

e. 余元公式. 当 $0 < \alpha < 1$ 时, 我们说, 函数 Γ 的自变量 α 与 $1-\alpha$ 的值是互余的. 因此, 等式

$$\Gamma(\alpha)\Gamma(1-\alpha) = \frac{\pi}{\sin\pi\alpha} \quad (0 < \alpha < 1) \tag{14}$$

称为 Γ 函数的余元公式.

◀ 利用欧拉–高斯公式 (11), 经过简单的恒等变换之后求出

$$\Gamma(\alpha)\Gamma(1-\alpha)$$
$$= \lim_{n\to\infty}\left(n^\alpha \frac{(n-1)!}{\alpha(\alpha+1)\cdots(\alpha+n-1)} \cdot n^{1-\alpha}\frac{(n-1)!}{(1-\alpha)(2-\alpha)\cdots(n-\alpha)}\right)$$
$$= \lim_{n\to\infty}\left(n\frac{1}{\alpha\left(1+\frac{\alpha}{1}\right)\cdots\left(1+\frac{\alpha}{n-1}\right)} \cdot \frac{1}{\left(1-\frac{\alpha}{1}\right)\left(1-\frac{\alpha}{2}\right)\cdots\left(1-\frac{\alpha}{n-1}\right)(n-\alpha)}\right)$$
$$= \frac{1}{\alpha}\lim_{n\to\infty}\frac{1}{\left(1-\frac{\alpha^2}{1^2}\right)\left(1-\frac{\alpha^2}{2^2}\right)\cdots\left(1-\frac{\alpha^2}{(n-1)^2}\right)}.$$

于是, 当 $0 < \alpha < 1$ 时,

$$\Gamma(\alpha)\Gamma(1-\alpha) = \frac{1}{\alpha}\prod_{n=1}^\infty \frac{1}{1-\frac{\alpha^2}{n^2}}. \tag{15}$$

但是, 我们有经典展开式

$$\sin\pi\alpha = \pi\alpha\prod_{n=1}^\infty\left(1-\frac{\alpha^2}{n^2}\right) \tag{16}$$

(我们现在不给出它的证明, 因为稍后在研究傅里叶级数时, 该证明将作为一般理论的简单应用实例呈现出来, 见第十八章 §2 例 6).

对比关系式 (15) 和 (16), 我们得到公式 (14). ▶

特别地, 从公式 (14) 推出

$$\Gamma\left(\frac{1}{2}\right) = \sqrt{\pi}.$$

我们指出,
$$\Gamma\left(\frac{1}{2}\right) = \int_0^{+\infty} x^{-1/2} e^{-x} dx = 2\int_0^{+\infty} e^{-u^2} du. \tag{17}$$

于是, 我们又得到欧拉-泊松积分的值
$$\int_0^{+\infty} e^{-u^2} du = \frac{1}{2}\sqrt{\pi}.$$

3. β 函数与 Γ 函数之间的联系. 对比公式 (6) 和 (10), 可以猜出函数 B 与 Γ 之间的以下联系:
$$\mathrm{B}(\alpha, \beta) = \frac{\Gamma(\alpha) \cdot \Gamma(\beta)}{\Gamma(\alpha + \beta)}. \tag{18}$$

我们来证明这个公式.

◀ 我们指出, 当 $y > 0$ 时,
$$\Gamma(\alpha) = y^\alpha \int_0^{+\infty} x^{\alpha-1} e^{-xy} dx,$$

所以以下等式也成立:
$$\frac{\Gamma(\alpha+\beta) \cdot y^{\alpha-1}}{(1+y)^{\alpha+\beta}} = y^{\alpha-1} \int_0^{+\infty} x^{\alpha+\beta-1} e^{-(1+y)x} dx.$$

利用它和公式 (7), 得到
$$\begin{aligned}
\Gamma(\alpha+\beta) \cdot \mathrm{B}(\alpha,\beta) &= \int_0^{+\infty} \frac{\Gamma(\alpha+\beta) y^{\alpha-1}}{(1+y)^{\alpha+\beta}} dy \\
&= \int_0^{+\infty} \left(y^{\alpha-1} \int_0^{+\infty} x^{\alpha+\beta-1} e^{-(1+y)x} dx \right) dy \\
&\stackrel{!}{=} \int_0^{+\infty} \left(\int_0^{+\infty} y^{\alpha-1} x^{\alpha+\beta-1} e^{-(1+y)x} dy \right) dx \\
&= \int_0^{+\infty} \left(x^{\beta-1} e^{-x} \int_0^{+\infty} x(xy)^{\alpha-1} e^{-xy} dy \right) dx \\
&= \int_0^{+\infty} \left(x^{\beta-1} e^{-x} \int_0^{+\infty} u^{\alpha-1} e^{-u} du \right) dx = \Gamma(\alpha) \cdot \Gamma(\beta).
\end{aligned}$$

我们还需要解释用叹号标记的等式. 不过, 我们在 §2 例 16 中恰好研究过这个等式. ▶

4. 实例. 最后, 我们考虑互相关联的几个实例, 其中包含这里引入的特殊函数 B 和 Γ.

例 1.
$$\int_0^{\pi/2} \sin^{\alpha-1}\varphi \cos^{\beta-1}\varphi \, d\varphi = \frac{1}{2}\mathrm{B}\left(\frac{\alpha}{2}, \frac{\beta}{2}\right). \tag{19}$$

◀ 只要在积分中完成变量代换 $\sin^2\varphi = x$ 即可证明. ▶

利用公式 (18), 可以用函数 Γ 表示积分 (19). 特别地, 利用 (17) 得到

$$\int_0^{\pi/2} \sin^{\alpha-1}\varphi\, d\varphi = \int_0^{\pi/2} \cos^{\alpha-1}\varphi\, d\varphi = \frac{\sqrt{\pi}}{2} \frac{\Gamma\left(\dfrac{\alpha}{2}\right)}{\Gamma\left(\dfrac{\alpha+1}{2}\right)}. \tag{20}$$

例 2. 半径为 r 的一维球是一个闭区间, 而它的 (一维) 体积 $V_1(r)$ 是该区间的长度 $2r$. 于是, $V_1(r) = 2r$.

如果认为可以用公式 $V_{n-1}(r) = c_{n-1}r^{n-1}$ 表示半径为 r 的 $n-1$ 维球的 $(n-1$ 维) 体积, 则计算截面上的积分 (见第十一章 §4 例 3), 得到

$$V_n(r) = \int_{-r}^{r} c_{n-1}(r^2-x^2)^{(n-1)/2} dx = \left(c_{n-1}\int_{-\pi/2}^{\pi/2} \cos^n\varphi\, d\varphi\right)\cdot r^n,$$

即

$$V_n(r) = c_n r^n, \quad c_n = 2c_{n-1}\int_0^{\pi/2} \cos^n\varphi\, d\varphi.$$

利用关系式 (20) 可以把最后一个等式改写为以下形式:

$$c_n = \sqrt{\pi}\, \frac{\Gamma\left(\dfrac{n+1}{2}\right)}{\Gamma\left(\dfrac{n+2}{2}\right)} c_{n-1}.$$

因此,

$$c_n = (\sqrt{\pi})^{n-1}\frac{\Gamma\left(\dfrac{n+1}{2}\right)}{\Gamma\left(\dfrac{n+2}{2}\right)}\cdot\frac{\Gamma\left(\dfrac{n}{2}\right)}{\Gamma\left(\dfrac{n+1}{2}\right)}\cdots\frac{\Gamma\left(\dfrac{3}{2}\right)}{\Gamma\left(\dfrac{4}{2}\right)}\cdot c_1,$$

即

$$c_n = \pi^{(n-1)/2}\frac{\Gamma\left(\dfrac{3}{2}\right)}{\Gamma\left(\dfrac{n+2}{2}\right)} c_1.$$

但 $c_1 = 2$, 而 $\Gamma\left(\dfrac{3}{2}\right) = \dfrac{1}{2}\Gamma\left(\dfrac{1}{2}\right) = \dfrac{1}{2}\sqrt{\pi}$, 所以

$$c_n = \frac{\pi^{n/2}}{\Gamma\left(\dfrac{n+2}{2}\right)}.$$

因此,

$$V_n(r) = \frac{\pi^{n/2}}{\Gamma\left(\dfrac{n+2}{2}\right)} r^n,$$

即
$$V_n(r) = \frac{\pi^{n/2}}{\frac{n}{2}\Gamma\left(\frac{n}{2}\right)} r^n. \tag{21}$$

例 3. 从几何解释看，显然 $dV_n(r) = S_{n-1}(r) dr$，其中 $S_{n-1}(r)$ 是 $\mathbb{R}^n$ 中半径为 r 的 n 维球的 $n-1$ 维球面的面积.

因此，$S_{n-1}(r) = \dfrac{dV_n}{dr}(r)$，从而利用公式 (21) 得到
$$S_{n-1}(r) = \frac{2\pi^{n/2}}{\Gamma\left(\frac{n}{2}\right)} r^{n-1}.$$

习 题

1. 请证明：

a) $\mathrm{B}\left(\dfrac{1}{2}, \dfrac{1}{2}\right) = \pi$;   b) $\mathrm{B}(\alpha, 1-\alpha) = \displaystyle\int_0^\infty \dfrac{x^{\alpha-1}}{1+x} dx$;

c) $\dfrac{\partial \mathrm{B}}{\partial \alpha}(\alpha, \beta) = \displaystyle\int_0^1 x^{\alpha-1}(1-x)^{\beta-1} \ln x\, dx$;

d) $\displaystyle\int_0^{+\infty} \dfrac{x^p dx}{(a+bx^q)^r} = \dfrac{a^{-r}}{q}\left(\dfrac{a}{b}\right)^{(p+1)/q} \mathrm{B}\left(\dfrac{p+1}{q}, r - \dfrac{p+1}{q}\right)$;

e) $\displaystyle\int_0^{+\infty} \dfrac{dx}{1+x^n} = \dfrac{\pi}{n\sin(\pi/n)}$ $(n \geqslant 2)$;   f) $\displaystyle\int_0^{+\infty} \dfrac{dx}{1+x^3} = \dfrac{2\pi}{3\sqrt{3}}$;

g) $\displaystyle\int_0^{+\infty} \dfrac{x^{\alpha-1} dx}{1+x} = \dfrac{\pi}{\sin \pi\alpha}$ $(0 < \alpha < 1)$;

h) $\displaystyle\int_0^{+\infty} \dfrac{x^{\alpha-1} \ln^n x}{1+x} dx = \dfrac{d^n}{d\alpha^n}\left(\dfrac{\pi}{\sin \pi\alpha}\right)$ $(0 < \alpha < 1)$;

i) 在极坐标下，可以用公式 $a\mathrm{B}\left(\dfrac{1}{2}, \dfrac{1}{2n}\right)$ 表示由方程 $r^n = a^n \cos n\varphi$ 给出的曲线的长度，其中 $n \in \mathbb{N}, a > 0$.

2. 请证明：

a) $\Gamma(1) = \Gamma(2)$;

b) 函数 Γ 的导数 Γ' 在某点 $x_0 \in]1, 2[$ 等于零;

c) 函数 Γ' 在区间 $]0, +\infty[$ 上单调递增;

d) 函数 Γ 在区间 $]0, x_0[$ 上单调递减，在区间 $[x_0, +\infty[$ 上单调递增;

e) 积分 $\displaystyle\int_0^1 \left(\ln \dfrac{1}{u}\right)^{x-1} \ln\ln \dfrac{1}{u}\, du$ 当 $x = x_0$ 时等于零;

f) 当 $\alpha \to +0$ 时 $\Gamma(\alpha) \sim \dfrac{1}{\alpha}$;   g) $\displaystyle\lim_{n\to\infty} \int_0^{+\infty} e^{-x^n} dx = 1$.

3. 欧拉公式 $E := \displaystyle\prod_{k=1}^{n-1} \Gamma\left(\dfrac{k}{n}\right) = \dfrac{(2\pi)^{(n-1)/2}}{\sqrt{n}}$.

a) 请证明：$E^2 = \displaystyle\prod_{k=1}^{n-1} \Gamma\left(\dfrac{k}{n}\right) \Gamma\left(\dfrac{n-k}{n}\right)$.

b) 请验证：$E^2 = \dfrac{\pi^{n-1}}{\sin\dfrac{\pi}{n}\sin 2\dfrac{\pi}{n}\cdots\sin(n-1)\dfrac{\pi}{n}}$.

c) 请利用恒等式
$$\frac{z^n-1}{z-1} = \prod_{k=1}^{n-1}(z-e^{2k\pi i/n}),$$
当 $z\to 1$ 时得到关系式
$$n = \prod_{k=1}^{n-1}(1-e^{2k\pi i/n}),$$
再从它得到关系式
$$n = 2^{n-1}\prod_{k=1}^{n-1}\sin\frac{k\pi}{n}.$$

d) 请利用最后的等式得到欧拉公式.

4. 勒让德公式 $\Gamma(\alpha)\Gamma\left(\alpha+\dfrac{1}{2}\right) = \dfrac{\sqrt{\pi}}{2^{2\alpha-1}}\Gamma(2\alpha)$.

a) 请证明：$\mathrm{B}(\alpha,\alpha) = 2\displaystyle\int_0^{1/2}\left(\dfrac{1}{4}-\left(\dfrac{1}{2}-x\right)^2\right)^{\alpha-1}dx$.

b) 请在上面的积分中完成变量代换，从而证明：$\mathrm{B}(\alpha,\alpha) = \dfrac{1}{2^{2\alpha-1}}\mathrm{B}\left(\dfrac{1}{2},\alpha\right)$.

c) 现在，请推出勒让德公式.

5. 沿用 §1 习题 5 的记号，请按照以下思路给出一种利用欧拉积分求解该习题的更微妙的第二部分的方法.

a) 请推出，当 $k=1/\sqrt{2}$ 时将有 $\tilde{k}=k$，并且
$$\tilde{E} = E = \int_0^{\pi/2}\sqrt{1-\frac{1}{2}\sin^2\varphi}\,d\varphi, \quad \tilde{K} = K = \int_0^{\pi/2}\frac{d\varphi}{\sqrt{1-\dfrac{1}{2}\sin^2\varphi}}.$$

b) 这些积分经过相应变量代换之后可以化为适当的形式，从而可以推出，当 $k=1/\sqrt{2}$ 时，
$$K = \frac{1}{2\sqrt{2}}\mathrm{B}\left(\frac{1}{4},\frac{1}{2}\right), \quad 2E-K = \frac{1}{2\sqrt{2}}\mathrm{B}\left(\frac{3}{4},\frac{1}{2}\right).$$

c) 现在可以得到，当 $k=1/\sqrt{2}$ 时，$E\tilde{K}+\tilde{E}K-K\tilde{K}=\pi/2$.

6. 拉贝[①]积分 $\displaystyle\int_0^1 \ln\Gamma(x)\,dx$.

请证明：

a) $\displaystyle\int_0^1 \ln\Gamma(x)\,dx = \int_0^1 \ln\Gamma(1-x)\,dx$;   b) $\displaystyle\int_0^1 \ln\Gamma(x)\,dx = \frac{1}{2}\ln\pi - \frac{1}{\pi}\int_0^{\pi/2}\ln\sin x\,dx$;

c) $2\displaystyle\int_0^{\pi/2}\ln\sin x\,dx = \int_0^{\pi/2}\ln\sin 2x\,dx - \frac{\pi}{2}\ln 2$;

d) $\displaystyle\int_0^{\pi/2}\ln\sin x\,dx = -\frac{\pi}{2}\ln 2$;   e) $\displaystyle\int_0^1 \ln\Gamma(x)\,dx = \ln\sqrt{2\pi}$.

7. 请利用等式
$$\frac{1}{x^s} = \frac{1}{\Gamma(s)}\int_0^{+\infty} y^{s-1}e^{-xy}\,dy$$

[①] 拉贝 (J. L. Raabe, 1801—1859) 是瑞士数学家和物理学家.

并证明可以交换相应积分运算的顺序，从而验证:

a) $\int_0^{+\infty} \dfrac{\cos ax}{x^\alpha}dx = \dfrac{\pi a^{\alpha-1}}{2\Gamma(\alpha)\cos\dfrac{\pi\alpha}{2}}$ $(0 < \alpha < 1)$;

b) $\int_0^{+\infty} \dfrac{\sin bx}{x^\beta}dx = \dfrac{\pi b^{\beta-1}}{2\Gamma(\beta)\sin\dfrac{\pi\beta}{2}}$ $(0 < \beta < 2)$.

c) 请再次计算狄利克雷积分 $\int_0^{+\infty} \dfrac{\sin x}{x}dx$ 以及菲涅耳积分 $\int_0^{+\infty}\cos x^2 dx$, $\int_0^{+\infty}\sin x^2 dx$ 的值.

8. 请证明: 当 $\alpha > 1$ 时 $\int_0^{+\infty} \dfrac{x^{\alpha-1}}{e^x - 1}dx = \Gamma(\alpha)\cdot\zeta(\alpha)$, 其中 $\zeta(\alpha) = \sum\limits_{n=1}^{\infty}\dfrac{1}{n^\alpha}$ 是黎曼 ζ 函数.

9. 高斯公式. 在第十六章 §3 例 6 中给出了由高斯引入的函数
$$F(\alpha, \beta, \gamma, x) := 1 + \sum_{n=1}^{\infty}\dfrac{\alpha(\alpha+1)\cdots(\alpha+n-1)\beta(\beta+1)\cdots(\beta+n-1)}{n!\,\gamma(\gamma+1)\cdots(\gamma+n-1)}x^n,$$
它是超几何级数的和. 结果表明, 下面的高斯公式成立:
$$F(\alpha, \beta, \gamma, 1) = \dfrac{\Gamma(\gamma)\cdot\Gamma(\gamma-\alpha-\beta)}{\Gamma(\gamma-\alpha)\cdot\Gamma(\gamma-\beta)}.$$

a) 请把函数 $(1-tx)^{-\beta}$ 展开为级数, 从而证明: 当 $\alpha > 0$, $\gamma - \alpha > 0$ 且 $0 < x < 1$ 时, 可以把积分
$$P(x) = \int_0^1 t^{\alpha-1}(1-t)^{\gamma-\alpha-1}(1-tx)^{-\beta}dt$$
表示为以下形式:
$$P(x) = \sum_{n=0}^{\infty} P_n x^n, \quad P_n = \dfrac{\beta(\beta-1)\cdots(\beta+n-1)}{n!}\cdot\dfrac{\Gamma(\alpha+n)\cdot\Gamma(\gamma-\alpha)}{\Gamma(\gamma+n)}.$$

b) 请证明: $P_n = \dfrac{\Gamma(\alpha)\cdot\Gamma(\gamma-\alpha)}{\Gamma(\gamma)}\cdot\dfrac{\alpha(\alpha+1)\cdots(\alpha+n-1)\beta(\beta+1)\cdots(\beta+n-1)}{n!\,\gamma(\gamma+1)\cdots(\gamma+n-1)}$.

c) 现在请证明: 当 $\alpha > 0$, $\gamma-\alpha > 0$ 且 $0 < x < 1$ 时, $P(x) = \dfrac{\Gamma(\alpha)\cdot\Gamma(\gamma-\alpha)}{\Gamma(\gamma)}\cdot F(\alpha, \beta, \gamma, x)$.

d) 请在补充条件 $\gamma - \alpha - \beta > 0$ 后证明: 当 $x \to 1-0$ 时可以在最后的等式两边取极限, 并且
$$\dfrac{\Gamma(\alpha)\cdot\Gamma(\gamma-\alpha-\beta)}{\Gamma(\gamma-\beta)} = \dfrac{\Gamma(\alpha)\cdot\Gamma(\gamma-\alpha)}{\Gamma(\gamma)}\cdot F(\alpha, \beta, \gamma, 1);$$
由此推出高斯公式.

10. 斯特林[①]公式.

请证明:

a) 当 $|x| < 1$ 时, $\ln\dfrac{1+x}{1-x} = 2x\sum\limits_{m=0}^{\infty}\dfrac{x^{2m}}{2m+1}$;

b) $\left(n+\dfrac{1}{2}\right)\ln\left(1+\dfrac{1}{n}\right) = 1 + \dfrac{1}{3}\cdot\dfrac{1}{(2n+1)^2} + \dfrac{1}{5}\cdot\dfrac{1}{(2n+1)^4} + \dfrac{1}{7}\cdot\dfrac{1}{(2n+1)^6} + \cdots$;

---

① 斯特林 (J. Stirling, 1692—1770) 是苏格兰数学家.

c) 当 $n \in \mathbb{N}$ 时, $1 < \left(n + \dfrac{1}{2}\right) \ln\left(1 + \dfrac{1}{n}\right) < 1 + \dfrac{1}{12n(n+1)}$;

d) $1 < \dfrac{(1 + 1/n)^{n+1/2}}{e} < \dfrac{e^{1/12n}}{e^{1/12(n+1)}}$;

e) $a_n = \dfrac{n! \, e^n}{n^{n+1/2}}$ 是单调递减数列;

f) $b_n = a_n e^{-1/12n}$ 是单调递增数列;

g) $n! = c n^{n+1/2} e^{-n + \theta_n/12n}$, 其中 $0 < \theta_n < 1$, $c = \lim\limits_{n\to\infty} a_n = \lim\limits_{n\to\infty} b_n$;

h) 当 $x = \dfrac{1}{2}$ 时, 从关系式 $\sin \pi x = \pi x \prod\limits_{n=1}^{\infty}\left(1 - \dfrac{x^2}{n^2}\right)$ 可以推出沃利斯公式

$$\sqrt{\pi} = \lim_{n\to\infty} \dfrac{(n!)^2 2^{2n}}{(2n)!} \cdot \dfrac{1}{\sqrt{n}};$$

i) 斯特林公式成立: $n! = \sqrt{2\pi n}\left(\dfrac{n}{e}\right)^n e^{\theta_n/12n}$, $0 < \theta_n < 1$;

j) 当 $x \to +\infty$ 时, $\Gamma(x+1) \sim \sqrt{2\pi x}\left(\dfrac{x}{e}\right)^x$.

11. 请证明: $\Gamma(x) = \sum\limits_{n=0}^{\infty} \dfrac{(-1)^n}{n+x} \cdot \dfrac{1}{n!} + \int_{1}^{\infty} t^{x-1} e^{-t} dt$. 对于不等于 $0, -1, -2, \cdots$ 的复数 $z \in \mathbb{C}$, 可以用这个关系式定义 $\Gamma(z)$.

§4. 函数的卷积和广义函数的初步知识

1. 物理问题中的卷积 (启发式讨论). 各种各样的仪器和系统, 无论其本质是否与生命有关, 都会通过产生相应的信号 $\tilde{f}$ 来响应对它的作用 f, 从而实现自己的各种功能. 换言之, 每一个这样的仪器或系统都是把输入信号 f 变换为输出信号 $\tilde{f} = Af$ 的算子 A. 当然, 每一个这样的算子都有自己的可接受信号的区域 (定义域) 和回应信号的形式 (值域). 对于一大类实际过程和仪器, 使位移保持不变的线性算子 A 是一个合适的数学模型.

定义 1. 设 A 是作用在定义于 $\mathbb{R}$ 的实函数或复函数的线性空间上的线性算子. 用 T_{t_0} 表示按照以下方式作用在同一个空间上的平移算子:

$$(T_{t_0} f)(t) := f(t - t_0).$$

如果等式

$$A(T_{t_0} f) = T_{t_0}(Af)$$

对于算子 A 的定义域中的任何一个函数 f 都成立, 我们就说, 算子 A 是平移不变算子 (或保位移算子).

如果 t 是时间, 则可以把关系式 $A \circ T_{t_0} = T_{t_0} \circ A$ 解释为关于仪器 A 的性质不随时间变化的假设, 即仪器对信号 $f(t)$ 和 $f(t - t_0)$ 的响应的区别仅仅在于时间延迟 t_0, 此外没有任何不同.

对于任何仪器 A, 都会出现两个基本问题: 其一, 预测仪器对任意输入信号 f 的响应 $\tilde{f}$; 其二, 已知仪器的输出信号 $\tilde{f}$, 在可能的情况下求仪器的输入信号 f.

现在, 我们通过启发式讨论针对平移不变线性算子 A 来解决这两个问题中的第一个问题. 一个简单却非常重要的事实在于, 为了描述这样的仪器 A 对任何输入信号 f 的响应 $\tilde{f}$, 只要知道仪器 A 对脉冲作用 δ 的响应 E 即可.

定义 2. 仪器 A 对单位脉冲作用 δ 的响应 $E(t)$ 称为仪器的*装置函数* (在光学中), 或仪器的*脉冲传递函数* (在电工学中).

我们通常使用更简短的术语 "装置函数".

暂不深究细节, 我们认为, 例如, 可以用图 100 中的函数 $\delta_\alpha(t)$ 来模拟脉冲, 并且该模拟在脉冲总"能量" $\alpha \cdot \dfrac{1}{\alpha} = 1$ 保持不变的情况下随着脉冲长度 α 的减小而越来越精确. 在模拟脉冲时, 也可以把阶梯函数改为光滑函数 (图 101), 它们自然应当满足条件

$$f_\alpha \geqslant 0, \quad \int_{\mathbb{R}} f_\alpha(t)\,dt = 1, \quad \text{当 } \alpha \to 0 \text{ 时} \int_{U(0)} f_\alpha(t)\,dt \to 1,$$

其中 $U(0)$ 是点 $t=0$ 的任意一个邻域.

如果仪器 A 对用来模拟理想单位脉冲 δ (该记号由狄拉克引入) 的输入信号的响应随着输入信号的改善而趋于函数 $E(t)$, 就应当认为该函数是仪器 A 对理想单位脉冲 δ 的响应. 当然, 这时认为算子 A 具有某种 (暂时还没有被精确描述的) 连续性, 即当输入信号 f 连续变化时, 仪器的响应 $\tilde{f}$ 也连续变化.

图 100

例如, 如果取由阶梯函数 $\Delta_n(t) := \delta_{1/n}(t)$ 组成的序列 $\{\Delta_n(t)\}$ (图 100), 则只要设 $A\Delta_n =: E_n$, 就得到 $A\delta := E = \lim\limits_{n\to\infty} E_n = \lim\limits_{n\to\infty} A\Delta_n$.

图 101

图 102

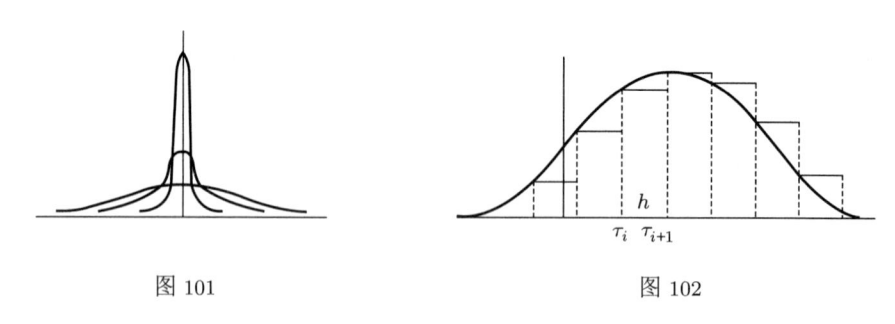

现在考虑输入信号 f、图 102 和图中的分段常函数 $l_h(t) = \sum\limits_{i} f(\tau_i)\delta_h(t-\tau_i)h$. 因为当 $h \to 0$ 时 $l_h \to f$, 所以应当认为

$$\tilde{l}_h = Al_h \to Af = \tilde{f}, \quad \text{当 } h \to 0 \text{ 时}.$$

但是，如果算子 A 是线性的和平移不变的，则
$$\tilde{l}_h(t) = \sum_i f(\tau_i) E_h(t - \tau_i) h,$$
其中 $E_h = A\delta_h$. 因此，当 $h \to 0$ 时，最后得到
$$\tilde{f}(t) = \int_{\mathbb{R}} f(\tau) E(t - \tau) \, d\tau. \tag{1}$$

公式 (1) 解决了上述两个问题中的第一个问题. 它把仪器 A 的响应 $\tilde{f}(t)$ 表示为一个特殊的依赖于参变量 t 的积分，该积分完全由输入信号 $f(t)$ 和仪器 A 的装置函数 $E(t)$ 确定. 从数学的观点看，仪器 A 和积分 (1) 没有区别.

顺便指出，根据输出信号 $\tilde{f}$ 确定输入信号 f 的问题现在归结为求解关于 f 的积分方程 (1).

定义 3. 设函数 $u * v : \mathbb{R} \to \mathbb{C}$ 由函数 $u : \mathbb{R} \to \mathbb{C}$ 与 $v : \mathbb{R} \to \mathbb{C}$ 按照以下关系式通过反常积分定义：
$$(u * v)(x) := \int_{\mathbb{R}} u(y) v(x - y) \, dy, \tag{2}$$
并且假设该反常积分对于全部 $x \in \mathbb{R}$ 都存在，则函数 $u * v$ 称为函数 u 与 v 的卷积.

于是，公式 (1) 表明，保位移的线性仪器 A 对由函数 f 给出的输入信号的响应是函数 f 与仪器 A 的装置函数 E 的卷积 $f * E$.

2. 卷积的一些一般性质. 现在从数学观点考虑卷积的基本性质.

a. 卷积存在的充分条件. 首先回忆某些定义和记号.

设 $f : G \to \mathbb{C}$ 是定义在开集 $G \subset \mathbb{R}$ 上的实函数或复函数.

如果任何一个点 $x \in G$ 都有邻域 $U(x) \subset G$, 使函数 $f|_{U(x)}$ 在该邻域中可积，则函数 f 称为 G 上的局部可积函数. 特别地，如果 $G = \mathbb{R}$, 则函数 f 局部可积的条件显然等价于，$f|_{[a,b]} \in \mathcal{R}[a, b]$ 对于任何闭区间 $[a, b]$ 都成立.

集合 $\{x \in G \mid f(x) \neq 0\}$ 在 G 中的闭包称为函数 f 的支撑集 (记为 $\operatorname{supp} f$).

如果函数 f 的支撑集是 G 中的紧集，则函数 f 称为 (在 G 中) 具有紧支撑集的函数.

在 G 中具有前 m 阶 $(0 \leqslant m \leqslant \infty)$ 连续导数的函数 $f : G \to \mathbb{C}$ 的集合通常记为 $C^{(m)}(G)$, 而它的由具有紧支撑集的函数构成的子集通常记为 $C_0^{(m)}(G)$. 在 $G = \mathbb{R}$ 的情况下，$C^{(m)}(\mathbb{R})$ 和 $C_0^{(m)}(\mathbb{R})$ 通常分别简写为 $C^{(m)}$ 和 $C_0^{(m)}$.

现在指出函数卷积的一些最常见的情形，在这些情形下很容易证明卷积存在.

命题 1. 在下面列举的三个条件中，每一个条件都是局部可积函数 $u : \mathbb{R} \to \mathbb{C}$ 与 $v : \mathbb{R} \to \mathbb{C}$ 的卷积 $u * v$ 存在的充分条件：

1) 函数 $|u|^2$ 和 $|v|^2$ 在 $\mathbb{R}$ 上可积；

2) 函数 $|u|, |v|$ 之一在 $\mathbb{R}$ 上可积, 另一个在 $\mathbb{R}$ 上有界;

3) 函数 u, v 之一具有紧支撑集.

◀ 1) 根据柯西–布尼雅可夫斯基不等式,
$$\left(\int_{\mathbb{R}} |u(y)v(x-y)| \, dy \right)^2 \leqslant \int_{\mathbb{R}} |u|^2(y) \, dy \int_{\mathbb{R}} |v|^2(x-y) \, dy,$$
由此推出积分 (2) 存在, 因为
$$\int_{-\infty}^{\infty} |v|^2(x-y) \, dy = \int_{-\infty}^{\infty} |v|^2(y) \, dy.$$

2) 例如, 如果 $|u|$ 是 $\mathbb{R}$ 上的可积函数, 而在 $\mathbb{R}$ 上 $|v| \leqslant M$, 则
$$\int_{\mathbb{R}} |u(y)v(x-y)| \, dy \leqslant M \int_{\mathbb{R}} |u|(y) \, dy < +\infty.$$

3) 设 $\operatorname{supp} u \subset [a, b] \subset \mathbb{R}$, 则显然
$$\int_{\mathbb{R}} u(y)v(x-y) \, dy = \int_{a}^{b} u(y)v(x-y) \, dy.$$

因为 u 和 v 是局部可积的, 所以最后一个积分对于任何值 $x \in \mathbb{R}$ 都存在. 函数 v 具有紧支撑集的情形借助于变量代换 $x - y = z$ 可以化为上述情形. ▶

b. 对称性

命题 2. 如果卷积 $u * v$ 存在, 则卷积 $v * u$ 也存在, 并且以下等式成立:
$$u * v = v * u. \tag{3}$$

◀ 在积分 (2) 中完成变量代换 $x - y = z$, 得到
$$u * v(x) := \int_{-\infty}^{\infty} u(y)v(x-y) \, dy = \int_{-\infty}^{\infty} v(z)u(x-z) \, dz =: v * u(x). \ ▶$$

c. 平移不变性. 与前面一样, 设 T_{x_0} 是平移算子, 即 $(T_{x_0})f(x) = f(x - x_0)$.

命题 3. 如果函数 u 与 v 的卷积 $u * v$ 存在, 则以下等式成立:
$$T_{x_0}(u * v) = T_{x_0} u * v = u * T_{x_0} v. \tag{4}$$

◀ 如果还记得公式 (1) 的物理意义, 则这里的第一个等式是显然的, 而第二个等式得自卷积的对称性. 不过, 我们还是用常规方法验证第一个等式:
$$(T_{x_0}(u * v))(x) := (u * v)(x - x_0) := \int_{-\infty}^{\infty} u(y)v(x - x_0 - y) \, dy$$
$$= \int_{-\infty}^{\infty} u(y - x_0)v(x - y) \, dy = \int_{-\infty}^{\infty} (T_{x_0} u)(y)v(x - y) \, dy$$
$$=: ((T_{x_0} u) * v)(x). \ ▶$$

d. 卷积的微分运算. 两个函数的卷积是含参变量的积分, 其微分运算满足这种积分的一般的微分法则, 当然, 相应的条件应当成立.

例如, 如果 u 是连续函数, v 是光滑函数, 并且函数 u 和 v 之一具有紧支撑集, 则函数 u 与 v 的卷积连续可微的条件显然成立.

◀ 其实, 如果让参变量仅在任何有限区间上变化, 则在上述条件下, 整个积分 (2) 化为某个不依赖于 x 的有限闭区间上的积分, 而对于这样的积分, 已经可以按照经典的莱布尼茨法则完成对参变量的微分运算. ▶

一般地, 以下命题成立.

命题 4. 如果 u 是局部可积函数, v 是具有紧支撑集函数类 $C_0^{(m)}$ $(0 \leqslant m \leqslant +\infty)$ 中的函数, 则 $(u*v) \in C^{(m)}$, 并且①

$$D^k(u*v) = u*(D^k v). \tag{5}$$

◀ 当 u 是连续函数时, 本命题直接得自上面刚证明的结果. 在一般情况下, 如果再注意 §1 习题 6, 也可以得到本命题. ▶

附注 1. 根据卷积的可交换性 (公式 (3)), 显然, 如果在命题 4 中交换 u 与 v 的位置, 但保持等式 (5) 的左边不变, 则命题 4 仍然成立.

公式 (5) 表明, 卷积与微分算子交换类似于它与平移算子交换 (公式 (4)). 但是, 即使公式 (4) 相对于 u 和 v 是对称的, 在公式 (5) 的右边一般而言也不能交换 u 和 v, 因为函数 u 可能没有相应的导数. 从公式 (5) 可见, 这时卷积 $u*v$ 仍然能够是可微函数. 这使我们产生一个想法——在命题 4 中列出的条件是卷积可微的充分条件, 但不是必要条件.

例 1. 设 f 是局部可积函数, 而 δ_α 是图 100 中的 "阶梯函数", 则

$$(f*\delta_\alpha)(x) = \int_{-\infty}^{\infty} f(y)\delta_\alpha(x-y)\,dy = \frac{1}{\alpha}\int_{x-\alpha}^{x} f(y)\,dy. \tag{6}$$

因此, 只要函数 f 在点 x 和 $x-\alpha$ 连续, 卷积 $f*\delta_\alpha$ 就已经在点 x 可微. 这反映了积分的平均作用.

不过, 在命题 4 中表述的卷积可微性条件足以应对公式 (5) 在实际应用中遇到的几乎所有情况. 因此, 我们在这里不再考虑更细微的修正, 转而展示由卷积的上述光滑作用而产生的一些优美的崭新用途.

3. δ 型函数族与魏尔斯特拉斯逼近定理. 我们指出, 关系式 (6) 中的积分给出函数 f 在区间 $[x-\alpha, x]$ 上的平均值, 所以如果 f 在点 x 连续, 则显然当 $\alpha \to 0$ 时 $(f*\delta_\alpha)(x) \to f(x)$. 根据第 1 小节中关于 δ 函数的概念的启发式讨论, 我们希望

---

① 这里 D 是微分算子, 并且如通常所用, $D^k v = v^{(k)}$.

把这个关系式写为极限等式的形式:

$$\text{如果 } f \text{ 在 } x \text{ 连续, 则 } (f*\delta)(x) = f(x). \tag{7}$$

这个等式表明, 可以把 δ 函数解释为卷积算子的单位 (中性) 元素. 如果能证明任何一个收敛到 δ 函数的函数族都具有在 (6) 中研究过的特殊函数族 δ_α 所具有的性质, 就可以认为等式 (7) 是意义清晰的.

现在给出精确的表述并引入一个有用的定义.

定义 4. 由依赖于参变量 $\alpha \in A$ 的函数 $\Delta_\alpha : \mathbb{R} \to \mathbb{R}$ 构成的函数族 $\{\Delta_\alpha, \alpha \in A\}$ 称为 A 中的基 $\mathcal{B}$ 上的 δ 型函数族, 如果它满足以下三个条件:

a) 函数族中的所有函数都是非负的 $(\Delta_\alpha(x) \geqslant 0)$;

b) $\int_{\mathbb{R}} \Delta_\alpha(x)\,dx = 1$ 对于函数族中的任何函数 Δ_α 都成立;

c) $\lim\limits_{\mathcal{B}} \int_U \Delta_\alpha(x)\,dx = 1$ 对于点 $0 \in \mathbb{R}$ 的任何邻域 U 都成立.

利用前两个条件, 最后一个条件显然等价于 $\lim\limits_{\mathcal{B}} \int_{\mathbb{R}\setminus U} \Delta_\alpha(x)\,dx = 0$.

第 1 小节和例 1 中的由 "阶梯函数" δ_α 构成的函数族当 $\alpha \to 0$ 时当然是 δ 型函数族. 我们再举出 δ 型函数族的其他一些例子.

例 2. 设 $\varphi : \mathbb{R} \to \mathbb{R}$ 是 $\mathbb{R}$ 上的满足 $\int_{\mathbb{R}} \varphi(x)\,dx = 1$ 并且具有紧支集的任意非负可积函数. 当 $\alpha > 0$ 时, 构造函数 $\Delta_\alpha(x) := \dfrac{1}{\alpha}\varphi\left(\dfrac{x}{\alpha}\right)$. 由这些函数构成的函数族当 $\alpha \to +0$ 时显然是 δ 型函数族 (见图 101).

例 3. 考虑函数序列

$$\Delta_n(x) = \begin{cases} \dfrac{(1-x^2)^n}{\displaystyle\int_{|x|<1}(1-x^2)^n dx}, & |x| \leqslant 1, \\ 0, & |x| > 1. \end{cases}$$

为了证明这个序列是 δ 型的, 只需要验证, 除了定义 4 中的条件 a) 和 b), 条件 c) 对于基 $n \to \infty$ 也成立. 因为对于任何 $\varepsilon \in]0, 1]$,

$$0 \leqslant \int_\varepsilon^1 (1-x^2)^n dx \leqslant \int_\varepsilon^1 (1-\varepsilon^2)^n dx = (1-\varepsilon^2)^n(1-\varepsilon) \to 0, \quad \text{当 } n \to \infty \text{ 时,}$$

同时

$$\int_0^1 (1-x^2)^n dx > \int_0^1 (1-x)^n dx = \dfrac{1}{n+1},$$

所以条件 c) 确实成立.

例 4. 设
$$\Delta_n(x) = \begin{cases} \dfrac{\cos^{2n} x}{\int_{-\pi/2}^{\pi/2} \cos^{2n} x\, dx}, & |x| \leqslant \dfrac{\pi}{2}, \\ 0, & |x| > \dfrac{\pi}{2}. \end{cases}$$

与例 3 一样, 这里也只需要验证条件 c). 我们首先指出,

$$\int_0^{\pi/2} \cos^{2n} x\, dx = \frac{1}{2}\mathrm{B}\left(n + \frac{1}{2}, \frac{1}{2}\right) = \frac{1}{2}\frac{\Gamma\left(n + \frac{1}{2}\right)}{\Gamma(n)} \cdot \frac{\Gamma\left(\dfrac{1}{2}\right)}{n} > \frac{\Gamma\left(\dfrac{1}{2}\right)}{2n}.$$

另一方面, 当 $\varepsilon \in\,]0, \pi/2[$ 时,

$$\int_\varepsilon^{\pi/2} \cos^{2n} x\, dx \leqslant \int_\varepsilon^{\pi/2} \cos^{2n} \varepsilon\, dx < \frac{\pi}{2}(\cos \varepsilon)^{2n}.$$

比较所得不等式, 我们断定, 对于任何数 $\varepsilon \in\,]0, \pi/2[$,

$$\int_\varepsilon^{\pi/2} \Delta_n(x)\, dx \to 0, \quad \text{当 } n \to \infty \text{ 时}.$$

由此可知, 定义 4 的条件 c) 成立.

定义 5. 我们说, 函数 $f : G \to \mathbb{C}$ 在集合 $E \subset G$ 上一致连续, 如果对于任何一个 $\varepsilon > 0$, 都可以指出一个数 $\rho > 0$, 使关系式 $|f(x) - f(y)| < \varepsilon$ 对于任何 $x \in E$ 和点 x 在 G 中的 ρ 邻域 $U_G^\rho(x)$ 中的任何点 $y \in G$ 都成立.

特别地, 如果 $E = G$, 我们就回到函数在其整个定义域上一致连续的定义.

现在证明以下基本命题.

命题 5. 设 $f : \mathbb{R} \to \mathbb{C}$ 是有界函数, $\{\Delta_\alpha, \alpha \in A\}$ 当 $\alpha \to \omega$ 时是 δ 型函数族. 如果对于任何 $\alpha \in A$, 卷积 $f * \Delta_\alpha$ 存在, 并且函数 f 在集合 $E \subset \mathbb{R}$ 上一致连续, 则

$$\text{当 } \alpha \to \omega \text{ 时, 在 } E \text{ 上 } (f * \Delta_\alpha)(x) \rightrightarrows f(x).$$

于是, 命题表明, 函数族 $f * \Delta_\alpha$ 在函数 f 的一致连续集合 E 上一致收敛到函数 f. 特别地, 如果 E 只由一个点 x 组成, 则 f 在 E 上一致连续的条件归结为函数 f 在点 x 连续的条件, 从而得到, 当 $\alpha \to \omega$ 时, $(f * \Delta_\alpha)(x) \to f(x)$. 这正是我们当初写出关系式 (7) 的根据.

现在证明命题 5.

◀ 设在 $\mathbb{R}$ 上 $|f(x)| \leqslant M$. 对于 $\varepsilon > 0$, 我们按照定义 5 选取数 $\rho > 0$, 并用 $U(0)$ 表示点 0 在 $\mathbb{R}$ 中的 ρ 邻域.

利用卷积的对称性,我们得到对于所有的点 $x \in E$ 同时成立的以下估计:

$$\begin{aligned}
&|(f * \Delta_\alpha)(x) - f(x)| \\
&= \left| \int_{\mathbb{R}} f(x-y) \Delta_\alpha(y) \, dy - f(x) \right| = \left| \int_{\mathbb{R}} (f(x-y) - f(x)) \Delta_\alpha(y) \, dy \right| \\
&\leqslant \int_{U(0)} |f(x-y) - f(x)| \Delta_\alpha(y) \, dy + \int_{\mathbb{R} \setminus U(0)} |f(x-y) - f(x)| \Delta_\alpha(y) \, dy \\
&< \varepsilon \int_{U(0)} \Delta_\alpha(y) \, dy + 2M \int_{\mathbb{R} \setminus U(0)} \Delta_\alpha(y) \, dy \leqslant \varepsilon + 2M \int_{\mathbb{R} \setminus U(0)} \Delta_\alpha(y) \, dy.
\end{aligned}$$

当 $\alpha \to \omega$ 时,最后一个积分趋于零,所以从某个时刻开始,不等式

$$|(f * \Delta_\alpha)(x) - f(x)| < 2\varepsilon$$

对于所有的 $x \in E$ 同时成立,这就完成了命题 5 的证明. ▶

推论 1. *可以用具有紧支撑集的无限次可微函数一致逼近任何一个在 $\mathbb{R}$ 上具有紧支撑集的连续函数.*

◀ 我们来验证,函数族 $C_0^{(\infty)}$ 在上述意义下在 C_0 中处处稠密.

例如,设

$$\varphi(x) = \begin{cases} k \cdot \exp\left(-\dfrac{1}{1-x^2}\right), & |x| < 1, \\ 0, & |x| \geqslant 1, \end{cases}$$

并且选取满足 $\int_{\mathbb{R}} \varphi(x) \, dx = 1$ 的系数 k.

函数 φ 是具有紧支撑集的无限次可微函数. 在这样的情况下,如例 2 所述,无限次可微函数族 $\Delta_\alpha(x) = \dfrac{1}{\alpha} \varphi\left(\dfrac{x}{\alpha}\right)$ 当 $\alpha \to +0$ 时是 δ 型函数族. 如果 $f \in C_0$,则显然 $f * \Delta_\alpha \in C_0$. 此外,根据命题 4,$f * \Delta_\alpha \in C_0^{(\infty)}$. 最后,从命题 5 推出,当 $\alpha \to +0$ 时,在 $\mathbb{R}$ 上 $f * \Delta_\alpha \rightrightarrows f$. ▶

附注 2. 如果所考虑的函数 $f \in C_0$ 属于函数类 $C_0^{(m)}$,则对于任何值 $n \in \{0, 1, \cdots, m\}$ 都可以保证,当 $\alpha \to +0$ 时,在 $\mathbb{R}$ 上 $(f * \Delta_\alpha)^{(n)} \rightrightarrows f^{(n)}$.

◀ 其实,在这种情况下,$(f * \Delta_\alpha)^{(n)} = f^{(n)} * \Delta_\alpha$ (见命题 4 和附注 1). 再利用推论 1 即可完成证明. ▶

推论 2 (魏尔斯特拉斯逼近定理). *在闭区间上可以用代数多项式一致逼近该闭区间上的每一个连续函数.*

◀ 因为多项式在变量的线性变换下仍然变为多项式,而连续性和函数逼近的一致性都保持,所以只要在任何一个方便的闭区间 $[a, b] \subset \mathbb{R}$ 上验证推论 2 即可. 因此,我们认为 $0 < a < b < 1$. 当 $x \in \mathbb{R} \setminus]0, 1[$ 时取 $F(x) = 0$, 在区间 $[0, a]$ 和 $[b, 1]$

上分别以线性方式连接 0 与 $f(a)$, $f(b)$ 与 0, 从而把给定的函数 $f \in C[a, b]$ 延拓为 $\mathbb{R}$ 上的连续函数 F.

如果现在取例 3 中的 δ 型函数序列 Δ_n, 则根据命题 5 已经可以断定, 当 $n \to \infty$ 时, 在 $[a, b]$ 上 $F * \Delta_n \rightrightarrows f = F|_{[a,b]}$. 但是, 当 $x \in [a, b] \subset [0, 1]$ 时,

$$F * \Delta_n(x) := \int_{-\infty}^{\infty} F(y)\Delta_n(x - y)\, dy = \int_0^1 F(y)\Delta_n(x - y)\, dy$$
$$= \int_0^1 F(y)p_n \cdot (1 - (x - y)^2)^n dy = \int_0^1 F(y)\left(\sum_{k=0}^{2n} a_k(y)x^k\right) dy$$
$$= \sum_{k=0}^{2n} \left(\int_0^1 F(y)a_k(y)\, dy\right) x^k.$$

最后一个表达式是 $2n$ 次多项式 $P_{2n}(x)$. 因此, 我们证明了, 当 $n \to \infty$ 时, 在 $[a, b]$ 上 $P_{2n} \rightrightarrows f$. ▶

附注 3. 稍微修改上述讨论即可证明, 如果把区间 $[a, b]$ 改为 $\mathbb{R}$ 中的任意紧集, 则魏尔斯特拉斯逼近定理仍然成立.

附注 4. 同样不难验证, 对于 $\mathbb{R}$ 中的任何开集 G 和任何函数 $f \in C^{(m)}(G)$, 存在多项式序列 $\{P_k\}$, 使得当 $k \to \infty$ 时, 对于每一个 $n \in \{0, 1, \cdots, m\}$, 在任何紧集 $K \subset G$ 上 $P_k^{(n)} \rightrightarrows f^{(n)}$.

此外, 如果集合 G 有界, 并且 $f \in C^{(m)}(\overline{G})$, 则可以实现, 当 $k \to \infty$ 时, 在 $\overline{G}$ 上 $P_k^{(n)} \rightrightarrows f^{(n)}$.

附注 5. 我们在证明推论 2 时利用了例 3 中的 δ 型序列. 与此类似, 也可以利用例 4 中的序列证明, 可以利用形如

$$T_n(x) = \sum_{k=0}^n (a_k \cos kx + b_k \sin kx)$$

的三角多项式一致逼近 $\mathbb{R}$ 上的任何以 2π 为周期的连续函数.

上面仅仅利用了具有紧支撑集的 δ 型函数族. 但是应当注意, 没有紧支撑集的 δ 型函数族在许多情况下也起重要作用. 我们仅举两个例子.

例 5. 函数族 $\Delta_y(x) = \dfrac{1}{\pi} \cdot \dfrac{y}{x^2 + y^2}$ 当 $y \to +0$ 时是 $\mathbb{R}$ 上的 δ 型函数族, 因为当 $y > 0$ 时, $\Delta_y(x) > 0$,

$$\int_{-\infty}^{\infty} \Delta_y(x)\, dx = \frac{1}{\pi} \arctan \frac{x}{y}\bigg|_{-\infty}^{\infty} = 1,$$

并且对于任何 $\rho > 0$, 当 $y \to +0$ 时, 以下关系式成立:

$$\int_{-\rho}^{\rho} \Delta_y(x)\, dx = \frac{2}{\pi} \arctan \frac{\rho}{y} \to 1.$$

如果 $f:\mathbb{R}\to\mathbb{R}$ 是连续有界函数, 则表示卷积 $f*\Delta_y$ 的函数

$$u(x,y)=\frac{1}{\pi}\int_{-\infty}^{\infty}\frac{f(\xi)y}{(x-\xi)^2+y^2}d\xi \tag{8}$$

对于任何 $x\in\mathbb{R}$ 和 $y>0$ 都有定义.

积分 (8) 称为半平面上的泊松积分. 容易验证 (利用一致收敛性的强函数检验法), 它是半平面 $\mathbb{R}_+^2=\{(x,y)\in\mathbb{R}^2\,|\,y>0\}$ 上的无穷次可微有界函数. 对该积分完成微分运算, 我们得到, 当 $y>0$ 时,

$$\Delta u:=\frac{\partial^2 u}{\partial x^2}+\frac{\partial^2 u}{\partial y^2}=f*\left(\frac{\partial^2}{\partial x^2}+\frac{\partial^2}{\partial y^2}\right)\Delta_y=0,$$

即 u 是调和函数.

根据命题 5 还可以保证, 当 $y\to 0$ 时, $u(x,y)$ 收敛到 $f(x)$. 因此, 积分 (8) 解决了在半平面 $\mathbb{R}_+^2$ 上构造在 $\partial\mathbb{R}_+^2$ 上取给定边界值 f 的有界调和函数的问题.

例 6. 当 $t\to +0$ 时, 函数族 $\Delta_t=\dfrac{1}{2\sqrt{\pi t}}e^{-x^2/4t}$ 是 $\mathbb{R}$ 上的 δ 型函数族. 其实, $\Delta_t(x)>0$; $\displaystyle\int_{-\infty}^{\infty}\Delta_t(x)\,dx=1$, 因为 $\displaystyle\int_{-\infty}^{\infty}e^{-v^2}dv=\sqrt{\pi}$ (欧拉–泊松积分); 最后, 对于任何 $\rho>0$, 以下关系式成立:

$$\int_{-\rho}^{\rho}\frac{1}{2\sqrt{\pi t}}e^{-x^2/4t}dx=\frac{1}{\sqrt{\pi}}\int_{-\rho/2\sqrt{t}}^{\rho/2\sqrt{t}}e^{-v^2}dv\to 1,\quad 当 t\to +0 时.$$

如果 f 是 $\mathbb{R}$ 上的连续有界函数, 则表示卷积 $f*\Delta_t$ 的函数

$$u(x,t)=\frac{1}{2\sqrt{\pi t}}\int_{-\infty}^{\infty}f(\xi)e^{-(x-\xi)^2/4t}d\xi \tag{9}$$

当 $t>0$ 时显然是无穷次可微的.

当 $t>0$ 时, 对积分完成微分运算, 得到

$$\frac{\partial u}{\partial t}-\frac{\partial^2 u}{\partial x^2}=f*\left(\frac{\partial}{\partial t}-\frac{\partial^2}{\partial x^2}\right)\Delta_t=0,$$

即函数 u 满足具有初始条件 $u(x,0)=f(x)$ 的一维热传导方程. 应该把这个条件理解为当 $t\to +0$ 时从命题 5 推出的极限关系式 $u(x,t)\to f(x)$.

*4. 分布的初步概念

a. 广义函数的定义. 我们在本节第 1 小节中通过启发式讨论得到了公式 (1), 从而能够按照仪器 A 的已知的装置函数 E 确定线性变换 A 对输入信号 f 的响应. 在定义仪器的装置函数时, 我们主要利用了关于单位脉冲作用和描述它的 δ 函数的某种直观表示. 但是, 显然, δ 函数其实不是经典意义下的函数, 因为它应当具有从经典观点看互相矛盾的一组性质: 在 $\mathbb{R}$ 上 $\delta(x)\geqslant 0$; 当 $x\neq 0$ 时 $\delta(x)=0$;

$$\int_\mathbb{R} \delta(x)\,dx = 1.$$

与线性算子、卷积、δ 函数和仪器的装置函数有关的一系列概念在通常所说的广义函数理论或分布理论中获得了精确的数学描述. 我们现在打算介绍这个理论的前提条件和越来越得到广泛应用的一些初步知识.

例 7. 考虑质量为 m 的一个质点, 它能沿一条轴移动, 并且通过一根弹簧与坐标原点相连. 设 k 是弹簧的弹性系数. 质点在初始时刻静止于坐标原点, 然后在依赖于时间的力 $f(t)$ 的作用下沿轴移动. 根据牛顿定律,

$$m\ddot{x} + kx = f, \tag{10}$$

其中 $x(t)$ 是质点在时刻 t 的坐标 (以平衡位置为起点的位移).

在上述条件下, 函数 $x(t)$ 由函数 f 唯一确定, 并且微分方程 (10) 的解显然线性地依赖于它的右边 f. 因此, 我们遇到线性算子 $f \xmapsto{A} x$, 它是通过关系式 $Bx = f$ $\left(B = m\dfrac{d^2}{dt^2} + k\right)$ 把 $x(t)$ 与 $f(t)$ 联系起来的微分算子 $x \xmapsto{B} f$ 的逆算子. 因为算子 A 显然是关于时间的平移不变算子, 所以为了求出上述力学系统对函数 $f(t)$ 的响应 $x(t)$, 根据公式 (1), 只要知道它对单位脉冲作用 δ 的响应即可, 即只要知道方程

$$m\ddot{E} + kE = \delta \tag{11}$$

的解 (称为基本解) 即可.

假如 δ 表示一个实际的函数, 则关系式 (11) 不会引起疑问. 然而, 等式 (11) 暂时模糊不清. 但是, 表面上的模糊不清与实际上的错误是完全不同的情况. 在我们的情况下, 应当阐明等式 (11) 的意义.

我们已经知道一种解释方法: 可以把 δ 理解为模拟 δ 函数的由经典函数 $\Delta_\alpha(t)$ 组成的 δ 型函数族, 而 E 是方程

$$m\ddot{E}_\alpha + kE_\alpha = \Delta_\alpha \tag{10'}$$

的解 $E_\alpha(t)$ 在参变量 α 的相应变化下的极限.

这个问题的另外一种具有巨大优势的处理方法是从根本上推广函数的概念. 其根源在于, 各种观察对象一般是通过它们与其他一些对象 ("检验对象") 的相互作用来刻画的. 于是, 我们不把函数视为取自不同点的一组值, 而视为能够通过一定方式作用在其他一些函数 (检验函数) 上的对象. 我们举例说明这个暂时过于笼统的说法.

例 8. 设 $f \in C(\mathbb{R}, \mathbb{R})$. 取 C_0 类函数 ($\mathbb{R}$ 上的具有紧支撑集的连续函数) 作为检验函数. 函数 f 产生作用在 C_0 上的以下泛函:

$$\langle f, \varphi \rangle := \int_\mathbb{R} f(x)\varphi(x)\,dx. \tag{12}$$

利用 δ 型具有紧支撑集的函数族容易理解, 在 C_0 上 $\langle f, \varphi \rangle \equiv 0$ 的充分必要条件是在 $\mathbb{R}$ 上 $f(x) \equiv 0$.

因此, 每一个函数 $f \in C(\mathbb{R}, \mathbb{R})$ 按照 (12) 产生一个线性泛函 $A : C_0 \to \mathbb{R}$, 并且应当强调, 这时不同的函数 f_1, f_2 与不同的泛函 A_{f_1}, A_{f_2} 相对应.

于是, 公式 (12) 实现了函数集 $C(\mathbb{R}, \mathbb{R})$ 到 C_0 上的线性泛函集 $\mathcal{L}(C_0, \mathbb{R})$ 的嵌入 (单射), 所以每一个函数 $f \in C(\mathbb{R}, \mathbb{R})$ 都可以解释为某个泛函 $A_f \in \mathcal{L}(C_0, \mathbb{R})$.

如果用 $\mathbb{R}$ 上的局部可积函数集代替连续函数集 $C(\mathbb{R}, \mathbb{R})$, 则按照同一个公式 (12) 也可以得到从这个集合到空间 $\mathcal{L}(C_0, \mathbb{R})$ 的映射, 并且 (在 C_0 上 $\langle f, \varphi \rangle \equiv 0$) $\Leftrightarrow$ (在函数 f 在 $\mathbb{R}$ 上的所有连续点处 $f(x) = 0$, 即在 $\mathbb{R}$ 上几乎处处 $f(x) = 0$). 因此, 在这种情况下可以得到等价函数类到 $\mathcal{L}(C_0, \mathbb{R})$ 的嵌入, 如果把仅在零测度集上有区别的局部可积函数归入一个等价类.

于是, 可以把 $\mathbb{R}$ 上的局部可积函数 f (更准确地说, 它们的等价类) 按照公式 (12) 解释为线性泛函 $A_f \in \mathcal{L}(C_0, \mathbb{R})$. 按照公式 (12) 实现的局部可积函数到空间 $\mathcal{L}(C_0, \mathbb{R})$ 的映射 $f \mapsto A_f = \langle f, \cdot \rangle$ 不是到整个空间 $\mathcal{L}(C_0, \mathbb{R})$ 上的映射, 所以在把函数解释为 $\mathcal{L}(C_0, \mathbb{R})$ 的元素 (即泛函) 时, 除了被解释为形如 (12) 的泛函的经典函数, 我们还得到没有经典函数原像的新的函数 (泛函).

例 9. 泛函 $\delta \in \mathcal{L}(C_0, \mathbb{R})$ 由关系式

$$\langle \delta, \varphi \rangle := \delta(\varphi) := \varphi(0) \tag{13}$$

确定, 该关系式对于任何函数 $\varphi \in C_0$ 都应当成立.

可以验证 (见习题 7), $\mathbb{R}$ 上的任何局部可积函数 f 都不能把泛函 δ 表示为 (12) 的形式.

于是, 我们把经典的局部可积函数集放入一个更大的线性泛函集之中. 这些线性泛函称为广义函数或分布 (下面将给出精确的定义). 广泛使用的术语 "分布" 来自物理学.

例 10. 设单位质量 (或单位电荷) 分布在 $\mathbb{R}$ 上. 如果该分布在某种意义下是充分正规的, 例如, 它在 $\mathbb{R}$ 上具有连续的或可积的密度 $\rho(x)$, 则质量 M 与其他的由函数 $\varphi \in C_0^{(\infty)}$ 描述的对象的相互作用可以用以下泛函的形式给出:

$$M(\varphi) = \int_{\mathbb{R}} \rho(x) \varphi(x) \, dx.$$

对于奇异分布, 例如, 当全部质量 M 集中于一个点时, 可以 "逐层涂抹" 质量并利用 δ 型正则分布族解释极限点的情况, 从而得到, 质量 M 与上述其他对象的相互作用应当表示为公式

$$M(\varphi) = \varphi(0).$$

这个公式表明, 应当认为 $\mathbb{R}$ 上的这种质量分布等同于 $\mathbb{R}$ 上的 δ 函数 (13).

有了上述初步研究, 就可以理解下面的一般定义.

定义 6. 设 P 是由函数构成的线性空间, 并且在 P 中定义了函数的收敛性. 这样的空间以后称为基本函数空间或检验函数空间.

由 P 上的线性连续 (实值或复值) 泛函构成的线性空间 P' 称为 P 上的广义函数空间或分布空间. 这时还假设, 如果在 P' 中引入的收敛性是泛函的弱收敛性 (逐点收敛性), 即
$$P' \ni A_n \to A \in P' := \forall \varphi \in P \, (A_n(\varphi) \to A(\varphi)),$$
则每一个元素 $f \in P$ 产生某一个泛函 (广义函数或分布) $A_f = \langle f, \cdot \rangle \in P'$, 并且映射 $f \mapsto A_f$ 是 P 到 P' 的连续嵌入.

当 G 是 $\mathbb{R}$ 的任意开子集 (也可以是 $\mathbb{R}$), P 是由 G 中的具有紧支撑集的无限次可微函数构成的线性空间 $C_0^{(\infty)}(G, \mathbb{C})$ 时, 我们在这种具体情况下给出一个更细致的定义.

定义 7 (空间 $\mathcal{D}$ 和 $\mathcal{D}'$). 按照以下方式引入 $C_0^{(\infty)}(G, \mathbb{C})$ 中的收敛性: 认为由函数 $\varphi_n \in C_0^{(\infty)}(G, \mathbb{C})$ 构成的序列 $\{\varphi_n\}$ 收敛到函数 $\varphi \in C_0^{(\infty)}(G, \mathbb{C})$, 如果紧集 $K \subset G$ 存在, 使序列 $\{\varphi_n\}$ 中所有函数的支撑集都包含在 K 中, 并且对于任何值 $m = 0, 1, 2, \cdots$, 当 $n \to \infty$ 时, 在 K 上 (从而也在 G 上) $\varphi_n^{(m)} \rightrightarrows \varphi^{(m)}$.

这时得到的具有给定收敛性的线性空间通常记为 $\mathcal{D}(G)$, 当 $G = \mathbb{R}$ 时记为 $\mathcal{D}$.

与该基本函数空间 (检验函数空间) 相对应的广义函数空间 (分布空间) 分别记为 $\mathcal{D}'(G)$ 和 $\mathcal{D}'$.

在本节和以后各节中, 除了上述空间 $\mathcal{D}'(G)$ 的元素, 我们不考虑其他广义函数. 因此, 在没有专门说明时, 分布或广义函数的术语仅用于 $\mathcal{D}'(G)$ 的元素.

定义 8. 分布 $F \in \mathcal{D}'(G)$ 称为正则分布或正则广义函数, 如果它可以表示为
$$F(\varphi) = \int_G f(x)\varphi(x)\,dx, \quad \varphi \in \mathcal{D}(G),$$
其中 f 是 G 中的局部可积函数. 非正则分布称为奇异分布或奇异广义函数.

按照该定义, (例 9 中的) δ 函数是奇异广义函数.

作用在基本函数 (检验函数) φ 上的广义函数 (分布) 仍然记为 $F(\varphi)$ 或 $\langle F, \varphi \rangle$.

我们之所以引入广义函数的定义, 是为了使用与广义函数有关的数学工具. 在转入技术层面的讨论之前, 我们指出, 广义函数的概念本身也像大部分数学概念一样是经过一定的发展阶段才诞生的, 其萌芽形式出现在一系列数学家的著作中.

从狄拉克开始, 物理学家们早在 20 世纪 20 年代末到 30 年代初就已经积极地使用了 δ 函数并尝试了奇异广义函数运算, 并没有因为缺乏应有的数学理论而困窘不安.

索伯列夫[1]以明确形式提出了广义函数的思想, 在 30 年代中期奠定了广义函数理论的数学基础. 分布理论的现代发展状态在相当大的程度上与施瓦兹在 40 年代末的工作有关[2]. 因此, 例如, 广义函数空间 $\mathcal{D}'$ 经常称为索伯列夫–施瓦兹广义函数空间.

现在叙述分布理论的某些基础内容. 该理论工具直到今天仍然在发展和扩充, 这主要与微分方程理论、数学物理方程、泛函分析以及它们的应用等方面的需求有关.

为了书写简洁, 我们以后只考虑 $\mathcal{D}'$ 类广义函数, 虽然从定义和证明可以看出, 它们的所有性质对于任何 $\mathcal{D}'(G)$ 类分布 (其中 G 是 $\mathbb{R}$ 的任意开集) 仍然成立.

从经典函数 (即正则广义函数) 的积分关系式出发, 可以定义分布的多种运算.

b. 分布与函数的乘法运算. 如果 f 是 $\mathbb{R}$ 上的局部可积函数, $g \in C^{(\infty)}$, 则对于任何函数 $\varphi \in C_0^{(\infty)}$, 一方面, $g\varphi \in C_0^{(\infty)}$, 另一方面, 等式

$$\int_{\mathbb{R}} (f \cdot g)(x) \varphi(x) \, dx = \int_{\mathbb{R}} f(x)(g \cdot \varphi)(x) \, dx$$

显然成立, 它在另一种记号下的形式为

$$\langle f \cdot g, \varphi \rangle = \langle f, g \cdot \varphi \rangle.$$

正则广义函数的这个关系式是定义分布 $F \cdot g$ 的基础, 它是分布 $F \in \mathcal{D}'$ 与函数 $g \in C^{(\infty)}$ 的积:

$$\langle F \cdot g, \varphi \rangle := \langle F, g \cdot \varphi \rangle. \tag{14}$$

等式 (14) 的右边有定义, 从而给出泛函 $F \cdot g$ 在任何一个函数 $\varphi \in \mathcal{D}$ 上的值, 即给出泛函 $F \cdot g$ 本身.

例 11. 考虑分布 $\delta \cdot g$ 的作用, 其中 $g \in C^{(\infty)}$. 根据定义 (14) 和分布 δ 的定义, 得到

$$\langle \delta \cdot g, \varphi \rangle := \langle \delta, g \cdot \varphi \rangle := (g \cdot \varphi)(0) := g(0)\varphi(0).$$

c. 广义函数的微分运算. 如果 $f \in C^{(1)}$, $\varphi \in C_0^{(\infty)}$, 则用分部积分法得到等式

$$\int_{\mathbb{R}} f'(x)\varphi(x) \, dx = -\int_{\mathbb{R}} f(x)\varphi'(x) \, dx. \tag{15}$$

这个等式是广义函数 $F \in \mathcal{D}'$ 的微分运算的以下基本定义的出发点:

$$\langle F', \varphi \rangle := -\langle F, \varphi' \rangle. \tag{16}$$

---

[1] 索伯列夫 (С. Л. Соболев, 1908–1989) 是苏联的大数学家之一.
[2] 施瓦兹 (L. Schwartz, 1915–2002) 是著名的法国数学家, 他因为上述工作而在 1950 年国际数学家大会上被授予专为青年数学家设置的菲尔兹奖.

例 12. 如果 $f \in C^{(1)}$, 则 f 在经典意义下的导数等于 f 在分布理论中的导数 (自然按照常规认为经典函数等同于相应的正则广义函数). 这得自关系式 (15) 和 (16), 因为当函数 f 产生分布 F 时, 这两个关系式的右边相同.

例 13. 取赫维赛德[①]函数
$$H(x) = \begin{cases} 0, & x < 0, \\ 1, & x \geqslant 0, \end{cases}$$
有时也称之为单位阶梯函数. 它在经典意义下是间断函数. 如果认为它是广义函数, 我们来求它的导数 H'.

根据赫维赛德函数所对应的正则广义函数 H 的定义和关系式 (16), 我们求出
$$\langle H', \varphi \rangle := -\langle H, \varphi' \rangle := -\int_{-\infty}^{+\infty} H(x)\varphi'(x)\,dx = -\int_{0}^{+\infty} \varphi'(x)\,dx = \varphi(0),$$
因为 $\varphi \in C_0^{(\infty)}$. 于是, $\langle H', \varphi \rangle = \langle \delta, \varphi \rangle$ 对于任何 $\varphi \in C_0^{(\infty)}$ 都成立, 即 $H' = \delta$.

例 14. 计算 $\langle \delta', \varphi \rangle$:
$$\langle \delta', \varphi \rangle := -\langle \delta, \varphi' \rangle := -\varphi'(0).$$

自然, 为了在广义函数理论中定义高阶导数, 取 $F^{(n+1)} := (F^{(n)})'$, 这与经典情况一样.

对比最后两个例子的结果, 可以写出
$$\langle H'', \varphi \rangle = -\varphi'(0).$$

例 15. 证明 $\langle \delta^{(n)}, \varphi \rangle = (-1)^n \varphi^{(n)}(0)$.

◀ 当 $n = 0$ 时, 这是 δ 函数的定义.

我们在例 14 中看到, 上述等式在 $n = 1$ 时也成立.

假设已经证明了它对于固定值 $n \in \mathbb{N}$ 成立, 我们用归纳法完成证明. 根据定义 (16) 求出
$$\langle \delta^{(n+1)}, \varphi \rangle := \langle (\delta^{(n)})', \varphi \rangle := -\langle \delta^{(n)}, \varphi' \rangle = -(-1)^n (\varphi')^{(n)}(0) = (-1)^{n+1} \varphi^{(n+1)}(0). \blacktriangleright$$

例 16. 设函数 $f : \mathbb{R} \to \mathbb{C}$ 分别在 $x < 0$ 和 $x > 0$ 时连续可微, 并且其单侧极限 $f(-0), f(+0)$ 在点 0 存在. 用 $\int f(0)$ 表示函数在点 0 的突变值 $f(+0) - f(-0)$, 用 f' 表示函数 f 在分布理论意义下的导数, 用 $\{f'\}$ 表示分别在 $x < 0$ 和 $x > 0$ 时等于 f 的普通导数的函数所确定的分布. 最后提到的函数当 $x = 0$ 时没有定义, 但这对于利用积分由它确定的正则分布 $\{f'\}$ 无关紧要.

[①] 赫维赛德 (O. Heaviside, 1850—1925) 是英国物理学家和工程师, 他通过符号运算提出了一种现在被称为算子演算或算子分析的重要数学工具.

我们在例 12 中已指出，如果 $f \in C^{(1)}$，则 $f' = \{f'\}$. 我们来证明，在一般情况下并非如此，但以下重要公式成立：
$$f' = \{f'\} + \int f(0) \cdot \delta. \tag{17}$$

◀ 其实，
$$\langle f', \varphi \rangle = -\langle f, \varphi' \rangle = -\int_{-\infty}^{\infty} f(x)\varphi'(x)\,dx = -\left(\int_{-\infty}^{0} + \int_{0}^{\infty}\right)(f(x)\varphi'(x))\,dx$$
$$= -\left((f \cdot \varphi)(x)\big|_{-\infty}^{0} - \int_{-\infty}^{0} f'(x)\varphi(x)\,dx + (f \cdot \varphi)(x)\big|_{0}^{\infty} - \int_{0}^{\infty} f'(x)\varphi(x)\,dx\right)$$
$$= (f(+0) - f(-0))\varphi(0) + \int_{-\infty}^{\infty} f'(x)\varphi(x)\,dx = \langle \int f(0) \cdot \delta, \varphi \rangle + \langle \{f'\}, \varphi \rangle. \blacktriangleright$$

如果函数 $f : \mathbb{R} \to \mathbb{C}$ 在区间 $x < 0$ 和 $x > 0$ 上的前 m 阶导数存在并且连续，它们在 $x = 0$ 处具有两个单侧极限，则重复公式 (17) 的推导过程中的讨论，得到
$$f^{(m)} = \{f^{(m)}\} + \int f(0) \cdot \delta^{(m-1)} + \int f'(0) \cdot \delta^{(m-2)} + \cdots + \int f^{(m-1)}(0) \cdot \delta. \tag{18}$$

现在指出广义函数微分运算的某些性质.

命题 6. a) 任何广义函数 $F \in \mathcal{D}'$ 都是无穷次可微的.
b) 微分算子 $D : \mathcal{D}' \to \mathcal{D}'$ 是线性的.
c) 如果 $F \in \mathcal{D}'$, $g \in C^{(\infty)}$，则 $(F \cdot g) \in \mathcal{D}'$，并且莱布尼茨公式成立：
$$(F \cdot g)^{(m)} = \sum_{k=0}^{m} C_m^k F^{(k)} \cdot g^{(m-k)}.$$
d) 微分算子 $D : \mathcal{D}' \to \mathcal{D}'$ 是连续的.
e) 如果由局部可积函数 $f_k : \mathbb{R} \to \mathbb{C}$ 组成的级数 $\sum_{k=1}^{\infty} f_k(x) = S(x)$ 在 $\mathbb{R}$ 中的每一个紧集上一致收敛，则在广义函数的意义下可以对它进行任意次逐项微分运算，由此得到的级数在 $\mathcal{D}'$ 中收敛.

◀ a) $\langle F^{(m)}, \varphi \rangle := -\langle F^{(m-1)}, \varphi' \rangle := (-1)^m \langle F, \varphi^{(m)} \rangle.$
b) 显然.
c) 在 $m = 1$ 时验证公式：
$$\langle (F \cdot g)', \varphi \rangle := -\langle F \cdot g, \varphi' \rangle := -\langle F, g \cdot \varphi' \rangle = -\langle F, (g \cdot \varphi)' - g' \cdot \varphi \rangle$$
$$= \langle F', g \cdot \varphi \rangle + \langle F, g' \cdot \varphi \rangle = \langle F' \cdot g, \varphi \rangle + \langle F \cdot g', \varphi \rangle = \langle F' \cdot g + F \cdot g', \varphi \rangle.$$

现在可以用归纳法证明一般情况下的公式.

d) 设当 $m \to \infty$ 时在 $\mathcal{D}'$ 中 $F_m \to F$，即当 $m \to \infty$ 时，对于任何函数 $\varphi \in \mathcal{D}$，都有 $\langle F_m, \varphi \rangle \to \langle F, \varphi \rangle$. 于是，
$$\langle F_m', \varphi \rangle := -\langle F_m, \varphi' \rangle \to -\langle F, \varphi' \rangle =: \langle F', \varphi \rangle.$$

e) 在上述条件下, 级数的和 $S(x)$ 作为局部可积函数 $S_m(x) = \sum_{k=1}^{m} f_k(x)$ 在紧集上的一致极限, 其本身也是局部可积的. 还需要指出, 对于任何函数 $\varphi \in \mathcal{D}$ (即具有紧支集的无穷次可微函数), 关系式

$$\langle S_m, \varphi \rangle = \int_{\mathbb{R}} S_m(x)\varphi(x)\,dx \to \int_{\mathbb{R}} S(x)\varphi(x)\,dx = \langle S, \varphi \rangle$$

成立. 现在, 根据 d) 中已经被证明的结论可知, 当 $m \to \infty$ 时 $S'_m \to S'$. ▶

我们看到, 广义函数的微分运算不仅保持了经典微分运算的重要性质, 而且具有一系列新的绝妙性质, 从而大大增加了运算的灵活性. 这种灵活性在经典情形下并不存在, 因为那里存在不可微函数, 并且经典微分运算关于极限过程是不稳定的 (缺乏连续性).

d. 基本解和卷积. 在本小节开始, 我们讨论了单位脉冲和仪器的装置函数的直观概念. 在例 7 中指出了一个能够自然产生相对于时间的平移不变线性算子的最简单的机械系统. 通过研究这个系统, 我们得到了该算子的装置函数 E 所应该满足的方程 (11).

在本小节最后, 我们重新回到这些问题, 但现在的目的是用广义函数语言给出它们的合适的数学描述.

首先理解方程 (11) 的意义. 它的右边是广义函数 δ, 所以应当把关系式 (11) 解释为广义函数的等式. 因为我们知道广义函数的微分运算和线性运算, 所以现在即使在广义函数的意义下也可以理解方程 (11) 的左边.

我们来尝试求解方程 (11).

当 $t < 0$ 时, 系统处于静止状态. 当 $t = 0$ 时, 质点受到单位脉冲作用, 从而在时刻 $t = 0$ 获得了速度 $v = v(0)$, 并且 $mv = 1$. 当 $t > 0$ 时, 系统不受外力作用, 其运动规律 $x = x(t)$ 满足常微分方程

$$m\ddot{x} + kx = 0. \tag{19}$$

应当在初始条件 $x(0) = 0$, $\dot{x}(0) = v = 1/m$ 下求解这个方程.

这样的解是唯一的, 并且可以立刻写出:

$$x(t) = \frac{1}{\sqrt{km}} \sin \sqrt{\frac{k}{m}} t, \quad t \geq 0.$$

因为在我们的情况下，系统当 $t<0$ 时静止，所以可以断定

$$E(t)=\frac{H(t)}{\sqrt{km}}\sin\sqrt{\frac{k}{m}}t,\quad t\in\mathbb{R}, \tag{20}$$

其中 H 是赫维赛德函数 (见例 13).

我们利用广义函数微分运算法则和上述例题的结果验证，由等式 (20) 给出的函数 $E(t)$ 满足方程 (11).

为了简化书写，我们来验证，函数

$$e(x)=H(x)\frac{\sin\omega x}{\omega} \tag{21}$$

在分布理论的意义下满足方程

$$\left(\frac{d^2}{dx^2}+\omega^2\right)e=\delta. \tag{22}$$

其实，

$$\begin{aligned}\left(\frac{d^2}{dx^2}+\omega^2\right)e&=\frac{d^2}{dx^2}\left(H\frac{\sin\omega x}{\omega}\right)+\omega^2\left(H\frac{\sin\omega x}{\omega}\right)\\&=H''\frac{\sin\omega x}{\omega}+2H'\cos\omega x-\omega H(x)\sin\omega x+\omega H(x)\sin\omega x\\&=\delta'\frac{\sin\omega x}{\omega}+2\delta\cos\omega x.\end{aligned}$$

此外，对于任何函数 $\varphi\in\mathcal{D}$,

$$\begin{aligned}\left\langle\delta'\frac{\sin\omega x}{\omega}+2\delta\cos\omega x,\varphi\right\rangle&=\left\langle\delta',\frac{\sin\omega x}{\omega}\varphi\right\rangle+\langle\delta,2\varphi\cos\omega x\rangle\\&=-\left\langle\delta,\frac{d}{dx}\left(\frac{\sin\omega x}{\omega}\varphi\right)\right\rangle+2\varphi(0)\\&=-\left.\left(\cos\omega x\cdot\varphi(x)+\frac{\sin\omega x}{\omega}\varphi'(x)\right)\right|_{x=0}+2\varphi(0)\\&=\varphi(0)=\langle\delta,\varphi\rangle,\end{aligned}$$

从而验证了函数 (21) 满足方程 (22).

最后，我们引入以下定义.

定义 9. 在算子 $A:\mathcal{D}'\to\mathcal{D}'$ 的作用下变为函数 $\delta\in\mathcal{D}'$ 的广义函数 $E\in\mathcal{D}'$，即满足 $A(E)=\delta$ 的广义函数 E，称为算子 A 的基本解或格林函数 (装置函数或影响函数).

例 17. 根据这个定义，函数 (21) 是算子 $A=\left(\dfrac{d^2}{dx^2}+\omega^2\right)$ 的基本解，因为它满足方程 (22).

§4. 函数的卷积和广义函数的初步知识

函数 (20) 满足方程 (11), 即它是算子 $A = \left(m\dfrac{d^2}{dt^2} + k\right)$ 的格林函数. 在第 1 小节中已经讨论了平移不变算子的装置函数的基本作用并得到了公式 (1). 根据这个公式, 现在可以写出方程 (10) 的满足在例 7 中所指出的初始条件的解:

$$x(t) = (f * E)(t) = \int_{-\infty}^{+\infty} f(t-\tau) H(\tau) \frac{\sin\sqrt{k/m}\,\tau}{\sqrt{km}} d\tau, \tag{23}$$

$$x(t) = \frac{1}{\sqrt{km}} \int_0^{+\infty} f(t-\tau) \sin\sqrt{\frac{k}{m}}\,\tau\, d\tau. \tag{24}$$

考虑到卷积和基本解的重要作用, 显然, 我们也希望定义广义函数的卷积. 在分布理论中正是这样做的, 但我们不再继续讨论. 我们仅仅指出, 在正则分布的情况下, 广义函数的卷积的定义等价于函数卷积的上述经典定义.

习 题

1. a) 请验证卷积的结合律: $u * (v * w) = (u * v) * w$.

b) 照例设 $\Gamma(\alpha)$ 是 Γ 函数, $H(x)$ 是赫维赛德函数. 取 $H_\lambda^\alpha(x) := H(x)\dfrac{x^{\alpha-1}}{\Gamma(\alpha)}e^{\lambda x}$, 其中 $\alpha > 0$, $\lambda \in \mathbb{C}$. 请证明: $H_\lambda^\alpha * H_\lambda^\beta = H_\lambda^{\alpha+\beta}$.

c) 请验证: $F = H(x)\dfrac{x^{n-1}}{(n-1)!}e^{\lambda x}$ 是函数 $f = H(x)e^{\lambda x}$ 的 n 次幂卷积, 即 $F = \underbrace{f * f * \cdots * f}_{n}$.

2. 函数 $G_\sigma(x) = \dfrac{1}{\sigma\sqrt{2\pi}}e^{-x^2/2\sigma^2}$ $(\sigma > 0)$ 给出高斯分布 (正态分布) 中的概率分布密度.

a) 请在参变量 σ 取不同值时画出函数 $G_\sigma(x)$ 的图像.

b) 请验证: 具有概率分布密度 G_α 的随机变量的数学期望 (平均值) 等于零, 即

$$\int_{\mathbb{R}} x G_\sigma(x)\, dx = 0.$$

c) 请证明: 随机变量 x 与其平均值的均方差 (x 的标准差, 即 x 与其平均值之差的平方的平均值的平方根) 等于 σ, 即

$$\left(\int_{\mathbb{R}} x^2 G_\sigma(x)\, dx\right)^{1/2} = \sigma.$$

d) 在概率论中可以证明, 两个独立随机变量之和的概率分布密度等于它们的概率分布密度的卷积. 请证明: $G_\alpha * G_\beta = G_{(\alpha^2+\beta^2)^{1/2}}$.

e) 请证明: 符合正态分布 G_δ 的 n 个相同类型的随机变量 (例如同一个对象的 n 个独立测量值) 之和的分布密度为 $G_{\sigma\sqrt{n}}$. 特别地, 由此可知, n 个这样的测量值的算术平均值的误差的期望量级等于 $\sigma/\sqrt{n}$, 其中 σ 是单独一次测量的概然误差.

3. 我们知道, 函数 $A(x) = \sum\limits_{n=0}^{\infty} a_n x^n$ 称为数列 $a_0, a_1, \cdots$ 的生成函数.

设给定两个数列 $\{a_k\}, \{b_k\}$. 如果认为当 $k < 0$ 时 $a_k = b_k = 0$, 则自然把数列 $\{a_k\}$ 与 $\{b_k\}$ 的卷积定义为数列 $\{c_k = \sum\limits_{m} a_m b_{k-m}\}$. 请证明: 两个数列的卷积的生成函数等于这两个数列的生成函数之积.

4. a) 请验证: 如果卷积 $u * v$ 有定义, 函数 u, v 中的一个是以 T 为周期的周期函数, 则 $u * v$ 也是以 T 为周期的周期函数.

b) 请证明用三角多项式逼近连续周期函数的魏尔斯特拉斯定理 (见附注 5).

c) 请证明在附注 4 中指出的加强的魏尔斯特拉斯逼近定理.

5. a) 设紧集 $K \subset \mathbb{R}$ 严格包含命题 5 中的集合 E 的闭包 $\overline{E}$ 于自己内部. 请证明: 当 $k \to \infty$ 时, 在 E 上 $\int_K f(y)\Delta_k(x-y)\,dy \rightrightarrows f(x)$.

b) 请从展开式 $(1-z)^{-1} = 1 + z + z^2 + \cdots$ 推出: 当 $0 \leqslant \rho < 1$ 时,
$$g(\rho, \theta) := \frac{1+\rho e^{i\theta}}{2(1-\rho e^{i\theta})} = \frac{1}{2} + \rho e^{i\theta} + \rho^2 e^{i2\theta} + \cdots.$$

c) 请验证: 当 $0 \leqslant \rho < 1$ 时,
$$P_\rho(\theta) := \operatorname{Re} g(\rho, \theta) = \frac{1}{2} + \rho\cos\theta + \rho^2\cos 2\theta + \cdots;$$

函数 $P_\rho(\theta)$ 具有以下形式:
$$P_\rho(\theta) = \frac{1}{2}\frac{1-\rho^2}{1-2\rho\cos\theta + \rho^2},$$

它称为圆的泊松核.

d) 请证明: 由依赖于参变量 $\rho \in [0, 1[$ 的函数 $P_\rho(\theta)$ 构成的函数族具有以下性质:
$$P_\rho(\theta) \geqslant 0; \quad \frac{1}{\pi}\int_0^{2\pi} P_\rho(\theta)d\theta = 1; \quad 当 \rho \to 1-0 时, \int_{\varepsilon>0}^{2\pi-\varepsilon} P_\rho(\theta)\,d\theta \to 0.$$

e) 请证明: 如果 $f \in C[0, 2\pi]$, 则函数
$$u(\rho, \theta) = \frac{1}{\pi}\int_0^{2\pi} P_\rho(\theta-t)f(t)\,dt$$

在圆 $\rho < 1$ 内是调和函数, 并且当 $\rho \to 1-0$ 时 $u(\rho, \theta) \rightrightarrows f(\theta)$. 因此, 利用泊松核能够在圆内构造在其边界上取给定边界值的调和函数.

f) 如果局部可积函数 u, v 是周期函数并且具有相同的周期 T, 就可以按照以下方式合理地定义卷积 (周期卷积) 运算:
$$(u \underset{T}{*} v)(x) := \int_a^{a+T} u(y)v(x-y)\,dy.$$

$\mathbb{R}$ 上的周期函数可以解释为定义在圆周上的函数, 所以自然认为上述运算是在圆周上给定的两个函数的卷积的定义.

请证明: 如果 $f(\theta)$ 是 $\mathbb{R}$ 上的以 2π 为周期的局部可积函数 (即 f 是圆周上的函数), 并且由依赖于参变量 ρ 的函数 $P_\rho(\theta)$ 构成的函数族具有在 d) 中列举出来的泊松核的性质, 则当 $\rho \to 1-0$ 时, 在函数 f 的任何连续点, $(f \underset{2\pi}{*} P_\rho)(\theta) \to f(\theta)$.

6. a) 设
$$\varphi(x) := \begin{cases} a \cdot \exp\left(\dfrac{1}{|x|^2-1}\right), & |x| < 1, \\ 0, & |x| \geqslant 1, \end{cases}$$

其中 a 是利用条件 $\int_\mathbb{R} \varphi(x)\,dx = 1$ 选取的常数. 请验证: 当 $\alpha \to +0$ 时, 函数族 $\varphi_\alpha(x) = \dfrac{1}{\alpha}\varphi\left(\dfrac{x}{\alpha}\right)$ 是 $\mathbb{R}$ 上的 $C_0^{(\infty)}$ 类 δ 型函数族.

b) 对于任何区间 $I \subset \mathbb{R}$ 和任何 $\varepsilon > 0$, 请构造具有以下性质的 $C_0^{(\infty)}$ 类函数 $e(x)$: 在 $\mathbb{R}$ 上 $0 \leqslant e(x) \leqslant 1$; $e(x) = 1 \Leftrightarrow x \in I$; $\operatorname{supp} e \subset I_\varepsilon$, 其中 I_ε 是 $\mathbb{R}$ 中的集合 I 的 ε 邻域 (请验证: 如果取相应的值 $\alpha > 0$, 则可以取 $\chi_I * \varphi_\alpha$ 作为 $e(x)$).

c) 请证明: 对于任何 $\varepsilon > 0$, 由函数 $e_k \in C_0^{(\infty)}$ 构成并且具有以下性质的可数的函数族 $\{e_k\}$ ($\mathbb{R}$ 上的单位区间的 ε 分割) 存在: $\forall k \in \mathbb{N}, \forall x \in \mathbb{R}\ (0 \leqslant e_k(x) \leqslant 1)$; 该函数族中任何函数的支撑集 $\operatorname{supp} e_k$ 的直径不大于 $\varepsilon > 0$; 任何一个点 $x \in \mathbb{R}$ 只属于有限个集合 $\operatorname{supp} e_k$; 在 $\mathbb{R}$ 上 $\sum_k e_k(x) \equiv 1$.

d) 请证明: 对于开集 $G \subset \mathbb{R}$ 上的任何开覆盖 $\{U_\gamma, \gamma \in \Gamma\}$ 和任何函数 $\varphi \in C^{(\infty)}(G)$, 由函数 $\varphi_k \in C_0^{(\infty)}$ 构成并且具有以下性质的序列 $\{\varphi_k, k \in \mathbb{N}\}$ 存在: $\forall k \in \mathbb{N}, \exists \gamma \in \Gamma\ (\operatorname{supp}\varphi_k \subset U_\gamma)$; 任何一个点 $x \in G$ 只属于有限个集合 $\operatorname{supp}\varphi_k$; 在 G 上 $\sum_k \varphi_k(x) = \varphi(x)$.

e) 请证明: 广义函数意义下的可积函数集合 $C_0^{(\infty)}(G)$ 在相应正则广义函数集合 $C^{(\infty)}(G)$ 中处处稠密.

f) 设 F_1, F_2 是 $\mathcal{D}'(G)$ 中的两个广义函数, $U \subset G$ 是开集. 如果等式 $\langle F_1, \varphi \rangle = \langle F_2, \varphi \rangle$ 对于 U 中有支撑集的任何 $\varphi \in \mathcal{D}(G)$ 都成立, 就认为这两个广义函数在开集 U 上相等. 如果 F_1, F_2 在点 $x \in G$ 的某个开邻域 $U(x) \subset G$ 上相等, 就认为这两个广义函数在点 x 局部相等. 请证明: $(F_1 = F_2) \Leftrightarrow (F_1 = F_2$ 在任何点 $x \in G$ 局部成立$)$.

7. a) 设
$$\varphi(x) := \begin{cases} \exp\left(\dfrac{1}{|x|^2 - 1}\right), & |x| < 1, \\ 0, & |x| \geqslant 1. \end{cases}$$

请证明: 对于 $\mathbb{R}$ 上的任何局部可积函数 f, 当 $\varepsilon \to +0$ 时, $\int_\mathbb{R} f(x) \varphi_\varepsilon(x)\,dx \to 0$, 其中 $\varphi_\varepsilon(x) = \varphi(x/\varepsilon)$.

b) 请利用以上结果和 $\langle \delta, \varphi_\varepsilon \rangle = \varphi(0) \neq 0$ 证明: 广义函数 δ 不是正则的.

c) 请证明: 在 $\mathcal{D}'$ 中收敛到广义函数 δ 的正则广义函数序列 (甚至 $C_0^{(\infty)}$ 类函数序列) 存在. (其实, 任何广义函数都是与 $\mathcal{D} = C_0^{(\infty)}$ 中的函数相对应的正则广义函数的极限. 在这个意义下, 正则广义函数组成在 $\mathcal{D}'$ 中处处稠密的集合, 这类似于有理数集 $\mathbb{Q}$ 在实数集 $\mathbb{R}$ 中处处稠密.)

8. a) 请计算下列广义函数 $F \in \mathcal{D}'$ 在函数 $\varphi \in \mathcal{D}$ 上的值 $\langle F, \varphi \rangle$: $F = \sin x \delta$; $F = 2\cos x \delta$; $F = (1 + x^2)\delta$.

b) 请验证: 乘以函数 $\psi \in C^{(\infty)}$ 的运算 $F \mapsto \psi F$ 是 $\mathcal{D}'$ 中的连续运算.

c) 请验证: 广义函数的线性运算在 $\mathcal{D}'$ 中是连续的.

9. a) 请证明: 如果 F 是由函数
$$f(x) = \begin{cases} 0, & x \leqslant 0, \\ x, & x > 0 \end{cases}$$

产生的正则分布, 则 $F' = H$, 其中 H 是赫维赛德函数所对应的分布.

b) 请计算函数 $|x|$ 所对应的分布的导数.

10. a) 请验证: 以下极限运算在 $\mathcal{D}'$ 中成立:
$$\lim_{\alpha \to +0} \frac{\alpha}{x^2 + \alpha^2} = \pi \delta, \quad \lim_{\alpha \to +0} \frac{\alpha x}{\alpha^2 + x^2} = 0.$$

b) 请证明: 如果 $f = f(x)$ 是 $\mathbb{R}$ 上的局部可积函数, 而 $f_\varepsilon = f(x + \varepsilon)$, 则当 $\varepsilon \to 0$ 时, 在 $\mathcal{D}'$ 中 $f_\varepsilon \to f$.

c) 请证明: 如果当 $\alpha \to 0$ 时, $\{\Delta_\alpha\}$ 是 δ 型光滑函数族, 则这时 $F_\alpha = \int_{-\infty}^{x} \Delta_\alpha(t)\, dt \to H$, 其中 H 是赫维赛德函数所对应的广义函数.

11. a) 通常用 $\delta(x - a)$ 表示"平移到点 a 的 δ 函数", 即按照运算法则 $\langle \delta(x - a), \varphi \rangle = \varphi(a)$ 作用在函数 $\varphi \in \mathcal{D}$ 上的广义函数. 请证明: 级数 $\sum_{k \in \mathbb{Z}} \delta(x - k)$ 在 $\mathcal{D}'$ 中收敛.

b) 请求出函数 $[x]$ 的导数 ($[x]$ 是数 x 的整数部分).

c) 设在 $\mathbb{R}$ 上以 2π 为周期的函数在区间 $]0, 2\pi]$ 上由公式 $f|_{]0, 2\pi]}(x) = \frac{1}{2} - \frac{x}{2\pi}$ 给出. 请证明: $f' = -\frac{1}{2\pi} + \sum_{k \in \mathbb{Z}} \delta(x - 2\pi k)$.

d) 请验证: 当 $\varepsilon \to 0$ 时, $\delta(x - \varepsilon) \to \delta(x)$.

e) 沿用上面的记号, 用 $\delta(x - \varepsilon)$ 表示平移到点 ε 的 δ 函数. 请通过直接计算证明: 当 $\varepsilon \to 0$ 时, $\frac{1}{\varepsilon}(\delta(x - \varepsilon) - \delta(x)) \to -\delta'(x) = -\delta'$.

f) 根据上面的极限运算, 请把 $-\delta'$ 解释为位于点 $x = 0$ 的具有电偶极矩 $+1$ 的偶极子所对应的电荷分布. 请验证: $\langle -\delta', 1 \rangle = 0$ (偶极子的总电荷为零), $\langle -\delta', x \rangle = 1$ (它的矩确实为 1).

g) δ 函数的齐次性是它的一个重要性质: $\delta(\lambda x) = \lambda^{-1} \delta(x)$. 请证明这个等式.

12. a) 对于用 $\langle F, \varphi \rangle = \int_0^\infty \sqrt{x}\, \varphi(x)\, dx$ 的形式给出的广义函数 F, 请验证以下等式:

$$\langle F', \varphi \rangle = \frac{1}{2} \int_0^{+\infty} \frac{\varphi(x)}{\sqrt{x}}\, dx,$$

$$\langle F'', \varphi \rangle = -\frac{1}{4} \int_0^{+\infty} \frac{\varphi(x) - \varphi(0)}{x^{3/2}}\, dx,$$

$$\langle F''', \varphi \rangle = \frac{3}{8} \int_0^{+\infty} \frac{\varphi(x) - \varphi(0) - x\varphi'(0)}{x^{5/2}}\, dx,$$

$$\vdots$$

$$\langle F^{(n)}, \varphi \rangle = \frac{(-1)^{(n-1)}(2n - 3)!!}{2^n} \int_0^{+\infty} \frac{\varphi(x) - \varphi(0) - x\varphi'(0) - \cdots - \frac{x^{n-2}}{(n-2)!}\varphi^{(n-2)}(0)}{x^{(2n-1)/2}}\, dx.$$

b) 请证明: 如果 $n - 1 < p < n$, 而广义函数 x_+^{-p} 由关系式

$$\langle x_+^{-p}, \varphi \rangle := \int_0^{+\infty} \frac{\varphi(x) - \varphi(0) - x\varphi'(0) - \cdots - \frac{x^{n-2}}{(n-2)!}\varphi^{(n-2)}(0)}{x^p}\, dx$$

给出, 则它的导数是由以下关系式确定的广义函数 $-px_+^{-(p+1)}$:

$$\langle -px_+^{-(p+1)}, \varphi \rangle = -p \int_0^{+\infty} \frac{\varphi(x) - \varphi(0) - x\varphi'(0) - \cdots - \frac{x^{n-1}}{(n-1)!}\varphi^{(n-1)}(0)}{x^{p+1}}\, dx.$$

13. 用记号 $\mathcal{P}\dfrac{1}{x}$ 表示由以下等式确定的广义函数:

$$\langle F, \varphi \rangle := \text{V.P.} \int_{-\infty}^{+\infty} \frac{\varphi(x)}{x} dx \quad \left(:= \lim_{\varepsilon \to +0} \left(\int_{-\infty}^{-\varepsilon} + \int_{\varepsilon}^{+\infty} \right) \frac{\varphi(x)}{x} dx \right).$$

请证明:

a) $\left\langle \mathcal{P}\dfrac{1}{x}, \varphi \right\rangle = \displaystyle\int_{0}^{+\infty} \dfrac{\varphi(x) - \varphi(-x)}{x} dx;$ \qquad b) $(\ln|x|)' = \mathcal{P}\dfrac{1}{x};$

c) $\left\langle \left(\mathcal{P}\dfrac{1}{x}\right)', \varphi \right\rangle = -\displaystyle\int_{0}^{+\infty} \dfrac{\varphi(x) + \varphi(-x) - 2\varphi(0)}{x^2} dx;$

d) $\dfrac{1}{x+i0} := \displaystyle\lim_{y \to +0} \dfrac{1}{x+iy} = -i\pi\delta + \mathcal{P}\dfrac{1}{x};$ \qquad e) $\displaystyle\lim_{\alpha \to +0} \dfrac{x}{x^2 + \alpha^2} = \mathcal{P}\dfrac{1}{x}.$

14. 在定义广义函数之积时会出现复杂情况. 例如, 函数 $|x|^{-2/3}$ 在 $\mathbb{R}$ 上绝对可积 (在反常积分的意义下), 它产生相应的广义函数 $\displaystyle\int_{-\infty}^{+\infty} |x|^{-2/3} \varphi(x) dx$, 但是它的平方 $|x|^{-4/3}$ 甚至在反常积分的意义下也不是可积函数. 以下问题的答案表明, 在 $\mathcal{D}'$ 中根本不能定义任何两个广义函数的满足结合律和交换律的自然的乘法运算.

a) 请证明: 对于任何函数 $f \in C^{(\infty)}$, 等式 $f(x)\delta = f(0)\delta$ 成立.

b) 请验证: 在 $\mathcal{D}'$ 中 $x\mathcal{P}\dfrac{1}{x} = 1$.

c) 假如把乘法运算推广到任何两个广义函数相乘的情况, 则它至少不满足结合律和交换律, 否则

$$0 = 0\mathcal{P}\dfrac{1}{x} = (x\delta(x))\mathcal{P}\dfrac{1}{x} = (\delta(x)x)\mathcal{P}\dfrac{1}{x} = \delta(x)\left(x\mathcal{P}\dfrac{1}{x}\right) = \delta(x)1 = 1\delta(x) = \delta.$$

15. a) 请证明: 一般不能单值地确定线性算子 $A: \mathcal{D}' \to \mathcal{D}'$ 的基本解 E, 因为它们彼此相差齐次方程 $Af = 0$ 的任何一个解.

b) 考虑微分算子

$$P\left(x, \dfrac{d}{dx}\right) := \dfrac{d^n}{dx^n} + a_1(x) \dfrac{d^{n-1}}{dx^{n-1}} + \cdots + a_n(x).$$

请证明: 如果 $u_0 = u_0(x)$ 是方程 $P\left(x, \dfrac{d}{dx}\right) u_0 = 0$ 的满足以下初始条件的解:

$$u_0(0) = \cdots = u_0^{(n-2)}(0) = 0, \quad u_0^{(n-1)}(0) = 1,$$

则函数 $E(x) = H(x)u_0(x)$ (其中 $H(x)$ 是赫维赛德函数) 是算子 $P\left(x, \dfrac{d}{dx}\right)$ 的基本解.

c) 请用上述方法求下列算子的基本解:

$$\left(\dfrac{d}{dx} + a\right), \quad \left(\dfrac{d^2}{dx^2} + a^2\right), \quad \dfrac{d^m}{dx^m}, \quad \left(\dfrac{d}{dx} + a\right)^m, \quad m \in \mathbb{N}.$$

d) 请利用所得结果和卷积求下列方程的解:

$$\dfrac{d^m u}{dx^m} = f, \quad \left(\dfrac{d}{dx} + a\right)^m u = f, \quad \text{其中 } f \in C(\mathbb{R}, \mathbb{R}).$$

§5. 含参变量的重积分

在本节前两小节中给出含参变量的常义和非常义重积分的性质. 一般结论是, 这些重积分的基本性质与以前详细研究过的一维积分的相应性质没有本质区别. 我们在第 3 小节中研究对应用很重要的具有变奇异性的反常积分. 最后, 在第 4 小节中研究多元函数的卷积以及广义函数的某些特殊的多维问题, 这些问题与含参变量的积分和数学分析中的经典积分公式有密切联系.

1. 含参变量的常义重积分. 设 X 是 $\mathbb{R}^n$ 的可测子集, 例如具有光滑或分段光滑边界的有界区域, 而 Y 是 $\mathbb{R}^m$ 的某个子集.

考虑含参变量 $y \in Y$ 的积分

$$F(y) = \int_X f(x, y) \, dx, \tag{1}$$

这里假设函数 f 在集合 $X \times Y$ 上有定义, 并且对于任何固定值 $y \in Y$ 都在 X 上可积.

对于积分 (1), 下列命题成立.

命题 1. 如果 $X \times Y$ 是 $\mathbb{R}^{n+m}$ 中的紧集, 而 $f \in C(X \times Y)$, 则 $F \in C(Y)$.

命题 2. 如果 Y 是 $\mathbb{R}^m$ 中的区域, $f \in C(X \times Y)$, $\dfrac{\partial f}{\partial y^i} \in C(X \times Y)$, 则函数 F 在 Y 中对变量 y^i 可微, 这里 $y = (y^1, \cdots, y^i, \cdots, y^m)$, 并且

$$\frac{\partial F}{\partial y^i}(y) = \int_X \frac{\partial f}{\partial y^i}(x, y) \, dx. \tag{2}$$

命题 3. 如果 X 和 Y 分别是 $\mathbb{R}^n$ 和 $\mathbb{R}^m$ 中的可测紧集, 而 $f \in C(X \times Y)$, 则 $F \in C(Y) \subset \mathcal{R}(Y)$, 并且

$$\int_Y F(y) \, dy := \int_Y dy \int_X f(x, y) \, dx = \int_X dx \int_Y f(x, y) \, dy. \tag{3}$$

我们指出, 函数 f 的值这时可以属于任何赋范向量空间 Z. 该空间的重要特例是 $\mathbb{R}$, $\mathbb{C}$, $\mathbb{R}^n$ 和 $\mathbb{C}^n$. 在这些空间中, 命题 1–3 的证明显然归结为当 $Z = \mathbb{R}$ 时的证明. 而当 $Z = \mathbb{R}$ 时, 命题 1 和 2 的证明完全重复一维积分的相应命题的证明 (见第十七章 §1), 而命题 3 是命题 1 和富比尼定理 (第十一章 §4) 的简单推论.

2. 含参变量的反常重积分. 如果积分 (1) 中的集合 $X \subset \mathbb{R}^n$ 或函数 f 是无界的, 就把它理解为反常重积分 (见第十一章 §6), 即 X 的相应穷举递增序列中的集合上的常义积分的极限. 在研究含参变量的反常重积分时, 我们通常对类似于前面研究过的一维情形的特殊的穷举递增序列感兴趣. 与一维情形完全一致, 这时从积分域 X 中去掉奇点[①]集的 ε 邻域, 求出集合 X 的剩余部分 X_ε 上的积分, 然后在

[①] 奇点的含义是, 在这样的点的任何邻域内, 函数 f 均无界. 如果集合 X 也是无界的, 则还要从 X 中去掉无穷远点的邻域.

$\varepsilon \to +0$ 时求 X_ε 上的积分值的极限.

如果上述极限运算关于参变量 $y \in Y$ 是一致的, 我们就说, 反常积分 (1) 在 Y 上一致收敛.

例 1. 利用极限运算

$$\iint\limits_{\mathbb{R}^2} e^{-\lambda(x^2+y^2)} dx\,dy := \lim_{\varepsilon \to +0} \iint\limits_{x^2+y^2 \leqslant 1/\varepsilon^2} e^{-\lambda(x^2+y^2)} dx\,dy$$

可以得到积分

$$F(\lambda) = \iint\limits_{\mathbb{R}^2} e^{-\lambda(x^2+y^2)} dx\,dy.$$

利用极坐标容易验证, 它在 $\lambda > 0$ 时收敛. 此外, 它在集合 $E_{\lambda_0} = \{\lambda \in \mathbb{R} \mid \lambda \geqslant \lambda_0 > 0\}$ 上一致收敛, 因为当 $\lambda \in E_{\lambda_0}$ 时,

$$0 < \iint\limits_{x^2+y^2 \geqslant 1/\varepsilon^2} e^{-\lambda(x^2+y^2)} dx\,dy \leqslant \iint\limits_{x^2+y^2 \geqslant 1/\varepsilon^2} e^{-\lambda_0(x^2+y^2)} dx\,dy,$$

而最后的积分当 $\varepsilon \to 0$ 时趋于零 (原来的积分 $F(\lambda)$ 当 $\lambda = \lambda_0 > 0$ 时收敛).

例 2. 照例设 $B(a, r) = \{x \in \mathbb{R}^n \mid |x - a| < r\}$ 是以 $a \in \mathbb{R}^n$ 为中心、以 r 为半径的球, $y \in \mathbb{R}^n$. 考虑积分

$$F(y) = \int_{B(0,1)} \frac{|x-y|}{(1-|x|)^\alpha} dx := \lim_{\varepsilon \to +0} \int_{B(0,1-\varepsilon)} \frac{|x-y|}{(1-|x|)^\alpha} dx.$$

在变换到 $\mathbb{R}^n$ 中的极坐标之后可以断定, 该积分仅当 $\alpha < 1$ 时收敛. 如果取固定值 $\alpha < 1$, 则积分关于参变量 y 在任何紧集 $Y \subset \mathbb{R}^n$ 上一致收敛, 因为在这种情况下 $|x - y| \leqslant M(Y) \in \mathbb{R}$.

我们指出, 在上述实例中, 积分奇点的集合不依赖于参变量. 因此, 如果按照上述方式理解具有固定奇点集合的反常积分的一致收敛性, 则显然, 从常义重积分的相应性质和依赖于参变量的函数族的极限定理出发, 可以得到这样的含参变量的反常重积分的全部基本性质.

我们不再重新叙述这些本已熟悉的事实, 更希望利用上述工具研究 (一维或多维) 反常积分的奇异性本身依赖于参变量的情形. 这样的情形极其重要, 也很常见.

3. 具有变奇异性的反常积分

例 3. 众所周知, 位于点 $x \in \mathbb{R}^3$ 的单位电荷的势由公式 $U(x, y) = 1/|x-y|$ 表示, 其中 y 是空间 $\mathbb{R}^3$ 中的变点. 现在, 如果电荷以有界密度 $\mu(x)$ 分布于有界区域 $X \subset \mathbb{R}^3$ (在 X 以外等于零), 则这些分布电荷的势 $U(y)$ (根据势的可加性) 显然可

以写为以下形式:

$$U(y) = \int_{\mathbb{R}^3} U(x,y)\mu(x)\,dx = \int_X \frac{\mu(x)\,dx}{|x-y|}. \tag{4}$$

变点 $y \in \mathbb{R}^3$ 在最后一个积分中起参变量的作用. 如果点 y 位于集合 X 以外, 则积分 (4) 是常义积分, 而如果 $y \in \overline{X}$, 则当 $X \ni x \to y$ 时, $|x-y| \to 0$, 所以点 y 是积分的奇点. 因此, 随着 y 的变化, 该奇点是移动的.

因为 $U(y) = \lim\limits_{\varepsilon \to +0} U_\varepsilon(y)$, 其中

$$U_\varepsilon(y) = \int_{X \setminus B(y,\varepsilon)} \frac{\mu(x)}{|x-y|}dx,$$

所以自然依旧认为, 如果当 $\varepsilon \to +0$ 时在 Y 上 $U_\varepsilon(y) \rightrightarrows U(y)$, 则具有可变奇异性的上述积分 (4) 在集合 Y 上一致收敛.

既然我们已经认为在 $\mathbb{R}$ 上 $|\mu(x)| \leqslant M \in \mathbb{R}$, 所以

$$\left| \int_{X \cap B(y,\varepsilon)} \frac{\mu(x)\,dx}{|x-y|} \right| \leqslant M \int_{B(y,\varepsilon)} \frac{dx}{|x-y|} = 2\pi M \varepsilon^2.$$

这个估计表明, 对于任何 $y \in \mathbb{R}^3$, $|U(y) - U_\varepsilon(y)| \leqslant 2\pi M \varepsilon^2$, 即在上述意义下, 积分 (4) 在集合 $Y = \mathbb{R}^3$ 上一致收敛.

特别地, 如果能验证函数 $U_\varepsilon(y)$ 对 y 连续, 则由此根据一般讨论已经可以得到势 $U(y)$ 连续的结论. 但是, 函数 $U_\varepsilon(y)$ 的连续性无法直接得自关于含参变量的常义积分的连续性的命题 1, 因为这里的积分域 $X \setminus B(y,\varepsilon)$ 也随 y 的变化而变化. 因此, 我们更谨慎地考虑函数 $U_\varepsilon(y)$ 的连续性问题.

我们指出, 当 $|y - y_0| \leqslant \varepsilon$ 时,

$$U_\varepsilon(y) = \int_{X \setminus B(y_0, 2\varepsilon)} \frac{\mu(x)\,dx}{|x-y|} + \int_{(X \setminus B(y,\varepsilon)) \cap B(y_0, 2\varepsilon)} \frac{\mu(x)\,dx}{|x-y|}.$$

这两个积分中的第一个积分在条件 $|y - y_0| < \varepsilon$ 下对 y 连续 (它是具有固定积分域的常义积分), 第二个积分的绝对值不大于

$$\int_{B(y_0, 2\varepsilon)} \frac{M}{|x-y|}dx = 8\pi M \varepsilon^2.$$

因此, 对于充分接近 y_0 的所有的 y, 不等式 $|U_\varepsilon(y) - U_\varepsilon(y_0)| < \varepsilon + 36\pi M \varepsilon^2$ 成立. 由此可知, $U_\varepsilon(y)$ 在点 $y_0 \in \mathbb{R}^3$ 连续.

于是, 我们证明了, 势 $U(y)$ 在整个空间 $\mathbb{R}^3$ 中是连续函数.

上述实例使我们有理由引入以下一般定义.

定义 1. 设积分 (1) 是对每一个值 $y \in Y$ 都收敛的反常积分. 设 X_ε 是从集合 X 中去掉积分奇点集合[①]的 ε 邻域后得到的集合, 而 $F_\varepsilon(y) = \int_{X_\varepsilon} f(x,y)\,dx$. 如果当 $\varepsilon \to +0$ 时在 Y 上 $F_\varepsilon(y) \rightrightarrows F(y)$, 我们就说, 积分 (1) 在集合 Y 上一致收敛.

从这个定义和类似于例 3 的讨论立刻推出一个有用的命题.

命题 4. 如果积分 (1) 中的函数 f 满足估计式

$$|f(x,y)| \leqslant \frac{M}{|x-y|^\alpha},$$

其中 $M \in \mathbb{R}$, $x \in X \subset \mathbb{R}^n$, $y \in Y \subset \mathbb{R}^n$, 并且 $\alpha < n$, 则该积分在集合 Y 上一致收敛.

例 4. 特别地, 我们根据命题 4 断定, 如果直接求势 (4) 对变量 y^i ($i = 1, 2, 3$) 的导数, 则所得积分

$$V_i(y) = \int_X \frac{\mu(x)(x^i - y^i)}{|x-y|^3}\,dx$$

在集合 $Y = \mathbb{R}^3$ 上一致收敛, 因为 $\left|\dfrac{\mu(x)(x^i - y^i)}{|x-y|^3}\right| \leqslant \dfrac{M}{|x-y|^2}$.

与例 3 一样, 由此可知, 函数 $V_i(y)$ 在 $\mathbb{R}^3$ 上连续.

现在证明, 函数 $U(y)$, 即势 (4), 其实有偏导数 $\dfrac{\partial U}{\partial y^i}$, 并且 $\dfrac{\partial U}{\partial y^i}(y) = V_i(y)$.

为此, 显然只要验证以下等式即可:

$$\int_a^b V_i(y^1, y^2, y^3)\,dy^i = U(y^1, y^2, y^3)\Big|_{y^i = a}^{b}.$$

其实,

$$\int_a^b V_i(y)\,dy^i = \int_a^b dy^i \int_X \frac{\mu(x)(x^i - y^i)}{|x-y|^3}\,dx = \int_X \mu(x)\,dx \int_a^b \frac{x^i - y^i}{|x-y|^3}\,dy^i$$

$$= \int_X \mu(x)\,dx \int_a^b \frac{\partial}{\partial y^i}\left(\frac{1}{|x-y|}\right)dy^i = \left(\int_X \frac{\mu(x)\,dx}{|x-y|}\right)\Big|_{y^i=a}^{b} = U(y)\Big|_{y^i=a}^{b}.$$

在上述推导过程中, 唯一不平凡之处是交换积分运算的顺序. 在一般情况下, 只要重积分对所有变量绝对收敛, 就可以交换反常积分的顺序. 在我们的情形下, 这个条件成立, 所以交换积分顺序是合理的. 当然, 因为上述函数很简单, 所以也可以直接证明这个结果.

于是, 我们证明了, 由空间 $\mathbb{R}^3$ 中的具有有界密度的分布电荷所产生的势 $U(y)$ 是整个空间中的连续可微函数.

例 3 和例 4 中的方法和讨论使我们能够完全类似地研究更一般的以下情形.

[①] 见第 390 页上的脚注.

设
$$F(y) = \int_X K(y - \varphi(x))\psi(x, y)\, dx, \tag{5}$$

其中 X 是 $\mathbb{R}^n$ 中的有界可测区域; 参变量 y 在整个区域 $Y \subset \mathbb{R}^m$ 中取值, $n \leqslant m$; $\varphi : X \to \mathbb{R}^m$ 是满足条件 $\operatorname{rank} \varphi'(x) = n$ 和 $\|\varphi'(x)\| \geqslant c > 0$ 的光滑映射, 即 φ 给出参数形式的 n 维曲面, 更准确地说, 给出 $\mathbb{R}^m$ 中的 n 道路; $K \in C(\mathbb{R}^m \backslash 0, \mathbb{R})$, 即函数 $K(z)$ 在 $\mathbb{R}^m$ 中除点 $z = 0$ 外处处连续, 在点 $z = 0$ 附近可能无界; $\psi : X \times Y \to \mathbb{R}$ 是有界连续函数. 我们认为, 对于每一个 $y \in Y$, 积分 (5) (一般是反常积分) 存在.

特别地, 在我们所考虑的积分 (4) 中,
$$n = m, \quad \varphi(x) = x, \quad \psi(x, y) = \mu(x), \quad K(z) = |z|^{-1}.$$

不难验证, 如果函数 φ 受到上述限制, 则一致收敛性的定义 1 用于积分 (5) 时意味着, 对于任何 $\alpha > 0$, 可以选取 $\varepsilon > 0$, 使以下不等式对于任何 $y \in Y$ 都成立:
$$\left| \int_{|y - \varphi(x)| < \varepsilon} K(y - \varphi(x))\psi(x, y)\, dx \right| < \alpha, \tag{6}$$

这里的积分域是集合 $\{x \in X \mid |y - \varphi(x)| < \varepsilon\}$[①].

对于积分 (5), 下列命题成立.

命题 5. 如果积分 (5) 在 Y 上一致收敛, 并且函数 φ, ψ, K 满足在描述该积分时列出的上述条件, 则 $F \in C(Y, \mathbb{R})$.

命题 6. 如果关于积分 (5) 还额外知道, 函数 ψ 不依赖于参变量 y (即 $\psi(x, y) = \psi(x)$), 而 $K \in C^{(1)}(\mathbb{R}^m \backslash 0, \mathbb{R})$, 则在积分
$$\int_X \frac{\partial K}{\partial y^i}(y - \varphi(x))\psi(x)\, dx$$

在集合 $y \in Y$ 上一致收敛的条件下可以断定, 函数 F 具有连续的偏导数 $\frac{\partial F}{\partial y^i}$, 并且
$$\frac{\partial F}{\partial y^i}(y) = \int_X \frac{\partial K}{\partial y^i}(y - \varphi(x))\psi(x)\, dx. \tag{7}$$

如前所述, 这些命题的证明完全类似于例 3 和例 4 中的讨论, 这里不再赘述.

我们仅仅指出, 反常积分 (对于集合的任何穷举递增序列) 的收敛性蕴涵它的绝对收敛性. 在例 3 和例 4 中, 为了进行估计和交换积分顺序, 我们使用过绝对收敛性的条件. 为了展示命题 5 和命题 6 的用途, 再考虑位势论中的一个例子.

[①] 我们在这里认为, 集合 X 本身在 $\mathbb{R}^n$ 中是有界的. 在相反的情形下, 对不等式 (6) 还应当补充一个类似的不等式, 其中的积分域是 $\{x \in X \mid |x| > 1/\varepsilon\}$.

例 5. 设电荷分布在光滑紧曲面 $S \subset \mathbb{R}^3$ 上, 其面密度为 $\nu(x)$. 这样的电荷分布的势称为单层位势, 它显然表示为曲面积分

$$U(y) = \int_S \frac{\nu(x)}{|x-y|} d\sigma(x). \tag{8}$$

设 ν 是有界函数, 则当 $y \notin S$ 时, 这个积分是常义积分, 函数 $U(y)$ 在 S 以外无穷次可微.

如果 $y \in S$, 则积分在点 y 具有可积的奇异性. 该奇异性之所以是可积的, 是因为曲面 S 是光滑的, 从而在点 $y \in S$ 的邻域中与 $\mathbb{R}^2$ 中的一小块平面相差很小, 而我们知道, 平面上的 $1/r^\alpha$ 型奇异性在 $\alpha < 2$ 时是可积的. 利用命题 5 可以把这种一般想法转化为常规证明, 为此只要在点 $y \in S$ 的邻域 V_y 中把 S 表示为 $x = \varphi(t)$ 的局部形式, 其中 $t \in V_t \subset \mathbb{R}^2$, 并且 $\operatorname{rank} \varphi' = 2$. 于是,

$$\int_{V_y} \frac{\nu(x)}{|x-y|} d\sigma(x) = \int_{V_t} \frac{\nu(\varphi(t))}{|y-\varphi(t)|} \sqrt{\det\left\langle \frac{\partial \varphi}{\partial t^i}, \frac{\partial \varphi}{\partial t^j} \right\rangle} dt.$$

利用命题 5 还能证明, 积分 (8) 表示在整个空间 $\mathbb{R}^3$ 上连续的函数 $U(y)$.

如前所述, 在电荷所在位置以外, 体位势 (4) 和单层位势 (8) 都是无穷次可微的. 通过对积分的微分运算可以同样地确认, 在 $\mathbb{R}^3$ 中电荷所在位置以外的区域中, 势 $U(y)$ 也像函数 $1/|x-y|$ 那样满足拉普拉斯方程 $\Delta U = 0$, 即在上述区域中是调和函数.

*4. 高维情形下的卷积、广义函数和基本解

a. $\mathbb{R}^n$ 中的卷积

定义 2. 定义在 $\mathbb{R}^n$ 上的实函数或复函数 u 与 v 的卷积 $u * v$ 由以下关系式给出:

$$(u * v)(x) := \int_{\mathbb{R}^n} u(y) v(x-y) \, dy. \tag{9}$$

例 6. 通过对比公式 (4) 和 (9) 可以断定, 例如, 在空间 $\mathbb{R}^3$ 中具有密度 $\mu(x)$ 的分布电荷的势 U 是函数 μ 与位于空间 $\mathbb{R}^3$ 的坐标原点的单位电荷的势 E 的卷积 $\mu * E$.

关系式 (9) 是 §4 中的卷积定义的直接推广. 因此, 所有在 §4 中对 $n=1$ 的情况详细讨论过的卷积性质及其相关结论, 在把 $\mathbb{R}$ 都改为 $\mathbb{R}^n$ 后仍然成立.

$\mathbb{R}^n$ 中的 δ 型函数族的定义与 $\mathbb{R}$ 中的情况相同, 只要把 $\mathbb{R}$ 改为 $\mathbb{R}^n$, 把 $U(0)$ 理解为点 $0 \in \mathbb{R}^n$ 在 $\mathbb{R}^n$ 中的邻域即可.

函数 $f: G \to \mathbb{C}$ 在集合 $E \subset G$ 上的一致连续性的概念, 以及 §4 中关于卷积 $f * \Delta_\alpha$ 收敛到 f 的基本命题 5, 都可以在保留所有细节和推论的情况下推广到高维情形.

我们仅仅指出, 在 §4 的例 3 和推论 1 的证明中, 在定义函数 $\Delta_n(x)$ 和 $\varphi(x)$ 时应当把 x 相应地改为 $|x|$. 为了证明关于用三角多项式逼近周期函数的魏尔斯特拉斯定理, 需要稍微改变在 §4 例 4 中列出的 δ 型函数族的形式. 这时, 我们需要讨论分别对变量 $x^1, x^2, \cdots, x^n$ 具有周期 $T_1, T_2, \cdots, T_n$ 的连续函数 $f(x^1, \cdots, x^n)$ 的逼近问题.

相关命题的内容是: 对于任何 $\varepsilon > 0$, 可以找到 n 个变量的三角多项式, 它具有与这些变量相应的周期 $T_1, T_2, \cdots, T_n$, 并且在 $\mathbb{R}^n$ 上以精度 ε 一致逼近 f.

我们仅限于给出这些说明. 对读者而言, 在任意的 $n \in \mathbb{N}$ 的情况下独立验证卷积 (9) 的性质 (我们在 §4 中已经考虑了 $n = 1$ 的情况), 是一项简单但有益的练习, 这有助于充分理解 §4 的内容.

b. 多元广义函数. 现在考虑在 §4 中引入的与广义函数有关的一些概念的高维情形.

依旧设 $C^{(\infty)}(G)$ 和 $C_0^{(\infty)}(G)$ 分别表示区域 $G \subset \mathbb{R}^n$ 中的无穷次可微函数族和具有紧支撑集的无穷次可微函数族. 如果 $G = \mathbb{R}^n$, 则分别使用省略记号 $C^{(\infty)}$ 和 $C_0^{(\infty)}$. 设 $m := (m_1, \cdots, m_n)$ 是多重指标, 并且

$$\varphi^{(m)} := \left(\frac{\partial}{\partial x^1}\right)^{m_1} \cdots \left(\frac{\partial}{\partial x^n}\right)^{m_n} \varphi.$$

在 $C_0^{(\infty)}(G)$ 中可以引入函数的收敛性. 与 §4 定义 7 一样, 如果函数序列 $\{\varphi_k\}$ 中所有函数的支撑集都位于 G 中的同一个紧集中, 并且对于任何多重指标 m, 当 $k \to \infty$ 时, 在 G 中 $\varphi_k^{(m)} \rightrightarrows \varphi^{(m)}$, 即函数及其所有导函数都一致收敛, 我们就认为, 当 $k \to \infty$ 时, 在 $C_0^{(\infty)}(G)$ 中 $\varphi_k \to \varphi$.

在此之后, 引入以下定义.

定义 3. 具有上述收敛性的线性空间 $C_0^{(\infty)}(G)$ 记为 $\mathcal{D}(G)$ (当 $G = \mathbb{R}^n$ 时记为 $\mathcal{D}$) 并称为基本函数空间或检验函数空间.

$\mathcal{D}(G)$ 上的线性连续泛函称为广义函数或分布, 它们构成线性的广义函数空间, 记为 $\mathcal{D}'(G)$ (当 $G = \mathbb{R}^n$ 时记为 $\mathcal{D}'$).

与一维情形一样, $\mathcal{D}'(G)$ 中的收敛性被定义为泛函的弱收敛性 (逐点收敛性, 见 §4 定义 6).

正则广义函数的定义可以完全照搬到高维情形.

δ 函数和平移到点 $x_0 \in G$ 的 δ 函数的定义也保持不变, 后者记为 $\delta(x_0)$, 也常常记为 $\delta(x - x_0)$, 但后一种记号不一定是恰当的.

现在考虑某些例子.

例 7. 取

$$\Delta_t(x) := \frac{1}{(2a\sqrt{\pi t})^n} e^{-|x|^2/4a^2 t},$$

其中 $a > 0$, $t > 0$, $x \in \mathbb{R}^n$. 我们来证明: 当 $t \to +0$ 时, 这些函数作为 $\mathbb{R}^n$ 中的正则分布, 在 $\mathcal{D}'$ 中收敛到 $\mathbb{R}^n$ 中的 δ 函数.

为了完成证明, 只需要验证: 当 $t \to +0$ 时, 函数族 Δ_t 在 $\mathbb{R}^n$ 中是 δ 型的.

完成变量代换, 然后把重积分化为累次积分, 再利用欧拉–泊松积分的值, 得到

$$\int_{\mathbb{R}^n} \Delta_t(x)\, dx = \frac{1}{(\sqrt{\pi})^n} \int_{\mathbb{R}^n} e^{-|x/2a\sqrt{t}|^2} d\left(\frac{x}{2a\sqrt{t}}\right) = \frac{1}{(\sqrt{\pi})^n} \left(\int_{-\infty}^{+\infty} e^{-u^2} du\right)^n = 1.$$

此外, 对于任何固定值 $r > 0$, 当 $t \to +0$ 时,

$$\int_{B(0,r)} \Delta_t(x)\, dx = \frac{1}{(\sqrt{\pi})^n} \int_{B(0,\, r/2a\sqrt{t})} e^{-|\xi|^2} d\xi \to 1.$$

最后, 考虑到 $\Delta_t(x)$ 是非负函数, 我们断定, 它们确实在 $\mathbb{R}^n$ 中组成 δ 型函数族.

例 8. 下面的广义函数 δ_S (与分片光滑曲面 S 上具有单位面密度的电荷分布相对应) 是 δ 函数 (例如, 与位于空间 $\mathbb{R}^n$ 的坐标原点的单位电荷相对应) 的推广. δ_S 对函数 $\varphi \in \mathcal{D}$ 的作用由以下关系式确定:

$$\langle \delta_S, \varphi \rangle := \int_S \varphi(x) d\sigma.$$

分布 δ_S 和分布 δ 都不是正则广义函数.

在 $\mathbb{R}^n$ 中可以像一维情形那样定义分布与 $\mathcal{D}$ 中的函数的乘法运算.

例 9. 如果 $\mu \in \mathcal{D}$, 则 $\mu\delta_S$ 是按照以下方式定义的广义函数:

$$\langle \mu\delta_S, \varphi \rangle = \int_S \varphi(x)\mu(x)\, d\sigma. \tag{10}$$

假如函数 $\mu(x)$ 只在曲面 S 上有定义, 则等式 (10) 可以视为广义函数 $\mu\delta_S$ 的定义. 根据自然的类比, 这样引入的广义函数称为曲面 S 上具有密度 μ 的单层分布.

多元广义函数的微分运算法则与一维情形相同, 但是具有某些特殊之处.

如果 $F \in \mathcal{D}'(G)$, $G \subset \mathbb{R}^n$, 则广义函数 $\dfrac{\partial F}{\partial x^i}$ 由以下关系式确定:

$$\left\langle \frac{\partial F}{\partial x^i}, \varphi \right\rangle := -\left\langle F, \frac{\partial \varphi}{\partial x^i} \right\rangle.$$

由此可知,

$$\langle F^{(m)}, \varphi \rangle = (-1)^{|m|} \langle F, \varphi^{(m)} \rangle, \tag{11}$$

其中 $m = (m_1, \cdots, m_n)$ 是多重指标, 并且 $|m| = \sum\limits_{i=1}^{n} m_i$.

自然需要验证

$$\frac{\partial^2 F}{\partial x^i \partial x^j} = \frac{\partial^2 F}{\partial x^j \partial x^i}.$$

这得自关系式

$$\left\langle \frac{\partial^2 F}{\partial x^i \partial x^j}, \varphi \right\rangle = \left\langle F, \frac{\partial^2 \varphi}{\partial x^j \partial x^i} \right\rangle,$$

$$\left\langle \frac{\partial^2 F}{\partial x^j \partial x^i}, \varphi \right\rangle = \left\langle F, \frac{\partial^2 \varphi}{\partial x^i \partial x^j} \right\rangle,$$

因为它们的右边相等, 而这又得自对于任何函数 $\varphi \in \mathcal{D}$ 都成立的经典等式

$$\frac{\partial^2 \varphi}{\partial x^i \partial x^j} = \frac{\partial^2 \varphi}{\partial x^j \partial x^i}.$$

例 10. 现在考虑算子 $D = \sum_m a_m D^m$, 其中 $m = (m_1, \cdots, m_n)$ 是多重指标,

$$D^m = \left(\frac{\partial}{\partial x^1} \right)^{m_1} \cdots \left(\frac{\partial}{\partial x^n} \right)^{m_n},$$

a_m 是数值系数, 而求和是对有限的某一组多重指标进行的. 这是一个微分算子.

通常用记号 ${}^tD$ 或 D^* 表示微分算子 D 的转置微分算子或共轭微分算子, 它由以下关系式定义:

$$\langle DF, \varphi \rangle =: \langle F, {}^tD\varphi \rangle,$$

该关系式应当对任何 $\varphi \in \mathcal{D}$ 和 $F \in \mathcal{D}'$ 都成立. 从等式 (11) 出发, 现在可以明确写出微分算子 D 的共轭微分算子的公式:

$$ {}^tD = \sum_m (-1)^{|m|} a_m D^m.$$

特别地, 如果 $|m|$ 的值都是偶数, 则算子 D 是自共轭微分算子, 它满足 ${}^tD = D$.

显然, $\mathcal{D}'(\mathbb{R}^n)$ 中的微分运算保持了 $\mathcal{D}'(\mathbb{R})$ 中的微分运算的所有性质. 然而, 考虑高维情形的以下重要特例.

例 11. 设 S 是 $\mathbb{R}^n$ 的 $n-1$ 维光滑子流形, 即 S 是光滑超曲面. 假设定义在 $\mathbb{R}^n \backslash S$ 上的函数 f 是无穷次可微的, 并且对于每一个点 $x \in S$, 当从曲面 S 的任何一侧 (局部) 趋于 x 时, 函数 f 的所有偏导数都有极限.

这些极限之差是所考虑的偏导数在点 x 的突变 $\int \frac{\partial f}{\partial x^i}$, 它与在点 x 穿过曲面 S 的方向有关. 当这个方向变化时, 突变的符号也发生变化. 因此, 例如, 如果约定用曲面的法线方向给出穿过曲面的方向, 就可以认为上述突变是定向曲面上的函数.

函数 $\frac{\partial f}{\partial x^i}$ 在曲面 S 以外有定义、连续并且局部有界. 根据上述假设, 当趋于曲面 S 本身时, f 是局部最终有界的. 因为 S 是 $\mathbb{R}^n$ 的子流形, 所以无论我们在 S 上如何补充定义 $\frac{\partial f}{\partial x^i}$, 所得函数在 S 上都具有间断, 并且在 $\mathbb{R}^n$ 中局部可积. 但是, 仅在零测度集上有不同值的可积函数有相同的积分, 所以不必关心 $\frac{\partial f}{\partial x^i}$ 在 S 上的

值, 可以认为它按照以下方式产生一个正则广义函数 $\left\{\dfrac{\partial f}{\partial x^i}\right\}$:

$$\left\langle \left\{\dfrac{\partial f}{\partial x^i}\right\}, \varphi \right\rangle = \int_{\mathbb{R}^n} \left(\dfrac{\partial f}{\partial x^i} \cdot \varphi\right)(x)\,dx.$$

现在证明, 如果认为 f 是广义函数, 则以下重要公式在广义函数微分运算的意义下成立:

$$\dfrac{\partial f}{\partial x^i} = \left\{\dfrac{\partial f}{\partial x^i}\right\} + ([f])_S \cos\alpha_i \delta_S. \tag{12}$$

这里应当在等式 (10) 的意义下理解最后一项, $([f])_S$ 是函数 f 在点 $x \in S$ 沿 S 的 (两个可能方向上的) 任何一个单位法向量 $\boldsymbol{n}$ 的方向的突变, $\cos\alpha_i$ 是 $\boldsymbol{n}$ 在 x^i 坐标轴上的投影 (即 $\boldsymbol{n} = (\cos\alpha_1, \cdots, \cos\alpha_n)$).

◂ 公式 (12) 是 §4 的等式 (17) 的推广, 我们在推导公式 (12) 时也会利用这个等式.

为明确起见, 考虑 $i = 1$ 的情形, 这时

$$\begin{aligned}
\left\langle \dfrac{\partial f}{\partial x^1}, \varphi \right\rangle &:= -\left\langle f, \dfrac{\partial \varphi}{\partial x^1} \right\rangle = -\int_{\mathbb{R}^n} \left(f \cdot \dfrac{\partial \varphi}{\partial x^1}\right)(x)\,dx \\
&= -\int\cdots\int_{x^2\cdots x^n} dx^2\cdots dx^n \int_{-\infty}^{+\infty} f \dfrac{\partial \varphi}{\partial x^1} dx^1 \\
&= \int\cdots\int_{x^2\cdots x^n} dx^2\cdots dx^n \left[([f])\varphi + \int_{-\infty}^{+\infty} \dfrac{\partial f}{\partial x^1} \varphi\, dx^1 \right] \\
&= \int_{\mathbb{R}^n} \dfrac{\partial f}{\partial x^1} \varphi\, dx + \int\cdots\int_{x^2\cdots x^n} ([f])\varphi\, dx^2\cdots dx^n.
\end{aligned}$$

这里在点 $x = (x^1, x^2, \cdots, x^n) \in S$ 和穿过该点的 x^1 轴的方向上取函数 f 的突变 $[f]$, 在计算乘积 $([f])\varphi$ 时也在同一个点取函数 φ 的值. 因此, 可以把最后一个积分写为第一类曲面积分的形式:

$$\int_S ([f])\varphi \cos\alpha_1\, d\sigma,$$

其中 α_1 是 x^1 轴方向与 S 在点 x 的法向量之间的夹角, 并且当沿该法向量方向穿过点 $x \in S$ 时, 函数 f 正好具有我们所得到的突变 $[f]$. 这仅仅意味着 $\cos\alpha_1 \geqslant 0$. 最后还需要指出, 如果选取另一个法线方向, 则函数的突变以及 x^1 轴方向与法线方向之间夹角的余弦同时改变符号, 所以乘积 $([f])\cos\alpha_1$ 这时保持不变. ▸

附注 1. 从上述证明可以看出, 如果函数 f 的突变 $([f])_S$ 在任何点 $x \in S$ 有定义, 偏导数 $\dfrac{\partial f}{\partial x^i}$ 在 S 以外存在, 在 $\mathbb{R}^n$ 中局部可积 (至少局部反常可积), 并且产生正则广义函数 $\left\{\dfrac{\partial f}{\partial x^i}\right\}$, 则公式 (12) 仍然成立.

附注 2. 如果 x^1 轴在点 $x \in S$ 不穿过 S, 即与 S 相切, 则在定义沿这个方向的突变 $\int f$ 时可能产生困难. 但是, 从公式 (12) 的证明可以看出, 它的最后一项得自积分

$$\int\cdots\int_{x^2\cdots x^n} (\int f)\, \varphi\, dx^2\cdots dx^n.$$

这样的点的集合 E 在平面 $x^2, \cdots, x^n$ 上的投影具有 $n-1$ 维零测度, 所以不影响积分的值. 因此, 如果在 $\cos\alpha_i = 0$ 时取 $(\int f)_S \cos\alpha_i$ 为零, 就可以认为公式 (12) 有意义并且永远成立.

附注 3. 类似的考虑让我们也可以忽略具有零面积的集合, 从而可以认为公式 (12) 对于分片光滑曲面也成立.

我们在下面的例子中叙述如何从微分关系式 (12) 直接得到经典的并且具有最自由形式的高-奥积分公式, 因为在其推导过程中不必再提出多余的分析上的要求. 我们当时对读者提过这种最一般的形式.

例 12. 设 G 是 $\mathbb{R}^n$ 中以分片光滑曲面 S 为边界的有限区域, $\boldsymbol{A} = (A^1, \cdots, A^n)$ 是 $\overline{G}$ 中的连续向量场, 函数 $\operatorname{div}\boldsymbol{A} = \sum_{i=1}^n \dfrac{\partial A^i}{\partial x^i}$ 在 G 中有定义并且在 G 中至少在反常积分的意义下可积.

如果认为场 $\boldsymbol{A}$ 在 $\overline{G}$ 以外等于零, 则这样的场在区域 G 的边界 S 上的任何点 x 沿离开区域 G 的方向的突变为 $-\boldsymbol{A}(x)$. 设 $\boldsymbol{n}$ 是 S 的单位外法向量. 对场 $\boldsymbol{A}$ 的每一个分量 A^i 应用公式 (12) 并取所得等式的和, 得到关系式

$$\operatorname{div}\boldsymbol{A} = \{\operatorname{div}\boldsymbol{A}\} - (\boldsymbol{A}\cdot\boldsymbol{n})\delta_S, \tag{13}$$

其中 $\boldsymbol{A}\cdot\boldsymbol{n}$ 是向量 $\boldsymbol{A}$ 与 $\boldsymbol{n}$ 在相应的点 $x \in S$ 的标量积.

关系式 (13) 是广义函数的等式. 取在 G 上等于 1 的函数 $\psi \in C_0^{(\infty)}$ (我们已经不止一次讨论过这样的函数的存在性与构造方法), 然后对这个函数应用 (13). 因为对于任何函数 $\varphi \in \mathcal{D}$,

$$\langle \operatorname{div}\boldsymbol{A}, \varphi \rangle = -\int_{\mathbb{R}^n} (\boldsymbol{A}\cdot\nabla\varphi)\, dx \tag{14}$$

(直接得自广义函数微分运算的定义), 所以对于场 $\boldsymbol{A}$ 和函数 ψ, 显然 $\langle \operatorname{div}\boldsymbol{A}, \psi \rangle = 0$. 但是, 考虑到等式 (13), 这给出关系式

$$0 = \langle \{\operatorname{div}\boldsymbol{A}\}, \psi \rangle - \langle (\boldsymbol{A}\cdot\boldsymbol{n})\delta_S, \psi \rangle,$$

它在经典写法下就是高-奥公式:

$$0 = \int_G \operatorname{div}\boldsymbol{A}\, dx - \int_S (\boldsymbol{A}\cdot\boldsymbol{n})\, d\sigma. \tag{15}$$

再详细分析几个与广义函数的微分运算有关的例子.

例 13. 考虑定义在 $\mathbb{R}^3 \backslash 0$ 上的向量场 $\boldsymbol{A} = \dfrac{x}{|x|^3}$ 并证明, 以下等式在广义函数空间 $\mathcal{D}'(\mathbb{R}^3)$ 中成立:
$$\operatorname{div} \frac{x}{|x|^3} = 4\pi\delta. \tag{16}$$

我们首先指出, 当 $x \neq 0$ 时, 在经典意义下 $\operatorname{div} \dfrac{x}{|x|^3} = 0$.

现在依次利用定义 $\operatorname{div} \boldsymbol{A}$ 的关系式 (14), 反常积分的定义, 当 $x \neq 0$ 时的等式 $\operatorname{div} \dfrac{x}{|x|^3} = 0$, 高-奥公式 (15) 以及函数 φ 具有紧支撑集的性质, 得到

$$\begin{aligned}
\left\langle \operatorname{div} \frac{x}{|x|^3}, \varphi \right\rangle &= -\int_{\mathbb{R}^3} \left(\frac{x}{|x|^3} \cdot \nabla\varphi(x) \right) dx \\
&= -\lim_{\varepsilon \to +0} \int_{\varepsilon < |x| < 1/\varepsilon} \left(\frac{x}{|x|^3} \cdot \nabla\varphi(x) \right) dx \\
&= -\lim_{\varepsilon \to +0} \int_{\varepsilon < |x| < 1/\varepsilon} \operatorname{div}\left(\frac{x\varphi(x)}{|x|^3} \right) dx \\
&= -\lim_{\varepsilon \to +0} \int_{|x|=\varepsilon} \varphi(x) \frac{(x \cdot \boldsymbol{n})}{|x|^3} d\sigma = 4\pi\varphi(0) = \langle 4\pi\delta, \varphi \rangle.
\end{aligned}$$

对于算子 $A: \mathcal{D}'(G) \to \mathcal{D}'(G)$, 满足 $A(E) = \delta$ 的广义函数 $E \in \mathcal{D}'(G)$ 依旧称为算子 A 的基本解.

例 14. 我们来验证, 在 $\mathcal{D}'(\mathbb{R}^3)$ 中, 正则广义函数 $E(x) = -\dfrac{1}{4\pi|x|}$ 是拉普拉斯算子
$$\Delta = \left(\frac{\partial}{\partial x^1}\right)^2 + \left(\frac{\partial}{\partial x^2}\right)^2 + \left(\frac{\partial}{\partial x^3}\right)^2$$
的基本解.

其实, $\Delta = \operatorname{div}\operatorname{grad}$, 而当 $x \neq 0$ 时 $\operatorname{grad} E(x) = \dfrac{x}{4\pi|x|^3}$, 所以等式 $\operatorname{div}\operatorname{grad} E = \delta$ 得自已经被证明的关系式 (16). 可以像例 13 一样验证, 对于任何 $n \in \mathbb{N}$, $n \geqslant 2$, 在 $\mathbb{R}^n$ 中
$$\operatorname{div} \frac{x}{|x|^n} = \sigma_n \delta, \tag{$16'$}$$
其中 $\sigma_n = \dfrac{2\pi^{n/2}}{\Gamma(n/2)}$ 是 $\mathbb{R}^n$ 中单位球面的面积.

利用关系式 $\Delta = \operatorname{div}\operatorname{grad}$, 由此可以断定,
$$\Delta \ln|x| = 2\pi\delta, \quad \text{在 } \mathbb{R}^2 \text{ 中},$$
$$\Delta \frac{1}{|x|^{n-2}} = -(n-2)\sigma_n \delta, \quad \text{在 } \mathbb{R}^n \text{ 中}, \ n > 2.$$

例 15. 考虑函数
$$E(x,t) = \frac{H(t)}{(2a\sqrt{\pi t})^n} e^{-|x|^2/4a^2 t},$$

其中 $x \in \mathbb{R}^n$, $t \in \mathbb{R}$, 而 H 是赫维赛德函数 (当 $t < 0$ 时, 取 $E(x, t) = 0$). 我们来验证, 该函数满足方程
$$\left(\frac{\partial}{\partial t} - a^2 \Delta\right) E = \delta,$$

其中 Δ 是 $\mathbb{R}^n$ 中关于 x 的拉普拉斯算子, $\delta = \delta(x, t)$ 是 $\mathbb{R}^n_x \times \mathbb{R}_t = \mathbb{R}^{n+1}$ 中的 δ 函数.

当 $t > 0$ 时, $E \in C^{(\infty)}(\mathbb{R}^{n+1})$. 通过直接的微分运算可以证明
$$\left(\frac{\partial}{\partial t} - a^2 \Delta\right) E = 0, \quad \text{当 } t > 0 \text{ 时}.$$

考虑到这个情况和例 7 的结果, 对于任何函数 $\varphi \in \mathcal{D}(\mathbb{R}^{n+1})$, 我们得到

$$\begin{aligned}
\left\langle \left(\frac{\partial}{\partial t} - a^2 \Delta\right) E, \varphi \right\rangle &= -\left\langle E, \left(\frac{\partial}{\partial t} + a^2 \Delta\right) \varphi \right\rangle \\
&= -\int_0^{+\infty} dt \int_{\mathbb{R}^n} E(x, t) \left(\frac{\partial \varphi}{\partial t} + a^2 \Delta \varphi\right) dx \\
&= -\lim_{\varepsilon \to +0} \int_\varepsilon^{+\infty} dt \int_{\mathbb{R}^n} E(x, t) \left(\frac{\partial \varphi}{\partial t} + a^2 \Delta \varphi\right) dx \\
&= \lim_{\varepsilon \to +0} \left[\int_{\mathbb{R}^n} E(x, \varepsilon) \varphi(x, \varepsilon)\, dx + \int_\varepsilon^{+\infty} dt \int_{\mathbb{R}^n} \left(\frac{\partial E}{\partial t} - a^2 \Delta E\right) \varphi\, dx \right] \\
&= \lim_{\varepsilon \to +0} \left[\int_{\mathbb{R}^n} E(x, \varepsilon) \varphi(x, 0)\, dx + \int_{\mathbb{R}^n} E(x, \varepsilon)(\varphi(x, \varepsilon) - \varphi(x, 0))\, dx \right] \\
&= \lim_{\varepsilon \to +0} \int_{\mathbb{R}^n} E(x, \varepsilon) \varphi(x, 0)\, dx = \varphi(0, 0) = \langle \delta, \varphi \rangle.
\end{aligned}$$

例 16. 考虑函数
$$E(x, t) = \frac{1}{2a} H(at - |x|),$$

其中 $a > 0$, $x \in \mathbb{R}^1_x$, $t \in \mathbb{R}^1_t$, 而 H 是赫维赛德函数. 我们来证明, 该函数满足方程
$$\left(\frac{\partial^2}{\partial t^2} - a^2 \frac{\partial^2}{\partial x^2}\right) E = \delta,$$

其中 $\delta = \delta(x, t)$ 是空间 $\mathcal{D}'(\mathbb{R}^1_x \times \mathbb{R}^1_t) = \mathcal{D}'(\mathbb{R}^2)$ 中的 δ 函数.

设 $\varphi \in \mathcal{D}(\mathbb{R}^2)$. 为简洁起见, 取
$$\Box_a := \frac{\partial^2}{\partial t^2} - a^2 \frac{\partial^2}{\partial x^2},$$

我们求出

$$\langle \Box_a E, \varphi \rangle = \langle E, \Box_a \varphi \rangle = \int_{\mathbb{R}_x} dx \int_{\mathbb{R}_t} E(x,t) \Box_a \varphi(x,t)\, dt$$

$$= \frac{1}{2a} \int_{-\infty}^{+\infty} dx \int_{|x|/a}^{+\infty} \frac{\partial^2 \varphi}{\partial t^2} dt - \frac{a}{2} \int_0^{+\infty} dt \int_{-at}^{at} \frac{\partial^2 \varphi}{\partial x^2} dx$$

$$= -\frac{1}{2a} \int_{-\infty}^{+\infty} \frac{\partial \varphi}{\partial t}\left(x, \frac{|x|}{a}\right) dx - \frac{a}{2} \int_0^{+\infty} \left[\frac{\partial \varphi}{\partial x}(at, t) - \frac{\partial \varphi}{\partial x}(-at, t)\right] dt$$

$$= -\frac{1}{2} \int_0^{+\infty} \frac{d}{dt}(\varphi(at,t))\, dt - \frac{1}{2} \int_0^{+\infty} \frac{d}{dt}(\varphi(-at,t))\, dt$$

$$= \frac{1}{2}\varphi(0,0) + \frac{1}{2}\varphi(0,0) = \varphi(0,0) = \langle \delta, \varphi \rangle.$$

在 §4 中, 我们相当详细地阐述了算子的装置函数和卷积在根据平移不变线性算子 $Au = \tilde{u}$ 的输出 $\tilde{u}$ 确定输入 u 的问题中的作用. 所有这些讨论都可以照搬到高维情形. 因此, 如果我们知道算子 A 的基本解 E, 即如果 $AE = \delta$, 则也可以把方程 $Au = f$ 的解 u 表示成卷积 $u = f * E$ 的形式.

例 17. 于是, 例如, 当函数 f 连续时, 利用例 16 的函数 $E(x,t)$, 可以把方程

$$\frac{\partial^2 u}{\partial t^2} - a^2 \frac{\partial^2 u}{\partial x^2} = f$$

的解表示为函数 f 与 E 的卷积 $f * E$ 的形式:

$$u(x,t) = \frac{1}{2a} \int_0^t d\tau \int_{x-a(t-\tau)}^{x+a(t-\tau)} f(\xi, \tau) d\xi.$$

在函数 f 连续的假设下, 该卷积显然存在. 直接利用积分对参变量的微分运算容易验证, $u(x,t)$ 确实是方程 $\Box_a u = f$ 的解.

例 18. 类似地, 例如, 当函数 f 连续并且有界时, 根据例 15 的结果得到方程

$$\frac{\partial u}{\partial t} - a^2 \Delta u = f$$

的解

$$u(x,t) = \int_0^t d\tau \int_{\mathbb{R}^n} \frac{f(\xi, \tau)}{(2a\sqrt{\pi(t-\tau)})^n} e^{-|x-\xi|^2/4a^2(t-\tau)} d\xi.$$

函数 f 连续并且有界的假设保证了这里写出的卷积 $f * E$ 存在. 我们指出, 提出这些假设只是为了举例, 但它们远远不是必不可少的条件. 因此, 在广义函数的观点下, 可以提出在 $f(x,t)$ 是广义函数 $\varphi(x)\delta(t)$ (其中 $\varphi \in \mathcal{D}(\mathbb{R}^n), \delta \in \mathcal{D}'(\mathbb{R})$) 的情况下求解方程 $\frac{\partial u}{\partial t} - a^2 \Delta u = f$ 的问题.

把这样的函数 f 直接代入积分, 得到关系式

$$u(x,\,t) = \int_{\mathbb{R}^n} \frac{\varphi(\xi)}{(2a\sqrt{\pi t}\,)^n} e^{-|x-\xi|^2/4a^2 t} d\xi.$$

利用含参变量的积分的微分运算法则可以证明, 该函数是方程 $\dfrac{\partial u}{\partial t} - a^2 \Delta u = 0$ 当 $t > 0$ 时的解. 我们指出, 当 $t \to +0$ 时, $u(x,t) \to \varphi(x)$. 这得自例 7 的结果, 在那里已经证明了这里出现的函数族是 δ 型的.

例 19. 最后, 回顾在例 14 中得到的拉普拉斯算子的基本解, 我们在三维情形下求出泊松方程 $\Delta u = -4\pi f$ 的解

$$u(x) = \int_{\mathbb{R}^3} \frac{f(\xi)\,d\xi}{|x-\xi|},$$

其形式与我们以前研究过的以密度 f 在空间中分布的电荷的势 (4) 相同, 只是记号不同.

如果取 $\nu(x)\delta_S$ 作为函数 f, 其中 S 是 $\mathbb{R}^3$ 中的分片光滑曲面, 则直接代入积分后得到函数

$$u(x) = \int_S \frac{\nu(\xi)\,d\sigma(\xi)}{|x-\xi|}.$$

我们知道, 它是单层位势, 更准确地, 它是以面密度 $\nu(x)$ 分布在曲面 $S \subset \mathbb{R}^3$ 上的电荷的势.

习 题

1. a) 请仿照在例 3 中证明体势 (4) 连续的方法证明单层位势 (8) 连续.

b) 请给出命题 4 和 5 的全部证明.

2. 请证明:

a) 对于任何集合 $M \subset \mathbb{R}^n$ 和任何 $\varepsilon > 0$, 可以构造同时满足以下三个条件的 $C^{(\infty)}(\mathbb{R}^n, \mathbb{R})$ 类函数 f: $\forall x \in \mathbb{R}^n\ (0 \leqslant f(x) \leqslant 1)$, $\forall x \in M\ (f(x) = 1)$, $\mathrm{supp}\,f \subset M_\varepsilon$, 其中 M_ε 是集合 M 的 ε 邻域;

b) 对于 $\mathbb{R}^n$ 中的任何闭集 M, 满足 $(f(x) = 0) \Leftrightarrow (x \in M)$ 的非负函数 $f \in C^{(\infty)}(\mathbb{R}^n, \mathbb{R})$ 存在.

3. a) 请在任意维空间 $\mathbb{R}^n$ 的情形下求解 §4 习题 6, 7.

b) 请证明: 广义函数 δ_S (单层分布) 不是正则的.

4. 请利用卷积证明魏尔斯特拉斯逼近定理的下列变化形式:

a) 在 n 维紧区间 $I \subset \mathbb{R}^n$ 上可以用 n 元代数多项式一致逼近该区间上的任何一个连续函数 $f : I \to \mathbb{R}$;

b) 如果把以上命题中的 I 改为任意紧集 $K \subset \mathbb{R}^n$ 并认为 $f \in C(K, \mathbb{C})$, 则所得命题仍然成立;

c) 对于 $\mathbb{R}^n$ 中的任何开集 G 和任何函数 $f \in C^{(m)}(G, \mathbb{R})$, 可以找到由 n 元代数多项式 P_k 构成的序列 $\{P_k\}$, 使得对于满足 $|\alpha| \leqslant m$ 的任何多重指标 $\alpha = (\alpha_1, \cdots, \alpha_n)$, 当 $k \to \infty$ 时在每个紧集 $K \subset G$ 上 $P_k^{(\alpha)} \rightrightarrows f^{(\alpha)}$;

d) 如果 G 是 $\mathbb{R}^n$ 的有界开子集, $f \in C^{(\infty)}(\overline{G}, \mathbb{R})$, 则由 n 元代数多项式 P_k 构成的序列 $\{P_k\}$ 存在, 使得对于任何多重指标 $\alpha = (\alpha_1, \cdots, \alpha_n)$, 当 $k \to \infty$ 时在 $\overline{G}$ 上 $P_k^{(\alpha)} \rightrightarrows f^{(\alpha)}$;

e) 在 $\mathbb{R}^n$ 中可以用关于变量 $x^1, \cdots, x^n$ 分别具有周期 $T_1, \cdots, T_n$ 的 n 元三角多项式一致逼近任何一个关于这些变量分别具有同样周期 $T_1, \cdots, T_n$ 的函数 $f \in C(\mathbb{R}^n, \mathbb{R})$.

5. 本习题包含关于卷积的平均作用的进一步知识.

a) 我们曾经根据数值形式的闵可夫斯基不等式在 $p \geqslant 1$ 时得到了闵可夫斯基积分不等式

$$\left(\int_X |a(x) + b(x)|^p dx \right)^{1/p} \leqslant \left(\int_X |a|^p(x) \, dx \right)^{1/p} + \left(\int_X |b|^p(x) \, dx \right)^{1/p}.$$

它也让我们猜测出下面的广义闵可夫斯基积分不等式

$$\left(\int_X \left| \int_Y f(x, y) \, dy \right|^p dx \right)^{1/p} \leqslant \int_Y \left(\int_X |f|^p(x, y) \, dx \right)^{1/p} dy.$$

请证明这个不等式, 认为 $p \geqslant 1$, X, Y 是可测集 (例如, 分别是 $\mathbb{R}^m$ 和 $\mathbb{R}^n$ 中的区间), 并且不等式右边是有限的.

b) 请对卷积 $f * g$ 应用广义闵可夫斯基积分不等式, 从而证明: 当 $p \geqslant 1$ 时, 关系式

$$\|f * g\|_p \leqslant \|f\|_1 \cdot \|g\|_p$$

成立, 其中依旧采用记号 $\|u\|_p = \left(\int_{\mathbb{R}^n} |u|^p(x) \, dx \right)^{1/p}$.

c) 设 $\varphi \in C_0^{(\infty)}(\mathbb{R}^n, \mathbb{R})$, 在 $\mathbb{R}^n$ 上 $0 \leqslant \varphi(x) \leqslant 1$, $\int_{\mathbb{R}^n} \varphi(x) \, dx = 1$. 当 $\varepsilon > 0$ 时取

$$\varphi_\varepsilon(x) := \frac{1}{\varepsilon^n} \varphi\left(\frac{x}{\varepsilon} \right), \quad f_\varepsilon := f * \varphi_\varepsilon.$$

请证明: 如果 $f \in \mathcal{R}_p(\mathbb{R}^n)$ (即积分 $\int_{\mathbb{R}^n} |f|^p(x) \, dx$ 存在), 则 $f_\varepsilon \in C^{(\infty)}(\mathbb{R}^n, \mathbb{R})$, $\|f_\varepsilon\|_p \leqslant \|f\|_p$.

我们指出, 函数 f_ε 经常称为函数 f 与核 φ_ε 的平均.

d) 沿用上面的记号, 请验证: 以下不等式在任何区间 $I \subset \mathbb{R}^n$ 上成立:

$$\|f_\varepsilon - f\|_{p, I} \leqslant \sup_{|h| < \varepsilon} \|\tau_h f - f\|_{p, I},$$

其中 $\|u\|_{p, I} = \left(\int_I |u|^p(x) \, dx \right)^{1/p}$, $\tau_h f(x) = f(x - h)$.

e) 请证明: 如果 $f \in \mathcal{R}_p(\mathbb{R}^n)$, 则当 $h \to 0$ 时, $\|\tau_h f - f\|_{p, I} \to 0$.

f) 请证明: 对于任何函数 $f \in \mathcal{R}_p(\mathbb{R}^n)$, 其中 $p \geqslant 1$, 以下关系式成立: $\|f_\varepsilon\|_p \leqslant \|f\|_p$, 当 $\varepsilon \to +0$ 时 $\|f_\varepsilon - f\|_p \to 0$.

g) 设 $\mathcal{R}_p(G)$ 是由开集 $G \subset \mathbb{R}^n$ 上的绝对可积函数构成的向量空间, 其范数为 $\|\cdot\|_{p, G}$. 请证明: $C^{(\infty)}(G) \cap \mathcal{R}_p(G)$ 类函数组成 $\mathcal{R}_p(G)$ 的处处稠密子集, 这个结论对于 $C_0^{(\infty)}(G) \cap \mathcal{R}_p(G)$ 也成立.

h) 在上一题中取 $p = \infty$, 可以对照考虑以下命题: 可以用 $C^{(\infty)}(G)$ 类函数在 G 中一致逼近 G 中的任何连续函数.

i) 设 f 是 $\mathbb{R}$ 中的以 T 为周期的局部绝对可积函数, 取 $\|f\|_{p,T} = \left(\int_a^{a+T} |f|^p(x)\, dx \right)^{1/p}$, 用 $\mathcal{R}_p^T$ 表示具有该范数的线性空间. 请证明: 当 $\varepsilon \to +0$ 时, $\|f_\varepsilon - f\|_{p,T} \to 0$.

j) 如果两个函数中的一个是周期函数, 则它们的卷积也是周期函数. 请据此证明: $C^{(\infty)}$ 类的光滑周期函数在 $\mathcal{R}_p^T$ 中处处稠密.

6. a) 请沿用例 11 中的记号, 利用公式 (12) 验证: 如果 $f \in C^{(1)}\left(\overline{\mathbb{R}^n \setminus S} \right)$, 则

$$\frac{\partial^2 f}{\partial x^i \partial x^j} = \left\{ \frac{\partial^2 f}{\partial x^i \partial x^j} \right\} + \frac{\partial}{\partial x^j}\left(([f])_S \cos \alpha_i \delta_S \right) + \left(\int \frac{\partial f}{\partial x^i} \right)_S \cos \alpha_j \delta_S.$$

b) 请证明: 和 $\sum_{i=1}^n \left(\int \frac{\partial f}{\partial x^i} \right)_S \cos \alpha_i$ 等于函数 f 在相应点 $x \in S$ 的法向导数的突变 $\left(\int \frac{\partial f}{\partial \boldsymbol{n}} \right)_S$, 该突变与法线方向无关, 并且等于 f 在点 x 处曲面 S 两侧的法向导数之和 $\left(\frac{\partial f}{\partial \boldsymbol{n}_1} + \frac{\partial f}{\partial \boldsymbol{n}_2} \right)(x)$.

c) 请验证关系式

$$\Delta f = \{\Delta f\} + \left(\int \frac{\partial f}{\partial \boldsymbol{n}} \right)_S \delta_S + \frac{\partial}{\partial \boldsymbol{n}} (([f])_S \delta_S),$$

其中 $\dfrac{\partial}{\partial \boldsymbol{n}}$ 是法向导数, 即

$$\left\langle \frac{\partial F}{\partial \boldsymbol{n}}, \varphi \right\rangle := -\left\langle F, \frac{\partial \varphi}{\partial \boldsymbol{n}} \right\rangle,$$

而 $([f])_S$ 是函数 f 在点 $x \in S$ 沿法线方向 $\boldsymbol{n}$ 的突变.

d) 设 G 是 $\mathbb{R}^n$ 中的有限区域, 其边界 S 是分片光滑曲面; $f, \varphi \in C^{(1)}(G) \cap C^{(2)}(G)$. 请利用 Δf 的上述表达式证明经典的格林公式

$$\int_G (f \Delta \varphi - \varphi \Delta f)\, dx = \int_S \left(f \frac{\partial \varphi}{\partial \boldsymbol{n}} - \varphi \frac{\partial f}{\partial \boldsymbol{n}} \right) d\sigma,$$

假设左边的积分至少在反常积分的意义下存在.

e) 请证明: 如果 δ 函数对应着位于空间 $\mathbb{R}^n$ 的坐标原点 0 的单位电荷, 函数 $-\dfrac{\partial \delta}{\partial x^1}$ 对应着位于点 0 的具有电偶极矩 $+1$ 的沿 x^1 轴的偶极子 (见 §4 习题 11), 而函数 $\nu(x)\delta_S$ 是与曲面 S 上具有面密度 $\nu(x)$ 的分布电荷相对应的单层分布, 则函数 $-\dfrac{\partial}{\partial \boldsymbol{n}}(\nu(x)\delta_S)$ 对应着曲面 S 上具有面密度 $\nu(x)$ 的沿法向量 $\boldsymbol{n}$ 的电偶极子的分布. 该函数称为**双层分布**.

f) 请在格林公式中取 $\varphi = 1/|x - y|$, 然后利用例 14 的结果, 从而证明: 区域 G 中的任何 $C^{(1)}(\overline{G})$ 类调和函数 f 可以表示为区域 G 的边界 S 上的单层分布的势与双层分布的势之和.

7. a) 函数 $1/|x|$ 是由位于空间 $\mathbb{R}^3$ 的坐标原点的单位电荷产生的电场强度 $\boldsymbol{A} = -x/|x|^3$ 的势. 我们还知道,

$$\operatorname{div}\left(\frac{x}{|x|^3} \right) = 4\pi \delta, \quad \operatorname{div}\left(\frac{qx}{|x|^3} \right) = 4\pi q \delta, \quad \operatorname{div}\operatorname{grad}\left(\frac{q}{|x|} \right) = -4\pi q \delta.$$

请据此解释: 为什么需要假设函数 $U(x) = \displaystyle\int_{\mathbb{R}^3} \frac{\mu(\xi)}{|x - \xi|} d\xi$ 应当满足方程 $\Delta U = -4\pi \mu$? 请验证: 它的确满足上述泊松方程.

b) 高斯-奥斯特洛格拉德斯基公式在物理学的电磁场理论中的一个推论是众所周知的高斯定律: 空间 $\mathbb{R}^3$ 中的分布电荷所产生的电场强度通过封闭曲面 S 的电通量等于 Q/ε_0 (见第十四章 §2 第 2 小节和习题 5), 其中 Q 是以曲面 S 为边界的区域中的电荷总量. 请证明高斯定律.

8. 请验证在广义函数理论的意义下成立的下列等式:

a) $\Delta E = \delta$, 其中

$$E(x) = \begin{cases} \dfrac{1}{2\pi}\ln|x|, & x \in \mathbb{R}^2, \\ -\dfrac{\Gamma(n/2)}{2\pi^{n/2}(n-2)}|x|^{-(n-2)}, & x \in \mathbb{R}^n, \ n > 2; \end{cases}$$

b) $(\Delta + k^2)E = \delta$, 其中 $E(x) = -\dfrac{e^{ik|x|}}{4\pi|x|}$ 或 $E(x) = -\dfrac{e^{-ik|x|}}{4\pi|x|}$, 并且 $x \in \mathbb{R}^3$;

c) $\square_a E = \delta$, 其中算子 $\square_a = \dfrac{\partial^2}{\partial t^2} - a^2\left[\left(\dfrac{\partial}{\partial x^1}\right)^2 + \cdots + \left(\dfrac{\partial}{\partial x^n}\right)^2\right]$,

$$E = \begin{cases} \dfrac{H(at-|x|)}{2\pi a\sqrt{a^2t^2-|x|^2}}, & x \in \mathbb{R}^2, \ t \in \mathbb{R}, \\ \dfrac{H(t)}{4\pi a^2 t}\delta_{S_{at}} \equiv \dfrac{H(t)}{2\pi a}\delta(a^2t^2-|x|^2), & x \in \mathbb{R}^3, \ t \in \mathbb{R}, \end{cases}$$

而 $H(t)$ 是赫维赛德函数, $S_{at} = \{x \in \mathbb{R}^3 \mid |x| = at\}$ 是球面, $a > 0$.

d) 请利用上面的这些结果把含有相应微分算子 A 的方程 $Au = f$ 的解也表示为卷积 $f * E$ 的形式, 并且验证, 例如, 在函数 f 连续的假设下, 这样得到的含参变量的积分确实满足方程 $Au = f$.

9. 流体所占区域上的积分的微分运算.

设运动流体充满空间, $\boldsymbol{v} = \boldsymbol{v}(t,x)$ 和 $\rho = \rho(t,x)$ 分别是流体在时刻 t 和点 x 的运动速度和密度. 我们将关注在初始时刻充满区域 Ω_0 的这部分流体的运动.

a) 设在初始时刻充满区域 Ω_0 的这部分流体在时刻 t 充满区域 Ω_t. 请用积分的形式表示这部分流体的质量并写出质量守恒定律.

b) 对于流体所占区域 (运动的物质体) Ω_t 上的积分 $F(t) = \int_{\Omega_t} f(t,x)\,d\omega$, 请通过微分运算证明:

$$F'(t) = \int_{\Omega_t} \dfrac{\partial f}{\partial t}\,d\omega + \int_{\partial\Omega_t} f\langle \boldsymbol{v}, \boldsymbol{n}\rangle\,d\sigma,$$

其中 $\Omega_t, \partial\Omega_t, d\omega, d\sigma, \boldsymbol{n}, \boldsymbol{v}, \langle \cdot, \cdot \rangle$ 分别是上述流体在时刻 t 所占的区域和它的边界, 相应点处的体元、面元、单位外法向量和流体速度, 以及标量积.

c) 请证明: 习题 b) 中的 $F'(t)$ 可以表示为以下形式:

$$F'(t) = \int_{\Omega_t} \left(\dfrac{\partial f}{\partial t} + \operatorname{div}(f\boldsymbol{v})\right) d\omega.$$

d) 请对比习题 a), b), c) 的结果, 从而得到连续性方程

$$\dfrac{\partial \rho}{\partial t} + \operatorname{div}(\rho\boldsymbol{v}) = 0$$

(关于这个方程, 也可以参考第十四章 §4 第 2 小节).

e) 设 $|\Omega_t|$ 是区域 Ω_t 的体积. 请证明:
$$\frac{d|\Omega_t|}{dt} = \int_{\Omega_t} \operatorname{div} \boldsymbol{v} \, d\omega.$$

f) 请证明: 不可压缩流体的速度场 $\boldsymbol{v}$ 是无散场 ($\operatorname{div} \boldsymbol{v} = 0$), 这个条件是任何一部分运动介质的不可压缩性 (体积保持不变) 的数学表述.

g) 经典力学的哈密顿系统的相速度场 $(\dot{p}, \dot{q})$ 满足哈密顿方程组
$$\dot{p} = -\frac{\partial H}{\partial q}, \quad \dot{q} = \frac{\partial H}{\partial p},$$

其中 $H = H(p, q)$ 是系统的哈密顿函数. 请效仿刘维尔证明: 在哈密顿流中, 相体积守恒. 请再验证: 哈密顿函数 H (能量) 沿轨迹保持不变.

第十八章　傅里叶级数与傅里叶变换

§1. 与傅里叶[①]级数有关的一些主要的一般概念

1. 正交函数系

a. 线性空间中向量的分解. 我们在数学分析的整个教程中不止一次指出, 各种各样的函数类关于常规算术运算构成线性空间, 例如数学分析中最基础的定义在区域 $X \subset \mathbb{R}^n$ 上的光滑函数类、连续函数类或可积函数类. 这些函数可以是实函数、复函数或一般的向量函数.

从代数观点看, 等式
$$f = \alpha_1 f_1 + \cdots + \alpha_n f_n,$$
其中 $f_1, f_2, \cdots, f_n$ 是给定函数类中的函数, 而 α_i 是域 $\mathbb{R}$ 或 $\mathbb{C}$ 中的系数, 具有以下含义: 向量 f 是所考虑的线性空间中的向量 $f_1, \cdots, f_n$ 的线性组合.

在数学分析中通常需要研究无限个量的线性组合, 即以下形式的函数项级数:
$$f = \sum_{k=1}^{\infty} \alpha_k f_k. \tag{1}$$

为了定义级数的和, 需要在所考虑的线性空间中给出某个拓扑(包括度量), 以便在差 $f - S_n$ 趋于零时进行判断, 这里 $S_n = \sum_{k=1}^{n} \alpha_k f_k$.

[①] 傅里叶 (J. Fourier, 1768—1830) 是法国数学家. 他的主要著作是《热的解析理论》(1822), 其中包含由他推导出来的热传导方程和求解这个方程的分离变量法 (傅里叶方法, 见第 424 页). 把函数展开为三角级数 (傅里叶级数) 是傅里叶方法的关键. 以后的许多大数学家都研究过这样展开的可能性. 特别地, 这导致了实变函数论、集合论的产生, 也促进了函数的概念本身的发展.

在经典的数学分析中, 可以在线性空间中定义向量的各种范数或两个向量的各种标量积, 这是在线性空间中引入度量的基本方法. 我们在第十章 §1 中讨论了这些概念.

现在, 我们只考虑具有标量积的空间 (沿用标量积的记号 $\langle \cdot, \cdot \rangle$). 在这样的空间中可以讨论正交向量、正交向量组和正交基[①], 这类似于解析几何中众所周知的三维欧氏空间的情形.

定义 1. 在具有标量积 $\langle \cdot, \cdot \rangle$ 的线性空间中, 满足 $\langle x, y \rangle = 0$ 的向量 x, y 称为 (关于该标量积的) 正交向量.

定义 2. 如果向量组 $\{x_k; k \in K\}$ 中的 (不同指标值所对应的) 向量是两两正交的, 则该向量组称为正交向量组.

定义 3. 如果对于任何指标 $i, j \in K$, 向量组 $\{e_k; k \in K\}$ 中的向量满足关系式 $\langle e_i, e_j \rangle = \delta_{ij}$, 其中 δ_{ij} 是克罗内克记号, 即

$$\delta_{ij} = \begin{cases} 1, & i = j, \\ 0, & i \neq j, \end{cases}$$

则该向量组称为规范正交向量组或标准正交向量组.

定义 4. 对于由有限个向量组成的向量组 $x_1, \cdots, x_n$, 如果等式 $\alpha_1 x_1 + \alpha_2 x_2 + \cdots + \alpha_n x_n = 0$ 仅当 $\alpha_1 = \alpha_2 = \cdots = \alpha_n = 0$ 时才成立 (对于前者, 0 是空间中的零向量, 而对于后者, 0 是系数域中的零), 则该向量组称为线性无关向量组.

对于线性空间的任意一个向量组, 如果它的每一个由有限个向量组成的子向量组都是线性无关的, 则该向量组称为线性无关向量组.

我们现在关心的基本问题是按照给定的线性无关向量组展开线性空间的向量的问题.

为了以后在函数空间中的应用 (该空间可能是无限维的), 我们应当认为, 这样展开的一个结果可能是形如 (1) 的级数. 这正是在研究上边提出的基本问题时遇到的数学分析内容, 而它在本质上是一个代数问题.

从解析几何课程中知道, 与按照任意线性无关向量组展开相比, 按照正交向量组和规范正交向量组展开具有许多技术上的优点 (容易计算展开系数, 根据向量在规范正交基下的坐标容易计算这些向量的标量积, 等等).

正是由于这个原因, 我们主要关心按照正交向量组的展开. 在函数空间中, 这对应着按照正交函数系的展开式或傅里叶级数, 这也是本章的研究内容.

b. 正交函数系的一些实例. 设 $\mathcal{R}_2(X, \mathbb{C})$ 是集合 $X \subset \mathbb{R}^n$ 上的局部可积函数的线性空间, 并且这些函数的模的平方也是 X 上的可积函数 (在常义积分或反常

[①] 在具有标量积的函数空间中可以类似地考虑正交函数、正交函数系等概念. ——译者

积分的意义下). 为了把第十章 §1 的例 12 推广到空间 $\mathcal{R}_2(X, \mathbb{C})$ 上, 引入标量积

$$\langle f, g \rangle := \int_X (f \cdot \bar{g})(x)\, dx. \tag{2}$$

因为 $|f \cdot \bar{g}| \leqslant (|f|^2 + |g|^2)/2$, 所以等式 (2) 中的积分收敛, 从而合理地定义了量 $\langle f, g \rangle$.

如果讨论实函数, 则关系式 (2) 在相应实空间 $\mathcal{R}_2(X, \mathbb{R})$ 中化为等式

$$\langle f, g \rangle := \int_X (f \cdot g)(x)\, dx. \tag{3}$$

利用积分的性质容易验证, 如果认为只在 n 维零测度集上有区别的函数是彼此等同的, 则所有在第十章 §1 中列出的标量积公理在上述情况下都成立. 在本节以下正文中将处处在等式 (2) 和 (3) 的意义下理解函数的标量积.

例 1. 我们记得, 对于整数 m 和 n,

$$\int_{-\pi}^{\pi} e^{imx} \cdot e^{-inx} dx = \begin{cases} 0, & m \neq n, \\ 2\pi, & m = n, \end{cases} \tag{4}$$

$$\int_{-\pi}^{\pi} \cos mx \cos nx\, dx = \begin{cases} 0, & m \neq n, \\ \pi, & m = n \neq 0, \\ 2\pi, & m = n = 0, \end{cases} \tag{5}$$

$$\int_{-\pi}^{\pi} \cos mx \sin nx\, dx = 0, \tag{6}$$

$$\int_{-\pi}^{\pi} \sin mx \sin nx\, dx = \begin{cases} 0, & m \neq n, \\ \pi, & m = n \neq 0. \end{cases} \tag{7}$$

这些关系式表明, 指数函数系 $\{e^{inx}; n \in \mathbb{Z}\}$ 是空间 $\mathcal{R}_2([-\pi, \pi], \mathbb{C})$ 中关于标量积 (2) 的正交函数系, 而三角函数系 $\{1, \cos nx, \sin nx; n \in \mathbb{N}\}$ 是 $\mathcal{R}_2([-\pi, \pi], \mathbb{R})$ 中的正交函数系. 如果把三角函数系看作 $\mathcal{R}_2([-\pi, \pi], \mathbb{C})$ 中的一组向量, 即可以取它们的复系数线性组合, 则根据欧拉公式

$$e^{inx} = \cos nx + i \sin nx, \quad \cos nx = \frac{1}{2}(e^{inx} + e^{-inx}), \quad \sin nx = \frac{1}{2i}(e^{inx} - e^{-inx}),$$

上述两个函数系可以彼此线性地表示, 即它们在代数上是等价的. 因此, 指数函数系 $\{e^{inx}; n \in \mathbb{Z}\}$ 也称为三角函数系, 更准确地, 称为复形式的三角函数系.

关系式 (4)–(7) 表明, 上述函数系是正交的, 但不是规范正交的, 而函数系

$$\left\{\frac{1}{\sqrt{2\pi}} e^{inx};\ n \in \mathbb{Z}\right\}, \quad \left\{\frac{1}{\sqrt{2\pi}},\ \frac{1}{\sqrt{\pi}} \cos nx,\ \frac{1}{\sqrt{\pi}} \sin nx;\ n \in \mathbb{N}\right\}$$

已经是规范正交的.

如果把闭区间 $[-\pi, \pi]$ 改为任意的闭区间 $[-l, l] \subset \mathbb{R}$, 则利用变量代换可以得到类似的函数系 $\{e^{i\pi nx/l}; n \in \mathbb{Z}\}$ 和 $\{1, \cos\frac{\pi}{l}nx, \sin\frac{\pi}{l}nx; n \in \mathbb{N}\}$, 它们分别是空

间 $\mathcal{R}_2([-l, l]; \mathbb{C})$ 和 $\mathcal{R}_2([-l, l]; \mathbb{R})$ 中的正交函数系, 而相应的规范正交函数系是

$$\left\{\frac{1}{\sqrt{2l}}e^{i\pi nx/l};\ n\in\mathbb{Z}\right\},\quad \left\{\frac{1}{\sqrt{2l}},\ \frac{1}{\sqrt{l}}\cos\frac{\pi}{l}nx,\ \frac{1}{\sqrt{l}}\sin\frac{\pi}{l}nx;\ n\in\mathbb{N}\right\}.$$

例 2. 设 I_x 是 $\mathbb{R}^m$ 中的区间, I_y 是 $\mathbb{R}^n$ 中的区间, 又设 $\{f_i(x)\}$ 是 $\mathcal{R}_2(I_x, \mathbb{R})$ 中的正交函数系, $\{g_j(y)\}$ 是 $\mathcal{R}_2(I_y, \mathbb{R})$ 中的正交函数系. 从富比尼定理可知, 函数系 $\{u_{ij}(x, y) := f_i(x)g_j(y)\}$ 是 $\mathcal{R}_2(I_x \times I_y, \mathbb{R})$ 中的正交函数系.

例 3. 我们指出, 当 $\alpha \neq \beta$ 时,

$$\int_0^l \sin\alpha x \sin\beta x\, dx = \frac{1}{2}\left(\frac{\sin(\alpha-\beta)l}{\alpha-\beta} - \frac{\sin(\alpha+\beta)l}{\alpha+\beta}\right)$$
$$= \cos\alpha l \cos\beta l \cdot \frac{\beta\tan\alpha l - \alpha\tan\beta l}{\alpha^2-\beta^2}.$$

于是, 如果 α 和 β 的值满足 $\dfrac{\tan\alpha l}{\alpha} = \dfrac{\tan\beta l}{\beta}$, 则上述积分等于零. 因此, 如果 $\xi_1 < \xi_2 < \cdots < \xi_n < \cdots$ 组成方程 $\tan\xi l = c\xi$ 的根的序列, 这里 c 是任意常数, 则函数系 $\{\sin\xi_n x;\ n\in\mathbb{N}\}$ 在闭区间 $[0, l]$ 上正交. 特别地, 当 $c = 0$ 时, 就得到已经为我们所知的函数系 $\left\{\sin\dfrac{\pi}{l}nx;\ n\in\mathbb{N}\right\}$.

例 4. 考虑方程

$$\left(\frac{d^2}{dx^2} + q(x)\right)u(x) = \lambda u(x),$$

其中 $q \in C^{(\infty)}([a, b], \mathbb{R})$, 而 λ 是数值系数. 假设 $C^{(2)}([a, b], \mathbb{R})$ 类函数 $u_1, u_2, \cdots$ 在闭区间 $[a, b]$ 的两个端点等于零, 并且每一个函数都满足系数 λ 取相应值 $\lambda_1, \lambda_2, \cdots$ 时的上述方程. 我们来证明, 如果 $\lambda_i \neq \lambda_j$, 则函数 u_i, u_j 在 $[a, b]$ 上正交.

其实, 用分部积分法求出

$$\int_a^b \left[\left(\frac{d^2}{dx^2} + q(x)\right)u_i(x)\right]u_j(x)\, dx = \int_a^b u_i(x)\left[\left(\frac{d^2}{dx^2} + q(x)\right)u_j(x)\right]dx.$$

根据上述方程, 由此得到

$$\lambda_i\langle u_i, u_j\rangle = \lambda_j\langle u_i, u_j\rangle,$$

又因为 $\lambda_i \neq \lambda_j$, 所以现在断定 $\langle u_i, u_j\rangle = 0$.

特别地, 如果在 $[a, b]$ 上 $q(x) \equiv 0$, 而 $[a, b] = [0, \pi]$, 我们重新得到 $[0, \pi]$ 上的正交函数系 $\{\sin nx;\ n\in\mathbb{N}\}$.

读者在本节习题中可以找到诸多后续实例, 其中包括对数学物理很重要的一些正交函数系.

c. 正交化. 众所周知, 在有限维欧氏空间中, 从任何线性无关向量组出发, 用标准方法 (格拉姆[①]-施密特[②]正交化方法) 可以构造等价于给定向量组的正交甚至规范正交向量组. 用这样的方法显然也可以在任何具有标量积的线性空间中从它的任何线性无关向量组 $\psi_1, \psi_2, \cdots$ 构造规范正交向量组.

我们知道, 给出规范正交函数系 $\varphi_1, \varphi_2, \cdots$ 的正交化方法由以下关系式描述:

$$\varphi_1 = \frac{\psi_1}{\|\psi_1\|}, \quad \varphi_2 = \frac{\psi_2 - \langle \psi_2, \varphi_1 \rangle \varphi_1}{\|\psi_2 - \langle \psi_2, \varphi_1 \rangle \varphi_1\|}, \quad \varphi_n = \frac{\psi_n - \sum_{k=1}^{n-1} \langle \psi_n, \varphi_k \rangle \varphi_k}{\left\|\psi_n - \sum_{k=1}^{n-1} \langle \psi_n, \varphi_k \rangle \varphi_k\right\|}.$$

例 5. 用正交化方法从 $\mathcal{R}_2([-1,1], \mathbb{R})$ 中的线性无关函数系 $\{1, x, x^2, \cdots\}$ 产生的多项式系称为勒让德正交多项式系. 我们指出, 这样得到的规范正交多项式系中的多项式本身经常并不称为勒让德多项式, 与它们成某个比例的多项式才称为勒让德多项式. 可以用不同方式选取比例因子, 例如, 使多项式的最高次项系数等于 1, 或使多项式的值在 $x = 1$ 时等于 1. 这时, 函数系的正交性显然没有被破坏, 而规范性一般就丧失了.

标准的勒让德多项式由罗德里格斯公式

$$P_n(x) = \frac{1}{2^n n!} \frac{d^n (x^2 - 1)^n}{dx^n}$$

定义, 这时 $P_n(1) = 1$. 我们再写出按照最高次项系数等于 1 的条件定义的前几个勒让德多项式:

$$\widetilde{P}_0(x) \equiv 1, \quad \widetilde{P}_1(x) = x, \quad \widetilde{P}_2(x) = x^2 - \frac{1}{3}, \quad \widetilde{P}_3(x) = x^3 - \frac{3}{5}x.$$

勒让德规范正交多项式具有以下形式:

$$\widehat{P}_n(x) = \sqrt{\frac{2n+1}{2}} P_n(x), \quad n = 0, 1, 2, \cdots.$$

通过直接计算可以证明, 它们在闭区间 $[-1, 1]$ 上正交. 用上述公式定义多项式 $P_n(x)$, 我们来验证, 勒让德多项式系 $\{P_n(x)\}$ 在闭区间 $[-1, 1]$ 上正交. 为此只需要验证多项式 $P_n(x)$ 与多项式 $1, x, \cdots, x^{n-1}$ 正交, 因为由后者的线性组合可以得到 $k < n$ 次多项式 $P_k(x)$.

当 $k < n$ 时, 利用分部积分法, 确实得到

$$\int_{-1}^{1} x^k P_n(x)\, dx = \frac{(-1)^{k+1}}{2^n n!} \int_{-1}^{1} \frac{d^{k+1} x^k}{dx^{k+1}} \cdot \frac{d^{n-k-1}(x^2-1)^n}{dx^{n-k-1}}\, dx = 0.$$

[①] 格拉姆 (J.P. Gram, 1850—1916) 是丹麦数学家. 他延续了 П.Л.切比雪夫的研究, 揭示了按照正交函数系展开为级数与最佳平方逼近问题之间的联系 (见下文中的傅里叶级数). 正是在这些研究中产生了正交化方法和著名的格拉姆矩阵 (见第 155 页, 以及第 419 页上的方程组 (18)).

[②] 施密特 (E. Schmidt, 1876—1959) 是德国数学家. 他为了研究积分方程而研究了希尔伯特空间的几何学, 并用欧氏几何学语言描述了它.

我们将在本节最后和习题中介绍数学分析中的正交函数系的来源,现在回到最初讨论的基本的一般问题,即关于在具有标量积的线性空间中按照给定向量组展开一个向量的问题.

d. 标量积的连续性和毕达格拉斯定理. 我们不仅需要考虑有限个向量的和,还需要考虑无限个向量的和 (级数),所以有必要指出标量积的连续性,以便把我们所熟知的标量积的代数性质推广到级数情形.

设 X 是具有标量积 $\langle \cdot, \cdot \rangle$ 和由它产生的范数 $\|x\| := \sqrt{\langle x, x \rangle}$ 的向量空间 (见第十章 §1),并且正是在这个范数的意义下,由向量 $x_i \in X$ 构成的级数 $\sum_{i=1}^{\infty} x_i$ 收敛到向量 $x \in X$,即 $\sum_{i=1}^{\infty} x_i = x$.

引理 1 (标量积的连续性引理). 设 $\langle , \rangle : X^2 \to \mathbb{C}$ 是复线性空间 X 中的标量积,则:

a) 函数 $(x, y) \mapsto \langle x, y \rangle$ 是其自变量的连续函数;

b) 如果 $x = \sum_{i=1}^{\infty} x_i$,则 $\langle x, y \rangle = \sum_{i=1}^{\infty} \langle x_i, y \rangle$;

c) 如果 $e_1, e_2, \cdots$ 是 X 中的规范正交向量组,$x = \sum_{i=1}^{\infty} x^i e_i$, $y = \sum_{i=1}^{\infty} y^i e_i$,则 $\langle x, y \rangle = \sum_{i=1}^{\infty} x^i \bar{y}^i$.

◀ 命题 a) 得自柯西-布尼雅可夫斯基不等式 (见第十章 §1):

$$|\langle x - x_0, y - y_0 \rangle|^2 \leqslant \|x - x_0\|^2 \cdot \|y - y_0\|^2.$$

命题 b) 得自 a),因为

$$\langle x, y \rangle = \sum_{i=1}^{n} \langle x_i, y \rangle + \Big\langle \sum_{i=n+1}^{\infty} x_i, y \Big\rangle,$$

而当 $n \to \infty$ 时 $\sum_{i=n+1}^{\infty} x_i \to 0$.

重复应用 b),再利用关系式 $\langle x, y \rangle = \overline{\langle y, x \rangle}$,就可以得到命题 c). ▶

从上述引理直接推出以下定理.

定理 1 (毕达哥拉斯[①]定理). a) 如果 $\{x_i\}$ 是一组彼此正交的向量,$x = \sum_i x_i$,则 $\|x\|^2 = \sum_i \|x_i\|^2$.

b) 如果 $\{e_i\}$ 是规范正交向量组,$x = \sum_i x^i e_i$,则 $\|x\|^2 = \sum_i |x^i|^2$.

[①] 毕达哥拉斯 (Pythagoras of Samos, 约公元前 580–前 500) 是著名的古希腊数学家和哲学家,毕达哥拉斯学派的奠基人. 这个学派的一个使同时代的人大为震惊的发现是,正方形的边和对角线是不可公度的. 经典的毕达哥拉斯定理本身在毕达哥拉斯之前很久已经在许多国家中为人所知 (当然,可能没有证明).

2. 傅里叶系数和傅里叶级数

a. 傅里叶系数和傅里叶级数的定义. 设 $\{e_i\}$ 是规范正交向量组，$\{l_i\}$ 是具有标量积 $\langle \cdot, \cdot \rangle$ 的空间中的正交向量组.

设 $x = \sum\limits_i x^i l_i$. 可以直接求出向量 x 的这样的展开式中的系数 x^i:

$$x^i = \frac{\langle x, l_i \rangle}{\langle l_i, l_i \rangle}.$$

如果 $l_i = e_i$，则表达式还可以简化:

$$x^i = \langle x, e_i \rangle.$$

我们指出，如果给出向量 x 本身和正交向量组 $\{l_i\}$ (或 $\{e_i\}$)，则 x^i 的公式是有意义的和完全确定的. 为了计算 x^i，已经不再需要等式 $x = \sum\limits_i x^i l_i$ (或 $x = \sum\limits_i x^i e_i$).

定义 5. 数 $\left\{ \dfrac{\langle x, l_i \rangle}{\langle l_i, l_i \rangle} \right\}$ 称为向量 $x \in X$ 关于正交向量组 $\{l_i\}$ 的**傅里叶系数**.

如果向量组 $\{e_i\}$ 是规范正交的，则傅里叶系数具有 $\{\langle x, e_i \rangle\}$ 的形式.

从几何观点看，向量 $x \in X$ 的第 i 个傅里叶系数 $\langle x, e_i \rangle$ 是这个向量在单位向量 e_i 的方向上的投影. 在众所周知的具有给定的规范正交标架 e_1, e_2, e_3 的三维欧氏空间 $\mathbb{R}^3$ 中，傅里叶系数 $x^i = \langle x, e_i \rangle$ ($i = 1, 2, 3$) 是向量 x 在基 e_1, e_2, e_3 中的坐标，它们出现在展开式 $x = x^1 e_1 + x^2 e_2 + x^3 e_3$ 中.

如果没有给出三个向量 e_1, e_2, e_3，而是只给出两个向量 e_1, e_2，则按照这两个向量的展开式 $x = x^1 e_1 + x^2 e_2$ 远非对每一个向量 $x \in \mathbb{R}^3$ 都成立. 尽管如此，傅里叶系数 $x^i = \langle x, e_i \rangle$ ($i = 1, 2$) 在这种情况下也有定义，而向量 $x_e = x^1 e_1 + x^2 e_2$ 是向量 x 在向量 e_1, e_2 的平面 L 上的投影. 在这个平面的一切向量中，向量 x_e 在下述意义下最接近向量 x: $\|x - y\| \geqslant \|x - x_e\|$ 对于任何向量 $y \in L$ 都成立. 这就是傅里叶系数的优美的极值性质. 我们在下面讨论它的一般情况.

定义 6. 如果 X 是具有标量积 $\langle \cdot, \cdot \rangle$ 的线性空间，$l_1, l_2, \cdots, l_n, \cdots$ 是 X 中的非零正交向量组，则任何一个向量 $x \in X$ 都可以与一个级数相对应:

$$x \sim \sum_{k=1}^{\infty} \frac{\langle x, l_k \rangle}{\langle l_k, l_k \rangle} l_k. \tag{8}$$

这个级数称为向量 x 关于正交向量组 $\{l_k\}$ 的**傅里叶级数**.

如果向量组 $\{l_k\}$ 由有限个向量组成，则傅里叶级数化为有限个量的和.

在规范正交向量组 $\{e_k\}$ 的情况下，向量 $x \in X$ 的傅里叶级数的写法特别简单:

$$x \sim \sum_{k=1}^{\infty} \langle x, e_k \rangle e_k. \tag{8'}$$

例 6. 设 $X = \mathcal{R}_2([-\pi, \pi], \mathbb{R})$. 在这个空间中, 考虑例 1 中的正交函数系 $\{1, \cos kx, \sin kx; k \in \mathbb{N}\}$. 与函数 $f \in \mathcal{R}_2([-\pi, \pi], \mathbb{R})$ 相对应的关于这个正交函数系的傅里叶级数是

$$f \sim \frac{a_0(f)}{2} + \sum_{k=1}^{\infty} (a_k(f) \cos kx + b_k(f) \sin kx).$$

$a_0(f)$ 之所以具有因子 $1/2$, 是为了从傅里叶系数的定义得到统一的公式:

$$a_k(f) = \frac{1}{\pi} \int_{-\pi}^{\pi} f(x) \cos kx \, dx, \quad k = 0, 1, 2, \cdots, \tag{9}$$

$$b_k(f) = \frac{1}{\pi} \int_{-\pi}^{\pi} f(x) \sin kx \, dx, \quad k = 1, 2, \cdots. \tag{10}$$

取 $f(x) = x$, 则 $a_k = 0, k = 0, 1, 2, \cdots$, 而 $b_k = (-1)^{k+1} 2/k, k = 1, 2, \cdots$. 因此, 在这种情况下得到

$$f(x) = x \sim \sum_{k=1}^{\infty} (-1)^{k+1} \frac{2}{k} \sin kx.$$

例 7. 在空间 $\mathcal{R}_2([-\pi, \pi], \mathbb{C})$ 中考虑例 1 中的正交函数系 $\{e^{ikx}; k \in \mathbb{Z}\}$. 设 $f \in \mathcal{R}_2([-\pi, \pi], \mathbb{C})$. 根据定义 5 和关系式 (4), 函数 f 关于正交函数系 $\{e^{ikx}\}$ 的傅里叶系数由以下公式表示:

$$c_k(f) = \frac{1}{2\pi} \int_{-\pi}^{\pi} f(x) e^{-ikx} dx \quad \left(= \frac{\langle f(x), e^{ikx} \rangle}{\langle e^{ikx}, e^{ikx} \rangle} \right). \tag{11}$$

比较等式 (9), (10), (11) 并利用欧拉公式 $e^{i\varphi} = \cos \varphi + i \sin \varphi$, 我们得到同一个函数关于实形式和复形式的三角函数系的傅里叶系数之间的以下关系式:

$$c_k = \begin{cases} (a_k - ib_k)/2, & k \geqslant 0, \\ (a_{-k} + ib_{-k})/2, & k < 0. \end{cases} \tag{12}$$

为了使 $k = 0$ 的情况在公式 (9) 和 (12) 中不成为例外, 在这些公式中已经认为 $b_0 = 0$, 并且用 a_0 表示的不是最初定义的傅里叶系数本身, 而是它的两倍.

b. 傅里叶系数和傅里叶级数的一些基本的一般性质. 以下几何结果在这一部分内容中至关重要.

引理 2 (垂线引理). 设 $\{l_k\}$ 是空间 X 中由有限个或可数的相互正交的非零向量组成的向量组, 并且向量 $x \in X$ 关于向量组 $\{l_k\}$ 的傅里叶级数收敛到某向量 $x_l \in X$, 则表达式 $x = x_l + h$ 中的向量 h 不仅正交于 x_l, 还正交于由向量组 $\{l_k\}$ 产生的线性空间以及它在 X 中的闭包.

◀ 利用标量积的性质, 只要验证 $\langle h, l_m \rangle = 0$ 对于任何向量 $l_m \in \{l_k\}$ 都成立即可. 已知

$$h = x - x_l = x - \sum_k \frac{\langle x, l_k \rangle}{\langle l_k, l_k \rangle} l_k,$$

所以
$$\langle h, l_m \rangle = \langle x, l_m \rangle - \sum_k \frac{\langle x, l_k \rangle}{\langle l_k, l_k \rangle} \langle l_k, l_m \rangle = \langle x, l_m \rangle - \frac{\langle x, l_m \rangle}{\langle l_m, l_m \rangle} \langle l_m, l_m \rangle = 0. \ \blacktriangleright$$

垂线引理在几何上非常明显. 在第 2 小节 a 中考虑三维欧氏空间中由两个正交向量构成的向量组时, 我们其实已经指出了这个引理.

根据这个引理, 可以得到一系列关于傅里叶系数和傅里叶级数的性质的重要一般结果.

贝塞尔不等式. 利用分解式 $x = x_l + h$ 中的向量 x_l 与 h 的正交性和毕达哥拉斯定理, 我们得到 $\|x\|^2 = \|x_l\|^2 + \|h\|^2$ (斜边不小于直角边). 如果用傅里叶系数表示这个关系式, 就得到被称为贝塞尔不等式的关系式. 我们写出这个不等式. 根据毕达哥拉斯定理,

$$\|x_l\|^2 = \sum_k \left| \frac{\langle x, l_k \rangle}{\langle l_k, l_k \rangle} \right|^2 \langle l_k, l_k \rangle, \tag{13}$$

所以

$$\sum_k \frac{|\langle x, l_k \rangle|^2}{\langle l_k, l_k \rangle} \leqslant \|x\|^2. \tag{14}$$

这就是贝塞尔不等式. 它对于规范正交向量组 $\{e_k\}$ 变得特别简单:

$$\sum_k |\langle x, e_k \rangle|^2 \leqslant \|x\|^2. \tag{15}$$

如果采用傅里叶系数 α_k 本身, 则一般的贝塞尔不等式 (14) 可以写为

$$\sum_k |\alpha_k|^2 \|l_k\|^2 \leqslant \|x\|^2,$$

它在规范正交向量组的情况下化为

$$\sum_k |\alpha_k|^2 \leqslant \|x\|^2.$$

对于复空间 X, $|\alpha_k|$ 表示傅里叶系数的模, 这时傅里叶系数可以取复数值.

我们指出, 在贝塞尔不等式的推导过程中, 我们应用了关于向量 x_l 存在的假设和等式 (13). 但是, 如果 $\{l_k\}$ 由有限个向量组成, 则向量 x_l 存在 (即 X 中的傅里叶级数收敛) 是毫无疑问的. 因此, 不等式 (14) 对于向量组 $\{l_k\}$ 的任何有限部分成立, 从而对于整个向量组也成立.

例 8. 对于三角函数系 (见公式 (9), (10)), 贝塞尔不等式具有以下形式:

$$\frac{|a_0(f)|^2}{2} + \sum_{k=1}^\infty (|a_k(f)|^2 + |b_k(f)|^2) \leqslant \frac{1}{\pi} \int_{-\pi}^\pi |f|^2(x)\, dx. \tag{16}$$

对于函数系 $\{e^{ikx}; k \in \mathbb{Z}\}$ (见公式 (11)), 贝塞尔不等式特别优美:

$$\sum_{-\infty}^{+\infty} |c_k(f)|^2 \leqslant \frac{1}{2\pi} \int_{-\pi}^{\pi} |f|^2(x)\, dx. \tag{17}$$

完备空间中傅里叶级数的收敛性. 设 $\sum_k x^k e_k = \sum_k \langle x, e_k \rangle e_k$ 是向量 $x \in X$ 关于规范正交向量组 $\{e_k\}$ 的傅里叶级数. 根据贝塞尔不等式 (15), 级数 $\sum_k |x^k|^2$ 收敛. 根据毕达哥拉斯定理,

$$\| x^m e_m + \cdots + x^n e_n \|^2 = |x^m|^2 + \cdots + |x^n|^2.$$

根据级数收敛性的柯西准则, 对于所有充分大的值 m 和 $n > m$, 这个等式的右边小于任何指定的 $\varepsilon > 0$, 从而

$$\| x^m e_m + \cdots + x^n e_n \| < \sqrt{\varepsilon}.$$

因此, 只要原始空间 X 是关于由范数 $\|x\| = \sqrt{\langle x, x \rangle}$ 产生的度量的完备空间, 傅里叶级数 $\sum_k x^k e_k$ 就满足级数收敛性的柯西准则, 从而收敛.

为了行文简洁, 我们只讨论了关于规范正交向量组的傅里叶级数, 但所有讨论也适用于关于任何正交向量组的傅里叶级数.

傅里叶系数的极值性质. 我们来证明, 如果向量 $x \in X$ 关于规范正交向量组 $\{e_k\}$ 的傅里叶级数 $\sum_k x^k e_k = \sum_k \langle x, e_k \rangle e_k$ 收敛到向量 $x_l \in X$, 则在由 $\{e_k\}$ 构成的空间 L 的全部向量 $y = \sum_{k=1}^{\infty} \alpha_k e_k$ 中, 向量 x_l 恰好最接近向量 x, 即对于任何 $y \in L$,

$$\| x - x_l \| \leqslant \| x - y \|,$$

并且这里的等式仅在 $y = x_l$ 时成立.

其实, 根据垂线引理和毕达哥拉斯定理,

$$\| x - y \|^2 = \| (x - x_l) + (x_l - y) \|^2 = \| h + (x_l - y) \|^2$$
$$= \| h \|^2 + \| x_l - y \|^2 \geqslant \| h \|^2 = \| x - x_l \|^2.$$

例 9. 稍微偏离按照正交向量组展开的主线, 假设在 X 中有任意一组线性无关向量 $x_1, \cdots, x_n$, 需要寻求其线性组合 $\sum_{k=1}^{n} \alpha_k x_k$, 使它给出给定向量 $x \in X$ 的最佳逼近. 因为在由向量 $x_1, \cdots, x_n$ 给出的空间 L 中, 用正交化方法可以构造一个同样给出空间 L 的规范正交向量组 $e_1, \cdots, e_n$, 所以根据傅里叶系数的极值性质可以断定, 存在唯一的向量 $x_l \in L$, 使 $\| x - x_l \| = \inf_{y \in L} \| x - y \|$. 因为向量 $h = x - x_l$ 与空间 L 正交, 所以从等式 $x_l + h = x$ 得到所求向量 x_l 按照向量组 $x_1, \cdots, x_n$ 的展开

式 $x_l = \sum_{k=1}^{n} \alpha_k x_k$ 中的系数 $\alpha_1, \cdots, \alpha_n$ 所满足的方程组

$$\begin{cases} \langle x_1, x_1\rangle \alpha_1 + \cdots + \langle x_n, x_1\rangle \alpha_n = \langle x, x_1\rangle, \\ \quad\vdots \\ \langle x_1, x_n\rangle \alpha_1 + \cdots + \langle x_n, x_n\rangle \alpha_n = \langle x, x_n\rangle. \end{cases} \tag{18}$$

这个方程组的解的存在性和唯一性得自向量 x_l 的存在性和唯一性. 根据格拉姆定理由此推出, 特别地, 这个方程组的行列式不等于零. 换言之, 我们顺便证明了, 线性无关向量组的格拉姆行列式不等于零.

我们曾经指出, 例如, 在根据高斯的最小二乘法 (也可以参考习题 1) 处理实验数据时会遇到上述逼近问题和相应的方程组 (18).

c. 完备正交向量组与帕塞瓦尔等式

定义 7. 赋范空间 X 中的向量组 $\{x_\alpha;\ \alpha \in A\}$ 称为关于集合 $E \subset X$ 的完备向量组 (或集合 E 中的完备向量组), 如果可以用该向量组中有限个向量的线性组合在空间 X 的范数的意义下以任意精度逼近任何一个向量 $x \in E$.

如果用 $L\{x_\alpha\}$ 表示该向量组在 X 中的线性包 (即该向量组中有限个向量的全部线性组合的集合), 则定义 7 可以改述如下:

向量组 $\{x_\alpha\}$ 是关于集合 $E \subset X$ 的完备向量组, 如果 E 包含于该向量组的线性包的闭包 $\bar{L}\{x_\alpha\}$.

例 10. 如果 $X = E^3$, 而 e_1, e_2, e_3 是 E^3 中的基向量, 则向量组 $\{e_1, e_2, e_3\}$ 在 X 中完备, 而向量组 $\{e_1, e_2\}$ 在 X 中不完备, 但关于集合 $L\{e_1, e_2\}$ 或它的任何子集 E 完备.

例 11. 函数序列 $1, x, x^2, \cdots$ 是空间 $\mathcal{R}_2([a,b], \mathbb{R})$ 或 $\mathcal{R}_2([a,b], \mathbb{C})$ 中的函数系 $\{x^k;\ k = 0, 1, 2, \cdots\}$. 该函数系关于连续函数子空间 $C[a,b]$ 完备.

◂ 其实, 对于任何函数 $f \in C[a,b]$ 和任何数 $\varepsilon > 0$, 根据魏尔斯特拉斯定理, 可以找到满足 $\max\limits_{x \in [a,b]} |f(x) - P(x)| < \varepsilon$ 的代数多项式 $P(x)$. 但这时

$$\|f - P\| := \sqrt{\int_a^b |f - P|^2(x)\, dx} < \varepsilon \sqrt{b - a},$$

所以用上述函数系中的函数的有限线性组合可以在上述空间 $\mathcal{R}_2([a,b])$ 的范数的意义下任意精确地逼近函数 f. ▸

我们指出, 与例 10 的情况不同, 在这个例子中, 并非闭区间 $[a,b]$ 上的每一个连续函数都是上述函数系中的有限个函数的线性组合, 只不过可以用这样的线性组合逼近每一个函数. 于是, 在空间 $\mathcal{R}_2([a,b])$ 的范数的意义下, $C[a,b] \subset \bar{L}\{x^n\}$.

例 12. 如果从函数系 $\{1, \cos kx, \sin kx; k \in \mathbb{N}\}$ 中去掉一个函数, 例如去掉 1, 则所得函数系 $\{\cos kx, \sin kx; k \in \mathbb{N}\}$ 在 $\mathcal{R}_2([-\pi, \pi], \mathbb{C})$ 或 $\mathcal{R}_2([-\pi, \pi], \mathbb{R})$ 中不再是完备的.

◀ 其实, 根据傅里叶系数的极值性质, 在 n 个函数的所有线性组合

$$T_n(x) = \sum_{k=1}^{n}(a_k \cos kx + b_k \sin kx)$$

中, 只有当系数 a_k 和 b_k 是函数 1 关于上述正交函数系 $\{\cos kx, \sin kx; k \in \mathbb{N}\}$ 的傅里叶系数时, 三角多项式 $T_n(x)$ 才给出函数 $f(x) \equiv 1$ 的最佳逼近. 但是, 根据关系式 (5), 这样的最佳逼近多项式应当是零, 从而必有

$$\|1 - T_n\| \geqslant \|1\| = \sqrt{\int_{-\pi}^{\pi} 1\, dx} = \sqrt{2\pi} > 0,$$

所以不能用上述函数系中的函数的线性组合在相差不足 $\sqrt{2\pi}$ 的情况下逼近 1. ▶

定理 2 (正交向量组的完备性条件). 设 X 是具有标量积 $\langle \cdot, \cdot \rangle$ 的线性空间, $l_1, l_2, \cdots, l_n, \cdots$ 是 X 中有限个或可数的彼此正交的非零向量, 则以下条件彼此等价:
  a) 向量组 $\{l_k\}$ 关于集合 $E \subset X$[①] 完备;
  b) 对于任何向量 $x \in E \subset X$, (傅里叶级数) 展开式成立:

$$x = \sum_k \frac{\langle x, l_k \rangle}{\langle l_k, l_k \rangle} l_k; \tag{19}$$

  c) 对于任何向量 $x \in E \subset X$, 帕塞瓦尔[②]等式成立:

$$\|x\|^2 = \sum_k \frac{|\langle x, l_k \rangle|^2}{\langle l_k, l_k \rangle}. \tag{20}$$

对于规范正交向量组 $\{e_k\}$, 等式 (19) 和 (20) 具有特别简单的形式:

$$x = \sum_k \langle x, e_k \rangle e_k, \tag{19'}$$

$$\|x\|^2 = \sum_k |\langle x, e_k \rangle|^2. \tag{20'}$$

因此, 重要的帕塞瓦尔等式 (20) 或 (20′) 是用傅里叶系数的术语表述的毕达哥拉斯定理.

现在证明上述定理.

◀ a) $\Rightarrow$ b) 得自傅里叶系数的极值性质;
  b) $\Rightarrow$ c) 得自毕达哥拉斯定理;

[①] 特别地, 集合 E 可能只由一个向量组成, 而这个向量可能涉及我们所关注的各种因素.
[②] 帕塞瓦尔 (M. A. Parseval, 1755–1836) 是法国数学家, 在 1799 年发现了三角函数系的这个关系式.

c) ⇒ a) 得自垂线引理 (见 b) 和毕达哥拉斯定理:

$$\left\| x - \sum_{k=1}^{n} \frac{\langle x, l_k \rangle}{\langle l_k, l_k \rangle} l_k \right\|^2 = \|x\|^2 - \left\| \sum_{k=1}^{n} \frac{\langle x, l_k \rangle}{\langle l_k, l_k \rangle} l_k \right\|^2 = \|x\|^2 - \sum_{k=1}^{n} \frac{|\langle x, l_k \rangle|^2}{\langle l_k, l_k \rangle}. \quad \blacktriangleright$$

附注. 我们指出, 从帕塞瓦尔等式可以得到正交向量组关于集合 $E \subset X$ 完备的一个简单的必要条件: 在 E 中没有与该向量组中的全部向量都正交的非零向量.

作为对上述定理和附注的有益补充, 我们来证明以下一般命题.

命题. 设 X 是具有标量积 $\langle \cdot, \cdot \rangle$ 的线性空间, $x_1, x_2, \cdots$ 是 X 中的线性无关向量组, 则

a) 在 X 中没有与向量组 $\{x_k\}$ 中的所有向量都正交的非零向量是该向量组在 X 中完备的必要条件;

b) 在 X 是完备空间 (希尔伯特空间) 的情形下, 在 X 中没有与向量组 $\{x_k\}$ 中的所有向量都正交的非零向量是该向量组在 X 中完备的充分条件.

◀ a) 如果向量 h 与向量组 $\{x_k\}$ 中的所有向量都正交, 则根据毕达哥拉斯定理可知, 向量组 $\{x_k\}$ 中的向量的任何线性组合与 h 之差的范数都不可能小于 $\|h\|$. 因此, 如果向量组 $\{x_k\}$ 是完备的, 则 $\|h\| = 0$.

b) 利用正交化方法从向量组 $\{x_k\}$ 得到规范正交向量组 $\{e_k\}$, 其线性包 $L\{e_k\}$ 与原向量组 $\{x_k\}$ 的线性包 $L\{x_k\}$ 相同.

现在取任意向量 $x \in X$. 因为空间 X 完备, 所以向量 x 关于向量组 $\{e_k\}$ 的傅里叶级数收敛到某向量 $x_e \in X$. 根据垂线定理, 向量 $h = x - x_e$ 与空间 $L\{e_k\} = L\{x_k\}$ 正交. 根据条件, $h = 0$, 所以 $x = x_e$, 而傅里叶级数收敛到向量 x 本身. 因此, 可以用向量组 $\{e_k\}$ 中的有限个向量的线性组合以任意精度逼近向量 x, 从而也可以用向量组 $\{x_k\}$ 中的有限个向量的线性组合以任意精度逼近向量 x. ▶

以下实例表明, 在命题的 b) 中, 空间的完备性条件至关重要.

例 13. 考虑由满足 $\sum_{j=1}^{\infty}(a^j)^2 < \infty$ 的实数列 $a = (a^1, a^2, \cdots)$ 构成的空间 l_2 (见第十章 §1), 并用常规方式定义 l_2 中的向量 $a = (a^1, a^2, \cdots)$ 与 $b = (b^1, b^2, \cdots)$ 的标量积: $\langle a, b \rangle := \sum_{j=1}^{\infty} a^j b^j$.

现在考虑 l_2 中的规范正交向量组

$$e_k = (\underbrace{0, \cdots, 0}_{k}, 1, 0, 0, \cdots), \quad k = 1, 2, \cdots,$$

其中不包括向量 $e_0 = (1, 0, 0, \cdots)$. 在向量组 $\{e_k; k \in \mathbb{N}\}$ 中再补充一个向量 $e = \{1, 1/2, 1/2^2, 1/2^3, \cdots\}$ 并考虑这些向量的线性包 $L\{e, e_1, e_2, \cdots\}$. 可以把这个线性包看作具有标量积的线性空间 X (l_2 的子空间), 并且标量积取自 l_2.

我们指出, 显然不能通过向量组 $e, e_1, e_2, \cdots$ 中的有限个向量的线性组合得到向量 $e_0 = (1, 0, 0, \cdots)$, 所以它不属于 X. 与此同时, 在 X 中又能用这样的线性组合以任意精度逼近它, 因为

$$e - \sum_{k=1}^{n} \frac{1}{2^k} e_k = \left(1, 0, \cdots, 0, \frac{1}{2^{n+1}}, \frac{1}{2^{n+2}}, \cdots\right).$$

于是, 我们同时证明了, X 在 l_2 中不是闭空间 (所以 X 不是完备度量空间, 这与 l_2 不同), 但 X 在 l_2 中的闭包与 l_2 相同, 因为向量组 $e_0, e_1, e_2, \cdots$ 产生整个空间 l_2.

我们现在指出, 在 $X = L\{e, e_1, e_2, \cdots\}$ 中没有与所有向量 $e_1, e_2, \cdots$ 都正交的非零向量.

其实, 设 $x \in X$, 即 $x = \alpha e + \sum_{k=1}^{n} \alpha_k e_k$, 再设 $\langle x, e_k \rangle = 0, k = 1, 2, \cdots$, 则

$$\langle x, e_{n+1} \rangle = \frac{\alpha}{2^{n+1}} = 0,$$

即 $\alpha = 0$. 但这时 $\alpha_k = \langle x, e_k \rangle = 0, k = 1, 2, \cdots, n$.

因此, 我们已经构造出了需要的例子: 正交向量组 $e_1, e_2, \cdots$ 在 X 中不完备, 因为它在 X 的闭包中不完备, 并且 X 的闭包与 l_2 相同.

这个例子当然是典型的无穷维情形, 我们尝试用图 103 展示其构造过程.

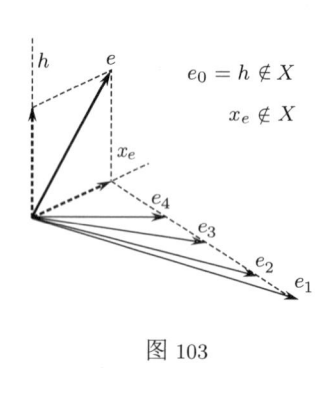

图 103

我们指出, 在无穷维情形下 (这在数学分析中是有代表性的), 一般而言, 能够用一个向量组中的向量的线性组合以任意精度逼近一个向量, 能够按照一个向量组中的向量把一个向量展开为级数, 这是向量组的两种不同的性质.

关于这个问题的讨论和最后的例 14 彻底阐明了正交向量组和傅里叶级数的特殊作用, 并且上述两种性质对于傅里叶级数同时成立 (在前面证明的定理说明了这一点).

定义 8. 线性赋范空间 X 的向量组 $x_1, x_2, \cdots, x_n, \cdots$ 称为空间 X 的基, 如果该向量组中的任何有限个向量都是线性无关的, 并且任何向量 $x \in X$ 都能表示为 $x = \sum_{k} \alpha_k x_k$ 的形式, 其中 α_k 是取自空间 X 的常数域的系数, 并且 (在无限个量求和的情形下) 按照空间 X 中的范数理解收敛性.

一个向量组是否完备与它是否是空间的基有关系吗?

从关于紧性和连续性的讨论可知, 在有限维空间 X 中, 向量组在 X 中的完备性显然等价于该向量组是 X 的基. 这在无穷维情形下一般不成立.

例 14. 把闭区间 $[-1,1]$ 上的实值连续函数集 $C([-1,1],\mathbb{R})$ 看作数域 $\mathbb{R}$ 上的具有由公式 (3) 定义的标准标量积的线性空间并记之为 $C_2([-1,1],\mathbb{R})$,考虑其中的线性无关向量组 $1,x,x^2,\cdots$.

该向量组在空间 $C_2([-1,1],\mathbb{R})$ 中完备 (见例 11),但不是空间的基.

◂ 我们首先证明,如果级数 $\sum\limits_{k=0}^{\infty}\alpha_k x^k$ 在 $C_2([-1,1],\mathbb{R})$ 中收敛,即在均方差的意义下在闭区间 $[-1,1]$ 上收敛,则它作为幂级数在开区间 $]-1,1[$ 上逐点收敛.

其实,根据级数收敛的必要条件,当 $k\to\infty$ 时 $\|\alpha_k x^k\|\to 0$. 但是,

$$\|\alpha_k x^k\|^2 = \int_{-1}^{1}(\alpha_k x^k)^2 dx = \alpha_k^2 \frac{2}{2k+1}.$$

因此,对于足够大的值 k 有 $|\alpha_k|<\sqrt{2k+1}$. 在这种情况下,幂级数 $\sum\limits_{k=0}^{\infty}\alpha_k x^k$ 在开区间 $]-1,1[$ 上显然收敛.

现在用 φ 表示这个幂级数在开区间 $]-1,1[$ 上的和. 我们指出,幂级数在每一个闭区间 $[a,b]\subset]-1,1[$ 上一致收敛到 $\varphi|_{[a,b]}$,从而也在均方差的意义下收敛.

由此可知,如果闭区间 $[-1,1]$ 上的连续函数 f 是在空间 $C_2([-1,1],\mathbb{R})$ 中收敛的这个级数的和,则 f 与 φ 在 $]-1,1[$ 上重合.

但是,函数 φ 是无穷次可微的. 因此,如果在空间 $C_2([-1,1],\mathbb{R})$ 中取任何一个不在 $]-1,1[$ 上无穷次可微的函数,则在这个空间已经不可能把它按照函数系 $\{x^k; k=0,1,\cdots\}$ 展开为级数. ▸

于是,例如,如果取函数 $f(x)=|x|$ 和数列 $\{\varepsilon_n=1/n; n\in\mathbb{N}\}$,就可以构造序列 $\{P_n(x); n\in\mathbb{N}\}$,使它由函数系 $\{x^k; k=0,1,\cdots\}$ 的有限个函数的线性组合 $P_n(x)=\alpha_0+\alpha_1 x+\cdots+\alpha_n x^n$ 组成,并且 $\|f-P_n\|<1/n$,即当 $n\to\infty$ 时 $P_n\to f$. 在需要时甚至还可以认为,每一个这样的线性组合 $P_n(x)$ 中的系数都是用最佳方式唯一选取出来的 (见例 9). 尽管如此,这时并不会出现展开式 $f=\sum\limits_{k=0}^{\infty}\alpha_k x^k$,因为 $P_{n+1}(x)$ 与 $P_n(x)$ 相比,不仅最后一个系数 α_{n+1} 发生变化,所有前面的系数 $\alpha_0,\cdots,\alpha_n$ 都可能变化.

根据傅里叶系数的极值性质,这种情况对于正交函数系不会出现 ($\alpha_0,\cdots,\alpha_n$ 不再变化).

例如,可以把单项式系 $\{x^k\}$ 化为勒让德正交多项式系,然后把 $f(x)=|x|$ 展开为关于该正交函数系的傅里叶级数.

*3. 数学分析中的正交函数系的一个重要来源. 现在介绍在一些具体问题中出现各种正交函数系的过程,以及关于这些函数系的傅里叶级数的产生过程.

例 15. 傅里叶方法.

设闭区间 $[0, l] \subset \mathbb{R}$ 是均质弹性弦的平衡位置, 弦的两端被固定在该区间的两端, 而其余部分是自由的, 可以在该平衡位置附近进行微小的横向振动. 设 $u(x,t)$ 是描述这种振动的函数, 即在每一个时刻 t, 函数 $u(x,t)$ 在闭区间 $0 \leqslant x \leqslant l$ 上的图像给出弦在时刻 t 的形状. 特别地, 在任何时刻 t, $u(0,t) = u(l,t) = 0$, 因为弦的两端固定.

众所周知 (参考第十四章 §4), 函数 $u(x,t)$ 满足方程①

$$\frac{\partial^2 u}{\partial t^2} = a^2 \frac{\partial^2 u}{\partial x^2}, \tag{21}$$

其中正的系数 a 依赖于弦的密度和弹性模量.

一个方程 (21) 当然不足以确定函数 $u(x,t)$. 我们从经验中知道, 例如, 只要给出弦在某一个时刻 $t = 0$ (我们称之为初始时刻) 的位置 $u(x, 0) = \varphi(x)$ 和弦上各点在这个时刻的速度 $\frac{\partial u}{\partial t}(x, 0) = \psi(x)$, 就可以单值地确定运动 $u(x, t)$. 于是, 如果我们把弦拉成 $\varphi(x)$ 的形状, 然后把它松开, 则 $\psi(x) \equiv 0$.

因此, 在闭区间 $[0, l]$ 的两端固定的弦的自由振动问题②归结为求方程 (21) 的解 $u(x, t)$, 使它满足边界条件

$$u(0, t) = u(l, t) = 0 \tag{22}$$

和初始条件

$$u(x, 0) = \varphi(x), \quad \frac{\partial u}{\partial t}(x, 0) = \psi(x). \tag{23}$$

类似的问题有一个相当自然的、在数学中被称为分离变量法或傅里叶方法的求解套路, 其做法如下. 寻求形如级数 $\sum\limits_{n=1}^{\infty} X_n(x) T_n(t)$ 的解 $u(x, t)$, 级数各项具有特殊的形式 $X(x)T(t)$ (分离变量形式), 并且是上述方程的满足边界条件的解. 在我们的情形下, 如我们所见, 这等价于把振动 $u(x, t)$ 分解为简谐振动之和 (更准确地, 分解为驻波之和).

其实, 如果函数 $X(x)T(t)$ 满足方程 (21), 则 $X(x)T''(t) = a^2 X''(x) T(t)$, 即

$$\frac{T''(t)}{a^2 T(t)} = \frac{X''(x)}{X(x)}. \tag{24}$$

在方程 (24) 中, 自变量 x 和 t 分别出现在方程两边 (已经被分离), 所以方程两边其实应当是相同的某一个常数 λ. 如果再考虑到上述特殊形式的解所应当满足的边界条件 $X(0)T(t) = X(l)T(t) = 0$, 则问题归结为在条件 $X(0) = X(l) = 0$ 下

---

① 这个方程称为弦的横向振动方程, 它是弹性介质中的弹性波方程的特例. ——译者
② 我们指出, 关于弦振动的数学研究始自布鲁克·泰勒 (Brook Taylor).

同时求解两个方程
$$T''(t) = -\lambda a^2 T(t), \tag{25}$$
$$X''(x) = -\lambda X(x), \tag{26}$$
其中 $\lambda > 0$. 容易分别写出这两个方程的通解:
$$T(t) = A\cos\sqrt{\lambda}\,at + B\sin\sqrt{\lambda}\,at, \tag{27}$$
$$X(x) = C\cos\sqrt{\lambda}\,x + D\sin\sqrt{\lambda}\,x. \tag{28}$$

尝试让解满足条件 $X(0) = X(l) = 0$, 我们得到, 这时应当有 $C = 0$. 舍弃 $D = 0$ 的平凡情形, 得到 $\sin\sqrt{\lambda}\,l = 0$, 所以 $\sqrt{\lambda} = \pm n\pi/l$, $n \in \mathbb{N}$.

因此, 只能在某一个特定的数集 $\{\lambda_n = (n\pi/l)^2;\ n \in \mathbb{N}\}$ 中选取方程 (25), (26) 中的数 λ (这些数称为弦振动问题的本征值). 把 λ 的这些值代入表达式 (27), (28), 得到满足边界条件 $u_n(0,t) = u_n(l,t) = 0$ 的一系列特解
$$u_n(x,t) = \sin n\frac{\pi}{l}x\left(A_n\cos n\frac{\pi a}{l}t + B_n\sin n\frac{\pi a}{l}t\right) \tag{29}$$
(它们描述形如 $\Phi(x)\sin(\omega t + \theta)$ 的驻波, 其中每一个点 $x \in [0,l]$ 都在进行简谐振动, 各点的振幅为 $\Phi(x)$, 但所有的点具有同一个频率 ω).

数值 $\omega_n = n\pi a/l$ $(n \in \mathbb{N})$ 自然称为弦的本征频率, 而它的简谐振动 (29) 称为弦的本征振动. 具有最小本征频率的振动 $u_1(x,t)$ 称为弦的基音, 而其余本征振动 $u_2(x,t), u_3(x,t), \cdots$ 称为泛音 (正是泛音产生了一件确定的乐器所特有的声音性质, 我们称之为音色).

现在, 我们希望把待求的振动 $u(x,t)$ 表示为弦的本征振动之和 $\sum\limits_{n=1}^{\infty} u_n(x,t)$ 的形式. 这时, 边界条件 (22) 自动成立, 只需要再考虑初始条件 (23), 这意味着
$$\varphi(x) = \sum_{n=1}^{\infty} A_n \sin n\frac{\pi}{l}x, \tag{30}$$
$$\psi(x) = \sum_{n=1}^{\infty} n\frac{\pi a}{l} B_n \sin n\frac{\pi}{l}x. \tag{31}$$

于是, 问题归结为求出暂时还不确定的系数 A_n, B_n, 即归结为把函数 φ 和 ψ 展开为关于闭区间 $[0,l]$ 上的正交函数系 $\left\{\sin n\dfrac{\pi}{l}x;\ n \in \mathbb{N}\right\}$ 的傅里叶级数.

值得注意, 来自方程 (26) 的函数 $\left\{\sin n\dfrac{\pi}{l}x;\ n \in \mathbb{N}\right\}$ 可以视为线性算子 $A = \dfrac{d^2}{dx^2}$ 的本征向量, 相应本征值 $\lambda_n = n\dfrac{\pi}{l}$ 来自以下条件: 算子 A 作用在由所有在闭区间 $[0,l]$ 的两端等于零的 $C^{(2)}[0,l]$ 类函数构成的函数空间上. 因此, 可以把等式 (30), (31) 解释为按照该线性算子的本征向量的展开式.

在具体问题中出现的线性算子是数学分析中的正交函数系的主要来源之一.

我们回顾代数学中的一个众所周知的结果，以便揭示这样的函数系具有正交性的原因.

设 Z 是具有标量积 $\langle \cdot, \cdot \rangle$ 的线性空间，E 是它的子空间 (可以与 Z 重合)，并且在 Z 中稠密. 线性算子 $A : E \to Z$ 称为对称算子，如果等式 $\langle Ax, y \rangle = \langle x, Ay \rangle$ 对于任何向量 $x, y \in E$ 都成立. 于是，对称算子的与不同本征值相对应的本征向量是正交的.

◀ 其实, 如果 $Au = \alpha u$, $Av = \beta v$, 并且 $\alpha \neq \beta$, 则
$$\alpha \langle u, v \rangle = \langle Au, v \rangle = \langle u, Av \rangle = \beta \langle u, v \rangle,$$
由此可知 $\langle u, v \rangle = 0$. ▶

现在有必要用这种观点考虑例 4. 就本质而言，我们在例 4 中研究了算子 $A = \left(\dfrac{d^2}{dx^2} + q(x) \right)$ 的本征函数，该算子作用在由所有在闭区间 $[a, b]$ 的两个端点等于零的 $C^{(2)}[a, b]$ 类函数构成的函数空间上. 利用分部积分法可以证明，这个算子在上述空间上 (关于标准标量积 (3)) 是对称的，所以例 4 的结果是上述代数学结果的具体表现.

特别地，当 $q(x) \equiv 0$ 时，A 化为算子 $\dfrac{d^2}{dx^2}$，它在 $[a, b] = [0, l]$ 时就是我们在最后的例 15 中遇到的算子.

我们还指出，在这个例子中，问题归结为把函数 φ 和 ψ 按照算子 $A = \dfrac{d^2}{dx^2}$ 的本征函数展开为级数 (见关系式 (30) 和 (31)). 这里当然会产生这样展开在原则上是否可能的问题. 我们现在已经理解，这个问题等价于所考虑的算子的本征函数系在所选择的函数空间中是否完备的问题.

三角函数系 (以及其他一些具体的正交函数系) 在 $\mathcal{R}_2[-\pi, \pi]$ 中的完备性，看来最早是由李雅普诺夫[1]明确证明的. 而在隐式表述下，具体三角函数系的完备性问题已经出现在狄利克雷研究三角函数收敛性的著作中. 如前所述，对于三角函数系，与完备性等价的帕塞瓦尔等式早在 18 世纪末至 19 世纪初就被帕塞瓦尔发现了. 一般提法下的正交函数系完备性问题以及它们在数学物理问题中的应用是斯捷克洛夫[2]的主要研究对象之一，正交函数系的完备性 (封闭性) 的概念本身也是由他引入数学的. 值得顺便提到，他在研究完备性问题时积极使用了函数的积分平均法 (积分平滑法，参考第十七章 §4, §5)，所以这种方法经常称为斯捷克洛夫平均法.

---

[1] 李雅普诺夫 (А. М. Ляпунов, 1857—1918) 是俄国数学家和力学家，切比雪夫学派的杰出代表，运动稳定性理论的创始人. 他成功地研究了数学和力学的不同领域.

[2] 斯捷克洛夫 (В. А. Стеклов, 1864—1926) 是俄国和苏联数学家，是由切比雪夫创立的彼得堡数学学派的代表，苏联数学物理学派的奠基人. 俄罗斯科学院数学研究所是以他的名字命名的.

习 题

1. 最小二乘法. 用实验研究量 y 对量 $x_1, \cdots, x_n$ 的依赖关系 $y = f(x_1, \cdots, x_n)$. 经过 m ($\geqslant n$) 次实验, 得到下表:

x_1	x_2	$\cdots$	x_n	y
a_1^1	a_2^1	$\cdots$	a_n^1	b^1
$\vdots$	$\vdots$		$\vdots$	$\vdots$
a_1^m	a_2^m	$\cdots$	a_n^m	b^m

表中各行给出参数 $x_1, x_2, \cdots, x_n$ 的一组值 $(a_1^i, a_2^i, \cdots, a_n^i)$ 和量 y 的相应值 b^i, 后者是用具有一定精度的仪器测量出来的. 需要根据这些实验数据得到便于计算的形如 $y = \sum_{i=1}^{n} \alpha_i x_i$ 的经验公式. 在选取该线性函数的系数 $\alpha_1, \alpha_2, \cdots, \alpha_n$ 时, 应当使按照经验公式得到的结果与实验结果的均方差 $\sqrt{\sum_{k=1}^{m}\left(b^k - \sum_{i=1}^{n} \alpha_i a_i^k\right)^2}$ 取最小值.

请把这个问题解释为用向量 $(a_i^1, \cdots, a_i^m)$ ($i = 1, \cdots, n$) 的线性组合以最佳方式逼近向量 $(b^1, \cdots, b^m)$ 的问题, 并证明: 问题归结为求解形如 (18) 的线性方程组.

2. a) 设 $C[a, b]$ 是由闭区间 $[a, b]$ 上的连续函数构成的线性空间, 并且具有该区间上的函数的一致收敛性度量; $C_2[a, b]$ 也是由这样的函数构成的线性空间, 但是具有该区间上的函数的均方差度量 $\left(\text{即 } d(f, g) = \sqrt{\int_a^b |f-g|^2(x)\, dx}\right)$. 请证明: 函数在 $C[a, b]$ 中的收敛性蕴涵它们在 $C_2[a, b]$ 中的收敛性, 但逆命题不成立; 空间 $C_2[a, b]$ 不完备, 这与空间 $C[a, b]$ 的情况不同.

b) 请解释: 为什么线性无关的函数系 $\{1, x, x^2, \cdots\}$ 在 $C_2[a, b]$ 中是完备的, 却不是这个空间的基?

c) 请解释: 为什么勒让德多项式是 $C_2[-1, 1]$ 中的一个完备正交函数系, 并且是这个空间的基?

d) 请求出函数 $\sin \pi x$ 在闭区间 $[-1, 1]$ 上关于勒让德多项式系的傅里叶展开式的前四项.

e) 请证明: 第 n 个勒让德多项式在 $C_2[-1, 1]$ 中的范数 $\|P_n\|$ 的平方等于

$$\frac{2}{2n+1} \quad \left(= (-1)^n \frac{(n+1)(n+2)\cdots 2n}{n!\, 2^{2n}} \int_{-1}^{1} (x^2-1)^n\, dx\right).$$

f) 请证明: 在具有给定次数 n 并且最高次项系数等于 1 的全部多项式中, 勒让德多项式 $\widetilde{P}_n(x)$ 在闭区间 $[-1, 1]$ 上在平均意义下偏离零最小.

g) 设 $\{P_0, P_1, \cdots\}$ 是勒让德多项式系. 请解释: 为什么等式

$$\int_{-1}^{1} |f|^2(x)\, dx = \sum_{n=0}^{\infty} (n + \tfrac{1}{2}) \left|\int_{-1}^{1} f(x) P_n(x)\, dx\right|^2$$

对于任何函数 $f \in C_2([-1, 1], \mathbb{C})$ 都成立?

3. a) 请证明: 如果向量组 $\{x_1, x_2, \cdots\}$ 在空间 X 中完备, 而空间 X 是空间 Y 的处处稠密子集, 则向量组 $\{x_1, x_2, \cdots\}$ 在 Y 中也完备.

b) 请证明: 由闭区间 $[a, b]$ 上的连续函数构成的线性空间 $C[a, b]$ 在空间 $\mathcal{R}_2[a, b]$ 中处处稠密 (在第十七章 §5 习题 5g) 中证明了, 这甚至对于闭区间 $[a, b]$ 上具有紧支集的无穷次可微函数也成立).

c) 请利用魏尔斯特拉斯逼近定理证明: 三角函数系 $\{1, \cos kx, \sin kx; k \in \mathbb{N}\}$ 在 $\mathcal{R}_2[-\pi, \pi]$ 中完备.

d) 请证明: 函数系 $\{1, x, x^2, \cdots\}, \{1, \cos kx, \sin kx; k \in \mathbb{N}\}$ 在 $\mathcal{R}_2[-\pi, \pi]$ 中完备, 但前者不是这个空间的基, 而后者是.

e) 请解释: 为什么 (帕塞瓦尔) 等式

$$\frac{1}{\pi}\int_{-\pi}^{\pi}|f|^2(x)\,dx = \frac{|a_0|^2}{2} + \sum_{k=1}^{\infty}(|a_k|^2 + |b_k|^2),$$

其中数 a_k, b_k 由公式 (9), (10) 确定, 对于任何函数 $f \in \mathcal{R}([-\pi, \pi], \mathbb{C})$ 都成立?

f) 现在, 请利用例 8 的结果证明 $\sum_{n=1}^{\infty}\dfrac{1}{n^2} = \dfrac{\pi}{6}$.

4. 带权的正交性.

a) 设 $p_0, p_1, \cdots, p_n$ 是区域 D 中的正连续函数. 请验证: 公式

$$\langle f, g \rangle = \sum_{k=0}^{n}\int_{D} p_k(x) f^{(k)}(x) \bar{g}^{(k)}(x)\,dx$$

给出 $C^{(n)}(D, \mathbb{C})$ 中的标量积.

b) 请证明: 如果在空间 $\mathcal{R}(D, \mathbb{C})$ 中认为两个仅在零测集上不同的函数是等同的, 则利用 D 中的正连续函数 p 可以引入标量积

$$\langle f, g \rangle = \int_{D} p(x) f(x) \bar{g}(x)\,dx.$$

这时, 函数 p 称为权函数, 而如果 $\langle f, g \rangle = 0$, 我们就说, 函数 f 与 g 以 p 为权正交.

c) 设 $\varphi : D \to G$ 是区域 $D \subset \mathbb{R}^n$ 到区域 $G \subset \mathbb{R}^n$ 上的微分同胚, 又设 $\{u_k(y); k \in \mathbb{N}\}$ 是 G 中的在标准标量积 (2) 或 (3) 的意义下的正交函数系. 请在 D 中构造以 $p(x) = |\det \varphi'(x)|$ 为权的正交函数系以及标准标量积意义下的正交函数系.

d) 请证明: 函数系 $\{e_{m,n}(x, y) = e^{i(mx+ny)}; m, n \in \mathbb{N}\}$ 在矩形 $I = \{(x, y) \in \mathbb{R}^2 \mid |x| \leqslant \pi \wedge |y| \leqslant \pi\}$ 上正交.

e) 设二维环面 $T^2 \subset \mathbb{R}^3$ 由第十二章 §1 例 4 中的参数方程给出, 函数 f 和 g 在环面上的标量积理解为曲面积分 $\displaystyle\int_{T^2} f\bar{g}\,d\sigma$. 请构造该环面上的一个正交函数系.

5. a) 从代数学知道 (我们在条件极值理论中也顺便证明过), 每一个作用于 n 维欧几里得空间 E^n 的对称算子 $A : E^n \to E^n$ 都有不等于零的本征向量. 这在无穷维情形下一般不成立.

请证明: 与自变量相乘的线性算子 $f(x) \mapsto xf(x)$ 是 $C_2([a, b], \mathbb{R})$ 中的对称算子, 但它没有不等于零的本征向量.

b) 在数学物理方程中很常见的施图姆[①]–刘维尔边值问题是寻求方程

$$u''(x) + [q(x) + \lambda p(x)]u(x) = 0$$

在区间 $[a, b]$ 上不恒等于零的解, 使它满足某些边界条件, 例如 $u(a) = u(b) = 0$. 这时认为 $p(x)$

[①] 施图姆 (J. C. F. Sturm, 1803—1855) 是法国数学家 (还是彼得堡科学院外籍荣誉院士), 主要从事求解数学物理方程边值问题方面的研究.

和 $q(x)$ 是上述区间 $[a, b]$ 上的已知的连续函数, 并且在 $[a, b]$ 上 $p(x) > 0$.

我们在例 15 中已经遇到过这种问题, 那里需在条件 $X(0) = X(l) = 0$ 下求解方程 (26), 即在这里取 $q(x) \equiv 0, p(x) \equiv 1$, 而 $[a, b] = [0, l]$. 我们证明了, 施图姆–刘维尔值问题一般只在参数 λ 取某些特别的值时才是可解的. 因此, 这些参数值称为相应的施图姆–刘维尔边值问题的本征值.

请证明: 如果函数 f 和 g 是施图姆–刘维尔边值问题的解, 相应本征值 $\lambda_f \neq \lambda_g$, 则等式

$$\frac{d}{dx}(g'f - f'g) = (\lambda_f - \lambda_g)pfg$$

在闭区间 $[a, b]$ 上成立, 并且函数 f, g 在 $[a, b]$ 上以 p 为权正交.

c) 众所周知 (参考第十四章 §4), 可以用方程 $(pu'_x)'_x = \rho u''_{tt}$ 描述固定于闭区间 $[a, b]$ 两端的非均质弦的微小振动, 其中函数 $u = u(x, t)$ 在每一个时刻 t 给出弦的形状, $\rho = \rho(x)$ 是线密度, 而 $p = p(x)$ 是在点 $x \in [a, b]$ 的与材料弹性有关的系数. 固定条件表示 $u(a, t) = u(b, t) = 0$.

请证明: 如果寻求这个方程的形如 $X(x)T(t)$ 的解, 则问题归结为方程组

$$T'' = \lambda T, \quad (pX')' = \lambda \rho X,$$

其中 λ 在两方程中是同一个数.

因此, 对于函数 $X(x)$, 出现了闭区间 $[a, b]$ 上的施图姆–刘维尔边值问题, 它只在参数 λ 取一些特定值 (本征值) 时才是可解的 (认为在 $[a, b]$ 上 $p(x) > 0$, 并且 $p \in C^{(1)}[a, b]$, 利用变量代换 $s = \int_a^x \frac{d\xi}{p(\xi)}$ 显然可以把方程 $(pX')' = \lambda \rho X$ 化为不包含一阶导数的形式).

d) 请验证: 作用在由满足条件 $u(a) = u(b) = 0$ 的 $C^{(2)}[a, b]$ 类函数构成的空间上的算子 $S(u) = (p(x)u'(x))' - q(x)u(x)$ 在该空间上是对称的 (即 $\langle Su, v \rangle = \langle u, Sv \rangle$, 其中 $\langle \cdot, \cdot \rangle$ 是实函数的标准标量积). 请再验证: 算子 S 的不同本征值所对应的本征函数是正交的.

e) 请证明: 如果方程 $(pX')' = \lambda \rho X$ 的解 X_1, X_2 与参数 λ 的不同值 λ_1, λ_2 相对应, 并且在闭区间 $[a, b]$ 的两端等于零, 则它们在 $[a, b]$ 上以 $\rho(x)$ 为权正交.

6. 作为本征函数的勒让德多项式.

a) 请利用例 5 中的勒让德多项式 $P_n(x)$ 的表达式以及等式 $(x^2 - 1)^n = (x - 1)^n(x + 1)^n$ 证明: $P_n(1) = 1$.

b) 请对等式

$$(x^2 - 1)\frac{d}{dx}(x^2 - 1)^n = 2nx(x^2 - 1)^n$$

进行微分运算, 从而证明: $P_n(x)$ 满足方程

$$(x^2 - 1) \cdot P_n''(x) + 2x \cdot P_n'(x) - n(n+1)P_n(x) = 0.$$

c) 请验证: 算子

$$A := (x^2 - 1)\frac{d^2}{dx^2} + 2x\frac{d}{dx} = \frac{d}{dx}\left[(x^2 - 1)\frac{d}{dx}\right]$$

在空间 $C^{(2)}[-1, 1] \subset \mathcal{R}_2[-1, 1]$ 上是对称的. 请利用关系式 $A(P_n) = n(n+1)P_n$ 解释勒让德多项式的正交性.

d) 请利用函数系 $\{1, x, x^2, \cdots\}$ 在空间 $C^{(2)}[-1, 1]$ 中的完备性证明: 算子 A 的本征值 $\lambda = n(n+1)$ 所对应的本征空间的维数不可能大于 1.

e) 请证明: 在空间 $C^{(2)}[-1, 1]$ 中, 上述算子 A 既不可能有不属于勒让德多项式系 $\{P_0(x), P_1(x), \cdots\}$ 的本征函数, 也不可能有不等于数 $\{n(n+1); n = 0, 1, 2, \cdots\}$ 的本征值.

7. 球函数.

a) 在求解 $\mathbb{R}^3$ 中的许多问题时 (例如, 在求解与拉普拉斯方程 $\Delta u = 0$ 有关的位势论问题时), 可以寻求由特殊形式的解构成的级数解. 可以取满足方程 $\Delta u = 0$ 的 n 次齐次多项式 $S_n(x, y, z)$ 作为这样的特殊形式的解. 这样的多项式称为调和多项式. 在球面坐标系 $(\gamma, \varphi, \theta)$ 中, 调和多项式 $S_n(x, y, z)$ 显然具有 $r^n Y_n(\theta, \varphi)$ 的形式. 这时产生的函数 $Y_n(\theta, \varphi)$ 只依赖于球面坐标 $0 \leqslant \theta \leqslant \pi, 0 \leqslant \varphi \leqslant 2\pi$, 称为球函数 (它们是具有 $2n + 1$ 个自由系数的二元三角多项式, 这与条件 $\Delta S_n = 0$ 有关).

请利用格林公式证明: 当 $m \neq n$ 时, 函数 Y_m, Y_n 在 $\mathbb{R}^3$ 中的单位球面上正交 (在标量积

$$\langle Y_m, Y_n \rangle = \iint Y_m \cdot Y_n \, d\sigma$$

的意义下, 这里取球面 $r = 1$ 上的曲面积分).

b) 从勒让德多项式出发, 还可以引入多项式

$$P_{n,m}(x) = (1 - x^2)^{m/2} \frac{d^m P_n}{dx^m}(x), \quad m = 1, 2, \cdots, n.$$

考虑函数

$$P_n(\cos\theta), \quad P_{n,m}(\cos\theta)\cos m\varphi, \quad P_{n,m}(\cos\theta)\sin m\varphi. \tag{$*$}$$

结果表明, 任何指标为 n 的球函数 $Y_n(\theta, \varphi)$ 都是这些函数的线性组合. 请利用这个结果和三角函数系的正交性证明: 对于由指标为 n 的球函数构成的 $2n + 1$ 维空间, 函数系 $(*)$ 组成该空间的一个正交基.

8. 埃尔米特多项式. 在量子力学中, 为了研究线性振荡器方程, 必须考虑具有标量积

$$\langle f, g \rangle = \int_{-\infty}^{+\infty} f\bar{g} \, dx$$

的函数类 $C^{(2)}(\mathbb{R}) \subset \mathcal{R}_2(\mathbb{R}, \mathbb{C})$ 以及特殊函数

$$H_n(x) = (-1)^n e^{x^2} \frac{d^n}{dx^n} e^{-x^2}, \quad n = 0, 1, 2, \cdots.$$

a) 请证明: $H_0(x) = 1$, $H_1(x) = 2x$, $H_2(x) = 4x^2 - 2$.

b) 请证明: $H_n(x)$ 是 n 次多项式. 函数系 $\{H_0(x), H_1(x), \cdots\}$ 称为埃尔米特多项式系.

c) 请验证: 函数 $H_n(x)$ 满足方程 $H_n''(x) - 2xH_n'(x) + 2nH_n(x) = 0$.

d) 函数 $\psi_n(x) = e^{-x^2/2} H_n(x)$ 称为埃尔米特函数. 请证明:

$$\psi_n''(x) + (2n + 1 - x^2)\psi_n(x) = 0,$$

并且当 $x \to \infty$ 时, $\psi_n(x) \to 0$.

e) 请验证: 当 $m \neq n$ 时, $\int_{-\infty}^{\infty} \psi_n \psi_m \, dx = 0$.

f) 请证明: 埃尔米特多项式在 $\mathbb{R}$ 上以 e^{-x^2} 为权正交.

9. 切比雪夫–拉盖尔[①]多项式 $\{L_n(x);\ n=0,1,2,\cdots\}$ 由公式 $L_n(x) := e^x \dfrac{d^n(x^n e^{-x})}{dx^n}$ 定义. 请验证:

a) $L_n(x)$ 是 n 次多项式;

b) 函数 $L_n(x)$ 满足方程 $xL_n''(x) + (1-x)L_n'(x) + nL_n(x) = 0$;

c) 切比雪夫–拉盖尔多项式系 $\{L_n;\ n=0,1,2,\cdots\}$ 在半直线 $[0,+\infty[$ 上以 e^{-x} 为权正交.

10. 切比雪夫多项式 $\{T_0(x) \equiv 1,\ T_n(x) = 2^{1-n}\cos n(\arccos x);\ n\in\mathbb{N}\}$ 当 $|x|<1$ 时由以下公式给出:
$$T_n(x) = \frac{(-2)^n n!}{(2n)!}\sqrt{1-x^2}\,\frac{d^n}{dx^n}(1-x^2)^{n-1/2}.$$
请证明:

a) $T_n(x)$ 是 n 次多项式;

b) $T_n(x)$ 满足方程 $(1-x^2)T_n''(x) - xT_n'(x) + n^2 T_n(x) = 0$;

c) 切比雪夫多项式系 $\{T_n;\ n=0,1,2,\cdots\}$ 在开区间 $]-1,1[$ 上以 $p(x) = 1/\sqrt{1-x^2}$ 为权正交.

11. a) 在概率论和函数论中会遇到拉德马赫[②]函数系 $\{\psi_n(x) = \varphi(2^n x);\ n=0,1,2,\cdots\}$, 其中 $\varphi(t) = \operatorname{sgn}(\sin 2\pi t)$. 请验证: 这是闭区间 $[0,1]$ 上的一个正交函数系.

b) 哈尔[③]函数系 $\{\chi_{n,k}(x);\ n=0,1,2,\cdots,\ k=1,2,2^2,\cdots\}$ 由以下关系式定义:
$$\chi_{n,k}(x) = \begin{cases} 1, & \dfrac{2k-2}{2^{n+1}} < x < \dfrac{2k-1}{2^{n+1}}, \\ -1, & \dfrac{2k-1}{2^{n+1}} < x < \dfrac{2k}{2^{n+1}}, \\ 0, & \text{在 } [0,1] \text{ 的其余各点}. \end{cases}$$

请验证: 哈尔函数系在闭区间 $[0,1]$ 上正交.

12. a) 请证明: 任何具有标量积的 n 维向量空间与同样维数的算术欧几里得空间 $\mathbb{R}^n$ 等距同构.

b) 我们记得, 具有可数的处处稠密子集的度量空间称为可分空间. 请证明: 如果具有标量积的线性空间是可分度量空间, 其度量由该标量积给出, 则它有可数的规范正交基.

c) 设 X 是可分希尔伯特空间 (即 X 是可分完备度量空间, 其度量由 X 中的标量积给出). 在 X 中取规范正交基 $\{e_i;\ i\in\mathbb{N}\}$ 并构造映射 $X \ni x \mapsto (c_1, c_2, \cdots)$, 其中 $c_i = \langle x, e_i \rangle$ 是向量 x 关于基 $\{e_i\}$ 的傅里叶系数. 请证明: 这个映射是 X 到例 14 中的空间 l_2 上的线性等距双射.

d) 请利用图 103 指出例 14 的构造思想, 并说明这种构造思想恰好与所考虑的空间是无限维空间有关的原因.

e) 请说明: 怎样在函数空间 $C[a,b] \subset \mathcal{R}_2[a,b]$ 中构造类似的例子?

[①] 拉盖尔 (E. N. Laguerre, 1834—1886) 是法国数学家.

[②] 拉德马赫 (H. A. Rademaher, 1892—1969) 是德裔美国数学家.

[③] 哈尔 (A. Haar, 1885—1933) 是匈牙利数学家.

§2. 傅里叶三角级数

1. 经典傅里叶级数收敛性的基本形式

a. 三角级数和傅里叶三角级数. 经典的三角级数是形如①

$$\frac{a_0}{2} + \sum_{k=1}^{\infty}(a_k\cos kx + b_k\sin kx) \tag{1}$$

的级数, 它得自三角函数系 $\{1, \cos kx, \sin kx; k \in \mathbb{N}\}$, 而系数 $\{a_0, a_k, b_k; k \in \mathbb{N}\}$ 是实数或复数. 三角级数 (1) 的部分和是 n 次三角多项式

$$T_n(x) = \frac{a_0}{2} + \sum_{k=1}^{n}(a_k\cos kx + b_k\sin kx). \tag{2}$$

如果级数 (1) 在 $\mathbb{R}$ 上逐点收敛, 则它的和 $f(x)$ 显然是以 2π 为周期的函数. 它完全由它在任何一个长度为 2π 的闭区间上的限制所确定.

反之, 如果在 $\mathbb{R}$ 上给出一个以 2π 为周期的函数 (振动、信号等), 而我们希望把它分解为某些标准周期函数之和, 则为了实现这个目标, 首先值得考虑最简单的以 2π 为周期的函数 $\{1, \cos kx, \sin kx; k \in \mathbb{N}\}$, 它们表示整数倍频率的简谐振动.

假设我们已经把一个连续函数表示为一致收敛到它的三角级数的和:

$$f(x) = \frac{a_0}{2} + \sum_{k=1}^{\infty}(a_k\cos kx + b_k\sin kx), \tag{3}$$

则容易求出展开式 (3) 中的系数, 并且这些系数是唯一确定的.

在这种情形下, 依次用函数系 $\{1, \cos kx, \sin kx; k \in \mathbb{N}\}$ 中的每一个函数乘等式 (3), 对所得一致收敛级数逐项积分 (这是允许的), 再利用关系式

$$\int_{-\pi}^{\pi}\cos mx\cos nx\,dx = \int_{-\pi}^{\pi}\sin mx\sin nx\,dx = 0, \quad m \ne n, \quad m, n \in \mathbb{N},$$

$$\int_{-\pi}^{\pi}\cos^2 nx\,dx = \int_{-\pi}^{\pi}\sin^2 nx\,dx = \pi, \quad n \in \mathbb{N},$$

$$\int_{-\pi}^{\pi}\cos mx\sin nx\,dx = 0, \quad m, n \in \mathbb{N},$$

我们求出函数 f 的三角级数展开式 (3) 中的系数

$$a_k = a_k(f) = \frac{1}{\pi}\int_{-\pi}^{\pi}f(x)\cos kx\,dx, \quad k = 0, 1, \cdots, \tag{4}$$

$$b_k = b_k(f) = \frac{1}{\pi}\int_{-\pi}^{\pi}f(x)\sin kx\,dx, \quad k = 1, 2, \cdots. \tag{5}$$

---

① 自由项的写法 $a_0/2$ 对傅里叶级数是方便的, 但在这里并非必须这样写.

如果把 (3) 看作 $f \in \mathcal{R}_2[-\pi, \pi]$ 按照正交函数系 $\{1, \cos kx, \sin kx; k \in \mathbb{N}\}$ 的傅里叶展开式, 我们就得到同样的系数. 这并不奇怪, 因为从级数 (3) 的一致收敛性当然也可以得到它在闭区间 $[-\pi, \pi]$ 上的平均收敛性, 于是级数 (3) 的系数应当也是函数 f 关于上述正交函数系的傅里叶系数 (见 §1).

定义 1. 对于函数 f, 如果积分 (4), (5) 有意义, 则与 f 相对应的三角级数

$$f \sim \frac{a_0(f)}{2} + \sum_{k=1}^{\infty} (a_k(f) \cos kx + b_k(f) \sin kx) \qquad (6)$$

称为函数 f 的傅里叶三角级数.

因为在这一节中没有傅里叶三角级数之外的傅里叶级数, 所以为简洁起见, 我们有时省略 "三角" 这两个字, 只说 "函数 f 的傅里叶级数".

我们主要考虑 $\mathcal{R}([-\pi, \pi], \mathbb{C})$ 类函数, 或再稍微扩大一些范围, 考虑其模的平方在开区间 $]-\pi, \pi[$ 上 (至少在反常积分的意义下) 可积的函数. 沿用以前的记号 $\mathcal{R}_2[-\pi, \pi]$ 表示由这些函数构成的线性空间, 而其中的标准标量积为

$$\langle f, g \rangle = \int_{-\pi}^{\pi} f\bar{g} \, dx. \qquad (7)$$

对于任何函数 $f \in \mathcal{R}_2([-\pi, \pi], \mathbb{C})$ 都成立的贝塞尔不等式

$$\frac{|a_0(f)|^2}{2} + \sum_{k=1}^{\infty} (|a_k(f)|^2 + |b_k(f)|^2) \leqslant \frac{1}{\pi} \int_{-\pi}^{\pi} |f|^2(x) \, dx \qquad (8)$$

表明, 远非每一个三角级数 (1) 都是某一个函数 $f \in \mathcal{R}_2[-\pi, \pi]$ 的傅里叶级数.

例 1. 我们已经知道 (见第十六章 §2 例 7), 三角级数 $\sum_{k=1}^{\infty} \frac{\sin kx}{\sqrt{k}}$ 在 $\mathbb{R}$ 上收敛, 但它不是任何函数 $f \in \mathcal{R}_2[-\pi, \pi]$ 的傅里叶级数, 因为级数 $\sum_{k=1}^{\infty} \left(\frac{1}{\sqrt{k}}\right)^2$ 发散.

因此, 这里并不研究任意的三角级数 (1), 而是研究 $\mathcal{R}_2[-\pi, \pi]$ 函数类和 $]-\pi, \pi[$ 上的绝对可积函数类中的函数的傅里叶级数 (6).

b. 傅里叶三角级数的平均收敛性. 设

$$S_n(x) = \frac{a_0(f)}{2} + \sum_{k=1}^{n} (a_k(f) \cos kx + b_k(f) \sin kx) \qquad (9)$$

是函数 $f \in \mathcal{R}_2[-\pi, \pi]$ 的傅里叶级数的前 n 项部分和. 为了度量 S_n 对 f 的偏离, 既可以采用空间 $\mathcal{R}_2[-\pi, \pi]$ 的由标量积 (7) 给出的自然度量, 即 S_n 与 f 在区间 $[-\pi, \pi]$ 上的均方差

$$\|f - S_n\| = \sqrt{\int_{-\pi}^{\pi} |f - S_n|^2(x) \, dx}, \qquad (10)$$

也可以在函数在该区间上逐点收敛的意义下考虑问题.

对于任意的傅里叶级数, 在 §1 中已经研究过第一种收敛性. 那里的结果之所以适用于具体的傅里叶三角级数, 首先是因为三角函数系 $\{1, \cos kx, \sin kx; k \in \mathbb{N}\}$ 在 $\mathcal{R}_2[-\pi, \pi]$ 中是完备的 (在 §1 中已经指出了这一点, 在本节第 4 小节中还将给出独立的证明).

因此, 根据 §1 的基本定理, 我们现在可以断定, 以下定理成立.

定理 1 (傅里叶三角级数的平均收敛性). 任何函数 $f \in \mathcal{R}_2([-\pi, \pi], \mathbb{C})$ 的傅里叶级数 (6) 在均方差 (10) 的意义下收敛到它本身, 即

$$f(x) \underset{\mathcal{R}_2}{=} \frac{a_0(f)}{2} + \sum_{k=1}^{\infty}(a_k(f) \cos kx + b_k(f) \sin kx),$$

并且帕塞瓦尔等式成立:

$$\frac{1}{\pi} \int_{-\pi}^{\pi} |f|^2(x)\, dx = \frac{|a_0(f)|^2}{2} + \sum_{k=1}^{\infty}(|a_k(f)|^2 + |b_k(f)|^2). \tag{11}$$

我们经常使用三角多项式和三角级数的更加紧凑的复形式, 这种写法来自欧拉公式

$$e^{ix} = \cos x + i \sin x, \quad \cos x = \frac{1}{2}(e^{ix} + e^{-ix}), \quad \sin x = \frac{1}{2i}(e^{ix} - e^{-ix}).$$

这时可以把傅里叶级数的部分和 (9) 与傅里叶级数 (6) 本身分别写为以下形式:

$$S_n(x) = \sum_{k=-n}^{n} c_k e^{ikx}, \tag{9'}$$

$$f \sim \sum_{-\infty}^{\infty} c_k e^{ikx}, \tag{6'}$$

其中

$$c_k = \begin{cases} (a_k - ib_k)/2, & k > 0, \\ a_0/2, & k = 0, \\ (a_{-k} + ib_{-k})/2, & k < 0, \end{cases} \tag{12}$$

即

$$c_k = c_k(f) = \frac{1}{2\pi} \int_{-\pi}^{\pi} f(x) e^{-ikx} dx, \quad k \in \mathbb{Z}, \tag{13}$$

所以 c_k 正是函数 f 关于函数系 $\{e^{ikx}; k \in \mathbb{Z}\}$ 的傅里叶系数.

我们注意到, 应当在部分和 (9') 收敛的意义下理解傅里叶级数 (6') 的和.

复形式的定理 1 表明, 对于任何函数 $f \in \mathcal{R}_2([-\pi, \pi], \mathbb{C})$,

$$f(x) \underset{\mathcal{R}_2}{=} \sum_{-\infty}^{\infty} c_k(f) e^{ikx},$$

并且

$$\frac{1}{2\pi}\|f\|^2 = \sum_{-\infty}^{\infty}|c_k(f)|^2. \tag{14}$$

c. 傅里叶级数的逐点收敛性. 定理 1 完全解决了傅里叶级数 (6) 平均收敛的问题, 即该级数按照空间 $\mathcal{R}_2[-\pi,\pi]$ 的范数收敛. 本节以下部分主要研究傅里叶三角级数逐点收敛的条件和特征. 我们只在最简单的层面上考虑这个问题. 关于三角级数逐点收敛性的研究通常非常微妙, 以至于尽管傅里叶级数在欧拉、傅里叶和黎曼之后占据了函数论中的传统中心地位, 但是对于可以用逐点收敛到函数本身的三角级数表示的函数, 相应函数类的内部结构至今也没有描述清楚 (黎曼问题). 在不久以前, 甚至还不知道连续函数的傅里叶级数是否一定几乎处处收敛到它本身 (已经知道不一定处处收敛到它本身). 当时, A.H.柯尔莫戈洛夫[1]甚至构造了函数 $f \in L[-\pi,\pi]$ 的傅里叶级数处处发散的例子 ($L[-\pi,\pi]$ 是区间 $[-\pi,\pi]$ 上的勒贝格可积函数空间, 它得自度量完备化的空间 $\mathcal{R}[-\pi,\pi]$), 而 Д.Е.梅尼绍夫[2]构造了具有非零系数并且几乎处处收敛到零的三角级数 (1) (梅尼绍夫零级数). H.H.鲁金[3]提出了关于任何函数 $f \in L_2[-\pi,\pi]$ ($L_2[-\pi,\pi]$ 是度量完备化的空间 $\mathcal{R}_2[-\pi,\pi]$) 的傅里叶级数是否一定几乎处处收敛的问题 (鲁金问题). 该问题直到 1966 年才由 L.卡尔松[4]解决, 答案是肯定的. 特别地, 他的结果表明, 任何函数 $f \in \mathcal{R}_2[-\pi,\pi]$ (例如连续函数) 的傅里叶级数在闭区间 $[-\pi,\pi]$ 上必定几乎处处收敛.

2. 傅里叶三角级数逐点收敛性的研究

a. 傅里叶级数部分和的积分表达式. 现在考虑傅里叶级数 (6) 的部分和 (9). 把傅里叶系数的表达式 (13) 代入部分和的复形式 (9′) 并完成以下变换:

$$S_n(x) = \sum_{k=-n}^{n}\left(\frac{1}{2\pi}\int_{-\pi}^{\pi}f(t)e^{-ikt}dt\right)e^{ikx} = \frac{1}{2\pi}\int_{-\pi}^{\pi}f(t)\left(\sum_{k=-n}^{n}e^{ik(x-t)}\right)dt. \tag{15}$$

但是,

$$D_n(u) := \sum_{k=-n}^{n}e^{iku} = \frac{e^{i(n+1)u}-e^{-inu}}{e^{iu}-1} = \frac{e^{i(n+1/2)u}-e^{-i(n+1/2)u}}{e^{iu/2}-e^{-iu/2}}, \tag{16}$$

---

[1] 柯尔莫戈洛夫 (А.Н.Колмогоров, 1903–1987) 是杰出的苏联学者, 其著作遍及概率论、数理统计学、函数论、泛函分析、拓扑学、逻辑学、微分方程以及数学的各方面应用.

[2] 梅尼绍夫 (Д.Е.Меньшов, 1892–1988) 是苏联数学家, 实变函数论顶级专家之一.

[3] 鲁金 (Н.Н.Лузин, 1883–1950) 是俄国和苏联数学家, 函数论顶级专家之一, 莫斯科数学学派 ("鲁金学派") 的创始人.

[4] 卡尔松 (L. Carleson, 1928–) 是杰出的瑞典数学家, 其主要著作涉及现代分析的各个领域.

此外, 从定义本身可见, 如果 $e^{iu} = 1$, 则 $D_n(u) = 2n + 1$. 因此,

$$D_n(u) = \frac{\sin\left(n + \frac{1}{2}\right)u}{\sin\frac{1}{2}u}, \tag{17}$$

并且当分母变为零时, 认为该比值等于 $2n + 1$.

继续计算 (15), 现在有

$$S_n(x) = \frac{1}{2\pi}\int_{-\pi}^{\pi} f(t) D_n(x-t)\, dt. \tag{18}$$

我们把 $S_n(x)$ 表示为函数 f 与函数 (17) 的卷积的形式, 函数 (17) 在这里称为狄利克雷核.

从函数 $D_n(u)$ 的原始定义 (16) 可以看出, 狄利克雷核是以 2π 为周期的偶函数, 此外,

$$\frac{1}{2\pi}\int_{-\pi}^{\pi} D_n(u)\, du = \frac{1}{\pi}\int_0^{\pi} D_n(u)\, du = 1. \tag{19}$$

认为函数 f 是 $\mathbb{R}$ 上的以 2π 为周期的函数或从闭区间 $[-\pi, \pi]$ 周期延拓到 $\mathbb{R}$ 上的函数, 然后在 (18) 中完成变量代换, 得到

$$S_n(x) = \frac{1}{2\pi}\int_{-\pi}^{\pi} f(x-t) D_n(t)\, dt = \frac{1}{2\pi}\int_{-\pi}^{\pi} f(x-t)\frac{\sin\left(n+\frac{1}{2}\right)t}{\sin\frac{1}{2}t}\, dt. \tag{20}$$

在完成变量代换时, 我们在这里还利用了周期函数在任何长度等于函数周期的区间上的积分都相同的结果.

注意到 $D_n(t)$ 是偶函数, 等式 (20) 可改写成如下形式:

$$S_n(x) = \frac{1}{2\pi}\int_0^{\pi} (f(x-t) + f(x+t)) D_n(t)\, dt$$

$$= \frac{1}{2\pi}\int_0^{\pi} (f(x-t) + f(x+t))\frac{\sin\left(n+\frac{1}{2}\right)t}{\sin\frac{1}{2}t}\, dt. \tag{21}$$

b. 黎曼引理和局部化原理. 上面得到的傅里叶三角级数部分和表达式 (21) 与下面叙述的黎曼引理是研究傅里叶三角级数逐点收敛性的基础.

引理 1 (黎曼引理). 如果局部可积函数 $f:]\omega_1, \omega_2[\to \mathbb{R}$ 在区间 $]\omega_1, \omega_2[$ 上 (至少在反常积分的意义下) 绝对可积, 则

$$\text{当 } \lambda \to \infty,\ \lambda \in \mathbb{R} \text{ 时}, \qquad \int_{\omega_1}^{\omega_2} f(x) e^{i\lambda x}\, dx \to 0. \tag{22}$$

◀ 如果 $]\omega_1, \omega_2[$ 是有限区间，$f(x) \equiv 1$，则通过直接积分并取极限可以验证 (22). 我们把一般情况化为这种最简单的情况.

任意固定 $\varepsilon > 0$，首先选取区间 $[a, b] \subset]\omega_1, \omega_2[$，使以下不等式对于任何 $\lambda \in \mathbb{R}$ 都成立：

$$\left| \int_{\omega_1}^{\omega_2} f(x)e^{i\lambda x}dx - \int_a^b f(x)e^{i\lambda x}dx \right| < \varepsilon. \tag{23}$$

根据估计式

$$\left| \int_{\omega_1}^{\omega_2} f(x)e^{i\lambda x}dx - \int_a^b f(x)e^{i\lambda x}dx \right| \leqslant \int_{\omega_1}^a |f(x)e^{i\lambda x}|\,dx + \int_b^{\omega_2} |f(x)e^{i\lambda x}|\,dx$$

$$= \int_{\omega_1}^a |f|(x)\,dx + \int_b^{\omega_2} |f|(x)\,dx$$

和 f 在 $]\omega_1, \omega_2[$ 上的绝对可积性，上述区间 $[a, b]$ 当然存在.

因为 $f \in \mathcal{R}([a, b], \mathbb{R})$（更准确地，$f|_{[a,b]} \in \mathcal{R}[a, b]$），所以可以找到满足条件

$$0 < \int_a^b f(x)\,dx - \sum_{j=1}^n m_j \Delta x_j < \varepsilon$$

的达布下积分和 $\sum\limits_{j=1}^n m_j \Delta x_j$，其中 $m_j = \inf\limits_{x \in [x_{j-1}, x_j]} f(x)$.

现在引入 $[a, b]$ 上的分段常函数 $g(x) = m_j$，$x \in [x_{j-1}, x_j[$，$j = 1, \cdots, n$，从而得到，在 $[a, b]$ 上 $g(x) \leqslant f(x)$，并且

$$0 \leqslant \left| \int_a^b f(x)e^{i\lambda x}dx - \int_a^b g(x)e^{i\lambda x}dx \right|$$

$$\leqslant \int_a^b (f(x) - g(x))|e^{i\lambda x}|\,dx = \int_a^b (f(x) - g(x))\,dx < \varepsilon. \tag{24}$$

但是，

当 $\lambda \to \infty$，$\lambda \in \mathbb{R}$ 时，$\int_a^b g(x)e^{i\lambda x}dx = \sum_{j=1}^n \int_{x_{j-1}}^{x_j} m_j e^{i\lambda x}dx$

$$= \frac{1}{i\lambda} \sum_{j=1}^n (m_j e^{i\lambda x})\big|_{x_{j-1}}^{x_j} \to 0. \tag{25}$$

比较关系式 (22)–(25)，就得到我们想证明的结果. ▶

附注 1. 分离 (22) 的实部和虚部，我们得到，当 $\lambda \to \infty$，$\lambda \in \mathbb{R}$ 时，

$$\int_{\omega_1}^{\omega_2} f(x)\cos\lambda x\,dx \to 0, \quad \int_{\omega_1}^{\omega_2} f(x)\sin\lambda x\,dx \to 0. \tag{26}$$

如果最后两个积分中的函数 f 是复函数，则在这两个积分中分离实部和虚部，我们也得到关系式 (26)，所以关系式 (22) 对于复函数 $f:]\omega_1, \omega_2[\to \mathbb{C}$ 其实当然也成立.

附注 2. 如果已知 $f \in \mathcal{R}_2[-\pi, \pi]$，则根据贝塞尔不等式 (8) 可以立刻断定，当 $n \to \infty$, $n \in \mathbb{N}$ 时，

$$\int_{-\pi}^{\pi} f(x) \cos nx\, dx \to 0, \quad \int_{-\pi}^{\pi} f(x) \sin nx\, dx \to 0.$$

在下面关于经典傅里叶级数的初步研究中，在原则上已经可以回避这种离散形式的黎曼引理.

现在回到傅里叶级数部分和的积分表达式 (21). 我们指出，如果函数 f 满足黎曼引理的条件，则因为当 $0 < \delta \leqslant t \leqslant \pi$ 时 $\sin(t/2) \geqslant \sin(\delta/2) > 0$，我们根据关系式 (26) 可以写出

$$S_n(x) = \frac{1}{2\pi} \int_0^\delta (f(x-t) + f(x+t)) \frac{\sin\left(n + \frac{1}{2}\right)t}{\sin\frac{1}{2}t} dt + o(1), \quad n \to \infty. \tag{27}$$

根据等式 (27) 可以得到一个重要结论: 傅里叶级数在一个点的收敛性完全取决于函数在这个点的任意小邻域中的性质.

我们把这个原理表述为以下命题.

定理 2 (局部化原理). 设 f 和 g 是区间 $]-\pi, \pi[$ 上的局部可积并且 (至少在反常积分的意义下) 绝对可积的实函数或复函数. 如果函数 f 和 g 在点 $x_0 \in]-\pi, \pi[$ 的一个任意小的邻域中相等，则它们的傅里叶级数

$$f(x) \sim \sum_{-\infty}^{\infty} c_k(f) e^{ikx}, \quad g(x) \sim \sum_{-\infty}^{\infty} c_k(g) e^{ikx}$$

在点 x_0 同时收敛或发散，并且在收敛的情况下，傅里叶级数的和相等[①].

附注 3. 从等式 (21), (27) 的上述推导过程可以看出，局部化原理中的点 x_0 也可以是闭区间 $[-\pi, \pi]$ 的一个端点，但在这种情况下需要把函数 f 和 g 从 $[-\pi, \pi]$ 周期延拓到 $\mathbb{R}$ 上，并且使延拓后的函数在点 x_0 的邻域中相等，而与此相应的必要 (和充分) 条件是原来的函数 f 和 g 在闭区间 $[-\pi, \pi]$ 的两个端点的邻域中相等 (这至关重要!).

[①] 虽然不一定等于值 $f(x_0) = g(x_0)$.

c. 傅里叶级数在一个点收敛的充分条件

定义 2. 我们说, 在点 $x \in \mathbb{R}$ 的去心邻域上给出的函数 $f : \overset{\circ}{U}(x) \to \mathbb{C}$ 在点 x 满足迪尼条件, 如果

a) 以下两个单侧极限在点 x 存在:
$$f(x_-) = \lim_{t \to +0} f(x-t), \quad f(x_+) = \lim_{t \to +0} f(x+t);$$

b) 以下积分绝对收敛①:
$$\int_{+0} \frac{(f(x-t) - f(x_-)) + (f(x+t) - f(x_+))}{t} dt.$$

例 2. 如果 f 是 $U(x)$ 中的连续函数, 它在点 x 满足赫尔德条件
$$|f(x+t) - f(x)| \leqslant M|t|^\alpha, \quad 0 < \alpha \leqslant 1,$$
则因为这时有估计式
$$\left| \frac{f(x+t) - f(x)}{t} \right| \leqslant \frac{M}{|t|^{1-\alpha}},$$
所以函数 f 在点 x 满足迪尼条件.

显然, 如果定义在点 x 的去心邻域 $\overset{\circ}{U}(x)$ 中的连续函数 f 有单侧极限 $f(x_-)$, $f(x_+)$, 并且满足单侧赫尔德条件
$$|f(x+t) - f(x_+)| \leqslant Mt^\alpha, \quad |f(x-t) - f(x_-)| \leqslant Mt^\alpha,$$
其中 $t > 0, 0 < \alpha \leqslant 1$, 而 M 是正的常数, 则同理可知, 函数 f 也满足迪尼条件.

定义 3. 实函数或复函数 f 称为闭区间 $[a,b]$ 上的分段连续函数, 如果在该区间上存在有限的一组点 $a = x_0 < x_1 < \cdots < x_n = b$, 使函数 f 在每一个开区间 $]x_{j-1}, x_j[$ $(j = 1, \cdots, n)$ 上有定义、连续, 并且在它的两个端点有单侧极限.

定义 4. 在给定闭区间上有分段连续导数的函数称为该闭区间上的分段连续可微函数.

例 3. 闭区间上的分段连续可微函数在该区间的任何一个点都满足指数 $\alpha = 1$ 的赫尔德条件 (这得自拉格朗日有限增量定理). 因此, 根据例 2, 该函数在上述区间的任何一个点都满足迪尼条件, 而在区间两端当然只需要检验相应的单侧迪尼条件.

例 4. 函数 $f(x) = \operatorname{sgn} x$ 在包括零点在内的任何一个点 $x \in \mathbb{R}$ 都满足迪尼条件.

---

① 指积分 $\int_0^\varepsilon$ 至少对于某个值 $\varepsilon > 0$ 绝对收敛.

定理 3 (傅里叶级数在一个点收敛的充分条件). 设 $f:\mathbb{R}\to\mathbb{C}$ 是以 2π 为周期并且在闭区间 $[-\pi,\pi]$ 上绝对可积的函数. 如果函数 f 在点 $x\in\mathbb{R}$ 满足迪尼条件, 则它的傅里叶级数在点 x 收敛, 并且

$$\sum_{-\infty}^{\infty}c_k(f)e^{ikx}=\frac{f(x_-)+f(x_+)}{2}. \qquad (28)$$

◀ 根据关系式 (21) 和 (19),

$$S_n(x)-\frac{f(x_-)+f(x_+)}{2}=\frac{1}{\pi}\int_0^\pi\frac{(f(x-t)-f(x_-))+(f(x+t)-f(x_+))}{2\sin\frac{1}{2}t}\sin\left(n+\frac{1}{2}\right)t\,dt.$$

因为当 $t\to+0$ 时 $2\sin(t/2)\sim t$, 所以利用迪尼条件和黎曼引理可以断定, 当 $n\to\infty$ 时, 最后的积分趋于零. ▶

附注 4. 根据上述定理和局部化原理, 我们指出, 函数值在一个点的变化对傅里叶级数的系数、级数本身与部分和都没有影响, 所以傅里叶级数在一个点的收敛性以及级数的和不取决于函数在一个点的个别值, 而取决于函数在这个点的任意小邻域中的积分平均值. 这恰好是定理 3 所反映的性质.

例 5. 我们在 §1 例 6 中求出了区间 $[-\pi,\pi]$ 上的函数 $f(x)=x$ 的傅里叶级数

$$x\sim\sum_{k=1}^{\infty}2\frac{(-1)^{k+1}}{k}\sin kx.$$

如果把函数 $f(x)$ 从区间 $]-\pi,\pi[$ 周期延拓到整个数轴上, 就可以认为上述级数是延拓后的函数的傅里叶级数. 于是, 根据定理 3 得到

$$\sum_{k=1}^{\infty}2\frac{(-1)^{k+1}}{k}\sin kx=\begin{cases}x, & |x|<\pi,\\ 0, & |x|=\pi.\end{cases}$$

特别地, 当 $x=\pi/2$ 时, 由此得到

$$\sum_{n=0}^{\infty}\frac{(-1)^n}{2n+1}=\frac{\pi}{4}.$$

例 6. 设 $\alpha\in\mathbb{R}, |\alpha|<1$. 考虑在区间 $[-\pi,\pi]$ 上由公式 $f(x)=\cos\alpha x$ 给出的以 2π 为周期的函数 $f(x)$.

按照公式 (4), (5) 求出它的傅里叶系数:

$$a_n(f)=\frac{1}{\pi}\int_{-\pi}^{\pi}\cos\alpha x\cos nx\,dx=\frac{(-1)^n\sin\pi\alpha}{\pi}\cdot\frac{2\alpha}{\alpha^2-n^2},$$
$$b_n(f)=\frac{1}{\pi}\int_{-\pi}^{\pi}\cos\alpha x\sin nx\,dx=0.$$

根据定理 3, 等式
$$\cos\alpha x = \frac{2\alpha \sin\pi\alpha}{\pi}\left(\frac{1}{2\alpha^2} + \sum_{n=1}^{\infty}\frac{(-1)^n}{\alpha^2 - n^2}\cos nx\right)$$
在任何点 $x \in [-\pi, \pi]$ 都成立. 当 $x = \pi$ 时, 由此得到
$$\cot\pi\alpha - \frac{1}{\pi\alpha} = \frac{2\alpha}{\pi}\sum_{n=1}^{\infty}\frac{1}{\alpha^2 - n^2}. \tag{29}$$

如果 $|\alpha| \leqslant \alpha_0 < 1$, 则 $|1/(\alpha^2 - n^2)| \leqslant 1/(n^2 - \alpha_0^2)$, 所以等式 (29) 右边的级数关于 α 在任何闭区间 $|\alpha| \leqslant \alpha_0 < 1$ 上一致收敛. 因此, 可以对它逐项积分, 即
$$\int_0^x\left(\cot\pi\alpha - \frac{1}{\pi\alpha}\right)d\alpha = \frac{1}{\pi}\sum_{n=1}^{\infty}\int_0^x\frac{2\alpha\,d\alpha}{\alpha^2 - n^2},$$
从而
$$\ln\frac{\sin\pi\alpha}{\pi\alpha}\bigg|_0^x = \sum_{n=1}^{\infty}\ln|\alpha^2 - n^2|\bigg|_0^x.$$
它给出
$$\ln\frac{\sin\pi x}{\pi x} = \sum_{n=1}^{\infty}\ln\left(1 - \frac{x^2}{n^2}\right),$$
最终得到
$$\frac{\sin\pi x}{\pi x} = \prod_{n=1}^{\infty}\left(1 - \frac{x^2}{n^2}\right), \quad |x| < 1. \tag{30}$$

于是, 我们证明了关系式 (30). 我们在第十七章 §3 中推导 Γ 函数的余元公式时曾经利用过这个关系式.

d. 费耶[①]定理. 现在考虑函数项序列
$$\sigma_n(x) := \frac{S_0(x) + \cdots + S_n(x)}{n+1},$$
它是以 2π 为周期的函数 $f: \mathbb{R} \to \mathbb{C}$ 的傅里叶三角级数 (6) 的相应部分和 $S_0(x), \cdots, S_n(x)$ 的算术平均值.

根据傅里叶级数部分和的积分表达式 (20), 我们有
$$\sigma_n(x) = \frac{1}{2\pi}\int_{-\pi}^{\pi}f(x-t)\mathcal{F}_n(t)\,dt,$$
其中
$$\mathcal{F}_n(t) = \frac{1}{n+1}(D_0(t) + \cdots + D_n(t)).$$
利用狄利克雷核的明确表达式 (17) 和

[①] 费耶 (L. Fejér, 1880−1959) 是著名的匈牙利数学家.

$$\sum_{k=0}^{n}\sin\left(k+\frac{1}{2}\right)t = \frac{1}{2}\left(\sin\frac{1}{2}t\right)^{-1}\sum_{k=0}^{n}(\cos kt - \cos(k+1)t) = \frac{\sin^2\frac{n+1}{2}t}{\sin\frac{1}{2}t},$$

我们求出

$$\mathcal{F}_n(t) = \frac{\sin^2\frac{n+1}{2}t}{(n+1)\sin^2\frac{1}{2}t}.$$

函数 $\mathcal{F}_n$ 称为费耶核, 更准确地, 称为第 n 个费耶核.

利用狄利克雷核 D_n 的原始定义 (16) 可以断定, 费耶核是光滑的以 2π 为周期的函数, 它的值在最后一个分式的分母为零时等于 $n+1$.

费耶核的性质与狄利克雷核的性质有许多相似之处. 但与狄利克雷核不同的是, 费耶核还是非负的, 所以以下引理成立.

引理 2. 由函数

$$\Delta_n(x) = \begin{cases} \mathcal{F}_n(x)/2\pi, & |x| \leqslant \pi, \\ 0, & |x| > \pi \end{cases}$$

构成的序列是 $\mathbb{R}$ 上的 δ 型函数序列.

◀ $\Delta_n(x)$ 显然是非负的.

等式 (19) 使我们可以断定

$$\int_{-\infty}^{\infty}\Delta_n(x)\,dx = \int_{-\pi}^{\pi}\Delta_n(x)\,dx = \frac{1}{2\pi}\int_{-\pi}^{\pi}\mathcal{F}_n(x)\,dx = \frac{1}{2\pi(n+1)}\sum_{k=0}^{n}\int_{-\pi}^{\pi}D_k(x)\,dx = 1.$$

最后, 对于任何 $\delta > 0$, 当 $n \to \infty$ 时,

$$0 \leqslant \int_{-\infty}^{-\delta}\Delta_n(x)\,dx = \int_{\delta}^{+\infty}\Delta_n(x)\,dx = \int_{\delta}^{\pi}\Delta_n(x)\,dx \leqslant \frac{1}{2\pi(n+1)}\int_{\delta}^{\pi}\frac{dx}{\sin^2\frac{1}{2}x} \to 0. ▶$$

定理 4 (费耶定理). 设 $f: \mathbb{R} \to \mathbb{C}$ 是闭区间 $[-\pi, \pi]$ 上的以 2π 为周期的绝对可积函数, 则

a) 如果函数 f 在集合 $E \subset \mathbb{R}$ 上一致连续, 则

当 $n \to \infty$ 时, 在 E 上 $\sigma_n(x) \rightrightarrows f(x)$;

b) 如果 $f \in C(\mathbb{R}, \mathbb{C})$, 则

当 $n \to \infty$ 时, 在 $\mathbb{R}$ 上 $\sigma_n(x) \rightrightarrows f(x)$;

c) 如果 f 在点 $x \in \mathbb{R}$ 连续, 则

当 $n \to \infty$ 时, $\sigma_n(x) \to f(x)$.

◀ 命题 b) 和 c) 是命题 a) 的特殊情形.

命题 a) 本身是第十七章 §4 中关于卷积收敛性的一般命题 5 的特殊情形, 因为
$$\sigma_n(x) = \frac{1}{2\pi} \int_{-\pi}^{\pi} f(x-t)\mathcal{F}_n(t)\,dt = (f*\Delta_n)(x). \blacktriangleright$$

推论 1 (魏尔斯特拉斯三角多项式逼近定理). 如果函数 $f:[-\pi,\pi]\to\mathbb{C}$ 在闭区间 $[-\pi,\pi]$ 上连续, 并且 $f(-\pi)=f(\pi)$, 则在闭区间 $[-\pi,\pi]$ 上可以用三角多项式以任意精度一致逼近这个函数.

◀ 对 f 进行以 2π 为周期的延拓, 我们得到 $\mathbb{R}$ 上的连续周期函数. 根据费耶定理, 三角多项式 $\sigma_n(x)$ 一致收敛到这个函数. ▶

推论 2. 如果函数 f 在点 x 连续, 则它的傅里叶级数或者在该点发散, 或者在该点收敛到 $f(x)$.

◀ 只需要验证收敛的情形. 当 $n\to\infty$ 时, 如果序列 $S_n(x)$ 有极限, 则序列
$$\sigma_n(x) = \frac{S_0(x)+\cdots+S_n(x)}{n+1}$$
也有同样的极限. 但是, 当 $n\to\infty$ 时, 根据费耶定理, $\sigma_n(x)\to f(x)$. 因此, 当 $n\to\infty$ 时, 只要 $S_n(x)$ 的极限存在, 就也有 $S_n(x)\to f(x)$. ▶

附注 5. 我们指出, 连续函数的傅里叶级数在某些点其实也可能发散.

3. 函数的光滑性和傅里叶系数的下降速度

a. 光滑函数的傅里叶系数的估计. 首先考虑一个简单但重要而且有用的引理.

引理 3 (傅里叶级数的可微性). 如果连续函数 $f\in C([-\pi,\pi],\mathbb{C})$ 在闭区间 $[-\pi,\pi]$ 的两个端点取相等的值 ($f(-\pi)=f(\pi)$), 并且在 $[-\pi,\pi]$ 上分段连续可微, 则直接对函数本身的傅里叶级数
$$f \sim \sum_{-\infty}^{\infty} c_k(f)e^{ikx}$$
进行微分运算, 就可以得到其导数的傅里叶级数
$$f' \sim \sum_{-\infty}^{\infty} c_k(f')e^{ikx},$$
即
$$c_k(f') = ikc_k(f), \quad k\in\mathbb{Z}. \tag{31}$$

◀ 从傅里叶系数的定义 (13) 出发, 用分部积分法求出
$$c_k(f') = \frac{1}{2\pi}\int_{-\pi}^{\pi} f'(x)e^{-ikx}dx = \frac{1}{2\pi}f(x)e^{-ikx}\Big|_{-\pi}^{\pi} + \frac{ik}{2\pi}\int_{-\pi}^{\pi} f(x)e^{-ikx}dx = ikc_k(f),$$

因为 $f(\pi)e^{-ik\pi} - f(-\pi)e^{ik\pi} = 0$. ▶

命题 1 (函数的光滑性与傅里叶系数下降速度的关系). 设 $f \in C^{(m-1)}([-\pi, \pi], \mathbb{C})$, 并且 $f^{(j)}(-\pi) = f^{(j)}(\pi)$, $j = 0, 1, \cdots, m-1$. 如果函数 f 在闭区间 $[-\pi, \pi]$ 上有分段连续的 m 阶导数, 则

$$c_k(f^{(m)}) = (ik)^m c_k(f), \quad k \in \mathbb{Z}, \tag{32}$$

$$|c_k(f)| = \frac{\gamma_k}{|k|^m} = o\left(\frac{1}{|k|^m}\right), \quad k \to \infty, \ k \in \mathbb{Z}, \tag{33}$$

并且 $\sum\limits_{-\infty}^{\infty} \gamma_k^2 < \infty$.

◀ 反复 m 次利用等式 (31), 即可得到关系式 (32):

$$c_k(f^{(m)}) = (ik)c_k(f^{(m-1)}) = \cdots = (ik)^m c_k(f).$$

取 $\gamma_k = |c_k(f^{(m)})|$, 再利用贝塞尔不等式

$$\sum_{-\infty}^{\infty} |c_k(f^{(m)})|^2 \leqslant \frac{1}{2\pi} \int_{-\pi}^{\pi} |f^{(m)}|^2(x)\,dx,$$

从 (32) 得到关系式 (33). ▶

附注 6. 与引理 3 的情况一样, 在以上命题中也可以认为 f 是整个数轴上的以 2π 为周期的函数, 即用这个条件代替条件 $f^{(j)}(-\pi) = f^{(j)}(\pi)$.

附注 7. 如果用形式 (6) 写出傅里叶三角级数, 而不是用复形式 (6′), 就只好用明显更繁琐的等式代替简单的关系式 (32), 但其含义相同: 在上述条件下可以对傅里叶级数进行逐项微分运算 (无论是用形式 (6) 还是用形式 (6′) 给出该级数). 至于级数 (6) 的傅里叶系数 $a_k(f)$, $b_k(f)$ 的估计式, 因为 $a_k(f) = c_k(f) + c_{-k}(f)$, $b_k(f) = i(c_k(f) - c_{-k}(f))$ (见公式 (12)), 所以从 (33) 可知, 如果函数 f 满足命题中的条件, 则

$$|a_k(f)| = \frac{\alpha_k}{k^m}, \quad |b_k(f)| = \frac{\beta_k}{k^m}, \quad k \in \mathbb{N}, \tag{33′}$$

其中 $\sum\limits_{k=1}^{\infty} \alpha_k^2 < \infty$, $\sum\limits_{k=1}^{\infty} \beta_k^2 < \infty$.

b. 函数的光滑性和它的傅里叶级数的收敛速度

定理 5. 如果函数 $f : [-\pi, \pi] \to \mathbb{C}$ 满足以下条件:
a) $f \in C^{(m-1)}[-\pi, \pi]$, $m \in \mathbb{N}$,
b) $f^{(j)}(-\pi) = f^{(j)}(\pi)$, $j = 0, 1, \cdots, m-1$,
c) f 在 $[-\pi, \pi]$ 上有分段连续的 $m \geqslant 1$ 阶导数 $f^{(m)}$,

则函数 f 的傅里叶级数在区间 $[-\pi, \pi]$ 上绝对收敛并且一致收敛到 f, 而傅里叶级数前 n 项部分和 $S_n(x)$ 对 $f(x)$ 的偏离在整个闭区间 $[-\pi, \pi]$ 上满足估计式

$$|f(x) - S_n(x)| \leqslant \frac{\varepsilon_n}{n^{m-1/2}},$$

其中 $\{\varepsilon_n\}$ 是趋于零的正数列.

◂ 把傅里叶级数的部分和 (9) 写为简洁的复形式 (9'):

$$S_n(x) = \sum_{-n}^{n} c_k(f) e^{ikx}.$$

根据函数 f 的条件和命题 1, 我们有 $|c_k(f)| = \gamma_k/|k|^m$, 并且 $\sum \gamma_k/|k|^m < \infty$, 因为

$$0 \leqslant \frac{\gamma_k}{|k|^m} \leqslant \frac{1}{2}\left(\gamma_k^2 + \frac{1}{|k|^{2m}}\right), \quad m \geqslant 1.$$

因此, 序列 $S_n(x)$ 在闭区间 $[-\pi, \pi]$ 上一致收敛 (根据级数的魏尔斯特拉斯强函数检验法或序列的柯西准则).

根据定理 3, 序列 $S_n(x)$ 的极限 $S(x)$ 等于 $f(x)$, 因为函数 f 在闭区间 $[-\pi, \pi]$ 的每一个点都满足迪尼条件 (见例 3), 此外, 根据 $f(-\pi) = f(\pi)$, 可以把函数 f 周期延拓为 $\mathbb{R}$ 上的函数, 并且迪尼条件在任何点 $x \in \mathbb{R}$ 仍然成立.

现在可以利用关系式 (33) 进行估计:

$$|f(x) - S_n(x)| = |S(x) - S_n(x)| = \left|\sum_{\pm k=n+1}^{\infty} c_k(f) e^{ikx}\right| \leqslant \sum_{\pm k=n+1}^{\infty} |c_k(f)|$$

$$= \sum_{\pm k=n+1}^{\infty} \frac{\gamma_k}{|k|^m} \leqslant \left(\sum_{\pm k=n+1}^{\infty} \gamma_k^2\right)^{1/2} \left(\sum_{\pm k=n+1}^{\infty} \frac{1}{k^{2m}}\right)^{1/2}.$$

当 $n \to \infty$ 时, 柯西-布尼亚科夫斯基不等式右边的第一个因子趋于零, 因为 $\sum_{-\infty}^{\infty} \gamma_k^2 < \infty$.

另外 (见图 104),

$$\sum_{k=n+1}^{\infty} \frac{1}{k^{2m}} \leqslant \int_n^{\infty} \frac{dx}{x^{2m}} = \frac{1}{2m-1} \cdot \frac{1}{n^{2m-1}}.$$

于是, 我们证明了定理 5. ▸

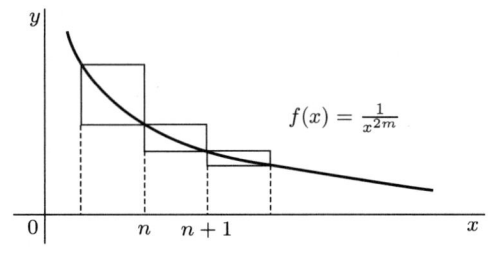

图 104

我们给出几个有益的附注, 它们都与上述结果有关.

附注 8. 从定理 5 (以及在证明它时特别利用过的定理 3) 可以轻松地再次得到以推论 1 的形式表述的魏尔斯特拉斯三角多项式逼近定理, 它独立于费耶定理.

◀ 只要对实函数完成证明即可. 利用函数 f 在闭区间 $[-\pi, \pi]$ 上的一致连续性, 我们在该区间上用一个分段线性连续函数 $\varphi(x)$ 以精度 $\varepsilon/2$ 逼近 f, 并且让函数 $\varphi(x)$ 与 f 在闭区间两个端点取相同的值, 即 $\varphi(-\pi) = \varphi(\pi)$ (图 105). 根据定理 5, 函数 φ 的傅里叶级数在闭区间 $[-\pi, \pi]$ 上一致收敛到 φ. 取这个级数的部分和, 使它对 $\varphi(x)$ 的偏离不超过 $\varepsilon/2$, 我们就得到一个三角多项式, 它在整个区间 $[-\pi, \pi]$ 上以精度 ε 逼近原来的函数 f. ▶

附注 9. 假设我们把具有突跃奇异性的函数 f 表示为和的形式, $f = \varphi + \psi$, 其中 ψ 是某个光滑函数, φ 是具有与 f 相同的奇异性的某个简单函数 (图 106). 于是, 函数 f 的傅里叶级数是函数 ψ 的傅里叶级数与函数 φ 的傅里叶级数之和. 根据定理 5, 函数 ψ 的傅里叶级数一致收敛, 并且收敛很快. 如果取常规函数 φ (在图中, 当 $-\pi < x < 0$ 时 $\varphi(x) = -\pi - x$, 当 $0 < x < \pi$ 时 $\varphi(x) = \pi - x$), 就可以认为 φ 的傅里叶级数是已知的.

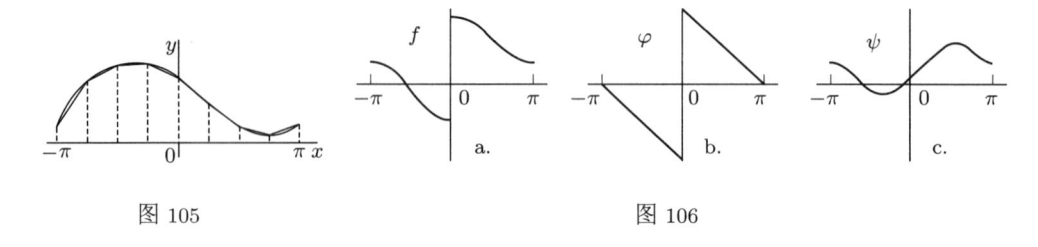

图 105

图 106

这个结果对于级数的相关应用和计算问题 (分离级数奇异性的克雷洛夫[①]法, 改善级数的收敛性) 以及傅里叶三角级数理论本身 (例如, 可以参考在习题 11 中描述的吉布斯[②]现象) 都非常有用.

附注 10 (傅里叶级数的积分运算). 利用定理 5 可以提出并证明以下命题, 它是关于傅里叶级数可微性的引理 3 的补充.

命题 2. 如果函数 $f: [-\pi, \pi] \to \mathbb{C}$ 分段连续, 则对应关系 $f(x) \sim \sum_{-\infty}^{\infty} c_k(f) e^{ikx}$ 经过积分运算后变为等式

$$\int_0^x f(t)\,dt = c_0(f)x + {\sum_{-\infty}^{\infty}}' \frac{c_k(f)}{ik}(e^{ikx} - 1),$$

其中带撇号的求和符号表示在求和时不考虑 $k = 0$ 的项, 求和按对称的部分和 ${\sum_{-n}^{n}}'$ 进行, 并且级数在闭区间 $[-\pi, \pi]$ 上一致收敛.

[①] 克雷洛夫 (А. Н. Крылов, 1863–1945) 是俄国和苏联力学家和数学家, 在计算数学中, 特别是在船舶构件计算方法中有重大贡献.

[②] 吉布斯 (J. W. Gibbs, 1839–1903) 是美国物理学家和数学家, 热力学和统计力学的奠基人之一.

◀ 考虑闭区间 $[-\pi, \pi]$ 上的辅助函数

$$F(x) = \int_0^x f(t)\, dt - c_0(f)x.$$

显然, $F \in C[-\pi, \pi]$. 此外, $F(-\pi) = F(\pi)$, 因为从 $c_0(f)$ 的定义可知

$$F(\pi) - F(-\pi) = \int_{-\pi}^{\pi} f(t)\, dt - 2\pi c_0(f) = 0.$$

因为函数 F 的导数 $F'(x) = f(x) - c_0(f)$ 分段连续, 所以根据定理 5, 函数 F 的傅里叶级数 $\sum_{-\infty}^{\infty} c_k(F)e^{ikx}$ 在闭区间 $[-\pi, \pi]$ 上一致收敛到 F. 根据引理 3, 当 $k \neq 0$ 时 $c_k(F) = c_k(F')/ik$. 但是, 如果 $k \neq 0$, 则 $c_k(F') = c_k(f)$. 现在用函数 f 表示等式 $F(x) = \sum_{-\infty}^{\infty} c_k(F)e^{ikx}$, 再利用 $F(0) = 0$, 就得到命题的结论. ▶

4. 三角函数系的完备性

a. 完备性定理. 最后, 我们从傅里叶级数的逐点收敛性重新回到它按照 (10) 的平均收敛性. 更准确地, 我们利用关于傅里叶级数逐点收敛性特征的上述结论独立证明三角函数系 $\{1, \cos kx, \sin kx;\ k \in \mathbb{N}\}$ 在 $\mathcal{R}_2([-\pi, \pi], \mathbb{R})$ 中的完备性, 而不使用习题中的方法. 这时, 也像第 1 小节那样, 把 $\mathcal{R}_2([-\pi, \pi], \mathbb{R})$ 或 $\mathcal{R}_2([-\pi, \pi], \mathbb{C})$ 理解为由在区间 $]-\pi, \pi[$ 上局部可积并且模的平方 (至少在反常积分的意义下) 也可积的实函数或复函数组成的线性空间. 假设在该空间中给出了标准的标量积 (7), 而按照该标量积所产生的范数的收敛性就是按照 (10) 的平均收敛性.

我们打算证明的定理直接表明, 三角函数系在 $\mathcal{R}_2([-\pi, \pi], \mathbb{C})$ 中是完备的. 但是, 我们将利用定理的表述本身展现其证明的关键. 它基于一个明显的事实——完备性具有传递性: 如果 A 逼近 B, 而 B 逼近 C, 则 A 逼近 C.

定理 6 (三角函数系的完备性). 可以用下列函数以任意精度在平均意义下逼近任何函数 $f \in \mathcal{R}_2[-\pi, \pi]$:

a) 在 $]-\pi, \pi[$ 上具有紧支撑集并且在闭区间 $[-\pi, \pi]$ 上黎曼可积的函数;

b) 在闭区间 $[-\pi, \pi]$ 上具有紧支撑集的分段常函数;

c) 在闭区间 $[-\pi, \pi]$ 上具有紧支撑集的连续分段线性函数;

d) 三角多项式.

◀ 因为显然只需要在实函数的情形下证明定理, 所以我们只考虑这种情形.

a) 从反常积分的定义可知,

$$\int_{-\pi}^{\pi} f^2(x)\, dx = \lim_{\delta \to +0} \int_{-\pi+\delta}^{\pi-\delta} f^2(x)\, dx.$$

因此, 对于任何数 $\varepsilon > 0$, 可以找到数 $\delta > 0$, 使函数

$$f_\delta(x) = \begin{cases} f(x), & |x| < \pi - \delta, \\ 0, & \pi - \delta \leqslant |x| < \pi \end{cases}$$

在 $[-\pi, \pi]$ 上与 f 的平均差别小于 ε, 因为

$$\int_{-\pi}^{\pi} (f - f_\delta)^2(x)\, dx = \int_{-\pi}^{-\pi+\delta} f^2(x)\, dx + \int_{\pi-\delta}^{\pi} f^2(x)\, dx.$$

b) 只需要验证, 在 $\mathcal{R}_2([-\pi, \pi], \mathbb{R})$ 中可以用在 $[-\pi, \pi]$ 上具有紧支撑集的分段常函数逼近任何形如 f_δ 的函数. 但是, 函数 f_δ 在闭区间 $[-\pi + \delta, \pi - \delta]$ 上已经是黎曼可积的. 因此, 它在这个区间上以某常数 M 为界. 此外, 该区间的分割 $-\pi + \delta = x_0 < x_1 < \cdots < x_n = \pi - \delta$ 存在, 使函数 f_δ 的相应达布下积分和 $\sum_{i=1}^{n} m_i \Delta x_i$ 与 f_δ 在闭区间 $[-\pi + \delta, \pi - \delta]$ 上的积分之差小于 $\varepsilon > 0$.

现在取

$$g(x) = \begin{cases} m_i, & x \in [x_{i-1}, x_i[, \\ 0, & \text{在 } [-\pi, \pi] \text{ 的其他点}, \end{cases}$$

我们得到

$$\int_{-\pi}^{\pi} (f_\delta - g)^2(x)\, dx \leqslant \int_{-\pi}^{\pi} |f_\delta + g|\, |f_\delta - g|(x)\, dx \leqslant 2M \int_{-\pi+\delta}^{\pi-\delta} (f_\delta - g)(x)\, dx \leqslant 2M\varepsilon.$$

因此, 在闭区间 $[-\pi, \pi]$ 上确实可以用该区间上的在两个区间端点的邻域中等于零的分段常函数以任意精度在平均意义下逼近 f_δ.

c) 现在只需要在平均意义下逼近在 b) 中指出的函数即可. 设 g 是这样的函数. 它的全部间断点 $x_1, x_2, \cdots, x_n$ 都位于开区间 $]-\pi, \pi[$ 上. 间断点的数目是有限的, 所以对于任何数 $\varepsilon > 0$, 可以找到足够小的数 $\delta > 0$, 使点 $x_1, \cdots, x_n$ 的 δ 邻域互不相交并且严格位于开区间 $]-\pi, \pi[$ 内, 此外 $2\delta nM < \varepsilon$, 其中 $M = \sup_{|x| \leqslant \pi} |g(x)|$. 现在用在闭区间 $[x_i - \delta, x_i + \delta]$ 的两个端点取值为 $g(x_i - \delta)$ 和 $g(x_i + \delta)$ 的线性插值函数代替相应区间上的函数 g, 我们得到在 $[-\pi, \pi]$ 上具有紧支撑集的连续分段线性函数 g_δ. 根据其构造方法, 在 $[-\pi, \pi]$ 上 $|g_\delta(x)| \leqslant M$, 所以

$$\int_{-\pi}^{\pi} (g - g_\delta)^2(x)\, dx \leqslant 2M \int_{-\pi}^{\pi} |g - g_\delta|(x)\, dx$$
$$= 2M \sum_{i=1}^{n} \int_{x_i - \delta}^{x_i + \delta} |g - g_\delta|(x)\, dx \leqslant 2M \cdot (2M \cdot 2\delta) \cdot n < 4M\varepsilon,$$

从而证明了可以这样逼近.

d) 最后只需要证明, 在闭区间 $[-\pi, \pi]$ 上可以用三角多项式在平均意义下逼近任何 c) 类函数. 但是, 对于任何 g_δ 型函数, 根据定理 4 的推论 1, 对于任何 $\varepsilon > 0$,

可以找到三角多项式 T_n, 它在闭区间 $[-\pi, \pi]$ 上以精度 ε 一致逼近 g_δ. 因此,

$$\int_{-\pi}^{\pi} (g_\delta - T_n)^2(x)\, dx < 2\pi\varepsilon^2,$$

从而证明了, 在闭区间 $[-\pi, \pi]$ 上可以用三角多项式以任意精度在平均意义下逼近任何 c) 类函数.

利用 $\mathcal{R}_2[-\pi, \pi]$ 中的三角形不等式, 现在可以断定, 我们已经证明了关于上述函数类在 $\mathcal{R}_2[-\pi, \pi]$ 中的完备性的整个定理 6. ▶

b. 标量积与帕塞瓦尔等式. 在证明了三角多项式系在 $\mathcal{R}_2([-\pi, \pi], \mathbb{C})$ 中的完备性以后, 根据定理 1 可以断定, 对于任何函数 $f \in \mathcal{R}_2([-\pi, \pi], \mathbb{C})$, 以下等式成立:

$$f = \frac{a_0(f)}{2} + \sum_{k=1}^{\infty} (a_k(f)\cos kx + b_k(f)\sin kx), \tag{34}$$

或者, 在复形式下,

$$f = \sum_{-\infty}^{\infty} c_k(f) e^{ikx}. \tag{35}$$

这里的收敛性应当理解为按照空间 $\mathcal{R}_2[-\pi, \pi]$ 的范数的收敛性, 即平均收敛性, 而 (35) 中的极限运算是在 $n \to \infty$ 时取 $S_n(x) = \sum_{-n}^{n} c_k(f) e^{ikx}$ 的极限.

如果把等式 (34), (35) 改写为

$$\frac{1}{\sqrt{\pi}} f = \frac{a_0(f)}{\sqrt{2}} \frac{1}{\sqrt{2\pi}} + \sum_{k=1}^{\infty} \left(a_k(f) \frac{\cos kx}{\sqrt{\pi}} + b_k(f) \frac{\sin kx}{\sqrt{\pi}} \right), \tag{34'}$$

$$\frac{1}{\sqrt{2\pi}} f = \sum_{-\infty}^{\infty} c_k(f) \frac{e^{ikx}}{\sqrt{2\pi}}, \tag{35'}$$

则等式右边是按照以下规范正交函数系的级数:

$$\left\{ \frac{1}{\sqrt{2\pi}}, \frac{1}{\sqrt{\pi}} \cos kx, \frac{1}{\sqrt{\pi}} \sin k\pi;\ k \in \mathbb{N} \right\}, \quad \left\{ \frac{1}{\sqrt{2\pi}} e^{ikx};\ k \in \mathbb{Z} \right\}.$$

因此, 根据计算向量标量积的一般法则, 利用向量在规范正交基下的坐标 (见 §1 引理 1) 可以断定, 以下等式对于 $\mathcal{R}_2([-\pi, \pi], \mathbb{C})$ 中的任何函数 f 和 g 都成立:

$$\frac{1}{\pi} \langle f, g \rangle = \frac{a_0(f)\bar{a}_0(g)}{2} + \sum_{k=1}^{\infty} (a_k(f)\bar{a}_k(g) + b_k(f)\bar{b}_k(g)), \tag{36}$$

而在复形式下

$$\frac{1}{2\pi} \langle f, g \rangle = \sum_{-\infty}^{\infty} c_k(f) \bar{c}_k(g), \tag{37}$$

其中仍然沿用记号
$$\langle f, g \rangle = \int_{-\pi}^{\pi} f(x)\bar{g}(x)\,dx.$$

特别地,当 $f = g$ 时,从 (36) 和 (37) 得到经典的帕塞瓦尔等式的两个彼此等价的形式:

$$\frac{1}{\pi}\|f\|^2 = \frac{|a_0(f)|^2}{2} + \sum_{k=1}^{\infty}(|a_k(f)|^2 + |b_k(f)|^2), \tag{38}$$

$$\frac{1}{2\pi}\|f\|^2 = \sum_{-\infty}^{\infty}|c_k(f)|^2. \tag{39}$$

我们已经指出,从几何观点看,可以认为帕塞瓦尔等式是无穷维情形下的毕达哥拉斯定理.

根据帕塞瓦尔等式容易证明一个有用的命题.

命题 3 (傅里叶级数的唯一性). 设 f 和 g 是 $\mathcal{R}_2[-\pi, \pi]$ 中的函数.

a) 如果三角级数
$$\frac{a_0}{2} + \sum_{k=1}^{\infty}(a_k\cos kx + b_k\sin kx) \quad \left(= \sum_{-\infty}^{\infty}c_k e^{ikx}\right)$$
在闭区间 $[-\pi, \pi]$ 上平均收敛到 f,则它是函数 f 的傅里叶级数;

b) 如果函数 f 和 g 有同样的傅里叶级数,则它们在闭区间 $[-\pi, \pi]$ 上几乎处处相等,即在 $\mathcal{R}_2[-\pi, \pi]$ 中 $f = g$.

◀ 命题 a) 其实是以下一般结果的特例: 向量按照正交向量组的展开式是唯一的. 我们知道 (见 §1 引理 1 b)),标量乘运算立刻表明,上述展开式的系数是并且只能是傅里叶系数.

命题 b) 得自帕塞瓦尔等式和三角函数系在 $\mathcal{R}_2([-\pi, \pi], \mathbb{C})$ 中的完备性.

因为差 $f - g$ 的傅里叶级数为零,所以根据帕塞瓦尔等式,$\|f - g\|_{\mathcal{R}_2} = 0$,即 f 和 g 在它们的所有连续点相等,从而几乎处处相等. ▶

附注 11. 我们在研究泰勒级数
$$\sum_{n=0}^{\infty}\frac{f^{(n)}(a)}{n!}(x-a)^n$$
时曾经指出,函数类 $C^{(\infty)}(\mathbb{R}, \mathbb{R})$ 中的不同函数 (在某些点 $a \in \mathbb{R}$) 可以有相同的泰勒级数. 不应当过分绝对地看待这个与刚刚证明的傅里叶级数唯一性定理相反的结果,因为任何唯一性定理都是相对的,仅仅对于确定的空间和确定形式的收敛性才成立.

§2. 傅里叶三角级数 · 451 ·

例如, 在解析函数空间中 (解析函数是在局部能被表示为逐点收敛到其本身的幂级数 $\sum_{n=0}^{\infty} a_n(z-z_0)^n$ 的函数), 两个不同的函数在任何点都具有不同的泰勒展开式.

同样地, 如果在研究三角级数时不使用空间 $\mathcal{R}_2[-\pi, \pi]$ 并考虑三角级数的逐点收敛性, 则如前所述 (见第 435 页), 可以构造一个三角级数, 其系数不全为零, 但它几乎处处收敛到零. 根据命题 3, 这样的零级数在均方差的意义下当然不收敛到零.

最后, 为了展示傅里叶三角级数性质的应用, 考虑二维情形下经典等周不等式的推导, 这个结果属于赫尔维茨[①]. 为了避免繁琐的表达式和一些偶尔出现的技术上的困难, 我们将使用复形式的写法.

例 7. 在 n 维欧几里得空间 E_n $(n \geqslant 2)$ 中, 一个区域的边界是 $n-1$ 维超曲面, 区域的体积 V 与区域边界的面积 F 之间的关系为

$$n^n v_n V^{n-1} \leqslant F^n, \tag{40}$$

其中 v_n 是 E^n 中的 n 维单位球的体积, 并且等式仅对球才成立. 这个不等式称为等周不等式.

"等周" 的叫法与以下经典几何问题有关: 在长度为 L 的平面闭曲线中求出所围面积 S 最大的曲线. 在这种情形下, 不等式 (40) 表示

$$4\pi S \leqslant L^2. \tag{41}$$

这正是我们现在要证明的不等式. 我们认为, 所考虑的曲线是光滑的, 并且由参数方程 $x = \varphi(s), y = \psi(s)$ 给出, 其中 s 是沿曲线的自然参数 (弧长), 函数 φ 和 ψ 属于函数类 $C^{(1)}[0, L]$. 闭曲线条件表示 $\varphi(0) = \varphi(L), \psi(0) = \psi(L)$.

从参数 s 变换到参数 $t = 2\pi s/L - \pi$, 后者的变化范围是从 $-\pi$ 到 π. 于是, 我们认为上述曲线由参数方程

$$x = x(t), \quad y = y(t), \quad -\pi \leqslant t \leqslant \pi \tag{42}$$

给出, 并且

$$x(-\pi) = x(\pi), \quad y(-\pi) = y(\pi). \tag{43}$$

我们把关系式 (42) 写为一个复函数的形式:

$$z = z(t), \quad -\pi \leqslant t \leqslant \pi, \tag{42'}$$

其中 $z(t) = x(t) + iy(t)$, 并且根据 (43), $z(-\pi) = z(\pi)$.

[①] 赫尔维茨 (A. Hurwitz, 1859—1919) 是德国数学家, 克莱因的学生.

我们发现
$$|z'(t)|^2 = (x'(t))^2 + (y'(t))^2 = \left(\frac{ds}{dt}\right)^2,$$

因此, 当我们这样选取参数 t 时,
$$|z'(t)|^2 = L^2/4\pi^2. \tag{44}$$

此外, 利用 $\bar{z}z' = (x-iy)(x'+iy') = (xx'+yy') + i(xy'-x'y)$ 和等式 (43), 我们用复形式写出闭曲线 (42) 所围区域的面积:
$$S = \frac{1}{2}\int_{-\pi}^{\pi}(xy'-yx')(t)\,dt = \frac{1}{2i}\int_{-\pi}^{\pi}z'(t)\bar{z}(t)\,dt. \tag{45}$$

现在写出函数 (42′) 的傅里叶级数展开式
$$z(t) = \sum_{-\infty}^{\infty}c_k e^{ikt},$$

所以
$$z'(t) \sim \sum_{-\infty}^{\infty}ikc_k e^{ikt}.$$

特别地, 等式 (44) 和 (45) 表示
$$\frac{1}{2\pi}\|z'\|^2 = \frac{1}{2\pi}\int_{-\pi}^{\pi}|z'(t)|^2\,dt = \frac{L^2}{4\pi^2},$$
$$\frac{1}{2\pi}\langle z', z\rangle = \frac{1}{2\pi}\int_{-\pi}^{\pi}z'(t)\bar{z}(t)\,dt = \frac{i}{\pi}S.$$

由等式 (37), (39) 可知, 利用傅里叶系数可以把所得关系式表示为以下形式:
$$L^2 = 4\pi^2\sum_{-\infty}^{\infty}|kc_k|^2, \quad S = \pi\sum_{-\infty}^{\infty}kc_k\bar{c}_k.$$

因此,
$$L^2 - 4\pi S = 4\pi^2\sum_{-\infty}^{\infty}(k^2-k)|c_k|^2.$$

这个等式的右边显然是非负的, 并且仅在 $c_k = 0$ ($k \in \mathbb{Z}$, $k \neq 0, 1$) 的条件下才等于零.

于是, 我们证明了不等式 (41), 同时还得到了使相应等式成立的曲线的方程
$$z(t) = c_0 + c_1 e^{it}, \quad -\pi \leqslant t \leqslant \pi.$$

这是复平面上以点 c_0 为中心、以 $|c_1|$ 为半径的圆的复形式的参数方程.

§2. 傅里叶三角级数

习 题

1. a) 请证明: 当 $0 < x < 2\pi$ 时, $\sum_{n=1}^{\infty} \frac{\sin nx}{n} = \frac{\pi - x}{2}$. 请求出这个级数在其余各点 $x \in \mathbb{R}$ 的和.

现在, 请利用上述展开式以及傅里叶三角级数的运算法则证明:

b) 当 $0 < x < \pi$ 时, $\sum_{k=1}^{\infty} \frac{\sin 2kx}{2k} = \frac{\pi}{4} - \frac{x}{2}$;

c) 当 $0 < x < \pi$ 时, $\sum_{k=1}^{\infty} \frac{\sin(2k-1)x}{2k-1} = \frac{\pi}{4}$;

d) 当 $|x| < \pi$ 时, $\sum_{n=1}^{\infty} \frac{(-1)^{n-1}}{n} \sin nx = \frac{x}{2}$;

e) 当 $|x| < \pi$ 时, $x^2 = \frac{\pi^2}{3} + 4\sum_{n=1}^{\infty} \frac{(-1)^n}{n^2} \cos nx$;

f) 当 $0 \leqslant x \leqslant \pi$ 时, $x = \frac{\pi}{2} - \frac{4}{\pi} \sum_{k=1}^{\infty} \frac{\cos(2k-1)x}{(2k-1)^2}$;

g) 当 $0 \leqslant x \leqslant \pi$ 时, $\frac{3x^2 - 6\pi x + 2\pi^2}{12} = \sum_{n=1}^{\infty} \frac{\cos nx}{n^2}$;

h) 请画出这些三角级数的和在整个数轴 $\mathbb{R}$ 上的图像, 并利用所得结果求下列数项级数的和:

$$\sum_{n=0}^{\infty} \frac{(-1)^n}{2n+1}, \quad \sum_{n=1}^{\infty} \frac{1}{n^2}, \quad \sum_{n=1}^{\infty} \frac{(-1)^n}{n^2}.$$

2. 请证明:

a) 如果 $f : [-\pi, \pi] \to \mathbb{C}$ 是奇函数 (偶函数), 则它的傅里叶系数具有以下特点: $a_k(f) = 0$ ($b_k(f) = 0$), $k = 0, 1, 2, \cdots$;

b) 如果 $f : \mathbb{R} \to \mathbb{C}$ 具有周期 $2\pi/m$, 则它的傅里叶系数 $c_k(f)$ 仅当 k 是 m 的倍数时才可能不等于零;

c) 如果 $f : [-\pi, \pi] \to \mathbb{R}$ 是实值的, 则对于任何 $k \in \mathbb{N}$, $c_k(f) = \bar{c}_{-k}(f)$;

d) $|a_k(f)| \leqslant 2 \sup_{|x|<\pi} |f(x)|$, $|b_k(f)| \leqslant 2 \sup_{|x|<\pi} |f(x)|$, $|c_k(f)| \leqslant \sup_{|x|<\pi} |f(x)|$.

3. a) 请证明: 对于任何值 $a \in \mathbb{R}$, 函数系 $\{\cos kx; k = 0, 1, \cdots\}$ 和 $\{\sin kx; k \in \mathbb{N}\}$ 在空间 $\mathcal{R}_2[a, a+\pi]$ 中都是完备的.

b) 请按照上述每一个函数系在区间 $[0, \pi]$ 上展开函数 $f(x) = x$.

c) 请画出所得级数的和在整个数轴上的图像.

d) 请给出函数 $f(x) = |x|$ 在闭区间 $[-\pi, \pi]$ 上的傅里叶三角级数, 并说明它在整个区间 $[-\pi, \pi]$ 上是否一致收敛到这个函数.

4. 可以认为函数 f 的傅里叶级数 $\sum_{-\infty}^{\infty} c_k(f) e^{ikx}$ 是幂级数 $\sum_{-\infty}^{\infty} c_k z^k \left(= \sum_{-\infty}^{-1} c_k z^k + \sum_{0}^{+\infty} c_k z^k \right)$ 的特殊情形, 其中 z 在复平面单位圆周上变化 (即 $z = e^{it}$).

请证明: 如果函数 $f : [-\pi, \pi] \to \mathbb{C}$ 的傅里叶系数 $c_k(f)$ 的下降速度满足条件

$$\varliminf_{k \to -\infty} |c_k(f)|^{1/k} = c_- > 1, \quad \varlimsup_{k \to +\infty} |c_k(f)|^{1/k} = c_+ < 1,$$

则:

a) 可以认为函数 f 是在环形区域 $c_-^{-1} < |z| < c_+^{-1}$ 中用级数 $\sum\limits_{-\infty}^{\infty} c_k z^k$ 表示的某个函数在单位圆周上的迹;

b) 当 $z = x + iy$, $\ln\dfrac{1}{c_-} < -y < \ln\dfrac{1}{c_+}$ 时, 级数 $\sum\limits_{-\infty}^{\infty} c_k(f) e^{ikz}$ 绝对收敛 (特别地, 它的和与各项的求和顺序无关);

c) 在复平面上由条件 $a \leqslant -\operatorname{Im} z \leqslant b$ $\left(\text{其中 } \ln\dfrac{1}{c_-} < a < b < \ln\dfrac{1}{c_+}\right)$ 给出的带状区域内, 级数 $\sum\limits_{-\infty}^{\infty} c_k(f) e^{ikz}$ 既绝对收敛, 也一致收敛;

d) 请利用展开式 $e^z = 1 + \dfrac{z}{1!} + \dfrac{z^2}{2!} + \cdots$ 和欧拉公式 $e^{ix} = \cos x + i \sin x$ 证明:

$$1 + \frac{\cos x}{1!} + \cdots + \frac{\cos nx}{n!} + \cdots = e^{\cos x} \cos(\sin x),$$

$$\frac{\sin x}{1!} + \cdots + \frac{\sin nx}{n!} + \cdots = e^{\cos x} \sin(\sin x);$$

e) 请利用展开式 $\cos z = 1 - \dfrac{z^2}{2!} + \dfrac{z^4}{4!} - \cdots$, $\sin z = z - \dfrac{z^3}{3!} + \dfrac{z^5}{5!} - \cdots$ 验证:

$$\sum_{n=0}^{\infty} (-1)^n \frac{\cos(2n+1)x}{(2n+1)!} = \sin(\cos x) \operatorname{ch}(\sin x),$$

$$\sum_{n=0}^{\infty} (-1)^n \frac{\sin(2n+1)x}{(2n+1)!} = \cos(\cos x) \operatorname{sh}(\sin x),$$

$$\sum_{n=0}^{\infty} (-1)^n \frac{\cos 2nx}{(2n)!} = \cos(\cos x) \operatorname{ch}(\sin x),$$

$$\sum_{n=0}^{\infty} (-1)^n \frac{\sin 2nx}{(2n)!} = -\sin(\cos x) \operatorname{sh}(\sin x).$$

5. 请验证:

a) 对于任何 $a \in \mathbb{R}$, 函数系 $\left\{1, \cos k\dfrac{2\pi}{T}x, \sin k\dfrac{2\pi}{T}x; k \in \mathbb{N}\right\}$, $\left\{e^{ik\frac{2\pi}{T}x}; k \in \mathbb{Z}\right\}$ 都是空间 $\mathcal{R}_2([a, a+T], \mathbb{C})$ 中的完备正交函数系;

b) 以 T 为周期的函数 $f: \mathbb{R} \to \mathbb{C}$ 关于上述函数系的傅里叶系数 $a_k(f), b_k(f), c_k(f)$ 与它是在闭区间 $\left[-\dfrac{T}{2}, \dfrac{T}{2}\right]$ 上还是在任何其他形如 $[a, a+T]$ 的闭区间上展开为傅里叶级数无关;

c) 如果 $c_k(f)$ 和 $c_k(g)$ 是以 T 为周期的函数 f 和 g 的傅里叶系数, 则

$$\frac{1}{T}\int_a^{a+T} f(x)\bar{g}(x)\,dx = \sum_{-\infty}^{\infty} c_k(f)\bar{c}_k(g);$$

d) 设以 T 为周期的光滑函数 f 和 g 的用因子 $\dfrac{1}{T}$ 规范化的 "卷积" 为

$$h(x) = \frac{1}{T}\int_0^T f(x-t)g(t)\,dt,$$

则其傅里叶系数 $c_k(h)$ 与函数 f 和 g 本身的傅里叶系数 $c_k(f), c_k(g)$ 满足关系式

$$c_k(h) = c_k(f) c_k(g), \quad k \in \mathbb{Z}.$$

§2. 傅里叶三角级数

6. 请证明：如果 α 与 π 不可公度，则：

a) $\lim\limits_{N\to\infty} \dfrac{1}{N} \sum\limits_{n=1}^{N} e^{ik(x+n\alpha)} = \dfrac{1}{2\pi} \int_{-\pi}^{\pi} e^{ikt} dt$;

b) 对于任何以 2π 为周期的连续函数 $f: \mathbb{R} \to \mathbb{C}$, $\lim\limits_{N\to\infty} \dfrac{1}{N} \sum\limits_{n=1}^{N} f(x+n\alpha) = \dfrac{1}{2\pi} \int_{-\pi}^{\pi} f(t) dt$.

7. 请证明以下命题：

a) 如果函数 $f: \mathbb{R} \to \mathbb{C}$ 在 $\mathbb{R}$ 上绝对可积，则

$$\left| \int_{-\infty}^{\infty} f(x) e^{i\lambda x} dx \right| \leqslant \int_{-\infty}^{\infty} \left| f\left(x + \dfrac{\pi}{\lambda}\right) - f(x) \right| dx;$$

b) 如果函数 $f: \mathbb{R} \to \mathbb{C}$ 和 $g: \mathbb{R} \to \mathbb{C}$ 在 $\mathbb{R}$ 上绝对可积，并且 g 的模在 $\mathbb{R}$ 上有界，则

当 $\lambda \to \infty$ 时，在 $\mathbb{R}$ 上 $\int_{-\infty}^{\infty} f(x+t)g(t) e^{i\lambda t} dt =: \varphi_\lambda(x) \rightrightarrows 0$;

c) 如果 $f: \mathbb{R} \to \mathbb{C}$ 是以 2π 为周期并且在一个周期上绝对可积的函数，则它的傅里叶三角级数的余项 $S_n(x) - f(x)$ 可以表示为

$$S_n(x) - f(x) = \dfrac{1}{2\pi} \int_0^\pi (\Delta^2 f)(x,t) D_n(t) dt,$$

其中 D_n 是第 n 个狄利克雷核，而 $(\Delta^2 f)(x,t) = f(x+t) - 2f(x) + f(x-t)$；

d) 对于任何 $\delta \in\ ]0, \pi[$, 上述余项公式可以化为以下形式：

$$S_n(x) - f(x) = \dfrac{1}{\pi} \int_0^\delta \dfrac{\sin nt}{t} (\Delta^2 f)(x,t) dt + o(1),$$

并且当 $n \to \infty$ 时，这里的 $o(1)$ 在任何使函数 f 有界的闭区间 $[a, b]$ 上一致趋于零；

e) 如果函数 $f: [-\pi, \pi] \to \mathbb{C}$ 在闭区间 $[-\pi, \pi]$ 上满足赫尔德条件

$$|f(x_1) - f(x_2)| \leqslant M|x_1 - x_2|^\alpha$$

(其中 M 和 α 是正数)，并且 $f(-\pi) = f(\pi)$, 则函数 f 的傅里叶级数在整个区间上一致收敛到它本身。

8. a) 请证明：如果 $f: \mathbb{R} \to \mathbb{R}$ 是以 2π 为周期的函数，并且具有分段光滑的 m 阶导数 $f^{(m)}$ ($m \in \mathbb{N}$), 则 f 可以表示为

$$f(x) = \dfrac{a_0}{2} + \dfrac{1}{\pi} \int_{-\pi}^{\pi} B_m(t-x) f^{(m)}(t) dt, \quad B_m(u) = \sum_{k=1}^{\infty} \dfrac{\cos(ku + m\pi/2)}{k^m}, \quad m \in \mathbb{N}.$$

b) 请利用习题 1 中的函数 $(\pi - x)/2$ 在闭区间 $[0, 2\pi]$ 上的傅里叶级数展开式证明：$B_1(u)$ 是闭区间 $[0, 2\pi]$ 上的 1 次多项式，$B_m(u)$ 是该区间上的 m 次多项式. 这些多项式称为伯努利多项式.

c) 请验证：对于任何 $m \in \mathbb{N}$, $\int_0^{2\pi} B_m(u) du = 0$.

9. a) 设 $x_m = \dfrac{2\pi m}{2n+1}$, $m = 0, 1, \cdots, 2n$. 请验证:
$$\frac{2}{2n+1}\sum_{m=0}^{2n}\cos kx_m \cos lx_m = \delta_{kl},$$
$$\frac{2}{2n+1}\sum_{m=0}^{2n}\sin kx_m \sin lx_m = \delta_{kl},$$
$$\sum_{m=0}^{2n}\sin kx_m \cos lx_m = 0,$$

其中 k, l 是非负整数, 当 $k \neq l$ 时 $\delta_{kl} = 0$, 当 $k = l$ 时 $\delta_{kl} = 1$.

b) 设 $f : \mathbb{R} \to \mathbb{R}$ 是以 2π 为周期的函数, 并且在一个周期上绝对可积. 用点 $x_m = \dfrac{2\pi m}{2n+1}$ ($m = 0, 1, \cdots, 2n$) 把闭区间 $[0, 2\pi]$ 等分为 $2n+1$ 个区间, 从而得到该区间的一个分割. 用与之相应的矩形公式近似地计算积分
$$a_k(f) = \frac{1}{\pi}\int_0^{2\pi} f(x)\cos kx\,dx, \quad b_k(f) = \frac{1}{\pi}\int_0^{2\pi} f(x)\sin kx\,dx,$$
得到
$$\tilde{a}_k(f) = \frac{2}{2n+1}\sum_{m=0}^{2n} f(x_m)\cos kx_m, \quad \tilde{b}_k(f) = \frac{2}{2n+1}\sum_{m=0}^{2n} f(x_m)\sin kx_m.$$

我们用它们代替函数 f 的傅里叶级数的前 n 项部分和 $S_n(f, x)$ 中的相应系数 $a_k(f)$ 和 $b_k(f)$.

请证明: 这时得到函数 f 在节点 x_m ($m = 0, 1, 2, \cdots, 2n$) 的 n 阶插值三角多项式 $\widetilde{S}_n(f, x)$, 即在这些点成立 $f(x_m) = \widetilde{S}_n(f, x_m)$.

10. 设函数 $f : [a, b] \to \mathbb{R}$ 连续并且分段可微, 其导数 f' 在区间 $]a, b[$ 上平方可积. 请利用帕塞瓦尔等式证明:

a) 如果 $[a, b] = [0, \pi]$, 则当两个条件 $f(0) = f(\pi) = 0$ 和 $\int_0^\pi f(x)\,dx = 0$ 中的任何一个成立时, 斯捷克洛夫不等式
$$\int_0^\pi f^2(x)\,dx \leqslant \int_0^\pi (f')^2(x)\,dx$$
成立, 并且当第一个条件成立时, 等式仅在 $f(x) = a\sin x$ 时成立, 而当第二个条件成立时, 等式仅在 $f(x) = a\cos x$ 时成立;

b) 如果 $[a, b] = [-\pi, \pi]$, 并且两个条件 $f(-\pi) = f(\pi)$ 和 $\int_{-\pi}^\pi f(x)\,dx = 0$ 同时成立, 则维尔廷格不等式
$$\int_{-\pi}^\pi f^2(x)\,dx \leqslant \int_{-\pi}^\pi (f')^2(x)\,dx$$
成立, 并且等式仅在 $f(x) = a\cos x + b\sin x$ 时成立.

11. 吉布斯现象指傅里叶三角级数部分和的如下所述的一种特殊性质, 它 "最初 (1848 年) 由威尔布雷厄姆发现, 后来 (1898 年) 由吉布斯重新发现" (Математическая энциклопедия. Т. 1. Москва: Советская энциклопедия, 1977. 中文编译本: 数学百科全书. 第二卷. 北京: 科学出版社, 1995).

a) 请证明: 当 $|x| < \pi$ 时, $\operatorname{sgn} x = \dfrac{4}{\pi}\sum_{k=1}^\infty \dfrac{\sin(2k-1)x}{2k-1}$.

b) 请验证: 函数 $S_n(x) = \dfrac{4}{\pi} \sum\limits_{k=1}^{n} \dfrac{\sin(2k-1)x}{2k-1}$ 在 $x = \dfrac{\pi}{2n}$ 时具有最大值, 并且当 $n \to \infty$ 时

$$S_n\left(\frac{\pi}{2n}\right) = \frac{2}{\pi} \sum_{k=1}^{n} \frac{\sin(2k-1)\dfrac{\pi}{2n}}{(2k-1)\dfrac{\pi}{2n}} \cdot \frac{\pi}{n} \to \frac{2}{\pi} \int_0^{\pi} \frac{\sin x}{x} dx \approx 1.179.$$

因此, 当 $n \to \infty$ 时, $S_n(x)$ 在点 $x = 0$ 的振幅大约比函数 $\mathrm{sgn}\, x$ 本身在这个点的突变大 18% ($S_n(x)$ 的"惯性超越").

c) 请画出习题 b) 中的函数 $S_n(x)$ 的图像的极限.

现在设 $S_n(f, x)$ 是函数 f 的傅里叶三角级数的前 n 项部分和, f 在点 ξ 有单侧极限 $f(\xi_-)$ 和 $f(\xi_+)$, 并且当 $n \to \infty$ 时, 在点 ξ 的去心邻域 $0 < |x - \xi| < \delta$ 中 $S_n(f, x) \to f(x)$. 为明确起见, 我们认为 $f(\xi_-) \leqslant f(\xi_+)$.

如果 $\varliminf\limits_{n \to \infty} S_n(f, x) < f(\xi_-) \leqslant f(\xi_+) < \varlimsup\limits_{n \to \infty} S_n(f, x)$, 我们就说, 对于部分和 $S_n(f, x)$, 在点 ξ 出现吉布斯现象.

d) 请利用附注 9 证明: 对于任何形如 $\varphi(x) + c\,\mathrm{sgn}(x - \xi)$ 的函数, 其中 $c \neq 0$, $|\xi| < \pi$, 而 $\varphi \in C^{(1)}[-\pi, \pi]$, 在点 ξ 出现吉布斯现象.

12. 高维傅里叶三角级数.

a) 请验证: 由函数 $e^{ikx}/(2\pi)^{n/2}$ 组成的函数系, 其中 $k = (k_1, \cdots, k_n)$, $x = (x_1, \cdots, x_n)$, $kx = k_1 x_1 + \cdots + k_n x_n$, $k_1, \cdots, k_n \in \mathbb{Z}$, 在任何 n 维立方体 $I = \{x \in \mathbb{R}^n \mid a_j \leqslant x_j \leqslant a_j + 2\pi,\ j = 1, 2, \cdots, n\}$ 中都是规范正交函数系.

b) 设 I 上的可积函数 f 与和 $\sum\limits_{-\infty}^{\infty} c_k(f) e^{ikx}$ 相对应, 即 $f \sim \sum\limits_{-\infty}^{\infty} c_k(f) e^{ikx}$, 其中

$$c_k(f) = \frac{1}{(2\pi)^n} \int_I f(x) e^{-ikx} dx.$$

这个求和表达式称为函数 f 关于函数系 $\{e^{ikx}/(2\pi)^{n/2}\}$ 的傅里叶级数, 数 $c_k(f)$ 称为函数 f 关于函数系 $\{e^{ikx}/(2\pi)^{n/2}\}$ 的傅里叶系数.

在高维情形下常常利用求和表达式

$$S_N(x) = \sum_{|k| \leqslant N} c_k(f) e^{ikx}$$

表示傅里叶级数的和, 记号 $|k| \leqslant N$ 的含义是 $N = (N_1, \cdots, N_n)$ 和 $|k_j| \leqslant N_j$, $j = 1, \cdots, n$.

请证明: 对于任何关于每个变量都以 2π 为周期的函数 $f(x) = f(x_1, \cdots, x_n)$,

$$S_N(x) = \frac{1}{(2\pi)^n} \int_I \prod_{j=1}^{n} D_{N_j}(t_j - x_j) f(t)\, dt = \frac{1}{(2\pi)^n} \int_{-\pi}^{\pi} \cdots \int_{-\pi}^{\pi} f(t - x) \prod_{j=1}^{n} D_{N_j}(t_j)\, dt_1 \cdots dt_n,$$

其中 $D_{N_j}(t)$ 是第 N_j 个一维狄利克雷核.

c) 请证明: 关于每个变量都以 2π 为周期的 n 元函数 $f(x) = f(x_1, \cdots, x_n)$ 的费耶和

$$\sigma_N(x) := \frac{1}{N+1} \sum_{k=0}^{N} S_k(x) = \frac{1}{(N_1+1)\cdots(N_n+1)} \sum_{k_1=0}^{N_1} \cdots \sum_{k_n=0}^{N_n} S_{k_1 \cdots k_n}(x)$$

可以表示为以下形式:
$$\sigma_N(x) = \frac{1}{(2\pi)^n} \int_I f(t-x)\Phi_N(t)\,dt,$$

其中 $\Phi_N(u) = \prod_{j=1}^{n} \mathcal{F}_{N_j}(u_j)$, 而 $\mathcal{F}_{N_j}$ 是第 N_j 个一维费耶核.

d) 请把费耶定理推广到 n 维情形.

e) 请证明: 如果关于每个变量都以 2π 为周期的函数 f 在周期 I 上至少在反常积分的意义下绝对可积, 则当 $u \to 0$ 时 $\int_I |f(x+u) - f(x)|\,dx \to 0$, 当 $N \to \infty$ 时 $\int_I |f - \sigma_N|(x)\,dx \to 0$.

f) 请证明: 在立方体 I 中绝对可积的两个函数 f 和 g 具有相同的傅里叶级数 (即 $c_k(f) = c_k(g)$ 对于任何多重指标 k 都成立) 的充分必要条件是 $f(x) = g(x)$ 在 I 中几乎处处成立. 这是比关于傅里叶级数唯一性的命题 3 更强的结论.

g) 请验证: 上述规范正交系 $\{e^{ikx}/(2\pi)^{n/2}\}$ 在 $\mathcal{R}_2(I)$ 中完备. 因此, 任何函数 $f \in \mathcal{R}_2(I)$ 的傅里叶级数在 I 中都平均收敛到 f.

h) 设 f 是关于每个变量都以 2π 为周期的 $C^\infty(\mathbb{R}^n)$ 类函数. 请验证: $c_k(f^{(\alpha)}) = i^{|\alpha|}k^\alpha c_k(f)$, 其中 $\alpha = (\alpha_1, \cdots, \alpha_n)$, $k = (k_1, \cdots, k_n)$, $|\alpha| = |\alpha_1| + \cdots + |\alpha_n|$, $k^\alpha = k_1^{\alpha_1}\cdots k_n^{\alpha_n}$, α_j 是非负整数.

i) 设 f 是关于每个变量都以 2π 为周期的 $C^{(mn)}(\mathbb{R}^n)$ 类函数. 请证明: 如果对于每一个多重指标 $\alpha = (\alpha_1, \cdots, \alpha_n)$, 其中 α_j 是 0 或 m (对于任何 $j = 1, \cdots, n$), 估计式
$$\frac{1}{(2\pi)^n} \int_I |f^{(\alpha)}|^2(x)\,dx \leqslant M^2$$

都成立, 则
$$|f(x) - S_N(x)| \leqslant \frac{CM}{N^{m-1/2}},$$

这里 $N = \min\{N_1, \cdots, N_n\}$, 而 C 是依赖于 m 但不依赖于 N 和 $x \in I$ 的常数.

j) 请说明: 如果一个连续函数序列在区间 I 上平均收敛到函数 f, 同时一致收敛到函数 φ, 则在 I 上 $f(x) = \varphi(x)$.

请利用这个结果证明: 如果关于每个变量都以 2π 为周期的 n 元函数 $f : \mathbb{R}^n \to \mathbb{C}$ 属于函数类 $C^{(1)}(\mathbb{R}^n, \mathbb{C})$, 则函数 f 的傅里叶三角级数在整个空间 $\mathbb{R}^n$ 中一致收敛到它本身.

13. 广义函数的傅里叶级数.

可以认为任何以 2π 为周期的函数 $f : \mathbb{R} \to \mathbb{C}$ 是单位圆周 Γ 上的点的函数 $f(s)$ (点由自然参数 $0 \leqslant s \leqslant 2\pi$ 的值 s 确定).

沿用第十七章 §4 的记号, 在 Γ 上考虑 $C^{(\infty)}(\Gamma)$ 类函数空间 $\mathcal{D}(\Gamma)$ 和广义函数空间 $\mathcal{D}'(\Gamma)$, 即 $\mathcal{D}(\Gamma)$ 上的连续线性泛函空间. 我们用记号 $F(\varphi)$ 表示泛函 $F \in \mathcal{D}'(\Gamma)$ 在函数 $\varphi \in \mathcal{D}(\Gamma)$ 上的作用 (值), 而不用记号 $\langle F, \varphi \rangle$, 因为在本章中已经用后者表示埃尔米特标量积 (7).

可以认为 Γ 上的每一个可积函数 f 都是 $\mathcal{D}'(\Gamma)$ 的元素 (正则广义函数), 它按照以下公式作用在函数 $\varphi \in \mathcal{D}(\Gamma)$ 上:
$$f(\varphi) = \int_0^{2\pi} f(s)\varphi(s)\,ds.$$

空间 $\mathcal{D}'(\Gamma)$ 中的广义函数序列 $\{F_n\}$ 收敛到广义函数 $F \in \mathcal{D}'(\Gamma)$, 其含义通常是, 对于任何函数 $\varphi \in \mathcal{D}'(\Gamma)$,
$$\lim_{n \to \infty} F_n(\varphi) = F(\varphi).$$

a) 对于任何函数 $\varphi \in C^{(\infty)}(\Gamma)$，根据定理 5，在 Γ 上成立关系式 $\varphi(s) = \sum_{-\infty}^{\infty} c_k(\varphi)e^{iks}$，特别地，成立等式 $\varphi(0) = \sum_{-\infty}^{\infty} c_k(\varphi)$. 请利用这个结论证明：在广义函数空间 $\mathcal{D}'(\Gamma)$ 中的收敛性的意义下，

$$\text{当 } n \to \infty \text{ 时}, \quad \sum_{k=-n}^{n} \frac{1}{2\pi} e^{iks} \to \delta.$$

这里的 δ 是空间 $\mathcal{D}'(\Gamma)$ 的一个元素，它在函数 $\varphi \in \mathcal{D}(\Gamma)$ 上的作用由关系式 $\delta(\varphi) = \varphi(0)$ 确定.

b) 如果 $f \in \mathcal{R}(\Gamma)$，则用标准方式定义的函数 f 关于函数系 $\{e^{iks}\}$ 的傅里叶系数可以写为以下形式：

$$c_k(f) = \frac{1}{2\pi} \int_0^{2\pi} f(s) e^{-iks} ds = \frac{1}{2\pi} f(e^{-iks}).$$

现在，用公式 $c_k(F) = F(e^{-iks})/2\pi$ 类似地定义任何广义函数 $F \in \mathcal{D}'(\Gamma)$ 的傅里叶系数 $c_k(F)$. 这个公式有意义，因为 $e^{-iks} \in \mathcal{D}(\Gamma)$.

于是，任何广义函数 $F \in \mathcal{D}'(\Gamma)$ 都与它的傅里叶级数相对应：$F \sim \sum_{-\infty}^{\infty} c_k(F) e^{iks}$.

请证明：$\delta \sim \sum_{-\infty}^{\infty} \frac{1}{2\pi} e^{iks}$.

c) 请证明广义函数运算的以下简单而灵活的优美结果：任何广义函数 $F \in \mathcal{D}'(\Gamma)$ 的傅里叶级数都收敛到 F (指空间 $\mathcal{D}'(\Gamma)$ 中的收敛性).

d) 请证明：可以对函数 $F \in \mathcal{D}'(\Gamma)$ 的傅里叶级数 (作为函数 F 本身，也作为广义函数的任何收敛级数) 任意次进行逐项微分运算.

e) 请利用等式 $\delta = \sum_{-\infty}^{\infty} \frac{1}{2\pi} e^{iks}$ 求函数 δ' 的傅里叶级数.

f) 现在从圆周 Γ 回到直线 $\mathbb{R}$，并认为函数 e^{ikx} 是空间 $\mathcal{D}'(\mathbb{R})$ 中的正则广义函数 (即在 $\mathbb{R}$ 中具有紧支撑集的 $C_0^{(\infty)}(\mathbb{R})$ 类函数空间 $\mathcal{D}(\mathbb{R})$ 中的线性连续泛函).

可以认为任何局部可积函数 f 是空间 $\mathcal{D}'(\mathbb{R})$ 的元素 ($\mathcal{D}'(\mathbb{R})$ 中的正则广义函数)，它在函数 $\varphi \in C_0^{(\infty)}(\mathbb{R}, \mathbb{C})$ 上的作用由 $f(\varphi) = \int_{\mathbb{R}} f(x) \varphi(x) \, dx$ 给出. 用标准方式定义 $\mathcal{D}'(\mathbb{R})$ 中的收敛性：

$$\left(\lim_{n \to \infty} F_n = F\right) := \forall \varphi \in \mathcal{D}(\mathbb{R}) \left(\lim_{n \to \infty} F_n(\varphi) = F(\varphi)\right).$$

请证明：等式 $\frac{1}{2\pi} \sum_{-\infty}^{\infty} e^{ikx} = \sum_{-\infty}^{\infty} \delta(x - 2k\pi)$ 在 $\mathcal{D}'(\mathbb{R})$ 中的收敛性的意义下成立. 这时应当认为，该等式两边的求和式表示当 $n \to \infty$ 时取对称部分和 $\sum_{-n}^{n}$ 的极限，而 $\delta(x - x_0)$ 依然表示空间 $\mathcal{D}'(\mathbb{R})$ 中的移动到点 x_0 的 δ 函数，即 $\delta(x - x_0)(\varphi) = \varphi(x_0)$.

§3. 傅里叶变换

1. 函数的傅里叶积分表达式

a. 函数的谱和调和分析. 设 $f(t)$ 是以 T 为周期的函数，例如频率为 $1/T$ 的周期信号，并认为函数 f 在一个周期上绝对可积. 把 f 展开为傅里叶级数 (我们知

道, 傅里叶级数在 f 充分正则时收敛到 f) 并加以变换:

$$f(t) = \frac{a_0(f)}{2} + \sum_{k=1}^{\infty}(a_k(f)\cos k\omega_0 t + b_k(f)\sin k\omega_0 t)$$

$$= \sum_{-\infty}^{\infty} c_k(f)e^{ik\omega_0 t} = c_0 + 2\sum_{k=1}^{\infty}|c_k|\cos(k\omega_0 t + \arg c_k), \tag{1}$$

我们就把 f 表示为常数项与各余弦分量之和的形式, 其中常数项 $a_0/2 = c_0$ 是 f 在一个周期上的平均值, 余弦分量的频率是 $\nu_0 = 1/T$ (基频), $2\nu_0$ (第二调和频率), 等等. 一般地, 信号 $f(t)$ 的第 k 个调和分量 $2|c_k|\cos(2\pi kt/T + \arg c_k)$ 具有频率 $k\nu_0 = k/T$, 圆频率 $k\omega_0 = 2\pi k\nu_0 = 2\pi k/T$, 振幅 $2|c_k| = \sqrt{a_k^2 + b_k^2}$ 和相位 $\arg c_k = -\arctan(b_k/a_k)$.

把周期函数 (信号) 分解为简单的调和分量 (简谐振动, 谐波) 之和称为函数 f 的调和分析. 数集 $\{c_k(f); k \in \mathbb{Z}\}$ 或 $\{a_0(f), a_k(f), b_k(f); k \in \mathbb{N}\}$ 称为函数 (信号) f 的谱. 因此, 周期函数具有离散的谱.

我们来大致考虑一下 (在启发性层面上) 展开式 (1) 在信号 f 的周期 T 无限增加时的变化.

为了书写简洁, 取 $l = T/2$, $\alpha_k = \pi k/l$, 并把展开式 $f(t) = \sum_{-\infty}^{\infty} c_k e^{ik\pi t/l}$ 改写为

$$f(t) = \sum_{-\infty}^{\infty} \left(c_k \frac{l}{\pi}\right) e^{ik\frac{\pi}{l}t} \frac{\pi}{l}, \tag{2}$$

其中

$$c_k = \frac{1}{2l}\int_{-l}^{l} f(t)e^{-i\alpha_k t}dt,$$

即

$$c_k\frac{l}{\pi} = \frac{1}{2\pi}\int_{-l}^{l} f(t)e^{-i\alpha_k t}dt.$$

我们认为, 在 $l \to +\infty$ 时取极限后得到 $\mathbb{R}$ 中的任意绝对可积函数 f, 然后引入辅助函数

$$c(\alpha) = \frac{1}{2\pi}\int_{-\infty}^{\infty} f(t)e^{-i\alpha t}dt, \tag{3}$$

它在点 $\alpha = \alpha_k$ 的值与公式 (2) 中的量 $c_k l/\pi$ 相差很小. 在这种情况下,

$$f(t) \approx \sum_{-\infty}^{\infty} c(\alpha_k)e^{i\alpha_k t}\frac{\pi}{l}, \tag{4}$$

其中 $\alpha_k = k\pi/l$, $\alpha_{k+1} - \alpha_k = \pi/l$. 最后的和相当于一个积分和, 当 $l \to \infty$ 时取相应的无限变细的分割, 就得到

$$f(t) = \int_{-\infty}^{\infty} c(\alpha)e^{i\alpha t}d\alpha. \tag{5}$$

于是, 我们按照傅里叶的做法, 把函数 f 分解成了具有不同频率和相位的谐波的连续统式线性组合.

积分 (5) 在下面称为傅里叶积分, 它在连续统的意义下等价于傅里叶级数. 积分中的函数 $c(\alpha)$ 类似于傅里叶系数, 称为函数 f 的傅里叶变换 (定义在整个数轴 $\mathbb{R}$ 上). 傅里叶变换公式 (3) 完全等价于傅里叶系数公式. 自然认为函数 $c(\alpha)$ 是函数 (信号) f 的谱. 与前面研究过的周期信号 f 的离散谱 (表现为傅里叶系数的形式) 不同, 任意信号的谱 $c(\alpha)$ 可以在整个区间甚至整条直线上不等于零 (连续谱).

例 1. 设一个函数具有有限的谱

$$c(\alpha) = \begin{cases} h, & |\alpha| \leqslant a, \\ 0, & |\alpha| > a, \end{cases} \tag{6}$$

请求出这个函数.

◀ 根据公式 (5), 当 $t \neq 0$ 时, 我们求出

$$f(t) = \int_{-a}^{a} h e^{i\alpha t} d\alpha = h \frac{e^{iat} - e^{-iat}}{it} = 2h \frac{\sin at}{t}, \tag{7}$$

而当 $t = 0$ 时得到 $f(0) = 2ha$, 它等于 $2h \cdot \dfrac{\sin at}{t}$ 在 $t \to 0$ 时的极限. ▶

函数的形如 (5) 的表达式称为函数的傅里叶积分表达式. 我们将在下面讨论这种表达式成立的条件, 而现在再考虑一个例子.

例 2. 设仪器 P 是信号的线性转换器 (即 $P\left(\sum\limits_{j} a_j f_j\right) = \sum\limits_{j} a_j P(f_j)$), 并且保持信号周期不变 (即 $P(e^{i\omega t}) = p(\omega) e^{i\omega t}$, 其中系数 $p(\omega)$ 依赖于周期信号 $e^{i\omega t}$ 的频率).

我们使用紧凑的复形式记号, 当然也可以用函数 $\cos \omega t$ 和 $\sin \omega t$ 全部改写.

函数 $p(\omega) =: R(\omega) e^{i\varphi(\omega)}$ 称为仪器 P 的谱特征, 它的模 $R(\omega)$ 通常称为仪器的频率特征, 而辐角 $\varphi(\omega)$ 称为仪器的相位特征. 输入信号 $e^{i\omega t}$ 通过仪器后变为输出信号 $R(\omega) e^{i(\omega t + \varphi(\omega))}$, 其振幅变为因子 $R(\omega)$, 而相位移动了 $\varphi(\omega)$.

假设仪器 P 的谱特征 $p(\omega)$ 和输入信号 $f(t)$ 是已知的, 需要知道仪器的输出信号 $x(t) = P(f)(t)$.

把信号 f 表示为傅里叶积分 (5) 的形式并利用仪器 P 和积分的线性性质, 我们得到

$$x(t) = P(f)(t) = \int_{-\infty}^{\infty} c(\omega) p(\omega) e^{i\omega t} d\omega.$$

特别地, 如果

$$p(\omega) = \begin{cases} 1, & |\omega| \leqslant \Omega, \\ 0, & |\omega| > \Omega, \end{cases} \tag{8}$$

则
$$x(t) = \int_{-\Omega}^{\Omega} c(\omega) e^{i\omega t} d\omega,$$

并且从仪器的谱特征的定义可以看出,
$$P(e^{i\omega t}) = \begin{cases} e^{i\omega t}, & |\omega| \leqslant \Omega, \\ 0, & |\omega| > \Omega. \end{cases}$$

具有谱特征 (8) 的仪器 P 能使频率不超过 Ω 的信号通过 (滤过) 而不发生频率畸变, 但会剔除信号的全部高频部分 (频率大于 Ω 的部分). 因此, 这样的仪器在无线电技术中称为 (截止频率为 Ω 的) 理想低通滤波器.

现在转入问题的数学方面, 以便仔细考虑这里产生的概念.

b. 傅里叶变换的定义和傅里叶积分. 我们按照公式 (3) 和 (5) 引入以下定义.

定义 1. 函数
$$\mathcal{F}[f](\xi) := \frac{1}{2\pi} \int_{-\infty}^{\infty} f(x) e^{-i\xi x} dx \tag{9}$$

称为函数 $f: \mathbb{R} \to \mathbb{C}$ 的傅里叶变换.

我们把这里的积分理解为主值意义下的积分:
$$\int_{-\infty}^{\infty} f(x) e^{-i\xi x} dx := \lim_{A \to +\infty} \int_{-A}^{A} f(x) e^{-i\xi x} dx,$$

并且认为它是存在的.

如果 $f: \mathbb{R} \to \mathbb{C}$ 是 $\mathbb{R}$ 上的绝对可积函数, 则因为 $|f(x) e^{-ix\xi}| = |f(x)|$ 当 $x, \xi \in \mathbb{R}$ 时成立, 所以傅里叶变换 (9) 对于任何这样的函数都是有意义的, 并且积分 (9) 关于 ξ 在整条数轴 $\mathbb{R}$ 上既绝对收敛, 也一致收敛.

定义 2. 如果 $c(\xi) = \mathcal{F}[f](\xi)$ 是函数 $f: \mathbb{R} \to \mathbb{C}$ 的傅里叶变换, 则与 f 相对应的主值意义下的积分
$$f(x) \sim \int_{-\infty}^{\infty} c(\xi) e^{ix\xi} d\xi \tag{10}$$

称为函数 f 的傅里叶积分.

因此, 周期函数的傅里叶系数和傅里叶级数分别相当于傅里叶变换和傅里叶积分的离散情形.

定义 3. 主值意义下的积分
$$\mathcal{F}_c[f](\xi) := \frac{1}{\pi} \int_{-\infty}^{\infty} f(x) \cos \xi x \, dx, \tag{11}$$

$$\mathcal{F}_s[f](\xi) := \frac{1}{\pi} \int_{-\infty}^{\infty} f(x) \sin \xi x \, dx \tag{12}$$

分别称为函数 f 的傅里叶余弦变换和傅里叶正弦变换.

取 $c(\xi) = \mathcal{F}[f](\xi)$, $a(\xi) = \mathcal{F}_c[f](\xi)$, $b(\xi) = \mathcal{F}_s[f](\xi)$, 我们得到在考虑傅里叶级数时已经有所了解的关系式

$$c(\xi) = \frac{1}{2}(a(\xi) - ib(\xi)). \tag{13}$$

从关系 (11), (12) 可以看出,

$$a(-\xi) = a(\xi), \quad b(-\xi) = -b(\xi). \tag{14}$$

公式 (13), (14) 表明, 如果傅里叶变换对于自变量的非负值是已知的, 则它在整条数轴 $\mathbb{R}$ 上是完全确定的.

从物理观点看, 这是完全自然的结果, 因为信号的谱对于频率 $\omega \geqslant 0$ 应当是已知的, 而 (3) 和 (5) 中的负频率 α 是书写形式的结果. 其实,

$$\int_{-A}^{A} c(\xi)e^{ix\xi}d\xi = \left(\int_{-A}^{0} + \int_{0}^{A}\right) c(\xi)e^{ix\xi}d\xi$$
$$= \int_{0}^{A}(c(\xi)e^{ix\xi} + c(-\xi)e^{-ix\xi})d\xi = \int_{0}^{A}(a(\xi)\cos x\xi + b(\xi)\sin x\xi)d\xi,$$

所以傅里叶积分 (10) 可以表示为

$$\int_{0}^{\infty}(a(\xi)\cos x\xi + b(\xi)\sin x\xi)d\xi \tag{10'}$$

的形式, 它与傅里叶级数的经典写法完全相当.

如果函数 f 是实值的, 则从公式 (13), (14) 推出

$$c(-\xi) = \overline{c(\xi)}, \tag{15}$$

因为从定义 (11), (12) 可以看出, $a(\xi)$ 和 $b(\xi)$ 在这种情况下是 $\mathbb{R}$ 上的实函数. 顺便指出, 在条件 $\overline{f(x)} = f(x)$ 下, 从傅里叶变换的定义 (9) 也可以直接得到等式 (15), 这时只要注意到共轭号可以放到积分号下即可. 这个结果使我们可以断定, 等式

$$\mathcal{F}[\bar{f}](-\xi) = \overline{\mathcal{F}[f](\xi)} \tag{16}$$

对于任何函数 $f: \mathbb{R} \to \mathbb{C}$ 都成立.

还值得指出, 如果 f 是实值偶函数, 即 $\overline{f(x)} = f(x) = f(-x)$, 则

$$\overline{\mathcal{F}_c[f](\xi)} = \mathcal{F}_c[f](\xi), \quad \mathcal{F}_s[f](\xi) \equiv 0, \quad \overline{\mathcal{F}[f](\xi)} = \mathcal{F}[f](\xi) = \mathcal{F}[f](-\xi); \tag{17}$$

如果 f 是实值奇函数, 即 $\overline{f(x)} = f(x) = -f(-x)$, 则

$$\mathcal{F}_c[f](\xi) \equiv 0, \quad \overline{\mathcal{F}_s[f](\xi)} = \mathcal{F}_s[f](\xi), \quad \overline{\mathcal{F}[f](\xi)} = -\mathcal{F}[f](\xi) = \mathcal{F}[f](-\xi); \tag{18}$$

而如果 f 是纯虚的函数, 即 $\overline{f(x)} = -f(x)$, 则
$$\mathcal{F}[f](-\xi) = -\overline{\mathcal{F}[f](\xi)}. \tag{19}$$

我们指出, 如果 f 是实函数, 则它的傅里叶积分 (10′) 也可以写为
$$\int_0^\infty \sqrt{a^2(\xi) + b^2(\xi)} \cos(x\xi + \varphi(\xi)) d\xi = 2\int_0^\infty |c(\xi)|\cos(x\xi + \varphi(\xi))d\xi$$

的形式, 其中 $\varphi(\xi) = -\arctan\dfrac{b(\xi)}{a(\xi)} = \arg c(\xi)$.

例 3. 求函数 $f(t) = \dfrac{\sin at}{t}$ (认为 $f(0) = a \in \mathbb{R}$) 的傅里叶变换.

$$\begin{aligned}
\mathcal{F}[f](\alpha) &= \lim_{A\to+\infty} \frac{1}{2\pi}\int_{-A}^A \frac{\sin at}{t}e^{-i\alpha t}dt = \lim_{A\to+\infty}\frac{1}{2\pi}\int_{-A}^A \frac{\sin at \cos \alpha t}{t}dt \\
&= \frac{2}{2\pi}\int_0^{+\infty} \frac{\sin at \cos \alpha t}{t}dt = \frac{1}{2\pi}\int_0^{+\infty}\left(\frac{\sin(a+\alpha)t}{t} + \frac{\sin(a-\alpha)t}{t}\right)dt \\
&= \frac{1}{2\pi}(\operatorname{sgn}(a+\alpha) + \operatorname{sgn}(a-\alpha))\int_0^\infty \frac{\sin u}{u}du = \begin{cases} \dfrac{1}{2}\operatorname{sgn} a, & |\alpha| < |a|, \\ \dfrac{1}{4}\operatorname{sgn} a, & |\alpha| = |a|, \\ 0, & |\alpha| > |a|, \end{cases}
\end{aligned}$$

因为我们知道狄利克雷积分的值
$$\int_0^\infty \frac{\sin u}{u}du = \frac{\pi}{2}. \tag{20}$$

因此, 如果认为 $a \geqslant 0$ 并取等式 (7) 中的函数 $f(t) = 2h\dfrac{\sin at}{t}$, 则我们如愿得到由关系式 (6) 给出的这个函数的谱, 它是这个函数的傅里叶变换.

在例 3 中考虑的函数 f 不是 $\mathbb{R}$ 上的绝对可积函数, 其傅里叶变换有间断. 下边的引理告诉我们, 绝对可积函数的傅里叶变换没有间断.

引理 1. 如果函数 $f: \mathbb{R} \to \mathbb{C}$ 在 $\mathbb{R}$ 上局部可积并且绝对可积, 则

a) 它的傅里叶变换 $\mathcal{F}[f](\xi)$ 对于任何值 $\xi \in \mathbb{R}$ 都有定义;

b) $\mathcal{F}[f] \in C(\mathbb{R}, \mathbb{C})$;

c) $\sup\limits_\xi |\mathcal{F}[f](\xi)| \leqslant \dfrac{1}{2\pi}\int_{-\infty}^\infty |f(x)|\,dx$;

d) 当 $\xi \to \infty$ 时, $\mathcal{F}[f](\xi) \to 0$.

◀ 我们已经指出过, $|f(x)e^{-ix\xi}| \leqslant |f(x)|$. 由此可知, 积分 (9) 关于 $\xi \in \mathbb{R}$ 绝对收敛并且一致收敛. 这同时证明了引理的结论 a) 和 c).

结论 d) 得自黎曼引理 (见 §2).

对于固定的有限的 $A \geqslant 0$, 估计式

$$\left|\int_{-A}^{A} f(x)(e^{-ix(\xi+h)} - e^{-ix\xi})\,dx\right| \leqslant \sup_{|x|\leqslant A}|e^{-ixh} - 1|\int_{-A}^{A}|f(x)|\,dx$$

证明了, 积分 $\dfrac{1}{2\pi}\int_{-A}^{A} f(x)e^{-ix\xi}dx$ 关于 ξ 连续. 它当 $A \to +\infty$ 时一致收敛, 这使我们可以断定 $\mathcal{F}[f] \in C(\mathbb{R}, \mathbb{C})$. ▶

例 4. 求函数 $f(t) = e^{-t^2/2}$ 的傅里叶变换

$$\mathcal{F}[f](\alpha) = \frac{1}{2\pi}\int_{-\infty}^{+\infty} e^{-t^2/2}e^{-i\alpha t}dt = \frac{1}{2\pi}\int_{-\infty}^{+\infty} e^{-t^2/2}\cos\alpha t\,dt.$$

求这个积分对参变量 α 的导数, 然后用分部积分法求出

$$\frac{d\mathcal{F}[f]}{d\alpha}(\alpha) + \alpha\mathcal{F}[f](\alpha) = 0, \quad 即 \quad \frac{d}{d\alpha}\ln\mathcal{F}[f](\alpha) = -\alpha.$$

因此, $\mathcal{F}[f](\alpha) = ce^{-\alpha^2/2}$, 其中 c 是一个常数. 利用欧拉–泊松积分 (见第十七章 §2 例 17), 可以从以下关系式求出这个常数:

$$c = \mathcal{F}[f](0) = \frac{1}{2\pi}\int_{-\infty}^{+\infty} e^{-t^2/2}dt = \frac{1}{\sqrt{2\pi}}.$$

于是, 我们求出 $\mathcal{F}[f](\alpha) = e^{-\alpha^2/2}/\sqrt{2\pi}$, 同时还证明了 $\mathcal{F}_c[f](\alpha) = e^{-\alpha^2/2}/\sqrt{2\pi}$, $\mathcal{F}_s[f](\alpha) \equiv 0$.

c. 规范傅里叶变换. 傅里叶变换(3)和傅里叶积分(5)在连续统意义下自然相当于周期函数 f 关于三角函数系 $\{e^{ikx}; k \in \mathbb{Z}\}$ 的傅里叶系数 $c_k = \dfrac{1}{2\pi}\int_{-\pi}^{\pi} f(x)e^{-ikx}dx$ 和傅里叶级数 $\sum_{-\infty}^{\infty} c_k e^{ikx}$. 该函数系不是规范正交的, 但用它写出的傅里叶三角级数很简单, 所以在传统上考虑这个函数系, 而不考虑远比它自然的规范正交函数系 $\left\{\dfrac{1}{\sqrt{2\pi}}e^{ikx}; k \in \mathbb{Z}\right\}$. 在这个规范正交函数系中, 傅里叶级数的形式为 $\sum_{-\infty}^{\infty}\hat{c}_k\dfrac{1}{\sqrt{2\pi}}e^{ikx}$, 而傅里叶系数由公式 $\hat{c}_k = \dfrac{1}{\sqrt{2\pi}}\int_{-\pi}^{\pi} f(x)e^{-ikx}dx$ 确定.

傅里叶变换

$$\hat{f}(\xi) := \frac{1}{\sqrt{2\pi}}\int_{-\infty}^{\infty} f(x)e^{-i\xi x}dx \tag{21}$$

和傅里叶积分

$$f(x) = \frac{1}{\sqrt{2\pi}}\int_{-\infty}^{\infty} \hat{f}(\xi)e^{ix\xi}d\xi \tag{22}$$

自然就是连续统情形下的傅里叶系数和傅里叶级数, 它们与前面考虑的傅里叶变换和傅里叶积分只相差一个规范因子.

在对称的公式 (21), (22) 中, 傅里叶 "系数" 和傅里叶 "级数" 其实联系在一起, 所以今后我们在本质上只关心积分变换 (21) 的性质. 这个积分变换称为函数 f 的

规范傅里叶变换, 在不引起混淆的情况下也简称为函数 f 的傅里叶变换.

一般地, 按照以下公式作用在函数 f 上的算子 A 称为积分算子或积分变换:
$$A(f)(y) = \int_X K(x,y) f(x)\, dx,$$
其中 $K(x,y)$ 是给定的函数, 称为积分算子的核, 集合 $X \subset \mathbb{R}^n$ 是积分域, 被积函数在该集合上是确定的. 因为 y 是某集合 Y 中的自由参数, 所以 $A(f)$ 是集合 Y 上的函数.

在数学中有一系列重要的积分变换, 傅里叶变换是其中最为关键的变换之一, 因为变换 (21) 具有一些绝妙的性质, 相关研究源远流长. 在本节剩余的部分, 我们将在某种程度上描述并展示这些性质.

于是, 我们考虑规范傅里叶变换 (21).

在用 $\hat{f}$ 表示规范傅里叶变换的同时, 再引入记号
$$\tilde{f}(\xi) := \frac{1}{\sqrt{2\pi}} \int_{-\infty}^{\infty} f(x) e^{i\xi x} dx, \quad \text{即} \quad \tilde{f}(\xi) = \hat{f}(-\xi). \tag{23}$$

公式 (21), (22) 说明,
$$\tilde{\hat{f}} = \hat{\tilde{f}} = f, \tag{24}$$
即积分变换 (21), (22) 是互逆的. 因此, 如果 (21) 是傅里叶变换, 则积分算子 (23) 自然称为傅里叶逆变换.

下面将详细讨论和证明傅里叶变换的一些绝妙性质, 例如
$$\widehat{f^{(n)}}(\xi) = (i\xi)^n \hat{f}(\xi), \quad \widehat{f * g} = \sqrt{2\pi} \hat{f} \cdot \hat{g}, \quad \|\hat{f}\| = \|f\|.$$

即傅里叶变换把微分运算转换为与自变量的乘法运算, 两个函数的卷积的傅里叶变换化为它们的傅里叶变换的乘法运算, 傅里叶变换保持范数不变 (帕塞瓦尔等式), 因而是相应函数空间的等距变换.

关于傅里叶变换的另一种方便的规范化方法, 可以参考习题 10.

d. 函数能表示为傅里叶积分的充分条件. 我们现在证明一个定理, 其形式和内容完全类似于傅里叶三角级数在一个点的收敛性定理. 为了最大限度地保持已有公式和变换的形式, 我们在这一部分使用非规范的傅里叶变换 $c(\xi)$ 以及有些繁琐但有时很方便的记号 $\mathcal{F}[f](\xi)$. 以后在研究傅里叶积分变换时, 通常还是利用函数 f 的规范傅里叶变换 $\hat{f}$.

定理 1 (傅里叶积分在一个点的收敛性定理). 设 $f: \mathbb{R} \to \mathbb{C}$ 是在数轴 $\mathbb{R}$ 上绝对可积且在每一个有限闭区间上都分段连续的函数. 如果它在点 $x \in \mathbb{R}$ 满足迪尼条件, 则它的傅里叶积分 ((5), (10), (10′), (22)) 在该点收敛到值 $(f(x_-) + f(x_+))/2$, 即函数 f 在该点的左极限与右极限之和的一半.

◀ 根据引理 1, 函数 f 的傅里叶变换 $c(\xi) = \mathcal{F}[f](\xi)$ 在 $\mathbb{R}$ 上连续, 因而在任何闭区间 $[-A, A]$ 上可积. 与傅里叶级数部分和的变换类似, 我们现在按照以下方式变换傅里叶部分积分:

$$S_A(x) = \int_{-A}^{A} c(\xi) e^{ix\xi} d\xi = \int_{-A}^{A} \left(\frac{1}{2\pi} \int_{-\infty}^{\infty} f(t) e^{-it\xi} dt\right) e^{ix\xi} d\xi$$

$$= \frac{1}{2\pi} \int_{-\infty}^{\infty} f(t) \left(\int_{-A}^{A} e^{i(x-t)\xi} d\xi\right) dt = \frac{1}{2\pi} \int_{-\infty}^{\infty} f(t) \frac{e^{i(x-t)A} - e^{-i(x-t)A}}{i(x-t)} dt$$

$$= \frac{1}{\pi} \int_{-\infty}^{\infty} f(t) \frac{\sin(x-t)A}{x-t} dt = \frac{1}{\pi} \int_{-\infty}^{\infty} f(x+u) \frac{\sin Au}{u} du$$

$$= \frac{1}{\pi} \int_{0}^{\infty} (f(x-u) + f(x+u)) \frac{\sin Au}{u} du.$$

在第二步计算中改变积分顺序是合理的. 其实, 根据函数 f 的分段连续性, 对于任何有限的 $B > 0$, 等式

$$\int_{-A}^{A} \left(\frac{1}{2\pi} \int_{-B}^{B} f(t) e^{-it\xi} dt\right) e^{ix\xi} d\xi = \frac{1}{2\pi} \int_{-B}^{B} f(t) \left(\int_{-A}^{A} e^{i(x-t)\xi} d\xi\right) dt$$

成立. 当 $B \to +\infty$ 时, 利用积分 $\int_{-B}^{B} f(t) e^{-it\xi} dt$ 关于 ξ 的一致收敛性, 由此得到我们需要的等式.

现在应用狄利克雷积分的值 (20) 完成上述变换:

$$S_A(x) - \frac{f(x_-) + f(x_+)}{2} = \frac{1}{\pi} \int_{0}^{+\infty} \frac{(f(x-u) - f(x_-)) + (f(x+u) - f(x_+))}{u} \sin Au\, du.$$

我们来解释, 所得积分当 $A \to \infty$ 时趋于零, 从而完成定理的证明.

把这个积分表示为区间 $]0, 1]$ 上的积分与区间 $[1, +\infty[$ 上的积分之和的形式. 根据迪尼条件和黎曼引理, 第一个积分在 $A \to +\infty$ 时趋于零. 第二个积分等于与 $f(x-u)$, $f(x+u)$, $f(x_-)$, $f(x_+)$ 相应的四个积分之和. 对其中的前两个积分可以再次应用黎曼引理, 而后两个积分在不计常因子的情况下可以化为以下形式:

$$\int_{1}^{+\infty} \frac{\sin Au}{u} du = \int_{A}^{+\infty} \frac{\sin v}{v} dv.$$

它在 $A \to +\infty$ 时趋于零, 因为狄利克雷积分 (20) 收敛. ▶

附注 1. 在定理 1 的证明中, 我们其实研究了积分在主值意义下的收敛性. 但是, 如果对比傅里叶积分的写法 (10) 和 (10′), 则显然, 对积分 (10) 的收敛性的上述理解正好对应着积分 (10′) 的收敛性.

特别地，从上述定理得到以下推论.

推论 1. 设 $f:\mathbb{R}\to\mathbb{C}$ 是连续的绝对可积函数. 如果函数 f 在每一个点 $x\in\mathbb{R}$ 可微，或者具有有限的单侧导数，或者满足赫尔德条件，则它可以表示为自己的傅里叶积分.

于是，等式 (3) 和 (5)，或者 (21) 和 (22)，对于上述函数类中的函数成立，从而证明了，傅里叶逆变换公式对于这样的函数成立.

考虑一些例子.

例 5. 假设例 2 中的仪器 P 的输出信号 $v(t)=P(f)(t)$ 是已知的，我们想求出仪器 P 的输入信号 $f(t)$.

我们在例 2 中证明了，f 和 v 满足关系式

$$v(t)=\int_{-\infty}^{\infty}c(\omega)p(\omega)e^{i\omega t}d\omega,$$

其中 $c(\omega)=\mathcal{F}[f](\omega)$ 是信号 f 的谱 (函数 f 的非规范傅里叶变换)，而 p 是仪器 P 的谱特征. 认为所有这些函数都是充分正则的，我们根据已经被证明的结果断定

$$c(\omega)p(\omega)=\mathcal{F}[v](\omega),$$

从而求出 $c(\omega)=\mathcal{F}[f](\omega)$. 知道了 $c(\omega)$，就可以用傅里叶积分 (10) 求出信号 f.

例 6. 设 $a>0$,
$$f(x)=\begin{cases} e^{-ax}, & x>0, \\ 0, & x\leqslant 0, \end{cases}$$
则
$$\mathcal{F}[f](\xi)=\frac{1}{2\pi}\int_0^{+\infty}e^{-ax}e^{-ix\xi}dx=\frac{1}{2\pi}\cdot\frac{1}{a+i\xi}.$$

在讨论傅里叶变换的定义本身时，我们已经在 b 中指出了它的一系列明显的性质. 我们再指出，如果 $f_-(x):=f(-x)$，则 $\mathcal{F}[f_-](\xi)=\mathcal{F}[f](-\xi)$. 这是积分中的初等变量代换.

现在取函数 $e^{-a|x|}=f(x)+f(-x)=:\varphi(x)$，则

$$\mathcal{F}[\varphi](\xi)=\mathcal{F}[f](\xi)+\mathcal{F}[f](-\xi)=\frac{1}{\pi}\frac{a}{a^2+\xi^2}.$$

如果取函数 $\psi(x):=f(x)-f(-x)$，它是函数 e^{-ax} ($x>0$) 在整条数轴上的奇延拓，则

$$\mathcal{F}[\psi](\xi)=\mathcal{F}[f](\xi)-\mathcal{F}[f](-\xi)=-\frac{i}{\pi}\frac{\xi}{a^2+\xi^2}.$$

利用定理 1, 更准确地说, 利用它的推论, 我们得到

$$\frac{1}{2\pi}\int_{-\infty}^{+\infty}\frac{e^{ix\xi}}{a+i\xi}d\xi = \begin{cases} e^{-ax}, & x>0, \\ 1/2, & x=0, \\ 0, & x<0, \end{cases}$$

$$\frac{1}{\pi}\int_{-\infty}^{+\infty}\frac{ae^{ix\xi}}{a^2+\xi^2}d\xi = e^{-a|x|};$$

$$-\frac{i}{\pi}\int_{-\infty}^{+\infty}\frac{\xi e^{ix\xi}}{a^2+\xi^2}d\xi = \begin{cases} e^{-ax}, & x>0, \\ 0, & x=0, \\ -e^{ax}, & x<0. \end{cases}$$

这里所有的积分都应理解为主值意义下的积分, 虽然第二个积分也可以理解为通常的反常积分, 因为它绝对收敛.

在最后两个积分中分离实部和虚部, 我们得到已经遇到过的拉普拉斯积分[1]

$$\int_0^{+\infty}\frac{\cos x\xi}{a^2+\xi^2}d\xi = \frac{\pi}{2a}e^{-a|x|}, \qquad \int_0^{+\infty}\frac{\xi\sin x\xi}{a^2+\xi^2}d\xi = \frac{\pi}{2}e^{-a|x|}\operatorname{sgn} x.$$

例 7. 在例 4 的基础上 (利用初等的变量代换) 容易求出, 如果

$$f(x) = e^{-a^2x^2}, \quad \text{则} \quad \hat{f}(\xi) = \frac{1}{\sqrt{2}a}e^{-\xi^2/4a^2}.$$

对比观察函数 f 和 $\hat{f}$ 的图像在参数 a 从 $1/\sqrt{2}$ 逐渐变化到 0 时的演化大有裨益. 一个函数越 "陡峭", 另一个函数就越 "平缓". 这与量子力学的海森伯不确定原理密切相关 (见与此相关的习题 6, 7).

附注 2. 在讨论能否用傅里叶积分表示函数的问题的最后, 我们指出, 如例 1 和例 3 共同所述, 在定理 1 及其推论中提出的关于函数 f 的条件是能够这样表示的充分条件, 但不是必要条件.

2. 函数的微分性质和渐近性质与它的傅里叶变换之间的相互关系

a. 函数的光滑性与它的傅里叶变换的下降速度. 从黎曼引理已经可以推出, $\mathbb{R}$ 上的任何绝对可积函数的傅里叶变换在无穷远处趋于零. 我们在上述引理 1 中也已经指出了这个结果. 现在证明, 与傅里叶系数类似, 函数越光滑, 其傅里叶变换就越快趋于零. 与此相关的另一个结论是, 函数越快趋于零, 其傅里叶变换就越光滑.

我们从以下辅助命题开始.

引理 2. 设 $f:\mathbb{R}\to\mathbb{C}$ 是连续函数, 并且在 $\mathbb{R}$ 上有局部分段连续导数 f'.
a) 如果函数 f' 在 $\mathbb{R}$ 上可积, 则 $f(x)$ 当 $x\to-\infty$ 和 $x\to+\infty$ 时都有极限;
b) 如果函数 f 和 f' 在 $\mathbb{R}$ 上可积, 则当 $x\to\infty$ 时 $f(x)\to 0$.

---

[1] 见第 345 页例 5. 拉普拉斯积分的一般定义见第 502 页. ——译者

◀ 当 f, f' 满足上述限制时, 牛顿–莱布尼茨公式

$$f(x) = f(0) + \int_0^x f'(t)\,dt$$

成立. 在条件 a) 下, 该等式的右边在 $x \to +\infty$ 时有极限, 在 $x \to -\infty$ 时也有极限.

如果函数 f 在无穷远处有极限并且在 $\mathbb{R}$ 上可积, 则这两个极限显然应当等于零. ▶

现在证明一个命题.

命题 1 (函数的光滑性与它的傅里叶变换的下降速度之间的关系). 如果 $f \in C^{(k)}(\mathbb{R}, \mathbb{C})$ ($k = 0, 1, \cdots$), 并且所有的函数 $f, f', \cdots, f^{(k)}$ 都在 $\mathbb{R}$ 上绝对可积, 则

a) 对于任何 $n \in \{0, 1, \cdots, k\}$,

$$\widehat{f^{(n)}}(\xi) = (i\xi)^n \hat{f}(\xi); \tag{25}$$

b) 当 $\xi \to \infty$ 时, $\hat{f}(\xi) = o(1/\xi^k)$.

◀ 如果 $k = 0$, 则 a) 显然成立, 而 b) 得自黎曼引理.

设 $k > 0$. 根据引理 2, 当 $x \to \infty$ 时, 函数 $f, f', \cdots, f^{(k-1)}$ 趋于零. 利用这个结果完成分部积分:

$$\widehat{f^{(k)}}(\xi) := \frac{1}{\sqrt{2\pi}} \int_{-\infty}^{\infty} f^{(k)}(x) e^{-i\xi x} dx$$

$$= \frac{1}{\sqrt{2\pi}} \left(f^{(k-1)}(x) e^{-i\xi x} \Big|_{x=-\infty}^{+\infty} + (i\xi) \int_{-\infty}^{\infty} f^{(k-1)}(x) e^{-i\xi x} dx \right) = \cdots$$

$$= \frac{(i\xi)^k}{\sqrt{2\pi}} \int_{-\infty}^{\infty} f(x) e^{-i\xi x} dx = (i\xi)^k \hat{f}(\xi).$$

于是, 我们证明了等式 (25). 这是一个很重要的关系式, 我们还会单独讨论它.

我们证明了 $\hat{f}(\xi) = (i\xi)^{-k} \widehat{f^{(k)}}(\xi)$, 但是根据黎曼引理, 当 $\xi \to \infty$ 时 $\widehat{f^{(k)}}(\xi) \to 0$, 这也就证明了命题 b). ▶

b. 函数的下降速度与它的傅里叶变换的光滑性. 因为傅里叶变换与傅里叶逆变换几乎完全相同, 所以以下命题成立, 它是对命题 1 的补充.

命题 2 (函数的下降速度与它的傅里叶变换的光滑性之间的关系). 如果函数 $f : \mathbb{R} \to \mathbb{C}$ 局部可积, 并且函数 $x^k f(x)$ 在 $\mathbb{R}$ 上绝对可积, 则

a) 函数 f 的傅里叶变换属于函数类 $C^{(k)}(\mathbb{R}, \mathbb{C})$;

b) 以下等式成立:

$$\hat{f}^{(k)}(\xi) = (-i)^k \widehat{x^k f(x)}(\xi). \tag{26}$$

◀ 对于 $k=0$, 关系式 (26) 显然成立, 并且在引理 1 中已经证明了 $\hat{f}(\xi)$ 的连续性. 如果 $k>0$, 则当 $n<k$ 时, 估计式 $|x^n f(x)| \leqslant |x^k f(x)|$ 在无穷远处成立, 所以函数 $x^n f(x)$ 绝对可积. 但是, $|x^n f(x) e^{-i\xi x}| \leqslant |x^n f(x)|$, 这使我们能够利用相应积分关于参数 ξ 的一致收敛性在积分中完成逐次微分运算:

$$\hat{f}(\xi) = \frac{1}{\sqrt{2\pi}} \int_{-\infty}^{\infty} f(x) e^{-i\xi x} dx,$$

$$\hat{f}'(\xi) = \frac{-i}{\sqrt{2\pi}} \int_{-\infty}^{\infty} x f(x) e^{-i\xi x} dx,$$

$$\vdots$$

$$\hat{f}^{(k)}(\xi) = \frac{(-i)^k}{\sqrt{2\pi}} \int_{-\infty}^{\infty} x^k f(x) e^{-i\xi x} dx.$$

根据引理 1, 最后的积分在整条数轴上是关于 ξ 的连续函数, $\hat{f} \in C^{(k)}(\mathbb{R}, \mathbb{C})$ 因而确实成立. ▶

c. 速降函数空间

定义 4. 用记号 $\mathcal{S}(\mathbb{R}, \mathbb{C})$ 或更简洁的记号 $\mathcal{S}$ 表示对于任意非负整数 α, β 都满足条件

$$\sup_{x \in \mathbb{R}} |x^\beta f^{(\alpha)}(x)| < \infty$$

的一切函数 $f \in C^{(\infty)}(\mathbb{R}, \mathbb{C})$ 的集合. 这样的函数称为 (当 $x \to \infty$ 时的) **速降函数**.

速降函数集显然构成关于标准的函数加法和函数与复数的乘法的线性空间.

例 8. 函数 e^{-x^2} 属于 $\mathcal{S}$. 此外, 例如, 所有具有紧支撑集的 $C_0^{(\infty)}(\mathbb{R}, \mathbb{C})$ 类函数都属于 $\mathcal{S}$.

引理 3. 傅里叶变换在 $\mathcal{S}$ 上的限制是 $\mathcal{S}$ 作为线性空间的自同构.

◀ 我们来验证 $(f \in \mathcal{S}) \Rightarrow (\hat{f} \in \mathcal{S})$.

为此, 我们首先指出, 根据命题 2a), $\hat{f} \in C^{(\infty)}(\mathbb{R}, \mathbb{C})$.

我们再指出, 与 x^α $(\alpha \geqslant 0)$ 的乘法运算和微分运算 D 在速降函数类中的运算结果仍然属于速降函数类. 因此, 对于任何非负整数 α 和 β, 从 $f \in \mathcal{S}$ 可知, 函数 $D^\beta(x^\alpha f(x))$ 属于空间 $\mathcal{S}$. 根据黎曼引理, 它的傅里叶变换在无穷远处趋于零. 但是, 根据公式 (25), (26),

$$\widehat{D^\beta(x^\alpha f(x))}(\xi) = i^{\alpha+\beta} \xi^\beta \hat{f}^{(\alpha)}(\xi).$$

因此, 我们证明了, 当 $\xi \to \infty$ 时, $\xi^\beta \hat{f}^{(\alpha)}(\xi) \to 0$, 即 $\hat{f} \in \mathcal{S}$.

现在证明 $\hat{\mathcal{S}} = \mathcal{S}$, 即傅里叶变换把 $\mathcal{S}$ 映射到整个集合 $\mathcal{S}$ 上.

我们记得, 傅里叶变换与傅里叶逆变换满足一个简单的关系式 $\hat{f}(\xi) = \tilde{f}(-\xi)$. 改变函数自变量的符号显然是把集合 $\mathcal{S}$ 变为自身的运算. 因此, 傅里叶逆变换也把空间 $\mathcal{S}$ 变为自身.

最后, 如果 f 是 $\mathcal{S}$ 中的任意函数, 则根据已经证明的结果, $\varphi = \tilde{f} \in \mathcal{S}$, 再利用逆变换公式 (24), 就得到 $f = \hat{\varphi}$.

傅里叶变换显然是线性的, 所以我们现在完全证明了引理 3. ▶

3. 傅里叶变换的最重要的运算性质

a. 一些定义、记号和实例. 我们在上面相当详细地研究了定义在实数轴上的函数 $f : \mathbb{R} \to \mathbb{C}$ 的傅里叶变换. 特别地, 我们阐明了函数本身的正则性与它的傅里叶变换的相应性质之间的关系. 现在, 既然在原则上已经解决了这个问题, 我们将只考虑充分正则函数的傅里叶变换, 以便在没有技术困难的情况下集中叙述傅里叶变换的基本运算性质. 此外, 除了一维情况, 我们还考虑高维傅里叶变换, 并用实际上独立于上述内容的方法推导高维傅里叶变换的基本性质.

只关心一维情况的读者可以在下面认为 $n = 1$.

定义 5. 设 $f : \mathbb{R}^n \to \mathbb{C}$ 是 $\mathbb{R}^n$ 中的局部可积函数. 函数

$$\hat{f}(\xi) := \frac{1}{(2\pi)^{n/2}} \int_{\mathbb{R}^n} f(x) e^{-i(\xi, x)} dx \tag{27}$$

称为函数 f 的傅里叶变换.

在这个定义中, $x = (x_1, \cdots, x_n)$, $\xi = (\xi_1, \cdots, \xi_n)$, $(\xi, x) = \xi_1 x_1 + \cdots + \xi_n x_n$, 并且认为积分在主值意义下收敛:

$$\int_{\mathbb{R}^n} \varphi(x_1, \cdots, x_n) \, dx_1 \cdots dx_n := \lim_{A \to +\infty} \int_{-A}^{A} \cdots \int_{-A}^{A} \varphi(x_1, \cdots, x_n) \, dx_1 \cdots dx_n.$$

在这种情况下, 可以认为高维傅里叶变换 (27) 是对每一个变量 $x_1, \cdots, x_n$ 分别进行的 n 个一维傅里叶变换.

于是, 当函数 f 绝对可积时, 如何理解积分 (27) 的问题根本不会出现.

设 $\alpha = (\alpha_1, \cdots, \alpha_n)$ 和 $\beta = (\beta_1, \cdots, \beta_n)$ 是由非负整数 α_j, β_j $(j = 1, \cdots, n)$ 组成的多重指标, D^α 依旧表示 $|\alpha| := \alpha_1 + \cdots + \alpha_n$ 阶微分算子 $\dfrac{\partial^{|\alpha|}}{\partial x_1^{\alpha_1} \cdots \partial x_n^{\alpha_n}}$, 而 $x^\beta := x_1^{\beta_1} \cdots x_n^{\beta_n}$.

定义 6. 用记号 $\mathcal{S}(\mathbb{R}^n, \mathbb{C})$ 或 $\mathcal{S}$ (在不引起混淆时) 表示对于任意非负多重指标 α, β 都满足条件

$$\sup_{x \in \mathbb{R}^n} |x^\beta D^\alpha f(x)| < \infty$$

的一切函数 $f \in C^{(\infty)}(\mathbb{R}^n, \mathbb{C})$ 的集合. 这样的函数称为 (当 $x \to \infty$ 时的) 速降函数.

具有函数加法和函数与复数的乘法这两种代数运算的集合 $\mathcal{S}$ 显然是线性空间.

例 9. 函数 $e^{-|x|^2}$, 其中 $|x|^2 = x_1^2 + \cdots + x_n^2$, 以及具有紧支撑集的无穷次可微函数类 $C_0^{(\infty)}(\mathbb{R}^n, \mathbb{C})$ 中的一切函数都属于 $\mathcal{S}$.

如果 $f \in \mathcal{S}$, 则关系式 (27) 中的积分在整个空间 $\mathbb{R}^n$ 中显然不但绝对收敛, 而且关于 ξ 一致收敛. 此外, 如果 $f \in \mathcal{S}$, 则按照标准微分法则可以对这个积分关于 $\xi_1, \cdots, \xi_n$ 中的任何变量进行任意次微分运算. 因此, 如果 $f \in \mathcal{S}$, 则 $\hat{f} \in C^{(\infty)}(\mathbb{R}^n, \mathbb{C})$.

例 10. 求函数 $\exp(-|x|^2/2)$ 的傅里叶变换.

当计算速降函数的积分时, 显然可以利用富比尼定理, 并且在需要时可以毫不迟疑地改变反常积分的顺序.

在所给情况下, 利用富比尼定理和例 4, 我们求出

$$\frac{1}{(2\pi)^{n/2}} \int_{\mathbb{R}^n} e^{-|x|^2/2} \cdot e^{-i(\xi,x)} dx = \prod_{j=1}^n \frac{1}{\sqrt{2\pi}} \int_{-\infty}^{\infty} e^{-x_j^2/2} e^{-i\xi_j x_j} dx_j$$

$$= \prod_{j=1}^n e^{-\xi_j^2/2} = e^{-|\xi|^2/2}.$$

现在, 我们列出并证明傅里叶变换的基本运算性质, 而为了避免技术困难, 我们只考虑 $\mathcal{S}$ 类函数的傅里叶变换. 这大致相当于先学习有理数的运算, 而不立即考虑整个空间 $\mathbb{R}$. 完备化过程是同样的. 可以参考习题 5 了解相关内容.

b. 线性性质. 傅里叶变换显然是线性的, 因为积分是线性的.

c. 微分算子与傅里叶变换的相互关系. 以下公式成立:

$$\widehat{D^\alpha f}(\xi) = (i)^{|\alpha|} \xi^\alpha \hat{f}(\xi), \tag{28}$$

$$\widehat{(x^\alpha f(x))}(\xi) = (i)^{|\alpha|} D^\alpha \hat{f}(\xi). \tag{29}$$

◄ 类似于公式 (25) 的情形, 利用分部积分可以得到第一个公式 (当然, 如果讨论 $n > 1$ 维空间 $\mathbb{R}^n$, 首先需要应用富比尼定理).

通过直接完成积分 (27) 对参数 $\xi_1, \cdots, \xi_n$ 的微分运算可以得到公式 (29), 它是关系式 (26) 的推广. ▶

附注 3. 利用显然的估计

$$|\hat{f}(\xi)| \leqslant \frac{1}{(2\pi)^{n/2}} \int_{\mathbb{R}^n} |f(x)| dx < +\infty,$$

从等式 (28) 推出, 对任何函数 $f \in \mathcal{S}$, 当 $\xi \to \infty$ 时, $\hat{f}(\xi) \to 0$, 因为 $D^\alpha f \in \mathcal{S}$.

此外, 同时利用公式 (28), (29), 可以写出

$$\widehat{D^\beta(x^\alpha f(x))}(\xi) = (i)^{|\alpha|+|\beta|} \xi^\beta D^\alpha \hat{f}(\xi).$$

由此可知, 如果 $f \in \mathcal{S}$, 则对于任何非负多重指标 α 和 β, 在 $\mathbb{R}^n$ 中当 $\xi \to \infty$ 时, 我们有 $\xi^\beta D^\alpha \hat{f}(\xi) \to 0$. 于是, 我们证明了

$$(f \in \mathcal{S}) \Rightarrow (\hat{f} \in \mathcal{S}).$$

d. 逆变换公式

定义 7. 由以下等式定义的算子称为傅里叶逆变换:

$$\tilde{f}(\xi) := \frac{1}{(2\pi)^{n/2}} \int_{\mathbb{R}^n} f(x) e^{i(\xi, x)} dx. \tag{30}$$

以下傅里叶逆变换公式成立:

$$\tilde{\hat{f}} = \hat{\tilde{f}} = f, \tag{31}$$

或者写为傅里叶积分的形式:

$$f(x) = \frac{1}{(2\pi)^{n/2}} \int_{\mathbb{R}^n} \hat{f}(\xi) e^{i(x, \xi)} d\xi. \tag{32}$$

利用富比尼定理可以立即从一维傅里叶变换的相应公式 (24) 得到公式 (31), 但我们仍然按照原来的许诺, 给出这个公式的更简洁的独立证明.

◀ 首先证明, 对于任何函数 $f, g \in \mathcal{S}(\mathbb{R}^n, \mathbb{C})$, 以下关系式成立:

$$\int_{\mathbb{R}^n} g(\xi) \hat{f}(\xi) e^{i(x, \xi)} d\xi = \int_{\mathbb{R}^n} \hat{g}(y) f(x + y) dy. \tag{33}$$

两个积分都有意义, 因为 $f, g \in \mathcal{S}$, 而根据附注 3, 这时 $\hat{f}, \hat{g} \in \mathcal{S}$.

我们来变换需要证明的等式左边的积分:

$$\int_{\mathbb{R}^n} g(\xi) \hat{f}(\xi) e^{i(x, \xi)} d\xi = \int_{\mathbb{R}^n} g(\xi) \left(\frac{1}{(2\pi)^{n/2}} \int_{\mathbb{R}^n} f(y) e^{-i(\xi, y)} dy \right) e^{i(x, \xi)} d\xi$$

$$= \frac{1}{(2\pi)^{n/2}} \int_{\mathbb{R}^n} \left(\int_{\mathbb{R}^n} g(\xi) e^{-i(\xi, y-x)} d\xi \right) f(y) dy$$

$$= \int_{\mathbb{R}^n} \hat{g}(y - x) f(y) dy = \int_{\mathbb{R}^n} \hat{g}(y) f(x + y) dy.$$

毫无疑问, 这里改变积分顺序是合理的, 因为 f 和 g 是速降函数. 于是, 我们验证了等式 (33).

我们现在发现, 对于任何 $\varepsilon > 0$,

$$\frac{1}{(2\pi)^{n/2}} \int_{\mathbb{R}^n} g(\varepsilon \xi) e^{-i(y, \xi)} d\xi = \frac{1}{(2\pi)^{n/2} \varepsilon^n} \int_{\mathbb{R}^n} g(u) e^{-i(y, u/\varepsilon)} du = \varepsilon^{-n} \hat{g}\left(\frac{y}{\varepsilon}\right).$$

因此, 根据等式 (33),

$$\int_{\mathbb{R}^n} g(\varepsilon \xi) \hat{f}(\xi) e^{i(x, \xi)} d\xi = \int_{\mathbb{R}^n} \varepsilon^{-n} \hat{g}\left(\frac{y}{\varepsilon}\right) f(x + y) dy = \int_{\mathbb{R}^n} \hat{g}(u) f(x + \varepsilon u) du.$$

利用这一串等式两端积分的绝对收敛性和关于 ε 的一致收敛性, 当 $\varepsilon \to 0$ 时得到

$$g(0)\int_{\mathbb{R}^n}\hat{f}(\xi)e^{i(x,\xi)}d\xi = f(x)\int_{\mathbb{R}^n}\hat{g}(u)\,du.$$

在这里取 $g(x) = e^{-|x|^2/2}$. 我们在例 10 中看到, $\hat{g}(u) = e^{-|u|^2/2}$. 利用欧拉-泊松积分 $\int_{-\infty}^{\infty} e^{-x^2}dx = \sqrt{\pi}$ 和富比尼定理, 我们断定 $\int_{\mathbb{R}^n} e^{-|u|^2/2}du = (2\pi)^{n/2}$, 从而得到等式 (32). ▶

附注 4. 与 (32) 中的等式 $\tilde{\hat{f}} = f$ 不同, 在关系式 (31) 中还有等式 $\hat{\tilde{f}} = f$. 但后者立刻得自前者, 因为 $\tilde{f}(\xi) = \hat{f}(-\xi)$, $\widetilde{f(-x)} = \widetilde{f(x)}$.

附注 5. 我们已经看到 (见附注 3), 如果 $f \in \mathcal{S}$, 则 $\hat{f} \in \mathcal{S}$, 从而 $\tilde{f} \in \mathcal{S}$, 即 $\hat{\mathcal{S}} \subset \mathcal{S}$, 并且 $\tilde{\mathcal{S}} \subset \mathcal{S}$. 现在, 从关系式 $\hat{\tilde{f}} = \tilde{\hat{f}} = f$ 断定 $\tilde{\mathcal{S}} = \hat{\mathcal{S}} = \mathcal{S}$.

e. 帕塞瓦尔等式. 关系式

$$\langle f, g \rangle = \langle \hat{f}, \hat{g} \rangle \tag{34}$$

通常称为帕塞瓦尔等式, 其展开形式为

$$\int_{\mathbb{R}^n} f(x)\bar{g}(x)\,dx = \int_{\mathbb{R}^n} \hat{f}(\xi)\bar{\hat{g}}(\xi)\,d\xi. \tag{34'}$$

特别地, 从 (34) 可知

$$\|f\|^2 = \langle f, f \rangle = \langle \hat{f}, \hat{f} \rangle = \|\hat{f}\|^2. \tag{35}$$

从几何观点看, 等式 (34) 表示, 傅里叶变换使函数 (空间 $\mathcal{S}$ 的向量) 的标量积保持不变, 所以它是空间 $\mathcal{S}$ 的等距变换.

关系式

$$\int_{\mathbb{R}^n} \hat{f}(\xi)g(\xi)\,d\xi = \int_{\mathbb{R}^n} f(x)\hat{g}(x)\,dx \tag{36}$$

有时也称为帕塞瓦尔等式, 它得自等式 (33), 只要在那里取 $x = 0$ 即可. 如果在关系式 (36) 中把 g 改为 $\bar{\hat{g}}$ 并利用 $\hat{\bar{\hat{g}}} = \bar{g}$ (因为 $\bar{\hat{g}} = \tilde{\bar{g}}$, 并且 $\tilde{\bar{g}} = \hat{\bar{g}} = g$), 就可以得到基本的帕塞瓦尔等式 (34).

f. 傅里叶变换与卷积. 以下重要关系式 (有时称为博雷尔公式) 通过傅里叶变换把函数的卷积运算与乘法运算联系起来:

$$\widehat{f * g} = (2\pi)^{n/2}\hat{f} \cdot \hat{g}, \tag{37}$$

$$\widehat{f \cdot g} = (2\pi)^{-n/2}\hat{f} * \hat{g}. \tag{38}$$

我们来证明这些公式:

$$\blacktriangleleft \ \widehat{(f*g)}(\xi) = \frac{1}{(2\pi)^{n/2}} \int_{\mathbb{R}^n} (f*g)(x) e^{-i(\xi,x)} dx$$

$$= \frac{1}{(2\pi)^{n/2}} \int_{\mathbb{R}^n} \left(\int_{\mathbb{R}^n} f(x-y)g(y)\, dy \right) e^{-i(\xi,x)} dx$$

$$= \frac{1}{(2\pi)^{n/2}} \int_{\mathbb{R}^n} g(y) e^{-i(\xi,y)} \left(\int_{\mathbb{R}^n} f(x-y) e^{-i(\xi,x-y)} dx \right) dy$$

$$= \frac{1}{(2\pi)^{n/2}} \int_{\mathbb{R}^n} g(y) e^{-i(\xi,y)} \left(\int_{\mathbb{R}^n} f(u) e^{-i(\xi,u)} du \right) dy$$

$$= \int_{\mathbb{R}^n} g(y) e^{-i(\xi,y)} \hat{f}(\xi)\, dy = (2\pi)^{n/2} \hat{f}(\xi)\hat{g}(\xi).$$

既然 $f, g \in \mathcal{S}$, 在这里改变积分顺序无疑是合理的.

只要利用逆变换公式 (32), 就可以通过类似计算得到公式 (38). 不过, 如果还记得 $\hat{\tilde{f}} = \tilde{\hat{f}} = f$, $\tilde{\tilde{f}} = \hat{\hat{f}}$, $\tilde{\hat{f}} = \hat{\tilde{f}}$ 以及 $\overline{u \cdot v} = \bar{u} \cdot \bar{v}$, $\overline{u*v} = \bar{u} * \bar{v}$, 则也可以从已经被证明的关系式 (37) 推导等式 (38). $\blacktriangleright$

附注 6. 如果在公式 (37), (38) 中把 f 和 g 改为 $\tilde{f}$ 和 $\tilde{g}$, 并对所得等式的两边进行傅里叶逆变换, 就得到关系式

$$\widetilde{f \cdot g} = (2\pi)^{-n/2} (\tilde{f} * \tilde{g}), \tag{37$'$}$$

$$\widetilde{f * g} = (2\pi)^{n/2} (\tilde{f} \cdot \tilde{g}). \tag{38$'$}$$

4. 应用实例. 现在展示傅里叶变换 (以及傅里叶级数) 的实际应用.

a. 波动方程. 傅里叶变换之所以能成功应用于数学物理方程, (在数学上) 首先是因为傅里叶变换把微分运算变为代数的乘法运算.

例如, 设需要求出满足以下方程的函数 $u : \mathbb{R} \to \mathbb{R}$:

$$a_0 u^{(n)}(x) + a_1 u^{(n-1)}(x) + \cdots + a_n u(x) = f(x),$$

其中 $a_0, \cdots, a_n$ 是常数系数, 而 f 是已知函数. 对这个等式的两边进行傅里叶变换 (假设函数 u 和 f 是充分正则的) 并利用关系式 (25), 得到关于 $\hat{u}$ 的代数方程

$$(a_0(i\xi)^n + a_1(i\xi)^{n-1} + \cdots + a_n) \hat{u}(\xi) = \hat{f}(\xi).$$

从它解出 $\hat{u}(\xi) = \hat{f}(\xi)/P(i\xi)$, 通过傅里叶逆变换得到 $u(x)$.

我们用这个思路来寻求函数 $u = u(x, t)$, 使它在 $\mathbb{R} \times \mathbb{R}$ 中满足一维波动方程

$$\frac{\partial^2 u}{\partial t^2} = a^2 \frac{\partial^2 u}{\partial x^2} \quad (a > 0)$$

和初始条件

$$u(x, 0) = f(x), \quad \frac{\partial u}{\partial t}(x, 0) = g(x).$$

在这里和下一个例子中,我们不证明中间计算的合理性,因为求出需要的函数并直接验证它是所提问题的解,通常比证明和克服相应过程中产生的技术困难容易. 顺便指出,为了在原则上克服这些困难,以前曾经提到的广义函数起重要作用.

于是,认为 t 是参数,对上述方程的两边关于 x 进行傅里叶变换. 如果认为关于参数 t 的微分运算可以在积分运算之前进行,再利用公式 (25),就得到

$$\hat{u}''_{tt}(\xi, t) = -a^2\xi^2 \hat{u}(\xi, t),$$

由此求出

$$\hat{u}(\xi, t) = A(\xi)\cos a\xi t + B(\xi)\sin a\xi t.$$

根据初始条件,

$$\hat{u}(\xi, 0) = \hat{f}(\xi) = A(\xi), \quad \hat{u}'_t(\xi, 0) = \widehat{(u'_t)}(\xi, 0) = \hat{g}(\xi) = a\xi B(\xi).$$

因此,

$$\hat{u}(\xi, t) = \hat{f}(\xi)\cos a\xi t + \frac{\hat{g}(\xi)}{a\xi}\sin a\xi t = \frac{1}{2}\hat{f}(\xi)(e^{ia\xi t} + e^{-ia\xi t}) + \frac{1}{2}\frac{\hat{g}(\xi)}{ia\xi}(e^{ia\xi t} - e^{-ia\xi t}).$$

在这个等式两边乘以 $\frac{1}{\sqrt{2\pi}}e^{ix\xi}$ 并关于 ξ 积分,简言之,进行傅里叶逆变换并利用公式 (31),直接得到

$$u(x, t) = \frac{1}{2}(f(x - at) + f(x + at)) + \frac{1}{2}\int_0^t (g(x - a\tau) + g(x + a\tau))\,d\tau.$$

b. 热传导方程. 还值得考虑傅里叶变换的一个工具 (即公式 (37′),(38′)),但它在上一个例子中没有发挥作用. 这个工具在以下问题中大有用处. 我们来寻求函数 $u = u(x, t), x \in \mathbb{R}^n, t \geqslant 0$,使它在整个空间 $\mathbb{R}^n$ 中满足热传导方程

$$\frac{\partial u}{\partial t} = a^2 \Delta u \quad (a > 0)$$

和初始条件 $u(x, 0) = f(x)$. 这里依旧设 $\Delta = \frac{\partial^2}{\partial x_1^2} + \cdots + \frac{\partial^2}{\partial x_n^2}$.

关于变量 $x \in \mathbb{R}^n$ 完成傅里叶变换后,根据 (28),我们得到常微分方程

$$\frac{\partial \hat{u}}{\partial t}(\xi, t) = a^2(i)^2(\xi_1^2 + \cdots + \xi_n^2)\hat{u}(\xi, t),$$

从而

$$\hat{u}(\xi, t) = c(\xi)e^{-a^2|\xi|^2 t},$$

其中 $|\xi|^2 = \xi_1^2 + \cdots + \xi_n^2$. 利用 $\hat{u}(\xi, 0) = \hat{f}(\xi)$ 求出

$$\hat{u}(\xi, t) = \hat{f}(\xi) \cdot e^{-a^2|\xi|^2 t}.$$

再进行傅里叶逆变换,利用关系式 (37′) 得到

$$u(x, t) = (2\pi)^{-n/2} \int_{\mathbb{R}^n} f(y) E_0(x - y, t)\,dy,$$

其中函数 $E_0(x, t)$ 关于 x 的傅里叶变换是函数 $e^{-a^2|\xi|^2 t}$, 而函数 $e^{-a^2|\xi|^2 t}$ 关于 ξ 的傅里叶逆变换, 我们其实已经在例 10 中得到了. 经过明显的变量代换, 我们求出

$$E_0(x, t) = \frac{1}{(2\pi)^{n/2}} \left(\frac{\sqrt{\pi}}{a\sqrt{t}}\right)^n e^{-|x|^2/4a^2 t}.$$

取 $E(x, t) = (2\pi)^{-n/2} E_0(x, t)$, 我们求出热传导方程的早已熟悉 (见第十七章 §5 例 15) 的基本解

$$E(x, t) = (2a\sqrt{\pi t})^{-n} e^{-|x|^2/4a^2 t} \quad (t > 0)$$

和满足初始条件 $u(x, 0) = f(x)$ 的解的公式

$$u(x, t) = (f * E)(x, t).$$

c. 泊松公式. 函数 $\varphi : \mathbb{R} \to \mathbb{C}$ (设 $\varphi \in \mathcal{S}$) 与它的傅里叶变换 $\hat{\varphi}$ 之间的关系式

$$\sqrt{2\pi} \sum_{n=-\infty}^{\infty} \varphi(2\pi n) = \sum_{n=-\infty}^{\infty} \hat{\varphi}(n) \tag{39}$$

称为泊松公式. 公式 (39) 得自等式

$$\sqrt{2\pi} \sum_{n=-\infty}^{\infty} \varphi(x + 2\pi n) = \sum_{n=-\infty}^{\infty} \hat{\varphi}(n) e^{inx}, \tag{40}$$

只要取 $x = 0$ 即可. 认为 φ 是速降函数, 我们来证明这个等式.

◂ 因为 $\varphi, \hat{\varphi} \in \mathcal{S}$, 所以等式 (40) 两边的级数绝对收敛 (从而可以用任意方式求和), 并且关于 x 在整条数轴上一致收敛. 此外, 因为速降函数的导数本身也是 $\mathcal{S}$ 类函数, 所以可以断定, 函数 $f(x) = \sum\limits_{n=-\infty}^{\infty} \varphi(x + 2\pi n)$ 属于函数类 $C^\infty(\mathbb{R}, \mathbb{C})$. 函数 f 显然具有周期 2π. 设 $\{\hat{c}_k(f)\}$ 是它关于规范正交函数系 $\{e^{ikx}/\sqrt{2\pi}; k \in \mathbb{Z}\}$ 的傅里叶系数, 则

$$\hat{c}_k(f) := \frac{1}{\sqrt{2\pi}} \int_0^{2\pi} f(x) e^{-ikx} dx = \sum_{n=-\infty}^{\infty} \frac{1}{\sqrt{2\pi}} \int_0^{2\pi} \varphi(x + 2\pi n) e^{-ikx} dx$$

$$= \sum_{n=-\infty}^{\infty} \frac{1}{\sqrt{2\pi}} \int_{2\pi n}^{2\pi(n+1)} \varphi(x) e^{-ikx} dx = \frac{1}{\sqrt{2\pi}} \int_{-\infty}^{\infty} \varphi(x) e^{-ikx} dx =: \hat{\varphi}(k).$$

但是, f 是以 2π 为周期的光滑函数, 所以它的傅里叶级数在任何点 $x \in \mathbb{R}$ 都收敛到它本身. 因此, 以下关系式在任何点 $x \in \mathbb{R}$ 都成立:

$$\sum_{n=-\infty}^{\infty} \varphi(x + 2\pi n) = f(x) = \sum_{n=-\infty}^{\infty} \hat{c}_n(f) \frac{e^{inx}}{\sqrt{2\pi}} = \frac{1}{\sqrt{2\pi}} \sum_{n=-\infty}^{\infty} \hat{\varphi}(n) e^{inx}. \blacktriangleright$$

附注 7. 从证明可以看出, 关系式 (39), (40) 远远不是只对 $\mathcal{S}$ 类函数才成立. 但是, 如果 $\varphi \in \mathcal{S}$, 就可以对等式 (40) 进行任意次关于变量 x 的逐项微分运算, 从

而以推论的形式得到 $\varphi, \varphi', \cdots$ 和 $\hat{\varphi}$ 之间的新的关系式.

d. 科捷利尼科夫[①]采样定理. 与上面的例子相仿, 这个例子同样以傅里叶级数和傅里叶积分的巧妙结合为基础, 它直接关系到信号沿通信信道传输的理论. 为了不显得生硬, 我们来考虑声音信号. 由于感觉器官的局限性, 我们只能感受到一定频率范围 (频带) 内的信号. 例如, 耳朵能 "听见" 从 20 Hz 到 20 kHz 的声音. 因此, 无论何种信号, 我们就像一个滤波器 (见第 1 小节), 仅仅截取有限的一部分谱, 从而把它们感受为具有有限谱的信号.

因此, 我们直接认为, 我们发出或接收的信号 $f(t)$ (其中 t 是时间, $-\infty < t < \infty$) 具有有限的谱, 它仅对不超过某个临界值 $a > 0$ 的频率 ω 才不等于零. 于是, 当 $|\omega| > a$ 时 $\hat{f}(\omega) \equiv 0$, 所以具有有限谱的函数的表达式

$$f(t) = \frac{1}{\sqrt{2\pi}} \int_{-\infty}^{\infty} \hat{f}(\omega) e^{i\omega t} d\omega$$

化为区间 $[-a, a]$ 上的积分:

$$f(t) = \frac{1}{\sqrt{2\pi}} \int_{-a}^{a} \hat{f}(\omega) e^{i\omega t} d\omega. \tag{41}$$

我们在闭区间 $[-a, a]$ 上把函数 $\hat{f}(\omega)$ 展开为关于该区间上的完备正交函数系 $\{e^{i\pi\omega k/a}; k \in \mathbb{Z}\}$ 的傅里叶级数

$$\hat{f}(\omega) = \sum_{-\infty}^{\infty} c_k(\hat{f}) e^{i\pi\omega k/a}, \tag{42}$$

并利用公式 (41) 得到其系数 $c_k(\hat{f})$ 的简单表达式

$$c_k(\hat{f}) := \frac{1}{2a} \int_{-a}^{a} \hat{f}(\omega) e^{-i\pi\omega k/a} d\omega = \frac{\sqrt{2\pi}}{2a} f\left(-\frac{\pi}{a} k\right). \tag{43}$$

把级数 (42) 代入积分 (41), 利用关系式 (43) 求出

$$f(t) = \frac{1}{\sqrt{2\pi}} \int_{-a}^{a} \left(\frac{\sqrt{2\pi}}{2a} \sum_{k=-\infty}^{\infty} f\left(\frac{\pi}{a} k\right) e^{i\omega t - i\pi k\omega/a} \right) d\omega$$

$$= \frac{1}{2a} \sum_{k=-\infty}^{\infty} f\left(\frac{\pi}{a} k\right) \int_{-a}^{a} e^{i\omega(t - \pi k/a)} d\omega.$$

算出这些初等积分后, 我们得到科捷利尼科夫公式

$$f(t) = \sum_{k=-\infty}^{\infty} f\left(\frac{\pi}{a} k\right) \frac{\sin a\left(t - \frac{\pi}{a} k\right)}{a\left(t - \frac{\pi}{a} k\right)}. \tag{44}$$

公式 (44) 表明, 如果描述一条信息的函数 $f(t)$ 具有集中在频带 $|\omega| \leqslant a$ 内的

[①] 科捷利尼科夫 (В. А. Котельников, 1908—2005) 是苏联学者, 无线电通信理论的著名专家.

有限谱, 则为了重建信息, 只需要每经过相等的时间间隔 $\Delta = \pi/a$ 就沿信道传输该函数的值 $f(k\Delta)$ (称为采样值).

这个命题连同公式 (44) 属于科捷利尼科夫, 称为科捷利尼科夫采样定理.

附注 8. 在科捷利尼科夫的论文 (1933 年) 之前, 插值公式 (44) 本身在数学中是已知的. 但是, 科捷利尼科夫在这篇论文中首先指出, 展开式 (44) 对于连续信息的现代数字记录 (脉冲编码调制) 及其在通信信道中的传输具有基础意义. 在此之后, 杰出的美国工程师和数学家香农在一般形式下研究了这个问题, 他在 1948 年发表的论文成为信息论的基础.

附注 9. 信息传输和接收的时间实际上是有限的, 所以应当把整个级数 (44) 改为它的某个部分和 $\sum_{-N}^{N}$. 在一些专门的研究中可以找到对这时产生的误差的估计.

附注 10. 如果认为在信道中传输的信息量与样本值的数量成正比, 则根据公式 (44), 信道的传输能力与相应的频带带宽 a 成正比.

习 题

1. a) 请详细写出关系式 (16)—(19) 的证明.

b) 请把傅里叶变换看作映射 $f \mapsto \hat{f}$ 并证明它的下列常用性质:

$$f(at) \mapsto \frac{1}{a}\hat{f}\left(\frac{\omega}{a}\right)$$

(尺度变化法则);

$$f(t-t_0) \mapsto \hat{f}(\omega)e^{-i\omega t_0}$$

(输入信号——傅里叶原像——关于时间的平移, 即平移定理);

$$[f(t+t_0) \pm f(t-t_0)] \mapsto \begin{cases} \hat{f}(\omega)2\cos\omega t_0, \\ \hat{f}(\omega)2i\sin\omega t_0, \end{cases} \quad f(t)e^{\pm i\omega_0 t} \mapsto \hat{f}(\omega \mp \omega_0)$$

(傅里叶变换关于频率的平移);

$$f(t)\cos\omega_0 t \mapsto \frac{1}{2}[\hat{f}(\omega-\omega_0)+\hat{f}(\omega+\omega_0)],$$
$$f(t)\sin\omega_0 t \mapsto \frac{1}{2i}[\hat{f}(\omega-\omega_0)-\hat{f}(\omega+\omega_0)]$$

(简谐信号的振幅调制);

$$f(t)\sin^2\frac{\omega_0 t}{2} \mapsto \frac{1}{4}[2\hat{f}(\omega)-\hat{f}(\omega-\omega_0)-\hat{f}(\omega+\omega_0)].$$

c) 请求出下列函数的傅里叶变换 (或通常所说的傅里叶像):

$$\Pi_A(t) = \begin{cases} \dfrac{1}{2A}, & |t| \leqslant A, \\ 0, & |t| > A \end{cases}$$

(矩形脉冲);
$$\Pi_A(t)\cos\omega_0 t$$
(用矩形脉冲调制的简谐信号);
$$\Pi_A(t+2A)+\Pi_A(t-2A)$$
(两个相同极性的矩形脉冲);
$$\Pi_A(t-A)-\Pi_A(t+A)$$
(两个不同极性的矩形脉冲);
$$\Lambda_A(t) = \begin{cases} \dfrac{1}{A}\left(1-\dfrac{|t|}{A}\right), & |t|\leqslant A, \\ 0, & |t|>A \end{cases}$$
(三角形脉冲);
$$\cos at^2 \text{ 和 } \sin at^2 \quad (a>0);$$
$$|t|^{-1/2} \text{ 和 } |t|^{-1/2}e^{-a|t|} \quad (a>0).$$

d) 请求出下列函数的傅里叶原像:
$$\operatorname{sinc}\frac{\omega A}{\pi},\quad 2i\frac{\sin^2\omega A}{\omega A},\quad 2\operatorname{sinc}^2\frac{\omega A}{\pi},$$
其中 $\operatorname{sinc}\dfrac{x}{\pi}:=\dfrac{\sin x}{x}$ 是采样函数.

e) 请利用以上结果求我们已经遇到过的下列积分的值:
$$\int_{-\infty}^{\infty}\frac{\sin x}{x}dx,\quad \int_{-\infty}^{\infty}\frac{\sin^2 x}{x^2}dx,\quad \int_{-\infty}^{\infty}\cos x^2 dx,\quad \int_{-\infty}^{\infty}\sin x^2 dx.$$

f) 请验证: 函数 $f(t)$ 的傅里叶积分可以写为下列任何一种形式:
$$f(t) \sim \frac{1}{\sqrt{2\pi}}\int_{-\infty}^{\infty}\hat{f}(\omega)e^{it\omega}d\omega = \frac{1}{2\pi}\int_{-\infty}^{\infty}d\omega\int_{-\infty}^{\infty}f(x)e^{-i\omega(x-t)}dx$$
$$= \frac{1}{\pi}\int_{0}^{\infty}d\omega\int_{-\infty}^{\infty}f(x)\cos\omega(x-t)dx.$$

2. 设 $f=f(x,y)$ 是半平面 $y\geqslant 0$ 上的二维拉普拉斯方程
$$\frac{\partial^2 f}{\partial x^2}+\frac{\partial^2 f}{\partial y^2}=0$$
的满足以下条件的解: $f(x,0)=g(x)$, 并且对于任何 $x\in\mathbb{R}$, 当 $y\to+\infty$ 时 $f(x,y)\to 0$.

a) 请验证: 函数 f 关于变量 x 的傅里叶变换 $\hat{f}(\xi,y)$ 具有 $\hat{g}(\xi)e^{-y|\xi|}$ 的形式.

b) 请求出函数 $e^{-y|\xi|}$ 关于变量 ξ 的傅里叶原像.

c) 现在, 请推导函数 f 的泊松积分形式的表达式 (我们已经在第十七章 §4 例 5 中遇到过)
$$f(x,y)=\frac{1}{\pi}\int_{-\infty}^{\infty}\frac{y}{(x-\xi)^2+y^2}g(\xi)\,d\xi.$$

3. 我们知道, 量
$$M_n(f) = \int_{-\infty}^{\infty} x^n f(x)\,dx$$
称为函数 $f:\mathbb{R}\to\mathbb{C}$ 的 n 阶矩. 特别地, 如果 f 是概率分布密度, 即
$$f(x)\geqslant 0, \quad \int_{-\infty}^{\infty} f(x)\,dx = 1,$$
则 $x_0 = M_1(f)$ 是具有分布 f 的随机变量 x 的数学期望, 而这个随机变量的方差
$$\sigma^2 := \int_{-\infty}^{\infty}(x-x_0)^2 f(x)\,dx$$
可以表示为 $\sigma^2 = M_2(f) - M_1^2(f)$ 的形式.

考虑函数 f 的傅里叶变换
$$\hat{f}(\xi) = \int_{-\infty}^{\infty} f(x) e^{-i\xi x}\,dx.$$

请把 $e^{-i\xi x}$ 展开为级数并证明:

a) 如果, 例如, $f\in \mathcal{S}$, 则 $\hat{f}(\xi) = \sum_{n=0}^{\infty} \dfrac{(-i)^n M_n(f)}{n!}\xi^n$;

b) $M_n(f) = (i)^n \hat{f}^{(n)}(0),\ n=0,1,\cdots$.

c) 现在设 f 是实函数, 则 $\hat{f}(\xi) = A(\xi)e^{i\varphi(\xi)}$, 其中 $A(\xi)$ 是模, $\varphi(\xi)$ 是 $\hat{f}(\xi)$ 的辐角, 并且 $A(\xi)=A(-\xi),\ \varphi(-\xi)=-\varphi(\xi)$. 设规范条件成立, 即 $\int_{-\infty}^{\infty} f(x)\,dx = 1$. 请验证:
$$\hat{f}(\xi) = 1 + i\varphi'(0)\xi + \frac{A''(0)-(\varphi'(0))^2}{2}\xi^2 + o(\xi^2) \quad (\xi\to 0),$$
$$x_0 := M_1(f) = -\varphi'(0), \quad \sigma^2 = M_2(f) - M_1^2(f) = -A''(0).$$

4. a) 请验证: 函数 $e^{-a|x|}$ ($a>0$) 以及它在 $x\neq 0$ 处的全部导数在无穷远处比变量 $|x|$ 的任何负指数幂都更快地下降, 但是这个函数不属于函数类 $\mathcal{S}$.

b) 请证明: 这个函数的傅里叶变换在 $\mathbb{R}$ 上无穷次可微, 但不属于函数类 $\mathcal{S}$ (还是因为 $e^{-a|x|}$ 在 $x=0$ 不可微).

5. a) 设 $\mathcal{R}_2(\mathbb{R}^n, \mathbb{C})$ 是由绝对平方可积函数 $f:\mathbb{R}^n \to \mathbb{C}$ 构成的具有标量积
$$\langle f, g\rangle = \int_{\mathbb{R}^n} (f\cdot \bar{g})(x)\,dx$$
的空间, 并且该标量积产生范数
$$\|f\| = \left(\int_{\mathbb{R}^n} |f|^2(x)\,dx\right)^{1/2}$$
和度量 $d(f,g) = \|f-g\|$. 请证明: $\mathcal{S}$ 类函数在空间 $\mathcal{R}_2(\mathbb{R}^n, \mathbb{C})$ 中稠密.

b) 现在认为 $\mathcal{S}$ 是具有上述度量 d 的度量空间 (在 $\mathbb{R}^n$ 上具有均方差意义下的收敛性). 设 $L_2(\mathbb{R}^n, \mathbb{C})$ (简写为 L_2) 是完备化的度量空间 $(\mathcal{S}, d)$ (见第九章 §5). 每一个元素 $f\in L_2$ 由函数 $\varphi_k \in \mathcal{S}$ 的序列 $\{\varphi_k\}$ 确定, 该序列是度量 d 意义下的柯西序列.

请证明: 函数 φ_k 的傅里叶像的序列 $\{\hat\varphi_k\}$ 也是 $\mathcal{S}$ 中的柯西序列, 从而给出一个确定的元素 $\hat{f}\in L_2$, 自然称之为元素 $f\in L_2$ 的傅里叶变换.

c) 请证明: 在 L_2 中可以自然地引入线性结构和标量积, 使傅里叶变换 $L_2 \to L_2$ 是 L_2 到自身上的线性同构映射.

d) 以函数 $f(x) = 1/\sqrt{1+x^2}$ 为例可以看出, 如果 $f \in \mathcal{R}_2(\mathbb{R}, \mathbb{C})$, 则未必 $f \in \mathcal{R}(\mathbb{R}, \mathbb{C})$. 尽管如此, 如果 $f \in \mathcal{R}_2(\mathbb{R}, \mathbb{C})$, 则因为 f 局部可积, 所以可以考虑积分

$$\hat{f}_A(\xi) = \frac{1}{\sqrt{2\pi}} \int_{-A}^{A} f(x) e^{-i\xi x} dx.$$

请验证: $\hat{f}_A \in C(\mathbb{R}, \mathbb{C})$, 并且 $\hat{f}_A \in \mathcal{R}_2(\mathbb{R}, \mathbb{C})$.

e) 请证明: 当 $A \to +\infty$ 时, $\hat{f}_A$ 在 L_2 中收敛到某元素 $\hat{f} \in L_2$, 并且 $\|\hat{f}_A\| \to \|\hat{f}\| = \|f\|$ (这是普朗谢雷尔[①]定理).

6. **不确定原理.** 设 $\varphi(x)$ 和 $\psi(p)$ 是 $\mathcal{S}$ 类函数 (或习题 5 中的空间 L_2 的元素), 并且 $\psi = \hat{\varphi}$,

$$\int_{-\infty}^{\infty} |\varphi|^2(x)\, dx = \int_{-\infty}^{\infty} |\psi|^2(p) dp = 1.$$

在这种情况下, 可以认为函数 $|\varphi|^2$ 和 $|\psi|^2$ 分别是随机变量 x 和 p 的某种概率分布密度.

a) 请证明: 通过函数 φ 的自变量的平移 (通过专门选取自变量的起点), 可以在不改变 $\|\hat{\varphi}\|$ 的情况下得到新的函数 φ, 使

$$M_1(|\varphi|^2) = \int_{-\infty}^{\infty} x|\varphi|^2(x)\, dx = 0;$$

然后, 类似地, 通过函数 ψ 的自变量的平移, 可以在不改变 $M_1(|\varphi|^2) = 0$ 的情况下实现

$$M_1(|\psi|^2) = \int_{-\infty}^{\infty} p|\psi|^2(p)\, dp = 0.$$

b) 对于实参数 α, 请考虑量

$$\int_{-\infty}^{\infty} |\alpha x \varphi(x) + \varphi'(x)|^2 dx \geqslant 0,$$

并根据帕塞瓦尔等式和公式 $\widehat{\varphi'}(p) = ip\hat{\varphi}(p)$ 证明 $\alpha^2 M_2(|\varphi|^2) - \alpha + M_2(|\psi|^2) \geqslant 0$ (在习题 3 中有 M_1 和 M_2 的定义).

c) 请由此推出关系式

$$M_2(|\varphi|^2) M_2(|\psi|^2) \geqslant \frac{1}{4}.$$

这个关系式表明, 函数 φ 本身越 "集中", 它的傅里叶变换就越 "分散", 反之亦然 (可以参考与此相关的例 1, 7 和习题 7 b)).

这个关系式在量子力学中称为不确定原理, 它有具体的物理意义. 例如, 不能同时精确测量一个量子的坐标和动量. 这个基本事实 (称为海森伯[②]不确定原理) 在数学上与 $M_2(|\varphi|^2)$ 和 $M_2(|\psi|^2)$ 之间的上述关系式一致.

以下三道习题给出了广义函数的傅里叶变换的初步概念.

[①] 普朗谢雷尔 (M. Plancherel, 1885—1967) 是瑞士数学家.
[②] 海森伯 (B. Heisenberg, 1901—1976) 是德国物理学家, 量子力学的创始人之一.

7. a) 请利用例 1 求出由以下函数表示的信号的谱:

$$\Delta_\alpha(t) = \begin{cases} \dfrac{1}{2\alpha}, & |t| \leqslant \alpha, \\ 0, & |t| > \alpha. \end{cases}$$

b) 请观察函数 $\Delta_\alpha(t)$ 和它的谱当 $\alpha \to +0$ 时的变化, 并回答以下问题: 按照诸位读者的看法, 应当认为由 δ 函数表示的单位脉冲具有怎样的谱?

c) 现在, 请利用例 2 求出单位脉冲 $\delta(t)$ 通过理想低通滤波器 (截止频率为 a) 的输出信号 $\varphi(t)$.

d) 现在, 请根据所得结果解释科捷利尼科夫级数 (44) 的项的物理意义, 并提出一个以科捷利尼科夫公式 (44) 为基础传输具有有限谱的信号 $f(t)$ 的原理性方案.

8. 施瓦兹空间. 请验证:

a) 如果 $\varphi \in \mathcal{S}$, 而 P 是多项式, 则 $(P \cdot \varphi) \in \mathcal{S}$;

b) 如果 $\varphi \in \mathcal{S}$, 则 $D^\alpha \varphi \in \mathcal{S}$, 并且 $D^\beta (PD^\alpha \varphi) \in \mathcal{S}$, 其中 α 和 β 是非负多重指标, P 是多项式.

c) 在 $\mathcal{S}$ 中引入收敛性的以下概念. 设 $\{\varphi_k\}$ 是函数 $\varphi_k \in \mathcal{S}$ 的序列. 如果对于任何非负多重指标 α, β, 函数序列 $\{x^\beta D^\alpha \varphi_k\}$ 在 $\mathbb{R}^n$ 上一致收敛到零, 就认为函数序列 $\{\varphi_k\}$ 收敛到零. 关系式 $\varphi_k \to \varphi \in \mathcal{S}$ 表示在 $\mathcal{S}$ 中 $(\varphi - \varphi_k) \to 0$.

具有上述收敛性的速降函数线性空间 $\mathcal{S}$ 称为施瓦兹空间.

请证明: 如果在 $\mathcal{S}$ 中 $\varphi_k \to \varphi$, 则在 $\mathcal{S}$ 中当 $k \to \infty$ 时 $\hat{\varphi}_k \to \hat{\varphi}$. 因此, 傅里叶变换是施瓦兹空间的线性连续变换.

9. 缓增广义函数空间 $\mathcal{S}'$. 定义在速降函数空间 $\mathcal{S}$ 上的线性连续泛函称为**缓增广义函数**. 用记号 $\mathcal{S}'$ 表示这样的泛函的线性空间 (空间 $\mathcal{S}$ 的对偶空间). 泛函 $F \in \mathcal{S}'$ 在函数 $\varphi \in \mathcal{S}$ 上的值记为 $F(\varphi)$.

a) 设 $P: \mathbb{R}^n \to \mathbb{C}$ 是 n 个变量的多项式, $f: \mathbb{R}^n \to \mathbb{C}$ 是局部可积函数, 并且在无穷远处满足估计 $|f(x)| \leqslant |P(x)|$ (即当 $x \to \infty$ 时可能增长, 但仅仅适度增长, 不比幂函数增长得更快).

请证明: 如果取

$$f(\varphi) = \int_{\mathbb{R}^n} f(x)\varphi(x)\, dx \quad (\varphi \in \mathcal{S}),$$

则可以认为 f 是空间 $\mathcal{S}'$ 的 (正则) 元素.

b) 广义函数 $F \in \mathcal{S}'$ 与普通函数 $f: \mathbb{R}^n \to \mathbb{C}$ 的乘法运算照例由关系式 $(fF)(\varphi) := F(f\varphi)$ 定义. 请验证: 对于 $\mathcal{S}'$ 类广义函数, 它与函数 $f \in \mathcal{S}$ 的乘法运算的定义是合理的, 它与多项式 $P: \mathbb{R}^n \to \mathbb{C}$ 的乘法运算的定义也是合理的.

c) 广义函数 $F \in \mathcal{S}'$ 的微分运算由传统方式定义: $(D^\alpha F)(\varphi) := (-1)^{|\alpha|} F(D^\alpha \varphi)$. 请证明: 这个定义是合理的, 即如果 $F \in \mathcal{S}'$, 则 $D^\alpha F \in \mathcal{S}'$ 对于任何非负整数多重指标 $\alpha = (\alpha_1, \cdots, \alpha_n)$ 都成立.

d) 如果 f 和 φ 是充分正则的函数 (例如 $\mathcal{S}$ 类函数), 则从关系 (36) 可以看出, 以下等式成立:

$$\hat{f}(\varphi) = \int_{\mathbb{R}^n} \hat{f}(x)\varphi(x)\, dx = \int_{\mathbb{R}^n} f(x)\hat{\varphi}(x)\, dx = f(\hat{\varphi}).$$

这个等式 (帕塞瓦尔等式) 也是定义广义函数 $F \in \mathcal{S}'$ 的傅里叶变换 $\hat{F}$ 的基础. 按照定义, 取 $\hat{F}(\varphi) := F(\hat{\varphi})$.

根据空间 $\mathcal{S}$ 关于傅里叶变换的不变性, 这个定义对于任何元素 $F \in \mathcal{S}'$ 都是合理的.

请证明: 这个定义对于空间 $\mathcal{D}'(\mathbb{R}^n)$ 中的作用于具有紧支撑集的光滑函数空间 $\mathcal{D}(\mathbb{R}^n)$ 的广义函数是不合理的. 正是这种情况说明了施瓦兹空间 $\mathcal{S}$ 在傅里叶变换理论及其对广义函数的应用中的意义.

e) 我们在习题 7 中得到了 δ 函数的傅里叶变换的初步概念. 假如可以简单地直接按照正则函数的傅里叶变换的一般定义求 δ 函数的傅里叶变换, 我们就得到

$$\hat{\delta}(\xi) = \frac{1}{(2\pi)^{n/2}} \int_{\mathbb{R}^n} \delta(x) e^{-i(\xi, x)} dx = \frac{1}{(2\pi)^{n/2}}.$$

现在, 请证明: 如果合理地求广义函数 $\delta \in \mathcal{S}'(\mathbb{R}^n)$ 的傅里叶变换, 即利用等式 $\hat{\delta}(\varphi) = \delta(\hat{\varphi})$, 则 (同样) 得到 $\hat{\delta}(\varphi) = \hat{\varphi}(0) = 1/(2\pi)^{n/2}$. 于是, δ 函数的傅里叶变换是常数 (可以改变傅里叶变换的规范, 使这个常数等于 1, 见习题 10).

f) 可以在以下意义下理解 $\mathcal{S}'$ 中的收敛性 (照例是广义函数意义下的收敛性):

$$(\text{当 } n \to \infty \text{ 时在 } \mathcal{S}' \text{ 中 } F_n \to F) := (\forall \varphi \in \mathcal{S} \ (\text{当 } n \to \infty \text{ 时 } F_n(\varphi) \to F(\varphi)).$$

请验证 δ 函数的逆变换公式 (傅里叶积分)

$$\delta(x) = \lim_{A \to +\infty} \frac{1}{(2\pi)^{n/2}} \int_{-A}^{A} \cdots \int \hat{\delta}(\xi) e^{i(x, \xi)} d\xi.$$

g) 设 $\delta(x - x_0)$ 照例表示平移到点 x_0 的 δ 函数, 即 $\delta(x - x_0)(\varphi) = \varphi(x_0)$. 请验证: 级数

$$\sum_{n=-\infty}^{\infty} \delta(x - n) \quad \left(= \lim_{N \to \infty} \sum_{-N}^{N} \delta(x - n) \right)$$

在空间 $\mathcal{S}'$ 中收敛 (这里 $\delta \in \mathcal{S}'(\mathbb{R})$, $n \in \mathbb{Z}$).

h) 请利用可以对广义函数的收敛级数进行逐项微分运算的性质和 §2 习题 13f) 中的等式证明: 如果

$$F = \sum_{n=-\infty}^{\infty} \delta(x - n),$$

则

$$\hat{F} = \sqrt{2\pi} \sum_{n=-\infty}^{\infty} \delta(x - 2\pi n).$$

i) 请利用关系式 $\hat{F}(\varphi) = F(\hat{\varphi})$ 从以上结果得到泊松公式 (39).

j) 请证明在椭圆函数理论和热传导理论中起重要作用的关系式 (θ 公式)

$$\sum_{n=-\infty}^{\infty} e^{-tn^2} = \sqrt{\frac{\pi}{t}} \sum_{n=-\infty}^{\infty} e^{-\pi^2 n^2 / t} \quad (t > 0).$$

10. 如果函数 $f : \mathbb{R} \to \mathbb{C}$ 的傅里叶变换 $\check{\mathcal{F}}[f]$ 由公式

$$\check{f}(\nu) := \check{\mathcal{F}}[f](\nu) := \int_{-\infty}^{\infty} f(t) e^{-2\pi i \nu t} dt$$

定义, 则许多与傅里叶变换有关的公式都变得特别简单和优美.

a) 请验证: $\hat{f}(u) = \dfrac{1}{\sqrt{2\pi}} \breve{f}\left(\dfrac{u}{2\pi}\right)$.

b) 请证明: $\breve{\mathcal{F}}[\breve{\mathcal{F}}[f]](t) = f(-t)$, 即 $f(t) = \displaystyle\int_{-\infty}^{\infty} \breve{f}(\nu) e^{2\pi i \nu t} d\nu$. 这是 $f(t)$ 按照不同频率 ν 的谐波展开的最自然的形式, 其中的 $\breve{f}(\nu)$ 是函数 f 的频谱.

c) 请验证: $\breve{\delta} = 1$, $\breve{1} = \delta$.

d) 请证明: 泊松公式 (39) 现在具有特别优美的形式

$$\sum_{n=-\infty}^{\infty} \varphi(n) = \sum_{n=-\infty}^{\infty} \breve{\varphi}(n).$$

第十九章 渐近展开式

从数学角度讲,可以用一组数值参数来描述我们所遇到的大部分现象,而这些参数之间的依赖关系相当复杂. 但是, 如果已经知道某些参数或参数组合很大或很小, 则通常可以在很大程度上简化对现象的描述.

例 1. 在描述速度 v 远小于光速 $(v \ll c)$ 的相对运动时, 可以用伽利略变换
$$x' = x - vt, \quad t' = t$$
代替洛伦兹变换 (第一章 §3 例 3)
$$x' = \frac{x - vt}{\sqrt{1 - \left(\frac{v}{c}\right)^2}}, \quad t' = \frac{t - \left(\frac{v}{c^2}\right)x}{\sqrt{1 - \left(\frac{v}{c}\right)^2}},$$
因为 $v/c \approx 0$.

例 2. 摆的振动周期
$$T = 4\sqrt{\frac{l}{g}} \int_0^{\pi/2} \frac{d\theta}{\sqrt{1 - k^2 \sin^2\theta}}$$
通过参数 $k^2 = \sin^2(\varphi_0/2)$ 与摆对稳定平衡位置的最大倾角 φ_0 相联系 (见第六章 §4). 对于微小振动, 即当 $\varphi_0 \approx 0$ 时, 可以得到振动周期的一个简单公式
$$T \approx 2\pi \sqrt{\frac{l}{g}}.$$

例 3. 设在质量为 m 的质点上作用着使它返回平衡位置的力, 这个力正比于偏离量 (弹性系数为 k 的弹簧), 还作用着介质的阻力, 它正比于 (比例系数为 α)

质点速度的平方. 在这种情况下, 运动方程的形式为 (见第五章 §6)

$$m\ddot{x} + \alpha \dot{x}^2 + kx = 0.$$

如果介质越来越 "稀疏", 则 $\alpha \to 0$, 从而应当假设运动变为接近于方程

$$m\ddot{x} + kx = 0$$

所描述的运动 (频率为 $\sqrt{k/m}$ 的简谐振动), 而如果介质越来越 "黏稠", 则 $\alpha \to \infty$, 从而在除以 α 并取极限后得到方程 $\dot{x}^2 = 0$, 即 $x(t) \equiv \text{const}$.

例 4. 如果 $\pi(x)$ 是不超过 $x \in \mathbb{R}$ 的素数的数目, 则众所周知 (见第三章 §2), 对于很大的值 x, 可以按照以下公式以很小的相对误差求出 $\pi(x)$:

$$\pi(x) \approx \frac{x}{\ln x}.$$

例 5. 关系式

$$\sin x \approx x \quad \text{或} \quad \ln(1+x) \approx x$$

更为平凡, 但不失重要性. x 越接近零, 它们的相对误差就越小 (见第五章 §3). 在需要时可以修正这些关系式,

$$\sin x \approx x - \frac{1}{3!}x^3, \quad \ln(1+x) \approx x - \frac{1}{2}x^2,$$

即按照泰勒公式补充后续的一项或更多项.

于是, 对于我们所研究的由相应参数描述的现象, 问题在于利用该现象在某一个参数 (或参数组合) 很小 (趋于零) 或很大 (趋于无穷大) 时出现的特性, 以便找到易于观察的、方便的并且在本质上正确的描述方法.

因此, 这本质上还是讨论极限运算理论.

这类问题称为渐近问题. 可以理解, 实际上在数学和自然科学的各个分支都会出现这类问题.

求解渐近问题通常包括以下步骤: 完成极限过渡并寻求渐近式 (主项), 即适当简化对现象的描述; 估计所得渐近公式在应用中所导致的误差, 并分析渐近公式的适用范围; 修正渐近式主项, 这类似于在泰勒公式中补充后续的一项 (但远非总是有现成的算法可循).

求解渐近问题的方法 (称为渐近方法) 通常与问题的特点密切相关. 当然, 泰勒公式属于罕见而又相当一般的、同时又很基本的一类渐近方法, 它是微分学最重要的关系式之一.

这一章应当为读者提供数学分析中的基本渐近方法的一些初步知识.

我们在 §1 中引入与基本渐近方法有关的一般概念和定义, 在 §2 中利用它们叙述用来构造拉普拉斯积分渐近展开式的拉普拉斯方法. 拉普拉斯在研究概率论

的极限定理时发现了这个方法, 它是后来由黎曼发展起来的鞍点法的最重要的组成部分, 后者通常在复分析教程中加以叙述. 在参考文献所列出的专业文献中可以找到关于各种渐近方法的后续知识, 在这些文献中又有关于这一系列问题的丰富的文献资料.

§1. 渐近公式和渐近级数

1. 基本定义

a. 渐近估计和渐近等式. 为了完整, 我们首先回忆一些定义并给出一些说明.

定义 1. 设 $f: X \to Y$ 和 $g: X \to Y$ 是定义在集合 X 上的实函数、复函数或一般的向量函数 (与集合 Y 的性质相对应), $\mathcal{B}$ 是 X 中的基, 则按照定义, 关系式

$$f = O(g) \text{ 或 } f(x) = O(g(x)), \ x \in X,$$
$$f = O(g) \text{ 或 } f(x) = O(g(x)), \text{ 在基 } \mathcal{B} \text{ 上},$$
$$f = o(g) \text{ 或 } f(x) = o(g(x)), \text{ 在基 } \mathcal{B} \text{ 上}$$

表示, 等式 $|f(x)| = \alpha(x)|g(x)|$ 中的实函数 $\alpha(x)$ 分别是 X 上的有界函数, 基 $\mathcal{B}$ 上的最终有界函数和基 $\mathcal{B}$ 上的无穷小函数.

这些关系式通常称为 (函数 f 的) 渐近估计.

按照定义, 关系式

$$f \sim g \text{ 或 } f(x) \sim g(x), \text{ 在基 } \mathcal{B} \text{ 上}$$

表示在基 $\mathcal{B}$ 上 $f(x) = g(x) + o(g(x))$. 我们通常说, 上述函数在基 $\mathcal{B}$ 上渐近等价或渐近相等[①], 而相应关系式称为渐近等式.

渐近估计和渐近等式统称为渐近公式.

在不必明确指出函数自变量的地方, 通常采用我们已经系统使用的简洁记号 $f = o(g), f = O(g), f \sim g$.

如果 $f = O(g)$, 并且同时 $g = O(f)$, 我们就写出 $f \asymp g$ 并说, f 和 g 在给定的基上是同阶量.

在我们的以下研究中, $Y = \mathbb{C}$ 或 $Y = \mathbb{R}$; $X \subset \mathbb{C}$ 或 $X \subset \mathbb{R}$; $\mathcal{B}$ 照例是基 $X \ni x \to 0$ 或 $X \ni x \to \infty$.

[①] 值得注意, 还经常用记号 $\simeq$ 表示渐近相等.

特别地, 利用上述记号可以写出

$$\cos x = O(1), \ x \in \mathbb{R},$$
$$\cos z \neq O(1), \ z \in \mathbb{C},$$
$$e^z = 1 + z + o(z), \ z \to 0, \ z \in \mathbb{C},$$
$$(1+x)^\alpha = 1 + \alpha x + o(x), \ x \to 0, \ x \in \mathbb{R},$$
$$\pi(x) = \frac{x}{\ln x} + o\Big(\frac{x}{\ln x}\Big), \ x \to +\infty, \ x \in \mathbb{R}.$$

附注 1. 值得指出, 渐近等式只是一些极限关系式, 它们可以用于计算, 但事先应当额外估计余项. 我们在讨论泰勒公式时已经提到这一点. 此外还应当注意, 一般而言, 渐近等式使我们能够以小的相对误差进行计算, 而不是以小的绝对误差进行计算. 例如, 当 $x \to +\infty$ 时, 差 $\pi(x) - \dfrac{x}{\ln x}$ 不趋于零, 因为当 x 取每一个素数值时, 函数 $\pi(x)$ 都具有单位突跃. 与此同时, 用 $\dfrac{x}{\ln x}$ 代替 $\pi(x)$ 的相对误差趋于零:

$$\frac{o\Big(\dfrac{x}{\ln x}\Big)}{\dfrac{x}{\ln x}} \to 0, \ x \to +\infty.$$

我们在下面将看到, 这种情况导致对计算很重要的一些渐近级数, 它们所关心的是近似的相对误差, 而不是绝对误差. 因此, 与经典级数不同, 这些级数经常发散. 对于经典级数, 当 $n \to +\infty$ 时, 被近似的函数与级数前 n 项部分和之差的绝对值趋于零.

考虑获得渐近公式的一些实例.

例 6. 计算 $n!$ 或 $\ln n!$ 的值的计算量随 $n \in \mathbb{N}$ 的增长而增长. 但是, 利用 n 很大的条件, 我们也可以得到一个用来近似计算 $\ln n!$ 的方便的渐近公式.

从明显的关系式

$$\int_1^n \ln x\,dx = \sum_{k=2}^n \int_{k-1}^k \ln x\,dx < \sum_{k=1}^n \ln k < \sum_{k=2}^n \int_k^{k+1} \ln x\,dx = \int_2^{n+1} \ln x\,dx$$

可知,

$$0 < \ln n! - \int_1^n \ln x\,dx < \int_1^2 \ln x\,dx + \int_n^{n+1} \ln x\,dx < \ln 2(n+1).$$

但是,

$$\int_1^n \ln x\,dx = n(\ln n - 1) + 1 = n\ln n - (n-1),$$

所以当 $n \to \infty$ 时,

$$\ln n! = \int_1^n \ln x\,dx + O(\ln 2(n+1)) = n\ln n - (n-1) + O(\ln n) = n\ln n + O(n).$$

因为当 $n \to +\infty$ 时 $O(n) = o(n\ln n)$, 所以当 $n \to +\infty$ 时, 公式 $\ln n! \approx n\ln n$ 的相对误差趋于零.

例 7. 我们来证明, 当 $x \to +\infty$ 时, 函数
$$f_n(x) = \int_1^x \frac{e^t}{t^n} dt \quad (n \in \mathbb{N})$$
渐近等价于函数 $g_n(x) = x^{-n} e^x$. 因为当 $x \to +\infty$ 时 $g_n(x) \to +\infty$, 所以应用洛必达法则, 求出
$$\lim_{x \to +\infty} \frac{f_n(x)}{g_n(x)} = \lim_{x \to +\infty} \frac{f_n'(x)}{g_n'(x)} = \lim_{x \to +\infty} \frac{x^{-n} e^x}{x^{-n} e^x - n x^{-n-1} e^x} = 1.$$

例 8. 我们来更精确地求出函数
$$f(x) = \int_1^x \frac{e^t}{t} dt$$
的渐近行为, 这个函数与积分指数
$$\mathrm{Ei}(x) = \int_{-\infty}^x \frac{e^t}{t} dt$$
只相差一个常数.

利用分部积分法得到
$$f(x) = \left.\frac{e^t}{t}\right|_1^x + \int_1^x \frac{e^t}{t^2} dt = \left(\frac{e^t}{t} + \frac{e^t}{t^2}\right)\bigg|_1^x + \int_1^x \frac{2 e^t}{t^3} dt$$
$$= \left(\frac{e^t}{t} + \frac{1!\, e^t}{t^2} + \frac{2!\, e^t}{t^3}\right)\bigg|_1^x + \int_1^x \frac{3!\, e^t}{t^4} dt$$
$$= e^t \left(\frac{0!}{t} + \frac{1!}{t^2} + \frac{2!}{t^3} + \cdots + \frac{(n-1)!}{t^n}\right)\bigg|_1^x + \int_1^x \frac{n!\, e^t}{t^{n+1}} dt.$$

当 $x \to +\infty$ 时, 如例 7 所述, 最后的积分是 $O(x^{-(n+1)} e^x)$. 让 $t=1$ 时得到的常数 $-e \sum_{k=1}^{n} (k-1)!$ 也包括在 $O(x^{-(n+1)} e^x)$ 内, 我们求出
$$f(x) = e^x \sum_{k=1}^{n} \frac{(k-1)!}{x^k} + O\left(\frac{e^x}{x^{n+1}}\right), \quad x \to +\infty.$$

近似等式
$$f(x) \approx \sum_{k=1}^{n} \frac{(k-1)!}{x^k} e^x$$

的误差 $O\left(\dfrac{e^x}{x^{n+1}}\right)$ 与该求和式中包括最后一项在内的每一项相比都是渐近无穷小. 与此同时, 当 $x \to +\infty$ 时, 求和式中的后续每一项与前一项相比都是无穷小, 所以自然应当把由类似公式给出的越来越精确的序列写为由函数 f 产生的级数的

形式:
$$f(x) \simeq e^x \sum_{k=1}^{\infty} \frac{(k-1)!}{x^k}.$$

我们指出, 这个级数显然对于任何值 $x \in \mathbb{R}$ 都发散, 所以不能写出
$$f(x) = e^x \sum_{k=1}^{\infty} \frac{(k-1)!}{x^k}.$$

因此, 我们在这里遇到了一种新的、显然有价值的关于级数的渐近观点. 与经典情形不同, 这种观点关注所考虑的函数的相对近似, 而不是绝对近似; 这种级数的部分和并非用于求函数在一些具体点的近似值, 而是用于描述函数值在所考虑的极限过程中的集体行为 (本例中的极限过程是 x 趋于 $+\infty$).

b. 渐近序列和渐近级数

定义 2. 设 $f(x)$ 是定义在集合 X 上的函数, $\mathcal{B}$ 是集合 X 中的基. 我们把在基 $\mathcal{B}$ 上成立的渐近公式序列
$$f(x) = \psi_0(x) + o(\psi_0(x)),$$
$$f(x) = \psi_0(x) + \psi_1(x) + o(\psi_1(x)),$$
$$\vdots$$
$$f(x) = \psi_0(x) + \psi_1(x) + \cdots + \psi_n(x) + o(\psi_n(x)),$$
$$\vdots$$

写为关系式
$$f(x) \simeq \psi_0(x) + \psi_1(x) + \cdots + \psi_n(x) + \cdots,$$
或简写为
$$f(x) \simeq \sum_{k=0}^{\infty} \psi_k(x),$$
并称之为函数 f 在给定的基 $\mathcal{B}$ 上的渐近展开式.

从这个定义可以看出, 在渐近展开式中永远有
$$o(\psi_n(x)) = \psi_{n+1}(x) + o(\psi_{n+1}(x)), \text{ 在基 } \mathcal{B} \text{ 上}.$$
因此, 对于任何 $n = 0, 1, \cdots$,
$$\psi_{n+1}(x) = o(\psi_n(x)), \text{ 在基 } \mathcal{B} \text{ 上},$$
即展开式中后续每一项与前一项相比都是渐近意义下更精确的修正.

渐近展开式通常以一系列函数的线性组合
$$c_0\varphi_0(x) + c_1\varphi_1(x) + \cdots + c_n\varphi_n(x) + \cdots$$
的形式出现, 而这些函数组成便于求解具体问题的函数序列 $\{\varphi_n(x)\}$.

定义 3. 设 X 是具有给定的基 $\mathcal{B}$ 的集合, $\{\varphi_n(x)\}$ 是定义在 X 上的函数序列. 如果 (对于该序列中任何相邻的两项 φ_n, φ_{n+1}) 在基 $\mathcal{B}$ 上 $\varphi_{n+1}(x) = o(\varphi_n(x))$, 并且任何函数 $\varphi_n \in \{\varphi_n(x)\}$ 在基 $\mathcal{B}$ 的任何元素上都不恒等于零, 则函数序列 $\{\varphi_n(x)\}$ 称为基 $\mathcal{B}$ 上的渐近序列.

附注 2. 在基 $\mathcal{B}$ 的元素 B 上 $(\varphi_n|_B)(x) \not\equiv 0$ 的条件是自然的, 否则所有函数 $\varphi_{n+1}, \varphi_{n+2}, \cdots$ 在 B 上恒等于零, 函数系 $\{\varphi_n\}$ 在渐近意义下就过于平凡了.

例 9. 以下序列显然是渐近序列:

a) $1, x, x^2, \cdots, x^n, \cdots, x \to 0$;

b) $1, \dfrac{1}{x}, \dfrac{1}{x^2}, \cdots, \dfrac{1}{x^n}, \cdots, x \to \infty$;

c) $x^{p_1}, x^{p_2}, \cdots, x^{p_n}, \cdots$, 当 $p_1 < p_2 < \cdots < p_n < \cdots$ 时在基 $x \to 0$ 上, 当 $p_1 > p_2 > \cdots > p_n > \cdots$ 时在基 $x \to \infty$ 上;

d) 一个渐近序列的每一项都乘以同一个函数后得到的序列 $\{g(x)\varphi_n(x)\}$.

定义 4. 如果 $\{\varphi_n\}$ 是基 $\mathcal{B}$ 上的渐近序列, 则形如
$$f(x) \simeq c_0\varphi_0(x) + c_1\varphi_1(x) + \cdots + c_n\varphi_n(x) + \cdots$$
的渐近展开式称为函数 f 在基 $\mathcal{B}$ 上关于渐近序列 $\{\varphi_n\}$ 的渐近展开式或渐近级数.

附注 3. 渐近级数的概念 (用于幂级数) 是由庞加莱提出的 (1886 年), 他在研究天体力学时大量使用了渐近展开式. 但是, 渐近级数本身以及得到渐近级数的一些方法在数学中出现得更早一些. 关于庞加莱提出的渐近展开式的概念 (即我们在定义 2—4 中叙述的概念) 的可能的推广, 可以参考本节习题 5.

2. 渐近级数的一般知识

a. 渐近展开式的唯一性. 在讨论函数在某个基 $\mathcal{B}$ 上的渐近行为时, 我们只关心其极限行为的特征. 因此, 一般而言, 如果某两个不同的函数 f 和 g 在基 $\mathcal{B}$ 的某个元素上相等, 则它们在基 $\mathcal{B}$ 上具有同样的渐近行为, 所以应当认为它们在渐近意义下相等.

此外, 如果预先给定一个渐近序列 $\{\varphi_n\}$ 并希望得到关于它的渐近展开式, 则应当注意, 任何这样的函数系 $\{\varphi_n\}$ 都有局限性, 即总可以找到一个函数, 使它与渐近序列 $\{\varphi_n\}$ 中的任何项 φ_n 相比都是给定的基上的无穷小.

例 10. 设 $\varphi_n(x) = 1/x^n$, $n = 0, 1, \cdots$, 则当 $x \to +\infty$ 时, $e^{-x} = o(\varphi_n(x))$.

因此，自然采用以下定义.

定义 5. 如果 $\{\varphi_n(x)\}$ 是基 $\mathcal{B}$ 上的渐近序列，并且对于每一个 $n = 0, 1, \cdots$，函数 f 都满足在基 $\mathcal{B}$ 上 $f(x) = o(\varphi_n(x))$ 的条件，则函数 f 称为基 $\mathcal{B}$ 上关于序列 $\{\varphi_n(x)\}$ 的渐近零函数.

定义 6. 如果 $\{\varphi_n(x)\}$ 是基 $\mathcal{B}$ 上的渐近序列，并且函数 f 与函数 g 之差 $f - g$ 是基 $\mathcal{B}$ 上关于序列 $\{\varphi_n\}$ 的渐近零函数，我们就说，函数 f 与 g 在基 $\mathcal{B}$ 上关于序列 $\{\varphi_n\}$ 渐近重合.

命题 1 (渐近展开式的唯一性). 设 $\{\varphi_n\}$ 是某个基 $\mathcal{B}$ 上的渐近序列.

a) 如果函数 f 具有在基 $\mathcal{B}$ 上关于序列 $\{\varphi_n\}$ 的渐近展开式，则该展开式是唯一的.

b) 如果函数 f 和 g 都具有在基 $\mathcal{B}$ 上关于序列 $\{\varphi_n\}$ 的渐近展开式，则这些展开式相同的充分必要条件是函数 f 与 g 在基 $\mathcal{B}$ 上关于序列 $\{\varphi_n\}$ 渐近重合.

◂ a) 设函数 φ 在基 $\mathcal{B}$ 的各元素上不恒等于零.

我们来证明，如果 $f(x) = o(\varphi(x))$ 和 $f(x) = c\varphi(x) + o(\varphi(x))$ 在基 $\mathcal{B}$ 上同时成立，则 $c = 0$.

其实，在基 $\mathcal{B}$ 上，$|f(x)| \geqslant |c\varphi(x)| - |o(\varphi(x))| = |c||\varphi(x)| - o(|\varphi(x)|)$. 于是，如果 $|c| > 0$，则可以找到基 $\mathcal{B}$ 的元素 B_1，使不等式 $|f(x)| \geqslant |c||\varphi(x)|/2$ 在该元素的任何点都成立. 而如果在基 $\mathcal{B}$ 上 $f(x) = o(\varphi(x))$，则可以找到基 $\mathcal{B}$ 的元素 B_2，使 $|f(x)| \leqslant |c||\varphi(x)|/3$ 在该元素的任何点都成立. 因此，在任何点 $x \in B_1 \cap B_2$，不等式 $|c||\varphi(x)|/2 \leqslant |c||\varphi(x)|/3$ 应当成立，而在 $|c| \neq 0$ 的假设下，不等式 $3|\varphi(x)| \leqslant 2|\varphi(x)|$ 应当成立. 但是，只要 $\varphi(x) \neq 0$ 在一个点 $x \in B_1 \cap B_2$ 成立，上述不等式就不可能成立.

现在考虑函数 f 关于序列 $\{\varphi_n\}$ 的渐近展开式.

设在基 $\mathcal{B}$ 上 $f(x) = c_0\varphi_0(x) + o(\varphi_0(x))$，$f(x) = \tilde{c}_0\varphi_0(x) + o(\varphi_0(x))$. 两者相减，则在基 $\mathcal{B}$ 上 $0 = (c_0 - \tilde{c}_0)\varphi_0(x) + o(\varphi_0(x))$. 但是，在基 $\mathcal{B}$ 上 $0 = o(\varphi_n(x))$，因此，根据上述结果，$c_0 - \tilde{c}_0 = 0$.

如果已经证明了，函数 f 关于函数系 $\{\varphi_n\}$ 的两个展开式中的系数分别相等，即 $c_0 = \tilde{c}_0, \cdots, c_{n-1} = \tilde{c}_{n-1}$，则用同样的方法从等式

$$f(x) = c_0\varphi_0(x) + \cdots + c_{n-1}\varphi_{n-1}(x) + c_n\varphi_n(x) + o(\varphi_n(x)),$$
$$f(x) = c_0\varphi_0(x) + \cdots + c_{n-1}\varphi_{n-1}(x) + \tilde{c}_n\varphi_n(x) + o(\varphi_n(x))$$

得到，$c_n = \tilde{c}_n$ 也成立.

我们用归纳法断定，命题 a) 成立.

b) 如果对于任何 $n = 0, 1, \cdots$, 在基 $\mathcal{B}$ 上
$$f(x) = c_0\varphi_0(x) + \cdots + c_n\varphi_n(x) + o(\varphi_n(x)),$$
$$g(x) = c_0\varphi_0(x) + \cdots + c_n\varphi_n(x) + o(\varphi_n(x)),$$

则对任何 $n = 0, 1, \cdots$, 在基 $\mathcal{B}$ 上 $f(x) - g(x) = o(\varphi_n(x))$. 因此, 函数 f 与 g 关于渐近序列 $\{\varphi_n(x)\}$ 渐近重合.

逆命题得自 a), 因为我们取差 $f - g$ 作为渐近零函数, 而渐近零函数应当只有零渐近展开式. ▶

附注 4. 我们讨论了渐近展开式的唯一性问题. 但是, 我们强调, 函数关于预先给定的渐近序列的渐近展开式本身远非必然存在, 两个函数 f 和 g 一般也未必能用基 $\mathcal{B}$ 上的渐近关系式 $f = O(g)$, $f = o(g)$, $f \sim g$ 之一联系起来.

例如, 相当一般的泰勒渐近公式指出一个具体的函数类 (在 $x = 0$ 有前 n 阶导数的函数), 其中每一个函数显然具有渐近表达式
$$f(x) = f(0) + \frac{1}{1!}f'(0)x + \cdots + \frac{1}{n!}f^{(n)}(0)x^n + o(x^n),\ x \to 0.$$

但是, 对于函数 $x^{1/2}$, 我们已经无法给出它关于函数系 $1, x, x^2, \cdots$ 的渐近展开式了. 因此, 不应当认为一个渐近序列是某一种标准的渐近序列, 也不应当认为任何函数都具有关于这个标准渐近序列的展开式. 渐近行为的可能形式远远多于一个固定的渐近序列所能描述的渐近行为. 所以, 描述一个函数的渐近行为, 与其说是求出它关于预先给出的渐近函数系的展开式, 不如说是寻求这样的渐近函数系. 例如, 在计算初等函数的不定积分时, 不能预先要求其结果是一些确定的初等函数的组合, 因为它可能根本不是初等函数. 与计算不定积分类似, 在寻求渐近公式时, 我们关注的是让结果比原始表达式更简单并更便于研究.

b. 渐近公式的容许运算. 我们在极限理论 (第三章 §2 命题 4) 中已经研究过符号 o 和 O 的初等算术性质 ($o(g) + o(g) = o(g)$, $o(g) + O(g) = O(g) + O(g) = O(g)$, 等等). 从这些性质和渐近展开式的定义可以得到一个明显的命题.

命题 2 (渐近展开的线性性质). 如果函数 f 和 g 具有在基 $\mathcal{B}$ 上关于渐近序列 $\{\varphi_n\}$ 的渐近展开式
$$f \simeq \sum_{n=0}^{\infty} a_n\varphi_n,\quad g \simeq \sum_{n=0}^{\infty} b_n\varphi_n,$$

则它们的线性组合 $\alpha f + \beta g$ 也具有这样的展开式, 并且
$$(\alpha f + \beta g) \simeq \sum_{n=0}^{\infty} (\alpha a_n + \beta b_n)\varphi_n.$$

下面考虑渐近展开式乃至更一般的渐近公式的一些更特殊的性质.

命题 3 (渐近等式的积分运算). 设 f 是区间 $I = [a, \omega[$ (或 $I =]\omega, a]$) 上的连续函数.

a) 如果函数 g 是区间 I 上的连续非负函数, 积分 $\int_a^\omega g(x)\,dx$ 发散, 而
$$F(x) = \int_a^x f(t)\,dt, \quad G(x) = \int_a^x g(t)\,dt,$$
则从关系式
$$f(x) = O(g(x)), \quad f(x) = o(g(x)), \quad f(x) \sim g(x), \quad I \ni x \to \omega$$
分别得到
$$F(x) = O(G(x)), \quad F(x) = o(G(x)), \quad F(x) \sim G(x).$$

b) 如果区间 $I = [a, \omega[$ 上的连续正函数 $\varphi_n(x)$ $(n = 0, 1, \cdots)$ 当 $I \ni x \to \omega$ 时组成渐近序列, 而当 $x \in I$ 时积分 $\Phi_n(x) = \int_x^\omega \varphi_n(t)\,dt$ 收敛, 则当 $I \ni x \to \omega$ 时, 函数 $\Phi_n(x)$ $(n = 0, 1, \cdots)$ 也组成渐近序列.

c) 如果积分 $\mathcal{F}(x) = \int_x^\omega f(t)\,dt$ 收敛, 并且当 $I \ni x \to \omega$ 时, 函数 $f(x)$ 具有关于 b) 中的渐近序列 $\{\varphi_n(x)\}$ 的渐近展开式 $f(x) \simeq \sum_{n=0}^\infty c_n \varphi_n(x)$, 则 $\mathcal{F}$ 的渐近展开式 $\mathcal{F}(x) \simeq \sum_{n=0}^\infty c_n \Phi_n(x)$ 成立.

◀ a) 如果当 $I \ni x \to \omega$ 时 $f(x) = O(g(x))$, 则可以找到点 $x_0 \in I$ 和常数 M, 使 $|f(x)| \leqslant M|g(x)|$ 当 $x \in [x_0, \omega[$ 时成立. 因此, 当 $x \in [x_0, \omega[$ 时, 我们有
$$\left|\int_a^x f(t)\,dt\right| \leqslant \left|\int_a^{x_0} f(t)\,dt\right| + M\left|\int_{x_0}^x g(t)\,dt\right| = O\left(\int_a^x g(t)\,dt\right).$$

为了证明其余两个关系式, 可以 (像例 7 一样) 利用洛必达法则, 再考虑到当 $I \ni x \to \omega$ 时 $G(x) = \int_a^x g(t)\,dt \to \infty$, 从而得到
$$\lim_{I \ni x \to \omega} \frac{F(x)}{G(x)} = \lim_{I \ni x \to \omega} \frac{F'(x)}{G'(x)} = \lim_{I \ni x \to \omega} \frac{f(x)}{g(x)}.$$

b) 因为当 $I \ni x \to \omega$ 时 $\Phi_n(x) \to 0$ $(n = 0, 1, \cdots)$, 所以再次应用洛必达法则后求出
$$\lim_{I \ni x \to \omega} \frac{\Phi_{n+1}(x)}{\Phi_n(x)} = \lim_{I \ni x \to \omega} \frac{\Phi'_{n+1}(x)}{\Phi'_n(x)} = \lim_{I \ni x \to \omega} \frac{\varphi_{n+1}(x)}{\varphi_n(x)} = 0.$$

c) 关系式
$$f(x) = c_0 \varphi_0(x) + c_1 \varphi_1(x) + \cdots + c_n \varphi_n(x) + r_n(x)$$
中的函数 $r_n(x)$ 是 I 上的连续函数之差, 它本身也在 I 上连续. 显然, 当 $I \ni x \to \omega$ 时 $R_n(x) = \int_x^\omega r_n(t)\,dt \to 0$. 但是, 当 $I \ni x \to \omega$ 时, $r_n(x) = o(\varphi_n(x))$, $\Phi_n(x) \to 0$,

所以从洛必达法则推出, 当 $I \ni x \to \omega$ 时, 等式

$$\mathcal{F}(x) = c_0 \Phi_0(x) + c_1 \Phi_1(x) + \cdots + c_n \Phi_n(x) + R_n(x)$$

中的量 $R_n(x)$ 是 $o(\Phi_n(x))$. ▶

附注 5. 一般而言, 不能对渐近等式和渐近级数进行微分运算.

例 11. 函数 $f(x) = e^{-x} \sin e^x$ 在 $\mathbb{R}$ 上连续可微, 并且当 $x \to +\infty$ 时是关于渐近序列 $\{1/x^n\}$ 的渐近零函数. 函数 $1/x^n$ 的导数在不计常因子时仍然具有 $1/x^k$ 的形式, 但是当 $x \to +\infty$ 时, 函数 $f'(x) = -e^{-x} \sin e^x + \cos e^x$ 不但不是渐近零函数, 而且根本没有关于序列 $\{1/x^n\}$ 的渐近展开式.

3. 渐近幂级数. 最后, 我们来详细研究特别常见的渐近幂级数展开式, 尽管它们有时也像例 8 一样以某种更一般的形式出现.

考虑当 $x \to 0$ 时关于渐近序列 $\{x^n; n = 0, 1, \cdots\}$ 的渐近展开式, 及当 $x \to \infty$ 时关于渐近序列 $\{1/x^n; n = 0, 1, \cdots\}$ 的渐近展开式. 因为这两个展开式通过变换 $x = 1/u$ 可以相互转化, 所以我们仅对前者提出相应的命题, 然后指出由此得到适用于后者的命题时的一些注意事项.

命题 4. 设 0 是集合 E 的极限点, 并且当 $E \ni x \to 0$ 时,

$$f(x) \simeq a_0 + a_1 x + a_2 x^2 + \cdots, \quad g(x) \simeq b_0 + b_1 x + b_2 x^2 + \cdots,$$

则当 $E \ni x \to 0$ 时,

a) $(\alpha f + \beta g) \simeq \sum_{n=0}^{\infty} (\alpha a_n + \beta b_n) x^n$;

b) $(f \cdot g)(x) \simeq \sum_{n=0}^{\infty} c_n x^n$, 其中 $c_n = a_0 b_n + a_1 b_{n-1} + \cdots + a_n b_0, n = 0, 1, \cdots$;

c) 如果 $b_0 \neq 0$, 则 $\left(\dfrac{f}{g}\right)(x) \simeq \sum_{n=0}^{\infty} d_n x^n$, 其中系数 d_n 得自递推关系式

$$a_0 = b_0 d_0, \quad a_1 = b_0 d_1 + b_1 d_0, \quad \cdots, \quad a_n = \sum_{k=0}^{n} b_k d_{n-k}, \quad \cdots;$$

d) 如果 E 是点 0 的去心邻域或半邻域, 而 f 在 E 上连续, 则

$$\int_0^x f(t)\, dt \simeq a_0 x + \frac{a_1}{2} x^2 + \cdots + \frac{a_{n-1}}{n} x^n + \cdots;$$

e) 如果在 d) 的条件中再补充 $f \in C^{(1)}(E)$ 和

$$f'(x) \simeq a_0' + a_1' x + \cdots,$$

则 $a_n' = (n+1) a_{n+1}, n = 0, 1, \cdots$.

◀ a) 这是命题 2 的特例.

b) 利用符号 $o(\cdot)$ 的性质 (见第三章 §2 命题 4), 我们得到, 当 $E \ni x \to 0$ 时,

$$(f \cdot g)(x) = f(x) \cdot g(x)$$
$$= (a_0 + a_1 x + \cdots + a_n x^n + o(x^n))(b_0 + b_1 x + \cdots + b_n x^n + o(x^n))$$
$$= (a_0 b_0) + (a_0 b_1 + a_1 b_0)x + \cdots + (a_0 b_n + a_1 b_{n-1} + \cdots + a_n b_0)x^n + o(x^n).$$

c) 如果 $b_0 \neq 0$, 则当 x 接近零时, $g(x) \neq 0$, 从而可以考虑比值 $f(x)/g(x) = h(x)$. 我们来验证, 如果按照命题 c) 选取表达式 $h(x) = d_0 + d_1 x + \cdots + d_n x^n + r_n(x)$ 中的系数 $d_0, \cdots, d_n$, 则当 $E \ni x \to 0$ 时 $r_n(x) = o(x^n)$. 从恒等式 $f(x) = g(x)h(x)$ 得到

$$a_0 + a_1 x + \cdots + a_n x^n + o(x^n)$$
$$= (b_0 + b_1 x + \cdots + b_n x^n + o(x^n))(d_0 + d_1 x + \cdots + d_n x^n + r_n(x))$$
$$= (b_0 d_0) + (b_0 d_1 + b_1 d_0)x + \cdots + (b_0 d_n + b_1 d_{n-1} + \cdots + b_n d_0)x^n$$
$$+ b_0 r_n(x) + o(r_n(x)) + o(x^n).$$

由此可知, 当 $E \ni x \to 0$ 时, $o(x^n) = b_0 r_n(x) + o(r_n(x)) + o(x^n)$, 即 $r_n(x) = o(x^n)$, 因为 $b_0 \neq 0$.

d) 这得自命题 3 c), 只要在那里取 $\omega = 0$ 并利用 $-\int_x^0 f(t)\, dt = \int_0^x f(t)\, dt$ 即可.

e) 因为函数 $f'(t)$ 在 $]0, x]$ (或 $[x, 0[$) 上连续并且有界 (当 $x \to 0$ 时趋于 a'_0), 所以积分 $\int_0^x f'(t)\, dt$ 存在. 显然, $f(x) = a_0 + \int_0^x f'(t)\, dt$, 因为当 $x \to 0$ 时 $f(x) \to a_0$. 把 $f'(x)$ 的渐近展开式代入这个等式并利用 d) 中的结果, 得到

$$f(x) \simeq a_0 + a'_0 x + \frac{a'_1}{2} x^2 + \cdots + \frac{a'_{n-1}}{n} x^n + \cdots.$$

现在, 从渐近展开式的唯一性 (命题 1) 得到关系式 $a'_n = (n+1) a_{n+1}$, $n = 0, 1, \cdots$. ▶

推论 1. 如果 U 是无穷大在 $\mathbb{R}$ 中的邻域 (半邻域), 函数 f 在 U 中连续并且具有渐近展开式

$$f(x) \simeq a_0 + \frac{a_1}{x} + \frac{a_2}{x^2} + \cdots + \frac{a_n}{x^n} + \cdots, \quad U \ni x \to \infty,$$

则位于 U 中的区间上的积分

$$\mathcal{F}(x) = \int_x^\infty \left(f(t) - a_0 - \frac{a_1}{t} \right) dt$$

收敛并且具有渐近展开式

$$\mathcal{F}(x) \simeq \frac{a_2}{x} + \frac{a_3}{2x^2} + \cdots + \frac{a_{n+1}}{nx^n} + \cdots, \quad U \ni x \to \infty.$$

◀ 积分显然收敛, 因为
$$f(t) - a_0 - \frac{a_1}{t} \sim \frac{a_2}{t^2}, \quad U \ni t \to \infty.$$
剩余的工作就是利用已知的结果, 例如命题 3 c), 对以下渐近展开式进行积分运算:
$$f(t) - a_0 - \frac{a_1}{t} \simeq \frac{a_2}{t^2} + \frac{a_3}{t^3} + \cdots + \frac{a_n}{t^n} + \cdots, \quad U \ni t \to \infty. \blacktriangleright$$

推论 2. 如果除了推论 1 的条件, 还知道 $f \in C^{(1)}(U)$, 并且 f' 具有渐近展开式
$$f'(x) \simeq a_0' + \frac{a_1'}{x} + \frac{a_2'}{x^2} + \cdots + \frac{a_n'}{x^n} + \cdots, \quad U \ni x \to \infty,$$
则通过对函数 f 的展开式直接进行微分运算也可以得到以上展开式, 并且
$$a_0' = a_1' = 0, \quad a_n' = -(n-1)a_{n-1}, \quad n = 2, 3, \cdots.$$

◀ 当 $U \ni x \to \infty$ 时, 因为 $f'(x) = a_0' + \dfrac{a_1'}{x} + O\left(\dfrac{1}{x^2}\right)$, 所以
$$f(x) = f(x_0) + \int_{x_0}^x f'(t)\, dt = a_0' x + a_1' \ln x + O(1).$$
又因为这时 $f(x) \simeq a_0 + \dfrac{a_1}{x} + \dfrac{a_2}{x^2} + \cdots$, 而序列 $x, \ln x, 1, \dfrac{1}{x}, \dfrac{1}{x^2}, \cdots$ 是渐近序列, 所以根据命题 1 可以断定 $a_0' = a_1' = 0$. 现在, 对展开式 $f'(x) \simeq \dfrac{a_2'}{x^2} + \dfrac{a_3'}{x^3} + \cdots$ 进行积分运算, 根据推论 1 得到函数 $f(x)$ 的展开式, 从而根据展开式的唯一性得到关系式 $a_n' = -(n-1)a_{n-1}, n = 2, 3, \cdots$. ▶

习 题

1. a) 设当 $|z| > R$, $z \in \mathbb{C}$ 时 $h(z) = \sum\limits_{n=0}^{\infty} a_n z^{-n}$. 请证明: 当 $\mathbb{C} \ni z \to \infty$ 时 $h(z) \simeq \sum\limits_{n=0}^{\infty} a_n z^{-n}$.

b) 设方程 $y'(x) + y^2(x) = \sin \dfrac{1}{x^2}$ 的解 $y(x)$ 当 $x \to \infty$ 时具有渐近展开式 $y(x) \simeq \sum\limits_{n=0}^{\infty} c_n x^{-n}$, 请求出其中的前三项.

c) 请证明: 如果当 $|z| < r$, $z \in \mathbb{C}$ 时 $f(z) = \sum\limits_{n=0}^{\infty} a_n z^n$, 而当 $\mathbb{C} \ni z \to 0$ 时 $g(z) \simeq b_1 z + b_2 z^2 + \cdots$, 则函数 $f \circ g$ 在点 $0 \in \mathbb{C}$ 的某去心邻域中有定义, 并且当 $\mathbb{C} \ni z \to 0$ 时 $(f \circ g)(z) \simeq c_0 + c_1 z + c_2 z^2 + \cdots$, 而为了得到这里的系数 $c_0, c_1, \cdots$, 只要像收敛幂级数那样把一个级数代入另一个级数即可.

2. 请证明:

a) 如果 f 在 $x \geqslant 0$ 时是连续单调正函数, 则当 $n \to \infty$ 时,
$$\sum_{k=0}^{n} f(k) = \int_0^n f(x)\, dx + O(f(n)) + O(1);$$

b) 当 $n \to \infty$ 时, $\sum\limits_{k=1}^{n} \dfrac{1}{k} = \ln n + c + o(1)$;

c) 当 $n \to \infty$ 并且 $\alpha > -1$ 时, $\sum_{k=2}^{n} k^\alpha (\ln k)^\beta \sim \dfrac{n^{\alpha+1}(\ln n)^\beta}{\alpha+1}$.

3. 请利用分部积分法求出下列函数当 $x \to +\infty$ 时的渐近展开式:

a) 不完全 Γ 函数 $\Gamma_s(x) = \displaystyle\int_x^{+\infty} t^{s-1} e^{-t} dt$;

b) 误差函数 $\mathrm{erf}(x) = \dfrac{1}{\sqrt{\pi}} \displaystyle\int_{-x}^{x} e^{-t^2} dt$ (注意 $\displaystyle\int_{-\infty}^{\infty} e^{-x^2} dx = \sqrt{\pi}$ 是欧拉-泊松积分);

c) $F(x) = \displaystyle\int_x^{+\infty} \dfrac{e^{it}}{t^\alpha} dt$, 其中 $\alpha > 0$.

4. 请利用以上习题的结果求出下列函数当 $x \to +\infty$ 时的渐近展开式:

a) 积分正弦 $\mathrm{Si}(x) = \displaystyle\int_0^x \dfrac{\sin t}{t} dt$ (注意 $\displaystyle\int_0^\infty \dfrac{\sin t}{t} dt = \dfrac{\pi}{2}$ 是狄利克雷积分);

b) 菲涅耳积分 $C(x) = \displaystyle\int_0^x \cos\dfrac{\pi}{2} t^2 dt$, $S(x) = \displaystyle\int_0^x \sin\dfrac{\pi}{2} t^2 dt$ $\left(\text{注意积分 } \displaystyle\int_0^{+\infty} \cos x^2 dx = \displaystyle\int_0^{+\infty} \sin x^2 dx = \dfrac{1}{2}\sqrt{\dfrac{\pi}{2}}\right)$.

5. 对于由庞加莱引入的关于渐近序列 $\{\varphi_n(x)\}$ 的渐近展开式的上述概念, 艾尔代伊[①]提出了以下推广.

设 X 是一个集合, $\mathcal{B}$ 是 X 中的基, X 上的函数序列 $\{\varphi_n(x)\}$ 是基 $\mathcal{B}$ 上的渐近序列. 如果在 X 上给出函数 $f(x), \psi_0(x), \psi_1(x), \psi_2(x), \cdots$, 并且等式

$$f(x) = \sum_{k=0}^n \psi_k(x) + o(\varphi_n(x)), \text{ 在基 } \mathcal{B} \text{ 上}$$

对于任何 $n = 0, 1, \cdots$ 都成立, 我们就写出

$$f(x) \simeq \sum_{n=0}^\infty \psi_n(x), \{\varphi_n(x)\} \text{ 在基 } \mathcal{B} \text{ 上},$$

并说, 我们有函数 f 在基 $\mathcal{B}$ 上的艾尔代伊意义下的渐近展开式.

a) 请注意, 如果认为 $\varphi_n(x) = x^{-n}$, $n = 0, 1, \cdots$, 则在习题 4 中得到艾尔代伊意义下的渐近展开式.

b) 请证明: 艾尔代伊意义下的渐近展开式不具有唯一性 (可以改变函数 ψ_n).

c) 请证明: 如果给定了集合 X, X 中的基 $\mathcal{B}$, X 上的函数 f 以及序列 $\{\mu_n(x)\}$ 和 $\{\varphi_n(x)\}$, 并且第二个序列是基 $\mathcal{B}$ 上的渐近序列, 则展开式

$$f(x) \simeq \sum_{n=0}^\infty a_n \mu_n(x), \{\varphi_n(x)\} \text{ 在基 } \mathcal{B} \text{ 上}$$

(其中 a_n 是数值系数) 或者是根本不可能的, 或者是唯一的.

6. 一致渐近估计. 设 X 是一个集合, $\mathcal{B}_X$ 是 X 中的基, 再设 $f(x,y), g(x,y)$ 是定义在集合 X 上的依赖于参数 $y \in Y$ 的 (向量值) 函数. 取 $|f(x,y)| = \alpha(x,y)|g(x,y)|$. 如果在 Y 和

[①] 艾尔代伊 (A. Erdélyi, 1908—1977) 是英国数学家.

基 $\mathcal{B}_X$ 上 $\alpha(x,y) \rightrightarrows 0$, $\alpha(x,y)$ 在基 $\mathcal{B}_X$ 上关于 $y \in Y$ 一致最终有界, $f = \alpha \cdot g + o(g)$ 并且在 Y 和基 $\mathcal{B}_X$ 上 $\alpha(x,y) \rightrightarrows 1$ 分别成立, 我们就说, 基 $\mathcal{B}_X$ 上的渐近关系式

$$f(x,y) = o(g(x,y)), \quad f(x,y) = O(g(x,y)), \quad f(x,y) \sim g(x,y)$$

关于参数 y 在集合 Y 上是一致的.

请证明: 如果在集合 $X \times Y$ 中引入基 $\mathcal{B} = \{B_X \times Y\}$, 其元素是基 $\mathcal{B}_X$ 的元素 B_X 与集合 Y 的直积, 则上述定义分别等价于基 $\mathcal{B}$ 上的关系式

$$f(x,y) = o(g(x,y)), \quad f(x,y) = O(g(x,y)), \quad f(x,y) \sim g(x,y).$$

7. 一致渐近展开式. 设 $\mathcal{B}_X$ 是集合 X 中的基. 如果在等式

$$f(x,y) = \sum_{k=0}^{n} a_k(y)\varphi_k(x) + r_n(x,y), \quad n = 0, 1, \cdots$$

中, 在基 $\mathcal{B}_X$ 上关于参数 $y \in Y$ 在集合 Y 上的一致渐近估计 $r_n(x,y) = o(\varphi_n(x))$ 成立, 则渐近展开式

$$f(x,y) \simeq \sum_{n=0}^{\infty} a_n(y)\varphi_n(x), \text{ 在基 } \mathcal{B}_X \text{ 上}$$

称为关于参数 y 在集合 Y 上的一致渐近展开式.

a) 设 Y 是 $\mathbb{R}^n$ 中的可测 (有界) 集合, 并且对于每一个固定值 $x \in X$, 函数 $f(x,y), a_0(y), a_1(y), \cdots$ 在 Y 上可积. 请证明: 在这些条件下, 如果基 $\mathcal{B}_X$ 上的渐近展开式

$$f(x,y) \simeq \sum_{n=0}^{\infty} a_n(y)\varphi_n(x)$$

关于参数 $y \in Y$ 是一致的, 则以下渐近展开式也成立:

$$\int_Y f(x,y)dy \simeq \sum_{n=0}^{\infty} \left(\int_Y a_n(y)\,dy\right)\varphi_n(x), \text{ 在基 } \mathcal{B}_X \text{ 上}.$$

b) 设 $Y = [c,d] \subset \mathbb{R}$. 假设对于每一个固定的 $x \in X$, 函数 $f(x,y)$ 在闭区间 Y 上对 y 连续可微, 并且在某一个 $y_0 \in Y$ 处具有渐近展开式

$$f(x,y_0) \simeq \sum_{n=0}^{\infty} a_n(y_0)\varphi_n(x), \text{ 在基 } \mathcal{B}_X \text{ 上}.$$

请证明: 如果这时关于 $y \in Y$ 的一致渐近展开式

$$\frac{\partial f}{\partial y}(x,y) \simeq \sum_{n=0}^{\infty} \alpha_n(y)\varphi_n(x), \text{ 在基 } \mathcal{B}_X \text{ 上}$$

成立, 其系数 $\alpha_n(y)$ ($n = 0, 1, \cdots$) 对 y 连续, 则原来的函数 $f(x,y)$ 具有关于 $y \in Y$ 的一致渐近展开式

$$f(x,y) \simeq \sum_{n=0}^{\infty} a_n(y)\varphi_n(x), \text{ 在基 } \mathcal{B}_X \text{ 上},$$

其系数 $a_n(y)$ $(n = 0, 1, \cdots)$ 在区间 Y 上光滑地依赖于 y, 并且 $\dfrac{da_n}{dy}(y) = \alpha_n(y)$.

8. 设 $p(x)$ 是闭区间 $c \leqslant x \leqslant d$ 上的光滑正函数, 考虑方程

$$\frac{\partial^2 u}{\partial x^2}(x, \lambda) = \lambda^2 p(x) u(x, \lambda).$$

a) 设在 $[c, d]$ 上 $p(x) \equiv 1$, 请求解以上方程.

b) 设在 $[c, d]$ 上 $0 < m \leqslant p(x) \leqslant M < +\infty$, 并且 $u(c, \lambda) = 1$, $\dfrac{\partial u}{\partial x}(c, \lambda) = 0$. 请在 $x \in [c, d]$ 时分别从下方和上方估计量 $u(x, \lambda)$.

c) 设

$$\ln u(x, \lambda) \simeq \sum_{n=0}^{\infty} c_n(x) \lambda^{1-n}, \quad \lambda \to +\infty,$$

其中 $c_0(x), c_1(x), \cdots$ 是光滑函数. 请利用

$$\left(\frac{u'}{u}\right)' = \frac{u''}{u} - \left(\frac{u'}{u}\right)^2$$

证明:

$$c_0'^2(x) = p(x), \quad \left(c_{n-1}'' + \sum_{k=0}^{n} c_k' \cdot c_{n-k}'\right)(x) = 0.$$

§2. 积分的渐近法 (拉普拉斯方法)

1. 拉普拉斯方法的思路. 本节叙述拉普拉斯方法, 这是构造含参变量的积分的渐近式的相当普遍的方法之一, 而这样的方法并不多见. 我们限于研究形如

$$F(\lambda) = \int_a^b f(x) e^{\lambda S(x)} dx \tag{1}$$

的积分, 其中 $S(x)$ 是实函数, λ 是参变量. 这样的积分通常称为拉普拉斯积分.

例 1. 拉普拉斯变换

$$L(f)(\xi) = \int_0^{+\infty} f(x) e^{-\xi x} dx$$

是拉普拉斯积分的特例.

例 2. 拉普拉斯本人把自己的方法应用于形如 $\displaystyle\int_a^b f(x) \varphi^n(x) dx$ 的积分, 其中 $n \in \mathbb{N}$, 并且在 $]a, b[$ 上 $\varphi(x) > 0$. 这样的积分也是一般的拉普拉斯积分 (1) 的特例, 因为 $\varphi^n(x) = \exp(n \ln \varphi(x))$.

我们关心积分 (1) 在参变量 λ 很大时的渐近式, 更准确地说, 在 $\lambda \to +\infty$, $\lambda \in \mathbb{R}$ 时的渐近式.

§2. 积分的渐近法 (拉普拉斯方法)

为了在叙述拉普拉斯方法的基本思路时不受细枝末节的干扰, 我们认为积分 (1) 中的 $[a, b] = I$ 是有限的闭区间, 函数 $f(x)$ 和 $S(x)$ 在 I 上光滑, 并且 $S(x)$ 在点 $x_0 \in I$ 有唯一的严格极大值 $S(x_0)$. 这时, 函数 $\exp(\lambda S(x))$ 在点 x_0 也有严格极大值. 参数 λ 的值越大, 这个极大值超过这个函数在闭区间 I 上的其他值的程度也越大. 于是, 如果在 x_0 的邻域中 $f(x) \neq 0$, 就可以用点 x_0 的任意小邻域上的积分代替整个积分 (1), 同时使相对误差在 $\lambda \to +\infty$ 时趋于零. 这个结果称为局部化原理. 如果注意到相关数学概念的历史发展过程, 甚至可以说, 拉普拉斯积分的这个局部化原理非常像 δ 型函数族和 δ 函数本身的局部作用原理.

现在, 既然只考虑点 x_0 的一个小邻域上的积分, 就可以用函数 $f(x)$ 和 $S(x)$ 当 $I \ni x \to x_0$ 时的泰勒展开式的主项代替这两个函数.

最后还需要求出所得到的典型积分的渐近式, 这没有特别的困难.

用拉普拉斯方法求积分的渐近式在本质上就是依次完成这些步骤.

例 3. 设 $x_0 = a$, $S'(a) \neq 0$, $f(a) \neq 0$. 这很常见, 例如, 当函数 $S(x)$ 在闭区间 $[a, b]$ 上单调递减时, 这些条件都成立. 在这些条件下, 当 $I \ni x \to a$ 时,

$$f(x) = f(a) + o(1), \quad S(x) = S(a) + (x-a)S'(a) + o(x-a).$$

落实拉普拉斯方法的思路, 对于小的 $\varepsilon > 0$, 当 $\lambda \to +\infty$ 时, 我们求出

$$F(\lambda) \sim \int_a^{a+\varepsilon} f(x) e^{\lambda S(x)} dx \sim f(a) e^{\lambda S(a)} \int_0^\varepsilon e^{\lambda t S'(a)} dt = -\frac{f(a) e^{\lambda S(a)}}{\lambda S'(a)} \left(1 - e^{\lambda S'(a)\varepsilon}\right).$$

因为 $S'(a) < 0$, 由此得到, 在所研究的情况下,

$$F(\lambda) \sim -\frac{f(a) e^{\lambda S(a)}}{\lambda S'(a)}, \quad \lambda \to +\infty. \tag{2}$$

例 4. 设 $a < x_0 < b$, 这时 $S'(x_0) = 0$, 我们还假设 $S''(x_0) \neq 0$, 则 $S''(x_0) < 0$, 因为 x_0 是极大值点.

利用当 $x \to x_0$ 时成立的展开式

$$f(x) = f(x_0) + o(1), \quad S(x) = S(x_0) + \frac{1}{2} S''(x_0)(x-x_0)^2 + o((x-x_0)^2),$$

我们得到, 对于小的 $\varepsilon > 0$, 当 $\lambda \to +\infty$ 时,

$$F(\lambda) \sim \int_{x_0-\varepsilon}^{x_0+\varepsilon} f(x) e^{\lambda S(x)} dx \sim f(x_0) e^{\lambda S(x_0)} \int_{-\varepsilon}^{\varepsilon} e^{\lambda S''(x_0) t^2/2} dt.$$

在最后的积分中完成变量代换 $\lambda S''(x_0) t^2 / 2 = -u^2$ (因为 $S''(x_0) < 0$), 得到

$$\int_{-\varepsilon}^{\varepsilon} e^{\lambda S''(x_0) t^2 / 2} dt = \sqrt{-\frac{2}{\lambda S''(x_0)}} \int_{-\varphi(\lambda, \varepsilon)}^{\varphi(\lambda, \varepsilon)} e^{-u^2} du,$$

并且当 $\lambda \to +\infty$ 时, 这里的 $\varphi(\lambda, \varepsilon) = \sqrt{-\frac{\lambda S''(x_0)}{2}} \varepsilon \to +\infty$.

利用
$$\int_{-\infty}^{\infty} e^{-u^2} du = \sqrt{\pi},$$
我们现在求出拉普拉斯积分在上述情况下的渐近式主项:
$$F(\lambda) \sim \sqrt{-\frac{2\pi}{\lambda S''(x_0)}} f(x_0) e^{\lambda S(x_0)}, \quad \lambda \to +\infty. \tag{3}$$

例 5. 如果 $x_0 = a$, 但 $S'(a) = 0$, $S''(a) < 0$, 则像例 4 那样讨论, 在这里得到
$$F(\lambda) \sim \int_a^{a+\varepsilon} f(x) e^{\lambda S(x)} dx \sim f(a) e^{\lambda S(a)} \int_0^{\varepsilon} e^{\lambda S''(a) t^2/2} dt,$$
所以
$$F(\lambda) \sim \frac{1}{2} \sqrt{-\frac{2\pi}{\lambda S''(a)}} f(a) e^{\lambda S(a)}, \quad \lambda \to +\infty. \tag{4}$$

我们在探索和启发的层面上得到了拉普拉斯积分 (1) 的渐近式的三个最常用的公式 (2)–(4).

从上述研究明显看出, 在研究任何积分
$$\int_X f(x, \lambda) dx \tag{5}$$
在 $\lambda \to +\infty$ 时的渐近式时, 成功应用拉普拉斯方法的前提条件是: a) 局部化原理对这个积分成立 (即当 $\lambda \to +\infty$ 时, 可以把整个积分改为某些特殊点的任意小邻域上的等价的积分), 以及 b) 在这样的局部积分里, 可以把被积函数改为比较简单的函数, 使相应渐近式与待求渐近式一致并且易于求解.

例如, 如果积分 (1) 中的函数 $S(x)$ 在闭区间 $[a, b]$ 上有几个局部极大值点 $x_0, x_1, \cdots, x_n$, 则利用积分的可加性, 我们在很小的相对误差下把积分 (1) 改为原被积函数的积分之和, 相应积分域是各极值点 $x_0, x_1, \cdots, x_n$ 的充分小邻域 $U(x_j)$, 使各极值点分别位于一个邻域中. 如前所述, 当 $\lambda \to +\infty$ 时, 积分
$$\int_{U(x_j)} f(x) e^{\lambda S(x)} dx$$
的渐近式不依赖于邻域 $U(x_j)$ 本身的大小, 所以这个积分当 $\lambda \to +\infty$ 时的渐近展开式记为 $F(\lambda, x_j)$ 并称为点 x_j 对积分 (1) 的渐近展开式的贡献.

因此, 在一般表述下, 局部化原理表明, 积分 (5) 的渐近展开式是被积函数在某种意义下的全部特殊点的贡献之和 $\sum_j F(\lambda, x_j)$.

对于积分 (1), 这些特殊点是指函数 $S(x)$ 的极大值点, 而从公式 (2)–(4) 可见, 主要贡献仅仅来自闭区间 $[a, b]$ 上使函数 $S(x)$ 达到绝对极大值的局部极值点.

我们在本节以下各小节中将详细研究这里提出的一般构想, 然后考虑拉普拉斯方法的一些有益的应用. 在许多应用中, 上述结果已经足以解决问题. 下面还将指出如何获得渐近式主项之后的整个渐近级数.

2. 拉普拉斯积分的局部化原理

引理 1 (指数型估计). 设 $M = \sup\limits_{a<x<b} S(x) < \infty$, 并且对于某个值 $\lambda_0 > 0$, 积分 (1) 绝对收敛, 则它对于任何值 $\lambda \geqslant \lambda_0$ 都绝对收敛, 并且以下估计成立:

$$|F(\lambda)| \leqslant \int_a^b |f(x)e^{\lambda S(x)}|\, dx \leqslant Ae^{\lambda M}, \tag{6}$$

其中 $A \in \mathbb{R}$.

◀ 其实, 当 $\lambda \geqslant \lambda_0$ 时,

$$|F(\lambda)| = \left|\int_a^b f(x)e^{\lambda S(x)} dx\right| = \left|\int_a^b f(x)e^{\lambda_0 S(x)} e^{(\lambda-\lambda_0)S(x)} dx\right|$$

$$\leqslant e^{(\lambda-\lambda_0)M} \int_a^b |f(x)e^{\lambda_0 S(x)}|\, dx = \left(e^{-\lambda_0 M}\int_a^b |f(x)e^{\lambda_0 S(x)}|\, dx\right) e^{\lambda M}. ▶$$

引理 2 (对极大值点的贡献的估计). 设对于某个值 $\lambda = \lambda_0$, 积分 (1) 绝对收敛, 并且在积分区间 I 的内部或边界上可以找到点 x_0, 使 $S(x_0) = \sup\limits_{a<x<b} S(x) = M$. 如果函数 $f(x)$ 和 $S(x)$ 在点 x_0 连续, 并且 $f(x_0) \neq 0$, 则对于任何 $\varepsilon > 0$ 和点 x_0 在 I 中的任何充分小邻域 $U_I(x_0)$, 估计

$$\left|\int_{U_I(x_0)} f(x)e^{\lambda S(x)}\, dx\right| \geqslant Be^{\lambda(S(x_0)-\varepsilon)} \tag{7}$$

在 $\lambda \geqslant \max\{\lambda_0, 0\}$ 时成立, 其中 $B > 0$ 是常数.

◀ 对于固定的 $\varepsilon > 0$, 取满足条件 $|f(x)| \geqslant |f(x_0)|/2$ 和 $S(x_0) - \varepsilon \leqslant S(x) \leqslant S(x_0)$ 的任何邻域 $U_I(x_0)$. 认为 f 是实值的[①], 从而可以断定, 函数 f 的值在 $U_I(x)$ 中具有相同的符号. 这使我们在 $\lambda \geqslant \max\{\lambda_0, 0\}$ 时能够写出

$$\left|\int_{U_I(x_0)} f(x)e^{\lambda S(x)}\, dx\right| = \int_{U_I(x_0)} |f(x)|e^{\lambda S(x)}\, dx$$

$$\geqslant \int_{U_I(x_0)} \frac{1}{2}|f(x_0)|e^{\lambda(S(x_0)-\varepsilon)}\, dx = Be^{\lambda(S(x_0)-\varepsilon)}. ▶$$

命题 1 (局部化原理). 设对于某一个值 $\lambda = \lambda_0$, 积分 (1) 绝对收敛, 并且函数 $S(x)$ 在积分区间 I 的内部或边界上具有唯一的绝对极大值点 x_0, 即在点 x_0 的任何邻域 $U(x_0)$ 之外,

$$\sup_{I\setminus U(x_0)} S(x) < S(x_0).$$

如果函数 $f(x), S(x)$ 在点 x_0 连续, 并且 $f(x_0) \neq 0$, 则

$$F(\lambda) = F_{U_I(x_0)}(\lambda)(1 + O(\lambda^{-\infty})), \quad \lambda \to +\infty, \tag{8}$$

[①] 这不降低证明的普遍性, 因为根据条件 $f(x_0) \neq 0$ 可以取 x_0 的邻域 $U_I(x_0)$, 使 $f(x)$ 的实部或虚部在 $U_I(x_0)$ 中具有相同的符号. ——译者

其中 $U_I(x_0)$ 是 x_0 在 I 中的任意邻域,

$$F_{U_I(x_0)}(\lambda) := \int_{U_I(x_0)} f(x)e^{\lambda S(x)}dx,$$

而 $O(\lambda^{-\infty})$ 是一个函数, 它在 $\lambda \to +\infty$ 时对于任何 $n \in \mathbb{N}$ 都是 $o(\lambda^{-n})$.

◀ 从引理 2 可知, 如果邻域 $U_I(x_0)$ 足够小, 则对于任何数 $\varepsilon > 0$, 当 $\lambda \to +\infty$ 时, 不等式

$$|F_{U_I(x_0)}(\lambda)| > e^{\lambda(S(x_0)-\varepsilon)} \tag{9}$$

最终成立. 与此同时, 根据引理 1, 对于点 x_0 的任何邻域 $U(x_0)$, 以下估计成立:

$$\int_{I\setminus U(x_0)} |f(x)|e^{\lambda S(x)}dx \leqslant Ae^{\lambda \mu}, \quad \lambda \to +\infty, \tag{10}$$

其中 $A > 0$, $\mu = \sup\limits_{x \in I\setminus U(x_0)} S(x) < S(x_0)$.

通过对比这个估计式与不等式 (9) 容易断定, 当 $\lambda \to +\infty$ 时, 不等式 (9) 对于点 x_0 的任何邻域 $U_I(x_0)$ 最终成立.

现在只要再写出

$$F(\lambda) = F_I(\lambda) = F_{U_I(x_0)}(\lambda) + F_{I\setminus U_I(x_0)}(\lambda),$$

并利用估计式 (9), (10), 就可以断定关系式 (8) 成立. ▶

于是, 我们证明了, 为了描述拉普拉斯积分 (1) 在 $\lambda \to +\infty$ 时的渐近式, 可以把这个积分改为函数 $S(x)$ 在积分区间 I 上的绝对极大值点 x_0 的任意小邻域 $U_I(x_0)$ 上的积分, 这时的相对误差为 $O(\lambda^{-\infty})$.

3. 一些典型积分和它们的渐近式

引理 3 (函数在特殊点邻域中的典型形式). 如果实函数 $S(x)$ 在点 $x_0 \in \mathbb{R}$ 的邻域 (半邻域) 中属于光滑函数类 $C^{(n+k)}$, 并且

$$S'(x_0) = \cdots = S^{(n-1)}(x_0) = 0, \quad S^{(n)}(x_0) \neq 0,$$

而 $k \in \mathbb{N}$ 或 $k = \infty$, 则在 $\mathbb{R}$ 中存在点 x_0 的邻域 (半邻域) I_x 和点 0 的邻域 I_y 以及微分同胚 $\varphi \in C^{(k)}(I_y, I_x)$, 使

$$S(\varphi(y)) = S(x_0) + sy^n, \quad \text{其中 } y \in I_y,\ s = \operatorname{sgn} S^{(n)}(x_0),$$

并且

$$\varphi(0) = x_0, \quad \varphi'(0) = \left(\frac{n!}{|S^{(n)}(x_0)|}\right)^{1/n}.$$

◀ 利用具有积分余项的泰勒公式

$$S(x) = S(x_0) + \frac{(x-x_0)^n}{(n-1)!}\int_0^1 S^{(n)}(x_0+t(x-x_0))(1-t)^{n-1}dt,$$

我们把差 $S(x) - S(x_0)$ 表示为
$$S(x) - S(x_0) = (x - x_0)^n r(x)$$
的形式, 其中
$$r(x) = \frac{1}{(n-1)!} \int_0^1 S^{(n)}(x_0 + t(x - x_0))(1 - t)^{n-1} dt.$$
根据含参变量的积分对参变量的微分运算的定理, 函数 $r(x)$ 属于函数类 $C^{(k)}$, 并且 $r(x_0) = \frac{1}{n!} S^{(n)}(x_0) \neq 0$. 因此, 函数 $y = \psi(x) = (x - x_0)\sqrt[n]{|r(x)|}$ 在点 x_0 的某个邻域 (半邻域) I_x 中也属于函数类 $C^{(k)}$, 甚至还是单调的, 因为
$$\psi'(x_0) = \sqrt[n]{|r(x_0)|} = \left(\frac{|S^n(x_0)|}{n!}\right)^{1/n} \neq 0.$$
在这种情况下, 定义在 I_x 上的函数 ψ 有反函数 $\psi^{-1} = \varphi$, 它定义在包含点 $0 = \psi(x_0)$ 的区间 $I_y = \psi(I_x)$ 上, 并且 $\varphi \in C^{(k)}(I_y, I_x)$.

此外,
$$\varphi'(0) = (\psi'(x_0))^{-1} = \left(\frac{n!}{|S^{(n)}(x_0)|}\right)^{1/n}.$$
最后, 根据函数的构造方法本身, $S(\varphi(y)) = S(x_0) + sy^n$, 其中 $s = \operatorname{sgn} r(x_0) = \operatorname{sgn} S^{(n)}(x_0)$. ▶

附注 1. 最受关注的情况通常是: $n = 1$ 或 2, 而 $k = 1$ 或 ∞.

命题 2 (积分的简化). 设积分 (1) 具有有限的积分区间 $I = [a, b]$ 并且满足以下条件:

a) $f, S \in C(I, \mathbb{R})$;
b) $\max_{x \in I} S(x)$ 只在一个点 $x_0 \in I$ 达到;
c) 在点 x_0 (在区间 I 上) 的某个邻域 $U_I(x_0)$ 中, $S \in C^{(n)}(U_I(x_0), \mathbb{R})$;
d) $S^{(n)}(x_0) \neq 0$, 并且如果 $1 < n$, 则 $S^{(1)}(x_0) = \cdots = S^{(n-1)}(x_0) = 0$.

在这些条件下, 当 $\lambda \to +\infty$ 时可以把积分 (1) 改为形如
$$R(\lambda) = e^{\lambda S(x_0)} \int_{I_y} r(y) e^{-\lambda y^n} dy$$
的积分, 其中 $I_y = [-\varepsilon, \varepsilon]$ 或 $I_y = [0, \varepsilon]$, ε 是任意小的正数, 函数 r 在 I_y 上的光滑性与函数 f 在点 x_0 的邻域中的光滑性相同, 并且误差由局部化原理 (8) 确定.

◀ 取点 x_0 的邻域 $I_x = U_I(x_0)$, 使引理 3 的条件成立, 然后利用局部化原理, 把积分 (1) 改为 I_x 上的积分. 完成变量代换 $x = \varphi(y)$, 得到
$$\int_{I_x} f(x) e^{\lambda S(x)} dx = \left(\int_{I_y} f(\varphi(y)) \varphi'(y) e^{-\lambda y^n} dy\right) e^{\lambda S(x_0)}. \tag{11}$$
在指数 $(-\lambda y^n)$ 中之所以有负号, 是因为 $x_0 = \varphi(0)$ 根据条件是极大值点. ▶

拉普拉斯积分在一些基本情况下化为一些典型积分, 以下引理给出这些典型积分的渐近式.

引理 4 (沃森[①]引理). 设 $\alpha > 0$, $\beta > 0$, $0 < a \leqslant \infty$, $f \in C([0, a], \mathbb{R})$, 则关于积分

$$W(\lambda) = \int_0^a x^{\beta-1} f(x) e^{-\lambda x^\alpha} dx \qquad (12)$$

当 $\lambda \to +\infty$ 时的渐近式的以下结论成立:

a) 如果已知当 $x \to 0$ 时 $f(x) = f(0) + O(x)$, 则积分 (12) 的渐近式主项具有以下形式:

$$W(\lambda) = \frac{1}{\alpha} f(0) \Gamma\left(\frac{\beta}{\alpha}\right) \lambda^{-\beta/\alpha} + O(\lambda^{-(\beta+1)/\alpha}); \qquad (13)$$

b) 如果当 $x \to 0$ 时 $f(x) = a_0 + a_1 x + \cdots + a_n x^n + O(x^{n+1})$, 则

$$W(\lambda) = \frac{1}{\alpha} \sum_{k=0}^n a_k \Gamma\left(\frac{k+\beta}{\alpha}\right) \lambda^{-(k+\beta)/\alpha} + O(\lambda^{-(n+\beta+1)/\alpha}); \qquad (14)$$

c) 如果 f 在 $x = 0$ 无穷次可微, 则渐近展开式

$$W(\lambda) \simeq \frac{1}{\alpha} \sum_{k=0}^\infty \frac{f^{(k)}(0)}{k!} \Gamma\left(\frac{k+\beta}{\alpha}\right) \lambda^{-(k+\beta)/\alpha} \qquad (15)$$

成立, 它对 λ 任意次可微.

◀ 把积分 (12) 表示为区间 $]0, \varepsilon]$ 和 $[\varepsilon, a[$ 上的两个积分之和的形式, 这里 ε 是任意小的正数.

根据引理 1,

$$\left| \int_\varepsilon^a x^{\beta-1} f(x) e^{-\lambda x^\alpha} dx \right| \leqslant A e^{-\lambda \varepsilon^\alpha} = O(\lambda^{-\infty}), \quad \lambda \to +\infty,$$

所以

$$W(\lambda) = \int_0^\varepsilon x^{\beta-1} f(x) e^{-\lambda x^\alpha} dx + O(\lambda^{-\infty}), \quad \lambda \to +\infty.$$

在情况 b) 下,

$$f(x) = \sum_{k=0}^n a_k x^k + r_n(x),$$

其中 $r_n \in C[0, \varepsilon]$, 并且在闭区间 $[0, \varepsilon]$ 上 $|r_n(x)| \leqslant C x^{n+1}$. 所以,

$$W(\lambda) = \sum_{k=0}^n a_k \int_0^\varepsilon x^{k+\beta-1} e^{-\lambda x^\alpha} dx + c(\lambda) \int_0^\varepsilon x^{n+\beta} e^{-\lambda x^\alpha} dx + O(\lambda^{-\infty}),$$

其中 $c(\lambda)$ 当 $\lambda \to +\infty$ 时是有界量.

[①] 沃森 (G. N. Watson, 1886–1965) 是英国数学家.

根据命题 1, 当 $\lambda \to +\infty$ 时,
$$\int_0^\varepsilon x^{k+\beta-1}e^{-\lambda x^\alpha}dx = \int_0^{+\infty} x^{k+\beta-1}e^{-\lambda x^\alpha}dx + O(\lambda^{-\infty}).$$

但是,
$$\int_0^{+\infty} x^{k+\beta-1}e^{-\lambda x^\alpha}dx = \frac{1}{\alpha}\Gamma\left(\frac{k+\beta}{\alpha}\right)\lambda^{-(k+\beta)/\alpha},$$

由此即可推出公式 (14) 和它的特例——公式 (13).

展开式 (15) 得自等式 (14) 和泰勒公式.

积分 (12) 对 λ 的导数仍然是形如 (12) 的积分, 而对于 $W'(\lambda)$, 可以按照公式 (15) 给出它当 $\lambda \to +\infty$ 时的显式渐近展开式, 它与直接对原来的展开式 (15) 进行微分运算所得到的结果一致. 由此得到展开式 (15) 对 λ 的可微性. ▶

例 6. 考虑在例 1 中出现过的拉普拉斯变换
$$F(\lambda) = \int_0^{+\infty} f(x)e^{-\lambda x}dx.$$

如果这个积分对于某个值 $\lambda = \lambda_0$ 绝对收敛, 而函数 f 在 $x=0$ 无穷次可微, 则按照公式 (15) 求出
$$F(\lambda) \simeq \sum_{k=0}^\infty f^{(k)}(0)\lambda^{-(k+1)}, \quad \lambda \to +\infty.$$

4. 拉普拉斯积分的渐近式主项

定理 1 (拉普拉斯积分渐近式典型主项定理). 设积分 (1) 具有有限的积分区间 $I = [a, b]$, $f, S \in C(I, \mathbb{R})$, 并且 $\max_{x \in I} S(x)$ 只在一个点 $x_0 \in I$ 达到. 再设 $f(x_0) \neq 0$, 当 $I \ni x \to x_0$ 时 $f(x) = f(x_0) + O(x - x_0)$, 而函数 S 在点 x_0 的邻域中属于光滑函数类 $C^{(k)}$.

a) 如果 $x_0 = a$, $k=2$, 并且 $S'(a) \neq 0$ (即 $S'(a) < 0$), 则
$$F(\lambda) = \frac{f(a)}{-S'(a)}e^{\lambda S(a)}\lambda^{-1}[1 + O(\lambda^{-1})], \quad \lambda \to +\infty; \tag{2'}$$

b) 如果 $a < x_0 < b$, $k=3$, 并且 $S''(x_0) \neq 0$ (即 $S''(x_0) < 0$), 则
$$F(\lambda) = \sqrt{\frac{2\pi}{-S''(x_0)}}f(x_0)e^{\lambda S(x_0)}\lambda^{-1/2}[1 + O(\lambda^{-1/2})], \quad \lambda \to +\infty; \tag{3'}$$

c) 如果 $x_0 = a$, $k=3$, $S'(a) = 0$, 并且 $S''(a) \neq 0$ (即 $S''(a) < 0$), 则
$$F(\lambda) = \sqrt{\frac{\pi}{-2S''(a)}}f(a)e^{\lambda S(a)}\lambda^{-1/2}[1 + O(\lambda^{-1/2})], \quad \lambda \to +\infty. \tag{4'}$$

◀ 利用局部化原理并完成引理 3 中的变量代换 $x = \varphi(y)$, 我们根据关于积分的简化的命题 2 得到以下关系式:

a) $F(\lambda) = e^{\lambda S(a)} \left(\int_0^\varepsilon (f \circ \varphi)(y) \varphi'(y) e^{-\lambda y} dy + O(\lambda^{-\infty}) \right)$;

b) $F(\lambda) = e^{\lambda S(x_0)} \left(\int_{-\varepsilon}^\varepsilon (f \circ \varphi)(y) \varphi'(y) e^{-\lambda y^2} dy + O(\lambda^{-\infty}) \right)$
$= e^{\lambda S(x_0)} \left(\int_0^\varepsilon ((f \circ \varphi)(y) \varphi'(y) + (f \circ \varphi)(-y) \varphi'(-y)) e^{-\lambda y^2} dy + O(\lambda^{-\infty}) \right)$;

c) $F(\lambda) = e^{\lambda S(a)} \left(\int_0^\varepsilon (f \circ \varphi)(y) \varphi'(y) e^{-\lambda y^2} dy + O(\lambda^{-\infty}) \right)$.

函数 $(f \circ \varphi) \varphi'$ 在上述要求下满足沃森引理的条件. 最后, 应用沃森引理 (当 $n = 0$ 时的公式 (14), 即 (13)) 以及引理 3 中的 $\varphi(0)$ 和 $\varphi'(0)$ 的表达式, 即可完成证明. ▶

于是, 我们证明了公式 (2)–(4), 同时也解释了在第 1 小节中指导我们得到这些公式的思路. 由此可见, 这是一个特别简单、明确、高效的解决方案.

考虑上述定理的一些应用实例.

例 7. Γ 函数的渐近式. 可以把函数

$$\Gamma(\lambda + 1) = \int_0^{+\infty} t^\lambda e^{-t} dt \quad (\lambda > -1)$$

表示为拉普拉斯积分

$$\Gamma(\lambda + 1) = \int_0^{+\infty} e^{-t} e^{\lambda \ln t} dt$$

的形式, 并且如果在 $\lambda > 0$ 时完成变量代换 $t = \lambda x$, 就得到积分

$$\Gamma(\lambda + 1) = \lambda^{\lambda+1} \int_0^{+\infty} e^{-\lambda(x - \ln x)} dx,$$

从而可以利用上述定理进行研究.

函数 $S(x) = \ln x - x$ 在区间 $]0, +\infty[$ 上有唯一的极大值点 $x = 1$, 并且 $S''(1) = -1$. 根据局部化原理 (命题 1) 和定理 1 的命题 b), 我们得到

$$\Gamma(\lambda + 1) = \sqrt{2\pi\lambda} \left(\frac{\lambda}{e}\right)^\lambda [1 + O(\lambda^{-1/2})], \quad \lambda \to +\infty.$$

特别地, 我们知道, 当 $n \in \mathbb{N}$ 时 $\Gamma(n+1) = n!$, 从而得到经典的斯特林公式[1]:

$$n! = \sqrt{2\pi n} \left(\frac{n}{e}\right)^n [1 + O(n^{-1/2})], \quad n \to \infty, n \in \mathbb{N}.$$

例 8. 贝塞尔函数

$$I_n(x) = \frac{1}{\pi} \int_0^\pi e^{x \cos\theta} \cos n\theta d\theta$$

---

[1] 也可以参考第十七章 §3 习题 10.

的渐近式, 其中 $n \in \mathbb{N}$. 这里

$$f(\theta) = \cos n\theta, \quad S(\theta) = \cos\theta, \quad \max_{0 \leqslant x \leqslant \pi} S(\theta) = S(0) = 1,$$

$$S'(0) = 0, \quad S''(0) = -1,$$

所以根据定理 1 的命题 c),

$$I_n(x) = \frac{e^x}{\sqrt{2\pi x}}[1 + O(x^{-1/2})], \quad x \to +\infty.$$

例 9. 设 $f \in C^{(1)}([a,b], \mathbb{R})$, $S \in C^{(2)}([a,b], \mathbb{R})$, 并且在 $[a,b]$ 上 $S(x) > 0$, 而 $\max_{a \leqslant x \leqslant b} S(x)$ 仅在一个点 $x_0 \in [a,b]$ 达到. 如果 $f(x_0) \neq 0$, $S'(x_0) = 0$, $S''(x_0) \neq 0$, 则把积分

$$\mathcal{F}(\lambda) = \int_a^b f(x)[S(x)]^\lambda dx$$

改写为拉普拉斯积分

$$\mathcal{F}(\lambda) = \int_a^b f(x)e^{\lambda \ln S(x)} dx$$

的形式后, 根据定理 1 的命题 b) 和 c) 得到, 当 $\lambda \to +\infty$ 时,

$$\mathcal{F}(\lambda) = \varepsilon f(x_0)\sqrt{\frac{2\pi}{-S''(x_0)}}[S(x_0)]^{\lambda+1/2}\lambda^{-1/2}[1 + O(\lambda^{-1/2})],$$

其中当 $a < x_0 < b$ 时 $\varepsilon = 1$, 当 $x_0 = a$ 或 $x_0 = b$ 时 $\varepsilon = 1/2$.

例 10. 当 $n \to \infty$, $n \in \mathbb{N}$ 时, 在区域 $x > 1$ 中, 勒让德多项式

$$P_n(x) = \frac{1}{\pi}\int_0^\pi (x + \sqrt{x^2-1}\cos\theta)^n d\theta$$

的渐近式是上一个例子的特例, 这时 $f \equiv 1$,

$$S(\theta) = x + \sqrt{x^2-1}\cos\theta, \quad \max_{0 \leqslant \theta \leqslant \pi} S(\theta) = S(0) = x + \sqrt{x^2-1},$$

$$S'(0) = 0, \quad S''(0) = -\sqrt{x^2-1}.$$

因此,

$$P_n(x) = \frac{(x+\sqrt{x^2-1})^{n+1/2}}{\sqrt{2\pi n}\sqrt[4]{x^2-1}}[1 + O(n^{-1/2})], \quad n \to \infty, n \in \mathbb{N}.$$

*5. 拉普拉斯积分的渐近展开式. 定理 1 仅仅给出了拉普拉斯积分 (1) 的典型渐近式主项, 而且利用了条件 $f(x_0) \neq 0$. 整体而言, 这当然是最典型的情况, 所以定理 1 无疑是有价值的结果. 然而, 沃森引理已经表明, 拉普拉斯积分的渐近式有时能够给出渐近展开式. 这在 $f(x_0) = 0$ 时特别重要, 因为定理 1 这时无能为力.

在拉普拉斯方法的框架内当然不能完全放弃条件 $f(x_0) \neq 0$ 而不再引入其他条件, 因为如果在函数 $S(x)$ 的极值点 x_0 的邻域中 $f(x) \equiv 0$, 或者如果当 $x \to x_0$ 时 $f(x)$ 非常快地趋于零, 则点 x_0 对于积分的渐近式可能无关紧要. 现在, 既然我们经过研究已经得到了当 $\lambda \to +\infty$ 时的一类特定的渐近序列 $\{e^{\lambda c}\lambda^{-p_k}\}$ ($p_0 < p_1 < \cdots$), 这时就可以讨论关于这个序列的渐近零函数, 从而可以在不假设 $f(x_0) \neq 0$ 的条件下用以下方式表述局部化原理: 如果 x_0 是函数 $S(x)$ 在拉普拉斯积分 (1) 的积分区间上唯一的极大值点, 则该积分当 $\lambda \to +\infty$ 时的渐近式在精确到关于渐近序列 $\{e^{\lambda S(x_0)}\lambda^{-p_k}\}$ ($p_0 < p_1 < \cdots$) 的零函数时与该积分在点 x_0 的任意小邻域上的部分的渐近式相同.

不过, 我们不再考虑并修正这些问题, 而打算在 f 和 S 是 $C^{(\infty)}$ 类函数的假设下, 利用关于指数型估计的引理 1、关于变量代换的引理 3 和沃森引理 4 推导相应的渐近展开式.

定理 2 (拉普拉斯积分的渐近展开定理). 设 $I = [a, b]$ 是有限的闭区间, $f, S \in C(I, \mathbb{R})$, $\max\limits_{x \in I} S(x)$ 只在一个点 $x_0 \in I$ 达到, 并且在点 x_0 的某邻域 $U_I(x_0)$ 中 $f, S \in C^{(\infty)}(U_I(x_0), \mathbb{R})$, 则关于积分 (1) 的渐近式的以下命题成立:

a) 如果 $x_0 = a$, $S^{(m)}(a) \neq 0$, 并且 $S^{(j)}(a) = 0$, $1 \leqslant j < m$, 则

$$F(\lambda) \simeq \lambda^{-1/m} e^{\lambda S(a)} \sum_{k=0}^{\infty} a_k \lambda^{-k/m}, \quad \lambda \to +\infty, \tag{16}$$

其中

$$a_k = \frac{(-1)^{k+1} m^k}{k!} \Gamma\left(\frac{k+1}{m}\right) \left(h(x, a)\frac{d}{dx}\right)^k (f(x)h(x, a))\bigg|_{x=a},$$
$$h(x, a) = \frac{(S(a) - S(x))^{1-1/m}}{S'(x)};$$

b) 如果 $a < x_0 < b$, $S^{(2m)}(x_0) \neq 0$, 并且 $S^{(j)}(x_0) = 0$, $1 \leqslant j < 2m$, 则

$$F(\lambda) \simeq \lambda^{-1/2m} e^{\lambda S(x_0)} \sum_{k=0}^{\infty} c_k \lambda^{-k/m}, \quad \lambda \to +\infty, \tag{17}$$

其中

$$c_k = -2\frac{(2m)^{2k}}{(2k)!}\Gamma\left(\frac{2k+1}{2m}\right)\left(h(x, x_0)\frac{d}{dx}\right)^{2k}(f(x)h(x, x_0))\bigg|_{x=x_0},$$
$$h(x, x_0) = \frac{(S(x_0) - S(x))^{1-1/2m}}{S'(x)};$$

c) 如果 $f^{(n)}(x_0) \neq 0$, 并且当 $x \to x_0$ 时 $f(x) \sim f^{(n)}(x_0)(x - x_0)^n/n!$, 则渐近式

主项在情况 a) 和 b) 下分别具有以下形式:

$$F(\lambda) = \frac{1}{m}\lambda^{-(n+1)/m}e^{\lambda S(a)}\Gamma\left(\frac{n+1}{m}\right)\left(\frac{m!}{|S^{(m)}(a)|}\right)^{(n+1)/m}$$
$$\times \left[\frac{1}{n!}f^{(n)}(a) + O(\lambda^{-1/m})\right], \tag{18}$$

$$F(\lambda) = \frac{1}{m}\lambda^{-(n+1)/2m}e^{\lambda S(x_0)}\Gamma\left(\frac{n+1}{2m}\right)\left(\frac{(2m)!}{|S^{(2m)}(x_0)|}\right)^{(n+1)/2m}$$
$$\times \left[\frac{1}{n!}f^{(n)}(x_0) + O(\lambda^{-1/2m})\right]; \tag{19}$$

d) 展开式 (16), (17) 对 λ 任意次可微.

◀ 从引理 1 可知, 在我们的条件下, 当 $\lambda \to +\infty$ 时可以把积分 (1) 改为点 x_0 的任意小邻域上的积分, 精确到形如 $e^{\lambda S(x_0)}O(\lambda^{-\infty})$ 的量.

在这样的任意小邻域中完成引理 3 中的变量代换 $x = \varphi(y)$, 从而把上述积分化为以下形式:

$$e^{\lambda S(x_0)}\int_{I_y}(f\circ\varphi)(y)\varphi'(y)e^{-\lambda y^\alpha}dy, \tag{20}$$

其中当 $x_0 = a$ 时 $I_y = [0, \varepsilon]$, $\alpha = m$, 当 $a < x_0 < b$ 时 $I_y = [-\varepsilon, \varepsilon]$, $\alpha = 2m$.

既然可以认为函数 f, S 在上述任意小邻域中无穷次可微, 并且在该邻域中完成了变量代换 $x = \varphi(y)$, 所以可以认为积分 (20) 中的函数 $(f\circ\varphi)(y)\varphi'(y)$ 也是无穷次可微的.

当 $I_y = [0, \varepsilon]$ 时, 即当 $x_0 = a$ 时, 直接对积分 (20) 应用沃森引理 4, 即可证明展开式 (16) 存在.

当 $I_y = [-\varepsilon, \varepsilon]$ 时, 即当 $a < x_0 < b$ 时, 我们把积分 (20) 化为

$$e^{\lambda S(x_0)}\int_0^\varepsilon [(f\circ\varphi)(y)\varphi'(y) + (f\circ\varphi)(-y)\varphi'(-y)]e^{-\lambda y^{2m}}dy \tag{21}$$

的形式, 再应用沃森引理, 就得到展开式 (17).

在我们的条件下, 积分 (1) 对 λ 可微, 并且这时又得到满足定理条件的积分. 对于这个积分, 展开式 (16), (17) 成立, 从而可以直接确认, 这些展开式确实与原始积分的展开式 (16), (17) 在常规微分运算后的结果一致. 由此可知, 展开式 (16), (17) 可微.

现在详细研究系数 a_k 和 c_k 的公式. 根据沃森引理,

$$a_k = \frac{1}{k!\,m}\frac{d^k\Phi}{dy^k}(0)\Gamma\left(\frac{k+1}{m}\right),$$

其中 $\Phi(y) = (f\circ\varphi)(y)\varphi'(y)$.

但是, 注意到
$$S(\varphi(y)) - S(a) = -y^m,$$
$$S'(x)\varphi'(y) = -my^{m-1},$$
$$\varphi'(y) = -\frac{m}{S'(x)}(S(a) - S(x))^{1-1/m},$$
$$\frac{d}{dy} = \varphi'(y)\frac{d}{dx},$$
$$\Phi(y) = f(x)\varphi'(y),$$

我们得到
$$\frac{d^k\Phi}{dy^k}(0) = (-m)^{k+1}\left(h(x,a)\frac{d}{dx}\right)^k (f(x)h(x,a))\bigg|_{x=a},$$

其中 $h(x,a) = (S(a) - S(x))^{1-1/m}/S'(x)$.

类似地, 对积分 (21) 应用沃森引理, 可以得到系数 c_k 的公式.

取 $\psi(y) = f(\varphi(y))\varphi'(y) + f(\varphi(-y))\varphi'(-y)$, 则可以写出, 当 $\lambda \to +\infty$ 时,
$$\int_0^\varepsilon \psi(y)e^{-\lambda y^{2m}}dy \simeq \frac{1}{2m}\sum_{n=0}^\infty \frac{\psi^{(n)}(0)}{n!}\Gamma\left(\frac{n+1}{2m}\right)\lambda^{-(n+1)/2m}.$$

但是, $\psi^{(2k+1)}(0) = 0$, 因为 $\psi(y)$ 是偶函数. 于是, 可以把最后的渐近展开式改写为
$$\int_0^\varepsilon \psi(y)e^{-\lambda y^{2m}}dy \simeq \frac{1}{2m}\sum_{k=0}^\infty \frac{\psi^{(2k)}(0)}{(2k)!}\Gamma\left(\frac{2k+1}{2m}\right)\lambda^{-(2k+1)/2m}.$$

还需要注意 $\psi^{(2k)}(0) = 2\Phi^{(2k)}(0)$, 其中 $\Phi(y) = f(\varphi(y))\varphi'(y)$. 现在, 在 a_k 的上述公式中把 k 改为 $2k$, 把 m 改为 $2m$, 再在整个公式中补充因子 2, 就得到 c_k 的公式.

为了在 c) 中的条件
$$f(x) = \frac{1}{n!}f^{(n)}(x_0)(x-x_0)^n + O((x-x_0)^{n+1}) \quad (\text{其中 } f^{(n)}(x_0) \neq 0)$$

下得到渐近展开式 (16), (17) 的主项 (18), (19), 只要注意 $x = \varphi(y), x_0 = \varphi(0)$ 即可. 由此可知, 当 $y \to 0$ 时, $x - x_0 = \varphi'(0)y + O(y^2)$, 即
$$(f \circ \varphi)(y) = y^n\left(\frac{f^{(n)}(x_0)}{n!}(\varphi'(0))^n + O(y)\right),$$
$$(f \circ \varphi)(y)\varphi'(y) = y^n\left(\frac{f^{(n)}(x_0)}{n!}(\varphi'(0))^{n+1} + O(y)\right),$$

因为当 $x_0 = a$ 时,
$$\varphi'(0) = \left(\frac{m!}{|S^{(m)}(a)|}\right)^{1/m} \neq 0,$$

而当 $a < x_0 < b$ 时,
$$\varphi'(0) = \left(\frac{(2m)!}{|S^{(2m)}(x_0)|}\right)^{1/2m} \neq 0.$$

证明中的剩余工作是把所得表达式分别代入积分 (20), (21), 再利用沃森引理中的公式 (14). ▶

附注 2. 当 $n = 0$, $m = 1$ 时, 从公式 (18) 又得到公式 (2').

类似地, 当 $n = 0$, $m = 1$ 时, 从 (19) 得到关系式 (3').

最后, 当 $n = 0$, $m = 2$ 时, 从等式 (18) 得到等式 (4').

所有这些当然都是在定理 2 的条件下完成的.

附注 3. 定理 2 考虑函数 $S(x)$ 在闭区间 $I = [a, b]$ 上有唯一的极大值点的情况. 如果有多个这样的点 $x_1, \cdots, x_n$, 就把积分 (1) 分为多个积分之和, 使其中每一个积分的渐近式可以由定理 2 描述, 即这时的渐近式是上述极大值点的贡献之和 $\sum_{j=1}^{n} F(\lambda, x_j)$.

容易想象, 这时可能出现某些贡献甚至全部贡献相互抵消的情况.

例 11. 如果 $S \in C^{(\infty)}(\mathbb{R}, \mathbb{R})$, 并且当 $x \to \infty$ 时 $S(x) \to -\infty$, 则当 $\lambda > 0$ 时,
$$F(\lambda) = \int_{-\infty}^{\infty} S'(x) e^{\lambda S(x)} dx \equiv 0.$$

因此, 在这种情况下显然应当发生贡献的相互抵消. 从常规观点看, 这个例子可能显得没有说服力, 因为在前面只讨论了有限积分区间的情况. 不过, 下面的重要附注将消除这个疑问.

附注 4. 在定理 1 和定理 2 中, 为了简化本来就显得冗长的表述, 我们认为积分区间 I 是有限的, 而积分 (1) 是常义积分. 其实, 如果不等式 $\sup_{I \setminus U(x_0)} S(x) < S(x_0)$ 在极大值点 $x_0 \in I$ 的任何一个邻域 $U(x_0)$ 以外成立, 则引理 1 已经能够让我们断定, 当 $\lambda \to +\infty$ 时, $U(x_0)$ 以外的区间上的积分与 $e^{\lambda S(x_0)}$ 相比是按照指数方式下降的小量 (当然, 在积分 (1) 至少对于某个值 $\lambda = \lambda_0$ 绝对收敛的条件下).

因此, 只要上述条件成立, 定理 1 和定理 2 就同样适用于反常积分.

附注 5. 在定理 2 中得到的系数公式很繁琐, 在具体计算中通常只用于获得渐近展开式的前几项. 就系数 a_k, c_k 的公式而言, 极少能够得到比定理 2 中的一般形式的渐近展开式更简单的表达式. 尽管如此, 还是可能遇到这样的情况. 为了说明这些公式本身, 我们考虑以下几个实例.

例 12. 容易用分部积分法得到函数
$$\mathrm{Erf}(x) = \int_x^{+\infty} e^{-u^2} du$$

当 $x \to +\infty$ 时的渐近展开式:
$$\mathrm{Erf}(x) = \frac{e^{-x^2}}{2x} - \frac{1}{2}\int_x^{+\infty} u^{-2}e^{-u^2}du = \frac{e^{-x^2}}{2x} - \frac{e^{-x^2}}{2^2 x^3} + \frac{3}{4}\int_x^{+\infty} u^{-4}e^{-u^2}du = \cdots.$$

经过明显的估计, 由此推出
$$\mathrm{Erf}(x) \simeq \frac{e^{-x^2}}{2x} \sum_{k=0}^{\infty} \frac{(-1)^k (2k-1)!!}{2^k} x^{-2k}, \quad x \to +\infty. \tag{22}$$

现在, 我们从定理 2 出发得到这个展开式.

通过变量代换 $u = xt$ 得到表达式
$$\mathrm{Erf}(x) = x \int_1^{+\infty} e^{-x^2 t^2} dt.$$

在这里取 $\lambda = x^2$, 并像定理 2 那样用字母 x 表示积分变量, 则问题归结为求积分
$$F(\lambda) = \int_1^{\infty} e^{-\lambda x^2} dx \tag{23}$$

的渐近展开式, 因为 $\mathrm{Erf}(x) = xF(x^2)$.

根据附注 4, 积分 (23) 满足定理 2 的条件: $S(x) = -x^2$, 当 $1 \leqslant x < +\infty$ 时 $S'(x) = -2x < 0$, $S'(1) = -2$, $S(1) = -1$.

于是, $x_0 = a = 1$, $m = 1$, $f(x) \equiv 1$, $h(x,a) = \dfrac{1}{-2x}$, $h(x,a)\dfrac{d}{dx} = \dfrac{1}{-2x}\dfrac{d}{dx}$.

因此,
$$\left(\frac{1}{-2x}\frac{d}{dx}\right)^0 \left(-\frac{1}{2x}\right) = -\frac{1}{2x} = \left(-\frac{1}{2}\right) x^{-1},$$
$$\left(\frac{1}{-2x}\frac{d}{dx}\right)^1 \left(-\frac{1}{2x}\right) = -\frac{1}{2x}\frac{d}{dx}\left(-\frac{1}{2x}\right) = \left(-\frac{1}{2}\right)^2 (-1) x^{-3},$$
$$\left(\frac{1}{-2x}\frac{d}{dx}\right)^2 \left(-\frac{1}{2x}\right) = \left(-\frac{1}{2x}\frac{d}{dx}\right)^1 \left(\left(-\frac{1}{2}\right)^2 (-1) x^{-3}\right) = \left(-\frac{1}{2}\right)^3 (-1)(-3) x^{-5},$$
$$\vdots$$
$$\left(\frac{1}{-2x}\frac{d}{dx}\right)^k \left(-\frac{1}{2x}\right) = -\frac{(2k-1)!!}{2^{k+1}} x^{-(2k+1)}.$$

取 $x = 1$, 我们求出
$$a_k = \frac{(-1)^{k+1}}{k!}\Gamma(k+1)\left(-\frac{(2k-1)!!}{2^{k+1}}\right) = (-1)^k \frac{(2k-1)!!}{2^{k+1}}.$$

现在写出积分 (23) 的渐近展开式 (16), 利用关系式 $\mathrm{Erf}(x) = xF(x^2)$ 得到函数 $\mathrm{Erf}(x)$ 当 $x \to +\infty$ 时的展开式 (22).

例 13. 我们在例 7 中利用表达式

$$\Gamma(\lambda+1) = \lambda^{\lambda+1}\int_0^{+\infty} e^{-\lambda(x-\ln x)}dx \tag{24}$$

得到了函数 $\Gamma(\lambda+1)$ 当 $\lambda \to +\infty$ 时的渐近式主项. 现在, 我们尝试利用定理 2 b) 修正以前得到的公式.

为了适当简化书写, 我们把积分 (24) 中的 x 代换为 $x+1$, 从而得到

$$\Gamma(\lambda+1) = \lambda^{\lambda+1} e^{-\lambda}\int_{-1}^{+\infty} e^{\lambda(\ln(1+x)-x)}dx,$$

而问题归结为研究积分

$$F(\lambda) = \int_{-1}^{+\infty} e^{\lambda(\ln(1+x)-x)}dx \tag{25}$$

当 $\lambda \to +\infty$ 时的渐近展开式. 这里 $S(x) = \ln(1+x) - x$, $S'(x) = \dfrac{1}{1+x} - 1$, $S'(0) = 0$, 即 $x_0 = 0$, $S''(x) = -\dfrac{1}{(1+x)^2}$, $S''(0) = -1 \neq 0$, 而根据附注 4, 为了使定理 2 的条件 b) 成立, 这里还应当取 $f(x) \equiv 1$ 和 $m = 1$, 因为 $S''(0) \neq 0$.

函数 $h(x, x_0) = h(x)$ 在上述情况下具有以下形式:

$$h(x) = -\frac{1+x}{x}(x - \ln(1+x))^{1/2}.$$

如果我们希望求出渐近展开式的前两项, 则应当在 $x = 0$ 时计算

$$\left(h(x)\frac{d}{dx}\right)^0 (h(x)) = h(x),$$

$$\left(h(x)\frac{d}{dx}\right)^2 (h(x)) = \left(h(x)\frac{d}{dx}\right)\left(h(x)\frac{dh}{dx}(x)\right) = h(x)\left[\left(\frac{dh}{dx}\right)^2(x) + h(x)\frac{d^2h}{dx^2}(x)\right].$$

我们看到, 只要求出值 $h(0)$, $h'(0)$, $h''(0)$, 就容易完成以上计算. 可以从函数 $h(x)$ $(x \geqslant 0)$ 在零的邻域中的泰勒展开式

$$\begin{aligned}
h(x) &= -\frac{1+x}{x}\left[x - \left(x - \frac{1}{2}x^2 + \frac{1}{3}x^3 - \frac{1}{4}x^4 + O(x^5)\right)\right]^{1/2} \\
&= -\frac{1+x}{x}\left[\frac{1}{2}x^2 - \frac{1}{3}x^3 + \frac{1}{4}x^4 + O(x^5)\right]^{1/2} \\
&= -\frac{1+x}{\sqrt{2}}\left[1 - \frac{2}{3}x + \frac{2}{4}x^2 + O(x^3)\right]^{1/2} \\
&= -\frac{1+x}{\sqrt{2}}\left[1 - \frac{1}{3}x + \frac{7}{36}x^2 + O(x^3)\right] = -\frac{1}{\sqrt{2}} - \frac{\sqrt{2}}{3}x + \frac{5}{36\sqrt{2}}x^2 + O(x^3)
\end{aligned}$$

得到这些值. 于是,

$$h(0) = -\frac{1}{\sqrt{2}}, \quad h'(0) = -\frac{\sqrt{2}}{3}, \quad h''(0) = \frac{5}{18\sqrt{2}},$$

$$\left(h(x)\frac{d}{dx}\right)^0(h(x))\bigg|_{x=0} = -\frac{1}{\sqrt{2}},$$

$$\left(h(x)\frac{d}{dx}\right)^2(h(x))\bigg|_{x=0} = -\frac{1}{12\sqrt{2}},$$

$$c_0 = -2\Gamma\left(\frac{1}{2}\right)\left(-\frac{1}{\sqrt{2}}\right) = \sqrt{2\pi},$$

$$c_1 = -2\frac{(2)^2}{2!}\Gamma\left(\frac{3}{2}\right)\left(-\frac{1}{12\sqrt{2}}\right) = 4\cdot\frac{1}{2}\Gamma\left(\frac{1}{2}\right)\frac{1}{12\sqrt{2}} = \frac{\sqrt{2\pi}}{12}.$$

因此, 当 $\lambda \to \infty$ 时,

$$F(\lambda) = \sqrt{2\pi}\,\lambda^{-1/2}\left(1 + \frac{1}{12}\lambda^{-1} + O(\lambda^{-2})\right),$$

即当 $\lambda \to +\infty$ 时,

$$\Gamma(\lambda+1) = \sqrt{2\pi\lambda}\left(\frac{\lambda}{e}\right)^\lambda\left(1 + \frac{1}{12}\lambda^{-1} + O(\lambda^{-2})\right). \tag{26}$$

值得注意, 也可以按照定理 2 的证明过程求渐近展开式 (16), (17), 而不使用在定理 2 的表述中给出的系数表达式.

例如, 我们再来推导积分 (25) 的渐近展开式, 其形式略有不同.

利用局部化原理并在零的邻域中完成变量代换 $x = \varphi(y)$, 使 $0 = \varphi(0)$,

$$S(\varphi(y)) = \ln(1 + \varphi(y)) - \varphi(y) = -y^2,$$

从而把问题归结为研究以下积分的渐近展开式:

$$\int_{-\varepsilon}^{\varepsilon} \varphi'(y) e^{-\lambda y^2} dy = \int_0^{\varepsilon} \psi(y) e^{-\lambda y^2} dy,$$

其中 $\psi(y) = \varphi'(y) + \varphi'(-y)$. 根据沃森引理得到最后一个积分的渐近展开式

$$\int_0^{\varepsilon} \psi(y) e^{-\lambda y^2} dy \simeq \frac{1}{2}\sum_{k=0}^{\infty} \frac{\psi^k(0)}{k!}\Gamma\left(\frac{k+1}{2}\right)\lambda^{-(k+1)/2}, \quad \lambda \to +\infty,$$

它在利用关系式 $\psi^{(2k+1)}(0) = 0$, $\psi^{(2k)}(0) = 2\varphi^{(2k+1)}(0)$ 后给出渐近级数

$$\sum_{k=0}^{\infty} \frac{\varphi^{(2k+1)}(0)}{(2k)!}\Gamma\left(k+\frac{1}{2}\right)\lambda^{-(k+1/2)} = \lambda^{-1/2}\Gamma\left(\frac{1}{2}\right)\sum_{k=0}^{\infty} \frac{\varphi^{(2k+1)}(0)}{k!\,2^{2k}}\lambda^{-k}.$$

于是, 我们得到积分 (25) 的渐近展开式

$$F(\lambda) \simeq \lambda^{-1/2}\sqrt{\pi}\sum_{k=0}^{\infty}\frac{\varphi^{(2k+1)}(0)}{k!\,2^{2k}}\lambda^{-k}, \tag{27}$$

其中 $x = \varphi(y)$ 是在 (x 和 y 的) 零点的邻域中满足 $x - \ln(1+x) = y^2$ 的光滑函数.

如果我们希望求出渐近展开式的前两项, 则应当把 $\varphi'(0)$ 和 $\varphi^{(3)}(0)$ 的具体值代入一般公式 (27).

展示这些值的以下计算方法可能不无裨益, 这种方法一般用于根据一个函数的泰勒展开式求其反函数的泰勒展开式.

设当 $y > 0$ 时 $x > 0$, 我们从关系式 $x - \ln(1+x) = y^2$ 依次得到

$$\frac{1}{2}x^2\left(1 - \frac{2}{3}x + \frac{1}{2}x^2 + O(x^3)\right) = y^2,$$

$$x = \sqrt{2}\,y\left(1 - \frac{2}{3}x + \frac{1}{2}x^2 + O(x^3)\right)^{-1/2}$$

$$= \sqrt{2}\,y\left(1 + \frac{1}{3}x - \frac{1}{12}x^2 + O(x^3)\right) = \sqrt{2}\,y + \frac{\sqrt{2}}{3}yx - \frac{\sqrt{2}}{12}yx^2 + O(yx^3).$$

但是, 当 $y \to 0$ ($x \to 0$) 时 $x \sim \sqrt{2}\,y$, 所以利用 x 的上述表达式可以继续进行这样的计算, 从而得到, 当 $y \to 0$ 时,

$$x = \sqrt{2}\,y + \frac{\sqrt{2}}{3}y\left(\sqrt{2}\,y + \frac{\sqrt{2}}{3}yx\right) - \frac{\sqrt{2}}{12}y(\sqrt{2}\,y)^2 + O(y^4)$$

$$= \sqrt{2}\,y + \frac{2}{3}y^2 + \frac{2}{9}y^2 x - \frac{\sqrt{2}}{6}y^3 + O(y^4)$$

$$= \sqrt{2}\,y + \frac{2}{3}y^2 + \frac{2}{9}y^2(\sqrt{2}\,y) - \frac{\sqrt{2}}{6}y^3 + O(y^4) = \sqrt{2}\,y + \frac{2}{3}y^2 + \frac{\sqrt{2}}{18}y^3 + O(y^4).$$

于是, 我们得到所关注的量 $\varphi'(0), \varphi^{(3)}(0)$ 的值: $\varphi'(0) = \sqrt{2}$, $\varphi^{(3)}(0) = \sqrt{2}/3$. 把它们代入公式 (27), 求出

$$F(\lambda) = \lambda^{-1/2}\sqrt{2\pi}\left(1 + \frac{1}{12}\lambda^{-1} + O(\lambda^{-2})\right), \quad \lambda \to +\infty,$$

从而又得到公式 (26).

最后, 我们再给出两个与本节讨论的问题有关的附注.

附注 6 (高维情形的拉普拉斯方法). 我们指出, 用拉普拉斯方法也可以成功地研究拉普拉斯重积分

$$F(\lambda) = \int_X f(x)e^{\lambda S(x)}dx$$

的渐近式, 其中 $x \in \mathbb{R}^n$, X 是 $\mathbb{R}^n$ 中的区域, f, S 是 X 中的实函数.

对于这样的积分, 关于指数型估计的引理 1 成立. 根据这个引理, 研究这样的积分的渐近式归结为研究该积分在函数 S 的极大值点 x_0 的邻域上的部分

$$\int_{U(x_0)} f(x)e^{\lambda S(x)} dx$$

的渐近式.

如果这是一个非退化的极大值点, 即如果 $S''(x_0) \neq 0$, 则根据莫尔斯引理 (见第一卷第八章 §6), 存在变量代换 $x = \varphi(y)$, 使 $S(x_0) - S(\varphi(y)) = |y|^2$, 其中 $|y|^2 = (y^1)^2 + \cdots + (y^n)^2$. 因此, 问题归结为研究典型积分

$$\int_I (f \circ \varphi)(y) \det \varphi'(y) e^{-\lambda |y|^2} dy.$$

在 f, S 是光滑函数的情形下, 可以利用富比尼定理和前面的沃森引理研究这个积分 (见与此相关的习题 8—11).

附注 7 (稳定相位法). 如前所述, 在广义理解下, 拉普拉斯方法的含义是:
$1°$ 确定的局部化原理 (关于指数型估计的引理 1),
$2°$ 在局部把积分化为典型形式的方法 (莫尔斯引理),
$3°$ 典型积分渐近式的描述 (沃森引理).

我们在前面研究 δ 型函数族时已经遇到过局部化的思路, 在研究傅里叶级数和傅里叶变换时也遇到过这样的思路 (黎曼引理, 函数的光滑性及其傅里叶变换的下降速度, 傅里叶级数的收敛性和傅里叶积分的收敛性).

形如

$$\widetilde{F}(\lambda) = \int_X f(x) e^{i\lambda S(x)} dx$$

的积分, 其中 $X \subset \mathbb{R}^n$, 称为傅里叶积分, 它们在数学及其应用中占据重要地位. 傅里叶积分与拉普拉斯积分的差别只是指数中的一个小小的因子 i. 但是, 这却导致当 λ 和 $S(x)$ 取实值时 $|e^{i\lambda S(x)}| = 1$, 所以极大值起主要作用的思路在研究傅里叶积分的渐近式时不再适用.

设 $X = [a, b] \subset \mathbb{R}^1$, $f \in C_0^{(\infty)}([a, b], \mathbb{R})$ (即 f 在闭区间 $[a, b]$ 上具有紧支撑集), $S \in C^{(\infty)}([a, b], \mathbb{R})$, 并且在 $[a, b]$ 上 $S'(x) \neq 0$.

利用分部积分法和黎曼引理 (见习题 12), 我们得到

$$\int_a^b f(x) e^{i\lambda S(x)} dx = \frac{1}{i\lambda} \int_a^b \frac{f(x)}{S'(x)} de^{i\lambda S(x)} = -\frac{1}{i\lambda} \int_a^b \frac{d}{dx}\left(\frac{f}{S'}\right)(x) e^{i\lambda S(x)} dx$$
$$= \frac{1}{\lambda} \int_a^b f_1(x) e^{i\lambda S(x)} dx = \cdots = \frac{1}{\lambda^n} \int_a^b f_n(x) e^{i\lambda S(x)} dx$$
$$= o(\lambda^{-n}), \quad \lambda \to \infty.$$

因此, 如果在闭区间 $[a, b]$ 上 $S'(x) \neq 0$, 则由于当 $\lambda \to \infty$ 时函数 $e^{i\lambda S(x)}$ 的振荡频率越来越大, 闭区间 $[a, b]$ 上的傅里叶积分是 $O(\lambda^{-\infty})$ 型的量.

傅里叶积分中的函数 $S(x)$ 称为相位函数, 而傅里叶积分本身的局部化原理称为稳定相位原理. 根据这个原理, 当 $\lambda \to \infty$ 时, 在精确到量 $O(\lambda^{-\infty})$ 的情况下, 傅里叶积分 (在 $f \in C_0^{(\infty)}$ 时) 的渐近式与傅里叶积分在相位函数的临界点 x_0 (即满足 $S'(x_0) = 0$ 的点 x_0, 也称为稳定点) 的邻域 $U(x_0)$ 上的部分的渐近式相同.

于是, 通过变量代换可以把问题归结为研究典型积分

$$E(\lambda) = \int_0^\varepsilon f(x) e^{i\lambda x^\alpha} dx,$$

其渐近式由专门的艾尔代伊引理描述. 这个引理对傅里叶积分所起的作用相当于沃森引理对拉普拉斯积分所起的作用.

傅里叶积分渐近式的上述研究方案称为**稳定相位法**.

稳定相位法中的局部化原理在本质上完全不同于拉普拉斯积分的情形, 但是可以看出, 拉普拉斯方法的一般研究方案在这里同样适用.

读者在习题 12—17 中可以找到稳定相位法的一些细节.

习 题

一维情形的拉普拉斯方法.

1. a) 当 $\alpha > 0$ 时, 函数 $h(x) = e^{-\lambda x^\alpha}$ 在 $x = 0$ 达到极大值. 这时, 如果取 $\delta = O(\lambda^{-1/\alpha})$, 则 $h(x)$ 在点 $x = 0$ 的 δ 邻域内是 1 阶量. 请利用引理 1 证明: 如果 $0 < \delta < 1$, 则积分

$$W(\lambda) = \int_{c(\lambda, \delta)}^a x^{\beta-1} f(x) e^{-\lambda x^\alpha} dx,$$

其中 $c(\lambda, \delta) = \lambda^{(\delta-1)/\alpha}$, 当 $\lambda \to +\infty$ 时是 $O\left(e^{-A\lambda^\delta}\right)$ 阶量, 其中 A 是一个正的常数.

b) 请证明: 如果函数 f 在 $x = 0$ 连续, 则

$$W(\lambda) = \alpha^{-1} \Gamma\left(\frac{\beta}{\alpha}\right) [f(0) + o(1)] \lambda^{-\beta/\alpha}, \quad \lambda \to +\infty.$$

c) 可以减弱定理 1a) 中的条件 $f(x) = f(x_0) + O(x - x_0)$, 把它改为 f 在点 x_0 连续的条件. 请证明: 这时渐近式主项不变, 但是, 一般而言, 等式 (2′) 不再成立, 现在应当把其中的 $O(x - x_0)$ 改为 $o(1)$.

2. a) 伯努利数 B_{2k} 由关系式

$$\frac{1}{t} - \frac{1}{1 - e^{-t}} = -\frac{1}{2} - \sum_{k=1}^\infty \frac{B_{2k}}{(2k)!} t^{2k-1}, \quad |t| < 2\pi$$

定义. 已知

$$\left(\frac{\Gamma'}{\Gamma}\right)(x) = \ln x + \int_0^\infty \left(\frac{1}{t} - \frac{1}{1 - e^{-t}}\right) e^{-tx} dt.$$

请证明:

$$\left(\frac{\Gamma'}{\Gamma}\right)(x) \simeq \ln x - \frac{1}{2x} - \sum_{k=0}^\infty \frac{B_{2k}}{2k} x^{-2k}, \quad x \to +\infty.$$

b) 请证明: 当 $x \to +\infty$ 时,
$$\ln \Gamma(x) \simeq \left(x - \frac{1}{2}\right) \ln x - x + \frac{1}{2} \ln 2\pi + \sum_{k=1}^{\infty} \frac{B_{2k}}{2k(2k-1)} x^{-2k+1}.$$
这个渐近展开式称为斯特林级数.

c) 请利用斯特林级数得到函数 $\Gamma(x+1)$ 当 $x \to +\infty$ 时的渐近展开式的前两项, 并与例 13 的结果进行对比.

d) 请分别利用例 13 的方法和与此相独立的斯特林级数证明:
$$\Gamma(x+1) = \sqrt{2\pi x} \left(\frac{x}{e}\right)^x \left(1 + \frac{1}{12x} + \frac{1}{288x^2} + O\left(\frac{1}{x^3}\right)\right), \quad x \to +\infty.$$

3. a) 设 $f \in C([0, a], \mathbb{R})$, $S \in C^{(1)}([0, a], \mathbb{R})$, 在 $[0, a]$ 上 $S(x) > 0$, $S(x)$ 在 $x = 0$ 达到极大值, 并且 $S'(0) \neq 0$. 请证明: 如果 $f(0) \neq 0$, 则
$$I(\lambda) := \int_0^a f(x) S^\lambda(x) \, dx \sim -\frac{f(0)}{\lambda S'(0)} S^{\lambda+1}(0), \quad \lambda \to +\infty.$$

b) 如果还已知 $f, S \in C^{(\infty)}([0, a], \mathbb{R})$, 请得到渐近展开式
$$I(\lambda) \simeq S^{\lambda+1}(0) \sum_{k=0}^{\infty} a_k \lambda^{-(k+1)}, \quad \lambda \to +\infty.$$

4. a) 请证明: $\int_0^{\pi/2} \sin^n t \, dt = \sqrt{\dfrac{\pi}{2n}} (1 + O(n^{-1})), \ n \to +\infty.$

b) 请用欧拉积分表示这个积分并证明: 它在 $2n \in \mathbb{N}$ 时等于 $\dfrac{(2n-1)!!}{(2n)!!} \cdot \dfrac{\pi}{2}$.

c) 请得到沃利斯公式 $\pi = \lim\limits_{n \to \infty} \dfrac{1}{n} \left[\dfrac{(2n)!!}{(2n-1)!!}\right]^2.$

d) 请求出 a) 中的积分当 $n \to +\infty$ 时的渐近展开式的第二项.

5. a) 请证明: $\int_{-1}^{1} (1-x^2)^n dx \sim \sqrt{\dfrac{\pi}{n}}, \ n \to +\infty.$

b) 请求出这个积分的渐近展开式的下一项.

6. 请证明: 如果 $\alpha > 0$, 则当 $x \to +\infty$ 时, $\int_0^{+\infty} t^{-\alpha t} t^x dt \sim \sqrt{\dfrac{2\pi}{e\alpha}} x^{1/2\alpha} \exp\left(\dfrac{\alpha}{e} x^{1/\alpha}\right).$

7. a) 请求出积分 $\int_0^{+\infty} (1+t)^n e^{-nt} dt$ 当 $n \to +\infty$ 时的渐近式主项.

b) 请利用所得结果和恒等式 $k! \, n^{-(k+1)} = \int_0^{+\infty} e^{-nt} t^k dt$ 证明:
$$\sum_{k=0}^{n} C_n^k k! \, n^{-k} = \sqrt{\dfrac{\pi n}{2}} (1 + O(n^{-1/2})), \quad n \to +\infty.$$

高维情形的拉普拉斯方法.

8. 关于指数型估计的引理. 设 $M = \sup\limits_{x \in D} S(x)$, 并且对于某个值 $\lambda = \lambda_0$, 积分
$$F(\lambda) = \int_{D \subset \mathbb{R}^n} f(x) e^{\lambda S(x)} dx \tag{$*$}$$

绝对收敛. 请证明: 当 $\lambda \geqslant \lambda_0$ 时, 这个积分绝对收敛, 并且

$$|F(\lambda)| \leqslant \int_D |f(x)e^{\lambda S(x)}|\,dx \leqslant Ae^{\lambda M},$$

其中 A 是一个正的常数.

9. 莫尔斯引理. 设 $x \in \mathbb{R}^n$, 点 x_0 是函数 $S(x)$ 的非退化临界点, 函数 $S(x)$ 在点 x_0 的一个邻域内有定义并且属于 $C^{(\infty)}$ 函数类, 则点 $x = x_0$ 的邻域 U 和点 $y = 0$ 的邻域 V 以及 $C^{(\infty)}(V, U)$ 类微分同胚 $\varphi : V \to U$ 存在, 使

$$S(\varphi(y)) = S(x_0) + \frac{1}{2}\sum_{j=1}^n \nu_j (y^j)^2,$$

$\det \varphi'(0) = 1$, $\nu_1, \cdots, \nu_n$ 是矩阵 $S''_{xx}(x_0)$ 的本征值, 而 $y = (y^1, \cdots, y^n)$ 是点 $y \in \mathbb{R}^n$ 的坐标. 请根据第一卷第八章 §6 中的莫尔斯引理证明该引理的这个具体一些的形式.

10. 典型积分的渐近式.

a) 设 $t = (t_1, \cdots, t_n)$, $V = \{t \in \mathbb{R}^n \mid |t_j| \leqslant \delta,\ j=1,2,\cdots,n\}$, $a \in C^{(\infty)}(V, \mathbb{R})$. 考虑函数

$$F_1(\lambda, t') = \int_{-\delta}^{\delta} a(t_1, \cdots, t_n) e^{-\lambda \nu_1 t_1^2/2}\,dt_1,$$

其中 $t' = (t_2, \cdots, t_n)$, $\nu_1 > 0$. 请证明:

$$F_1(\lambda, t') \simeq \sum_{k=0}^{\infty} a_k(t') t^{-(k+1/2)}, \quad \lambda \to +\infty;$$

该展开式关于 $t' \in V' = \{t' \in \mathbb{R}^{n-1} \mid |t_j| \leqslant \delta,\ j=2,\cdots,n\}$ 是一致的, 并且 $a_k \in C^{(\infty)}(V', \mathbb{R})$ 对于任何 $k = 0, 1, \cdots$ 都成立.

b) 取 $F_1(\lambda, t')$ 与 $e^{-\lambda \nu_2 t_2^2/2}$ 之积, 请证明对相应渐近展开式进行逐项积分运算的合理性, 从而求出函数

$$F_2(\lambda, t'') = \int_{-\delta}^{\delta} F_1(\lambda, t') e^{-\lambda \nu_2 t_2^2/2}\,dt_2$$

在 $\lambda \to +\infty$ 时的渐近展开式, 这里 $t'' = (t_3, \cdots, t_n)$, $\nu_2 > 0$.

c) 请证明: 对于函数 $A(\lambda) = \int_{-\delta}^{\delta} \cdots \int_{-\delta}^{\delta} a(t_1, \cdots, t_n) \exp\left(-\frac{\lambda}{2}\sum_{j=1}^n \nu_j t_j^2\right)dt_1 \cdots dt_n$, 其中 $\nu_j > 0$, $j = 1, \cdots, n$, 渐近展开式

$$A(\lambda) \simeq \lambda^{-n/2} \sum_{k=0}^{\infty} a_k \lambda^{-k}, \quad \lambda \to +\infty$$

成立, 其中 $a_0 = \sqrt{\dfrac{(2\pi)^n}{\nu_1 \cdots \nu_n}}\, a(0)$.

11. 高维情形的拉普拉斯积分渐近式.

a) 设 D 是 $\mathbb{R}^n$ 中的有界闭区域, $f, S \in C(D, \mathbb{R})$, $\max\limits_{x \in D} S(x)$ 只在区域 D 的某一个内点 x_0 达到; 在点 x_0 的某一个邻域中, $f, S \in C^{(\infty)}$, 并且 $\det S''(x_0) \neq 0$. 请证明: 如果积分 (∗) 对于某一个值 $\lambda = \lambda_0$ 绝对收敛, 则

$$F(\lambda) \simeq e^{\lambda S(x_0)} \lambda^{-n/2} \sum_{k=0}^{\infty} a_k \lambda^{-k}, \quad \lambda \to +\infty,$$

并且这个展开式对 λ 任意次可微, 其主项具有以下形式:
$$F(\lambda) = e^{\lambda S(x_0)} \lambda^{-n/2} \sqrt{\frac{(2\pi)^n}{|\det S''(x_0)|}} \left(f(x_0) + O(\lambda^{-1})\right).$$

b) 请验证: 如果在以上命题中把点 x_0 的邻域中的条件 $f, S \in C^{(\infty)}$ 改为 $f \in C, S \in C^{(3)}$, 则当 $\lambda \to +\infty$ 时的渐近式主项保持不变, 但要把 $\lambda \to +\infty$ 时的 $O(\lambda^{-1})$ 改为 $o(1)$.

一维情形的稳定相位法.

12. 黎曼引理的推广.

a) 请证明黎曼定理的以下推广:

设 $S \in C^{(1)}([a, b], \mathbb{R})$, 并且在 $[a, b] =: I$ 上 $S'(x) \neq 0$, 则对于区间 I 上的任何绝对可积函数 f, 以下关系式成立:
$$\widetilde{F}(\lambda) = \int_a^b f(x) e^{i\lambda S(x)} dx \to 0, \quad \lambda \to \infty, \ \lambda \in \mathbb{R}.$$

b) 请验证: 如果另外还已知 $f \in C^{(n+1)}(I, \mathbb{R})$, $S \in C^{(n+2)}(I, \mathbb{R})$, 则当 $\lambda \to \infty$ 时,
$$\widetilde{F}(\lambda) = \sum_{k=0}^{n} (i\lambda)^{-(k+1)} \left(\frac{1}{S'(x)} \frac{d}{dx}\right)^k \left.\frac{f(x)}{S'(x)}\right|_a^b + o(\lambda^{-(n+1)}).$$

c) 请写出函数 $\widetilde{F}(\lambda)$ 当 $\lambda \to \infty$, $\lambda \in \mathbb{R}$ 时的渐近式主项.

d) 请证明: 如果 $S \in C^{(\infty)}(I, \mathbb{R})$, $f|_{[a,c]} \in C^{(2)}[a, c]$, $f|_{[c,b]} \in C^{(2)}[c, b]$, 但 $f \notin C^{(2)}[a, b]$, 则当 $\lambda \to \infty$ 时, 函数 $\widetilde{F}(\lambda)$ 不一定是量 $o(\lambda^{-1})$.

e) 请证明: 当 $f, S \in C^{(\infty)}(I, \mathbb{R})$ 时, 可以在 $\lambda \to \infty$ 时把函数 $\widetilde{F}(\lambda)$ 展开为渐近级数.

f) 设 $\alpha > 0$, $\psi_1 = e^{i\lambda x}$, $\psi_2 = \cos \lambda x$, $\psi_3 = \sin \lambda x$, 请求出积分 $\int_0^\infty (1+x)^{-\alpha} \psi_j(x, \lambda) dx$ ($j = 1, 2, 3$) 当 $\lambda \to \infty$, $\lambda \in \mathbb{R}$ 时的渐近展开式.

13. 局部化原理.

a) 设 $I = [a, b] \subset \mathbb{R}$, $f \in C_0^{(\infty)}(I, \mathbb{R})$, $S \in C^{(\infty)}(I, \mathbb{R})$, 并且在 I 上 $S'(x) \neq 0$. 请证明:
$$\widetilde{F}(\lambda) := \int_a^b f(x) e^{i\lambda S(x)} dx = O(|\lambda|^{-\infty}), \quad \lambda \to \infty.$$

b) 设 $f \in C_0^{(\infty)}(I, \mathbb{R})$, $S \in C^{(\infty)}(I, \mathbb{R})$; $x_1, \cdots, x_m$ 是函数 $S(x)$ 在 I 上的有限个临界点, 而在这些点以外 $S'(x) \neq 0$. 我们用 $\widetilde{F}(\lambda, x_j)$ 表示函数 $f(x) e^{i\lambda S(x)}$ 在点 x_j 的邻域 $U(x_j)$ 上的积分, $j = 1, \cdots, m$, 并且 $U(x_j)$ 的闭包不包含其他临界点. 请证明:
$$\widetilde{F}(\lambda) = \sum_{j=1}^{m} \widetilde{F}(\lambda, x_j) + O(|\lambda|^{-\infty}), \quad \lambda \to \infty.$$

14. 一维情形的傅里叶积分渐近式.

a) 在相当一般的情况下, 利用局部化原理可以把求一维傅里叶积分渐近式的问题归结为求典型积分
$$E(\lambda) = \int_0^a x^{\beta-1} f(x) e^{i\lambda x^\alpha} dx$$
的渐近式. 对于这个积分, 以下引理成立:

艾尔代伊引理. 设 $\alpha \geqslant 1$, $\beta > 0$, $f \in C^{(\infty)}([0, a], \mathbb{R})$, $f^{(k)}(a) = 0$, $k = 0, 1, 2, \cdots$, 则

$$E(\lambda) \simeq \sum_{k=0}^{\infty} a_k \lambda^{-(k+\beta)/\alpha}, \quad \lambda \to +\infty,$$

其中

$$a_k = \frac{1}{\alpha} \Gamma\left(\frac{k+\beta}{\alpha}\right) e^{i\pi(k+\beta)/2\alpha} \frac{f^{(k)}(0)}{k!},$$

并且这个展开式对 λ 任意次可微.

请利用艾尔代伊引理证明以下命题:

设 $I = [x_0 - \delta, x_0 + \delta]$ 是有限闭区间, $f, S \in C^{(\infty)}(I, \mathbb{R})$, 并且 $f \in C_0(I, \mathbb{R})$, 而 S 在 I 上有唯一的稳定点 x_0, 使 $S'(x_0) = 0$, 但 $S''(x_0) \neq 0$, 则当 $\lambda \to +\infty$ 时,

$$\widetilde{F}(\lambda, x_0) := \int_{x_0-\delta}^{x_0+\delta} f(x) e^{i\lambda S(x)} dx \simeq \exp\left(i\frac{\pi}{4} \operatorname{sgn} S''(x_0)\right) \exp(i\lambda S(x_0)) \lambda^{-1/2} \sum_{k=0}^{\infty} a_k \lambda^{-k},$$

而渐近式主项的形式为

$$\widetilde{F}(\lambda, x_0) = \sqrt{\frac{2\pi}{\lambda |S''(x_0)|}} \exp\left(i\frac{\pi}{4} \operatorname{sgn} S''(x_0) + i\lambda S(x_0)\right) (f(x_0) + O(\lambda^{-1})).$$

b) 考虑整数指标 $n \geqslant 0$ 的贝塞尔函数: $J_n(x) = \frac{1}{\pi} \int_0^{\pi} \cos(x \sin \varphi - n\varphi) d\varphi$.

请证明: $J_n(x) = \sqrt{\frac{2}{\pi x}} \cos\left(x - \frac{n\pi}{2} - \frac{\pi}{4}\right) + O(x^{-1})$, $x \to +\infty$.

高维情形的稳定相位法.

15. 局部化原理.

a) 请证明以下命题:

设 D 是 $\mathbb{R}^n$ 中的区域, $f \in C_0^{(\infty)}(D, \mathbb{R})$, $S \in C^{(\infty)}(D, \mathbb{R})$, 当 $x \in \operatorname{supp} f$ 时 $\operatorname{grad} S(x) \neq 0$, 并且

$$\widetilde{F}(\lambda) := \int_D f(x) e^{i\lambda S(x)} dx, \qquad (**)$$

则对于任何 $k \in \mathbb{N}$, 可以找到正的常数 $A(k)$, 使估计 $|\widetilde{F}(\lambda)| \leqslant A(k)\lambda^{-k}$ 在 $\lambda \geqslant 1$ 时成立, 即当 $\lambda \to +\infty$ 时 $\widetilde{F}(\lambda) = O(\lambda^{-\infty})$.

b) 仍旧设 $f \in C_0^{(\infty)}(D, \mathbb{R})$, $S \in C^{(\infty)}(D, \mathbb{R})$, 但 S 在 D 中有有限个临界点 $x_1, \cdots, x_m$, 在这些点以外 $\operatorname{grad} S(x) \neq 0$. 设 $U(x_j)$ 是点 x_j 的邻域, 并且在其闭包中没有 x_j 以外的其他临界点. 用 $\widetilde{F}(\lambda, x_j)$ 表示函数 $f(x) e^{i\lambda S(x)}$ 在 $U(x_j)$ 上的积分. 请证明:

$$\widetilde{F}(\lambda) = \sum_{j=1}^{m} \widetilde{F}(\lambda, x_j) + O(\lambda^{-\infty}), \quad \lambda \to +\infty.$$

16. 典型积分. 如果 x_0 是定义在区域 $D \subset \mathbb{R}^n$ 中的函数 $S \in C^{(\infty)}(D, \mathbb{R})$ 的非退化临界点, 则根据莫尔斯引理 (见习题 9), 满足以下条件的局部变量代换 $x = \varphi(y)$ 存在:

$$x_0 = \varphi(0), \quad S(\varphi(y)) = S(x_0) + \frac{1}{2} \sum_{j=1}^{n} \varepsilon_j (y^j)^2,$$

其中 $\varepsilon_j = \pm 1$, $y = (y^1, \cdots, y^n)$, 并且 $\det \varphi'(y) > 0$.

现在, 请利用局部化原理 (习题 15) 证明: 如果 $f \in C_0^{(\infty)}(D, \mathbb{R})$, $S \in C^{(\infty)}(D, \mathbb{R})$, 而 S 在 D 中至多有有限个临界点, 并且它们全是非退化临界点, 则研究积分 $(**)$ 的渐近式归结为研究以下典型积分的渐近式:

$$\psi(\lambda) := \int_{-\delta}^{\delta} \cdots \int_{-\delta}^{\delta} \psi(y^1, \cdots, y^n) \exp\left(\frac{i\lambda}{2} \sum_{j=1}^n \varepsilon_j (y^j)^2\right) dy^1 \cdots dy^n.$$

17. 高维情形的傅里叶积分渐近式. 请利用艾尔代伊引理 (习题 14 a)) 和习题 10 中的运算方案证明: 如果 D 是 $\mathbb{R}^n$ 中的区域, $f, S \in C^{(\infty)}(D, \mathbb{R})$, $\operatorname{supp} f$ 是 D 中的紧集, x_0 是函数 S 在 D 中唯一的临界点, 并且是非退化临界点, 则积分 $(**)$ 当 $\lambda \to +\infty$ 时的渐近展开式

$$\widetilde{F}(\lambda) \simeq \lambda^{-n/2} e^{i\lambda S(x_0)} \sum_{k=0}^{\infty} a_k \lambda^{-k}$$

成立, 并且它对 λ 任意次可微; 渐近展开式的主项为

$$\widetilde{F}(\lambda) = \left(\frac{2\pi}{\lambda}\right)^{n/2} \exp\left[i\lambda S(x_0) + \frac{i\pi}{4} \operatorname{sgn} S''(x_0)\right] |\det S''(x_0)|^{-1/2} [f(x_0) + O(\lambda^{-1})], \quad \lambda \to +\infty,$$

其中 $S''(x_0)$ 是函数 S 在点 x_0 的二阶偏导数矩阵 (黑塞矩阵), 它是对称的, 根据条件, 它还是非退化的, 而 $\operatorname{sgn} S''(x_0)$ 是这个矩阵的符号差 (或相应二次型的符号差), 即矩阵 $S''(x_0)$ 的正本征值的数目与负本征值的数目之差 $\nu_+ - \nu_-$.

单元测试题

第三学期

级数与含参变量的积分

单元测试的理论题是相应考试大纲中的试题 1—11，以下是推荐的其余试题.

1. 设 P 是多项式. 请计算 $\left(\exp\left(t\dfrac{d}{dx}\right)\right)P(x)$.

2. 请验证：向量函数 $e^{tA}x_0$ 是柯西问题 $\dot x = Ax$, $x(0) = x_0$ 的解 ($\dot x = Ax$ 是由矩阵 A 给出的方程组).

3. 请求出方程 $\sin x + 1/x = 0$ 的正根 $\lambda_1 < \lambda_2 < \cdots < \lambda_n < \cdots$ 当 $n \to \infty$ 时的渐近式，精确到 $o(1/n^3)$.

4. a) 请证明：
$$\ln 2 = 1 - \frac{1}{2} + \frac{1}{3} - \cdots.$$
为了求出 $\ln 2$ 的精确到 10^{-3} 的近似值，应当取这个级数的多少项？

b) 请验证：
$$\frac{1}{2}\ln\frac{1+t}{1-t} = t + \frac{1}{3}t^3 + \frac{1}{5}t^5 + \cdots.$$
这个展开式适用于计算 $\ln x$，取 $x = \dfrac{1+t}{1-t}$ 即可.

c) 请在 b) 中取 $t = 1/3$，从而得到
$$\frac{1}{2}\ln 2 = \frac{1}{3} + \frac{1}{3}\left(\frac{1}{3}\right)^3 + \frac{1}{3}\left(\frac{1}{3}\right)^5 + \cdots.$$
为了求出 $\ln 2$ 的精确到 10^{-3} 的近似值，应当取这个级数的多少项？请与 a) 的结果进行对比.
这是改善收敛性的方法之一.

5. 请验证: 在阿贝尔求和法的意义下,

a) $1 - 1 + 1 \cdots = \dfrac{1}{2}$;

b) $\sum\limits_{k=1}^{\infty} \sin k\varphi = \dfrac{1}{2} \cot \dfrac{\varphi}{2}$, $\varphi \neq 2\pi n$, $n \in \mathbb{Z}$;

c) $\dfrac{1}{2} + \sum\limits_{k=1}^{\infty} \cos k\varphi = 0$, $\varphi \neq 2\pi n$, $n \in \mathbb{Z}$.

6. 请证明阿达马引理:

a) 如果 $f \in C^{(1)}(U(x_0))$, 则

$$f(x) = f(x_0) + \varphi(x)(x - x_0),$$

其中 $\varphi \in C(U(x_0))$, 并且 $\varphi(x_0) = f'(x_0)$;

b) 如果 $f \in C^{(n)}(U(x_0))$, 则

$$f(x) = f(x_0) + \dfrac{1}{1!}f'(x_0)(x - x_0) + \cdots + \dfrac{1}{(n-1)!}f^{(n-1)}(x_0)(x - x_0)^{n-1} + \varphi(x)(x - x_0)^n,$$

其中 $\varphi \in C(U(x_0))$, 并且 $\varphi(x_0) = f^{(n)}(x_0)/n!$.

c) 当 $x = (x^1, \cdots, x^n)$ 时, 即当 f 是 n 元函数时, 这些关系式具有怎样的坐标表达式?

7. a) 请验证: 函数

$$J_0(x) = \dfrac{1}{\pi} \int_0^1 \dfrac{\cos xt}{\sqrt{1 - t^2}} dt$$

满足贝塞尔方程

$$y'' + \dfrac{1}{x}y' + y = 0.$$

b) 请尝试利用幂级数求解这个方程.

c) 请求出函数 $J_0(x)$ 的幂级数展开式.

8. 请验证: 当 $x \to +\infty$ 时, 以下渐近展开式成立:

a) $\Gamma(\alpha, x) := \int_x^{+\infty} t^{\alpha-1} e^{-t} dt \simeq e^{-x} \sum\limits_{k=1}^{\infty} \dfrac{\Gamma(\alpha)}{\Gamma(\alpha - k + 1)} x^{\alpha-k}$;

b) $\mathrm{Erf}(x) := \int_x^{+\infty} e^{-t^2} dt \simeq \dfrac{1}{2}\sqrt{\pi} e^{-x^2} \sum\limits_{k=1}^{\infty} \dfrac{1}{\Gamma(3/2 - k) x^{2k-1}}$.

9. a) 请沿用欧拉的方法找出级数 $1 - 1!x + 2!x^2 - 3!x^3 + \cdots$ 与以下函数的联系:

$$S(x) := \int_0^{+\infty} \dfrac{e^{-t}}{1 + xt} dt.$$

b) 这个级数收敛吗?

c) 当 $x \to 0$ 时, 它给出 $S(x)$ 的渐近展开式吗?

10. a) 线性仪器 A 的特性不随时间发生变化, 它对 δ 函数形式的输入信号 $\delta(t)$ 的响应是输出信号 $E(t)$. 该仪器对输入信号 $f(t)$ $(-\infty < t < +\infty)$ 的响应是什么?

b) 是否总是可以根据输出信号 $\hat{f} := Af$ 单值地恢复输入信号 f?

第四学期

多元函数积分学

第四学期的教学计划近来发生了变化，这也关系到数学分析课程. 学时数变了，单元测验的日期变了，单元测验甚至被取消或改在期末进行. 因此，在向学生公布整个考试大纲时需要约定，单元测验范围取决于单元测验日期所对应的实际教学进度.

单元测试的理论题是相应考试大纲中的试题 1—22，以下是推荐的其余试题，它们来自各节的习题.

1) 第十一章 §1 习题 2, 3.
2) 第十一章 §1 习题 4.
3) 第十一章 §2 习题 1, 3, 4.
4) 第十一章 §3 习题 1—4.
5) 第十一章 §4 习题 6, 7; 第十三章 §2 习题 6.
6) 第十一章 §5 习题 9; 第十二章 §5 习题 5, 6.
7) 第十一章 §6 习题 1, 5, 7.
8) 第十二章 §1 习题 2, 3; §4 习题 1, 4.
9) 第十二章 §2 习题 1—4; §5 习题 11.
10) 第十五章 §3 习题 1, 2.
11) 第十二章 §5 习题 9; 第十五章 §3 习题 3.
12) 第十五章 §3 习题 4.
13) 第十二章 §5 习题 8, 10.
14) 第十三章 §1 习题 3—5, 9.
15) 第十三章 §3 习题 1, 10, 13, 14.
16) 第十二章 §4 习题 10; 第十三章 §2 习题 5.
17) 第十四章 §1 习题 1, 2.
18) 第十四章 §2 习题 1—4, 8.
19) 第十四章 §3 习题 7, 13, 14.
20) 第十四章 §3 习题 11, 12.
21) 第十三章 §3, 习题 11; 第十四章 §1 习题 8.
22) 第十四章 §1 习题 4—6.

考试大纲

第三学期

级数与含参变量的积分

1. 级数收敛性的柯西准则. 收敛性的比较定理和基本的充分性检验法 (强函数检验法, 积分检验法, 阿贝尔–狄利克雷检验法). 级数 $\zeta(s) = \sum\limits_{n=1}^{\infty} n^{-s}$.

2. 函数族和函数项级数的一致收敛性. 函数项级数一致收敛性的柯西准则和基本的充分性检验法 (强函数检验法, 阿贝尔–狄利克雷检验法).

3. 两个极限运算可交换的充分条件. 连续性、积分运算、微分运算与极限运算的关系.

4. 幂级数的收敛域和收敛特点. 柯西–阿达马公式. 阿贝尔 (第二) 定理. 初等函数的泰勒展开式. 欧拉公式. 幂级数的微分运算和积分运算.

5. 反常积分. 收敛性的柯西准则和基本的充分性检验法 (强函数检验法, 阿贝尔–狄利克雷检验法).

6. 含参变量的反常积分的一致收敛性. 一致收敛性的柯西准则和基本的充分性检验法 (强函数检验法, 阿贝尔–狄利克雷检验法).

7. 含参变量的常义积分的连续性、微分运算和积分运算.

8. 含参变量的反常积分的连续性、微分运算和积分运算. 狄利克雷积分.

9. 欧拉积分 (Γ 函数和 β 函数), 它们的定义域、微分性质、递推公式、各种表达式及其相互关系. 泊松积分.

10. δ 型函数族. 卷积收敛性定理. 用代数多项式一致逼近连续函数的经典的魏尔斯特拉斯定理.

11. 具有内积的向量空间. 内积的连续性和与此相关的代数性质. 正交和规范正交向量组. 毕达哥拉斯定理. 傅里叶系数和傅里叶级数. 函数空间中的内积和正交函数系的例子.

12. 垂线引理. 傅里叶系数的极值性质. 傅里叶级数的贝塞尔不等式和收敛性. 规范正交函数系的完备性条件.

13. 实形式和复形式的经典的傅里叶 (三角) 级数. 黎曼引理. 局部化原理和傅里叶级数的逐点收敛性. 实例: $\cos\alpha x$ 的傅里叶级数展开式和 $(\sin\pi x)/\pi x$ 的无穷乘积展开式.

14. 函数的光滑性, 它的傅里叶系数的下降速度和它的傅里叶级数的收敛速度.

15. 三角函数系的完备性和傅里叶三角级数的平均收敛性.

16. 傅里叶变换和傅里叶积分 (逆变换公式). 实例: 计算 $f(x) := \exp(-a^2x^2)$ 的傅里叶变换 $\hat{f}$.

17. 傅里叶变换和微分算子. 函数的光滑性和它的傅里叶变换的下降速度. 帕塞瓦尔等式. 作为速降函数空间等距映射的傅里叶变换.

18. 傅里叶变换和卷积. 一维热传导方程的解.

19. 根据仪器的谱函数和接收到的信号恢复传递来的信号. 科捷利尼科夫采样定理 (科捷利尼科夫-香农公式).

20. 渐近序列和渐近级数. 实例: 函数 $\mathrm{Ei}(x)$ 的渐近展开式. 收敛级数与渐近级数的区别. 拉普拉斯积分的渐近式 (主项). 斯特林公式.

第四学期

多元函数积分学

1. n 维区间上的黎曼积分. 积分存在的勒贝格准则.

2. 实函数在 n 维区间上的积分存在的达布准则.

3. 集合上的积分. 集合的若尔当测度及其几何意义. 可测集上的积分存在的勒贝格准则. 积分的线性性质和可加性.

4. 积分的估计.

5. 重积分化为累次积分: 富比尼定理及其重要推论.

6. 重积分中的变量代换公式. 测度和积分的不变性.

7. 反常重积分: 基本定义, 收敛性的强函数检验法, 典型积分. 欧拉-泊松积分的计算.

8. $\mathbb{R}^n$ 中的 k 维曲面和给出 k 维曲面的基本方法. 抽象 k 维流形. k 维流形的边界是 $k-1$ 维无边界流形.

9. 可定向流形和不可定向流形. 给出 $\mathbb{R}^n$ 中的抽象流形和 (超) 曲面的定向的方法.

10. 流形在一个点的切向量和切空间. 把切向量解释为微分算子.

11. 区域 $D \subset \mathbb{R}^n$ 中的微分形式. 实例: 函数的微分, 功形式, 流形式. 微分形式的坐标表达式. 外微分运算.

12. 对象的映射和这些对象上的函数的共轭映射. 点在光滑映射下的变换和这些点的切空间向量在光滑映射下的变换. 函数和微分形式在光滑映射下的转移. 利用坐标表达式完成微分形式的转移.

13. 微分形式的转移与它们的外积运算和微分运算的交换. 流形上的微分形式. 微分形式运算的不变性 (合理性).

14. 功和流量 (通量) 的计算. k 形式在 k 维光滑定向流形上的积分. 定向的方法. 积分对参数选取的独立性. k 形式在 k 维定向紧流形上的积分的一般定义.

15. 正方形上的格林公式及其推导和解释. 用相应微分形式的积分表示格林公式. 一般的斯托克斯公式, 化简到 k 维区间的情形及其证明. 作为一般斯托克斯公式具体推论的数学分析经典积分公式.

16. $\mathbb{R}^n$ 中的体形式, 曲面上的体形式. 体形式对定向的依赖性. 第一类积分, 第一类积分对定向的独立性. 面积和物质面的质量是第一类积分. k 维曲面 $S^k \subset \mathbb{R}^n$ 的体形式的局部参数形式, 超曲面 $S^k \subset \mathbb{R}^n$ 的体形式在包含 S^{n-1} 的空间的笛卡儿坐标下的表达式.

17. 场论的基本微分算子 (grad, rot, div), 它们与欧氏定向空间 $\mathbb{R}^3$ 中的外微分算子 d 的关系.

18. 用第一类积分表示场的功和流量 (通量). 用向量形式的数学分析经典积分公式写出 $\mathbb{R}^3$ 中的场论基本积分公式.

19. 势场和它的势. 恰当微分形式和闭微分形式. 恰当微分形式的必要条件 (微分检验法), 向量场是势场的必要条件, 该条件在单连通区域中的充分性. 1 形式和向量场的恰当性的积分准则.

20. 闭微分形式的局部恰当性 (庞加莱引理). 全局分析. 同调与上同调. 德拉姆定理 (表述).

21. 斯托克斯公式 (高斯–奥斯特洛格拉德斯基公式) 的应用实例: 连续介质力学基本方程的推导. 梯度、旋度和散度的物理意义.

22. 哈密顿算子 (纳布拉算子) 及其运算. 三维正交曲线坐标系中的梯度、旋度和散度.

期末考试试题

第三学期

1. 考虑定义在闭区间 $[0,1]$ 上的实函数序列 $\{f_n\}$.

a) 你知道函数序列的哪几种收敛性？

b) 请给出每一种收敛性的定义．

c) 它们之间的联系是什么？(请证明这样的联系，或者，请举例说明这样的联系并不存在.)

2. 已知以 2π 为周期的函数 f，它在区间 $]-\pi, 0[$ 上恒等于零，在闭区间 $[0, \pi]$ 上 $f(x) = 2x$. 请求出该函数的标准傅里叶三角级数的和 S.

3. a) 已知函数 $(1+x)^{-1}$ 的幂级数展开式 (几何级数). 请由此得到函数 $\ln(1+x)$ 的幂级数展开式并证明运算过程的合理性．

b) 所得级数的收敛半径是多少？

c) 该级数在 $x = 1$ 时收敛吗？如果收敛，则它的和等于 $\ln 2$ 吗？为什么？

4. a) 已知线性仪器 (线性算子) A 的谱函数 (谱特征) p 处处不等于零. 怎样根据已知的函数 p 和接收到的信号 $g = Af$ 求传递来的信号 f？

b) 设函数 p 满足以下条件：当 $|\omega| \leqslant 10$ 时 $p(\omega) \equiv 1$，当 $|\omega| > 10$ 时 $p(\omega) \equiv 0$. 设已知接收到的信号 g 的谱 $\hat{g}$ (傅里叶变换)，即当 $|\omega| \leqslant 1$ 时 $\hat{g}(\omega) \equiv 1$，当 $|\omega| > 1$ 时 $\hat{g}(\omega) \equiv 0$. 最后，设已知输入信号 f 不包含仪器 A 所允许通过的频率以外的频率 (即不包含 $|\omega| \leqslant 10$ 以外的频率). 请求出输入信号 f.

5. 请利用 Γ 函数和拉普拉斯方法得到非常重要的斯特林渐近公式 $n! \sim \sqrt{2\pi n}\,(n/e)^n$.

期中测试题

第四学期

1. 请计算 $\mathbb{R}^n$ 中的下列微分形式 ω 在一组给定向量上的值:

a) $\omega = x^2 dx^1$, 向量 $\xi = (1, 2, 3) \in T\mathbb{R}^3_{(1,2,3)}$;

b) $\omega = dx^1 \wedge dx^3 + x^1 dx^2 \wedge dx^4$, 向量序偶 $\xi_1, \xi_2 \in T\mathbb{R}^4_{(1,0,0,0)}$ (取 $\xi_1 = (\xi_1^1, \cdots, \xi_1^4)$, $\xi_2 = (\xi_2^1, \cdots, \xi_2^4)$).

2. 设 $f^1, \cdots, f^n$ 是自变量 $x = (x^1, \cdots, x^n) \in \mathbb{R}^n$ 的光滑函数. 请用 $dx^1, \cdots, dx^n$ 的微分形式表示微分形式 $df^1 \wedge \cdots \wedge df^n$.

3. 设力向量场 F 定义在区域 $D \subset \mathbb{R}^3$ 上. 我们来计算在这个场中从点 $a \in D$ 沿光滑道路 $\gamma \subset D$ 移动到点 $b \in D$ 所必须做的功.

a) 请分别用第一类积分和第二类积分的形式 (即分别通过 ds 和 dx, dy, dz) 写出上述功的计算公式.

b) 请验证: 在重力场 F 中, 上述功与道路无关. 它等于什么?

4. a) 设向量场 V (例如某种流动的速度场) 定义在区域 $D \subset \mathbb{R}^3$ 上. 请分别用第一类积分和第二类积分的形式写出向量场 V 通过有向曲面 $S = S_+^2 \subset D$ 的通量的计算公式.

b) 取凸多面体 $D \subset \mathbb{R}^3$, 并在它的每一个面上取指向外法线方向的向量, 其大小等于相应的面的面积. 物理学告诉我们, 这些向量之和等于零 (否则就构造出永动机). 数学也给出同样的结论. 请给出证明.

c) 请通过直接计算推导阿基米德定律 (请计算作用于完全放入盛满水的浴缸中的物体的浮力, 即物体表面所受压力的合力).

附录一　初论级数工具

在地质学中,先勘探,再开发. 在数学中同样如此. 公理化体系和各种有用的理论体系都是在解决了大量具体问题之后才作为结果出现的. 尽管学生们都是从各种公理开始学习,但公理体系并非像初学者可能认为的那样是从天上掉下来的.

这个学期在很大程度上离不开级数,而级数其实是序列的极限. 为了让神通广大的级数工具不局限在关于级数收敛性 (某个极限的存在性) 的抽象研究上, 我们在这里对级数工具的用途和用法进行一些初步讨论.

§0. 引言

a. 橡皮筋上的甲虫 (奥昆向萨哈罗夫提出的问题[①]). 长 1 km 的橡皮筋的一端在您手中, 另一端固定不动. 一只甲虫从固定端以 1 cm/s 的速度沿橡皮筋爬向您, 并且每爬 1 cm, 您就把橡皮筋拉长 1 km. 甲虫能爬到您手上吗? 如果能爬到, 则大约需要爬多少时间?

b. 积分与级数部分和的估计. 为了回答上面的问题, 您经过一番思考之后得到下面的可能有用的和:
$$S_n = 1 + \frac{1}{2} + \frac{1}{3} + \cdots + \frac{1}{n}.$$

请回忆积分的知识并证明: $S_n - 1 < \int_1^n \frac{1}{x} dx < S_{n-1}$.

[①] 加德纳在其著作《时间旅行和其他数学困惑》(Gardner M. Time Travel and Other Mathematical Bewilderments. New York: Freeman, 1988. 俄译本: Гарднер М. Путешествие по времени. Москва: Мир, 1990) 的第九章中写道: "这个绝妙问题是由新喀里多尼亚的威尔金想出来的, 其风格与关于阿喀琉斯追不上乌龟的芝诺悖论类似. 它最初发表在法国月刊 Science et Vie 1972 年第 12 期的趣味问题专栏中."

c. 从猿到博士只需要 10^6 年. 利特尔伍德在其著作《数学大杂烩》中讨论大数时写道: 10^6 年是猿变为博士所需要的时间[①].

那只甲虫来得及完成博士论文答辩吗? 还是直到世界末日也没有出头之日?

§1. 指数函数

a. 函数 exp, cos, sin 的幂级数展开式. 根据带有拉格朗日余项的泰勒公式,

$$e^x = 1 + \frac{1}{1!}x + \frac{1}{2!}x^2 + \cdots + \frac{1}{n!}x^n + r_n(x),$$

其中 $r_n(x) = \frac{1}{(n+1)!} e^\xi \cdot x^{n+1}$, $|\xi| < |x|$;

$$\cos x = 1 - \frac{1}{2!}x^2 + \frac{1}{4!}x^4 - \cdots + \frac{(-1)^n}{(2n)!}x^{2n} + r_{2n}(x),$$

其中 $r_{2n}(x) = \frac{1}{(2n+1)!} \cos\left(\xi + \frac{\pi}{2}(2n+1)\right) x^{2n+1}$, $|\xi| < |x|$;

$$\sin x = x - \frac{1}{3!}x^3 + \frac{1}{5!}x^5 - \cdots + \frac{(-1)^n}{(2n+1)!}x^{2n+1} + r_{2n+1}(x),$$

其中 $r_{2n+1}(x) = \frac{1}{(2n+2)!} \sin\left(\xi + \frac{\pi}{2}(2n+2)\right) x^{2n+2}$, $|\xi| < |x|$.

因为对于任何固定值 $x \in \mathbb{R}$, 上述每一个公式中的余项当 $n \to \infty$ 时显然趋于零, 所以我们写出

$$e^x = 1 + \frac{1}{1!}x + \frac{1}{2!}x^2 + \frac{1}{3!}x^3 + \frac{1}{4!}x^4 + \frac{1}{5!}x^5 + \cdots + \frac{1}{n!}x^n + \cdots,$$

$$\cos x = 1 - \frac{1}{2!}x^2 + \frac{1}{4!}x^4 - \cdots + \frac{(-1)^n}{(2n)!}x^{2n} + \cdots,$$

$$\sin x = x - \frac{1}{3!}x^3 + \frac{1}{5!}x^5 - \cdots + \frac{(-1)^n}{(2n+1)!}x^{2n+1} + \cdots.$$

b. 向复数域的推广和欧拉公式. 如果在上面第一个公式中把 x 改为复数 ix, 则经过简单的算术运算, 我们得到由欧拉发现的一个绝妙关系式

$$e^{ix} = \cos x + i \sin x.$$

在这里取 $x = \pi$, 得到 $e^{i\pi} + 1 = 0$. 这个著名的等式把基本的数学常数联系起来: 数学分析中的 e, 代数学中的 i, 几何学中的 π, 算术中的 1, 逻辑学中的 0.

我们定义了纯虚数值自变量的指数函数 exp 并得到了欧拉公式 $e^{ix} = \cos x + i \sin x$, 由此显然还得到

$$\cos x = \frac{1}{2}(e^{ix} + e^{-ix}), \quad \sin x = \frac{1}{2i}(e^{ix} - e^{-ix}).$$

[①] Littlewood J. E. A Mathematician's Miscellany. London: Methuen, 1953. 第 101 页. 俄译本: Литлвуд Дж. Математическая смесь. Москва: Физматлит, 1962. 第 111 页.

c. 极限形式的指数函数. 我们知道, 当 $n \to \infty$ 和 $x \in \mathbb{R}$ 时, $(1+x/n)^n \to e^x$. 自然取 $e^z := \lim\limits_{n\to\infty}(1+z/n)^n$, 其中 $z = x+iy$ 现在是任意的复数. 计算这个极限, 得到 $e^z = e^x(\cos y + i\sin y)$.

请验证这个结果并推导 $\cos z$ 和 $\sin z$ 的公式.

d. 级数的乘法和指数函数的基本性质. 直接从关系式 $e^{x+iy} = e^x e^{iy}$ 可以更自然地得到 e^{x+iy} 的表达式 $e^x(\cos y + i\sin y)$, 当然, 前提是它对于函数 exp 的复数值自变量也成立.

我们用直接相乘的方法验证这个结果. 设 u 和 v 是复数. 取

$$e^u := \sum_{k=0}^{\infty} \frac{1}{k!}u^k, \quad e^v := \sum_{m=0}^{\infty} \frac{1}{m!}v^m,$$

得到

$$e^u \cdot e^v = \left(\sum_{k=0}^{\infty}\frac{1}{k!}u^k\right)\cdot\left(\sum_{m=0}^{\infty}\frac{1}{m!}v^m\right) = \sum_{k=0}^{\infty}\sum_{m=0}^{\infty}\frac{1}{k!}\frac{1}{m!}u^k v^m$$

$$= \sum_{n=0}^{\infty}\sum_{k+m=n}\frac{1}{k!}\frac{1}{m!}u^k v^m = \sum_{n=0}^{\infty}\frac{1}{n!}(u+v)^n = e^{u+v}.$$

我们利用了

$$\sum_{k+m=n}\frac{n!}{k!\,m!}u^k v^m = (u+v)^n,$$

因为 $uv = vu$.

e. 矩阵的指数函数和交换性的作用. 如果认为表达式

$$e^A = 1 + \frac{1}{1!}A + \frac{1}{2!}A^2 + \cdots + \frac{1}{n!}A^n + \cdots$$

中的矩阵 A 是方阵, 再假设 1 表示同阶单位矩阵 I, 则结果如何? 例如, 如果 A 是单位矩阵, 则容易验证, e^A 是对角矩阵, 其主对角线上的元素均为 e.

对于下列矩阵 A, 请计算 e^A:

$$\begin{pmatrix} 0 & 0 \\ 0 & 0 \end{pmatrix}, \quad \begin{pmatrix} 1 & 0 \\ 0 & -1 \end{pmatrix}, \quad \begin{pmatrix} 0 & 1 \\ -1 & 0 \end{pmatrix}, \quad \begin{pmatrix} 0 & 0 \\ 1 & 0 \end{pmatrix}, \quad \begin{pmatrix} 0 & 1 \\ 0 & 0 \end{pmatrix}, \quad \begin{pmatrix} 0 & 1 & 0 \\ 0 & 0 & 1 \\ 0 & 0 & 0 \end{pmatrix}.$$

设 A_1, A_2 是最后两个二阶矩阵. 请求出 e^{A_1}, e^{A_2}, 从而证实 $e^{A_1}\cdot e^{A_2} \neq e^{A_1+A_2}$. 这是为什么?

请证明: 当 $t \to 0$ 时 $e^{tA} = I + tA + o(t)$.

请验证: $\det(I+tA) = 1 + t\cdot\operatorname{tr}A + o(t)$, 其中 $\operatorname{tr}A$ 是矩阵 A 的迹.

请推导一个重要的关系式: $\det e^A = e^{\operatorname{tr}A}$.

f. 算子的指数函数和泰勒公式. 设 $P(x)$ 是多项式, $A = d/dx$ 是微分算子, 则

$$(AP)(x) = \frac{dP}{dx}(x) = P'(x).$$

请验证: 关系式 $\exp\left(t\dfrac{d}{dx}\right)P(x) = P(x+t)$ 是众所周知的泰勒公式.

顺便提一个问题: 为了得到一个多项式, 以便用它在闭区间 $[-3, 5]$ 上以 10^{-2} 的精度计算 e^x, 应当在 e^x 的级数中取多少项?

§2. 牛顿二项式

a. 函数 $(1+x)^\alpha$ 的幂级数展开式. 对于自然数 α, 牛顿知道二项式幂公式

$$(1+x)^\alpha = 1 + \frac{\alpha}{1!}x + \frac{\alpha(\alpha-1)}{2!}x^2 + \cdots + \frac{\alpha(\alpha-1)\cdots(\alpha-n+1)}{n!}x^n + \cdots,$$

他同时也意识到, 这个公式对于任何 α 都成立, 只不过这时可能需要计算无穷多项之和.

例如, 如果 $|x| < 1$, 则 $(1+x)^{-1} = 1 - x + x^2 - x^3 + \cdots$.

b. 级数的积分运算与 $\ln(1+x)$ 的展开式. 计算上面的级数在闭区间 $[0, x]$ 上的积分, 得到

$$\ln(1+x) = x - \frac{1}{2}x^2 + \frac{1}{3}x^3 + \cdots, \quad |x| < 1.$$

c. 函数 $(1+x^2)^{-1}$ 和 $\arctan x$ 的展开式. 类似地写出展开式 $(1+x^2)^{-1} = 1 - x^2 + x^4 - x^6 + \cdots$ 并计算它在闭区间 $[0, x]$ 上的积分, 得到展开式

$$\arctan x = x - \frac{1}{3}x^3 + \frac{1}{5}x^5 - \cdots.$$

当 $x = 1$ 时, 似乎由此可知

$$\frac{\pi}{4} = 1 - \frac{1}{3} + \frac{1}{5} - \frac{1}{7} + \cdots.$$

这可能成立 (也确实成立), 但可以感觉到, 我们已经如临深渊. 下面的例子只会加强我们的危机感.

c. 函数 $(1+x)^{-1}$ 的展开式与奇怪的计算结果. 展开式 $(1+x)^{-1} = 1 - x + x^2 - x^3 + \cdots$ 当 $x = 1$ 时给出等式

$$\frac{1}{2} = 1 - 1 + 1 - 1 + \cdots.$$

如果在这个等式中添加括号, 则既可以得到

$$\frac{1}{2} = (1-1) + (1-1) + \cdots = 0,$$

也可以得到

$$\frac{1}{2} = 1 + (-1+1) + (-1+1) + \cdots = 1.$$

因此, 尽管我们在前面大获成功, 以至于不假思索地让级数相乘, 重新排列、组合级数的各项并计算它们的积分, 但最后这两个等式让我们不得不怀疑几乎全

部结果. 显然有必要认真考虑一切细节. 我们很快就要开始这项工作, 但暂时再回顾级数的另一种用途.

§3. 求解微分方程

a. 待定系数法. 考虑最简单的简谐振动方程 $\ddot{x} + x = 0$ 并寻求其级数解 $x(t) = a_0 + a_1 t + a_2 t^2 + \cdots$. 把级数代入方程, 合并同类项并让各项系数等于零, 得到无穷多个关系式:

$$2a_2 + a_0 = 0, \quad 2 \cdot 3 a_3 + a_1 = 0, \quad 3 \cdot 4 a_4 + a_2 = 0, \quad \cdots.$$

如果给定初始条件 $x(0) = x_0$ 和 $x'(0) = v_0$, 则从 $x(t) = a_0 + a_1 t + a_2 t^2 + \cdots$ 和 $x'(t) = a_1 + 2 a_2 t + \cdots$ 在 $t = 0$ 的值求出 $a_0 = x_0, a_1 = v_0$. 知道了 a_0 和 a_1, 现在就可以依次单值地求出级数展开式中的其余系数.

例如, 如果 $x(0) = 0, x'(0) = 1$, 则

$$x(t) = t - \frac{1}{3!} t^3 + \frac{1}{5!} t^5 - \cdots = \sin t,$$

而如果 $x(0) = 1, x'(0) = 0$, 则

$$x(t) = 1 - \frac{1}{2!} t^2 + \frac{1}{4!} t^4 - \cdots = \cos t.$$

b. 指数函数的作用. 如果寻求形如 $x(t) = e^{\lambda t}$ 的解呢? 这时

$$\ddot{x} + x = e^{\lambda t}(\lambda^2 + 1) = 0,$$

所以 $\lambda^2 + 1 = 0$, 即 $\lambda = i$ 或 $\lambda = -i$.

但是, 这种奇怪的复数形式的振动 $x(t) = e^{it}, x(t) = e^{-it}$ 或 $x(t) = c_1 e^{it} + c_2 e^{-it}$ 表示什么呢?

请分析这个结果, 并且, 例如, 设 $x(0) = 0, x'(0) = 1$, 或者 $x(0) = 1, x'(0) = 0$, 请最终完成求解过程. 请回顾欧拉公式并比较这里的结果与上面的结果.

§4. 逼近与展开的一般思路

a. 位值制记数法的意义. 无理数. 我们来回忆习惯的写法 $\pi = 3.1415926\cdots$ 或一般十进制小数 $a_0.a_1 a_2 a_3 \cdots$ 的含义. 其实, 这表示和 $a_0 10^0 + a_1 10^{-1} + a_2 10^{-2} + a_3 10^{-3} + \cdots$.

我们知道, 有限小数对应着有理数, 而无理数的写法需要无穷多个十进制数码, 从而需要考虑无穷多个被加数的和, 即级数的和.

如果我们在某个位置截断这个级数, 就得到有理数, 这正是我们通常处理的数. 这时发生了什么呢? 我们在容许产生一些误差的情况下简化了对象, 即我们用

便于处理的对象 (这里是有理数) 逼近了复杂的对象 (这里是无理数), 并且容许被称为逼近精度的误差存在. 如果提高精度, 就会出现更复杂的逼近对象, 所以必须根据具体情况寻求折中方案.

b. 向量按照基的分解和级数的类似问题. 在线性代数和几何中可以把向量按照基分解. 数学分析中的表达式

$$f(x) = f(0) + \frac{1}{1!}f'(0)x + \frac{1}{2!}f''(0)x^2 + \cdots$$

其实也有同样的含义, 只要认为基是由一组函数 $e_n = x^n$ 构成的. 这是函数 f 在点 $x_0 = 0$ 的泰勒级数.

类似地, 在对某一个周期信号或过程 $f(t)$ 进行谱分析时, 我们关注其展开式

$$f(t) = \sum_{n=0}^{\infty}(a_n \cos nt + b_n \sin nt),$$

即把它分解为最简单的简谐振动. 这样的级数称为经典傅里叶级数 (或傅里叶三角级数).

与线性代数的情形相比, 这里出现的新问题是需要考虑无穷多项之和, 我们把它理解为部分和的某种极限.

因此, 除了线性空间的结构, 在上述对象的空间中还应当定义描述各对象之间的远近程度的某种概念, 以便讨论由这些对象本身或它们的和组成的序列的极限.

c. 距离. 为了描述各对象之间的远近程度, 单个对象的某一种邻域 (空间中的点的邻域) 的概念必须存在, 而这称为给出空间的拓扑. 在拓扑空间中可以讨论极限和连续性.

如果在一个空间中用某种方法引入了各对象 (点) 之间的距离, 则自动定义了点的邻域, 更准确地说, 还定义了点的 δ 邻域.

可以用不同方式度量同一个空间中的点之间的距离. 例如, 对于一个闭区间上的两个连续函数, 既可以用它们之差的模在该区间上的最大值来度量它们之间的距离 (一致度量), 也可以用它们之差的模在该区间上的积分来度量它们之间的距离 (积分度量). 度量的选择取决于所考虑问题的内容.

附录二 多重积分中的变量代换
(公式推导和初步讨论[①])

§1. 问题的提法和变量代换公式的启发式推导

我们在研究一维积分时已经得到了在一维积分中进行变量代换的一个重要公式. 现在的问题是获得一般情况下的变量代换公式. 下面更准确地提出这个问题.

设 D_x 是 $\mathbb{R}^n$ 中的集合, f 是 D_x 上的可积函数, $\varphi: D_t \to D_x$ 是集合 $D_t \subset \mathbb{R}^n$ 到 D_x 上的映射 $t \mapsto \varphi(t)$. 问题在于, 如果已知 f 和 φ, 则为了把 D_x 上的积分化为 D_t 上的积分, 即为了让等式

$$\int_{D_x} f(x)\,dx = \int_{D_t} \psi(t)\,dt$$

成立, 应当按照什么样的法则求 D_t 中的函数 ψ?

首先假设 D_t 是区间 $I \subset \mathbb{R}^n$, 而 $\varphi: I \to D_x$ 是该区间到 D_x 上的微分同胚映射. 对于区间 I 的任何一个分割 P, 该区间被分为区间 $I_1, I_2, \cdots, I_k$, 而 D_x 被相应地分为集合 $\varphi(I_i), i = 1, \cdots, k$. 如果这些集合是可测集, 并且每两个集合的交集只可能是零测度集, 则根据积分的可加性,

$$\int_{D_x} f(x)\,dx = \sum_{i=1}^{k} \int_{\varphi(I_i)} f(x)\,dx. \tag{1}$$

[①] 这是关于变量代换公式的另一种独立证明的讲座的部分内容.

如果 f 在 D_x 上连续, 则根据中值定理,

$$\int_{\varphi(I_i)} f(x)\,dx = f(\xi_i)\mu(\varphi(I_i)),$$

其中 $\xi_i \in \varphi(I_i)$. 因为 $f(\xi_i) = f(\varphi(\tau_i))$, 其中 $\tau_i = \varphi^{-1}(\xi_i)$, 所以我们只需要再获得 $\mu(\varphi(I_i))$ 与 $\mu(I_i) = |I_i|$ 之间的关系式即可.

假如 φ 是线性变换, 则 $\varphi(I_i)$ 是平行多面体. 根据解析几何与代数中的已知公式, 该平行多面体的体积等于 $|\det \varphi'|\mu(I_i)$. 但是, 微分同胚映射在局部几乎是线性变换, 所以如果区间 I_i 足够小, 就可以认为 $\mu(\varphi(I_i)) \approx |\det \varphi'(\tau_i)|\mu(I_i)$, 并且相对误差很小 (可以证明, 在适当选取点 $\tau_i \in I_i$ 时甚至成立精确的等式). 因此,

$$\sum_{i=1}^{k} \int_{\varphi(I_i)} f(x)\,dx \approx \sum_{i=1}^{k} f(\varphi(\tau_i))|\det \varphi'(\tau_i)| \cdot |I_i|. \tag{2}$$

但是, 这个近似等式的右边是函数 $f(\varphi(t))|\det \varphi'(t)|$ 在区间 I 上与带有标记点 τ 的分割 P 相对应的积分和. 当 $\lambda(P) \to 0$ 时取极限, 从 (1) 和 (2) 得到

$$\int_{D_x} f(x)\,dx = \int_{D_t} f(\varphi(t))|\det \varphi'(t)|\,dt. \tag{3}$$

这就是我们需要的公式及其解释. 可以证明得到这个公式的每一步. 其实, 我们只需要假设 (3) 的右边的积分存在并证明最后的极限运算成立, 再准确给出所利用的关系式 $\mu(\varphi(I_i)) \approx |\det \varphi'(\tau_i)| \cdot |I_i|$.

我们来完成这些任务.

§2. 光滑映射和微分同胚的某些性质

a. 我们知道, 有界闭区间 $I \subset \mathbb{R}^n$ (以及任何凸紧集) 的任何光滑映射 φ 都是利普希茨映射. 这得自有限增量定理和 φ' 在紧集上的有界性 (利用连续性):

$$|\varphi(t_2) - \varphi(t_1)| \leqslant \sup_{\tau \in [t_1, t_2]} \|\varphi'(\tau)\| \cdot |t_2 - t_1| \leqslant L\,|t_2 - t_1|. \tag{4}$$

b. 特别地, 这意味着点之间的距离经过映射 φ 后不可能增加到超过 L 倍.

例如, 如果某个集合 $E \subset I$ 具有直径 d, 则它的像 $\varphi(E)$ 的直径不大于 Ld, 从而可以用具有棱长 Ld 和体积 $(Ld)^n$ 的 (n 维) 立方体覆盖集合 $\varphi(E)$.

于是, 如果 E 是具有棱长 δ 和体积 δ^n 的 n 维立方体, 则可以用体积为 $(L\sqrt{n}\,\delta)^n$ 的由坐标面构成的标准立方体覆盖它的像.

c. 由此可知, 在光滑映射下, 零测度集的像也是 (n 维测度意义下的) 零测度集 (容易发现, 在零测度集的定义中可以只考虑由立方体组成的覆盖, 而不考虑由一般的 n 维区间组成的覆盖, 即不考虑由"长方体"组成的覆盖).

与此同时, 如果光滑映射 $\varphi: D_t \to D_x$ 还具有光滑逆映射 $\varphi^{-1}: D_x \to D_t$, 即如果 φ 是微分同胚, 则零测度集的原像显然也具有零测度.

d. 因为微分同胚映射的雅可比行列式 $\det \varphi'$ 处处不等于零, 而映射本身是一一映射, 所以 (根据反函数定理), 任何集合的内点在这样的映射下变换为该集合的像的内点, 而边界点变换为像的边界点.

利用容许集 (若尔当可测集) 的定义, 即利用具有零测度边界的有界集合, 可以断定, 可测集在微分同胚映射下的像仍然是可测集 (这对于任何光滑映射都成立).

此外, 在微分同胚映射下, 可测集的原像显然也是可测集.

e. 特别地, 这意味着, 如果 $\varphi: D_t \to D_x$ 是微分同胚, 则只要公式 (3) 右边的积分存在, 其左边的积分就也存在 (根据勒贝格准则).

§3. 微分同胚映射下的像与原像之间的关系

现在证明, 如果 $\varphi: I \to \varphi(I)$ 是微分同胚, 则在函数 $\det \varphi'$ 大于零的假设下,

$$\mu(\varphi(I)) = \int_I \det \varphi'(t)\,dt. \tag{5}$$

特别地, 根据中值定理, 由此可知, 可以找到满足以下条件的点 $\tau \in I$:

$$\mu(\varphi(I)) = \det \varphi'(\tau)|I|. \tag{6}$$

公式 (5) 其实就是公式 (3) 在 $f \equiv 1$ 时的特例.

这个公式对于线性映射是已知的, 虽然可能没有讨论过一些细节, 例如它不仅对于最简单的平行多面体的线性映射成立, 对于任何可测集的线性映射也成立. 我们来解释一下. 众所周知, 线性映射可以分解为最简线性映射的复合, 并且如果不计两个坐标彼此交换位置, 则最简线性映射归结为仅仅改变其中的一个坐标, 即一个坐标乘以一个数或一个坐标与另一个坐标相加. 富比尼定理使我们能够断定, 在第一种情况下, 任何可测集的体积需要乘以与相应坐标相乘的同一个数 (更准确地说, 乘以这个数的模, 如果考虑非定向体积). 在第二种情况下, 相应形状虽然发生变化, 但体积保持不变, 因为相应的一维截面仅仅发生平移, 其线性测度不变. 最后, 当两个坐标彼此交换位置后, 空间标架的定向发生变化 (这样的线性变换的雅可比行列式等于 -1), 但非定向体积的值不变 (用富比尼定理的语言说, 这只改变两个积分运算的顺序).

最后只需要回忆, 线性映射的复合的雅可比行列式等于各线性映射的雅可比行列式之积.

于是, 如果认为公式 (5) 对于线性映射和仿射映射成立, 我们来证明, 它对于具有正的雅可比行列式的任意微分同胚映射也成立.

a. 现在, 为了估计映射 $\varphi: I \to \varphi(I)$ 与仿射映射 $t \mapsto A(t) = \varphi(a) + \varphi'(a)(t-a)$ 之间的可能偏差, 其中 t 是变量, a 是区间 I 上的一个固定点, 我们再次利用有限增量定理. 映射 $A: I \to A(I)$ 是映射 φ 在点 $a \in I$ 的泰勒展开式的线性部分.

对函数 $t \mapsto \varphi(t) - \varphi'(a)(t-a)$ 应用有限增量定理, 得到

$$|\varphi(t) - \varphi(a) - \varphi'(a)(t-a)| \leqslant \sup_{\tau \in [a,t]} \|\varphi'(\tau) - \varphi'(a)\| \cdot |t-a|. \tag{7}$$

根据连续函数 φ' 在紧集 I 上的一致连续性, 我们从 (7) 得到, 当 $\delta \to +0$ 时趋于零的非负函数 $\delta \mapsto \varepsilon(\delta)$ 存在, 使

$$|t-a| \leqslant \sqrt{n}\,\delta \Rightarrow |\varphi(t) - A(t)| = |\varphi(t) - \varphi(a) - \varphi'(a)(t-a)| \leqslant \varepsilon(\delta)\delta \tag{8}$$

对于任何点 $t, a \in I \subset \mathbb{R}^n$ 都成立.

b. 现在直接证明公式 (5).

首先让我们在技术层面上略作简化. 我们将认为平行多面体 I 的棱长是可公度的, 从而可以把它划分为具有任意小的棱长 $\delta_i = \delta$ 和体积 $\delta_i^n = \delta^n$ 的许多个相同的小立方体 $\{I_i\}$, 即 $I = \bigcup_i I_i$, 并且 $|I| = \sum_i |I_i| = \sum_i \delta_i^n$.

在每一个小立方体 I_i 中取某个固定点 a_i, 构造相应的仿射映射 $A_i(t) = \varphi(a_i) + \varphi'(a_i)(t-a_i)$, 考虑小立方体 I_i 的边界 ∂I_i 在映射 A_i 下的像 $A_i(\partial I_i)$, 并取这个像的 $\varepsilon(\delta)\delta$ 邻域, 记之为 Δ_i.

根据 (8), 小立方体 I_i 的边界 ∂I_i 在微分同胚映射 φ 下的像 $\varphi(\partial I_i)$ 位于 Δ_i 中. 因此, 以下蕴涵关系和不等式成立:

$$A_i(I_i) \setminus \Delta_i \subset \varphi(I_i) \subset A_i(I_i) \cup \Delta_i,$$
$$|A_i(I_i)| - |\Delta_i| \leqslant |\varphi(I_i)| \leqslant |A_i(I_i)| + |\Delta_i|.$$

求和后得到

$$\sum_i |A_i(I_i)| - \sum_i |\Delta_i| \leqslant |\varphi(I)| = \sum_i |\varphi(I_i)| \leqslant \sum_i |A_i(I_i)| + \sum_i |\Delta_i|. \tag{9}$$

但当 $\delta \to +0$ 时,

$$\sum_i |A_i(I_i)| = \sum_i \det \varphi'(a_i) |I_i| \to \int_I \det \varphi'(t)\,dt,$$

所以为了证明公式 (5), 现在只需要验证, 当 $\delta \to +0$ 时 $\sum_i |\Delta_i| \to 0$.

c. 我们根据估计式 (4) 和 (8) 来从上方估计体积 $|\Delta_i|$. 根据 (4), 平行多面体 $A_i(I_i)$ 的棱长不大于 $L\delta$, 其中 $\delta = \delta_i$ 是小立方体 I_i 的棱长. 所以, 平行多面体 $A_i(I_i)$ 的 $2n$ 个面中的每一个面的 $n-1$ 维"面积"不大于 $(L\delta)^{n-1}$. 取这样的面的 $\varepsilon(\delta)\delta$ 邻域, 其体积可以用量 $(2+2)\varepsilon(\delta)\delta(L\delta)^{n-1}$ 来估计, 其中相加的第二个 2 用于

估计该邻域在相应面的边界附近的弯曲部分的贡献. 因此, $|\Delta_i| < 2n \cdot 4L^{n-1}\varepsilon(\delta)\delta^n$, 从而

$$\sum_i |\Delta_i| < 8nL^{n-1}\sum_i \varepsilon(\delta)\delta_i^n = 8nL^{n-1}\varepsilon(\delta)|I|.$$

于是, 我们看到, 当 $\delta \to +0$ 时 $\sum_i |\Delta_i| \to 0$.

d. 量 $|\Delta_i|$ 的上述估计同时也表明, 原始的平行多面体 I 的棱无论缩小多少, 以便在需要时得到可公度的棱, 这在取极限后都不影响结果.

§4. 某些实例、说明和推广

于是, 我们在 $D_t = I$ 和连续函数 f 的情况下证明了公式 (3). 考虑并讨论一些实例. 这些讨论同时也将证明, 我们其实并非只是对于 $D_t = I$ 和连续函数 f 的情况证明了公式 (3).

a. 可去集合. 实际使用的变量代换公式或坐标变换公式有时具有某些奇异性 (例如, 在某处可能出现一一映射的单值性被破坏、雅可比行列式等于零或者可微性不成立的情况). 这些奇异性通常出现在零测度集上, 所以是相对容易克服的.

例如, 在需要把圆上的积分转化为正方形上的积分时经常利用变量代换

$$x = r\cos\varphi, \quad y = r\sin\varphi, \tag{10}$$

这是众所周知的平面上的极坐标到笛卡儿坐标的变换公式. 在这个映射下, 长方形 $I = \{(r, \varphi) \in \mathbb{R}^2 \mid 0 \leqslant r \leqslant R, 0 \leqslant \varphi \leqslant 2\pi\}$ 变换到圆 $K = \{(x, y) \in \mathbb{R}^2 \mid x^2 + y^2 \leqslant R^2\}$. 这个映射是光滑的, 但它不是微分同胚, 因为在这个变换下, 长方形 I 的一整条边 $r = 0$ 变为一个点 $(0, 0)$, 点 $(r, 0)$ 的像与 $(r, 2\pi)$ 的像重合. 但是, 例如, 如果考虑集合 $I \setminus \partial I$ 和 $K \setminus E$, 其中 E 是圆 K 的边界 ∂K 与一端位于点 $(R, 0)$ 的半径的并集, 则映射 (10) 在区域 $I \setminus \partial I$ 上的限制是该区域到区域 $K \setminus E$ 上的微分同胚映射. 因此, 如果取严格位于长方形 I 内部的稍小的长方形 I_δ, 则公式 (6) 适用于 I_δ 和它的像 K_δ. 于是, 用这样的长方形 I_δ 无限接近长方形 I, 再注意到它们的像 K_δ 也无限接近圆 K, 即 $|I_\delta| \to |I|$, $|K_\delta| \to |K|$, 在取极限后得到适用于原始集合 K, I 的公式 (6).

上述讨论自然也适用于 $\mathbb{R}^n$ 中的一般的极坐标系 (球面坐标系).

我们来拓展上述结果.

b. 穷举递增序列与极限过程. 可测集序列 $\{E_n\}$ 称为集合 $E \subset \mathbb{R}^m$ 的穷举递增序列, 如果对于任何 $n \in \mathbb{N}$ 有 $E_n \subset E_{n+1} \subset E$, 并且 $\bigcup_{n=1}^{\infty} E_n = E$.

引理. 如果 $\{E_n\}$ 是可测集 E 的穷举递增序列, 则

a) $\lim\limits_{n\to\infty}\mu(E_n)=\mu(E)$;

b) 对于任何函数 $f\in\mathcal{R}(E)$, 必有 $f|_{E_n}\in\mathcal{R}(E_n)$, 并且

$$\lim_{n\to\infty}\int_{E_n}f(x)\,dx=\int_E f(x)\,dx.$$

这个引理的证明见第十一章 §6.

既然积分具有可加性, 则只要积分域具有穷举递增序列, 并且上述变量代换公式对于该穷举递增序列的每一个集合都明确成立, 我们就能够对原始积分域应用这个公式. 一般而言, 穷举递增序列的概念是数学分析中的许多结构的基础, 特别地, 是定义反常积分的基础.

我们直接证明了变量代换公式. 熟练掌握多元函数微分学的读者可能更喜欢另一种方法, 例如在本教材正文中介绍的方法. 值得阅读在那里 (正文和习题中) 叙述的与上述问题有密切关系的一些重要数学结论.

附录三　高维几何学与自变量极多的函数 (测度聚集与大数定律)

§0. 观察结果

高维物体的几乎全部体积集中在物体边界的一个很小的邻域中.

a. 请以立方体和球为例验证这个结论. 请证明: 如果切掉半径为 $1\,\mathrm{m}$ 的 1000 维西瓜的厚度为 $1\,\mathrm{cm}$ 的瓜皮, 则只剩下不到 $1/1000$ 的西瓜.

b. 把球面 $S^{n-1}(r) \subset \mathbb{R}^n$ 正交投影到通过球心的超平面上, 得到具有相同的半径 r 和维数 $n-1$ 的球 (两个半球面的投影重合). 请利用上述结论说明 (暂时在定性层面上): 当 $n \gg 1$ 时, 球面 $S^{n-1}(r)$ 的几乎全部面积集中在赤道 (球面与上述超平面的交集) 的一个很小的邻域中.

§1. 球面与随机向量

a. 设 $S^{n-1}(r)$ 是以 r 为半径、以 n 维欧氏空间 $\mathbb{R}^n$ 的坐标原点为中心的球面. 把它正交投影到一条坐标轴上, 得到闭区间 $[-r, r]$. 取固定的闭区间 $[a, b] \subset [-r, r]$. 设 $S[a, b]$ 是球面 $S^{n-1}(r)$ 上被投影到闭区间 $[a, b]$ 的部分 $S_{[a,b]}^{n-1}(r)$ 的面积. 请求出比值 $S[a, b]/S[-r, r]$, 即在球面上随机选取的点恰好属于被投影到闭区间 $[a, b]$ 的部分 $S_{[a,b]}^{n-1}(r)$ 的概率 $\mathrm{Pr}_n[a, b]$, 这时认为点在球面上均匀分布.

答案: $\mathrm{Pr}_n[a, b] = \displaystyle\int_a^b \left(1 - \left(\frac{x}{r}\right)^2\right)^{(n-3)/2} dx \bigg/ \int_{-r}^r \left(1 - \left(\frac{x}{r}\right)^2\right)^{(n-3)/2} dx.$

b. 设 $\delta \in (0, 1)$, $[a, b] = [\delta r, r]$. 请证明: 当 $n \to \infty$ 时,
$$\text{Pr}_n[\delta r, r] \sim \frac{1}{\delta\sqrt{2\pi n}} e^{-\delta^2 n/2}.$$

提示: 可以利用拉普拉斯方法得到积分关于大参数的渐近式.

c. 从 b 中的结果可知, 高维球面的绝大部分面积集中在赤道的一个很小的邻域中, 即集中在球面上被投影到闭区间 $[-\delta r, \delta r]$ 的部分 $S^{n-1}_{[-\delta r, \delta r]}(r)$.

请由此推出: 如果在 $\mathbb{R}^n$ 中随机并且独立地选取两个单位向量, 则当 $n \gg 1$ 时, 它们彼此几乎正交的概率很大, 即它们的标量积接近零的概率很大. 请估计该标量积大于 $\varepsilon > 0$ 的概率并计算它在 $n \gg 1$ 时的方差.

d. 请拓展 a 中的结果并证明: 如果 $r = \sigma\sqrt{n}$, 则当 $n \to \infty$ 时,
$$\text{Pr}_n[a, b] \to \frac{1}{\sqrt{2\pi}\sigma} \int_a^b e^{-x^2/2\sigma^2} dx.$$

e. 现在, 请利用 d 中的结果推导出测量误差分布的高斯定律以及气体分子速度分布和能量分布的麦克斯韦定律 (对于前者, 认为各次测量是独立的, 测量误差的均方值随测量次数的增加而趋于稳定; 对于后者, 认为气体是均质的, 每一份气体中的分子能量正比于这一份气体中的分子数量).

§2. 高维球面、大数定律和中心极限定理

请通过求解这个问题 "发现" 在许多方面 (例如在统计物理学中) 很重要的以下事实.

设 S^m 是 $m+1$ 维欧氏空间 $\mathbb{R}^{m+1}$ 中的单位球面, 并且维数 $m+1$ 非常大. 设在球面上给出了充分正则的实函数 (例如属于某个固定的利普希茨类的实函数). 在球面上随机并且独立地取两个点, 然后计算上述函数在这两个点的值. 这些值几乎相等的概率很大, 即约等于某一个数 M_f 的概率很大.

(数 M_f 暂时还是一个假设的数, 称为函数的中位数, 也称为函数的莱维平均值. 我们将很快给出 M_f 的准确定义, 同时也会解释这些术语.)

引入某些记号和约定. 我们把球面 $S^m \subset \mathbb{R}^{m+1}$ 上两个点之间的距离理解为球面的测地线度量 ρ, 用 A_δ 表示集合 $A \subset S^m$ 在 S^m 中的 δ 邻域. 我们把球面的标准测度改为均匀分布概率测度 μ, 即 $\mu(S^m) = 1$.

莱维证明了通常被称为**莱维等周不等式**的以下命题:

对于任何 $0 < a < 1$ 和 $\delta > 0$, $\min\{\mu(A_\delta) \,|\, A \subset S^m, \mu A = a\}$ 存在并且在测度为 a 的球冠 A^0 上达到.

这里 $A^0 = B(r)$, 其中 $B(r) = B(x_0, r) = \{x \in S^m \,|\, \rho(x_0, x) < r\}$, $\mu(B(r)) = a$.

a. 当 $a = 1/2$ 时, 即当 A^0 是半球面时, 请得到以下推论:

如果子集 $A \subset S^{n+1}$ 满足 $\mu(A) \geqslant 1/2$, 则 $\mu(A_\delta) \geqslant 1 - \sqrt{\pi/8}\, e^{-\delta^2 n/2}$ (当 $n \to \infty$ 时, 可以把这里的 $\sqrt{\pi/8}$ 改为 $1/2$).

b. 用 M_f 表示满足以下条件的数:

$$\mu\{x \in S^m \mid f(x) \leqslant M_f\} \geqslant 1/2, \quad \mu\{x \in S^m \mid f(x) \geqslant M_f\} \geqslant 1/2.$$

它称为函数 $f : S^m \to \mathbb{R}$ 的中位数或莱维平均值 (如果函数 f 在球面上的 M_f 等值线具有零测度, 则上述两个集合中的每一个集合的测度恰好等于球面 S^m 的 μ 面积的一半).

请推导出下面的莱维引理:

如果 $f \in C(S^{n+1})$, $A = \{x \in S^{n+1} \mid f(x) = M_f\}$, 则 $\mu(A_\delta) \geqslant 1 - \sqrt{\pi/2}\, e^{-\delta^2 n/2}$.

c. 现在设 $\omega_f(\delta) = \sup\{|f(x) - f(y)| \mid \rho(x,y) \leqslant \delta\}$ 是函数 f 的连续性模.

函数 f 在集合 A_δ 上的值接近 M_f. 更准确地说, 如果 $\omega_f(\delta) \leqslant \varepsilon$, 则在 A_δ 上 $|f(x) - M_f| \leqslant \varepsilon$. 因此, 莱维引理表明, "好" 函数其实在几乎整个定义域 S^m 上几乎是常函数, 前提是该定义域的维数 m 非常大.

认为 $f \in \mathrm{Lip}(S^{n-1}, \mathbb{R})$, 并且 L 是函数 f 的利普希茨常数, 请在 $n \gg 1$ 时估计 $\mathrm{Pr}\{|f(x) - M_f| > \varepsilon\}$, 再估计量 $|f(x) - M_f|$ 的方差.

d. 当函数 f 不是定义于单位球面, 而是定义于半径为 r 的球面 $S^{n-1}(r)$ 时, 请给出上述估计.

e. 如果 f 是光滑函数, 则其梯度的模显然起利普希茨常数的作用. 例如, 对于线性函数 $S_n = (x_1 + \cdots + x_n)/n$, 我们有 $L = L_n = 1/\sqrt{n}$. 设我们有利普希茨函数序列 $f_n \in \mathrm{Lip}(S^{n-1}(r_n), \mathbb{R})$, 并且当 $r_n = \sqrt{n}$ 时 $L_n = O(1/\sqrt{n})$.

请在 $n \gg 1$ 时估计 $\mathrm{Pr}\{|f_n(x) - M_{f_n}| > \varepsilon\}$, 再估计量 $|f_n(x) - M_{f_n}|$ 的方差. 特别地, 请在 $f_n = S_n$ 时得到大数定律.

f. 设 $f_n = x_1 + \cdots + x_n$. 该函数的等值面是 $\mathbb{R}^n$ 中垂直于向量 $(1, \cdots, 1)$ 的超平面. 同样的结论也适用于线性函数 $\Sigma_n = (x_1 + \cdots + x_n)/\sqrt{n}$, 但区别是, 在从坐标原点沿 $(1, \cdots, 1)$ 的方向运动时, 它的值等于所在点到坐标原点的距离. 因此, 它们在球面 $S^{n-1}(r_n)$ 上的分布与任何一个坐标的分布相同.

请利用这个结果和 §1d 中的结果并取 $r_n = \sigma\sqrt{n}$, 从而得到各位读者自己的中心极限定理.

§3. 高维区间 (高维 "立方体")

a. 设 I 是数轴 $\mathbb{R}$ 上的标准单位闭区间 $[0,1]$, 而 I^n 是 $\mathbb{R}^n$ 中的标准 n 维区间, 通常称为 n 维单位立方体. 这是 $\mathbb{R}^n$ 中的单位体积, 但它的直径 $\sqrt{n}$ 在 $n \gg 1$ 时也

是相当可观的. 因此, 利普希茨常数为 L 的利普希茨函数的值在 I^n 中甚至也分散在 $L\sqrt{n}$ 的范围.

尽管如此, 对于这样的函数的值, 当 $n \to \infty$ 时在这里也会出现与上述球面情形一样的渐近稳定 (聚集) 现象.

现在, 请尝试自己找到需要的问题表述并相应地开展力所能及的研究 (然后, 请再阅读本附录 §5).

b. 假如我们有 n 个独立的在单位闭区间 $[0, 1]$ 上取值的随机变量 x_i, 其概率分布 $p_i(x)$ 都不等于零并且关于 i 是均匀变化的 (特别地, p_i 可能都相同), 则随着 n 的增加, 绝大部分随机点 $(x_1, \cdots, x_n) \in I^n$ 非常接近立方体的边界.

请解释这个现象, 然后利用 a 中的结果得到自己的推广的大数定律.

c. 请举例说明: 如果 b 中的随机变量的概率密度以质点的形式集中于立方体的各顶点, 则利普希茨函数的值在 $n \to \infty$ 时的渐近稳定现象可能不会出现.

d. 我们在前面曾经指出, 虽然 $\mathbb{R}^n$ 中的立方体 I^n 的体积等于 1, 但其直径 $\sqrt{n}$ 在 $n \gg 1$ 时不断增加, 困难由此产生. 不过, 下面是一个有价值的观察结果, 它带来一些补偿. 如果立方体 I^n 的子集 A 和 B 都具有大于任意小的固定正数 ε 的测度, 则 A 与 B 之间的距离的上界是一个只取决于 ε (而与 n 无关) 的常数.

请验证这个结果, 并在需要时加以利用.

e. 请计算 $\mathbb{R}^n$ 中的单位球的体积并证明: 单位体积的球的半径在 $n \to \infty$ 时的增长方式相当于 $\sqrt{n/2\pi e}$. 请回到 §1 和 §2 并再次证明: 正态分布和几何中的相关定律与单位体积的球这一简单的高维对象有密切关系.

§4. 高斯测度及其聚集现象

a. 为了讨论正则函数在高维球面上的值稳定 (几乎不变) 的现象, 我们在本附录 §2 中介绍了球面上的等周不等式. 集合的 δ 拉开①的最小测度问题也很重要, 并且根据同样的原因, 人们也关注其他空间中的这个问题, 这些空间是我们所需要的函数的自然的定义域.

例如, 对于由标准欧氏空间 $\mathbb{R}^n$ 中的正态分布确定的概率的高斯测度, 这个问题的答案是众所周知的 (由博雷尔给出). 这时, 半空间是极值区域 (高斯测度的初值固定, 在欧氏度量下理解 δ 拉开).

特别地, 如果取高斯测度为 $1/2$ 的半空间并直接计算其欧氏 δ 拉开的补集的高斯测度, 则根据博雷尔等周不等式可以断定, 对于在空间 $\mathbb{R}^n$ 中以 $1/2$ 为高斯测度的任何集合 A, 可以用 $\mu(A_\delta) \geqslant 1 - I_\delta$ 的形式估计它的 δ 拉开的测度, 其中 I_δ 是

---

① 拉开 (英文是 blowing up 或 blowup, 俄文是 раздутие) 是一种几何变换. 粗略而言, 它在最简单的情况下把一个点变换为通过该点的所有直线的集合. ——译者

高斯测度密度 $(2\pi)^{-n/2}e^{-|x|^2/2}$ 在半空间上的积分, 而该半空间到坐标原点的距离为欧氏距离 δ.

通过估计积分 I_δ 的上界即可断定, 例如,

$$\mu(A_\delta) \geqslant 1 - 2e^{-\delta^2/2}.$$

请验证这个结果!

b. 这是一个粗略的估计, 但它已经表明, 对于测度为 $1/2$ 的任何初始集合 A, 当 δ 增加时, $\mu(A_\delta)$ 很快地增加.

饶有趣味的是 (如果考虑可能向无穷维空间过渡, 则甚至应当说, 大有裨益的是), 上边的估计与空间的维数无关. 可能出现的一个观点是, 在具体讨论测度聚集和多元函数值的稳定现象时, 空间维数的缺失在这里是上述估计的巨大损失和不足之处. 其实, 这个估计甚至已经包含了上述高维单位球面上测度聚集的结果.

只要验证以下结果即可 (请验证!): 在欧氏空间 $\mathbb{R}^n$ 中, 概率的高斯测度的主要部分在 $n \gg 1$ 时集中在半径为 $\sqrt{n}$ 的欧氏球面的单位邻域中. 这意味着, 在该邻域与显著远离坐标原点的半空间的交集中, 该测度的份额是按照指数方式衰减的小量. 因此, 该测度的主要部分既位于半径为 $\sqrt{n}$ 的球面的邻域中, 也位于两个彼此接近的关于坐标原点对称的平行超平面之间. 根据这个观察结果, 如果现在用位似变换从半径为 $\sqrt{n}$ 的球面变换到单位球面, 就得到我们在上面讨论过的单位球面上的测度聚集原理 (请完成所需计算!), 并且空间的维数在这里明确出现. 在高斯测度的情况下, 空间的维数也应当出现, 只不过暗含于球面半径 $\sqrt{n}$ 中, 而整个空间的测度的主要部分集中在该球面的邻域中.

§5. 略谈高维立方体

在欧氏空间 $\mathbb{R}^n$ 中考虑 n 维单位区间 ("立方体")

$$I^n := \{x = (x^1, \cdots, x^n) \in \mathbb{R}^n \mid |x^i| \leqslant 1/2, \ i = 1, 2, \cdots, n\}.$$

它的体积等于 1, 虽然直径等于 $\sqrt{n}$ (顺便回顾一下, 如前所述, $\mathbb{R}^n$ 中的单位体积欧氏球的半径的量级为 $\sqrt{n}$). 我们认为立方体 I^n 中的标准测度是概率均匀分布测度.

设 $a = (a^1, \cdots, a^n)$ 是单位向量, $x = (x^1, \cdots, x^n)$ 是立方体 I^n 的任意一个点. 以下不等式 (伯恩斯坦不等式类型的概率估计) 成立:

$$\Pr{}_n\left\{\left|\sum_{i=1}^n a^i x^i\right| \geqslant t\right\} \leqslant 2e^{-6t^2}.$$

如果把求和表达式 $\sum_{i=1}^n a^i x^i$ 解释为标量积 $\langle a, x \rangle$, 我们就能理解, 它可能很大 (量级为 $\sqrt{n}$), 只要向量 a 的方向不是沿着立方体的某一条棱, 而是沿着主对角线, 以便同等体现所有坐标线方向. 取 $a = (1/\sqrt{n}, \cdots, 1/\sqrt{n})$, 根据上述估计断定, 随着

n 的增加, n 维立方体 I^n 的体积向通过坐标原点并且垂直于向量 $(1/\sqrt{n}, \cdots, 1/\sqrt{n})$ 的超平面的相对小的邻域中聚集.

特别地, 如果认为这样的立方体中的小球是由不发生相互作用的粒子组成的动力系统 (气体), 则当 $n \gg 1$ 时, 绝大部分粒子轨迹的方向几乎垂直于固定向量 $(1/\sqrt{n}, \cdots, 1/\sqrt{n})$, 而粒子在大部分时间内位于上述超平面的邻域内.

§6. 有噪信道编码

最后, 我们再指出一个领域, 其中也会自然而然地产生自变量极多的函数, 并且也会在本质上应用随之而来的测度聚集原理.

我们已经习惯了数字 (离散) 编码和信号 (音乐、图片、文本等信息) 沿信道的传输. 可以把这种形式的文本想象成极高维空间 $\mathbb{R}^n$ 中的一个向量 $x = (x^1, \cdots, x^n)$. 为了传输这样的文本, 需要消耗正比于 $\|x\|^2 = |x^1|^2 + \cdots + |x^n|^2$ 的能量 E (类似于前面讨论过的气体分子总动能). 如果 T 是文本 x 的传输时间, 则 $P = E/nT$ 是传输一个字符 (向量 x 的一个坐标) 所需要消耗的平均功率. 如果 Δ 是传输向量 x 的一个坐标所需要的平均时间, 则 $T = n\Delta$, $E = n^2 P \Delta$.

发送装置与接收装置彼此匹配, 发送器把需要传输的原始文本变换 (编码) 为向量 x 的形式并发送到信道中, 而接收器根据所知道的代码完成 x 的解码, 从而把它变换为原始文本的形式.

如果我们需要传输 M 个长度为 n 的文本 $A_1, \cdots, A_M$, 则只要在以 $E = n^2 P \Delta$ 为半径的球中选取 M 个固定点 $a_1, \cdots, a_M$, 使它们与信道终点的接收器匹配即可. 如果在信道中没有干扰, 则接收器接收到相应的向量 a 后可以准确无误地解码, 从而得到相应的文本 A.

而如果在信道中有干扰 (通常如此), 则干扰, 即随机向量 $\xi = (\xi^1, \cdots, \xi^n)$, 会叠加在所传输的向量 a 上, 使接收器接收到向量 $\xi + a$. 现在应当正确地解码.

如果以被选取的点 $a_1, \cdots, a_M$ 为中心、以 $\|\xi\|$ 为半径的球彼此不相交, 则单值解码还是可能的, 但如果遵守这个要求, 就已经不能任意选取点 $a_1, \cdots, a_M$, 从而产生球体紧密填充问题. 这是一个复杂的问题. 香农证明了, 在上述情况下, 如果利用空间 $\mathbb{R}^n$ 的维数 n 这时非常大的特性, 就不必求解球体紧密填充问题.

在对接收到的文本进行解码时, 有时允许出现错误, 但是我们要求出错概率充分小 (小于任何一个固定的正数). 香农证明了, 即使在信道中存在任何有限强度的随机干扰 (白噪声), 只要选取足够长的编码 (即当 n 的值很大时), 就可以在出错概率充分小的情况下让信息传输速度充分接近无噪信道中的信息传输速度.

香农定理的几何意义与高维空间中的区域的测度 (体积) 分布的上述特性有直接的关系. 我们来解释一下.

假设空间 $\mathbb{R}^n$ 中的两个相同的球彼此相交. 如果接收到的信号位于它们的交

集中, 就可能发生解码错误. 但是如果认为进入某个区域的概率正比于该区域的相对体积, 则自然应当比较球的交集的体积与一个球的体积. 我们给出所需要的估计. 如果半径为 1 的两个球的中心之间的距离为 ε $(0 < \varepsilon < 2)$, 则这两个球的交集位于一个半径为 $\sqrt{1-(\varepsilon/2)^2}$ 的球内, 这个球的中心位于原来两个球的中心的连线的中点. 因此, 原来两个球的交集的体积与其中每一个球的体积之比不大于 $(1-(\varepsilon/2)^2)^{n/2}$. 现在显然可知, 对于任何固定值 ε, 只要选取充分大的值 n, 就可以让该比值充分小.

附录四　多元函数与微分形式及其热力学解释[①]

§1. 微分形式与热力学系统

1. 一次微分形式 (复习). 众所周知, 表达式 $a_1\, dx^1 + \cdots + a_n\, dx^n$ 称为微分形式或微分式, 更准确地说, 称为一次微分形式或一次微分式, 简称为 1 形式 (一般情况是 k 形式 $a_{i_1\cdots i_k} dx^{i_1} \wedge \cdots \wedge dx^{i_k}$). 我们采用爱因斯坦求和约定, 用简洁的记号 $a_i\, dx^i$ 表示微分形式 $a_1\, dx^1 + \cdots + a_n\, dx^n$, 即按照通常约定的那样认为重复出现的上标和下标表示求和.

我们在空间 $\mathbb{R}^n$ 的某个区域中考虑微分形式, 并且认为其中的系数 a_i 是该区域中的点 $x = (x^1, \cdots, x^n)$ 的函数 $a_i(x)$. 假设 $a_i(x)$ 是具有足够阶导数的正则函数, 以便完成所需的微分运算.

函数的微分

$$dU(x) = \frac{\partial U}{\partial x^1}(x)\, dx^1 + \cdots + \frac{\partial U}{\partial x^n}(x)\, dx^n$$

是一次微分形式的一个例子, 其简洁记号为 $dU = \dfrac{\partial U}{\partial x^i} dx^i$ 或 $dU = \partial_i U\, dx^i$.

然而, 远非任何 1 形式 $a_1\, dx^1 + \cdots + a_n\, dx^n$ 都是某个函数的微分. 可以表示为函数的微分的 1 形式称为恰当 1 形式. 显然, 只要等式 $\dfrac{\partial a_i}{\partial x^j} = \dfrac{\partial a_j}{\partial x^i}$ 成立, 即相应的二阶混合导数相等, $\dfrac{\partial^2 U}{\partial x^i \partial x^j} = \dfrac{\partial^2 U}{\partial x^j \partial x^i}$, 1 形式 $a_i\, dx^i$ 就是恰当 1 形式.

[①] 这部分材料不仅可以用于力学数学系, 还可以用于物理系和化学系, 后者甚至可能更感兴趣.

这个必要条件一般而言不是充分条件,但是,例如,在任何单连通区域中,它是充分条件.

在某个区域中给定的 1 形式 $\omega = a_i(x)\,dx^i$ 是该区域中某个函数的微分的判断准则是: 该 1 形式沿该区域中任何闭路 γ 的积分等于零,
$$\int_\gamma \omega = 0.$$

1 形式 $a_1(x)\,dx^1 + \cdots + a_n(x)\,dx^n$ 是否是一个区域中某函数的微分的问题, 等价于向量场 $(a_1, \cdots, a_n)(x)$ 是否是该区域中的势场的问题, 即在该区域中是否存在满足 $(a_1, \cdots, a_n)(x) = \left(\dfrac{\partial U}{\partial x^1}, \cdots, \dfrac{\partial U}{\partial x^n}\right)(x)$ 的函数 U 的问题.

如果这样的函数 U 存在, 则函数 $-U$ 通常称为向量场的势, 而向量场本身称为该区域中的**势场**.

势场的一个重要性质在于, 在这样的场中, 沿一条道路的功 (即相应的 1 形式 $\omega = -a_i(x)\,dx^i$ 的积分) 只取决于道路的起点和终点, 它等于势在道路终点与起点的值之差. 如果道路是封闭的, 则积分自然为零.

习题 1. 请验证: 引力场是势场.

2. 好玩的装置和热力学中的一次微分形式. 现在回忆一些热力学知识, 但首先考虑一种热力学家都喜欢摆弄的装置, 想必大家在中学里就知道其中的奥秘. 在日常生活中, 这种装置就是医用注射器、自行车打气筒、汽车内燃发动机气缸等等 (我在这里不提汽船和蒸汽机车中最原始的蒸汽机, 因为新一代年轻人再也遇不到恐龙了, 当然, 也许在博物馆中见过).

于是, 考虑带有活塞的气缸中的气体. 当气体的体积变化时, 活塞可以随之运动. 气缸的壁面既可以传热, 反过来也可以绝热, 即能够完全阻止气体与外部环境之间的热交换[①].

气体的热力学平衡态对应着描述这种状态的一系列参量的确定的值, 例如体积 V, 温度 T, 压强 P, 内能 E. 这些参量并非都是独立的. 体积是一个可以被我们自己任意改变的外部参量, 而气体热力学平衡态的内部参量一般而言按照确定的关系变化.

例如, 经典的克拉珀龙定律表明, 处于热力学平衡态的气体的体积 V、压强 P 和温度 T 满足关系式 $PV/T = c$ (称为**状态方程**), 其中的常量 c 只与气体总量有关.

[①] 仅仅通过在纸上操作这种装置 (它是蒸汽机和现代内燃机的关键部件), 萨迪·卡诺完成了物理学中最早的一批最有创造性 (并且花钱不多) 的思想实验之一. 他让活塞运动, 并在需要时加热或冷却气缸壁面, 或者让它绝热, 从而想象出一种现在 (经过克拉珀龙的某些调整之后) 被称为卡诺循环的过程. 卡诺找到了瓦特关于任何热机的可能效率的问题的答案, 同时也完成了一项伟大的发现, 即后来 (经过克劳修斯提炼) 的热力学第二定律 (热力学第二定律的思想其实也出现在卡诺的讨论中). 我们也这样摆弄一番, 这不但有助于我们采取有效的数学手段, 而且不会丧失数学抽象的物理内涵.

当气体内能的变化为 dE 并且有热量 δQ 传给气体时, 气体能够推动活塞, 从而做出数量为某个值 δW 的机械功.

在一般情况下, 能量守恒的含义是

$$\delta Q = dE + \delta W. \tag{1}$$

我们指出 (这非常重要), 与 dE 不同, 微分形式 δQ 和 δW 不是恰当的, 它们不是函数的微分. 例如, 当气体体积膨胀为原来的两倍时, 气体所应当做的功不仅与气体在初态和终态的体积值有关, 而且与气体在膨胀过程中与外部环境的热交换有关. 功与热这两个量严重依赖于使热力学状态发生变化的条件. 例如, 在绝热过程中, 热交换根本不存在, 微分形式 δQ 的积分等于零. 在经历同样一些热力学状态的其他过程中, 只要气缸壁面可以传热, 微分形式 δQ 的积分通常就不等于零. 显然, 这对于功的微分形式 δW 也成立. 正是因此, 我们才在基本等式 (1) 中使用不同的微分记号. 例如, 让体积保持不变, 即根本不做机械功, 仅仅通过加热也可以改变气体的状态.

利用 $\delta W = P\,dV$ (请验证!), 可以把等式 (1) 改写为以下形式:

$$\delta Q = dE + P\,dV. \tag{2}$$

在热力学平衡态下, 系统 (这里是气体) 状态的内部参量是外部参量 (这里只有体积这一个外部参量) 和一个内部参量 (温度) 的函数. 因此, 在公式 (2) 中 $E = E(T, V)$, $P = P(T, V)$.

在公式 (1) 和 (2) 中, 左边的微分形式是热流, 它沿系统的两个热力学平衡态之间的道路的积分 (如果我们学会求这样的积分) 给出传给系统的热 (它可以取负值, 这时系统向环境传热). 微分形式 $P\,dV$ 的积分给出系统在这个过程中所做的功. 恰当微分形式 dE 的积分与连接上述热力学平衡态的道路无关, 它等于系统在这两个热力学平衡态的内能之差 $E_2 - E_1$.

上述全部讨论 (暂时缺乏细节和精确表述) 的目的在于帮助读者回忆热力学的基础知识, 以便进一步在下面给出热力学系统的常规定义.

习题 2. a) 完全气体的状态方程 $PV/T = c$ 表明, 除了 V, T 这两个变量, 也可以分别取 P, T 或 V, P 作为自变量. 请在以每两个变量为坐标的平面上画出等容线、等压线、等温线以及绝热线, 后者表示系统与环境之间没有热交换的热力学过程. 在画绝热线的时候, 请尝试画出示意图即可, 但需要保证物理上的正确性.

b) 请在坐标 (V, P) 的平面上画出表示热力学循环的某一条封闭曲线, 并建立该曲线所围面积与热力学系统 (气体) 在该循环中所做的功之间的关系.

c) 我们知道偏导数和隐函数的微分法则. 例如, 如果 $F(x, y) = 0$, 则

$$\frac{\partial y}{\partial x}\frac{\partial x}{\partial y} = 1,$$

而如果 $F(x, y, z) = 0$, 则
$$\frac{\partial z}{\partial y} \frac{\partial y}{\partial x} \frac{\partial x}{\partial z} = -1.$$

请用克拉珀龙定律验证后一个等式, 这时取 $PV - T = 0$, 即 $xy - z = 0$. 请注意, 数学记号 $\frac{\partial y}{\partial x}$ 是不完整的, 物理学家在热力学计算中从来也不允许这样写. 他们不写 $\frac{\partial P}{\partial V}$, 而写 $\left.\frac{\partial P}{\partial V}\right|_T$ 或 $\left.\frac{\partial P}{\partial V}\right|_P$, 这取决于选择 V, T 还是 V, P 作为自变量. 例如, 如果 $xy - z = 0$, 则在选择 x, z 为自变量时得到 $\frac{\partial y}{\partial x} = -\frac{z}{x^2}$, 而在选择 x, y 为自变量时自然得到 $\frac{\partial y}{\partial x} = 0$.

习题 3. a) 设一个气囊 (例如气球, 但其形状可能完全不是球形) 中的气体具有压强 P. 请证明: 当气囊形状发生微小变化时, 气体在这个过程中所做的功也可以像上述特例那样按照公式 $\delta W = P\, dV$ 来计算.

b) 请利用数学分析工具, 通过直接计算求出地球上浸没于水或空气中的物体所受到的浮力, 从而证明著名的阿基米德定律.

在本小节最后, 我们再回忆一个对后续讨论很重要的结果.

克劳修斯在其著作中把卡诺的发现归结为, 对于状态空间中表示可逆循环[①]的任何封闭曲线 γ, 以下重要等式成立:
$$\int_\gamma \frac{\delta Q}{T} = 0, \tag{3}$$

其中 T 是热力学温度. 这表示微分形式 $\frac{\delta Q}{T}$ 是恰当的, 即它是系统状态的某个函数 S 的微分. 克劳修斯恰恰把这个函数称为系统热力学状态的熵或系统的熵.

据此, 现在可以把等式 (2) 具体写为以下形式:
$$T\, dS = dE + P\, dV. \tag{4}$$

3. 微分形式是热力学系统的数学模型. 根据在上一小节中列出的结果, 我们提出最简单热力学系统的以下常规数学定义或数学模型 (源自吉布斯、庞加莱、卡拉泰奥多里).

设一个抽象热力学系统的平衡态由一组参量 $(\tau, a_1, \cdots, a_n) =: (\tau, a)$ 确定, 其中 τ 起温度 T 的作用, 而 $a = (a_1, \cdots, a_n)$ 是一组外部参量, 我们可以像在上述例子中改变气缸中的气体体积一样改变这些外部参量.

[①] 可逆过程的含义是, 系统在经历了这样的过程后又能原路返回, 并且在系统回到初态时, 原过程对环境的影响也能完全消失. 实际发生的过程当然都是不可逆的, 但这并不妨碍我们引入可逆过程的概念并在此基础上进行思想实验. ——译者

在所考虑的数学模型中,我们认为热力学系统本身等价于基本的微分形式

$$\omega := dE + \sum_{i=1}^{n} A_i\, da_i, \tag{5}$$

它称为热交换微分形式,更确切地说,称为热流微分形式.

按照定义,这里的 E 是系统的内能 (热力学能),而 A_i 是与坐标 a_i 相应的广义力 (即 $\sum_{i=1}^{n} A_i\, da_i$ 是系统在外部参量变化时所做的功,而微分形式 ω 对应着等式 (1), (2) 中的热交换微分形式 δQ). 量 E 和 A_i 自然依赖于 $(\tau, a_1, \cdots, a_n)$,这些依赖关系是热力学系统的定义的组成部分. 关系式 $A_i = A_i(\tau, a_1, \cdots, a_n)$ 称为状态方程①.

确定一个热力学系统的微分形式 ω 应当具有特殊的形式 $\omega = \tau\, dS$,其中 S 是一个函数,称为系统的熵.

于是,等式 (4) 在一般情况下成为

$$\tau\, dS = dE + \sum_{i=1}^{n} A_i\, da_i, \tag{6}$$

从而给出了最简单的热力学系统的数学模型或常规数学定义. 请注意,这个模型绝非凭空想象而来,其中包含了大量研究的经验和结果,并且现在可以按照与它们的发现年代相反的顺序从一般数学结论中唯一地推导出这些结果,相关数学结论涉及多元函数微积分和微分形式理论.

§2. 数学推论及其物理解释

1. 微分的唯一性, 混合偏导数和热力学

习题 4. a) 请从函数 $S = S(\tau, a_1, \cdots, a_n)$ 的微分的唯一性得到以下关系式:

$$\tau \frac{\partial S}{\partial \tau} = \frac{\partial E}{\partial \tau}, \quad \tau \frac{\partial S}{\partial a_i} = \frac{\partial E}{\partial a_i} + A_i.$$

b) 请利用变量 $\tau, a_1, \cdots, a_n$ 的正则函数 S 的混合偏导数相等来验证,在热力学系统中成立以下非平凡的关系式:

$$\frac{\partial E}{\partial a_i} + A_i = \tau \frac{\partial A_i}{\partial \tau}, \quad \frac{\partial A_i}{\partial a_j} = \frac{\partial A_j}{\partial a_i}.$$

c) 请利用本题 a) 和 b) 的结果证明或独立地证明:

$$\frac{\partial S}{\partial a_i} = \frac{\partial A_i}{\partial \tau}, \quad \left.\frac{\partial S}{\partial E}\right|_{a_i} = \frac{1}{\tau}, \quad \left.\frac{\partial S}{\partial a_i}\right|_{E} = \frac{A_i}{\tau}.$$

---

① 更确切地说,这些关系式称为热状态方程,而关系式 $E = E(\tau, a_1, \cdots, a_n)$ 称为量热状态方程.

请注意, 在最后两个公式中计算相应偏导数的时候, 应当认为相应的量固定不变. 例如, 在计算 $\left.\dfrac{\partial S}{\partial E}\right|_{a_i}$ 时认为可以从关系式 $E = E(\tau, a_1, \cdots, a_n)$ 解出 τ, 从而取变量 $E, a_1, \cdots, a_n$ 为自变量.

习题 5. 请研究一个特殊的热力学系统——完全气体, 相应的微分形式为 (4), 状态方程为 $P = cT/V$ (克拉珀龙定律). 请利用上一道习题中的关系式证明: 完全气体的内能 $E = E(T, V)$ 其实只依赖于温度 T. 这个结果是由焦耳在其著名实验中确立的.

2. 热力学势

习题 6. a) 如果从方程 $E = E(\tau, a_1, \cdots, a_n)$ 解出 τ, 从而用变量 $E, a_1, \cdots, a_n$ 代替 $\tau, a_1, \cdots, a_n$ 作为自变量, 则利用确定一个热力学系统的公式 (6), 我们可以从熵 S 这一个函数求出系统的所有参量:

$$\frac{\partial S}{\partial E} = \frac{1}{\tau}, \quad \frac{\partial S}{\partial a_i} = \frac{A_i}{\tau}.$$

(当然, 此后可以再回到坐标 $\tau, a_1, \cdots, a_n$).

这类似于, 对于势场, 只要知道一个函数——势, 就能知道整个场. 因此, 在热力学中, 可以用来恢复热力学系统的函数, 即可以用来求出其全部参量的函数, 经常称为热力学势. 我们看到, 对于自变量 $E, a_1, \cdots, a_n$, 熵就是这样的热力学势.

对于自变量 $\tau, a_1, \cdots, a_n$, 被称为亥姆霍兹自由能的函数 $\Psi = E - \tau S$ 是热力学势. 请验证这个结果并证明:

$$\frac{\partial \Psi}{\partial \tau} = -S, \quad \frac{\partial \Psi}{\partial a_i} = -A_i, \quad E = \Psi - \tau \frac{\partial \Psi}{\partial \tau}.$$

我们指出, 从这些公式可见, 亥姆霍兹自由能也是等温条件下力场 $(A_1, \cdots, A_n)$ 的势, 而用亥姆霍兹自由能对温度的勒让德变换可以得到系统的内能.

b) 考虑由关系式 $\delta Q = dE + P dV$ 或 $T dS = dE + P dV$ 确定的热力学系统 (气体), 式中 $E = E(T, V)$, $P = P(T, V)$. 除了变量 T, V, 也可以选择 E, V, 或 T, P, 或 S, V, 或 S, P 作为自变量, 每一对这样的自变量分别对应着自己的热力学势. 请利用函数乘积的微分法则和微分表达式的基本变换公式证明, 上述每一对自变量分别对应以下热力学势: 自变量 E, V 对应熵 S, 自变量 T, V 对应亥姆霍兹自由能 Ψ 或 $F = E - TS$, 自变量 T, P 对应吉布斯自由能 $\Phi = F + PV$ (经常也用 G 表示吉布斯自由能), 自变量 S, V 对应内能 E, 自变量 S, P 对应焓 $H = E + PV = \Phi + TS$.

3. 方向导数与热容. 大家都知道函数沿向量的导数的概念:

$$D_v f(x) := \lim_{t \to 0} \frac{f(x + vt) - f(x)}{t}.$$

这个量表示从函数定义域中所考虑的点 x 沿向量 v 的方向以速度 $|v|$ 移动时函数

值的变化速度. 如果取该方向上的单位向量作为向量 v, 则函数沿这样的向量的导数通常称为函数沿该方向的导数或函数在该方向上的导数. 例如, 多元函数的偏导数是它在坐标轴方向上的导数.

在热力学中有一个在本质上与此类似的概念——热容. 粗略地说, 物体 (一锅汤、一杯水、一团气体) 的热容是为了让物体的温度升高 1 度而必须向它提供的热量.

现在给出更准确的定义. 我们将使用固定的温标来度量温度, 这个温标就是在写出完全气体的状态方程时已经使用过的开尔文温标. 选取所考虑的物体 (热力学系统) 在我们开始加热时的热力学平衡态作为初始点 x. 热力学系统的平衡态由一组热力学参量给出, 而既然有多个热力学参量, 就应当再说明我们打算在状态空间中的哪一个方向 e 上移动. 例如, 对于固定的一团气体, 既可以在体积保持不变时测量其热容, 也可以在压强不变时进行测量.

于是, 系统的热容 $C(x, e)$ 依赖于系统的初始平衡态 x 和它在状态空间中的移动方向 e, 并且 $C(x, e)$ 的数值本身等于热流与系统温度增量之比 $\Delta Q/\Delta T$ 在从状态 x 沿方向 e 的位移趋于零时的极限.

习题 7. 考虑一个具体的热力学系统——1 mol 完全气体, 相应的微分形式为 (4), 状态方程为 $P = RT/V$, 式中 R 是普适气体常量. 通常用小写字母 $c(x, e)$ 表示气体的摩尔热容. 此外, 分别用记号 c_V 和 c_P 表示气体的摩尔定容热容和摩尔定压热容. 请证明 (在需要时可以利用习题 5) 完全气体的以下关系式:
$$c_V = \left.\frac{\partial E}{\partial T}\right|_V, \quad c_P = \left.\frac{\partial E}{\partial T}\right|_V + R, \quad c_P - c_V = R \text{ (迈耶公式)}.$$

习题 8. 可以认为量 c_V 和 c_P 在气体状态的相当大的范围内基本保持不变.

a) 请在这个假设下证明: 关系式 (2) 中的热流微分形式 δQ 对于完全气体可以表示为
$$\delta Q = \frac{1}{R}(c_V V\, dP + c_P P\, dV),$$
因为当 c_V 和 c_P 是常量时可以认为 $E = c_V T$, 并且我们已经知道 $c_P - c_V = R$.

b) 对于 1 mol 完全气体的熵的微分, 请在 c_V 和 c_P 是常量的同样假设下得到公式
$$dS = \frac{c_V}{T}dT + \frac{R}{V}dV.$$

c) 现在, 请得到 1 mol 完全气体的熵的公式[①]
$$S = \ln\frac{T^{c_V}V^R}{T_0^{c_V}V_0^R}.$$

[①] 由于 c_V 和 R 是有量纲的量, 所以这个公式最好写为 $S = c_V \ln\dfrac{TV^{R/c_V}}{T_0 V_0^{R/c_V}}$ 的形式. 类似情况也出现在下面的公式中. ——译者

习题 9. 我们知道, 当热力学系统与环境之间没有热交换时, 相应的热力学过程称为绝热过程. 显然, 在系统的状态空间中, 可逆绝热过程是在熵保持不变的条件下发生的 (见公式 (4) 或 (6)), 所以绝热线也可以称为等熵线.

请在不同变量下得到完全气体的以下绝热线方程:
$$T^{c_V}V^R = T_0^{c_V}V_0^R, \quad P^{c_V}V^{c_P} = P_0^{c_V}V_0^{c_P}, \quad T^{c_P}P^{-R} = T_0^{c_P}P_0^{-R}.$$

这些方程最初是由泊松得到的.

4. 卡诺循环与热机的效率. 仍然考虑作为一个热力学系统的完全气体. 对于这样的系统, 关系式 (2) 成立, 它表示热力学过程中的能量平衡. 如果沿状态空间中的某条闭路 γ 实现这样的准静态过程, 则显然得到等式
$$\int_\gamma \delta Q = \int_\gamma P\,dV,$$

其左边是系统在该循环中所得到的热量, 而右边是系统在该循环中所做的机械功. 如果不取 T, V, 而取 V, P 作为自变量, 则在 (V, P) 平面上, 与等式右边的积分相对应的是曲线 γ 所围的面积 (其符号与曲线的环绕方向有关).

现在考虑具体的循环 γ.

我们来回忆热机工质 (例如带有活塞的气缸中的气体) 状态变化的卡诺循环. 设我们有一个高温热库和一个低温热库 (例如锅炉和大气), 其温度 T_1 和 T_2 保持不变 $(T_1 > T_2)$. 在状态 1, 所考虑的热机工质 (气体) 具有温度 T_1. 让工质与高温热库保持接触, 同时降低外部压强, 使工质沿等温线准静态膨胀到状态 2 (见第 187 页图 86), 则在这个过程中, 热机从高温热库吸收热量 Q_1, 并且为了克服外部压力完成机械功 W_{12}. 在状态 2, 隔绝气体与外界的热交换, 然后让气体准静态膨胀到状态 3, 使其温度达到低温热库的温度 T_2, 则在这个过程中, 热机为了克服外部压力完成机械功 W_{23}. 在状态 3, 让气体与低温热库保持接触, 同时增加压强, 使工质沿等温线准静态压缩到状态 4, 则在这个过程中, 外界对气体做功 (气体本身所做的功取负值 W_{34}), 而气体向低温热库传输的热量为某个值 Q_2. 选取合适的状态 4, 以便可以从这个状态沿绝热线准静态压缩气体到初始状态 1. 于是, 气体从状态 4 返回状态 1, 外界在这个过程中对气体做功 (气体本身所做的功取负值 W_{41}). 在上述循环 (卡诺循环) 中, 气体的内能显然不变 (因为我们回到初始状态), 所以热机所做的功等于 $W = W_{12} + W_{23} + W_{34} + W_{41} = Q_1 - Q_2$.

在从高温热库吸收的热量 Q_1 中, 只有一部分用于完成机械功 W. 量
$$\eta = \frac{W}{Q_1} = \frac{Q_1 - Q_2}{Q_1}$$

自然称为热机的效率.

习题 10. a) 我们还记得, 对于 1 mol 完全气体, 我们在习题 8 a) 中利用状态

方程 $PV = RT$ 和迈耶公式 $c_P - c_V = R$ 得到了热流微分形式 δQ 的以下表达式:
$$\delta Q = c_P \frac{P}{R} dV + c_V \frac{V}{R} dP.$$
现在, 请写出 1 mol 完全气体在其状态沿带有坐标 (V, P) 的状态平面上的任意道路 γ 变化时所吸收的热量 Q 的公式.

b) 现在请考虑卡诺循环. 请在平面 (V, P) 上画出卡诺循环.

c) 卡诺循环分为四段 $\gamma_i, i = 1, 2, 3, 4$, 请计算每一段上的积分 $\int_{\gamma_i} \frac{\delta Q}{T} = \int_{\gamma_i} dS$.

d) 请得到由卡诺和克劳修斯发现的重要等式[①]
$$\frac{Q_1}{T_1} = \frac{Q_2}{T_2}, \quad 即 \quad \frac{Q_1}{T_1} - \frac{Q_2}{T_2} = 0.$$

各位在证明上述卡诺-克劳修斯定理时大概使用了一般的克劳修斯公式 (3), 即
$$\int_\gamma \frac{\delta Q}{T} = 0,$$
而这个公式是上面的等式的推广.

e) 已知在卡诺循环中 $\frac{Q_1}{T_1} = \frac{Q_2}{T_2}$, 请尝试独立推导一般的克劳修斯定理 (关系式 (3)).

f) 请证明: 按照卡诺循环运转的热机的效率等于 $1 - \frac{T_2}{T_1}$.

著名的卡诺第二定理表明, 无论何种结构的热机, 其效率都不可能高于在具有同样温度 T_1, T_2 的热库之间运转的上述热机的效率[②].

对于任何热力学系统的任何循环, 基本的克劳修斯不等式
$$\int_\gamma \frac{\delta Q}{T} \leqslant 0$$
是卡诺第二定理的推广. 如果循环可逆, 则积分显然等于零 (请解释!). 该积分在典型情况下是负的, 因为传热过程通常是不可逆的.

我们此前讨论的全部内容只限于可逆过程.

g) 设蒸汽机中的蒸汽温度不高于 $150\,°\mathrm{C}$, 即 $T_1 = 423\,\mathrm{K}$, 而作为低温热库的周围环境具有 $20\,°\mathrm{C}$ 上下的温度, 即 $T_2 = 293\,\mathrm{K}$. 请估计蒸汽机的效率.

习题 11. 见第一卷第五章 §6 第 1 小节和习题 1.

[①] 这个等式和公式 (3) 最初以明确的形式仅仅出现在克劳修斯的著作中, 他所使用的准确的数学语言和清晰的概念如今成为整个经典热力学的基本工具和语言.

[②] 科学史专家可能不无根据地说, 我们在这里稍微简化了问题, 并且卡诺的表述也不是全部这样顺畅和明确. 我们指出这一点是为了客观公正, 感兴趣的读者可以参考卡诺的手稿以及解读这些手稿的专家的著作.

附录五 曲线坐标系中的场论算子

引言

几乎在任何一本数学分析习题集甚至教材中都会随意写出诸如此类的话:"同学们! 请记住",向量

$$\operatorname{grad} U := \left(\frac{\partial U}{\partial x}, \frac{\partial U}{\partial y}, \frac{\partial U}{\partial z}\right)$$

称为函数 $U(x, y, z)$ 的梯度,向量

$$\operatorname{rot} A := \left(\frac{\partial R}{\partial y} - \frac{\partial Q}{\partial z}, \frac{\partial P}{\partial z} - \frac{\partial R}{\partial x}, \frac{\partial Q}{\partial x} - \frac{\partial P}{\partial y}\right)$$

称为向量场 $A = (P, Q, R)(x, y, z)$ 的旋度,函数

$$\operatorname{div} B := \frac{\partial P}{\partial x} + \frac{\partial Q}{\partial y} + \frac{\partial R}{\partial z}$$

称为向量场 $B = (P, Q, R)(x, y, z)$ 的散度.

至于这只在笛卡儿坐标系中成立,以及在其他坐标系中应当如何处理,通常只字不提. 这也可以理解,因为这个问题的提法本身已经需要这些对象的某一种合适的定义.

§1. 代数学与几何学回顾

1. 双线性形式及其坐标表达式

a. 标量积与一般的双线性形式. 考虑具有标量积 $\langle , \rangle$ 的向量空间. 暂时可以认为 $\langle , \rangle$ 是 n 维向量空间 X 中的任意双线性形式的记号. 如果在空间中选取基向

量 $\xi_1, \cdots, \xi_n$, 就可以用坐标表达式给出空间中的对象 (包括向量和各种形式). 我们把它用于双线性形式 $\langle,\rangle$.

取两个向量按照上述基向量的分解式 $x = x^i \xi_i$, $y = y^j \xi_j$, 我们有

$$\langle x, y \rangle = \langle x^i \xi_i, y^j \xi_j \rangle = \langle \xi_i, \xi_j \rangle x^i y^j = g_{ij} x^i y^j.$$

如通常所约定, 这里对重复的上标和下标求和. 于是, 对于空间中的给定基向量, 由 $\langle \xi_i, \xi_j \rangle = g_{ij}$ 给出的一组数完全确定了一个双线性形式.

既然双线性形式是标量积, 则如果在 $i \neq j$ 时 $g_{ij} = 0$, 则上述基向量组成正交基. 当然, 这里通常假设双线性形式是非退化的.

b. 非退化双线性形式. 对于一个双线性形式 $\langle,\rangle$, 如果它在一个自变量取固定值的情况下仅在该固定自变量等于零 (是零向量) 时才关于另一个自变量恒等于零, 则该双线性形式称为非退化双线性形式.

双线性形式的非退化性等价于矩阵 (g_{ij}) 的行列式不等于零. 其实, 对于固定向量 $x = x^i \xi_i$, 如果 $\langle x, y \rangle \equiv 0$ 关于 y 成立, 则 $\langle \xi_i, \xi_j \rangle x^i = 0$ (即 $g_{ij} x^i = 0$) 对于任何值 $j \in \{1, \cdots, n\}$ 都成立. 这个齐次方程组仅在方程组的矩阵 (g_{ij}) 的行列式不等于零时才有唯一的 (零) 解.

2. 向量与形式的对应关系

a. 向量在 2 形式存在时与 1 形式的对应关系. 对于给定的 2 形式 $\langle,\rangle$, 可以让每一个向量 A 都对应一个 1 形式 $\langle A, x \rangle$, 即对应一个线性函数 $\langle A, x \rangle$. 如果 2 形式 $\langle,\rangle$ 是非退化的, 则它们是一一对应的. 其实, 如果给出某一个线性函数 $a(x) = a_j x^j$ (其中 $a_j = a(\xi_j)$), 而我们希望把它表示为 $\langle A, x \rangle$ 的形式, 其中 $A = A^i \xi_i$, 则向量 A 的坐标满足方程组 $a(\xi_j) = \langle \xi_i, \xi_j \rangle A^i$, $j \in \{1, \cdots, n\}$. 当矩阵 (g_{ij}) 的行列式不等于零时, 可以求出这个方程的唯一解.

于是, 向量 $A = A^i \xi_i$ 的坐标与 1 形式 a 关于同样基向量 $\{\xi_i\}$ 的系数满足彼此可逆的关系式

$$a_j = g_{ij} A^i, \quad A^i = g^{ij} a_j.$$

b. 向量与 $n-1$ 形式的对应关系. 类似地, 对于给定的非退化 n 形式 Ω^n, 可以让每一个向量 B 都对应一个 $n-1$ 形式 $\Omega^n(B, \cdots)$.

我们在下面将考虑向量场 A, B 并在切空间中实现上述对应关系, 例如在分别给定标量积 $\langle,\rangle$ 和体形式 Ω^n 的情况下考虑功形式 $\omega_A^1 = \langle A, \cdot \rangle$ 和流形式 $\omega_B^{n-1} = \Omega^n(B, \cdots)$.

3. 曲线坐标系与度量

a. 曲线坐标系、度量与体形式. 设在 n 维曲面 (流形) 上给出了度量, 它在 (局部图的) 某个局部坐标系 $(t^1, \cdots, t^n)$ 中由二次形式 $g_{ij} dt^i dt^j$ 给出, 而这个二次形式也在曲面的与参数 t 相对应的切平面 (切空间) 中确定了标量积 $\langle,\rangle(t)$.

例如, 如果把用参数方程给出的曲面 (或曲线) 嵌入欧氏空间, 则在曲面的切平面 (切空间) 中可以自然地从所在空间产生标量积.

我们甚至还知道如何求出这样的曲面的面积 (n 测度)——应当求体形式

$$\Omega^n = \sqrt{\det(g_{ij})}(t)\, dt^1 \wedge \cdots \wedge dt^n$$

的积分.

b. 正交曲线坐标系与单位向量. 我们知道, 如果当 $i \neq j$ 时 $g_{ij} \equiv 0$, 则相应曲线坐标系 $(t^1, \cdots, t^n)$ 称为正交曲线坐标系.

在正交曲线坐标系中, 长度元的写法特别简单:

$$ds^2 = g_{11}(t)(dt^1)^2 + \cdots + g_{nn}(t)(dt^n)^2,$$

并且经常把它改写为更简洁的形式:

$$ds^2 = E_1(t)(dt^1)^2 + \cdots + E_n(t)(dt^n)^2.$$

坐标线方向上的向量 $\xi_1 = (1, 0, \cdots, 0), \cdots, \xi_n = (0, \cdots, 0, 1)$ 组成与参量 t 的值相对应的切空间的基向量. 但是, 这些向量的范数 (长度) 一般不等于 1. 无论坐标系是否是正交坐标系, 总有 $\langle \xi_i, \xi_i \rangle(t) = g_{ii}(t)$, 即 $|\xi_i| = \sqrt{g_{ii}(t)}$, $i \in \{1, \cdots, n\}$.

因此, 坐标线方向上的单位向量 $e_1, \cdots, e_n$ 的坐标表达式为

$$e_1 = \left(\frac{1}{\sqrt{g_{11}}}, 0, \cdots, 0\right), \quad \cdots, \quad e_n = \left(0, \cdots, 0, \frac{1}{\sqrt{g_{nn}}}\right).$$

特别地, 对于正交曲线坐标系, 坐标线方向上的向量

$$e_1 = \left(\frac{1}{\sqrt{E_1}}, 0, \cdots, 0\right), \quad \cdots, \quad e_n = \left(0, \cdots, 0, \frac{1}{\sqrt{E_n}}\right)$$

是相应切空间中的单位正交基向量.

c. 笛卡儿坐标系、柱面坐标系和球面坐标系. $\mathbb{R}^3$ 中的标准的笛卡儿坐标系、柱面坐标系和球面坐标系是正交坐标系的例子. 这里遵循地理学家的习惯, 认为球面坐标系中的纬度 θ 从赤道算起.

习题. 请写出这些坐标系的度量 $g_{ij}\, dt^i dt^j$ 和单位正交向量 (e_1, e_2, e_3).

答案: 在欧氏空间 $\mathbb{R}^3$ 的笛卡儿坐标系 (x, y, z)、柱面坐标系 (r, φ, z) 和球面坐标系 (R, φ, θ) 中, 二次形式 $g_{ij}\, dt^i dt^j$ 分别为

$$\begin{aligned} ds^2 &= dx^2 + dy^2 + dz^2 \\ &= dr^2 + r^2 d\varphi^2 + dz^2 \\ &= dR^2 + R^2 \cos^2\theta\, d\varphi^2 + R^2 d\theta^2, \end{aligned}$$

而坐标线方向上的三个单位向量分别为

$$e_x = (1, 0, 0), \quad e_y = (0, 1, 0), \quad e_z = (0, 0, 1);$$

$$e_r = (1, 0, 0), \quad e_\varphi = \left(0, \frac{1}{r}, 0\right), \quad e_z = (0, 0, 1);$$

$$e_R = (1, 0, 0), \quad e_\varphi = \left(0, \frac{1}{R\cos\theta}, 0\right), \quad e_\theta = \left(0, 0, \frac{1}{R}\right).$$

§2. 曲线坐标系中的算子 grad, rot, div

0. 形式的微分与算子 grad, rot, div. 函数 U 的微分 dU 是 1 形式. 我们知道, 当给出标量积 $\langle , \rangle$ 时, 1 形式 dU 与一个确定的向量 A 相对应, 它满足 $dU = \langle A, \cdot \rangle$. 这个向量称为函数 U 的梯度, 记为 $\operatorname{grad} U$.

于是, $dU = \langle \operatorname{grad} U, \cdot \rangle$.

设在欧氏空间 $\mathbb{R}^3$ 中 (或在任何三维黎曼流形上) 取向量场 A 所对应的 1 形式 $\omega_A^1 = \langle A, \cdot \rangle$. 因为体形式 Ω^3 存在, 所以该 1 形式的微分 $d\omega_A^1$ 是与某向量场 B 相对应的 2 形式 ω_B^2 (即 $\omega_B^2 = \Omega^3(B, \cdot, \cdot)$). 向量场 B 称为向量场 A 的旋度, 记为 $\operatorname{rot} A$.

于是, $d\omega_A^1 = \omega_{\operatorname{rot} A}^2$.

如果在 n 维曲面上 (例如在 $\mathbb{R}^n$ 上) 给出了体形式 Ω^n, 则可以定义向量场 B 的 $n-1$ 流形式, 即 $n-1$ 形式 $\omega_B^{n-1} = \Omega^n(B, \cdots)$. 因此, 该 $n-1$ 形式的微分 $d\omega_B^{n-1}$ 是 n 形式 $\rho\Omega^n$, 其中的比例系数, 即函数 ρ, 称为向量场 B 的散度, 记为 $\operatorname{div} B$.

于是, $d\omega_B^{n-1} = (\operatorname{div} B)\Omega^n$.

1. 函数的梯度及其坐标表达式

a. 向量与 1 形式的对应关系的坐标表达式. 我们在 §1 第 2a 小节中推导出了 1 形式 $\omega_A^1 = \langle A, \cdot \rangle$ 的系数与向量 $A = A^i \xi_i$ 的坐标之间的关系. 如果取单位向量 e_i 代替向量 ξ_i, 则因为 $\xi_i = \sqrt{g_{ii}} e_i$, 所以向量 $A = A_e^i e_i$ 关于基向量 $\{e_i\}$ 的坐标与它原来的坐标之间的关系式为 $A_e^i = A^i \sqrt{g_{ii}}, i \in \{1, \cdots, n\}$.

因此, 表示这种关系的新公式为

$$a_j = g_{ij} \frac{A_e^i}{\sqrt{g_{ii}}}, \quad \frac{A_e^i}{\sqrt{g_{ii}}} = g^{ij} a_j.$$

这些公式使我们能够按照向量 $A = A_e^i e_i$ 写出相应的 1 形式 $\omega_A^1 = \langle A, \cdot \rangle = a_j dt^j$, 反之, 按照 1 形式 $\omega_A^1 = a_j dt^j$ 求出相应的向量 $A = A_e^i e_i$.

习题. 请在欧氏空间 $\mathbb{R}^3$ 的笛卡儿坐标系、柱面坐标系和球面坐标系中指出向量 $A = A_e^i e_i$ 所对应的 1 形式 $\omega_A^1 = \langle A, \cdot \rangle$ 的明确表达式.

答案: 在欧氏空间 $\mathbb{R}^3$ 的笛卡儿坐标系 (x, y, z)、柱面坐标系 (r, φ, z) 和球面

坐标系 (R, φ, θ) 中，1 形式 ω_A^1 分别为

$$\begin{aligned}\omega_A^1 &= A_x dx + A_y dy + A_z dz \\ &= A_r dr + A_\varphi r\, d\varphi + A_z dz \\ &= A_R dR + A_\varphi R\cos\theta\, d\varphi + A_\theta R\, d\theta.\end{aligned}$$

b. 函数的微分与梯度. 对 $dU = \langle \operatorname{grad} U, \cdot\rangle$ 应用向量 A 与 1 形式 ω_A^1 的一般关系式，以便求出分解式 $\operatorname{grad} U = A_e^i e_i$. 因为 $dU = \dfrac{\partial U}{\partial t^j} dt^j$, 即 $a_j = \dfrac{\partial U}{\partial t^j}$, 所以

$$A_e^i = g^{ij}\sqrt{g_{ii}}\,\frac{\partial U}{\partial t^j}.$$

对于正交曲线坐标系，矩阵 (g_{ij}) 及其逆矩阵 (g^{ij}) 是对角矩阵，并且 $g^{ii} = \dfrac{1}{g_{ii}}$. 因此，

$$\operatorname{grad} U = \frac{1}{\sqrt{g_{11}}}\frac{\partial U}{\partial t^1}e_1 + \cdots + \frac{1}{\sqrt{g_{nn}}}\frac{\partial U}{\partial t^n}e_n.$$

c. 笛卡儿坐标系、柱面坐标系和球面坐标系中的梯度

习题. 请在欧氏空间 $\mathbb{R}^3$ 的笛卡儿坐标系、柱面坐标系和球面坐标系中写出向量 $\operatorname{grad} U = A_e^i e_i$.

答案: 在欧氏空间 $\mathbb{R}^3$ 的笛卡儿坐标系 (x, y, z)、柱面坐标系 (r, φ, z) 和球面坐标系 (R, φ, θ) 中，向量 $\operatorname{grad} U = A_e^i e_i$ 分别为

$$\begin{aligned}\operatorname{grad} U &= \frac{\partial U}{\partial x}e_x + \frac{\partial U}{\partial y}e_y + \frac{\partial U}{\partial z}e_z \\ &= \frac{\partial U}{\partial r}e_r + \frac{1}{r}\frac{\partial U}{\partial \varphi}e_\varphi + \frac{\partial U}{\partial z}e_z \\ &= \frac{\partial U}{\partial R}e_R + \frac{1}{R\cos\theta}\frac{\partial U}{\partial \varphi}e_\varphi + \frac{1}{R}\frac{\partial U}{\partial \theta}e_\theta.\end{aligned}$$

2. 散度及其坐标表达式

a. 向量与 $n-1$ 形式的对应关系的坐标表达式. 我们知道，如果在 n 维向量空间中给出了非退化 n 形式 Ω^n, 则对于每一个向量 B, 都可以建立起它与 $n-1$ 形式 $\omega_B^{n-1} = \Omega^n(B, \cdots)$ 的一一对应关系. 我们希望写出向量 $B = B^i \xi_i$ 的坐标与 $n-1$ 形式 $\omega_B^{n-1} = b_i\, x^1 \wedge \cdots \wedge \widehat{x^i} \wedge \cdots \wedge x^n$ 的系数之间的明确关系式，并且认为这两个对象是关于空间的同一组基向量 $\{\xi_i\}$ 写出的. 这里总是认为，x^i 是满足 $x^i(v) := v^i$ 的线性函数，即它给出向量的第 i 个坐标；记号 $\widehat{x^i}$ 表示去掉相应的因子；n 维向量空间中的 n 形式 Ω^n 是 $x^1 \wedge \cdots \wedge x^n$, 即与标准体形式成正比，而标准体形式在基向量组 $(\xi_1, \cdots, \xi_n)$ 上等于 1.

一般而言，n 形式 $\Omega^n = x^1 \wedge \cdots \wedge x^n$ 在任何一组向量 $(v_1, \cdots, v_n)$ 上的值等于

由这些向量的坐标组成的矩阵 (v_i^j) 的行列式, 所以利用行列式按照行展开的法则可以写出

$$\Omega^n(B,\cdots) = \sum_{i=1}^n (-1)^{i-1} B^i\, x^1\wedge\cdots\wedge \widehat{x^i}\wedge\cdots\wedge x^n.$$

但是 $\omega_B^{n-1} = \Omega^n(B,\cdots)$, 所以

$$\sum_{i=1}^n b_i\, x^1\wedge\cdots\wedge \widehat{x^i}\wedge\cdots\wedge x^n = \sum_{i=1}^n (-1)^{i-1} B^i\, x^1\wedge\cdots\wedge \widehat{x^i}\wedge\cdots\wedge x^n.$$

因此, 对于任何值 $i \in \{1,\cdots,n\}$, $b_i = (-1)^{i-1}B^i$.

假如把 n 形式 Ω^n 改为 $c\Omega^n = c\,x^1\wedge\cdots\wedge x^n$, 我们显然对于任何值 $i \in \{1,\cdots,n\}$ 得到 $b_i = (-1)^{i-1}cB^i$.

我们来回忆, 如果在向量空间中给出了标量积 $\langle,\rangle$ 和固定的基向量 $\{\xi_i\}$, 则自然产生体形式 $\sqrt{\det(g_{ij})}\, x^1\wedge\cdots\wedge x^n$, 它与标量积本身在基向量给定的情况下都是由量 $g_{ij} = \langle \xi_i,\xi_j\rangle$ 确定的.

最后, 我们再来回忆, 基向量 $\{\xi_i\}$ 这时一般不是单位向量, 向量 $e_i = \xi_i/\sqrt{g_{ii}}$ 才是单位向量. 因为 $\xi_i = \sqrt{g_{ii}}\, e_i$, 所以向量按照基向量 $\{\xi_i\}$ 的原始分解式 $B = B^i\xi_i$ 变为 $B = B_e^i e_i$, 其中 $B_e^i = \sqrt{g_{ii}}\, B^i$.

于是, 如果在空间中给出了标量积, 则自然有体形式 $\Omega_g^n = \sqrt{\det(g_{ij})}\, x^1\wedge\cdots\wedge x^n$, 而如果 $\omega_B^{n-1} = \Omega_g^n(B,\cdots)$, 则 $n-1$ 形式 $\omega_B^{n-1} = b_i\, x^1\wedge\cdots\wedge \widehat{x^i}\wedge\cdots\wedge x^n$ 的系数与向量 B 按照单位基向量 $e_i = \xi_i/\sqrt{g_{ii}}$ 的分解式 $B = B_e^i e_i$ 中的坐标之间的关系式为

$$b_i = (-1)^{i-1}\sqrt{\det(g_{ij})}\,\frac{B_e^i}{\sqrt{g_{ii}}}.$$

对于正交基向量, $\det(g_{ij}) = g_{11}\cdots g_{nn}$, 这时

$$b_i = (-1)^{i-1}\sqrt{g_{11}\cdots \widehat{g_{ii}}\cdots g_{nn}}\, B_e^i.$$

对于向量场 $B(t)$ 和由该场通过体形式产生的微分形式 $\omega_B^{n-1} = \Omega_g^n(B,\cdots)$, 所有叙述当然也成立.

因此, 如果

$$\Omega_g^n = \sqrt{\det(g_{ij})}(t)\, dt^1\wedge\cdots\wedge dt^n, \quad \omega_B^{n-1} = b_i(t)\, dt^1\wedge\cdots\wedge \widehat{dt^i}\wedge\cdots\wedge dt^n,$$

而 $B(t) = B_e^i(t)e_i(t)$ 是按照曲线坐标系 $(t^1,\cdots,t^n)$ 单位向量的分解式, 则

$$b_i = (-1)^{i-1}\frac{\sqrt{\det(g_{ij})}}{\sqrt{g_{ii}}}B_e^i, \quad B_e^i = (-1)^{i-1}\frac{\sqrt{g_{ii}}}{\sqrt{\det(g_{ij})}}b_i.$$

在正交曲线坐标系中, 上面的关系式 $b_i = (-1)^{i-1}\sqrt{g_{11}\cdots \widehat{g_{ii}}\cdots g_{nn}}\, B_e^i$ 成立.

特别地, 在三维正交曲线坐标系 (t^1, t^2, t^3) 中, 利用最前面提到的记号 $E_i = g_{ii}$ 可以写出与向量 $B = B_e^1 e_1 + B_e^2 e_2 + B_e^3 e_3$ 相对应的 2 形式 ω_B^2 的以下坐标表达式:

$$\omega_B^2 = B_e^1 \sqrt{E_2 E_3}\, dt^2 \wedge dt^3 + B_e^2 \sqrt{E_3 E_1}\, dt^3 \wedge dt^1 + B_e^3 \sqrt{E_1 E_2}\, dt^1 \wedge dt^2$$
$$= \sqrt{E_1 E_2 E_3} \left(\frac{B_e^1}{\sqrt{E_1}} dt^2 \wedge dt^3 + \frac{B_e^2}{\sqrt{E_2}} dt^3 \wedge dt^1 + \frac{B_e^3}{\sqrt{E_3}} dt^1 \wedge dt^2 \right).$$

(请注意, 2 形式 ω^2 在三维情况下的写法通常不是 $b_1 dt^2 \wedge dt^3 + b_2 dt^1 \wedge dt^3 + b_3 dt^1 \wedge dt^2$, 而是 $a_1 dt^2 \wedge dt^3 + a_2 dt^3 \wedge dt^1 + a_3 dt^1 \wedge dt^2$, 例如 $P\, dy \wedge dz + Q\, dz \wedge dx + R\, dx \wedge dy$.)

习题. 请在欧氏空间 $\mathbb{R}^3$ 的笛卡儿坐标系、柱面坐标系和球面坐标系中指出向量场 $B = B_e^i e_i$ 所对应的 2 形式 $\omega_B^2 = \Omega_g^3(B, \cdot, \cdot)$ 的明确表达式.

答案: 在欧氏空间 $\mathbb{R}^3$ 的笛卡儿坐标系 (x, y, z)、柱面坐标系 (r, φ, z) 和球面坐标系 (R, φ, θ) 中, 2 形式 ω_B^2 分别为

$$\omega_B^2 = B_x\, dy \wedge dz + B_y\, dz \wedge dx + B_z\, dx \wedge dy$$
$$= B_r r\, d\varphi \wedge dz + B_\varphi\, dz \wedge dr + B_z r\, dr \wedge d\varphi$$
$$= B_R R^2 \cos\theta\, d\varphi \wedge d\theta + B_\varphi R\, d\theta \wedge dR + B_\theta R \cos\theta\, dR \wedge d\varphi.$$

b. 流形式的微分与速度场的散度. $n-1$ 形式 $\omega_B^{n-1} = \Omega_g^n(B, \cdots)$ 经常称为流形式, 因为当 B 是流动的速度场时, 为了求出通过一个曲面的流量, 恰恰需要计算这个 $n-1$ 形式的积分 (至少在 $n = 3$ 时).

流形式 ω_B^{n-1} 的微分是与体形式成正比的 n 形式, 并且如我们所知, 其比例系数称为场 B 的散度.

于是, $d\omega_B^{n-1} = (\operatorname{div} B) \Omega_g^n$.

我们希望掌握根据场 $B = B_e^i e_i$ 本身求其散度 $\operatorname{div} B$ 的方法.

我们已经知道根据场 $B = B_e^i e_i$ 求流形式 ω_B^{n-1} 的方法. 求出流形式后计算它的微分, 得到与体形式成正比的 n 形式, 其比例系数就是场 B 的散度.

我们来具体完成这个计算过程. 写出一般情况的 $n-1$ 形式 ω_B^{n-1}:

$$\omega_B^{n-1} = b_i(t)\, dt^1 \wedge \cdots \wedge \widehat{dt^i} \wedge \cdots \wedge dt^n,$$

求出它的微分

$$d\omega_B^{n-1} = \left(\sum_{i=1}^n \frac{\partial b_i}{\partial t^i} (-1)^{i-1} \right) dt^1 \wedge \cdots \wedge dt^n,$$

用向量 $B = B_e^i e_i$ 的坐标 B_e^i 表示 $n-1$ 形式 ω_B^{n-1} 的系数 b_i:

$$d\omega_B^{n-1} = \left(\sum_{i=1}^n \frac{\partial}{\partial t^i} \left(\frac{\sqrt{\det(g_{ij})}}{\sqrt{g_{ii}}} B_e^i \right) \right) dt^1 \wedge \cdots \wedge dt^n,$$

再对比所得 n 形式与体形式

$$\Omega_g^n = \sqrt{\det(g_{ij})}(t)\, dt^1 \wedge \cdots \wedge dt^n,$$

从而求出

$$\operatorname{div} B = \frac{1}{\sqrt{\det(g_{ij})}} \left(\sum_{i=1}^n \frac{\partial}{\partial t^i} \left(\frac{\sqrt{\det(g_{ij})}}{\sqrt{g_{ii}}} B_e^i \right) \right).$$

在正交曲线坐标系中, 这个公式为

$$\operatorname{div} B = \frac{1}{\sqrt{g_{11}\cdots g_{nn}}} \left(\sum_{i=1}^n \frac{\partial}{\partial t^i} \left(\frac{\sqrt{g_{11}\cdots g_{nn}}}{\sqrt{g_{ii}}} B_e^i \right) \right).$$

c. 笛卡儿坐标系、柱面坐标系和球面坐标系中的散度

习题. 请写出在欧氏空间 $\mathbb{R}^3$ 的笛卡儿坐标系、柱面坐标系和球面坐标系中计算向量场 $B = B_e^i e_i$ 的散度的公式.

答案: 在欧氏空间 $\mathbb{R}^3$ 的笛卡儿坐标系 (x, y, z)、柱面坐标系 (r, φ, z) 和球面坐标系 (R, φ, θ) 中, 可以分别按照以下公式计算向量场 $B = B_e^i e_i$ 的散度 $\operatorname{div} B$:

$$\begin{aligned}
\operatorname{div} B &= \frac{\partial B_x}{\partial x} + \frac{\partial B_y}{\partial y} + \frac{\partial B_z}{\partial z} \\
&= \frac{1}{r}\left(\frac{\partial r B_r}{\partial r} + \frac{\partial B_\varphi}{\partial \varphi} \right) + \frac{\partial B_z}{\partial z} \\
&= \frac{1}{R^2 \cos\theta} \left(\frac{\partial R^2 \cos\theta B_R}{\partial R} + \frac{\partial R B_\varphi}{\partial \varphi} + \frac{\partial R \cos\theta B_\theta}{\partial \theta} \right).
\end{aligned}$$

3. 向量场的旋度及其坐标表达式

a. 向量场 A 与向量场 $B = \operatorname{rot} A$ 的对应关系. 现在专门考虑三维情形. 依旧认为在曲线坐标系 (t^1, t^2, t^3) 中给出了度量 $g_{ij}\, dt^i dt^j$, 它同时产生了体形式

$$\Omega_g^3 = \sqrt{\det(g_{ij})}(t)\, dt^1 \wedge dt^2 \wedge dt^3.$$

这时, 向量场 $A = A_e^i e_i$ 与 1 形式 ω_A^1 相对应, 其微分 $d\omega_A^1$ 是 2 形式 ($n-1$ 形式), 与它对应的是某向量场 $B = B_e^i e_i$, 并且 $d\omega_A^1 = \omega_B^2$. 我们知道, 场 B 称为场 A 的旋度, 记为 $\operatorname{rot} A$.

b. A 与 $B = \operatorname{rot} A$ 的对应关系的坐标表达式. 我们希望掌握用场 A 的坐标计算场 $B = \operatorname{rot} A$ 的坐标的方法. 按照上述计算过程, 我们根据场 $A = A_e^i e_i$ 构造与它相应的 1 形式 $\omega_A^1 = \langle A, \cdot \rangle$:

$$\omega_A^1 = a_i\, dt^i = \frac{g_{ij}}{\sqrt{g_{jj}}} A_e^j\, dt^i,$$

取它的微分

$$d\omega_A^1 = \frac{\partial}{\partial t^k}\left(\frac{g_{ij}}{\sqrt{g_{jj}}}A_e^j\right)dt^k \wedge dt^i = \left(\frac{\partial}{\partial t^2}\left(\frac{g_{3j}}{\sqrt{g_{jj}}}A_e^j\right) - \frac{\partial}{\partial t^3}\left(\frac{g_{2j}}{\sqrt{g_{jj}}}A_e^j\right)\right)dt^2 \wedge dt^3$$
$$+ \left(\frac{\partial}{\partial t^3}\left(\frac{g_{1j}}{\sqrt{g_{jj}}}A_e^j\right) - \frac{\partial}{\partial t^1}\left(\frac{g_{3j}}{\sqrt{g_{jj}}}A_e^j\right)\right)dt^3 \wedge dt^1$$
$$+ \left(\frac{\partial}{\partial t^1}\left(\frac{g_{2j}}{\sqrt{g_{jj}}}A_e^j\right) - \frac{\partial}{\partial t^2}\left(\frac{g_{1j}}{\sqrt{g_{jj}}}A_e^j\right)\right)dt^1 \wedge dt^2,$$

并把它看作形如 ω_B^2 的 2 形式, 从而通过

$$\omega_B^2 = d\omega_A^1 = b_1 dt^2 \wedge dt^3 + b_2 dt^3 \wedge dt^1 + b_3 dt^1 \wedge dt^2$$

的系数求出向量 $B = \operatorname{rot} A$ 的坐标 $B_e^i = \dfrac{\sqrt{g_{ii}}}{\sqrt{\det(g_{ij})}}b_i$.

在三维曲线坐标系 (t^1, t^2, t^3) 中可以简化公式. 这时,

$$d\omega_A^1 = \frac{\partial}{\partial t^k}\left(\sqrt{g_{ii}}A_e^i\right)dt^k \wedge dt^i = \left(\frac{\partial}{\partial t^2}\left(\sqrt{g_{33}}A_e^3\right) - \frac{\partial}{\partial t^3}\left(\sqrt{g_{22}}A_e^2\right)\right)dt^2 \wedge dt^3$$
$$+ \left(\frac{\partial}{\partial t^3}\left(\sqrt{g_{11}}A_e^1\right) - \frac{\partial}{\partial t^1}\left(\sqrt{g_{33}}A_e^3\right)\right)dt^3 \wedge dt^1$$
$$+ \left(\frac{\partial}{\partial t^1}\left(\sqrt{g_{22}}A_e^2\right) - \frac{\partial}{\partial t^2}\left(\sqrt{g_{11}}A_e^1\right)\right)dt^1 \wedge dt^2,$$

再利用记号 $E_i := g_{ii}$, 就可以写出向量 $\operatorname{rot} A = B = B_e^1 e_1 + B_e^2 e_2 + B_e^3 e_3$ 的坐标:

$$B_e^1 = \frac{1}{\sqrt{E_2 E_3}}\left(\frac{\partial A_e^3 \sqrt{E_3}}{\partial t^2} - \frac{\partial A_e^2 \sqrt{E_2}}{\partial t^3}\right),$$
$$B_e^2 = \frac{1}{\sqrt{E_3 E_1}}\left(\frac{\partial A_e^1 \sqrt{E_1}}{\partial t^3} - \frac{\partial A_e^3 \sqrt{E_3}}{\partial t^1}\right),$$
$$B_e^3 = \frac{1}{\sqrt{E_1 E_2}}\left(\frac{\partial A_e^2 \sqrt{E_2}}{\partial t^1} - \frac{\partial A_e^1 \sqrt{E_1}}{\partial t^2}\right),$$

即

$$\operatorname{rot} A = \frac{1}{\sqrt{E_1 E_2 E_3}}\begin{vmatrix} \sqrt{E_1}e_1 & \sqrt{E_2}e_2 & \sqrt{E_3}e_3 \\ \partial_1 & \partial_2 & \partial_3 \\ \sqrt{E_1}A_e^1 & \sqrt{E_2}A_e^2 & \sqrt{E_3}A_e^3 \end{vmatrix}.$$

c. 笛卡儿坐标系、柱面坐标系和球面坐标系中的旋度

习题. 请写出在欧氏空间 $\mathbb{R}^3$ 的笛卡儿坐标系、柱面坐标系和球面坐标系中计算向量场 $A = A_e^1 e_1 + A_e^2 e_2 + A_e^3 e_3$ 的旋度的公式.

答案: 在欧氏空间 $\mathbb{R}^3$ 的笛卡儿坐标系 (x, y, z)、柱面坐标系 (r, φ, z) 和球面坐标系 (R, φ, θ) 中, 可以分别按照以下公式计算向量场 $A = A_e^1 e_1 + A_e^2 e_2 + A_e^3 e_3$ 的

旋度 rot A:

$$\begin{aligned}\operatorname{rot} A &= \left(\frac{\partial A_z}{\partial y} - \frac{\partial A_y}{\partial z}\right)e_x + \left(\frac{\partial A_x}{\partial z} - \frac{\partial A_z}{\partial x}\right)e_y + \left(\frac{\partial A_y}{\partial x} - \frac{\partial A_x}{\partial y}\right)e_z \\ &= \frac{1}{r}\left(\frac{\partial A_z}{\partial \varphi} - \frac{\partial r A_\varphi}{\partial z}\right)e_r + \left(\frac{\partial A_r}{\partial z} - \frac{\partial A_z}{\partial r}\right)e_\varphi + \frac{1}{r}\left(\frac{\partial r A_\varphi}{\partial r} - \frac{\partial A_r}{\partial \varphi}\right)e_z \\ &= \frac{1}{R\cos\theta}\left(\frac{\partial A_\theta}{\partial \varphi} - \frac{\partial A_\varphi \cos\theta}{\partial \theta}\right)e_R + \frac{1}{R}\left(\frac{\partial A_R}{\partial \theta} - \frac{\partial R A_\theta}{\partial R}\right)e_\varphi \\ &\quad + \frac{1}{R}\left(\frac{\partial R A_\varphi}{\partial R} - \frac{1}{\cos\theta}\frac{\partial A_R}{\partial \varphi}\right)e_\theta.\end{aligned}$$

附录六 现代牛顿-莱布尼茨公式与数学的统一(总结)

§1. 回放

1. 微分、微分形式与一般的斯托克斯公式

a. 问题的根源. 当我们在大学一年级开始学习函数 $f:X\to Y$ 在点 x 的微分 $df(x)$ 的时候, 我们就踏上通往现代牛顿-莱布尼茨公式的道路. 在逐步细致钻研这个概念之后, 我们知道, 这是从所考虑的点出发的位移向量的线性空间 T_xX 中的一个线性函数, 它的值属于点 $y=f(x)$ 的增量空间 T_yY. 空间 T_xX, T_yY 分别称为 X 和 Y 在相应点的切空间, 而微分本身也称为原始映射(函数) $f:X\to Y$ 在点 x 的切映射或导映射.

在学习切线或曲面的切平面的概念之后, 诸位就能理解该术语的来源和几何意义.

在微分的定义本身保持不变的情况下, 我们过渡到多元函数和高维对象的映射, 当然, 还分别重新解释了微分的坐标表达式. 例如, 由此出现了映射的雅可比矩阵的概念.

我们知道, 函数 $f:\mathbb{R}^n\to\mathbb{R}$ 的微分具有以下形式:

$$df(x)=\frac{\partial f}{\partial x^1}(x)\,dx^1+\cdots+\frac{\partial f}{\partial x^n}(x)\,dx^n,$$

即微分是最简单的函数的微分(坐标的微分)的线性组合, 而微分在向量 $\xi\in T_x\mathbb{R}^n$ 上的值 $df(x)(\xi)$ 等于函数沿这个向量的导数 $D_\xi f(x)$ 的值, 并且因为 $dx^i(\xi)=\xi^i$,

所以
$$df(x)(\xi) = \frac{\partial f}{\partial x^1}(x)\xi^1 + \cdots + \frac{\partial f}{\partial x^n}(x)\xi^n.$$

在代数学中学习线性形式、多重线性形式、斜对称形式及其外积运算之后, 诸位就能够把它们应用到微分上, 从而写出微分形式
$$\omega^k(x) = a_{i_1\cdots i_k}(x)\, dx^{i_1} \wedge \cdots \wedge dx^{i_k},$$

并把它理解为切空间上的斜对称 k 形式, 而为了计算它在一组向量 $\xi_1, \cdots, \xi_k$ 上的值, 需要知道 $dx^{i_1} \wedge \cdots \wedge dx^{i_k}(\xi_1, \cdots, \xi_k)$ 的值. 从代数学可知 (利用 $dx^i(\xi) = \xi^i$), 后者等于以下矩阵的行列式:
$$\begin{pmatrix} \xi_1^{i_1} & \cdots & \xi_1^{i_k} \\ \vdots & & \vdots \\ \xi_k^{i_1} & \cdots & \xi_k^{i_k} \end{pmatrix}.$$

我们知道, 重积分中的变量代换公式让我们引入了微分形式. 在一维积分的情况下, 积分中的表达式 $f(x)\,dx$ 直接给出正确的变量代换公式 $f(\varphi(t))\,d\varphi(t)$, 但在多维情况下并非如此. 从欧拉开始, 这个事实就让我们困惑不已. 我们希望在解决这个困难的同时也能理解, 既然运算结果不应当依赖于坐标系的选择, 我们的注意力究竟应当放在哪里?

为了解决这个问题, 我们不得不同时彻底研究一系列概念, 这些概念不仅来自代数学, 还来自几何学. 我们理解了 k 维曲面, 曲线坐标系, 局部图和图册, 曲面的定向及其给定方法, 曲面的边界和边界定向的产生, 最后还理解了所有这些概念在 k 维流形的一般情况下的推广.

我们研究清楚了一系列问题: 我们所考虑的对象和运算在坐标系变化时如何变化? 点、向量和它们的函数 (包括微分形式) 在光滑映射下如何移动? 向什么方向移动? 如何通过坐标具体实现相应的移动? 我们同时还证明了, 虽然微分形式的微分运算通过坐标完成时具有最简单而自然的方式:
$$d\omega^k(x) = da_{i_1\cdots i_k}(x) \wedge dx^{i_1} \wedge \cdots \wedge dx^{i_k},$$

并且常常因此把这种方式当做这种运算的原始定义, 但是微分形式的微分运算其实相对于坐标系的选择是不变的.

再考虑到来自物理学的某些提示 (功、流量的计算), 我们终于领悟了, 我们需要求微分形式的积分, 而微分形式不但解决了关于重积分中的变量代换公式的原始问题, 而且引领我们深入推广了经典的牛顿-莱布尼茨公式, 从而得到
$$\int_{M_+^k} d\omega^{k-1} = \int_{\partial M_+^k} \omega^{k-1}.$$

这个公式通常称为一般的斯托克斯公式, 但完全有理由称之为牛顿-莱布尼茨-高斯-奥斯特洛格拉德斯基-格林-麦克斯韦-嘉当-庞加莱公式.

b. 原函数问题的昨天与今天. 微分运算的逆运算问题是经典数学分析最早期的问题之一. 这个问题的更准确提法是, 是否任何函数 (例如连续函数) f 都是某个函数的导数? 如果是, 如何求出给定函数的原函数 F? 如果使用微分形式的语言, 则这个问题是: 1 形式 $f(x)\,dx$ 是否是某个 0 形式 (即函数) F 的微分 dF?

对于这个问题, 如果仅仅考虑数轴上的函数, 我们给出肯定的回答. 我们甚至没有考虑过任何其他情形. 例如, 对于在圆周上恒等于 1 的函数, 或者对于相应的微分形式 $d\varphi$, 请向自己提出同样的问题. 诸位立刻就能明白, 回答是否定的, 因为在圆周上不存在导数处处等于 1 的单值可微函数.

这是对全局分析问题的回答与提出并求解该问题时所涉及区域的拓扑产生联系的一种表现.

在下文的主要篇幅中将更深入地讨论这样的联系, 当然绝非面面俱到.

作为经典情形的推广, 我们提出以下一般问题:

给定微分 k 形式 ω^k, 求满足 $\omega^k = d\omega^{k-1}$ 的微分形式 ω^{k-1}.

c. 闭微分形式与恰当微分形式. 具有原形式的微分形式 ω^k (即它是某微分形式 ω^{k-1} 的微分, $\omega^k = d\omega^{k-1}$) 称为恰当微分形式.

等式 $d\omega^k = 0$ 是微分形式 ω^k 的恰当性的一个显然成立并且容易验证的必要条件, 因为对任何微分形式进行两次外微分运算的结果恒等于零. 如果某微分形式的微分等于零, 则该微分形式称为闭微分形式.

于是, 微分形式的封闭性是其恰当性的必要条件.

我们在课上详细地讨论了 1 形式的各种细节和解释. 从这些内容已经可以证明, 微分形式的封闭性尽管是其恰当性的必要特征, 一般而言却不是充分特征, 这与提出并考虑相应问题时所涉及区域的拓扑有极其重要的联系.

有势向量场在物理学中起重要作用. 如果在所考虑的空间中给出了标量积 $\langle,\rangle$ (或者其他非退化双线性形式), 则在线性函数 (线性形式) 与向量场之间自然出现由等式 $\omega_A^1(x)(\xi) = \langle A(x), \xi \rangle$ 确定的一一对应关系. 顺便指出, 当我们求沿场 A 中的某条道路 γ 移动时的功时, 恰好需要计算该形式 ω_A^1 的积分, 我们称之为功形式. 有势向量场的一个优美特性是, 其中的功只与相应道路的起点和终点有关, 并且等于产生该场的势之差. 特别地, 这时沿闭路 (循环) 的功永远等于零.

我们知道, 用向量场的语言来说, 势场的微分检验法归结为验证场是无旋的 (其旋度为零). 我们还知道, 无旋场未必永远是势场, 这与它的作用域的拓扑有关. 对于单连通域, 必要条件也是充分条件. 例如, 对于三维的球、去心球和挖掉一个球的球, 任何无旋场都是势场; 这个结论对于二维的圆也成立, 但对于去心圆和圆环已经不再成立. (回忆一个例子: 在笛卡儿坐标系 (x, y) 中写出微分形式 $d\varphi$, 我们得到相应的向量场 $(-y, x)/(x^2 + y^2)$.)

微分形式恰当性的微分检验法可以在局部 "识别" 微分形式. 除此之外, 我们还有 1 形式恰当性的积分准则: 微分形式在所考虑区域内的任何循环 (闭路) 上的积分应当等于零.

上述微分形式恰当性的积分准则对于任何次微分形式都成立, 前提是正确理解相应维循环的含义.

这是德拉姆定理之一, 它的一个推论是早得多的庞加莱定理或庞加莱引理: 在空间 $\mathbb{R}^n$ 中, 在球中, 以及在任何与它们同胚的区域中, 任何闭微分形式都是恰当的.

2. 流形、链与边界算子

a. 循环与边界. 在斯托克斯公式中, 积分号的下面是一些几何对象 (曲线、曲面、流形及其边界), 我们正是在这些几何对象上完成相应微分形式的积分运算.

类似于作用在微分形式上的微分算子 d, 这里还有边界算子 ∂, 它给出曲面的边界. 流形 M^k 的边界 ∂M^k 仍然是流形, 但其维数下降 1. 此外, 流形 ∂M^k 已经没有边界点, 即重复应用算子 ∂ 永远给出空集. 在这个意义上, 算子 d 与 ∂ 是类似的, 只不过算子 d 使相应对象的维数增加 1, 而算子 ∂ 使维数下降 1.

闭微分形式和恰当微分形式在这里分别与下面的循环和边界的概念相对应.

满足 $\partial M^k = \varnothing$ (即没有边界点) 的 k 维紧曲面、流形 M^k (后续还有链) 称为 k 维循环.

于是, k 维球面是 k 维循环.

具有 "原曲面"、"原流形" ("原链") 的 k 维曲面、流形 M^k (链), 即具有满足 $M^k = \partial M^{k+1}$ 的曲面、流形 M^{k+1} (链) 的 k 维曲面、流形 M^k (链), 称为边界.

显然, 如果一个曲面是某个紧曲面的边界, 则它必然是循环. 但这里的情况与微分形式的情况一样, 这是在该循环所在区域中可以找到以该循环为边界的曲面的必要条件, 但一般而言不是充分条件.

例如, 请诸位在平面上取一个圆环. 任何环绕内圆的圆周都是循环, 但并不是圆环内某个对象的边界. 假如把圆环改为圆, 情况就根本不同了.

顺便考虑圆环的边界, 以便同时理解以下结果. 取边界的算子 ∂ 不仅仅是某一种集合论变换. 它按照曲面或流形的图册生成边界的图册, 称为边界的诱导图册. 这时, 如果原始图册由相容的图组成, 则诱导图册也具有这个性质. 因此, 如果流形具有定向, 则其边界自动获得的定向称为边界的诱导定向或相容定向.

对于我们刚刚讨论过的圆环 G, 如果用平面上的标准笛卡儿右手坐标系标架给出其定向, 则它的边界由两个圆周 γ_1, γ_2 组成, 并且边界的定向是: 外圆周 γ_2 正向环绕 (逆时针方向), 内圆周 γ_1 负向环绕 (顺时针方向). 该边界上的积分归结为 γ_2 上的积分与 γ_1 上的积分之差, 所以立即写出 $\partial G_+ = \gamma_{2+} - \gamma_{1+}$ 是方便的.

例如, 如果诸位需要计算先后沿道路 γ_{2+} 环绕 5 周、沿 γ_{1+} 环绕 3 周、沿 γ_{2-} 环绕 2 周的过程所对应的功, 则应当计算链 $5\gamma_{2+} + 3\gamma_{1+} + 2\gamma_{2-} = 5\gamma_{2+} + 3\gamma_{1+} - 2\gamma_{2+} = 3\gamma_{2+} + 3\gamma_{1+}$ 上的积分. 这样的链上的积分自然对应着 γ_{1+} 上的积分与 γ_{2+} 上的积分的线性组合.

这个观察结果说明了值得考虑多个几何对象的常规线性组合的原因. 它们称为链. 我们在这里仅仅解释了链的概念的来源、含义、用途, 以及它带来方便的原因. 我们不再讨论一系列常规定义, 因为在最一般的形式下不需要这些定义, 而且可以在教材中找到它们. 类似于从普通函数过渡到广义函数的情形, 在几何学中也可以从简单对象过渡到复杂对象, 例如奇异立方体, 它们的线性组合, 即奇异立方体链, 而这在某些场合也远远不够, 于是进一步推广, 从而形成被称为流的概念, 它把微分形式和流形结合起来……

b. 同调循环. 我们在下面将看到, 在计算微分形式在一个循环上的积分时, 有时可以把它转换到另一个循环上的简单得多的积分, 这两个循环由确定的方式相联系. 这个优美、重要并且有益的结果广泛用于数学及其应用的各个分支.

循环之间的上述联系是: 它们的差应当是所考虑区域中的一个对象的边界. 我们说, 这样的循环在该区域中是同调的.

例如, 两条封闭有向道路 γ_{1+}, γ_{2+} 在区域 D 中 (或者在流形 M 上) 是同调的, 如果满足 $\partial S_+^2 = \gamma_{2+} - \gamma_{1+}$ 的有向曲面 $S_+^2 \subset D$ ($S_+^2 \subset M$) 存在.

于是, 上述圆周 γ_{1+}, γ_{2+} 在圆环 G_+ 中是同调的.

因为取边界的算子 ∂ 按照线性性质可以推广到链, 所以自然也可以这样定义链的同调.

例如, 链 γ_{2+} 和 $2\gamma_{2+}$ 在圆环 G_+ 中不是同调的.

我们现在就会看到循环同调的概念在微分形式的积分中的作用和应用.

§2. 配积

1. 作为双线性函数的积分与一般的斯托克斯公式

a. 恰当微分形式在循环上的积分与闭微分形式在边界上的积分. 首先引入一些方便的记号.

如果记号 $\Omega(M)$ 表示流形 (曲面) M 上的微分形式集, 则设 $\Omega^k(M)$ 是 k 次形式 (k 形式) 子集, $Z^k(M)$ 是它的闭 k 形式子集, $B^k(M)$ 是它的恰当 k 形式子集.

类似地, 如果 $C(M)$ 是流形 (曲面) M 上的链集, 则设 $C_k(M)$ 是 k 维链 (k 链) 子集, $Z_k(M)$ 是它的 k 维循环 (k 循环) 子集, $B_k(M)$ 是它的 k 维边界循环 (k 边界) 子集.

于是, $\Omega(M) \supset \Omega^k(M) \supset Z^k(M) \supset B^k(M), C(M) \supset C_k(M) \supset Z_k(M) \supset B_k(M)$.

因为我们现在打算在固定不变的流形 M 上进行讨论, 所以为了书写简洁, 我们在不引起误解时省略上述记号中的字母 M.

现在给出一个关键的观察结果.

我们来计算恰当微分形式 $b^k \in B^k$ 在循环 $z_k \in Z_k$ 上的积分以及闭微分形式

$z^k \in Z^k$ 在边界 $b_k \in B_k$ 上的积分. 利用斯托克斯公式求出

$$\int_{z_k} b^k = \int_{z_k} d\omega^{k-1} = \int_{\partial z_k} \omega^{k-1} = \int_{\varnothing} \omega^{k-1} = 0,$$

再认为 b_k 是某个链 c_{k+1} 的边界, 有

$$\int_{b_k} z^k = \int_{\partial c_{k+1}} z^k = \int_{c_{k+1}} dz^k = \int_{c_{k+1}} 0 = 0.$$

b. 闭微分形式在循环上的积分与它在微分形式和循环的特定变化下的不变性. 上述观察结果带来一个重要并且非常有用的结论.

现在考虑闭微分形式 z^k 在循环 z_k 上的积分. 考虑到闭微分形式 z^k 与恰当微分形式 b^k 之和仍然是闭微分形式 (因为 $d(z^k + b^k) = dz^k + db^k = 0$), 循环 z_k 与边界循环 b_k 之和仍然是循环 (因为 $\partial(z_k + b_k) = \partial z_k + \partial b_k = 0$), 再利用上述观察结果, 现在可以写出以下等式:

$$\int_{z_k} z^k = \int_{z_k} (z^k + b^k) = \int_{z_k + b_k} (z^k + b^k) = \int_{[z_k]} [z^k].$$

这里 $[z^k]$ 是与原来的微分形式 z^k 相差恰当微分形式的微分形式类, $[z_k]$ 是与原来的循环 z_k 相差某边界循环的循环类.

于是, 在计算闭微分形式 z^k 在循环 z_k 上的积分时, 可以酌情选取任何 $[z_k]$ 类循环和任何 $[z^k]$ 类微分形式而不会改变积分的值.

2. 等价关系 (同调与上同调)

a. 术语的统一: 循环与上循环, 边界与上边界. 除了统一记号, 关于统一术语的以下约定也带来方便. 如果集合 Z_k 和 B_k 的元素分别称为循环和边界, 则集合 Z^k 和 B^k 的元素分别称为上循环和上边界.

于是, 上循环是闭微分形式, 上边界是恰当微分形式.

b. 同调与上同调. 循环类 $[z_k]$, 更准确地说, 循环类 $[z_k](M)$, 称为流形 (曲面) M 上的循环 z_k 的同调类.

上循环类 $[z^k]$, 更准确地说, 上循环类 $[z^k](M)$, 称为流形 (曲面) M 上的上循环 z^k 的上同调类.

如果取链边界的算子 ∂ 称为边界算子, 则微分形式的微分算子 d 称为上边界算子.

如果流形 (曲面) M 上两个循环之差是 M 中的链的边界, 则这两个循环在流形 (曲面) M 上是同调的.

如果流形 (曲面) M 上两个上循环之差是 M 上的上边界, 则这两个上循环在流形 (曲面) M 上是上同调的 (即如果曲面上的两个闭微分形式之差是恰当微分形式, 则这两个闭微分形式在曲面上是上同调的).

3. 上同调类与同调类的配积

a. 积分是双线性形式. 可以认为 k 形式在某流形 M 上的 k 链上的积分 $\int_{c_k} \omega^k$ 是两个向量空间的对象之间的一种运算 $\langle \omega^k, c_k \rangle$, 其中一个空间是 k 形式 Ω^k 的线性空间, 另一个空间是 k 链 C_k 的线性空间. 这种运算称为配乘, 其结果称为配积①.

根据积分的性质可以断定, 运算 $\langle \omega^k, c_k \rangle$ 是双线性的.

b. 配积作为双线性形式具有非退化性 (德拉姆定理). 我们在上面引入了上循环与循环的配积并得到了一个重要结果, 现在可以把它写为以下形式:

$$\langle z^k, z_k \rangle = \langle [z^k], [z_k] \rangle.$$

利用上同调类 $[z^k]$ 和同调类 $[z_k]$ 的定义可以说, 它们分别是商空间 $H^k := Z^k/B^k$ 和 $H_k := Z_k/B_k$ 的元素.

向量空间 H^k 和 H_k 的完整记号是 $H^k(M)$ 和 $H_k(M)$, 它们分别称为流 M 的 k 维上同调空间和流 M 的 k 维同调空间. 因此, 积分其实也是上同调类与同调类的配积. 配积 $\langle [z^k], [z_k] \rangle$ 显然是线性的. 德拉姆最先证明了, 它还是非退化的.

(我们指出, 如果双线性形式 $\langle , \rangle$ 在一个自变量不等于零时关于另一个自变量不恒等于零, 则该双线性形式称为非退化的.)

c. 闭微分形式恰当性的积分准则. 从上面提到的德拉姆定理推出下面的闭微分形式恰当性的积分准则.

流形 (曲面、区域) M 上的闭微分形式 $z^k = \omega^k$ 是 M 上的恰当微分形式的充分必要条件为该微分形式在 M 内的任何 k 维循环上的积分等于零.

其实, 如果 $\langle z^k, z_k \rangle = 0$ 对于 M 内的任何 k 维循环都成立, 则根据德拉姆定理, 在 $H^k = Z^k/B^k$ 中 $[z^k] = 0$, 而这表示 $z^k \in B^k$.

我们在 1 形式的情况下详细而全面地研究过这个准则并且给出过它的证明. 现在, 诸位知道了最一般的情况.

特别地, 诸位现在只要看一眼向量的无旋场或无散度场所在的区域或流形, 就能够断定它分别是势场还是具有向量势的场 (是某个场的旋度).

当然, 也可以从另一个角度应用德拉姆定理. 例如, 如果已知某一个流形上的闭微分 k 形式都是恰当微分形式, 就可以说, 这个流形上的每一个 k 循环都是边界循环 (同调于零). 因此, 关于流形本身的拓扑可以得到专门的结论.

4. 同调和上同调的另一种解释

a. 算子 d 和 ∂ 的对偶性. 利用配积 $\langle \omega^k, c_k \rangle$ 可以把斯托克斯公式写为

$$\langle d\omega^{k-1}, c_k \rangle = \langle \omega^{k-1}, \partial c_k \rangle,$$

---

① 俄文是 спаривание, 英文是 pairing, 原意是结合, 配对, 搭配. ——译者

这展示了算子 d 和 ∂ 的对偶性.

b. 算子 d 和 ∂ 是映射. 在某些情况下, 例如在写出下面的一系列线性映射时, 值得赋予算子 d 和 ∂ 更全面的含义:

$$\cdots \xrightarrow{d_{k-2}} \Omega^{k-1} \xrightarrow{d_{k-1}} \Omega^k \xrightarrow{d_k} \Omega^{k+1} \xrightarrow{d_{k+1}} \cdots$$

$$\cdots \xleftarrow{\partial_{k-1}} C_{k-1} \xleftarrow{\partial_k} C_k \xleftarrow{\partial_{k+1}} C_{k+1} \xleftarrow{\partial_{k+2}} \cdots$$

利用线性映射的核与像的标准记号 Ker, Im 可以写出, 例如,

$$Z^k = \operatorname{Ker} d_k, \quad Z_k = \operatorname{Ker} \partial_k, \quad B^k = \operatorname{Im} d_{k-1}, \quad B_k = \operatorname{Im} \partial_{k+1},$$

所以

$$H^k = \frac{\operatorname{Ker} d_k}{\operatorname{Im} d_{k-1}}, \quad H_k = \frac{\operatorname{Ker} \partial_k}{\operatorname{Im} \partial_{k+1}}.$$

5. 注释. 最后略作总结. 这里再次强调, 本文仅仅是一篇综述, 只有重要结果而没有细节. 对细节的叙述是教材的任务, 而专著则给出各种后续发展. 当然, 掌握相关对象的基本知识之后再阅读专著才会更加轻松.

在物理学和力学中通常使用向量场的语言, 而诸位现在已经知道向量场与微分形式这两种语言之间的相互转换方法, 以及标准算子 grad, rot, div 与微分形式的外微分算子 d 之间的联系.

对于在连续介质力学中普遍使用的哈密顿算子 ∇, 本教材给出了一些运算技巧, 包括算子 grad, rot, div 在曲线坐标系中的运算和结果.

包括斯托克斯公式在内的所有这些知识大有用武之地. 例如, 请诸位看一看连续介质力学中的欧拉方程的推导或者电磁场理论中的麦克斯韦方程组的写法, 更不用说广泛应用这些知识的数学本身各个领域——数学分析, 特别是复分析、几何学、代数拓扑学……

参考文献[①]

I. 经典著作

1. 原始著作

Newton I.

    Philosophiæ Naturalis Principia Mathematica. London: Jussu Societatis Regiæ ac typis Josephi Streati, 1687. 英译本: Newton I. The Principia: Mathematical Principles of Natural Philosophy. Berkeley: University of California Press, 1999. 俄译本: Ньютон И. Математические начала натуральной философии. Пер. с лат. Крылов А. Н. — М.: Наука, 1989. 中译本: I. 牛顿. 自然科学之数学原理. 王克迪译. 北京: 北京大学出版社, 2006.

    The Mathematical Papers of Isaac Newton. Cambridge: Cambridge University Press, 1967—1981. 俄译本: Ньютон И. Математические работы. — М.-Л.: ОНТИ, 1937.

Leibniz G. W. Mathematische Schriften. Hildesheim: G. Olms, 1971. 俄译本: Лейбниц Г. В. Избранные отрывки из математических сочинений. *Успехи матем. наук*, 1948. 3(1), 165—205.

2. 最重要的系统性论述

Euler L.

    Introductio in Analysin Infinitorum. Lausanne: M. M. Bousquet, 1748. 英译本: Euler L. Introduction to Analysis of the Infinite. Berlin: Springer, 1988—1990. 俄译本: Эйлер Л. Введение в анализ бесконечных. В 2-х т. — М.: Физматгиз, 1961. 中

[①] 这里补充了在本书英文版中添加的文献 (带有星号), 以及相关文献不同语言版本的信息. ——译者

译本: L. 欧拉. 无穷分析引论 (上、下). 张延伦译. 哈尔滨: 哈尔滨工业大学出版社, 2013.

Institutiones Calculi Differentialis. Petropoli: Impensis Academiæ Imperialis Scientiarum, 1755. 英译本: Euler L. Foundations of Differential Calculus. Berlin: Springer, 2000. 俄译本: Эйлер Л. Дифференциальное исчисление. — М.-Л.: Гостехиздат, 1949.

Institutionum Calculi Integralis. Petropoli: Impensis Academiæ Imperialis Scientiarum, 1768—1770. 俄译本: Эйлер Л. Интегральное исчисление. В 3-х т. — М.: Гостехиздат, 1956—1958.

Cauchy A.-L.

Analyse Algébrique. Paris: Chez de Bure frères, 1821. 俄译本: Коши О. Л. Алгебраический анализ. — Лейпциг: Бэр и Хэрманн, 1864.

Leçons de Calcul Différentiel et de Calcul Intégral. Paris: Bachelier, 1840—1844. 俄译本: Коши О. Л. Краткое изложение уроков о дифференциальном и интегральном исчислении. — СПб.: Имп. Акад. наук, 1831.

3. 20 世纪上半叶的数学分析经典教材

de la Vallée Poussin Ch.-J. Cours d'Analyse Infinitésimale. Tome 1, 2. Louvain: Librairie universitaire, 1954, 1957. 俄译本: Валле-Пуссен Ш. Ж. Курс анализа бесконечно малых. В 2-х т. — М.-Л.: ГТТИ, 1933.

Goursat É. Cours d'Analyse Mathématiques. Tome 1, 2. Sceaux: Jacques Gabay, 1992. 英译本: Goursat É. A Course in Mathematical Analysis. Vols. 1, 2. New York: Dover, 1959. 俄译本: Гурса Э. Курс математического анализа. В 2-х т. — М.-Л.: ОНТИ, 1936.

II. 教材

Архипов Г. И., Садовничий В. А., Чубариков В. Н. Лекции по математическому анализу. — М.: Высшая школа, 2000. 中译本: Г. И. 阿黑波夫, В. А. 萨多夫尼奇, В. Н. 丘巴里阔夫. 数学分析讲义. 王昆扬译. 北京: 高等教育出版社, 2006.

Ильин В. А., Садовничий В. А., Сендов Б. Х. Математический анализ. В 2-х ч. Изд. 2-е. — М.: Изд-во Моск. ун-та, 1985, 1987.

Камынин Л. И. Курс математического анализа. В 2-х ч. — М.: Изд-во Моск. ун-та, 1993, 1995.

Кудрявцев Л. Д. Курс математического анализа. В 3-х т. — М.: Высшая школа, 1988, 1989.

Никольский С. М. Курс математического анализа. В 2-х т. — М.: Наука, 1990. 中译本: С. М. 尼柯尔斯基. 数学分析教程. 共 2 卷 4 分册. 刘远图, 郭思旭, 高尚华译. 北京: 人民教育出版社, 高等教育出版社, 1980, 1981, 1992, 1994.

* Apostol T. M. Mathematical Analysis. 2nd ed. Reading, Mass.: Addison-Wesley, 1974.

* Courant R., John F. Introduction to Calculus and Analysis. Vols. I, II. Berlin: Springer, 1989. 中译本: R. 柯朗, F. 约翰. 微积分和数学分析引论. 第一卷. 张鸿林, 周民强译. 第二卷. 张恭庆等译. 北京: 科学出版社, 2001, 2005.

Rudin W. Principals of Mathematical Analysis. New York: McGraw-Hill, 1976. 俄译本: Рудин У. Основы математического анализа. Изд. 2-е. — М.: Мир, 1976. 中译本: W. 卢丁. 数学分析原理. 赵慈庚, 蒋铎译. 北京: 机械工业出版社, 2004.

* Rudin W. Real and Complex Analysis. 3rd ed. New York: McGraw-Hill, 1976. 中译本: W. 卢丁. 实分析与复分析. 戴牧民, 张更荣, 郑顶伟等译. 北京: 机械工业出版社, 2006.

Spivak M. Calculus on Manifolds: A Modern Approach to the Classical Therems of Advanced Calculus. Reading: Addison-Wesley, 1965. 俄译本: Спивак М. Математический анализ на многообразиях. — М.: Мир, 1971. 中译本: M. 斯皮瓦克. 流形上的微积分. 齐民友, 路见可译. 北京: 科学出版社, 1980; 人民邮电出版社, 2006 (双语版).

Whittaker E. T., Watson G. N. A Course of Modern Analysis. Cambridge: Cambridge University Press, 1927. 俄译本: Уиттекер Э. Т., Ватсон Дж. Н. Курс современного анализа. В 2-х ч. Изд. 2-е. — М.: Физматгиз, 1962, 1963.

III. 教学参考书

Виноградова И. А., Олехник С. Н., Садовничий В. А. Задачи и упражнения по математическому анализу. — М.: Изд-во Моск. ун-та, 1988.

Демидович Б. П. Сборник задач и упражнений по математическому анализу. — М.: АСТ: Астрель, 2010. 中译本: Б. П. 吉米多维奇. 数学分析习题集. 李荣涷, 李植译. 北京: 高等教育出版社, 2011.

Макаров Б. М., Голузина М. Г., Лодкин А. А., Подкорытов А. Н. Избранные задачи по вещественному анализу. — М.: Наука, 1992. 英译本: Makarov B. M., Goluzina M. G., Lodkin A. A., Podkorytov A. N. Selected Problems in Real Analysis. New York: American Mathematical Society, 1992.

Решетняк Ю. Г. Курс математического анализа. В 2 ч-х и 4-х кн. — Новосибирск: Изд-во Инс-та матем., 1999—2001.

Шилов Г. Е.

    Математический анализ. Функции одного переменного. В 3-х ч. — М.: Наука. 1969, 1970. 英译本: Shilov G. E. Elementary Real and Complex Analysis. New York: Dover, 1996. Shilov G. E. Elementary Functional Analysis. New York: Dover, 1996.

Математический анализ. Функции нескольких вещественных переменных. Ч. 1—2. — М.: Наука, 1972.

Фихтенгольц Г. М. Курс дифференциального и интегрального исчисления. В 3-х т. — М.: ФИЗМАТЛИТ, 2001. 中译本: Г. М. 菲赫哥尔茨. 微积分学教程. 第一卷. 杨弢亮, 叶彦谦译. 第二卷. 徐献瑜, 冷生明, 梁文骐译. 第三卷. 路见可, 余家荣, 吴亲仁译. 北京: 高等教育出版社, 2006.

* Biler P., Witkowski A. Problems in Mathematical Analysis. New York: Marcel Dekker, 1990.

* Gelbaum B. Problems in Analysis. Berlin: Springer, 1982.

Gelbaum B., Olmsted J. Counterexamples in Analysis. San Francisco: Holden-Day, 1964. 俄译本: Гелбаум Б., Олмстед Дж. Контрпримеры в анализе. — М.: Мир, 1967. 中译本: B. R. 盖尔鲍姆, J. M. H. 奥姆斯特德. 分析中的反例. 高枚译. 上海: 上海科学技术出版社, 1980.

Pólya G., Szegö G. Aufgaben und Lehrsätze aus der Analysis. Bd 1, 2. Berlin: Springer, 1964. 英译本: Pólya G., Szegö G. Problems and Theorems in Analysis I, II. Berlin: Springer, 1972, 1976. 俄译本: Полиа Г., Сеге Г. Задачи и теоремы из анализа. В 2-х ч. Изд. 3-е. — М.: Наука, 1978. 中译本: G. 波利亚, G. 舍贵. 数学分析中的问题和定理. 共 2 卷. 张奠宙, 宋国栋等译. 上海: 上海科学技术出版社, 1981, 1985.

IV. 补充文献

Александров П. С., Колмогоров А. Н. Введение в теорию функций действительного переменного. — М.: ГТТИ, 1938.

Альберт Эйнштейн и теория гравитации. Сб. статей. К 100-летию со дня рождения А. Эйнштейна. — М.: Мир, 1979.

Арнольд В. И. Математические методы классической механики. — М.: Наука, 1989. 英译本: Arnold V. I. Mathematical Methods of Classical Mechanics. 2nd ed. Berlin: Springer, 2010. 中译本: В. И. 阿诺尔德. 经典力学的数学方法. 齐民友译. 北京: 高等教育出版社, 2006.

Боос В. Лекции по математике. Анализ. — М.: Едиториал УРСС, 2004.

Гельфанд И. М. Лекции по линейной алгебре. — М.: Добросвет, МЦНМО, 1998. 英译本: Gel'fand I. M. Lectures on Linear Algebra. New York: Dover, 1989. 中译本: И. М. 盖尔冯德. 线性代数学. 刘亦衍译. 北京: 高等教育出版社, 1957.

Дубровин Б. А., Новиков С. П., Фоменко А. Т. Современная геометрия: Методы и приложения. В 3-х т. — М.: Наука, 1986. 英译本: Dubrovin V. A., Novikov S. P., Fomenko A. T. Modern Geometry — Methods and Applications. Berlin: Springer, 1992. 中译本: Б. А. 杜布洛文, С. П. 诺维可夫, А. Т. 福明柯. 现代几何学: 方法与应用. 第一卷. 几何曲

面、变换群与场. 许明译. 第二卷. 流形上的几何与拓扑. 潘养廉译. 第三卷. 同调论引论. 胥鸣伟译. 北京: 高等教育出版社, 2006, 2007.

Евграфов М. А. Асимптотические оценки и целые функции. Изд. 3. — М.: Наука, 1979. 英译本: Evgrafov M. A. Asymptotic Estimates and Entire Functions. New York: Gordon & Breach, 1961

Зельдович Я. Б., Мышкис А. Д. Элементы прикладной математики. — М.: Наука, 1967. 英译本: Zel'dovich Ya. B., Myshkis A. D. Elements of Applied Mathematics. Moscow: Mir, 1976.

Зорич В. А. Математический анализ задач естествознания. — М.: МЦНМО, 2008. 中译本: В. А. 卓里奇. 自然科学问题的数学分析. 周美珂, 李植译. 北京: 高等教育出版社, 2012.

Колмогоров А. Н., Фомин С. В. Элементы теории функций и функционального анализа. Изд. 6-е. — М.: Наука, 1989. 英译本: Kolmogorov A. N., Fomin S. V. Elements of the Theory of Functions and Functional Analysis. Eastford: Martino Fine Books, 2012. 中译本: А. Н. 柯尔莫戈洛夫, С. В. 佛明. 函数论与泛函分析初步. 段虞荣, 郑洪深, 郭思旭译. 北京: 高等教育出版社, 2006.

Кострикин А. И., Манин Ю. И. Линейная алгебра и геометрия. — М.: Наука, 1986. 英译本: Kostrikin A. I., Manin Yu. I. Linear Algebra and Geometry. New York: Gordon and Breach, 1989.

Ландау Л. Д., Лифшиц Е. М. Теоретическая физика. Т. II. Теория поля. Изд. 8-е. — М.: ФИЗМАТЛИТ, 2006. Л. Д. 朗道, Е. М. 栗弗席兹. 理论物理学教程. 第二卷. 场论. 鲁欣, 任朗, 袁炳南译. 北京: 高等教育出版社, 2012.

Манин Ю. И. Математика и физика. — М.: Знание, 1979. 英译本: Manin Yu. I. Mathematics and Physics. Boston: Birkhäuser, 1979.

Понтрягин Л. С. Обыкновенные дифференциальные уравнения. — М.: Наука, 1974. 中译本: Л. С. 庞特里亚金. 常微分方程. 林武忠, 倪明康译. 北京: 高等教育出版社, 2006.

Пуанкаре А. О науке. — М.: Наука, 1990. 英译本: Poincaré H. The Foundations of Science. Washington: University Press of America, 1982.

Федорюк М. В. Метод перевала. — М.: Наука, 1977.

Эйнштейн А. Собрание научных трудов. Т. IV. — М.: Наука, 1967. 英译本: Einstein A. Ideas and Opinions. New York: Three Rivers Press, 1982. 中译本: A. 爱因斯坦. 爱因斯坦文集. 许良英等编译. 北京: 商务印书馆, 1976—1979. (包括文章《科学探索的动机》(俄译本第 39—41 页, 英译本第 224—227 页, 中译本第三卷第 117—120 页),《物理学和实在》(俄译本第 200—227 页, 英译本第 290—232 页, 中译本第一卷第 341—373 页).)

* Avez A. Differential Calculus. Chichister: Wiley, 1986.

Bourbaki N. Éléments d'Histoire des Mathématiques. 2e éd. Paris: Hermann, 1969. 英译本: Bourbaki N. Elements of the History of Mathematics. Berlin: Springer, 1994. 俄译本:

Бурбаки Н. Очерки по истории математики. — М.: ИЛ, 1963. (特别是其中的论文《数学的建筑》，中译本：N. 布尔巴基. 数学的建筑. 胡作玄等编译. 南京：江苏教育出版社，1999.)

Cartan H. Calcul Différentiel. Formes Differentielles. Paris: Hermann, 1967. 英译本：Cartan H. Differential Calculus. Boston: Houghton Mifflin Co., 1971. 俄译本：Картан А. Дифференциальное исчисление. Дифференциальные формы. — М.: Мир, 1971. 中译本：H. 嘉当. 微分学. 余家荣译. 北京：高等教育出版社，2009.

Courant R. Vorlesungen über Differential- und Integralrechnung. Bd 1, 2. Berlin: Springer, 1955. 英译本：Courant R. Differential and Integral Calculus. Vols. I, II. New York: Interscience, 1946. 俄译本：Курант Р. Курс дифференциального и интегрального исчисления. В 2-х т. — М.: Наука, 1967, 1970. 中译本：R. Courant. 柯氏微积分学. 共 2 卷. 朱言钧编译. 上海：中华书局，1952.

de Bruijin N. G. Asymptotic Methods in Analysis. Amstredam: North-Holland, 1958. 俄文版：Де Брейн Н. Г. Асимптотические методы в анализе. — М.: Изд-во иностр. лит., 1961.

Dieudonné J. Foundation of Modern Analysis. New York: Academic Press, 1969. 俄译本：Дьедонне Ж. Основы современного анализа. — М.: Мир, 1964. 中译本：J. 迪厄多内. 现代分析基础. 共 2 卷. 郭瑞芝，苏维宜译. 北京：科学出版社，1982.

Feynman R., Leighton R., Sands M. The Feynman Lectures on Physics. Vols. I, II, III. Reading: Addison-Wesley, 1963. 俄译本：Фейнман Р., Лейтон Р., Сэндс М. Фейнмановские лекции по физике. Вып. I. Современная наука о природе. Законы механики. Вып. IV. Кинетика, теплота, звук. Вып. V. Электричество и магнетизм. Вып. VI. Электродинамика. Вып. VII. Физика сплошных сред. — М.: Мир, 1965. 中译本：费恩曼，莱顿，桑兹. 费恩曼物理学讲义. 共 3 卷. 郑永令，华宏鸣，吴子仪等译. 上海：上海科学技术出版社，2013.

Halmos P. Finite-Dimensional Vector Spaces. Berlin: Springer, 1974. 俄译本：Халмош П. Конечномерные векторные пространства. — М.: Наука, 1963.

* Jost J. Postmodern Analysis. 2nd ed. Berlin: Springer, 2003.

Klein F. Vorlesungen über die Entwicklung der Mathematik im 19 Jahrhundert. Berlin: Springer, 1926. 俄译本：Клейн Ф. Очерки о развитии математики в XIX столетии. — М.: Наука, 1989. F. 克莱因. 数学在 19 世纪的发展. 第一卷. 齐民友译. 第二卷. 李培廉译. 北京：高等教育出版社，2010, 2011.

Landau E. Grundlagen der Analysis. New York: Chelsea, 1946. 英译本：Landau E. Foundations of Analysis. New York: Chelsea, 1951. 俄译本：Ландау Э. Основы анализа. — М.: ИЛ, 1947. 中译本：艾·兰道. 分析基础. 刘绂堂译. 北京：高等教育出版社，1958.

* Lax P. D., Burstein S. Z., Lax A. Calculus with Applications and Computing. Vol. I. New York: New York University, 1972. 中译本：P. Lax, S. Burstein, A. Lax. 微积分及其应用与计算. 第一卷，共 2 册. 唐述钊，黄开斌，滕振寰等译. 北京：人民教育出版社，1980, 1981.

Milnor J. Morse Theory. Princeton: Princeton University Press, 1963. 俄译本: Милнор Дж. Теория Морса. — М.: Мир, 1965.

Narasimhan R. Analysis on Real and Complex Manifolds. Amstredam: North-Holland, 1968. 俄译本: Нарасимхан Р. Анализ на действительных и комплексных многообразиях. — М.: Мир, 1971. 中译本: R.纳拉西姆汉. 实流形和复流形上的分析. 陆柱家译. 北京: 科学出版社, 1986.

Olver F. W. J. Asymptotics and Special Functions. New York: Academic Press, 1974. 俄译本: Олвер Ф. Асимптотика и специальные функции. — М.: Наука, 1990.

* Pham F. Géjmetrie et calcul différentiel sur les variétés. Paris: Inter Editions, 1992.

Schwartz L. Analyse Mathématique. I, II. Paris: Hermann, 1967. 俄译本: Шварц Л. Анализ. В 2-х т. — М.: Мир, 1972.

Weyl H. Gesammelte Abhandlungen. Berlin: Springer, 1968. Bd 1—4. 18 篇文章的俄译本: Вейль Г. Математическое мышление. — М.: Наука, 1989.

基本符号

逻辑符号

⇒ — 蕴含

⇔ — 等价

:=, =: — 按照定义相等; 冒号与被定义的对象位于同一边

集合

$\bar{E}$ — 集合 E 的闭包

∂E — 集合 E 的边界

$\overset{\circ}{E} := E \setminus \partial E$ — 集合 E 的内部 (作为开集的部分)

$\overset{\circ}{U}(a)$ — 点 a 的去心邻域

$B(x, r)$ — 中心在点 x 半径为 r 的球

$S(x, r)$ — 中心在点 x 半径为 r 的球面

空间

(X, d) — 具有度量 d 的度量空间

(X, τ) — 具有开集族 τ 的拓扑空间

$\mathbb{R}^n$ ($\mathbb{C}^n$) — n 维实 (复) 算术空间

$\mathbb{R}^1 = \mathbb{R}$ ($\mathbb{C}^1 = \mathbb{C}$) — 实 (复) 数集

$x = (x^1, \cdots, x^n)$ — n 维空间中的点的坐标记法

$C(X, Y)$ — 定义在 X 上值域在 Y 中的连续函数集合 (空间)

$C[a, b]$ —— $C([a, b], \mathbb{R})$ 或 $C([a, b], \mathbb{C})$ 的省略记号

$C^{(k)}(X, Y)$, $C^k(X, Y)$ —— X 到 Y 的 k 阶连续可微映射的集合

$C^{(k)}[a, b]$, $C^k[a, b]$ —— $C^{(k)}([a, b], \mathbb{R})$ 或 $C^{(k)}([a, b], \mathbb{C})$ 的省略写法

$C_p[a, b]$ —— 具有范数 $\|f\|_p$ 的空间 $C[a, b]$

$C_2[a, b]$ —— 具有埃尔米特标量积 $\langle f, g \rangle$ 或者具有均方差范数的函数空间 $C[a, b]$

$\mathcal{R}(E)$ —— 集合 E 上的黎曼可积函数集合 (空间)

$\mathcal{R}[a, b]$ —— $\mathcal{R}(E)$ 当 $E = [a, b]$ 时的省略写法

$\widetilde{\mathcal{R}}(E)$ —— 集合 E 上几乎处处相等的黎曼可积函数类空间

$\widetilde{\mathcal{R}}_p(E)$ ($\mathcal{R}_p(E)$) —— 具有范数 $\|f\|_p$ 的空间 $\widetilde{\mathcal{R}}(E)$

$\widetilde{\mathcal{R}}_2(E)$ ($\mathcal{R}_2(E)$) —— 具有埃尔米特标量积 $\langle f, g \rangle$ 或均方差范数的空间 $\widetilde{\mathcal{R}}(E)$

$\mathcal{R}_p[a, b]$, $\mathcal{R}_2[a, b]$ —— $\mathcal{R}_p(E)$, $\mathcal{R}_2(E)$ 当 $E = [a, b]$ 时的省略写法

$\mathcal{L}(X; Y)$ ($\mathcal{L}(X_1, \cdots, X_n; Y)$) —— X ($X_1 \times \cdots \times X_n$) 到 Y 的线性 (n 重线性) 映射空间

TM_p 或 $TM(p)$, T_pM, $T_p(M)$ —— 曲面 (流形) M 在点 $p \in M$ 的切空间

$\mathcal{S}$ —— 施瓦兹速降函数空间

$\mathcal{D}(G)$ —— 区域 G 中的具有紧支撑集的基本函数空间

$\mathcal{D}'(G)$ —— 区域 G 中的广义函数空间

$\mathcal{D}$ —— $\mathcal{D}(G)$ 当 $G = \mathbb{R}^n$ 时的省略写法

$\mathcal{D}'$ —— $\mathcal{D}'(G)$ 当 $G = \mathbb{R}^n$ 时的省略写法

度量, 范数, 数量积

$d(x_1, x_2)$ —— 度量空间 (X, d) 中的点 x_1, x_2 之间的距离

$|x|$, $\|x\|$ —— 线性赋范空间 X 中的向量 $x \in X$ 的模 (范数)

$\|A\|$ —— 线性 (多重线性) 算子 A 的范数

$\|f\|_p := (\int_E |f|^p(x)\, dx)^{1/p}$, $p \geqslant 1$ —— 函数 f 的积分范数

$\langle \boldsymbol{a}, \boldsymbol{b} \rangle$ —— 向量 $\boldsymbol{a}$, $\boldsymbol{b}$ 的埃尔米特标量积

$\langle f, g \rangle := \int_E (f \cdot \bar{g})(x)\, dx$ —— 函数 f, g 的埃尔米特标量积

$\boldsymbol{a} \cdot \boldsymbol{b}$ —— $\mathbb{R}^3$ 中的向量 $\boldsymbol{a}$, $\boldsymbol{b}$ 的标量积

$\boldsymbol{a} \times \boldsymbol{b}$ 或 $[\boldsymbol{a}, \boldsymbol{b}]$ —— $\mathbb{R}^3$ 中的向量 $\boldsymbol{a}$, $\boldsymbol{b}$ 的向量积

$(\boldsymbol{a}, \boldsymbol{b}, \boldsymbol{c})$ —— $\mathbb{R}^3$ 中的向量 $\boldsymbol{a}$, $\boldsymbol{b}$, $\boldsymbol{c}$ 的混合积

函数

$g \circ f$ —— 函数 f 与 g 的复合

f^{-1} —— 函数 f 的反函数

$f(x)$ —— 函数 f 在点 x 的值; x 的函数

$f(x^1, \cdots, x^n)$ —— 函数 f 在 n 维空间 X 的点 $x = (x^1, \cdots, x^n) \in X$ 的值; 依赖于 n 个变量 $x^1, \cdots, x^n$ 的函数

$\operatorname{supp} f$ —— 函数 f 的支撑集

$\int f(x)$ —— 函数 f 在点 x 的突变

$\{f_t; t \in T\}$ —— 依赖于参变量 $t \in T$ 的函数族

$\{f_n; n \in \mathbb{N}\}$ 或 $\{f_n\}$ —— 函数序列

$f_t \underset{\mathcal{B}}{\rightarrow} f$ 在 E 上 —— 在集合 E 上, 函数族 $\{f_t; t \in T\}$ 在 T 中的基 $\mathcal{B}$ 上收敛到函数 f

$f_t \underset{\mathcal{B}}{\rightrightarrows} f$ 在 E 上 —— 在集合 E 上, 函数族 $\{f_t; t \in T\}$ 在 T 中的基 $\mathcal{B}$ 上一致收敛到函数 f

$\left.\begin{array}{l} f = o(g) \text{ 在 } \mathcal{B} \text{ 上} \\ f = O(g) \text{ 在 } \mathcal{B} \text{ 上} \\ f \sim g \text{ 或 } f \simeq g \text{ 在 } \mathcal{B} \text{ 上} \end{array}\right\}$ —— 渐近公式 (比较函数 f 与 g 在基 $\mathcal{B}$ 上的渐近性质)

$f(x) \simeq \sum\limits_{n=1}^{\infty} \varphi_n(x)$ 在 $\mathcal{B}$ 上 —— 基 $\mathcal{B}$ 上的渐近级数展开式

$\mathcal{D}(x)$ —— 狄利克雷函数

$\exp A$ —— 线性算子 A 的指数

β 函数 —— 贝塔函数

Γ 函数 —— 伽玛函数

χ_E —— 集合 E 的特征函数

微分运算

$f'(x),\ f_*(x),\ df(x),\ Df(x)$ —— f 在点 x 的切映射 (f 的微分)

$\dfrac{\partial f}{\partial x^i}(x),\ \partial_i f(x),\ D_i f(x)$ —— 依赖于变量 $x^1, \cdots, x^n$ 的函数 f 在点 $x = (x^1, \cdots, x^n)$ 对变量 x^i 的偏导数 (偏微分)

$D_v f(x)$ —— 函数 f 在点 x 沿向量 $\boldsymbol{v}$ 的导数

∇ —— 哈密顿算子 (纳布拉算子)

$\operatorname{grad} f$ —— 函数 f 的梯度

$\operatorname{div} \boldsymbol{A}$ —— 向量场 $\boldsymbol{A}$ 的散度

$\operatorname{rot} \boldsymbol{B}$ —— 向量场 $\boldsymbol{B}$ 的旋度

积分运算

$\mu(E)$ —— 集合 E 的测度

$\left.\begin{array}{l} \displaystyle\int_E f(x)\, dx \\[2mm] \displaystyle\int_E f(x^1, \cdots, x^n)\, dx^1 \cdots dx^n \\[2mm] \displaystyle\int \cdots \int_E f(x^1, \cdots, x^n)\, dx^1 \cdots dx^n \end{array}\right\}$ —— 函数 f 在集合 $E \subset \mathbb{R}^n$ 上的积分

$\int_Y dy \int_X f(x,y)\,dx$ —— 累次积分

$\left.\begin{array}{l}\int_\gamma P\,dx + Q\,dy + R\,dy \\[4pt] \int_\gamma \boldsymbol{F}\cdot d\boldsymbol{S} \\[4pt] \int_\gamma \langle \boldsymbol{F}, d\boldsymbol{S}\rangle \end{array}\right\}$ —— 沿道路 γ 的第二类曲线积分; 场 $\boldsymbol{F}=(P,Q,R)$ 沿道路 γ 的功

$\int_\gamma f\,ds$ —— f 沿曲线 γ 的第一类曲线积分

$\left.\begin{array}{l}\iint_S P\,dy\wedge dz + Q\,dz\wedge dx + R\,dx\wedge dy \\[4pt] \iint_S \boldsymbol{F}\cdot d\boldsymbol{\sigma}, \\[4pt] \iint_S \langle \boldsymbol{F}, d\boldsymbol{\sigma}\rangle \end{array}\right\}$ —— $\mathbb{R}^3$ 中的曲面 S 上的第二类曲面积分; 场 $\boldsymbol{F}=(P,Q,R)$ 通过曲面 S 的通量

$\iint_S f\,d\sigma$ —— 函数 f 在曲面 S 上的第一类曲面积分

微分形式

$\omega\;(\omega^p)$ —— (p 次) 微分形式

$\omega^p \wedge \omega^q$ —— 微分形式 ω^p,ω^q 的外积

$d\omega$ —— 微分形式 ω 的 (外) 微分

$\int_M \omega$ —— 微分形式 ω 在曲面 (流形) M 上的积分

$\omega^1_{\boldsymbol{F}}(x) := \langle \boldsymbol{F}(x), \cdot \rangle$ —— 功形式

$\omega^2_{\boldsymbol{V}}(x) := \langle \boldsymbol{V}(x), \cdot, \cdot \rangle$ —— 流形式

名词索引

(c, r) 和, 325
$C^{(k)}$ 光滑类微分形式, 281
$C^{(k)}$ 类流形, 268
k 道路, 210
k 维勒贝格零测度集, 158
k 维体积, 156
k 形式 (k 次形式, k 阶形式), 162
n 重线性映射, 42
n 次矩 (n 阶矩), 333
p 维链, 294
　　～的边界, 294
β 函数, 358
　　～的递推公式, 358
Γ 函数, 358, 359
　　～的递推公式, 360
　　～的渐近式, 510
　　～的余元公式, 361
　　不完全～, 500
δ 函数 (狄拉克广义函数), 231
δ 型函数族, 372
ε 网, 14
　　有限～, 14
　　有限～引理, 14
θ 公式, 485

A

阿贝尔-狄利克雷检验法, 310, 346
阿贝尔变换, 310
阿贝尔第二定理, 313
阿贝尔求和法, 316, 324, 325
阿达马引理, 336
阿尔泽拉-阿斯柯利定理, 328
阿基米德定律, 202
埃尔米特多项式, 430
埃尔米特空间, 41
埃尔米特形式, 38
　　非退化～, 39
　　正～, 39
艾尔代伊意义下的渐近展开式, 500
艾尔代伊引理, 525
安培定律, 193

B

巴拿赫空间, 37
伴随三面形 (弗莱纳标架), 63
包络面, 209
包络线, 208
保位移算子, 367
贝塞尔不等式, 417
贝塞尔方程, 323, 324, 338

名词索引

贝塞尔函数, 323
  ∼的渐近式, 510
毕奥–萨伐尔定律, 195
毕达哥拉斯定理, 414, 417
闭包, 6
闭集, 5, 6, 9
闭链, 295
  ∼常数, 296
  边界∼, 295
闭球, 5
闭球套引理, 24
闭微分形式, 244, 290
边界
  ∼闭链, 295
  p维链的∼, 294
  奇异立方体的∼, 294
边界点, 5
变换
  阿贝尔∼, 310
  傅里叶∼, 462, 472
  傅里叶逆∼, 466, 474
  傅里叶余弦∼, 463
  傅里叶正弦∼, 463
  规范傅里叶∼, 465
  积分∼, 466
  伽利略∼, 487
  拉普拉斯∼, 509
  洛伦兹∼, 487
变形 (同伦), 242
标记分割, 92
标架, 144
标量
  ∼场, 211
  ∼势, 237
标量积, 39
  ∼的连续性引理, 414
标准差, 385
波动方程, 253, 256, 476
博雷尔公式, 475
伯努利多项式, 455

伯努利积分, 255
不等式
  贝塞尔∼, 417
  布鲁恩–闵可夫斯基∼, 102
  等周∼, 162, 451
  广义闵可夫斯基积分∼, 405
  赫尔德∼, 106
  柯西–布尼雅可夫斯基∼, 40
  克劳修斯∼, 187
  闵可夫斯基∼, 106
  三角形∼, 1
  斯捷克洛夫∼, 456
  维尔廷格∼, 456
不动点, 29, 199
  ∼定理, 200
不减 (不增) 函数序列, 310
不可定向流形, 270
不可定向曲面, 146
不确定原理, 483
不完全 Γ 函数, 500
布劳威尔不动点定理, 200
布劳威尔定理, 149, 265
布鲁恩–闵可夫斯基不等式, 102
部分和, 306

C

采样函数, 481
参数
  ∼域, 136, 263
  分割∼, 92
参数 (参变量), 302
参数集 (参变量集), 参数域 (参变量域), 302
测度 (体积), 91
  容许集的∼, 101
  若尔当∼, 102
  有界集的∼, 101
测试函数空间, 379
常数
  闭链∼, 296
场, 211

～的功形式, 165
标量～, 211
光滑向量～, 286
流形上的向量～, 286
势～, 237
无旋～, 215
无源～, 243
线性形式～, 164
向量～, 211
有旋～, 215
张量～, 211
中心～, 177
场论算子, 214
超几何级数, 323
超几何微分方程, 323, 324
重积分
～的分部积分法, 210
含参变量的～, 390
含参变量的反常～, 390
初等曲面, 137
处处不稠密集, 24
处处不可微的连续函数, 323
处处稠密集, 11
垂线引理, 416
从属于一个覆盖的单位分解, 273

D

达布定理, 97
达布上(下)积分, 97
达布准则, 98
达朗贝尔原理, 252
带边流形, 265
带边曲面, 149, 154
代数
函数～, 331
李～, 62
外(格拉斯曼)～, 262
斜对称形式～, 258
形式～, 257
自共轭函数～, 333

单侧曲面, 148
单层位势, 395
单点同伦流形, 290
单调函数序列, 310
单连通区域, 241, 243
单位分解, 124
从属于一个覆盖的～, 273
单位阶梯函数, 381
导数
李～, 289
偏～, 61
沿向量的～, 69
映射在一个点的～, 53
导映射, 54
高阶～, 69
道路
光滑～, 269
同伦～, 242
德拉姆第二定理, 297
德拉姆第一定理, 297
德拉姆定理, 296
等度连续函数族, 327, 332
一致～, 333
等价定向图册, 270
等价图册, 267
等价序列, 23
等距度量空间, 21
等距映射, 21
等式
渐近～, 489
帕塞瓦尔～, 428, 450, 475
等周不等式, 162, 451
迪尼条件, 439
狄拉克广义函数(δ函数), 231
狄利克雷函数, 300
狄利克雷核, 436
狄利克雷积分, 236, 351
狄利克雷级数, 313
狄利克雷间断因子, 357
狄利克雷原理, 236

名词索引

第二纲集, 24
第二类欧拉积分 (Γ 函数), 358
第二类曲面积分, 192
第二类全椭圆积分的展开式, 324
第一纲集, 24
第一类欧拉积分 (β 函数), 358
第一类曲面积分, 192
第一类全椭圆积分的展开式, 324
点
  边界 $\sim$, 5
  不动 $\sim$, 199
  极限 $\sim$, 6
  内 $\sim$, 5
  外 $\sim$, 5
电磁场的麦克斯韦方程, 215
定理
  阿贝尔第二 $\sim$, 313
  阿尔泽拉–阿斯柯利 $\sim$, 328
  毕达哥拉斯 $\sim$, 414, 417
  布劳威尔 $\sim$, 149, 265
  布劳威尔不动点 $\sim$, 200
  达布 $\sim$, 97
  德拉姆 $\sim$, 296
  德拉姆第二 $\sim$, 297
  德拉姆第一 $\sim$, 297
  迪尼定理, 317
  多维柯西中值 $\sim$, 237
  恩绍 $\sim$, 235
  费耶 $\sim$, 442
  富比尼 $\sim$, 107
  高斯 $\sim$, 235
  亥姆霍兹 $\sim$, 248
  惠特尼 $\sim$, 143, 275
  积分中值 $\sim$, 105
  卡诺第二 $\sim$, 187
  卡诺第一 $\sim$, 187
  科捷利尼科夫采样 $\sim$, 479
  拉格朗日 $\sim$, 255
  拉普拉斯积分的渐近展开 $\sim$, 512

拉普拉斯积分渐近式典型主项 $\sim$, 509
勒贝格单调收敛 $\sim$, 326
勒贝格有界收敛 $\sim$, 326
逆映射 $\sim$, 89
庞加莱 $\sim$, 290, 297
平移 $\sim$, 480
斯通 $\sim$, 330, 334
陶贝尔 $\sim$, 325
陶贝尔型 $\sim$, 325
调和函数平均值 $\sim$, 236
魏尔斯特拉斯 $\sim$, 330
魏尔斯特拉斯逼近 $\sim$, 404
魏尔斯特拉斯三角多项式逼近 $\sim$, 443
隐函数 $\sim$, 82
有限增量 $\sim$, 63
定律
  阿基米德 $\sim$, 202
  安培 $\sim$, 193
  毕奥–萨伐尔 $\sim$, 195
  法拉第 $\sim$, 193
  高斯 $\sim$, 236, 407
  库仑 $\sim$, 230, 238
  牛顿 $\sim$, 238
定向, 269
  $\sim$ 流形, 270
  $\sim$ 图册类, 270
  与流形定向相容的边界 $\sim$, 272
定向标架类, 144
定向空间, 144
定向曲线坐标系类, 145
定向图册, 270
  等价 $\sim$, 270
定向坐标系类, 144
度量, 1
  $\sim$ 紧集, 14
  $\sim$ 紧集准则, 15
  $\sim$ 空间, 1, 10
  $\sim$ 空间的直积, 7
  $\sim$ 空间的子空间, 6

等距～空间, 21
豪斯多夫～, 8
积分～, 3
均方差～, 3, 427
黎曼～, 220
离散～, 2
切比雪夫～, 3
完备～空间, 16, 18
线性赋范空间的～, 37
一致～, 3
一致(收敛)～, 3, 329, 427
对称算子, 426
对称算子的本征向量, 428
对偶映射, 261
多重线性算子
　　～的范数, 45
　　有界～, 46
多重线性映射, 42
多极子, 247
多维柯西中值定理, 237
多项式
　　埃尔米特～, 430
　　伯努利～, 455
　　勒让德～, 413, 429
　　勒让德规范正交～, 413
　　切比雪夫～, 431
　　切比雪夫-拉盖尔～, 431
　　调和～, 430

E

恩绍定理, 235

F

发散
　　反常积分～, 127
法拉第定律, 193

法则
　　莱布尼茨～, 337
反常积分, 127

～发散(不存在), 127
～收敛(存在), 127
具有变奇异性的～, 391
反常积分对参变量的一致收敛性, 341
反对称形式, 162
范数, 36
　　多重线性算子的～, 45
　　线性算子的～, 46
　　向量的～, 36
泛函, 377, 378
　　～δ, 378
　　～的弱收敛性(逐点收敛性), 379
　　线性～, 43
方程
　　贝塞尔～, 323, 324, 338
　　波动～, 253, 256, 476
　　超几何微分～, 323, 324
　　电磁场的麦克斯韦～, 215
　　非齐次波动～, 254, 256
　　静磁学～, 235
　　静电学～, 235
　　绝热线～, 186
　　柯西-黎曼～, 255
　　可分离变量的～, 187
　　拉普拉斯～, 250, 395
　　连续性～, 251
　　欧拉～, 253, 255
　　欧拉-拉格朗日～, 78
　　泊松～, 246, 248, 250
　　齐次波动～, 254
　　热传导～, 250, 477
　　弦的横向振动～, 424
　　状态～, 184
方法
　　傅里叶～, 424
　　高维情形的拉普拉斯～, 519
　　渐近～, 488
　　拉普拉斯～, 502
仿射赋范空间, 54
菲涅耳积分, 357, 500

名词索引

非齐次波动方程, 254, 256
非退化埃尔米特形式, 39
非一致收敛, 303
费耶定理, 442
费耶核, 442
分布, 376, 378, 379
  ∼空间, 379
  ∼与函数的积, 380
  高斯(正态)∼, 385
  奇异∼, 379
  正则∼, 379
分布电荷的势, 392
分部积分法
  重积分的∼, 210
分段连续函数, 439
分段连续可微函数, 439
分割, 92
  ∼参数, 92
  ∼集的基, 92
  标记∼, 92
  局部有限∼, 157
分离变量法, 424
分离级数奇异性的克雷洛夫法, 446
分片光滑曲面, 153
弗莱纳标架(伴随三面形), 63
弗莱纳公式, 63
赋范空间
  仿射∼, 54
傅里叶变换, 462, 472
  规范∼, 465
傅里叶方法, 423, 424
傅里叶积分, 462, 520
傅里叶积分渐近式, 521
  一维情形的∼, 524
傅里叶级数, 415
  ∼在一个点收敛的充分条件, 439
  广义函数的∼, 458
傅里叶逆变换, 466, 474
  ∼公式, 474
傅里叶三角级数, 433

高维∼, 457
傅里叶系数, 415
傅里叶余弦变换, 463
傅里叶正弦变换, 463
富比尼定理, 107

G

高阶导映射, 69
高阶微分, 69
高斯–奥斯特洛格拉德斯基公式, 200, 229,
    400, 407
高斯定理, 235
高斯定律, 236, 407
高斯分布(正态分布), 385
高斯公式, 366
高斯积分, 209
高维情形的傅里叶积分渐近式, 526
高维情形的拉普拉斯方法, 519
格拉姆矩阵, 155
格林公式, 196, 234
格林函数, 384
公理
  豪斯多夫∼, 10
公式
  β 函数的递推∼, 358, 359
  Γ 函数的递推∼, 360
  Γ 函数的余元∼, 361
  θ∼, 485
  博雷尔∼, 475
  弗莱纳∼, 63
  傅里叶逆变换∼, 474
  高斯∼, 366
  高斯–奥斯特洛格拉德斯基(高-奥)∼,
    200, 229, 400, 407
  格林∼, 196, 234
  积分中的变量代换∼, 115
  渐近∼, 489
  柯西–阿达马∼, 309
  科捷利尼科夫∼, 484
  克拉珀龙∼, 184

莱布尼茨～, 337
勒让德～, 365
罗德里格斯～, 413
迈耶～, 186
牛顿-莱布尼茨～, 228, 229
欧拉～, 364, 411
欧拉-高斯～, 360
泊松～, 478
斯特林～, 366, 367
斯托克斯～, 203, 228, 229, 295
同伦～, 297
沃利斯～, 356, 367
向量分析的基本微分～, 217
向量形式的斯托克斯～, 234
一般的斯托克斯～, 204
映射的泰勒～, 74

共轭调和函数, 255
共轭微分算子, 398
共尾序列, 23
估计
　　渐近～, 489
　　一致渐近～, 500
关于集合的完备向量组, 419
关于渐近序列的渐近展开式, 493
光滑道路, 269
光滑结构, 268
光滑流形, 267
光滑曲面, 139
光滑图册, 267
广义函数, 376, 378, 379
　　～的傅里叶级数, 458
　　～的收敛性, 379
　　～的微分运算, 380
　　～空间, 379
　　狄拉克～ (δ 函数), 231
　　缓增～, 484
　　奇导～, 379
　　正则～, 379
广义闵可夫斯基积分不等式, 405
规范傅里叶变换, 465
规范正交向量组, 410

H

哈尔函数, 431
哈密顿算子, 216
亥姆霍兹定理, 248
含参变量的常义积分, 335
含参变量的反常重积分, 390
含参变量的反常积分, 335, 342
含参变量的重积分, 335, 390
含参变量的积分, 335, 502
函数
　　～代数, 331
　　～的傅里叶变换, 472
　　～的傅里叶积分, 462
　　～的傅里叶积分表达式, 461
　　～的卷积, 369
　　～的谱, 460
　　～的调和分析, 460
　　～在集合上的振幅, 94
　　～在曲面上的积分, 192
　　～在一个点的振幅, 94
　　β～, 358
　　Γ～, 358, 359
　　δ～, 231
　　贝塞尔～, 323
　　不完全 Γ～, 500
　　采样～, 481
　　处处不可微的连续～, 323
　　单位阶梯～, 381
　　狄拉克广义～ (δ～), 231
　　狄利克雷～, 300
　　分段连续～, 439
　　分段连续可微～, 439
　　格林～, 384
　　共轭调和～, 255
　　广义～, 378, 379
　　哈尔～, 431
　　赫维赛德～, 381
　　缓增广义～, 484

集合上的黎曼可积 ~, 100
集合上的一致连续 ~, 373
渐近零 ~, 494
具有紧支撑集的 ~, 369
开集上的局部可积 ~, 369
拉德马赫 ~, 431
黎曼 ζ ~, 366
黎曼可积 ~, 93
脉冲传递 ~, 368
球 ~, 430
数列的生成 ~, 385
速降 ~, 471, 472
调和 ~, 236, 386, 395
误差 ~, 500
线性 ~, 43
相位 ~, 521
影响 ~, 384
装置 ~, 368, 384
函数系
    三角 ~, 411
    正交 ~, 410—412
函数项级数在集合上收敛或一致收敛, 306
函数序列
    ~(逐点) 收敛, 299
    ~ 的极限 (函数), 299
    ~ 的收敛集, 299
    ~ 在一个点收敛, 299
函数族, 371
    ~ 在给定基上的收敛集, 302
    ~ 在集合和基上的极限 (函数), 302
    ~ 在集合和基上收敛, 302
    δ 型 ~, 371, 387
    集合上的等度连续 ~, 327
    集合上的一致等度连续 ~, 333
    集合上的一致有界 ~, 327
    完全有界 ~, 327
    一致有界 ~, 309
    依赖于参数 (参变量) 的 ~, 302
    在集合上不消失的 ~, 331
    在一个点等度连续的 ~, 332

豪斯多夫度量, 8
豪斯多夫公理, 10
豪斯多夫空间, 10
核
    狄利克雷 ~, 436
    费耶 ~, 442
    圆的泊松 ~, 386
赫尔德不等式, 106
赫尔德条件, 468
赫维赛德函数, 381
环面, 142
缓增广义函数, 484
    ~ 空间, 484
惠特尼定理, 143, 275

J

基, 9, 92
    分割集的 ~, 92
    拓扑 ~, 9
基本函数空间, 379
基本解, 384, 401
    拉普拉斯算子的 ~, 401
基本序列, 18
基频, 460
积
    标量 ~, 39
    卷 ~, 369
    张量 ~, 258
积分, 92
    ~ 变换, 466
    ~ 度量, 3
    ~ 和, 92
    ~ 算子, 466
    ~ 一致收敛性的阿贝尔–狄利克雷检
        法, 346
    ~ 一致收敛性的柯西准则, 344
    ~ 一致收敛性的魏尔斯特拉斯强函数检
        验法, 345
    ~ 正弦, 500
    ~ 中的变量代换公式, 115

~ 中值定理, 105
伯努利 ~, 255
重 ~, 93
达布上 (下) ~, 97
狄利克雷 ~, 236, 351
第二类曲面 ~, 192
第二类全椭圆 ~, 324
第一类和第二类欧拉 ~, 358
第一类曲面 ~, 192
第一类全椭圆 ~, 324
二重 ~, 93
反常 ~, 127
菲涅耳 ~, 357, 500
傅里叶 ~, 520
高斯 ~, 209
含参变量的 ~, 335, 502
含参变量的常义 ~, 335
含参变量的重 ~, 335, 390
含参变量的反常 ~, 335, 342
含参变量的反常重 ~, 390
函数的傅里叶 ~, 462
函数在曲面上的 ~, 192
集合上的 ~, 100
具有变奇异性的反常 ~, 391
柯西 ~, 255
拉普拉斯 ~, 502
黎曼 ~, 92
欧拉-泊松 ~, 355, 362, 376, 465
欧拉 ~, 365
泊松 ~, 376
全椭圆 ~, 338
三重 ~, 93
微分形式在 p 维链上的 ~, 295
微分形式在定向流形上的 ~, 283
微分形式在定向曲面上的 ~, 181, 183
微分形式在奇异立方体上的 ~, 295
有限微分形式在定向流形上的 ~, 283
积分和, 92
上 (下) ~, 96

吉布斯现象, 456
极限
~ 点, 6
函数族在集合和基上的 ~, 302
映射在基上的 ~, 24
极值的必要条件和充分条件, 74
集 (集合)
~ 上的等度连续函数族, 327
~ 上的一致连续函数, 373
~ 上的一致有界函数族, 327
~ 中的完备向量组, 419
k 维勒贝格零测度 ~, 158
闭 ~, 5, 6, 9
处处不稠密 ~, 24
处处稠密 ~, 11
第二纲 ~, 24
第一纲 ~, 24
度量紧 ~, 14
紧 ~, 13
局部紧 ~, 16
开 ~, 5, 6, 8, 9
勒贝格零面积 ~, 158
连通 ~, 16
零测度 ~, 101
零测度 ~, 93
零体积 ~, 101
容许 ~, 99
若尔当可测 ~, 102
完全有界 ~, 16
相对紧 ~, 16
支撑 ~, 114, 369
级数
~ 的 (c, r) 和, 325
~ 的 (前 m 项) 部分和, 306
~ 的阿贝尔求和法, 316, 324, 325
~ 的和, 306
~ 的切萨罗求和法, 325
~ 一致收敛性的阿贝尔-狄利克雷检验法, 310

名词索引

~一致收敛性的柯西准则, 307
~一致收敛性的魏尔斯特拉斯检验法, 308
~一致收敛性的魏尔斯特拉斯强函数检验法, 308
~在集合上绝对收敛, 308
超几何~, 323
狄利克雷~, 313
傅里叶~, 415
傅里叶三角~, 433
高维傅里叶三角~, 457
广义函数的傅里叶~, 458
渐近~, 493
渐近幂~, 497
梅尼绍夫零~, 435
幂~, 309
切萨罗可和~, 325
三角级数~, 432
斯特林~, 522
伽利略变换, 487
检验法
 积分一致收敛性的阿贝尔-狄利克雷~, 310, 346
 积分一致收敛性的魏尔斯特拉斯强函数~, 345
 级数一致收敛性的魏尔斯特拉斯~, 308
 级数一致收敛性的魏尔斯特拉斯强函数~, 308
 拉格朗日~, 90
 魏尔斯特拉斯~, 345
简单区域, 198, 201
渐近
 ~重合, 494
 ~等价, 489
 ~等式, 489
 ~方法, 488
 ~公式, 489
 ~估计, 489
 ~级数, 493
 ~零函数, 494
 ~幂级数, 497
 ~问题, 488
 ~相等, 489
 ~序列, 493
渐近式
 Γ函数的~, 510
 贝塞尔函数的~, 510
 傅里叶积分的~, 521
 勒让德多项式的~, 511
渐近展开式, 487, 492
 艾尔代伊意义下的~, 500
 误差概率积分的~, 515
 一致~, 501
解析流形, 267
解析图册, 267
紧集, 13
 ~的闭子集引理, 14
 ~的封闭性引理, 14
 ~套引理, 14
 度量~, 14
 度量~准则, 15
 局部~, 16
 相对~, 16
紧流形, 266
静磁学方程, 235
静电学方程, 235
局部化原理, 438, 503, 505
局部紧集, 16
局部可积函数, 369
局部图, 263
 ~的作用域, 263
局部有限分割, 157

矩阵
 格拉姆~, 155
聚集现象, 160
具有变奇异性的反常积分, 391
具有紧支撑集的函数, 369
距离, 1
卷积, 369

绝热线方程, 186

均方差, 3, 385, 433

~度量, 3, 427

K

卡诺第二定理, 187

卡诺第一定理, 187

卡瓦列里原理, 111

开基, 9

开集, 5, 6, 8, 9

柯西-阿达马公式, 309

柯西-布尼雅可夫斯基不等式, 40

柯西-黎曼方程组, 255

柯西积分, 255

柯西序列, 18

柯西中值定理

多维~, 237

柯西准则, 304, 307, 344

科捷利尼科夫采样定理, 479

科捷利尼科夫公式, 484

可定向分片光滑曲面, 153

可定向流形, 270

可定向曲面, 146

可分空间, 11

可收缩于点的流形, 290

克莱因瓶, 143, 146

克劳修斯不等式, 187

克雷洛夫法, 446

空间

~的基, 422

$\mathbb{R}^n$ 在一个点的切~, 277

τ_1 ~, 12

τ_2 ~, 12

埃尔米特~, 41

巴拿赫~, 37

等距度量~, 21

定向~, 144

度量~, 1, 10

仿射赋范~, 54

分布~, 379

广义函数~, 379

豪斯多夫~, 10

缓增广义函数~, 484

基本函数~, 379

检验函数~, 379

可分~, 11

连通的拓扑~, 16

连续 n 重线性算子~, 50

连续线性算子~, 50

流形在一个点的切~, 278

流形在一个点的余切~, 280

欧几里得(欧氏)~, 41

强拓扑~, 12

商~, 293, 295

施瓦兹~, 484

索伯列夫-施瓦茨广义函数~, 380

同胚~, 27

拓扑~, 8, 10

完备度量~, 16, 18

完备化~, 21

希尔伯特~, 41

线性赋范~, 36

准希尔伯特~, 41

库仑定律, 230, 238

L

拉贝积分, 365

拉德马赫函数, 431

拉格朗日乘数法, 90

拉格朗日定理, 255

拉格朗日检验法, 90

拉梅系数 (参数), 221

拉普拉斯变换, 509

拉普拉斯方程, 250, 395

拉普拉斯方法, 502

高维情形的~, 519

拉普拉斯积分, 502

~的渐近式主项, 509

~的渐近展开定理, 512

~渐近式典型主项定理, 509

拉普拉斯算子, 218
　　～的基本解, 401
莱布尼茨公式(法则), 337
勒贝格单调收敛定理, 326
勒贝格零测度集, 93
勒贝格零面积集, 158
勒贝格有界收敛定理, 326
勒贝格准则, 95
勒让德多项式, 413, 429
　　～的渐近式, 511
勒让德公式, 365
勒让德规范正交多项式, 413
黎曼 ζ 函数, 366
黎曼度量, 220
黎曼可积函数, 93
　　集合上的～, 100
离散变换群, 276
离散度量, 2
李代数, 62
李导数, 289
李群, 62, 276
利普希茨条件, 66
连通集, 16
连通流形, 266
连续 n 重线性算子空间, 50
连续函数芽, 10
连续可微映射, 65
连续群, 62, 277
连续线性算子空间, 50
连续性方程, 251
连续映射, 26
　　～准则, 26
　　一致～, 28
链
　　闭～, 295
临界点, 521
邻域, 5, 10
　　δ～, 4
　　连续函数芽的～, 10
零测度集, 93, 101

零阶微分形式, 167
零体积集, 101
零维曲面, 153
流形, 136
　　～的边界, 264
　　～的边界点, 264
　　～的参数域, 263
　　～的定向(图册类), 270
　　～的局部图, 263
　　～的图册, 264
　　～的维数, 264
　　～的作用域, 263
　　～上的微分形式, 280
　　～上的向量场, 286
　　～在一个点的切空间, 278
　　$C^{(k)}$ 类～, 268
　　k 维～, 136
　　n 维～, 263
　　不可定向～, 270
　　带边～, 265
　　单点同伦～, 290
　　定向～, 270
　　光滑(解析)～, 267
　　紧～, 266
　　可定向～, 270
　　可收缩于点的～, 290
　　连通～, 266
　　拓扑～, 268
　　无边～, 265
罗德里格斯公式, 413
洛伦兹变换, 487

M

迈耶公式, 186
脉冲传递函数, 368
矛盾图链, 271
梅尼绍夫零级数, 435
幂级数, 309
　　～阿贝尔第二定理, 313
　　～的收敛半径, 309

∼的收敛特性, 309
∼的收敛圆, 309
幂零算子, 61
面积, 156
  闵可夫斯基外∼, 161
闵可夫斯基不等式, 106
闵可夫斯基外面积, 161
莫尔斯引理, 336, 523
默比乌斯带, 142, 146, 148, 150

N

纳布拉 (∇) 算子, 216
挠率, 63
内点, 5
  ∼的拓扑不变性, 265
内积
  向量场与微分形式的∼, 289
逆映射定理, 89
牛顿–坎托罗维奇法, 33
牛顿–莱布尼茨公式, 228, 229
牛顿定律, 238
牛顿法, 33
  修正∼, 33

O

欧几里得空间 (欧氏空间), 41
欧拉–高斯公式, 360
欧拉–拉格朗日方程, 78
欧拉–泊松积分, 355, 362, 376, 465
欧拉方程, 253, 255
欧拉公式, 364, 411
欧拉积分, 358, 365
偶极矩, 246
偶极子, 246

P

帕塞瓦尔等式, 428, 450, 475
庞加莱定理, 290, 297
皮卡–巴拿赫不动点原理, 29
偏导数, 61
偏微分, 61

频率, 460
平均收敛性, 433
平移定理, 480
平移算子, 367
泊松方程, 246, 248, 250
泊松公式, 478
泊松积分, 376
泊松括号, 286
谱, 460

Q

奇导广义函数, 379
奇点, 390
奇异分布, 379
奇异立方体, 294
  ∼的边界, 294
齐次波动方程, 254
齐次坐标, 268
恰当微分形式, 244, 290
切比雪夫–拉盖尔多项式, 431
切比雪夫度量, 3
切比雪夫多项式, 431
切空间, 277
  流形在一个点的∼, 278
切萨罗可和级数, 325
切萨罗求和法, 325
切线法, 33
切映射
  映射在一个点的∼, 53
穷举递增序列, 126
球, 4
  ∼面, 6
  闭∼, 5
球函数, 430
区域
  单连通∼, 241, 243
  简单∼, 198, 201
曲率, 63
曲面, 136
  ∼的 (局部) 图, 136

∼的边界, 149
∼的参数方程, 137
∼的定向(图册类), 147
∼的定向图册, 146
∼的图册, 137
∼上的体形式(体元), 188
∼上的微分形式, 173
k维∼, 136
不可定向∼, 146
初等∼, 137
带边∼, 149, 154
单侧∼, 148
定向∼, 147
分片光滑∼, 153
光滑∼, 139
可定向∼, 146
可定向分片光滑∼, 153
零维∼, 153
双侧∼, 148
无边∼, 150

曲线
  ∼的挠率和曲率, 63
  ∼的自然参数, 62
曲线坐标系, 144
权, 9
全椭圆积分, 338
全微分, 61
群
  ∼的基本域, 276
  离散变换∼, 276
  李∼, 62, 276
  连续∼, 62, 277
  上同调∼, 293
  同调∼, 295
  同伦∼, 245
  同胚变换∼, 276
  拓扑∼, 62, 277

R

热传导方程, 250, 477

容许集, 99
若尔当测度, 101
若尔当可测集, 102
若尔当零测度集, 101

S

萨德定理, 萨德引理, 125, 195
三角函数系, 411
三角级数, 432
三角形不等式, 1
散度, 169, 214
商空间, 293, 295
上达布和(上积分和), 96
上同调, 293
  ∼群, 293
施图姆–刘维尔边值问题, 428
施瓦茨靴筒, 161
施瓦兹空间, 484
势, 237
  标量∼, 237
  向量∼, 243
势场, 237
收敛, 18
  ∼半径, 309
  ∼序列, 18
  ∼圆, 309
  反常积分∼, 127
  非一致∼, 303
  函数项级数在集合上∼, 306
  函数项级数在集合上一致∼, 306
  函数族在集合和基上∼, 302
  函数族在集合和基上一致∼, 302, 304
  函数族在集合和基上逐点∼, 302
  级数在集合上绝对∼, 308
  逐点∼, 299
收敛集, 302
双摆, 265
双侧曲面, 148
双线性映射, 42
斯捷克洛夫不等式, 456

斯捷克洛夫平均法, 426
斯特林公式, 366, 367
斯特林级数, 522
斯通定理, 330, 334
斯托克斯公式, 203, 228, 229, 295
  向量形式的 ~, 234
  一般的 ~, 204
四极子, 246
速降函数, 471, 472
算子, 214
  ~ 的基本解, 401
  ∇ ~, 216
  保位移 ~, 367
  对称 ~, 426
  共轭微分 ~, 398
  哈密顿 ~, 216
  积分 ~, 466
  拉普拉斯 ~, 218
  幂零 ~, 61
  纳布拉 ~, 216
  平移 ~, 367
  平移不变 ~, 367
  外微分 ~, 287
  微分 ~, 398
  线性 ~, 43
  向量微分 ~, 216
  有界多重线性 ~, 46
  转置微分 ~, 398
  自共轭微分 ~, 398
索伯列夫-施瓦茨广义函数空间, 380

T

泰勒公式
  映射的 ~, 74
陶贝尔定理, 325
陶贝尔型定理, 325
梯度, 169, 214
体积, 156
体积(测度), 91
体形式(体元), 188, 189

条件
  迪尼 ~, 439
  傅里叶级数在一个点收敛的充分 ~, 440
  赫尔德 ~, 468
  可积性的必要 ~, 93
  利普希茨 ~, 66
  正交向量组的完备性 ~, 420
调和多项式, 430
调和分析, 460
调和函数, 236, 250, 386, 395
  ~ 平均值定理, 236
  共轭 ~, 255
同调, 293
  ~ 群, 295
同伦, 242
  ~ 道路, 242
同伦公式, 297
同伦群, 245
同胚, 27, 136
  ~ 空间, 27
  ~ 映射, 27
同胚变换群, 276
图
  ~ 在曲面上的作用域, 136
  曲面的 ~, 136
  相容 ~, 146
图册, 137, 264
  等价 ~, 267
  定向 ~, 270
  光滑(解析) ~, 267
  曲面的定向 ~, 146
图链, 271
  矛盾 ~, 271
  无向 ~, 271
椭圆积分的模数, 338
拓扑, 8
  ~ 基, 9
  ~ 空间, 8, 10
  ~ 空间的闭集, 9
  ~ 空间的基, 9

~空间的开集, 9
~空间的权, 9
~空间的直积, 12
~空间的子空间, 11
~流形, 268
~群, 62, 277
连通的~空间, 16
相对~, 11
诱导~, 11
拓扑空间
　　强~, 12

W

外点, 5
外积, 259
外微分, 168, 282
　　~形式, 167
外微分算子, 287
完备度量空间, 16, 18
完备化空间, 21
完备向量组, 419
完全有界函数族, 327
完全有界集, 16
微分, 53
　　~算子, 398
　　高阶~, 69
　　偏~, 61
　　全~, 61
　　外~, 168, 282
　　映射在一个点的~, 53
微分形式
　　~的光滑次数, 168
　　~的支撑集, 283
　　~的转移, 170
　　~在p维链上的积分, 295
　　~在闭链上的周期, 296
　　~在定向流形上的积分, 283
　　~在定向曲面上的积分, 181, 183
　　~在奇异立方体上的积分, 295
　　$C^{(k)}$光滑类~, 281

n维光滑流形上的m次~, 280
闭~, 244, 290
零阶~, 167
流形上的~, 280
恰当~, 244, 290
曲面上的~, 173
外~, 167
有限~, 283
维尔廷格不等式, 456
魏尔斯特拉斯逼近定理, 404
魏尔斯特拉斯定理, 330
魏尔斯特拉斯检验法, 308, 345
魏尔斯特拉斯强函数检验法, 308
魏尔斯特拉斯三角多项式逼近定理, 443
位移不变算子, 367
稳定点, 521
稳定相位法, 520, 521
稳定相位原理, 521
涡量, 215
沃利斯公式, 356, 367
沃森引理, 508
无边流形, 265
无边曲面, 150
无向图链, 271
无旋场, 215
无源场, 243
物质面, 188
误差概率积分
　　~的渐近展开式, 515
误差函数, 500

X

希尔伯特空间, 41
　　准~, 41
系数
　　傅里叶~, 415
下达布和(下积分和), 96
弦的横向振动方程, 424
线性赋范空间, 36
　　~的度量, 37

∼的基, 422
线性函数(线性泛函), 43
线性算子, 43
    ∼的范数, 46
线性无关向量组, 410
线性形式场, 164
线性映射, 42
相对紧集, 16
相对拓扑, 11
相切道路束, 286
相位, 460
相位函数, 521
向量
    ∼的范数, 36
    ∼分析的基本微分公式, 217
    ∼势, 243
    ∼微分算子, 216
    正交∼, 410
向量场, 211
向量场是势场的准则, 239
向量的转移, 170
向量组
    关于集合的完备∼, 419
斜对称形式, 162
斜对称形式代数, 258
信号的谱, 460
形式
    ∼代数, 257
    k∼, 162
    n维光滑流形上的m次微分∼, 280
    埃尔米特∼, 38
    场的功∼, 165
    非退化埃尔米特∼, 39
    零阶微分∼, 167
    曲面上的体∼, 188
    体∼, 189, 190
    外微分∼, 167
    微分∼, 164
    斜对称(反对称)∼, 162
    正埃尔米特∼, 39

修正牛顿法, 33
序列, 18
    不减(不增)函数∼, 310
    单调函数∼, 310
    等价∼, 23
    共尾∼, 23
    基本∼, 18
    渐近∼, 493
    柯西∼, 18
    穷举递增∼, 126
    收敛∼, 18
旋度, 169, 214

Y

压缩映射, 29
    ∼原理, 29
一般的斯托克斯公式, 204
一维情形的傅里叶积分渐近式, 524
一致(收敛性)度量, 3, 329, 427
一致逼近, 329
一致等度连续函数族, 333
一致度量, 3
一致渐近估计, 500
一致渐近展开式, 501
一致连续映射, 28
一致收敛, 302, 304
一致有界, 309
依赖于参数(参变量)的函数族, 302
引理, 14
    阿达马∼, 336
    艾尔代伊∼, 524
    闭球套∼, 24
    标量积的连续性∼, 414
    垂线∼, 416
    紧集的闭子集∼, 14
    紧集的封闭性∼, 14
    紧集套∼, 14
    黎曼∼, 436
    莫尔斯∼, 336, 523
    庞加莱∼, 244

名词索引

萨德～, 125
沃森～, 508
有限 ε 网～, 14
隐函数定理, 82
影响函数, 384
映射
    ～的不动点, 29
    ～的泰勒公式, 74
    ～极限存在的柯西准则, 26
    ～在基上的极限, 24
    ～在集合上的振幅, 26
    ～在一个点的导数, 53
    ～在一个点的切映射, 53
    ～在一个点的微分, 53
    ～在一个点的振幅, 27
    $C^{(l)}$ 类光滑～, 269
    l 光滑～, 269
    导～, 54
    等距～, 21
    对偶～, 261
    多重线性(n重线性)～, 42
    高阶导～, 69
    连续～, 26
    连续可微～, 65
    双线性～, 42
    同胚～, 27
    线性～, 42
    压缩～, 29
    一致连续～, 28
    有界～, 25
    在集合上可微的～, 54
    在一点处连续的～, 26
    在一点处可微的～, 53
    最终有界～, 25
有界多重线性算子, 46
有界映射, 25
有限微分形式, 283
    ～在定向流形上的积分, 283
有限增量定理, 63
有旋场, 215

诱导拓扑, 11
余切空间, 280
余元公式, 361
与流形定向相容的边界定向, 272
与曲面定向相容的边界定向, 152
原理
    不确定～, 483
    达朗贝尔～, 252
    狄利克雷～, 236
    局部化～, 438, 503, 505
    卡瓦列里～, 111
    皮卡-巴拿赫不动点～, 29
    稳定相位～, 521
    压缩映射～, 29
    祖晅～, 111
圆频率, 460

Z

在集合上可微的映射, 54
在一点处可微的映射, 53
在一点处连续的映射, 26
张量
    ～场, 211
    ～积, 258
振幅, 94, 460
    函数在集合上的～, 94
    函数在一个点的～, 94
    映射在集合上的～, 26
    映射在一个点的～, 27
正埃尔米特形式, 39
正交函数系, 409—412
正交向量, 410
正交向量组
    ～的完备性条件, 420
    规范～, 410
正态分布(高斯分布), 385
正则分布, 379
正则广义函数, 379
支撑集, 114, 369
    微分形式的～, 283

直积
  度量空间的 ~, 7
  拓扑空间的 ~, 12
中心场, 177
周期
  微分形式在闭链上的 ~, 296
逐点收敛, 299, 302
转置微分算子, 398
装置函数, 368, 384
状态方程, 184
准静态过程, 184
准希尔伯特空间, 41
准则, 98
  达布 ~, 98
  度量紧集 ~, 15
  积分一致收敛性的柯西 ~, 344
  级数一致收敛性的柯西 ~, 307

勒贝格 ~, 95
连续映射 ~, 26
向量场是势场的 ~, 239
一致收敛性的柯西 ~, 304
映射极限存在的柯西 ~, 26
子空间
  度量空间的 ~, 6
  拓扑空间的 ~, 11
自共轭函数代数, 333
自共轭微分算子, 398
祖晅原理, 111
最速降线, 79
最小二乘法, 427
最终有界映射, 25
作用域, 263
坐标
  齐次 ~, 268

人名索引

A
阿贝尔, N. H. Abel
阿达马, J. Hadamard
阿尔泽拉, C. Arzelà
阿基米德, Archimedes
阿喀琉斯, Achilles
阿斯柯利, G. Ascoli
埃尔米特, C. Hermite
艾尔代伊, A. Erdélyi
爱尔迪希, P. Erdős
爱因斯坦, A. Einstein
安培, A.-M. Ampère
奥昆, Л. Б. Окунь
奥斯特洛格拉德斯基, М. В. Остроградский

B
巴拿赫, S. Banach
贝塞尔, F. W. Bessel
毕奥, J.-B. Biot
毕达哥拉斯, Pythagoras
玻色, N. S. Bose
伯恩斯坦, F. Bernstein
伯努利 (丹尼尔·伯努利), Daniel Bernoulli
伯努利 (雅各布·伯努利), Jacob Bernoulli
伯努利 (约翰·伯努利), Johann Bernoulli
博雷尔, É. Borel
布劳威尔, L. E. J. Brouwer
布鲁恩, H. Brunn
布尼亚科夫斯基, В. Я. Буняковский

D
达布, J. G. Darboux
达朗贝尔, J. L. R. d'Alembert
德拉姆, G. de Rham
狄拉克, P. A. M. Dirac
狄利克雷, P. G. Dirichlet
迪尼, U. Dini
笛卡儿, R. Descartes

E
恩绍, S. Earnshaw

F
法拉第, M. Faraday
菲尔兹, J. C. Fields
菲涅耳, A. J. Fresnel
费德雷尔, H. Federer

费恩曼, R. P. Feynman
费马, P. de Fermat
费耶, L. Fejér
弗莱纳, J. F. Frenet
弗雷歇, M. R. Fréchet
弗罗贝尼乌斯, F. G. Frobenius
傅里叶, J. Fourier
富比尼, G. Fubini

G

高斯, C. F. Gauss
格拉姆, J. P. Gram
格拉斯曼, H. G. Grassmann
格林, G. Green
古尔萨, É. J. B. Goursat

H

哈代, G. H. Hardy
哈尔, A. Haar
哈密顿, W. R. Hamilton
海森伯, W. K. Heisenberg
亥姆霍兹, H. L. F. von Helmholtz
豪斯多夫, F. Hausdorff
赫尔德, O. Hölder
赫尔维茨, A. Hurwitz
赫维赛德, O. Heaviside
黑塞, L. O. Hesse
惠特尼, H. Whitney

J

吉布斯, J. W. Gibbs
加德纳, M. Gardner
伽利略, Galileo Galilei
嘉当 (埃利·嘉当), Élie J. Cartan
焦耳, J. P. Joule

K

卡尔松, L. Carleson
卡拉泰奥多里, C. Carathéodory
卡诺 (萨迪·卡诺), Sadi Carnot
卡瓦列里, B. Cavalieri

开尔文, Lord Kelvin (汤姆孙, W. Thomson)
坎托罗维奇, Л. В. Канторович
康托尔, G. Cantor
科捷利尼科夫, В. А. Котельников
柯尔莫戈洛夫, А. Н. Колмогоров
柯朗, R. Courant
柯西, A.-L. Cauchy
克拉珀龙, B. P. E. Clapeyron
克莱布施, R. F. A. Clebsch
克莱因, C. F. Klein
克劳修斯, R. J. E. Clausius
克勒, E. Kähler
克雷洛夫, А. Н. Крылов
克龙罗德, А. С. Кронрод
克罗内克, L. Kronecker
库仑, C. A. de Coulomb

L

拉贝, J. L. Raabe
拉德马赫, H. A. Rademaher
拉盖尔, E. N. Laguerre
拉格朗日, J. L. Lagrange
拉梅, G. Lamé
拉普拉斯, P. S. Laplace
莱布尼茨, G. W. Leibniz
莱维, P. P. Lévy
勒贝格, H. Lebesgue
勒让德, A. M. Legendre
李, M. S. Lie
李雅普诺夫, А. М. Ляпунов
利普希茨, R. O. S. Lipschitz
利特尔伍德, J. E. Littlewood
黎曼, G. F. B. Riemann
刘维尔, J. Liouville
鲁金, Н. Н. Лузин
罗巴切夫斯基, Н. И. Лобачевский
罗德里格斯, O. Rodrigues
洛必达, G. F. de l'Hospital
洛伦兹, H. A. Lorentz

M

迈耶, J. R. Mayer
麦克劳林, C. Maclaurin
麦克斯韦, J. C. Maxwell
梅尼绍夫, Д. Е. Меньшов
米尔诺, J. Milnor
闵可夫斯基, H. Minkowski
莫尔斯, A. P. Morse
莫尔斯, H. M. Morse
默比乌斯, A. F. Möbius

N

纳塔尼, L. Natani
牛顿, I. Newton
诺贝尔, A. B. Nobel

O

欧几里得, Euclid
欧拉, L. Euler

P

帕塞瓦尔, M. A. Parseval
庞加莱, J. H. Poincaré
皮卡, C. E. Picard
泊松, S. D. Poisson
普法夫, J. F. Pfaff
普朗谢雷尔, M. Plancherel

Q

切比雪夫, П. Л. Чебышёв
切萨罗, E. Cesàro

R

若尔当, C. Jordan

S

萨德, A. Sard
萨伐尔, F. Savart
萨哈罗夫, А. Д. Сахаров
施密特, E. Schmidt
施图姆, J. C. F. Sturm
施瓦茨, H. A. Schwarz
施瓦兹, L. Schwartz
史密斯, R. Smith
斯蒂尔切斯, T. J. Stieltjes
斯捷克洛夫, В. А. Стеклов
斯皮瓦克, M. Spivak
斯特林, J. Stirling
斯通, M. H. Stone
斯托克斯, G. G. Stokes
索伯列夫, С. Л. Соболев

T

泰勒, B. Taylor
泰特, P. G. Tait
汤姆孙, W. Thomson (开尔文, Lord Kelvin)
陶贝尔, A. Tauber

W

瓦特, J. Watt
威尔布雷厄姆, H. Willbraham
威尔金, D. Wilkin
维尔廷格, W. Wirtinger
魏尔斯特拉斯, K. Weierstrass
沃尔泰拉, V. Volterra
沃利斯, J. Wallis
沃森, G. N. Watson

X

希格斯, P. Higgs
希尔伯特, D. Hilbert
香农, C. E. Shannon

Y

雅可比, J. Jacobi
亚历山大, J. W. Alexander
约翰, F. John

Z

芝诺, Zeno of Elea
卓里奇, В. А. Зорич

译后记

2014 年, 高等教育出版社希望我翻译本书的最新俄文版. 恰巧我与本书作者卓里奇教授相熟, 于是欣然接受任务, 开始了为时四年的数学分析再学习之旅.

本书俄文原著自 1981 年出版以来广受好评, 是内容现代、兼顾理论性与实用性的优秀教材. 我在莫斯科大学力学数学系求学期间就知道这本书, 曾经在系里代卖教材的办公室内买到俄文第 2 版. 负责卖书的一位上了年纪的女士捧着书告诉我: "这是一套非常有价值的书, 就是价钱贵了些!" 这真是一语双关, 书价确实稍贵, 但沉甸甸的两册书让我觉得很踏实. 想不到 20 年后, 我一边写译后记一边回忆, 当时的场景仍然历历在目. 幸好有这两册书在手边, 我在翻译第 3 版序言时立刻就明白了作者用词的特殊含义, 并为此专门在第 3 版序言的下面补充了一个脚注. 不过, 随着版本号的增加, 书的内容越来越多, 重量也不断增加, 到 2012 年出版第 6 版时, 两卷总计 1500 多页, 连作者本人也在邮件中向我抱怨, 每本书拿在手里就像拿着砖头一样. 于是, 当第 7 版出版时, 版面又恢复采用稍小一些的字号和紧凑的格式, 总计 1200 多页. 但是, 我还是觉得前面的版本阅读起来更舒服, 新版本仍然是小一号的 "砖头", 得不偿失. 对比而言, 2016 年的英文版有 1300 多页, 而本中文版合计只有 1100 多页, 已经算不上 "砖头" 了.

本书第一卷内容与我上学时所学比较接近, 例如, 我们那时就引入了基上的极限, 所以翻译起来得心应手. 第二卷包含大量几何学、拓扑学知识, 详细介绍了微分形式的概念和应用, 我在翻译时不得不翻阅各种材料, 慢慢领会. 好在纯数学内容从翻译角度来说难度不大, 只要了解相关内容和术语体系即可. 书中包含大量应用实例, 涉及物理学 (尤其是热力学)、力学 (尤其是连续介质力学) 的许多概念, 而我对这些内容都很熟悉, 所以我也特别重视这部分译文, 希望能让译文准确并且通俗易懂, 在必要时补充一些脚注. 我甚至还格外关注原文在物理学和力学层面的漏洞, 希望尽量帮助作者消灭相关瑕疵. 每当找到一个这样的问题, 我都会写邮件告诉卓里奇教授, 并与他讨论如何修改. 他在认识到确实值得修改之后, 也会欣然按照我的建议修订原文. 作为知名教授, 他在晚辈面前不耍大牌, 而是平等谦和地讨论学术, 这让我很感动. 例如, 在第一卷第五章 §6 第 4 小节中讨论降落伞下降问题时, 他根据讨论结果补充了这一小节中的最后两段和一个脚注, 我也在这里补充了一个脚注来介绍空气阻力的知识. 类似的地方还有几处, 请读者关注相关的脚注, 其目的是提醒读者注意, 或者向读者提出一些思考题.

关于纯数学内容的更正、改进和补充, 多是在国内数学领域专家的帮助下完成的. 清华大学数学科学系的陈天权、文志英、卢旭光以及一些本科生在收集书中的小错和印刷错误方面给予了不少帮助, 我向他们表示感谢. 特别感谢卢旭光教授, 他交给我一份详细的勘误表, 其中不但列举了发现的错误和不严谨之处, 还给出了相应的证明以及更正或改进方法. 例如, 我按照由他提供的文本在第五章 §4 关于勒让德变换的习题 9 中补充了一个脚注, 因为集合 I^* 的定义过于宽泛, 使题目 d) 可能无解. 我还按照他的建议修改了第五章 §7 习题 3 d), 第八章 §7 习题 9, 第九章 §3 习题 1 b), 第十三章 §1 例 1 中最后的积分计算, 等等. 此外, 卢教授还审查了由南京大学物理学院 2016 级本科生郭建豪提供的勘误表并提出了相应修改建议.

本书英文版或 2006 年中文版的部分读者 (豆瓣网友魏厚生和人人网友薛旻辉等) 在互联网上发布了勘误表, 我也据此进行了订正.

我还想详细介绍莫斯科大学的上课和考试方式, 以便读者理解本书附录中与考试有关的内容. 必修课, 尤其是数学分析这种以理论学习为主的低年级基础课, 一般分为讲座 (俗称大课) 和习题课 (俗称小课), 两者课时相当. 习题课由一位讲师或副教授负责, 小班教学, 课堂内容通常是教师指导学生选做习题集中的题目或讲解作业. 习题课内容有时与讲座内容脱节, 因为侧重点不同. 讲座在大的阶梯教室由一位教授主讲, 不同届学生的讲座内容往往因主讲教师不同而有明显区别, 但在大框架下是一致的. 主讲教师会发给学生一份考试大纲 (见附录), 这往往就是讲座内容的提纲. 在每一个学期中, 教师对学生的考核是分阶段进行的, 不同课程之间有显著差异, 下面只谈数学分析课的情况. 讲座的主讲教师会在习题课上以口试或笔试的形式安排一两次测试, 测试内容既包括考试大纲中的理论问题, 也包括一些具体题目, 例如附录中的单元测试题和期中测试题. 在一个学期的期末, 学生必须先通过习题课测试 (成绩分为及格与不及格两种, 不及格时可以多次补考), 才能参加相应的考试. 考试通常以口试方式进行, 主要检查学生掌握理论内容的情况. 当然, 在有限的考试时间内 (通常半小时左右) 不可能全面考察. 每一个学生的具体考试内容在考场上用抽签方式确定, 这里的 "考签" 就是印有考试大纲中一两个问题的一张纸片. 一次考试通常有几十个考签, 例如第二卷所附考试大纲中分别有 20 项和 22 项, 所以在考试中很可能也有这么多个考签. 为了在考试中取得好成绩, 在考试前必须根据已经提前公布的考试大纲全面复习, 这有相当大的工作量, 临时抱佛脚者很难过关. 此外, 为期两三周的期末考试阶段称为考试季, 不同科目考试之间通常间隔几天, 一般不会在一天之内参加多场考试, 这也与国内情况大不相同. 整体而言, 学生们在考试之前都相当紧张地根据笔记和教材系统梳理一学期所学理论知识并尽量熟记, 通宵备考是常态, 这无疑对掌握知识有促进作用. 不过, 实际考试内容因人而异并且相差很大, 每个学生的实际主考教师在考场临时确定, 评分也有一定主观性, 这给考试带来一定的运气成分. 尽管如此, 学霸们在考试中往往游刃有余, 学渣们多次补考才可能及格, 大概只有程度适中的学生才会纠结于没有抽到上上签. 总之, 我认为附录中的考试大纲等内容很有参考价值, 有助于读者理解卓里奇教授对整个课程的设计思路.

卓里奇教授的语言有鲜明的特点. 他思维活跃, 善于大跨度联想, 幽默风趣. 在阅读本书和他的其他著作、论文乃至邮件时, 我时常会大呼过瘾, 完全想不到话还可以这样说. 从这个角度说, 要想原汁原味地在译文中再现原文风格还是有难度的, 希望我的译文做到了这一点. 感谢卓里奇教授的信任和耐心, 也感谢他乐于在邮件中讨论和分享各种知识和轶事.

在中译本即将付梓之际, 我想感谢所有帮助和支持我的师长、同事、学生和网友, 感谢他们提供了各种有助于改进译文或原书的信息, 如印刷错误、原文疏漏、习题错误, 等等. 清华大学数学科学系的陈天权、文志英、卢旭光等教授长期采用 2006 年中译本作为教材, 我迫切地期待他们对这个译本的反馈意见. 我向北京大学数学科学学院的李承治教授请教过一些数学术语的译法, 向我的同事安亦然老师借来了本书的英译本. 高等教育出版社的赵天夫先生对本书出版贡献极大, 感谢他和李鹏、李华英、吴晓丽、和静对文字的编辑加工. 在此我感谢高等教育出版社所有同仁对我的支持和对翻译引进俄罗斯经典教材的长期贡献.

最后, 感谢挚友陈国谦教授的长期支持和鼓励, 感谢爱妻邵长虹的帮助和包容, 她其实一直都是译文的第一读者和审阅人.

李植
北京大学, 2018 年 12 月

在第二次印刷时补充了部分参考文献的中译本信息, 订正了包括印刷错误在内的各种疏漏 (实质性修改主要与习题有关), 修改或添加了少量脚注. 例如在第八章中, 为表述严谨而略微修改了 §3 习题 4 和相关脚注, 并为该题添加了脚注. 清华大学教授卢旭光和南京大学学生郭建豪为这次修改提供了关键信息, 大连海事大学研究生滕达亦有贡献, 我向他们深表谢意.

李植
北京大学, 2020 年 3 月

译后记

　　特别感谢上海师范大学博士研究生李尧其，他发现了大量在俄文版中就存在的错误并为第三次印刷提供了详细的修订建议，还帮助改进了一些长句的译法．

李植
北京大学, 2021 年 2 月

　　在第四次印刷时，我直接修改了第二卷第十四章 §4 正文的几处表述，以便在物理上更加严谨，同时补充和修改了这一节中的脚注，以便帮助读者理解不可压缩介质、理想流体、物质导数、速度散度等概念．清华大学教授卢旭光帮助改进了一处证明 (见第二卷第 117 页上的脚注)，上海师范大学博士研究生李尧其帮助补充了一个脚注 (见第二卷第 110 页)，他和上海交通大学学生刁守淳还提供了一些勘误信息．我在此向他们表示感谢．

李植
北京大学, 2022 年 8 月

　　第二卷第五次印刷时的修改主要涉及习题 (尤其是最后三章习题) 的表述和答案，多数勘误信息来自中国科学院大学学生徐英骜和上海交通大学学生刁守淳，并由卢旭光教授和李尧其博士核实并进一步修正．我特别感谢他们的大力帮助．

　　2023 年 8 月 14 日，本书作者弗拉基米尔·安东诺维奇·卓里奇教授因病去世，享年 86 岁．他离开得很突然，全无征兆，本来还在考虑新学期上课的安排．我相信，与广大读者一起不断完善本书是对卓里奇教授的最好纪念．这里选录我在 2019 年中译本付印后用新韵写的一首诗，深切缅怀这位为全世界读者留下丰富遗产的数学家：

两卷凌空起，
卓然万里奇．
几何连代拓，
一式统微积．

李植
北京大学, 2023 年 9 月

译后记

利用出版精装本的机会，我全面改进了译文，主要是修改了个别术语和表达方式前后不一致之处，更正了翻译错误，优化了版面，补充并完善了索引.

感谢广大读者朋友们的帮助，每一次印刷都是趋于最优品质的一步.

李植

北京大学，2024 年 11 月

图字：01-2016-9974 号

В. А. Зорич. *Математический анализ*. Часть II. Седьмое издание, дополненное. МЦНМО. Москва, 2015.

Originally published in Russian under the title
Mathematical Analysis by V. A. Zorich (Part II, 7th expanded edition, Moscow 2015)
MCCME (Moscow Center for Continuous Mathematical Education Publ.)
Copyright © V. A. Zorich
All Rights Reserved

数学分析
第二卷

SHUXUE FENXI

策划编辑
赵 天 夫

责任编辑
李　　鹏
李 华 英
吴 晓 丽
和　　静

封面设计
张 申 申

责任校对
王　　巍

责任印制
存　　怡

图书在版编目 (CIP) 数据

数学分析. 第 2 卷：第 7 版 /（俄罗斯）B. A. 卓里奇著；李植译. — 北京：高等教育出版社，2025.2
ISBN 978-7-04-063726-7
I . O17
中国国家版本馆 CIP 数据核字第 2024LA8016 号

郑重声明

高等教育出版社依法对本书享有专有出版权。任何未经许可的复制、销售行为均违反《中华人民共和国著作权法》，其行为人将承担相应的民事责任和行政责任；构成犯罪的，将被依法追究刑事责任。为了维护市场秩序，保护读者的合法权益，避免读者误用盗版书造成不良后果，我社将配合行政执法部门和司法机关对违法犯罪的单位和个人进行严厉打击。社会各界人士如发现上述侵权行为，希望及时举报，我社将奖励举报有功人员。

出版发行	高等教育出版社	反盗版举报电话
社　　址	北京市西城区德外大街 4 号	(010) 58581999　58582371
邮政编码	100120	反盗版举报邮箱
印　　刷	北京华联印刷有限公司	dd@hep.com.cn
开　　本	787mm×1092mm　1/16	通信地址
印　　张	40	北京市西城区德外大街 4 号
字　　数	740 千字	高等教育出版社知识产权与法律事务部
购书热线	010-58581118	邮政编码
咨询电话	400-810-0598	100120
网　　址	http://www.hep.edu.cn	
	http://www.hep.com.cn	本书如有缺页、倒页、脱页等质量问题，请到所购图书销售部门联系调换
网上订购	http://www.hepmall.com.cn	
	http://www.hepmall.com	
	http://www.hepmall.cn	版权所有　侵权必究
版　　次	2025 年 2 月第 1 版	物 料 号　63726-00
印　　次	2025 年 2 月第 1 次印刷	
定　　价	99.00 元	